苏州市水务志

（1991—2020）

苏州市水务局 编

苏州新闻出版集团
古吴轩出版社

图书在版编目（CIP）数据
苏州市水务志 : 1991—2020 / 苏州市水务局编.
苏州 : 古吴轩出版社, 2025. 3. -- ISBN 978-7-5546
-2550-7
Ⅰ. TV-092
中国国家版本馆CIP数据核字第2025W77S30号

责任编辑： 胡敏韬
见习编辑： 伊　然
封面设计： 韩桂丽
责任校对： 任佳佳
责任照排： 吴　静

书　　名： 苏州市水务志（1991—2020）
编　　者： 苏州市水务局
出版发行： 苏州新闻出版集团
古吴轩出版社
地址：苏州市八达街118号苏州新闻大厦30F
电话：0512-65233679　　邮编：215123
出 版 人： 王乐飞
印　　刷： 苏州市越洋印刷有限公司
开　　本： 889mm×1194mm　1/16
印　　张： 43.5　　插页：44
字　　数： 1206千字
版　　次： 2025年3月第1版
印　　次： 2025年3月第1次印刷
书　　号： ISBN 978-7-5546-2550-7
定　　价： 280.00元

第一届《苏州市水务志（1991—2020）》编纂委员会

主 任 委 员：陈习庆

副主任委员：周云祥　徐春明　吴向阳　刘大成　郭根林　许仁康　钟爱成

委　　　员：汪庆九　陈　江　宋振华　苗红波　张　琰　巫　华　车美芹

骆金标　钱春健　季轶华　高　磊　顾　瑾　沈海滨　徐伟东

梅新敏　张　挺　黄　晨　刘锦星　马　奕　严栋兴　瞿文明

房宇峰　徐　彬　胡明忠　孙新元　陈建军　张　啓　严明霞

王永刚　浦瑞年　杨建明

第二届《苏州市水务志（1991—2020）》编纂委员会

主 任 委 员：陈习庆

副主任委员：刘大成　邓雄成　苗红波　徐春明　吴向阳　范国强　陈鹊辉

许仁康　钟爱成

委　　　员：汪庆九　陈　江　宋振华　巫　华　张　琰　季轶华　车美芹

高　磊　骆金标　薛　铮　王亚男　龚自臻　沈海滨　徐伟东

梅新敏　张　挺　宋晓恒　黄　晨　盛铭军　薛　毅　瞿二生

瞿文明　毛华乾　徐　彬　沈卫良　徐学明　徐玉峰　陆启鑫

严明霞　陈晓梅　浦瑞年　杨建明

第一届《苏州市水务志（1991—2020）》编纂委员会办公室

主　　任： 周云祥

常务副主任： 郭根林

办公室成员： 陆建伟　徐　红　范文俊　周　栋　丁小龙　王春凤　周　军　孙欢欢　丁支农　张　泳　王　雷　吴小靖　任利峰　丁一鸣

第二届《苏州市水务志（1991—2020）》编纂委员会办公室

主　　任： 陈习庆

常务副主任： 刘大成

办公室成员： 陆建伟　陈海文　范文俊　包燕珍　宋修福　徐华庭　马安沧　孙欢欢　陈文伟　张　泳　王　雷　吴小靖　任利峰　丁一鸣

第一届《苏州市水务志（1991—2020）》编纂室

主　　任：郭根林

执行主编：孙文昀　干有成

编　　辑：丁一鸣　李志平　王义轩　梁思徽　缪云霞　陈翔飞　刘金良
　　　　　吴子舟

第二届《苏州市水务志（1991—2020）》编纂室

主　　任：刘大成

执行主编：孙文昀　干有成

编　　辑：易如霞　梁思徽　汤凤霞　孙小雄　吴煜潇　甘莉琼

特约审稿：陈　华　曹海明　丁　瑾　陈其弟　楚敏明

顾　　问：范家麒　戚冠华　戴锦明　王国荣

专　　家：袁晓谛　贡瑞金　薛淦泉　王兴元　李能安　陈国清　贝民建
　　　　　王冬根　尹培强　沈永明　伍天明　柏京红　周云祥　华建良
　　　　　陈江红　徐　方　顾　明　杨子初　吴岳芳　何　健

资料采编、图片提供人员：

　　　　　金晓燕　桑　波　李路佳　贲昫彤　张未扬　刘　琪　李星明
　　　　　顾　澜　周　婷　包晓东　陈家豪　任晓东　王　谦　缪宜江

1997年中国人民解放军吴县市驻军207名官兵赶赴重灾区黄桥乡支援抗灾抢险

1999年苏州抗御太湖流域特大洪水

2001年吴江市鲈乡二区灾情

90年代张家港长江大堤

1998年张家港市"长江江堤达标工程纪念碑"落成

2015年张家港市通州沙西水道整治工程

2018年常熟市长江铁黄沙整治工程

2020年张家港湾

1998年胥口水利枢纽

2007年太湖大堤

2009年太湖生态清淤工程

2013年胥口水利枢纽

2010年4月23日东太湖水环境综合整治前

2023年3月14日东太湖水环境综合整治后

2016年吴江区瓜泾口闸首次大流量排泄太湖洪水

2017年太湖大堤苏州段

2017年吴中区太湖

2020年淀山湖堤防工程

2011年12月苏州市举办七浦塘拓浚整治工程启动仪式

2011年七浦塘拓浚整治工程现场

2017年七浦塘江边枢纽

2011 年金仓湖

2011 年盐铁塘

2016年大运河苏州段

2016年宝带桥

2018年大运河苏州吴江平望段

2019年大运河苏州相城段

2021年大运河苏州姑苏段

2013年11月17日大运河苏州段拓宽工程施工中

2023年3月15日大运河苏州段拓宽工程施工后

2012年苏州古城区河道干河清淤

2015年水政执法队员在江堤上巡查

2015年阊门堰活水工程

2018年冬季姑苏区河道保洁

2016年澹台湖枢纽

1990年苏州市、县局长、股长检查达标圩建设

1991年东山渡水桥大排涝站

1991年黄埭莫北排涝站

1991年蠡口朱泾排灌站

1991年吴县渡村闸站

1991 年吴县越溪灌区

2012 年江苏省常熟现代农业产业园节水灌溉监控服务中心

2013 年董浜尼仓溇排涝站

2012 年董浜节水灌溉

2012年吴江区高标准农田水利建设

2004年苏州地下水调查

2012年傀儡湖水源地

2012年金墅港水源地

2012年寺前水源地

2015年姑苏区雨水管道疏通作业

2016年吴中区城南污水处理厂主体工程建设完成

吴中区东山水厂

2020年张家港市第四水厂扩建工程

白洋湾水厂沉淀池

90年代望虞河江边常熟水利枢纽工程控制室

90年代吴江市水利局变压器厂

2012年张家港市塘桥镇圩区管理信息化系统

2020年苏州市水利水务信息调度指挥中心大厅

2021年3月22日印象苏州水文化馆正式开馆

2013年第二届《我的天堂我的水》"金华盛杯"征文大赛暨节水教育多媒体课件评选活动颁奖仪式

2013年"关爱苏州水"志愿者在行动主题活动启动现场

2018年昆山市第二届水文化艺术节

2020年张家港水资源科普馆开展水情教育活动

2015年姑苏区干将河

2019年姑苏区山塘河

2019年苏州工业园区金鸡湖

IFS

2020年吴江区元荡小流域建设

2022年长漾湖

2014年3月22日苏州市纪念“世界水日”“中国水周”宣传活动

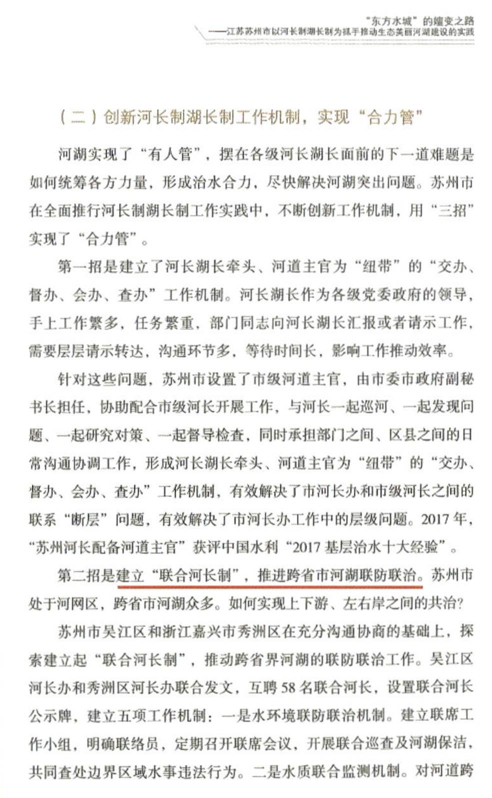

“东方水城”的嬗变之路
——江苏苏州市以河长制湖长制为抓手推动生态美丽河湖建设的实践

（二）创新河长制湖长制工作机制，实现“合力管”

河湖实现了“有人管”，摆在各级河长湖长面前的下一道难题是如何统筹各方力量，形成治水合力，尽快解决河湖突出问题。苏州市在全面推行河长制湖长制工作实践中，不断创新工作机制，用“三招”实现了“合力管”。

第一招是建立了河长湖长牵头、河道主官为“纽带”的“交办、督办、会办、查办”工作机制。河长湖长作为各级党委政府的领导，手上工作繁多，任务繁重，部门同志向河长湖长汇报或者请示工作，需要层层请示转达，沟通环节多，等待时间长，影响工作推动效率。

针对这些问题，苏州市设置了市级河道主官，由市委市政府副秘书长担任，协助配合市级河长开展工作，与河长一起巡河、一起发现问题、一起研究对策、一起督导检查，同时承担部门之间、区县之间的日常沟通协调工作，形成河长湖长牵头、河道主官为“纽带”的“交办、督办、会办、查办”工作机制，有效解决了市河长办和市级河长之间的联系“断层”问题，有效解决了市河长办工作中的层级问题。2017年，“苏州河长配备河道主官”获评中国水利“2017基层治水十大经验”。

第二招是建立“联合河长制”，推进跨省市河湖联防联治。苏州市处于河网区，跨省市河湖众多。如何实现上下游、左右岸之间的共治？

苏州市吴江区和浙江嘉兴市秀洲区在充分沟通协商的基础上，探索建立起“联合河长制”，推动跨省界河湖的联防联治工作。吴江区河长办和秀洲区河长办联合发文，互聘58名联合河长，设置联合河长公示牌，建立五项工作机制：一是水环境联防联治机制。建立联席工作小组，明确联络员，定期召开联席会议，开展联合巡查及河湖保洁，共同查处边界区域水事违法行为。二是水质联合监测机制。对河道跨

· 447 ·

中共中央组织部组织编写的《贯彻落实习近平新时代中国特色社会主义思想 在改革发展稳定中攻坚克难案例·生态文明建设》，以及第447页“联合河长制”相关内容

1999年全国水利系统精神文明建设会议在张家港召开

2011年全国水利普查工作会议在常熟召开

2012年全国基层水利服务体系建设现场会在苏州召开

2019年江苏首届“最美基层河长”推选结果在张家港发布

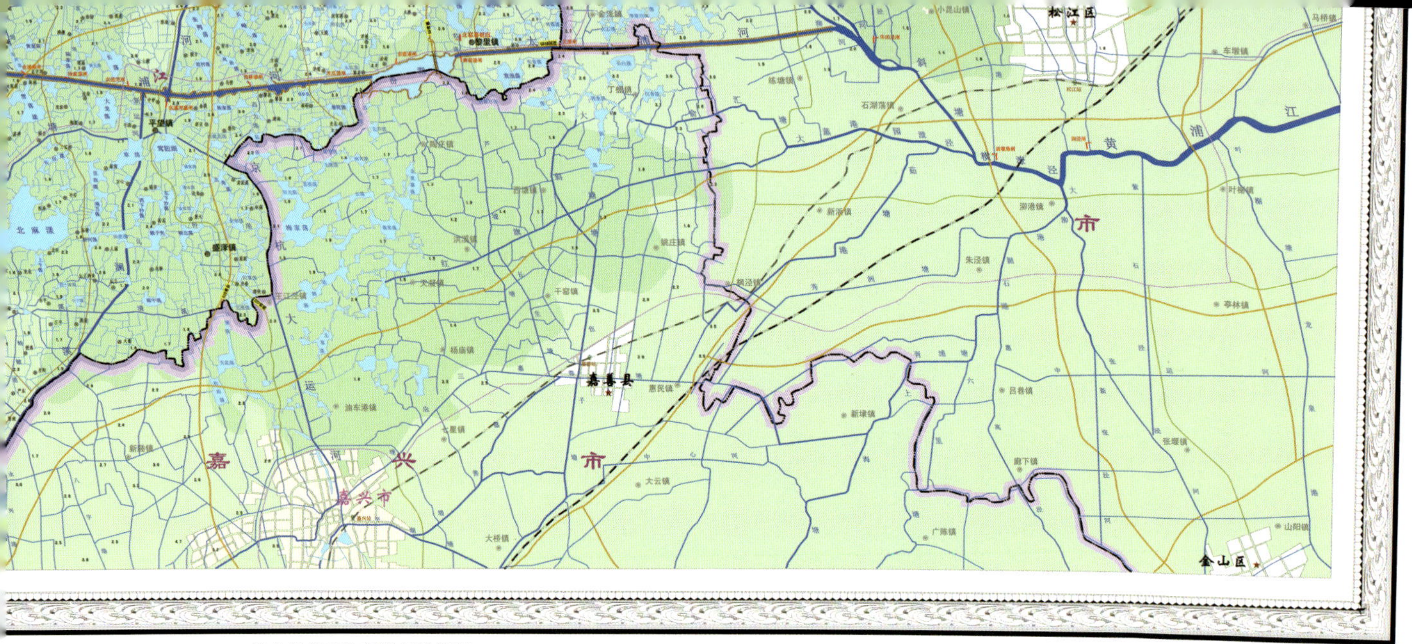

图上界线不作实际划界依据

二〇一六年六月编制

苏州市水系图

泰州市
靖江市
江阴市
镇江市
常州市
武进区
无锡市
宜兴市
高新区
太湖
梅梁湖
西洞庭山
东山镇

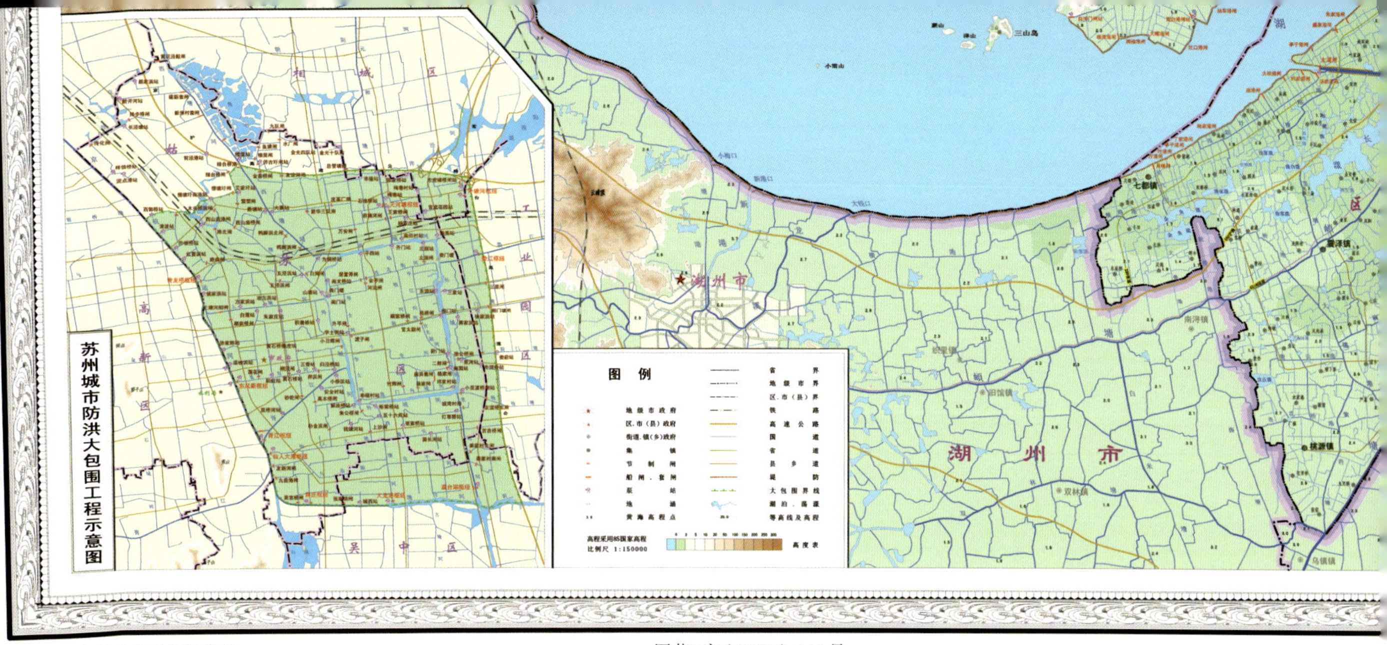

苏州市水利（水务）局编制

图苏E审（2024）041号

前　言

《苏州市水务志（1991—2020）》是新中国成立后苏州第二部水利水务志书，它的编纂出版，是对近30年苏州水务发展的一次全面记录，也是传承苏州水文化的又一重要载体。

回顾1991年淮河、太湖全流域大洪水，苏州虽已较早开展圩区闸站的改造建设，仍遭受惨重损失。大灾后反思，反思后大干，苏州以此为契机，进入水利建设高潮期，开拓创新、迎难而上，开展太湖、长江治理等系列工程，农村水利、城市防洪、依法治水稳步提升。2001年，苏州市水利局增挂“水务局”牌子，将涉水事务整合统一管理，拉开水务一体化改革的帷幕，从地表水和地下水、城乡供水和生活污水处理到用水和节水的一体化管理，逐步将改革引向深入。

迈入21世纪，苏州水务朝着现代化的目标大踏步前进，以深化改革为抓手，以依法治水为根本，通过一系列水利水务工程建设和水管理制度建设，做好水安全、水资源、水生态、水文化四篇水文章，使苏州水利水务始终走在前、作表率。

30年来，苏州市水利水务建设紧紧围绕全市经济社会发展总体要求，牢固树立新发展理念，积极践行新时期治水方针，深化改革，创新发展，推进水利现代化、水生态文明建设和水利综合执法，全面落实最严格的水资源管理制度，奠定苏州水利由工程水利向生态水利转型的基础。苏州市委、市政府科学治水、系统治水、高效治水的总体思路得以实现。全市基本建成“标准较高、协调配套、防洪安全、引排畅通”的防洪治涝抗灾减灾工程体系，“江湖共济、多源供水、量质兼备、利用高效”的水资源合理配置体系，“碧水畅流，河湖健康”的水生态保护体系，古朴风物、自然风光、水利风景融为一体的水文化景观风光体系，安全高效、经济合理的城乡一体化供排水体系，功能完备的现代农村水利工程体系，智能发展的科技创新与信息化体系，以及现代化的水管理与公共服务体系，奠定苏州水务由传统水利向现代化水利转型的基础。

《苏州市水务志（1991—2020）》，既是苏州水务30年的历史记载，也是苏州水务人“忠诚、干净、担当、科学、求实、创新”新时代水利精神的真实写照，更是一部存史、资政、教化的历史教科书。欢迎水务系统广大干部职工和关心水务事业的公众查阅，了解水利水务各方面的基础工作，掌握30年间水利水务建设发展的历程，更好地投入全市水利水务事业发展中来，成为下一个时代的亲历者、见证者、建设者。

这部志书凝聚着全市水务系统各级领导和参与志书编修工作人员的心血。特别是从事具体编纂工作的同志，他们以认真负责、精益求精、锲而不舍、科学严谨的修志作风，克服种种困难，默默辛勤耕耘，为顺利完成本志的编纂任务做出积极贡献。众手成志，功在千秋，成书实属不易，更应倍加珍惜。

凡　例

一、本志坚持以马克思列宁主义、毛泽东思想、邓小平理论、“三个代表”重要思想、科学发展观、习近平新时代中国特色社会主义思想为指导，力求客观、全面、系统地记述历年苏州水利水务各项工作情况。

二、本志系1995年版《苏州水利志》续志，上限为1991年，下限至2020年。前志未涉及部分，记述内容上限尽量追溯到事物起端。图照、大事记适当下延。

三、本志按照“横门分类、纵述史实”原则，采用章、节、目结构，运用述、记、志、传、表、图、录等体裁，以志为主。

四、本志采用规范的语体文编写，大事记以编年体为主，辅以纪事本末体。本志的历史纪年、标点符号、数字和计量单位，均按照国家标准。不注明货币名称的均指人民币。

五、本志年代未注明世纪的，均为20世纪。

六、本志人物生不立传，所记人物重点收录对苏州水利水务事业有较大贡献或影响的人物。

七、本志对频繁使用的名称，首次出现用全称并括注简称，之后用简称；涉及荣誉名、文件名、机构名、项目名等特殊情况时，保留全称。

八、本志数据和资料主要来源于市档案馆、局资料室以及档案、史志、报刊，为节省篇幅，一般不注明出处。本志统计数字一般引用市统计局公布的数字及地区（市）水利（水务）局各个时期的统计资料。

九、文中所用高程（含水位），除特殊注明以外，均按镇江吴淞高程计算。昆山市采用佘山吴淞高程。

目　录

第二章　水利水务规划

第三章　河湖整治

第四章　长江治理

第五章　太湖治理

第六章 城镇防洪除涝

第七章 农村水利与水土保持

第八章 防汛防旱

第九章 水资源水环境水生态

第十章　公共供水

第十一章　城乡污水处理

第十二章　建设与运行管理

第十三章　河湖管理与河湖长制

第十四章　依法治水

第十五章　水利经济与财务（审计）

第十六章　水利水务改革

第十七章　科技与信息化

第十八章　机构与队伍

第十九章　水文化

第二十章　人物与荣誉

附　录

概 述

1991年至2020年30年间，苏州市认真贯彻党中央、国务院和省委、省政府关于加快水利水务改革发展的决策部署。特别是党的十八大以来，习近平总书记明确提出“节水优先、空间均衡、系统治理、两手发力”的治水思路，并多次就治水发表重要讲话和重要指示批示，为新时代治水指明了前进方向，提供了根本遵循。苏州市积极践行新时期治水思路，深化改革，创新发展，扎实推进水利水务现代化、水生态文明建设和水利水务综合执法，全面落实最严格水资源管理制度，水利水务发展改革各项工作取得明显成效。

一

1991年，淮河、太湖发生全流域大洪水，苏州市遭受惨重损失。大灾后反思，反思后大干，苏州水利建设发展由此进入高潮期，开展太湖治理、长江治理等一系列工程，推进高标准农田水利建设，实施农村河道大整治，启动城市防洪工程。同时，进一步强化依法治水，不断加强水资源管理工作，为全市水资源管理体制优化、水务一体化改革奠定基础。

太湖治理建成发挥效益。环太湖大堤、太浦河工程和望虞河工程均为《太湖流域综合治理总体规划方案》中确定的治太骨干工程。1991年太湖流域发生特大洪涝灾害后，国务院作出《关于进一步治理淮河和太湖的决定》，要求用5—10年时间完成治理太湖的骨干工程。环太湖大堤按1954年太湖最高水位加8级风浪和安全超高确定堤顶高程，大堤顶高程7.0米，堤顶宽6米建设，2002年12月竣工初验。太浦河江苏段河道工程自1992年11月开工，1998年11月完工，2006年4月全线竣工验收。1991年11月至1992年5月，望虞河工程先期打通上段27.5千米河道并修筑两岸堤防，使望虞河在1992年汛前达到初通150立方米每秒的泄流能力，至1998年10月全部完成。太湖治理“三大工程”完成后，太湖流域洪水出路打通，洪涝灾害威胁减轻。

长江治理全面提标建设。90年代，特别是遭受1996年第8号台风风暴潮、1997年第11号台风及1998年全流域性大洪水袭击后，全市掀起继1974年“8·20”大潮后又一次长江堤防达标建设的高潮。1998年汛后，江苏省委、省政府作出《关于进一步加快防洪保安基础设施建设的决定》，张家港在全省率先开展江堤达标建设，当年冬季，高标准江堤达标建设工程开始全面施工，其中张家港、常熟、太仓沿江三市加快江堤达标建设进度，加固堤防并兴修一批穿堤建筑物，按照全省时序要求完成江堤达标建设任务。长江堤防达标工程建设，不仅提升沿江堤防和通江骨干河道防洪抗灾能力，有效保障沿江及周边地区人民生命财产安全，也为沿江经济发展提供良好的投资环境。

农田水利建设成效显著。1992年开始，全市按照“大灾后反思，反思后大干”的要求，精心组织实施中低产田改造和吨粮田建设，由小面积转向大面积，由公路沿线转向边缘死角，由低标准转向高标准，由单项治理转向综合治理，田间排灌渠道进行衬砌，田间工程向规格标准化、设施现代化、管理科学化发展，为农业现代化和农村规模经营创造条件。河道治理全面加快。1997年，根据苏州市第十一届人民代表大会第五次会议精神，苏州市开展农村河道大整治，将河道疏浚与整修防洪圩堤、复垦复耕、水环境整治、村镇建设等有机结合起来，经过5年坚持不懈的努力，共疏浚各级河道15596条14747.9千米。

城镇防洪工程提升标准。1991年特大洪涝灾害后，苏州市加大城区防汛设施投资建设力度。至1999年，苏州城区累计投入防洪保安资金8700余万元，新建泵站11座，新增排涝能力34立方米每秒；新建节制闸26座；改造、大修泵站7座。1999年超历史特大洪水后，市委、市政府决定实施苏州城区防洪综合治理工程，通过构筑防洪驳岸、铺设防洪道路、建设沿河绿化带、改造雨水出水口、建设防洪大包围及对受淹地区居民住宅区进行改造等6项工程措施，全面提高城区设防标准，使城区开放性河道两侧的居民和企业在汛期高水位不再受淹。

依法治水工作逐步加强。1995年开始，按照全省部署，苏州开始征收水资源费，成为水资源节约、保护和管理的重要保障。1999年，苏州市人大常委会批准施行《苏州市长江防洪工程管理条例》，为苏州水利水务法制史上出台的第一个地方性法规。由于地下水开采带来的地面沉降等问题，1996年，苏州市政府认真贯彻落实省政府《关于加强苏锡常地区地下水资源管理的通知》精神，抓好地下水资源管理工作，2000年8月，省人大常委会通过《关于在苏锡常地区限期禁止开采地下水的决定》，明确2005年底前苏州、无锡、常州全面实行禁采地下水，苏州市全面完成地下水禁采任务，为全省水资源保护做出重要贡献。

二

迈入新世纪，苏州进入工程水利向资源水利、传统水利向现代水利水务转变的发展时期。坚持依法治水，水资源、水政执法等管理工作逐步加强。全市深入推进水利工程管理体制、农村水利等改革事项，城市防洪大包围工程建成，加快实施供水工程、污水处理工程，水务一体化工作持续推进，各项工作取得显著成效。

2001年，苏州市水利局增挂“水务局”牌子，新组建的水务局对涉水事务进行统一管理，实现城市和农村、地下水和地表水、水质和水量、供水和排水、用水和节水的一体化管理，开启水务工作新征程。

城市防洪工程加快建设。2010年6月，苏州城市防洪十大枢纽全面完成并交付使用，各县（市、区）开展城镇防洪工程建设，构建可持续排水防涝系统，提高城市综合防灾减灾能力。沿江张家港、常熟、太仓长江治理不断推进，淀山湖防洪工程、望虞河工程全面竣工，形成长江堤防控制线、环太湖堤防控制线、望虞河东岸控制线、太浦河北岸控制线以及淀山湖昆山堤段控制线五条外围防洪屏障。

城乡河道管理逐步规范。苏州城市河道治理与管理进一步提升。制定县镇级河道10—15年、村级河道5—8年轮浚机制，开展第二轮、第三轮农村河道整治工作。出台《苏州市农村河道长效管理考核办法》并修订完善。2005年，颁布实施《苏州市河道管理条例》和《苏州市蓝线管理办法》，河道管理走上规范化、制度化、法制化轨道。提出城市水环境三年行动计划，水环境治理成效明显。

市区供水工程基本完成。苏州北部供水工程被列入苏州市2002年实事项目之一，截至2003年底，相城区供水管网工程全部完工，相城区10个镇35万居民受益，饮上太湖水。2002年起，全面实施市区自来水一户一表改造工程，历时两年零四个月完工，20.5万用户得到惠泽。各县（市、区）供水工程作为政府实事项目先后启动，到2005年底，各县级市基本实现以优质地表水为水源的区域内集中统一供水。

污水处理工程提标升级。2003年，新建福星污水处理厂一期工程8万立方米每日，娄江污水处理厂一期工程6万立方米每日。2005年起，全面启动福星、娄江污水处理厂二期扩建工程，处理能力分别再扩大10万立方米每日和8万立方米每日，建成后总规模达到32万吨。为进一步完善苏州城市污水管网收集系统，提高污水集中处理率，加快污水支管到户工程的建设速度，污水处理量由2001年的2142.34万吨增加到2005年底的7220万吨，已达到最高23万吨的日处理量。

水资源保护进一步加强。开展水功能区划工作，划分323个水功能区。2004年，苏州市政府颁布《苏州市供水办法》，为水源地保护提供制度保障。2005年，苏州市全面完成地下水禁采，建立推广地下水资源“四个一”（即一本取水许可证、一只取水计量表、一块取水标牌、一本台账）管理制度。同时，推进节约用水工作，2009年，《苏州市节约用水条例》颁布实施。2011年，苏州市及所辖常熟市、太仓市成功创建为国家节水型城市，在全国率先建立国家节水型城市群。

2007年，太湖蓝藻危机暴发后，国家更加重视饮水安全保障，开始新一轮太湖治理。2007年，苏州市编制并实施《苏州市饮用水源安全保障规划》，启动水源地达标建设工作，开展蓝藻常态化打捞与治理，为水生态环境安全提供有力支撑。2010年，东太湖综合整治工程全面启动实施，走马塘延伸拓浚工程开工建设，为“引江济太”提供通道，使苏州由运河时代走向太湖时代。

三

2011年，中共中央、国务院出台《关于加快水利改革发展的决定》的中央一号文件。2014年，在中央财经领导小组第五次会议上，习近平总书记就加强水安全战略，提出“节水优先、空间均衡、系统治理、两手发力”的治水思路，苏州市贯彻党中央重大决策部署，苏州水利水务工作进入新时代高质量发展时期。按照市委、市政府科学治水、系统治水、精准治水、高效治水总体思路，坚持新发展理念，一体推进水安全保障、水资源保护、水环境改善、水生态修复、水文化弘扬。

水环境综合整治成效显著。2012年，苏州市委常委会通过《苏州古城区河道水质提升行动计划》，提出“四个百分百”：百分百污水入河截流，百分百实现河道清淤，百分百消除断头浜，百分百达到河道保洁全覆盖。启动城市中心区清水工程、活水工程建设，开展推进城乡生活污水治理三年行动计划，推进黑臭水体治理步伐，有效改变城乡水环境面貌。

水资源管理工作全面落实。2012年，市政府出台《关于实行最严格水资源管理制度的实施意见》，配套制定法规制度，水资源管理“三条红线”框架基本建立。陆续出台《苏州市“十三五”水资源消耗总量和强度双控行动实施方案》《苏州市建设项目节约用水管理办法》《苏州市水效评估规范》等，2015年和2019年分别以优异成绩通过国家节水型城市复查。用水审计、合同节水、水效领跑者、节水型园区、节水宣传相关做法被选为全省乃至全国典型。

水生态文明建设深化加强。全市开展湖泊综合整治、河网水质提升、节水减排与控源截污、生态河道建设、清水涵养、防洪排涝达标、城乡供水安全升级、水域经济生态发展、现代水管理体系建设、水文化与水意识提升等十大行动。2015年，苏州市以全国最高分通过国家水生态文明城市建设试点验收，所辖张家港市、常熟市、太仓市、昆山市均被列为江苏省水生态文明建设试点市，形成“1+4”水生态文明城市群格局。

河湖长制改革进一步深化。将河湖长制纳入全市全面深化改革工作，形成“河长主导、党政领导、主官督导、部门指导、社会引导”的河湖长制工作格局，建立市、县（市、区）、镇（街道）、村（社区）四级河湖长体系，实现河湖长全覆盖，推动河湖长履职尽责。创新河湖长制工作举措，打造河道主官，开展联合河长制等，河道主官获评中国水利2017基层治水十大经验之一，“跨界联合河长制”入选中国改革2020年度典型案例。

智慧水务建设加速升级。推进“智水苏州”建设，升级水利水务信息调度中心，打造“水安全、水资源、水生态、水工程、供排水、水事务、水务监管”6+1业务应用体系，推动水务建设管理智慧化。

河湖水系整治加快推进。2016年汛后，苏州市委、市政府要求加快大运河苏州段堤防加固工程建设。2017年，大运河全线开工建设，2020年底实现沿岸步道贯通。工程将大运河苏州段打造成一条滨水风情人文带、旅游休闲观光带、防洪排涝安全带、海绵城市建设示范带。

水利水务改革持续深化。全市产权制度改革、农业水价改革、乡镇水利服务体系改革、水利工程管理体制改革任务完成，基层水利服务体系建设不断健全，初步建立涉水管理部门之间的信息共享机制，强化城乡涉水事务的统筹规划和统一管理。围绕水利水务现代化建设要求，至2020年，全面建成高标准的水利水务基础设施体系、水利水务管理服务体系，水利水务发展主要指标全国领先，部分指标达到国际先进水平。

三十载栉风沐雨，苏州市水利水务建设始终紧扣全市经济社会发展总体需求，坚定树立新发展理念，积极践行新时期治水方针，以改革为动力，以创新为引领，全力推进水利水务现代化、水生态文明建设和综合执法，全面落实最严格水资源管理制度，成功实现从传统水利向水利水务现代化的华丽转身。

在这波澜壮阔的历程中，苏州水利水务人勇立潮头，攻坚克难，用智慧和汗水绘就一幅气势恢宏的治水画卷。苏州市委、市政府科学治水、系统治水、高效治水的总体思路得以实现，全市统筹推进保障水安全、保护水资源、改善水环境、修复水生态、弘扬水文化，在抵御水旱灾害、保障人民生命财产安全、促进经济发展、提高人民生活水平以及改善生态环境等方面发挥重要作用，为经济社会高质量发展提供坚实的水利水务保障。

大事记

1991年

1月7—11日 全市组织冬春水利土方检查，分别查看张家港后塍、东莱，常熟东张、唐市、辛庄，郊区长青，吴县渭塘、黄埭，吴江梅埝、震泽，昆山石牌、城北，太仓璜泾、鹿河。

3月23—25日 全市水利农机工作会议召开，各县（市、区）水利局局长、直属单位领导、乡水利农机站站长及市局各科室负责人共400余人出席会议。会上对全市水利农机系统25个先进单位和44名先进个人进行表彰、奖励，对水利建设3个优胜乡和12个先进乡进行授奖。

5月2日 水利部部长杨振怀到苏州视察太浦河。

5月26日至6月1日 全市组织水利建设第二阶段评比，吴县、吴江分别被评为第一、二名，并报送省水利厅“大禹杯”。

6月3—8日 全省机电排灌会议在昆山召开，参观太仓新湖岳堤，沙溪胜利、印北，直塘泰西、青秧，岳王岳西和昆山城北的江浦、同心、金星，新镇的野猫洞等12个现场。省水利厅副厅长戴玉凯到会总结，副市长府培生到会陪同参观。

6月13—15日 连续暴雨，外河水位普遍上涨30厘米以上，吴江桃源、铜罗等处上涨50厘米以上。为确保圩堤安全，经市政府批准，于6月16日起頔塘、澜溪塘、苏嘉运河停航。市防汛防旱指挥部（以下简称市防指）发出通知，抓好防汛抗灾的紧急工作。

6月18日 连日暴雨，苏锡常及淀泖地区水位猛涨，上海市自6月18日10时起打开蕴藻浜东西闸，17时打开淀浦闸。19—20日共泄洪2600万立方米。

6月24日 由国务院副总理田纪云签发国家防汛抗旱总指挥部（以下简称国家防总）明传电报1号，内容为经江苏、浙江、上海两省一市协商，副总理田纪云同意，决定开启太浦闸（当日太湖水位达4.21米）。6月26日12时由水利部太湖流域管理局（以下简称太湖局）、省防汛防旱指挥部（以下简称省防指）、市防汛防旱指挥部负责人到现场指挥，开启闸孔10孔，流量100立方米每秒；至7月24日20时逐步加大到400立方米每秒；至8月29日太湖水位降至3.50米时，国家防总命令关闭太浦闸，于9月1日晚正式关闭，共为太湖泄洪12.34亿立方米，降低太湖水位0.50米。

6月30日 第二个梅雨期，苏州遇特大洪涝灾害，至7月7日14时太湖平均水位高达4.68米，超历史最高水位0.03米。7月5日19时国家防总指示炸开大鲇鱼口坝（节制闸施工坝），7月11日8时炸开沙墩口坝。7月16日23时30分，全面完成东、西坝拆除加深工作，过水断面均达80平方米，东坝口面宽142.40米，平均深度0.57米；西坝口面宽50米，平均深度1.60米。望虞河封塘泾全面清障，以利行洪。

7月6日 国务院副总理田纪云到苏州察看太浦河节制闸，并在吴江平望召开江苏、浙江和上海两省一市现场协调会议。

7月9日 为加强抗洪救灾工作的领导，市委、市政府决定成立总指挥部，由章新胜任总指挥，范育民、冯大江、府培生、黄铭杰、王纪庚任副指挥，总指挥部成员15人。

7月9—10日 中共中央总书记、国家主席、中央军委主席江泽民，在中共中央政治局委员、国务院副总理田纪云，中央书记处候补书记温家宝，省委书记沈达人，省委副书记、省长陈焕友等陪同下，实地察看苏州市区、吴江等地的抗洪救灾工作，了解受灾群众生活和市场供应等情况，慰问参加抗洪救灾的干部群众和解放军官兵。

7月14—16日 国务院江苏抗洪救灾工作组到张家港、常熟、吴县、苏州城区、吴江察看灾情。

8月7日 全市遭受第三次暴雨和龙卷风袭击，普降特大暴雨。全市平均日降雨77毫米，苏州市区113毫米，水位再次上涨。吴江西南部七都、八都、震泽、铜罗、青云、南麻沿线6个乡镇19个村遭受龙卷风严重袭击。棉花倒伏，倒房坏房3649间，工厂、企业进水454家，市区住户进水5974户。

8月16—17日 全市水利局局长会议召开，总结前段防汛工作情况经验，交流水毁工程修复情况，研究冬春水利工作，副市长府培生到会总结。

10月6—9日 省政府在苏州召开全省水利工作会议，苏州市市长章新胜、副市长府培生，市农工部、计委、财政局、水利局有关领导参加会议。会上重点部署太湖流域治理任务。

10月8日 市委、市政府在太仓召开全市秋播及农田水利现场会，参观太仓直塘泰西村、牌楼金埝村、岳王岳西村、沙溪印北村和洪泾村的稻棉丰产方农田水利及开挖清理外三沟现场。

11月2日 苏州市成立太湖治理工程领导小组，下设苏州市太湖治理工程办公室作为工程建设单位，具体负责苏州市包干实施工程的建设、监督和协调工作。

11月3—4日 省政府治理淮河、太湖领导小组在苏州召开望虞河工程施工会议，苏锡常三市和省有关部门负责人以及望虞河工程所在县、乡领导参加，共同研究开工前准备和开工事宜，决定于11月15日开工，先实施沙墩港段1.6千米。

11月15日 望虞河工程破土开工，9时30分在太湖沙墩港桥工地举行开工典礼，副省长凌启鸿宣布开工，省长陈焕友、水利部副部长周文智、省军区政委魏长安、苏州市市长章新胜和无锡市市长王宏民先后讲话，省委书记沈达人、副书记曹鸿鸣，太湖局和省部委办的部分负责同志，苏州市党政军领导王敏生、范育民等和无锡市、吴县、无锡县的领导参加开工典礼和工地劳动。

12月3日 省委、省政府发出《关于表彰江苏省1991年抗洪救灾先进集体和先进个人的决定》，苏州市水利局被评为先进集体，局长范家麒被评为先进个人。

12月24日 全省治太、治淮水利现场会苏南片检查组到苏州检查吴县陆慕、黄埭、望虞河丰塘泾，常熟辛庄、莫城排灌站、丰产方建设，张家港港口低产田改造和塘桥、鹿苑、后塍、南沙等乡的浚河现场，得到与会代表好评。

1992年

1月8—13日 全市组织水利建设第一阶段土方工程评比，评出吴县东山、张家港塘桥为一等先进乡；吴县黄埭、陆慕，张家港南沙，吴江盛泽为二等先进乡；吴江坛丘，常熟任阳、唐市、古里，昆山新镇、城北，太仓新湖、璜泾为三等先进乡。

4月25日 望虞河一期工程沙墩港口工段通过省级验收。

4月29—30日 全市水利综合经营工作会议在张家港召开。会议参观无锡县前洲、东湖塘、梅村水利站，交流上半年工作情况。

6月8—11日 全国人大常委会水法视察组一行9人到苏州视察。省人大常委会副主任凌启鸿及省水利厅、太湖局、淮河水利委员会等领导到吴县东山视察太湖大堤渡水桥段、常熟水政监察站，听取市政府副秘书长张献林关于水政情况的汇报，双方交换意见。

7月10日 各县(市、区)水利局局长会议召开,研究治理太湖工程有关加快进度、降低造价的改革措施,以及市县联合设计施工招标等工作。

9月2—3日 全市水利改革座谈会召开,会议传达全国、全省水利改革会议精神,总结前一阶段全市水利改革情况,提出下一步改革思路。

11月11日 10时,常熟在冶塘乡召开望虞河常熟段工程开工典礼,副省长俞兴德、市委副书记府培生、副市长王振明、省水利厅厅长孙龙、太湖流域管理局副局长钱振球等领导参加开工仪式,并参加开工劳动。

11月12日 8时30分,太浦河工程吴江段开工典礼在芦墟举行,副省长俞兴德、副市长王振明、太湖局副局长钱振球等领导分别在开工典礼上讲话。工程计划至1998年11月完工。2006年4月,太浦河工程全线通过竣工验收。

12月2—5日 包头市水利局到苏州市考察,并与苏州市水利局签订友好水利局协议。

1993年

2月27日至3月1日 全省水利配套建筑物会议在苏州召开,与会代表参观吴县太平、黄埭、渭塘、枫桥、新区等配套建筑物现场;28日,省水利厅厅长孙龙讲话并对全省1992年“大禹杯”竞赛中21个先进县进行表彰,颁发奖状;3月1日下午,省水利厅副厅长戴玉凯作会议总结。

3月22—28日 在“世界水日”之际,举行《中华人民共和国水法》(以下简称《水法》)实施5周年宣传纪念活动。通过《水法》宣传,逐步形成取水要申请,用水要交费,自觉保护水、珍惜水的社会风气。

6月 苏州高新区第一座污水处理厂——苏州市河西新区污水处理厂工程施工,于1996年3月投入运行,设计日处理污水能力2万立方米。

8月10日 望虞河立交水下工程举行验收、通水仪式。省委副书记曹鸿鸣,副省长俞兴德,省政府秘书长刘坚,省军区副司令员徐鸣皋,太湖局副局长王同生、钱振球,苏州市、无锡市以及吴县、常熟、无锡县的党政领导干部出席。工程于1992年10月15日动工。

8月20日至21日下午 全市平均降雨341.50毫米;加上上游客水大量压境,下泄受阻,河湖水位急剧上涨,太湖水位由6月27日的3.21米起涨,7月5日突破警戒线,8月26日8时达4.51米,超警戒水位1.01米,分别比1954年、1991年最高水位仅差0.14和0.28米。内河水位也普遍偏高。太湖平均水位超警戒线持续到10月中旬末,累计达107天;超4.20米的危急水位历时16天。苏州站超警戒水位长达41天。

8月24日 水利部副部长周文智受国务委员、国家防总总指挥陈俊生委托,代表国家防总到苏州察看汛情、灾情,慰问抗洪救灾一线的干部群众,协调太湖流域防汛调度工作。

1994年

1月12日 全市组织冬春水利建设评比,吴县东山、张家港塘桥镇获得一等奖,4个镇获二等奖,9个乡镇获三等奖。

4月17日 华东七省市水利学会第七次学术研究会在苏州召开,会议由省水利厅副厅长戴玉凯主持。

6月9日 国务委员、国家防总总指挥陈俊生,水利部副部长周文智率国家防总检查组到苏州检查防汛工作,并视察望亭立交工程。

6月21日 市政府签发贯彻省政府《关于做好江苏省水资源管理条例实施工作的通知》的意见。

6月30日 水利部太湖局通知,太浦闸开闸预泄,控制太湖水位,这是太浦闸建成以来首次采取预泄措施。

8月8日 全市水利系统清产核资工作会议

在常熟市水利工程公司召开。

9月5日 全国农水处处长会议在苏州召开，水利部农水司司长张岳，副司长陈学仁、冯广志，各省、市、自治区水利厅农水处处长，江苏省水利厅厅长孙龙等参加会议，参观常熟、吴县、昆山农田水利设施、丰产方、供水工程建设现场，苏州市副市长王振明到会发言。张岳在讲话中高度评价苏州高标准农田水利建设工作。

9月23日 苏州市水利学会在常熟市召开，经市科学技术协会批准，新一届水利学会理事会由19位同志组成，王兴元任理事长，薛淦泉、贝民建任副理事长。

10月25日 全国第二次水利执法统计工作研讨会在苏州召开，水利部水政水资源司副司长李泽冰到会讲话。

11月28日 苏州市水利局派员参加苏州工业园区首期开发区详细规划审定会。年底，苏州市水利勘测设计研究所参与该区防洪、除涝工程的研究与规划。

12月3日 市水利局在《苏州日报》上发表第一号公告，公布望亭发电厂等30家用水单位取水许可证号码及核定的用水量。

12月4日 省政府在苏州召开苏南片冬季水利建设和田间管理现场会议，参观张家港、常熟、吴县和吴江农田水利建设和田间管理现场。参加会议的有苏南5市分管的市长、水利局局长、农业局局长及苏州6县（市、区）分管县（市、区）长、水利局局长、农业局局长。会议于6日在吴县东山镇结束。

12月7—10日 全市组织水利工程管理检查评比，张家港市、吴县、昆山市获优秀奖，常熟、吴江、太仓市获优良奖。

1995年

1月4日 市水利局、人事局联合召开人事干部会议，落实省人事局、农机局关于乡（镇）农机站工作人员享受增加8%职务津贴问题，乡（镇）水利站参照执行。

1月7日 全市组织冬春水利建设第一阶段土方工程评比，评出16个水利建设先进乡镇，其中张家港南沙镇、塘桥镇获一等奖。

1月16日 水利部在苏州召开太湖水质水环境委员会会议，水利部副部长周文智、上海市副市长夏克强、浙江省副省长刘锡荣、江苏省副省长姜永荣，以及太湖局、江苏省水利厅、苏州市水利局等单位领导出席会议。

1月19日 水利部副部长严克强到苏州考察吴江市水利综合经营工作，对苏州发展水利综合经营的经验和做法给予充分肯定。省水利厅厅长翟浩辉陪同考察。

3月1—2日 全市水利工程用地确权划界工作会议召开，市、县（市、区）水利局和土地局的有关同志参加会议。至1995年底，苏州市国家水利管理单位水利工程用地确权划界工作，历经10个月结束。向土地管理部门申请登记国有水利工程用地119宗，面积37.02平方千米，申报率和领证率为100%。

3月6日 根据国务院《关于进一步治理淮河和太湖的决定》和省政府办公厅文件，中共苏州市委机构编制委员会办公室（以下简称市委编办）、市水利局联合发文，将太浦河节制闸管理所移交给太湖局管理。

3月24日 市水利局、财政局、物价局联合发出《关于加强水资源费征收管理通知》，并于1995年全面征收水资源费，标志着水资源管理有偿使用制度进一步得到完善，成为水资源节约、保护和管理的重要保障制度。

3月25—27日 国家防汛抗旱总指挥部办公室（以下简称国家防办）汛前检查组到苏州检查汛前准备工作，检查低洼易淹地区和望虞河立交工程、正在施工的望虞河工程、望虞闸和太浦闸等防汛工作。

5月2日 市委副书记黄俊度到市水利农机局了解治太工程和防汛准备工作情况。

5月9日 《苏州市水利志》评审会议在吴县水利局培训中心召开，参加会议的有省、市、县（市、区）的老领导、老专家计40余人，省水利厅副厅长戴玉凯到会讲话。

5月16日 昆山千灯浦套闸工程通过质监，举行竣工验收仪式。

5月19日 全国水利经济工作会议在吴江宾馆开幕。水利部部长钮茂生和副部长朱登铨以及各省、自治区、直辖市水利厅厅长，部直属单位负责人，国家计委、体改委有关方面的负责人员等200余人参加会议，会议代表参观吴江、吴县、张家港的现场，水利部领导和与会代表对苏州水利经济和农田水利建设给予高度评价。

6月14—15日 国家防总副总指挥、国务院副秘书长刘济民率队到苏州检查防汛工作，检查望亭立交工程、环太湖大堤工程以及苏州市区部分防汛工程。听取浙江省副省长刘锡荣和江苏省副省长姜永荣、上海市副市长夏克强关于防汛情况的汇报。

6月15日 省太湖联防指挥部在苏州召开1995年太湖防汛联防会议，省水利厅副厅长沈之毅，苏锡常三市分管市长出席会议，会议由联防指挥部指挥、苏州市副市长王振明主持。

6月16日 全市组织冬春水利建设第二阶段评比，评出张家港和吴县为水利建设先进县，太仓、常熟、昆山、吴江、郊区、工业园区为水利建设配套先进县（市、区）。其中张家港晨阳南新电灌站、鹿苑北电灌站，吴县越溪张桥泵站、蠡口站获配套建筑物一等奖。

6月20日至7月7日 苏州市梅雨期遭受4场暴雨、大雨袭击，全市平均降雨317.1毫米，太湖出现新中国成立以来第四个高水位，淀泖区腹部和浦南片洪涝灾害严重程度超过1991年。

7月15日 受新中国成立以来长江第二大流量洪水下泄的影响，张家港中兴镇十字港下游150米临江堤外的滩地发生坍江，坍江边长90米、宽50米、深7—8米。

8月10日 省水利厅副厅长戴玉凯到苏州召集苏锡常三市探讨“苏南农田水利建设模式”，苏州市总结的农田水利建设制度化、工程标准化、投入多元化、施工机械化、管理一体化，被确认为“苏南农田水利建设模式”。

8月20日 水利部、国家法制局组织联合检查组到苏州检查取水许可证制度实施情况，对苏州的工作表示满意。

8月25日 市水利局与市建委、环保局、规划局共同制定《苏州市区水环境综合治理报告》报送市政府，对市区水环境综合治理措施、资金筹集渠道、机构设置和分工等提出意见，提出以“疏、截、治、引、管”为主要内容的水环境综合治理方案，并具体实施。

11月23日 市编制委员会批准市水利局成立苏州市水政监察支队，为正科级建制，核定人员编制8名。

12月11日 为贯彻省政府第三步水费改革办法，市政府出台《关于贯彻实施〈江苏省水利工程水费核订、计收和管理办法〉的意见》。

12月28日 苏州水利大厦落成典礼举行。1994年8月28日封顶，1995年9月16日竣工验收，是一幢集办公、经营、服务于一体的综合性大楼，建筑面积6500平方米。

1996年

1月19—22日 全市组织冬春水利土方工程评比，评出吴县西山镇等14个水利建设先进镇。其中吴县西山镇，太仓浮桥镇、浏家港镇，张家港晨阳镇获一等奖。

3月7—8日 全市水利农机工作会议在东山宾馆举行。市委副书记黄俊度、市人大常委会副主任府培生、副市长王振明、市政协副主席林兴成到会讲话。

3月8日 市人事局、水利局颁布决定，授予吴县长桥水利管理服务站等13个单位市水利系统先进集体，授予吴县水利局王美生等85人市水利系统先进工作者称号。

3月23日 水利部部长钮茂生在副省长姜永荣和省水利厅厅长翟浩辉、副厅长沈之毅，苏州市副市长王振明等陪同下，到苏州视察环太湖大堤工程、胥口水利枢纽建设工地和望亭立交工程。

3月29—30日 国家防办、太湖局和省防指到苏州市进行防汛检查，听取江苏、苏州汛前准备情况汇报，研究调度方案和江边枢纽施工问题。

4月1日 水利部授予常熟市水利局陶光亚全国水利行业先进审计工作者称号。

4月14日 苏州市水政监察支队成立大会召开，水利部水政水资源司副司长任光照，省水利厅副厅长沈之毅，市人大常委会副主任陈金科、副市长王振明、市政协副主席姜昆，以及市法院、公安局、法制局、环保局等有关部门的领导出席成立大会。

4月29日 吴江太浦河南窑港船闸工程通过苏州治太办组织的竣工验收。

5月2—3日 国家防总淮河、太湖防汛检查组到苏州进行汛前检查，检查组对苏州防汛准备工作给予充分肯定。

5月4日 吴县市水政监察大队召开成立大会，至此，全市市、县（市、区）两级水政监察专业队伍全部组建成立。

5月10—11日 市水利局在常熟召开全市水利经济工作会议，组织参观常熟何市水利站、唐市农机站等单位的经济实体，有关单位交流经验。

5月28日 在上海市召开的全国水利经济工作会议上，吴江、常熟被评为全国水利经济十强县（市）中的第3名和第5名，张家港被评为全国水利经济先进县（市）。

6月20日 省防指在常熟召开太湖地区防汛防旱联防会议，省水利厅副厅长徐俊仁到会讲话。

6月21—23日 由省计经委副主任王稳卿、省水利厅总工程师陈茂满带队的省政府水利检查组到苏州市检查工作，先后检查吴县环太湖大堤、苏州胥口水利枢纽、吴江梅堰水利站、张家港巨桥丰产方等，检查组对苏州的工作表示肯定。

6月26—29日 全市组织水利建设建筑物评比，吴县黄桥张庄灌溉站等26座配套工程被评为优秀水利配套建筑物，评出张家港、吴县两市为1996年度全市水利建设先进市，太仓等6个市（区）为水利建设配套先进市（区）。

7月1日下午 省长郑斯林在市委、市政府领导陪同下，视察汛情最为紧张的吴江，对做好抗灾工作提出指导意见。

7月18日 吴县西山出现高水位4.56米，与1993年最高水位持平，为历史第三位。

7月19日 根据市委、市政府转发《中共江苏省委、江苏省人民政府关于苏州市党政机构改革方案的通知》的精神，苏州市水利局更名为苏州市水利农机局。

8月1日 凌晨，苏州市沿江潮位全线超过或接近历史最高。实测最高潮：张家港闸下7.22米，超过历史最高潮位0.42米；浒浦闸下6.29米，超过历史最高潮位0.02米；七浦闸下6.05米，距历史最高潮位仅差0.25米。

8月14日 苏州市水利建设工程招标投标办公室成立，标志着苏州市水利工程建设招标投标从此纳入正常管理轨道。

8月20日 苏州市胥口水利枢纽工程管理处成立，为全民事业单位，正科级建制，核定人员编制40名。

8月30日 张家港市水政监察大队规范化建设通过苏州市水利农机局验收。

11月2日 市水利农机局成立科技兴水领导小组，范家麒任组长。

11月11—12日 水利部水政水资源司副司长张德尧检查昆山、张家港两市水政监察规范化建设情况，对苏州水政工作给予高度评价。

11月16日 根据水利部决定，吴江市水利农机局局长张明岳被评为全国水利系统优秀干部，苏州市水利工程公司蔡传生、昆山市水利建筑工程公司张若希被评为全国水利系统模范工人。

11月21日 全市水利农机局局长会议召开，会议传达省委、省政府召开的水利工作会议精神，要求各地迅速行动起来，落实具体措施，掀起大干水利热潮。

12月1日 张家港十一圩闸上闸扩建工程开标。

12月9日 全市冬春水利建设现场会召开，会议组织参观张家港、吴县市部分乡镇河道疏浚、江堤建设、吨粮田建设、低产田改造、沪宁高速公路示范方建设等12个现场。

12月9—12日 根据省、市政府的要求，沪宁高速公路苏州段两侧各1千米范围内要建成高标准示范方，沿线昆山正仪、吴县东桥和工业园区跨塘、唯亭为省水利厅的示范方，水利土方建设全面开始。

12月10日 《苏州市暨吴县市水资源开发利用现状分析报告》通过省水利厅组织的验收。至此，市、县（市、区）两级水资源开发利用现状分析工作全部结束。

12月26日 吴江北窑港工程配套项目开标。

12月28—30日 由省水利厅厅长翟浩辉、省政府办公室农业处处长张德林等5人组成的省政府冬春水利建设检查组到苏州检查，先后查看10多处水利建设现场，听取吴县、太仓两市和苏州市冬春水利建设情况汇报。省检查组对苏州高标准农田水利建设、环太湖大堤工程建设、河道疏浚，长江江堤整治和高速公路沿江高标准农田示范带建设均作出高度评价。

12月30日 《苏州市水利农机局职能配置内设机构和人员编制方案》由市机构编制委员会审核、市政府批准公布。局内设9个职能处（室），机关行政编制36名，另核行政附属编制6名。

是年 根据水利部、国家计委、财政部、中国人民银行、中国农业发展银行《关于“九五”期间在全国建设300个节水增产重点县和建设节水型井灌区的通知》文件，吴县被确定为“九五”期间全国300个节水增产重点县之一。

1997年

1月13—16日 全市组织农田水利土方工程评比，张家港德积镇、吴县西山镇、吴江震泽镇获水利建设先进镇一等奖，太仓牌楼镇等5个乡镇获二等奖，太仓城厢镇等5个乡镇获三等奖。张家港、吴县、常熟三市的农田水利土方工程列入全市先进行列。

1月17日 省水利厅和苏州市、太仓市水利农机局联合投资兴建的太仓浏河套闸工程开工。

2月24日 在全省市、县（市、区）水利局局长会议上，吴县市、张家港市水利农机局被表彰为1996年度县级水利先进单位，范家麒、杨继雄被表彰为全省优秀市县水利局局长。

3月 苏州市第十一届人民代表大会第五次会议通过“加大河道整治力度，推进农村基本现代化建设进程”的决议。1997年10月编制完成《苏州市河道整治总体规划》，掀起农村河道疏浚整治高潮。

4月2日 市政府建立苏州市河道整治领导小组，组长由副市长王振明担任，顾杰、范家麒、许德宝为副组长，领导小组办公室设在市水利农机局。

4月4—5日 青海省水利厅赴江苏学习考察团到苏州考察水利建设、水利经济及水政监察规范化建设。

4月11日 苏州市人大常委会、市政府联合召开河道整治工作会议，决定用3年时间切实解决河道淤积问题，促进农村现代化建设。

4月22日 太仓市水政规范化建设通过苏州市验收。

4月25日 吴江北窑港水利枢纽工程开标会召开。

5月9日 市委、市政府召开第二次防汛防旱工作会议，要求动员各方面力量，全力做好防汛防旱工作。市委副书记黄俊度到会讲话，市防指指挥、副市长王振明与各县（市、区）防指责任人签订1997年度防汛工作责任状。

5月17日 省水利厅副厅长徐俊仁到苏州主持对苏州市水政规范化建设进行验收，并对率先通过水政规范化建设验收给予高度评价。

5月22—23日 水利部副部长朱登铨带领国家防总汛前检查组到苏州市检查防汛工作。

6月4日 市政府决定成立苏州市长江治理工程指挥部，副市长王振明任指挥。指挥部下设办公室，办公室设在市水利农机局。

6月8日 胥口水利枢纽主体工程竣工并投入试运行。

6月19—25日 望虞河常熟枢纽泵站首次启用，抽引长江水入望虞河，支持苏、锡两市抗旱，共计引水7000多万立方米。

6月28日 吴县市水政规范化建设通过苏州市验收。

是月 全市组织农田水利配套建筑物评比，评出张家港、吴县两市为水利建设配套先进市，其中张家港港口镇东南电灌站、吴县横泾镇尧南电灌站等8座电灌站获优秀配套建筑物一等奖。

8月16日 第11号台风在西太平洋洋面上生成后，苏州市密切关注台风动向，及早做好抗台准备。是日下午，市委常委扩大会议专门部署防台工作，随即，市政府召开防汛指挥部全体人员紧急会议，落实抗台准备工作。

8月18日 市委、市政府向各市、县（市、区）各部门发出《关于全力迎战今年第11号台风的紧急通知》，下午，省委常委、市委书记杨晓堂再次主持召开抗台紧急动员会，采取紧急措施，动员各方力量，全力以赴抗御台风袭击。由市委常委、市长带队的8个防汛工作组迅速赶至各地抗台第一线，组织抗台斗争。当晚，市政府发布《告全市市民书》要求全民行动，奋力抗台。

8月19日 凌晨近3时，张家港乐余镇光文村文革圩因一涵洞被冲毁，导致港堤决口30多米，圩内光文村、齐心村农田全部被淹，3000余人被洪水围困。险情发生后，张家港党政领导组织公安、民兵、武警官兵和附近群众全力抢险，苏州市委、市政府高度重视，市委书记杨晓堂、副书记黄俊度等领导于清晨赶往现场，组织抢险。苏州市武警支队100多名官兵火速赶往现场投入抢险。省委书记陈焕友当天赶至决口现场察看灾情，指挥抢险。被围困的群众及时安全撤离，未发生人员伤亡。

9月2日 市防汛防旱指挥部办公室（以下简称市防办）建成卫星云图接收处理系统并投入使用。

9月3—5日 水利部经济管理局副局长肖学木到苏州考察，先后考察娄葑涂装机械厂、吴江市变压器厂等，对苏州发展水利经济所取得的成绩和经验给予很高评价。

11月5日 经苏州市第十一届人大常委会第三十次会议通过，苏州市人大常委会决定任命戚冠华为苏州市水利农机局局长，免去范家麒苏州市水利农机局局长职务。

11月22日 水利部部长钮茂生视察张家港市江堤达标建设。

11月25—27日 水利部在苏州召开全国水政工作会议。在这次会议上，苏州市水利农机局和张家港市水政监察大队被评为全国水政水资源工作先进单位，陈国清被评为全国水政水资源工作先进个人。

1998年

1月19日 市防指、市水利农机局与苏州市军分区、解放军驻苏部队、武警消防支队和各市、县（市、区）人武部召开迎春联欢会，感谢部队官兵对地方抗洪抢险工作的支持。

4月18日 市防指调整领导成员，副市长江浩任指挥。

4月24日 市防指召开组成人员会议，根据工作情况和可能出现的问题，市委副书记黄俊度、市人大常委会副主任王振明、副市长江浩讲话并布置工作。

4月28日 苏州市胥口水利枢纽管理处水政规范化建设通过市局验收。

5月13日 市长陈德铭、副市长江浩到苏州市水利农机局了解苏州水系和水利工程建设情况，陈德铭就搞好水利规划和水环境整治作重要指示。

5月19—20日 全市水利规划前期工作会议召开，会议传达省水利规划会议精神。

6月28日 太仓浏河套闸开闸放水。

6月29日 市政府召开纪念《水法》实施10周年座谈会。市人大常委会副主任王振明、副市长江浩、市政协副主席黄铭杰参加会议并作重要讲话。

7月14日 为贯彻省政府关于对江苏省境内继续实行长江禁止采砂的决定，市政府在张家港召开长江采砂管理工作会议。市公安局、交通局、水利农机局和沿江三市政府办公室及有关部门负责人参加会议，会议对联合打击长江非法采砂行动作具体布置。

7月22日 市政府颁发《苏州市防御洪水预案》，这是《中华人民共和国防洪法》（以下简称《防洪法》）实施后，首次由市政府颁发的防御洪水方案。

7月27日 根据省防指通知，鉴于长江汛情发展趋势，江苏省沿江地区进入紧急防汛期。

8月24日 市委召开常委扩大会议，学习江泽民总书记在视察长江防汛工作时的重要讲话。

8月26—27日 全市水利农机局局长会议召开，会议传达全省加快基础设施建设座谈会和全省农田水利建设工作会议精神，交流经验。

9月19日 市防指召开紧急会议，全面布置落实迎战6号热带风暴各项工作，副市长、市防指总指挥江浩到会做动员。当日24时，省委常委、市委书记梁保华，副市长江浩到市防指听取6号热带风暴动向及未来发展趋势的最新情况，并与水利、气象专家及部门负责人员研究苏州市防汛抗台措施。

9月28日 全国抗洪抢险总结表彰大会在北京召开，中共中央总书记、国家主席江泽民等中央领导出席会议，张家港德积水利站站长曹洪才代表全市水利农机系统职工参加会议。

是月 苏州市阳澄淀泖区水利规划领导小组成立，市水利农机局局长戚冠华担任组长。9月28日，领导小组第一次会议召开。

10月5日 中共中央总书记、国家主席江泽民在省委、省政府、市委、市政府领导陪同下，视察昆山水利建设情况。9时30分，到昆山张浦镇渚天浦河观看疏浚、筑堤、土地复耕现场，高度评价一土多采、一机多效、一举多得的做法，随后又到横管泾观看机械清淤现场，询问机械作业、清淤进度情况，观看机械清淤操作过程。

10月7日 省水利厅、人事厅授予市防办省长江防汛抗洪先进单位称号，杨继雄、黄祖萌、戴士芳省长江防汛抗洪先进个人称号。

10月17日 全市冬春水利现场会在昆山召开，会议组织参观玉山、张浦、兵希三镇疏浚河道现场，交流经验，部署下一阶段工作。

是日 省委、省政府在南京人民大会堂召开江苏省长江防汛抗洪总结表彰大会。常熟市水利农机局局长吴兴华、太仓浮桥水利站站长吴学良获江苏省长江防汛抗洪先进个人称号。

10月30日 市委、市政府召开全市水利工作会议。省委常委、市委书记梁保华到会作讲话。

11月18日 为进一步规范苏州市水利工程建设施工招投标行为，苏州市水利农机局成立苏州市水利工程招标投标评委成员库。

12月7日 经市政府第15次常务会议讨论通过，市政府颁发《苏州市1998—2002年水利建设规划》，要求5年内完成长江堤防达标工程、太湖治理骨干工程、淀山湖控制线工程、通江骨干河道清淤工程、太湖清淤及大堤加宽工程、县（市、区）镇村河道清淤工程、城镇防洪工程、圩区防洪除涝工程、节水灌溉工程、高标准农田建设工程10项重点工程。

12月8—9日 由副省长姜永荣带队，省政府副秘书长姜道远、省水利厅厅长翟浩辉等领导参加的全省江海堤防达标检查组一行到苏州，先后检查太仓、常熟江堤达标建设工作，副市长江浩等陪同检查。

12月9—23日 市水利农机局分组对全市水利工程质量进行全面检查。

12月30日 通过调查研究，试点探索，小型农田水利工程产权制度或经营机制改革在苏州逐步推开。全市共有小型农田水利产权制度改革或经营机制改革4059处。

是月 市委、市政府授予苏州市水利农机局苏州市区创建国家卫生城市先进集体称号。

1999年

1月10日 太仓七浦闸移位改建工程正式开工，于8月20日竣工，并通过水下验收。

1月29日 参加全省水利局局长会议的150余人参观常熟江边枢纽和长江堤防达标现场。

4月24—27日 国家计经委稽察组上海特派办一行5人到苏州对治太工程经费使用、工程质量情况进行稽察，并对苏州的工作表示肯定。

4月26—29日 国家审计署稽察组南京特派办一行4人到苏州稽察常熟、张家港、太仓的长江江堤达标建设和国债资金使用情况，稽察组对苏州的工作表示肯定。

5月15日 市委、市政府召开防汛防旱工作会议，省委常委、市委书记梁保华在会上要求与会人员站在全局高度，充分认识今年防汛工作的极端重要性，切实增强工作紧迫感和责任感。

5月18—19日 苏州、无锡、常州三市防汛联防会议在苏州市会议中心召开。

6月27日 市委、市政府召开防汛指挥部组成成员紧急会议，统一部署全市的抗灾工作。同时，迅速组织8个工作组分赴各地，现场指挥。

6月30日 市委、市政府召开由各地区、各部门主要负责人参加的紧急会议，依据《防洪法》宣布苏州市进入紧急防汛期，发出抗洪救灾总动员令。

7月2日 市委、市政府召开加强环太湖大堤防守紧急会议，省委常委、市委书记梁保华强调要确保环太湖大堤安全。

7月4日 市委、市政府派出7个环太湖大堤防守工作督查组，分别到沿太湖的15个乡镇，配合当地党委、政府进行防守督查。19时，市委召开常委扩大会议，分析环太湖防守形势的紧迫性和严峻性，明确要求全力以赴，严防死守，确保安全。

7月4—8日 根据国家防总下达的调度命令，望虞河望亭水利枢纽和太浦闸分别开闸泄洪，最大泄洪量分别达到536立方米每秒和799立方米每秒。

7月8日 省委副书记、省长季允石到苏州检查抗洪抢险工作，季允石一行听取市防指的汇报，察看苏州城区和吴县镇湖镇、太湖镇环太湖大堤等灾情。

7月9日 中共中央政治局委员、中央书记处书记、国务院副总理、国家防总总指挥温家宝视察胥口水利枢纽工程、太浦河节制闸、望虞河工程等地，肯定省委、省政府领导人民抗御太湖流域特大洪水取得的阶段性胜利，提出如太湖水位上涨到5.30—5.50米并遇台风大浪，应确保“万无一失”的防汛工作要求。苏州市水利农机局确定《苏州市抗御太湖特大洪水应急方案》并迅速制定、落实具体工程措施。12日，市委、市政府召开防汛抗洪工作会议，传达温家宝的指示及省防汛抗洪紧急会议精神，要求全市上下统一认识，振奋精神，夺取抗洪救灾和各项工作的全面胜利。

7月16日 市委、市政府在常熟召开全市长江防汛工作会议，传达国务院和省委、省政府长江防洪工作会议精神，研究部署苏州市长江防汛工作。

7月28日 全市水利农机局局长会议召开，初步总结防汛抗灾经验，分析存在问题，部署水利建设规划，做好大灾后大干水利的各项准备。

7月30日 为加快苏州市市级河道疏浚力度，市政府决定成立苏州市七浦塘河道疏浚整治工程指挥部，副市长江浩任指挥。

10月12日 市长陈德铭主持召开市政府第39次常务会议，研究苏州市水利建设规划和太湖堤防加固工程的实施方案，讨论古城区防洪排水工程实施方案，讨论城区低洼地区居民住宅改造及河道岸线防汛工程实施意见。

10月13—20日 为加强乡镇水利站建设，市水利农机局在市水利农机研究所举办2期乡镇水利站站长培训班，全市152名站长参加水利法规、水利建设规范标准、乡站管理等业务知识培训。

10月14日 省委常委、市委书记梁保华到沧浪、金阊、平江区的部分受淹地区调查研究。

10月23日 省委常委、市委书记梁保华主持召开市委常委会，听取关于苏州市水利建设规划的情况汇报。

10月24日 省委常委、市委书记梁保华主持召开市委常委会，听取关于实施苏州城区低洼地区及河道岸线防洪工程的情况汇报。

11月6日 市委、市政府召开全市水利工作暨抗洪救灾表彰大会，总结全市抗御超历史特大洪涝灾害和水利建设的经验，研究确定2000年水利建设目标任务，全面部署今冬明春水利建设工作。大会宣读市委、市政府关于表彰1999年抗洪救灾先进集体、先进个人的决定。

11月15日 市政府召开贯彻市人大常委会制定的《苏州市长江防洪工程管理条例》会议，市人大常委会副主任王振明、副市长江浩、市政协副主席黄铭杰出席会议并讲话。该条例于12月1日正式施行。

11月22日 市委、市政府召开城区防洪综合治理工程动员大会。计划用2年时间，投资5.85亿元，完善城市防洪设施，提高城区全面设防标准，对进出城区的17条河道两侧岸线93.1千米进行全面设防，并提高设防标准到5米。

12月1日 《苏州市长江防洪工程管理条例》施行。

12月4—5日 全国人大代表省直三组一行13人，在省人大常委会副主任柏苏宁带领下，视察苏州市胥口水利枢纽、吴县太湖大堤、常熟江边枢纽和浒浦段江堤达标工程，听取苏州市政府、常熟市政府关于加快水利基础设施建设情况的汇报。

12月14日 市水利农机局成立环太湖大堤除险加固应急工程建设质量、进度督察组，负责对吴县、吴江两市环太湖大堤除险加固应急工程建设情况进行督察。

2000年

1月18日 省政府在吴县市东山宾馆召开太湖大堤应急加固工程建设现场会，副省长姜永荣到会并讲话。

3月7—9日 以色列专家在市水利农机研究所举办水资源管理培训班，各市、县（市、区）水利农机局和有关单位的30余人参加培训，以色列驻沪总领事和副市长江浩参加结业典礼。

4月30日　苏州市太湖工程管理处更名为苏州市水利工程管理所，增加对长江防洪工程和其他重要水利工程实施统一管理的职能。

5月23日　全市防汛防旱工作会议召开，副市长江浩代表市政府与各市、县（市、区）签订防汛责任状。

6月19—24日　梅雨期仅6天，全市平均梅雨量为43.4毫米，梅雨期和梅雨量均接近历史最低纪录。

7月20—21日　省政府在无锡召开苏锡常地区地下水资源管理工作会议，决定限期实现苏锡常地区地下水全面禁采，到2003年底，苏锡常地区超采区全面停采地下水，2005年底，整个苏锡常地区全面停采地下水。7月25日，省人大常委会通过《关于在苏锡常地区限期禁止开采地下水的决定》，明确2005年底前苏州、无锡、常州全面实行禁采地下水。

7月31日　经国家防总同意，从长江调水补充太湖，实现历史上第一次直接“引江济太”调水。

8月23日　苏州市环太湖大堤应急加固土方工程验收会议举行。会议组织查看环太湖大堤吴县越溪段、吴江宛坪段土方工程现场，专家组宣布工程质量评定为优良等级。吴县、吴江市政府领导和副市长江浩汇报工程建设情况，省水利厅厅长黄莉新、太湖局副局长吴泰来到会讲话。

9月8日　省编委发出《关于确定城市地下水资源管理职能的通知》，明确要求各市、县（市、区）包括城市规划区地下水资源的开发利用，保护和管理职能划归同级政府水利行政主管部门。

9月21—28日　太湖局分别在苏州和上海青浦县召开望虞河、太浦河工程竣工初步验收会议。

10月4日　水利部部长汪恕诚、省水利厅厅长黄莉新到苏州视察太湖大堤越溪段。

10月13日　为进一步贯彻省人大常委会颁布的《关于在苏锡常地区限期禁止开采地下水的决定》，全市地下水资源管理会议召开。

10—11月　市水利农机局分2期（每期3天）培训乡镇水利站工程员，进行水利工程建设规范和程序、施工管理、圩区治理等业务知识培训，150多名工程员参加培训。

11月22日　全市冬春水利建设现场会在张家港召开，会议参观张家港河道疏浚、土地复垦平整、外三沟清理现场。

12月23日　全市冬春水利建设会议在太仓召开。

12月25日　《苏州市水利工程建设（单项）施工招标评标办法》等规定颁布。

12月25—26日　水利部副部长张基尧在副省长姜永荣的陪同下，视察治太工程情况。

2001年

1月7—10日　全市组织农村水利土方工程建设评比。

2月5—7日　省太湖大堤应急工程设计审查会议举行，省水利厅厅长黄莉新、太湖局副局长吴泰来、省水利厅总工程师陈茂满等领导参加会议。

4月22日　市委副书记黄炳福、副市长江浩到市水利农机局听取关于水利部太湖局要求东太湖分洪、苏州市水利农机局不同意分洪的理由，要求认真做好宣传解释工作。

是月　苏州环城河全面开工整治，10月26日通过竣工验收。

5月25日　由水利部政策法规司副司长王治、农村水利水电司副司长吴守伟带队的水利部“税费改革后农田水利基本建设发展机制课题”调研组到苏州调研，省水利厅副厅长陶长生参加调研。

6月19日　市委、市政府发布《苏州市级党政机关机构改革实施意见》的通知，组建市水利局，挂“市水务局”牌子。不再保留市水利农机局，将市政府相关部门承担的水利管理、水资源开发建设、供水排水、节约用水、污水处理和防汛、防台、防旱工作职能统一交水利局承担，原市水利农机局的农机管理职能划交市农业局。

6月22—24日 受“飞燕”加台风环流和梅雨锋带的共同影响，苏州市普降暴雨，局部大暴雨，平均降雨量168.2毫米，苏州城区、太仓、常熟、昆山等部分地区超过200毫米。降雨量最大的常熟白茆闸达276毫米，致使河湖水位急剧上涨，市委、市政府领导分赴各地，深入基层指导抗灾排涝。

7月2日 市委、市政府召开全市防汛工作会议，各市、区政府分管市长、区长、水利（水务）局局长和市防指成员单位、有关单位负责人参加会议。

11月22日 水利部授予苏州市水利（水务）局全国水利系统水资源工作先进单位称号。

12月19日 全市水利工作会议在常熟召开，参观常浒河、耿径塘拓浚工程和蒋巷村农田水利建设等现场。常熟、张家港、昆山市政府在会上进行交流，副市长江浩作工作报告，市委副书记黄炳福作讲话。

12月26日 苏州市北部供水方浜增压站开工仪式在相城区黄桥镇举行。

2002年

4月4日 市水利（水务）局颁布《贯彻实施〈江苏省水利厅关于依靠科技进步推动水利发展的决定〉的通知》，决定设立市级水利科技重点项目专项资金、科技专项奖励资金，成立局科技委员会，完善科技项目申报立项的评审推荐制度，提出“十五”期间水利科研推广的重点。

4月5日 水利部建设与管理司副司长周学文视察苏州常熟长江防洪工程。

4月13日 市政府召开《苏州市城市防洪规划》专家评审会。与会专家和代表听取编制单位水利部上海勘测设计研究院的汇报，对《苏州市城市防洪规划》进行认真讨论，形成技术审查意见。

4月14日 全国人大常委会委员、全国人大农业与农村委员会副主任委员杨振怀到苏州就《水法》修改情况进行调查研究，先后视察苏州工业园区金鸡湖、福星污水处理厂等工程，听取关于苏州市水务体制和水资源管理体制的情况汇报。

4月15日 副市长江浩视察和检查长江、太湖防洪工程。

4月23日 根据市委编办《关于调整部分事业单位的通知》，苏州市城区防汛防旱指挥部办公室、苏州市水环境治理指挥部、苏州市节约用水管理处、苏州市排水管理处（苏州市城市排水监测站）、苏州市河道管理处等5个事业单位的隶属关系，成建制划交给苏州市水利（水务）局。

4月25—26日 国家防总秘书长、国家防办主任鄂竟平带领国家防总太湖流域防汛抗旱检查组对苏州市太湖防汛防旱工作进行检查。

5月15日 市委、市政府召开全市防汛防旱暨地下水资源管理工作会议。

是月 苏州市区所有具备条件的居民区开始实施自来水一户一表改造。

是月 苏州环古城风貌保护工程正式启动，一期工程于2002年7月竣工，二期工程于2004年6月竣工。

6月2日 太湖局和苏州市人民政府在苏州西山现代农业示范园联合举办“饮水思源、保护太湖”水资源保护专题活动，太湖局、省水利厅、苏州市政府有关单位领导及上海、南京、苏州三地学生代表200余人参加。

6月4日 市委主要负责人和市委、市政府分管领导视察苏州城区接官厅低洼地改造工程，淮阳河、南浩街、西汇路低洼地改造工程，齐门路泵闸和齐门外大街低洼地等防汛工程，听取市水利（水务）局对全市防汛工作的汇报。

7月1日 南京军区司令员梁光烈视察太湖地区防汛工作。

7月3日 江苏省经济体制改革委员会办公室副主任李向民到常熟进行水利工程管理单位体制改革座谈。

7月10日 全市水利工程管理工作会议在常熟召开。

9月11日 市政府在张家港召开全市农村河道长效管理工作现场会，着手开展农村河道长效管理工作。其间参观张家港锦丰镇、三兴镇、南丰镇河道长效管理现场，副市长江浩作讲话。

是日 市水利（水务）局在《苏州日报》上全文刊登《苏州市水利局行政执法公示》，公示内容有执法主体名称、职责，执法依据，行政审批范围、程序，水行政执法、听证和复议程序，监督部门和监督电话。

9月15日 市政府批转市水利（水务）局《关于苏州市区污水管网支管到户工程实施意见》，决定在市区全面实施污水管网支管到户工程，进一步完善苏州城市污水管网收集系统，提高污水截流处理率。工程于2002年9月启动。

9月16日 市委、市政府举行苏州市水务局暨苏州水务投资发展有限责任公司揭牌仪式，并启动实施西塘河引水工程，至2004年1月建成通水。

9月28—30日 江苏省水利厅在张家港召开全省农村水利工作会议，会议参观张家港河道疏浚及长效管理现场。

10月17日 常熟市长江防洪工程管理处通过由水利部长江水利委员会（以下简称长江委）组织的二级堤防管理单位考核验收。

10月22日 全市农村水利工作会议在昆山召开，参观昆山玉山小河岸、陆杨黄泥娄河、石牌小径河和金鸡河等农村水利建设现场。

10月25日 苏州市水利学会第五次会员代表大会暨2002年学术交流会召开，会议决定学会改名为苏州市水利水务学会。

11月1日 白茆闸改建工程正式开工建设，总投资约4142万元。

11月22日 美国环保署汪振华先生到市水利（水务）局介绍美国市级污水处理情况，市水利（水务）局机关和直属企事业单位及苏州科技大学师生近百人参加讲座。

11月23日 苏州市人民政府颁布《关于加强城区河道水面保洁管理实施意见》，明确河道保洁的目标和要求、责任和分工、方法和措施。市水务局根据文件精神，对城区河道水面分16个标段进行公开招标。

11月27日 日本池田市理事兼建设部长津崎光雄一行考察苏州污水处理厂情况。

是月 正式实施市区北部供水工程，主干管道向北延伸82.47千米，解决相城区10个乡镇约38万户居民用水问题。

12月23—24日 环太湖大堤工程（江苏段）竣工初验会议召开，苏州段工程质量被评为总体优良。

12月24日 根据市委编办批复，苏州市防汛防旱指挥部城区办公室更名为苏州市防汛防旱指挥部办公室，并增挂“苏州市防汛防旱信息中心”牌子。

12月31日 福星污水处理厂竣工投产。该项工程是1998年启动的市区水环境综合治理工程之一，占地7.5万平方米，设计处理能力18万立方米每日，计划分2期实施，全部建成后，将承担苏州市区约50%的污水处理量。

2003年

1月10日 全市冬春水利建设暨河道长效管理现场会在吴中区浦庄镇召开，会议组织参观冬春水利建设现场和河道长效管理工作。

2月21日 全市水利（水务）局局长会议在

常州茅山召开，全面部署2003年度水利（水务）工作任务。

2月25日 苏州市水利工程建设管理会议在常熟召开。

3月22日 市水利（水务）局与市科学技术协会在观前街广场联合举办纪念“世界水日”暨“中国水周”活动。

3月23日 市水利（水务）局召开党建暨纪检监察工作会议，会上，局党委与各直属单位签订党风廉政建设责任状。

3月28日 经市委编办批复同意，市水利工程管理所增挂“苏州市水利水务工程质量监督站”牌子。同日，经市机构编制委员会批复，撤销苏州市水利工程公司事业单位建制。

4月5日 太湖局局长孙继昌到苏州视察防洪工程。

4月29日 副市长江浩听取防汛准备工作情况汇报。

5月7日 局机关召开“非典”预防工作会议，会议明确接待、重点工程施工工地、水源地保护、内部卫生工作任务。

5月24日 江苏省太湖地区联防会议在市水利（水务）局召开，省水利厅副厅长陶长生、副市长江浩及常州、无锡两市有关负责人参加会议。

5月26日 市政府召开加快市区污水支管到户工程动员会，市政府与平江、金阊、沧浪三区签订责任状，市有关部门负责人参加会议。

6月3日 副市长江浩视察西塘河引水工程，彩香支管到户工程和桂花、玉兰新村的自来水户表改造工程。

6月9日 省政府组织地下水督查组对张家港市、太仓市、相城区地下水工作进行检查。

7月9日 全局组织学习市委九届五次全会会议精神，要求把防汛抗灾作为重点工作，确保防汛工作万无一失，全面完成水利水务基本建设任务。

7月15日 水利部水资源司司长吴季松到苏州调研水务一体化工作，并考察娄江、福星污水处理厂。

8月2日 副市长江浩走访水务工地，先后到支管到户、自来水户表改造和城区河道保洁现场看望工作人员，要求做好防暑降温工作，确保供水供应，研究水资源整合工作，加快自来水公司内部改革，制定供水规划，提高污水截流水平。

8月6日 太湖贡湖湾蓝藻暴发。

8月9日 太湖局局长孙继昌、总工程师吴浩云到苏州召开引江济太实施工作座谈会，省水利厅副厅长徐俊仁、副市长江浩参加座谈。

9月1日 市委办公室、市政府办公室转发市水利（水务）局、市委编办《关于落实全市水务一体化管理体制的意见》的通知。

9月10日 市政府召开全市水利工程管理体制改革座谈会，听取工程管理体制改革意见。

9月18日 市水利（水务）局和河海大学计算机及信息学院联合研制的“苏州市防汛指挥决策支持系统”通过市科技局组织的科技鉴定。

9月19日 长江委河道采砂管理局局长吴志广到苏州检查采砂项目。

9月25日 苏州市自来水公司研制开发的“水表数据远传集抄系统”通过市科技局组织的科技鉴定。该系统采用有线、无线或宽带等现代通信技术，对用水计量数据进行自动采集、远程传输和数据库管理，具有较大的市场空间。

10月8日 根据市委编办批复，市水利（水务）局部分事业单位进行调整：市河道管理处与城区防汛防旱指挥部办公室进行合并，组建市河道管理处；重新核定市防办编制；市水利综合经营站并入市水利工程管理所；市机电排灌站更名为苏州市水利水务工程质量监督站。

10月15—17日 水利部水资源司司长吴季松一行到苏州考察水资源情况。

10月17日 共青团苏州市水利（水务）局第一次代表大会召开。

11月6日　太湖局、省水利厅对引江济太引水造成常熟市一窑厂受淹损失进行核定并研究补偿方案。

11月26—27日　省水利厅厅长吕振霖一行先后视察南门路景观工程、娄江污水处理厂、辛庄防洪综合治理工程、西塘河引水工程、胥口水利枢纽、瓜泾口枢纽、太浦河泵闸，听取苏州城市中心区防洪工程建设的情况汇报，指出水利建设要注重水安全、水环境、水生态，高度重视城市水利建设，加大污水处理能力。苏州是全国城市水务改革的试验地，也是城市管理体制改革的先行军，要坚定不移地走下去。

11月28日　按市委编办批复，撤销苏州市水利物资站事业单位建制。

12月1日　苏州市城市中心区防洪工程青龙桥枢纽正式动工兴建。到2010年，苏州市城市中心区防洪工程全面建成。

12月11日　省政府组成以水利厅副厅长陶长生为组长的地下水禁采工作检查组检查苏州地下水禁采工作。

12月21日　经市机构编制委员会批复，同意建立苏州市西塘河引水工程管理所，为正科级建制，核定人员编制20名，人员经费渠道为财政全额拨款。

12月25日　市人大常委会、市政府联合举行贯彻《苏州市城市排水管理条例》新闻发布会。

2004年

1月1日　《苏州市城市排水管理条例》施行。

3月11—13日　长江委江务局局长史光前一行检查苏州市沿江三市涉水工程项目。

4月27日　太湖局副局长欧炎伦、省水利厅副厅长蒋传丰和省防指专家组到苏州检查防汛防旱准备工作情况。

5月10日　由财政部副部长廖晓军带队的国家防总太湖组到苏州检查苏州市太湖防汛准备工作。

5月15日　市政府召开全市防汛防旱工作会议。

5月19日　市体制改革办公室就市水利（水务）局、苏州水务投资发展有限公司职能划分和改革有关事宜邀请市财政局、国资委、人事局、市委编办到市水利（水务）局进行座谈。

5月21日　市委副书记黄炳福对水利工作进行调研，察看苏州城区青龙桥枢纽、硕房庄河，吴江运东开发区、瓜泾口枢纽，吴中区浦庄镇河道整治、环太湖大堤东山段，常熟东南开发区、李袁节水灌溉、白茆闸，太仓浏河信息化系统。

5月27日　水利部建设管理司司长俞衍升一行组织对常熟市长江河道管理处一级管理单位考核验收。

6月3日　省水利厅副厅长陆桂华到苏州检查防汛工作。

6月8日　全市水资源水费工作会议召开。

6月22日　太湖局副局长吴浩云到苏州商谈望虞河西塘河引水方案。

6月25日　副市长江浩视察张家港长江堤防，检查防汛工作。

7月1日　副市长江浩先后到常熟、太仓开展防汛工作调研，听取太仓防汛和水利、水务工作的情况汇报。

7月4日　市委副书记黄炳福到市防办听取7号强热带风暴灾害情况。

7月8日　市委副书记黄炳福先后视察娄江污水处理厂、西塘河引水工程和胥口水利枢纽管理处，听取太湖治理第二期规划、供水规划、农村水利工作情况。

7月26日　副市长江浩检查市自来水白洋湾取水口。

8月　全市开展入河排污口普查工作，共普查登记1420个排污口。

9月8日 全市农村河道长效管理现场会在吴中区召开。

9月9日 副市长江浩视察全市水务建设情况，先后察看福星泵房、宏葑新村污水支管到户工程、三星泵房和东北街拖管工程。

9月14日 市人大常委会主任周福元，副主任陆云泉、宋胜龙、谢慧新、孟焕民先后到吴江和苏州城区开展《苏州市河道管理条例》立法调研。

10月25日 全市农村水利工作现场会在昆山召开。

11月24—26日 全国水务管理工作座谈会在苏州召开，水利部副部长索丽生、水资源司司长高而坤等出席会议，副省长黄莉新，市委副书记、代市长阎立接见会议代表，副市长江浩参加会议。会议参观苏州市水务工程现场。

12月1日 《苏州市供水办法》施行。

12月3日 省水利厅厅长吕振霖到苏州检查工作，并落实全国水利厅局长会议准备事宜。

12月8日 全市农村水利工作会议在吴中区召开，会议参观吴中区浦庄镇河道管理、横泾尧太河、开发区节水灌溉、胥口镇上沿山河现场，副市长江浩到会讲话。

12月10日 副市长江浩到市水利（水务）局开展2005年水利水务工程建设投资情况调研。

12月22—24日 全国水利厅局长会议在苏州东山宾馆召开，出席会议的有全国水利厅局长及新闻记者、特邀代表100余人。

是年 苏州市筹建相城水厂，设计总规模70万立方米每日，一期工程建设规模30万立方米每日。

2005年

1月1日 《苏州市河道管理条例》施行，1997年7月12日施行的《苏州市市区河道保护条例》同时废止。

3月1—2日 全国人大常委会副委员长蒋正华在水利部副部长索丽生陪同下，考察苏州市节水防污型社会建设工作。

3月15日 按市委编办批复，撤销苏州市水环境治理指挥部事业单位建制。

3月25日 市人事局、水利（水务）局在全市水利（水务）工作会议上，授予张家港市河道管理处等15个单位2003—2004年度苏州市水利水务系统先进集体称号，授予景惠新等60人2003—2004年度苏州市水利水务系统先进工作（生产）者称号。

3月30日至4月1日 水利部副部长翟浩辉、水利部农村水利司司长李代鑫、水利部规划计划司副司长庞进武、水利部经调司副司长郑通汉一行到张家港开展基层水利服务体系建设调研。

4月19日 市委副书记、市长阎立听取河海大学关于“863”水环境项目整治情况和关于水利水务工作情况的汇报，要求按照工作目标任务，切实解决苏州水问题。

5月11日 副市长江浩视察太仓防汛工作，先后检查防汛物资储备情况、双凤镇新湖区金鸡河圩堤加固工程、长江引水三期工程、水政执法基地、浏河镇水利站。

5月12日 市委副书记、市长阎立视察张家港市大寨圩江堤平台加固工程、长沙河节制闸、三干河河道长效管理、一干河水利枢纽工程、浦项不锈钢码头水下抛护工程、朝东圩港枢纽、永旺段江堤改建工程和双山洲防汛工程。

5月17日 副市长江浩视察苏州城区防汛工作情况。

5月19日 省委常委、市委书记王荣视察太湖防汛工程，先后察看胥口水利枢纽、瓜泾口水利枢纽、西塘港泵闸、戗港标准段和太浦闸工程。

6月3日 由水利部副部长翟浩辉率领的国家防总检查组到苏州检查城市防汛工作，检查苏州城区青龙桥河枢纽、齐门泵站、裕棠桥泵站。

6月10日 市委副书记徐建明检查昆山防汛工作。

6月13日 副市长江浩检查高新区环太湖大堤建设现场。

6月16日 省委副书记张连珍视察望虞河江边枢纽防汛工作。

6月22日 市委编办批复苏州市节约用水管理处更名为苏州市节约用水办公室（以下简称节水办）。

7月1日 局党委召开表彰大会，授予自来水公司党委等4个基层党组织先进基层党组织，授予施凯等25人优秀共产党员称号，授予高晓华等6人优秀党务工作者称号。

7月14日 苏州市水利（水务）局机关党总支部建立。

8月21日 市政府委托省水利厅在苏州市会议中心主持召开《苏州市城市规划区河网水系总体规划报告》。专家组对《报告》提出修改意见，河海大学副校长严以新参加会议。

8月26日 苏州市政府第46次市长常务会议原则通过《苏州市创建节水型城市实施意见》。9月27日，市政府召开全市创建节水型城市动员大会，市政府与29个责任区、局签订创建节水型城市责任书。

是月 全市迅速掀起以农村村庄河道疏浚整治为重点的第三轮河道整治工作。

9月11日 第15号“卡努”台风袭击苏州。

10月19日 市委编办批复苏州市水利工程水费管理所并入苏州市水利工程管理所。

11月16日 省人大常委会副主任洪锦炘带队的省人大常委会苏锡常地区封井工作检查组到苏州市区检查落实省人大常委会决定的封井工作，对苏州禁采封井工作予以肯定。

12月16日 副市长江浩检查常熟、张家港两市村组河道清淤情况。

12月21日 江苏省精神文明建设指导委员会授予苏州市自来水公司、苏州市排水管理处、苏州市胥口水利枢纽工程管理处2003—2004年度江苏省文明单位称号。

12月29日 市委副书记、市长阎立，副市长江浩到市水利（水务）局听取“十一五”水利水务规划工作及资金筹措、东太湖综合整治规划等情况汇报。

2006年

2月17日 市委副书记徐建明对吴中区农村河道疏浚整治情况进行调研，实地察看吴中区开发区、横泾、藏书、光福等地农村河道疏浚现场。

2月21日 市农村村庄河道疏浚整治工作现场交流会在张家港召开。副市长程惠明参观张家港杨舍镇黄家港疏浚工程、一干河河道管理、朝东圩港河道工程等村庄河道疏浚整治现场，对全市村庄河道疏浚整治进展情况进行通报。

3月8日 市政府召开东太湖退垦（渔）还湖综合利用工程第一次领导小组会议。会上，汇报拟规划实施“东太湖退垦（渔）还湖综合利用工程”的情况，市委副书记、市长阎立就做好“东太湖退垦（渔）还湖综合利用工程”发表讲话。

3月14日 苏州节水型城市建设工作领导小组召开年度第一次全体成员会议。

3月25日至4月4日 水利部在苏州东山宾馆召开太湖治理骨干工程太浦河、望虞河工程竣工验收工作会议，水利部副部长胡四一、副省长黄莉新等出席竣工验收会议。

3月30日 市水利（水务）局在常熟新港镇召开全市农村水利工作会议，会议总结前一阶段农村河道疏浚等水利建设取得的成绩，部署下一阶段农村河道疏浚验收工作。

4月1—2日 省水利厅厅长吕振霖一行5人检查苏州市昆山、太仓、吴江三市农村河道疏浚整治、长江堤防、东太湖综合整治规划等工作。

4月4—5日 全国政协原副主席钱正英视察苏州水环境整治工作。

4月19—21日 由省水利厅副厅长张小马带队的省农村村庄河道疏浚抽验组，组织对苏州市农村村庄河道疏浚抽验。全市一次性通过验收，各市区均获得全优等次。

4月25日 胥口水利枢纽工程管理处采用液压整体顶升法对总重4700吨的5跨88米复线船闸公路桥同步顶升，公路桥于4月26日顺利顶升到设计高程，5个桥墩分别抬高17厘米、62.5厘米、118.5厘米、170.1厘米和202.8厘米。

5月9日 水利部副部长翟浩辉率领国家防总太湖流域防汛抗旱检查组，先后检查望虞河常熟虞山段堤防工程、望虞河常熟管理所和望虞河常熟水利枢纽工程，并就江苏省太湖流域防汛抗旱工作进行座谈。省防指汇报江苏省太湖流域防汛防旱准备工作等情况。

5月10日 副市长程惠明检查张家港市长江南通灰场段江堤加固工程、九龙港（沙钢段）坍江段等防洪工程情况。

5月11日 市政府召开全市防汛防旱工作会议。市政府与各市、区政府（管委会）签订防汛防旱工作责任状。

5月16日 副市长程惠明检查吴中区东太湖堤闸工程。

6月1日 市委副书记、市长阎立到吴江察看环太湖大堤瓜泾口水利枢纽工程和环太湖大堤堤顶防汛公路以及太浦闸工程、平望镇嘉兴塘堤防工程等现场，对全市防汛抗旱工作进行部署。

6月2日 副市长程惠明检查张家港双山北闸、在建的朝东圩港工程，常熟野猫口、白茆闸，太仓浏河元宝村段等长江防洪工程。

6月6日 副市长程惠明检查昆山和工业园区的防汛工作。

6月7日 省委常委、市委书记王荣到张家港察看陶氏至优尼科段江堤改建工程、朝东圩港枢纽工程和九龙港（沙钢）水下冲刷段等地段的长江防汛准备工作。王荣强调，防汛工作要围绕保安全、保生活、保生产，做到基础设施建设和物资供给、汛情预测和预防工作、各级有关部门责任制落实到位。

6月10日 水利部副部长翟浩辉、副省长黄莉新、省水利厅厅长吕振霖等领导到苏州参加常熟浒浦水利枢纽工程竣工暨套闸工程开发有限公司揭牌典礼，副市长程惠明参加。

6月15日 市水利（水务）局在昆山召开全市圩区建设与管理现场会，会议就加强圩区建设与管理工作进行座谈和讨论。

6月21日 副市长程惠明检查相城区和苏州高新区的防汛工作。

6月27日 市委副书记徐建明检查苏州市区防洪工程东风新枢纽工程、沧浪新城河道整治工程和太仓长江防洪工程、城厢镇张和泾圩堤建设等防汛工作。

7月11日 副市长程惠明检查苏州市区高峰供水情况，实地察看白洋湾水厂及尚在建设中的相城水厂施工现场，慰问相城水厂施工人员和白洋湾水厂工作人员。

7月12日 省委常委、市委书记王荣视察钱万里桥、山塘河、西北街、娄江污水处理厂、觅渡桥、十全河、沧浪亭等市区水环境现场。

7月27日 水利部办公室副主任郭孟卓一行5人到昆山调研水利如何服务新农村建设工作。

8月10—11日 全市水利（水务）局局长会议在昆山召开。与会代表先后参观昆山陆家镇合丰圩拆坝建桥工程现场、星光圩圩区管理现场，花桥镇路南圩圩区管理现场、金城圩拆坝建桥工程现场，千灯镇大唐生态园、大潭村村庄整治现场。

8月17日 省水利厅厅长吕振霖带队检查苏州市水管单位体制改革情况。

8月29日 苏州节水型城市建设工作会议召开。

9月28日 全国农田水利电视电话会议召开，苏州设立分会场，会上水利部、财政部联合表彰100家全国农田水利先进县，昆山获得此殊荣。

10月12—13日 水利部规划计划司司长周学文查勘沕河补偿工程——淀山湖大堤和长牵路港现场；13日，查勘苏州城区防洪工程和东太湖现场，就东太湖综合整治规划进行座谈。

10月15—17日 市水利（水务）局组织全市水利水务系统乡镇水利站工程技术员培训，共有101人参加培训，邀请扬州大学等院校的有关专家进行授课。

是月 《苏州市节约用水管理办法》经市政府第61次常务会议讨论通过。

11月16日 水利部副部长、部科技委主任胡四一率20多名水利部科技委专家对苏州水生态保护和节水型社会建设工作进行专题调研，调研组一行先后对张家港市梁丰生态园、水资源监测站、骏马化纤股份有限公司、南丰镇生活污水处理厂、常沙社区节水农业示范和新农村示范点、饮用水水源地、朝东圩港枢纽工程和苏州市西塘河引水工程、山塘街、金鸡湖李公堤等进行考察。

11月23日 市政府在昆山召开全市农村水利建设现场会。

2007年

1月11日 水利部副部长周英一行在太湖局局长叶建春等陪同下，察看西塘河引水工程、环城河水环境、城区防洪工程澹台湖枢纽施工现场等城乡水利工程，省委常委、副省长黄莉新陪同视察。

1月17日 市政府召开市区城乡接合部河道环境整治工作动员会。

1月30日 市政府在娄江污水处理厂举行福星、娄江污水处理厂二期扩建工程开工典礼。

3月15日 市委副书记徐建明先后察看诺贝尔湖湿地生态公园、通安镇金墅港疏浚整治现场及浒墅关开发区新民村河道整治及长效管理现场，并先后听取高新区和市水利（水务）局工作汇报。

3月19日 市水利（水务）局召开领导干部专题民主生活会。

4月19日 省委常委、市委书记王荣听取关于东太湖综合整治规划编制工作情况汇报，并对下一步工作提出要求。

4月20日 市委副书记杜国玲带领市纪委、监察局领导视察太湖游湖、潭山西、渔洋山北、西山等水域的围网养殖情况，对太湖围网养殖面积失控、影响太湖水环境问题提出专题调研报告。

4月26日 苏州市排水管理处城市排水服务公司管道养护工罗延银获得全国五一劳动奖章，应中华全国总工会的邀请，到京参加全国“庆祝五一”活动。

5月9日 市政府召开全市防汛防旱工作会议。

5月16日 由水利部党组成员、驻部纪检组组长张印忠率领的国家防总太湖流域防汛抗旱检查组抵达苏州市，检查指导江苏省太湖流域防汛工作。省委常委、副省长黄莉新陪同检查。

5月18日 苏州军分区司令员周德明、参谋长陈贯云视察苏州太湖、长江防汛准备情况。

6月1日 市委副书记杜国玲，市委常委、常务副市长曹福龙率水利、环保、太湖渔管等职能部门负责人到苏州太湖水源地调研。

6月4日 省委常委、市委书记王荣实地察看苏州太湖水域渔洋山取水口、白洋湾水厂水质及周边水环境情况，指出无锡市蓝藻暴发事件已敲响警钟，必须做到高度重视、强化管理、未雨绸缪、确保安全。

6月6日 为改善城区水环境，城区37座换水泵房运行时间即日起从原来的8时至17时调整为7时至21时，每天增加运行5小时，日增加换水量50万立方米。

6月14—15日 太湖环湖大堤工程（江苏段）顺利通过竣工验收，工程施工质量被评为优良等级。太湖局会同省水利厅在苏州主持召开竣工验收会议。

6月15日 由南京军区副司令员林炳尧中将率领的防汛勘察工作组一行到苏州进行防汛勘察。

6月16日 市委副书记、市长阎立，副市长谭颖、程惠明等实地察看苏州市太湖水源地渔洋山取水口水质和胥口水利枢纽情况。

6月17日 副市长谭颖、程惠明召集水利、环保、气象部门主要领导和分管领导，召开太湖饮用水水源地保护应急小组紧急会议。

6月18日 副市长程惠明召集苏州市各相关区政府分管领导和自来水公司负责人，部署各取水口一级保护区围栏建设和市区各水厂供水管网沟通工作。

6月19日 古城区官太尉河人工罱泥清淤试验段开工。下午，市水利（水务）局召开紧急会议，专题研究太湖水域饮用水水源地和城区水环境情况，成立市区供水安全应急工作小组、市区水环境安全应急工作小组、水利工程供水调度应急工作小组、综合信息应急工作小组和综合执法工作小组等5个应急工作小组，要求及时应对太湖水源地可能出现的蓝藻暴发和城区河道水质恶化等各种问题。

6月28日 由市委市级机关工作委员会、市水利（水务）局、市科学技术协会联合举办的市级机关庆七一“亲水太湖”科普一日游活动启动。

7月9日 苏州城区打响治理城区河道蓝藻的攻坚战。市委、市政府提出整治城区河道蓝藻的明确要求。市水利（水务）局、城投等有关部门积极行动，紧急应对，采取打捞、截污、口门控制、引水活水等一系列措施，多管齐下，最大限度控制和消灭蓝藻，有效保护苏州城区河道水质，每天组织百余条船只反复打捞入侵蓝藻。到13日，流入蓝藻已基本清除。

7月17日 市排水管理处与苏州工业园区清源水业进行互通行试验，取得成功。市区与园区间设置连通管，使市区、园区两个独立的污水系统之间相互有一个应急排放通道，进一步提高市区和园区城市污水处理厂运行管理的安全系数。

8月7日 省委常委、市委书记王荣在对吴江东太湖水质进行调研时指出，过度养殖对太湖水体产生负面效应，本着对环保的要求，本着对农产品品质和农民利益的保护，必须使太湖养殖回归到“适度”的轨道上来。

8月10日 省水利厅在苏州主持召开苏州市水利工程管理体制改革工作省级验收会议。与会人员认为苏州基本完成水管体制改革任务，同意通过省级验收。

8月16日 省委书记李源潮、省长梁保华分别听取市委书记王荣关于东太湖综合整治项目的情况汇报。

8月27日 联通市区与高新区的竹园路供水管网节点工程正式贯通，苏州市区自来水与工业园区、高新区以及吴中区均实现互联互通。

8月29日 省委书记李源潮乘船视察望虞河引水和水环境情况。

9月9日 省委常委、市委书记王荣视察太湖水源地蓝藻暴发情况。这次蓝藻暴发面积广、密度高，是近期较为严重的一次，引起市委、市政府的高度重视。对此，市水利（水务）局向市委、市政府主要领导进行情况通报。

10月1日 《苏州市城市排水户分类管理办法》正式施行。

10月30日 中国水利学会2007学术年会在苏州隆重开幕。国家防总副指挥、水利部部长陈雷作题为“关于水利发展与改革若干问题的思考”的主题报告。

是日 国家防总副指挥、水利部部长陈雷和水利部原副部长翟浩辉一行，先后视察苏州工业园区金鸡湖水环境，吴江市三船闸和戗港船闸等水利工程，并听取苏州市水利（水务）局和吴江市政府关于东太湖综合整治工作情况的简要汇报。

10月31日 2007中国·苏州水博览会在苏州工业园区国际博览中心正式开幕。国家防总副指挥、水利部部长陈雷，水利部原副部长翟浩辉一行参观水博会各个展厅。来自全国有关水利科研、设计施工、管理和教学一线的技术骨干、中国水利学会八届理事会理事和各级组织的代表，以及来自韩国、日本等国外友好学会的嘉宾等近800人参加开幕式。

是日 第二届中国水务高峰论坛在苏州工业园区国际博览中心正式开幕。开幕式由中国水利学会秘书长李赞堂主持，水利部原副部长翟浩辉出席开幕式并致辞。

11月19日 十届市委第二十五次常委会研究决定戴锦明任市水利（水务）局党委书记。12月11日，决定戴锦明兼任市水利（水务）局局长。

11月22日 气象部门从卫星云图上观察到太湖有大范围的蓝藻暴发，面积达1300平方千米，这与往年相比时间上推迟2个月。

12月14日 全市水利（水务）局局长座谈会在太仓召开。

2008年

1月20日 全市水利水务系统在市体育中心成功举办2008"迎奥运、贺新春"友谊赛，太湖局、省水利厅驻苏单位、市水利（水务）局分别派出代表队参加比赛。

1月30日 市水利水务系统近400名干部职工相聚在金阊市民活动中心，举办"和谐苏州、和谐水务"迎春文艺联欢会。

2月26日 全市水利（水务）局局长会议在吴中区召开。

3月20日 为应对可能出现的太湖蓝藻，苏州市应急水源地工程开始动工。西塘河应急取水口日供水能力达60万吨，工程于6月底完工。

3月22日 市水利（水务）局、金阊区人民政府和市科学技术协会在金阊区市民活动中心联合举办以"发展水利，改善民生"为主题的纪念第16届"世界水日"暨第21届"中国水周"大型宣传活动。

是日 市水利（水务）局组织对太湖金墅港取水口3.5平方千米范围进行清理，计划清理淤泥130万立方米，总投资3500万元。此为金墅取水口自1990年建成以来首次大规模清淤。

4月2日 市水利（水务）局组织召开《苏州市湖泊保护规划》专家审查会。规划提出湖泊保护控制范围，进行湖泊功能定位，划定湖泊功能分区，对湖泊公益性功能保护、湖泊开发利用控制、湖泊治理、湖泊管理等制定相应规划方案。

4月9日 太湖局局长叶建春、省水利厅副总工程师陈锡林、省水文局副局长马倩一行视察苏州市西塘河引水工程。

4月11日 省水利厅邀请有关专家召开《苏州市阳澄淀泖区防洪规划》技术评审会。专家组对规划编制的技术路线、研究内容与深度等给予肯定。

4月20—21日 水利部副部长矫勇带领的国家防总太湖流域防汛抗旱检查组，对太湖流域防汛抗旱工作进行检查。

5月4日 市人大常委会主任杜国玲一行视察苏州市西塘河引水工程。

5月6日 市委常委、市纪委书记沈文祖率市纪检监察机关和市有关部门调研督查太湖水污染防治工作。

5月7日 市委副书记、市长阎立调研督查吴江太湖水污染防治工作。

5月8日 全市防汛防旱工作会议在市水利（水务）局召开。

5月28日 市委副书记、市长阎立在副市长周玉龙等陪同下，视察市区南园桥护城河水面的蓝藻发生情况、打捞作业情况以及望亭水利枢纽和市区供水应急水源工程——西塘河引水泵站的建设工地等。

5月31日 省委常委、常务副省长赵克志检查苏州金墅、渔洋山、吴江庙港等太湖取水口水源地水质情况，市长阎立、副市长谭颖陪同调研。

6月4日 省委常委、市委书记王荣现场察看部分太湖取水口、西塘河自来水保供应急工程和环城河水环境改善情况。

6月10日 副市长周玉龙到市防指了解全市和城区各项防汛排涝准备工作落实情况，并对防汛工作提出“五个到位、两个确保”，即思想准备到位、应急准备到位、整改到位、业务培训到位、责任落实到位，确保一般气候条件下不决堤、不垮坝、不受淹，确保突发气候条件下不溃堤、不大面积受淹。

6月19日 市委副书记、市长阎立在副市长周玉龙陪同下专程察看城区元和塘、外塘河、澹台湖3个防洪枢纽工程和市防汛仓库，要求确保强降水时苏州不出现大面积、长时间积水情况。

7月10日 全国总工会授予苏州市西塘河引水工程管理所运行班工会小组全国模范职工小家称号。

7月24日 副市长周玉龙带领市相关部门领导察看相城区阳澄湖蓝藻发生情况，要求相城区马上启动蓝藻应急打捞机制。

8月5日 长江委河道采砂管理局对苏州市开展长江河道采砂管理“严打年”活动情况进行检查。

8月14日 东太湖综合整治工程项目管理办公室全体成员第一次会议在市水利(水务)局召开。东太湖综合整治被列入国务院批复的《太湖流域水环境综合治理总体方案》和江苏省编制的《江苏省太湖流域水环境综合治理实施方案》，并确定为太湖水环境治理重点工程项目之一。

8月22日 太湖局在苏州组织召开的《永昌泾拓浚工程专题论证报告》通过专家评审。

8月30—31日 水利部组织专家对太仓市堤闸管理处申报国家水利工程管理单位进行考核，同意通过验收。

9月1—4日 由省委组织部、省委农工办、省财政厅、省水利厅等4部门组成的联合验收组，对张家港市、昆山市、吴中区、高新区“二市、二区”农村河道疏浚整治工程进行整体检查验收，全部获得优秀等级。

9月9—10日 水利部国家环境保护总局长江流域水资源保护局到苏州开展长江入河排污口检查。

9月17日 全市水利工程管理工作会议在太仓召开。

9月23—24日 省节水型城市考核验收小组对苏州节水创建工作进行考核验收，苏州节水型城市创建工作通过省级考核验收。

9月26日 四川德阳市水利局领导一行就水利水务一体化改革经验、水利现代化建设与管理、水利改革与创新等到苏州考察调研。

10月16日 市政府在南京召开苏州东太湖综合整治工程可行性研究报告咨询会。

10月21—24日 太湖流域杭嘉湖北排通道工程(江苏段)竣工验收会议举行，会议由太湖局会同江苏省水利厅主持。苏州境内的太浦河工程、望虞河工程、环太湖大堤工程、北排通道工程4项治太骨干工程均已通过竣工验收。

10月28日 市水利(水务)局召开全市主要河湖执法检查活动部署会。

11月7日 全市农村生活污水治理现场推进会在太仓成功召开，副市长周玉龙到会讲话。

11月13日 水利部副部长胡四一到张家港调研。太湖局局长叶建春、省水利厅厅长吕振霖、副市长周玉龙等陪同调研。胡四一提出，张家港是全国唯一的创建节水型社会试点县(市)，水资源管理工作取得的成效显著，要进一步发挥优势，为全国水资源管理工作提供更多更好的经验。

11月24日 市区福星、娄江、城东三大污水处理厂升级改造工程举行开工仪式。三大污水处理厂升级改造工程项目总投资近4亿元，建设规模达到36万吨每日。其中，娄江污水处理厂建设规模为14万吨每日，福星污水处理厂18万吨每日，城东污水处理厂4万吨每日，项目计划2009年完成土建工程，2010年初投入运行，市区污水处理厂处理后的污水将达到国家一级A最高标准。

11月25日 市政府在太仓召开全市农村水利建设现场会。

12月9日 省水利厅在南京召开全省水利系统精神文明建设暨“五个一”活动表彰交流会，市水利水务系统有11个单位受到表彰。

12月25—26日 全市农村圩区建设现场会暨乡镇水利站改革工作座谈会在吴江市盛泽镇召开。

2009年

1月1日 依据市政府印发的《苏州市排水管理体制改革方案》要求，是日起，苏州市排水管理处（排水监测站）负责对市区污水处理设施运行管理的绩效进行监管和评估，实施排水许可，审核污水处理设施的建设计划、保养维护和运行经费。排水公司负责污水处理设施的具体建设、运行维护、应急抢修等。

是月 经水利部批复同意实施扩大拦路港、疏浚泖河、斜塘二期工程，工程分为淀山湖防洪堤续建工程和长牵路港开通工程两部分。2013年6月中旬竣工。

2月10—11日 全省水行政执法暨长江河道采砂管理工作会议在苏州召开。

2月11—12日 全市水利水务工作会议在常熟召开，副市长周玉龙出席会议并讲话。

2月25—28日 水利部水利水电规划设计总院会同太湖局在北京召开会议，对省发展和改革委员会（以下简称省发改委）与省水利厅联合报送的《东太湖综合整治工程可行性研究报告》以及《东太湖综合整治工程水土保持方案报告》《东太湖综合整治工程环境影响报告书》进行技术审查。

3月16日 市水利（水务）局党委召开深入学习实践科学发展观活动动员大会。

3月22日 市水利（水务）局、高新区管委会和市科学技术协会在高新区绿宝广场举办主题为“坚持科学治水，加强民生水利”的大型水法宣传活动。

3月25日 市水利（水务）局、中国三星华东地区绿色经营委员会、市河道管理处和沧浪区街道办事处在三香广场联合举办主题为“关爱河道·共创绿色文明”的大型活动。中国三星集团副总裁李秉喆代表三星集团表达集团全体员工爱河护河、绿色环保的决心。副市长周玉龙出席活动。

4月20日 国家防总副总指挥、水利部部长陈雷率领由水利部、总参作战部、广电总局、太湖防总组成的国家防总检查组到苏州检查防汛抗旱工作。先后实地察看太浦闸、吴江饮用水水源地保护和东太湖综合整治等工程。

4月22—23日 环保部环境工程评估中心在吴江召开《东太湖综合整治工程环境影响报告书》技术评估会。

4月23日 苏州节水型城市建设工作领导小组召开苏州市区创建省级节水型城市工作总结表彰暨创建国家节水型城市动员会议，对32个创建工作先进集体、81个先进个人和163个省级节水型企业、单位、小区、高校进行表彰和授牌。

5月27日 永昌泾河口节制闸水下工程通过验收。此为永昌泾拓浚工程一期项目，于2008年11月18日开工，主要内容包括净宽24米节制闸1座，净宽12米公路桥1座以及河口段河道工程。

6月18—19日 东太湖综合整治工程移民安置规划大纲和移民安置规划专题报告通过审查。

6月28日 市水利（水务）局老年之家建成并投入使用，局领导班子成员和40多名离退休老同志参加揭牌仪式。

7月12—15日 《东太湖综合整治工程可行性研究报告》评估会议在吴江召开。会议认为，本工程建设必要，技术可行，经济合理，综合效益显著，不存在重大制约因素，建议尽快实施。

7月16—18日 吴江、相城、常熟、太仓农村河道疏浚整治工作通过省委组织部、省委农工办、省财政厅、省水利厅组织的省级整体验收，至此，苏州市提前一年完成农村河道疏浚整治任务，各市、区均被评定为优秀等次。

8月4日 市委副书记、市长阎立对城区防汛工作进行视察。先后察看太湖金墅水源地保护区、胥口水利枢纽工程和城区澹台湖水利枢纽工程，要求做到两个确保：确保遇一般性降雨天气不受淹，确保遇强降雨天气不大面积受淹。

8月8日 市防指决定苏州市从8月8日17时启动防御台风Ⅲ级应急响应，并要求全市各地防指做好防御第8号台风“莫拉克”的一切工作。这是苏州市首次启动防御台风Ⅲ级应急响应。

9月19日 在60周年国庆即将来临之际，市水利（水务）局举办全市“水利（水务）杯”首届体育友谊赛，本届体育友谊赛由高新区建设局承办。

9月23日 由科技部国际合作司、省科技厅、市政府共同主办，澳大利亚、韩国、俄罗斯、泰国、越南和中国香港、台湾7个成员相关单位协办，市科学技术局、市水利（水务）局、APEC技术转移中心具体承办的APEC水资源利用与保护学术研讨会在苏州市会议中心举行，市水利（水务）局在会上作报告。来自国内外的近80名专家学者参加研讨会。

10月27日 市第十四届人民代表大会常务委员会第十三次会议通过《苏州市节约用水条例》。11月23日，江苏省第十一届人民代表大会常务委员会第十二次会议批准。

11月7—8日 市发展和改革委员会（以下简称市发改委）分别召开《东太湖生态清淤工程可行性研究报告》《东太湖生态清淤工程初步设计报告》评审会议，同意其报告方案。

11月23日 苏州调整非居民生活用水和特种用水中的水资源费标准，每立方米0.13元上调到0.20元；调整苏州市区居民生活用水阶梯式计量水价标准，由每户每月25立方米调整为20立方米；人均用水量标准由每人每月6立方米调整为5立方米。

11月27日 市水利（水务）局召开企业用水审计试点启动现场会，省水利厅副厅长陆桂华到会指导。为贯彻国家施行最严格的水资源管理制度，建立水资源管理“三条红线”的原则，苏州市水利部门在充分调研的基础上，建立用水效率控制红线的创新管理机制，在国内率先实行工业企业用水审计，紫兴纸业为苏州市首家试点企业。

2010年

1月5日 市水利（水务）局在金阊区市民活动中心召开“打造最佳城市水环境三年行动”动员大会，要求统一认识，围绕“三区三城”建设目标，利用3年时间，打造最佳城市水环境。

3月4—5日 省水利厅、市水利（水务）局组织有关专家对苏州市7县（市、区）编制的《2011—2012年农村河道疏浚整治规划》进行省级审查，并予以通过。

3月12日 市委副书记徐建明在市水利（水务）局召开东太湖综合整治工程项目进展情况汇报会。

3月22日 市水利（水务）局、吴中区政府、苏州太湖国家旅游度假区管委会、市科学技术协会和太湖局苏州管理局在吴中区太湖度假区举办主题为“爱我母亲湖、保护水资源”的大型水法宣传活动。

4月1日　市政府批准《苏州市水利局（苏州市水务局）主要职责内设机构和人员编制规定》，设立市水利局，挂“市水务局”牌子，为市政府工作部门，正处级建制，设11个内设机构。核定机关行政编制为42名。

5月25日　市水利（水务）局在高新区组织召开全市农村圩区建设管理座谈会，与会代表参观高新区圩区建设和管理、节水灌溉等现场，各地水利部门就农村圩区建设和管理及河道畅流工作情况作交流。

6月17日　省军区副司令员周国建、参谋长庞士勇等领导视察苏州防汛准备工作。

6月18日　市水利（水务）局、市容市政管理局、公安局等相关部门联合召开市区杂船清理前期工作会议。

6月23日　市水利（水务）局召开紫兴纸业有限公司用水审计工作总结会。省水利厅副厅长陆桂华要求下一步用水审计工作应在高耗水、重污染的行业中扩大试点，进一步探索经验，不断总结，逐步推广。

6月25日　省委常委、副省长黄莉新在省水利厅厅长吕振霖陪同下到苏州检查太湖防汛工作，先后检查苏州城市防洪工程胥江枢纽和吴中、吴江两地的东太湖综合整治工程现场。

6月28日至7月3日　国务院水利普查办组织有关领导和专家对苏州水利普查试点工作进行调研，省、市、县（市、区）普查办的有关领导和专家陪同调研。

7月12日　市发改委转发省发改委关于东太湖综合整治工程初步设计的批复。

7月15日　长江委河道采砂管理局局长、长江干流涉砂船舶专项整治与执法行动前方指挥部副总指挥徐勤勤一行对张家港长江河道采砂管理和涉砂船舶专项整治与执法行动进行检查。

8月10日　副市长周玉龙带队调研苏州城区河道工作，先后视察钱塘河、五泾浜、后头巷浜等河道，以及环城河轮船码头蓝藻打捞点。

8月17日　市委常委、市纪委书记沈文祖率市纪检监察部门督查组对太湖蓝藻应急防控及饮用水水源地安全工作进行专题督查。

是日　市政府召开市区河道杂船整治工作商讨会，动员各区、各部门全面展开杂船整治攻坚战。会议要求按照市领导提出的“态度坚决，整体联动，严密组织，依法稳妥，务求全胜”的工作要求，确保杂船清理顺利完成。

8月24日　省水利厅在太仓召开全省农村水利工作座谈会。

8月26—27日　全省长江河道涉砂船舶专项整治与执法行动江苏区域行动组到苏州市检查督导，察看长江水域张家港段，听取水利、海事、长江航运公安局（以下简称长航公安）等单位的汇报。

9月3日　市区黑臭河流整治会议召开，计划用3年时间，对城区范围200条共计200千米长的河道实施轮流疏浚，增强河道自净功能，改善水质。市委副书记、市长阎立到会提出要求。

9月9日　水利部副部长、国务院水利普查办公室主任矫勇，水利部副总工程师、国务院水利普查办公室副主任庞进武一行到太仓视察水利普查试点工作。

9月13日　市水利（水务）局根据省水利厅、省海事局和长航公安统一部署的“清江”行动要求，在省水利厅的统一指挥下，组织沿江三市水利（水务）局联合长航公安苏州分局，张家港市、常熟市、太仓市海事局（处），对长江苏州段进行拉网式的“清江”打击行动。

9月16日　民盟中央副主席索丽生带领上海市政协水源地保护调研组到苏州市调研太湖水环境综合治理工作。

9月17日　市水利（水务）局和平江区市容市政管理局共同组织市水政支队、市河道管理处、市救助站、平江公安分局、卫生局、交警大队、消防大队和平江路街道等单位相关人员70余人，对停泊在临顿路白塔子桥下的3条杂船进行联合集中整治，2名船主由市救助站遣送广州老家。行动标志着市区651条杂船整治工作顺利结束。

9月25日 市水利（水务）局组织召开城区黑臭河道整治前期工作会议。会议确定采用河道打通、河道拓宽、河道清淤、截污、工程修复、生态修复、换水等措施解决城区黑臭河道，明确将里河和葑门塘作为近期工作重点。

10月15日 市水政监察支队组织太仓、常熟两市水政监察大队联合长航公安苏州分局，出动50余名水政执法人员、10名干警和4艘执法船艇，对该长江段采取突击行动，抓获非法采砂船4条，采砂者10余名，现场拆除采砂设备，有效打击太仓与常熟长江交界附近水域非法采砂活动。

10月20日 水利部党组成员、驻部纪检组组长董力一行视察苏州水环境综合整治工程，先后察看东太湖综合整治工程现场、胥口水利枢纽复线船闸现场。

10月25日 苏州城区生活污泥综合利用现场观摩暨绿化专用肥首发仪式在常熟江苏田娘农业科技有限公司顺利举行。市水利（水务）局、农委、财政局、水投公司等领导为绿化专用肥首发仪式剪彩，标志着污泥处置开辟出一条变废为宝的新路。

10月26日 市政府第54次常务会议审议通过《关于进一步加强湖泊管理和保护工作的意见》。

10月27日 常熟（董浜）万亩蔬菜基地节水灌溉远程监控技术投用仪式举行，水利部副部长胡四一、国际合作与科技司巡视员陈明忠、水资源司副司长程晓冰，以及省水利厅厅长吕振霖等出席仪式。

11月23日 市水利（水务）局召开全市湖泊管理和保护工作会议，贯彻落实市政府《关于进一步加强湖泊管理和保护工作的意见》，加快推进全市湖泊管理和保护工作。

11月24日 全市水利水务系统纪检监察工作会议在常熟召开。

12月1日 市水利（水务）局召开水利普查工作会议，苏州水利普查工作在取得试点成绩的基础上全面进入正式普查阶段。

12月26—28日 国家发展和改革委员会（以下简称国家发改委）、住建部对苏州创建国家节水型城市进行现场考核。市委副书记、市长阎立会见考核组专家一行。专家组通过现场查阅台账、工作汇报、现场检查等，同意验收。

12月28日 市水利（水务）局联合省太湖水利规划设计研究院编制完成的《苏州市水利（水务）"十二五"规划》通过市发改委组织的专家评审。该《规划》提出建设防洪除涝减灾、水资源供给、水环境保护、城市水务、民生水利、社会管理与公共服务六大体系。

2011年

1月5日 市水利（水务）局在农村干部管理学院召开打造最佳城市水环境三年行动计划推进年动员大会，进一步总结经验，确保3年行动各项目标任务圆满完成。

1月6日 市水利（水务）局、经信委、财政局和节水办联合组织对苏州玄妙索菲特大酒店有限公司等22家企业、单位水平衡测试工作进行考评验收。

1月13—14日 住建部水专项调研组司长陈宜明一行到苏州考察调研，实地考察太湖取水口、胥江水厂、城东污水处理厂、常熟田娘污泥处置现场及部分黑臭河道。

1月17日 全省节水办主任座谈会在苏州召开，会议就2011年节水工作思路以及推进节水"三同时"和用水审计工作的具体措施进行研讨交流。

2月11日 市水利（水务）局召开东太湖综

合整治工程2011年度第一次工作会议，会议研究年度各项目投资计划，部署年度工程建设管理工作。

2月22日 市水利（水务）局围绕“规范合法分包、严禁转包和违法分包，切实保障农民工合法权益”主题，召开东太湖综合整治工程建设管理大会。

3月14—15日 由省水利厅副厅长陆桂华带队的考核组对苏州2010年度水资源管理和节水型社会建设考核。考核组检查苏州市城东污水处理厂、华润雪花啤酒江苏有限公司、工业园区第二污水处理厂和工业园区青少年活动中心等现场，对苏州在节约用水、水源地建设、水资源费和南水北调基金征收、水资源和水环境保护等方面工作给予高度评价。

3月18日 苏州市第一次全国水利普查领导小组组织各成员单位及水利系统各有关部门人员收看第一次全国水利普查清查登记工作启动视频会议，以及随后召开的江苏省第一次全国水利普查清查登记工作启动视频会议。

3月22日 市水利（水务）局、教育局、科学技术协会和苏州水务投资发展有限公司主办的纪念第19届“世界水日”和第24届“中国水周”宣传活动暨“水惠民生”服务品牌启动仪式在彩香中学隆重举行。

3月25日 省委常委、市委书记蒋宏坤，市委副书记、市长阎立率各市、县（市、区）主要领导和市有关部门负责人对苏州水利工作进行专题调研。蒋宏坤要求突出构建水安全、水生态、水经济、水文化“四位一体”新格局，加快推动传统水利向现代水利、可持续发展水利转变，为苏州率先基本实现现代化提供重要保障。

是月 《长江澄通河段河道综合整治规划》通过长江委审查，进一步明确通洲沙西水道整治目标。11月1日，取得省发改委关于长江澄通河段通州沙西水道河道整治工程可行性研究报告的批复。

4月1日 市委常委、市纪委书记沈文祖率市纪委、监察局视察组一行对东太湖综合整治工程进行调研性督查，以保证东太湖综合整治工程建设管理规范有序。

4月11日 全市水利工程管理工作会议在张家港召开。

4月14日 市政府召开水利现代化建设新闻发布会。发布会介绍，全市“十一五”期间累计水利投入100多亿元，全市水利现代化程度达到85.4%，是江苏省唯一进入水利现代化成熟期的地区。“十二五”期间，苏州市将投入470亿元用于水利现代化建设，力争通过5年努力，在全省率先基本实现水利现代化，让水流更顺畅，让河湖更洁净，让饮水更安全，让水景更美丽。

4月15日 市委、市政府召开全市水利（水务）工作会议。张家港、常熟、太仓、昆山、吴江及苏州市水利（水务）局作大会交流发言。

是日 水利部水利水电规划设计总院副院长李原园受邀率队到苏州商谈水利现代化规划编制事宜，苏州作为全国水利现代化试点城市正式启动水利现代化规划编制工作。

4月27日 市水利（水务）局组织召开全市蓝藻防控工作会议，全面部署2011年蓝藻防控工作。

5月6日 市政府召开全市防汛防旱工作会议，落实市委书记蒋宏坤提出的“全面提升区域引排能力和流域防洪能力，建成以洪涝管理为主的高标准防洪除涝减灾体系”的指示要求，全面部署年度防汛防旱各项工作。

5月9日 省水利厅在常熟召开全省农村水利暨水土保持工作会议，与会代表先后参观梅李大皇塘排涝闸站、梅李水利站、董浜节水灌溉监控中心、蔡家浜高效节水灌溉工程、蒋巷村新农村及高标准农田水利建设等现场，给予高度评价。

5月11日 市政府颁布《苏州市生活饮用水二次供水管理办法》，明确居民住宅二次供水设施管理。

5月16日 市黑臭河道整治一期鸭脚浜工程正式开工建设，标志着当年苏州城区黑臭河道整治工程全面启动。

5月20日 水利部在苏州召开《苏州市水利现代化规划大纲》审查会，《规划大纲》通过评审。

5月24日 为保证苏州城区污水处理厂污泥得到规范、安全处置，市水利（水务）局、吴中区水务局、吴中区江远热电有限公司三方签署苏州城镇污水处理厂污泥焚烧处置合作协议。江远热电公司新建300吨每日规模的污泥干化焚烧综合利用工程，实现污泥处置减量化、无害化。

5月25—26日 长江苏沪省际边界采砂管理工作座谈会在苏州召开。

5月26日 经住建部和国家发改委组织专家预审、现场考核、综合评审及公示，决定命名苏州市区、常熟、太仓等17个城市为第五批（2010年度）国家节水型城市，标志着苏州在全国率先建立国家节水型城市群。

6月2日 市水利（水务）局组织在高新区浒墅关镇召开全市抗旱保灌溉暨圩区堤防达标建设现场会。

6月7日 住建部和省住建厅在苏州组织苏州、无锡、宜兴、吴江四市供水行政主管部门、供水企业以及同济大学等课题合作单位，召开太湖流域饮用水安全项目申报座谈会。

6月9日 市水利普查办公室在市水利（水务）局组织召开全市水利普查清查数据成果验收会。

6月16日 市水利（水务）局党委以“水润水城惠泽民生”为主题，在网上向社会公开服务承诺，力争用5年时间，全面建成高标准水利水务工程体系和服务保障体系，在全省乃至全国率先基本实现水利现代化，2011年重点办好10件实事。

6月26日 苏州市排水有限公司、江苏田娘农业科技有限公司、苏州市排水管理处三方签署2011—2012年度苏州城区污水处理厂污泥堆肥处置合作协议，由政府回购6000吨有机肥，专门用于林业和园林绿化，实现污泥资源化利用。

6月28日 市水利水务系统庆祝建党90周年暨“双十佳”表彰大会在市农村干部学院隆重举行。

7月6日 为进一步加强七浦塘拓浚整治工程建设的纪检监察工作，市监察局、水利（水务）局联合召开七浦塘拓浚整治工程纪检监察派驻工作会议。会议明确苏州市和县（市、区）两级派驻组职责任务，理顺工程涉及的“三市一区”纪委、水利部门纪检派驻工作关系。

7月17—18日 淮河水利委员会水利普查领导小组办公室常务副主任王九大率工作组对市水利普查对象清查数据进行国家级质量抽查，对苏州清查数据质量给予肯定。

7月19—20日 市委副书记徐建明率水利部门及沿江三市领导一行到武汉水利部长江委，商讨沿江整治工程建设。

7月25日 全市水资源专项执法行动及黑臭河道治理推进会在昆山召开，明确把专项执法行动和黑臭河道治理进展情况纳入年度工作考核内容。

8月2日 全市水利普查清查登记阶段工作总结会在昆山召开，省水利普查办对苏州的清查登记工作给予充分肯定。

8月6—7日 由水利部总工程师汪洪带队，全国人大常委会、水利部、财政部组成的重点处理建议办理工作调研组到张家港、太仓、吴江等地就农村河道综合整治情况作专题调研。

9月2日 全国节水型城市创建工作会议在北京国谊宾馆召开，对苏州市区、常熟、太仓等17个获得第五批全国节水型城市称号的城市举行授牌仪式。

9月2—5日 水利部水利水电规划设计总院在苏州召开会议，对省发改委联合水利厅报送国家发改委、水利部的《太湖流域主要支流——七浦塘拓浚整治工程可行性研究报告》进行审查，基本同意报告确定的工程标准、工程规模、总体布局等内容。

9月7日 苏州市水利水务学会举办2011年水利水务学术报告会。

9月16日 全国水利普查工作会议暨师资培训综合班在太仓召开。水利部党组副书记、副部长，国务院水利普查办公室主任矫勇出席会议并讲话。太仓作交流发言。

是日 水利部党组副书记、副部长，国务院水利普查办公室主任矫勇一行考察东太湖综合整治工程，实地察看吴江市及吴中区综合整治现场。

9月20日 苏州市中张家巷河道恢复工程正式启动，这是新中国成立以来苏州古城内完全恢复的第一条河道。省委常委、市委书记蒋宏坤，市委副书记、市长阎立，市人大常委会主任杜国玲，市政协主席王金华参加开工仪式。

10月23日 市水利（水务）局首次试水纳米气泡水体透析技术对里河河道水质发黑发臭进行整治。

11月12日 市水利（水务）局组织召开苏州市区饮用水水源建设保护研讨会。

11月24—25日 由全国政协副主席阿不来提·阿不都热西提率领的全国政协无党派人士界委员考察团一行到苏州，就太湖流域水资源保护和水污染防治，保障防汛抗旱以及生活、生产和生态用水安全，改善太湖流域生态环境等问题进行考察。考察团先后考察吴中区太湖取水口、胥江水厂和太浦闸水文基地等水利水务工程，对苏州在太湖流域水环境综合治理方面取得的成就予以充分肯定。

11月27日 吴中区水土保持科技示范园区以90.2分的高分通过水利部、教育部组织的"全国中小学水土保持教育社会实践基地"评定。

12月13日 金阊区白洋湾街道西站社区低洼地改造工程正式启动。工程主要包括建造185米防洪挡墙，阻止外河洪水进入这一区域，同时新建0.44立方米每秒流量泵房，将区域涝水排入外河。

12月16—17日 长江委河道采砂管理局局长徐勤勤、副局长马水山一行对苏州市长江河道采砂管理工作进行全面检查。

12月21—23日 水利部组织的国家水管单位考核组对苏州市胥口水利枢纽工程管理处进行考核验收，同意通过验收考核。

12月23日 省政府在苏州市会议中心召开全省水利工作会议，与会代表先后参观苏州城区澹台湖水利枢纽工程、吴江同里镇小型农田水利重点县项目、滨湖新城苏州河水利枢纽等工程。

12月30日 七浦塘拓浚整治工程启动仪式在相城区阳澄湖镇举行。省委常委、市委书记蒋宏坤，省水利厅厅长吕振霖，市委副书记、市长阎立等500余人出席启动仪式。

2012年

1月5日 市水利（水务）局召开打造最佳城市水环境三年行动计划再动员大会，确保3年行动各项目标任务圆满完成。

1月18日 位于桐泾路东、玻纤路南的五泾浜断头河整治工程完工，开始拆坝通水。五泾浜东端原是断头河，存在严重的黑臭现象。

1月29日 全市作风效能建设大会召开，苏州市水利（水务）局荣获2011年度市级机关作风效能建设优胜单位。

2月8—9日 市水利工作会议在太仓召开。与会代表参观太仓高水平水利建设现场。会议要求苏州水利现代化建设要确保在实现标准上优于全省，在实现进度上快于全省，在实现程度上高于全省，力争在2014年率先基本实现水利现代化。

2月24日 市政府召开苏州市区创建国家节水型城市工作总结表彰会。随着苏州市区成功创建国家级节水型城市，苏州在全国率先建立国家节水型城市群。

2月25日 水利部会同省水利厅在北京召开《苏州市水利现代化规划》审查会，将作为今后一个时期苏州市水利现代化工作的依据。

2月29日 苏州召开创建节水型学校动员会，研究部署节水型学校创建工作。

3月7日 以瑞典南斯莫兰地区委员会首席执行官彼得·霍格拉先生为团长的代表团一行8人到市水利（水务）局访问。

3月14日 省发改委、水利厅组成以省发改委副主任王汉春为组长的考核小组，对苏州2011年度水资源管理和节水型社会建设进行考核。

3月19日 市水利水务系统精神文明创建工作座谈会在昆山召开。会上表彰2010—2011年度文明创建工作先进单位。

3月21日 全市农村村庄河道综合整治现场推进会在昆山召开。会上发布《市政府办公室关于印发〈苏州市农村黑臭河道专项治理实施意见〉的通知》。

3月22日 苏州市纪念第20届“世界水日”和第25届“中国水周”活动在高新区文昌实验中学举行，活动主题为水惠民生，进行《太湖流域管理条例》宣传活动启动仪式。

3月29—30日 全国政协委员、水利部原副部长翟浩辉，长江委副主任杨淳一行到张家港检查防汛防台准备工作，考察张家港走马塘江边枢纽工程、朝东圩港—环城河工程等重点水利工程现场。

4月19日 市委、市政府召开全市党政信息工作暨表彰会议。市水利（水务）局荣获2011年度全市党政信息工作特等奖。

4月25日 全市基层水政监察队伍规范化建设座谈会在吴江召开。

5月2日 市水利（水务）局召开机关创建市级文明单位动员大会，组织全体机关干部职工，力争用3年时间创建市级文明单位。

5月8日 市政府召开全市防汛防旱工作会议，研究分析面临的形势，全面部署防汛防旱工作任务。

5月9日 省委常委、市委书记蒋宏坤专题调研古城区河道水质提升工作，要求古城区河道水质改善与发展水文化、水景观、水经济结合，争取到2014年底，使古城区水质明显提高、水景观明显改善。

5月10日 市委副书记、代市长周乃翔对市防汛以及供水安全工作进行调研。

5月28日 全市水利现代化建设推进会在常熟顺利召开，会议邀请省水利厅党组成员、规划办主任叶健就水利现代化指标体系及评价考核办法作详细介绍。

6月11日 省委常委、市委书记蒋宏坤主持召开市委常委会，听取和研究关于苏州古城区河道水质提升行动计划等惠民项目建设，原则通过市水利（水务）局《苏州古城区河道水质提升行动计划》。

6月11—12日 水利部在苏州召开2012年全国水土保持宣传教育工作座谈会，来自全国各流域机构、各省（直辖市）负责水土保持工作的80多名领导和代表参加会议。市水利（水务）局作典型发言。

6月13日 市政府在市水利（水务）局召开城区河道清淤工程动员大会，全面推进城区河道清淤，进一步改善苏州城区水环境。

6月20日 平江河、临顿河、官太尉河等3条古城区景观河道清淤工程如期完工，并通过现场联合验收，累计清淤河道总长5千米，清除土方量3万立方米，清淤后水质明显改善，取得初步成效。

7月10—11日 水利部副部长周英对苏州水行政执法工作进行调研，对苏州水行政执法工作取得的成绩给予充分肯定和高度评价。

7月28日 市政府在苏州市会议中心举行苏州工业园区阳澄湖水厂一期工程、吴中新水厂和新区第二水厂深度处理工程开工典礼。

7月30日　全市水利（水务）局局长座谈会在昆山顺利召开。会前，与会代表参观昆山城乡黑臭河道整治工程现场。

8月2日　全市防御第9、10号台风紧急视频会议在市水利（水务）局防汛会商室召开，落实省委书记罗志军、副书记石泰峰对做好防御台风工作的重要批示和省委副书记、省长李学勇主持召开的防御台风紧急会议精神，以及省委常委、市委书记蒋宏坤在会前作出的全力部署防御台风重要指示。

8月7日　省委常委、市委书记蒋宏坤，市委副书记、市长周乃翔到市防指检查。当晚，省委副书记、省长李学勇到市防指就苏州防御第11号台风“海葵”工作作出指示。

8月15日　全国基层水利服务体系建设现场会在太仓召开，水利部副部长李国英出席会议并讲话，副省长徐鸣到会致辞。与会代表参观常熟董浜水利站、董浜节水灌溉监控服务中心，太仓双凤水利站、双凤镇黄桥联圩管理服务区、城厢镇万丰和姚湾片小型水利工程专业合作社等现场，给予高度评价。

10月9日　副市长徐惠民召开苏州市区黑臭河道整治暨城区河道二期清淤工程开工动员大会。

10月18日　市政协副主席金海龙一行对政协苏州市十三届一次会议第025号提案《关于进一步加强城乡生活污水治理的建议》的办理情况进行督查。

10月29日　水利部国科司司长、科技委副主任高波一行到苏州调研水利现代化试点工作，先后察看陈家浜河道环境整治工程、杨树浜农村水利工程、东太湖整治工程以及中小河流治理吴江三船路工程，并召开座谈会，听取情况汇报。

11月3日　市水利（水务）局在洞庭山水文化基地举办首届洞庭山天然泉水杯“我的天堂我的水”征文颁奖仪式，并为苏州首家节水教育基地“洞庭山天然矿泉水有限公司”授牌。此后，“我的天堂我的水”征文活动每年举办，成为苏州节水宣传工作的重要品牌。

12月8日　国家发改委正式批准《苏州市七浦塘拓浚整治工程可行性研究报告》，核定工程总投资为33.3084亿元。其中，中央预算内投资安排4.06亿元。

12月28日　市政府印发《关于实行最严格水资源管理制度的意见》，对2015年、2020年全市用水总量、万元工业增加值用水量、农田灌溉水有效利用系数、水功能区水质达标率等明确目标要求。

12月31日　省委常委、市委书记蒋宏坤，市委副书记、市长周乃翔，市领导杜国玲、王少东、朱建胜、徐惠民、金海龙等一行对城区河道清淤工程进行竣工检查。经过7个月的奋战，城区110条黑臭河道全部整治完毕。

是年　水利部正式发文表彰全国水利系统水资源工作先进集体和先进个人。市水利（水务）局荣获全国水利系统水资源工作先进集体，是江苏省唯一获此殊荣的地级市水利（水务）局。

2013年

1月5日　市政府在苏州市农村干部学院召开城区水质提升新三年行动计划动员大会，要求加快推进城区河道水质提升新三年行动计划，努力做到“六结合”。会议对3年行动计划实施行动中的先进集体和先进个人进行表彰。

1月8日　在苏州市第十一届“十大民心工程”表彰会上，市水利（水务）局城区河道清淤工程被评为2012苏州十大民心工程。

1月22日　市委副书记陈振一检查冬春水利建设，重点到吴江区进行实地督查。

3月13日　市科学技术协会2013年学会和信息工作会议召开，市水利水务学会荣获2012年度先进学会奖。

3月22日 苏州市举行第21届“世界水日”和第26届“中国水周”宣传活动。

4月26日 水利部水土保持司巡视员张新玉到吴中区调研水土保持工作。

4月27日 市委副书记、市长周乃翔就城区河道水质提升工程进行专题调研。

是日 省住建厅表彰苏州市水利(水务)局为“城市供水工作先进集体”。

5月6日 市政府召开全市防汛防旱工作会议。

5月13日 市水利(水务)局召开政风行风监督员座谈会。

5月20日 省财政厅、发改委、水利厅考核小组对苏州2012年度水资源管理和节水型社会建设进行考核。

5月21日 国家防总太湖流域防汛抗旱检查组水利部副部长李国英、太湖局局长叶建春一行,在省政府副省长徐鸣、水利厅厅长李亚平等陪同下,检查苏州防汛抗旱工作。

5月29日 水利部政策法规司副司长王治一行到苏州开展水利综合执法试点和水事违法行为与刑法相衔接专题调研。

是日 市长周乃翔对第十五届人大第二次会议第91号建议《关于进一步推进城乡水环境综合整治的建议》进行现场督办。

6月2—3日 水利部规划计划司副司长吴强一行5人到苏州调研新型城镇化进程中供水安全保障问题。

6月3—4日 水利部农村水利司副巡视员赵乐诗一行到苏州调研农村生活污水治理工作。

6月21日 苏州地区水资源管理信息系统分部工程通过江苏省水资源管理信息系统一期工程建设处验收。

是日 14时,东太湖综合整治工程最大临时围堰——吴中区花渡港—尧太河段围堰工程拆坝放水。

6月25日 市水利(水务)局和市统计局联合在市政府召开新闻发布会,向全社会公布2010—2012年开展第一次全国水利普查苏州普查成果。

是日 市委副书记陈振一到官渎里立交泵站、齐门泵房、新民桥等地调研检查城区防汛工作。

7月16—17日 省水政监察总队副总队长、河道采砂管理局局长徐殿洋一行4人,到苏州督导长江河道采砂管理“百日执法在一线”行动,对张家港双山岛水域进行执法巡查。

8月2日 市委副书记陈振一,市防指指挥、副市长陆留生到吴中区东山镇调研了解丘陵山区瓜果茶树受旱情况,现场指导抗旱工作。

8月8日 全市水利综合执法暨河湖专项检查推进会召开。

8月22日 全省水利现代化建设座谈会在苏州召开。省水利厅全体厅领导,厅机关各处室、厅直各单位负责人,全省13个市水利(水务)局局长,省水利现代化建设试点单位13个县(市、区)水利(水务)局局长,苏南其他30个县(市、区)水利(水务)局局长参加会议。

8月30日 市水利(水务)局与名城苏州网合作,组织近40名网友到胥江自来水厂参观体验。

9月29日 苏州市古城区“自流活水”工程娄门堰和阊门堰顺利通水。省委常委、市委书记蒋宏坤启动通水按钮,市委副书记、市长周乃翔等出席。

10月7日 市防指指挥、副市长陆留生召开防台会商专题会议。

10月16日 市水利(水务)局组织开展“万人看水利”活动,新苏师范附小的学生代表和家长参观城区“自流活水”娄门堰工程。

11月7日 省人大常委会副主任刘永忠带领检查组到苏州开展《江苏省湖泊保护条例》执法检查。

11月10—11日 水利部副部长蔡其华一行对苏州水行政执法工作进行检查。

11月12日　省政府在张家港召开全省河道长效管护推进会议，部署推进全省河道长效管护和冬春农田水利建设任务。副省长徐鸣，省水利厅厅长李亚平以及省相关厅局，各地级市、有关县（市、区）分管市长和水利（水务）局局长共计90余人参加会议。

11月14日　市委副书记、市长周乃翔专题调研城区水利工作。

11月15日　市委副书记陈振一，市防指指挥、副市长陆留生等领导到相城区调研水利工作，先后到白塘西延项目、乐安浜综合整治工程、南狭泾河道疏浚工程、省中小河流治理项目渭泾塘整治项目等水利工程实地考察调研。

12月3日　吴江区2010—2012年度中央财政小型农田水利重点县项目顺利通过由省水利厅、财政厅联合组织的整体验收。

12月5日　省水利厅、建设厅、环保厅组成联合验收组对苏州金墅港、渔洋山、浦庄寺前水源地达标建设工作进行验收。

12月6日　水利部纪检组组长董力、省水利厅纪检组组长李陆玖一行在昆山召开水利部基层党风廉政建设座谈会。

2014年

1月12日　由市人大常委会、市政府主办，市委宣传部、发改委、市广电总台承办的第十二届“2013苏州十大民心工程”揭晓，市水利（水务）局组织实施的苏州城区河道“活水自流”工程榜上有名。

1月22日　市委副书记陈振一，市防指指挥、副市长陆留生一行对七浦塘拓浚整治工程太仓段和昆山段进行调研。

1月26日　市委副书记、市长周乃翔一行前往阳澄湖枢纽、昆山二标段工程现场，就七浦塘拓浚整治工程建设情况进行调研。

1月27日　市委副书记、市长周乃翔主持召开市政府第21次常务会议，审议并原则通过《市政府关于加强太湖苏州湾水域管理和保护的意见（试行）》。

2月12日　市委副书记、市长周乃翔到中张家巷河恢复工程、背街水巷试验段工程、北园河低洼地改造工程等地，调研城区河道整治工作。

3月5日　市水利（水务）局水惠民生志愿者服务队的10名队员，到姑苏区观前街道北寺塔社区为困难家庭解决污水出路问题，受到街道和居民赞扬。14日，北寺塔社区给市水利（水务）局送来“学习雷锋好榜样　为民解难正能量”的锦旗。

3月19日　上海市水务执法总队和江苏省水政监察总队联合开展苏沪交界水域执法行动。市水政监察支队和太仓市水政监察大队有关执法人员参加执法行动。

3月21日　省统计局、审计厅、水利厅、发改委、住建厅、水资源服务中心组成第四考核组，对苏州2013年度实行最严格水资源管理制度工作完成情况进行考核，实地考察古城区“活水自流”工程、东太湖整治等现场。

3月22日　纪念第22届“世界水日”、第27届“中国水周”宣传活动在苏州古城百花洲公园举行。

是日　市水利（水务）局、节水办和苏州工业园区青少年活动中心联合打造的苏州首家专业节水科普馆在苏州工业园区青少年活动中心正式开馆，面向广大苏州市民免费开放。

3月26日　国家防总副总指挥、水利部部长陈雷率领的国家防总太湖流域防汛检查组到苏州调研指导防汛工作。省委常委、省人大常委会副主任、市委书记蒋宏坤，副省长徐鸣，市委副书记、市长周乃翔会见或陪同检查组一行。

4月3日　市委副书记陈振一调研全市供排水保障工作。

4月10日　市委副书记、市长周乃翔到沧浪新城、环城河与胥江交界处等地，调研环城河等城区河道清淤工程。

4月14—15日　省河道采砂管理局副局长李玉松率队到苏州检查长江河道吹填采砂施工项目。

4月16—18日　《人民日报》、新华社、《光明日报》等8家中央媒体到苏州开展“水生态文明建设巡礼”采访活动。

4月29日　市水利（水务）局召开首届工会联合会成立大会。经报请苏州市总工会同意，撤销市水利（水务）局工会委员会，大会选举产生局系统工会联合会第一届委员会委员和经费审查委员会委员。

5月6日　苏州召开全市防汛防旱工作会议，研究部署防汛防旱各项工作。市防指指挥、副市长陆留生出席会议并讲话。

5月8日　市委常委、苏州军分区司令员杨晋等驻苏部队首长一行勘察苏州防汛工作。苏州军分区召开防汛防旱任务专题部署会。

5月20日　副省长徐鸣到胥江水厂视察，省住建厅厅长周岚、巡视员王翔，副市长徐惠民陪同视察。

5月25—27日　第十届中美工程技术研讨会“水生态建设组”研讨会在苏州召开，来自中国、美国、加拿大、新加坡等国家的20余名专家和学者参加研讨。中国水利学会理事长敬正书、省水利厅副厅长陆桂华，市防指指挥、副市长陆留生出席开幕式。

6月10日　市水政监察支队联合水上公安太湖大队、省太湖渔管会三大队、吴江和吴中区水政监察大队等单位对太湖苏州湾水域开展联合执法清障行动。

6月13日　市水利（水务）局在金阊新城组织开展苏州城区防汛抢险演练，市河道管理处、排水管理处和姑苏区住房建设和市容市政管理局等多个部门的应急抢险队伍参加演练。

6月18—20日　市水利（水务）局、人力资源和社会保障局、总工会联合组织苏州市城镇排水行业职业技能竞赛。

6月19日　水利部农水司调研员党平，中国灌排水发展中心处长张绍强，河海大学、水利部南京水利水文自动化研究所等领导和相关专家到常熟董浜镇调研灌区信息化建设情况。

6月20日　副市长徐惠民到石湖水利枢纽、葑门塘等地，调研城区水环境治理。

6月23—25日　长江委河道采砂管理局局长徐勤勤率队到苏州检查长江河道采砂管理工作。省水利厅副巡视员韩全林等陪同检查。

6月27日　市委副书记陈振一前往大运河驳岸、官渎立交泵房等地检查防汛工作。

7月3日　市委副书记、市长周乃翔调研察看石湖片区调水引流工程、环城河清淤工程、白塘西延工程和官渡立交泵站防汛。

7月11日　全市生态河道建设现场推进会在张家港召开。

7月24日　市创建办召开国家节水型城市复查迎检工作会议。

7月30日　水利部水保司原巡视员张学俭率专家组成员到昆山明镜荡水利风景区组织考察验收，省水利厅副厅长张劲松等参加考察验收活动。

是日　省委副书记、市委书记石泰峰，市委副书记、市长周乃翔对全市水利水务工作进行为期1天的综合调研。

8月5日　市防指指挥、副市长陆留生到吴中区开展安全生产检查，实地检查太湖浦庄饮用水水源地安全工作，并就进一步做好供水安全保障工作提出明确要求。

8月15日　市水利（水务）局在太湖新城吴中规划展示馆组织召开太湖苏州湾水域管理工作联席会议。市水利（水务）局、省太湖渔管办、市太湖苏州湾水域管理办公室、吴江太湖新城农村工作局、太湖新城吴中管委会、吴江海事处、城区海事处、水警支队太湖大队、吴江区水利（水务）

局、吴中区水利（水务）局及水政监察大队的有关领导和负责人出席会议。

9月16日 全省城市河道环境综合整治现场会在苏州召开，与会人员先后参观娄门活动溢流堰、平江河水环境综合整治工程、石湖片区调水引流工程等苏州城市河道环境综合整治现场。苏州城市河道“活水治水”的经验和效果受到全省环保、水利、住建等部门专家、领导的肯定。副省长许津荣、水利厅副厅长陶长生出席会议。

9月23日 省委常委、副省长徐鸣到苏州市视察调研防台防汛工作，听取苏州防御第16号强热带风暴“凤凰”的相关工作情况并作出指示。市委副书记陈振一陪同视察调研。

10月10日 市委副书记、市长周乃翔率有关部门负责人督查阳澄湖生态优化行动实施情况。

10月28—29日 水利部督察专员祖雷鸣一行对苏州深化河湖专项执法行动开展情况进行检查。检查组一行检查吴中区东山环岛公路景观绿化工程和东太湖综合整治项目现场。

12月16日 市委副书记、市长周乃翔，市防指指挥、副市长陆留生专题调研“引江济太”和河长制工作，乘船察看望虞河现场。

12月30日 全市农村生活污水治理动员大会在常熟召开。市防指指挥、副市长陆留生部署全市农村生活污水治理三年行动计划任务，每年完成不少于1000个村庄10万户农户和30个撤并乡镇的污水治理任务，力争通过3年努力，实现重点村、特色村全覆盖，农村生活污水处理率超过80%。市委副书记、市长周乃翔作讲话，会议由市委副书记陈振一主持。

12月31日 随着美地家园小区的新二次供水泵组正式投入使用，历时3年的市区二次供水改造工程顺利完工，标志着市区的74个已建高层、小高层小区二次供水设施建设标准和日常维护达到新建小区同等水平。市区二次供水设施改造工程于2012年3月22日启动，工程共分15个标段，受益家庭5万多户。

2015年

1月6日 人社部、水利部联合下发表彰决定，苏州市水利（水务）局被表彰为“全国水利系统先进集体”。

1月12日 省住建厅发出通报，授予苏州城区河道水质提升工程等20个项目2014年江苏省人居环境范例奖。

1月15日 省住建厅组织在市水利（水务）局召开《苏州城市节约用水规划（2014—2030）》专家评审会。

1月16日 市水利（水务）局组织召开《苏州市农村污水专项规划编制大纲》和《苏州市农村生活污水治理技术指南》专家评审会。

1月20日 第十三届“2014苏州十大民心工程”评选暨颁奖仪式在苏州市会议中心举行，由市水利（水务）局负责实施的石湖区域水环境提升工程入选。

2月15日 市委决定王国荣任苏州市水利（水务）局党委书记，兼任市水利（水务）局局长。26日，苏州市第十五届人大常委会第十九次会议通过，决定任命王国荣为市水利（水务）局局长。

3月3日 市委副书记陈振一调研吴江区农村生活污水治理情况。

3月4日 市委副书记陈振一率相关部门负责人调研七浦塘拓浚整治工程建设情况。

3月17日 市防指指挥、副市长陆留生到相城调研农村生活污水治理。

是日 市委副书记陈振一到高新区调研农村生活污水治理工作。

3月22日 第23届“世界水日”、第28届“中国水周”主题宣传活动举办，市委副书记陈振一、市人大常委会副主任周玉龙，市防指指挥、副市长陆留生，市政协副主席金海龙出席活动。

3月24日 苏州市水政监察支队与上海市水务执法总队联合开展2015年“世界水日”暨“中国水周”苏沪边界长江采砂专项执法宣传活动。苏州市水政监察支队，太仓市水政监察大队，太仓市堤闸管理所，长航公安太仓派出所，上海市水务执法总队四支队、五支队，长航公安上海分局，长江航道管理局航政处，崇明县水政管理所参加活动。

4月10日 省水利厅厅长李亚平带队，由省财政厅、农委等组成的省政府第三考核组，采取实地考察、查阅台账、汇报座谈相结合的方式，对苏州2014年度实行最严格水资源管理制度工作进行考核。

4月20日 全市农村生活污水治理工作联席会议第一次会议召开。市防指指挥、副市长陆留生出席会议并讲话。

4月27—28日 江苏省水文化与水利史专业委员会第一次全体委员会议在苏州召开。

4月29日 水利部副部长李国英带领国家防总检查组到苏州检查指导防汛抗旱防台准备工作，现场视察太浦闸、东太湖综合整治工程吴江段、苏州城市防洪澹台湖枢纽等工程。国家防汛抗旱督察专员王翔，太湖防总常务副总指挥、太湖局局长叶建春，省水利厅厅长李亚平，市防指指挥、副市长陆留生等陪同检查。

5月4日 市水利（水务）局与财政局联合发文出台《农村生活污水治理苏州市级“以奖代补”资金管理办法（暂行）》。明确市级财政每年安排约2亿元专项资金，用于农村生活污水治理项目补助和考核奖励。

5月7日 市委副书记陈振一到全市农业生活污水治理工作领导小组办公室（以下简称市农水办）调研全市农村污水治理工作。

5月11日 全市节水型学校建设推进会暨苏州2015年城市节水宣传周启动仪式在常熟举行。市教育局、财政局、水利（水务）局相关领导，各市、区水利（水务）局、教育局等相关领导，节水型学校分管校长参加会议。

5月15—22日 水利部枢纽水源、中型水库及江河治理项目专项稽察组特派员腾胜叶一行，对苏州市七浦塘拓浚整治工程（常熟段）进行稽察。

5月24—30日 住建部考核组对苏州开展城镇供水规范化管理考核实施情况和城市排水防涝工作进行督查，对苏州工作给予充分肯定。

5月27日 江苏省最严格水资源管理考核联席会议通报2014年度实行最严格水资源管理制度考核结果，苏州位列第一。

5月29日 省委副书记、市委书记石泰峰，市委副书记、市长周乃翔一行实地察看七浦塘从阳澄湖湖口至阳澄湖枢纽的护岸及防汛通道、绿化工程建设。在阳澄湖枢纽立交，石泰峰按下闸门启动按钮，阳澄湖枢纽立交开闸通水，标志着历经2年多建设的七浦塘拓浚整治工程主体工程顺利实现通水。

6月4日 省委副书记、市委书记石泰峰，市委副书记、市长周乃翔带队调研苏州防汛及航道航运和水上旅游安全工作。

6月6日 省委常委、副省长徐鸣一行到张家港检查长江防汛情况。

6月24—25日 住建部部长陈政高到苏州就农村生活污水处理设施建设和运行管理等工作进行调研。省委副书记、市委书记石泰峰会见陈政高一行。副省长张雷，省住建厅厅长周岚，市委副书记、市长周乃翔，副市长徐明等陪同考察常熟农村生活污水处理工作，常熟被住建部确定为全国县域村镇污水治理综合示范区。

6月29日 省委副书记、市委书记石泰峰率各地各部门有关负责人实地检查京杭大运河防汛工作。市委副书记陈振一、副市长徐明等参加检查。

6月29日至7月1日 市长周乃翔及各位副

市长到市水利（水务）局值班，应对第9号台风“灿鸿”影响。

7月4日 市纪委会同名城苏州网邀请10名网友开展“寒山闻钟”论坛走进市水利（水务）局活动。10名网友参观福星污水处理厂、石湖调水引水工程、娄门堰、官渎立交等水利水务工程。

7月9日 省防指召开全省防御第9号台风“灿鸿”紧急视频会议。省防指会议后，苏州召开紧急会议，副市长徐明对苏州防御第9号台风“灿鸿”工作进行全面部署。

7月9—10日 水利部政策法规司副司长陈晓军一行到苏州调研水行政执法工作，调研组一行考察吴中区水土保持科技示范园、昆山水环境治理，调研昆山锦溪水政监察中队建设情况。

7月10日 20时30分，市委、市政府连夜召开防台防汛紧急会议，省委副书记、市委书记石泰峰会上强调要认真贯彻省委书记罗志军重要批示，落实责任，细化措施，科学应对，打好打赢防台防汛这一仗。市委副书记、市长周乃翔主持会议，市领导王少东、杨晋、徐明参加会议。

7月11日 国家防总检查组代表、太湖局副局长林泽新带队到苏州督查指导防汛防台工作。

7月13日 苏州召开全市农村生活污水治理工作领导小组会议，市委副书记陈振一，市防指指挥、副市长陆留生出席会议。

8月13日 省委副书记、市委书记石泰峰，市委副书记、市长周乃翔实地调研全市农村生活污水治理工作，听取水利部门及相关市、县（市、区）对农村生活污水治理工作汇报，先后察看吴中区金庭镇人工湿地、污水治理施工现场，对加大工作推进力度提出要求。

9月1日 市防指指挥、副市长陆留生检查胥江—福星污水处理厂段、晋源桥北—友新河段等京杭大运河堤防建设情况，并在市水利（水务）局召开座谈会。

10月21日至11月27日 市委第二巡视组对市水利（水务）局开展常规巡查。

10月31日 长江委河道采砂管理局局长马水山、副局长赵义一行到苏州检查长江河道吹填采砂实施情况。

11月19日 全省水利系统办公室工作会议在苏州召开，副厅长张劲松出席会议并讲话。各市水利（水务）局分管领导、办公室负责人参加会议。

12月29日 太湖局受水利部委托，组织召开东太湖综合整治工程（一期工程）水土保持设施竣工验收会议。

2016年

1月14日 市委书记周乃翔，市委副书记、代市长曲福田调研七浦塘拓浚整治工程，在七浦塘江边枢纽泵站正式开泵引水，标志着七浦塘综合整治工程全部建成。市领导陈振一、徐惠民、陆留生参加调研活动。该工程入选2015苏州十大民心工程。

1月24日 受寒潮影响，苏州水表爆裂和水管爆管的情况激增。市水利（水务）局立即组建17个应急抢险工作组进驻姑苏区街道，至30日基本完成爆表抢修任务，31日基本恢复正常供水。

2月29日 根据长江委的统一部署，市水政监察支队分3组到辖区沿江三市组织开展“清江行动”。

3月1日 长江委副主任胡甲均、河道采砂管理局局长马水山一行到苏州检查长江河道采砂管理工作。

3月17日 水利部党组副书记、副部长矫勇一行到苏州检查太湖流域防汛抗旱防台工作，省水利厅厅长李亚平等领导陪同检查。

3月18日 省人大常委会党组副书记、常务副主任蒋宏坤到苏州调研农村生活污水治理，视察金庭污水治理现场。

3月22日 太湖局、市水利（水务）局和吴中区人民政府在园博园隆重举行2016年“世界水日”“中国水周”宣传暨第9届省园博会太湖水保护馆揭幕活动。

3月31日　省考核组到苏州开展2015年度实行最严格水资源管理制度情况考核。

4月12日　市城区排水防涝工作会议召开。市委书记周乃翔出席会议并作重要指示。市委副书记、市长曲福田主持会议，市防指指挥、副市长陆留生参加会议。

4月15日　全市农村生活污水治理工作领导小组会议召开，市委副书记、市长曲福田出席会议并作重要指示。市防指指挥、副市长陆留生，市农村生活污水治理工作领导小组全体成员参加会议。

6月1—2日　水利部副部长田学斌到苏州检查调研水行政执法工作。水利部政策法规司司长李鹰、太湖局局长叶建春、省水利厅厅长李亚平、副巡视员韩全林陪同检查。

6月20日　省委书记罗志军就做好太湖防汛和安全度夏应急防控工作在苏州调研。

6月23日　市水利（水务）局举办防汛暨启用“苏州水务”微信公众号新闻发布会。

6月28日　市委常委、统战部部长朱民到市水利（水务）局紧急召开全市防汛视频会商会议。17时，太湖平均水位4.25米（超警戒水位0.45米），大运河枫桥站水位4.52米（超警戒水位0.72米，超过历史最高水位），市防指决定启动苏州防汛Ⅰ级应急响应。

是日　按照市防办调度指令，七浦塘建成通水后首次启动七浦塘江边枢纽开机排水。

7月3日　12时，太湖平均水位4.63米（超警戒水位0.83米），大运河枫桥4.69米（超警戒水位0.89米）。市防指决定自13时起，启动防汛Ⅱ级应急响应。

7月8日　在全省防范第1号台风视频部署会后，市委副书记、市长曲福田就全市防范“尼伯特”台风工作进行再动员、再部署、再落实。

8月3日　省委常委、副省长杨岳到苏州察看水利工程及防汛抗旱工作。

8月22日　水利部副部长周学文和总工程师汪洪率调研组到苏州实地调研新一轮太湖流域治理工作。

9月13日　市政府召开市长办公会议，专题研究城区清水工程方案、阳澄湖供水工程方案等。

9月14日　苏州市七浦塘拓浚整治工程江边枢纽土建及安装工程设施移交会召开。七浦塘拓浚整治工程入江口门控制性工程正式列入市水利工程管理序列，参与区域防汛排涝和水资源调度。

9月21日　市政府下发通知，在全市范围内组织开展水效领跑者引领行动。

10月20日　七浦塘拓浚整治昆山段工程移交会议在昆山石牌召开。

11月4日　全市城乡排水管理暨城镇黑臭水体整治工作推进会召开。市委常委、副市长俞杏楠，省住建厅副厅长陈浩东出席会议。

12月13日　水利部、环保部等有关部委联合召开贯彻落实《关于全面推行河长制的意见》视频会议，市委常委、副市长俞杏楠出席苏州分会场会议。

12月15日　市委副书记、市长曲福田率队到姑苏区、相城区检查黑臭河道治理情况，要求用2年时间消除城市建成区全部黑臭水体。

2017年

1月4日　市委、市政府召开研究运河堤防加固、城市中心区清水工程、阳澄湖综合整治工程等水利水务重大工程专题会议。

1月5日　市政府正式批准印发《苏州市水利水务“十三五”发展规划》。

1月9—10日　国家发改委价格司副巡视员牛育斌、水利部财务司副司长赫崇成一行到常熟调研农业水价综合改革工作。

1月10—11日 水利部水资源司副司长郭孟卓一行到苏州开展水资源管理专项监督检查。

1月12日 城区清水工程控源截污第一批5个项目正式开工。涉及大通花园污水管网维修、砀放庄河沿河污水直排点整治、老旧住宅小区污水私接点整治、倪家桥污水泵井及配套管网工程等。

1月17日 市人大常委会、市政府主办的“2016苏州十大民心工程”评选暨颁奖仪式举行，由市水利部门牵头完成的“1000个农村村庄生活污水治理”成功入选。

2月7日 国家“水十条”考核组对苏州2016年度列入水污染防治考核任务的城镇黑臭水体相城区夏圩港、吴中区跃进河和高新区渠田河整治项目进行现场核查。

2月8日 市政府副秘书长汪香元主持召开会议，讨论通过大运河堤防加固工程应急段建设方案。

3月3日 太湖局局长吴文庆、省水利厅厅长李亚平一行调研苏州河长制管理等相关工作。

3月13日 市政府召开全市城镇黑臭水体整治暨城镇生活污水治理工作推进会。副市长蒋来清出席会议。

3月22—28日 第三十届“中国水周”期间，市水利（水务）局与司法局合作开展“水法知识大比拼”水法微信知识竞赛活动。

3月24日 国家防总副总指挥、水利部部长陈雷一行到苏州检查防汛抗旱防台和全面推行河长制等工作，并出席江苏省防汛抗旱工作汇报会。

4月1日 市机构编制委员会办公室作出批复，同意市水利（水务）局增设河长制改革处（挂“水环境治理处”牌子，同步撤销局水资源处增挂的水环境治理办公室牌子），为正科级建制内设机构。

4月20日 副市长蒋来清、吴晓东乘船检查京杭大运河沿线违建码头、非法占地、私搭乱建等环境综合整治工作。

4月24日 副市长蒋来清一行前往娄江污水处理厂调研中心城区污水处理厂污泥处理处置工作。

4月26日 苏州市全面深化河长制改革工作动员部署会召开，省委常委、市委书记周乃翔出席会议并讲话，市委副书记、代市长李亚平进行工作部署。市全面深化河长制改革工作领导小组成员，各市、县（市、区）主要负责人等参加会议。

4月27日 苏州召开防汛防旱暨气象灾害防御工作会议。

5月3日 市委副书记、代市长、市总河长李亚平到望虞河进行调研，履行河长职责。

5月6日 副省长蓝绍敏到苏州调研防汛工程，现场检查福山套闸加固工程、望虞河江边枢纽工程。

5月8日 苏州召开全市主要河湖保护专项执法行动推进和水务专项执法行动部署会。

5月15日 全市蓝藻水草防控工作会议召开。市委常委、常务副市长王翔，副市长蒋来清出席会议。

5月19日 副市长李京生专题研究古城水环境治理工作。

5月22—24日 水利部对苏州水生态文明城市建设试点工作进行技术评估。评估综合得分96.27分，是全省第一批水生态文明城市建设试点市中最高分。

5月24日 国家发改委公布全国43个项目作为第二批PPP项目典型案例，常熟农村分散式污水处理一期项目名列其中，是全国唯一入选的农村分散式污水处理项目。

5月31日 苏州市农村生活污水治理工作领导小组召开会议。市委副书记、代市长李亚平要求，确保完成全年治理任务，确保三年行动计划完美收官。

6月2日 市委副书记、代市长李亚平到苏州高新区调研太湖安全度夏工作。

6月8—9日 住建部水专项办、省住建厅在苏州组织召开国家水专项“产业密集型城镇水环境综合整治技术研究与示范”课题第三方评估会。

6月9日 省城市黑臭水体整治工作联席会议通报2016年度全省黑臭水体整治工作考核情况，苏州被评定为优秀等级，位居全省第一名。

6月10—13日 苏州市区开展大规模防藻保供应急实战演练。此次演练涉及范围广（涉及姑苏区、相城区、高新区约260万人口），模拟情景复杂，演练科目丰富。

6月15日 市政府召开太湖蓝藻治理工作会议。市委副书记、代市长李亚平要求认真贯彻国家治太总体方针和省实施方案，推动太湖水环境质量持续改善。

6月24日 市防办开展当年首次防汛排涝应急演练。演练首次启用“防汛排涝物资管理系统”辅助调度指挥，实现抢险车辆自动出库、路径实时监控及现场视频实时传送。

6月27日 由水利部政策法规司、省水利厅组成的水利综合执法示范点建设验收专家组对苏州市水利综合执法示范点建设组织验收。

7月4日 全市首批水效领跑者发布会在张家港市永钢集团召开。市发改委、经信委、财政局、水利（水务）局、质监局等部门以及各市、县（市、区）水利（水务）局、工业园区规划建设委、首批水效领跑者代表参加发布会。

7月19日 水利部组织2位院士、4位司局级领导等11位专家组成验收组，对苏州市水生态文明建设试点城市进行验收。苏州以全国已评估城市的最高分96.27分通过全国首批试点城市验收。

是日 京杭大运河河长、常务副市长王翔检查京杭大运河。

7月27日 京杭大运河苏州段堤防加固工程领导小组召开（扩大）会议，研究部署运河堤防加固和环境综合整治相关工作。

7月29—31日 国家防总委派太湖防总、太湖局副局长吴浩云为组长的工作组到吴江、常熟、太仓检查指导台风“纳沙”和台风“海棠”的防御工作。

9月6—7日 太湖局局长吴文庆一行到苏州督导太湖流域重大水利工程建设及河湖长制工作。

9月8日 市水利（水务）局会同市物价局组织召开全市农业水价综合改革现场推进会。

9月15日 市水利（水务）局组织召开全市农村生活污水治理工作推进会，部署整改市委、市政府办公室《关于农村生活污水治理工作的调研督察报告》明确的问题。

10月12日 市政府召开苏州城区水污染“五整治”、沿河直排点整治工作推进会。

10月18日 市委副书记、代市长李亚平调研京杭大运河苏州段环境综合整治工作。

11月6—7日 《京杭大运河苏州段堤防加固工程初步设计》通过省发改委组织的专家审查。

11月23日 市政府召开苏州城市中心区清水工程清淤贯通工程动员会，副市长蒋来清到会并作动员，市水利（水务）局通报项目建设情况及任务要求。

11月27日 《中国水利报》头版报道：苏州设置市级河道主官作用明显，做法值得借鉴。

11月28日 由省水利厅、文化厅、旅游局共同主办的“江苏最美水地标”推选结果发布，40个“江苏最美水地标”中，七浦塘水利工程获评最美水工程，暨阳湖、环太湖大堤获评最美水景观，锦溪古镇获评最美水聚落，苏州入选数量居全省第一位。

11月30日 江苏省城市黑臭水体整治效果评估工作推进会在苏州顺利召开。

是日 市水利（水务）局召开全市水葫芦防控工作会议。

12月5日 国际志愿者日，“水讲堂”志愿服务队获2017年度苏州市优秀青年志愿服务组织称号。

12月11日 市政府以电视电话会议形式召开全市河湖长制工作推进会。市委副书记、代市长、市总河长李亚平出席主会场会议。副市长、副总河长蒋来清主持会议，市政府秘书长杨知评出席会议。

12月20日 苏州召开全市冬春水利建设现场会，市委副书记、统战部部长朱民出席会议并讲话，副市长蒋来清主持会议。

12月27日 《苏州市水文化遗产调查（姑苏区）》通过由市文物局、考古研究所、图书馆、苏州大学吴文化国际研究中心等单位组成的专家组的评审。

2018年

1月5日 省水利厅、环保厅、住建厅联合对苏州工业园区阳澄湖水源地达标建设开展验收。

1月11日 市人大常委会、市政府主办的“2017苏州十大民心工程”评选暨颁奖仪式在苏州市会议中心举行，由市水利（水务）局牵头实施的城区清水工程上榜。这是苏州市水利水务项目连续第七年获此殊荣。

1月17—18日 全市城镇排水防涝和生活污水治理工作总结会议在相城区召开。

1月18日 副市长蒋来清召开专题会议，听取市水利（水务）局、相城区政府关于阳澄湖综合整治工程2017年任务完成情况的汇报，研究部署2018年建设任务。

1月23—24日 省环保厅副厅长潘良宝一行到苏州考核2017年度城市黑臭水体整治年度任务完成情况。

1月30日 市水利（水务）局组织召开太湖苏州湾水域管理工作联席会议。

3月7日 长江委采砂管理局副局长夏细禾和省水利厅对苏州长江河道采砂管理和专项打击行动开展情况进行联合督导。在上海市水务局执法总队的倡导组织下，市水政支队会同太仓市水政大队与上海市水务局执法总队，联合开展一次夜间巡江行动。长江委督导组参加并督导本次夜间联合巡查打击行动。

3月13日 省水利厅副厅长叶健率检查组一行对吴中区小型农田水利重点县项目验收情况开展专项检查。

3月15—16日 全省水利工程管理工作会议在苏州召开，与会代表现场查看吴江区东太湖退圩还湖整治和七浦塘阳澄湖枢纽工程。

3月22日 第26届“世界水日”、第31届“中国水周”主题宣传活动举办。市委副书记朱民出席活动并致辞，市领导王少东、周俊出席活动。

3月30日 全市水行政执法暨长江河道采砂管理工作年度会议在张家港召开。

4月2—12日 苏州开展自来水东水西调互连互通管道应急演练。

4月12日 市政府在吴江区召开全市城镇黑臭水体整治联席会议2018年度现场推进会，副市长蒋来清到会讲话。

4月18日 水利部副部长魏山忠率领的国家防总防汛抗旱检查组到苏州对太湖流域防汛抗旱准备工作进行检查。

4月20—21日 由省水利厅、财政厅、国土厅等单位组成的省考核组到苏州考核2017年度实行最严格水资源管理制度的情况。

4月25日 省水利厅副厅长朱海生到张家港调研长江崩岸应急治理工程建设。

5月10日 苏州召开全市防汛防旱暨气象灾害防御工作会议。副市长蒋来清出席会议并讲话。

5月17日 上海市青浦区水务局一行到苏州对接交流2018年太湖流域省际边界地区水葫芦防控工作。

5月30日 市人大常委会主任陈振一率队开展《中华人民共和国水污染防治法》（以下简称《水污染防治法》）《苏州市阳澄湖水源水质保护条

例》贯彻实施情况执法检查，检查苏州工业园区阳澄湖饮用水水源地、阳澄湖中西湖连通工程现场。

5月30日至6月1日 市纪委监委第十七派驻纪检监察组先后到张家港、太仓检查长江岸线建设项目情况。

6月8日 市委副书记、市长李亚平调研太湖安全度夏与城区水环境治理工作。

6月20日 市水利（水务）局和市海绵办组织召开《京杭大运河堤防加固工程（姑苏区段）海绵设计方案》专家评审会。

6月21日 市委副书记、市长李亚平前往京杭大运河苏州城区段、在建工程现场等地检查防汛防涝准备工作。

是日 省委常委、市委书记周乃翔现场督办中央环保督察“回头看”交办信访问题整改工作，并查看城区水环境治理情况，对七浦塘河长制工作开展巡查。

6月22日 省河湖“三乱”第四督查小组检查苏州及吴中、吴江太湖“三乱”整治进展情况。

6月27日 市水利（水务）局在常熟市水利（水务）局召开行政审批事项赋权工作协商会。常熟经济技术开发区、高新技术产业开发区和太仓港经济技术开发区的相关负责人参加会议。

6月29日 副市长蒋来清调研蓝藻防控与太湖应急度夏工作。

是日 全市河长办主任会议召开。

6月30日至7月2日 水利部农水司司长王爱国、规划计划司副司长张祥伟、建管司副司长徐元明一行到太仓、常熟开展贯彻落实乡村振兴战略水利专题调研。

7月9日 市政府第42次常务会议听取农村生活污水治理和城市中心区清水工程情况汇报，审议《关于高质量推进城乡生活污水治理三年行动计划的实施意见》，审议《关于深化湖长制工作的实施方案》。

7月25日 市委召开第67次常委会议，审议《关于深化湖长制工作的实施方案》，听取农村生活污水治理和城市中心区清水工程情况汇报，审议《关于高质量推进城乡生活污水治理三年行动计划的实施意见》。

8月5日 水利部副部长陆桂华到苏州调研水生态文明建设、临湖柳舍村水美乡村民宿产业。

8月9日 市水利（水务）局局长王国荣带队到张家港调研城乡生活污水治理及沙钢集团落实中央环保督查整改事宜。

9月21日 全省黑臭水体整治工作现场会在吴中区召开。

10月10日 市委常委、常务副市长王翔召开“智水苏州”工作会议。

12月11日 副市长蒋来清听取市水利（水务）局关于非常规水资源利用工作情况汇报。

2019年

1月9日 市委副书记、市长李亚平调研重点水利水务工程，先后对平江历史片区生态净水项目现场、京杭大运河堤防加固工程浒关段、阳澄湖中西湖连通工程进行现场调研。

1月22日 市水务局城乡黑臭河道整治获评2018年度苏州十大民心工程。

1月26—27日 省水利厅厅长陈杰到苏州、南通等地检查调研长江大保护工作，先后察看吴江区北麻漾和吴中区太湖菱湖嘴有关开发利用项目，以及张家港长江西水道和常熟铁黄沙综合整治工程现场。

2月21日 苏州召开太湖第一次湖泊联席会议。副市长、副总河长、太湖市级湖长陆春云一行先后察看吴江区太湖新城叶家港村大咸港农村生活污水治理管网工程，吴江区太湖新城亭子港渔船整治情况，吴江区浦江源太湖蟹生态养殖示范区养殖尾水生态治理工程，现场调研农村生活污水治理建设、运行情况，住家船拆除整治情况等。

2月28日 苏州高质量推进城乡生活污水治理工作领导小组（扩大）会议召开，研究部署2019年城乡生活污水治理工作。市委副书记、市长李亚平参加会议并讲话，市委副书记朱民主持会议。

3月22日 由市水务局主办，园区规建委、湖西社工委协办，多方共同参与的2019年“世界水日”“中国水周”主题宣传活动在园区苏州中心户外广场展开。

3月27日 副市长蒋来清率队到张家港检查长江采砂情况，同时根据河长履职要求，研究部署十一圩港、走马塘河长制工作。

3月29—30日 苏州高质量推进城乡生活污水治理技术推介会召开。大会由市水务局、高质量推进城乡生活污水治理工作领导小组办公室主办，清华苏州环境创新研究院等承办，全国80多家相关企业及水环境治理方面的院士、专家参加大会。副市长蒋来清出席会议并讲话。

4月8—12日 市水务局组织开展北水南送供水互连互通综合应急演练。演练涉及4个区4家供水企业，演练期间，吴江庙港水厂累计减产约18万吨，吴中区向吴江区累计供水17.33万吨，24小时最高供水量7.96万吨，最高瞬时流量达4050吨每小时。

5月28日 副省长、省副总河长、苏南运河省级河长费高云到苏州调研苏南运河河长制推进工作，先后查看苏南运河堤防加固工程姑苏区段、高新区第一污水处理厂迁建工程现场等。

6月3—6日 中共中央政治局常委、全国人大常委会委员长栗战书率领全国人大常委会执法检查组在江苏检查《水污染防治法》实施情况，在苏州检查太湖东岸围网拆除工作，吴中区北港村、柳舍村农村污水处理情况，在苏州护城河现场取水检测。省委书记、省人大常委会主任娄勤俭，省委副书记、省长吴政隆参加有关活动。

6月6日 中共中央政治局常委、全国人大常委会委员长栗战书在苏州主持召开《中华人民共和国长江保护法》立法座谈会。

6月11—12日 省住建厅、省发改委、省工信厅联合组织专家对苏州市国家节水型城市进行复查。苏州以99分（最高分）顺利通过复查。

6月18—19日 苏州第一总河长、省委常委、市委书记周乃翔采取“四不两直”的方式，深入张家港、常熟、太仓沿江三市专题调研沿江治理保护工作。

6月20日 打击长江河道非法采砂、推进扫黑除恶专项斗争座谈会在上海举行。江苏省水政总队和上海市水务局水政总队签订打击苏沪长江河道非法采砂、推进扫黑除恶专项斗争纵深发展的协作协议。江苏省水政监察总队，苏州、南通市水务局、水政监察支队，苏州、南通长航公安分局，太仓海事局，上海市水务局，上海市水政总队，长航公安上海分局，上海市公安局等有关领导出席此次会议。

7月10日 市防指、水务局、应急管理局等部门举行防汛排涝抢险演练。

8月8日 苏州市河长办召开全市“两违”整治推进会。

9月5日至11月8日 根据市委统一部署，市委第二巡察组对市水务局党委开展巡察，并于12月30日反馈巡察情况。

9月6日 长江委副主任杨谦带队调研长江流域取水工程（设施）核查登记工作，实地查看七浦塘江边枢纽泵站。

是日 苏州和南通二市水政监察支队签署《长江苏通段交界水域水政执法巡查联合联动协议》。本次苏通长江交界水域执法巡查联合联动模式为省内地级市之间首次建立。

11月5—9日 由市水务局、总工会联合主办，水利工程管理处承办的苏州市水利工程精细化管理技能培训暨竞赛在江苏水利职业技能培训鉴定站举行。

11月15日 针对近期央视《经济半小时》阳澄湖周边螃蟹养殖和农家乐餐饮废水污染水质报道情况，市水务局组织相关市、县（市、区）水务部门分管领导召开阳澄湖、太湖周边餐饮污水专项整治部署会。

11月18日 苏州与无锡二市共同组织联合巡河并举办苏州无锡联合河长制启动仪式。太湖局局长吴文庆出席活动，苏州市委副书记、市长、市总河长、望虞河市级河长李亚平，无锡市委副书记、市长、市总河长、望虞河市级河长黄钦联合巡河并颁发联合河长聘书。

11月27日 第十四届中国城镇水务发展国际研讨会苏州论坛在苏州金鸡湖国际会议中心举行。副市长蒋来清出席论坛并致辞。10名国内水行业知名专家、学者围绕打造高品质饮用水、高品质水环境、高品质水生态等进行主题报告。

12月9日 首届苏州"河湖长制·河湖长治"漫画大赛颁奖典礼在苏州市振华中学举行，评选出18件最佳作品、20件优秀作品。大赛由市水务局、市河长办、苏州日报社主办，江苏省漫画协会、苏州漫画学会协办。大赛获评2019年苏州市网络文化季优秀组织奖。

12月30日 全市深化河湖长制改革暨生态美丽河湖建设推进会召开。省委常委、市委书记、市第一总河长蓝绍敏出席会议并讲话。市人大常委会主任陈振一、市政协主席周伟强出席会议。

2020年

1月10日 2019年度沪苏交界水域长江河道采砂管理工作例会在崇明岛召开，长江委河道采砂管理局、上海市水务局、江苏省水利厅，南通、苏州、崇明等属地水务局、水政监察部门代表共30余人参加。

1月21日 市水务局召开2019年度总结表彰大会。

2月4日 市水务局印发《关于深入开展"五个一"行动助力打赢疫情防控阻击战的通知》。

3月3—5日 市水利水务质（安）监站联合市水政监察支队组成3个复工防疫检查组开展在建水利水务工程复工防疫措施与安全专项检查活动。

3月5日 苏州召开全市水务局局长座谈会，迅速学习传达全市2019年度综合考核工作总结暨作风建设大会精神，抓好贯彻落实工作。

3月10日 市水政监察支队联合南通、泰州、上海水政执法部门同时开展清江行动。联合巡查双山沙、铁黄沙、狼山沙和白茆沙等重点、交界水域。

3月12日 市水务局组织召开2020年全市蓝藻水草防控工作启动会议。

4月2日 苏州市全面建立联合河长制现场推进会召开。市委副书记朱民、副市长蒋来清出席会议。会议提出要实行联合河长制，统筹做好水系、湖泊等交界事务的管理，实现河湖长制的一体化。会前，朱民一行实地巡查常熟与相城区交界的界泾河整治情况。

4月16日 省委常委、市委书记蓝绍敏到市防指，专题调研检查防汛工作。调研检查中，蓝绍敏察看太湖流域防洪格局、苏州主要防洪排涝工程、城市防洪等示意图，听取全市水系、防汛排涝工作情况汇报。

4月23日 全市防汛防旱工作电视电话会议召开，回顾总结上年苏州防汛防旱工作取得的成绩和经验，安排部署当年防汛防旱各项工作。市委常委、副市长王翔，副市长蒋来清出席会议。

4月24日 市委副书记、市长李亚平检查防汛及太湖安全度夏工作，强调要未雨绸缪，扎实准备，确保安全度汛。

是日 省水利厅召开全省水利系统全面从严治党暨党风廉政建设工作会议，市水务局党委班子成员等参加苏州分会场视频会议。

5月12—13日 省住建厅副巡视员高建一行

6人对苏州开展2020年城市排水防涝汛前检查。

5月20日　副市长蒋来清带队调研平江历史片区水环境治理工作。先后对平江历史片区生态净水项目土建工程和水生态修复工程、仓街应急清水项目、平江片区污水管网整治工程进行现场调研，并与市水务局相关部门进行座谈。

6月8日　市河长办召集各市、区河长办负责人召开“河湖两违三乱”专项整治工作推进会。

6月11日　苏州召开高质量推进城乡生活污水治理工作领导小组（扩大）会议暨污水处理提质增效精准攻坚“333”行动推进会。市委副书记、市长李亚平一行先后参观吴江宾馆河黑臭河道治理项目，吴江松陵街道污水零直排区建设项目，运东污水处理厂扩建、提标及尾水生态湿地建设项目，并召开座谈会。

6月12日　市委副书记、阳澄湖市级湖长朱民带领市河长办（市水务局）、生态环境局、园林和绿化管理局、农业农村局等单位负责同志到相城区、工业园区，巡查调研阳澄湖生态修复工程推进情况，并实地察看阳澄湖饮用水水源地及供水情况，确保阳澄湖安全度夏、苏州安全度汛。

7月2日　苏州召开全市防汛工作部署调度会议。市委副书记、市长李亚平，副市长蒋来清，苏州军分区司令员孔益林，市政府秘书长周伟参加调度会议。

7月13日　省委常委、市委书记蓝绍敏专程到苏州市水利水务信息调度指挥中心调研检查防汛工作。省住建厅副厅长、省防指第五督导组组长陈浩东，市委常委、秘书长俞杏楠，苏州军分区司令员孔益林及市有关部门和单位负责同志参加调研检查。

7月15日　市委副书记、市长李亚平主持召开防汛工作会商会，研究会商下阶段防汛抗灾工作。副市长蒋来清、市政府秘书长周伟参加会议。

7月18日　中国气象局党组成员、副局长于新文率国家防总工作组到苏州检查指导防汛救灾工作。工作组重点检查吴江太浦闸、蚂蚁漾南侧堤防冲刷现场。市长李亚平会见工作组一行，省水利厅副厅长韩全林、市政府常务副市长王翔全程陪同检查。

7月24日　十二届市委第159次常委会研究决定陈习庆任苏州市水务局党委书记。8月26日，苏州市十六届人民代表大会常务委员会第二十八次会议通过，决定任命陈习庆为苏州市水务局局长。

8月13—14日　太湖局局长吴文庆一行到苏州调研流域水利工作。在吴江踏勘汾湖长三角一体化元荡示范段、吴淞江与苏申外港线交界点、吴淞江与京杭大运河交叉口，并对京杭大运河石湖节点和市水利水务信息调度指挥中心进行考察。副市长吴晓东陪同调研。

8月21日　市水务局应邀做客苏州《政风行风》热线栏目，走进直播室，近距离和广大听众互动交流并解答苏州人民关切的水务相关问题。

8月25日　市水务局在市供排水管理处举办供排水先锋热情为民服务——“一滴水的旅行”公益讲座与参观活动。

9月7日　市城乡黑臭水体整治巩固提升工作推进会召开，副市长蒋来清出席会议。当年是黑臭水体整治收官年，围绕苏州市委、市政府科学治水、系统治水、精准治水、高效治水思路，整治提速加码，争取提前实现目标。

10月21日　省委常委、市委书记许昆林会见太湖局局长吴文庆一行。水利部太湖局一级巡视员、总工程师林泽新，副局长朱威，市委常委、秘书长俞杏楠，副市长蒋来清，吴江区和市有关部门主要负责同志参加。

10月21—22日　水利部调水司副司长韩占峰一行到苏州调研水资源配置管理及沿江城市环境调水管理相关工作情况。省水利厅南水北调副主任郑在洲陪同调研。调研组实地调研张家港走马塘工程、望虞河常熟枢纽、姑苏区“自流活水”工程及苏州市水利水务信息化调度中心，并进行座谈。

11月4—5日 国家发改委农经司司长吴晓、水利部规划计划司副司长谢义彬、太湖局局长吴文庆一行到苏州考察调研吴淞江工程、太浦河共保联治江苏先行工程等重大水利工程建设情况。省委常委、市委书记许昆林会见吴晓一行。

11月6日 省委常委、省军区司令员张黎鸿检查调研苏州防汛工作。市委常委、军分区政委董晟，军分区司令员孔益林等领导陪同检查。张黎鸿一行实地勘察胥口水利枢纽工程，听取苏州防汛工作情况的汇报，充分肯定苏州防汛工作。

11月12日 市水务局组织召开苏州市城乡水葫芦防控工作会议。局水资源和供水处、河湖长制改革处及各市、县（市、区）水葫芦防控单位负责人参加会议。会上，各地交流水葫芦防控工作，局河湖长制改革处汇报进博会外围水环境保障工作和工作建议。

11月13日 长江苏沪省际边界采砂管理工作座谈会在太仓召开。长江委河道采砂管理局局长张惠、省水利厅副厅长韩全林、上海市水务局副局长刘晓涛出席会议并讲话，上海市水务局及执法总队、江苏省水利厅及水政监察总队和苏州、南通等苏沪交界水域水利水务部门20余名代表参加会议。

11月19—20日 省水利厅副厅长张劲松一行到苏州调研常熟尚湖水源地用水需求及走马塘工程调度方案。

11月27日 市水务局党组书记、局长陈习庆在太仓组织水政、海事、长航公安等部门开展联合巡江。

12月31日 市水务局党组书记、局长陈习庆带领有关业务处室慰问市政务服务中心水务窗口工作人员，并现场作为申请人体验行政审批办理一线流程。

2021年

1月12日 省水利厅厅长陈杰一行视察吴淞江整治工程先导段等重大水利工程。

1月16日 京杭大运河堤防加固工程姑苏区核心段步道贯通仪式在枫桥景观节点举行，市委副书记、市长李亚平，市委副书记朱民，副市长蒋来清，副市长王飚出席仪式。

1月28日 市水务局党组书记、局长陈习庆带领有关业务处室和单位对水务工程建设现场开展督查，重点对项目进展情况、防疫情况、安全生产及农民工工资支付等情况进行检查。

1月29日 市水务局召开全市水务工作视频会议，局党组书记、局长陈习庆出席会议并讲话。

2月7日 市水务局召开2020年度总结表彰大会，局党组书记、局长陈习庆出席大会并讲话。

3月3日 副市长蒋来清到市水务局调研全市水利水务工作。

3月11日 省委常委、市委书记许昆林到担任河长的七浦塘巡查河长制工作开展情况。

是日 长江委河道采砂管理局局长张惠带队检查苏州全国两会期间采砂管理工作，省水利厅二级巡视员黄良勇和省河道采砂管理局局长武慧明参加检查。

3月18日 市水务局召开党史学习教育动员大会，对局系统党史学习教育进行动员部署。局党组书记、局长陈习庆作动员讲话，局机关全体公务员、各直属单位中层正职以上干部和离退休党支部党员代表150余人参加会议。

4月8日 水利部部长李国英一行赴苏州开展太湖流域管理工作调研，副省长齐家滨，省水利厅党组书记、厅长陈杰，水利部太湖局党组书记、局长吴文庆，市委副书记、市长李亚平，市水务局党组书记、局长陈习庆参加调研。

4月16日 苏州市高质量推进城乡生活污水治理工作领导小组（扩大）会议召开，市委副书记、市长李亚平出席会议并讲话。

5月26日 市委党史学习教育第六巡回指导组组长沈建平一行到市水务局检查指导党史学习教育开展情况。

是日 市委常委、常务副市长王翔检查防汛工作，现场察看市金仓粮食物流中心（应急救灾物资和防疫物资仓库）、相城区太湖大堤仁巷港至牡丹港段防护应急处理项目、市防汛物资仓库。

6月8—9日 水利部政策法规司副司长夏海霞率水利部太湖局、生态环境部太湖流域东海海域生态环境监督管理局一行到苏开展《太湖流域管理条例》实施情况调研。市政府副秘书长张剑汇报苏州实施《条例》的总体情况，市水务局党组书记、局长陈习庆，副局长徐春明陪同座谈和调研。

6月28—29日 省排水防涝检查组赴苏州检查2020年度城市排水防涝工作及2021年汛前准备情况。

7月1日 市水务局举行庆祝中国共产党成立100周年升旗仪式和党员宣誓仪式，并集中收看庆祝中国共产党成立100周年大会实况，隆重庆祝中国共产党成立100周年。

7月20日 全国节水办主任许文海带队到苏州调研指导节约用水工作。

7月22日 市委常委会召开会议，听取全市防汛防台工作情况汇报，研究部署有关工作。江苏省委常委、苏州市委书记许昆林主持会议。

7月24日 省委常委、市委书记许昆林率队深入太湖、京杭大运河沿岸沿线以及部分轨道交通站点检查应对情况，并视频调度全市防汛防台工作。

8月31日 太湖、淀山湖湖长协作机制2021年度工作座谈会在吴江区召开。水利部太湖局、上海市水务局、浙江省水利厅、江苏省水利厅相关领导，以及苏州、嘉兴以及青浦、吴江、嘉善、昆山河长办负责同志参加会议并调研有关水系工程项目。

9月1日 省水利厅副厅长张劲松一行到吴江区专题调研防洪排涝工作情况。

9月13日 全市台风“灿都”防御工作视频会议在市防指召开。

是日 省水利厅党组成员、省南水北调办副主任郑在洲一行先后到常熟新材料产业园和昆山精细材料产业园，调研节水型工业园区建设工作。

10月8日 市水务局党组学习贯彻市第十三次党代会精神，局党组书记、局长陈习庆传达学习许昆林书记代表中共苏州市第十二届委员会所作的工作报告，要求水务系统全体党员干部把思想和行动统一到党代会精神上来，围绕水安全、水资源、水环境、水生态、水文化、水经济六篇“水文章”重点发力、精准发力，为打造“最美窗口”助力赋能。

10月21日 水利部水资源管理中心延长袁建平带队到苏州调研重点河湖生态流量保障和饮用水水源地管理工作进展情况等工作。

10月25日 苏州市高治办在太仓沙溪镇召开全市江南水乡古镇污水处理提质增效达标区建设推进会，市水务局党组书记、局长、市高治办主任陈习庆出席会议并讲话。

10月27日 全市河湖长制工作暨“消劣争优”行动现场推进会在张家港召开，市委常委、副市长唐晓东，副市长蒋来清，市委副秘书长祁立春，市河长办、污防办及有关单位、各市、县（市、区）主要领导参会。

11月2日 市水务局召开全市冬季供水防冻保供工作会议。

11月16日 市委副书记、代市长、市总河长吴庆文前往常熟、相城区巡查望虞河，并召开河长制工作推进会。

12月9日 市委书记曹路宝深入吴江区、吴中区和苏州高新区调研太湖生态保护工作，仔细察看沿途风貌，认真听取太湖生态修复治理情况汇报。

2022年

1月21日 市水务局新增污水厂处理规模20万立方米每日，建设200千米污水收集管网，完成50个小区雨污分流改造项目，获评第二十届苏州十大民心工程。

2月21日 苏州市七浦塘获评水利部第二届最美家乡河。

4月16日 市水务局、公安局、交通运输局及江苏省太湖渔管办等部门于吴中区胥口镇联合正式挂牌成立苏州太湖水域联勤指挥中心，并建立苏州太湖水域联勤指挥中心工作机制。

4月22日 省委常委、市委书记曹路宝视察澹台湖枢纽，实地察看水情，检查防汛工作，听取全市主要防洪排涝工程建设情况。

4月28日 市水务局召开全市水务系统全面从严治党暨党风廉政建设工作会议，深入学习贯彻党的十九届六中全会精神，全面落实中央和省、市三级纪委全会最新部署要求。

5月16日 江苏省吴淞江整治工程江苏段开工动员会在昆山举行。会议以视频形式在水利部和南京、苏州同步举行。省委书记吴政隆出席并宣布江苏省吴淞江整治工程开工。水利部部长李国英、省长许昆林出席并讲话。

5月24日 市水政监察支队、交通运输综合执法支队、公安局水警支队建立苏州主要干线航道交通、水务、公安联合巡查机制。

6月21—22日 省水利工程质量监督中心站副站长肖志远一行对吴淞江（江苏段）整治一期工程、张家港市十一圩枢纽改建工程开展质量巡查。

6月28日 省水政监察总队及苏州、无锡、南通、泰州水政监察支队在张家港成立“沿江党建带·水韵江苏护江党建联盟”，市水务局四级调研员陈鹊辉参加党建联盟启动仪式。

7月1日 市水务局党组书记、局长陈习庆调研外塘河、环城河水环境，慰问河道保洁员。

7月6日 市委常委、副市长唐晓东检查黄家庄立交泵站安全度汛工作。

7月9日 市委常委、副市长唐晓东赴太湖、阳澄湖、外塘河片区调研蓝藻防控工作，要求切实做好各项举措，确保安全度夏。

7月25—27日 市委第一督查组对市水务局党组巡查整改情况进行专项督查。

7月27日 水利部太湖局党组书记、局长朱威一行到苏州开展引江济太检查指导，并调研流域多目标统筹调度等情况。

7月29日 市水务局党组书记、局长陈习庆调研外塘河阳澄湖口、外塘河枢纽、糖坊湾及娄门堰等地水环境。

8月16日 市水务局副局长周云祥调研四季晶华小区供水设施改造，并向居民代表赠送锦旗。

8月23—24日 水利部太湖局一级巡视员吴浩云一行在苏州检查督导数字孪生江苏太湖地区典型水网工程项目。

8月24日 市水务局副局长徐春明带队巡查太湖水域，重点检查渔洋山水源地、寺前水源地、西山岛屿、漫山岛及周边太湖水域。

8月25日 省水利厅二级巡视员黄良勇会同自然资源厅、生态环境厅、交通运输厅、文化和旅游厅相关人员对长江经济带生态环境警示片披露的菱湖渚片区码头生态环境问题整改情况进行省级销号验收。

8月29日 苏州市“水讲堂”志愿服务队走进“千年府学、百年新学”——江苏省苏州中学，为近千名高一新生带去生动活泼的节水开学第一课。

9月1—4日 住建部副司长苏卡带队与台盟中央研究室一行到苏州开展建制镇污水处理和小城镇建设实地调研。省住建厅城建处副处长王华成，市水务局副局长邓雄成、一级调研员夏坚陪同调研。

9月5—6日 水利部建设管理与质量安全中心主任张严明率队到苏州开展水行政主管部门质量监督履职情况巡查，巡查组检查吴淞江（江苏段）整治工程一期（黄墅江—油墩港段）工程一标段、常熟徐六泾江边枢纽工程现场。

9月9日 市高治办在相城区黄埭镇召开江南水乡古镇污水处理提质增效达标区建设现场推进会，市水务局党组书记、局长，市高治办主任陈习庆出席会议并讲话。

9月14日 市防指决定于该日18时起，提升苏州防御台风“梅花”应急响应至Ⅱ级。

10月19日 省住建厅副厅长陈浩东在太仓浏河闸调研太仓供水保障和咸潮应对情况。

10月21日 市政府召开全市高质量推进城乡生活污水治理工作领导小组（扩大）会议，总结城乡生活污水处理提质增效精准攻坚“333”行动工作成效，部署推动下一阶段工作。

10月22日 市委常委、副市长唐晓东调研沧浪新城福星污水厂，专题听取淤泥资源化利用项目工作进展情况。

11月2日 市政府办公室印发《苏州城区污水处理“厂网一体化”改革实施方案》。

11月3日 市水务局副局长周云祥调研阳澄湖水葫芦打捞工作。

11月10—11日 市水利水务工程质量（安全）监督站在张家港承办第三届“姑苏杯”苏州市水利水务工程建设质量安全管理技能竞赛，16支队伍参赛。

12月5日 省委常委、市委书记曹路宝一行调研大运河觅渡桥—夹浦桥段两岸整治情况。

12月15日 市委副书记、市长吴庆文赴苏州工业园区实地调研吴淞江（江苏段）整治工程推进情况，市政府秘书长俞愉，市水务局党组书记、局长陈习庆陪同调研。

第一章　自然特征

苏州位于长江三角洲中部，在北纬30度47分至32度2分，东经119度55分至121度20分之间，东邻上海，南连浙江省嘉兴、湖州两市，西傍太湖而与无锡相接，北枕长江。全市总面积8657.32平方千米。其中，水面率约42.5%。其地处以太湖为中心的浅碟形平原的底部，地形以平原为主，全市地势低平，一般高程为海拔3.5至5米。东南部地势低洼，最低点在海拔2米以下。西南部多小山丘，穹窿山主峰"箬帽峰"海拔341.7米，有"吴中之巅"之称。境内河道纵横，湖泊众多，河湖相连，分为新沙、虞西、阳澄、淀泖、滨湖和浦南6个水利分区。苏州属亚热带季风气候，四季分明，气候湿润，雨量充沛，物产富饶，交通便利，历来是文化底蕴深厚、经济发达、人民富庶、城镇密集的鱼米之乡。

第一节　气象水文

一、气象

苏州属亚热带季风气候。冬季受西北大陆冷气团侵袭，盛行偏北风，气候寒冷干燥；夏季受海洋气团控制，盛行东南风，气候炎热湿润。

（一）气温

据苏州气象局1991—2020年资料统计，苏州年平均气温为16.8摄氏度，最低平均气温为1967年14.6摄氏度，平均气温的年际变化为0.07摄氏度。12个月中最热是7月份，平均气温29.1摄氏度；最冷是1月份，平均气温4.5摄氏度；气温的平均年较差为24.6摄氏度。1991—2020年间，极端高温日主要有2017年7月25日的40.6摄氏度、2013年8月8日的41摄氏度。极端低温日主要有2016年1月24日的-8.3摄氏度、1991年12月29日的-7.5摄氏度。

（二）日照

苏州常年平均日照时数为1778.99小时，最多为2013年2137.7小时，最少为2015年1436小时。日照时数的季节分布是：春季（3月、4月、5月）为467.1小时，夏季（6月、7月、8月）为503.3小时，秋季（9月、10月、11月）为429.5小时，冬季（12月、1月、2月）为347.5小时。

（三）异常天气

异常天气一般指干旱、雨涝、高温及寒潮等。

苏州境内干旱常因长期少雨甚至无雨所致。按发生季节不同，干旱可分为春旱（3—5月）、夏旱（6—9月）和秋旱（10—12月）。苏州发生夏旱的频率为4年一遇，发生秋旱的概率略高于夏旱，春旱现象较少。随着通江引排工程日趋完善及动力提水能力的大幅提高，境内发生因持续干旱致大面积成灾的频率已越来越低。

气象上把日最高气温大于或等于35摄氏度称作高温日，苏州年均高温日为19天。高温主要发生于梅雨后至8月上半月。持续高温最长为23天，年高温日数最多为2013年的52天。

苏州境内雨涝主要由降雨过多而排泄受限

引起。

24小时内降温大于或等于8摄氏度，或48小时内降温大于或等于10摄氏度，同时最低气温达4摄氏度或以下称寒潮。苏州寒潮发生时间最早为10月下旬，最迟为4月中旬，年平均发生频率为3次，主要集中于11月至翌年3月。其中，11月最多，3月最少。在隆冬季节有寒潮影响时常伴有雨雪天气，可能产生河流冰冻。1991年以后，由于气候变暖，境域冰冻日数明显减少。

（四）台风

台风是在海洋生成的一种特殊的天气，台风登陆后，风力大，由于地形摩擦作用或遭遇冷锋，容易形成较大范围的暴雨。影响苏州的台风主要集中在6—10月。其中，7—9月是高峰期。苏州平均每年受2.8个台风影响，最多的年份达到7个。

1997年，苏州遭受严重的台风袭击，9711号台风“温妮”使苏州沿江地区的工农业生产和水利设施受到较大损失。2005年，苏州先后4次受台风影响。其中，0509号台风“麦莎”和2306号台风“卡努”影响较大，移动路径属于登陆北上中路型，风狂雨骤。2012年，苏州先后受到0518号台风“达维”等5个台风影响。其中，1211号台风“海葵”造成的影响最为严重。2019年，0714号台风“利奇马”为1949年以来登陆华东强度第3的台风。受其影响，全市普降暴雨，多处河湖超过警戒水位。

（五）暴雨

大暴雨和特大暴雨是一种重要的灾害性天气，往往造成洪涝灾害、水土流失、堤防溃决、农作物被淹和房毁人亡等重大经济损失，但适度的暴雨则是水资源的重要来源。苏州经历的暴雨主要分为“梅雨型”与“台风型”。

“梅雨型”暴雨。苏州位于南北暖冷气团经常交错的地带，每年6—7月，西太平洋副热带高压西进北抬，北方冷空气与低纬度暖湿气流交汇于长江中下游地区，产生锋面低压和静止锋，从而出现“梅雨型”连续阴雨天气。梅雨期间常出现暴雨。这种暴雨的特点是：南方暖湿气流带来大量的水汽，在遭遇北方冷空气后，容易形成历时长、强度大、影响范围广的大暴雨，影响时间也长。例如，1991年为特大梅雨，暴雨中心在上游湖西区，全市平均梅雨量642.7毫米（历史第2）。1999年为全流域梅雨型洪涝，暴雨中心在流域南部，全市平均梅雨量663.7毫米（历史最高）。2016年发生流域特大洪水，梅雨量412毫米，较常年偏多1.7倍。2020年发生流域超标洪水，苏州经历42天超长梅雨期，平均梅雨量630.9毫米，为常年2.65倍，列历史第3位。

“台风型”暴雨。苏州在受台风边缘或台风在东部沿海登陆的影响时，不仅会出现大风天气，也会出现较强的暴雨天气。这种暴雨的特点是：台风携带的水汽往内陆输送较多，一旦北方弱冷空气南下，就容易产生雷阵雨。风力大，伴有集中暴雨，雨量大。2018年9月16日至17日，受台风“山竹”倒槽影响，常熟出现特大暴雨，常熟小东门站降雨量达296.7毫米，为常熟有记载以来的最大值，按洪水频率推算，此次暴雨已超300年一遇标准。

二、水文

（一）降水

苏州年降水主要集中在汛期（5—9月），5个月的总降水量占全年降水量的60.13%。其中，6—9月的降水量平均占全年降水量的52.88%。3—5月为春雨，6—7月为梅雨。月降水量最多的是6月，平均为205.7毫米；最少的是12月，平均为43.9毫米。由于季风影响，在初春、初夏和初秋季节，冷暖气团交锋于江淮之间时，常出现连阴雨。

春季降水（3—5月） 春季暖空气势力不断加强，降水量、降水日数逐月增多。平均降水日数为10.89天，平均降水总量为86.4毫米。持续降水期最常出现在1992年3月12—28日（洞庭西山站、铜罗站、金家坝站、陈墓站、花桥站），达17天；春季降水最多出现在2002年，为448.8毫米，最少出现在2011年，为126.7毫米。冰雹出现的概率以春夏之交为高，平均每年0.04次。

夏季降水（6—8月） 夏季是苏州全年降水最多的季节，平均降水总量为176.5毫米，平均降水日数为12.15天。初夏，雨量集中，适逢梅子成熟，故称梅雨。常年平均入梅期为6月16日，出梅期为7月10日，历时24天；最长梅雨期出现在1991年，为57天，最短梅雨期出现在2005年，仅4天；平均梅雨量234.1毫米，最大梅雨量为1991年的690.8毫米，最小梅雨量为2005年的32.6毫米；连续降水最长出现在2020年6月14—29日（平望站、金家坝站、花桥站），为16天。夏季降水最多为1999年的989.0毫米，最少为1994年的308.6毫米。

表1-1 1991—2020年苏州入梅特征

项目	时间	项目	时间
最早入梅日	1991.5.19	最早出梅日	2000.6.25
最迟入梅日	1997.7.4	最迟出梅日	2007.7.24

表1-2 1991—2020年苏州梅雨量特征

项目	极值	单位	年份
最大梅雨量	690.8	毫米	1991
最小梅雨量	32.6	毫米	2005
最长梅雨期	57	天	1991
最短梅雨期	4	天	2005

秋季降水（9—11月） 苏州秋季平均降水量69.8毫米，秋季平均降水日数为8.15天，初秋降水大多呈分散性阴雨；秋季最大降水量为2016年的539.5毫米，最小为2011年的93.8毫米。

冬季降水（12月至翌年2月） 冬季是全年降水最少的季节，季平均降水总量为58.9毫米，降水日数为9.21天。持续无降水日最长出现在1993年1月15日至1993年2月14日（胥口站），为31天。降水最多出现在1997年至1998年，为294.0毫米；降水最少出现在2013年至2014年，为63.1毫米。冬季降水中有一部分是雪。常年平均降雪日为3.26天，最多出现在2008年（洞庭西山站），达16天，最少为全年无雪；最大积雪深度出现在1991年2月28日（洞庭西山站），为3.97厘米。1991年以来，时有暖冬效应，年降雪日数明显减少。

降水量 据江苏省水文水资源勘测局苏州分局1991—2020年水文资料分析，苏州境内平均年降水量1177.8毫米。平均年降水量年际差异大，年内分布不匀。年降水量最大为2016年的1655.2毫米，最小为1992年的861.0毫米，最大值为最小值的1.92倍。6—9月降水量的年际变化更大，最大为1999年的1078.9毫米，最小为1994年的345.4毫米，最大值为最小值的3.12倍。

降水期 年平均降水日数（日降水量大于0.1毫米）为119.45天，最多为2015年的139.79天，最少为1995年的93.86天。最长连续无降水期为1995年10月24日至12月14日（十一圩港闸站），共52天；最长连续降水日数为2011年8月5—26日（巴城站），共22天，雨量为242.8毫米。

暴雨出现期 暴雨多在梅雨和台风季节出现。其中，日降水量大于或等于50毫米称为暴雨，日降水量大于或等于100毫米称为大暴雨，日降水量大于或等于200毫米称为特大暴雨，境内暴雨平均每年3.17次，最多为1999年的6.25次，其次为2016年的6.18次，统计年份内均有暴雨。最大暴雨量出现在2009年8月2日（七浦闸站），为391.4毫米。暴雨发生最早的日期出现在2001年1月6日（浒浦闸站），最大雨量为63.1毫米；暴雨发生最迟的日期出现在1993年11月9日（太仓站），最大雨量为82.9毫米。暴雨以6月份发生次数最多，其次为8月、7月，2月、12月均无暴雨记录。最大三日雨量出现在2009年7月31日—8月2日（七浦闸站），为431.6毫米。

（二）蒸发

苏州范围内有枫桥、西山和瓜泾口三个蒸发站，据江苏水文局苏州分局1991—2020年相关统计数据分析，苏州年均水面蒸发量（E601型蒸发器）为914.9毫米，全市年最大水面蒸发量为1092.4毫米（2013年），年最小水面蒸发量为777.9毫米（1993年）。

（三）水位

1991—2020年间，苏州太湖多年平均水位为3.25米，多年平均最高水位为3.93米，多年平均最低水位为2.87米。1954—2020年间，太湖最高水位为1999年7月8日的4.97米，最低水位为1978年9月12日的2.37米。

大运河苏州段代表站枫桥，1977—2020年，历史最高水位为2016年7月2日的4.81米，历史最低水位为1979年3月10日的2.32米；1991—2020年，最高水位为2016年7月2日的4.81米，最低水位为1992年3月2日的2.56米。阳澄区代表站湘城，1950—2020年，历史最高水位为1954年7月24日的4.31米，历史最低水位为1956年2月28日的2.22米；1991—2020年，最高水位为1999年7月1日的4.28米，最低水位为1992年3月2日的2.57米。

表1-3 1991—2020年苏州市主要水文站平均与最高、最低水位

单位：米

站名	河名	警戒水位	平均水位	最高水位	时间	最低水位	时间
常熟（二）	白茆塘	3.70	3.21	4.26	1999.7.1	2.61	1992.3.2
湘城	阳澄湖	3.70	3.16	4.28	1999.7.1	2.57	1992.3.2
周巷	吴淞江	—	3.06	4.23	1999.7.1	2.47	2011.3.18
昆山（二）	娄江	3.70	3.03	4.16	1999.7.1	2.33	1996.3.4
望亭（太）	太湖	3.80	3.29	5.06	1999.7.8	1.73	2012.8.8
胥口（闸上游）	太湖	3.80	3.27	4.92	1991.7.7	2.38	2005.8.7
洞庭西山（三）	太湖	3.80	3.22	5.00	1999.7.8	2.39	1996.3.16
吴溇	太湖	—	3.30	5.06	1999.7.8	2.51	1997.7.3
瓜泾口	瓜泾港	3.80	3.10	4.38	1999.7.1	2.49	1996.3.4
太浦闸（闸下游）	太浦河	3.70	3.02	4.61	2016.7.7	2.36	1996.3.1
平望（太）	太浦河	3.90	3.00	4.33	1999.7.3	2.30	1996.3.3
望亭（大）	大运河	3.80	3.35	5.07	2017.9.25	2.50	1992.3.3
苏州（二）	大运河	3.90	3.04	4.29	1999.7.1	2.49	1992.3.3
枫桥	大运河	4.00	3.24	4.81	2016.7.2	2.56	1992.3.2
陈墓	陈墓荡	3.60	3.04	4.24	1999.7.1	2.46	1996.3.5

（四）潮位

苏州境内的长江河段距河口近，感潮强，全年绝大部分时间均处于潮流界内。潮型为非正规半日浅海潮，潮位每日两涨两落，并有日潮不等的现象，高高潮位与低高潮位相差较大，潮差大小在年内分布均匀，具有河口段的特征。苏州段潮位的高低与上游下泄径流大小的关系并不密切，主要由天文潮的大小决定。历史上出现的高潮位一般发生在台风影响所造成的壅潮增水与天文大潮相遇时。涨潮历时比落潮历时短，涨潮流速大于落潮流速。

每年春分至秋分为夜大潮，秋分至次年春分为日大潮。最高高潮位多出现在7—9月，最低低潮位一般出现在1—2月。历年最高潮位6.69米，历年最低潮位0.58米，最大潮差达4.67米，最小潮差0.00米。涨潮历时向上游愈短；落潮历时则相反，落潮历时大于涨潮历时，落潮历时约为涨潮历时的2倍。

表1-4　1991—2020年苏州市主要水文站最高、最低潮位

单位：米

站名	最高		最低	
	潮位	时间	潮位	时间
张家港闸	5.08	1991.7.2	1.76	1991.11.21
十一圩港闸	4.93	1991.7.2	2.05	1991.12.11
望虞闸	5.02（上） 6.32（下）	2003.9.12（上） 2002.9.8（下）	1.59（上） 0.58（下）	2002.1.12（上） 2020.12.31（下）
浒浦闸	4.80（上） 6.69（下）	2002.9.28（上） 1997.8.19（下）	1.32（上） 0.62（下）	1995.12.26（上） 1999.2.4（下）
白茆闸	4.86	2008.9.2	1.44	2017.12.24
七浦闸	4.45	2001.10.17	1.62	1997.2.20
杨林闸	4.85	2001.8.21	1.30	2020.3.28
浏河闸	4.63	2000.9.2	1.22	1997.1.9

（五）水量

1.供水量

1998—2020年间苏州市总供水量为1706.79亿立方米。其中，地表水总供水量为1696.9亿立方米，地下水总供水量为9.89亿立方米。

2.用水量

1998—2020年间苏州市总用水量1706.78亿立方米。其中，农业用水量为392.66亿立方米，工业总用水量为1150.37亿立方米，生活用水量共为159.11亿立方米（生态环境用水量共为2.63

表1-5　1998—2020年苏州市地表水、地下水供水量

单位：亿立方米

年份	地表水	地下水	总供水量	年份	地表水	地下水	总供水量
1998	39.79	2.14	41.93	2004	60.44	0.25	60.69
1999	40.13	1.87	42.00	2005	75.94	0.15	76.09
2000	49.94	1.67	51.61	2006	74.44	0.11	74.55
2001	49.05	1.30	50.35	2007	74.66	0.11	74.77
2002	53.15	0.92	54.07	2008	75.44	0.08	75.52
2003	56.54	0.55	57.09	2009	76.65	0.07	76.72

续表

年份	地表水	地下水	总供水量	年份	地表水	地下水	总供水量
2010	78.23	0.09	78.32	2016	88.79	0.05	88.84
2011	81.32	0.07	81.39	2017	92.59	0.05	92.64
2012	81.38	0.08	81.46	2018	101.11	0.04	101.14
2013	84.35	0.08	84.43	2019	95.53	0.04	95.57
2014	86.86	0.08	86.94	2020	93.01	0.03	93.05
2015	87.56	0.06	87.62				

表1-6　1998—2020年苏州市用水量情况

单位：亿立方米

年份	农业用水量	电力工业用水量	一般工业用水量	生活用水量	生态环境补水量	总用水量
1998	20.16	7.98	7.5	4.27	0.00	41.93
1999	19.26	11.00	7.36	4.39	0.00	42.00
2000	24.85	15.61	6.39	4.76	0.00	51.61
2001	22.40	15.77	7.39	4.79	0.00	50.35
2002	21.17	18.94	9.08	4.87	0.00	54.06
2003	21.72	18.71	11.61	5.04	0.00	57.08
2004	17.98	25.58	11.94	5.19	0.00	60.69
2005	20.28	37.36	13.25	5.20	0.00	76.09
2006	19.86	38.48	10.04	6.17	0.00	74.55
2007	17.11	42.04	9.70	5.93	0.00	74.78
2008	17.22	43.41	8.49	6.40	0.00	75.52
2009	15.82	46.10	8.57	6.23	0.00	76.72
2010	16.34	46.58	9.03	6.36	0.00	78.32
2011	15.38	49.79	9.66	6.57	0.00	81.40
2012	15.18	49.61	9.61	7.06	0.00	81.46
2013	15.63	51.30	9.50	8.01	0.00	84.43
2014	13.08	56.65	9.08	8.11	0.00	86.93
2015	14.31	53.25	10.78	8.91	0.37	87.62
2016	14.15	54.10	10.40	9.84	0.35	88.84
2017	13.61	58.22	10.44	10.02	0.35	92.64
2018	12.53	67.42	10.65	10.19	0.35	101.14
2019	12.36	62.00	10.42	10.40	0.40	95.57
2020	12.26	59.46	10.12	10.40	0.81	93.05

亿立方米）。

3.出入境水量

入境水量　苏州全市入境水量由以下几个部分组成：太湖来水、浙江来水、无锡来水、长江引水和区域水厂境外提水。2010—2020年，苏州全市多年平均入境水量214.23亿立方米。其中，太湖来水73.70亿立方米，沿江闸门抽引长江水量30.31亿立方米，无锡来水量44.20亿立方米，浙江省来水量52.14亿立方米，区域供水厂境外（太湖、长江）提水13.88亿立方米。2004—2020年，总入境水量3230.94亿立方米。

出境水量　苏州全市出境水量由以下几个部分组成：入上海、入浙江、入长江、入太湖、入无锡。其中以入上海、入长江、入浙江为主要去向。2010—2020年相关数据显示，苏州市全市多年平均出境水量227.75亿立方米。其中，入太湖水量7.23亿立方米；沿江闸站排入长江水量47.23亿立方米；入无锡水量1.90亿立方米；入上海水量129.10亿立方米；入浙江嘉兴水量42.29亿立方米。2004—2020年，总出境水量3407.44亿立方米。

（六）径流

1.地表径流

苏州常年雨量丰沛，但由于蒸发量较大，降水量中只有20%形成地表径流。苏州市地表水资源主要由大气降水形成，全年水资源总量约为100亿立方米，但本地天然年径流量多年平均只有24亿立方米。其中，太湖流域多年平均地表径流深为340.5毫米，水资源量为66.1亿立方米。受季风强弱影响，降水的年际变化明显，年内雨量分配不均，导致径流的年内分配及多年变化不均，全市汛期（5—9月）径流量占全年的90%左右。

2.地下径流

江苏省地下径流量的分布具有地区特色。苏州市位于苏南地区，地下径流量每平方千米只有10万—15万立方米，主要以降水入渗补给为主。

2020年苏州市浅层地下水资源量为10.66亿立方米。其中，降水入渗补给量为7.01亿立方米，渠灌入渗补给量为3.65亿立方米。

第二节　河网水系

2020年，苏州形成“一江、百湖、万河”的独特水网水系格局，其中长江、望虞河、吴淞江、太浦河和京杭运河5条流域性骨干河道，横贯东西、南北转承，将苏州河网分割为相对独立又紧密联系的新沙、虞西、阳澄、淀泖、滨湖、浦南6个水利分区。各级河道及大小湖泊共同发挥着防洪、除涝、供水、生态、航运、景观等功能。[1]

一、分区水系

苏州市地处江南水网区，属长江流域太湖水系。太湖水源来自南路浙北天目山区的苕溪水系（又称雪溪），西路湖西宜溧山区的南溪水系（又称荆溪）。汛期长江水位高涨时，在通江河港开闸引水的情况下，也有部分江水倒灌进来。上游镇江、金坛山地有部分山水循江南运河东流，成为苏州的又一股来水。

太湖流域水系以太湖为中心，分上游水系和下游水系，上游水系包括苕溪水系、南河水系及洮滆水系，发源于西部山丘区，来水汇入太湖后，经

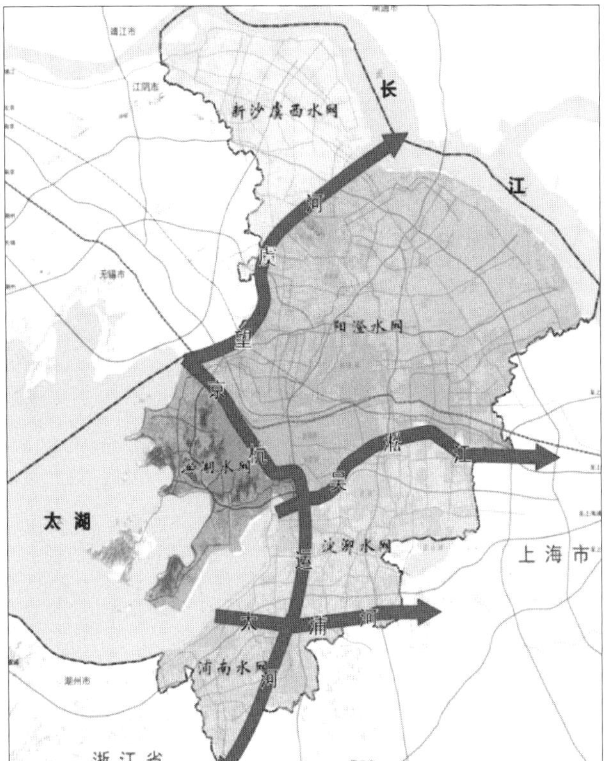

图1-1　2017年苏州市河网水系分片图

1 韩昌来、毛锐：《太湖水系结构特点及其功能的变化》，《湖泊科学》1997年第4期。

太湖调蓄从东部流出，下游水系包括北部沿长江水系、南部杭嘉湖水系、东部黄浦江水系。根据地形地貌及水系等特征，苏州境内可分成新沙区、虞西区、阳澄区、淀泖区、滨湖区、浦南区6个水系。

新沙区，又称沙洲自排区，南以南横套河和盐铁塘为界，东、西、北三面滨江，属张家港市辖范围。有张家港、太字圩港、朝东圩港、一干河、二干河等20余条通江河流，还有南横套河、盐铁塘2条调节河道。

虞西区是太湖流域武澄锡虞高片的一部分，地处南横套河和盐铁塘以南，望虞河以西，苏锡分界线以东，分属张家港和常熟两市。主要有望虞河、张家港、十一圩港、福山港等通江骨干河道，还有东横河、盐铁塘、锡北运河等主要调节河道。

阳澄区位于望虞河和苏南运河以东、娄江和沪宁铁路线以北，属太湖流域阳澄淀泖区，涉及苏州市区、昆山、太仓和常熟等。以盐铁塘为界又分为阳澄圩区和滨江平原两大片，主要河流有白茆塘、七浦塘、杨林塘、浏河（娄江）、常浒河、徐六泾等10多条通江河道，还有盐铁塘、张家港和元和塘3条南北向的调节河道，有阳澄湖、昆承湖、傀儡湖等湖泊，其中常浒河、白茆塘、七浦塘、杨林塘、娄江—浏河为五大引排河道。

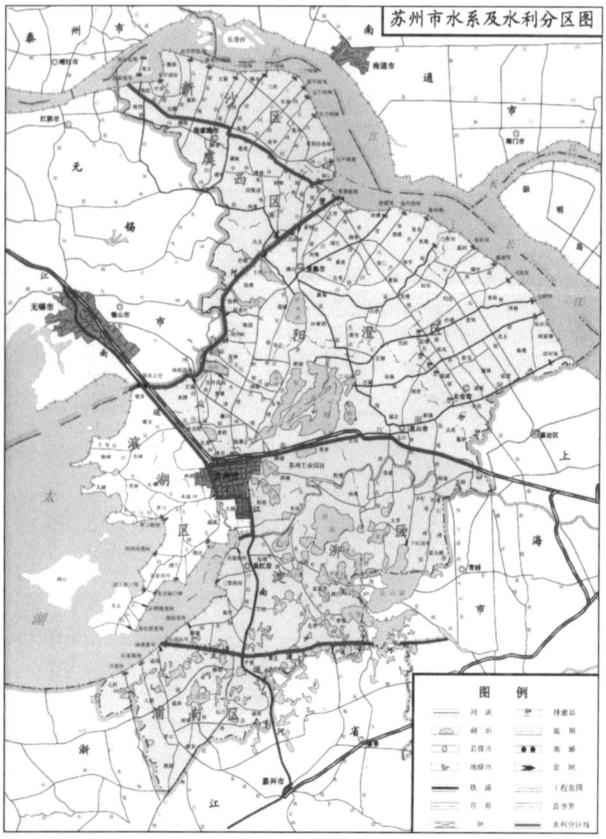

图1-2　2017年苏州市水系及水利分区图

淀泖区位于太湖下游，娄江、沪宁铁路以南，太浦河以北，属太湖流域阳澄淀泖区，涉及苏州市区、昆山、吴江等。区域内河湖密布，圩区、半高地、平原三者交错，主要河流有吴淞江、江南运河、急水港、大窑港、牛长泾、八荡河等，主要湖泊有澄湖、淀山湖、元荡、汾湖、白蚬湖等数十个，主要水源来自东太湖，有瓜泾口、三船路、军用线港、戗港等通湖河道，入吴淞江分泄至内部河网，转入淀山湖、入黄浦江等。

滨湖区属太湖湖区，位于江南运河以西至太湖，包括太湖湖区的西山等岛屿，在苏州市区域内。江南运河以西至太湖沿岸，主要河流有浒光运河、胥江、木光运河、苏东河和江南运河，太湖出水口主要有铜坑口、胥口、大缺口和鲇鱼口，分泄入江南运河、澄湖以及下游河道、湖泊。

浦南区位于太浦河以南，与浙江省交界，属太湖流域杭嘉湖区，为吴江市辖范围。主要河流有江南运河、太浦河、頔塘、澜溪塘、乌桥溪等，有麻漾、长漾等湖泊湖荡，东泄通道主要是太浦河和苏嘉运河浦南段。

二、河道

苏州市域范围内被列入《江苏省骨干河道名录》（2018年修订）的河道共有83条，其中流域性骨干河道有长江、望虞河、吴淞江、太浦河和京杭大运河5条；区域性骨干河道共17条，大部分位于京杭运河以东、吴淞江以北的新沙虞西区和阳澄区，其中十一圩港、走马塘、常浒河、白茆塘、七浦塘、杨林塘、娄江—浏河为通江骨干河道，盐铁塘、青阳港等为骨干调节性河道；跨县重要及县域重要河道有金墅港、浒光运河、黄花泾—朝阳河、东横河、济民塘、紫荇塘、太字圩港、朝东圩港、外城河、老运河等，共61条。

（一）流域性骨干河道

1.长江

长江亦名扬子江，流经境北，涉及张家港、常熟、太仓三市。长江苏州段岸线长约158.4千米。其中，主江岸线长度为142.8千米，洲岛岸线总长度为15.6千米，江内有鲥鱼、河豚、刀鱼、凤尾鱼、绵鱼等鱼类。长江流经苏州市的河段为长江河口段。

张家港市境内长江流经张家港金港街道、德积街道、双山香山旅游度假区、大新镇、冶金园（锦丰镇）、乐余镇、南丰镇、常阴沙现代农业示范园区8个镇（街道）。沿线共有张家港、五节桥港、十字港、护漕港、太字圩港、段山港、朝东圩港、渡泾港、一干河、二干河、十三圩港、三干河、四干河、五干河、六干河、农场河、常沙河、走马塘等18条重要通江河道，建有沿江闸站23座，涵洞25座。

常熟段西起福山口，东至白茆口，涉及海虞、梅李、碧溪三镇（区），属感潮段，昔时以海称之。长江常熟段江面宽阔，徐六泾口外宽5.5千米，白茆塘口外宽8.1千米，江中有铁黄沙、望虞（狼山）沙、白茆小沙。境内有北福山塘、望虞河、耿泾塘、老海洋泾、海洋泾、常浒河、徐六泾、金泾塘、白茆塘等9条通江河道，9座沿江闸站，15座涵洞。

太仓段北至白茆口常熟界，南至上海宝山界，流经璜泾、浮桥和浏河三镇。境内有新泾、钱泾、荡茜河、七浦塘、鹿鸣泾、浪港、老七浦、杨林塘、新塘河、浏河等通江河道10条，沿江涵闸22座，其中中型闸4座、小型闸7座、穿堤涵洞11座。

长江苏州段拥有集中式饮用水水源地3个，包括太仓浏河口水源地、常熟浒浦水源地、张家港新海坝水源地。

2.望虞河

望虞河，位于无锡、苏州两市交界处，太湖流域武澄锡虞地区与阳澄淀泖地区之间，是沟通太湖和长江的流域性骨干河道，也是太湖流域综合治理中的一条分区界河，南起太湖滨沙墩口，北至长

图1-3　2020年苏州沿江三市地图

江边常熟市海虞镇王市社区花庄，流经苏州市相城区、无锡市新吴区、锡山区和常熟市，全长62.3千米，苏州境内长度51千米，流经相城区望亭镇、黄埭镇、北桥街道、辛庄镇、尚湖镇、虞山镇、海虞镇。

望虞河两岸地形平坦，其西部为澄锡虞高地，地面高程多在4.5—5.5米之间，局部沿河沿湖荡低洼地区为3.5—4.5米，为圩区；东部为阳澄区，地面高程在3.5米左右，大部分为圩区。望虞河沿线河网水系发育，多数走向为东西走向，两岸支河口门众多，共有115处。其中，已建配套建筑物92座，包括苏州市境内60座，无锡市境内30座，两市交界处2座（蠡河、月城河控制）。东岸地区主要支流河道有盐铁塘、福山塘、张家港等。

望虞河沿途穿越漕湖、鹅真荡、嘉菱荡3个湖泊（湖荡），均为环湖筑堤、穿湖过水。

望虞河是太湖洪水主要泄洪通道之一，也是太湖流域由长江直接向太湖引水的骨干河道，具有防洪、排涝、引水、航运等综合功能。自1996年主体工程建成以来，在流域防洪减灾、区域排涝以及水资源配置和水环境改善等方面发挥了重要作用。2002年1月以来太湖流域实施的“引江济太”，望虞河为其中重要引水工程。

漕湖及鹅真荡、嘉菱荡是望虞河干流上的过流型湖泊，为望虞河引排通道的重要组成部分。航道等级为Ⅴ级。

3.江南运河苏州段

京杭大运河自镇江至杭州段称江南运河，在江苏境内的京杭大运河段又称作苏南运河。江南运河贯穿苏州、无锡、常州、镇江四市，北起镇江长江谏壁口门，南至江浙交界的鸭子坝，全长约246.5千米，是京杭大运河的重要组成部分，沟通长江与太湖水系，穿越流域腹地和太湖下游水系，起着水量调节与转承作用。

江南运河苏州段西起苏锡两市交界的新安沙墩港，南至江浙两省交界处的鸭子坝，流经高新区、相城区、姑苏区、吴中区、吴江区，穿滨湖、淀

图1-4　2017年望虞河及沿线水系示意图

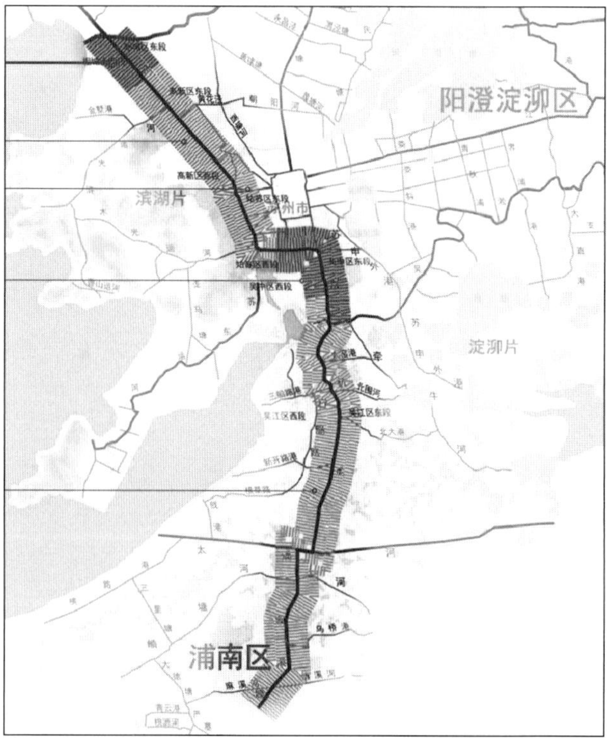

图1-5　2017年苏南运河及沿线水系示意图

泖和浦南三个区域，河道长度约82千米。

江南运河苏州段作为苏州水系的大动脉，串联起南北东西，上段西岸与众多入太湖河道连接，东岸与沿长江水系沟通，下段与淀泖区河道相连通，主要支流有浒光运河、胥江、苏东河、望虞河、元和塘、娄江、吴淞江、苏申外港线、太浦河等。其中，沙墩港至枫桥段称苏锡段，长约18千米，是苏州市上游来水的一条主要通道。枫桥至宝带桥段称市河段，长约14千米。河线弯曲，经枫桥、横塘、长桥三街道，过宝带桥南下，流向是向南再折向东。后新开辟的航道绕过苏州古城，自横塘大庆桥起，穿横塘市河，经新郭、龙桥，过澹台湖，在宝带桥北堍与苏嘉段相接。河面宽70米，河底宽50米。宝带桥至苏浙交界处原为苏嘉段老运河，后平望市河段实施改道工程，在平望镇西1千米处开挖2.7千米长的新运河。1980年后，为缩短航线，过平望镇后，取道澜溪塘，进入乌镇市河，自新运河（頔塘）至苏浙界（乌镇）的这一段京杭运河长28.8千米，流经平望、盛泽、桃源三镇，取名澜溪塘段。

4.吴淞江

吴淞江，位于苏州市中南部，西起东太湖瓜泾口，东至花桥四江口入上海市境内，最终汇入黄浦江，古为太湖排洪入海的天然大川，是“太湖三江”的主干，具有行洪、排涝、供水、航运和景观等综合功能。

河道沿途流经吴江区、吴中区、工业园区和昆山市，全长61.7千米。

吴淞江河道东西横贯阳澄淀泖区，河面宽50—690米，河底宽11—550米，河底高程-4.7—-0.7米。两岸支河众多，北岸骨干河道有斜塘、界浦江、青阳港、夏驾河等，南岸骨干河道有长牵路港、屯浦塘、大直港、诸天浦、千灯浦等。吴淞江东太湖口建有瓜泾口枢纽，包括1座净宽32米的节制闸和1座净宽12米的船闸。吴淞江（运河以西段），即瓜泾港，为等外级航道，吴淞江（运河以东段）为苏申内港线。

5.太浦河

太浦河上承东太湖，下接黄浦江，是太湖流域最大的人工河道之一，因沟通太湖和黄浦江，故以其起讫点命名为太浦河。也是排泄太湖洪水的主要通道之一，兼排杭嘉湖区部分涝水，也是流域向下游地区供水的骨干河道。河道西起东太湖边的时家港，向东至平望，北与江南运河相交，再经汾湖至南大港入西泖河接黄浦江，全长57.6千米，涉及江苏、浙江和上海两省一市。其中，江苏境内河道长38.76千米。太浦河流经吴江区七都镇、太湖新城、平望镇、黎里镇，承担着区域重要调蓄和引排任务。沿线分布有江南运河、頔塘、澜溪塘、老运河等共计96条支流。

（二）区域性骨干河道

1.张家港

张家港自西北向东南，由长江张家港船闸穿流武澄锡与阳澄河网至浏河，沿途流经张家港市、江阴市（无锡）、常熟市、相城区、昆山市，全长106.9千米。其中，苏州境内长76.13千米。

张家港为区域性骨干河道，为Ⅴ级航道，望虞河以西段规划为Ⅲ级航道。张家港入长江口建有节制闸和船闸，主要任务为防洪挡潮、排涝、供水和航运，节制闸总净宽为40米，船闸位于节制闸西侧的巫山港。张家港两岸地势北高南低，北部地面高程5.5米左右，东南部常熟、昆山境内为低洼圩区，地面高程3.0—4.0米，堤顶高程4.5—5.5米。

2.十一圩港

十一圩港又名二干河，原为关丝沙与焦沙之间的一条流槽，位于太湖流域武澄锡虞区澄锡虞高片地区，是太湖流域武澄锡虞区的骨干排水河道，同时也是江阴和张家港两市境内调蓄、排水、供水和航运的骨干河道。清同治十一年（1872）开挖成河，为长江刘海沙水道沿岸第十一条人工开挖河道，故名。南起江阴市顾山镇，北至十一圩港口入江，全长27.4千米，苏州境内长25.93千米，为Ⅵ级航道。十一圩港两岸沿线支流众多，主要有

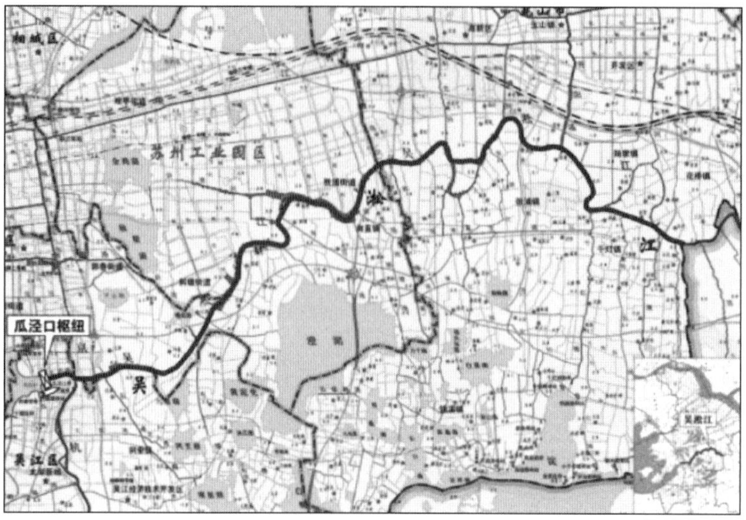

图1-6　2017年吴淞江及沿线水系示意图

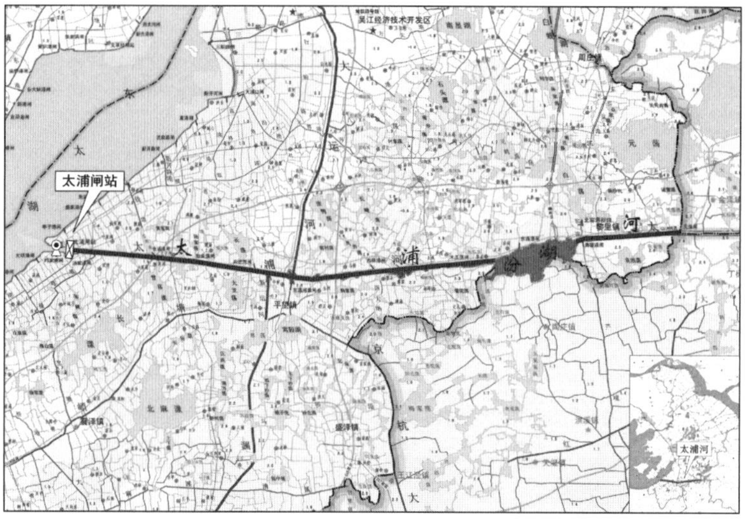

图1-7　2017年太浦河及沿线水系示意图

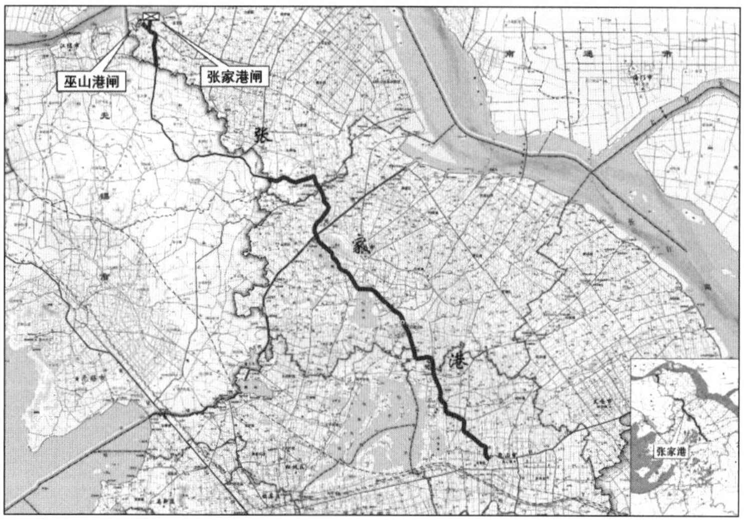

图1-8　2017年张家港及沿线水系示意图

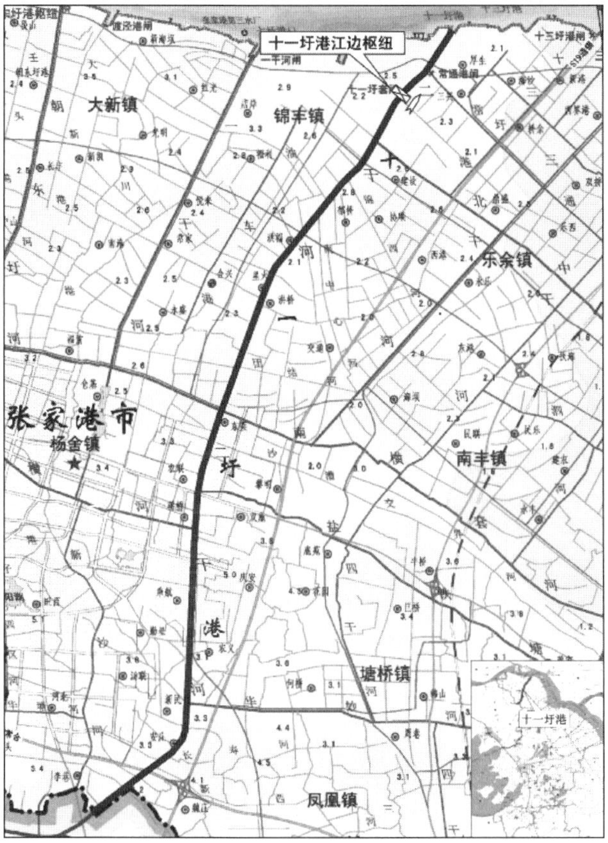

图1-9　2017年十一圩港及沿线水系示意图

北中心河、南横套河、盐铁塘、东横河、华妙河等。

3.走马塘

走马塘，位于太湖流域武澄锡虞区内，是望虞河“引江济太”期间西岸控制后地区涝水北排长江的骨干河道。南起江南运河，经新吴、锡山、常熟、张家港四县（市、区），由七干河入江，全长66.5千米。其中，苏州境内总长27.15千米，流经张家港市凤凰镇、塘桥镇、现代农业示范园区、南丰镇，常熟市尚湖镇、海虞镇和虞山镇。走马塘苏州段河道底宽25—40米，河底高程0—-1.0米。其中，苏锡交界至张家港段长约8.7千米，河底宽25米、河底高程0米；张家港至长江段长约19千米，河底宽40米、河底高程-1.0米。

4.锡北运河

锡北运河西起锡澄运河白荡圩，东迄常熟市冶塘入望虞河，全长47.3千米，是武澄锡地区防洪、排涝、调蓄、供水和航运的骨干河道。苏州市境内河道西起无锡市界，东入望虞河，全长10.41千米。河道两岸地势东高西低，西段为低洼圩区，东段为半高地，两岸支河众多，北侧与锡澄运河、白屈港、太平港、东青河、八士港、金坝河、面丈塘、牌坊底河、塘头街塘相通，南侧与三坝港、走马塘、南干河、陈家桥塘、塘下浜、陈塘等河相连。苏州市境内主要支河有王庄塘、金坝河、面丈塘等10条。

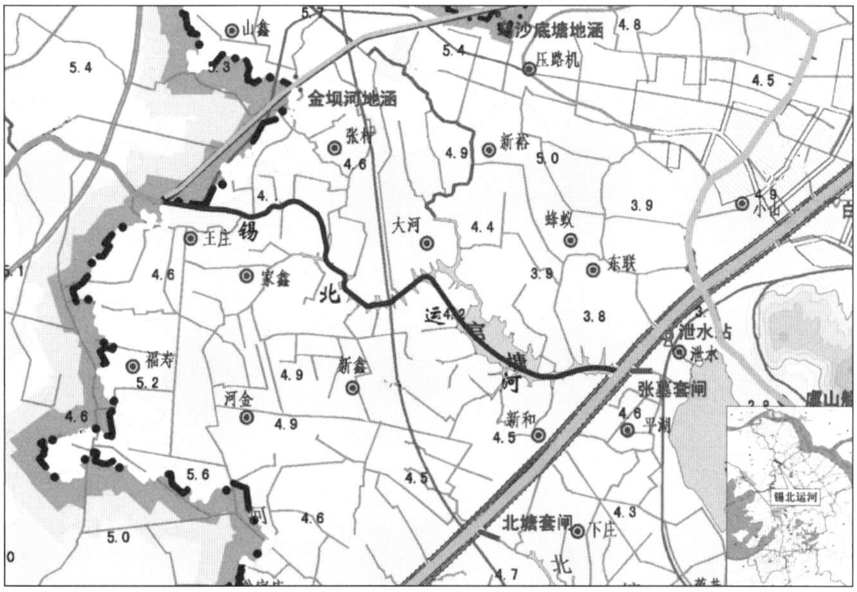

图1-10　2017年锡北运河及沿线水系示意图

5.元和塘

元和塘,本名常熟塘,南起苏州市环城河齐门桥,北至常熟护城河走马桥,全长39.24千米;沿线涉及常熟市、相城区、姑苏区,虞山镇、辛庄镇、北桥街道、渭塘镇、元和街道、城北街道、娄门街道。

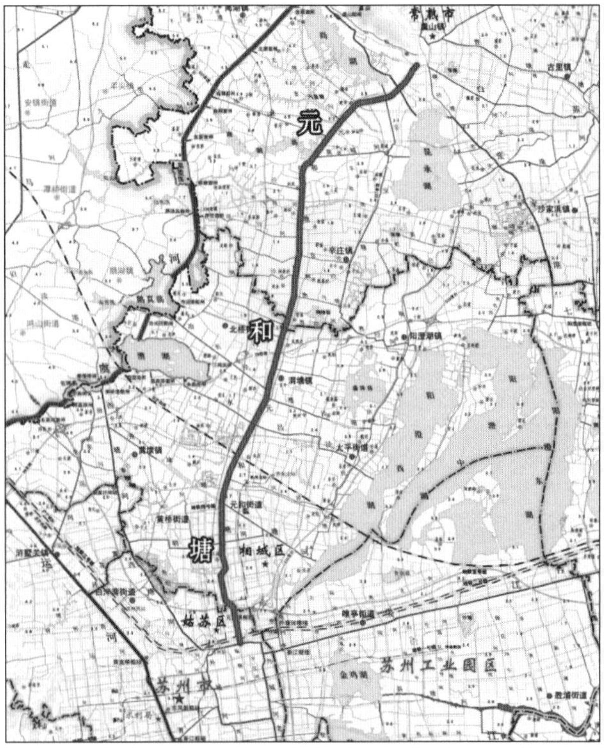

图1-11　2017年元和塘及沿线水系示意图

元和塘位于阳澄淀泖区西北部,望虞河与阳澄湖之间,是区域引排调节骨干河道之一,元和塘河线大体顺直,呈西南—东北走向,两岸支河70条,其中主要支河有黄埭塘、蠡塘河、永昌泾、冶长泾、界泾、张泾、练塘泾、辛安塘、张家港等,主要流向是向东北经常浒河、白茆塘入江,向东入阳澄湖,经七浦塘、杨林塘、浏河等入江。

元和塘局部新开航道段、元和街道陆慕老镇区段面宽在40米左右,其余河段面宽一般在50—200米,河底高程为-0.5—1.0米。

6.常浒河

常浒河,位于阳澄淀泖区西北部常熟境内,因常熟至浒浦而得名,是阳澄区五大通江引排河道之一,也是Ⅴ级航道常浒线的重要组成。常浒河由常熟护城河,经虞山街道、琴川街道、海虞镇、古里镇、梅里镇、碧溪街道等6个镇(街道),至浒浦枢纽入江,全长20.19千米。具有防洪、排涝、供水、生态、航运、景观等综合功能。大部分河底宽25—40米、河口宽25—65米、河底高程-1.0—0.0米。在梅李镇附近与盐铁塘相交,主要支流有迈步塘、花板塘、淼泉塘、大皇塘、油麻泾、罗卜泾、横六泾、里睦塘、碧白塘、向坝河等,

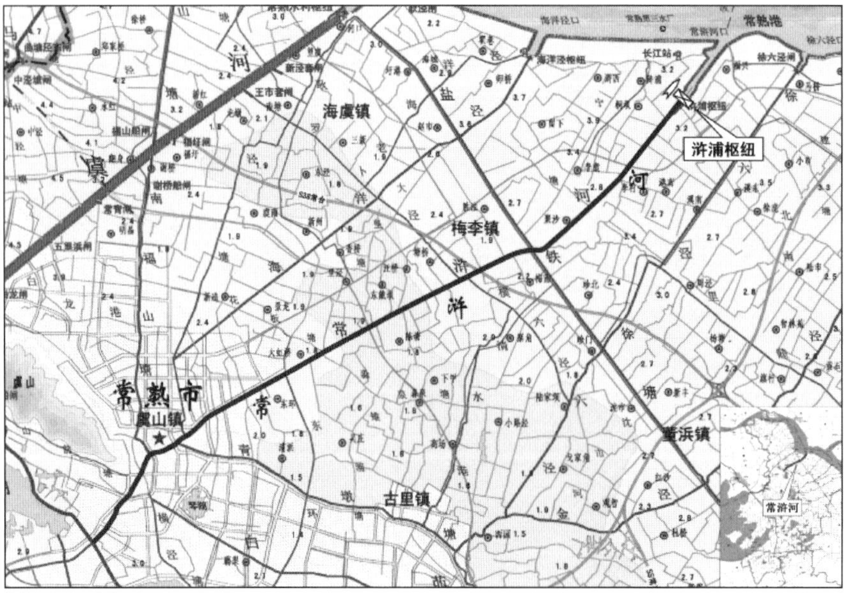

图1-12　2017年常浒河及沿线水系示意图

图 1-13　2013 年常浒河

为Ⅴ级航道。

7.白茆塘

白茆塘，位于阳澄淀泖区西北部的常熟东部，与常浒河、七浦塘、杨林塘、浏河组成阳澄淀泖区五大通江引排河道。河道西起常熟城区小东门，向东经常熟国家高新技术产业开发区、古里、支塘、董浜和碧溪新区等，于姚家滩入长江，苏州境内长度38.74千米。

白茆塘流经区域以盐铁塘为界，以西河段位于阳澄圩区，以东河段为滨江平原。盐铁塘以西两岸地势相对低洼，圩区主要分布在三泾以西，分布有红旗圩、卫东圩、草荡圩、苏白圩、坞丘圩、大荡圩等，地面高程大多在3.5—4.2米，三泾以东地面高程多在4—5米；盐铁塘以东地势相对较高，地面高程一般在5—6米。

沿线有东环河、肖泾、大滃、尤泾、连泾、三泾、盐铁塘、横沥塘、建新塘等骨干支河10多条，大小支河共计62条。

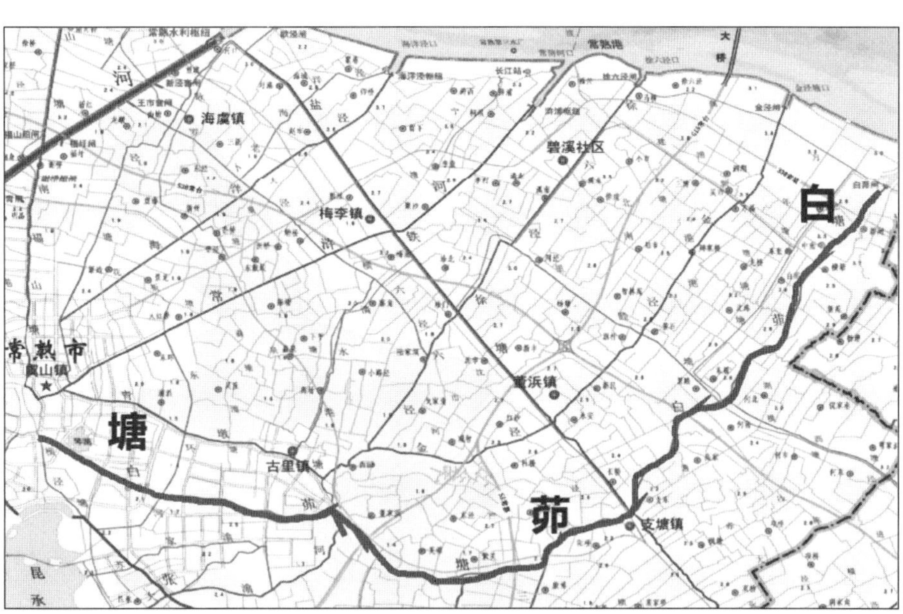

图 1-14　2017 年白茆塘及沿线水系示意图

8.七浦塘

七浦塘（含老七浦），位于苏州市域东北部，是太湖流域阳澄淀泖区五大骨干通江河道之一。河道西起阳澄湖，向东流经相城区、昆山市、常熟市和太仓市至长江，全长69.33千米。其中，七浦塘43.29千米，老七浦26.04千米，具有防洪、治涝、供水、航运等重要功能。河道沿线支流众多，约有160余条，其中骨干河道有张家港、尤泾、吴塘、盐铁塘、石头塘等，在七浦塘与其他通江引排河道间起沟通、调节等重要作用，共设有89座支河口门建筑物。七浦塘江边建有净宽32米的节制闸、120立方米每秒的引排泵站和Ⅴ级通航标准的船闸；与张家港交汇处建有由设计流量100立方米每秒的立交地涵、净宽19.5米的节制闸和Ⅶ级通航标准的船闸组成的阳澄湖枢纽。

9.杨林塘

杨林塘又名杨林浦、杨林河，是阳澄淀泖区五大通江引排骨干河道之一。河道西起阳澄湖下游鳗鲡泾，向东流经昆山市巴城、周市等镇，在太仓市浮桥镇杨林口入江。河道全长43.04千米。

图1-15　2017年七浦塘

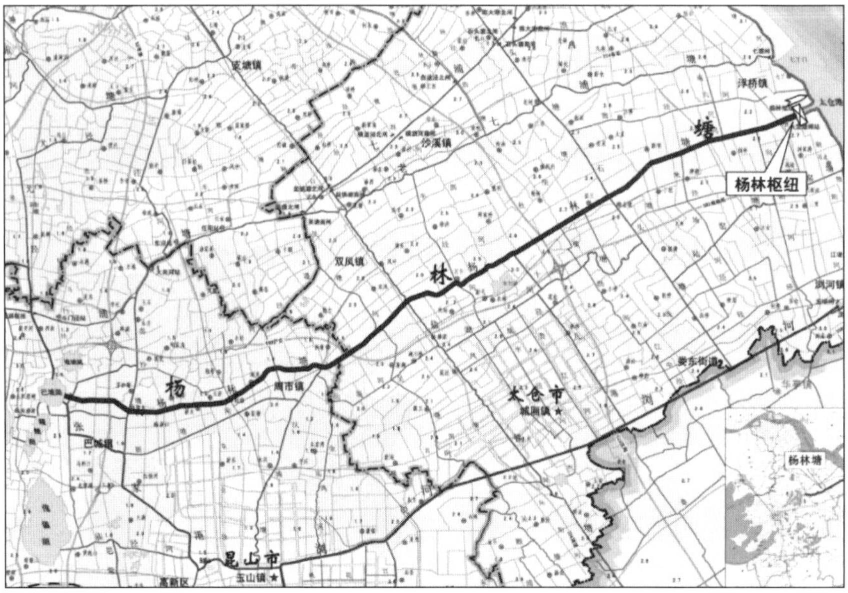

图1-16　2017年杨林塘及沿线水系示意图

杨林塘流经区域以吴塘为界，东部为平原，西部为圩区，地势自东向西倾斜，地面高程3.5—4.5米。沿线有许多大小河港，通过这些河港，北与白茆塘、七浦塘相通，南与浏河等主要通江河道沟通，为阳澄区一条重要的通江引排河道。上承苏州及阳澄湖地区之水，两岸有张家港、茆沙塘、皇仓泾、汉浦塘、吴塘、盐铁塘、半泾、江申泾、石头塘、向阳河等众多支流。

10.娄江

娄江，位于苏州市区和昆山市境内，西起苏州娄门外城河，东至昆山青阳港，沿途流经姑苏区、工业园区和昆山市，全长33.6千米。河底宽20—80米，河底高程-2.5—-1.0米，河口宽60—100米。娄江地处平原与圩区，两岸支流港浦主要有外塘河、大水泾、青秋浦、界浦、尤泾、张家港、小渔河、皇仓泾、汉浦塘、金鸡河、青阳港、夏驾河等，河道属于阳澄河网。西承苏州来水，北纳阳澄巨浸，南汇淀泖，东泄浏河入长江，是太湖湖东阳澄区骨干泄引河道，具有防洪、排涝与航运等功能。

11.浏河

浏河上接娄江，西起昆山市青阳港，东经太仓市城厢、陆渡，上海嘉定区娄塘、唐行等镇，至太仓市浏河镇境内浏河口入长江。全长34.9千米，苏州境内长度27.47千米。河底宽80—100米，河底高程-2.5—-2.0米，河口宽120—150米，设计与实际防洪标准昆山段50年一遇、太仓段100年一遇。浏河地处低洼圩区，上承苏州诸水，北纳阳澄区之涝水，南接青阳港分泄部分淀泖区来水，两岸主要有吴塘、盐铁塘、半泾河、十八港、申泾、石头塘、汤泾河、孙浜、横沥、新泾、南漕漕、新槎浦等支流。

12.盐铁塘

盐铁塘又名内河，相传是西汉吴王刘濞（前215—前154）为运盐铁，沿着岗身开挖的一条内河，因而得名盐铁塘。盐铁塘位于太湖流域阳澄淀泖区，是阳澄淀泖区低洼平原和沿江平原的分界线，起引排及调节内河水位的作用。河道西起耿泾塘，东至苏沪交界，流经常熟市、太仓市，全长52.2千米，为Ⅵ级航道。

盐铁塘流经福山塘、耿泾塘、常浒河、徐六泾、金泾、白茆塘、七浦塘、杨林塘、浏河、吴淞江等骨干河道，与海洋泾交汇处建有立交地涵，与七浦塘交界处建有单孔净宽16米的南、北2座节制闸。

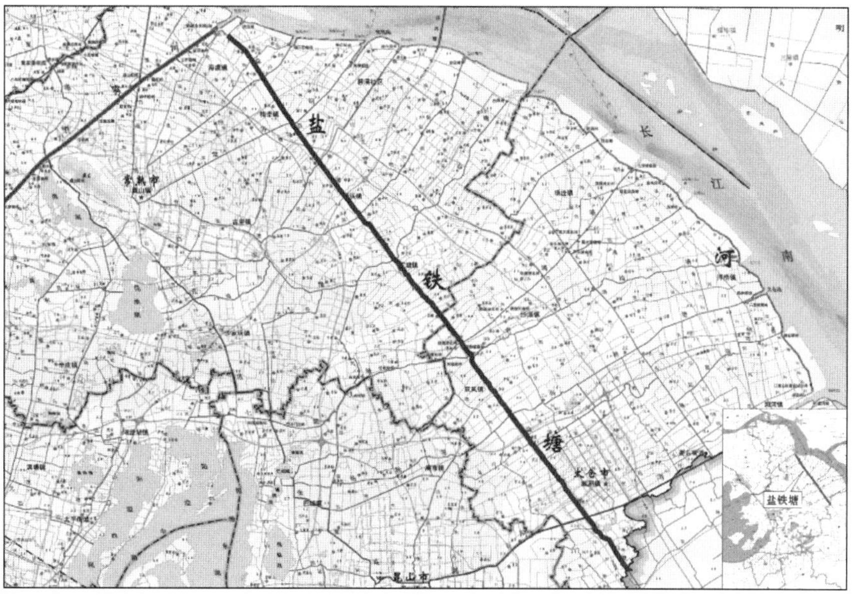

图1-17 2017年盐铁塘及沿线水系示意图

13.苏申外港

苏申外港（江苏段）又称斜港—屯浦塘—急水港—镬底潭，西起吴中区宝带桥，经苏州工业园区、吴江区，东至昆山与上海交界处，苏州段全长约25.07千米，承泄上游运河来水经淀泖区下泄。具有行洪、排涝、航运和供水等综合功能。

苏申外港地处平原与低洼圩区。河道由人工开挖并串联高垫、九里、同里、白蚬以及周庄等湖泊而形成。2000—2001年，按Ⅳ级航道标准整治，河底宽40米，设计水深2.5米，河口宽60米。2015年市发改委批复规划按Ⅲ级航道标准全线整治，改建桥梁5座。河底宽40米，河底高程-0.2米，河口宽60米。

河道沿线支流众多，斜港段主要支流有墅浦塘、花泾港等17条；屯浦塘段主要支流有小湘港、县界河等17条；急水港昆山段主要由白蚬湖和急水荡两个湖泊组成，出入湖河道有朱林浦港、外浜和许家港、仙鹤楼等15条。

14.八荡河

八荡河又名八淀河，是吴江区浦北片重要的横向河道，起自江南运河，终至元荡。50年代规划时，确定八荡河为浦北区东西向排水主要通道，因需横穿南参荡、怀浦荡、老人荡、元鹤荡、三白荡、南庄荡、梁山荡、东北荡8个大荡流入元荡达淀山湖，故名八荡河，全长7.94千米。流经吴江区太湖新城、吴江经济技术开发区、黎里镇。河底宽60米，河底高程0米，边坡1∶2，河堤青坎高程4米，宽5米，迎水坡1∶3，背水坡1∶2，堤顶高程6.5米，顶宽8米。

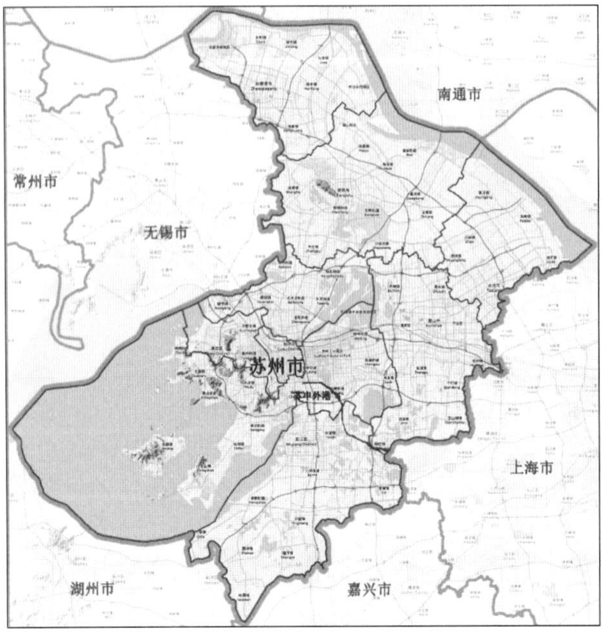

图1-18　2017年苏申外港及沿线水系示意图

15.青阳港

青阳港原名新阳港，亦称新洋江、新阳江、青阳江，位于昆山市境内，是太湖流域阳澄淀泖区区域性骨干河道，也是规划高等级航道申张线的一部分，同时又承担着排涝、供水及景观等综合功能。河道南起吴淞江，北至娄江，流经陆家镇、玉山镇，全长8.1千米。河底高程-1.0米、河底宽80米，河面宽约95—120米。河道两侧支流众多，其中西侧有牛湾泾、汛塘河、珠地河、李箕河、圆明港、铁路河、东横塘河、南亚新开河等；东侧有桃花江、白墅浦、姚李村河、景王浜、俞皋村河、车塘河、孔巷河等。截至2020年底，河道两岸地区已建圩设防，沿线支河口共建有闸站17座。

16.頔塘

頔塘是浙西山区洪水东泄的重要水道之一。頔塘源于浙江省湖州市苕溪，西起浙江省湖州市东门二里桥，由南浔镇进入吴江区震泽镇，东达平望镇莺脰湖，与澜溪塘交汇入太浦河，全长56千米，苏州境内长度21.84千米，河底宽40—48米，河底高程-1.0米，河口宽60—80米。頔塘沿线支河口颇多，南岸有江浙界河、大船港、斜塘、丁香坝港、梅南河等10条支河，北岸有贯南河、蠡思港、西杨林港、三里塘、黄家庄港等15条支河。

（三）跨县及县域重要河道

1.东横河

东横河，位于张家港市域中西部，西起江阴市城东永安河，由金港镇南沙占文桥入张家港市境，流经袁家桥、泗港集镇、杨舍城区，至蒋桥与二干

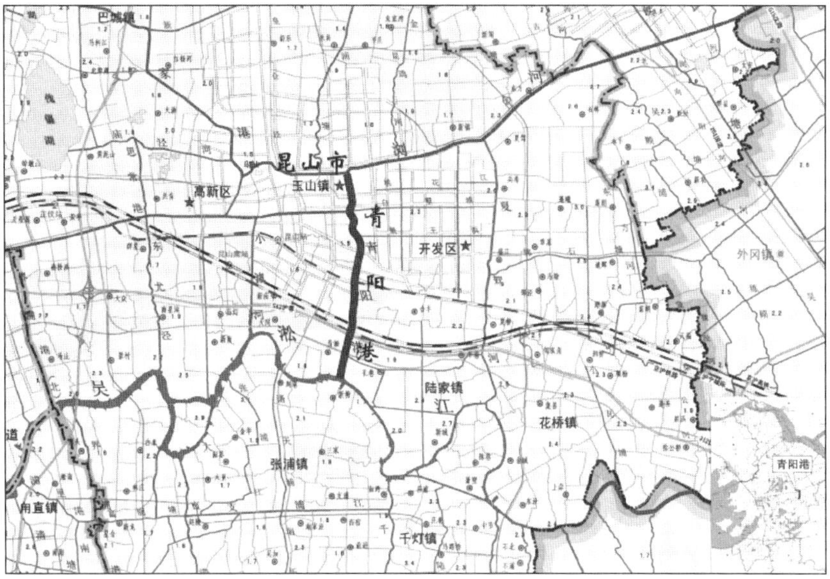

图 1-19　2017 年青阳港及沿线水系示意图

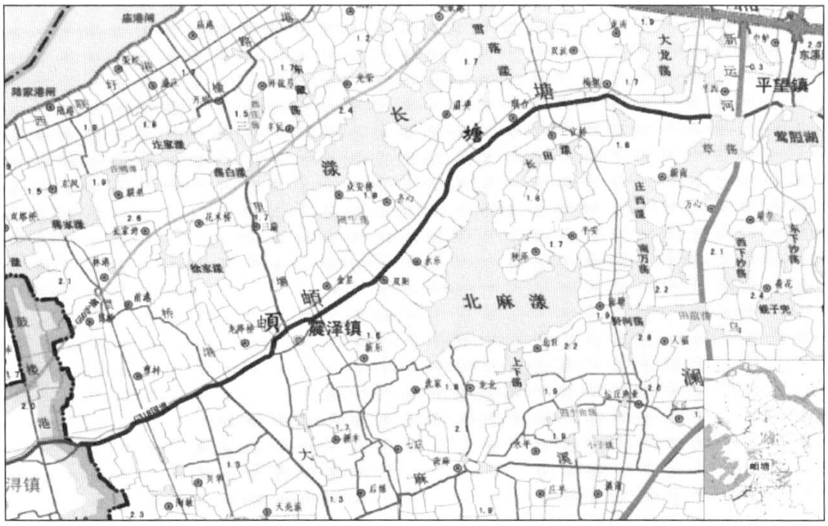

图 1-20　2017 年頔塘及沿线水系示意图

图 1-21　2020 年界泾河

河交汇，全长31.32千米。其中，苏州境内长21.23千米，是沟通二市纵向通江干河的重要排灌调节河道，也是当地历史上重要的水上交通大动脉。随着陆上交通的便利，交通运输功能逐渐减弱。

2.界泾河

界泾河西起常熟交界，东至阳澄湖，流经常熟市、相城区，辛庄镇、渭塘镇、阳澄湖镇，与元和塘、辛安塘、西塘河相汇，全长约8.81千米。是阳澄湖主要入湖河道之一，也是辛庄镇和渭塘镇的分界河流。具有防洪除涝、农业灌溉、生态保护等功能。

3.济民塘

济民塘南起阳澄湖，北接常熟昆承湖，全长25.34千米。该河道是相城区一条重要的北排河道、运输航道。流经常熟市、相城区，沙家浜镇、阳澄湖镇、太平街道、元和街道，起自昆承湖，入阳澄湖。

图1-22　2020年济民塘

4.界浦港

界浦港，位于吴中区甪直镇与昆山市张浦镇的交界处，北起吴淞江，南入万千湖，全长17.75千米。河底高程0.0米，河面宽35—50米，平均面宽40米，边坡1∶2.5，水流方向为自北向南。浦港（南）沿河支河主要有32条：北小港、白坟塘、千亩潭、四号河、横港二、一号河、二号河、三号河、云家娄、中市河、眠牛泾浜、北尖浜、张家库、黄泥娄、金家浜、庙节娄、甪直塘、汤字圩、陆家港、马家浜、后村港、北娄浜、何家甸、后港、盖河河、凌塘中心河、19号河、横娄浜、油东浜、中娄港、南头浜和西金山港。

5.大直港

大直港，位于昆山市张浦镇江浦路沿线，起点老吴淞江、终点南塘江，河道全长8.03千米。平均宽度80米，常水位2.80米，警戒水位3.34米，历史最高水位4.01米，堤防长度西侧5.84千米东侧5.72千米，堤顶高程4.5米。大直港为区域南北向引排水功能河道，是市级泄洪排涝、景观功能河道。大直港共有支流11条。其中，西岸支流6条，北至南依次为石亭头、富丽塘、张万泾、电站江、北厍江、张东江；东岸支流5条，北至南依次为吴千斤、支浦江、赵陵江、二五湾、姜里潭。

6.横路港

横路港西起苏浙界东至太浦河，流经吴江区东太湖度假区（太湖新城）、七都镇和震泽镇，全长约22千米。河道面宽22—230米，河底高程约0.0米，具有治涝、供水功能。横路港沿线主要连通河道有和尚塘、连树港、时家港、榆树港、乌梅港、大明港、鸦雀港、东盛港、大庙港、沈家港、胡溇港、建勤港、陆家湾、长圩港、四方圩浜、四方圩港、庵港、北村港、凉角河、亳里港、大圩田港、挨亩斗港、月河等。

横路港防洪标准为50年一遇，东太湖度假区（太湖新城）段设计洪水位4.5米，七都镇段设计洪水位4.8米，堤防达标高程为5.5米。横路港堤防顶高程在4.5—5.9米之间，堤防护岸后地面顶高程在2.7—7.0米之间。

7.紫荇塘

紫荇塘流经吴江区桃源镇，南受澜溪分流之水，北入大德塘，全长9.5千米，河底宽20米，河底高程0.0米，边坡1∶2。西岸纳桃花桥港、桃源河、花桥港西来之水；东岸有乌桥港分流入澜溪，南塘港、冯家浜、白寺港分流入严墓塘。另外，西岸有朝阳河、雷墩河、川泾港，东岸有永新河、后村港已建圩口闸。

8.清溪河

清溪河，位于吴江区，起点为澜溪塘，讫点为苏浙界，全长10千米，是跨县重要河道，具有治涝、供水功能。河道面宽18—225米，河底高程约0.5米。防洪标准为100年一遇，设计洪水位5.05米，堤防达标高程为5.5米。清溪河堤防顶高程在4.7—6.8米之间，堤防护岸后地面顶高程在3.7—6.7米之间。清溪河沿线基本建有堤防护岸，护岸多为硬质驳岸。其中，混凝土加固护岸5.2千米，浆砌石护岸10.3千米。

9.太字圩港

太字圩港北通长江，南接南横套，流经张家港市金港镇、大新镇，全长11千米，是张家港市域西部沙上沿江圩区主要入江引排水河道，也是西片水上交通的要道。在2004年前，太字圩港北起太字圩港口，南至后塍套闸，通航里程10.5千米，为Ⅶ级航道，通航能力为20—40吨。河面宽45—50米，河底宽10—16米，河底高程为0.0—0.5米，最高水位为3.8米，最低水位为2.8米，平均3.3米。枯水期底宽9米，水深1.5米。

10.朝东圩港

朝东圩港北起长江，南至东横河，流经张家港市大新、杨舍两镇，全长12.74千米。河底高程为-0.1米（吴淞），河底宽50米，河口线宽80米。朝东圩港入江口建有朝东圩港枢纽，规模为3孔，总宽36米，设计流量为216立方米每秒，泵站规模为32立方米每秒，主要功能为挡潮、引水、排涝；另有内河节制闸—朝东圩港节制闸，规模为3孔，总宽28米。

11.一干河

一干河流经锦丰镇、杨舍镇，全长13.6千米，是张家港市的重要排灌河道。1953、1966年曾2次分段疏浚。1979年大规模拓浚，向南延伸至杨舍与东横河相交。1992年实施全线疏浚，建成杨舍城区主要引清通道。浚长13.72千米，疏浚土方45.29万立方米，疏浚标准为河底宽8—12米，河底高程0.0米，边坡1∶2.5。

图1-23　2013年一干河

12.三干河

三干河在张家港市境内。民国十七年（1928）开凿，又名西界港。南贯南横套河—七干河，北至长江，长14.23千米。1952年、1954年、1966年曾分段疏浚。1995年全线疏浚，疏浚土方65万立方米。疏浚标准为河底宽8—25米，河底高程0.0米，边坡1∶2.5。2007年3月25日—6月30日疏浚乐余四号桥—南横套段，浚长8.5千米，完成总土方21.61万立方米，疏浚标准为河底宽15—20米，河底高程0.0米，边坡1∶2.5。

13.四干河—新奚浦塘

四干河在张家港市境内，全长30千米。该河于1950年和1952年先后实施全线疏浚，1962年进行拓浚和裁弯取直，1973年冬再浚。1991年11月实施全线疏浚，疏长16.3千米，完成土方67.5万立方米。沿老河定线疏浚，河道断面标准自北向南依次为：四干河闸外段，河底宽12米，河底高程0.0米，边坡1∶3；四干河闸至常通港，河底宽10米，河底高程0.0米，边坡1∶2.5；常通港至北中心河，河底宽8米，河底高程0.0米，边坡1∶2.5；北中心河至永南河口，河底宽8米，河底高程0.0米，边坡1∶2.5；永南河口至盐铁塘，河底宽6米，河底高程0.5米，边坡1∶2.5。2003年11月10日至2004年1月10日，实施全线疏浚，浚长16.5千米，疏浚河道土方16.80万立方米，疏浚标准为新闸至老闸河底宽12米，河底高程0.0米，边坡1∶3；老闸至常通港河底宽10米，河底高程0.0米，边坡1∶2.5；常通港至永南河底宽8米，河底高程0.0米，边坡1∶2.5；永南河至鹿苑套闸河底宽6米，河底高程0.0米，边坡1∶2.5。

14.南横套河—七干河

南横套河—七干河全长38千米，南横套河位于新老沙交界处，清同治年间开凿，经过多次分段疏浚与拓浚。张家港至后塍镇西，河底宽8米，河底高程0.0米；后塍镇区，河底宽12米，河底高程0.0米；后塍镇东至李家港套闸，河底宽8米，河底高程0.0米；李家港套闸至一干河，河底宽6米，河底高程0.5米；一干河至四干河，河底宽6米，河底高程1.0米；港城大道桥节点段，河底宽38—52米，河底高程0.5米。在北侧沿老张扬公路新建850米生态格宾挡墙，南侧新建10米宽圩堤，顶高程5.0米，内坡1∶2，圩堤顶及挡墙与道路之间配套绿化。七干河于1970年开凿，在常阴沙农场与东沙乡交界处出江，向西沿常阴沙农场与东沙乡界折向西北，再向西越兆丰、南丰两地，与永南河相接。

15.华妙河

华妙河，位于张家港市境内，西起二干河，东至西杨塘，流经杨舍、塘桥两镇，全长9.7千米。华妙河河底高程为0.5米（吴淞），河底宽10米，河口宽28米。1994年、2003年、2015年分别对全线实施疏浚。华妙河为张家港市级河道，是塘桥片区重要的防洪排涝和航运河道。

16.北福山塘

北福山塘原与南福山塘为一河，1958年开挖望虞河后，分为南北两河。河道自望虞河起，流经常熟市海虞镇、虞山镇入长江，全长12.58千米。北福山塘河道顺直，阿托公司上游段，河底宽15—20米，河底高程0.5米左右，边坡1∶2；下游段河底宽22米，河底高程0.0米，边坡1∶5—1∶3；老闸以外段河底宽40米，河底高程0.0米，边坡1∶3；老闸以内段河口宽30—45米。主要支河有三千泾、曲塘泾、南横塘、南小塘、西横塘、崔浦，大部地势较高。

17.南福山塘

南福山塘自常熟市常浒河至望虞河，流经常熟市虞山镇，全长9.49千米，是城北片区主要引排河道。

18.海洋泾

海洋泾位于常熟市，流经梅李镇、海虞镇，长度14.35千米。海洋泾是常熟市于2008年拓浚老海洋泾萝卜泾以上段、延伸新开何村段、连接并拓浚大皇塘后形成的河道，南起虞山镇泯泾村宅前塘四丫口，沿原海洋泾东北流，经石家浜、泯泾、徐家宅基、环倭、周行集镇，穿越萝卜泾后，平地开河2.9千米，经何村，在盐铁塘附近接原大皇塘，经蔚东北巷、洞堰坡，在老海洋泾闸东入长江，全长12.8千米。其中，闸外段与老海洋泾同口长0.85千米。闸内河两岸均建护岸，沿线建有涵洞8座、口门控制闸14座；河口枢纽配2米×10米节制闸和2×15立方米每秒的X流道双向泵站，中途以地涵形式下穿盐铁塘。河道闸内段底宽25米（近闸段200米为喇叭口段底宽25—55米），河底高程-0.5米，河口宽44米，近闸段由44米渐变；闸外河口段，河底宽62米，河底高程-1米，与长江-1米等深线相接。其主要支河有花板塘、迈步塘、大坍塘、萝卜泾、沈村河，农田以种植稻麦为主。

19.青墩塘

青墩塘又名青墩浦，位于常熟市境内，流经虞山镇、古里镇，西起海虞桥，向东南流经南塘三里桥、庞浜、新桥、湖口，在古里镇折东北，至苏家尖与金泾、徐六泾相接，全长11.64千米，中途与东环河相交，是城区、古里镇的主要引排河道。青墩塘河道顺直，河面宽阔，河底高程0.0—0.5米，河底宽10—15米，面宽30米左右，边坡1∶2.5，上游段两岸均建护岸。其主要支河有环城河、雉浦塘、白古河、清水港、王江，全属低洼圩区。

20.徐六泾

徐六泾又名宋陆泾、徐六浦，位于常熟市境内，因河西岸有徐姓巷和陆姓巷而得名，后讹为徐六泾。流经古里镇、梅李镇、碧溪社区，长度17千米。原自碧溪周泾口起，弯弯曲曲经于巷、张家荡、陶家角，在吴市徐巷入长江，后称老徐六泾，昔为海虞廿四浦之一，是一条古老的河流。清代，每浚白茆塘，必带浚徐六泾，其费用由常熟、昭文及长洲、元和、无锡、金匮、江阴七县分摊。清雍正五年（1727），曾在周泾口建3孔石闸，用于高低分隔，蓄潮灌溉。1972年疏浚时，挖掘到遗迹。

21.金泾

金泾又名金泾塘，位于常熟市境内，流经碧溪社区、董浜镇、古里镇，起自清墩塘，入长江。其与青墩塘、徐六泾相通，中途与盐铁塘相交，全长21.35千米，为等外级航道。苏家尖至盐铁塘段原称长亳塘，盐铁塘至徐市集镇段亦称雪沟塘，徐市集镇至建新塘段亦称贵泾塘。

22.大滃

大滃又名大洪、大渝江，位于常熟市境内，流经虞山镇、沙家浜镇、古里镇，长度9.98千米。西起昆承湖，经溪沿村、北闸桥、西湾、谭家角，在鲇鱼口入白茆塘，中途与张家港相交，全长10.23千米，是虞山、沙家浜、古里三镇及常熟高新技术产业开发区引排与航运河道。其中，张家港以西段为Ⅶ级航道苏虞东线，张家港以东段为等外级航道，大滃亦是昆承湖主要泄水通道之一。张家港至小尤泾段称北闸河，小尤泾以东段称新开。大滃水面宽阔，河底宽20—30米，河底高程0.5米，边坡1∶2—1∶3，河口平均宽59米。其主要支河有小尤泾、白泥，皆属低洼圩区。

23.尤泾

尤泾又名尤泾塘、大尤泾，位于常熟市境内，南自张家港起，流经沙家浜镇、古里镇，北入白茆塘，全长11.4千米。张家港至唐市集镇段称南尤泾，唐市集镇至三塘址段称北尤泾，三塘址至石泾段原称山泾塘，石泾至白茆塘段原称连泾。尤泾承泄唐市、白茆两地之水，南入七浦塘，北入白茆塘，是唐市区域主要水上通道。河道大部水深面宽，两岸圩堤受风浪、船行波影响，冲刷比较严重，经多年整治，大部分已建有护岸。尤泾河底宽30—50米，最宽处有100多米，河底高程-0.5米；唐市集镇段束狭，经1975年拓浚和2006年疏浚后，河底宽10—15米，河底高程-0.5米，河面宽22米。河上北新桥（亦称万丰桥）为3孔石拱古桥，是省文物保护单位。其主要支河有东湖泾、金庄浜、鱼连泾、小尤泾、连泾，均属低洼圩区。

24.三泾

三泾又名山泾，位于常熟市境内，南起七浦塘，向北经徐政、李市，在康博村入白茆塘，流经支塘镇、古里镇，全长8.58千米，是支塘、古里主要引排河道。李市以北段称东山泾，李市以南段称南山泾。

25.辛安塘

辛安塘又名新安塘、辛庄塘，位于常熟城南、昆承湖西。河道流经辛庄镇、虞山镇，入元和塘，全长14.64千米，中途与蛇泾相通，莫城以北段称莫门塘。河面较宽，河底宽10—15米，河底高程0.0—0.5米，边坡1∶3，河口宽40—60米，平均宽50.6米，两岸均有圩堤，主要支河有界泾、驰马塘、顾泾、张泾、莫城河，属低洼圩区。

26.冶长泾—渭泾塘

冶长泾—渭泾塘，位于相城区自鹅真荡至阳澄湖，流经北桥街道、渭塘镇、太平街道，全长16.23千米。渭泾塘是元和塘东泄干河之一。上游底宽一般在10—20米之间。

27.永昌泾

永昌泾，位于相城区，为相城区重要河道，西起望虞河漕湖南岸，向东经过漕湖街道、渭塘镇、元和街道、高铁新城、太平街道，接通阳澄西湖，全长13.7千米，沿线穿元和塘和济民塘2条骨干河道，境内沿线支河数量共计36条。河道底宽28米，河面宽35—46米，河底高程-0.5米，堤防长10.21千米，堤防型式为土堤、堤防两侧为草皮护坡，堤顶宽度3米，堤顶高程5米。

28.黄埭塘—蠡塘河

黄埭塘—蠡塘河，位于相城区，起点为西塘河，讫点为阳澄湖，流经黄埭镇、黄桥街道、元和街道、澄阳街道，全长为14.36千米，具有供水、治涝、航运功能。河道面宽30—300米，河底高程0.0—1.0米，堤防长13.24千米，为土堤，堤顶高程4.8—5.5米，境内沿线支河数量共计16条。蠡塘河已于2015年进行堤防达标、护岸建设和清淤等治理工程。

29.西塘河

西塘河，位于太湖流域阳澄淀泖区，地处苏州城区的西北角，是苏州古城区“自流活水”工程的引清通道，北起望虞河琳桥港闸，南迄苏州外城河钱万里桥，河道流经苏州高新区（虎丘区）、姑苏区和相城区，全长17.74千米。西塘河流经黄埭塘、春申湖、朝阳河、黄花泾等重要河湖。其中，春申湖西端与西塘河以堤坝相隔，通过水闸相连，为西塘河引水工程的一部分。西塘河主要支河有洋桥港、陆家浜、杨家里河、董巷浜、东里河、严巷郎浜等。

图1-24　2017年西塘河及沿线水系示意图

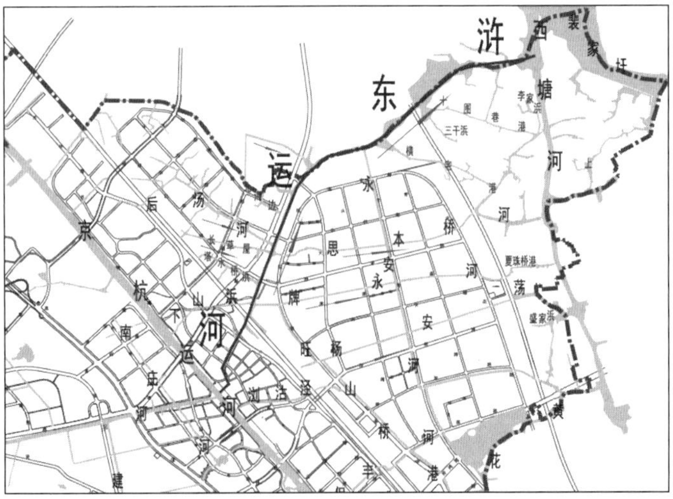

图1-25　2017年浒东运河及沿线水系示意图

30.浒东运河

浒东运河位于苏州高新区与相城区交界处，西起江南运河，东至西塘河，全长9.81千米，涉及高新区浒墅关镇镇区、吴公村、新浒工业园、青灯村以及相城区黄埭镇，是一条重要的泄洪排水通道以及活水引流河道。河道面宽20—40米，西窄东宽，河底高程1.0米。运河沿线共有9条支流，其中上游河道有黄泥港、吴公港、塔水桥浜、下山浜，下游支流有牌永河、道安河、永安河、三千浜、十图巷港。

31.黄花泾—朝阳河

黄花泾—朝阳河起自苏南运河，终至元和塘，全长12.78千米。黄花泾位于苏州高新区浒墅关镇南部，是高新区与姑苏区的一条跨界河道，也是两个区重要的泄洪排水通道。黄花泾水源来自京杭大运河，河道面宽平均为50米，东端建有船闸，闸门宽度为12米；最宽处位于京杭大运河入河口，面宽达到105米。两侧建有直立式挡墙，河道北侧建有挡墙3.5千米，自然护坡0.5千米。黄花泾北岸沿线共有莲花河、永安河、张家角浜3条支流。河道末端与西塘河通过黄花泾闸相连。

32.金墅港

金墅港，位于高新区通安镇，是高新区出入太

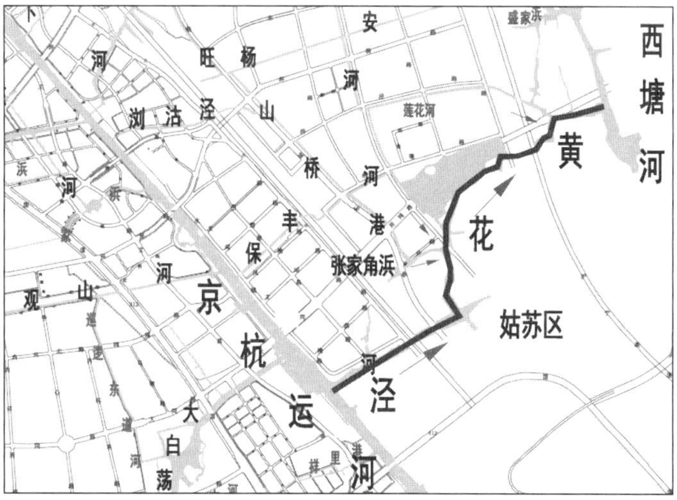

图1-26　2017年黄花泾及沿线水系示意图

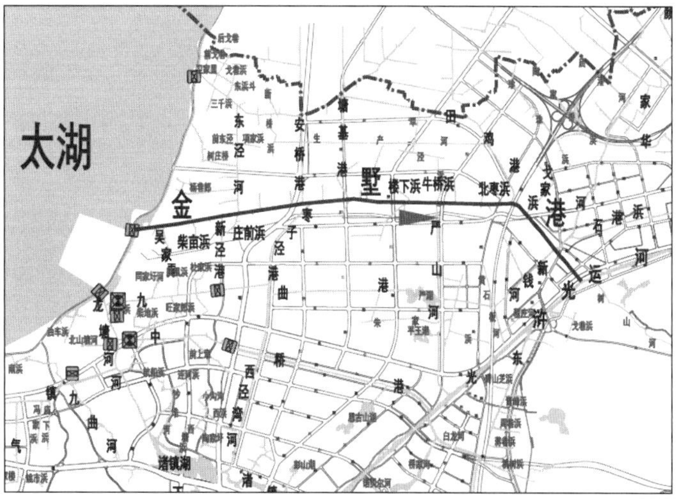

图1-27　2017年金墅港及沿线水系示意图

湖的河道之一，西连太湖，东入浒光运河，全长6.8千米，沿线主要为农业区，东端为通安镇区。金墅港河道平均面宽为30米。通安镇区段河道两侧建有直立式挡墙1千米，其余沿岸皆为木桩护岸。金墅港通过金墅港套闸与太湖相连，沿线共有15条支河，其中河道北侧支河为东泾河、安桥港、塘基港、楼下浜、牛桥浜、北枣浜、田鸡港、颜家河，南侧支河包括吴家弄、柴亩浜、新泾港、庄前浜、枣子泾、严山河、新前河。金墅港具备防洪排涝、引水、灌溉、生态等综合功能。

33.浒光运河

浒光运河西起太湖铜坑闸，东至京杭运河，流经吴中区、高新区。全长18千米，是一条连接太湖和大运河的区域性等级航道，等级为Ⅵ级。该河兼有行洪、除涝、引水和航运功能，是承泄太湖洪水和汇集沿太湖丘陵山区洪水的重要通道，也是另一区域骨干水系木光运河的源头。

34.木光运河

木光运河北起浒光运河，南至胥江，流经光福镇、穹窿山、木渎镇、胥口镇，全长14.51千米，平均河面宽20—30米，为区域性骨干河道。木光运河于2012年清淤一次，疏浚土方约46.6万立方米，沿线护坡以混凝土挡墙和自然生态为主。

35.胥江

胥江吴中辖区段起自太湖口胥口枢纽船闸，终至苏南运河（横塘），流经高新区、吴中区、姑苏区，全长17.56千米，河宽为30—60米，为Ⅵ级航道，航道宽度为22.2—35.3米，两侧大部分设有挡墙，挡墙高程5.0米，以硬质挡墙为主。胥江沿线有大小支河28条，其中主要支河有顺堤河、上沿山河、木光运河、泾河、木横河、走马塘河、白塔浜、万罗山河、长石河等10余条。

36.苏州外城河

苏州外城河又名环城河、护城河，位于苏州古城外侧，环绕古城而流，是苏州古城水系的重要组成部分，流经姑苏区，全长15.3千米，河面宽30—100米，河底宽15—40米，平均水深2.8米。上游来水河道均在城西和西北部，自北向南有元和塘、十字洋河、山塘河、上塘河、胥江等；下游出水河道均在城东北、东部和南部，自北向南有外塘河、娄江、相门塘、葑门塘、小觅渡河、京杭运河苏州段等。

与外城河8座水门相联系的8条塘河，分别为：阊门连接上塘，胥门连接胥口塘，盘门连接西塘，葑门连接葑门塘，娄门连接娄门塘，相门连接相门塘，平门连接平门塘，齐门连接元和塘。

37.汉浦塘

汉浦塘北起新塘河，南至北环城河，跨越昆山市高新区及周市镇两个区镇，全长10.9千米。平均宽度为30米。河底高程0.0米、堤顶标高4.7米，设堤标准为100年一遇洪涝灾害。河道常水位为2.8米（佘山基面吴淞高程），警戒水位3.43米，历史最高水位为4.01米。汉浦塘为南北向骨干洪水外排通道。汉浦塘按照统一管理和属地管理相结合的原则，由周市及高新区水利站具体负责日常管理。汉浦塘共有支流15条。其中，西岸支流9条，北至南依次为一介浜、水产场丰产河、更北丰产河、南尖角新开河、塘西村河、漕里浜、新泾浜、东环娄、密友河；东岸支流6条，北至南依次为王家浜、顾家湾、太平河、毛库中心河、后泾河、睦和港。

38.金鸡河

金鸡河北起杨林塘、南至娄江，跨越昆山市周市镇，全长9.31千米。平均口宽为70米，河底高程0.0米，堤防高程4.8米，警戒水位3.43米，为昆山市二级河道、Ⅲ级航道。金鸡河是南北向骨干排水通道，主要作用是调节水量。排水时，水流方向总体为向东、向南流。杨林塘、浏河受长江口门控制，引水时向西流。金鸡河共有支流14条。其中西岸支流7条，北至南依次为长胜中心河、湖川塘、庙泾新开河、胜利站引水河、戚家港、中乐新开河、昆北塘（西）；东岸支流7条，北至南依次为

图1-28 2017年金鸡河及沿线水系示意图

丁家门河、石家港、许家港、东太平河、庙华港、金清河、昆北塘（东）。

39.东尤泾

东尤泾北起娄江，南至吴淞江，全长5.8千米，平均口宽32米。河底高程0.8米，边坡1∶1。河道护岸为自然护岸。河道有出入水系8条，分别为下潭娄、生田港、南生田河、娄江、吴淞江、珠浜河、顾塘河、后巷江。

40.夏驾河

夏驾河，位于昆山市中部，为区域南北向引排水功能河道，北起娄江南至吴淞江，在陆家镇、开发区境内，河道贯穿沪宁线，是沟通阳澄与淀泖两个水系的重要通道之一，主要承泄本地涝水。夏驾河全长10.7千米，平均宽度35—50米，河道常水位为2.8—3.0米，警戒水位3.34米，历史最高水位为4.02米，堤顶高程4.7米。昆山境内支流共有22条。其中，西侧支流10条，为桃花江、白墅浦、景王浜、三巷河、铁路河、华成河、三家村河、车塘港、神童泾、时家宅河；东侧支流有12条，分别为张河泾、栈泾河、景王浜、江家泾、郭石塘、顺铁路河、庄泾河、高速公路河、杨村浜、星光河、小夏驾河、陈家浜。

41.支浦江

支浦江西起大直港，东至千灯浦，是在昆山市张浦镇及千灯镇境内沟通阳澄与淀泖两个水系

图1-29 2017年支浦江及沿线水系示意图

的重要通道之一。支浦江全长7.94千米，平均宽度30米，河道常水位为2.8米，警戒水位3.34米，历史最高水位为4.01米，堤顶高程张南联圩4.5米、张东联圩4.8米、张西联圩4.8米，为区域东西向引排水功能河道。支浦江支流共有18条。其中，北侧支流10条，为大直新开河、赵浦江、银河路新开河、菁华河、市河、诸天浦、叶泾中心河、新塘江、迎春河、郐文堂；南侧支流有8条，分别为如今江、三泾江、范基江、小张浦江、垌坵港、朝南江、迎春河、向阳河。

42.千灯浦

千灯浦北起吴淞江，南入淀山湖，是昆南地区向淀山湖排水的主要通道。千灯浦全长10.91千米，平均宽度60米，常水位2.6—2.8米，警戒水位3.34米，历史最高水位4.0米，堤顶高程3.8—5.0米。千灯浦支流共有40条。其中，西侧支流21条，为北湾中心河、（新）支浦江、练兵河、唐巷浜、沅渡泾、蒋泾港、团结河、暗桥港、大潭中心河、跃进河、小庄桥河、吴桥丰产河、新胜河、陶桥丰产河、木水河、配金港、龙骨娄、六直泾江、泗安泾、周泾江、新民港；东侧支流有19条，分别为冯家浜、祥西港、汶浦港、方泾浜、长泾江、景泾港、良泾港、大塘港、培庄港、劈娄河、汤家浜、北乌灯泾、南乌灯泾、瞿家村港、朱泾港、徐泾港、可麻泾、周泾江（新开）、石扬河。

43.道褐浦

道褐浦起于吴淞江，南至昆青界，在昆山市淀山湖镇、千灯镇境内，河道贯穿沪宁线，是沟通阳澄与淀泖两个水系的重要通道之一，为区域南北向引排水功能河道，是市级泄洪排涝、景观功能河道。道褐浦全长约17.2千米，平均宽度44米，河道常水位为2.8米，警戒水位3.34米，历史最高水位为4.02米，堤顶高程4.5—5.0米。昆山境内支流共有46条。其中，西侧支流27条，为北扎泾、单巷港、郁家泾、张泾岸江、小潭江、新泾江、栏杆桥江、日月光河、年沙沟、戴田泾、许巷港、潘田泾、陆家桥市河、薛家漤、夏家村河、五连泾、高家桥江、石扬河、杨湘市河、双娄江、西分位河、王土泾江、梅田泾江、碛噢江、东林港、陆如墩江、金家港；东侧支流有19条，分别为西支巷江、石浦市河、西巷村江、陈巷村江、马巷桥江、塔漤、花园村江、姚仁沟、张连泾、茜步泾、庙泾江、西南江、三家村河、东分位河、周家泾江、梅家泾江、沙坟塘、坟塘江、徐家娄江。

图1-30　2017年道褐浦及沿线水系示意图

44.长牵路港

长牵路港位于昆山市周庄镇与锦溪镇的交界处，西起澄湖，东入明镜荡，是淀泖区西水东流主通道之一。全长3.08千米。其中，长牵路港西段为原始河道，是镇级河道；长牵路港东段为淀泖区补偿工程的组成部分，是市级河道。长牵路港东段全长2.5千米，平均宽度70米，常年水位在2.7—2.8米，警戒水位3.34米，历史最高水位3.97米，堤顶

图1-31 2017年长牵路港及沿线水系示意图

高程5.0米。长牵路港为区域性骨干排水功能河道，是沟通澄湖与淀山湖的关键性工程，支流共有3条。其中，西侧支流1条，为狭港；东侧支流有2条，分别为忠东港、对金港。

45.十八港

十八港，位于太仓市境内，河道起点为杨林塘，终点为浏河塘，全长9.9米，平均宽度30米，两岸河道管理范围各为10米，为太仓市级河道。沿线共有支河15条，支河口门数量18个。

46.石头塘

石头塘，位于太仓境内，起自钱泾（孟河），终至浏河（三港套闸），全长24.4千米，平均宽度30米，两岸河道管理范围各为10米。流经浏河镇、浮桥镇、沙溪镇、璜泾镇、新区。为太仓市级河道，沿线共有支河83条，支河口门数量91个，沿线闸站4座。

47.三船路港

三船路港，位于吴江区太湖新城北部，西起东太湖（新三船路闸），东连京杭运河，沿途流经松陵街道和江陵街道，全长7.59千米，是东太湖主要出湖通道之一，是太湖新城“五横五纵”骨干河网中重要一横。三船路港与京杭运河交汇处，存在着一段苏南运河仅存的古纤道，主要由纤道本体、三山桥、南七星桥等组成。

48.戗港

戗港处于阳澄淀泖区，位于吴江区东太湖度假区（太湖新城），防洪标准为50年一遇，设计洪水位4.4米，堤防达标高程为5.0米，堤防顶高程在5.2—5.5米之间，自太湖戗港闸经沧州荡流入太浦河，具有供水、治涝功能。戗港全长4.6千米，河面宽12—46米，河底高程约0.5米。戗港沿线主要支河有新开港、横草路河、上中浜、都上港、小戗港、东南新港、东宋港、彭家桥港、西南新港等。戗港沿线均建有护岸防护，护岸主要为硬质驳岸，浆砌石加固护岸2.5千米，混凝土加固护岸0.5千米，防洪墙护岸2.5千米。

49.大浦港

大浦港起自太湖（大浦口闸）与海沿漕交汇处，东过大浦桥注入运河，流经吴江区，全长7.9千米，河底宽20米，河底高程0.5米，边坡1∶2。

南岸有南室圩浜、黄家桥港、西龚阿港、东龚阿港、张家浜、钱家湾等6条支港通流，北有南柑圩港、中柑圩港、行船路、史家圩港、石西港、潮港等6处河口。其中，以行船路为最大，北至太湖新城盛家库会吴家港之水东泄运河。大浦港曾是太湖东泄主要口门之一。明代以后，大浦口淤淀成平沙滩，形成海沿漕和横草路两条河道，大浦港的排水作用也逐渐减弱。

50.牵牛河

牵牛河由长牵路港、牛长泾两条河道组成，是重要的区域性骨干河道，属于二级河道，位于吴江区境内。长牵路港起讫点分别为吴淞江（仪塔）、南星湖，全长8.97千米，河道面宽为23—35米；牛长泾起点为南星湖，讫点为三白荡，全长7.26千米，河道面宽23—40米。牛长泾流经黎里镇。北受南星湖之水，南入三白荡，由八荡河东泄元荡，流向西北至东南。全长9千米，河底宽30米，河底高程0.5米，边坡1∶2。西岸河口自北而南有北塘圩港、北警圩港、南警圩港、金家坝市河、贺家浜、羊笔港、傍字港、十字港、南河扇港。南警圩港以北自支港自西向东入牛长泾，金家坝市河以南各港水流俱出牛长泾。东岸即塘北联圩，沿岸各口均建圩口闸，自北而南有：俞库港、金家浜、双甲亩港、柴场港、仰仙港、西轸港、十字港、沈庄港。

51.大窑港

大窑港流经吴江区松陵、同里镇。西起京杭运河，东流途中会长牵路港北来之水入同里湖，全长5.1千米，底宽15米，河底高程-0.6米，边坡1∶2。北岸河口有长牵路港外、宋家浜、小窑港、十字河，南岸有中元港、大燕浜、十字河，部分水流经长牵路港南下入南星湖。

52.三里塘

三里塘处于浦南区，为吴江区重要河道，北起横路港，南至頔塘，流经吴江区震泽镇和七都镇，承接頔塘北排之水经过长漾流入太湖，是頔塘水北排太湖的主要通道。三里塘全长7.2千米，河面宽16—159米，河底高程约0.0米。三里塘沿线主要支河有横云港、徐罗坝、鳝鱼扇、乌家扇港、小港、南港外河、周渠浜河七条。三里塘震泽镇段防洪标准为50年一遇，设计洪水位4.9米，堤防达标高程为5.3米，七都镇段防洪标准为50年一遇，设计洪水位4.8米，堤防达标高程为5.5米。三里塘堤防顶高程在4.1—5.6米之间。三里塘沿线基本建有堤防护岸，有浆砌石加固护岸9.6千米，混凝土加固护岸2.3千米，砖砌护岸1.0千米，自然生态护岸1.4千米。

53.麻溪

麻溪又名清溪，流经吴江区桃源镇、盛泽镇，起自大德港，终至澜溪塘，全长9.4千米，河底宽20米，河底高程-0.5米，边坡1∶2。除澜溪外，南岸有河口张家浜、摇船浜、李家浜、严家湾、圣塘港、西张埭、周家埭、南海荡、三洞港、北雁荡、陶家浜（浙江省段）等11处；北岸有墩家河、岳士港、郎中荡口、茅塔河、盛溪河、叶家板桥港、杨扇港、杨家浜、长溪等9处。麻溪为浦南区南部重要的东西向泄水通道之一。

54.西大港

西大港又名南栅港、轮船港，位于吴江区，为县域重要河道，北起牛头湖，南至陆家荡，是汾湖高新区（黎里镇）西部重要的南北向排水通道。西大港全长约2千米，河面宽51—361米，河底高程约-0.6米。沿线主要有黎里市河、俞家田港、雪竹兜港、黎泾港和养殖场河港5条支河。西大港防洪标准为50年一遇，设计洪水位4.5米，堤防达标高程为5.0米。西大港堤防顶高程在5.0—7.0米之间。西大港沿线基本建有堤防护岸。其中，混凝土加固护岸4.4千米，浆砌石护岸0.9千米，其余为自然生态护岸1.6千米。

表 1-7 2018 年苏州市省级骨干河道情况

河道（或河段）名称	所在水利分区	起点	讫点	功能	类别	备注
长江	—	苏皖界	黄海（启东）	防洪、供水（含饮用水水源地）、航运	流域性	
京杭大运河苏南段	—	长江（谏壁）	苏浙界	防洪、治涝、供水（含调水）、航运	流域性	苏州市区
（1）苏南运河段	—	长江（谏壁）	太浦河	防洪、治涝、供水（含调水）、航运	流域性	苏州市区
（2）苏州新运河段	—	太浦河	澜溪塘（蚬塘）	防洪、治涝、供水（含调水）、航运	流域性	苏州市区
（3）澜溪塘段	—	新运河（蚬塘）	苏浙界（乌镇）	防洪、治涝、供水（含调水）、航运	流域性	苏州市区
望虞河	—	太湖（沙墩口）	长江（耿泾口）	防洪、治涝、供水（含调水）、航运	流域性	苏州市区、无锡市区、常熟市
吴淞江	—	太湖（瓜泾口）	苏沪界（横漕）	防洪、治涝、供水、航运	流域性	苏州市区、昆山市
太浦河	—	太湖（时家港）	苏沪界	防洪、供水、治涝、航运	流域性	吴江市
张家港	武澄锡虞区	长江（张家港口）	浏河（玉山）	治涝、供水、航运	区域性骨干	张家港市、江阴市、常熟市、昆山市
十一圩港	武澄锡虞区	张家港（北涸）	长江（二干河闸）	治涝、供水、航运	区域性骨干	江阴市、张家港市
走马塘	武澄锡虞区	苏南运河	长江（江边枢纽）	治涝、航运	区域性骨干	无锡市区、张家港市、常熟市
锡北运河	武澄锡虞区	锡澄运河（堰桥）	望虞河（冶塘）	治涝、供水、航运	区域性骨干	无锡市区、常熟市
元和塘	阳澄淀泖区	外城河（姑苏）	张家港（虞山）	防洪、治涝、供水、航运	区域性骨干	苏州市区、常熟市
常浒河	阳澄淀泖区	张家港（虞山）	长江（浒浦塘）	防洪、治涝、供水	区域性骨干	常熟市
白茆塘	阳澄淀泖区	张家港（虞山）	长江（白茆闸）	防洪、治涝、供水、航运	区域性骨干	常熟市
七浦塘（含老七浦塘）	阳澄淀泖区	阳澄湖	长江（七浦塘枢纽）	防洪、治涝、供水、航运	区域性骨干	苏州市区、昆山市、常熟市、太仓市
（1）七浦塘	阳澄淀泖区	阳澄湖	长江（七浦塘枢纽）	防洪、治涝、供水、航运	区域性骨干	苏州市区、昆山市、常熟市、太仓市
（2）老七浦塘	阳澄淀泖区	七浦塘	长江（七浦闸）	防洪、治涝、供水、航运	区域性骨干	太仓市
杨林塘	阳澄淀泖区	阳澄湖	长江（杨林闸）	治涝、供水、航运	区域性骨干	太仓市、昆山市
娄江	阳澄淀泖区	苏州外城河	青阳港	防洪、治涝、航运	区域性骨干	苏州市区、昆山市
浏河	阳澄淀泖区	青阳港	长江（浏河闸）	防洪、治涝、航运	区域性骨干	昆山市、太仓市
盐铁塘	阳澄淀泖区	耿泾塘	苏沪界（葛隆）	治涝、航运	区域性骨干	常熟市、太仓市
苏申外港	阳澄淀泖区	苏南运河（郭巷）	苏沪界（急水荡）	防洪、治涝、供水、航运	区域性骨干	苏州市区、昆山市
八荡河	阳澄淀泖区	苏南运河（八坼）	元荡	防洪、治涝、供水	区域性骨干	

续表

河道（或河段）名称	所在水利分区	起点	讫点	功能	类别	备注
青阳港	阳澄淀泖区	吴淞江（黄家埭）	浏河（玉山）	防洪、治涝、供水、航运	区域性骨干	昆山市
頔塘	浦南区	苏浙界（南浔）	苏南运河（平望）	防洪、治涝、供水、航运	区域性骨干	苏州市区
苏嘉运河	浦南区	太浦河	苏浙界（王江泾）	防洪、治涝、供水、航运	区域性骨干	苏州市区
东横河	武澄锡虞区	锡澄运河（江阴船闸）	十一圩港（杨舍）	治涝、供水、航运	跨县重要	江阴市、张家港市
盐铁塘	武澄锡虞区	十一圩港（陈家堂）	六干河	治涝、供水、航运	跨县重要	张家港市、常熟市
济民塘	阳澄淀泖区	昆承湖（横泾）	阳澄湖（吕池）	治涝、供水、航运	跨县重要	苏州市区、常熟市
界浦港	阳澄淀泖区	娄江（横泾）	万千湖	治涝、航运	跨县重要	苏州市区、昆山市
大直港—南塘江	阳澄淀泖区	吴淞江（北华翔）	澄湖（田东）	治涝、供水	跨县重要	苏州市区、昆山市
横路港	浦南区	苏浙界	太浦河	治涝、供水	跨县重要	苏州市区
紫荇塘	浦南区	苏浙界	大德塘	治涝、供水、航运	跨县重要	苏州市区
清溪河	浦南区	澜溪塘	苏浙界	治涝、供水	跨县重要	苏州市区
西大港	浦南区	陆家荡	牛头湖	治涝、洪水	跨县重要	苏州市区
太字圩港	武澄锡虞区	南横套河（李家港套闸）	长江（太字圩港闸）	治涝、供水、航运	县域重要	张家港市
朝东圩港	武澄锡虞区	长江（朝东港闸）	东横河（泗港）	治涝、供水	县域重要	张家港市
一干河	武澄锡虞区	长江（一干河闸）	东横河	治涝、供水	县域重要	张家港市
三干河	武澄锡虞区	长江（三干河闸）	七干河	治涝、供水	县域重要	张家港市
四干河—新奚浦塘	武澄锡虞区	长江（四干河闸）	张家港（港口）	治涝、供水	县域重要	张家港市
六干河—西旸塘	武澄锡虞区	奚浦塘	长江（六干河闸）	治涝、供水、航运	县域重要	张家港市
北中心河	武澄锡虞区	锦丰	七干河（七工区）	治涝、供水	县域重要	张家港市
南横套河—七干河	武澄锡虞区	张家港（南沙）	走马塘	治涝、供水、航运	县域重要	张家港市
华妙河	武澄锡虞区	十一圩港（乃宜浜）	西旸塘	供水	县域重要	张家港市
北福山塘	武澄锡虞区	望虞河（谢桥）	长江（福山闸）	治涝、供水	县域重要	常熟市
南福山塘	阳澄淀泖区	望虞河	张家港	治涝、供水	县域重要	常熟市
海洋泾	阳澄淀泖区	长江（海洋泾闸）	耿泾塘（耿泾）	供水、治涝	县域重要	常熟市
青墩塘	阳澄淀泖区	常浒河	古里苏家尖	治涝、供水	县域重要	常熟市
徐六泾	阳澄淀泖区	古里	长江（徐六泾闸）	治涝、供水	县域重要	常熟市
金泾	阳澄淀泖区	长江（金泾闸）	古里苏家尖	供水、治涝	县域重要	常熟市
大滃	阳澄淀泖区	昆承湖	白茆塘（大滃）	治涝、供水	县域重要	常熟市
尤泾	阳澄淀泖区	张家港	白茆塘（白茆）	治涝、供水	县域重要	常熟市
三泾	阳澄淀泖区	七浦塘	白茆塘	治涝、供水	县域重要	常熟市
辛安塘	阳澄淀泖区	荷花荡	元和塘	治涝、供水	县域重要	常熟市
冶长泾—渭泾塘	阳澄淀泖区	鹅真荡	永昌泾	治涝、供水、航运	县域重要	苏州市区

续表

河道（或河段）名称	所在水利分区	起点	讫点	功能	类别	备注
界泾河	阳澄淀泖区	元和塘	济民塘	治涝、供水	县域重要	苏州市区、常熟市
永昌泾	阳澄淀泖区	漕湖	阳澄湖	治涝、供水	县域重要	苏州市区
黄埭塘—蠡塘河	阳澄淀泖区	西塘河（黄埭）	阳澄湖（吕池）	治涝、供水、航运	县域重要	苏州市区
西塘河	阳澄淀泖区	望虞河（琳桥）	外城河	治涝、供水	县域重要	苏州市区
浒东运河	阳澄淀泖区	苏南运河	望虞河（陆步港闸）	治涝、供水	县域重要	苏州市区
黄花泾—朝阳河	阳澄淀泖区	苏南运河（浒墅关）	元和塘	治涝、供水	县域重要	苏州市区
金墅港	阳澄淀泖区	太湖（通渔）	浒光运河（通安）	治涝、供水	县域重要	苏州市区
浒光运河	阳澄淀泖区	太湖（铜坑港闸）	苏南运河（浒墅关）	治涝、供水、航运	县域重要	苏州市区
木光河	阳澄淀泖区	浒光河（光福）	胥江（木渎）	治涝、供水	县域重要	苏州市区
胥江	阳澄淀泖区	太湖（胥口枢纽）	苏南运河（横塘）	治涝、供水、航运	县域重要	苏州市区
走马塘河	阳澄淀泖区	胥江	太湖	治涝	县域重要	苏州市区
苏东河	阳澄淀泖区	太湖（渡桥站）	石湖	治涝、供水	县域重要	苏州市区
苏州外城河	阳澄淀泖区	娄江	娄江	治涝	县域重要	苏州市区
老运河	阳澄淀泖区	苏州外城河（邱家屯）	苏南运河（澹台湖）	治涝、航运、	县域重要	苏州市区
汉浦塘	阳澄淀泖区	杨林塘	北环城河	治涝	县域重要	昆山市
金鸡河	阳澄淀泖区	杨林塘	娄江—浏河塘	治涝、供水、航运	县域重要	昆山市
东尤泾	阳澄淀泖区	娄江（北洲）	吴淞江	治涝	县域重要	昆山市
夏驾河	阳澄淀泖区	吴淞江（陆家）	浏河（兵希）	治涝、供水	县域重要	昆山市
支浦江	阳澄淀泖区	大直港	千灯浦	治涝	县域重要	昆山市
千灯浦	阳澄淀泖区	淀山湖（千灯浦套闸）	吴淞江（千灯）	治涝、供水	县域重要	昆山市
道褐浦	阳澄淀泖区	吴淞江	淀山湖（石浦）	治涝	县域重要	昆山市
长牵路港	阳澄淀泖区	澄湖（澄尚）	明镜荡	治涝、供水	县域重要	昆山市
十八港	阳澄淀泖区	杨林塘	浏河（十八港南枢纽）	治涝、供水	县域重要	太仓市
石头塘	阳澄淀泖区	钱泾（孟河）	浏河（三港套闸）	治涝、供水、航运	县域重要	太仓市
三船路港	阳澄淀泖区	太湖（三船路闸）	苏南运河（庞山）	治涝、供水	县域重要	苏州市区
戗港	阳澄淀泖区	太湖	太浦河	治涝、供水	县域重要	苏州市区
大浦港	阳澄淀泖区	太湖（大浦口闸）	苏南运河	治涝、供水	县域重要	苏州市区
牵牛河	阳澄淀泖区	吴淞江（仪塔）	三白荡	治涝	县域重要	苏州市区
大窑港	阳澄淀泖区	苏南运河	牵牛河	治涝、供水	县域重要	苏州市区
三里塘	浦南区	横路港	頔塘	治涝、供水	县域重要	苏州市区
大德塘	浦南区	頔塘	澜溪塘	治涝、供水、航运	县域重要	苏州市区
麻溪	浦南区	大德塘	澜溪塘	治涝、供水、航运	县域重要	苏州市区

三、湖泊

苏州市域范围内涉及《江苏省湖泊保护名录》（2021年修编）的有52个。其中，省级以上管理湖泊1个，为太湖；市际湖泊3个，为鹅真荡、嘉菱荡、宛山荡；苏州市湖泊48个，包括阳澄区湖泊群（含22个湖泊）、淀泖区湖泊群（含193个湖泊）、浦南区湖泊群（含137个湖泊），阳澄湖、金鸡湖、独墅湖、昆承湖、尚湖、傀儡湖、澄湖、九里湖、南星湖、元荡、明镜荡、长白荡、汾湖、北麻漾、长漾等。本志列举其中18个5平方千米以上的重要湖泊。

（一）重要湖泊

1.太湖

太湖是中国第三大淡水湖，位于太湖流域中部、江苏省南部，属典型的浅水型湖泊。太湖跨江苏、浙江两省，分属苏州、无锡和常州三市，浙江省境内湖面属湖州市。以太湖堤岸计算的湖泊面积为2428平方千米，湖中有51个岛屿，总面积89.7平方千米，因此实际水域面积约2338.3平方千米，湖岸线约394千米（不计岛屿岸线）。其中，江苏省334.4千米。平均水深1.9米。湖盆形态呈浅碟形。一般将全湖划分为东太湖、东部沿岸区（胥湖）、贡湖、梅梁湖、竺山湖、西部沿岸区、南部沿岸区和湖心区。

太湖上游来水大体分为三路：发源于浙江天目山南北麓的苕溪水系，骨干河道为东、西苕系，年入湖水量约占总入湖量的42%；西路南溪水系，骨干河道为南溪；北路水系，包括洮滆水系、直湖港、武进港等。西路和北路水系年入湖量约占总入湖量的58%。出湖河道集中于太湖的东部和北部，主要有太浦河等。太湖通湖河道有170条，江苏境内沿湖有骨干出入湖河道22条。其中，上游入湖河道15条，下游出湖河道7条。在通湖河道中有122条出入湖口建有控制建筑物，主要建筑物有望亭立交、太浦闸、胥口枢纽、瓜泾口枢纽、犊山枢纽、直湖港枢纽、武进港枢纽等。

图1-32　2008年太湖

太湖南北长68.5千米，东西宽56.0千米，湖底地形平坦，平均高程为1.1米。太湖设计洪水位4.66米，相应库容约83.3亿立方米。太湖历史最高洪水位4.97米（1999年），多年平均水位为3.11米，历史最低水位1.78米。苏州市境内水域面积1754平方千米，沿湖涉及高新区、吴中区、相城区、吴江区。苏州吴中区坐拥约五分之三的太湖水域及太湖58峰。拥有集中式饮用水水源地6个（金墅湾水源地、镇湖水源地、渔洋山水源地、寺前水源地、北亭子港水源地、庙港水源地）。

2.阳澄湖

阳澄湖位于太湖流域阳澄淀泖区中部、苏州市区东北部，是苏州市防洪、排涝、引水和灌溉的重要调蓄湖泊。环湖岸线全长202.08千米，湖体总面积118.68平方千米，南北长约17千米，东西宽约11千米。湖中两条带状圩埂（莲花岛和美人腿）将湖体分割为东湖、中湖、西湖三部分，其中东湖面积52.34平方千米、中湖34.42平方千米、西湖31.92平方千米。三湖间约47条大小河流港汊相互贯通，彼此汇成一体。湖体与周边河网通过大小出入湖河道连接，数量共计123条。其中，七浦塘为区域性骨干河道，是排泄阳澄湖洪涝水入江、引江入阳澄湖的通道；济民塘、界泾河是跨县重要河道；永昌泾、蠡塘河、渭泾塘、辛安塘为县域重要河道。阳澄湖湖区各断面年均水质类别基本达到

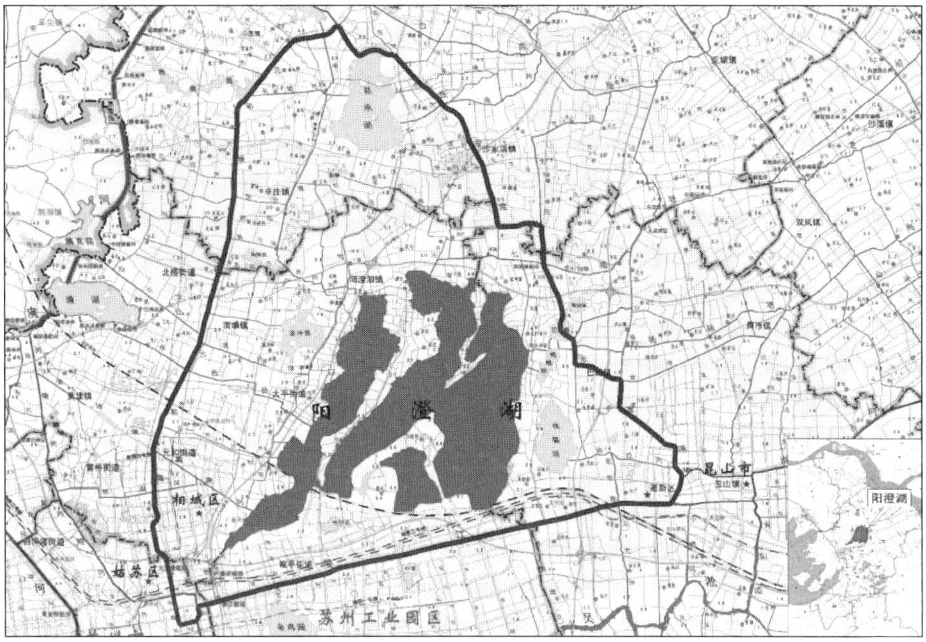

图1-33　2017年阳澄湖及周边水系示意图

图1-34　2018年阳澄湖

Ⅲ类水质标准。阳澄湖湖区有水产种质资源保护区1处，为阳澄湖中华绒螯蟹国家级水产种质资源保护区。阳澄湖涉及饮用水水源保护区2处，分别为阳澄湖苏州工业园区饮用水水源保护区和傀儡湖饮用水水源保护区。

3.澄湖

澄湖又名陈湖、沉湖，系古太湖的残留，位于苏州市东南，是片区重要的调蓄水面，湖泊位于苏州市昆山市锦溪镇和周庄镇、吴江区同里镇、吴中区甪直镇。

澄湖西依黄泥兜，东连万千湖，南与白蚬湖相连，北通金鸡湖和独墅湖。湖盆近三角形，南北最大长度约9.5千米，东西最大宽度约8.2千米，湖底平均高程0.75米。水域面积40.93平方千米，岸线总长45.88千米。湖内常水位3.07米，水深1.5—3.0米，容积0.8亿立方米。澄湖出入湖河道有34条，西部和西北部河道以入湖为主，主要入湖河道有大姚塘、后和尚港、席区浦、白虎庙港、清小港等;东部和东南部河道以出湖为主,主要出湖河道有大宅港、长牵路港、横港、澄尚港等。

4.淀山湖

淀山湖位于上海市青浦区和苏州市昆山市交界处,太湖下游,黄浦江上游,阳澄淀泖区与浦西区交界位置,属吞吐型弱感潮平原浅水湖泊,与太湖水系中的太浦河、吴淞江、黄浦江相连相通。淀山湖多年平均水位2.66米,对应湖区水域面积62平方千米,苏州境内约17平方千米。淀山湖岸线总长56.6千米。其中,上海段约31.0千米,苏州段长26.68千米。淀山湖多年平均水位下蓄水容积1.39亿立方米,湖区平均深度1.94米,最大深度3.59米。

淀山湖周边水系发达,昆山境内出入湖河道20条。其中,以入湖为主的河道有17条,具有向周边地区提供农业灌溉用水、防洪排涝、旅游观光、生态、渔业等多种功能。

5.昆承湖

昆承湖在常熟城东南,亦名东湖。《吴郡志》称昆湖、承湖,《吴地记》云:"昆湖、承湖合为一,名昆承湖"。昆承湖属阳澄淀泖水系,是阳澄地区

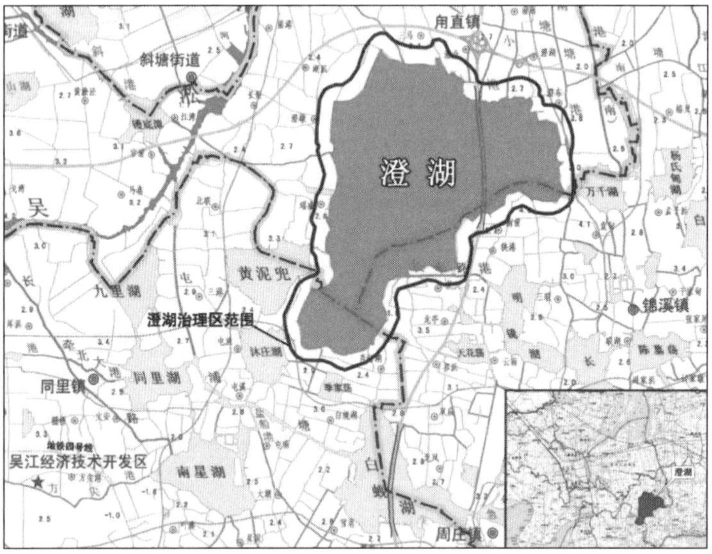

图1-35　2017年澄湖及周边水系示意图

图1-36　2017年淀山湖及周边水系示意图

一座调蓄湖泊，湖盆近梨形，水域面积15.72平方千米，南北长6千米，东西宽2—4千米，岸线总长22.11千米，沿线涉及常熟市高新区、沙家浜镇、莫城街道和琴川街道。湖盆地形由西向东倾斜，西部深1.5米左右，东部深2米多，北部最深，最大水深超过3米，容积0.5亿立方米。环湖出入湖河道主要有后港、莫城河、龙泾、陆申泾、苏家滃等，汇集西部和南部来水，经白茆塘、常浒河入江，为常熟市境内最大湖泊。张家港由西向东在湖泊北部穿越而过。湖泊水位年内变化不大，湖泊多年平均水位2.94米，历史最高水位4.26米（1954年7月24日），历史最低水位2.3米（1956年2月28日）。周边已建成状元堤、言子堤、湖东公园等景观节点。

6.元荡

元荡又名鼋荡、阮荡，因形状似鼋而得名，位于苏州市吴江区和上海市青浦区交界，涉及黎里镇（汾湖开发区），原是淀山湖的一个湖湾，后因芦滩封淤而成为淀山湖的一个子湖。湖泊东西长6.04千米，南北宽2.15千米，水域面积10.9平方千米，岸线长23.9千米。其中，苏州市境内水域面积9.93平方千米。湖岸曲折多湾，湖盆高低不平，东浅西深，湖底平均高程0.25米，正常蓄水位3米，蓄水量2592万立方米。

元荡湖泊水流自西向东，沿湖共有21条出入湖河道，苏州境内出入湖河道13条，西北部河道以入湖为主，主要入湖河道有八荡河、陈家湾、南鹰港等；东南侧河道以出湖为主，主要出湖河道有夹港里、北府港、高田河等。

湖泊周边北有昆山周庄古镇景区，南有吴江黎里、芦墟历史文化街区，东临青浦金泽历史文化风貌区，文化古迹遍布。

7.北麻漾

北麻漾又称麻漾，位于頔塘之南、澜溪塘之西，跨苏州市吴江区平望、震泽、盛泽三镇。湖形似张开的蟹钳，钳口指向东北。湖泊面积10.16平方千米，湖岸线长21.14千米，湖底平均高程0.8米，最低高程-4.41米，湖泊正常水位2.96米，蓄水量2134万立方米。进湖河道主要有将军港、南港、黑家港、滑水渠、川桥港、小浜里、双杨港、寿元浜、钮家浜、寺港、师姑浜和靴脚浜；出湖河道主要有安桥港、村前港、东溪港、西塔港、新开河、

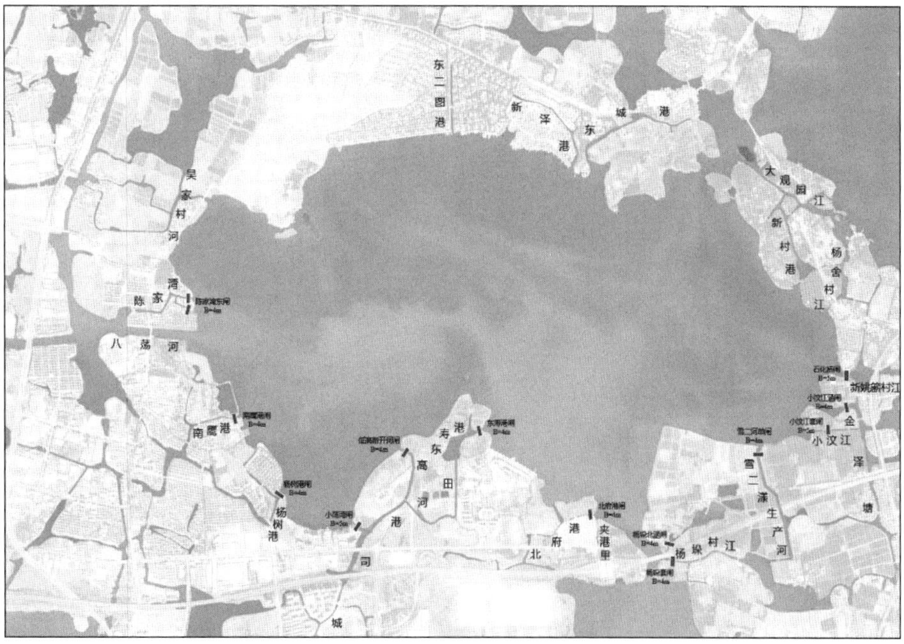

图1-37　2023年元荡及出入湖河道示意图

南塘港、屯肥港、黄家港、桥门口港、穆家港、直港、新直港、野毛港和沈家港。水源来自岈塘及大德塘，向东经南塘港、川桥港流入澜溪。

北麻漾曾是震泽、盛泽和平望、严墓（今铜罗）间航船的必由之路。北麻荡烟波浩渺，水产丰盈，盛产鱼、虾、蟹、蚌、贝。北麻漾周围桑麻遍野，无地不桑，无门不蚕，无户不缫，所产生丝历来为湖丝中上品。北麻漾周边古村落甚多，如北之秋泽、东之南塘港、南之龙泉嘴、西之双杨等，兼具集市功能。现古村落和古街、古桥等遗迹犹存。

8.独墅湖

独墅湖又名渎墅湖、渎树湖，属中小型湖泊，位于苏州工业园区西南部，与吴中区交界，北通金鸡湖与娄江相连，南经斜港接通吴淞江。

湖泊面积9.39平方千米，湖泊岸线长度为26.27千米（按照临水边界线统计）。多年平均水位3.38米，设计洪水位4.50米。湖底平均高程1.43米，湖中心平均水深1.99米，蓄水量约0.19亿立方米，湖体主要依赖地表径流和湖面降水补给。出入湖河道共13条，主要包括高尔夫河、百米

图1-38　2017年独墅湖及周边水系示意图

图1-39　2016年独墅湖

泾、黄天荡、中横港、旺马塘等。

9.漕湖

漕湖位于苏州市相城区漕湖街道下堡、卫星村，北桥街道漕湖、丰泾、芮埭村，西岸为无锡锡山区鸿山（后宅）街道。漕湖为浅水湖泊，近似椭圆形，东西长5.9千米，南北均宽1.5千米，最宽处2.1千米，水域面积8.47平方千米，周长约16.4千米。平均水深2.59米，正常蓄水位3.0米，对应蓄水量0.21亿立方米，设计洪水位4.1米。

漕湖湖盆较平坦，西部稍深，东部较浅，沿岸带底质硬湖心稍软。全湖进出水道计22条，水源来自太湖。太湖水位经望虞河由西南角漕湖口入湖，水流自西向东。主要泄水口有二：一由东部三梅浜、孙巷港、西桥坝河、张华港、上方港、庄浜河、阮家浜、野猫洞、胜岸港、西岸港和南濠河等流经元和塘，经南雪泾、渭塘河、东永昌泾等流入阳澄湖；二由北面放塘泾入鹅真荡，后经望虞河入长江，但流向不定，当长江水位高而开闸时，江水可倒灌入湖。

10.白蚬湖

白蚬湖旧称白蚬江，因盛产白蚬而得名，属太湖流域阳澄淀泖水系，位于苏州市吴江区和昆山市交界，涉及吴江区的黎里、同里两镇和昆山市的周庄镇。又是苏申外港航道主航线，踞急水港上游，古为太湖东流之咽喉。湖泊总面积7.95平方千米，湖泊岸线总长27.95千米（按临水边界线计）。湖岸曲折多湾，湖床不甚平整，深浅悬殊，湖底平均高程1.20米，最低高程-2.43米。设计洪水位4.15米，历史最高水位4.24米（1999年7月1日），多年平均水位2.82米。

白蚬湖周边地形西北高、东南低，水流大致由西向东。出入湖河道有30条，主要入湖河道有屯浦塘、旺东港、杨家浜、许家港、仙鹤溇港等，主要出湖河道有胡家圩港、排沙港、西头溪、急水港、朱林浦港等。

沿湖进出水口中，尤其上、中急水港口门宽达

图1-40 2017年白蚬湖及周边水系示意图

100—150米，上急水港西北接屯浦塘、同里湖，中急水港东南接下急水港达淀山湖。白蚬湖周边农文旅资源十分丰富，古镇古村分布，坐拥同里、周庄、黎里等多个江南古镇，以及江苏同里国家湿地公园、肖甸湖森林公园。

11.长漾

长漾古称牛娘湖，位于蛔塘以北，跨苏州市吴江区震泽、七都、平望、太湖新城四镇。呈狭条形，自西南至东北长5千米，面积7.03平方千米，湖岸线长28.71千米，湖底平均高程0.50米，最低高程-2.98米，湖泊正常水位2.97米，蓄水量1714万立方米。

长漾西接荡白漾水，向东流入雪落漾达太浦河。入湖河道为旺家港、南斗港、杨家扇和急水港，出湖河道为下墩港、团圆浜、南横港、徐家港、肖家桥、醋家港、徐家浜、庄圣港、下马浜、北横港、谢家路港、七匠港、上港小河和吴家港等。

12.尚湖

尚湖位于常熟虞山南麓。据载，商末姜尚常在此垂钓，故名尚湖；因其背靠虞山，又称山前湖，亦名西湖、照山湖、常湖，是常熟市的饮用水水源地，为一级水源保护区，水质为Ⅱ类。尚湖属圩内湖泊，状若一弯明月，由东南伸向西北，长约7.5千米，中部宽约2.2千米，两端水域逐渐狭窄，周边长16千米，一般湖底高程1.34米。

尚湖湖泊面积6.9千米，平均水深1.66米，正常蓄水位3米，对应蓄水量1300万立方米，设计洪水位4.1米。常年控制水位2.5米时水深除南部达4米外，其余约2米，蓄水量达2000万立方米。湖水主要靠西引望虞河水补给，具有供水、旅游和区内调蓄等功能。

图1-41　2011年尚湖

13.金鸡湖

金鸡湖又名金泾（镜）湖，位于苏州古城东侧，工业园区中心。金鸡湖北侧紧靠娄江，属淀泖水系，是淀泖湖群的重要组成部分。金鸡湖面积约7.30平方千米，水域面积6.85平方千米，湖中分布有玲珑岛和桃花岛等3座小岛和李公堤，平均湖底高程-1.25米。设计洪水位4.50米，历史最高水位4.41米，多年平均水位为2.93米。

金鸡湖上接娄江和城区内河来水，向南排入青秋浦、吴淞江，环湖分布出主要入湖河道10条。入湖河道5条，北部入湖河道与娄江相接，主要有凤凰泾、32号河、31号河；西侧入湖河道主要与古城区护城河相连，主要有三星河、葑门塘。出湖河道主要分布在湖区东侧、南侧，主要有中央河、中塘河、斜塘河、52号河和百米泾等。

金鸡湖所在区域采用敞开的防洪格局，依靠填高地面达到防洪排涝标准。金鸡湖无堤防，护岸形式基本为浆砌陡坎。湖泊岸线总长23.92千米（按照临水边界线统计），周边文旅资源较为丰富，湖周集聚城市广场、湖滨大道、水巷邻里、望湖角、金姬墩、文化水廊、玲珑湾以及人工岛屿等八大特色功能区。

图1-42　2017年金鸡湖及周边水系示意图

14.傀儡湖

傀儡湖因湖底地形中间凸起，又称箬帽湖，位于苏州市昆山市城西10千米处，是阳澄地区腹部的一个以供水、调蓄为主要功能的湖泊。傀儡湖通过长1.5千米的野尤泾与阳澄湖沟通，西纳阳澄湖来水；东接庙泾河与张家港、娄江相通，湖水向东排入娄江经浏河出江。傀儡湖原面积6.86平方千米，围垦后面积减为约4平方千米。90年代末起退垦退渔还湖及整治，面积恢复至6.75平方千米。平均水深2米、容积0.22亿立方米。傀儡湖从阳澄湖引水，水质良好，稳定在Ⅲ类水标准，为一级保护区和水源保护地，成为昆山市区域供水的唯一饮用水源。湖边的绰墩古文化遗址是全国重点文物保护单位，遗址为从马家浜文化、崧泽文化、良渚文化到马桥文化4个远古文化层面的堆积，是拥有6000年前古水稻遗址的古村落。

15.三白荡

三白荡由北三白、中三白、南三白三个湖荡连缀而成，故名三白荡，在苏州市吴江区莘塔西、太浦河之北，在黎里镇内。湖泊水域面积6.07平方千米，湖岸线长20.08千米。湖底平均高程0.07米，最低高程-8.94米。湖泊正常水位2.88米，蓄水量1877万立方米。

三白荡入湖河道有10条，为牛长泾、沈庄港、南传港、冲字溇、莘南港、南草里港、北草里港、潘水港、杨荡港、南河扇；出湖河道有6条，为南汾港、小河港、甘溪市河、北芦墟港、北窑港、高士港。三白荡自西北金家坝、北厍交界的牛长泾塘口起，到东南方向的窑港口，全长5.3千米，其形状两头大，中间狭长，形似哑铃。中三白狭窄处，宽不过千米。因其西北—东南方向特别长，水又较深，秋冬季猛烈的西北风或春三月强劲的东南风顺着湖面吹来，风浪特别大。民谣有“三白荡，无风三尺浪，有风丈二浪”的说法。

三白荡系潟湖演变所形成，属古太湖湖泊群的一部分，具有防洪调蓄、渔业养殖、旅游景观功能。每年六七月间出现的“白鱼阵”，是三白荡特有的自然生态奇观。

16.鹅真荡

鹅真荡东岸位于苏州市相城区北桥街道，西岸位于无锡市锡山区鹅湖、甘露两镇，南北长约4.1千米，东西平均宽约1.3千米，最宽处2.9千米，面积约5.19平方千米，苏州境内面积0.27平方千米。荡岸曲折多弯，湖床不甚平坦，深浅悬殊较大，一般水深2.5米，沿岸水深不足2米，容积0.15亿立方米。沿湖水道共计14条。水源来自西部张桥港等，西南部有葑塘泾等。排水河道东南部有小石里桥、黄沙港、冶长泾、寺泾港、金榜港等。

17.汾湖

古名分湖，春秋战国时期，吴越国间以巨浸对峙，南半为嘉禾之境，北半为松陵之墟，寓分湖为界之意而得名。该湖位于吴江区和浙江省嘉善县交界，水域涉及吴江区的汾湖镇和嘉善县的陶庄镇。湖泊总面积5.61平方千米，苏州境内水面积3.09平方千米，苏州湖岸线周长8.58米。湖底平均高程0.25米，最低高程-3.86米。湖泊正常水位2.9米，库容835万立方米。汾湖是承接太湖水向东泄入淀泖湖群的主要过境湖泊。汾湖出入湖河道8条，为张家港、新开河、东西港、东琢港、西杜港、钱长浜、西栅港和西大港。其中，太浦河穿湖而过。

18.白莲湖

又名白淀湖，东距苏州市昆山市区30千米，在澄湖与淀山湖中间，横跨昆山市锦溪和张浦两镇，行政区划隶属于锦溪镇。西纳澄湖等湖荡来水，北出新开河入吴淞江，经东南诸河港入淀山湖。湖泊面积为5.35平方千米，岸线总长度24.66千米（包含出入境河道上溯段岸线长度）。平均湖底高程0.81米，历史最高洪水位4.24米（1999年7月1日），夏季降水丰沛，入湖地表径流最大，湖泊水位最高；冬季降水较少，湖泊水位较低。湖泊的岸线曲折多湾，是一个综合性功能的小型湖泊。

环白莲湖出入湖河道有15条。其中，入湖河道8条，出湖河道有7条。

（二）一般湖泊

苏州市除上述列出的5平方千米以上湖泊外，还有众多小湖荡。其中，较大的（水域面积2平方千米及以上）有14个，分别是黄泥兜、南星湖、南湖荡、盛泽荡、同里湖、石头潭、明镜湖、九里湖、石湖、商秧潭、沐庄湖、草荡、大龙荡、长白荡。水域面积2平方千米以下的有61个，分别是长荡、长畸荡、陈墓荡、官塘、镬底潭、嘉菱荡、金仓湖、临津荡、马公荡、鳗鲤湖、南参漾、春申湖、前村荡、孙家荡、宛山荡、万千湖、下淹湖、蚬子兜、诸曹漾、长白荡、阮白荡、方家荡、西下沙荡、天花荡、桥北荡、东下沙荡、南万荡、雉城湖、沈庄漾、杨沙坑、徐家漾、陶塘面、暨阳湖、北角荡、长田漾、连家漾、野河荡、普陀荡、南庄荡、凤仙荡、众家荡、何家漾、上下荡、荡白漾、黄家湖、季家荡、湖圩、澄湘湖、蛟塘、东藏荡、同字荡、陈塘、中后湖、塔影湖、西荷花塘、沧州荡、西雁荡、向家荡、老人荡、余家荡、青剑湖。具体见表。

表1-8　2019年苏州市一般湖泊情况

湖泊名称	跨界类型	所属行政区
巴城湖	镇内	昆山市巴城镇
草荡	镇内	吴江区平望镇
长荡	跨镇	吴江区太湖新城、七都镇、盛泽镇、平望镇
长畸荡	跨镇	吴江区太湖新城、汾湖镇
陈墓荡	镇内	昆山市锦溪镇
大龙荡	镇内	吴江区平望镇
官塘	跨镇	常熟市尚湖镇、虞山镇
黄泥兜	跨县	吴江区、吴中区
镬底潭	跨镇	吴中区郭巷街道、甪直镇、娄葑街道
金仓湖	镇内	太仓市城厢镇
九里湖	跨县	吴江区同里镇、吴中区郭巷街道
鳗鲤湖	镇内	昆山市巴城镇
明镜湖	跨镇	昆山市周庄镇、锦溪镇
沐庄湖	镇内	吴江区同里镇
南参漾	跨镇	吴江区汾湖镇、松陵镇
南湖荡	跨镇	常熟市尚湖镇、辛庄镇
南星湖	跨镇	吴江区同里镇、汾湖镇
春申湖	跨县	虎丘区、相城区
前村荡	跨镇	吴江区平望镇、汾湖镇
三白荡	镇内	吴江区汾湖镇
盛泽荡	跨镇	相城区渭塘镇、阳澄湖镇、太平街道
石湖	跨县	虎丘区、吴中区
石头潭	跨镇	吴江区同里镇、汾湖镇
商秧潭	镇内	昆山市张浦镇
孙家荡	镇内	吴江区汾湖镇
同里湖	镇内	吴江区同里镇
宛山荡	跨市	无锡市锡山区羊尖镇、安镇街道，常熟市辛庄镇
万千湖	跨县	吴中区、昆山市

续表

湖泊名称	跨界类型	所属行政区
下淹湖	镇内	吴中区光福镇
蚬子兜	镇内	吴江区盛泽镇
雪落漾	跨镇	吴江区平望镇、太湖新城
杨家荡	跨镇	吴江区平望镇、汾湖镇
杨氏田湖	跨镇	昆山市锦溪镇、张浦镇
莺脰湖	镇内	吴江区平望镇
元鹤荡	镇内	吴江区汾湖镇
张鸭荡	跨镇	吴江区平望镇、太湖新城、汾湖镇
庄西漾	镇内	吴江区平望镇
汪洋荡	跨省	昆山市，上海市青浦区
金鱼漾	跨省	吴江区，浙江湖州市南浔区
陆家荡	跨省	吴江区，浙江嘉兴市秀洲区
塔荡	跨省	吴江区，浙江嘉兴市秀洲区
袁浪荡	跨省	苏州市吴江区，浙江嘉善县
急水荡	跨省	昆山市，上海市青浦区
蒋家漾	跨镇	吴江区七都镇、盛泽镇
郎中荡	镇内	吴江区盛泽镇
六里塘	镇内	常熟市尚湖镇
沙湖	跨镇	姑苏区唯亭镇、娄葑街道
吴天贞荡	跨省	吴江区，上海市青浦区
雪落漾	跨省	吴江区，上海市青浦区
诸曹漾	跨省	吴江区、上海市青浦区
长白荡	跨镇	吴江区
阮白荡	镇内	昆山市锦溪镇
方家荡	镇内	吴江区汾湖镇
西下沙荡	跨镇	吴江区盛泽镇、平望镇
天花荡	镇内	昆山市周庄镇
桥北荡	镇内	吴江区盛泽镇
东下沙荡	跨镇	吴江区盛泽镇、平望镇
南万荡	跨镇	吴江区盛泽镇、平望镇
雉城湖	镇内	昆山市巴城镇
沈庄漾	跨省	吴江区桃源镇，浙江湖州市南浔区
杨沙坑	镇内	吴江区汾湖镇
徐家漾	镇内	吴江区震泽镇
陶塘面	镇内	常熟市辛庄镇
暨阳湖	镇内	张家港市杨舍镇
北角荡	镇内	吴江区盛泽镇
长田漾	镇内	吴江区平望镇
连家漾	跨镇	吴江区七都镇、震泽镇
野河荡	镇内	吴江区盛泽镇
普陀荡	镇内	吴江区汾湖镇

续表

湖泊名称	跨界类型	所属行政区
南庄荡	镇内	吴江区汾湖镇
风仙荡	镇内	吴江区汾湖镇
众家荡	镇内	吴江区汾湖镇
何家漾	镇内	吴江区太湖新城
上下荡	镇内	吴江区盛泽镇
荡白漾	跨镇	吴江区七都镇、震泽镇
黄家湖	镇内	吴江区太湖新城
季家荡	镇内	吴江区同里镇
湖圩	镇内	常熟市虞山镇
东藏荡	镇内	吴江区七都镇
同字荡	镇内	吴江区汾湖镇
陈塘	跨镇	常熟市辛庄镇、虞山镇
漳水荡	跨省	吴江区、昆山市、上海市
沧州荡	镇内	吴江区太湖新城
西雁荡	跨省	吴江区、浙江
向家荡	镇内	吴江区盛泽镇
老人荡	镇内	吴江区汾湖镇
余家荡	镇内	吴江区盛泽镇
北雁荡	跨省	吴江区,浙江
青剑湖	镇内	工业园区唯亭街道

注:表格据《江苏江河湖泊志》整理

第三节　水资源

一、地表水

苏州西有太湖,北有长江,境内湖荡河港密布,江湖水可以统调,地区雨量充沛,河网储水功能大,水资源较为丰富。

苏州年内各月径流量分配与多年月平均雨量分布规律基本一致。历年径流量的变动与雨水增

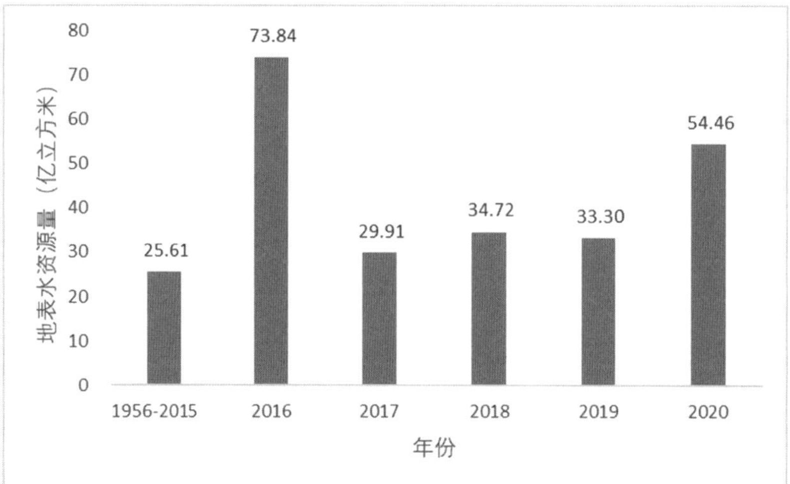

图1-43　2015—2020年度地表水资源量柱状图

减相关联。1998—2020年地表水总量806.44亿立方米。

二、地下水

根据赋存条件，苏州境内地下水可分为松散岩类孔隙水、碳酸盐岩类裂隙溶洞水和基岩裂隙水3类。2005年后，境内全面禁采深层地下水，仅保留少量地下水监测井。孔隙潜水在境内广泛分布，赋存于近地表土层中，含水地层属全新世沉积，其岩性以灰黄、灰色粉质黏土为主，局部夹粉砂，水平层理发育。地面沉降速率有所减缓。1998—2020年水资源总量916.097亿立方米。

表1-9　1998—2020年苏州市地表水、地下水总量

单位：亿立方米

年份	地表水	地下水	重复计算量	水资源总量
1998	32.71	10.79	3.74	39.76
1999	68.85	12.20	3.5	77.55
2000	17.83	11.68	3.48	26.03
2001	34.83	13.11	4.88	43.06
2002	37.41	13.86	4.62	46.65
2003	9.93	11.12	4.54	16.51
2004	25.11	6.25	2.69	28.67
2005	19.05	7.90	3.78	23.17
2006	18.38	9.76	6.03	22.11
2007	27.48	9.46	5.87	31.07
2008	32.64	9.21	5.81	36.04
2009	40.95	9.55	6.03	44.47
2010	26.44	8.94	5.55	29.83
2011	27.09	8.25	5.11	30.23
2012	31.81	8.98	5.29	35.5
2013	19.82	8.69	4.58	23.93
2014	43.79	8.95	5.66	47.08
2015	64.28	9.72	6.54	67.46
2016	73.84	10.22	6.43	77.64
2017	31.72	9.66	5.76	35.61
2018	34.72	10.26	6.45	38.53
2019	33.30	9.58	5.91	36.86
2020	54.46	10.65	6.78	58.34

第二章　水利水务规划

1991—2020年，苏州牢固树立科学治水理念，把涉水规划作为实现水利建设与城市建设协调发展的龙头工作来抓，坚持以人水和谐相处的理念指导规划，从协调流域和区域的关系统筹规划，从兼顾防洪与水环境问题科学规划，因地制宜，统筹安排，形成以流域规划为框架、区域规划为主体、县乡规划为配套的规划体系，编制完成全市范围的防洪除涝规划、河网水系规划、排水规划、供水规划等专项规划。各县（市、区）也先后完成水利水务建设综合规划和各专项规划，形成较完整的水利规划体系，为全市范围内水利水务建设与发展提供了方向。

第一节　流域规划

一、长江治理规划

1992年2月，为加快长江中下游干流的开发治理，水利部长江水利委员会（以下简称长江委）向水利部上报《长江中下游干流河道治理规划报告任务书》。同年5月，编制《长江中下游干流河道治理规划补充任务书》。1997年，《长江中下游干流河道治理规划报告》编制完成。1998年，水利部审查批准实施《长江中下游干流河道治理规划报告》，对直接危及重要堤防安全的崩岸段和局部河势变化剧烈的河段提出治理。

1995年和1996年，长江连续两年发生大洪水。1997年10月，江苏省委决定，用3—5年时间把江河堤防建成高标准防洪屏障。1998年大洪水后，中央政府针对洪水中暴露的问题，及时作出灾后重建等相关重大决策。1998年10月20日，中共中央发布《中共中央、国务院关于灾后重建、整治江湖、兴修水利的若干意见》。11月20日，水利部成立灾后重建长江防洪规划协调小组，建议用10年左右时间建成可防御1954年洪水的防洪体系。1998年汛后，江苏省委、省政府作出《关于进一步加快防洪保安基础设施建设的决定》，要求沿江各市、县（市、区）党委、政府立即行动起来，加强江堤达标建设，“三年工程两年完成”。1998年冬季，全省高标准江堤达标建设工程开始全面施工，其中苏州涉及长江的张家港、常熟、太仓三市加快江堤达标建设进度，按照全省时序要求完成江堤达标建设任务。

1997年12月，为加强长江口整治开发、保护和管理，水利部审查通过《长江口综合开发整治规划要点报告》。2004年9—11月，水利部水利水电规划设计总院在北京市组织召开《长江口综合整治开发规划要点报告（2004年修订）》审查会。经审议基本同意该报告，并讨论通过长江口综合整治开发规划要点报告审查意见。2008年2月，为保障长江口地区经济社会的可持续发展，国务院批准水利部上报的《长江口综合整治开发规划》。在该规划指导下，开始逐步实施徐六泾节点及白茆沙河段整治工程、南北港分流口整治工程等工程。工程实施将对稳定长江口“三级分汊、四口入海”的总体河势格局起到重要作用。

1999年8月，国务院总理办公会议决定，长江重要堤防隐蔽工程由长江委负责建设并承担相应责任，要求在3—5年内达到《长江流域综合利用规划简要报告（1990年修订）》规定的防洪标准。12月19日，长江委成立长江重要堤防隐蔽工程建设管理局，长江重要堤防隐蔽工程开工。

2004年12月，江苏省政府发布《关于加强江河堤防达标建设工作的通知》，率先开展江河堤防达标建设。

2008年7月，国务院批复由长江委编制完成的《长江流域防洪规划》。该规划确定长江防洪近远期目标，到2015年，荆江地区防洪标准达到100年一遇；到2025年，建成比较完整的防洪减灾体系，与流域经济社会发展状况相适应。

2009年9月，长江委编制完成《长江流域综合规划简要报告（2009年修订）》。报告于2010年通过专家审查，标志着长江流域在全国七大流域中率先完成流域规划修编工作。长江澄通段河道治理为《长江中下游干流河道治理规划报告》确定的14个重点治理河段之一。2011年，《长江澄通河段河道综合整治规划报告》通过审查。2012年12月底，国务院正式批复《长江流域综合规划（2012—2030年）》，长江流域水利规划体系更趋完善。

2016年，《长江中下游干流河道治理规划报告》进行修订。同年9月，水利部、国土资源部正式印发《长江岸线保护和开发利用总体规划》。该规划全面分析长江岸线保护和开发利用存在的主要问题及经济社会发展对岸线开发利用的要求，按照岸线保护和开发利用需求，划分岸线保护区、保留区、控制利用区及开发利用区等四类功能区，并对各功能区提出相应的管理要求。

2017年，《长江岸线保护和开发利用总体规划》《长江经济带沿江取水口、排污口和应急水源布局规划》实施方案正式印发，作为《长江经济带市场准入禁止限制目录（试行）》重要基础的长江岸线开发和河段利用市场准入负面清单通过水利部审查。这为长江经济带沿江地区岸线资源保护、供水安全与生态安全保障、入河排污口规范化建设管理与水资源保护提供科学依据。

2018年7月，根据苏州市委、市政府统一安排，市河长办会同沿江三市和市级机关有关部门，编制并报请市级河长同意后，印发《苏州市长江及入江支流高质量推进水岸同治攻坚行动实施方案》，要求沿江三市开展入江河道排查整治专项行动，主要对沿江1千米、干河500米沿线的农村生活污水、企业生活污水、单位生活污水、规模养殖场、码头进行全覆盖整治，通江支流水质优Ⅲ类比例稳定达到100%。

2020年7月，苏州全面贯彻落实国家《长江经济带发展规划纲要》和江苏省《长江经济带发展实施规划》，编制完成《苏州市长江岸线资源保护利用规划（2018—2035年）》。

二、太湖治理规划

1987年国家计委批准的《太湖流域综合治理总体规划方案》（以下简称《总体规划方案》），规划太湖流域治理以防洪除涝为主，统筹考虑供水、航运、水资源保护和改善水环境等方面要求，提出11项流域综合治理骨干工程，史称“一轮治太”，其中涉及苏州的有环太湖堤防工程、太浦河工程、望虞河工程等。《总体规划方案》以1954年50年一遇洪水为标准，规划太浦河和望虞河两个主要排洪专道以及戗港、大浦口、三船路港、瓜泾口4座总净宽88米的超标准行洪通道控制口门，其中太浦河、望虞河泄水断面按照遭遇1954年洪水时造峰期（5—7月）承泄22.5亿立方米、23.1亿立方米太湖洪水要求设计，向黄浦江供水满足275—300立方米每秒的要求（保证率90%—95%）。

1991年，太湖地区遭遇大洪水，太湖水位高达4.79米，突破1954年的历史最高纪录水位4.65米。在采取太浦河钱盛荡和望虞河沙墩口炸坝泄洪多种措施后，太湖超过4.00米水位持续长达62天。汛后，国务院作出《关于进一步治理淮河和太湖的决定》，“一轮治太”全面加快推进实施，2005年左右，治太十一项骨干工程基本完成。至此，奠定充分利用太湖调蓄，洪水北排长江、东出黄浦江、南排杭州湾的流域排水格局，也为今后建设高标准的流域防洪和水资源调控体系打下坚实基础。

1998年长江大水后，太湖局根据水利部的统一部署，组织编制流域防洪规划。2001年底，国务院批准《太湖流域2001—2010年防洪建设若干意见》。根据水利部部署，1998年太湖流域管理局组织编制《太湖流域防洪规划》（以下简称《防洪规划》），并通过水利部组织的技术审查，2008年2月经国务院批复印发。《防洪规划》根据太湖流域面临的防洪形势，针对平原河网洪涝灾害特点，结合流域防洪体系情况，按照流域防御100年一遇洪水标准的要求，提出以1991年以来实施的治太骨干工程为基础，以太湖洪水安全蓄泄为重点，充分利用太湖调蓄，妥善安排洪水出路，完善洪水北排长江、东出黄浦江、南排杭州湾的流域防洪工程布局，形成流域、区域和城市三个层次相协调的防洪格局，健全工程与非工程措施相结合的防洪减灾体系，史称“二轮治太”。与以往流域规划相比，新一轮《防洪规划》在以下三方面取得重要进展：系统复核1991年和1999年洪水，规划流域100年一遇设计洪水总体安排；提高流域防洪标准，规划近期流域防洪按50年一遇标准设防，远期按100年一遇设防，太湖设计水位提高至4.80米；提出新孟河延伸拓浚、吴淞江行洪及新沟河延伸拓浚等骨干工程建设要求。其中涉及苏州的流域性工程有环湖大堤后续工程、望虞河后续工程、太浦河后续工程、东太湖综合整治工程、吴淞江工程等5项。

2007年太湖蓝藻暴发引发供水危机之后，流域治水逐渐转向防洪除涝与水资源配置、水环境治理并重，按照国务院批复的《太湖流域水环境综合治理总体方案》，发挥已有工程的综合作用，实施引江济太，同时完善工程体系，推动望虞河后续、吴淞江、扩大杭嘉湖南排等21项水环境综合治理骨干工程建设，基本形成“利用太湖调蓄、北从长江引排、东出黄浦江供排、南向杭州湾排供”的流域综合治理格局。其中，涉及苏州的有5项，分别为望虞河后续工程、环湖大堤后续工程、吴淞

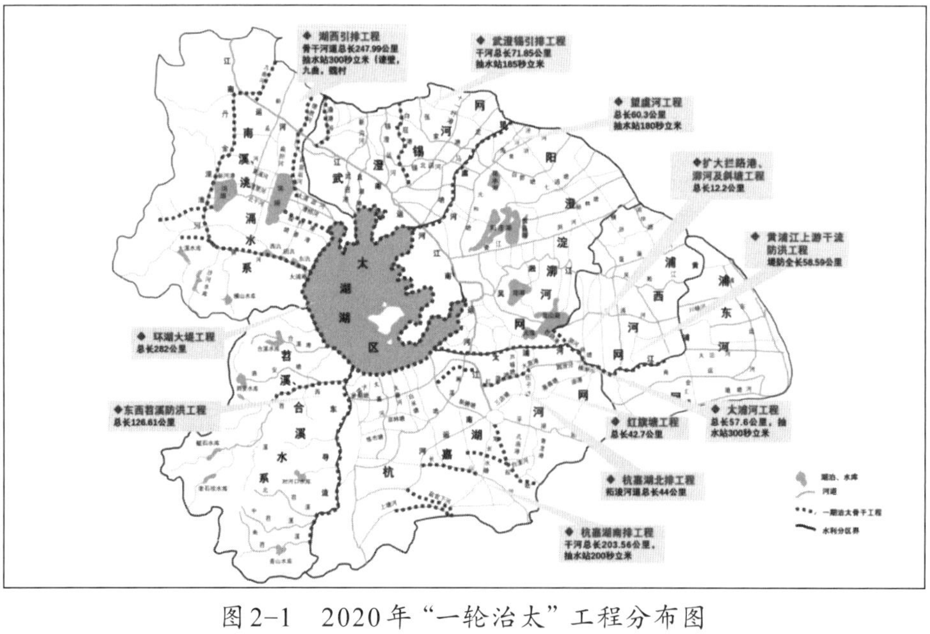

图2-1　2020年“一轮治太”工程分布图

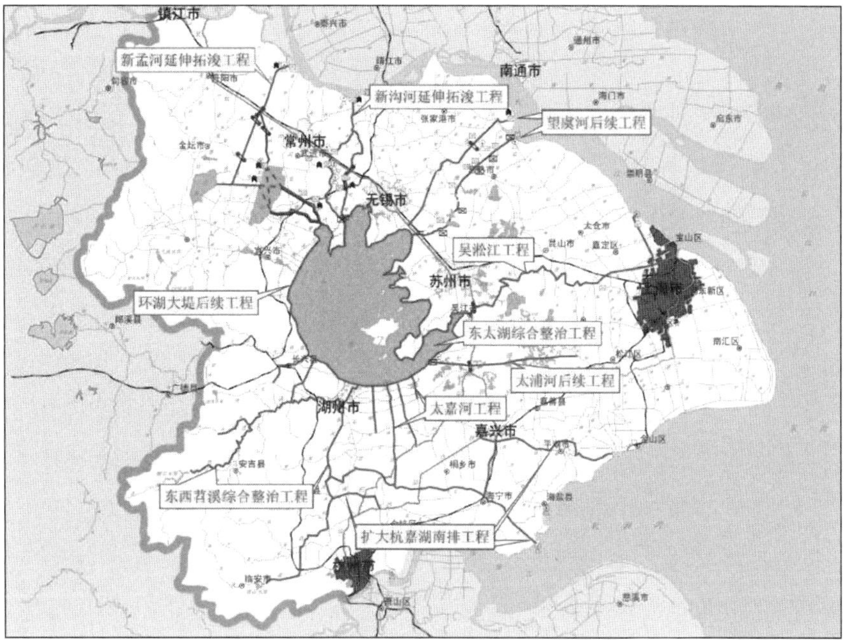

图2-2　2020年“二轮治太”工程分布图

江工程、东太湖综合整治工程、太浦河后续工程，由于吴淞江工程在本志编修时间范围内未开工建设，因此除东太湖综合整治工程单独一节外，其余后续工程纳入前期工程表述。

2002年5月，太湖流域管理局编制完成的《太湖流域水资源保护规划》（以下简称《水资源保护规划》）经水利部水利水电规划设计总院审查通过。《水资源保护规划》对太湖流域水功能进行划区，将东太湖划分为水源保护区、自然保护区、泄洪通道区、水产养殖区和航运通道区5个区，提出分区水环境和生态保护目标，初步规划分区生态修复方案。规划还提出加强东太湖—太浦河水源地一体化保护以及对东太湖进行疏浚等治理措施，同时要求对拓宽大缺港的可行性进行研究。

按照水利部《关于开展河道（湖泊）岸线利用管理规划工作的通知》的要求，2008年，太湖局编制《太湖流域重要河湖岸线利用管理规划》，规划范围为长约730千米的太湖、望虞河和太浦河岸线。规划内岸线控制线的划定包括临水控制线、外缘控制线的划定。

2013年12月，国家发改委等五部委联合印发《太湖流域水环境综合治理总体方案（2013年修编）》（以下简称《总体方案修编》），修改完善太湖治理的目标任务、重点项目和保障措施。《总体方案修编》针对太湖治理面临的总氮消减难度大、面源污染日益突出、结构性污染严重等新情况和新问题，明确下一阶段太湖治理的思路和重点领域，提出饮用水安全保障、产业结构调整、工业点源污染治理等13类任务，以及政策、法规、科技、市场和监管等方面的保障措施。

第二节　区域规划

2019年，江苏省水利厅联合各市、县（市、区）水利（水务）局组织编制完成《江苏省区域水利治理规划》及相配套的17个片区水利规划，苏州市所在的武澄锡虞区、阳澄淀泖区、浦南区分别形成《江苏省武澄锡虞区水利综合规划》《江苏省阳澄淀泖和浦南区水利综合规划》。2020年4月，省水利厅与省发改委联合印发《江苏省区域水利治理规划》。区域规划在流域防洪体系下，明确区域防洪治理的目标和标准，确定洪涝外排格局和重点工程，成为苏州市城市防洪排涝研究的基础。

一、江苏省武澄锡虞区水利综合规划

2019年，江苏省水利厅委托江苏省太湖水利设计研究院有限公司编制完成《江苏省武澄锡虞区水利综合规划》，2020年3月，该规划与《江苏省区域水利治理规划》由省水利厅与省发改委联合印发。《规划》在已批复的流域和省级水利规划总体框架下，与武澄锡虞区各层级涉水规划以及环保、交通、国土等相关行业规划充分衔接与协调，针对区域水情、工情和社情变化以及防洪标准偏低、水污染较严重和水利工程调度管理较薄弱等问题，着力补强区域水利短板，建立完善“标准较高、统筹协调、调度统一、管理先进”的防洪减灾体系，“集约利用、优化配置、量质并重、引排有序”的水资源调控体系，“生态优先、水系通畅、承载合理、人水和谐”的水资源保护体系，“管理规范、协同一致、高效统一、保障有力”的区域综合管理与服务体系，推动水治理体系与治理能力现代化，形成与区域经济社会相适应的“充分依托长江引排、合理利用太湖调蓄，望虞河相机调控、大运河统一调度”的区域综合治理和管理格局，提出防洪除涝减灾、水资源配置、水资源保护与水生态修复、区域综合管理的水利综合治理任务。规划区域治理骨干工程涉及苏州市4项，包括张家港整治工程、十一圩港整治工程、走马塘后续工程、锡北运河整治工程。

二、江苏省阳澄淀泖和浦南区水利综合规划

2019年，苏州市水利（水务）局委托江苏省太湖水利设计研究院有限公司编制完成《江苏省阳澄淀泖和浦南区水利综合规划》，2020年3月，该规划与《江苏省区域水利治理规划》由省水利厅与省发改委联合印发。《规划》在已批复的流域和省级水利规划总体框架下，与阳澄淀泖和浦南区各层级涉水规划以及规划、自然资源、环保等相关行业规划充分衔接，根据区域自然地理特点，结合经济社会发展要求和人民群众生活需要，针对区域防洪除涝减灾、水资源供给、水生态修复等功能体系建设的薄弱环节和管护保障的不足之处，统筹考虑泄与蓄、量与质、建与管的重要关系，围绕河湖水清安澜、永续利用的总体要求，系统谋划区域“立足长江增引排、利用湖泊适供蓄、连通河网促畅流、节水减排重修复、融慧联调强监管”综合治理格局，提出防洪除涝减灾、水资源供给、水生态修复、区域综合管理四大体系的区域水利综合治理任务，实现区域治理“一套工程、一体管护”。规划区域治理工程包括白茆塘整治工程、浏河江边枢纽工程、元和塘整治工程、永昌泾整治工程、八荡河整治工程、牵牛河整治工程、阳澄湖综合整治工程等重点工程，以及骨干河道堤防、圩区达标建设等防洪除涝工程，保护与完善水源地、新建水源地等水资源供给工程，水系连通、生态涵养带建设、生态美丽河湖建设、水土保持等水生态修复工程。

第三节　综合规划

一、苏州市水利现代化规划

2010年12月31日，中共中央、国务院印发《关于加快水利改革发展的决定》，明确中国水利改革发展方向和努力走出一条中国特色水利现代化道路的总体目标。江苏省委、省政府《关于加快水利改革发展推进水利现代化建设的意见》，要求到2020年全省基本实现水利现代化。苏州市委、市政府《关于加快推进水利现代化建设的意见》提出，力争用5年时间，全面建成高标准的水利水务工程体系和服务保障体系，在全省乃至全国率先基本实现水利现代化。为更好地指导全市水利现代化建设，2012年3月，苏州市水利（水务）局编制完成《苏州市水利现代化规划》。

《规划》涉及范围为苏州市行政区域，包括苏州市区及常熟、张家港、昆山、吴江、太仓5个县级

市。规划现状年为2010年，规划水平年为2015年和2020年。《规划》充分分析苏州水利发展现状与存在的主要问题、面临的形势及发展需求，重点对苏州水利现代化实现途径进行顶层设计，提出苏州水利现代化建设的目标任务、规划布局、建设体系和实施重点，制定苏州水利现代化建设的行动计划和保障措施。

《规划》要求，"十二五"期间，全市水利水务基础设施建设安排新增投入约566亿元。其中，流域重点骨干工程投资138亿元；区域通江达湖工程47亿元；中小河流治理工程98亿元；湖泊综合整治工程50亿元；污染河道洁净工程25亿元；城市防洪排涝工程31亿元；城乡供水排水工程98亿元；农村水利重点工程79亿元。在加强基础设施建设的同时，根据现代化建设需要，规划另行安排水利信息化投入8亿元，水文化水景观投入2亿元，行业能力建设投入3亿元。

二、苏州市城市中心区排水（雨水）防涝综合规划

2014年，苏州市水利（水务）局组织编制完成《苏州市城市中心区排水（雨水）防涝综合规划》。2015年，《规划》得到苏州市政府批复。规划基准年为2012年，近期规划水平年2017年，中期2020年，远景2030年，《规划》范围涉及城市防洪规划的中心区大包围和金阊新城包围，《规划》明确雨水管道、泵站设计时综合径流系数和设计重现期，提出内涝防治标准和防涝工程措施及外排通道治理。其中，城市中心区内涝防治标准为有效应对50年一遇24小时设计暴雨。排水防涝工程包括源头控制工程、雨水排水工程、内涝防治工程及关联保障工程四大类。涉及城市中心区防洪排涝工程安排为：加强外围堤防达标改造、金阊新城部分外围控制口门达标改造；打通元和塘至白塘，疏浚外塘河和娄江，加排城区涝水外排；加强内河水系整治。

三、苏州市水资源综合规划

2008年1月，苏州市水利（水务）局为落实国家治水方针，根据《江苏省水资源综合规划技术大纲》，结合苏州市的实际情况，编制《苏州市水资源综合规划》。《苏州市水资源综合规划》通过对苏州市农业、工业和城市生活用水等现状的调查与分析，明确节水目标，制定节水方案，有效指导和推进生产与生活节水工作；以水源地保护为重点，重点提出对太湖、阳澄湖等水源地和长江取水口的保护措施，预测不同规划水平年，不同规划区的污染源排放量，并提出污染源总量控制目标；以统筹考虑流域水量和水质的供需分析为基础，将流域水循环和水资源利用的供、用、调、耗、排过程紧密联系，按照公平、高效和可持续利用的原则，统筹安排生活、生产和生态用水，进行水资源的合理配置。

第四节　发展规划

一、苏州市1998—2002年水利建设规划

1998年，苏州市根据"全面规划，统筹兼顾、标本兼治、综合治理"的原则，制订《苏州市1998—2002年水利建设规划》，由苏州市政府正式颁布，明确水利建设十大任务，即长江堤防达标工程、太湖治理工程、淀山湖控制线工程、通江骨干河道清淤工程、太湖清淤及大堤加宽工程、县镇村河道清淤工程、圩区防洪除涝工程、城镇防洪工程、节水灌溉工程和高标准农田建设工程。以上十项重点工程中，除城镇防洪工程外，其余投资估算为26.5亿元。

二、苏州市水利发展"十五"计划和2010规划纲要

2000年，苏州市水利农机局编制《苏州市水利发展"十五"计划和2010规划纲要》。计划的总体目标和指导思想："十五"时期，苏州社会经

济发展的总体目标是，在全面完成现代化第二步战略目标的基础上，加快向第三步战略目标迈进，社会主义市场经济体制更加完善，对外开放进一步扩大，科技教育水平不断提高，环境质量和生态建设明显改观，城市化建设进程加快，人民生活更加富裕，进一步强化外向型经济、乡镇企业两大优势，努力构筑人才、产业、环境等新优势，做到外向型经济更强，国有企业、乡镇企业更活，新经济增长点成长更快。把苏州建设成为以高新技术为主导的现代制造业基地，产学研紧密结合的技术创新基地，外向程度高、经济效益高的现代农业基地，生态环境优美的旅游度假基地。“十五”期末，全市国内生产总值达到2600亿元，年均增长11%—12%左右，人均GDP达到4.3万元以上；城市化率每年提高3个百分点，到2005年，城市化水平达60%，工业化进程和产业结构升级加快，三次产业结构为5:54:41。社会发展水平进一步提高，科技、教育成为经济发展的主要推动力，经济发展与国际经济全面接轨。

三、苏州市水利水务“十一五”规划

2006年，苏州市水利（水务）局会同江苏省太湖水利规划设计研究院有限公司编制《苏州市水利水务“十一五”规划》。规划范围为苏州市域，总面积8488平方千米，包括苏州市区及常熟、张家港、昆山、吴江、太仓5个县（市、区），涉及新沙、虞西、阳澄、淀泖、滨湖和浦南等6个水利分区。《规划》紧紧围绕苏州市国民经济和社会发展第十一个五年规划纲要的各项指标以及苏州市实现省委省政府提出“两个率先”的基本要求。规划目标为建成集工程、管理和保障一体的现代化防洪除涝减灾体系，提高洪水调控能力和安全保障能力，实现从防御洪水向管理洪水的转变；形成持续优化的水资源安全供给与生态环境保护相协调的水资源供给和水环境保护体系，满足人民群众生活、生产用水安全性和舒适性的要求，实现水资源优化配置和可持续利用，改善城乡水环境；建立合理的城市供水和排水体系，实现城市水务一体化；完善以改善农业生产条件为目标和提高城乡居民生活质量为出发点的农村水利服务体系建设；建成高效、统一的水管理服务体系，保障防洪安全、供水安全和保护水环境。最终实现人水和谐，建设“和谐苏州”，为建设社会主义新农村提供安全保障，促进经济社会的可持续发展。

四、苏州市水利（水务）“十二五”规划

2011年，《苏州市水利（水务）“十二五”规划》编制完成。“十二五”水利规划范围为苏州市域，总面积8488平方千米。城市供水、排水（污水）规划范围为苏州市区，包括城市中心区金阊、平江、沧浪3个区和周边吴中、相城、新区、园区4个区，面积为1650平方千米。城市雨水排水规划范围为苏州城市中心区，即金阊、平江、沧浪3个区，面积为75平方千米。《规划》以积极推进水利现代化建设，紧紧围绕苏州市建设“三区三城”重要战略目标，结合苏州水利、水务实际情况及特点，践行可持续发展的治水思路，着力发展安全水利、资源水利、环境水利和民生水利，全面建成高标准的水利水务工程体系和服务保障体系，在全省率先基本实现水利现代化为总体目标。具体内容涉及：基本建成集工程、管理和保障为一体的高标准防洪除涝减灾体系；基本建成保障经济社会可持续发展的水环境保护体系；建立适应城市总体发展的城市供水、排水体系，实现区域供水，提高供水水质，保障供水安全和需求；全面提升城市污水处理能力，提高城市污水收集处理率等。

五、苏州市水利水务“十三五”发展规划

2017年1月，苏州市政府印发《苏州市水利水务“十三五”发展规划》。《规划》明确五大发展目标，提出十项主要任务，规划22个工程项目（简称51022工程）。《规划》提出，到“十三五”末，长江

太湖防洪控制线和县级以上城市防洪标准全部达到100年一遇标准，城市内部不发生大面积长时间的内涝；集中式饮用水水源地达标率和城乡居民供水保证率全部达到100%；基本建成通江达湖的水系格局，水资源配置能力显著提高，沿江口门引排能力不低于2000立方米每秒；水环境质量明显改善，城市、农村生活污水处理率不低于80%，黑臭河道全部消除；水生态环境状况有所好转，水生态系统功能基本恢复；水文化发展框架基本形成，水文化载体建设亮点凸显；人才队伍结构合理，法制思维、科学素养明显提升，努力争当全国水利现代化建设、水生态文明建设、法治水利建设的先行军排头兵。

第五节　专项规划

一、苏州市城市防洪排涝专项规划（2007—2020）

2007年，苏州市规划局、苏州市水利（水务）局联合组织编制《苏州市城市防洪排涝专项规划（2007—2020年）》，《规划》分苏州市域、中心城区和城市中心区3个层次。规划以城市中心区为重点研究范围，在以京杭大运河、苏嘉杭高速公路、沪宁高速公路为界形成的75平方千米防洪大包围基本形成基础上，重点进行内部原有中包围格局时的7个水利分片的排涝规划，确定内部结合城市建设，改建低洼地区，除保留古城片排水包围外及局部断头浜排水小片外，逐步敞开内部其他小包围，包围圈配套265立方米每秒排涝泵站满足内部排涝安全，依靠大包围外围排涝泵站解决片内排涝问题。

二、苏州市河网水系总体规划

2005年，为实现新时期的治水思路，针对苏州水系特点，从综合区域水资源及水环境的角度并系统地研究苏州市河网水系，由苏州市水利（水务）局和河海大学共同编制《苏州市河网水系总体规划》，当年通过审查。《规划》编制范围主要为阳澄淀泖区，西至望虞河、太湖，南至太浦河，东到长江、省界，规划面积6749平方千米，约占全市行政总面积的79.5%。《规划》在分析境内河道水系现状、水动力特征、水环境现状的基础上，确立“扩大东引、东西轴线贯通”的“通江达湖”的河网布局方案，为实现河网水系“引排通畅、防洪安全、功能达标”的目标提供建设依据。

三、苏州市城市防洪排涝专项规划（2017—2035）

2019年，为完善城市防洪排涝基础设施，建立与经济社会发展相适应的防洪排涝保安体系，苏州市水利（水务）局编制《苏州市城市防洪排涝专项规划（2017—2035）》。《规划》根据国家《防洪标准》（GB50201-2014）对防洪保护区等级划分及标准的确定，城市发展规划对防洪减灾的要求，流域、区域防洪规划及各市、县（市、区）城市防洪、水系等相关规划对防洪标准的研究成果，结合城市有防洪能力，综合确定各片区防洪标准。为突出城市防洪重点，根据《苏州市城市总体规划（2017—2035）》确定的市域城镇体系，以主城区为研究对象，按水系、地形、水利工程等分割作用考虑边界闭合需求适当外延，规划面积952平方千米，包括姑苏区、工业园区、高新区全区，吴中区、相城区、吴江区的部分地区。对市区在规划范围以外区域提出防洪排涝规划原则性指导意见。

四、苏州市海绵城市专项规划（2015—2020）

2015年，苏州市编制完成《苏州市海绵城市专项规划（2015—2020）》。规划范围为中心城区602平方千米。规划期限为2015—2020年。其中，近期为2015—2018年，远景为2021—2030年。规划总体目标是将海绵城市理念与城市开发建设有机融合，探索改善水环境、保护水生态、强化水安全、弘扬水文化的协同模式，把苏州市建成平原河网城市城水共生的典范。通过海绵城市建设，综合采取“渗、滞、蓄、净、用、排”等措施，最大限度地减少城市开发建设对生态环境的影响，将70%的降雨就地消纳和利用。到2020年，城市建成区20%以上的面积达到目标要求；到2030年，城市建成区80%以上的面积达到目标要求。

五、苏州市水土保持规划（2016—2030）

2017年7月，依据《中华人民共和国水土保持法》（以下简称《水土保持法》）、《江苏省水土保持条例》、《水土保持规划编制规范》及国家、省水土保持规划成果，苏州市政府编制完成《苏州市水土保持规划（2016—2030年）》。规划主要任务为加强林草植被和治理成果的保护，改善生态环境和人居环境，减少进入江河湖泊泥沙；建立健全水土保持监测体系；创新体制机制，强化科技支撑，建立健全综合监管体系，提升综合监管能力。同时，建立可行的水土保持生态补偿机制。2017年，《苏州市水土保持规划（2016—2030年）》经苏州市政府批准印发。

六、苏州市河湖蓝线规划（2021—2035）

2019年，苏州市水利（水务）局编制完成《苏州市河湖蓝线规划（2021—2035年）》。规划范围分为苏州市域、苏州市区两部分。苏州市域：全市域，包含苏州市区和张家港市、常熟市、太仓市、昆山市等4个县（市、区），总面积为8657.32平方千米（《苏州统计年鉴2018》）。市域范围研究对象为一至三级骨干河道及省保湖泊。总面积952平方千米，包括姑苏区、高新区、工业园，以及吴中区、相城区和吴江区建成区与规划城区范围。市区范围的研究对象除一至三级骨干河道及省保湖泊外，还包括Ⅳ级、Ⅴ级河道。规划以实现苏州蓝线在空间上的强制性管制和保护为目标，积极落实建设部《城市蓝线管理办法》规定，提出蓝线界定原则，界定蓝线控制范围，实现蓝线在空间上的强制性管制和保护。规划基准年2019年，近期规划水平年2025年，远期规划水平年2035年，远景展望2050年。《规划》的有力实施将利于加强城市水利的保护与管理，利于保障苏州市河湖水系、湿地的完整性，保障城市供水、防洪排涝安全，改善城市人居生态环境。

七、苏州市河网水系专项规划（2021—2035）

2021年，苏州市水利（水务）局编制完成《苏州市河网水系专项规划（2021—2035年）》。《规划》提出全市形成“江湖共济、十河引排、百湖齐蓄、万河成网”的水系总体布局，打造“通江达湖、河湖畅通”“城乡融合、水岸一体”的健康水系网络；为充分体现苏州古城水系特色和历史文化的保护与传承需求，根据《苏州市历史文化名城保护专项规划》，提出“一环三横四直”的古城水系格局。从加强通江达湖、促进水系连通、恢复古城河道三个方面提出河网水系综合治理需求，开展十一圩港、白茆塘、元和塘、八荡河、牵牛河、永昌泾、张家港、老七浦塘、界浦港、盐铁塘等骨干河道整治工程，走马塘、十一圩港、北福山塘等闸站工程及姑苏区优化毛细整治工程。

八、苏州市供水专项规划（2017—2035）

2018年，苏州市水利（水务）局委托上海市政工程设计研究总院（集团）有限公司，编制《苏州市供水专项规划（2017—2035年）》。《规划》以综合利用资源与节能降耗为核心，以提高供水水质为主线，以建设现代化、智慧化系统为主导，按照“安全、优质、创新”三位一体的总体思想，重点围绕供水设施建设与改造、供水安全保障和集约发展、全面实现安全优质供水、推进智慧水务建设、加强监督监管、提升服务水平等方面对全市供水系统进行合理布局和优化配置，安排应急水源地、水厂建设、增压站建设、供水管网及互联互通、尾泥处置点、高品质供水、智慧供水等工程。

九、苏州市污水治理专项规划（2021—2035）

《苏州市污水治理专项规划（2021—2035年）》提出，进一步建立健全苏州市城乡生活污水治理体制机制，完善城乡生活污水治理体系，高标准处理生活污水，科学引导各片区污水工程建设，达到有效保护水环境质量、保障饮用水安全供应、控制湖泊富营养化、促进生态环境良性循环的城市水环境管理目标，安排污水处理厂建设、污水泵站建设、污水管网建设、尾水生态湿地建设、消除污水直排口、整治阳台污水、排水提质增效达标区建设、排水智能化建设等工程。

十、苏州城市排水（雨水）防涝综合规划（2020—2035）

《苏州城市排水（雨水）防涝综合规划（2020—2035）》分析研究区为整个太湖流域，面积36895平方千米，重点以城区所在的阳澄淀泖区、武澄锡虞区为主。规划范围以主城区为重点研究对象，总面积972平方千米，包括姑苏区、工业园区、高新区，吴中区、相城区和吴江区的部分地区。规划围绕加快建设展现“强富美高”新图景的社会主义现代化强市的城市发展要求，城市排水防涝以城市防洪体系为基础，提升城市内涝防治能力和水平，为苏州高质量发展提供更可靠的水安全保障。至2025年，严重影响生产生活秩序的易涝积水点全面消除，雨水管网及泵站改造、河道整治等有序推进；基本形成“源头减排、管网排放、蓄排并举、超标应急”的城市排水防涝工程体系，内涝治理工作取得明显成效；出现超出城市内涝防治标准的降雨时，保障人民群众生命安全，城市生命线工程等重要市政基础设施功能不丧失，城市基本安全运行。至2035年，城市排水防涝体系进一步完善，与建设海绵城市、韧性城市要求更加匹配；总体消除防治标准内降雨条件下的城市内涝现象。

表2-1　1991—2020年苏州市水利水务主要规划编制情况

类别		规划名称	年份
流域规划	长江流域规划（苏州部分）	长江岸线保护和开发利用总体规划	2016
		长江口综合整治开发规划	2008
		长江流域综合规划（2012—2030年）	2012
		长江中下游干流河道治理规划	2012
		长江经济带沿江取水口、排污口和应急水源布局规划	2017
		苏州市长江岸线资源保护利用规划（2018—2035年）	2020
	太湖流域规划（苏州部分）	太湖流域水资源保护规划	2002
		东太湖综合整治规划	2007
		太湖流域防洪规划	2008
		太湖流域综合规划	2013
		太湖流域重要河湖岸线利用管理规划	2008
综合规划	发展规划	苏州市水利发展“十五”计划	2000
		苏州市水利水务“十一五”规划	2006
		苏州市水利（水务）“十二五”规划	2011
		苏州市水利水务“十三五”发展规划	2017
	水利综合规划	苏州市1998—2002年水利建设规划	1998
		苏州市城市防洪规划	2002
		苏州市阳澄淀泖区防洪规划	2008
		苏州水利现代化规划	2012

续表

类别		规划名称	年份
综合规划	水利综合规划	苏州市城市防洪规划	2014
		苏州市城市中心区排水（雨水）防涝综合规划	2014
		苏州市城市防洪排涝专项规划（2017—2035）	2019
	水务综合规划	苏州市河网水系总体规划	2005
		苏州市水资源综合规划	2008
		苏州市阳澄淀泖区湖泊保护规划	2008
		苏州市城市水环境治理规划	2008
		苏州市饮用水水源地安全保障规划	2009
		苏州市地表水（环境）功能区划	2010
专项规划	水利	苏州市河道整治总体规划	1997
		苏州市干线航道网规划	2004
		苏州市城市防洪排涝专项规划（2007—2020年）	2007
		苏州工业园区排水防涝规划	2020
		2007—2010年村庄河道整治规划	2006
		2011—2012年农村河道疏浚整治规划	2010
		苏州市城市防洪排涝专项规划（2021—2035年）	2020
	供水	苏州市给水工程专项规划（2007—2020）	2008
		苏州城市节约用水规划（2014—2030）	2015
		苏州城市节约用水规划	2007
		苏州市区北部区域供水规划	2001
		苏州市供水专项规划（2017—2035年）	2018
	排水	苏州市区雨水与再生水资源利用规划	2010
		苏州市市区污水工程专项规划	2008
		苏州市污泥处理处置规划	2009
		苏州市污水治理专项规划（2021—2035年）	2020
		苏州市河网水系专项规划（2021—2035年）	2020
		苏州城市排水（雨水）防涝综合规划（2020—2035）	2022
	其他	苏州市河湖蓝线规划（2021—2035年）	2021
		苏州市大运河文化保护传承利用实施规划	2019
		苏州市水务基础设施空间布局规划	2020

第三章　河湖整治

1991年，太湖流域发生大洪水，苏州市相继对太湖、长江实施综合治理工程，逐步构建起流域、区域防洪体系。同时着力推进骨干河道综合整治与重要湖泊综合整治，开展河道清障、清淤疏浚、岸坡整治、水源涵养等河湖专项整治工程。进入21世纪，随着经济快速增长、开发力度增强，出现侵占水域、水质恶化、填堵河道等现象，苏州以通江达湖为重点，全面提升区域调水能力，先后完成七浦塘整治、杨林塘整治以及一干河等入江河道整治；完成盐铁塘、浒光运河、渭泾塘等19条25段国家中小河流治理工程；有序开展蠡塘河等近百条河道的整治工程。“十三五”期间，加快推进“通江达湖”河湖水系连通工程建设，推进京杭运河苏州段、娄江—浏河、永昌泾拓浚整治和白茆塘、八荡河整治，实施阳澄湖、金鸡湖水环境综合整治工程。在工程实施上，注重水工程与水文化有机融合，融入地域特色，打造景观节点。通过水系整治、岸线优化、生态修复，各片区防洪除涝能力有效提高，河湖水系有效发挥水环境改善、水资源配置等综合效益。

第一节　河道整治

一、娄江—浏河

娄江原名昆山塘，为太湖三江之一，向东由昆山经刘家港入长江出海，是太湖东北方向的泄水要道。北宋至和二年（1055）昆山县主簿邱与权筑塘修堤，塘成取名致和塘。南宋建炎年间（1127—1130），太仓以东40余里娄江下游开成巨港，为刘家河。明永乐元年（1403）夏原吉疏刘家港导夏驾浦，史称“掣淞入浏”。1958年12月，全面实施浏河拓浚工程。1977年娄江全线拓浚。

90年代中期始，昆山市水利局在江苏省、苏州市两级水利部门的支持下，对娄江昆山段两岸河堤逐步实施3项工程措施：全面加做块石护坡保塌工程，经过10多年建设，至2007年底完成总投资7461.55万元，分别完成南岸驳岸23.52千米，北岸驳岸23.82千米（含支河口延长部分），占整个河道岸线总长的99.5%；整治河道两岸违章建筑和装卸码头，至2007年底，共计整治码头起重机37台套，重新调整为22台套（达到不影响河道行洪和船舶交通）；每年投入资金6万余元整治

图3-1　2008年娄江夜景

沿岸绿化。

2015年，苏州市开展工业园区范围内娄江整治工程，以提高娄江的引排能力，通过整治娄江提高片区防洪排涝能力，改善娄江水质及周边水环境。工程西起东环路，东至界浦河，全长19.59千米。主要建设内容包括河道疏浚及新建护岸，清淤土方量共计233万立方米，新建护岸长度总计981米。工程初设批复投资11934万元。省级补助2619万元，市级补助300万元，其余由工业园区自筹。2015年2月开工，12月竣工验收。

二、张家港

张家港原为张家港市南沙与中兴之间通江小港。1958年太湖流域规划要点将张家港规划为区域性引排骨干河道，入江口建节制闸。1968年实施张家港航道工程。

90年代始，苏州市多次对张家港进行整治，包括裁弯取直、修建节制闸与桥梁、河道水体治理等。交通部门多次进行常熟境内张家港局部地段拓宽，并逐年分段实施两岸护砌。

1992年，在江边拆除1958年兴建的节制闸，在距张家港入江口约200米处重新兴建节制闸，闸首顺水流方向长18米，宽55.6米。节制闸共5孔。其中，2孔通航，孔高9.4米；3孔泄水，孔高5.4米，均宽8米。船闸兴建于1968年，闸口宽10米，闸室长130米，可以通航100吨单船或1300吨的驳船轮队。2000年按Ⅴ级航道标准全面整治。2000—2005年，兴建和改建虞山一、二线船闸，年通航能力3040万吨。2003—2008年，整治22千米，河底宽从原20米拓宽至45米，河口宽由原50米拓宽至60—70米；河道两岸建石驳岸或混凝土驳岸，部分地段用模袋混凝土护坡。建华西钢铁大桥、长泾夏甸桥和顾山北板桥。

拓浚后的张家港昆山段，由于种种原因，两岸堤岸坍塌严重，防汛险工迭出，航道上桥梁高度不够，影响较大吨位船舶通航，经过河道勘测和上级交通部门批准，又对张家港实施两轮整治。第一次整治于2000年10月启动，至2001年11月竣工，整治工程按照Ⅴ级航道设计标准，对昆山境内4座桥梁（玉城桥、城北环桥、张家港桥、巴城中心桥）拆除重建，并对玉城段1017米弯道进行裁弯取直。第二次整治于2002年启动，至2003年5月竣工，对昆山城北一段进行裁弯取直和新开470米河段，对利民桥至青阳港北口3.7千米进行拓浚；砌筑钢筋砼驳岸3.3千米，块石驳岸0.4千米，两岸绿化3.6千米。

2006年，常熟市在昆承湖北部建隔水堤坝，张家港航道与湖体分离，减少污水入湖。

2008年，昆山市实施张家港境内河道挡墙工程，提高张家港的防洪能力。

2010年，昆山市对张家港昆山境内沿线10.14千米险工段进行新建，维修6.2千米。共用时4年，总计新建挡墙16.71千米。

2010年11月，编制《张家港水环境综合整治实施方案》（简称《方案》）。《方案》重点组织实施四大类工程，共70个具体工程项目，总投资约15.85亿元。项目内容包括点源污染治理项目共计实施29项，城镇污水处理项目共计13项，面源污染治理项目共计实施面源污染治理26项，河道综合整治工程实施2项。

至2020年，经过长期水环境综合治理，张家港水质指标明显改善，基本满足水功能水质标准要求。

三、苏南运河苏州段

史籍记载，周敬王二十五年（前495），吴王夫差开河通运，从苏州境经望亭、无锡至奔牛镇，达于孟河，计170余里。秦汉时期，分别凿通镇丹段、杭嘉段和苏嘉段，基本接通杭州至镇江入长江的水运航道。隋炀帝大业六年（610），“敕穿江南河，自京口至余杭八百余里，广十余丈”。唐元和年间，湖州刺史范传正开平望段淤浅和八拆段裁弯取直。宋元两代对江南运河先后疏浚约29次。明清时期接续疏浚。

苏南运河中段江南运河西滨太湖，东连阳澄、淀泖湖群，水源充沛，常年通航。但由于水面辽阔，风浪汹涌，运河塘岸受到冲击。明永乐九年（1411）修长洲（今苏州）至嘉兴石土塘桥路17里，泄水洞130余处。以后各代均有修缮、改建。明崇祯十年（1637）修平望内外塘。清顺治八年（1651）修苏州枫桥至浒墅关运河塘20里，后又多次修建土塘及崇福桥至兴隆桥段石塘。

50年代初期，运河从枫桥向东经上塘河流入阊门进入环城河西段。1959年彩云桥工程，运河走横塘，循胥江入城。1987年按照Ⅳ级航道标准整治。

1987年1月，苏南运河苏州段整治工程开始实施市区段改道。1993年3月至1995年12月，实验苏南运河苏州段第二期整治工程，从望亭五七桥起，经望亭、浒墅关、枫桥三镇，终至横塘大庆桥，长24.26千米，按河底宽40米、河面宽60米的Ⅳ级航道标准整治。

1995年12月至1998年8月，实施河段第三期整治工程，整治宝带桥至江浙交界的鸭子坝河段，长48.73千米，平望以北段按河底宽40米、河面宽60米的Ⅲ级航道标准整治，平望以南段按底宽30米Ⅴ级航道标准整治、Ⅳ级航道标准预留。

2001年4月29日，江南运河苏州段与无锡、常州、镇江段组成的全长为208千米的运河被交通部命名为全国第一条文明样板航道。整治后的江南运河苏州段通航能力大为提高，已成为一条“黄金水道”。同时，苏州运河沿线的寒山寺、宝带桥、吴门桥、三里桥、横塘驿亭、彩云桥、新郭越城遗址以及吴江的古驳岸、古纤道等近20处文物古迹，在整治中得到全面有效保护，吴江段结合运河美化绿化，建设大运河风光带，再添运河美景。

为配合运河“四改三”工程和苏州“两河一江”工程实施，苏州市防指和市政府先后下发《关于京杭大运河沿线堤防建设标准的通知》，明确运河沿线堤防建设标准。2011年3月，苏南运河苏州段开始实施Ⅲ级航道整治工程。工程北起苏锡交界五七桥，南至苏浙交界鸭子坝，全长81.46千米，穿越相城、高新、姑苏、吴中及吴江5个区，是苏南运河里程最长的航段。苏南运河苏州段新建护岸83.5千米，加固护岸75.4千米；建设服务区2个，改建桥梁21座，工程概算投资29.9亿元。其中，苏州市区段航道整治里程40千米，改建桥梁15座；吴江段航道整治里程41.45千米，改建桥梁6座。苏州段于2014年完成交工验收，基本完成整治任务。京杭运河苏州段经过Ⅳ级改Ⅲ级后，航道口宽由原来的80米扩为90米，船舶吨位也从500吨提升至1000吨，大幅提升航运能力，对沿线的环境保护、区域经济建设和水资源综合利用等都有促进作用。

2015年，苏南运河苏州段发生接近历史最高水位的区域性洪水，2016年又创历史最高水位。2015年、2016年连续两年大水中，运河堤防问题暴露。2016年汛后，苏州市委、市政府要求加快大运河苏州段堤防加固工程建设，启动全线运河堤防加固工程前期研究。

2017年12月，堤防加固工程初步设计获省发改委批复，并全线开工建设，2019年底基本完成水利工程建设任务，2020年底实现沿岸步道贯通。工程概算总投资48.25亿元，加固堤防155.26千米，拆（新）建口门建筑物36座，新建跨运河人行桥4座、跨支河桥梁23座；工程永久占土2082.18亩。

工程布局方面，京杭大运河苏州段堤防加固工程的堤线基本沿运河“四改三”后岸线布置。工程定位为“1+2+N”，“1”指运河文化带建设，“2”指防洪排涝、环境整治两项基本功能，“N”指在此基础上因段施策，附加步道、景观、文旅等功能，使堤防成为重要的民生工程、景观工程、文化工程、生态工程。

在满足堤防加固和环境整治两个基本任务后，苏州市继续按照防洪安全、环境整治、遗产保护、健康休闲、文化旅游"五位一体"的生态绿廊建设目标要求，根据大运河苏州段沿线不同区位的场地特征（历史城镇、现代城镇、乡村风貌），继续沿大运河两岸打造层次丰富的生态景观绿廊。

四、十一圩港

十一圩港又名二干河。今为新沙区一条主要引排入江水道，南起江阴县北润镇，北至十一圩港口入江，横贯张家港西张、乘航、东莱、锦丰诸乡镇，全长27千米。

原为关丝沙和蕉沙之间的流槽，清同治十一年（1872）开挖成河。十一圩港入长江口建有节制闸和套闸。1965年入江口节制闸建成。

1996年，疏浚乘航镇段，浚长5.45千米，完成土方16.58立方米，总投资128万元。疏浚标准为河底高程0.0米，河底宽20米，边坡1∶2.5。1997年疏浚蒋桥—十一圩闸外段，浚长6.15千米，完成土方21.61万立方米，总投资267万元。疏浚标准同上。

2000年，加固整修和改造节制闸。套闸为水利通航坝闸，由十一圩港越闸与闸上闸组合而成。

2002年，张家港境内对十一圩港全线疏浚。工程于2002年7月2日开工，10月12日竣工。浚长26.53千米，总投资565.56万元。疏浚方法采用绞吸式挖泥船施工或抓斗式挖泥船施工。

2008年，实施坡岸（港丰公路二干河大桥—锦丰、杨舍交界段）整治工程。采用生态格网护坡、局部抛石护岸，总投资达667万元。分两期实施：一期工程北起港丰公路二干河大桥，南至二干河北洪桥南侧，全长1405米。2008年1月18日开工，年末竣工。二期工程北起北洪桥南侧，南至锦丰、杨舍交界，全长2330米。2008年12月16日开工，2009年4月29日竣工。

五、七浦塘

七浦塘又名七浦、七鸦浦、戚浦塘，古为太湖下游东北入江的三十六浦之一。同治《苏州府志》载，宋代苏州知府范仲淹督浚七丫河，建闸御潮。自北宋景祐元年（1034）到清末光绪三十二年（1906），大小疏浚38次。

新中国成立后，兴建七浦塘节制闸，并分段拓浚河道。1956年，江苏省水利厅批准拓浚七浦塘工程，全长21千米，同年11月开工，1957年1月开坝放水。

1991年以来，苏州市对七浦塘主体河道多次拓浚，对相关配套设施多次修复及重建等。1999年9月，在距入江口400米处建成新节制闸：3孔（5+8+5米）、净宽18米，设计引潮流量267立方米每秒，设计排涝流量175立方米每秒。在建闸河段将七丫口南岸第一凸岸裁弯取直。

为提高阳澄湖地区行洪能力，苏州市对七浦塘昆山境内石牌镇河段进行整治。2001年7月5日，石牌镇河段整治工程领导小组成立，同年11月底工程竣工。经苏州水文水资源勘测局2次勘测鉴定，工程完全符合设计要求，实际完成投资347.14万元。主要整治内容为加高加固两岸圩堤、对淤积严重地进行疏浚清淤，工程长度为13.92千米，西起白沙浜，东至常熟市交界周泾湾，工程设计标准河底宽20—30米，河底高程0.0米，边坡1∶3，堤顶高5.0米，堤顶宽3.0米，筑堤加清淤总计工程量28.5万立方米。其中，清淤为4.1万立方米，筑堤为24.4万立方米。

2011年12月，开始实施新一轮七浦塘拓浚整治工程。在充分利用原有河道的基础上，工程西起阳澄湖，沿七浦塘原有河道拓浚至吴塘（太仓直塘），分成南、北两支。其中，北支平地开河接迷泾河，沿迷泾河拓浚至石头塘接规划荡茜河改道线路，平地开河至长江，全长43.89千米；南支利用七浦塘原有河道入江，河道维持原状，全长26.2千米，涉及太仓市、常熟市、昆山市和相城区

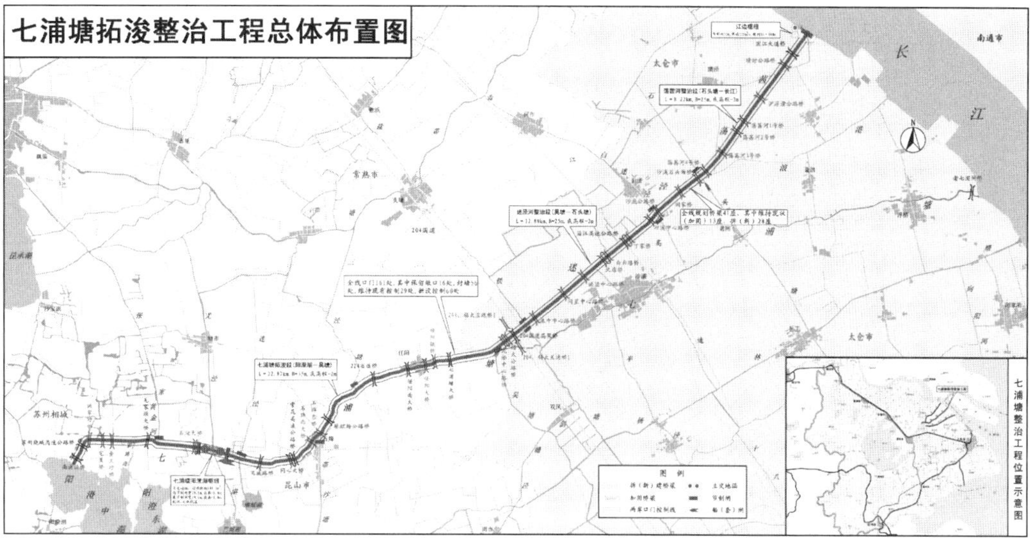

图3-2 2017年七浦塘拓浚整治工程总体布局示意图

三市一区。

整治工程是苏州市第一个“通江达湖”引排工程，主要包括拓浚河道、建设护岸、堤防、两岸支河口门控制建筑物、拆（新）建跨河桥梁等，另外，在入长江处建设江边枢纽，在七浦塘与张家港交汇处建设阳澄湖枢纽。

工程建成包括80座口门建筑物和2座枢纽。其中，单孔节制闸44座，套闸7座，穿堤涵洞25座，双涵洞4座，闸门均属于升卧式平面钢闸门，节制闸与套闸的启闭机均为钢丝绳卷扬式，涵洞的启闭机为螺杆式。2015年5月，实现主体工程通水，其中老河道自阳澄湖至吴塘以东沿迷泾河、荡茜河入江。河道底宽阳澄湖—斜路港段30米、斜路港—吴塘段35米、吴塘—长江段25米，底高程-2.0米，河面宽50—150米，两岸堤防完好，顶高程5.2—5.5米。考虑到生态效果，新建护岸除航道段，其余河段两岸新建直立护岸均结合格宾网箱挡墙、自锁式植生挡墙、生态砼砌块挡墙或采用生态型绿化砼护坡，全线防汛道路贯通。

七浦塘江边枢纽位于苏州市太仓东北部地区的璜泾镇荡茜村，是七浦塘拓浚整治工程的入江控制性建筑物。江边枢纽包括2孔16米节制闸1座、16米×180米×3米船闸1座和120立方米每秒泵站1座。其中，泵站部分由4台30立方米每秒立式轴流泵组成，可双向引排，总装机容量7200千瓦，是苏州市属最大的泵站枢纽。阳澄湖枢纽位于七浦塘与张家港高等级航道交汇处，由立交地涵、东西节制闸、船闸组成，是七浦塘水利工程主要建设内容之一。枢纽集防洪、通航、景观等功能于一体，包括1座12米×120米船闸、2座单孔净宽6.5米的3孔节制闸和1座设计过流能力为100立方米每秒的3孔过河地涵。配套水土保持项目占地面积约22.5万平方米。其中，景观总面积约21.1万平方米，以阳澄湖枢纽为中心的水文化公园和水利风景区正在创建。

七浦塘拓浚整治工程总投资34亿元，其中中央、省财政8亿元，市级财政6亿元，各县（市、区）财政20亿元。沿线有河道口门108处。其中，两岸口门控制92处，敞开16处（阳澄湖枢纽以西15处，荡茜河段1处），主要支河口门见表。

表3-1 七浦塘沿线主要支河口门

行政区	支河口门名称	岸别	节制闸	
			套闸（米）	泵（立方米每秒）
太仓	滨江西河	南岸	6	—
	老荡茜河	南岸	6	—
	老荡茜河	北岸	6	—
	陈大港北	北岸	6	—
	陈大港南	南岸	6	—
	黄泥娄	北岸	6	—
	石头塘	北岸	10	—
	石头塘	南岸	16	—
	老迷泾河	南岸	6	—
	白迷泾	北岸	10	—
	白迷泾	南岸	10	—
	横沥河	南岸	8	—
	横沥河	北岸	10	—
	盐铁塘	北岸	16	—
	盐铁塘	南岸	16	—
	吴塘	北岸	8	—
	吴塘	南岸	8	—
	老七浦塘	南岸	12	—
常熟	南横塘	南岸	4	2×32"
	横塘	北岸	8	—
	歧泾河	北岸	4	2×24"
	小港河	南岸	4	2×40"
	蒲善泾	北岸	4	2×32"
	新丰河	北岸	6	—
	倒萨浜	南岸	4	2×24"
	三泾河	北岸	8	—
	陆泾中心河	北岸	4	20"+24"
昆山	栏杆桥河	北岸	6	—
	万家潭	北岸	5	32"
	茆沙塘	南岸	10	—
	申泾河	北岸	6	—
	长礎稍	北岸	4	32"
	西淡	北岸	4	2×40"
	河双河	北岸	4	2×24"
	斗门泾	北岸	6	—
	斗门泾	南岸	6	—
	大娄	北岸	4	32"
	黄金河	北岸	12	—
相城	胜利圩闸	北岸	4	—

工程实施中还涉及移民安置，移民安置完成总投资11.8亿元，工程建设完成总投资18.2亿元。七浦塘工程共计已拆除民房668户，拆除及搬迁企事业单位121家。截至2017年2月底：相城段长3.52千米，口门建筑物1座，已全部完工；昆山段长12.25千米，口门建筑物16座，已全部完工；常熟段长6.54千米，口门建筑物12座；太仓段长21.58千米，口门建筑物49座，已全部完工；阳澄湖枢纽和江边枢纽工程及6座高等级公路桥梁，已通过完工验收并移交相关管理单位运行。

七浦塘水利工程是提高阳澄淀泖区域防洪排涝能力，改善阳澄湖及周边河网水环境的专项工程。工程的实施增强太湖流域下游阳澄淀泖区洪水北排长江能力，减轻太湖防洪压力，扩大区域外排出路，提高区域防洪除涝能力。七浦塘拓浚整治工程及区域内杨林塘等项目建成后，阳澄淀泖区防洪除涝标准将从20年一遇提高到50年一遇。同时，工程也提高区域引江能力，通过科学调度，调长江水经七浦塘进入阳澄湖，可以提高区域水资源配置能力，增强阳澄湖及周边河网水体的水动力条件，提高以阳澄湖为中心的区域河网水环境容量，有效改善阳澄湖及周边河网水环境，保障饮用水水源地供水安全。

表3-2　2019年七浦塘江边枢纽泵引水量统计

月份	引水量（亿立方米）	月份	引水量（亿立方米）
1	0.60	7	0.36
2	—	8	0.88
3	—	9	0.41
4	0.34	10	1.60
5	0.86	11	1.30
6	0.57	12	0.41

图3-3　2017年阳澄湖枢纽

六、吴淞江

2000年，经省交通厅、省建设委员会批准，作为苏申内港航道的吴淞江江苏段实施全面整治。总规模从吴江瓜泾口至上海交界处三江口，全长61.3千米。其中，昆山段起界浦港东至上海市交界处的三江口，需要整治长度33千米，河道按照国家Ⅴ级内河航道设计标准进行整治。工程于2000年12月份启动至2002年底竣工。整治工程分为三个部分：裁弯取直一段，千灯浦口—萧市—石浦忠节地段39千米为陆地新开挖；在张浦镇金华村局部弯曲段进行切角取直，新开航道740米；新建桥梁2座，护坡驳岸10.8千米、站闸6座。整治工程共计征用土地418.4亩，利用原水面18.4亩临时用地221亩拆迁房屋844.2平方米，拆除鱼簖围网75800平方米，设置航道界桩230拆三线11道自来水管线400米，拆除老吴淞江大桥1座，总投资8000万元。整治后的航道比原来顺直宽畅，并缩短航程5.5千米。

2017年5月，启动吴淞江整治工程总体方案。2018年6月，编制完成《吴淞江（江苏段）整治工程可行性研究报告》。2020年10月27日，《可研报告》通过水利部水电规划设计总院技术审查。吴淞江整治工程是流域治理骨干工程，按太湖第三条流域行洪通道进行规划建设。工程估算投资156亿元，“十四五”期间全面开工建设，施工总工期8年。工程西起太湖瓜泾口，穿京杭运河，利用吴淞江原有河道拓浚至苏沪交界与上海段河道相接，流经吴江、吴中、工业园区、昆山四县（市、区），河道总长61.7千米（其中苏沪交界段5.28千米）。主要内容包括河道拓浚整治61.7千米（包括堤防、护岸、堤顶防汛道路等），配套扩建瓜泾口枢纽（包括节制闸、船闸），跨河桥梁工程等。

七、杨林塘

杨林塘古为太湖下游东北入江的三十六浦之一，始浚于北宋崇宁年间（1102—1106），明代曾因杨林口淤塞，一度改走茜泾入海。1958年至1969年，经过三期拓浚工程，裁弯取直，挖深拓宽。1960年在浚河同时建杨林闸。

2000年11月，实施杨林闸改建工程。新闸位于老闸下游200米，距入江口1.1千米处，为3孔节制闸，净宽20米。防洪标准按100年一遇高潮位设计，300年一遇高潮位校核，设计引潮流量220立方米每秒，排涝流量205立方米每秒；工程决算造价1173.62万元。

2010年，苏州市制定《杨林塘水环境综合整治实施方案》。方案重点组织实施四大类工程，共62个具体工程项目，总投资约6.54亿元。其中，近期投资约6.43亿元，远期投资约0.11亿元。具体包括点源污染治理项目11项，城镇污水处理项目5项，面源污染治理项目46项，河道综合整治工程2项。

2011年12月，杨林塘航道整治工程正式在太仓开工，项目总概算投资近50亿元，全线65.4千米，按照通航千吨级船舶的Ⅲ级航道标准进行整治，拆除重建节制闸至3孔36米，并在北侧新建杨林船闸，改建、新建桥梁22座。工程标准为河底宽12—30米，河底高程-1.0—0.0米，河口宽35—50米。

2017年开始，苏州市开展杨林塘“一河一策”行动计划，根据流域及区域防洪任务要求，结合堤防及护岸现状，实施杨林塘堤防及护岸整治共计7.44千米。其中，昆山段7.37千米，太仓段70米。实施杨林塘沿线支河口门建筑物配套工程，改建、新建杨林塘（石头塘以东）沿线12座口门建筑物，减小引排矛盾，减轻太仓市级河道行洪压力。至2020年，杨林塘水质指标明显改善，主要污染物排放量得到有效削减，达到《地表水环境质量标准》功能区要求，各控制断面水质稳定达标。

八、苏申外港线航道（斜港、屯浦塘、急水港）

苏申外港河道经人工开挖并串联高垫、九里、同里、白蚬以及周庄等湖泊形成，历史上曾是太湖流域洪水东泄入海的主要通道之一。

2000—2001年，苏申外港按Ⅳ级航道标准整治，河底宽40米，设计水深2.5米，河口宽60米，大部分区域已建设航道护岸。2015年，省发改委批复规划按Ⅲ级航道标准全线整治，改建桥梁5座。2018年底，苏申外港线航道整治工程进入全面施工阶段。苏申外港以北段纳入吴淞江治理工程，结合吴淞江（江苏段）工程推进堤防达标建设；吴淞江以南段结合航道“四改三”进行堤防达标，保障防洪安全。

九、盐铁塘

盐铁塘又名内河，相传是西汉吴王刘濞为运盐铁沿岗身开挖的一条内河。唐大和年间（827—835）疏浚，后历代浚治频繁。

1957年，浚常熟支塘至窑镇段。1971年，浚常熟支塘至董浜段，裁弯18处。1972年，浚常熟梅李段至珍门段。1974年，太仓组织全面整治。1988年、1995年、1999年浚相关河段。

2000年11—12月，实施盐铁塘（张家港段）全线疏浚工程。浚长13.1千米，疏浚土方27.24万立方米，总投资353万元。疏浚方法采用水下挖泥和泥浆泵疏浚。东莱段全长3.3千米。其中，350米为水下挖泥。疏浚标准为河底宽8米，河底高程0.5米，边坡1∶2.5；塘桥段全长1.1千米，标准为河底宽8米，河底高程0.5米，边坡1∶2；鹿苑段全长5.45千米，河底宽6—10米，河底高程0.5米，边坡1∶2—1∶2.5；妙桥段全长3.25千米，标准为河底宽6米，河底高程0.5米，边坡1∶2。

2004年，疏浚常浒河至海洋泾段5.8千米。设计河底宽6—10米，河底高程0.0米，边坡1∶2.5—1∶3，局部地段建重力式浆砌石挡墙。4月兴工，11月竣工。完成土方18.25万立方米，投资437.79万元。2008年，疏浚梅李镇段4.01千米，土方10.05万立方米。

2008年，因锡张高速公路建设需要，在杨舍镇黎明村段局部进行改道。

2011年，盐铁塘整治工程列入省中小河流专项治理项目，常熟市水利（水务）局组建市中小河流整治工程建设处。工程按防洪50年一遇（水位4.15米）、排涝20年一遇（设计流量78—95立方米每秒）标准设计。拓浚标准为支北桥至新泾河段，河底宽5—23米；支北桥至太仓界段，河底宽9—14米；新泾河至常浒河段，河底宽10—20米。其中，建丰桥至徐六泾段及窑镇集镇段就老河疏浚，河底宽不小于5米；河底高程均为0.0米，高程2米以下边坡1∶3。两岸采用高挡墙或矮挡墙加植草砖防护。

2011年冬，疏浚支北桥至新泾河段6.5千米，12月28日开工，2012年7月8日竣工。2012年冬，整治太仓界至支北桥、新泾河至常浒河两段，长12.24千米。12月15日开工，2013年6月24日竣工。完成整治河道12.24千米，新（拆）建护岸20.3千米，开挖土方119.13万立方米，用混凝土2.71万立方米、灌砌石4.02万立方米、钢筋287.95吨，铺植草砖5.3万平方米；工程临时占地579.01亩，补偿经费163.44万元。工程总投资7906.92万元，其中中央补助30%、省补10%，余由市自筹。

2012—2014年，完成太仓市境内盐铁塘整治河道24.6千米，建设护岸26.7千米。2012—2013年完成北段（七浦塘—常熟交界）、中段（杨林塘—苏州路段）、南段（新浏河—苏沪交界）等三段总长16.92千米的河道治理；2014年实施盐铁塘剩余段（七浦塘—杨林塘及苏州路—新浏河段）7.36千米河道整治工程。

2018年，将盐铁塘与走马塘相沟通，自西旸塘往东开挖2.7千米的新河，接通走马塘。新开河标准为河底高程吴淞0.0米，河底宽15米，边坡1∶2.5，成为塘桥镇的主要排水通道，也为这条古老的河道找到通向外市的新出口。

十、常浒河

常浒河因该河由常熟流至浒浦而得名。吴越时期，常浒河为海虞二十四浦之一，自浒浦镇入江，历经宋、元、明、清浚治。

1958年，太湖流域总体规划将常浒河定为阳澄圩区主要排水干河之一，入江口建闸，常年控制低水位。1958—1961年冬春拓浚。

经多年运行，河床再度淤浅，且两岸兴建众多工厂、码头，争占河岸、水面，梅李集镇尤甚，束水碍航。此外，在望虞河拓浚后，虞山以下段东岸因建闸控制，且高水行洪，河东岸约60平方千米面积纳入常浒河流域，排涝面积扩大，故拓浚整治势在必行。1999年8月，编制《常浒河拓浚工程可行性研究报告》。2000年，市政府将拓浚常浒河列为市级工程项目，省水利厅将常浒河拓浚工程列为水利骨干工程。省发展计划委员会批准实施常浒河拓浚工程。

2001年1月4日，苏州市政府成立苏州市常浒河拓浚工程指挥部，指挥部办公室设在常熟市水利农机局。整治分段标准为陈泾口至盐铁塘口段，河底宽30米，河底高程-1.0米，河口宽46米；盐铁塘至浒浦闸段，河底宽40米，河底高程-1.0米，河口宽64米；浒浦闸至河口段，河底宽60米，河底高程-2.0米。设计排涝标准为10年一遇，防洪标准为50年一遇，堤防等级为三级。

2001年4月，工程开工，至2004年12月全线完工。共拓浚河道16.61千米，改建桥梁6座。其中，公路桥4座（大虹桥、陈塘桥、梅李大桥、水泥厂桥），农桥2座（塘桥、胡家桥），完成护岸挡墙26.16千米。工程完成总土方243.89万立方米、混凝土及钢筋混凝土4.68万立方米、石方7.28万立方米。工程征用土地587.12亩，拆迁楼房27001平方米、平房30837.68平方米、附房8146.04平方米。工程总投资11638.15万元。

为了发挥常浒河的整体效益，提高常熟城区的防洪能力，2002年4月1日，江苏省发展计划委员会批复同意在常浒河上段续建新开环河。新开环河工程自常浒河兴隆陈泾口起，向上沿常熟城区三环公路外侧500—700米处实地新开河长9.22千米；河两岸建堤防青坎18.44千米；新建护岸挡墙18.44千米；改建跨河桥梁10座；新建混凝土路面防汛道路9.22千米及水系调整。

2005年，整治城区陈泾口至海虞桥段4千米，以原河中心线疏浚加深，河底宽25米，河底高程0.0米，边坡1∶3，在2.5米高程处设3米宽平台。两岸建直立式浆砌石挡墙，压顶面高4.5米。概算总投资959万元，苏州市安排防洪保安资金200万元，余由市财政承担。工程3月5日开工，5月竣工。完成土方13.74万立方米（含围堰方3.2万立方米），两岸建挡墙2.64千米，用混凝土2288立方米、石方4057立方米，投资797.78万元。

2016年，常浒河枢纽工程作为常熟市“畅流活水”工程的第一个枢纽工程正式投入建设，通过建成骨干水系连通调控体系，全面提升主城区的防洪、排涝能力。

十一、锡北运河

锡北运河是武澄锡地区防洪、排涝、调蓄、供水和航运的骨干河道。

1958年，在无锡县境内拓浚、裁弯黄泾河等老河道10余条。

1986—2000年，按Ⅴ级航道整治八士和张泾镇区段。

2001年，按Ⅴ级航道标准整治锡北运河（惠山段）白荡圩段4.2千米，新建驳岸3241米，加固老驳岸404米。是年11月，苏南干域航道网改造工程耕渎桥改建工程竣工。

2002年以来，在惠山新城区（惠山经济开发区）境内，实施锡北运河防洪护岸工程。2003年，按Ⅴ级航道、面宽50米，整治锡山区和八士两段1.82千米。2005年，按Ⅴ级航道、Ⅳ级预留，整治昆村桥段3.86千米。

2007年，锡北运河因受过境客水和望虞河高水顶托影响，加之河道淤浅，局部束狭，排水不畅，致尚湖镇王庄片区出现持续高水位（最高水位达5.26米）。汛期，王庄集镇部分住宅及企业受淹。为缓解该片区洪水压力，市水利（水务）局实施整治王庄老镇区至大河三官塘段河道，长4.38千米。

工程设计以老河中心线为基线，适当裁弯取直，拓宽浚深。拓浚标准为五窜桥上游段，河底宽15—25米，河底高程0.5米，两边坡1∶2；五窜桥下游段，河底宽10米，河底高程0.5米，两边坡1∶2。重建五窜桥、育新桥，两桥均为3孔，10米预应力混凝土空心板梁，桩柱式桥墩，钻孔灌注桩基础，重力式桥台。五窜桥总宽21米，行车道宽20米，中跨梁底高5.2米；育新桥总宽7.6米，行车道宽7米，中跨梁底高5.2米。该工程2007年10月16日开工，翌年4月30日竣工。完成土方2.84万立方米，用混凝土1598立方米、石方1543立方米，投资318.31万元，由市财政筹支。

2017年开始，苏州市开展锡北运河"一河一策"行动计划，实施锡北运河两岸堤防加高加固工程等。

2019年，锡北运河枢纽工程始建，该枢纽工程由1座12米节制闸、1座12米的船闸组成。其中，船闸位于主河道上，节制闸位于北侧支河口。

截至2020年底，行动计划目标基本完成。锡北运河水功能区水质稳定达到水环境目标要求，省考官塘断面达到Ⅲ类水标准，并稳定达标，全面消除黑臭现象，水体达到Ⅴ类以上。

十二、苏州外城河

苏州外城河又称苏州环城河，指古城外围的护城河，是整个苏州水城水系的重要组成部分，与整个城池同时建成。据1983年、1984年实测资料，进城河水网的总流量只有6—11月接近或超过40立方米每秒，其余枯水季节会出现局部或全河滞流的现象，再加之污染日益严重，特别是80年代后期大运河市区段改道以后，进入环城河的水量大幅减少，使得环城河水质急剧恶化，经常出现黑臭现象。

2001年4—10月，实施外城河整治工程，工程投资1065万元。全线清淤疏浚，平均清淤厚度在1米以上，清除淤泥和杂物78.5万立方米。范围为沿护城河内侧约100米，外侧约150米，用地面积约391公顷；觅渡桥至宝带桥段约4千米河道，两侧各100米。根据河床上污泥厚度不一，还有许多砖瓦碎石、编织袋、塑料袋等杂物的情况，采用抓斗与吹泥船相结合的方法，把淤泥装上泥驳运到郊区荒地吹填后复耕土地。整个清淤工程，先进行疏浚前清障，然后分4个标段用挖泥船分层分段施工。共完成投资1065万元，清淤平均厚度在1米以上，清除淤泥和杂物78.5万立方米。

2001年8月，环古城风貌保护工程被确定为"十五"期间中心城市重点建设十大工程之一。环

图3-4　2020年环城河相门段

图3-5　2016年环城河盘门段

古城风貌带以功能划分的四大部分，按14个绿化地块分为娄门景区、相门景区、葑门景区、南门景区、盘门景区、胥门景区、干将景区、阊门景区、太子码头景区、平门景区、齐门景区、北园景区等14个景区；又依各个景区特色构成环古城48景。工程首期于2002年5月24日启动，2002年7月28日竣工，共动迁约8111户居民，整体搬迁和部分拆迁200多家企事业单位，并清理掉历史上形成的低洼地、棚户区，完成南门路景观大道、南环路友新路高架快速干道、规划展示馆、伍子胥纪念园等工程。二期工程2004年6月26日竣工，主要为阖闾纪念园、白居易纪念园、演出中心、阊门部分城门城墙、葑门遗址纪念地、沧浪区少年宫等文化旅游设施工程；新市桥拓宽、泰让桥主桥重建、万年桥整修、爱河桥路改造、平齐路和平四路拓宽改造、齐门桥交通节点（东汇路下穿）、劳动东路拓宽、阊胥路地下人行通道及6个停车场工程；建成龙蟠水陆、气通阊阖、金门流辉、江海扬华、旧城堞影等20余个景点；吴门桥外侧、觅渡桥东北侧、皇亭小区南侧的配套设施建设；姑胥桥、干将桥、南新桥、齐门桥、相门桥、竹辉桥、南园桥等7座桥梁的装饰，规划展示馆的装修装饰；环城河两侧街景和环境的整治。

十三、頔塘

頔塘，古称荻塘，又称东塘和吴兴塘。地处太湖低洼平原，原属濒临太湖的滩地。东晋永和年间（345—356），吴兴太守殷康开荻塘。唐代曾三次疏浚。其中，贞观八年（634）于頔组织疏浚，百姓感其功德，将荻塘改为頔塘。北宋治平三年（1066），土堤改成垒石堤岸。元天历二年（1329）江南运河大修，又以巨石重筑堤岸。明清、民国继续维修加固。

新中国成立后加强疏浚和护坡护岸维修，1958年建为Ⅴ级航道。

2002年5月开始，国家投资4.2亿元整治吴江“瓶颈”段，截凸拓宽，使原50米的河面（除梅堰、震泽河段为60米外）均宽达90米。2005年，在吴江区境内完成长湖申线（頔塘平望、震泽段）应急加固工程2789米。截至2005年，境内段建有中心桥、頔塘桥、双阳桥、堰月桥、梅堰桥等跨河桥梁5座。

十四、西塘河

西塘河原河道水质为劣Ⅴ类。2002年9月至2003年12月，为改善苏州城区水环境和城市景观，苏州市委、市政府实施西塘河引水工程。工程内容包括：整治琳桥港、西塘河、十字洋河3条河道，建设配套工程，形成全封闭清水通道；引入望虞河水，从钱万里桥处进入苏州外城河，成为改善外城河水质的引水河道。新西塘河北起望虞河东侧的琳桥港，南至外城河钱万里桥，途经相城、虎丘、金阊和平江四区，全长17.87千米。河道底宽40米、河底高程0.0米，两岸堤顶高程5.5—6.0米（其中裴家圩以北6米、裴家圩以南5.5米），东侧堤顶宽度3米，西侧堤顶结合防汛通道，宽度10米。两侧72条支河全部建涵闸控制或封堵。在河道两岸建造控制建筑物和驳岸、护坡，在连通望虞河的西塘河河口，拆除原琳桥港8米套闸，建造2孔且单孔净宽9米的节制闸。裴家圩枢纽采用闸站结合方式，泵站设计流量40立方米每秒，总装机容量1500千瓦。建造堤岸防护工程31.2千米、堤顶防汛通道16.14千米，沿线口门建有8米船闸2座、6米套闸1座、4米套闸4座、2孔且单孔净宽9米节制闸1座、12米节制闸1座、6米节制闸2座和4米节制闸6座，建造涵洞14座、穿河箱涵2座、桥梁8座，并建有现代化工程信息管理系统、水质自动监测系统。完成土方185.3万立方米，填筑土方132.2万立方米，砌石10.1万立方米，用混凝土、钢筋混凝土9.75万立方米，投资3.6亿元。

西塘河引水工程被评为2003年苏州十大民

图3-6　2020年西塘河

心工程。西塘河引水工程增加环城河水体容量，提高水体自净能力，使环城河水质达到景观用水标准。2004年1月至2005年底，共引水16.7亿立方米。其中，开闸自流引水14.2亿立方米，泵站抽引2.5亿立方米，西塘河、外城河和沿线河道水质明显改善。

由于西塘河地处河网地区，水质影响因素多，为改善水环境，满足功能目标，苏州市政府决定开展西塘河的水环境综合整治。2010年11月，编制《西塘河水环境综合整治实施方案》，重点实施四大类工程，共12个具体工程项目，总投资约6.43亿元。截至2020年，西塘河水质指标明显改善，规划范围内工业和农业结构得到优化调整，主要污染物排放量得到有效削减，西塘河水达到《地表水环境质量标准》功能区要求，各控制断面水质稳定达标。

十五、白茆塘

白茆塘又名白茆港、白茆浦，因经白茆镇得名，吴越时期为海虞二十四浦之一，最早记载于宋代史书。历代治太湖水利者重视其治理，宋代知府范仲淹，元代吴王张士诚，明代户部尚书夏原吉、巡抚周忱、知府况钟和巡抚海瑞，清代巡抚林则徐和丁日昌均主持过疏浚。民国时期曾3次疏浚。

1972年10月，常熟、吴县、昆山三县先后投入民工，拓浚白茆西市梢至北港塘口段。

2002年春，苏州市实施白茆塘疏浚工程。市水利（水务）局、财政局下达经费1371.66万元。疏浚标准为：尤滞至三泾口段长3.9千米，河底宽35米，河底高程-0.5米；三泾口至南渡桥段长9.6千米，河底宽29米，河底高程-1.5米；南渡桥至老闸段长7.7千米，河底宽24米，河底高程-2.8米。边坡均为1∶3，在河底高程变化的连接处设100米渐变段。支塘集镇段局部截弯，并建护岸，河底拓宽至40—50米。是年8月开工，翌年春竣工，完成土方96万立方米，建直立式块石挡墙1909.12米。

2002年白茆闸移位改建时，入江口河道裁弯取直，使张家巷至龙王庙段河道直如一线。首先实施盛家滩至龙王庙段，与新闸同时施工。闸上游段河长1410米，标准为河底宽67米、河底高程-1.5米、边坡1∶3，两岸青坎宽5米、河底高程4.5米，堤顶宽3米、河底高程5.5米，堤顶建2.5米宽泥结碎石路面；闸下游段河长448米，标准为河底宽75米、河底高程-1.5米、边坡1∶3，青坎宽10米、河底高程5.7米，堤顶宽6米，河底高程8.7米，两边坡1∶2。

2002年12月，河道工程破土动工。老塘筑坝2条（老河用于开新河吹填土方），翌年1月21日下游坝成功截流，2月22日上游坝合拢，闸上游段绞吸船开工挖土，6月竣工。完成开挖土方74.15万立方米，投资447.09万元。闸下游段工程采用铲运机筑堤，水力挖塘机开河，吹填土入闸管理区和老白茆塘。从河底谷至堤顶全部用框格浆砌块石护砌。5月竣工，完成土方32.15万立方米，滩基石方2.59万立方米，建护岸1025米，用混凝土2805立方米、混凝土灌砌石8089立方米、干砌石2815立方米，投资719.64万元。

2004年，在闸上游两岸各500米及老白茆塘下游截流坝外侧200米建直立式浆砌石挡墙（其中，闸上游东岸300米为靠船段）。2月22日开工，8月20日竣工。完成土方8370立方米、回填土方5550立方米，用混凝土704立方米、浆砌石1395立方米，投资92.87万元。水系调整项目包括新建周家、北新港堤涵2座，闸上游支河涵9座及支河护砌、农桥、码门、板沟、上游堤顶道路等，投资165.13万元。

2004年秋，浚闸外龙王庙至河口段1.37千米，开挖土方抛入长江岸滩。河道疏浚标准为：河底宽75米，河底高程-1.5米，边坡1∶3。8月5日开工，10月15日竣工。完成土方19.28万立方米，护岸抛石163立方米，清理沉船9条，投资461.70万元。

2005年，实施盛家滩至张家巷段（简称老闸段）截弯取直工程1.7千米，开新河，填老河。2006年夏，老闸段全面竣工，投资2872.69万元。10月10日河道工程开工。春节前，河道与桥梁竣工，完成土方86.17万立方米、筑堤土方2.85万立方米。翌年春，两岸建防汛道路3千米及护岸挡墙约5千米（含闸上游空白段）。挡墙底板面高程2米，浆砌石墙顶高程4.5米，道路宽3米。水系调整包括建涵洞5座，连接涵管2座。是年夏，老闸段全面竣工，投资2872.69万元。其中，河道土方572.71万元、桥梁386.76万元、护砌及防汛道路415.79万元、水系调整99.51万元及新闸下游靠船墩等210.51万元。

2014年，白茆塘航道等级为Ⅶ级，航道规划为Ⅳ级，古里鲇鱼口至城区段改道，沿大滃接通申张线。

2016年9月，常熟市城区防洪大包围工程开建。其中，白茆塘枢纽工程是城区防洪包围规模最大的一个枢纽，项目投资1亿，泵站采用3台竖井灌流泵，流量共45立方米每秒，防洪闸单孔净宽10米，共2孔，兼具防洪、排涝、活水等多种功能。

2018年，白茆塘整治工程开工建设。该工程以区域防洪除涝和供水为主，兼顾改善区域水环境和航运条件的综合利用工程。主要工程内容包括：河道整治40.3千米；新建白茆塘船闸；新（重）建跨河桥梁9座；水系调整及配套工程等。

十六、元和塘

元和塘原为古河道，因自苏州通常熟而称常熟塘，是历史上苏州古城与常熟间的水路要道。唐元和二年（807）疏浚后，更名元和塘。元和塘东岸旧有石塘，兼作驿道。明万历年间曾筑杨公堤。

新中国成立后，拓浚苏州齐门外至陆慕段集陆慕市河段等浅窄束水段。1965年，为围垦南湖荡，开挖新河2.1千米。河道南端建有元和塘枢纽，沿线相城、常熟沿线圩区建有泵站30余座。

2010年，苏州市编制《元和塘水环境综合整治方案》，重点组织实施四大类工程，共130个具体工程项目，总投资约16.51亿元。其中，点源污染治理项目89项。2010年前关闭工业企业3家，搬迁1家，2012年前接管企业54家，2015年前接管工业企业14家，所有2015年接管的企业在2012年前完成提标改造。对单位工业总产值废水排放量大于50吨的直排入元和塘的企业在2012年前完成清洁生产审核，减少单位工业总产值的废水排放量。城镇污水处理项目17项，包括污水处理厂提标改造工程7项，污水新（扩）建污水处理厂工程2项，管网工程建设8项。面源污染治理项目22项。其中，种植业清洁生产项目8项，畜禽养殖废弃物处理利用工程5项，分散农户污染治理项目9项。河道综合整治工程2项，主要是河道清淤及河道综合整治工程。

2016年，苏州市启动元和塘整治工程。元和塘整治段全长24.75千米。其中，拓浚相城区蠡口桥至黄埭塘段3.18千米，其余河段为疏浚及局部护岸建设。整治段中属相城区段17.92千米，常熟市段6.83千米，工程投资约37674.41万元。

2014年至2020年期间，相城区分7期完成苏虞线（黄埭荡至常熟界）航道整治工程。至2023年，元和塘相城区塔影桥段已打造“浪漫生态通廊”，塔影桥以南段两岸布有活力岛、体育公园和乾唐公园，生动展现江南水乡风貌。

十七、浒光运河

多年来，浒光运河（吴中区段）未进行全面的疏浚整治，淤积较为严重，底宽不足，过水断面缩小，局部护岸存在损毁、岸坡坍塌现象，沿线低洼地区经常出现内涝，区域防洪标准较低，难以保障吴中区社会经济快速发展的需要。2012年4月5日，省水利厅批复同意浒光运河吴中区段按防洪50年一遇、排涝20年一遇标准进行治理，相应防洪设计水位为4.6米。主要工程内容为疏浚河道3.38千米，新建堤岸防护2.42千米，新建池沿上闸站和福溪河闸站。

2017年4月26日，苏州市水利（水务）局同意实施高新区浒光运河枢纽工程。浒光运河枢纽工程是苏州高新区建成区水环境整治提升工程的组成部分。工程位于浒光运河与京杭运河交汇处，兼具防洪排涝、调水引流、航运功能。枢纽工程规模为12米节制闸+12米船闸。为减轻枢纽建设对河道引排能力的影响，同步推进枢纽以东至京杭运河河段的拓浚。

2018—2020年，苏州市实施浒光运河（高新区段）清淤及岸线整治工程。其中，河道疏浚段9.5千米，拓浚段1.5千米，新建驳岸3.1千米，老驳岸顶增设挡浪板5.2千米，老驳岸后退建景观防洪墙4.7千米，绿化景观改造满足防洪要求14.8万平方米。北岸3条支河口门新建排涝闸站，东岸改造2座闸站。

实施浒光运河清淤及岸线整治工程，极大提高城市防洪排涝能力，构建城市良性水循环系统，修复水系生态环境。通过河道整治，两岸以及边坡基本实现植物全覆盖，岸坡生态性较好。浒光运河新区段结合沿线板块特点，分别建造各具特色和实用性的景观。截至2020年，浒光运河已成为一条连接苏州城区与太湖的水上休闲观光旅游带。

十八、渭泾塘

渭泾塘是相城区北部主要引排骨干河道之一，河道西起望虞河鹅真荡，东至阳澄湖，其主要功能为防洪、排涝、引水。

2013年，苏州市开展中小河流治理项目相城区渭泾塘整治工程。整治措施为河道疏浚，新建及加固堤防，新建护岸，拆除或重建束水桥梁。建设内容包括：工程防洪设计标准为50年一遇，相应水位为4.10米；排涝标准为20年一遇。内河常水位为3.0米。堤防工程级别为3级，建筑物级别为3级。疏浚河道6.64千米，加固、新建堤防长6.99千米，新建护岸6.80千米，拆建跨河桥梁1座，拆除跨河桥梁2座。工程投资2960万元。其中，中央资金592万元，省级资金592万元，市级资金1000万元，区级资金776万元。工程主要效益体现在防洪排涝效益、供水效益和水环境改善效益等方面。工程保护面积24平方千米，保护农田、鱼塘等面积为16.8平方千米，镇区、村庄及工厂等面积为7.2平方千米，保护人口25万人。

2019年，实施冶长泾—渭泾塘整治工程，工程投资11598万元，集中开展河道清淤、新建护岸、堤防等相关工作。共整治河道长度9.43千米，新建护岸13.71千米，新建、加固堤防12.22千米。

十九、朝阳河

2013年，开展朝阳河（黄桥段）河道清淤工程。河道清淤4.4千米，清淤土方约9.13万立方米。工程投资299.59万元。工程的实施不仅减轻城区河道的淤积状况，改善河网水质，还增加水环境容量，初步恢复河网水清、水活的水城风貌，为改善城区大环境创造条件；提高河道过水能力，使水体可调蓄容量和河道过水能力最大可能达到城区防洪排涝的需要，配合其他工程，使城区达到100年一遇的防洪标准和20年一遇的排涝标准。

2016—2017年，实施朝阳河整治工程。该工程集中开展河道疏浚，新建及重建护岸工作，共河道清淤4.83千米，新建挡墙5.80千米。工程投资3712.41万元。主要效益体现在以下几个方面。防洪：通过疏浚河道、整治河岸坍塌、堤岸缺失段补缺等防护工程，消除沿河两岸街道的联圩防洪隐患，配合片区其他防洪工程，提高相城区城区防洪能力，达到规划标准。排水：通过河道疏浚，河岸清理，恢复朝阳河原有河道排水断面，以满足片区规划排涝标准的过水要求。引水：在服从流域水资源配置的前提下，配合蠡塘河、元和塘、白塘西延等河道，通过引水，统一配置向相城区的供水。增加望虞河东岸相城区受水范围，以满足当地人民的正常生活、生产需求。水环境：通过疏浚淤泥，整治河岸，清理废旧船只等工程措施，同时联合环保等部门排查沿河排污口门，限期整治，减少河道污染源，改善河道水质水环境。

2018—2019年，实施东朝阳河整治工程，集中开展河道清淤工作，工程投资701万元，河道清淤6.31千米，取得防洪、引排水、水环境综合效益。

二十、洋泾河

2013年，苏州市实施洋泾河（白荡西延）整治工程。整治措施为新开及疏浚拓宽河道，新建桥梁，新建护岸、堤防。建设内容包括疏浚河道1.55千米，拓宽老河道400米，新开河道350米，新建挡墙护岸2.81千米，清障拆除拦河坝3处，新建箱涵2座；新建齐门北大街桥梁（面宽36米，跨径3×16米）。工程总投资4906.68万元。白塘西延工程是苏州古城区“自流活水”工程的水源工程，通过新开河道沟通阳澄湖与元和塘，整合阳澄湖水源优势和元和塘枢纽泵引优势，实现与西塘河水源的双源互补，为城区河道活水提供更可靠的水源保证，同时有利于相城区周边的水环境改善和防洪排涝。

二十一、蠡塘河

蠡塘河整治工程是苏州市河湖水系连通项目，该工程于2015年实施。整治措施为河道疏浚，新建及重建护岸，新建及加固堤防。建设内容包括蠡塘河防洪标准为100年一遇，河道、护岸建筑物级别为3级。河道疏浚6.89千米、疏浚土方20.85万立方米（其中，淤泥18.06万立方米）；新建（重建）护岸计长3.98千米，堤防加高加固1.52千米。工程投资3207.7万元。主要效益体现在以下几个方面。防洪：配合片区其他防洪工程，提高相城区城区防洪能力，达到规划100年一遇标准。排水：通过河道疏浚，河岸清理，恢复蠡塘河原有河道排水断面，以满足片区规划排涝标准的过水要求。引水：在服从流域水资源配置的前提下，配合永昌泾、渭泾塘等河道，通过引水，统一配置向阳澄湖和相城区的供水。增加望虞河东岸相城区受水范围，以满足当地人民的正常生活、生产需求。水环境：通过疏浚淤泥，整治河岸，清理废旧船只等工程措施，改善河道水质、水环境。

二十二、青阳港

青阳港又名新洋江，位于昆山市境内。据宋代《吴郡图经续记》，为昆山市南北2个水系互为调节的主要通道。唐天祐元年（904），吴越钱氏浚治新洋江、吴淞江。至北宋初期，青阳港成为沟通吴淞江、娄江，发挥漕运的水上通道。

1965年，申张线航道开通后，青阳港成为重要水运环节。1977年娄江实施拓浚工程，废弃一段老娄江，在陆地新开挖至青阳港。

2018年12月，实施申张线青阳港航道整治工程。工程起自杨林塘金鸡河，穿过昆山市区，终点与苏申内港线相连，按Ⅲ级航道标准整治7.65千米，与苏申外港线（江苏段）航道整治工程结合，打通太仓港内河集装箱运输通道，完善区域综合交通运输体系。

二十三、永昌泾

永昌泾位于太湖流域东部阳澄淀迎区阳澄湖片，苏州阳澄湖西岸相城区境内，西连通望虞河，东达阳澄湖，是阳澄淀迎区域的骨干河道。永昌泾拓浚整治工程是《苏州市水利现代化规划》《阳澄淀泖区阳澄湖片水利综合整治规划》确定的区域综合治理骨干工程之一，结合区域其他骨干河道整治，将健全阳澄区上游区域排水总体框架，规划提出实施永昌泾全线疏浚，元和塘以西段整治长度6.84千米（含支线），河道清淤9.7万立方米，新建口门3座，新建护岸6.3千米，新建堤防8.2千米；元和塘以东段整治长度8.37千米，清淤18.50万立方米。工程建成后可在服从流域水资源配置的前提下，增加阳澄湖西岸地区受水范围，尤其是增强高铁新城片区河网水体流动、提高水环境容量，在控源截污的前提下，促进阳澄湖西岸地区水环境的有效改善。

2020年9月，苏州市发改委批复同意苏州市永昌泾拓浚整治工程初步设计，永昌泾（元和塘以西段）拓浚整治工程于2020年12月顺利开工建设，该段工程主要建设内容包括拓浚整治河道7.12千米。其中，主河道5.68千米，支线东钱泾1.44千米；填筑堤防5.63千米，修建生态砌块挡墙护岸8.46千米；新建沿线口门建筑物4座。

二十四、济民塘

济民塘整治工程是阳澄湖综合整治工程子项目，工程投资10449.77万元。该项目在2019年4月进入准备招标阶段。建设内容有济民塘（主河段）沿用老河道，维持河道现状口宽，河道疏浚21.3千米，清淤124.04万立方米。济民塘（支河段）河道疏浚6.6千米，清淤35.50万立方米。阳澄湖西岸入湖河道10条（段）疏浚，河道总长8.08千米，清淤13.47万立方米。通过济民塘及东济民塘的整治，可以构建缓冲带，发挥天然屏障作用，调节和净化入湖水质，减轻污染最终入湖的压力，助力阳澄湖水质、水环境改善；畅通水系，提高河道过水能力，增强河道调蓄能力，帮助城市涝水顺利排出，确保防洪、排涝安全。

第二节　湖泊整治

一、尚湖

尚湖原为圩外湖泊，1959年望虞河开挖后，引排、调蓄范围调整为望虞河以东山南地区级城区。1985年，实施退田还湖，完成13.6千米环湖堤和1.5千米穿湖堤，7月放水还湖。

1992年，常熟自来水二厂取水口移至尚湖，尚湖成为二水厂的水源地。1993年，为确保取水水质，在湖西北部建4米节制闸1座（名尚湖闸），在望虞河引清时，通过张家港引水入湖。

2000年5月，建设穿湖大堤改造工程。主要工程项目有长228米宽13米的17孔石拱桥及两端观景台“望虞台”“近香亭”等。2003年，改建泄水排涝站时，该闸拆除后改建成泄水站涵，改由箱涵引水。

2005年，搬迁尚湖周边20多家工厂和养殖场，拆除网围2000亩、鱼簖9千米。在东部湖区清淤取土35万立方米，在湖西北建造引水闸，通过望虞河引长江水补给尚湖。

2008年，实施湖区围堰清淤取土工程。先实施穿湖堤东区工程，2008年开工，2009年1月竣工，计挖土224.1万立方米，投资5487.09万元。2009年，又实施穿湖堤西侧荷香洲至鸣禽洲区域清淤取土工程。2009年8月开工，2010年1月竣工，计挖土162万立方米，填筑湖南圩田、鱼池，投资4962.02万元。

2008年起，实施湖区南扩工程。退鱼池还湖，并筑小岛。至2010年，建成太公岛、拂水山庄、尚湖水街、康体公园等景点。2013年4月11日，虞山尚湖旅游度假区被批准为国家5A级旅游景区。

2009年起，实施引水工程。放水还湖后，清水原由望虞河经张家港后入湖。为直接从望虞河引清水，整治张墓桥塘，使清水从张墓桥闸直接引入。2009年4月开工，9月底竣工，计挖土10.6万立方米，投资470.89万元。同时，河上原有3孔张墓古桥，原样搬至湖内景区。

二、漕湖

漕湖多名，又名蠡河、漕河、孟渎等。《江南通志》记“漕湖本名蠡湖”。

1992—1995年，吴县太湖治理工程指挥部实施堤岸护砌等环湖控制工程。1992年1月至1993年11月，建东岸复堤13.03千米。其中，黄埭段（现位于漕湖街道）7.96千米，北桥段5.07千米，用土方30.98万立方米。复堤标准：顶高程6米，顶宽5米，内外坡比1∶2，内青坎宽5米。建护岸挡墙6.46千米，翻建1.5千米，底高程0.7—2.5米，顶高程5米。建口门水闸11座，其中张沙港、上方港、胜岸港3座4米套闸，张华港、孙巷港、西桥港、院介港、西望港、马河头、居埂港等7座4米宽防洪闸及三梅浜6米宽防洪闸。

2006年，苏州相城经济开发区建漕湖产业园，同时建漕湖生态商务休闲旅游区，特邀荷兰专家规划设计，水域面积5.04平方千米，总投资5亿元。2007年4—11月，清淤取土630万立方米，在湖中堆筑4岛，面积27万平方米，沿岛建造6562米浆砌块石驳岸。2008年11月，沿湖建设堤防、驳岸、桥梁、湿地等工程，建造5.24千米环湖路和5座桥梁。2009年4月，建造漕湖大桥连通岛屿；5月，建造南码头，码头栈道长194米；9月，建造北码头，码头栈道长219米。

三、傀儡湖

傀儡湖原处在长江三角洲太湖平原前缘，由海湾潟湖演化而来。60年代前，湖泊一直保持着自然状态。1969年，西拓野尤泾，东疏庙泾河，进一步沟通阳澄湖经傀儡湖到娄江的东排通道。1983年，昆山正仪镇在傀儡湖维护养殖。

1994年起，昆山市政府启动水源保护工程。1995—1998年，在湖周围建造野尤泾、中圩港、庙泾河、思常港4座控制闸，搬迁改造水闸12座，拆除湖内围网2平方千米，对庙泾河沿线村庄实施改水、改厕，每年截流1000多万立方米污水。

1998年，昆山市人民政府成立昆山市傀儡湖工程指挥部，由市水利农机局、建委、交通局等部门联合组成，并设立办公室负责具体日常工作，从1999年起至2009年的11年中，先后实施6个方面的工程。湖内“三清”，清退鱼塘、清理围网养鱼、河底清淤；建设环湖林带、人工湿地；建设沟通阳澄湖与傀儡湖之间的引水箱涵；整治和封堵庙泾河两岸支河污染源；制定《昆山市傀儡湖水源保护管理条例》，加强对湖区水资源的保护；在水源地设立危险品车辆禁行标志，完成绕城高速公路穿湖段的防泄漏工程。共计投入资金达到2.95亿元（含周边建设拦截污染源的水利配套工程投资），通过一系列的工程与生物治理措施，蓄水量从整治前的800万立方米增至2200万立方米，水质已达到Ⅲ类水标准。

1999年，实施退塘还湖、清淤和沿湖筑路堤工程。清退鱼塘1.35平方千米，修筑环湖路堤和护坡3.48千米。湖底清淤挖标高至1.17米，路堤顶高5.07米，宽12米，内坡1∶2.5、外坡1∶2，迎水面护坡底埂高程1.97米，护坡顶高4.07米。

2002年，昆山市政府全面实施水源生态保护工程。工程范围西起阳澄湖野尤泾入口，包括野尤泾、傀儡湖、庙泾湖、水源厂的全部水域和沿岸200米纵深陆域。共搬迁5个自然村，66户村民，103幢住房和2座村办厂；关闭砖瓦厂3座，退窑还湖1200亩，退塘还湖2650亩，退网还湖6150亩；拆除穿湖路堤4千米、塘埂7千米及砖厂取土围堰2.9千米，完成土方35万立方米；清除湖底5.05平方千米淤泥，淤泥量124万立方米；修筑环湖、沿河大堤18千米，面宽18—50米，封堵截断沿岸支流39条，完成土方95万立方米；在庙泾河和傀儡湖大堤外侧开挖顺堤河15千米，疏浚沟通周边水系，阻断水源区域范围人行通道，营造防护林带，实施水源地的水系封闭管理。

2004年3—8月，实施引水通道贯通工程，建成阳澄湖至傀儡湖第二引水通道，通道采用4米×3米双孔地下钢筋混凝土结构箱涵，全长1.45千米，进出口各设双孔4米升卧式闸门控制，设计日引水50万立方米；营造环湖湿地22.6千米，完成土方32万立方米，种植芦苇等水生植物12.3万平方米；沿湖植树16.3万株，建成防护林带18千米、面积1350亩；恢复湖内鱼类自然放养，主要投放以食藻类和浮游生物为主的鲢、鳙鱼，抑制水体富营养化。

2007年，清除周边村民擅自在堤河中设置的竹桥、围堰，阻止无关人员进入水源地，向湖中投入花白鲢等鱼苗，以助傀儡湖水源生物净化。10余米宽、20余千米长的湿地水生植物环绕在傀儡湖的四周，使其成为昆山西北区域一个别有特色的自然风光景区。

四、金鸡湖

金鸡湖，清康熙四十八年（1709）前称金泾湖。

1997年5月，苏州工业园区根据中新合作区总体规划，实施金鸡湖环境综合治理，1999年2月启动金鸡湖景观工程建设。2003年8月全面实施金鸡湖清淤工程，逐步把金鸡湖从原来的农村型渔业养殖湖泊转变为城市型生态景观湖泊。建设规划以人与自然相融合为理念，将自然景观特点和区域功能定位相结合，把金鸡湖分成湖滨大道、水乡邻里、文化水廊、望湖角、金鸡墩和玲珑湾等8个各有特色、相互呼应的主题景区，构成一个美丽的环湖风景带，成为与苏州古典园林相映成趣的新景点。

2017年开始，苏州工业园区大力推进金鸡湖及周边区域水环境综合治理工程。项目方案于2017年6月编制完成。综合治理工程主要包括：调水引流工程、控源截污深化工程、出入湖河道整治工程、金鸡湖生态修复工程和智慧管控工程。项目总体布局如下：构建金鸡湖及周边河网调水引流体系，优化阳澄湖南排工业园区的水量配置。建设前置库，净化引水水源；实施引水泵站、沿线支河口门控制等措施，提高优质水源利用效率，保障清水入湖，增强金鸡湖水动力条件，加快湖区水体置换，改善湖区水环境，增加透明度；有效控制环金鸡湖口门，适当抬高金鸡湖运行水位，阻止劣质河水入湖，通过环湖口门向周边河网供水，促进河网水体有序流动，改善水质；开展控源截污深化措施，确保污水不入河。降低污水管网运行水位，完善和维护污水管网；实施雨水管网清洗；整治出入湖河道，实施生态清淤；利用调水引流沿程水位差，视引水河道条件结合河道整治建设水景工程，提升景观品质；结合金鸡湖水岸慢行绿道规划及景观设计等，在有条件的区域建设物理吸污、拦截等生态措施；择机研究湖滨带水下地形再造、消浪、植被修复（挺水植物和沉水植物）等生态修复措施，减少湖泊内源释放、改善湖区水质，提升金鸡湖景观效果；构建智能管控体系，实现实时、快速、高效、精确的智慧调度与管控，提高工业园区现代化、信息化、科学化的水环境水生态管理能力。

金鸡湖水环境综合整治一期工程于2017年10月开工，内容包括木沉港泵闸站建设、娄江水立交枢纽、金鸡湖及周边区域控制口门、引清片区雨水管道清洗和河道清淤等工程。2018年5月，顺利实现调水引流一期工程通水，将阳澄湖小西湖的优质水源引入金鸡湖，完成阶段性目标。同时，金鸡湖水域岸线整治也持续推进，确权划界工作的完成，为维护金鸡湖正常水事秩序提供重要法律依据。依据划界线，苏州市利用卫星遥感手段，开展水域岸线动态监测并定期通报，加大金鸡湖岸线整治力度。

通过金鸡湖水环境综合治理，园区有序构建金鸡湖及周边河网调水引流体系，构建智能管控体系，提高金鸡湖及周边区域整体环境质量。2020年，金鸡湖水质达到Ⅳ类水质目标。

五、阳澄湖

古阳澄湖一带原属低洼地区，常大面积积水，故为沼泽。春秋末期，吴国以阳澄湖为屏障，在湖东、南、北部筑12座城堡，南武城、巴城等即于此时所建。北宋水利学家郏亶《水利书》中有阳澄湖相关记载。

2000年，苏州市集中开展阳澄湖区域的退圩还湖工作。

2002年10月，在阳澄西湖北园水厂取水口东北450米、北河泾出湖口东800米处清淤取土，面积0.53平方千米，挖深2米，挖土106.72万立方米。2007年，拆除湖中网围，全湖网围养殖面积从8.06万亩缩减至3.2万亩；相城区拆除阳澄西湖和东湖西湾湖区网围，网围养殖面积从5.05万亩缩减至1.6万亩。2005—2010年，投入268.2万元，疏浚36条入湖河道，长23.8千米，清淤24.98万立方米。

2013年后，阳澄湖环湖地区通过连续两轮推进阳澄湖生态优化的行动，完成331项重点工作项目有效治理和改善阳澄湖水质。2019年，苏州市政府开展阳澄湖生态优化攻坚行动，出台2019—2020年生态优化攻坚行动计划，实施8大类共57项重点项目。

2017年9月6日，《阳澄淀泖区阳澄湖片水利综合整治规划》获得市政府批复同意。阳澄湖综合整治工程共22个项目，总投资27.07亿元，分三年实施（2017—2019年），主要涉及常熟市、昆山市、相城区、工业园区和高新区，其中调水引流12.26亿元、水系整治6.17亿元、生态保护8.49亿元、监测设施0.15亿元。工程涉及征地约1040亩。工程具体情况如下：

调水引流。永昌泾拓浚整治工程建设内容为河道全线拓浚17.1千米，沿线口门建筑物，堤防及护岸，跨河桥梁等。阳澄湖中西湖连通工程建设内容为周家浜拓浚整治2千米、沿线桥梁改建1座、支河口门建筑物4座、周家浜泵站（25立方米每秒），岸线整治3千米。阳澄湖中西湖连通工程是《阳澄淀泖区阳澄湖片水利综合整治规划》确定的重点工程，位于阳澄湖中西湖北部湖湾连接处。工程总投资17625.6万元，2018年2月开工，2019年6月竣工。工程完成周家浜河道拓浚整治2千米，建成周家浜枢纽（25立方米每秒泵站+12米节制闸）1座、两岸支河口门控制建筑物4座，整治中湖北部官泾港—马路咀段湖岸线3千米。工程沟通中西湖北部湖区，加强湖体间水体流动，增加西湖进水量，提升西湖水环境容量，为西湖水质改善创造条件。巴城湖隔水堤工程建设内容为在巴城湖内建设1.4千米隔水堤、大堤绿化、节制闸1座、景观及配套桥梁工程。阳澄湖南部出湖河道整治工程建设内容为陆泾河、大水泾、小水泾清淤整治9千米（含陆泾河、大水泾铁路箱涵扩大）等。

水系整治。冶长泾、渭泾塘整治工程建设内容为疏浚河道11.6千米，其中冶长泾全段7.3千米、渭泾塘（元和塘—骑河段）4.3千米，两岸配套加固、新建堤防及护岸，以及沿线支河口门改造等。冶长泾、渭泾塘整治工程于2019年3月开工，并于2020年5月顺利通过完工验收，项目完成疏（拓）浚河道9.43千米，新（改）建护岸13.51千米，堤防加固12.8千米，通过新（改）建护岸、加固堤防以及河道疏（拓）浚，恢复和扩大冶长泾、渭泾塘河道排水断面，满足片区排涝要求，改善河道沿线环境。北河泾整治工程建设内容为生态驳岸栈道、景观桥梁、景观建筑、绿化等。朝阳河整治工程建设内容为清淤整治9千米，两岸配套护岸。项头港、界浦港整治工程建设内容为10千米河道清淤、堤防加固、挡墙修复等。黄埭西片区水系调整建设内容为新建护岸11.7千米，新建（加固）堤防3.5千米，闸站建筑物5座，桥梁改建3座，疏浚河道1.04千米，对黄泥港铁路箱涵实施防护。

生态保护。周边河道整治工程建设内容为整

治河道126条（段），配套部分生态护岸。生态堤防工程建设内容为新建、加高加固堤防约17千米，岸坡整治，建设滨水生态护岸约20千米。阳澄湖环湖河口区清淤工程建设内容为对阳澄西湖、阳澄中湖西北岸沿线入湖河口区域进行生态清淤。环湖湿地建设工程建设内容为上游环湖50—80米区域内建设滨湖林带、人工湿地22万平方米。东济民塘整治工程建设内容为河道整治6千米，包括老河清淤4千米，拓浚2千米，两岸配套生态护岸及堤防。济民塘生态治理工程建设内容为河道生态清淤19.5千米，及岸坡整治、生态护岸、滨河绿化等。阳澄湖生态修复工程是阳澄湖综合整治工程的重要组成部分，主要包括阳澄中湖生态修复工程和阳澄西湖屏障带工程2个子项工程，通过修复环湖湖滨岸线76.26千米，新建10处、总面积138.2万平方米入湖河口强化预处理区和230.4万平方米湖滨湿地带，着力构建‘两带多点’的生态修复总体布局和‘北部拦截、西部屏障、南部涵养’的保护框架，工程总投资约59099万元。其中，阳澄中湖生态修复工程于2019年4月开工，至2020年8月竣工，阳澄西湖屏障带工程一期于2019年9月开工，至2020年6月竣工。

六、白蚬湖

白蚬湖俗称白蚬江，因湖中盛产白蚬得名。清光绪《周庄镇志》云“为古东江之江身”，1968年冬，昆山县与吴江县联合围垦消灭钉螺，筑坝1.3千米（2条）。80年代以后，在沿湖口门建成北友、西头溪、蚬南大西港、北印、三合等闸站调蓄水位。

1991年以来，随着工业化和城市化步伐推进，上游工业污水、生活污水和围网养殖成为侵害白蚬湖水质的三大源头。

2000年，古镇周庄投入大量资金，实施白蚬湖水环境治理工程。在湖四周分段筑坝，抽干河水，铺设“之”形管网，截流接入两岸住户的生活污水。经过治理，水质大幅改善。湖区先后四次压缩围网的数量，涉及的围网和杂船已全部清理。同时，加大对白蚬湖周边工业、企业的监管，杜绝偷排现象，从源头上杜绝工业污水流进白蚬湖，通过一系列治理措施，白蚬湖水质达到Ⅲ类水标准。

2009年，周庄古镇启动白蚬湖急水港段的生态护岸工程，通过沿岸芦苇带、湖滩植被的种植以及乱石滩涂营造等，形成生态保护带，截至2012年末，完成1.3千米的湖岸生态绿化修缮。

2017年，苏州市水利（水务）局开展白蚬湖“一河一策”行动。计划对白蚬湖沿岸局部薄弱堤段实施堤防、护岸达标建设，提高防洪保安能力；强化企业污染治理，对工业废水进行集中处理，提高工业企业清洁生产水平；加强城镇生活污水收集管网建设，全面完成农村生活污水处理设施建设，统筹推进城乡生活垃圾回收处理；控制和削减农业面源污染，加大畜禽养殖、水产养殖污染治理力度，推广有机肥和高效、低毒、低残留农药的使用；加强船舶污染防治工作。截至2020年，计划目标已基本完成。

七、石湖

石湖位于苏州古城西南5千米、太湖以东5千米处，南北长4.5千米，东西宽2千米，水域面积2.74平方千米，分为东石湖、西石湖和南石湖三个湖面，湖中有7座小岛，吴堤、越堤、石堤、杨堤和范堤5堤横卧于水面之上。石湖湖底平均高程-2.52米，多年平均水位为2.90米，历史最高洪水位4.65米。石湖出入湖河道有10余条，承接西部上方山来水和南部太湖来水，向北经越城河，向东流经跃进河、西塘河等与京杭运河相连。湖泊岸线总长12.82千米（按照临水边界线统计）。

石湖属古太湖湖泊群的一部分，史料记载可追溯到春秋战国时期。1966—1976年间，石湖水面被围垦。1986年，苏州市政府做出退田还湖的决定，至1988年，恢复约2平方千米水面。

2002年，石湖景区启动清淤工程，对2平方千米水面进行拆除围养工作，并在当年9月初正式实施筑堤抽水。两年多的时间里，共清除淤泥土方400余万立方米，在2004年底基本完成东、北石湖的清淤工作。

2010—2012年，苏州市对石湖景区东部滨湖区域进行完善整改，相继建成环湖风光带、环湖景点、景区东入口等工程；恢复和新建天镜阁、桃花岛、七星伴月、梅圃堂、四贤游湖等历史人文景点。2012年5月，滨湖区域工程竣工，正式面向全社会开园。自此，石湖景区成为苏州老百姓休闲娱乐、归心自然的一大去处。

2013年12月31日，苏州市发改委同意石湖片区水环境提升项目调水引流工程初步设计报告。该工程包括15立方米每秒泵站和10米节制闸组成的小石湖泵站、越城河16米钢坝，邵昂河2×8米钢坝，跃进河8米钢坝，后溪港5米钢坝，戗港28米橡胶坝，苏东河16米橡胶坝，姚湾港12米橡胶坝，蠡墅港15米砌石堰，衡一河、南溪江10米砌石堰，南石湖、彭泾河8米砌石堰共13座控制工程，工程总投资5055.39万元。

石湖片区水环境提升工程通过新建小石湖泵站、越城河等控制闸坝12座，引东太湖水体入石湖，抬高石湖及小石湖周边7平方千米水域，使石湖水体达到Ⅳ类景观水标准。同时结合周边地区进行截污、治污，沿湖等生态治理措施，使石湖水质达到Ⅲ类水标准。同步提升吴中区的越溪、长桥板块和姑苏区的沧浪新城南片河网的水质，受益面积达35平方千米。

石湖景区范围内完成吴堤岸坡整治0.18万平方米，河道清淤0.6万立方米，并建立保洁长效机制。石湖景区服务配套设施建筑（含景区内商住点、商贸点）全面实施雨污分流，污水接管收集，办理排水许可并纳入登记和监管。维修石湖生态驳岸2.25千米、石驳岸1.08千米、维修亲水木平台700平方米等。同时建设石湖水质监测系统，并定期监测，建立双月报制度。

2017年6月23日，石湖第一次河长会议明确要求开展“吴越春秋”环境整治，在石湖市级河长的主导下，属地牵头，部门联动，仅用两个月就将石湖景区旁边这块存在20多年的“牛皮癣”彻底根治，并建成石湖生态园。问题解决后，苏州高新区和吴中区继续对石湖开展联合共享共治。

图3-7　2017年石湖

2018年11月，为全面贯彻落实和深化河湖长制，综合治理石湖，苏州市制定“一湖一策”石湖行动计划。全部排水口按照规定办理排水许可，全部达标排放；深化石湖引调水运行方案，对西岸河道实施生态清淤；结合湖泊岸线防护，建设滨湖生态湿地；加强河湖岸线利用管控，严格控制建设项目占用岸线，实行占用水域补偿制度；以传承和弘扬水文化为核心，积极创建石湖水利风景区。

到2020年，湖滨岸护岸达到100%。湖体水质保持在Ⅲ类水功能标准，湖泊健康综合评价等级上升并仍有持续改善趋势。

八、盛泽荡

盛泽荡又名盛泽湖。荡底曾见宋瓷、街巷遗址。1974年，渭塘、湘城（阳澄湖镇）联合在北部筑东西向大堤，围垦为农田、鱼池。

2003年5月至2004年11月，相城区对盛泽荡实施干湖、清淤整治。清淤取土1100多万立方米，挖深2.5—3.0米，挖土量800余万立方米，堆筑2个岛屿和1个半岛。规划盛泽湖景区东至湘太路，西至227省道复线，北至凤阳路，南至渭泾塘，总用地面积16.51平方千米。湖岸线长17.19千米。其中，浆砌陡坎4.9千米、土质斜坡12.29千米，南岸1.9千米土质斜坡上筑有景观石。为保护水环境，建造2座水闸，封闭进水河道。

2005年底，完成6平方千米启动区内的道路、桥梁、管网、沿湖景观等基础设施，建成面积分别为3.34万平方米和10.7万平方米的2座湖心岛及面积为5.34万平方米的1座半岛；建成120万平方米环湖湿地景观带和400多万平方米生态绿地。经清淤挖深后水深5米以上，面积3.86平方千米，容积约2000万立方米。有进水河道5条、出水河道4条。

九、昆承湖

昆承湖位于太湖下游阳澄水系。80年代前，昆承湖湖水清澈见底。1956年始建水产养殖场。

90年代起，随着周边工厂、人口增多，大量污水入湖，昆承湖水质逐渐恶化。2004年，常熟政府决定启动昆承湖生态修复工程。2005年，常熟市组建常熟市昆承湖开发建设有限公司，实施生态修复工程。

至2013年，先后实施湖周截污治污、清除湖区围网养殖、张家港航道隔水坝（现名言子堤）、穿湖堤（现名状元堤）、环湖路、口门控制以及湖区清淤、筑岛造地、植树绿化、景区配套设施等工程，累计投资10亿多元（不含征占拆迁补偿及截污、治污投资）。工程具体情况如下：

截污治污与清除围网养殖。2005年底至2006年夏，对沿湖53家排污企业实行关停、压缩、整顿、搬迁，对常熟服装城、常熟理工学院、虞山镇莫城管理区等区域的生活污水实施截流接入污水管网，对湖区及大溺5000多亩围网养殖同步清除。

隔水坝工程。2006年，为截断张家港及服装城区域污水入湖，实施张家港航道穿湖段隔离——隔水坝工程，坝长2.21千米。2007年12月竣工，总投资3461.79万元。

穿湖堤工程。2007年2月开工，先构建抛石棱体，再取湖底土方填筑，工程进展顺利。2008年底，主体工程完竣。计挖土150万立方米，用石块9万立方米、混凝土1.5万立方米，湖中筑岛512.8亩，总投资1.36亿元。

环湖路工程。2008年，实施穿湖堤北部环湖路建设工程。环湖路全路段铺设沥青混凝土路面，车行道宽8米，背湖侧非机动车道宽3米。是年年底竣工，计挖土20万立方米，用石块5万立方米、混凝土2万立方米，总投资2500万元，后又建穿湖堤南部环湖路。

清淤筑边滩、小岛。为改善湖体水质、开发休闲景点，2008年始，结合筑边滩和湖中小岛进行湖底清淤工程，先后填筑体育公园、公望岛等地块。工程历时3年，计完成棱体抛石16.68万立方米、挖土774.45万立方米，填筑边滩、小岛3166.3亩。

穿湖堤东入口景观工程。位于穿湖堤东入口占地250亩，2008年11月开工，建有入湖游客服务中心、景观休闲区、滨水生态区及停车场、码头、园路、绿化景观等，总建筑面积8.03千平方米。

入湖口门控制工程。2006—2012年，先后建成昆承湖、陆申泾、龙泾、后港、大陈泾、莫城河6座节制闸，有效控制张家港航道、湖西、湖南污水入湖。

2020年，苏州水利（水务）局制定生态美丽昆承湖建设方案，规划通过水污染治理、入湖河道治理、入湖口湿地生态修复、湖滨带建设、智慧管护等措施，持续提升昆承湖区域地位、改善湖滨环境、延续常熟文脉、构筑高质量发展新优势，努力将昆承湖打造成“灵秀荟萃的新城多彩湖泊”。

十、南湖荡

南湖荡位于常熟西南，因地处尚湖之南得名。相传明代为无锡华太师所有，原名华荡。元至正年间（1341—1370）曾筑华荡圩，后环水为湖。1964年，曾组建南湖荡联合水产养殖场，1966年，因灭螺需要结合粮田建设，再次围垦建圩。

1999年大水，南湖荡大堤出现严重渗漏。是年冬，对南湖荡圩实施整治。在沙洞线东管涌段外侧建钢筋混凝土扶壁式挡墙，堤身用黄黏土填筑夯实；元和塘隔水大堤外侧由交通部门建重力式浆砌石护岸，加高加固堤防，并筑内青坎挡墙；改建南湖荡闸站。2000年5月竣工，耗资400多万元。

2009年，常熟市水利（水务）局、河海大学联合编制《常熟市南湖荡保护规划》，9月16日，常熟市政府批准实施。规划范围以南湖荡为主体，北起练塘河，南至沈张公路，东起元和塘，西至望虞河，总面积14.7平方千米。规划针对湖体过分狭窄，采取“两侧拓展”“一侧拓展”“一退一拓”和“绕岛拓展”几种方式因地制宜布局岸线，改善湖体形态，湖荡主体水面积由原来的2.29平方千米增至3.23平方千米。2009年6月，常熟市政府建立南湖荡生态修复工程领导小组，成立常熟市南湖荡开发建设有限公司，具体组织实施生态修复工程建设。2009—2013年，常熟市南湖荡开发建设有限公司又先后组织编制《常熟市南湖综合保护建设规划》《常熟南湖湿地中心区规划方案》《南湖荡地区建设控制规划》。南湖荡湿地控制范围24平方千米。其中，6.3平方千米为核心区，3.8

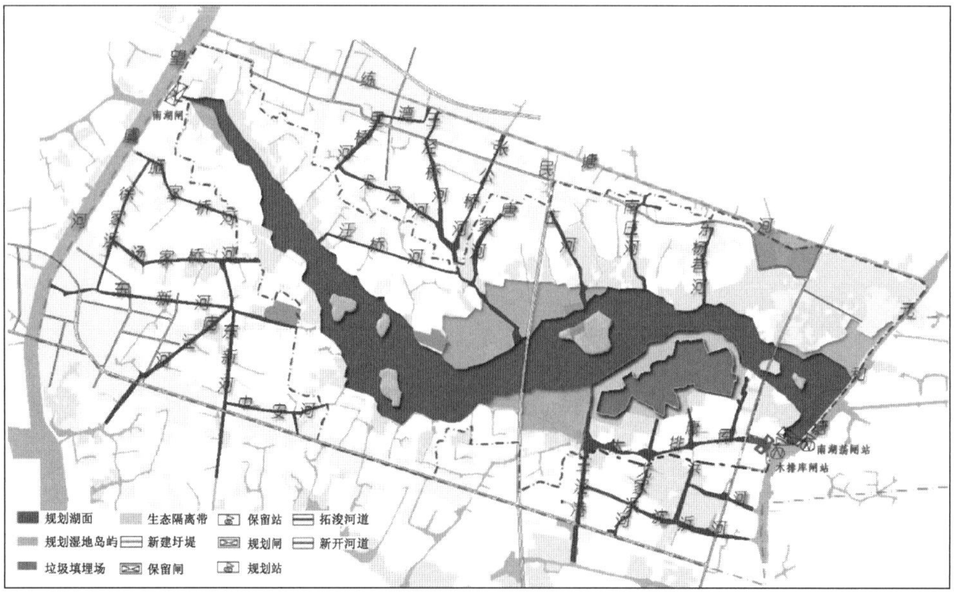

图3-8　2009年南湖荡保护规划图

平方千米为中心区。依托南湖荡独特的自然条件，以生态湿地的恢复和重建为主要内容，显现“原生态湿地、原真性乡野”的特色，实施清除围网养殖、调整湖岸形态、湖底清淤、运土筑岛、建环湖道路及环湖生态廊道、湿地修复、景观营造、绿化等工程，实现湖泊保护和生态湿地修复的目标。

南湖荡生态湿地修复工程共征占用鱼塘、土地2700亩，搬迁民房30户、厂企9家、猪鹅场14家、苗圃2个等，安置失水移民485人，共支付补偿安置费2亿多元。

2010年，在中心区两端筑坝，抽干湖水，用陆上施工机具清淤取土，开挖小河，连同走马塘工程运来的15万立方米开河弃土，一同填没两岸坑塘，构筑岛屿、地块。湖底挖至高程-2.6米，岛面高程4米，湿地高程1.6米。

2012—2014年，先后建越湖拱桥2座，湖周小桥4座、环湖路9千米，构建岛屿景观，建广场、停车场、游步道（5千米）、亭台楼阁、九曲廊桥等休闲设施，植树9.6万棵，绿化1800亩，形成百果园、清风荷园等绿地景观，累计投资近4亿元。至此，南湖荡已建成集生态、游览、科普、休闲为一体的生态湿地公园。

十一、元荡

元荡原是淀山湖一个湖湾。1975年，元荡被辟为吴江市和上海青浦区联合投资管理的水产养殖基地。70年代末，上海在荡东开辟淀山湖大观园游览区。1994年，吴江汾湖旅游度假区在荡南岸成立。沿湖进出口建成北俯港、东寿塘、低高新开河、小荡、杨树湾、南鹰港、吴家村等防洪闸。

2016—2020年，吴江区集中力量推进元荡综合治理提升，全力做好示范区跨界河湖治理样板。实施青浦—吴江元荡联合治理项目，对18.9千米生态岸线贯通和湖滨生态修复方案进行整体策划，初步形成“一环、六湾、多点”（一环即打通沿湖贯通环线，六湾即形成六大主题湖湾区，多点即串联多个景观节点）的总体空间布局。总体投资约16.2亿元。其中，吴江段12.7千米、总投资8.8亿元。工程具体情况如下：

大力削减污染负荷。深入推进农业和养殖污染防治，完成沿岸1880亩养殖池塘生态化改造，实施退渔5542亩。强化生活污水治理，完成沿线十里江南小区、枫华国际学校、城司新天地等20个雨污分流改造项目。周边23个自然村中，22个村庄已完成生活污水治理。

图3-9 2013年南湖荡生态修复施工现场

严格水域岸线管控。整治元荡周边河湖“四乱”问题16处，实现元荡周边涉湖“四乱”问题清零，岸线环境面貌持续提升。与上海市青浦区共聘元荡联合河长，常态化推进联合巡河、联合管护、联合监测、联合执法、联合治理。强化河道长效管护，持续推进“清剿水葫芦、美化水环境”专项行动，累计出动2200余人次、500余船次，确保元荡长效管护到位。

积极推进工程治理。完成水系连通试点县环元荡段工程，工程总投资9.3亿元。其中，水系连通4.08千米，河道清障11处，清淤疏浚31.3万立方米，防洪堤防11.95千米，防汛道路（含环湖步道）10.88千米，生态护岸13.81千米，湿地带50.44万平方米。通过水系连通、清淤疏浚、堤防加固、生态修复等综合治理措施，实现防洪标准、生态质量和环境面貌综合提升。元荡周边河道排涝能力和治理范围内村镇防洪能力均得到提高，防洪标准达到50年一遇。

科学实施畅流调度。制定元荡畅流调度方案，利用农历初一、十五天文潮的时机，通过太浦河沿线北窑港等口门调度，增强三白荡、元荡等湖泊水体流动性，改善水质，推动生态质量提升。

2020年3月份，启动吴江区水系连通及农村水系综合整治试点县项目（即元荡岸线一期、二期贯通工程）。项目区位于黎里镇东部两省一市交界区域，是长三角生态绿色一体化发展示范区中先行启动区的核心区域，西临牵牛河、东连淀山湖、南依太浦河、北靠澄湖，总面积约100平方千米，规划重点打造元荡生态综合治理示范样板，构建“一心为核、三带串联、多点聚焦”的治理布局。

十二、暨阳湖

暨阳湖是张家港重要的生态公园，中心水域面积达0.67平方千米，是由2000年修建沿江高速公路时采用集中取土的方式开挖而成。湖西南与西区河交界处设有闸站。暨阳湖湿地位于暨阳湖生态园区西南部，全长约1.6千米，总面积约0.17平方千米，是整个暨阳湖水园区生态循环的重要组成部分。该项目由美国HILL景观设计公司设计，根据暨阳湖水系和张家港本地气候特点，建成为多处理层级、较为完备的人工湿地。工程投资约2500万元，绿化建设投资近2800万元，于2007年开工，2009年底竣工。

图3-10　2012年暨阳湖

第四章 长江治理

长江苏州段干流总长度125.33千米，流经张家港、常熟、太仓三市。1991—2020年，苏州市持续开展长江综合治理，涉及堤防建设、河势控制、边滩整治、岸线保护与利用等多个方面。同时，张家港、常熟、太仓分别建立长江水利工程管理机构，制定管理制度，促进沿江河道、堤防和涵闸的保护、管理与长江岸线开发利用。通过持续治理，沿江主江堤基本达到100年一遇，沿江水利工程已成为保护苏州社会经济发展、保卫人民生命财产安全的重要保障。

《长江流域防洪规划》中对堤防的要求是长江中下游总体低于1954年洪水，对于江苏长江口堤防防洪潮标准为100年一遇高潮位遇11级风。对河道的规划要求是福姜沙汊道维持河势现状，守护左汊内左岸的崩岸段。如皋沙群汊道要采取措施稳定中汊分流比，控制其平面形态，确保中汊出口段主流流向基本稳定。通州沙汊道近期治理重点为稳定南通弯道及其以下的左岸岸线，维持有河势。如皋沙群汊道、通州沙汊道的远期治理方案应根据因势利导的原则，适时采取工程措施稳定主流，使河道向稳定的双汊型发展。长江口段护岸工程应从利于河势、防洪、航运、港口、城镇建设及沿江工农业生产发展需要，结合本河段特点、河床边界及河势变化发展趋势等分析确定。

第一节 堤防建设

一、基本状况

根据流域防洪规划统计成果，苏州市江港堤防160.91千米。其中，主江堤134.61千米，港堤26.3千米。穿堤建筑物89座。其中，水闸29座，泵站2座，闸站12座，涵洞46座。

90年代以来，围堤建设不断推进，特别是《长江中下游干流河道治理规划》《长江口综合整治开发规划》《长江澄通河段河道综合整治规划》等相关规划批复以来，为控制和改善河势稳定，在澄通河段和河口段内相继实施一系列河势控制工程。其中，圈围工程作为河势控制工程的重要组成部分，建设内容是在主江堤外新建围堤，主江堤和围堤双堤并存，形成“双堤挡水”的局面。苏州境内长江河道圈围工程主要包括张家港西水道、常熟

表4-1 2020年苏州各市江堤、港堤分布情况

地区	主江堤（千米）	港堤（千米）	堤顶高程（米）	堤顶宽度（米）	边坡
张家港	62.25	15.55	6.50—8.40	6.00—12.50	1:3
常熟	34.10	5.92	6.50—7.20	6.00—11.00	1:3
太仓	38.26	4.83	6.50—7.20	7.00—10.50	1:3

铁黄沙、福山水道南岸以及太仓边滩，合计约99.1千米。

（一）张家港市

张家港境内长江江堤西起金港镇长山与江阴交界，经金港、大新、锦丰、乐余、常阴沙和双山岛，东至东沙镇芦福沙与常熟交界。1996年初，全市共有各类江港堤防166千米。其中，主江堤89.77千米，港堤24.43千米，外围堤、备用堤51.8千米。1996年10月至2005年5月，按照《江苏省江海堤防达标建设修订设计标准》，张家港市在全省率先实施达标江堤建设，江堤防洪标准为50年一遇。2005年7月至2008年12月，市境提高标准，按100年一遇防洪标准加高加固主江堤（含洲堤）和港堤。至2008年末，全市主江堤长87.89千米。

表4-2　1996—2008年张家港市长江堤防情况

堤防		1996年	2005年	2008年
主江堤	长度（千米）	89.77（含双山洲堤16.07）	88.55（含双山洲堤16.77）	87.89（含双山洲堤16.11）
	顶宽（米）	6—8	6—8（双山洲堤5—6）	6—10.5（双山洲堤9）
港堤	顶高（米）	8—8.5	8.98—9.25 （双山洲堤8.55—9.28）	8.98—10.06 （双山洲堤8.75—9.25）
	长度（千米）	24.43	16.5	16.17
	顶宽（米）	4—8	4—8	5—10
外围堤	顶高（米）	7.06—8.5	7.06—8.75	7.06—9.56
	长度（千米）	18.27	13.28	13.28
	顶宽（米）	4—5	3—8	3—8
备用堤	顶高（米）	7.5—8	7.5—8	7.5—8
	长度（千米）	33.53	33.75	33.75
	顶宽（米）	4—8	2.5—13	2.5—13
	顶高（米）	—	—	5.2—9.2

（二）常熟市

常熟沿江堤防随河势变化和近期的利用保护而几经调整，堤防从福山老闸西至白茆塘口东，主堤防全长29.45千米（福山水道南岸边滩整治段堤防仍按原堤走向计入），其间有9条河道通江，闸外河道两侧港堤长15.41千米，另加闸身段1.2千米，境内沿江堤防总长46.07千米。

90年代起，常熟沿江堤防历经几次比较大的调整，包括1992年望虞河口以西段堤防建常熟电厂贮灰场灰坝、1997—1998年北福山塘入江口延伸和2004—2005年间崔浦延伸；1997年冬至2002年间江堤达标建设、2007年冬至2009年间常熟边滩整治和2010年冬至2012年间福山水道南岸边滩整治。

表4-3　1992—2012年常熟市沿江堤防长度调整情况

单位：米

调整缘由	调整后堤防长度				备注
	江堤	海塘	港堤	河口（闸）	
1992年末常熟电厂灰坝建成	3435.0	30769.0	19473.0	（900.0）	灰坝长1555米
1997—2002年江堤达标建设	441.8	33465.0	12617.0	1964.1	已含北福山塘延伸

续表

调整缘由	调整后堤防长度				备注
	江堤	海塘	港堤	河口(闸)	
2004—2005年崔浦延伸	441.8	31035.0	12617.0	1964.1	建2.17千米，废4.6千米海塘
2009年常熟边滩整治	287.7	29163.9	15406.2	1215.3	
2012年福山水道南岸边滩整治	287.7	29523.4	16514.3	1215.3	堤线调整已上报待批复

至2020年，长江常熟段从徐六泾至白茆河段堤长11.1千米，保护面积1264平方千米，堤顶高程8.28—9.81米，堤顶宽度6—8.6米。

（三）太仓市

太仓境内长江堤防北自常熟界白茆河口，南至上海市宝山界，分主江堤和闸外港堤。主江堤全长38.383千米，闸外港堤12千米。

1997—2002年，太仓市按照《江苏省江海堤防达标建设修订设计标准》完成达标建设，防洪标准为50年一遇洪（潮）水位加堤顶超高。2005年“麦莎”台风后，在修复水毁工程时，为提高江堤抗风浪冲刷能力，在迎水坡浆砌护坡上部加设钢筋砼格栅，2006—2010年，又对直接临水堤段完成坡脚加设扭工体。开展江堤建设的同时，太仓于1996—2012年，先后实施12期岸线调整工程（包含2座水库和华能灰库），实施围滩吹填，在主江堤外形成围堤39.27千米，合计调整岸线23千米，占境内岸线总长度的60%。至2020年，太仓市境内主江堤长38.38千米，闸外港堤12.52千米，防洪标准为50年一遇洪（潮）水位加堤顶超高（十级风风浪爬高加风雍高加安全超高）。沿江共有浏河、杨林、七浦、新荡茜等12座通江水闸和11座通江涵洞，构成长江防洪挡潮的屏障。

二、历次修建

1991年以来，长江堤防常有不同程度的灾情和险情发生，特别是遭受9608号台风风暴潮、9711号台风及1998年的全流域性大洪水袭击后，堤防险象环生，沿江各地损失严重。提高长江防洪工程的抗灾能力，确保国民经济的可持续性发展，已成为一项重要而紧迫的任务。第9711号台风以后，苏州沿江三市积极执行省委、省政府作出的关于开展江海堤防达标建设和加快防洪保安基础设施建设的决定，掀起江堤达标工程建设的高潮。2010—2020年，苏州市对境内约50.3千米江堤，按照100年一遇标准进行防洪能力提升建设，共计投资约25.3亿元。在消除地区险工隐患的同时，提升江堤防洪能力。

（一）张家港市

1987—1995年，张家港境内完成每年防汛岁修应急工程及零星节点工程，江堤岸线长度略有调整。由于江堤防洪标准低，堤防迎水护坡工程不到位，节制闸、涵洞老化，长江岸线时有崩坍。

1996年8月1日凌晨，出现超历史大潮，沿江一带险象环生，江堤护坡多次坍塌。市水利局立即拟订《张家港市长江防洪工程实施方案》，决定分两年时间实施长江达标江堤建设，防洪标准为50年一遇，总投资1.54亿元。达标江堤主体工程从1996年8月东沙大寨圩水毁抢险工程拉开序幕。开工时，由于上级没有统一的长江堤防设计标准，护坡没有做到堤顶，主江堤护坡顶高7.5—8米，下部视江岸滩面而定，闸外港堤护坡顶高7—7.5米，下部有部分抛石护脚，也有浆砌石挡墙或底格埂。1997年第11号台风之后提高标准，凡是沿线主江堤迎风挡浪处，护坡做到坡顶与堤顶齐平，绝大部分采用护坡上部为直立式浆砌块石挡墙，如有较大外围圩的主江堤则采用现浇砼板护坡。闸外港堤护坡一般采用现浇砼板。灌砌石厚30—35

厘米，下铺设10厘米碎石垫层及400克每平方米土工布一层；现浇砼护坡厚15厘米，下铺设400克每平方米土工布一层，并在坡面上设消浪块。

1997年、1998年先后实施土方加固工程、大部分护坡达标工程、42座涵洞加固工程、段山港涵洞改建工程、闸塘抛石工程等项目。至1998年12月底止，全市江堤建设完成土方744万立方米，完成达标堤段151.6千米，完成挡浪墙52千米，完成护坡工程127千米，翻建改造和新建小型涵闸76座，建设大中型闸4座，建成防汛公路106千米。

1999年开始，又实施护砌工程、小型建筑物工程、灌浆工程、大中型口门建筑物、节点工程、江堤管理设施工程、堤顶道路工程、填塘固基工程等项目建设。至1999年12月底止，累计完成投资4.91亿元，完成土方744.7万立方米，护岸工程9.73千米，完成挡浪墙74.9千米，完成护坡工程164.98千米，翻建改造和新建小型闸21座、小型涵洞125座，建设大中型闸8座，建成防汛公路137千米，一大批险工险段得到解除。

表4-4　1997—2000年张家港市江堤达标护坡（砌）部分工程完成情况

工程名称	完成长度（米）	主要工程量				时间		投入（万元）
		土方（万立方米）	石方（立方米）	砼方（立方米）	土工布（平方米）	开工	竣工	
双山环岛上部浆砌块石挡墙	11027	0.22	8005.12	—	—	1997.2.20	1997.4.20	286.44
双山西小圩现浇砼护坡	1583	3.17	—	3820	14915	1997.2.20	1997.4.30	172.18
双山复兴圩现浇砼护坡斜	696	1.39	—	575	6650	1997.2.20	1997.4.30	72.58
双山北闸西侧现浇砼护坡	366.7	0.88	425.6	898	3232	1997.2.20	1997.4.20	50.76
双山鱼池东侧现浇砼护坡接长	676	0.61	—	641	3335	1997.2.20	1997.4.15	30.74
双山复兴圩、二角转圩砼护坡挡墙	—	—	—	—	661	1997.10.1	1998.12.5	15.39
双山新围圩护坡挡墙	3950	7.3	15093.8	4235	37620	1998.3.5	1999.1.1	569.99
双山新圩护坡挡墙	1884	3.77	717.36	5926	18620	1997.5.10	1997.6.30	268.22
双山大北五圩江堤护坡	1075	0.62	10140	648	12360	1999.4.28	1999.7.4	152.06
双山联合圩护坡翻建	3350	0.04	12993.1	994	—	2000.4.1	2000.6.16	248.35

注：来源于《张家港水利志》。

2001年，张家港市沿江防洪工程建设先后完成双山小北五圩抛石工程、十一圩节制闸和五干河节制闸加固工程、乐余沙洲灰场黑色路面工程和江堤灌浆等工程项目。汛期防汛应急工程先后完成双山南排涝站出口应急抢险、渡泾港闸外洗坎处抛石加固、三兴二干河港堤局部损毁护坡翻建及坡脚抛石、农场河西港堤北段局部（滑移）应急加固等工程。

截至2004年，全市江堤共加高培厚堤身54.65千米（其中，挡浪墙加高33.93千米，培土加高20.72千米），实施护坡94.4千米。全部工程于2005年5月结束。

2005年开始，张家港市经济社会发展对江堤的防洪安全提出更高的要求，市境规划新一轮长江堤防建设，对境内堤防（含江堤、港堤、双山洲堤）按100年一遇防洪标准加高加固。

2005—2008年共实施双山洲堤除险加固等6处江堤建设工程，施工总长度26.09千米，总投资1.73亿元。“十一五”期间，还重点实施朝东圩港至渡泾港段江堤改建、南通灰厂场段江堤加固、华兴灰场段主江堤护坡等工程。

表4-5　2004年张家港市江堤达标建设情况

地段	桩号	堤顶（米）		坡比		压渗平台（米）	
		高程	宽度	内坡	外坡	高程	宽度
江阴界至老港	254+568—256+204	9.25	6	1:2.5	1:3	5	10
老港至巫山港	256+204—257+000	防汛墙	—	—	—	—	—
巫山港至张家港	257+000—259+321	防汛墙	—	—	—	—	—
张家港至永嘉码头东	259+321—260+450	防汛墙	—	—	—	—	—
永嘉码头至渔业码头	260+450—260+940	9.25	6	直立墙	1:2.8	5.5	宅基地
渔业码头西至五节桥	260+940—261+069	防汛墙	—	—	—	—	—
五节桥港至统清东	261+069—262+070	防汛墙	—	—	—	—	—
统清东至港务局	262+070—262+595	9.25	6	1:2.5	1:3	4.1	农田
港务局码头区	262+595—263+366	防汛墙	—	—	—	—	—
热电厂主堤	263+366—263+900	9.25	6	1:2.5	1:2.8	4.8	厂区
东海粮油码头	263+900—264+290	9.25	—	—	—	—	—
东海粮油码头至德积	264+290—265+357	9.25	6	1:2.5	1:3	4.3	10
中兴界至永旺	265+357—266+028	9.25	6	1:2.5	1:2.8	4.8	10
永旺公司	266+028—267+000	9.25	—	—	—	—	—
优尼科公司	267+000—268+300	9.25	—	—	—	—	—
优尼科至护漕港	268+300—273+000	9.15	6	1:2.5	1:2.8	4.2	10
护漕港至太字港	273+000—276+240	9.15	6	1:2.5	1:2.8	5.2	10
太字港至段山港	276+240—279+000	9.15	6	1:2.5	1:3	4.2	10
段山港至朝东圩港	279+000—280+741	9.15	6	1:2.5	1:3	4.5	10
朝东圩港至油库	280+741—281+831	9.15	6	1:2.5	1:3	4.4	10
供销社油库	281+831—283+020	9.15	—	—	—	—	—
渡泾港至一干河	283+020—287+240	9.15	6	1:2.5	1:3	4.8	10
一干河至二干河	287+240—294+000	9.15	6	1:2.5	1:3	4.4	10
二干河至奔辉码头	294+000—294+940	9.15	6	1:2.5	1:3	4.1	10
奔辉码头	294+940—295+680	9.15	—	—	—	—	—
奔辉码头至越洋码头	295+680—298+000	9.15	6	1:2.5	1:3	4.1	—
越洋码头	298+000—298+550	9.15	—	1:2.5	1:2.8	4	—
越洋码头至三干河	298+550—302+400	9.15	6	1:2.5	1:3	4.1	—
三干河至四干河	302+400—305+300	9.1	6	1:2.5	1:3	4.1	—
四干河至五干河	305+300—307+105	9.1	6	1:2.5	1:3	4.2	—
五干河至六干河	307+105—311+910	9.1	5	1:2.5	1:3	4.1	—
六干河至九七圩	311+910—313+750	9.1	6	1:2.5	1:2.8	3.8	—
九七圩至农场河	313+750—315+237	9	6	1:2.5	1:2.8	4	—
农场河至常沙河	315+237—319+800	9	6	1:2.5	1:2.8	4.2	—
常沙河至七干河	319+800—322+056	9	6	1:2.5	1:3	3.8	—
七干河至常熟界	322+056—326+365	9	6	1:2.5	1:3	4.2	—

表4-6　2012—2016年张家港市百年一遇江堤建设情况

分类	起止点	时间	长度(千米)	投资(万元)
企业未占用需政府投资段	精细化工—老沙码头	2012	1.30	1718
	段山港—朝东圩港	2011—2012	1.60	3357
	海螺水泥——干河	2013	3.14	2423
	沙洲电厂	2015—2016	1.70	2718
	中东石化—十三圩	2015—2016	1.20	1891
	十三圩—三干河	2013—2014	2.40	4162
	老沙码头—段山港	2019—2020	9.00	18000
	三干河—常熟交界(西水道圩堤)	2012—2016	33.70	420000
	江阴—老港	2009—2011	2.40	2181
	老港—精细化工	2006	2.00	4300
	朝东圩港—海螺水泥	2003、2007	3.80	731
	一干河—沙洲电厂	2006	1.40	4640
	沙洲电厂—中东石化	2002	0.70	210
洲堤	双山洲堤	2007—2009	16.77	12500

至2018年,从西至东有21座闸分布在近百千米的张家港长江岸线。内河闸中,历因水系调整,功能性弃用、报废或改建成圩区防洪闸,如常沙河改建工程等,有20余座正常运行。为适应区域社会经济发展,2018年苏州市批准实施常沙河闸站改建工程。沿江、内河涵闸工程相辅相成,初步形成集防洪、排涝、灌溉、供水、航运的沿江闸群与城市引排于一体的现代防洪排涝工程体系。

2020年6月5日,张家港市行政审批局印发《关于市水务局建设长江张家港浏海沙水道上段右岸(张家港湾)百年一遇江堤工程初步设计报告的批复》,同意该工程初步设计方案及概算。项目西起金港镇北荫村老沙码头、东至段山港,总用地面积155亩,长约7.2千米。对老沙码头—段山港段长江堤防实施堤防加固,堤坝路面加宽至9米;对洋汰港涵洞、沙泥圩港涵洞实施加固接长;新建护漕港桥。

(二)常熟市

1986—1996年,沿江堤防修建以坡面防护及堤外保滩为主,工程大多集中于东张育种场、白艾堂段,吴市沈家坝、高浦口段和碧溪拆船厂段、浒浦朱家湾、蒋家宕段、赵市海洋泾段。10年间,完成总工长8.13千米,计完成土方1.1万立方米、石方3.83万立方米、混凝土0.57万立方米,投资532万元。其间,因常熟电厂贮灰场建设,于1992年末在北福山塘口西倒槽芦滩上筑灰场大坝,坝长1555千米,坝中建有孔宽4米的通江节制闸1座,从而缩短江堤约3.26千米。是年末启动圈围芦福沙东南侧堤外芦滩,总面积约3000亩,外围堤长5.5千米,围堤参照海塘标准实施(顶高8.5米,顶宽6米,内外坡比1∶2.5、1∶3)。1994年冬,由福山三爱富公司出资围垦北福山塘口东侧堤外芦滩约450亩,构筑外围堤约2.4千米。

1997年8月19日,9711号台风来袭,浒浦口最高潮位达6.74米,沿江堤防毁损严重。是年冬,常熟市委、市政府根据上级部署,全面启动江堤达标建设工程。常熟市达标建设工程内容基本可分为土方、防护、建筑物和配套设施等。土方包括堤身填筑与堤后填塘固基等,防护包括护坡、防浪墙、护坎和内青坎挡墙等,建筑物分为通江闸和通江(港)涵洞两部分,配套设施包括堤顶道路、堤防绿化和管理设施配套(管理房及绿化已包含在建筑物工程中）等。

常熟市达标建设工程均按省定标准规划设计，标准为：江堤顶高程浒浦闸以上段为9米，以下段为9.2米，港堤则低于所在江堤0.5米，以防浪墙形式达到设计堤顶高程，墙高不超1.2米；江（港）堤顶宽6米，背水坡比1∶2.5，迎水坡比1∶3；水闸工程无论规模均按100年一遇洪（潮）水位设计、300年一遇洪（潮）水位校核；防护工程采用灌（浆）砌块石或混凝土护坡，砌石厚（不含填层）35厘米，混凝土护坡厚（不含填层）不小于12厘米；堤顶道路采用泥结碎石或混凝土结构，面宽不小于4.5米。

1997年下半年至1998年5月，由所在镇组织实施堤身加高加固工程，完成土方199.1万立方米。重点地段为白茆塘两侧、徐六泾两侧及常浒河东侧港堤、赵市海洋泾至耿泾段、王市北联和新联段、福山备战圩段、福山农场阿托段、北福山塘延伸大坝段和虞江段主江堤。1999年2月至2001年8月，实施堤后填塘固基工程，总工长19.371千米，完成土方50.98万立方米。重点地段为白茆塘西港堤段、育种场段、炼油厂至电厂段、梅园至跃进圩段、海洋泾东段和西段以及福山农场虞江段。

护坡分混凝土框格浆砌或干砌块石、现浇混凝土板、模袋混凝土和预制混凝土空心板等4种，完成总工长45.54千米。防浪墙除早期实施的海洋泾东1300米为浆砌块石直立墙外，其余均为40厘米厚的现浇钢筋混凝土结构，累计实施工长21.11千米。护坎一般采用浆砌块石坝体加反射式现浇混凝土消浪墙形式，墙顶高程6.5—6.8米、顶宽1米左右，主要施工于浒浦垃圾场、梅园段和野猫口段、常熟电厂至金泾口段、金泾口以东段、白艾堂段，总工长12.4千米。内青坎挡墙采用浆砌块石直立墙形式，其主要施工堤段为海洋泾东罗青段、跃进圩至老港口段、浒浦梅园段、徐六泾两侧、电厂至华润段和白艾堂段，总工长9446米。1997年冬开始实施护坡工程，主要施工期为1998—2000年。1999年和2000年上半年为施工高峰期，时日均投劳2000人以上，投入挖掘机、搅拌机、振捣器和各种运输机械等近百台（套），日进度超百米；挡浪墙一般与护坡同步实施；护坎及内青坎挡墙的实施因资金计划落实较迟而相对滞后，大多于1999—2000年间施工。

截至2004年，常熟市江堤共加高培厚堤身54.65千米（其中，挡浪墙加高33.93千米，培土加高20.73千米），实施护坡94.4千米，堤身灌浆93.58千米，填塘固基114.21千米。

表4-7　2003年常熟市江堤达标建设情况

项目名称	工长（米）	土方（万立方米）	石方（万立方米）	混凝土（万立方米）	完成投资（万元）
填塘固基	19371	50.98	—	—	495.02
堤顶道路	49624.1	14.18	10.45	1.79	1953.79
堤防防护（含内青坎挡墙）	65710.63	43.58	30.16	11.34	10420.38
涵闸工程	—	118.4	3.62	4.59	10489.61
白茆塘河口段改道	1858	113.57	—	—	2196.42
9711号台风水毁修复	—	0.75	0.96	0.06	117.49
徐六泾节点整治	7754.4	1.66	12.09	1.3	2441.37
绿化防护	—	—	—	—	241.04
配套项目	—	—	—	—	1631.18

注：配套项目包括征占拆补偿、清障、水系调整及管理与观测设施、堤坡排水等内容。

表4-8　2004年常熟市长江堤防达标建设情况

地段	桩号	堤顶（米）		坡比	
		高程	宽度	内坡	外坡
福农段	326+365—331+000	9	6	1∶2.5	1∶3
福山至望虞河口	331+000—334+884	9	6	1∶2.5	1∶3
望虞河口至海洋泾	334+884—340+015	9	6	1∶2.5	1∶3
海洋泾至常浒河	340+015—345+960	9	6	1∶2.5	1∶3
常浒河至徐六泾	345+960—348+907	9	6	1∶2	1∶3
徐六泾至金泾塘	348+907—354+162	9.2	6	1∶2.5	1∶3
金泾塘至白茆塘	354+162—360+260	9.2	6	1∶2.5	1∶3

2003—2014年，常熟市重点修、改、建堤防护坡、集中排水，绿化、堤脚抛护、内青坎挡墙等，先后投入资金4261.86万元，完成土方48.95万立方米、石方7.44万立方米、混凝土方3.26万立方米。

2004年1月至2005年11月，实施崔浦闸外段延伸工程。2005年6月，实施江堤达标续建工程，项目有朱家湾、跃进圩及拆船厂段2574米护坎翻建，海洋泾以西1613米内青坎挡墙、白茆塘口段3376米港堤护坡、育种场段2688米堤顶防汛道路和部分闸自动化控制、绿化等，累计完成土方22.9万立方米、石方3.52万立方米、混凝土方1.68万立方米，工程投资2083.96万元。

2007—2009年，实施江堤达标调增及完善项目第调增项目39项，累计完成土方3.15万立方米、石方0.4万立方米、混凝土方0.3万立方米，投资708.76万元；完善项目20项，累计完成土方3.11万立方米、石方0.67万立方米、混凝土方0.4万立方米，投资620.75万元。2007年11月至2009年7月常熟边滩整治期间，新建临江大堤5千米。2009年11月被长江委确认为沿江防汛主堤防。

2010年12月至2012年12月，实施福山水道南岸边滩整治。2013年12月至2014年底，实施铁黄沙圈围吹填工程。

（三）太仓市

1997年前的太仓境内江堤多半为土堤，且防洪标准低，每年汛期受风暴潮袭击时险象环生。1997年11号台风风暴潮使江堤遭受严重破坏。其中，浏河元宝村段造成溃口近百米，经全力抢险才保住大堤。1997年7月编制完成《太仓市长江防洪规划》《太仓市长江岸线开发利用（控制指导）管理工作规划》，为随后开展的江堤达标建设奠定基础。

太仓市江堤达标建设工程分布于沿江的鹿河、璜泾、金浪、浮桥、浏家港、浏河6个镇。工程类型主要有五类，包括：主江堤护坡防浪墙工程；闸外港堤护坡防浪墙工程；护坎加固工程，穿堤配套建筑物改建、加固工程；堤顶道路工程；堤防管理设施项目工程。

太仓江堤达标工程建设按照《江苏省江海堤防达标建设修订设计标准》确定的常熟福山港以下江堤（海塘）堤防标准执行，即：防洪顶高程9.2米（吴淞零点，下同），堤顶宽度6米，迎水坡坡比1∶3，背水坡坡比1∶2.5。主江堤、港堤堤顶建防浪墙（与迎水坡坡顶连接），主江堤防浪墙顶高程9.2米，港堤防浪墙顶高程8.7米，执行“防浪墙净高度不超过1.2米，基础埋深不小于0.3米”的规定。

主江堤结构形式：迎水坡滩面高程在4米以上时坡脚建砼格埂，滩面高程在4米以下时建浆砌块石挡土墙；护坡采用灌（浆）砌块石（厚35厘米，下为15厘米碎石垫层及土工布）或砼预制块结合现浇砼（厚15厘米，下为土工布）；坡（堤）顶建钢筋砼防浪墙，墙顶高程9.2米；堤顶建水泥砼路面或沥青砼路面，宽度6米；背水坡为植草护坡。内青坎宽8—10米，种植防护林带；宽度不足8米时，填塘固基（或建挡墙护岸）。本次达标工程建设内容为防浪墙、迎水坡及坡脚格埋或挡墙、堤顶道路、背水坡、内青坎植草护坡、种植防护林带，随塘河建挡墙护岸。

港堤结构形式：迎水坡坡脚建浆砌块石挡土墙；护坡采用灌（浆）砌块石（厚35厘米，下为15厘米碎石垫层及土工布垫层）；坡（堤）顶建钢筋砼防浪墙，墙顶高程8.7米；堤顶建水泥砼路面或沥青砼路面，宽度6米；背水坡为植草护坡。内青坎宽8—10米，种植防护林带；宽度不足8米时，填塘固基（或建挡墙护岸）。达标工程建设内容为防浪墙、迎水坡及坡脚挡墙、填塘固基、堤顶道路。

穿堤建筑物防洪标准：大中型建筑物按100年一遇洪（潮）水位设计，300年一遇洪（潮）水位校核；小型建筑物按《长江流域防治规划》洪（潮）水位（不考虑台风影响）设计，100年一遇洪（潮）水位校核。

太仓市于1997年主要实施9711号台风水毁海塘修复工程和部分江堤达标示范段工程、1998年度达标工程建设，至1998年底完成全线常年受潮水冲刷段的迎水坡护砌达标任务。工程于1999年10月通过省水利厅及苏州市水利农机局组织的竣工验收。

1999年，太仓市继续加紧实施江堤达标工程建设。1999年度完成全线主江堤护砌达标任务，2000年度完成所有闸外港堤达标任务。2002年完成填塘固基13千米和浏河、浮桥段主江堤堤脚防护工程。

1997—2002年，太仓市达标建设工程共有单位工程总数10个。其中，合格数3个、优良数7个。共完成投资19529.54万元。2003年6月，通过竣工验收，正式投入运行。

1997年度工程共有16项，包括主江堤、港堤护坡达标工程6项，9711号水毁修复工程8项，连浦涵洞、浪港口左岸涵洞修建工程2项。共完成主江堤达标3563米，港堤达标1330米。1998年度工程共有10项，包括主江堤护砌达标工程9项，港堤护坡达标工程1项。共完成主江堤达标13667米，港堤达标263米。1999年度工程共有16项，包括主江堤护坡达标工程12项，白茆口、钱泾右、鹿鸣泾左3座涵洞改建工程，七浦闸改建工程，荡茜至鹿鸣泾护坎工程2项。2000年度工程共有18项，包括第一批港堤护坡达标工程6项，钱泾、浪港闸维修工程，杨林闸改建工程，新泾闸、荡茜闸、鹿鸣泾闸改建工程，第二批港堤达标工程5项，汤泾闸维修工程，堤防管理设施。

2001年度工程共有7项，包括浏家港马桥至江红护坎工程2项，通江涵洞改造工程，浏河节制闸除险加固工程，浏河左港堤达标工程。2002年度工程共有9项，包括汤泾节制闸改建工程、苏张泾节制闸改建工程、填塘固基工程5项，主江堤堤脚防护工程2项。

图4-1　2017年太仓市长江大堤“扭工石”

根据关于太仓市长江堤防要实现二级堤防目标管理达标的要求，2003年陆续开展沿江水闸管理设施改造及水利绿化工作，累计种植各类苗木8.03万株，绿化面积达11.89万平方米；完成堤防宣传标牌等大量基础设施建设以及二级堤防达标验收内业资料工作；建设水闸现地自动化控制、远程视频监控系统。

2004年，完成港区石化区段填塘固基工程，随塘河两岸建块石护坡6174米，投资800万元。完成通江河道配套整治工程，包括23个建设项目，总投资约1987万元。其中，新建、改建项目较大的有刘家港市河节制闸、张家浜石孔泾和六里塘闸站。截至2004年，全市江堤共加高培厚堤身54.65千米（其中，挡浪墙加高33.93千米，培土加高20.73千米），实施护坡94.4千米，堤身灌浆93.58千米，填塘固基114.21千米。

表4-9　2004年太仓市长江堤防达标建设完成情况

地名	桩号	堤顶（米）		坡比	
		高程	宽度	内坡	外坡
鹿河	360+260—368+750	9.2	5.0—6.0	1∶2.5	1∶3
	368+750—370+395	9.2	5.0—6.0	1∶2.3	1∶3
璜泾	370+395—374+052	9.2	5.2—6.0	1∶2.5	1∶3
时思	374+052—376+500	9.2	6.0	1∶2.5	1∶3
	376+500—377+000	9.2	6.0	1∶2.5	1∶3
浮桥	377+000—381+774	9.2	6.0	1∶2.5	1∶3
	381+774—385+464	9.2	6.0	1∶2.5	1∶2.5
刘家港	385+464—392+022	9.2	6.0—7.0	1∶2.5	1∶3
浏河	392+022—395+027	9.2	5.5—7.0	1∶2.5	1∶3
	395+027—398+643	9.2	5.5—8.0	1∶2.5	1∶2.5

表4-10　2005—2020年太仓市长江堤防实施项目

年份	实施项目	备注
2005	长江江堤马桥护坎加固工程	
2006—2009	元宝村至长江石化以及杨林口南北侧主江堤迎水坡加固工程	共6.05千米
2010	环保电厂煤码头至长江石化码头段江堤加固工程	总长1.68千米，4月10日开工，7月底工程全部完成
2011	新塘河长江江堤处新建节制闸	
2012	浏河节制闸下游防护应急处理工程	央级项目
	钱泾闸下游侧南岸护岸、鹿鸣泾闸上游北岸40米长浆切块石护岸及浪港右涵洞下部防护结构维修工程，浏河水利枢纽上下游闸首外两侧护坡维修及浏河口南港堤抛石护脚工程，新泾闸上游50米长防冲槽抛石加固工程，江堤石化码头—美孚码头段堤顶道路维修工程，江堤美孚码头下游段防护应急处理工程	省级项目
2013	长江堤防璜泾段白茆口—涟浦涵洞护坎维修工程和长江江堤协鑫电厂码头—华苏路工程	
	美孚码头—新塘河水闸段堤顶道路维修工程	
2014	钱泾闸下游右岸应急加固工程	央级项目

续表

年份	实施项目	备注
2014	江堤美锦码头至万立方米路段路面维修工程，疏港高速至通港路段路面修复工程，沿江涵洞钢闸门、启闭机设施更换工程，浏河水利枢纽下游南侧弯道处护坡维修工程，浏河水利枢纽西码头上游驳岸新建工程，新泾闸下游右港堤直立式挡墙维修工程等	省级项目
2015	钱泾闸下游右侧护岸应急修复工程	央级项目
	长江堤防璜泾段背水坡修复工程、七浦闸翼墙沉降修复工程和七浦闸上游南侧模袋砼护坡翻建及护底抛石工程	省级项目，2015年9月30日开工，2016年1月20日完工
2016	杨林口至南环路主江堤背水坡加固整修工程、浏河、浮桥段堤防排水系统改造工程	省级项目
	浪港闸下游两侧堤岸加固工程、钱泾闸下游右涵洞防护工程、浏河节制闸下游右侧执法基地护岸维修等工程、沿江环境整治工程、堤顶道路维修、水闸管理房维修等	市级项目
2017	长江防洪工程维修及养护项目（一期）	包括7个单位工程，分别为七浦闸至杨林左盘头路面黑色化工程、长江隐患段抛石工程、沿江水闸及附属设施更新改造工程、长江堤防维修养护工程、沿江水闸信息化升级工程、绿化更新改造工程、闸管所更新改造工程
	长江防洪工程维修及养护项目（二期）	在浏河节制闸上游北岸扩建管理房，总建筑面积535.33平方米，并配套实施道路、场地、雨污水管道等相关设施建设
2018	2018年长江防洪工程维修及养护（堤防维修工程）	
	2018年长江防洪工程维修及养护（沿江水闸及管理配套设施工程）	
	浏河节制闸闸门止水改造工程	
2019	墅沟水闸至灰库江堤路面维修工程	
	浏河节制闸及浏河段顺堤河护岸防护工程和钱泾闸下游右侧	
	浪港闸下游两侧护岸抛石及杨林左盘头抛石工程	
2020	新荡茜枢纽维修项目	闸身沉降处理、启闭机房管线改造、门窗更换、内外墙处理、屋面改造、发电机组更新等
	长江堤岸闸站管护项目	

三、穿堤建筑物

（一）建设概况

穿堤建筑物设计标准按照江苏省水利厅《关于印发我省长江远期防洪（潮）设计水位及沿线建筑物设计标准的通知》中确定的标准执行。

1997—2003年，全市加固沿江105座涵闸。其中，改建和加固中型水闸9座、小型水闸22座。沿江中型水闸按100年一遇洪（潮）水位设计，加固中型水闸按200年一遇洪（潮）水位校核，改建中型水闸按300年一遇洪（潮）水位校核；小型涵闸按《长江流域水利规划》确定的洪（潮）水位设计，100年一遇洪（潮）水位校核。

1997年，常熟市政府决定实施北福山塘入江口延伸工程，将福山闸外移约3千米重建。是年12月，闸与上下游延伸段河道同时开工。1998年10月竣工。1999年，闸北侧建管理所及相关配套设施。

1999年，张家港市朝东圩港闸外移重建，由原址向长江侧外移800米。工程于5月3日开工，2000年11月10日竣工。总投资299.55万元。重建后的朝东圩港闸单孔节制闸孔净宽6米，闸底板高程0米，通航梁底板标高8米，闸室长12米，采用C20钢筋混凝土U形结构。

1999年，经苏州市水利农机局批准，崔浦闸闸址外移700米，扩孔重建，工程按Ⅱ等2级水工建筑物设计，闸孔净宽6米。是年4月15日开工，12月竣工。同年，耿泾闸闸址外移900米扩孔重建。是年4月28日开工，8月31日竣工。同年，金泾闸在江堤达标项下扩孔重建。工程于1999年12月开工，于2000年10月全面竣工。

2000年，经省水利厅批准，老海洋泾闸在江堤达标项下按级建筑物除险加固。项目包括整修加固闸身止水及底板、护底、墩墙、防冲槽，拆除重建上下游翼墙等相关设施。2000年12月22日开工，2001年5月30日竣工。2000年，实施十一圩港闸加固工程。工程于12月15日开工，2001年6月20日竣工，总投资251.1万元。新闸有3孔，中孔为通航孔，净宽8米，两边为泄水孔，各宽3米；闸底标高0.7米，闸梁底标高7米；采用直升式平面钢闸门。

2001年2月20日，五干河闸加固工程开工，5月28日竣工。新闸有3孔（原单孔净宽6米）。其中中孔净宽6米，为通航孔，平面钢闸门，两边各有净宽3米的泄水孔。

2001年10月20日，七干河闸加固工程开工，2002年5月12日竣工，总投资344.8万元。新闸有3孔，中孔为通航孔，净宽6米，两边孔为泄水孔，净宽均为4米，闸梁底标高7.5米，闸底标高-0.5米。

2001年10月20日，三干河闸加固工程开工，2002年7月3日竣工。新闸有3孔，净宽14米，中间为6米宽的通航孔，两侧为4米宽的泄水孔，两边孔为钢筋混凝土板梁闸门，中孔为平面钢闸门。

2002年，一干河闸原闸报废。距老闸约800米、北距一干河出江口350米处重建，称一干河水利枢纽。该枢纽除挡潮、引水、排涝、防洪外还承担改善流域水环境并兼顾航运。工程于2002年12月20日开工，2004年1月14日竣工，总投资2445万元。2002年，白茆塘河口段局部裁弯取直、白茆闸外移重建时新建周家、北新两港堤涵；新开河、盛家、彭家、陆家、金家滩、城河塘6座港堤涵因老白茆塘填塞而废弃。

2004年，朝东圩港原闸拆除，在距长江口约200米处建朝东圩港水利枢纽，规模转为中型节制闸。工程于4月25日开工，2006年9月6日竣工，总投资7485.31万元。该枢纽工程新建节制闸1座、泵站1座。该枢纽可与一干河枢纽联合调度，有效增加市区水环境容量，缓解水质型缺水矛盾。2004年，内河建东横河水利枢纽，启用以套闸为主体组成的水闸控制性枢纽，可拦截二干河污水，保证经一干河、朝东圩港引入的长江清水流入城区河道，以控制市区水环境。

沿江涵洞截至江堤达标建设前，共有124座。其中，通江涵洞53座、通港涵洞71座。涵洞形式以圆形管涵为主。

涵洞结构以砼和钢筋砼为主。存在的主要问题是工程老化损坏严重，渗径长度不够，大堤加固后洞身长度不够，需加长等。

表4-11　2006年苏州市通江河口水闸基本情况

闸名	河道名称	所在乡镇	年份	防洪标准（米）	工程规模		交通桥底高程（米）	备注
					孔数（个）/米数（米）	底高程（米）		
双山南闸	中心河	金港	2006	7.40	1/6	0.00	8.80	
双山北闸	中心河	金港	2006	7.40	1/6	0.50	8.80	
张家港节制闸	张家港	金港	1993	7.40	5/34	-1.00	9.05	
五节桥节制闸	五节桥港	金港	2002	7.40	1/6	0.00	8.30	
十字港节制闸	十字港	金港	2002	7.40	1/12	-0.50	9.60	
护漕港节制闸	护漕港	金港	1992	7.40	1/5	0.50	7.50	
太字港节制闸	太字港	金港	1996	7.40	1/12	0.00	8.00	
朝东圩港枢纽	朝东圩港	大新	2005	7.40	3/36	0.00	8.90	
渡泾港节制闸	渡泾港	大新	2000	7.40	1/6	0.00	8.00	
一干河枢纽	一干河	锦丰	2002	7.40	3/18	0.00	8.60	
十一圩套闸	二干河	锦丰	1983—1997	7.40	1/10	-0.50	8.50	始建于1983年，于1997年建闸上闸
十一圩节制闸	二干河	锦丰	1965	7.40	3/14	0.70	7.50	2000年大修
十三圩港节制闸	十三圩港	锦丰	2002	7.30	1/5	0.50	8.50	
三干河节制闸	三干河	锦丰	1975	7.30	3/14	0.00	7.80	2000年大修
四干河节制闸	四干河	乐余	1997	7.30	1/10	0.00	7.70	
五干河节制闸	五干河	乐余	1987	7.30	3/12	0.50	8.00	2000年大修
六干河节制闸	六干河	乐余	2002	7.30	1/10	0.00	8.20	
农场河节制闸	农场河	乐余	2003	7.30	1/6	0.00	8.30	
常沙河节制闸	常沙河	乐余	2004	7.30	1/6	0.50	8.30	
七干河节制闸	七干河	乐余	1970	7.30	3/14	-0.50	7.80	2001年大修
耿泾闸	耿泾塘	海虞	1999	6.88	1/6	0.50	8.50	
海洋泾	海洋泾	梅李	1964	6.88	1/6	1.00	8.50	2000年大修
浒浦节制闸	常浒河	碧溪	2002	6.88	3/24	-1.30	9.34	
浒浦导流闸	常浒河	碧溪	2001	6.88	1/16	-1.50	10.20	
徐六泾	徐六泾	碧溪	1994	6.72	1/8	0.00	8.00	1998年加固
福山闸	福山塘	海虞	1998	6.72	1/12	0.00	9.69	
金泾闸	金泾塘	碧溪	2000	6.72	1/8	0.00	8.70	
白茆闸	白茆塘	碧溪	2003	6.72	5/44	-1.50	9.30	
浏河水闸	浏河	浏河	1959	7.50	19/75	-1.00	8.00	2000年加固
杨林水闸	杨林塘	浮桥	2000	7.50	3/20	-0.70	8.10	
七浦水闸	七浦塘	浮桥	1999	7.10	3/18	-0.50	8.10	
汤泾水闸	汤泾河	浏河	2002	7.20	1/7	0.50	7.50	
浪港水闸	浪港河	浮桥	1966	7.20	1/6	0.50	7.50	2000年加固
鹿鸣泾水闸	鹿鸣泾	浮桥	2001	7.20	1/7	0.50	7.50	
荡茜水闸	荡茜河	璜泾	2001	7.25	1/7	0.50	8.00	
钱泾水闸	钱泾河	璜泾	1977	7.20	1/6	0.50	7.50	2005年加固
新泾水闸	新泾河	璜泾	2001	7.30	1/7	0.50	7.50	
浏河套闸	浏河	浏河	1998	7.50	1/16	-1.50	9.90	

表4-12　1997年江堤达标建设前苏州市沿江涵洞基本情况

涵洞名称	规格		类别		位置	桩号	所在乡镇
	形式	尺寸（厘米）	江堤	港堤			
联合圩	方形	200×200	√		双山	—	港区
老港	方形	300×350		√	老港区港堤	—	
王鼠圩	方形	120×150		√	老港区港堤	—	
鲁泡圩	圆形	直径80		√	巫山港港堤	—	
山北圩	圆形	直径80		√	巫山港港堤	—	
洋太港	圆形	直径60		√	五节桥港港堤	—	
渔业社	圆形	直径80	√		—	—	
高东	圆形	直径100	√		—	—	
十字港	圆形	直径60		√	十字港港堤	—	
港德	圆形	直径80	√		—	265+300	
长明北一号	圆形	直径45	√		—	—	德积
洋汰港	方形	320×300	√		—	272+750	
沙泥圩	方形	100×150	√		—	274+750	
长明南一号	圆形	直径80		√	太字港港堤	—	
新二	圆形	直径60	√		—	—	
新山	圆形	直径100	√		—	278+000	
段山港	方形	2×200×200	√		—	279+000	大新
模范圩	圆形	直径60	√		—	280+540	
夹漕圩	圆形	直径80		√	朝东圩港港堤	—	
南中心河	圆形	直径100		√	朝东圩港港堤	—	
渔业圩	圆形	直径80		√	朝东圩港港堤	—	
龚圩	圆形	直径80		√	朝东圩港港堤	—	
劳动圩	圆形	直径60		√	朝东圩港港堤	—	
亚徐安圩	圆形	直径100		√	朝东圩港港堤	—	
金字二圩东	圆形	直径80		√	渡泾港港堤	—	
堤滩圩	圆形	直径80		√	渡泾港港堤	—	
大四圩	圆形	直径60	√		—	285+130	
庆安三圩	圆形	直径100	√		—	286+450	
长红一组	圆形	直径100		√	一干河港堤	—	锦丰
长红五组	方形	100×100		√	一干河港堤	—	
恒丰一组	圆形	直径100		√	一干河港堤	—	
恒丰十组	圆形	直径100		√	一干河港堤	—	
九龙港	方形	200×200	√		—	290+150	
常通港	圆形	直径100		√	二干河港堤	—	
联兴二组	圆形	直径100		√	二干河港堤	—	
保生圩	圆形	直径60	√		—	—	三兴
东升圩	方形	120×120	√		—	294+800	
朝山圩	方形	120×130	√		—	—	
十二圩	方形	2×120×100	√		—	297+000	
刘天宝	圆形	直径80	√		—	297+220	

续表

涵洞名称	规格		类别		位置	桩号	所在乡镇
	形式	尺寸（厘米）	江堤	港堤			
新港	方形	2×150×120	√		—	301+000	三兴
九大队十组	圆形	直径80		√	三干河港堤	—	
九大队十一组	圆形	直径80		√	三干河港堤	—	
汽渡	圆形	直径80		√	三干河港堤	—	
菁七圩	圆形	直径60	√		—	—	
老永圩	圆形	直径60	√		—	—	
吴二郎	圆形	直径60	√		—	—	
朝山港	方形	2×150×150	√		—	303+750	乐余
登全村五队	圆形	直径80		√	四干河港堤	—	
登全村十二队	圆形	直径80		√	四干河港堤	—	
登全村十队	圆形	直径80		√	四干河港堤	—	
光文九队	圆形	直径100	√		—	311+910	
光文二队	圆形	直径80		√	六干河港堤	—	
光文五队	圆形	直径100		√	六干河港堤	—	
红闸	圆形	直径100		√	六干河港堤	—	兆丰
六干河	圆形	直径80		√	六干河港堤	—	农场
交通新村	圆形	直径60		√	六干河港堤	—	交通局
农场河西	圆形	直径60		√	农场河港堤	—	农场
九七北圩	方形	100×120		√	农场河港堤	—	开发区
农场河东	圆形	直径60		√	农场河港堤	—	农场
九七南圩	方形	100×150	√		—	318+120	开发区
大寨圩	方形	100×120	√		—	322+056	杨舍
九五圩	方形	2×200×150	√		—	322+070	开发区
许家涵洞	方形	100×100		√	白茆塘东港堤	—	东张
新开河	圆形	直径100		√	白茆塘东港堤	—	
盛家涵洞	方形	100×100		√	白茆塘西港堤	—	
彭家涵洞	方形	100×100		√	白茆塘西港堤	—	
陆家涵洞	圆形	直径40		√	白茆塘西港堤	—	
金家滩	圆形	直径60		√	白茆塘西港堤	—	
城河塘	圆形	直径60		√	白茆塘西港堤	—	
埂子坝	圆形	直径100		√	白茆塘西港堤	—	
徐家湾涵洞	圆形	直径60		√	白茆塘西港堤	—	
龙王庙	方形	100×100		√	白茆塘西港堤	—	
塘角队涵洞	方形	80×100		√	白茆塘西港堤	—	
育种场	圆形	直径100	√		—	360+000	
飞机场	圆形	直径100	√		—	—	
球塘	圆形	直径60	√		—	—	
老港	方形	100×150	√		—	344+000	新港
八一	方形	100×100	√		—	339+100	梅李
青阳塘	方形	130×100	√		—	337+200	

续表

涵洞名称	规格		类别		位置	桩号	所在乡镇
	形式	尺寸（厘米）	江堤	港堤			
陆江	圆形	直径60		√	耿泾东港堤	—	梅李
北联涵洞	圆形	直径60		√	望虞河东港堤	—	
腰河	方形	80×120		√	望虞河西港堤	—	海虞
雷古浜	方形	80×120		√	望虞河西港堤	—	
沈高泾	圆形	直径80		√	望虞河西港堤	—	
严巷泾	圆形	直径50		√	望虞河西港堤	—	
五圩五腰河	方形	100×120		√	望虞河西港堤	—	
备战圩	圆形	直径100		√	望虞河西港堤	—	
五圩	圆形	直径60		√	望虞河西港堤	—	
四圩	圆形	直径60		√	—	331+450	
六工区	方形	100×100	√		—	331+550	
邓市	方形	80×140	√		—	—	
双孔	圆形	直径100×2	√		—	—	
八三圩	方形	80×120	√		—	—	
芦福沙	圆形	直径100	√		—	—	
白茆	方形	100×150	√		—	360+265	鹿河
船厂	圆形	直径60	√		—	360+900	
江辉	圆形	直径45	√		—	361+200	
连浦	方形	150×150	√		—	361+450	
长城	圆形	直径45	√		—	361+550	
船仓	圆形	直径45	√		—	362+300	
钱泾	方形	100×150		√	钱泾塘港堤	—	璜泾
钱泾口南	方形	150×150		√	钱泾塘港堤	—	
荡茜口北	方形	150×150	√		—	370+750	
东叶	圆形	直径45	√		—	371+200	时思
浪港	方形	100×150	√		—	371+920	
荡茜南	方形	150×150		√	荡茜口港堤	—	
鹿鸣泾左	方形	150×150		√	鹿鸣泾港堤	—	
浪港	方形	150×150		√	浪港港堤	—	
店家	圆形	直径80		√	七浦塘港堤	—	浮桥
朝河	圆形	直径60		√	七浦塘港堤	—	
花浦	方形	120×150		√	七浦塘港堤	—	
杨林口	方形	60×80		√	杨林塘港堤	—	
莫雪泾	圆形	直径80		√	杨林塘港堤	—	刘家港
虎塘口	方形	120×120		√	杨林塘港堤	—	
小新塘	圆形	直径30		√	—	—	
南小新塘	圆形	直径80	√		—	—	
江红	圆形	直径80	√		—	390+520	
马桥	圆形	直径80	√		—	390+880	
元宝村	圆形	直径45	√		—	394+700	浏河

续表

涵洞名称	规格		类别		位置	桩号	所在乡镇
	形式	尺寸（厘米）	江堤	港堤			
老浏河	方形	150×150		√	浏河港堤	—	浏河
陈家砂	圆形	直径100		√	浏河港堤	—	
小明沟	圆形	直径60		√	浏河港堤	—	
水产公司	圆形	直径45		√	浏河港堤	—	

表4-13　2006年苏州市江堤涵洞情况

乡镇	涵洞名称	规格			位置		建成年份
		形式	孔数（个）	尺寸（米）	江堤	港堤	
金港	双山新围圩	箱	1	2×2	长江		2000
金港	老港	箱	1	3×3		老港	2003
金港	黄鼠圩	箱	1	1.2×1.5		老港	2000
金港	鲁泡圩	管	1	1		巫山港	1976
金港	山北圩	管	1	0.8		巫山港	2003
金港	洋汰港	箱	2	2.5×2.5	长江		2002
金港	沙泥圩	箱	1	1.5×1.5	长江		2002
金港	新三圩	管	1	1	长江		2002
大新	段山港	箱	2	2×2	长江		1998
大新	模范圩	管	1	0.6	长江		1976
大新	大四圩	管	1	0.6	长江		1965
大新	庆安三圩	管	1	1.2	长江		2002
锦丰	联兴二组	管	1	1		二干河	2002
锦丰	十二圩	箱	2	1.5×1.5	长江		2002
锦丰	新港	箱	1	1×1.2	长江		2003
锦丰	汽渡（北）	管	1	0.8		三干河	1981
锦丰	汽渡（南）	管	1	0.8		三干河	1981
乐余	朝山港	箱	2	1.5×1.5	长江		2002
乐余	交通新村	管	1	1		六干河	2003
乐余	九七北圩	箱	1	1×1.2	长江		2003
乐余	九七南圩	箱	1	1×1.5	长江		2002
乐余	大寨圩	箱	1	1×1.2		七干河	2002
乐余	九五圩	箱	2	1.5×2		七干河	1998（大修）
碧溪	育种场	箱	1	1×1		白茆塘	1999
碧溪	塘角	箱	1	1×1		白茆塘	1999
碧溪	龙王庙	箱	1	1×1		白茆塘	1999
碧溪	徐家	箱	1	1×1		白茆塘	1999
碧溪	埂子坝	箱	1	1×1		白茆塘	1999
碧溪	许家	箱	1	1×1		白茆塘	1997
碧溪	北新	箱	1	1×1			2002
碧溪	周家	箱	1	1×1		白茆塘	2002
碧溪	老港	箱	1	1×1	长江		1999

续表

乡镇	涵洞名称	规格			位置		建成年份
		形式	孔数（个）	尺寸（米）	江堤	港堤	
碧溪	八一	箱	1	1×1	长江		1999
梅李	青阳塘	箱	1	1×1	长江		1997
梅李	陆江	箱	1	1×1		耿泾塘	2000
海虞	北联	箱	1	1×1		望虞河	1997
海虞	雷古泾	箱	1	1×1		望虞河	1995
海虞	新联	箱	1	1×1		望虞河	1996
海虞	六工区	箱	1	1×1		崔浦塘	2001
海虞	阿托	箱	1	1×1	长江		1996
浏河	渔业公司	箱	1	1.5	浏河口		2001
浮桥	杨林口左	箱	1	1.5	杨林口		2001
浮桥	杨林仪桥	箱	1	1.5	杨林口		2001
浮桥	浪港口右	箱	1	1.5	浪港口		2001
浮桥	浪港口左	箱	1	1.5	浪港口		1997
浮桥	鹿鸣泾口左	箱	1	1.5	鹿鸣泾口		1999
璜泾	钱泾口右	箱	1	1	钱泾口		2001（大修）
璜泾	钱泾口左	箱	1	1	钱泾口		2001（大修）
璜泾	白茆口	箱	1	1.5	白茆口		1999
璜泾	涟浦	箱	1	1	长江		2001（大修）

2006年10月23日至12月15日，一干河老闸拆除。2008年，张家港境内共有沿江（港）节制闸21座。其中，中型节制闸8座（含一干河、朝东圩港水利枢纽），小型节制闸13座（含十一圩港越闸、十字港套闸）。沿江涵洞25座，其中，出江涵洞15座，出港涵洞10座。2009年，金泾口至白茆塘口边滩整治时增建万年塘江堤涵。

“十一五”期间，沿江三市结合通江河道整治，实施沿江口门控制工程，有朝东圩港枢纽工程、双山南、北闸翻建工程、海洋泾和荡茜河江边枢纽等。2009年，为提高万年塘流域的引排能力，在万年塘入江延伸段新江堤上建双孔钢筋混凝土箱涵。是年2月开工，同年6月24日竣工。2010年，常熟市实施海洋泾引排综合整治工程，在老海洋泾闸东侧增建海洋泾枢纽。

“十二五”期间，新建、改建六干河闸、段山港闸、五节桥港泵站等一批建筑物。2012年实施福山水道南岸边滩整治后，老港、八一涵被移位重建。至2014年，常熟市沿江闸涵全部重建，沿江有福山、望虞、耿泾、老海洋泾、海洋泾、浒浦、徐六泾、金泾、白茆9座通江节制闸及通江（港）涵洞16座。除万年塘涵外有白茆塘港堤涵7座，耿泾港堤涵1座，望虞河港堤涵3座，海塘涵4座。

至2016年，太仓市通江闸涵分布在长江堤防沿线，共有水闸15座。其中，中型水闸7座（节制闸4座、套闸2座、船只1座），小型水闸8座，通江涵洞11座。

2020年，完成新荡茜枢纽维修工程，工程主要内容包括闸身沉降处理、启闭机房管线改造、门窗更换、内外墙处理、屋面改造、发电机组更新等。总投资623万元，审计投资451.74万元。

（二）重要沿江口门控制工程

1.十一圩港闸

位于张家港市锦丰、三兴（后并入锦丰镇）两镇交界的十一圩港口。原闸建成于1965年6月，距长江口1.6千米。该闸为境内的一个重要引排口门，控制面积达72.09平方千米。1978年十一圩港（二干河）辟为澄锡虞引排河道后，成为长江南北水上交通的一个主要口门。该闸分别在1974年、1978年和1984年3次进行部分改建。1983年，因其功能已不能满足灌排和通航要求，在闸左边增建越闸1座。

2000年，实施十一圩港闸加固工程。工程于12月15日开工，2001年6月20日竣工。由张家港市防洪工程建设管理处组织实施，总投资251.1万元。完成工程量土方2.6万立方米、混凝土方0.06万立方米，钢筋18吨。设计引水流量120立方米每秒，排涝流量53立方米每秒。受益面积72.09平方千米，耕地10.8万亩。新闸有3孔，中孔为通航孔，净宽8米，两边为泄水孔，各宽3米；闸底标高0.7米，闸梁底标高7米；采用直升式平面钢闸门，油压启闭；附设汽-20级交通桥1座，净宽5米；西闸首设控制室，闸墩设工作桥，并设管理房。

2.张家港闸

位于张家港市金港镇西北侧的张家港河口。原闸建成于1959年5月，距长江口约1.5千米，是境内沿江最大的节制闸。受益范围为张家港市、江阴市、锡山市和常熟市，约650平方千米，耕地60万亩。1968—1984年，该闸多次实施大修及部分改造。

1992年，原闸拆除，外移至张家港入长江口300米处重建。工程于9月1日开工，1993年9月8日竣工。投资700万元。完成工程量土方1.5万立方米、石方1.3万立方米、混凝土方0.8万立方米，钢筋340吨，闸门钢材170吨。设计引水流量387立方米每秒，排涝流量634立方米每秒。是张家港市沿江最大的节制闸，受益面积650平方千米，耕地65万亩。

新闸有5孔。其中，两孔为通航孔，通航孔高9.4米，其他闸孔高5.4米，宽均为8米，闸门顶高程9米，闸门为平板钢闸门。闸墩上部设C25钢筋混凝土工作桥，闸孔位置净宽4.6米，通航孔位置净宽5.2米，桥面高程17.4米；闸门启闭机由原来的鼓动式改为油压启闭机，闸孔闸门启闭机启闭力为2×10吨，通航孔闸门启闭机启闭力为2×16吨。上游闸墩上附设钢筋混凝土交通桥，宽9米（原7米），桥面高程9.45米，设计等级汽-20（原-18），挂-100（原-80）。2004年，工作桥上加设钢结构和轻型合金材料封闭成启闭机房。

3.望虞河常熟水利枢纽

80年代，望虞河被国家确定为太湖流域主要泄洪道之一，并于1991年大水后实施拓浚整治。1995年，在江边拆除原节制闸后建望虞河河口枢纽。详见第五章第三节望虞河工程。

4.白茆闸

白茆老闸位于常熟市新港镇东张办事处三江村白茆塘上，修建于1936年。1996年，因闸身混凝土碳化严重，苏州市水利局批复整修。是年12月18日开工，至翌年4月30日竣工。先后改造加固工作桥大梁、排架、桥面、栏杆、导流墙、护坡等，修复闸身云纹和维修管理房。工程总投资150.75万元。1999年大水后，闸身局部沉陷，横梁裂缝，边孔闸门难于启闭，水下检测发现底板断裂，局部掏空，经鉴定为四类病闸。市水利农机局一方面组织对底板基础压浆，确保安全度汛，另一方面规划建设新闸。

2001年，经多方案遴选，决定将闸外河道裁弯取直，以盛家滩至龙王庙两点连线为新河轴线，在新河与老海塘相交处建新闸。新闸建筑物等级为Ⅱ等2级。设计标准：防洪为100年一遇设计，300年一遇校核；排涝为20年一遇最大3日暴雨雨后1天排出；最大排涝流量452立方米每秒，最大引水流量505立方米每秒。闸分5孔，净宽44米，中孔为通航孔，净宽12米，净高5米，两边4孔均宽8米。底板分3块，面高程-1.5米，闸室顺

图4-2　2003年白茆闸

水流方向长18米，垂直水流向长51.4米。开卧式平板钢闸门，门顶高程7.6米，配卷扬式启闭机。闸工作桥宽5米，面高程15.7米。公路桥位于闸上游侧，总宽9.5米，荷载等级为汽-20。闸室两侧为圆弧形空箱与扶壁式翼墙，闸室与1—3节翼墙均为钢筋混凝土灌注桩基础，在闸室四周及第Ⅰ节至第2节翼墙前址采用20厘米厚混凝土地连墙防渗，墙底高程-8米。上下游消力池长20米、海漫长50米，末端设15米抛石防冲槽。防冲槽与翼墙间河道边坡为现浇10厘米混凝土护坡。

5.徐六泾江边枢纽

位于常熟市碧溪镇境内。徐六泾闸是通江节制闸，兼有挡潮、引排、通航等作用，始建于1969年，原孔径6米，后年久失修、功能不满足标准，于1994年移位重建，位于常熟市东北部碧溪镇熊家泾村，距徐六泾入江口约800米。2011年，经检测及专家鉴定为四类病闸，决定拆除重建，在老闸外侧250米左右移址新建徐六泾江边枢纽，节制闸净宽10米，设计排水能力为131立方米每秒，双向泵站流量30立方米每秒。工程围堰于2020年12月上旬开工，并于2021年1月完工；主体工程2021年4月开工，12月下旬水下阶段验收，2022年8月全面竣工，11月通过完工验收，正式建成投运。

节制闸　节制闸采用钢筋砼U形结构，单孔闸室净宽10米，底板顺水流方向长20米，顶面高程-1米，闸墩顶高程9.2米，采用升卧式平面钢闸门，门顶高程7.5米，工作桥桥面高程13米，桥面总宽6米，上设启闭房。

泵站　采用钢筋砼块基结构，双层箱涵式流道，快速闸门断流。3台机组一列式布置，机组中心距6.4米。进、出水流道净宽均为5.4米，进水流道底板面、顶板底高程分别为-3.2米、-0.8米，出水流道底板面、顶板底高程分别为0米、2.4米。泵站底板顺水流方向长26米，站墩顶高程9.2米，电机层高程7.1米。泵站内、外河侧进出水池长度分别为12米和13米，池底面高程-3.2米。

图4-3　2022年徐六泾江边枢纽

6.浒浦枢纽

位于常熟市碧溪街道。包括节制闸和套闸。

节制闸　1960年拓浚常浒河时，距江边1.9千米处建节制闸。节制闸经数十年运行，混凝土碳化，闸底局部掏空。2000年，经检测及专家鉴定为四类病闸，决定在原址扩孔改建节制闸。2000年5月8日，实施节制闸改建工程，工程包括节制闸与导流工程2项。节制闸分3孔，中孔12米，两边孔各6米，总净宽24米，钢筋混凝土坞式结构；整块底板面高程-1.3米，顺水流方向长17.5米，底板四周采用套打水泥搅拌桩地连墙防渗；升卧式平板钢闸门，门顶高程7.6米，卷扬式启闭机启闭。导流闸位于节制闸右侧，与节制闸同一横轴线布置，中心距93米，单孔净宽16米，钢筋混凝土U形结构。底板面高程-1.5米，顺水流方向长17.5米；上下游消力池长18米，深1米；平板升卧式钢门，门顶高7.6米，采用卧缸油压启闭机。两闸均于下游设公路桥。主体工程完成后，2002年6月，省水机厂完成闸门、启闭机安装、调试。7月18日，通过省、市组织的水下工程验收。7月20日，开坝放水。至年底，工程全面竣工。

套闸 2004年，市长江河道管理处筹资启动导流闸改建套闸工程。工程按Ⅴ级船闸设计，导流闸为下闸首，在上游增建闸室、上闸首，下游增建靠船墩。闸室长190米，净宽16.1米，闸室墙为钢筋混凝土结构，基础面高程-1.5米，挡浪板顶高程7.5米。上闸首净宽16米，底板面高程-1.5米，顺水流方向长15米。闸室、翼墙采用混凝土地连墙防渗，混凝土灌注桩基础处理。闸墩下游侧设3米宽人行桥。闸上下游设消力池，分别长20米、16米。升卧式平板钢闸门，门顶高6.35米，配液压启闭机。2004年9月28日动工，2005年5月底竣工。

图4-4 2014年浒浦枢纽

7.海洋泾江边枢纽

位于常熟市周师路。海洋泾是常熟城区及北部区域最直接的通江引排河道。海洋泾江边枢纽是海洋泾引排工程的主要建筑物之一，兼有防洪、排涝、引水等多重任务，枢纽位于长江感潮河段，可利用潮涨潮落的机会，由枢纽的节制闸和抽水站轮番自排、抽排和自引、抽引。江边枢纽工程由2米×10米节制闸和30立方米每秒泵站两部分组成，集中布置在老海洋泾节制闸的东侧。金属结构部分主要包括节制闸、泵站进出水流道工作门及启闭机。工程于2008年12月28日正式开工，2010年主汛期前河道主体工程完工，2010年底江边枢纽工程竣工，工程总造价为7116万元。

图4-5 2010年海洋泾新枢纽

表4-14 1997—2003年常熟江堤达标建设口门工程实施情况

项目名称	完成工程量(万立方米)			投资(万元)	时间
	土方	石方	砼方		
白茆闸改建	23.16	0.36	1.79	3142.09	2003.5
浒浦闸(含导流)	53.31	1.33	1.45	4853.19	2002.7

续表

项目名称	完成工程量（万立方米）			投资（万元）	时间
	土方	石方	砼方		
福山闸	14.23	0.48	0.53	864.01	1998.9.30
金泾闸	1.82	0.21	0.20	306.42	2000.5.20
耿泾闸	1.63	0.26	0.13	259.10	1999.8.20
催浦闸	5.16	0.29	0.13	269.93	1999.8
海洋泾闸除险	0.86	0.18	0.06	135.70	2001.5
徐六泾闸加固	0.00	0.03	0.02	42.41	1997
白茆闸大修	0.00	0.11	0.04	151.16	1997.4.30

8.七浦闸

位于太仓市浮桥镇七丫口，处于老七浦塘和长江交汇处，是阳澄区骨干通江口门，具有排涝、灌溉、挡潮和水环境调节等综合功能。工程建成于1999年7月，3孔闸，总净宽18米（5米+8米+5米），为Ⅱ级水工建筑物，防洪标准按100年一遇潮水位设计。设计排涝流量175立方米每秒，引潮流量267立方米每秒。

9.杨林枢纽

位于太仓市浮桥镇仪桥村，处于杨林塘和长江交汇处。船闸工程按Ⅲ级通航建筑物标准建设，设计最大船舶等级为1000吨级，船闸尺度为23米×230米×4米（口门宽×闸室长×门槛水深）。节制闸工程分3孔共36米（10米+16米+10米），主要建筑物级别为2级水工建筑物，次要建筑物为3级水工建筑物。节制闸设计排涝流量313立方米每秒，引水流量383立方米每秒。枢纽由交运部门管理运行。

其配套工程新塘河节制闸位于新塘河与长江江堤交汇处的外侧灰池内，是杨林枢纽的配套工程，具有排涝、灌溉、挡潮、通航和水环境调节等综合功能。

10.七浦塘江边枢纽

位于太仓市璜泾镇荡茜村，处于七浦塘和长江交汇处。包括1座节制闸、1座泵站和1座Ⅴ级船闸。节制闸净宽32米，两孔各16米；闸底板顶面高程-2米，中孔设50厘米高梯形门槛，闸槛高程-1.5米。船闸闸室长度为180米，闸室及口门宽度为16米，门槛最小水深为3米。2014年3月开工新建江边泵站，2016年7月通过验收，泵站双

图4-6　20世纪杨林闸工程旧貌

图4-7　2001年杨林节制闸

向引排流量120立方米每秒，4台（套）开敞式立式轴流泵，单机流量30立方米每秒，配套1800千瓦高压同步电机。

图4-8　2020年七浦塘江边枢纽

11.浏河枢纽

位于太仓市浏河镇。包括1座节制闸和1座套闸。节制闸建于1959年，距长江3.11千米，总长130.1米，分19孔，总净宽75米，达到2级水工建筑物标准，闸设计最大泄水流量840立方米每秒，最大引潮流量750立方米每秒，是阳澄地区最大的通江口门。浏河套闸（船闸）闸首宽12米，闸室宽16米，长160米，于1998年建成通航，套闸建成后与浏河节制闸形成集防洪排涝、引水灌溉、交通航运、改善水环境等多种功能于一体的水利枢纽，年过闸能力2000万吨。

12.一干河水利枢纽

位于张家港市锦丰镇店岸北的一干河河口段。原闸始建于1965年，距长江1.37千米，控制引排面积65.07平方千米，受益范围涉及锦丰、大新、合兴、东莱、杨舍5个乡镇，不仅是区域引排的重要控制建筑物，还是杨舍入江水运的口门。1978年一干河拓浚时，投资39万元进行扩建。

2002年12月，在距老闸约800米、北距一干河出江口350米处，建一干河水利枢纽，原闸拆除。枢纽采用闸站结合、成一列布置形式，包括1座3孔节制闸，2台管径1.4米立式轴流灌排两用泵站及管理区配套设施等。挡潮标准为100年一遇高潮位，排涝标准为20年一遇，设计引水流量为110立方米每秒，排涝流量为139立方米每秒。节制闸采用整体底板结构，通航孔（中孔）采用开敞式，两侧泄水孔采用胸墙式。闸孔总净宽18米，两泄水孔各5米，通航孔8米。闸底板顺水流方向长15米，宽22.8米，顶高程为0米。闸门挡潮高程为7.6米，闸顶高程为9.15米。泵站采用提升式结构，双向流道，单机流量为5立方米每秒，引水道底高程为-2.6米，净宽4.2米。侧附设汽-20级交

图4-9　2024年浏河枢纽

图4-10　2020年一干河水利枢纽

通桥1座，宽5米，顶高程为9.15米。

工程于2002年12月20日开工，2004年1月14日竣工。共完成混凝土工程1.06万立方米，块石工程0.54万立方米，钢筋工程615吨，土方开挖8.27万立方米，土方回填4.56万立方米，钢结构制造安装169吨，总投资2445万元。

13.朝东圩港水利枢纽

位于张家港市大新镇朝东圩港河口。原闸建成于1959年6月，距长江边2.5千米左右，和朝东圩港拓浚同期建设，称“江阴沙洲第一水闸”。建成后，该地区频繁的洪涝灾害得到控制。1974年，原木质闸门因腐烂更换成平面钢闸门。1999年，该闸外移重建，由原址向长江侧外移800米。受益面积20平方千米，受益耕地4万亩。

2004年，在距长江边约200米处建朝东圩港水利枢纽，原闸拆除。该枢纽工程建有1座3孔节制闸、1座泵站。设计引水流量为215立方米每秒，排涝流量为216立方米每秒。闸门单孔净宽12米，闸口门由原来的6米扩大到36米。闸门采用升卧式平板钢闸门，配卷扬式启闭机；闸室采用开敞式钢筋混凝土结构，底板顶高程为0米；闸上附设汽-20、挂-100交通桥，净宽7.5米。泵站采用提升式布置，站身顺水流方向总长30米，总宽16.6米，进出水流道采用X形双向流道，选用2台开敞式轴流泵，单泵设计流量为16立方米每秒，配2台立式同步电动机；泵站闸门均采用平面钢结构滚轮闸门，双向止水，上道门为快速启闭闸门，配卷扬启闭机，下道门为普通钢闸门，配卷扬启闭机和机泵2台（套）。

工程于2004年4月25日开工，2006年9月6日竣工。共完成土方19.7万立方米，混凝土方2.3万立方米，砌石0.64万立方米，钢结构制造安装1678吨。总投资7485.31万元。

14.东横河水利枢纽

位于张家港市杨舍镇东横河振兴路桥以西180米，东距二干河口约500米，属内河闸。该枢纽工程包括1座控制套闸、580米泄洪道及配套管理设施。套闸为单孔，净宽12米，闸室长139米，闸底板顶高程为0米，翼墙为钢筋混凝土扶壁式，闸室段河底宽25米。闸门采用升卧式平板钢闸门，套闸下闸首门顶高程为5米，上闸首门顶高程为5.5米，下闸首设汽-20级交通桥1座，桥宽7米；套闸上下游闸首均采用卧式液压启闭机，控制室设在下闸首。套闸兼具通航功能，设计最高通航水位为4.39米，最低通航水位为2.8米，通航梁底高程为9.2米，是东横河最高的跨河建筑物梁底。泄洪道采用灌砌石挡墙1031.22米、金属围护549.4米。

工程于2004年12月15日开工，次年10月30日竣工。共完成混凝土浇筑0.64万立方米，砌石工程0.42万立方米，钢筋制作与安装385吨，土方开挖7.72万立方米，土方回填2.96万立方米，钢闸门及钢结构各种预埋件78吨。南侧附设580米泄洪道建于2006年。总投资2542万元。

一干河水利枢纽、朝东圩港水利枢纽和东横河水利枢纽三大水利枢纽建成后，可联调呼应，效果倍增。一干河水利枢纽与朝东圩港水利枢纽实行联合调度，枯水期每年可通过泵站提水增加引长江水能力1.3亿—1.7亿立方米，扩充市区水环境容量，缓解水质型缺水矛盾；排涝能力可由原来的32立方米每秒提高到216立方米每秒，提高区域排涝能力。东横河水利枢纽为城区水环境整治控制性工程之一，用于拦截二干河污水流入城区，可确保经一干河、朝东圩港等河道引入的长江清水进入城区河道，适度控制城区河道水位，改善城区河道水质，并兼顾通航及汛期排水需求。

15.新塘河节制闸

位于新塘河与长江江堤交汇处的外侧灰池内，是杨林枢纽的配套工程，具有排涝、灌溉、挡潮、通航和水环境调节等综合功能。工程2011年6月动工建设，2013年3月建成投运。工程按100年一遇洪（潮）水位防洪标准设计，300年一遇洪（潮）水位校核，设计流量88立方米每秒。节制闸闸室为胸墙式平底板钢筋混凝土整体U形结构，底板面高程0.5米，胸墙底高程4.9米，底板垂直水流方向总宽12.6米，顺水流方向总长16米。节制闸采用直升平面定轮钢闸门结构形式，偏向上游设计，闸门净宽10米，闸门顶高程5.3米，闸门净高4.8米。闸门启闭机采用QP-2×200kN卷扬式启闭机，配用电机功率2×7.5千瓦。

第二节 河势控制

一、护岸工程

洪水后如遇江岸崩塌、河势变化等险情，苏州市水利部门及时通过修筑丁坝、平抛护岸、灌砌护坎、散抛护坎等护岸工程措施以消除险情。

丁坝是在崩坍区长江水边用块石堆筑成一定长度的堆石体，因其和水边线垂直形成“丁”字形，故称丁坝。丁坝利用伸到长江水中的坝体将长江水流挑离岸边而起到保护岸线的作用。因丁坝建成后改变了河床边界条件，造成特定的水流结构，使丁坝坝头产生冲刷坑，在坝上下侧产生回流淘刷坝根，加之造价较高，后多用平抛护岸的方法进行坍江治理。

平抛护岸，简称平顺抛石，是把护岸材料（块石，外地有柴排、铰链排等）按一定的设计标准和要求平顺地抛护在近岸河床陡坡上，通过块石在水下的自动调整使块石比较均匀地铺在陡坡上，起到抗冲护岸的作用。平抛护岸能适应河床变形，不改变原来岸线形态和水流结构，造价较丁坝护岸低，故此法长期沿用。

张家港市分别于1996年、1997年、2001年、2003年，在双山小北五圩地段实施平顺抛石护岸工程，总长1862米。1999年，张家港市在六干河口上游新建6条小丁坝，总投资450万元。2001年，为阻江岸崩坍，消除隐患，控制河势，张家港市在十一圩港以下崩坍段平抛长1020米，抛石9.45万立方米。2002年，张家港市水利（水务）局在五干河口门新筑2条丁坝。

2003年5月30日，为确保安全度汛，加强沿江堤防的防洪能力，苏州市水利（水务）局同意九龙港应急抛石、二干河东港堤抢险工程。九龙港应急抛石加固工程计划抛石13300立方米，二干河东港堤抢险工程计划抛石2342.5立方米，新建格梗26.5立方米、翻建灌砌石护坡440平方米。九龙港应急抛石工程审核经费118.54万元，二干河东港堤抢险工程核销积石材料费后审核控制经费20.36万元。同年8月29日，苏州市水利（水务）局同意实施双山小北五圩抢护工程，抛石5000立方米。双山小北五圩进行抛石抢护工程审核经费41.07万元。同年，张家港市锦丰镇七圩港东5号丁坝因沙钢码头建设被拆除，丁坝拆除后的护岸方式均采用平顺抛石来替代。

2005年7月25日，苏州市水利（水务）局同意张家港市九龙港河段应急抛石工程项目调整为应急抛石护岸工程项目。其中，灌砌石上护坎330米，抛石1692立方米，丁坝灌浆1180平方米，护坎修复98平方米。同年，张家港市大新镇老海坝东1号丁坝因浦项码头建设拆除。丁坝拆除后的护岸方式均采用平顺抛石来替代。

2006年9月1日至10月24日，张家港市水利（水务）局再次在双山小北五圩地段实施抛石护岸。施工长度750米，抛护总宽60米，总石方3.91万立方米。其中，水下抛石护岸3万立方米，陆上抛石护坎0.91万立方米。总投资378万元。2006年10月至2007年1月，对张家港市老沙码头以西段的陶氏北界—优尼科南界改建堤防前沿河床实施抛石护岸。护岸长度970米，水下平顺抛石护岸工程6.58万立方米，陆上抛石护坎工程1.58万立方米。总投资773万元。2007年5月，张家港闸下游东港堤改建，在护坡底格埂外侧进行抛石护脚934.3立方米。同年在张家港境内的段山港——一干河口段实施大新模范圩抛石护坎，长581.8米，抛石量1744.4立方米，经费29.3万元。

2006年，常熟市水利（水务）局对野猫口段1000米坎外坡脚进行抛护，共抛块石1500立方米。

2008年，常熟市在实施江堤达标完善项目中，又于金泾口至常浒河口补抛护址块石947.6立方米。是年，常熟市长江滩涂保有量为255.37万平方米。9月1日至10月5日，张家港市水利（水务）局对一干河口上游8号丁坝区域实施应急抛护。根据水下地形冲刷情况，在丁坝上下游面及坝头部位进行平顺抛石，抛石长度100米，抛石1.35万立方米，总投资155.23万元。年末，张家港境内长江沿线共留存26条丁坝，护岸长度5810米。其中包括1970年前所建、现今仍留存的8条单丁坝。

2009年11月6日，苏州市水利（水务）局同意实施张家港市长江澄通河段一干河下游江岸抛石防护应急工程。工程位于长江张家港市一干河下游江苏沙钢集团海力9号码头中下段内侧，工程长228米，宽22—69米（其中，长约168米的抛石层宽22—23米，其余长约60米的抛石层宽63—69米），抛石层厚1米，核定工程抛石量7840立方米。工程核定控制经费100万元。

2012年12月20日，常熟市的福山水道南岸边滩整治工程竣工验收。累计完成软体排24.87万平方米、排水板57.04万米以及抛石护脚、堤坡防护等，使用混凝土15.03万立方米、石方77.34万立方米，投资6.43亿元。

二、节点控制

（一）徐六泾节点段整治

常熟徐六泾河段上承通州沙水道，下接南支河段白茆沙分汊河段。自浒浦至白茆河口，全长15千米。进口徐六泾缩窄仅4.5千米左右，其后展宽至白茆河口处江面宽为7.5千米，其间苏通大桥飞架南北。长江主流由澄通河段自北向南顶冲常熟徐六泾岸段，由于常熟沿岸海塘及桩石工程守护，加之南岸为地质条件较好的抗冲性黏土，长江主流由北向南转而由西向东顺徐六泾而下进入白茆沙南水道。

徐六泾闸是徐六泾北排入江口门控制建筑物。1995年，实施徐六泾闸堤灌砌挡墙工程，总工长为338米，总投资26万元。1997年，新建徐六泾驳岸，总工长为250米，总投资20万元。1998年，实施徐六泾节点段新建和加固工程，总工长为690米。其中，新建120米、加固570米，总投资315.64万元，工程于1999年6月1日完工。2000年，在徐六泾兴华段进行护坡，修建挡浪墙，总工长为1834米，总投资530.09万元。同年实施徐六泾东港堤护坡总工长为609米，总投资116.34万元。2002年，实施徐六泾西港堤护坡接高工程，总工长为516.6米，总投资16.74万元。2005年，实施徐六泾港堤护坡拆除重建和抛石工程，总投资21万元。2006年，实施徐六泾挡墙维修工程，总投资10.54万元。

2007年11月，长江白茆小沙边滩整治工程全面开工。主要建设内容为堤基处理、围堤填筑、护坡防护、抛石护脚及吹填。工程新筑大堤5千米，完成堤身袋装砂和吹填砂100万立方米、吹填砂450万立方米、抛石40万立方米、干灌砌块石4.4万立方米等，总投资3.15亿元。2008年12月工程完工，有效提高该区域防洪标准和河势稳定。

2008年，长江委印发《长江口综合整治开发规划》。《规划》提出实施徐六泾节点整治工程。工程主要包括北侧的新通海沙围堤工程以及南侧的白茆小沙护滩潜堤和围堤工程。北侧新通海沙围堤堤线沿新通海沙外侧-2米线布置。白茆小沙围堤堤线的布置，考虑到副槽中已建大量码头和企业的实际情况，并从白茆小沙副槽的发展趋势来看，整治工程不宜封堵白茆小沙副槽，整治工程按圈围白茆小沙成岛布置。方案工程目的在于增强徐六泾河段的束流、导流作用，使水流动力相对集中，使出徐六泾的主流能较为稳定地北偏，从而有利于白茆沙北水道的发展，有利于形成南、北水道-10米深槽贯通的优良河势，同时也为沿江地区的水土资源开发利用创造条件。

2009年，实施徐六泾东港堤顺堤河整治工程，总投资165.31万元。2013年，实施徐六泾上游西挡墙重建工程，总投资25.64万元。2014年，实施徐六泾上下游防汛设施维修工程，总投资7.58万元。

2020年11月2日，徐六泾闸由于闸顶、门顶防洪高程不足，上下游翼墙抗滑稳定不满足现行规范要求，内河海漫长度不足，交通桥及闸门主梁强度不足等，经安全鉴定为四类闸。江苏省水利厅作出批复，同意拆除徐六泾闸，重建徐六泾江边枢纽。工程主要建设内容为：拆除徐六泾闸，在其下游250米处新建徐六泾江边枢纽。其中，节制闸单孔净宽10米；泵站设计排涝流量30立方米每秒，装机3台（套），总装机容量1680千瓦。核定工程估算总投资9397万元。

（二）野猫口段节点整治

1991年以来，根据省《长江整治（节点控制）应急工程设计任务书》《长江澄通河段近期整治工程可行性研究报告》《长江澄通河段近期整治工程初步设计》《长江河口段（江苏省境内）崩岸治理工程初步设计报告》等文件要求，苏州市先后在1991—1993年、1998—1999年和2001年对常熟境内的长江野猫口段实施节点整治工程，工程内容主要为近岸江滩平顺抛护与重点堤段堤外护坎防护。工程投资，1991年度投资100万元，1992年度投资124万元，1993年度投资90万元。1998年度、1999年度、2001年度节点整治项目列入达标工程，投资分别为315.64万元、539.86万元和1585.87万元，共计2441.37万元。

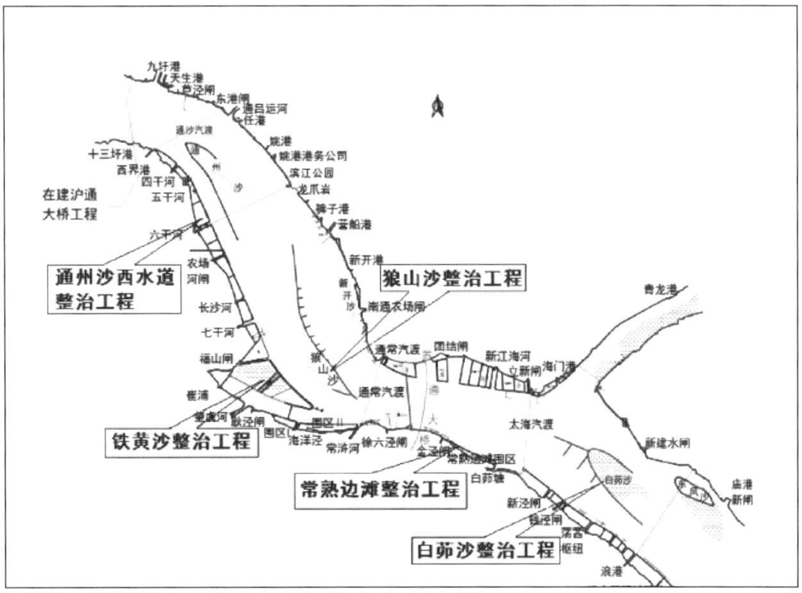

图4-11　2011年长江徐六泾节点段河势及整治规划图

表4-15　1991—2001年常熟市长江节点整治计划与实施情况

年份	位置	计划 工长（米）	计划 石方（立方米）	实施 投资（万元）	实施 工长（米）	实施 工程量（立方米）土方	实施 工程量（立方米）石方	实施 工程量（立方米）混凝土	实施 投资（万元）	完工时间	备注
1991	野猫口	400	15540	100	400	—	15540	—	100	1992.7.1	抛石
1992	1991年度工程上游	335	11223	124	335	—	1229	—	124	1993.12.1	抛石
	1991年度工程下游	80	2960	—	80	—	2960	—	—	1994.12.1	抛石
1993	1991年度80米项目下游	180	8750	90	232	—	10740	—	90	1994.12.1	抛石
1998	徐六泾节点段新建	120	31182	330	120	—	31183.1	—	315.64	1999.6.1	抛石
	徐六泾节点段加固	570			570						
1999	白艾塘西段	2300	—	609	1140.7	9172	5544	4142	274.77	1999.9.1	护坎重建
	白艾塘东段				1080	7444	5618	4106	265.09	1999.12.1	
2001	野猫口	200	22320	—	200	—	22325.3	—	320.8	2002.6.1	抛石
	金泾口 上游	2335	—	1672	—	—	2036	1377.5	1265.07	2002.11.1	护坎翻建
					—	—	2707.4	2851.4		2002.11.1	
	金泾口 下游	2052	43092		—	—	43105.6	—		2002.11.1	抛石护滩
	华润段护坎加固	264	—	—	264.4	—	—	498.9	—	2004.1.1	护坎翻建
	白茆塘口西抛石	—	6500		—	—	—	—		2003.12.1	抛石护脚

（三）老海坝节点整治

张家港市长江老海坝段是境内长江岸线主要的易崩坍区域之一，历史上崩退剧烈。经过多次抢险守护，岸线崩退趋势受到遏制，但由于局部河势的变化以及地质条件较差等，该段岸线水下岸坡处于持续冲刷状态。一旦发生新的岸线崩坍，不仅影响防洪安全、河势和航道的稳定，还会对张家港、南通两市沿江码头安全运行产生严重的影响。

2010年11月，张家港市水利部门进行工程可行性研究报告，并制作初步设计方案。主要任务和目标是通过老海坝节点工程综合整治，提高堤防稳定性和河床抗冲能力，稳定一干河至二干河段岸线及浏海沙南岸顶冲点；保障防洪及码头运行安全，为本河段与上下游河段河势稳定创造条件。工程等级为Ⅱ等，防洪标准为50—100年一遇，堤防级别为2级。

2013年2月和2014年5月，江苏省发改委对工程可行性研究报告、初步设计进行批复。2014年5月7日，张家港市人民政府批复同意成立张家港市老海坝节点综合整治工程建设管理处。张家港市水利部门对工程项目总体建设程序、工程标准、质量、安全、工期和资金使用等进行管理、协调和监督。

老海坝节点综合整治工程位于长江澄通河段的中段右岸，是该河段长江自江阴以下重要的河势控制节点工程。共分为一期、二期工程和9

图4-12　2020年老海坝节点综合整治工程位置示意图

号码头护岸工程三部分实施。整个工程自2014年7月开工，至2018年5月9日竣工，历时近4年，累计完成总投资约3.8亿元，抛石总量239.4万立方米。

一期工程主要实施一干河至九龙港范围内（沙钢海力6号至9号码头区及前沿）的岸线整治工程，持续近1年时间。二期工程主要实施九龙港至二干河范围内（沙钢海力5号至0号码头区、沙洲电厂煤运码头岸段及前沿）的岸线整治工程。

由于施工水域水下情况非常复杂，所有参建单位制定严格的质量控制措施。沙钢海力8号和1号码头前沿水深流急，是河势急剧变化区，为了能够精确、快速地在河床底形成连续的防冲能力较大的护底，这两个区域采用沉箱式水下抛石新工艺。通过专用船自带锚机与GPS定位系统作精准定位，采取一系列联动操作将装有块石的沉箱下放到接近河床面3—4米时，打开底门装置，将网兜石直接安放在河床上，使抛石位置更加精准，抛投更加均匀。该箱式深水抛石抛投船已申请发明专利。

9号码头护岸工程是在9号码头堤顶布置110根C30钢筋砼抗滑钻孔灌注桩。

三、边滩整治

（一）张家港市边滩整治

张家港市的重要地理特征之一就是沿江地区沙洲众多。21世纪初，随着经济发展速度的明显加快，张家港市境内主要位于福姜沙南汊以及浏

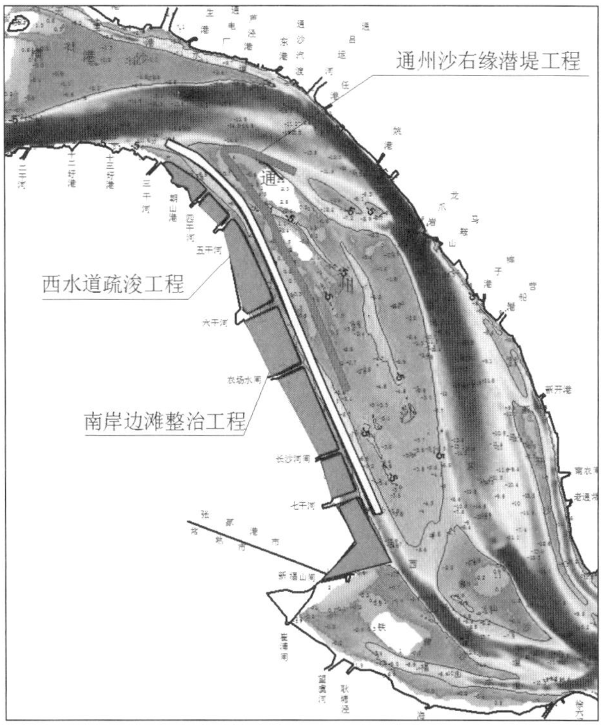

图4-13　2020年通州沙西水道整治工程示意图

海沙水道内的深水岸线基本开发完毕，深水岸线资源面临枯竭，严重制约本市经济社会可持续发展。因此，通州沙汊道开发提上日程。通州沙汊道位于长江澄通河段十一圩至徐六泾，该汊道经过多年调整，河势逐渐趋向稳定，出现开展河道综合治理的有利时机。适时采取工程措施，通过实施通州沙西水道综合整治工程，有利于实现形成稳定双分汊的河势控制目标，有利于沿岸地区的防洪安全、通州沙西水道的航道通畅，并可满足张家港市对岸线开发利用的需要。

通州沙西水道综合整治工程分四期进行，建设内容分为三部分：三干河至福山塘的南岸边滩岸线调整工程、通州沙右缘上段潜堤工程以及西水道主槽疏浚工程。2011年12月，通州沙西水道综合整治工程一期正式开工建设，至2016年1月四期工程完工，历时4年多。累计完成总投资约32亿元，整治长江岸线18.8千米，新建围堤33.7千米、潜堤16.6千米，形成围区面积26657亩。工程质量等级被评为优良。

为深入贯彻长江经济带共抓大保护、不搞大开发的重大战略部署，2016—2020年，张家港市投资2800万元，建设沿江绿廊34千米，绿化总面积2700亩。通州沙西水道综合整治工程建成后，经观测，通州沙西水道水域条件得到明显改善，通州沙汊道向稳定的双分汊方向发展，消除六干河

图4-14　2020年通州沙西水道新貌

上、下游近岸深槽，河势进一步稳定，保障常熟东部地区的堤防安全，为构建稳定健康的长江岸线生态系统发挥重要作用。

（二）常熟市边滩整治

2007年11月，苏州市启动实施常熟边滩（金泾口—白茆塘口）整治工程，包括堤基处理、围堰填筑、抛石护脚、堤坡防护和围区吹填（结合航道疏浚）等。2009年4月30日，工程主体部分完成，完成软体排31.87万平方米、塑料排水板246.04米、抛石护脚39.33万立方米、堤心砂及袋装砂（含砂被）104.4万立方米、混凝土4.14万立方米、砌石护坡4.04万立方米、草皮防护3.56万平方米、围区吹填结合进港航道疏浚599.66万立方米、围区防风105.8万平方米等，完成投资27942.05万元。

竣工后，边滩成陆面积1812.8亩，临江建成新大堤5千米。根据防洪标准结合工程实际，新大堤按50年一遇高潮位（6.39米）加50年一遇风速设计：大堤顶标高8.7米、顶宽6米；顶面外侧设防浪墙，墙顶标高9.2米；内外坡比分别为1∶2.5和1∶3。其中，迎水坡采用钢筋混凝土格栅消浪护坡，在高程3.6米和5.9米处分别设8米和5米宽平台；吹填区陆域验收面高程6.2米、使用高程5.9米。长江水委于2009年11月12日发文将新建堤防调整为长江主江堤，并明确相应范围内的原主江堤堤顶高程可降至6.2米。

2010年12月22日，常熟市的福山水道南岸边滩整治工程开工。主要工程有堤基处理、围堰填筑、抛石护脚、堤坡防护、围区吹填和Ⅲ围区的原水管线保护与水库防渗墙工程等。2010年12月30日工程开工，至翌年5月底，新建大堤堤基处理、堤防填筑、堤脚抛石及围区吹填砂工程全部完成；8月底完成新建堤防外坡防护及新八一涵、新老港涵重建。2012年12月20日，完成Ⅲ围区原水管保护、退水闸、库区清淤等工程及堤顶道路、排水沟、堤防绿化等相关配套项目。12月31日，工

程竣工验收。累计完成软体排24.87万平方米、排水板57.04万米、围堤填筑261.93万立方米、围区吹填708.76万立方米、库区清淤144万立方米，建库区防渗墙4.67万平方米，以及抛石护脚、堤坡防护、排水沟、堤段道路、绿化等，使用混凝土15.03万立方米、石方71.34万立方米，投资6.43亿元。竣工后，自赵市种养基地至常浒河口形成边滩圈围面积6395亩，边滩成陆面积4921亩（不含围区Ⅲ应急水库），建临江大堤10.94千米。其中，作为防汛主堤防7.5千米（含围区13141米、围区14359米），不作为防汛主堤防的围区Ⅲ外围堤3437米，作为临江防汛主堤防已申报待批复确认。

铁黄沙整治工程是《长江澄通河段河道综合整治规划》中重要的河势控制工程，跨越张家港市和常熟市，位于长江澄通河段通洲沙西水道下段和福山水道之间，工程概算总投资187487万元。工程于2013年12月开工，2015年7月完工，2021年1月通过竣工验收。2013年11月23日，常熟、张家港两地政府在张家港市签署铁黄沙综合整治工程合作协议。工程由堤基处理、围堤填筑、围堤防护、抛石防护、围区吹填、望虞河外延导堤、抛石潜堤、排水涵闸、福山水道疏浚和应急守护工程等组成。工程等别为Ⅱ等，防洪标准50年一遇。围堤及防护工程等永久性主要建筑物为2级建筑物，潜堤等次要建筑物为3级建筑物。工程相应地震基本烈度为Ⅵ度。至2014年底，围堤土方全部达到设计标高，堤身护砌工程全面完工，潜堤构筑、陆域吹填基本完工，涵闸、排水沟、绿

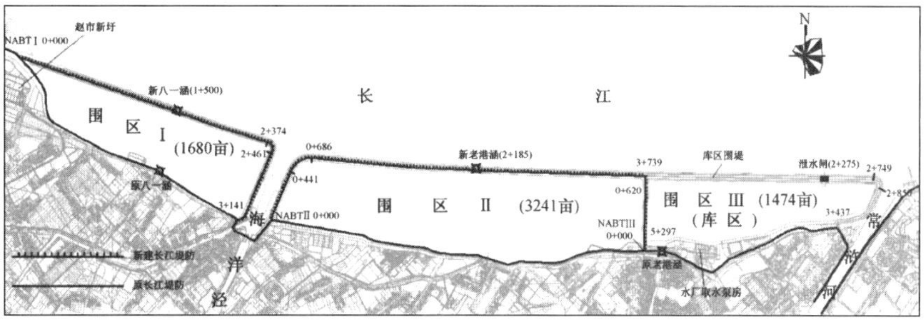

图4-15　2020年福山水道南岸边滩整治工程布置图

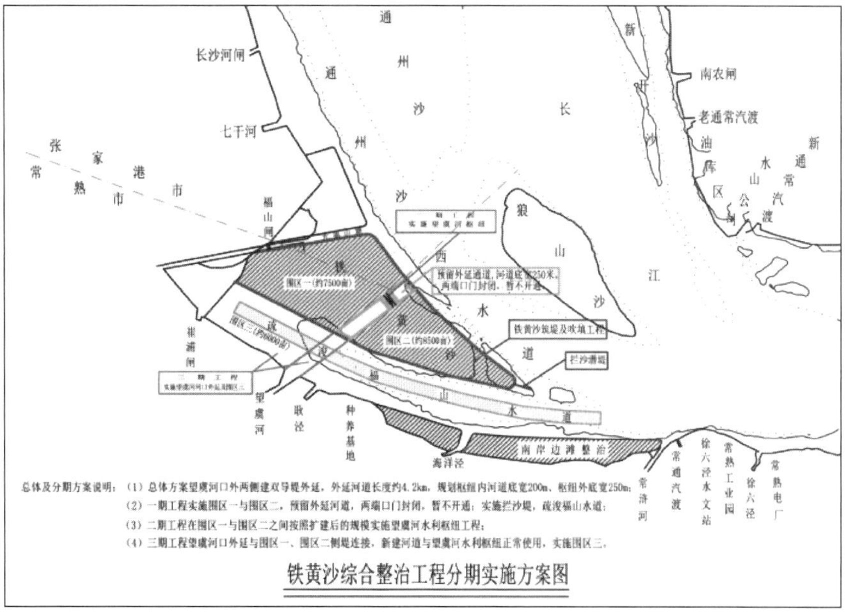

图4-16　2013年铁黄沙综合整治工程分期实施方案图

化等配套工程同步实施。累计完成软体排52万平方米、排水板440万米、围堤填筑450万立方米、围区吹填1900万立方米，共耗用石方130万立方米、混凝土6万立方米。

工程投入运营以来，长江澄通河段河势稳定，福山水道淤积萎缩延缓，水道过流能力及望虞河引排水水平显著提升；新增通州沙西水道侧深水岸线约3.5千米，福山水道侧岸线4.5千米，社会经济效益巨大。长江澄通河段铁黄沙整治工程荣获2019—2020年度中国水利工程优质（大禹）奖。

（三）太仓市边滩整治

太仓市处于长江口南支南岸，岸线基本平直且边滩稳定，深水区开阔、稳定，主航道宽1.4—2.5千米，深水岸线约25千米。

按照《长江口综合整治开发规划》，太仓岸线开发利用沿-3米左右等高线布置，适当缩窄南水道河宽。1994年以来，陆续实施长江边滩整治工程7期12批次，分别为一至七期、荣文、庵弄村、华能电厂灰库围滩吹填工程以及太仓市第二水厂蓄淡避咸水库和浏河应急水源地工程。截至2020年整治长度共计23.05千米，长度已超过长江岸线的60%。其中，围滩吹填9批次18.47千米，实际新增围滩面积3.41万亩；水库（饮用水水源地）2座3.181千米、电厂灰库1座1.398千米。这些边滩整治工程的实施，为太仓港建设提供基础支撑，为太仓供水安全提供保障。

太仓电厂工程　1991年11月5日，长江委印发《关于华能上海石洞口电厂事故灰场建设使用江岸江滩的批复》，同意华能上海石洞口第二电厂使用太仓县浏河口以东阅兵台至上海市宝山区交界处长1467.77米江岸及相应江滩，圈围建设事故灰场，同意该灰场的灰坝平面布置的走向和灰坝断面的设计标准，并要求该电厂灰场的建设应确保浏河口的引排水能力。

1997年，长江委批复同意华能太仓电厂煤炭码头工程。1998年，太仓电厂主体工程开工，起点为鹿鸣泾河口下游，终点为浪港河口上游1千米，遥感面积1574亩。

2002年11月28日，长江委印发《关于太仓港环保发电有限公司扩建工程灰场选址预申请的批复》，同意太仓港环保发电有限公司开展利用太仓境内长江滩地建设扩建电厂备用灰场可行性研究工作，并提出灰场选址和布置应符合长江口综合整治规划和太仓港总体规划，并尽可能少占用长江岸线。2003年9月23日，长江委印发《关于太仓港环保发电有限公司四期2×600MW机组项目灰场选址预申请的批复》，同意太仓港环保发电有限公司在长江口南支河段右岸太仓港美孚码头下游及太仓市浮桥镇马北、高红、三井村段江滩，就远期规划灰场选址开展有关前期研究工作。

太仓一期工程　1994年7月18日，长江委印发《关于对江苏太仓市境内围滩调整岸线工程的意见》，针对浏家港围滩建港问题，提出围滩调整岸线的工程方案是必要的、可能的。同年10月7日，长江委印发《关于太仓市拟在杨林口至浪港口江堤外侧围滩调整岸线建码头的批复》，同意太仓市在其境内围滩调整长江岸线。

1995年5月22日，长江委印发《关于太仓市中远国际城港区一期工程建设（预可行性研究）的批复》，提出中远国际城港区一期工程共使用长江岸线740米，与太仓市围滩调整岸线总体规划是相一致的。同意一期工程中围滩调整岸线、建设3个万吨级泊位的堆场与一个2.5万吨级集装箱码头等项目内容。

1997年2月3日，长江委批复江苏省水利厅《关于报请审查中远国际城港区起步工程围堤吹填工程可行性及初步设计的请示》，同意中远国际城港区在太仓市浪港口下游2660米至3400米之间占用长江岸线740米筑堤围滩。围堤总长2857米，其正堤沿位置设在-3米左右，土堤顶高程围6米，顶宽4.5米，外坡1∶2，内坡1∶1.5。工程1997年开工，防洪高程7米、堤顶宽6米，遥感面积1609亩。

太仓二期、三期、四期和荣文（苏州）休闲中心（太仓港国华荣伟围滩工程） 2001年12月20日，省水利厅印发《关于报送太仓市滩地围垦和岸线调整的请示》。同年12月31日，长江委作出批复：太仓港长江岸线调整方案基本符合《长江中下游干流河道治理规划报告》提出的长江河口段南岸河势控制规划，同意按所报工程布置方案对有关岸线作适当调整。根据请示内容，拟调整岸段共分4处，具体由东向西分别为：自中远国际城东堤向下游固垦滩地长2500米，东至七丫口上游250米，宽约850米，面积约210.9万平方米；自中远国际城西堤向上游固垦滩地长2400米，北至浪港口下游50米，宽约990米，面积约254万平方米；自太海汽渡向下游围垦滩地长2430米，东至荡茜口上游100米，宽约700米，面积约212.2万平方米；在钱泾口上下游围垦滩地长1730米，宽约400米。其中，钱泾口上游长1350米、下游长380米，钱泾口留出250米空白段，形成陆域面积71.06万平方米，水域面积47.21万平方米。新堤线前沿除第四项控制在现有水下岸坡-0.5米高程（1985年国家高程基准，下同）外，其他都控制在-3米左右，不超过已有中远国际城固垦前沿线并与之保持平顺连接。新岸线调整工程符合太仓港总体规划。其中，第一、二项围垦工程位于太仓港规划集装箱泊位区，第三项围垦工程位于太仓港规划散货泊位区，将大大加速太仓港的建设步伐。拟建工程位于白茆沙南水道，近50年来基本维持主汊地位，宏观河势对太仓港的建设较为有利，相应实施围垦工程可行，对河势影响很小，岸线调整工程也是可行的，但没有提出防护减淤措施，建设单位应在下阶段结合沿江口门淤积影响专题研究进一步优化围垦堤线布置。

2003年，太仓二期主体工程开工，起点为浪港口，终点为中远国际码头，防洪高程7米、堤顶宽6米，遥感围滩面积3936亩。

2004年，太仓三期主体工程开工，起点太仓港正和集装箱码头，终点七丫口，防洪高程7米、堤顶宽6米，遥感围滩面积3877亩。

2004年，太仓港国华荣伟围滩工程主体工程开工，起点新泾河，终点钱泾河口，防洪高程7米、堤顶宽6米，遥感围滩面积1654亩，岸线长度1500米。

2004年，太仓四期主体工程开工，起点老太海汽渡，终点荡茜口，防洪高程7米、堤顶宽6米，遥感围滩面积3352亩，岸线长度3000米。

太仓五期工程 2003年，长江委批复同意太仓五期工程，2005年，太仓五期主体工程开工，起点荡茜口，终点庵弄村，防洪高程7米、堤顶宽6米，遥感围滩面积1819亩。

太仓六期、新太海汽渡工程 2004年6月2日，长江委印发《关于苏州港太仓港区白茆河口至新泾口段岸线调整工程涉及河道管理有关问题的批复》。同意太仓港港区管理委员会先期实施太仓市新泾河入江口以上约3千米长江岸线调整工程。同意《苏州港太仓港区六期岸线利用工程预可行性研究报告》提出的工程总体布置方案。拟建工程围堤总长4760米。其中，前沿顺水流方向堤长2811米，上游侧堤长681米，下游侧堤长963米，总面积289万平方米。

2007年，太仓六期主体工程开工，起点新太海汽渡，终点新泾河，防洪高程7米、堤顶宽6米，遥感围滩面积4265亩，围滩岸线2850米。新太海汽渡工程起点白茆口下2千米，终点白茆口下2.25千米，防洪高程7米、堤顶宽6米，遥感围滩面积196亩。

太仓庵弄村工程 2008年6月4日，长江委印发《关于太仓港庵弄村岸线调整工程涉河建设方案的批复》，同意华能国际电力股份有限公司太仓电厂在长江口南支白茆沙河段鹿鸣泾上游侧实施庵弄村岸线调整工程，同意《江苏省太仓港庵弄村岸线调整工程可行性研究报告》提出的整治工程堤线布置方案。围堤上游起点为太仓港岸线调整五期工程纵向围堤与东侧堤的交点，下至鹿鸣泾河口。主江堤与围堤之间的陆域高程控制在4米。

2009年，太仓庵弄村工程开工，起点庵弄村，终点鹿鸣泾，防洪高程7米、堤顶宽6米，遥感围滩面积1435亩。

太仓浏家港工程、太仓应急水源地工程　2009年6月18日，长江委印发《苏州港太仓港区浏家港岸线调整工程涉河建设方案的批复》。同意太仓中化国际兴业石化开发建设有限公司实施苏州港太仓港区浏家港岸线调整工程，同意《苏州港太仓港区浏家港岸线调整工程可行性研究报告》提出的拟建工程总体布置方案。拟建工程新建围堤总

图4-17　2012年太仓市长江边滩整治

图4-18　2014年太仓浏家港岸线调整工程会议

长约4846米，东、西侧堤垂直主江堤，纵堤基本平行于主江堤。

2011年，太仓浏家港工程（七期）主体工程开工，起点美孚码头下游250米，终点浏河口上游2.4千米，防洪高程7.3米、堤顶宽6.3米，遥感围滩面积4697亩。2011年，太仓应急水源地工程主体工程开工，起点浏河口上游2.4千米，终点浏河口上游100米，防洪高程7.3米、堤顶宽6.3米，遥感围滩面积3891亩。两项工程围滩岸线共5200米。

四、岛屿与沙体治理

（一）双山岛

双山岛是张家港市金港镇长江水域中的一处岛屿，为苏州市境内在长江中的唯一大型岛屿，与张家港保税区隔水相望，距张家港市中心18千米。全岛总面积18平方千米，环岛岸线近17千米，完好地保存恬静古朴的自然风光、水乡风情和农耕生态，被誉为长江中的“处女岛”。

历史上，双山岛水患灾害不断，而环岛江堤就是一道重要的安全屏障。1998年长江洪峰过境时，堤身经数日浸泡，出现明显渗透现象。洲堤原有7座涵洞，1998年以后进行简单封堵，仍存在不少安全隐患。洲堤外坡的浆砌块石直立墙和灌砌块石护坡绝大部分是用本地块石砌筑，质量较差，经过多年运行，风化现象较突出；南侧还有部分七八十年代建设的不足10厘米厚的砼板护坡，难以承受台风高潮的侵袭。

为确保双山防洪安全，配合双山生态旅游景区建设，张家港市政府决定对双山洲堤进行翻建。2007年7月2日，张家港市对双山洲堤整治工程进行部署。同年10月8日，张家港市发展和改革委员会批复同意实施双山洲堤除险加固工程，由张家港市水利（水务）局组织实施。

2007年底，实施双山洲堤除险加固工程。双山洲堤全长16.77千米，为围圩时所筑，后经多次加高加固而成。工程实施前堤顶高程9—9.2米，堤顶

宽5—6米，路面为简易灌入式沥青路面，堤外坡1∶2.8—1∶3，为浆砌块石直立墙加灌砌石（部分砼板）护坡，堤内坡1∶2.5，种植乔、灌木等，堤后压渗平台宽5—10米。洲堤除险加固工程将原堤整体翻筑，局部段堤线进行调整。按50年一遇洪水加10级风浪的标准进行设计，为3级堤防，设防水位为7.25米，安全超高2米，外侧砼导向挡浪墙顶高程9.25米，堤顶高程8.75米；堤顶公路宽度兼顾防汛抢险和双山旅游观光需要，设2米×4米双幅交通公路，沥青砼路面结构，公路内侧设1米绿化带，堤顶总宽9米（不含外侧砼导向挡浪墙）；洲堤护坡形式满足防洪的需要，外侧护坡采用30厘米厚的花岗岩加10厘米碎石垫层的块石护坡，坡比均为1∶3；内坡、平台绿化坡比1∶2.5。沿线设照明、监控设施、里程标志和公示牌等。

双山洲堤除险加固工程共分两期实施，总投资1.25亿元。一期工程于2007年12月15日动工，2008年7月31日竣工。工程位于千斤港出江口及渡口码头两侧，长度8.32千米。至2008年末，张家港市主江堤长87.89千米。其中，双山洲堤16.11千米。二期工程于2008年8月1日动工，2009年9月竣工，约8.02千米。累计完成土方工程410.05万立方米。工程施工中，高峰期最多有近30台挖掘机和76辆运输车辆同时作业。

整治之后的双山洲堤集防洪、交通、旅游、生态于一体，成为双山岛一道亮丽的风景线。2010—2020年间，生态环境良好，多次举办环双山岛自行车大赛、马拉松、太极拳、绿色骑行等活动。

（二）白茆沙

白茆沙水道上起徐六泾，下至七丫口，全长33千米，以白茆河口为界分为徐六泾节点段和白茆沙汊道段。白茆沙河段河势的动荡导致大量底沙下泄，使下游河道交替兴衰、频繁变迁。

自1958年徐六泾人工节点形成后，澄通河段对南支河段河势演变的影响逐渐减弱，加上通州沙水道一直维持主流走东水道格局，白茆沙河段主流一直稳定在南水道。但由于徐六泾节点的控制作用还不够充分，局部河势的变化仍然影响到南支上段河势的稳定，加之受大洪水、北支水沙倒灌加重以及河岸边界不稳定等因素的影响，白茆沙河段出现的白茆小沙下沙体冲刷严重、白茆沙头部持续后退、白茆沙北水道出现衰退现象等一系列变化已经影响到南支下段的河势稳定。

长江委在其制定的《长江中下游干流河道治理规划》中，对河势控制规划为：白茆沙河段将加强其进口徐六泾节点的控制作用，使主流过徐六泾节点后适当北偏，以适当增加北水道的分流比，并维持南、北水道-10米深槽长期贯通、南水道为主汊的双分汊河势格局。《规划》提出的整治方案为：适当恢复白茆小沙下沙体形态，推进新通海沙苏通大桥保护区段岸线综合整治工程，使北

图4-19　2020年白茆沙河段形势图

图4-20　2020年白茆沙汊道段示意图

岸形成平顺的导流岸壁，以强化徐六泾节点的束流、导流作用。通过白茆沙护滩导堤工程，稳定白茆沙沙体，为深水航道上延创造条件。通过扁担沙潜堤工程及新南门通道护底工程，稳定白茆沙北水道北边界，防止扁担沙切割形成新的分流通道。实施白茆河口—新太海汽渡段、七丫口—美乎码头段岸线整治工程，平顺南岸岸线，与北侧扁担沙潜堤工程相配合，促使七丫口向人工节点转化；远期研究北港综合整治方案及上下扁担沙圈围成陆方案。

2008年，长江委印发《长江口综合整治开发规划》。《规划》提出白茆沙头部整治工程方案：徐六泾节点束窄后，白茆沙沙头冲刷将加剧。因此，应对白茆沙头部设护滩工程。护摊工程还可减少白茆沙滩面上由北向南的落潮漫滩流，以增大北水道的落潮流动力。护滩潜堤堤顶高程为0.5米。数模计算结果表明，实施白茆沙头部潜堤工程后，白茆沙北水道落潮分流比稍有增加，增幅不超过0.5%，但考虑影响分流口沙体头部潜堤分流效果的因素较多，如潜堤长度、偏转角度以及高程等，本阶段暂按不考虑分流潜堤工程进行布置，下一阶段可结合物理模型试验深入研究白茆沙头部潜堤的必要性及效果。

五、航道整治工程

（一）航道整治一期工程

长江南京以下深水航道一期工程上起南通天生港区华能电厂5万吨级煤码头，与福姜沙河段有航道顺接；下至太仓荡茜闸，与长江口深水航道向上延伸至太仓航道工程上游端衔接，河段全长约56千米。工程区处于长江河口段，以徐六泾为界分为通州沙水道和白茆沙水道。其中，通州沙水道上承南通水道，白茆沙水道下连长江口南支中下段主槽，北接北支上段。主要工程内容包括：通州沙整治工程、白茆沙整治工程、航道疏浚工程、航标工程、锚地工程、新建闸护岸加固工程等。

通州沙整治工程 通州沙整治工程包括潜堤和8座丁坝。潜堤轴线布置在通州沙左缘2—5米等深线（当地理论最低潮面）附近及狼山沙左缘附近；通州沙—狼山沙串沟上游段堤顶高程设为-2米（1985年国家高程基准，下同），下游段（狼山沙侧）堤顶高程设为0米，串沟过渡段长6.6千米。潜堤堤身轴线总长17.9千米。在潜堤外侧设置8座丁坝（T1—T8），丁坝根部30米范围内堤顶高程与潜堤齐平，T1—T4丁坝堤身高度2米，T5头部高程-7米，T6—T8丁坝头部高程-5米。

白茆沙整治工程 白茆沙整治工程沿白茆沙上部2米等深线布置白茆沙护滩南、北堤，整治堤身轴线总长约16千米，堤顶高程1米，主要功能为守护白茆沙沙体。工程实施时间为2012年9月至2014年5月。白茆沙头部及向上游延伸区域布置头部潜堤，长度3.5千米，头部高程-7米，根部与护滩南、北堤相接，高程1米，长度约7.8千米，其主要功能为与白茆沙南、北堤和南侧齿坝共同作用，保护白茆沙沙头滩形，归顺近底层涨落潮流。南侧下游经500米过渡后，堤身等高2米，长度3.5千米；北侧堤下游经500米过渡后，堤身等高2米，长度约1.15千米。

白茆沙南侧布置3座齿坝，分别为S1—V3，根部与潜堤齐平。其中，S1、V2根部分别有600米、800米高程齐平段，南侧齿坝坝头高程均为-7米，其主要功能为：掩护坝田范围滩地；与潜堤共同作用，归顺近底层涨落潮流，调节南北水道底部落潮流分流比；束窄河道，加强南水道进口段浅区落潮动力。白茆沙北堤北侧设置4座护堤短丁坝，长度均为100米，其主要功能为防止白茆沙北堤沿堤冲刷。

疏浚工程 航道疏浚底宽500米，疏浚深度12.5米，航道边坡1∶10，疏浚工程基建工程量为182万立方米。航道建成后年维护疏浚方量约为80万立方米。长江南京以下12.5米深水航道一期工程于2012年8月底开工建设，2014年4月总长约40千米的整治建筑物工程已全部建成，2014年6月航道疏浚和航道配套设施建设完成，2014年7月初顺利实现12.5米深水航道交工验收，2015年12月通过竣工验收。

（二）深水航道二期工程

长江南京以下12.5米深水航道二期工程整治的范围下起南通市天生港区，上至南京市新生圩港区，河道全长约227千米，包括福姜沙河段、口岸直河段、和畅洲河段、世业洲河段共4个河段。二期工程采用整治与疏浚相结合的手段重点对上述区段开展河势控制和航道治理，实现12.5米深水航道全线贯通。长江南京以下12.5米深水航道二期工程福姜沙水道整治建筑物由下列几部分组成：双涧沙头部潜堤、双涧沙头部潜堤北侧丁坝、双涧沙头部潜堤南侧丁坝、双涧沙南堤南侧丁坝、福姜沙左缘丁坝、消能抛石堤。该工程在已建双涧沙守护工程的基础上将潜堤延长、抬高，长度由1900米延长至3150米；另外，在原守护工程的潜堤及北顺堤北侧设置4道丁坝，潜堤及南顺堤南侧设置8道丁坝，在福姜沙左缘边滩设置4道丁坝。2015年6月开工建设长江南京以下12.5米深水航道二期工程福姜沙深水航道整治工程，2017年2月完成双涧沙整治建筑物施工，2016年8月福姜沙左缘整治建筑物开始施工，2017年3月底初步完工。2018年4月24日，长江南京以下12.5米深水航道二期工程在镇江通过交工验收，具备试运行条件；2019年5月20日，长江南京以下12.5米深水航道二期工程顺利通过竣工验收，进入正式运行阶段。

第三节　岸线保护与利用

一、岸线整治与生态修复

（一）岸线整治

“十二五”期间沿江三市共投入57亿元，增加4.4万亩土地空间，开发37千米的深水岸线。

2018年以来，长江委下达苏州市长江干流岸线利用清理整治项目51个。其中，张家港市38个，常熟市3个，太仓市10个。经过两年多的努力，51个长江干流岸线利用清理整治项目全面完成整治销号。开展岸线清理的同时，苏州市坚持水岸同治，稳定42条通长江河道水质，实现“长江干流苏州段水质保持稳定、42条主要通江河道年度水质均值达Ⅲ类”目标。

常熟市2018年以来重点在沿江1千米范围内持续开展长江环境大整治环保大提升行动、长江“三化”专项行动和沿江环境整治五大专项行动，通过专项整治逐步建立全岸线常态化监管机制。通过打造沿江绿色长廊，整治主要入江河口杂船与厂房，推进沿江化工企业入园，提升沿江农村面貌等措施，大大改善长江岸线环境面貌。

太仓市2018年起积极开展长江岸线利用项目清理整治工作，并下发《太仓市长江岸线利用项目清理整治工作方案》。太仓市列入长江干流岸线清理整治的项目共10项，并将列入长江经济带生态环境保护审计问题的4个项目同时列入清理整治范围。截至2020年底，太仓市列入整治清单的项目全部完成整改并通过销号验收。

苏州市通过长江岸线清理整治，消除安全隐患。拆除张家港市海宏海工装备有限公司，清理7.2万平方米露天作业场地；张家港永恒码头通过场区道路与主江堤衔接，在衔接处开设两个闸口，同时设置活动防汛墙，使防洪封闭圈保持完整，防汛通道保持畅通。腾退张家港市海宏海工装备有限公司、常熟过堤滑道、苏州宝连生物肥料有限公司、太仓市新建游艇及公务艇4个项目岸线1.2千米。拆除苏州宝连生物肥料有限公司厂房44690平方米，平整土地约140亩，土地全部进行复耕。依法拆除位于璜泾镇白茆口滩地内的苏州宝连生物肥料有限公司、苏州江辉船舶工程有限公司等4个项目，拆除建（构）筑物面积5万余平方米，恢复长江岸线约900米；规范整改太仓万方国际码头、太仓国际集装箱码头、上港正和集装箱码头、江苏长江石油化工有限公司码头工程和华能太仓电厂光伏项目5个手续不全及批建不符项目；规范管理位于浏河饮用水水源地保护范围的江苏海事局太仓浏河海事趸船码头。

（二）生态修复

1.铁黄沙生态修复

铁黄沙整治工程于2013年12月开工，2015年7月完工。2017年7月，常熟市出台《常熟市加强长江流域生态环境保护工作方案》，通过加快产业布局调整优化等十大重点措施保护长江生态环境。2018年5月，常熟市十五届人大常委会第十二次会议通过《关于同意实施铁黄沙生态开发规划定位的决议》，科学推进铁黄沙生态保护进程，将铁黄沙纳入长江沿线三化整治行动。2017年9月以来，常熟市实施铁黄沙生态种植。常熟市在铁黄沙系统建设森林带、湿地带、观光带，种植绿化3000多亩，在铁黄沙南—耿泾塘以东的江堤外侧，打造沿江区域超万亩的生态湿地带。经过生态管控和修复，铁黄沙生态岛已形成沿堤宽50—80米、面积约3800亩的绿化林带，自然生长的植物群落7000多亩，岛内既有长江鱼类繁衍回流的通道，也有人工隔离的候鸟保护区。

2.螺蛳湾生态湿地

2018年以来，常熟市将螺蛳湾生态湿地与滨江省级湿地自然公园建设作为重点，以夯实生态修复为基础，串联螺蛳湾、南岸边滩等长江沿线重要节点，拓展休闲功能。累计实施沿江“净化、绿化、美化”等整治项目超700项，完成沿线补绿增绿面积近5000亩，芦苇、水草、杨树等自然生长植物群落7000余亩，现存鸟类216种、鱼类62种、湿地植物96种、浮游生物58种，螺蛳湾生态修复工程列入省推进长江大保护和绿色发展特色工作清单。严格落实禁捕工作，建立禁渔联盟和巡江网格，非法捕捞案件数显著下降，鱼类种群持续恢复。做到生态保护和生态恢复措施并举，保护和治理同步推进，加强螺蛳湾生态湿地的保护，打造沿江湿地的样本。同时，为更好地管护好长江湿地，相关部门每年均对螺蛳湾段江滩约450亩芦苇组织开展收割工作。通过及时收割枯萎芦苇及清理江滩垃圾，保障芦苇生长的良好环境。

3.张家港湾生态提升工程

张家港湾位于张家港市域西北，西眺双山岛，北临扬子江，南依保税区。其范围上起老沙码头，下至段山港。2019年9月，张家港湾生态提升工程正式启动，总投资37.6亿元，构筑140万平方米滨江亲水景观带，将9千米生产岸线全面调整为生态岸线，腾退4平方千米的规划产业用地。项目主要包括五大整治提升工程：百年江堤提升、水产养殖清理、生产岸线腾退、生态环境修复、交通道路优化。其中，100年一遇江堤2019—2020年完成，按照100年一遇标准，将西起金港镇北荫

图4-21　2020年张家港湾

图4-22　2020年太仓市郑和公园

村、东至段山港的9千米江堤，打造成为张家港市最美江堤。项目以“四个最美”为建设目标，即建设最美江滩、最美江堤、最美江村、最美江湾，力争把张家港湾打造成生态江湾、文化江湾、风情江湾。

4.太仓沿江生态湿地工程

太仓市实施以七浦塘生态修复、郑和公园提档升级及七丫口郊野湿地组成的郑和生态湿地工程，绿化面积4854亩，打造稳定的景观水位、良好的水体环境、安全的水系格局、和谐的生态景观。长江苏州段沿岸新增生态景观防护林带8892亩，高标准建设沿江生态廊道领先全省。

二、岸线保护利用

90年代，苏州市依托黄金水道，充分利用岸线资源，在滨江地区进行一系列开发建设活动，滨江各产业园初具雏形。1992年设立张家港保税区、常熟经济技术开发区，1993年成立太仓港港口开发区，1999年开始建设常熟新材料产业园。2000—2010年，滨江建设进入迅速拓展阶段，滨江产业园悉数成型，滨江用地格局基本确定。2001年设立扬子江国际化工园、常熟氟化工园，2003年设立扬子江冶金工业园。2010年后，滨江地区进入设施完善阶段，以补充配套设施为主。2010年设立临江绿色产业园和碧溪新区（与常熟经济技术开发区实行一体化管理），2013年设立张家港东沙物流园。至2020年，苏州长江岸线共有生产岸线71千米，生活岸线3千米，生态岸线84.3千米。

（一）张家港段岸线保护利用

张家港市地处江尾海头，自宋朝以来，坍江便是境内一大自然灾害。经过坚持不懈地治理，已基本控制坍势，长江岸线得到稳定，为沿江大开发、大发展创造有利条件。1992年，张家港市开始全面实施“沿江开发”的发展战略。张家港保税区设立，港口开发与保税区建设同步推进，共建成2个万吨级固定泊位和5个万吨级浮码头。1993年，东海粮油工业有限公司首先在原严重崩坍地段的十字港下游兴建1座3.5万吨级的码头。后又陆续兴建东华优尼科、陶氏化学、长江国际、永嘉集装箱、江海粮油、苏润、双狮物流、张皋汽渡、海螺水泥、过产业、永恒码头、浦项不锈钢、沙钢码头、奔辉码头、越洋码头、中东石化及沙洲电厂、永钢永泰码头等一批货主及公用码头。1996年，港口货物运量首次突破1000万吨，跨入全国千万吨级大港的行列。1997年，沙钢集团将发展重心移到沿江一带，建设0.5万吨和0.3万吨2个码头泊位，吞吐量为32万吨。2000年，港口拥有对外开放泊位28个，江心浮筒15个，年吞吐能力达2058万吨。1992—2000年间，港口共建成18个泊位并对外开放。截至2005年，张家港市沿江已建有千吨级以上泊位63个，江心

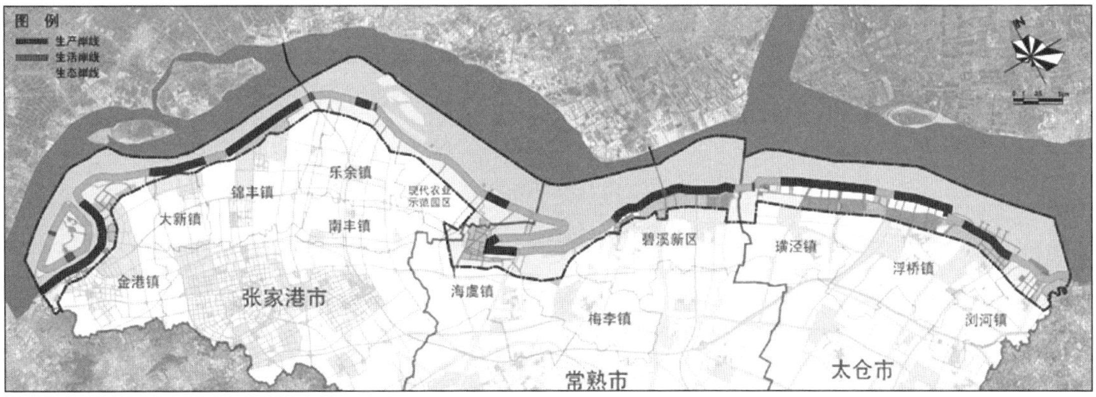

图4-23　2019年苏州长江岸线利用图

浮筒15个，年吞吐能力达到8358万吨。进出口岸的各类集装箱运量377120标箱，中外籍船舶3719艘。至2005年，开发利用的岸线约24.82千米（其中，深水岸线23.7千米），可供开发利用的岸线后备资源约40.8千米。

2006年，张家港港货物吞吐量首次突破亿吨大关，达到1.02亿吨，成为全国首个货物吞吐量超亿吨的县域口岸和长江沿线最大国际贸易港。2008年末，境内长江岸线（滩涂）占用单位共计35家，占用岸线长度24202米。张家港港共有25个码头单位112个泊位。其中，公用泊位23个、货主泊位89个，开放泊位65个；万吨级以上泊位66个，万吨级开放泊位53个；千吨级以上泊位82个；江心浮筒15个。年吞吐能力达到1.27亿吨，外贸进出口运量3137万吨，集装箱运量81.4万标箱。货物吞吐量连续3年超亿吨，港口逐步实现由亿吨大港向亿吨强港转变。

2016—2020年，张家港市落实岸线分区管控要求，强化岸线资源整合，不断优化港口岸线资源有序集约利用，压缩生产岸线规模，拓展修复生态岸线。重点围绕张家港湾，实施百年江堤提升、水产养殖清理、生产岸线腾退、生态环境修复、交通道路优化五大工程，9千米生产岸线优化为生态岸线。张家港湾生态修复项目入选联合国可持续发展目标优秀案例和长三角生态绿色一体化示范案例。沿江张家港段生态岸线稳定保持在50%以上。

2020年，张家港口岸完成货物吞吐量达2.5亿吨。境内长江岸线（滩涂）占用单位共计35家。其中，码头企业26家，建有泊位146个，包括万吨级以上泊位78个；拥有对外开放泊位85个。其中，万吨级对外开放泊位73个。

表4-16　2020年张家港市长江岸线占用单位一览

单位：米

占用单位	占用项目	占用地点	占用长度
张家港市久盛船业有限公司	船业修造基地	老港河口上游约820米	450
苏州圣汇装备有限公司	码头	老港河口上游	300
张家港锦隆重件码头有限公司	码头	老港河口上游	886
上海振华重工（集团）张家港港机有限公司	码头	老港河口下游	670
长江润发（张家港）重工有限公司	船业修造基地	巫山港河口上游	125
张家港港务集团有限公司	码头	巫山港至张家港河口、张家港河口下游	3621
张家港市双山航运有限公司	客运、轮渡码头	张家港河口下游	80
张家港永嘉集装箱码头有限公司	码头	张家港河口下游	448
张家港江海粮油港务有限公司	码头	五节桥港下游	700
张家港保税港区港务有限公司	码头	江海粮油码头至长江国际化工码头之间	849
张家港保税区长江国际港务有限公司	码头	十字港河口段左岸	748
中粮东海粮油工业（张家港）有限公司	码头	十字港河口下游	980
陶氏化学（张家港）有限公司	码头	东海粮油下游	1700
张家港孚宝仓储有限公司	码头	陶氏化学至东华能源	1411
东华能源股份有限公司	码头和贮气罐区	孚宝至双狮	905
双狮（张家港）物流有限公司	码头	东华能源至老沙码头	814
苏州港张家港港区港口支持系统（张家港海事局等）	码头	严子港排口下游	590
江苏张皋汽渡有限公司	客运、轮渡码头	段山港河口上游	250

续表

占用单位	占用项目	占用地点	占用长度
张家港港新重装码头港务有限公司	码头	段山港至朝东圩港	1570
张家港华达码头有限公司	码头	朝东圩港河口下游	1089
江苏省中油泰富石油集团有限公司	码头	渡泾港上游	800
张家港永恒码头有限公司	码头	渡泾港下游	970
张家港海螺水泥有限公司	码头	渡泾港下游约800米	550
张家港浦项码头有限公司	码头	渡泾港下游1300米	575
江苏沙钢集团有限公司	码头	一干河河口下游至沙洲电厂码头之间	8750
张家港沙洲电力有限公司	码头	沙钢码头下游	770
张家港中东石化实业有限公司	码头、储罐	十二圩河口下游	292
张家港越洋实业有限公司	化工专用码头、储罐区	十二圩河口下游	450
江苏省通沙汽车轮渡管理处	客运、轮渡码头	三干河河口下游	260
张家港市盛泰港务有限公司	码头	七干河河口下游	1660

（二）常熟段岸线保护利用

90年代初，常熟市长江岸线的开发利用开始。1992年建成常熟电厂码头，标志着现代港口城市建设的开始。1992年8月8日，常熟经济开发区成立，原名常熟经济技术开发区；同年11月4日，经江苏省人民政府批准，列为省级开发区，名为江苏省常熟经济开发区；2002年8月，被江苏省委、省政府批准比照国家级开发区享有相应的经济审批权限和行政级别；2005年12月，通过国家发改委审核，使用现名。开发区成立后，加快常熟港的筹建工作。1992年11月委托水运规划设计院编制《常熟港总体布局规划》；1993年6月完成《常熟港岸线利用规划》报告（常熟港总体布局规划中间资料），11月完成《常熟港总体布局规划》，12月11日通过部、省专家评审；1995年3月获江苏省人民政府批准，10月初，国务院批准“江苏常熟港对外国籍船舶开放”列入一类口岸。

1996年，常熟港建设进入最关键阶段，兴华港区、华润石化等一批大型工程相继建设。10月24日，通过国家验收；11月5日，交通部正式向国内外通告常熟港自1996年11月8日起对外开放。

初次岸线利用规划将常熟岸线分为5小段：芦福沙至望虞河口岸线长度8千米，规划为工业生产、城市公用及生活旅游岸线；望虞河口至常浒河口岸线长度13千米，规划为港口远景发展岸线；常浒河口至徐六泾河口岸线长度3千米，规划为深水及江驳公用港区岸线；徐六泾河口至金泾塘口岸线长度5千米，规划为散货专用港区岸线；金泾塘口至白茆河口岸线长度6千米，规划为农业生产、生活及城市远景发展岸线。以后，随着港区发展的需要，岸线利用规划又不断改进、细化。

至2005年底，常熟港已开发利用岸线7143.5米，主要集中在常浒河至金泾塘口一带，建成21个码头泊位。其中，万吨级泊位11个。

2007年3月，常熟至香港、澳门近洋件杂货班轮航线开通。2009年，进港航道建设工程通过交工验收，汇海置业2万吨级码头建成并对外开放，理文造纸码头续建工程竣工并验收。2011年10月，由交通部规划研究院编制的《苏州港常熟港区总体规划》通过审查，并由交通运输部、省政府于2013年10月22日联合发文批准实施。《规划》将常熟港划分为兴华、金泾、铁黄沙和白茆小沙4个作业区，功能定位为：以能源、原材料和件杂货、集装箱运输为主，依托港口大力发展临港工业和港口物流业，逐步发展成为设施先进、功能完善、管理高效、效益显著、文明环保的现代化、多功能综合港区。2012年8月28日，南京以下长江12.5米深水航道一期工程开工仪式在常熟举行。2013年，常熟港在建码头5座14个泊位（其中，万吨级以上泊位3个），分别为大新华港务、理文造纸、东港置业、石大石化、国邦石化码头工程，涵盖通用件杂货、集装箱、液体化工及汽车滚装等业务。2014年7月9日，随着长江南京以下12.5米深水航道一期工程正式通过交工验收，常熟港已具备靠泊第五、第六代大型远洋集装箱船和10万吨级满载散货船能力。9月1日，常熟港至韩国件杂货班轮航线开通。至此，常熟港件杂货班轮航线达23条。至2014年末，常熟港建成各类临江码头14座共59个泊位。其中，万吨级以上泊位24个，最大靠泊能力10万吨级，设计年吞吐能力5156.4万吨。

截至2020年，常熟境内长江岸线全长40.71千米（包含铁黄沙整治岸线），已利用岸线长度15.37千米，利用率37.8%。其中，生产岸线11.04千米、生活岸线2.13千米、支河口及穿堤涵洞占用岸线长2.2千米。

表4-17　2005年常熟市沿江开发利用建设项目情况

企业名称	岸线情况		占用项目	占用地点
	占用岸线长度（米）	沿岸占地面积（平方米）（水利工程管理范围）		
阿托菲纳公司	195	2604	码头	老福山闸外东侧
常熟国际化学工业园	50	—	排污管及排污口	崔浦塘口下游800米
常熟市第三自来水厂	200	—	取水口	常浒河口上游1400米
	—	7220	浑水管	长江，浒浦段江堤1444米
江苏省常熟沿江经济开发集团	—	1047.5	清水管、浑水管	浒浦闸下游，三水厂泵房处
常熟市中常拆船钢铁总厂	150	—	生产专用码头	常浒河西港堤堤外滩地
徐六泾水文站	26	—	码头	浒浦闸下游西侧
常熟市浒浦桐坝村	—	1220	船坞码头	浒浦闸上游左岸550米处
常通汽渡有限公司	290	8570	码头及船坞	野猫口
常熟兴华港口有限公司	500	—	码头	野猫口
	423.2	—	码头	野猫口
	642.4	—	码头	野猫口
常熟发电有限公司	2300	—	码头	徐六泾口下游
华润电力有限公司	36.9	16000	电厂取排水口	长江，省定桩号350+520及350+635处
	—	1020	灰管道工程	望虞河，崔浦塘港堤，海洋泾老港堤
苏州市苏通大桥建设指挥部	—	7215.8	南岸交通码头	电厂重件码头东
省苏通大桥建设指挥部	39	2574	—	—
华润石油化工有限公司	264	—	码头	徐六泾口下游3270—3534米
常熟耀皮玻璃有限公司	303	30068	码头	长江，徐六泾夹槽右岸

续表

企业名称	岸线情况		占用项目	占用地点
	占用岸线长度（米）	沿岸占地面积（平方米）（水利工程管理范围）		
江苏理文造纸有限公司	—	4905	取水口工程	金泾塘口上游桩号353+420米
	470	51181	码头	长江，省定桩号353+060至353+530处
	—	902	码头引道工程	—
常熟益成特殊钢有限公司	200	8800	专用码头	省定桩号353+530至353+730处
芬欧汇川纸业有限公司	324	1000	取水口及排污口	金泾塘口下游600米
			码头	长江，金泾塘口上游
长春化工（江苏）有限公司	530	28034	码头	长江，金泾塘口下游115米处
常熟市滨江新市区污水处理厂	—	1400	污水厂排污管	长江，省定桩号354+855处
苏虞蓝天供热有限公司	—	1000	热网管线跨越徐六泾	徐六泾闸下游

（三）太仓段岸线保护利用

交通部和江苏省人民政府于2000年2月29日批复太仓市人民政府关于太仓港总体布局规划，明确太仓港以紧邻上海市，依托苏锡常地区，地理位置较为便捷，建港条件良好的优势，将成为长江三角洲地区的重要港口之一。

根据深水深用、浅水浅用、统筹规划、综合开发的原则合理开发和利用，太仓市自然岸线规划以下主要功能：浏河口—三井村，岸线长6.5千米，为城市生活、旅游和高新技术发展岸线；三井村—美孚石化码头，岸线长3.2千米，为预留发展的建港岸线；美孚石化码头—杨林口，岸线长3.3千米，为以石化码头为主的港口岸线（茜泾港区）；杨林口—浪港口，岸线长9.7千米，为以集装箱码头为主的港口岸线和水运工业岸线（中远国际城港区）；浪港口—华能电厂南界，岸线长1千米，为建设自来水厂的城市公用岸线；华能电厂南界—老太海汽渡码头，岸线长7.5千米，为包括电厂码头在内的港口发展岸线（荡茜港区）；老太海汽渡码头—钱泾口，岸线长0.4千米，为城市生活岸线；钱泾口—白茆口，岸线长7.2千米，规划为预留发展岸线。

规划的中远国际城港区是以集装箱运输为主，兼有件杂货和部分散货装卸及临港工业、保税仓储、商贸和水运工业等功能的综合性深水港区。茜泾港区是以石化工业为原料及其产品和石油、液化气等中转运输、储存功能为主的石化码头港区。荡茜港区是以发展大型干货、杂货泊位为主，并以临港工业服务的多功能、综合性深水港区。太仓港有浏河锚地和新桥水道内的大型船舶锚地两处，新辟浏河口和白茆沙锚地两处，并在白茆沙南预留一处锚地。

根据太仓港总体布局规划，经长江委批准向长江河道侧外移调整岸线14.78千米，占岸线总长的38.1%，形成陆域面积1296.2万平方米。具体为：2001年12月，长江委批复七丫口至浪港口、荡茜口至新泾口长江堤防岸线外移的调整。分别为七丫口至浪港口6.2千米，围垦滩地面积537万平方米；荡茜口至新泾口4.43千米，围垦滩地面积332万平方米。2003年12月，批复荡茜口至庵弄村段长江堤防岸线外移的调整，岸线长1.2千米，围垦滩地面积129万平方米。2004年6月，长江委批复新泾口至新太海汽渡段长江堤防岸线外移的调整，岸线长2.95千米，围垦滩地面积298万平方米。至2006年底，太仓港区已完成前六期围滩吹填工程，部分已完工的围滩成陆地段进入开发利用阶段。

截至2020年，太仓港已利用岸线14.75千米，岸线开发利用率约39%，建成各类码头26座泊位91个。其中，万吨级以上泊位36个。2020年完成集装箱吞吐量521万标箱、货物吞吐量2.16亿吨，初步形成以集装箱运输为核心，并相应发展铁矿石、煤炭、木材、石化中转以及为临港工业服务的货主码头相结合的总体格局。

表4-18 太仓港区围滩工程情况汇总

围滩工程位置	占用岸线长度（米）	成陆面积（万平方米）	吹填砂量（万立方米）	建设单位
浪港口至远太国际城	2400	254	770	太仓港港口开发区管委会
新泾口至老太海汽渡	1730	120.5	369	荣文（苏州）休闲中心有限公司
远太国际城至七丫口	3000	210.9	1420	太仓港港口开发区管委会
老太海汽渡至荡茜口	2700	212	980	太仓港港口开发区管委会
荡茜口至庵弄村	1200	128.8	650	太仓港港口开发区管委会
新泾口至新太海汽渡	2953	298	1320	太仓港港口开发区管委会
远太国际城	800	72	640	太仓港港口开发区管委会

第五章　太湖治理

太湖是流域洪水调蓄中心、水资源配置中心和重要的饮用水水源地。1991年发生流域洪水后实施治太工程，太湖流域防洪排涝格局基本形成，涉及苏州的太湖治理工程有环太湖大堤工程、太浦河工程、望虞河工程等。已建成的治太骨干工程在抗御1999年特大洪水中发挥较好的减灾效益。随着社会经济飞速发展，太湖流域水环境形势严峻。2008年实施太湖流域水环境综合治理，推进望虞河后续工程、环湖大堤后续工程、吴淞江工程、东太湖综合整治工程、太浦河后续工程等5项治太骨干工程。2008—2020年期间，苏州市还实施多项流域治理工程，至2020年，完成投资45亿元的东太湖综合整治项目，实施走马塘拓浚、望虞河西岸控制工程，推进吴淞江整治工程、太浦河共保联治先行段建设；协助实施望虞河引江济太，促进太湖湖体流动。经过治理，太湖水环境指标得到明显改善，富营养化趋势得到遏制，河网水环境质量得到提高，连续多年实现确保饮用水安全、确保不发生大面积水质黑臭的"两个确保"基本目标。

第一节　环太湖堤防工程

70年代开始，太湖水患不止，苏州迫切需要建设太湖堤防，到1990年，基本形成环太湖堤线。1991年太湖流域发生特大洪涝灾害后，环太湖大堤作为《太湖流域综合治理总体规划方案》中确定的治太十一项骨干工程之一，经国家批准立项全面开工建设，工程按照1954年型流域50年一遇防洪标准设计，设计水位4.66米，北以直湖港口、南以长兜港口为界，分为东段和西段。环太湖大堤堤线总长约286千米（不含山体无堤段）。其中，江苏省境内长约234千米，苏州段137千米。环湖大堤工程，其建设任务是实现太湖湖区与下游平原及滨湖低洼地区隔开，对太湖湖区水资源合理调蓄，实现高低水分开、洪涝分治、分区行洪，充分发挥太湖的调蓄作用。苏州环太湖大堤工程主要包括大堤复堤加固及新筑堤工程、沿岸口门建筑物工程等。工程自1991年开始实施，2004年底基本完成，一期环太湖大堤苏州段完成投资2.87亿元。2018年后纳入东太湖综合治理后续工程。

一、复堤加固工程

1991年太湖流域发生特大洪涝灾害后，对太湖大堤进行全面土方加固。1998年，环湖大堤复堤加固按1954年设计典型年太湖最高水位加8级风浪和安全超高确定堤顶高程。其中，苏州市132千米，堤顶高程7米，加筑高0.8米的挡浪墙，顶宽5米。1999年汛期，太湖地区发生大洪水，环太湖各地对大堤暴露出的安全隐患工程进行除险加固。由于部分堤段堤身沉陷及迎湖面砌石护坡损坏，苏州市结合在建工程又对堤防进行加高培厚加固。

1999年大水后对大堤进行全面加固，设计标准为顶高6米，顶宽7米，外坡1∶2.5，内坡1∶3，内青坎高4.5米,内青坎宽5—10米。长104.39千米。1999年底,苏州市水利勘测设计研究院提出《苏州市太湖堤防除险加固土方工程单项工程初步设计报告》,设计标准为堤顶高程7米,堤顶宽6米,外坡1∶2—1∶2.5,内坡1∶3,内青坎高4.5米,内青坎宽5—10米,土方压实指标为吴县段1.49吨每立方米、吴江段1.45吨每立方米;省水利厅批复同意按此标准加固堤防115.99千米。其中,吴县市68千米、吴江市47.94千米,复堤土方471.5万立方米。其中,列入既定项目122万立方米,长101.5千米,总投资1826.99万元。

苏州市堤防复堤工程共分三期实施:第一期为险工段应急加固,加固三洋段等6处堤防,长7.6千米;第二期主要加固东山至渔洋山段堤防,长30.5千米;第三期主要对全市境内尚未达到设计标准的101.5千米堤防全面进行复堤加固,同时对沉降较大或遭受风浪冲刷的险工段继续实施培厚加固。

1999年秋冬提前完成三洋段、杨湾港至鲇鱼口段、外苏州河段及东山至渔洋山路堤土方工程,完成长度30.5千米,土方15.312万立方米。其余工程于2000年2月10日正式开工,主要采用机械化施工作业,也有部分采用独轮车运土,累计动用机械700余台(套),动力4.6万千瓦,于当年5月15日全面完成土方加固任务,实际完成土方471万立方米,长104.39千米(不含东山段)。其中,吴县段65.39千米、吴江段39千米。2000年8月21—22日,苏州市水利(水务)局主持(太湖局和江苏省水利厅派员参加)召开验收会议,会议一致认为工程达到设计标准,工程质量优良。同时,为便于抢险,建成防汛公路。

表5-1　2000年苏州环太湖大堤防汛公路建成情况

防汛公路	长度(米)	路面形式	防汛公路	长度(米)	路面形式
金家河—席家河	270	泥结碎石路面	金湾村和光明段	160	沥青路面
游城山—游湖口	627	泥结碎石路面	太浦闸—吴娄港	11500	泥结碎石路面
穿湖大堤	2760	泥结碎石路面	草港—大浦港	3500	泥结碎石路面
西太湖胥口西接线	3400	沥青路面	部队农场—三船路	10200	—
大鲇鱼口段	2400	泥结碎石路面	草港—朱家港	7800	泥结碎石路面
浦庄—渔洋山	4800	沥青路面	胥口防汛公路	1500	—
大界路—大缺港	3276	泥结碎石路面	杨湾港—瓜泾口	—	砼路面
镇湖实验小学段	1300	泥结碎石路面	杨湾港—小鲇鱼口	—	砼路面

苏州市环太湖大堤护砌112.84千米。其中,大堤太湖侧护砌65.83千米(吴中区段40.3千米、吴江市段19.46千米、相城区段1.07千米、建筑物与堤防连接段5千米),工程于2001年底完成。大堤内堤坡脚护砌47.01千米(吴中区段30.54千米、吴江市段16.47千米),共23处堤段。其中,新建19处共长40.44千米,加固4处共长6.57千米,工程于2001年完成。

2001年,环太湖大堤工程6千米试验段的护坡、内青坎护砌和堤身灌浆工程如期完成,按照“三季有花,四季有景,全年常绿”的目标,完成环太湖大堤102千米生态绿化带建设。共完成投资6686万元。其中,省级以上2340万元、市级配套4346万元。

“十一五”期间,以太湖水环境综合治理为契机,推进东太湖综合整治工程,重点实施环太湖大堤路堤结合工程,完成吴江市环太湖大堤堤顶防汛道路工程25.2千米、苏州高新区环太湖大堤加固工程和道路25千米、吴中区环湖大堤堤顶防汛道路1.94千米。苏州高新区太湖大堤加固工程起点为安山港闸，止于通安镇与相城区望亭镇分界线。工程主要分为路基（加固）工程，顺堤河护坡、路面工程等几个部分。2004年开工，2007年全线完工。

“十二五”期间，环太湖吴江、吴中、相城、高新区结合环太湖道路建设提高堤防和沿线建筑物标准。

2018年，苏州市境内堤防加固工程已纳入苏州市东太湖综合整治后续工程整治实施。

二、沿岸口门建筑物

1991年太湖流域发生特大洪涝灾害后，对太湖大堤进行全面土方加固，在对大堤进行除险加固的同时也新建、改建一批口门控制建筑物，1992年起至2004年逐步组织完成。

环太湖大堤沿岸口门苏州市共实施73座，包括节制闸新建46座，整修加固1座，闸孔净宽最大16米，一般为4米、6米、8米3种；套闸新建20座，整修加固4座，闸首口门净宽最大16米，一般为4米、6米、8米、12米4种；涵洞整修加固2座。其中，口门建筑物规模较大的为胥口、瓜泾口、大浦口、吴江路水利枢纽。

根据《关于印发环湖大堤工程（江苏段）工程质量总评有关文件的函》，其主要控制建筑物为瓜泾口水利枢纽、大浦口水利枢纽、吴江路水利枢纽。工程规模：瓜泾口水利枢纽，中间12（16）米×90米船闸，两边各建1座16米节制闸，投资2164.5万元；大浦口水利枢纽，平地开河新建6米套闸，原河道中建4米×8米节制闸1座，投资869.8万元；吴江路水利枢纽，6米套闸、6米防洪闸、4米防洪闸各1座，投资434.87万元。

（一）胥口水利枢纽

胥口水利枢纽工程包括1（孔）×16米节制闸1座，16米×135米×2.5米套闸1座，设计荷载汽-20公路桥1座，太湖接堤1380米，以及配套管理设施等，总投资近6500万元。该工程位于太湖、胥江交汇处，其作用是防洪、水资源调度、水资源保护和航运。其中，胥口水利枢纽公路桥工程上部采用装配式预应力简支板，基础采用砼灌注桩结构形式，设计荷载汽-20、挂-100，全桥长176米，桥面宽为（15+2）米×1.25米，梁底高程8.7米。该工程1995年8月12日开工，1996年6月15日竣工。

胥口水利枢纽船闸项目分上下游翼墙、上下闸首、闸室及相应的操作系统，闸首设有钢结构升卧式平面工作闸门16米×5.5米（上闸首闸门尺寸）和16米×5米（下闸首闸门尺寸），同时配备QPQ-2×250KN卷扬式启闭机。节制闸项目分上下游翼墙，上游闸首及相应的操作系统，闸首设有16米×5.5米钢结构升卧式平面工作闸门，同时配备QPQ-2×250KN卷扬式启闭机。船闸、节制闸闸首左右两侧均建三至四层的工作室，左右工作室之间有工作桥相连接。上下游导航、避风设施项目分别由导航墩、导航堤、上下游靠船墩、避风港堤及上下游接堤挡墙组成。该工程自1995年7月18日开工，至1997年6月8日放水试运行。整个工程由1993年成立的苏州市胥口水利枢纽工程指挥部组织实施。

胥口水利枢纽工程运行后，启闭机运行中噪声大、齿轮磨损不正常、弹性联轴器柱销橡胶圈易损坏等问题不断显现。2001年5月，苏州市胥口水利枢纽工程管理处委托江苏省水利建设工程质量检测中心对闸门系统进行安全检测。同年7月5日至10月30日，拆除原来3台启闭设备，新制并安装QP2×250KN启闭设备（改进型双电机）3台，工程总造价46万元。

多年运行后，发现胥口水利枢纽工程船闸、节制闸钢闸门明显锈蚀，特别是焊接缝处。于是，2003年11月15日至12月10日，对钢闸门喷锌保养，包括对3扇钢闸门表面喷砂除锈、喷锌、喷环氧云铁漆和氯化橡胶铝粉防锈，总造价128250元。

为解决船闸上游引航区太短、船舶拥堵问题，2004年2月10日至7月31日，胥口水利枢纽增建避风港池工程，工程总造价465.8万元。该工程位于上游东侧原老航道位置，建成后一号码头长度为200米，主要用于进港重载船只的夜间停靠，同时可作为汛期或拥堵时船只的临时停泊区，复线船闸建成后作靠船墩使用，供太湖方向来船购票停靠；二号码头直线长度为200米，防浪堤长度为150米，主要用于复线船闸完建后，进港船只的夜间停泊，以及汛期船只的临时停泊。

由于过闸船舶严重超负荷，闸口拥堵，船闸上游左侧翼墙因船只碰撞受损，2004年3月30日，发现原水下不可见的墙身浆砌块石脱落，最大脱落处面积达5平方米，深达0.83米，较2003年墙顶位移达5厘米。7月29日至8月10日，苏州市胥口水利枢纽工程管理处对船闸上游左侧翼墙组织抢修。采用钢板围护、水下混凝土浇筑，工程总造价38462元。

2005年12月7日，苏州市财政局、水利（水务）局联合下发《关于同意实施胥口水利枢纽复线船闸工程的通知》，苏州市发改委同意立项，批准建设复线船闸，并批复初步设计同意工程规模和设计。复线船闸规模18米×230米×2.5米，包括船闸主体工程、上下游导航建筑物、新建公路桥（17.5米×95米）等。上、下闸首采用钢筋砼U形整体结构，工作闸门为上卧式钢闸门，闸式墙为钢筋砼扶壁式挡墙；上下游导航墙为C25钢筋砼扶壁式及悬臂式挡墙；公路桥设计载荷标准为公路二级。工程总概算5560万元。12月29日，苏州市胥口水利枢纽复线船闸工程正式开工建设。2008年4月，复线船闸投入运行。工程设计防洪标准为50年一遇，节制闸与船闸上闸首为Ⅱ级水工建筑物，下闸首、闸室、上下游连接段为Ⅲ级水工建筑物。

（二）瓜泾口、吴江路、太浦口水利枢纽

瓜泾口水利枢纽于2001年3月8日开工，2002年1月22日通过水下验收，4月底完工。吴江路水利枢纽于2000年1月4日开工，同年11月15日完工。大浦口水利枢纽分两期实施，6米套闸于1998年12月18日开工，1999年8月30日完工；32米节制闸于2000年4月6日开工，同年12月30日完工。

（三）其他口门建筑物

环太湖大堤苏州段其他口门建筑物共有67座（吴县51座、吴江16座）。吴县段51座建筑物按规模和型式分为：10米防洪闸3座，6米套闸6座，6米防洪闸8座，4米套闸1座，4米防洪闸32座，涵洞1座。吴江段16座建筑物按规模和型式分为：12米套闸2座，6米套闸2座，6米防洪闸1座，4米套闸5座，4米防洪闸5座，涵洞1座。

配套建筑物自1992年12月开始实施，至2004年9月底全部完成。1996年7月以前实施的工程，均通过国内简易招标或直接发包落实施工单位，主要由吴县市水利建筑安装工程公司和吴江市土石建筑工程公司等单位施工；1996年7月后实施的工程，均通过国内公开竞争性招标落实施工单位。

主要建筑物和其他口门建筑物的设计标准均按50年一遇设计，水位组合为：设计水位上游4.66米、下游3.16米，校核水位上游5米（5.08米）、下游3.5米。闸身均为钢筋砼U形结构，早期的工程闸门以直升式、横移式、升移式、升滑式结构为主，后期的工程均采用升卧式。底板面高程1米。其中，东太湖88米口门（瓜泾口、大浦口、戗港、三船路闸）为-0.5米，闸门顶高程5.5米，公路桥梁底高程7.7米。

表5-2　2003年环太湖大堤苏州段口门建筑物工程建设情况

工程项目	规模	年份	工程项目	规模	年份
市巷港	4米防洪闸	1993	方港	4米防洪闸	1993
亭子港	4米防洪闸	1993	叶港	4米套闸	1993

续表

工程项目	规模	年份	工程项目	规模	年份
大明港	4米套闸	1993	朱家村港	4米防洪闸	1998
西塘港	6米套闸	1993	新盛港	4米防洪闸	1998
顾家河	4米防洪闸	1994	仁巷港	6米防洪闸	1998
新大圩南	4米套闸	1994	三洋港	4米防洪闸	1998
花渡港	4米防洪闸	1995	西京港	4米防洪闸	1998
映泾港	4米防洪闸	1995	大址头	4米防洪闸	1998
席家河	4米防洪闸	1995	吕浦港	4米防洪闸	1998
新陆港	4米防洪闸	1995	东干里	涵洞	1998
寺前港	4米防洪闸	1995	杨树浜	4米防洪闸	1998
洋河泾	4米防洪闸	1995	夏圩田	4米防洪闸	1998
北港	4米防洪闸	1995	铜坑	10米防洪闸	1998
西大缺港	6米防洪闸	1995	金墅	6米套闸上闸首	1998
黄墅港	4米防洪闸	1995	新齐	4米防洪闸	1999
牡丹港	4米防洪闸	1996	东大缺港	6米防洪闸	1999
马干头	4米防洪闸	1996	金墅	6米套闸下闸首	2000
油车港	4米防洪闸	1996	游湖	10米防洪闸	2000
直港	4米防洪闸	1996	龙塘港	6米套闸	2000
浪沙浜	4米防洪闸	1996	七一大圩	4米防洪闸	2000
朱家港	4米套闸	1996	山后尖浜	4米防洪闸	2000
时家港	4米套闸	1996	马山港	6米套闸	2000
柳胥港	4米防洪闸	1996	郁舍新港	4米防洪闸	2000
杨湾港	6米防洪闸	1996	上山港	6米防洪闸	2000
白甫港	4米防洪闸	1996	南浜	4米防洪闸	2000
罗家港	4米防洪闸	1996	马肚里	4米防洪闸	2000
汤家浜	4米套闸	1996	小鲇鱼口枢纽	6套6节	2000
庙港套闸	6米套闸	1996	张家浜	6米套闸	2001
薛埠港涵洞	6米套闸	1996	石路浜	6米防洪闸	2001
大鲇鱼口	10米防洪闸	1997	庙桥港	4米防洪闸	2001
石帆港	6米套闸	1998	戗港	12米套闸	2002
田钵头	4米防洪闸	1998	三船路	12米套闸	2002
田鸡港	4米防洪闸	1998	南渡水桥	6米套闸	2003

三、配套工程

配套工程包括水文及通信设施工程、防汛道路工程、管理设施工程、绿化工程、工程建设征地拆迁和移民安置工程等。

水文及通信设施工程　水文设施包括环湖水文基础设施、水质自动监测站、移动监测站和环湖地区常规水质检测设备配置等。通信设施由通信、监测和计算机网络3个部分组成。

防汛道路工程　苏州市下达修建堤顶防汛道路52千米的计划，实施时结合东山至西山路堤工程实际完成防汛道路77.2千米。其中，沥青混凝土路面30千米，其余为泥结碎石路面。由于1999年汛期太湖地区遭遇大洪水后环太湖大堤土方加固，堤顶泥结碎石路面均遭受不同程度的损坏，只有沥青混凝土路面基本完好。

管理设施工程 建设太湖管理处管理用房5720平方米、胥口水利枢纽工程管理用房1300平方米，吴江市堤闸管理所利用原有办公用房进行改造，吴中区堤闸管理所利用新陆管理站进行改造。

绿化工程 苏州市按计划完成环太湖大堤绿化42千米，主要为草皮绿化、景观绿化及经济林绿化等。

工程建设征地拆迁和移民安置工程 环太湖大堤工程建设时间跨度大，前后征地拆迁补偿标准有差异且又比较低，给工程按期实施完成带来许多困难。苏州市工程建设征用土地157.2万平方米，苏州市临时占用135.85万平方米。

第二节 太浦河工程

太浦河是太湖流域最大的人工河道之一，因沟通太湖和黄浦江，故以其起讫点命名为太浦河。太浦河于1958年开挖，至1960年江苏段成河，1962—1979年持续整治。1991年太湖流域遭遇特大洪涝灾害后，太浦河被列入治太骨干工程。同年12月，水利部批复太浦河河道工程初步设计应急报告，要求在1992年汛前，太浦河河道初通行洪能力达到200立方米每秒。

1992年开始对未达标准的河段继续拓浚加宽加深。1992年冬至1993年春，计划完成太浦闸上游清淤、征占地和拆迁任务，以及完成部分河道拓浚及筑堤工程，完成土方256万立方米，兴建配套建筑物9座，安排工程投资3125万元。1992年11月12日，举行开工典礼，宣布太浦河续建工程正式开工。吴江市北厍、芦墟、莘塔、黎里4个乡镇的万余名民工和机关干部参加挖土运泥。为把太浦河工程建设好，苏州市专门成立太湖治理工程办公室，吴江市成立太湖治理工程指挥部。

1993年1月，水利部批复太浦河工程初步设计总报告，工程范围包括太浦河57.6千米、太浦河湖口以西的东太湖喇叭口段1.6千米、太浦河出口连接段泖河5千米、斜塘6.6千米。其中，核定太浦河（江苏段）工程概算投资为23227万元。由于建设期间国家物价政策性调整等，太浦河（江苏段）工程调整概算为40305.6万元。其中，中央投资29147.6万元，省级投资4014万元，市、县（市、区）投资7144万元。工程建设项目包括：河道工程、太浦闸加固工程、两岸防洪及通航等配套建筑物工程、跨河桥梁工程、工程管理设施工程和南岸防洪补偿及完善工程等。工程设计标准：太浦河工程等别为Ⅰ等，太浦闸级别为Ⅱ级，河道堤防及护岸工程为Ⅲ级，两岸配套建筑物为Ⅲ—Ⅳ级。

2006年4月，太浦河工程全线通过竣工验收。

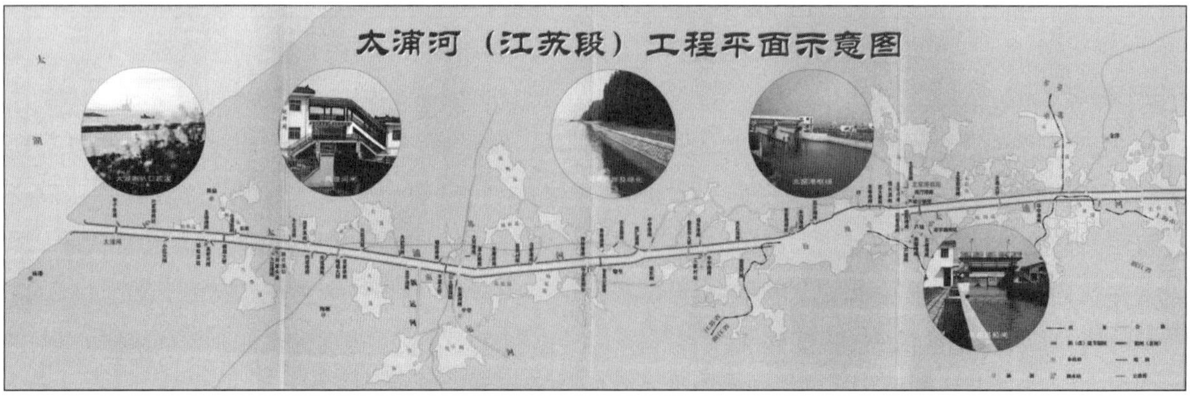

图5-1 2020年太浦河（江苏段）工程平面示意图

一、河道堤防工程

太浦河（江苏段）河道工程自1992年11月开工兴建，至1998年11月完工，先后历时6年。工程包括自吴江平望以西太湖边时家港至江苏、上海交界，全长40.8千米的河道开挖、两岸堤防及穿湖筑堤、干河河岸护砌等项目。

（一）河道疏浚及开挖

1992年11月先期实施太浦闸上游引河卡口段河道疏浚和修建与浙江交界处的堤防工程，1994年3月至1996年6月完成国际招标段河道疏浚施工，1998年11月完成剩余河段全部疏浚土方施工。河道疏浚42.4千米，由江苏省治理太湖工程指挥部负责国际招标段24.4千米，吴江指挥部负责国内标段18千米。河道断面：太浦闸上河底宽160—320米，边坡1∶3，河底高程0米；太浦闸下—新运河口，河底宽150米，边坡1∶3，河底高程-1.8—-1.5米；新运河口—吴江市经委煤场，河底宽148米，边坡1∶4，河底高程-2—-1.8米；吴江市经委煤场—杨家荡，河底宽117.4米，边坡1∶4，河底高程-4.5—-2.14米；杨家荡—木瓜荡，河底宽122.9米，边坡1∶3，河底高程-4.5米；木瓜荡—汾湖，河底宽106.2米，边坡1∶8，河底高程-4.5米；汾湖—元荡养殖场，河底宽134.6米，边坡1∶2.5，河底高程-4.5米；苏沪省界，河底宽139米，边坡1∶2.5，河底高程-4.5米；汾湖段，河底宽50米，边坡1∶5，河底高程-1.5米。

按照批复河道开挖中心线，新运河以东段南移8—20米，木瓜荡出口至汾湖进口段南移40米，其余河段沿用老河道中心线不变。太浦闸上引河段、太浦闸下至新运河段、新运河至煤场河段、煤场至杨家荡河段、杨家荡至汾湖进口河段、汾湖河段、汾湖出口至元荡养殖场河段、元荡养殖场至江苏和上海交界河段，各段河道断面虽有所不同，但互相衔接。同时，对运河以东的国际标段中杨家荡以东（除汾湖段）部分工段，根据流量模数相等的原则，河道底高程、底宽进行相应调整；考虑到河堤边坡稳定和减少工程建设征地及拆迁量，部分河段中心线略有改动；太浦河芦墟以西南岸口门建设及防洪补偿工程实施中，增加太浦河杨家荡排泥场修整工程；对南富浜、川金港两河进行拓浚，使得过水面积能满足杭嘉湖北排泄流和通航要求，同时对川金港两岸堤坡实施护砌。对运河以西的国标段中河道部分工段，在保证河道过水能力的前提下，煤场至新运河口工段，变更河底宽；平望砖瓦厂至太浦闸段河道进行抽槽施工等。对太浦闸上引河外喇叭口工段，采用中槽疏浚、边槽清障、湖内扩散段仍沿河道中心线延伸的方案。

太浦河运西段河道疏浚工程。其中，平望段处于京杭运河与新运河之间，内河航运十分繁忙，无法断航施工，采取半槽开施工，另半槽维持航运需求等方案。通过有效合理安排，整个河道疏浚工程进程加快。河道土方疏浚工程实施期间，相继安排两岸堤防加高培厚加固和穿湖筑堤工程、干河河岸护砌工程的实施。

（二）两岸堤防及穿湖筑堤、两岸滩地筑堤

两岸堤防堤顶高程，新运河以东段5.5米，新运河以西至太浦闸段5.6米；堤顶宽，南岸5米，北岸沿用青平公路，穿湖堤段7米。青坎高程4.5米，宽度除新运河口至杨家荡段为维持岸坡稳定须留足10米外，其余河段均为宽5米，堤后保护带宽5米。

穿湖筑堤长16.8千米（南岸11.98千米，北岸4.82千米），钢筋混凝土挡浪板长17.76千米（南岸4.55千米，北岸13.21千米）。湖荡段采用穿湖筑堤方案，包括蚂蚁漾、桃花漾、北琶荡、杨家荡、后长荡、木瓜荡、汾湖、东姑荡等湖荡段，共长5.38千米。干河河岸护砌，护岸采用重力式挡土墙，砌筑53.79千米（新运河以西10千米，新运河以东43.79千米）。

工程实施期间，结合现场实际状况和施工条件进行部分设计变更，包括实施干河河岸护砌工程。太浦河两岸护砌工程吴江市境内批准计划长度75.82千米，实际完成73.52千米，尚余2.3千米护砌工程涉及公路改线裁弯取直，需待公路改线工程实施后再建护砌工程。护砌分为河堤护坡、穿湖堤段护坡、包堤护坡3种。上限按最高通航水位加船行波上卷爬高，下限按最低通航水位减船行波下淘深度。在集镇和工厂段，有直立墙尚未达到规范设计标准的，按原标准拆除重建。穿湖堤护坡，因穿湖堤河道侧为抛石棱体，其护坡在抛石棱体上按穿湖堤的不同型式采用直立式浆砌块石挡墙或斜坡浆砌块石护砌。包堤护坡除汾湖南岸南尤家港段采用直立式挡墙下增设钢筋混凝土预制桩外，其他工段采用“π”形混凝土基座上设重力式小挡墙方案；南岸自吴江平望以西太湖边时家港至浙江省界，全长39.58千米，其中新筑堤防21.98千米、利用老堤17.6千米；北岸运河以西段沿用平横公路，运河以东段沿用318国道，对公路路面高程达不到设计标准的汾湖段和北蚂蚁漾段，在临河侧按设计标准修筑堤防。同时增加太浦河北岸横扇桥—叶家港西段3.13千米、太浦闸—罗家港西段1.18千米，共长4.31千米的混凝土路面防汛道路。南岸修筑汾湖桥东段2.4千米、黎里桥东段0.2千米，共长2.6千米的泥结碎石路面防汛道路。增加太浦河南岸新筑22千米堤防段、汾湖桥和黎里桥段范围内的河道堤防绿化。

河道工程按“突出重点、全面推进、边建设边发挥效益”的原则组织实施。1992年10月，先期安排汾湖西口堤防填筑、穿湖筑堤方案试验段论证、杨家荡裁弯取直段和太浦闸上游引河等束水河段疏浚施工，保证穿湖筑堤堤防断面尺寸和湖荡排泥场围堰方案的可行性。杨家荡稽字圩裁弯取直、陆地开河结合堤防填筑提前实施完成，避免裁弯取直疏浚施工与水上交通运输发生矛盾。

太浦河北岸（除京杭运河北口）及南岸芦墟以东口门虽已建闸控制，但是，南岸芦墟以西口门和北岸京杭运河口门敞开影响太浦河抬高水位、扩大行洪能力；原设计穿越汾湖等段的河道断面是“以宽代深”，流水不畅，上下游河道过水能力尚不匹配。由于地面沉降、有工程防洪能力达不到原设计标准等，随着太湖地区经济社会的发展，对防洪安全提出更高要求，故继续安排实施太浦河治理后续工程，提高太浦河泄洪排涝能力，对两岸实行有效控制，完善地区防洪安全措施是很有必要的。

二、太浦河节制闸工程

（一）太浦闸

太浦闸1959年10月建成，80年代初整修。太浦闸位于吴江市庙港镇太浦河西端，距太湖口1.6千米处，是太湖洪水排入太浦河的主要控制建筑物。太浦闸全长145.6米，共29孔，每孔净宽4米，总孔宽116米，设计流量580立方米每秒，校核流量864立方米每秒。

1991年6月，太湖地区发生大洪水，太浦闸在开闸泄洪过程中，集中暴露出闸门挡水能力差，卷扬式启闭机、启闭设备运转不灵，机房桥头堡不均匀沉降明显，运行环境不安全等问题。对此，1994年10月至1995年7月，实施加固工程，包括更新闸门及启闭机。更新29孔钢结构平面直升闸门和29台液压式启闭机，门槽轨道拆除重建；闸室结构混凝土表面碳化处理。采用表面凿毛粉刷后做涂层防腐，上部结构加固。公路桥桥面、工作桥、排架等均拆除重建，机房及桥头堡改建。加固工程的工程量为：混凝土和钢筋混凝土1021.3立方米，耗用钢材120吨、钢结构135吨，砂浆粉刷层及闸墩表面涂料保护3882平方米。工程中标价为377.875万元。

建设期间，太湖地区遇上1993年、1995年和1996年的丰水年份，太浦河的泄洪能力从100立方米每秒提高到450立方米每秒，有效地减轻太湖地区和区域洪涝压力。1999年汛期，正值太浦河工程建设基本完成的时候，太湖地区发生超标准洪水，太浦河共排泄太湖洪水28.73亿立方米，太浦闸实测最大泄洪流量达799立方米每秒，工程所发挥的减灾效益十分明显。

2000年11月，水利部太湖流域管理局组织有关专家对太浦闸进行安全鉴定，确定该闸为三类闸，需进行除险加固。2002年，实施完成太浦闸检修门起吊设施、应急监控系统（可自动采集、管理、传输闸门启闭开度、上下游水位等各种信息，对工程及周边环境进行实时监视）和抢险物资储备等应急项目。在2002年的“引江济太”调水试验中，整个工程运行良好。

2005年底，太浦闸仍存在不少问题：闸顶高程偏低，不满足《水闸设计规范》规定的“按设计及校核水位加波浪计算高度和安全超高值”的防洪要求；闸墩、底板混凝土设计标号偏低，内部存在蜂窝和空洞现象。混凝土检测芯样存在破碎、孔隙、松散等严重缺陷，混凝土整体强度难以保证；平面钢闸门边梁及主滚轮、主滚轮轴等行走支承和轨道强度不满足《水闸设计规范》规定的要求，闸门缺少门顶止水；消力池排水孔堵塞，底板伸缩缝挤压破碎、嵌缝材料冲失，上下游翼墙浆砌块石存在局部脱落现象。

2012年9月，太湖局实施太浦闸除险加固工程，工程采用原址拆除重建方案。新太浦闸共10孔（9孔节制闸和1孔套闸），每孔净宽12米，总净宽120米，采用平面直升钢闸门配卷扬式启闭机，南侧边孔设置为套闸。2012年11月，水利部水利水电规划设计总院在吴江区召开《太浦闸除险加固工程设计套闸变更设计报告》审查会，太湖流域管理局、江苏省水利厅、浙江省水利厅、上海市水务局、苏州市水利（水务）局、吴江区政府和区水利（水务）局分管领导和相关人员等参加审查会。

工程闸底板按-1.5米高程设计，设计流量为985立方米每秒。近期按闸底板堰顶高程0米实施，设计流量为784立方米每秒，校核流量为931立方米每秒。工程主要建筑物等级为1级，为大（2）型水闸。工程于2012年9月开工，在一个非汛期内即完成水下工程建设并于2013年5月投入初期运用，2014年9月工程完工。工程质量等级优良，被评为2015—2016年度中国水利工程优质（大禹）奖。建设期间连续3年通过水利部安全生产监督管理考核，并荣获全国水利安全监督工作先进集体称号。该工程还先后获评太湖局和全国水利建设工程文明工地。

2014年，工程累计运行8173小时，累计向下游供排水23.6亿立方米，启闭闸门140次；上游最高水位3.89米，上游最低水位2.69米；下游最高水位3.81米，下游最低水位2.11米；最大流量563立方米每秒。

2015年，工程累计运行8319.7小时，累计向下游供排水43.78亿立方米，启闭闸门171次；上游最高水位4.5米，上游最低水位2.77米；下游最高水位4.0米，下游最低水位2.7米；最大流量805立方米每秒。

新太浦闸自投入运行以来，太湖局苏州管理局围绕国家级水利工程管理单位和安全生产标准化一级单位达标创建工作，完善管理制度，定期检查观测，精心维修养护，规范运行管理。2017年8月，通过水利部水利工程管理考核验收；2018年3月，被评为水利安全生产标准化一级单位。

图5-2　2020年从空中鸟瞰正在安全运行的太浦闸

（二）太浦河泵站

太浦河泵站工程位于吴江市境内的太浦河节制闸南侧，与太浦闸平列布置，中心线平行距200米。工程是太湖流域综合治理规模最大的单体项目，为世界同类型项目设计流量最大的泵站（低扬程、大流量），工程规模为一等大（1）型，建筑物设计标准为100年一遇洪水，校核为300年一遇洪水。泵站枢纽工程由抽水泵站、拦污栅闸、公路桥、上下游进水河道、变电站等组成。泵站装有单泵流量为50立方米每秒、叶轮直径4.1米、斜15度轴伸泵6台，配套1600千瓦电机6台，设计总流量为300立方米每秒，工程静态总投资2.7亿元。

太浦河泵站工程的主要功能是在枯水年份或枯水期因太湖水位较低、太浦闸自流引水量较小、黄浦江水质受污染恶化时，可抽引太湖水经太浦河补充入黄浦江，以改善黄浦江水质，提高上海市的供水水质和供水保证率。另外还有防洪、排涝、改善环境等多项社会效益。

工程于2000年12月26日开工，2003年7月基本建成并具备运行条件，工程总投资28161万元。同年，工程被评为上海市2003年度“白玉兰”奖工程。2006年，经中国土木工程学会和詹天佑土木工程科技发展基金委员会评选，太浦河泵站工程荣获第六届詹天佑土木工程大奖。

三、配套建筑物

北窑港水利枢纽工程　该枢纽属太浦河北岸控制工程，包括北窑港10米防洪闸和12米船闸、北字圩和钱长浜4米防洪闸、南厅港8米防洪闸。

北窑港防洪闸位于北窑港船闸西侧新开河，两闸中心线相距55米。闸孔净宽10米，底板面高程-0.26米，闸门顶高程4.4米。闸身采用钢筋混凝土坞式结构，闸门是升卧式平面钢闸门。闸上游设汽-20级公路桥，桥面净宽12米，梁底高程8米。北窑港船闸位于北窑港河内。上闸首闸孔净宽15米，底板面高程-0.26米，闸门顶高程4.4米，闸前设汽-20级公路桥，桥面净宽12米，梁底高程8.5米。下闸首闸孔净宽12米，底板面高程-0.26米，闸门顶高程4.3米，闸上设2.5米宽人行桥，梁底高程8米。南厅港8米防洪闸、北字圩和钱长浜4米防洪闸上下游闸墙顶高程分别为5.5米和5米，闸门顶高程4.4米。南厅港闸上建汽-20级公路桥，桥面宽7米；北字圩闸和钱长浜闸上建汽-10级公路桥，桥面宽5米。

1997年3月至1998年9月，枢纽主体工程实施。1999年3月9日，通过水利部太湖流域管理局等单位组织的初步验收。1999—2000年，吴江市治太工程指挥部委托吴江市土石建筑太浦河分公司建设北窑港水利枢纽完善配套项目，包括上下游引河护坡、周边环境整治等。2000年6月22日，通过苏州市水利农机局组织的竣工验收。

配套闸站　为防止太浦河行洪时水流倒灌淀泖区和杭嘉湖区，在太浦河北岸建闸站、水闸，在芦墟镇区建防洪工程。太浦河北岸和芦墟以东口门共有35座配套闸站，具体包括：防洪闸，8米1座、6米5座、5米1座、4米14座，如仓浦港东闸、东姑荡闸、陆家荡闸、木瓜荡闸、圣塘港闸等；套闸，8米1座、6米2座、5米4座、4米7座，如南窑港闸、仓浦港套闸、茶壶港闸、亭子港闸、共进河闸等。芦墟镇区防洪工程包括防洪闸（6米1座、4米2座、2.2米1座）、防汛土堤2627米和挡墙5057米。

配套闸站结构设计：防洪闸，孔径2.2—8米，闸门顶高程4.5—5米。套闸，孔径4米，闸室长度10.5—34米，宽度4—9米；孔径5米，闸室长度34—50米，宽度7—9米；孔径6米，闸室长度50米，宽度9米；孔径8米，闸室长度92米，宽度10米。水闸全部采用钢筋混凝土坞式结构，闸门启闭形式分直升式和升卧式。小孔径防洪闸，采用简易直升门，仅设排架。配套建筑物大都按3级建筑物设计，套闸下闸首、上下游翼墙和闸室墙按4级建筑物设计。

配套建筑物中除北窑港水利枢纽和芦墟以东

南窑港船闸、甫字塘闸站、西栅港闸由苏州市治太办负责建设，其余均由吴江市治太指挥部负责建设。2000年5月前，所有建筑物全部竣工。建筑物共分5批验收，至2000年6月22日竣工验收完毕。

跨河桥梁　1994年，吴江市治太指挥部委托上海城市建设设计院完成汾湖、梅堰和黎里东3座跨河桥梁的施工图设计，编制预算后通过苏州市治太办报江苏省治太指挥部并获批准。3座大桥的设计荷载等级为汽-20级，验算荷载为挂-100级。行车道宽10.5米，桥面总宽12.5米，中孔跨度60米，通航净空5.5米。1995年6月，3座大桥开工，次年5月、7月、12月，梅堰、汾湖和黎里东3座大桥先后完工。其中，梅堰大桥由于大桥桥台引坡与平望至横扇公路面高差达1.3米、难以相接等限制，经江苏省治太指挥部和苏州市治太办同意，将全桥桥面标高整体降低1.3米。黎里东大桥主拱安装时发生拱轴线偏位的质量事故，后责令施工单位全部返工。汾湖大桥进展较为顺利。3座公路桥共完成混凝土9481万立方米、石方1719万立方米、土方18600万立方米，投资1275.5万元（结算价）。1996年6—12月，3座公路桥通过由江苏省治太指挥部、苏州市水利农机局等单位组织的竣工验收。

四、太浦河共保联治

2018年11月，长江三角洲区域一体化发展上升为国家战略。2019年11月，长三角生态绿色一体化发展示范区正式揭牌，上海青浦、江苏吴江和浙江嘉善5个镇作为先行启动区。为突出生态绿色底色，沪苏浙两省一市推出太浦河“联合河长”制度，共治共享。

为深入践行长三角一体化发展战略，真正扛起吴江作为示范区的责任担当，加速显现示范区水利建设成效，2020年吴江区启动“太浦河共保联治江苏先行工程”，依托太浦河后续工程，提前投入太浦河综合治理工作。该项目是示范区“一河三湖”治理显性成效的重点工程，已被列入《长三角地区一体化发展三年行动计划（2021—2023年）》及长三角一体化发展重大项目。工程分3个片区（太湖新城段、平望段、汾湖段）实施，内容包括太浦河挡墙和堤防达标建设、两岸环境整治、滨水空间景观文化提升等。项目实施后，完善流域区域防洪工程体系，提高太浦河沿线水安全保障能力，推进太浦河沿线水体优化提质，助力打造长三角一体化示范区水乡生态文明标杆。2020年，吴江区在太浦河汾湖段北侧建设联合河长制主题公园。公园建设融入海绵城市的设计理念，改造增加休闲休憩设施，优化步行园路及舒朗通透的景观植物，在文化设计上结合河湖长制改革重要时点、“联合河长制”发展历程、沪苏浙历史名人及治水名人等元素，丰富公园生态、人文、科普功能。

图5-3　2020年改造前的运浦湾

图5-4　2020年改造后的运浦湾

图5-5　2020年联合河长制主题公园

2020年3月，吴江东太湖生态旅游度假区开展太浦河（太湖新城）两岸景观提升方案，打造太浦河“最美八千米”环境美化，继续推行太浦河沪湖蓝带计划汾湖段一期综合整治提升工程，通过堤防达标建设、滨水缓冲带建设等一系列措施，把太浦河打造成为城水相依、人水相亲的生态绿廊。

第三节　望虞河工程

望虞河位于无锡、苏州两市交界处，太湖流域武澄锡虞地区与阳澄淀泖地区之间，是沟通太湖和长江的流域性骨干河道，也是太湖流域综合治理中的一条分区界河。望虞河工程是太湖治理骨干工程之一，它与太浦河、太湖控制线构成高低水分开、洪涝水分治、分区治理、分级控制格局。项目包括全长60.8千米的河道疏浚，修建两岸堤防及护岸，望亭水利枢纽和常熟水利枢纽，两岸配套建筑物，影响工程处理及工程管理设施等，总投资12.92亿元。

望虞河工程于1958年冬兴建，2005年全线工程基本完工。工程南起太湖边沙墩口，利用常昭漕河，并疏通太湖诸港口，经伯渎港、九里河、锡北运河和应天河分流入望虞河，串联漕湖、鹅真荡、嘉菱荡、张墓荡，绕过虞山锡北麓，在耿泾口以北入长江，全长60.8千米。其中，鹅真荡以下至长江边约37.6千米基本属平地开河。根据1987年批复，望虞河工程被列为太湖治理最紧迫工程之一，要求望虞河在遇1954年型流域50年一遇设计洪水时，汛期5—7月，望虞河排泄太湖洪水23.1亿立方米，同时兼排望虞河地区部分涝水。在望虞河出口建节制闸和船闸、布置引排两用双流道抽水站后，在遇1971年设计典型旱情时，4—10月望虞河可从长江引水28亿立方米，结合发展为北通长江、南通太湖，并沟通江南等水运网络的60千米常内河五级航道。

一、河道堤防工程

（一）河道拓浚

1991年10月6日，省政府召开全省水利工作会议，根据中共中央、国务院的要求，对江苏境内的治淮、治太工程进行全面动员和具体安排。会议决定由省水利厅与苏州市、无锡市共同组建江苏省望虞河工程建设指挥部，负责望虞河工程的建设管理工作。10月28日，省水利厅成立江苏省治理太湖工程指挥部，作为省水利厅直属的工程建设单位负责望虞河工程的建设管理工作。11月2日，苏州市成立太湖治理工程领导小组，下设苏州市太湖治理工程办公室作为工程建设单位，具体负责苏州市包干实施工程的建设、监督和协调工作。11月15日，省政府在望虞河沙墩口举行望虞河工程开工典礼。

1991年11月至1992年5月，打通上段27.5千米河道并修筑两岸堤防，使望虞河在1992年汛前达到150立方米每秒泄流能力。1992年10月至1998年10月，拓浚河道62.3千米（含入湖、入江延伸段2千米），修筑两岸堤防和护砌、沿线配套建筑物，修建沙墩口至入江口的防汛路面。共挖填土方4539万立方米、砌石及垫层32.2万立方米、混凝土26.3万立方米；工程永久征地10020亩，临时占地16130亩，拆迁房屋7611间，两岸共建造护砌72千米。工程概算总投资11.27亿元。1993年3月至2000年4月，苏州完成工程长度45.269千米。其中，常熟段37.269千米、吴县段8千米。望虞河拓浚后长60.3千米，两头口门喇叭口长2.04千米。

望虞河自拓浚以来，经受太湖流域1993年、1995年、1996年、1999年洪水的考验，运行正常。特别是1999年太湖流域发生超标准洪水，通过望虞河工程共排泄太湖流域洪涝水36.5亿立方米，有效地减轻洪涝灾害。2002年1月以来太湖流域实施的“引江济太”，在一定程度上改善了太湖及受水区的水质和水环境。

苏州市针对望虞河干流312国道桥、鹅真荡、张桥和江边闸断面水质不稳定达标的情况，编制断面水质巩固达标方案和计划，并实施断面水质稳定达标工程。同时，加快望虞河沿线黑臭水体整治，采取排污口封堵、护岸改造、清淤疏浚、河道保洁、水系沟通等措施整体推进片区水环境综合治理，提升水体自净能力。相城区完成九里河河口段综合整治，包括畜禽养殖场清理、岸坡修复等。2017年，常熟市重点完成辛庄镇东新河、海虞镇仁纪河清淤整治，清淤长度4.66千米，清淤土方10.44万立方米；相城区完成望亭镇梅家桥河、旺巷浜清淤整治，清淤长度4.6千米，清淤土方3.17万立方米。

（二）环湖筑堤

望虞河沿途穿越漕湖、鹅真荡、嘉菱荡3个湖泊（湖荡），均为环湖筑堤、穿湖过水（湖荡抽槽段底宽30米、底高程-0.5米）。漕湖位于相城区漕湖街道与北桥街道，西岸为无锡锡山区鸿山街道，湖泊近似椭圆形，东西长5.9千米，南北平均宽1.5千米，最宽处2.1千米，面积约9.07平方千米，均属相城区；湖盆较平坦，西部稍深，东部较浅，水深一般2.2米左右，最深3.4米，容积0.2亿立方米；全湖进出水道计22条。鹅真荡东岸位于相城区北桥街道，西岸位于无锡锡山区鹅湖、甘露两镇，南北长4.1千米，东西平均宽1.3千米，最宽处2.9千米，面积约5.19平方千米。其中，相城区2.24平方千米；荡岸曲折多弯，湖床不甚平坦，深浅悬殊较大，一般水深2.5米，沿岸水深不足2米，容积约0.15亿立方米；沿湖水道共计14条。嘉菱荡位于常熟市辛庄镇张桥集镇南，与无锡锡山区交界，湖泊呈长方形，南北长1.3千米，东西平均宽0.85千米，面积约1.16平方千米，湖岸线长约4.7千米。其中，常熟境内面积约0.68平方千米，湖岸线长约2.5千米；湖底大部高程约0米，正常水位（3.6米）时湖荡容积约420万立方米；沿湖河口除望虞河南北向穿湖外，尚有其他通湖河口7个。

二、枢纽工程

（一）望亭立交工程

望亭立交工程，又称望亭水利枢纽工程，是望虞河穿越京杭运河的立体交叉建筑物，也是望虞河上的一项关键性控制工程，具有泄洪、蓄水、引水、通航等多种功能。按照太湖流域总体规划确定的控制运用条件，遇1954年型洪水，可泄洪23亿立方米。该工程使望虞河从运河下面穿过，上部运河为60米宽的矩形航槽，超过四级航道标准，下部望虞河为9孔，6.5米×7米的箱形涵洞，净过水面积400平方米，两河呈60°斜交。整个工程需开挖（回填）土方70万立方米，浇筑钢筋混凝土6万立方米，砌筑块石3.5万立方米，总投资计划8200万元，是利用世界银行贷款项目。

望亭立交主体工程于1992年10月15日开工，工程施工大体分为3个半月的基坑开挖和设施准

图5-6　2010年望亭水利枢纽

备、5个半月的混凝土浇筑、半个月的闸门安装，其间并行3个月的还土和1个月的护砌。经过283个日夜的连续奋战，到1993年7月25日，洞身、岸翼墙达到4.5—5米高程，护砌及填土达到3.5米高程，9孔闸门安装就位，基本达到合同规定目标。1994年1月17日通过主体工程竣工验收。1997年7月30日被评为水利部“1996年度优质工程”。工程曾获国家科技进步二等奖。完成的主要工程量为：土方开挖42.1万立方米，土方回填19.3万立方米，混凝土与钢筋混凝土6.3万立方米，砌石及垫层2.96万立方米，金属结构制作安装250.4吨。

（二）常熟水利枢纽工程

常熟水利枢纽包括位于东侧的节制闸1座，中部的排水、引水双向泵站1座和西侧的船闸1座。

常熟水利枢纽工程实施时将原闸拆除，枢纽工程新址位于距望虞河入江口约1.6千米处。1994年6月，先期安排导流工程施工；1995年9月30日，常熟水利枢纽节制闸和泵站主体工程正式开工；1997年6月初完工。泵站位于枢纽工程中间，装有叶轮直径2.5米的开敞式轴流泵配900千瓦同步电机9台（套），单机流量为20立方米每秒。通过对泵站进出水流道闸门的不同组合控制，可实现泵站的双向抽水和利用下层流道自流引排水，泵站双向抽水设计流量为180立方米每秒，下层流道自流引排水设计流量为125立方米每秒。新建的节制闸共6孔，分布在泵站两侧，每侧3孔，每孔净宽8米，总净宽48米，设计流量为375立方米每秒，校核流量为750立方米每秒。6月20日，在前期试运行的基础上，枢纽泵站连续开机投入太湖地区抗旱运用，泵站9台机组以每秒200立方米的流量抽引长江水补充进入望虞河，至6月25日计抽引长江水7000立方米。完成的主要工程量有：土方77万立方米，混凝土及钢筋混凝土3.5万立方米，砌石4.2万立方米，钢筋制作1864吨，金属结构1211吨和建成110千伏户外变电所1座。工程批准概算投资为1.65亿元。

1998年4月，枢纽船闸工程正式开工。次年9月28日，船闸竣工并通过省水利厅主持的验收，投入使用。船闸工程规模为闸门宽16米、高3米，闸室长190米。船闸和望虞河五级航道相配套，具有紧急情况下的排水功能。截至2016年8月底，望虞河江边常熟水利枢纽累计排水272亿立方米，工程经受了1996年、1998年两次流域常遇洪水，1999年、2016年流域特大洪水以及2015年沿江沿运河大水的考验。其中，1999年流域发生特大洪水时排泄洪涝水39.4亿立方米，2015年排泄洪涝水28.6亿立方米，2016年汛期至8月1日排泄洪涝水30.4亿立方米，有效减轻流域洪涝灾害。

图5-7　2020年常熟水利枢纽

三、配套工程

90年代，望虞河在全线拓浚时新建两岸支河控制建筑物46座。其中，常熟境内32座、吴县境内14座，常熟指挥部组织实施32座、吴县指挥部组织实施12座、苏州市本级组织实施2座。吴县指挥部组织实施的12座配套建筑物工程，全部位于望虞河东岸。按规模和型式分有8米船闸1座、6米套闸1座、6米防洪闸2座、5米防洪闸3座、4米防洪闸4座、0.4立方米每秒泵闸1座。工程自1992年6月开工，至1996年9月全部竣工。苏州市本级实施的配套建筑物工程有8米船闸和6米套闸各1座。1993年10月开工，1994年12月竣工。常熟指挥部组织实施的32座配套建筑物中，东岸23座、西岸9座。按规模和型式分为8米船闸3座、7米套闸1座、6米套闸6座、4米套闸1座、6米防洪闸6座、4米防洪闸9座、1米涵洞6座。工程自1993年2月开工，2000年1月全部竣工。至此，望虞河两岸控制工程包括无锡境内共建有节制闸38座，套闸14座，船闸13座，涵洞6座。此外，还建有二至四级公路桥28座。

望虞河两岸地形平坦，其西部为澄锡虞高地，地面高程多在4.5—5.5米，局部沿河沿湖荡低洼地区为3.5—4.5米，为圩区；东部为阳澄区，地面高程在3.5米左右，大部分为圩区。望虞河沿线河网水系发育，多数走向为东西走向，两岸支河口门众多。截至2015年，共有115处。其中，已建配套建筑物92座，包括苏州市境内60座，无锡市境内30座，两市交界处2座（蠡河、月城河控制）。东岸地区主要支流河道有盐铁塘、福山塘、张家港等，有口门37个，为防止望虞河洪水入侵阳澄区，支河口均建有控制建筑物，口门建筑物共计50座。西岸地区较大的支流河道主要有伯渎港、九里河、锡北运河和张家港等，共有支河口门78个。其中，41个口门已建闸控制，口门建筑物共计42座，其余37个口门仍敞开。

四、后续工程

截至2017年，国务院批复的《太湖流域综合规划》《太湖流域防洪规划》《太湖流域水资源综合规划》和《太湖流域水环境综合治理总体方案》及其修编，均明确要求实施望虞河后续工程。[1]

（一）除险加固工程

2016年，望虞河除险加固工程初步设计经省发改委批复。同年6月3日，省水利厅转发给苏州市水利（水务）局，并对苏州市境内工程分解批复如下：

望虞河除险加固工程任务是消除望虞河险工隐患，统筹考虑与望虞河规划后续工程拓宽方案衔接，对堤防、护岸、防汛道路等进行加固，拆除重建鉴定为四类的口门建筑物，对鉴定为三类的口门建筑物进行消险处理，保障工程运行安全。

对不受望虞河规划后续工程拓宽方案影响的堤段按满足防御流域100年一遇、区域50年一遇洪水设计，对可能受望虞河规划后续工程拓宽方案影响的堤段按满足防御流域50年一遇洪水设计。拆建支河口门建筑物均按防御流域100年一遇洪水设计。

苏州市境内工程主要建设内容：堤防维修加固28.594千米；护岸拆（新）建19.223千米，维修加固1.214千米；青坎护砌2.588千米；防汛道路改建17.895千米；口门建筑物共37座，拆除重建23座，加固14座。

相城区主要建设内容：堤防维修加固22.021千米；护岸拆（新）建9.086千米，维修加固1.214千米；青坎护砌2.291千米；防汛道路改建17.895千米；口门建筑物共23座，拆除重建14座，加固9座。

常熟市主要建设内容：堤防维修加固6.573千米；护岸拆（新）建10.137千米；青坎护砌0.297千米；口门建筑物共14座，拆除重建9座，加固5座。

苏州市境内工程不涉及永久征地，涉及临时占地515亩，拆迁各类房屋550平方米。其中，相城区涉及临时占地298亩；常熟市涉及临时占地217亩，拆迁各类房屋550平方米。核定苏州市境内工程概算投资34187万元。

（二）西岸控制工程

2016年，望虞河西岸控制工程初步设计经省发改委批复。同年11月18日，省水利厅转发给苏州市水利（水务）局，并对苏州市境内工程分解批复如下：

望虞河西岸控制工程任务是对望虞河西岸口门进行控制，有效增加“引江济太”入湖水量，改

1 截至2020年，各地后续工程有些并未开展，仅列批复要求。

善入湖水质和太湖流域水环境,提高太湖水环境容量,结合水资源配置、防洪等综合利用,同时兼顾地区排涝和航运等功能。工程流域防洪按防御流域100年一遇洪水标准设计;区域防洪排涝需满足武澄锡虞区防洪规划中洪水东排望虞河的要求,区域防洪设计标准为50年一遇。

苏州市境内工程主要建设内容为新建(拆建)望虞河西岸24座支河口门建筑物,包括2座枢纽工程、1座泵闸工程、2座套闸工程、15座节制闸工程(其中,拆除重建1座)和4座涵闸工程(其中,拆除重建1座);水系调整工程包括新开河道约5.5千米,疏浚河道约27千米,新建桥涵24座,新建圩区排涝闸站1座等。锡北运河支河口门建闸4座、涵闸2座,后王河支河口门建涵闸1座。

其中相城区主要建设内容为新建望虞河西岸1座泵闸工程。常熟市主要建设内容为新建(拆建)望虞河西岸23座支河口门建筑物,包括2座枢纽工程、2座套闸工程、15座节制闸工程(其中,拆除重建1座)和4座涵闸工程(其中,拆除重建1座);水系调整工程包括新开河道约5.5千米,疏浚河道约27千米,新建桥涵24座,新建圩区排涝闸站1座等。锡北运河支河口门建闸4座、涵闸2座,后王河支河口门建涵闸1座。

苏州市境内工程涉及永久占地471.16亩,需新征土地271.23亩(不包括河流水面、湖泊水面),工程临时占地434.59亩。影响居民36户136人,拆迁农村各类房屋13971平方米;影响企业单位17家,拆迁企业房屋面积9845平方米。规划生产安置人口240人,规划搬迁安置人口136人。核定苏州市境内工程概算投资42113万元。

(三)望虞河拓宽工程

望虞河拓宽工程是望虞河后续工程主要项目之一。根据《太湖流域防洪规划》初拟规模,望虞河拓宽工程在原有基础上拓宽河道60米,相应望亭立交过水断面由400平方米扩大到600平方米,江边常熟水利枢纽节制闸由48米扩大到104米,泵站规模由180立方米每秒增加到300立方米每秒。

省水利厅先后组织编制《望虞河拓宽工程总体布局方案专题研究报告》《望虞河拓浚工程可行性研究报告》,提出望虞河在满足流域防洪规划确定的"遇100年一遇99年型洪水,造峰期承泄太湖洪水6.4亿立方米,太湖日均最高水位控制4.80米"工程任务前提下,为使望虞河拓浚工程更符合实际、更具操作性,同时为沿线经济社会可持续发展创造条件,优化调整工程规模,拓浚河道长65千米,河底浚深至-4米,底宽拓宽30—40米,3个湖荡抽槽(同河道规模);扩建望亭立交枢纽,过水断面扩大至666平方米;移址新建常熟水利枢纽,节制闸扩建至122米,泵站扩大至400立方米每秒。

(四)后续岸线管护

随着望虞河河道岸线利用需求量不断增大,保护与开发矛盾日益突出。无序、过度的开发利用消耗有限的岸线资源,造成水域面积逐渐萎缩,河道调蓄洪水及行洪能力不断下降,岸线防洪及生态功能受到影响,对"引江济太"水质也带来安全隐患。

2017年,苏州市修订出台《望虞河岸线利用管理规划》,形成保护为主、控制利用的岸线保护与开发利用格局,使得防洪、供水、生态环境与开发利用功能协调发展。按照市政府统一部署,根据《自然资源统一确权登记办法》,有序推进水流等自然资源统一确权登记,明确河湖管理范围,完成相应界桩和管理、保护标志牌的设立,加强岸线及水域空间的管控。完善岸线开发利用评价指标体系,对望虞河岸线功能区现状及规划开发利用项目的合理性进行评价,对于不合理的开发利用项目提出调整意见。

随后,开展水域、岸线专项整治,重点清理整顿各类违法侵占、破坏水域、岸线资源的行为,优化产业结构调整,清理、整合岸线,以及促进岸线资源的节约使用和合理开发。同时采取关停、拆除、搬迁、回收补偿、规范提升等方式,加大非法码头整治工作力度,规范一批符合产业规划和政策、具备经营条件的港口码头，依法取缔严重影响生态安全、供水安全、航运安全和防洪安全的非法码头。常熟市境内望虞河沿线86个码头，按计划关停金丰混凝土有限公司等26个码头，优化提升海虞镇欣顺建材经营部、王市热能有限公司、巨达建材有限公司等8个码头，其余52个码头实施有序纳规；相城区段有3个港口码头，按计划依法取缔1个码头，优化提升2个码头。此外，常熟市需组织清除虞山、尚湖、辛庄段水域沉船13只，清理永久性停泊杂船10只，整顿违章非法利用岸线11处约140米。

第四节　杭嘉湖北排工程

杭嘉湖北排通道工程是杭嘉湖西部和通道地区大部分涝水北排入太浦河及少量涝水东排的主要通道，与东苕溪导流工程、杭嘉湖南排工程和红旗塘工程共同完成杭嘉湖地区的防洪除涝任务。工程西起白米塘，东至王江泾至芦墟一线，南到澜溪塘、麻溪，北临太湖及太浦河（除上、下游分别在浙江省湖州、嘉兴市内，其余主要在吴江市太浦河以南地区），区域面积700平方千米（其中，境内564平方千米），地势低洼，湖荡密布，水系复杂。工程设计按1954年型洪水，5—7月承接西侧省界来水9亿立方米，入太浦河水量11.6亿立方米，过水断面1080平方米；东排水量1.5亿立方米，过水断面175平方米。建设内容主要涉及河道、水闸、桥梁、堤岸绿化、补助工程等项目。1997年6月至2005年6月，工程（江苏段）历时8年完工。其中，大坝水路应急工程先行实施。累计拓浚河道18条，新建水闸1座、桥梁20座，同时实施补助工程。征地1911.89亩，占地222.64亩，拆迁楼房14290.44平方米、平房13071.69平方米、棚舍2407.8平方米，征地拆迁费3348.27万元。总投资1.46亿元。

一、河道堤防工程

河道堤防工程包括河道拓浚、新开河道、修建堤防护坡及防洪墙等内容。主要项目：疏浚雪湖通道、元黄荡水道、章湾圩水道、西菜花漾水道、白龙港、南桥港、川桥港、千字圩南水道、雪落漾口门、直港、郑产桥港、新运河、潘家塘、众善桥港、里斯庙港、横古塘、划船港17条河道。其中，新运河沿原河道浚深，直港、川桥港为新开河道，其余河道均沿原有河道进行单侧拓浚、两侧拓浚或全断面拓浚。以上工程中属于大坝水路应急工程的是雪湖通道、章湾圩水道、元黄荡水道和西菜花漾水道。河道疏浚分水上和水下两部分。陆上土方开挖时，采用挖掘机与推土机结合施工，表层1.5米左右深以上土方直接用推土机送土，施工到较深时用挖掘机翻送，晾干到标准含水量后用推土机送至修筑堤防，并用推土机分层摊平，蛙式打夯机夯实，多余土方堆至临时弃土点。水下土方开挖采用抓斗式挖泥船施工，挖至铁驳船内运送，吹填至指定的弃土地点。

砌筑横古塘、里斯庙港、郑产桥港、众善桥港、潘家塘5条河道护坡。护坡采用重力式浆砌块石挡墙型式。一种：底板面高程2.5米、厚0.35米、宽1.9米，临水侧齿墙底高程1.4米，浆砌块石墙身底宽1.3米、顶宽0.5米、顶高程4.5米，墙体顶上压顶宽0.5米、高0.2米。另一种：结构布置形式同前，墙顶高程为5—5.5米。里斯庙港、划船港、横古塘原防洪墙变更为防浪板型式。

1997—2005年，除大坝水路应急工程外，其余北排通道主体工程中14项河道工程先后完工。2005年4—6月，横古塘、里斯庙港、郑产桥港、众善桥港、潘家塘河道11.7千米护坡工程全部完成。杭嘉湖北排通道工程共拓浚及新开河段28.8千米，两岸修建堤防61.25千米（含防洪墙33.97千米）。其中，大坝水路应急工程河道长4.84千米，堤防12.87千米（含防洪墙7.07千米）。共完成疏浚土方185.75万立方米、钢筋混凝土（包括混凝土）3.1万立方米、浆砌块石6.82万立方米。

表5-3 1997—2004年杭嘉湖北排通道河道工程情况表

河道名称	设计标准					工程量			实施时间
	河底高（米）	河底宽（米）	堤顶高（米）	堤顶宽（米）	边坡	疏浚（米）	修筑堤（米）	护坡（米）	
千字圩南水道	-0.4	42—63	5.3	3	1∶4	910	917	918	1997.6—1998.5
雪落漾口门	—	—	—	—	—	105	—	—	1997.6—1998.5
川桥港	-1	30	5.3	3	1∶5	1853	—	3524	1997.8—2002.2
雪湖通道	-2.5	33	5.3	3	1∶3	2800	3816	4292	1998.3—1999.3
章湾圩水道	-1	25	5	3	1∶3	494	500	1010	1998.8—2000.6
元黄荡水道	-0.5	20	5	3	1∶4	282	260	543	1999.7—2000.6
西菜花漾水道	0	40	5	3	1∶5	1260	1225	1225	1999.7—2000.7
白龙港	-2	11	5.1	3	1∶3	489	1020	510	2000.11—2001.2
南桥港	-2	17	5.3	3	1∶5	312	—	675	2001.4—2001.10
直港	-1	4	5.3	3	1∶3	1306	3304	2462	2001.12—2002.6
郑产桥港	-1	16	5.3	3	1∶2	2290	2566	2838	2002.1—2002.10
众善桥港	-1	13	5.3	3	1∶3	2349	3564	—	2002.6—2004.1
潘家塘	-1	21	5.5	3	1∶3	1151	2349	942	2002.11—2004.9
新运河	-3	18	—	—	1∶4	1647	—	—	2003.3—2003.6
横古塘	-10	27	5.5	3	1∶3	8445	4699	336	2003.5—2004.6
划船港	-1	4	5.5	3	1∶3.8	559	—	1311	2003.8—2004.3
里斯庙港	-1	6	5.5	3	1∶4	1951	2426	1644	2003.9—2004.4

结合建设需要，还实施相关补助工程，包括吴江市浦南地区北排工程范围内面积约564平方千米地区的堤防加高加固、平望镇洪涝综合治理和鼓楼港堤防加固工程。

浦南地区堤防加高加固工程，设计堤顶高程5.1—5.6米，堤顶宽度3米，内外边坡均为1∶2。2002年至2004年底，工程由地方政府组织实施。加高加固堤防993.6千米，完成土方532.5万立方米，市级补助资金共1316.61万元。

平望镇洪涝综合治理工程包括防洪闸、桥梁、排涝站、护坡、河道整治疏浚、堤防土方等项目。2002年至2004年底，建设防洪闸2座、套闸2座、桥梁1座、排涝站2座、浆砌石直立墙和挡浪板5.87千米，完成土方2.02万立方米，市级补助资金650万元。工程建设单位为平望水利站。

鼓楼港疏浚和堤防加固工程，2002年8—9月实施。由于工程量比较小，直接发包给吴江市土石建筑工程公司。疏浚长度594米，加固堤防635米。完工后的鼓楼港底高程0米，底宽25.5米，堤顶高程5.5米，堤顶宽3米。

二、史北节制闸

杭嘉湖北排通道工程建史北节制闸1座，位于黎里镇史北村南面、西菜花漾左岸，属于大坝水路应急工程。按等外级航道设计，最高通航水位为2.78米。闸门孔径4米，底板高程1米、厚0.4米。闸身采用U形钢筋混凝土结构，长8米，边墩高程5.3米。闸门检修平台及人行桥底面高程5.7米，启闭机室高程11.7米。内外河侧消力池长度分别为5米和6米，翼墙为浆砌石墙身和钢筋混凝土底板结构。2000年4—7月，由吴江市土石建筑工程公司黎里分公司承建。完成钢筋混凝土（包括混凝土）204.65立方米、浆砌块石229立方米、土方2172立方米。

三、跨河桥梁

杭嘉湖北排通道工程建设跨河桥梁20座。其中，人行桥有顾家桥、冷水桥、南新桥、永宁桥、横港桥5座，机耕桥有波斯桥、李家桥、燕头桥、库港桥、仓家桥、万安桥、双龙桥、中塘桥、雪湖机耕桥9座，公路桥有行孝太平桥、长村桥、章湾公路桥、梅坛桥、南桥、郑产桥6座。雪湖机耕桥、章湾公路桥属于大坝水路应急工程。

桥梁设计荷载分别为：公路桥为汽-20、挂-100，机耕桥为汽-10、挂-50，人行桥为3000牛每平方米。桥面设计宽度分别为：公路桥7.5米，机耕桥5米，人行桥4米。桥面板采用预制预应力钢筋混凝土空心板梁，主跨最大为22米，下部结构采用钢筋混凝土墩台结构，采用钢筋混凝土钻孔灌注桩基础。引桥采用土堤结构，引道路面宽度同桥面宽，边坡1∶1.5—1∶2。后鉴于浙江省嘉兴市意见，章湾公路桥调整桥面宽度为13.25米；应地方政府要求，行孝太平桥调整桥面宽度为14.5米。

（一）大坝水路应急工程桥梁

大坝水路应急工程桥梁2座。1998年10月，雪湖机耕桥开工，1999年7月竣工，完成土方6594立方米、钢筋混凝土2067.5立方米、石方981.2立方米。1999年5月31日，章湾公路桥开工，2000年1月28日竣工，完成土方7310立方米、钢筋混凝土1144.39立方米。

（二）其他桥梁工程

其他桥梁工程18座，分4批实施。1997年，库港桥建成。2001年，梅坛桥、南桥2座桥梁建成。2002年，横港桥、双龙桥、燕头桥、南新桥、永宁桥、仓家桥和万安桥7座桥梁建成。2002—2003年，顾家桥、波斯桥、冷水桥、李家桥、行孝太平桥、中塘桥、长村桥和郑产桥8座桥梁建成。18座桥梁共完成土方62920立方米、混凝土11724.9立方米、浆砌块石3050立方米。

表5-4 2005年杭嘉湖北排通道桥梁工程情况

单位：米

名称	所在河道	性质	航道等级	最高通航水位	桥总长	主桥长	桥面宽
顾家桥	里斯庙港	人行桥	等外	4.07	181.5	68	4
波斯桥	—	机耕桥	等外	4.07	147.6	48	5
冷水桥	—	人行桥	等外	4.07	141	68	4
李家桥	划船港	机耕桥	等外	4.05	137.6	48	5
燕头桥	众善桥港	机耕桥	等外	3.96	160.5	68	5
南新桥	—	人行桥	等外	3.96	134	48	4
永宁桥	—	人行桥	等外	3.96	149.5	68	4
行孝太平桥	潘家塘	公路桥	等外	4.12	205.6	68	14.5
双龙桥	直港	机耕桥	等外	3.94	180.8	48	5
横港桥	—	人行桥	等外	3.94	157	48	4
南桥	南桥港	公路桥	等外	3.84	316.4	68	7.5
郑产桥	郑产桥港	公路桥	等外	4.05	52	52	7.5
梅坛桥	川桥港	公路桥	等外	3.87	295.3	94	7.5
长村桥	横古塘	公路桥	Ⅶ	4.14	164.8	68	7.5
中塘桥	—	机耕桥	Ⅶ	4.14	254.2	68	5
库港桥	雪落漾口	机耕桥	等外	4.1	142	68	5
仓家桥	青云新开河	机耕桥	等外	4.12	150.3	39	5

续表

名称	所在河道	性质	航道等级	最高通航水位	桥总长	主桥长	桥面宽
万安桥	长板桥港	机耕桥	等外	4.12	154	39	5
雪湖机耕桥	雪河通道	机耕桥	Ⅵ	3.77	252.2	122	5
章湾公路桥	章湾圩水道	公路桥	—	—	140.3	60	13.25

四、堤岸绿化

绿化项目涉及七都、桃源、震泽、盛泽、梅堰、南麻6个乡镇的横古塘、潘家塘、里斯庙港、划船港、郑产桥港、众善桥港、川桥港、直港8条河道堤防，先后分两批实施。第一批2003年4月由梅堰水利站对川桥港堤防实施绿化，共栽种树木6590株；同年10月，南麻水利站对直港堤防实施绿化，共栽种树木5214株。第二批由北排通道工程管理处组织其他6条河道所在地水利站对堤防实施绿化，总计长度17143米，共栽种树木5715株。

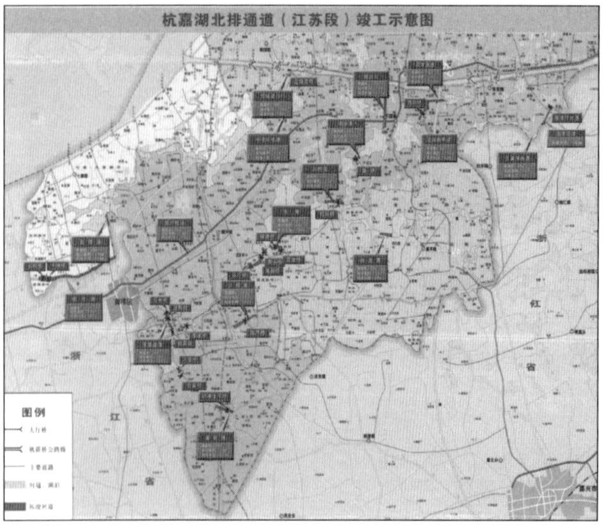

图5-8　2020年杭嘉湖北排通道（江苏段）工程竣工示意图

第五节　走马塘拓浚延伸工程

走马塘拓浚延伸工程是《太湖流域水环境综合治理总体方案》确定的引排工程项目。在省水利厅的精心组织和领导下，有关规划设计单位自2006年开始，开展望虞河后续工程——走马塘拓浚延伸工程的前期工作。2008年下半年，设计单位完成走马塘拓浚延伸工程可研报告，并通过水利部组织的技术审查和中咨公司评估，2009年4月，国家发改委对走马塘拓浚延伸工程可研报告作出批复。

2009年6月，省水利厅成立江苏省走马塘工程建设管理局和走马塘张家港枢纽工程建设处，实施走马塘拓浚延伸工程建设和管理。10月28日，走马塘拓浚延伸工程开工仪式在无锡市锡山区举行，部、省、市有关领导出席仪式，实现省政府年初制定的“争取国家审批并开工建设走马塘拓浚延伸工程”的目标。根据省水利厅要求，张家港市、常熟市水利（水务）局分别成立走马塘工程建设处，并配备相应的建设管理人员，设立工程、财务、综合等科室。2012年6月30日，走马塘拓浚延伸工程实现全线通水。2015年10月16日，太湖水环境综合治理骨干项目——走马塘拓浚延伸工程顺利通过省发改委、水利厅联合组织的竣工验收。同年11月，环保部宣布走马塘拓浚延伸工程竣工环境保护验收合格。

走马塘拓浚延伸工程南起京杭运河，利用有沈渎港、走马塘、锡北运河拓浚，向北沿锡山、常熟、张家港三市（区）交界处平地开河穿张家港后接七干河，拓浚七干河入长江，全长66.51千米。其中，苏州市境内27.51千米。河道设计断面为：苏锡交界处—张家港段长8.63千米，底宽25米，底高程0米；张家港—长江段长18.88千米，底宽40米，底高程-1米；河道边坡均为1∶2.5。走马塘拓浚延伸工程按1975年雨型5年一遇排涝标准扩挖河道。江边枢纽防洪标准为100年一遇。七干河段（苏州化工集团—长江段）为Ⅴ级航道，锡北运河段为Ⅵ级航道。

常熟市境内主要建设内容：拓浚开挖河道11.92千米，新建跨河桥梁9座，两岸口门控制建筑物18座，以及水系调整及影响工程（土方开挖33万立方米、灌溉站8座、生产桥梁8座）、环境保护及水土保持工程等。

张家港市境内主要建设内容：拓浚开挖河道15.59千米，建设张家港枢纽和江边枢纽工程（总净宽36米节制闸、16米×180米船闸、4米宽鱼道），新建跨河桥梁9座、拆建跨河桥梁4座，两岸口门控制建筑物37座，以及水系调整及影响工程（土方开挖45.18万立方米、灌溉站5座、生产桥梁8座，盐铁塘、河泾塘拓浚）、环境保护及水土保持工程等。其中，张家港枢纽工程由省水利厅组建项目法人负责组织实施。

图5-9　2016年走马塘工程常熟境内口门建筑物

图5-10　2016年走马塘江边枢纽

省发改委核定走马塘拓浚延伸工程概算261170万元。其中，苏州市境内工程概算133829万元（不包括耕地占用税经费和张家港枢纽工程经费），省级以上补助80%投资，计107064万元。

走马塘工程建成后，河道及沿线口门建筑物工程、跨河桥梁工程分别由常熟市、张家港市负责运行管理。江边枢纽工程由张家港市负责运行管理。张家港枢纽工程由省负责运行管理。走马塘工程有效配合望虞河西岸控制工程，解决"引江济太"期间望虞河西岸地区的排水出路，有效提高"引江济太"效率，保证调水安全，增加太湖水环境容量，保障水源地水质，并改善望虞河西岸地区排涝条件和水环境状况。

第六节　东太湖综合治理工程

东太湖位于苏州市以南，是太湖东南部东山半岛东侧的一个狭长形湖湾，与太湖主体以狭窄的湖面相通。东太湖南起东茭嘴至陆家港一线，北端一直延伸到瓜泾口，湖区总长度约27.5千米，最大宽度9千米，环湖大堤线内面积185.4平方千米，是典型的草型浅水湖湾，具有防洪、供水、水产养殖等综合功能。由于历史原因，东太湖存在大量围垦、过度围养、泥沙淤积、沼泽化加剧、水生态环境恶化等诸多问题。为保障太湖流域防洪安全，提高东太湖区行洪能力，防止东太湖区生态退化和沼泽化，开展东太湖综合整治。

根据国务院办公厅批转的《关于加强太湖流域2001—2010年防洪建设的若干意见》《太湖流域防洪规划》《东太湖生态综合整治专项规划项目任务书》，2005年起，太湖流域管理局牵头组织开展东太湖综合整治规划编制工作。经过各方两年多时间的规划研究及充分协商，2008年3月，水利部、江苏省政府批复《东太湖综合整治规划》。同年5月，国务院批复由国家发改委牵头编制的

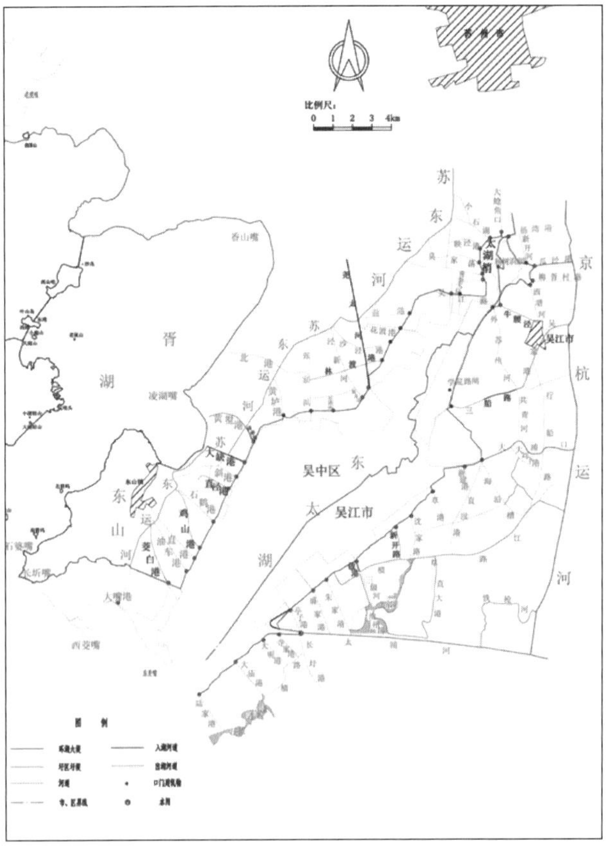

图 5-11 2020年东太湖周边水系图

《太湖流域水环境综合治理总体方案》。

一、整治工程

根据2010年《省发展改革委关于东太湖综合整治工程初步设计的批复》，东太湖综合整治工程的主要建设内容包括建设行洪供水通道工程、退垦还湖（含堤线调整）工程、生态清淤工程、水生态修复工程等。其中，疏浚行洪供水通道33.3千米；退垦还湖5.59万亩，调整堤线8处，总长30.8千米（调整段老堤线长29.9千米），新建或改扩建口门控制建筑物18座；生态清淤22.99平方千米，清淤深度0.2—0.55米，清淤土方704.19万立方米。其中，255万立方米为干挖土方；生态修复岸线69.9千米，修复面积31.29平方千米，植物修复面积14.75平方千米，工程总投资45.3亿元，总工期为42个月。

工程分别由吴中区和吴江市组织实施，主要内容包括：行洪供水通道工程、生态清淤工程、退垦还湖工程（含堤线调整工程）、水生态修复工程。工程总投资45.3亿元。其中，中央预算内投资定额补助6.75亿元，省级“太湖治理专项资金”中安排3.7亿元。

2008年7月，苏州市成立东太湖综合整治工程建设领导小组，领导小组下设项目管理办公室。工程实施上，东太湖围网整治是东太湖综合整治的重要组成部分，率先完成东太湖围网整治工作是实施东太湖综合整治其他工程内容的前提条

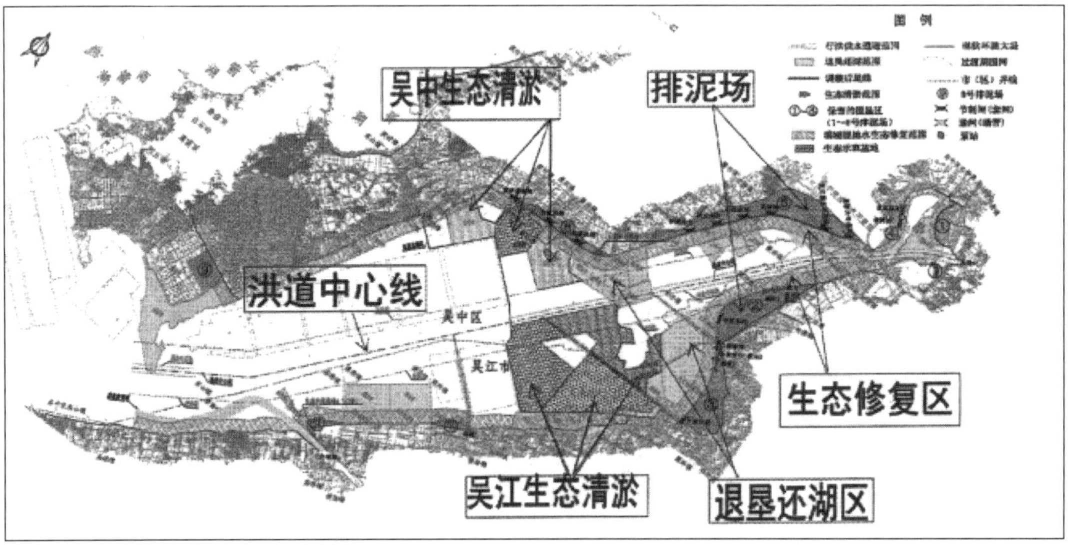

图 5-12 2020年东太湖综合整治工程内容示意图

件。东太湖区域原有围网养殖面积169129亩，养殖户3355户。其中，吴中区有养殖面积110635亩，养殖户2090户；吴江市有养殖面积58494亩，养殖户1265户。此外，还有沿湖滩涂养殖面积8708亩，养殖户189户。

2009年4月和9月，先后全面启动东太湖综合整治工程吴中区部分和吴江市部分，对东太湖从事围网养殖且在规定时间内全部拆除后的太湖专业渔民进行妥善安置，安置养殖面积4.5万亩。

2010年，东太湖综合整治工程全面建设实施，苏州市水利（水务）局会同吴江市、吴中区的项目实施单位紧紧围绕市委、市政府提出的“四年建设任务、三年基本完成”的目标要求，精心组织，稳步规范地推进东太湖综合整治工程各项目建设，年度完成投资8000万元，累计完成投资149263万元。至2010年4月底，东太湖区域原有围网养殖面积从16.91万亩压缩到4.5万亩，完成规定的退渔任务；吴江市已基本完成围垦区动迁安置任务；生态清淤工作有序展开。

至2011年底，工程累计完成投资近32亿元，完成四分之三的工程量。工程于2013年底基本完成，总投资50多亿元。

东太湖综合整治实施退垦还湖总面积55914亩，其中，吴江市27741亩，吴中区28173亩。东太湖综合整治退垦还湖工程保留的围垦区8处面积共19910.1亩，保留的围垦区用于东太湖综合整治的排泥场，不再作为东太湖湖区的一部分。退垦还湖工程内容主要包括围垦区内塘底清淤、围垦区清退（土方开挖）及低矮圩堤平整。塘底清淤对围垦区（包括湖滨带）内塘底污染底泥进行清淤，清淤平均深度为0.2米。围垦区清退指工程湖滨带（200—500米）范围内的围垦区除塘底清淤外，根据水生态修复地形塑造方案，围垦区内2.5米高程以上塘埂土方开挖外运后综合利用；湖滨带以外的围垦区除塘底清淤外，另外实施格埂土方开挖、塘底土方开挖等工程措施，湖底高程按不高于2米控制。低矮圩堤平整指按不高于2米的控制高程对低矮圩堤进行平整，并对属于吴江市生态清淤方案调整段的部分按不高于1.8米的控制高程进行取土用于城市发展建设。

表5-5 2011年东太湖综合整治退垦还湖工程量汇总

单位：立方米

县（市、区）	保护区内		保护区外（含湖滨带）			低矮圩堤（行洪通道保护区及退垦还湖圩区以外）	
	塘底清淤	土方开挖	塘底清淤	土方开挖	吴江市疏挖调整段取土区新增土方开挖	土方平整	吴江市生态清淤方案调整段取土
吴江市	308271	1126402	1890165	4010907	8526598	140332	700000
吴中区	838992	2275669	1980008	5780144	—	1121175	—

注：表中保护区内塘底清淤及土方开挖工程量已计入行洪供水通道。

吴江市主要实施行洪通道工程、生态清淤、退垦还湖、生态修复等四大工程。通过退渔和退垦，退垦还湖27741亩，已经拆除东太湖围网养殖面积近60000亩，居民2498人迁出围垦区，每年消除总氮895.79吨、总磷64.85吨。通过疏浚行洪供水通道，对湖区底泥清淤，在退渔还湖区清挖底泥521.8万立方米，可以从湖底一次性移出有机质6万吨、总磷0.184万吨和总氮1.03万吨。东太湖的湖区平均水质比治理前有所改善，水源保护核心区水质为二类，其他区为三类，供水安全得到有效保障。增加湖泊水面约16.64平方千米，增加有效蓄洪容积约0.48亿立方米，防洪能力得到提高。吴江东太湖大堤堤线调整长为15.43千米，沿岸滨湖带生态修复初见成效，主城区段东太湖大堤水生态修复工程结合环湖大堤景观工程一并实施，形成高标准的吴江滨湖景观绿化生态带，成为沿太湖地区十分亮丽的景观风光带。

吴中区工程内容包括疏浚行洪供水通道12.845千米；37883亩围垦区退垦还湖28173亩，保留9710亩用作排泥场；调整堤线3处15.39千米，并对受影响的11座穿堤闸移址重建；生态清淤8.06平方千米，清淤量206.44万立方米；沿东太湖36.3千米岸线营建生态修复带，种植水生植物面积17.81平方千米。工程于2010年9月开工，到2016年底，工程已基本完成，累计完成投资约35亿元。

图5-13　2012年吴江东太湖治理

图5-14　2020年经整治后的太湖景观

图5-15　2020年东太湖美景

二、后续工程

东太湖综合整治工程的实施，实现了既定治理目标。但东太湖大堤仍有部分堤段仍未达到100年一遇防洪标准、行洪供水通道尚未贯通、湖区局部水质仍未达到Ⅱ类水质标准。

2013年底，苏州市统筹启动东太湖综合整治后续工程的可研、环评、用地预审及初步设计等前期报批工作。2017年5月，省发展改革委下发《省发展改革委关于东太湖综合整治后续工程（环太湖大堤七都至大缺港段）初步设计的批复》，同意苏州市对东太湖继续进行综合整治。

东太湖综合整治后续工程建设主要任务是完善流域防洪体系，提高流域防洪能力；加强河湖水系连通，促进河湖水体有序流动；提升东太湖水生态环境，为建设现代化的生态文明人居环境与水生态环境创造条件。工程总投资约14.3亿元，吴江部分投资约10.15亿元，主要包括环湖大堤达标加固工程、行洪通道贯通工程、入湖河道综合整治工程等三项内容。工程建设工期32个月。

具体工程及规模为：环湖大堤堤防加培24.428千米、改建3.768千米，堤防新建护坡8.994千米、拆除重建13.794千米，新建堤顶道路22.011千米、上堤路（腾飞中路）1.616千米，穿堤口门建筑物拆除重建27座、新建2座、恢复1座，新建避风港4座。疏挖贯通行洪供水通道12.2千米。疏挖入湖河道20条38.541千米，护岸整修46.9千米。设计标准为：防洪标准按100年一遇标准设防，东太湖堤防工程等别为Ⅰ等，环太湖大堤为1级堤防，节制闸闸室及上游挡墙、套闸外闸首（外河侧）及其上游引航道挡墙的水工建筑物级别为1级，内河堤防护岸、套闸的闸室、内闸首（内河侧）及下游引航道挡墙、节制闸下游挡墙的水工建筑物级别为3级。桥（涵）荷载等级为城市—B级。核定工程设计概算总投资142966万元。工程建设所需资金，省级以上投资补助环太湖大堤及行洪通道部分投资的70%计80920万元，其余由地方政府负责筹措解决。

吴中区完成建设内容包括：环湖大堤达标加固工程，含堤防（含上堤公路）、口门控制建筑物、避风港等内容，改建黄垆港套闸至东大缺港闸段3.49千米堤防，腾飞中路1.6千米，工程范围内口门控制建筑物4座（庙桥港闸、东大缺港闸、鸡山港闸和直港闸）；行洪通道贯通工程，长度3.5千米，疏浚土方64.86万立方米，疏槽规模与上游入口段疏槽衔接，底宽200米，底高程1米；入湖河道综合整治工程，对9条主要入湖河道进行整治，总长度为23.86千米。共完成工程投资约3.5亿元。完成吴中区东太湖滨湖大道二期工程，为黄垆港闸到东山南渡水桥闸段15千米堤防。吴中区政府结合大堤工程实施滨湖大道二期工程，工程总投资13.69亿元，大堤工程由区交通局负责实施，水务局负责大堤上水闸工程实施。工程于2014年8月开工建设，至2017年底工程完成，完成投资约8亿元。

截至2020年11月，吴江大堤达标加固工程实施完成约9.6千米（牛腰泾段、草港段、应急水源地段），在建的戗港及戗港挖湖区段6.5千米大堤堤身部分已完成，正在实施路面工程；剩余七都段7.8千米大堤正在加快施工中；新（改）建口门建筑物已完成11座，剩余七都段14座口门建筑物正在施工中；七都避风港（A、B港）已进场开展施工准备工作。行洪通道贯通工程：该工程吴江区实施8.7千米，疏槽规模为底高程1米，底宽200米。2019年11月，工程开始施工，2020年11月已完成工程总量的90%。入湖河道综合整治工程：吴江区实施入湖河道综合整治11条。其中，杨湾港、柳胥港、西塘港、牛腰泾、盛家港等河道结合黑臭河道整治和“自流活水”项目已实施完成；外苏州河、沈家路港、新开路港及亭子港河道正在施工中，已完成工程总量的85%。

2019年12月24日，省发改委下发《省发展改革委关于东太湖综合整治后续工程设计变更的批复》，变更方案如下：同意牛腰泾段、草港段、戗港段、戗港避风港及太浦河以南段（庙港至丁家港闸）等5段共计20.57千米环湖大堤结构型式的变更。鉴于水源地段3.34千米大堤已结合市政道路建设完成，同意取消原批加固内容；因东太湖取消围网养殖，同意取消大浦口避风港；同意太浦河以南段14座口门控制建筑物闸门门型设计变更方

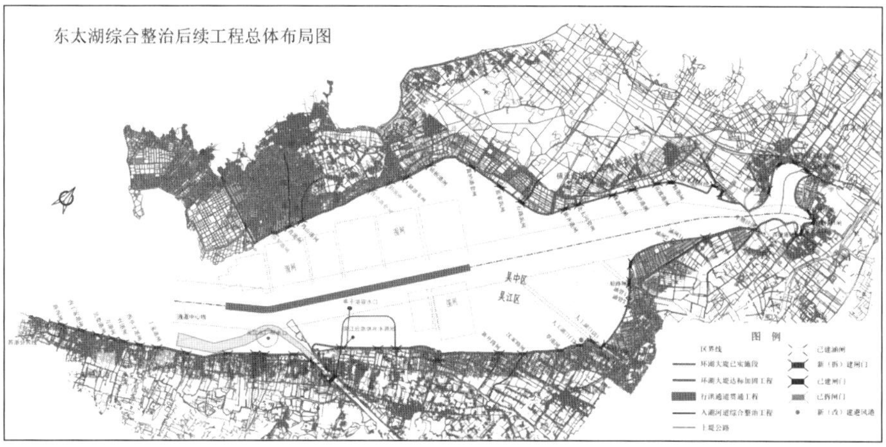

图5-16　2020年东太湖综合整治后续工程总体布局图

图5-17 2020年东太湖滨湖新城沿湖大堤景观设计效果图

案。同意庙港西节制闸规模由6米调整为4米。同意取消西丁家港闸；同意吴中区3.5千米行洪通道贯通工程的排泥场设计变更方案，疏浚土方与大堤外侧生态修复工程结合实施，滩面高程按原则上不高于2.8米（镇江吴淞高程）控制。

此后，苏州市相关部门继续严格落实安全生产管理各项规定，强化投资绩效管理，确保按期发挥工程效益。相关项目单位也继续抓紧东太湖综合整治后续工程的实施，按工程计划安排时序要求，确保如期完成建设任务。

第七节 淀山湖防洪工程

淀山湖防洪工程区域在吴淞江以南，淀山湖东西沿线及以北，张华港、大直港、赵田港、陈墓港以东，青（浦）昆（山）界河以西的千灯镇、淀山湖镇、张浦镇、锦溪镇的249.67平方千米，后定名为“两圩一线”工程（即千东、千西联圩和沿淀山湖控制线）。

淀山湖防洪工程建设始于1983年12月，1984年1月正式开工，至2010年末基本建成。大体经历四个建设阶段：1984年至1990年为第一阶段，在这个阶段中主要以修圩复堤，构筑淀山湖沿线25千米大堤及封坝22条，完成土方47万立方米，并开工建设防洪护坡工程22.62千米（剩余部分在第二阶段内完成），7年中共计投入资金829.85万元。1991年至2000年为第二阶段，主要开工建设淀山湖东西沿线站闸工程，先后建造庙前港闸站、千灯浦套闸、后港口闸站等一批14处防洪闸和泵站工程，并且相应开工建设千东、千西两个联圩的配套工程，10年中共投入资金7567.34万元。2001年至2005年为第三阶段，在这5年中主要实施淀山湖控制线大堤全线配套贯通，并对两大联圩防洪圩堤所有口门全部建设站闸工程，达到一旦遇洪涝灾害可以封闭运行，5年共投入资金4094万元。2006年至2010年为第四阶段，在这个阶段中着重继续搞好续建配套和改造改建工程，对1990年前建造的7个站闸因设施老化效率下降，实行重建改建；配合地方经济开发建设需要，部分港汊进行调整增建防洪闸4座；建造宽10—12米的沥青防汛公路13千米，达到沿控制线各主要闸站均能通汽车，这中间恰逢中央提出拉动内需，增加基建投入，5年投入资金达到14095.81万元。

经过27年建设，此项工程累计投入资金33568.22万元（其中，6981.22万元属于两个联圩农补资金，淀山湖防洪工程资金为26587万元）；累计完成防洪闸76座，加上原来联圩自建38座共计达到114座；套闸3座（其中，站闸合一的排涝站38座，装机容量7400多千瓦，排水流量190立方米每秒）；累计建成防洪大堤135.7千米。其中，防洪挡墙73.05千米；并建成12米宽沥青公路3.2千米；10米宽沥青公路9.74千米，5米宽沥青公路0.12千米，沿控制线的站闸均能通车，绿化带工程累计完成12.07万平方米，站闸绿化面积33213平方米。

一、堤防工程

淀山湖防洪工程大堤由三部分组成，即控制线（淀山湖沿线）、千东联圩、千西联圩。此项工程自1984年首先从千东联圩复堤开始，至1990年末，沿湖25.6千米基本竣工，然后两个联圩沿吴淞江、千灯浦、昆青界河、大直港、张华港等主要骨干河道的防洪堤岸陆续开工建设。至2005年末"两圩一线"大堤基本完成，合计筑成大堤135.70千米。其中，配套挡墙护坡工程73.04千米，淀山湖沿线大堤全部建成挡墙护坡工程。整个"两圩一线"大堤工程累计投入资金8110.82万元（含挡墙工程）。其中，控制线大堤工程投入资金2325万元，其他大堤投入资金5785.82万元。

（一）控制线大堤

控制线大堤沿淀山湖昆山市域范围内共计堤岸线长为25.6千米，西线南起马援庄拖油港，至千灯浦牛桥港闸，全长10.73千米；东线南起马家港新开泾闸站，至官西千灯浦闸，全长14.88千米。大堤工程建设标准定为：堤顶高程6米，面宽5米，内坡1∶2，外坡1∶15，并全部配建顶高45米、面宽0.8米块石护坡挡墙。此项工程从1984年首先在淀山湖东线开工建设，1985年春完成土方22.3万立方米，并完成筑坝22处，并陆续开工14.38千米护坡挡墙工程，当年完成10.24千米，接着于1986年12月17日在淀山湖西线开工复堤土方工程，至1987年2月23日完成土方24.3万立方米，筑成大堤92千米（除徐家浜至疗养院一段外），基本完成土方工程，当年接着开工建设护坡挡墙工程328千米，1988年至1989年底完成建设护坡挡墙工程824千米，东西两线全面开工同步推进。进入90年代后，沿湖大堤除31个河口需要建设防洪闸和泵站外，其余河口全部封闭与大堤连成整体，防洪屏障基本建成。2009年开工建设的大堤公路配套工程至2010年底完成12924千米，并结合公路建设同步改造防洪挡墙护坡，控制线全线累计建成高标准挡墙护坡25.72千米（含闸室处124米护坡挡墙），达到所有大堤100%实现防浪、防冲刷，确保大堤安全度汛。

（二）千东圩大堤

千东圩大堤总长度为58千米，大堤设计堤顶高程为50米，面宽为3米，内坡1∶15，外坡1∶1。大堤由如下几段组成，北边吴淞江堤线全长22.21千米，西边千灯浦堤线全长11.04千米，东边古塘江堤线全长7.7千米，其他河段（如湾溇江、徐家溇、南段道褐浦等）全长17.05千米。整个联圩已经建成护坡挡墙27.15千米，占总堤防的46.8%。其中，吴淞江大堤建成护坡挡墙14.84千米，千灯浦大堤（扣除镇区和村庄绝大部分建成护坡挡墙）实际建成护坡挡墙6.36千米，其余地段建成护坡挡墙5.95千米。大堤工程（含护坡挡墙）累计投入资金3928.72万元，经过多年建设和不断改造维修，真正具备抗击特大洪涝灾害的条件。

（三）千西圩大堤

千西圩大堤总长度约52千米，大堤设计标准与千东圩相同。联圩大堤由如下几段组成：吴淞江大堤22.12千米，已建护坡挡墙4.06千米；张华港、大直港大堤7.69千米；千灯浦大堤10.77千米，已建成护坡挡墙7.77千米；陈墓港、赵田港大堤9.13千米，已建成护坡挡墙4.4千米；其他港汊2.38千米，已建成护坡挡墙0.35千米。千西圩大堤工程累计投入资金1857.1万元，此项工程与千东圩大堤工程同步建成投用。千西圩堤防岸线涉及众多湖荡，岸线曲折多弯，给维护管理带来困难，容易疏漏，必须时刻加强巡防，才能确保防洪安全。

二、配套工程

（一）泵站工程

1983年，淀山湖防洪工程在初期规划时计划建设13座泵站，增加排水流量78立方米每秒，由于在计划实施过程中遭遇数次洪涝灾害考验，计划作大幅度的调整。从1986年首建小千灯浦站起，经过25年连续不断的续建和改造扩建，至2010年末整个"两圩一线"范围内共建成排涝泵站25座（不含原联圩排涝泵站13处2726千瓦，装机流量66.6立方米每秒），装机容量52台

（套），4674千瓦，装机流量123.4立方米每秒，累计投入资金7127万元（含站闸配套的25座防洪闸）。在25座排涝泵站中，属于千东圩的有11座，装机容量25台1969千瓦，排水流量52.2立方米每秒；属于千西圩的有14座，装机容量27台2705千瓦，排水流量71.2立方米每秒。

（二）防洪（套闸）工程

淀山湖防洪闸工程，从1986年始至2010年末，25年中共计建造防洪"三闸"79座。其中，套闸3座，防洪单门闸76座。分别是千东圩42座，千西圩37座，在这79座"三闸"中孔径12米1座，8米3座，7米6座，6米15座，5米36座，4米18座。按闸门形式分，钢质直升门15座，钢质横移门7座，钢质升卧门53座，砼横移门4座。

（三）沿湖公路工程

淀山湖防洪控制线大堤公路工程，在1995年开始配合建设达标防洪堤结合进行。为集中统一管理，经市编制委员会批准，1997年3月将原来设置的千东圩堤闸站、千西圩堤闸站、千灯浦节制闸管理站三个管理单位合并为昆山市淀山湖防洪工程管理处。为方便实行巡查管理，于当年动工建设沿控制线三个区域的防汛公路7.9千米（碎石路面），从此，千东、千西两个联圩可直通汽车，对管理控制线工程十分方便有利。

2009年，淀山湖堤防工程和长牵路港拓宽工程被国家发改委列为第二批拉动内需投资项目，作为太湖流域泖河枢纽工程缓建后的补偿工程进行安排，项目累计计划投资3亿元，2009年开工建设1—3标段12.4千米，计划投资1.4亿元。至2010年，完成12米宽沥青公路3.19千米，10米宽沥青公路9.74千米，并结合改造堤防挡墙工程，累计完成投资1.23亿元，实现沿湖大堤公路硬质化，为防汛抗洪提供快捷方便的交通基础设施。

（四）大堤绿化

淀山湖防洪工程大堤沿线绿化工程，是整个大堤工程的配套部分，自项目实施以来就开始植树造林，至2009年底累计完成大堤绿化120721平方米，平均每米大堤绿化4.715平方米。10处排涝泵站和千灯浦套闸完成绿化面积为33213平方米，平均每处绿化面积3019平方米。沿大堤已成绿色长廊，主要树种为水杉和香樟树，结合部分柳条灌木以保护堤岸的安全。

三、续建工程

（一）工程概况

淀山湖防洪堤续建工程为《太湖流域综合治理总体规划方案》中扩大拦路港、疏浚泖河、斜塘骨干工程二期（泖河枢纽工程）的补偿工程，工程已列入江苏省水利重点工程2009年新增中央投资计划。

2005年，水利部同意采取淀山湖江苏段防洪堤续建工程作为泖河枢纽工程缓建后的补偿工程措施，并于2009年1月批复同意实施。2008年11月，昆山市政府为促进昆山淀山湖周边社会经济发展，致力于改善淀山湖交通条件，提出沿淀山湖新建环湖公路，为节约建设成本及土地资源，考虑将淀山湖环湖公路建设和淀山湖堤防建设二合一同步实施。昆山市发展和改革委员会于2009年4月批复同意结合淀山湖防洪堤续建工程建设环淀山湖公路。

（二）设计标准、规模及主要技术经济指标

工程等别为Ⅱ等，堤防、护岸、支河口节制闸（防洪闸）及套闸外闸首、泵站等主要建筑物按3级建筑物设计，套闸内闸首及内挡墙等次要建筑物按4级设计；干、支河建筑物按50年一遇洪水设计、100年一遇洪水校核。

环湖公路按三级公路标准设计，桥梁荷载按公路Ⅱ级标准设计。

（三）主要建设内容及建设工期

1.防洪堤续建工程：防洪堤新改建3.05公里，加固18.26公里，维持现状堤段3.47公里；新建外挡墙3.52公里，拆除重建挡墙2.24公里，护坡改建挡墙1.47公里，新建堤后内挡墙3.47公里；新（重）建站闸6座；加固闸站1座；新（重）建桥梁3座、新建涵洞1座；新建堤顶防汛道路21.05公里、拆除重建1.09公里。

2.长牵路港开通工程：拓宽长牵路港河道1.94公里，新建堤防3.93公里，新建挡墙4.11公里，新建狭港闸、张家浜闸、周锦大桥、东对浜桥，拆建张家浜桥，新建堤顶防汛道路2.08公里。

3.环湖公路工程：新建道路总长度14.27公里，其中堤路结合段11.89公里，上堤道路及连接段长度2.38公里，堤路结合部分的9.48公里新建挡墙调整断面，新（重）建公路桥12座，涵闸2座。

批复主要工程量：土方开挖77.15万立方米，土方填筑189.02万立方米，石方7.08万立方米，砼4.59万立方米，钢筋881.54吨，道路14.11万平方米。

（四）工程投资及投资来源

工程批复概算投资为30297.38万元（水利部批复14022万元，昆山市批复16275.38万元），其中：中央资金4700万元，省级资金2300万元，苏州市补助500万元，昆山市自筹22797.38万元。

图5-18　2020年淀山湖挡墙工程一期展示图

图5-19　2020年淀山湖挡墙工程二期展示图

四、淀山湖挡墙工程

淀山湖防洪控制线的堤防工程位于茜东、茜西两大联圩南端，直临淀山湖，大堤沿线防洪圩堤25.6千米，挡墙29.3千米，通过近几年分期实施的淀山湖挡墙工程（市重点工程），有效提升了淀山湖防洪标准，保障沿线防洪安全。挡墙工程建设概况如下：

淀山湖挡墙工程一期：工程于2015年实施，位于昆山市锦溪镇镇东南片，属半高田圩区。建设内容主要包括新建浆砌块石挡墙197米（含亲水平台）；挡墙维修1253米（含水生平台）；新建圆木桩护坡150米。项目总投资990万元。一期工程提升了岸线挡墙工程与水景观的有效融合，提升了沿湖水环境。

淀山湖挡墙工程二期：工程于2016年实施，位于昆山市淀山湖镇金复圩，属半高田圩区。建设内容主要包括拆除并翻建老挡墙1430米，新建挡墙90米，压顶维修100米，新建防浪墙75米，新建筑土堤防15米。项目总投资1381.8万元。二期工程改善了大堤岸线水环境，增添了水景观，已成为淀山湖的一个新的旅游亮点，促进旅游效益的提高。

淀山湖挡墙工程三期：工程于2017年实施，位于淀山湖西北岸线，为锦溪镇锦东片东南侧防洪圩堤。建设内容主要包括拆除并翻建老挡墙345米，维修挡墙630米，新建防冲生态护岸880米。项目总投资948.36万元，三期工程主要效益体现在防洪除涝、旅游效益、周边土地升值效益及灌溉效益等。

淀山湖挡墙工程四期：工程于2019年实施，位于淀山湖镇与上海青浦区交界（新开泾站闸—马家港闸段）：主要包括新建挡墙912米，堤防工程470米，防汛道路306米，项目总投资1260万元，工程连通了青浦区淀山湖堤防，形成防洪控制线闭合，为长三角一体化战略实施提供基础条件。

图5-20　2020年淀山湖挡墙工程三期展示图

图5-21　2020年淀山湖挡墙工程四期展示图

第六章　城镇防洪除涝

1991年以来，苏州市以提升城市水安全保障能力、提升百姓安全感为首要任务，城市防洪排涝以流域、区域防洪体系为基础，巩固完善自保体系，构建可持续排水防涝系统，提高城市综合防灾减灾能力。至2020年，全市基本形成环太湖大堤、长江江堤、望虞河东岸、太浦河北岸、淀山湖大堤5条控制线为外围屏障的防洪工程体系，建立起比较完善的苏州城市、县级城市和重点镇三级防洪保安体系，基本形成流域、区域、城市防洪3个层次的防洪格局。

第一节　苏州市城市中心区防洪工程

一、发展历程

苏州古城区地势中间高，四周低。据南宋《平江图》，当时苏州城内主河道有东西向横河12条，南北向直河5条，街道与河道平行，为双棋盘式网状布局，另有隆兴桥河、郑使桥河等69条支流沟通，市内河道总长约82千米；加上城墙、水门挡控，构成古代防洪工程。

70年代建造葑门、新开河、阊门、齐门4座换水泵房。

80年代，苏州市编制完成防洪小包围规划方案，纳入《苏州市城市总体规划（1985—2000年）》。经费来源除市财政补助200万元，以各受益单位自筹经费为主。在具体实施时分为两期工程：第一期工程实施古城内的桃坞小包围、盘南小包围和北园小包围，第二期工程主要实施古城外的辛庄片、胥江片、彩香片、三香片、盘溪片等。一期工程于80年代末正式完成，二期工程到90年代完成。

1983年10月制定的苏州市区防汛工程规划，范围东起东环路，西抵大运河，南至与吴县（今吴中区）交界处，北接沪宁铁路，面积41平方千米，共分18个防护片，古城区为一个大片，并分5个小片。护城河外分南门、盘溪、胥江、新市、留园、山塘、茅山堂、齐门外、娄门、娄江、相门一片、相门二片、杨枝塘等13个片。1984年建设桃坞、盘门、南园、平江、北园5个小包围片；以旧城墙为防洪屏障，在12个通向外城河的口门建闸。

1988年，建成古城区防洪大包围；在城外设立南门纺织工业片、胥江电子工业片等包括古城在内的7个局部包围圈，共建有泵闸20余座，排涝能力30多立方米每秒。

进入90年代以后，由于行政区划的局部调整，以及苏州工业园区、苏州高新区的开发建设，根据江苏省政府批准的苏州工业园区总体规划、苏州高新区总体规划等规划，修编完成《苏州市城市总体规划（1996—2010年）》，明确苏州城市防洪标准定为100年一遇。在城区防洪方案方面，小包围的格局未变。

2002年，苏州市水利（水务）局组织编制《苏州市城市中心城区防洪工程可行性研究报告》。2003年，苏州市政府制定《苏州市城市中心区防洪工程建设的实施意见》，苏州市将按照200年一遇的防洪标准和20年一遇的排涝标准，实施城市中心区防洪工程。其时，提出大包围、小包围、半包围3种方案。根据苏州市城市中心区防洪需要，规划推荐城市中心区采取大包围方案，即以苏州古城为中心，以京杭大运河、苏嘉杭高速公路、沪宁高速公路为界，建堤防及控制建筑物，形成大包围。新建主要控制建筑物有青龙桥河枢纽、娄江枢纽、元和塘枢纽、外塘河枢纽、胥江枢纽、上塘河船闸、东风新枢纽、仙人大港枢纽、大龙港枢纽和澹台湖枢纽10座枢纽建筑物；2010年6月，十大枢纽全面完成并交付使用，累计完成投资66009万元。

2002年，省发改委批复苏州西塘河引水工程，规划在裴家圩设综合控制枢纽，泵站流量40立方米每秒，节制闸3米×10米。枢纽设计为以引水为主的双向泵站，当城区出现防汛压力时，可将水泵反向运转，进行防洪排涝，排泄城区洪水，降低城区水位。在减轻城区防洪压力的同时，调度控制沿线涵闸，释放沿线河道积蓄的水量，缓解城北部分地区的防洪压力。

2016年，国务院批复的《苏州市城市总体规划（2011—2020年）》中明确，苏州城区的防洪方案调整为大包围格局，防洪标准为200年一遇，苏州市城市中心区实现由“防洪小包围”向“防洪大包围”的格局转变。

截至2017年，苏州市城市中心区防洪大包围的外围堤线总长56.3千米。其中，沿运河侧长约17千米；非运河侧沿河堤线，西塘河两岸堤顶高程总体为5.5米，局部段为5.2米，基本满足防洪要求，元和塘枢纽闸外段沿河堤防或护岸顶高偏低，为4.8—5.05米；北侧、东侧等以路作堤段路基顶高程5.5—7米，基本能满足防洪要求。大包围有澹台湖、裴家圩、大龙港等11个骨干枢纽，排涝流量265立方米每秒；周边保留27座小型闸、站，排涝流量27立方米每秒，形成完整的大包围整体防洪排涝工程体系，总的外排流量为292立方米每秒，排涝模数3.9立方米每秒平方千米。

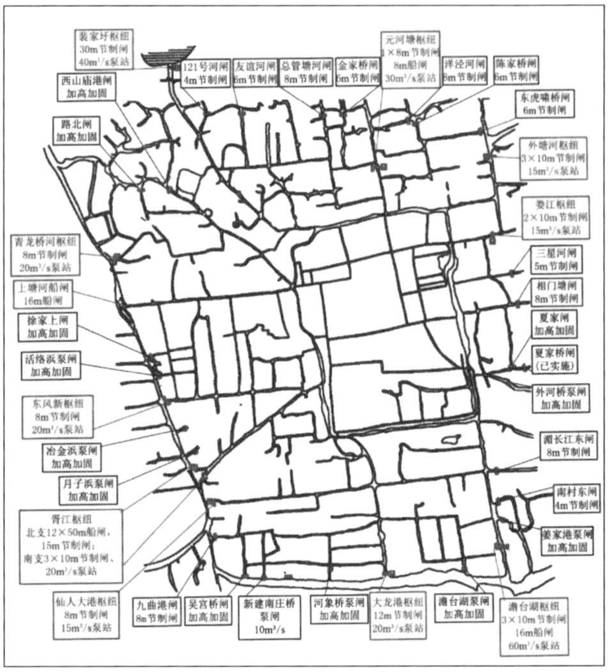

图6-1　2020年姑苏区防洪排涝工程布局示意图

二、枢纽建设

青龙桥河枢纽　工程位于苏州市城市中心区西北京杭运河支河青龙桥河的河口处，由1座8米节制闸和1座20立方米每秒双向泵站组成，闸站轴线距京杭运河东岸约65米。节制闸净宽8米，闸门为下卧式平面钢闸门，双向挡水，采用2台QHSY液压启闭机启闭。泵站安装4台5立方米每秒的1400QGB型双向潜水贯流泵，配315千瓦潜水异步电动机，总装机容量为1260千瓦。

娄江枢纽　工程位于苏嘉杭高速公路娄江高架桥以西、外塘河以东区间的娄江河段上。包括1座14米节制闸及1座设计流量为15立方米每秒的单向泵站。节制闸布置在河道北侧，为钢筋混凝土开敞式结构，单孔净宽14米，垂直水流方向闸室宽度为18米，采用升卧式钢闸门。泵站属单向排涝泵站，内装3台S型单轴伸泵，单泵流量为5立方米每秒。

元和塘枢纽　工程位于元和塘河段上，包括节制闸与泵站、船闸。节制闸闸室为敞开式钢筋混凝土结构，闸门为升卧式钢闸门，双向挡水，宽8米。泵站采用块基型整体式结构，安装6台1400QGB型双向贯流泵，总流量30立方米每秒。船闸闸室宽8米，长60米。

外塘河枢纽 工程位于苏州市城市中心区东北角，312国道徐河浜公路桥以北的外塘河河段上，由节制闸和双向泵站组成。闸室为开敞式钢筋混凝土结构，闸门为钢质平面升卧门，以卷扬式启闭机启闭。泵站布置为堤身式，泵房采用块基型整体式结构，泵站内安装3台平面S型卧式轴流泵，单泵设计流量5立方米每秒。

胥江枢纽 工程位于胥江与京杭运河的交汇处东侧的南北支河上。南支河上建造泵站，规模为20立方米每秒，节制闸净宽30米；北支河上建造节制闸，净宽15米，船闸规模12米。

南庄枢纽 南庄桥闸站位于京杭大运河苏州城南段的南庄浜河口，由1座8米节制闸和1座10立方米每秒单向泵站组成。南庄桥泵站设计总流量10立方米每秒，设置2台平面S型轴伸泵，单向运行。

东风新枢纽 工程包括节制闸、泵站。枢纽泵站居南，节制闸居北。闸站总长为105.5米，垂直水流方向长度为39.6米。泵站安装4台平面S型卧式轴伸泵配250千瓦异步电动机单列布置而成。单泵流量为5立方米每秒，设计扬程为1.6米。

仙人大港枢纽 工程位于京杭大运河苏州城西段的仙人大港入口处，由1座8米节制闸和1座15立方米每秒双向泵站组成。节制闸为钢筋混凝土结构，净宽8米，闸门为钢质平板横拉门，由液压启闭机控制。门库设在泵站外河侧交通桥下。泵站设置3台平面S型轴伸泵，双向运行，单机流量5立方米每秒。泵站总装机容量为750千瓦。

大龙港枢纽 工程位于苏州市城市中心区南面京杭大运河与大龙港河口处。枢纽由1座12米节制闸和1座20立方米每秒双向泵站组成，水闸为双向挡水，泵站水泵为双向运行，以实现防洪、排涝和改善城市水环境的功能。节制闸为圬工结构，闸门为平板升卧钢闸门，以绳鼓式卷扬启闭机启闭。泵站采用堤身式布置，安装4台平面S型轴伸泵，单泵流量5立方米每秒。

澹台湖枢纽 工程位于苏州市城市中心区南面京杭大运河与老运河交汇处以北约900米的老运河上。枢纽由1座60立方米每秒的泵站和1座净宽3米×10米的节制闸以及1座16米×120米（总长）的船闸组成，其主要功能是防洪、排涝和通航，节制闸在平水时可通航。澹台湖枢纽的节制闸与泵站、船闸并列布置在澹台湖河道上，泵站布置在东侧，船闸布置在西侧，中间布置节制闸。泵站内安装3台2500ZGB20型竖井贯流泵，单机流量20立方米每秒，总计60立方米每秒。

裴家圩枢纽 枢纽是西塘河引水工程的主要工程，位于苏州高新区，距望虞河琳桥港口约6千米。枢纽采用闸站结合方式，泵站布置在西侧，节制闸布置于东侧，泵站为双向泵站，设5台双向竖井贯流泵，正反设计流量40立方米每秒，总装机容量1500千瓦，正向抽引望虞河清水，反向排城市涝水。2002年9月西塘河工程（含裴家圩枢纽）开工，2004年建成通水。

表6-1 2017年苏州市城市中心区防洪大包围骨干控制工程特性情况

控制工程名称	规模		开工时间	竣工时间	总经费（万元）
	节制闸（米）	泵站（立方米每秒）			
裴家圩枢纽	3×10	40	2002.9	2004	—
元和塘枢纽	8	30	2005.8	2008.5	5976.48
外塘河枢纽	2×14	15	2007.3	2008.6	3282.91
娄江枢纽	14	15	2009.1	2010.2	2845.77

续表

控制工程名称	规模		开工时间	竣工时间	总经费（万元）
	节制闸（米）	泵站（立方米每秒）			
南庄枢纽	8	10	2005.12	2008.6	2095.61
胥江枢纽	南3×10、北15	20	2007.7	2010.1	2940.10
仙人大港枢纽	8	15	2005.12	2008.8	4588.97
东风新枢纽	8	20	2005.8	2008.6	3128.99
青龙桥河枢纽	8	20	2004.2	2006.7	4638.95
大龙港枢纽	12	20	2005.12	2008.7	3916.53
澹台湖枢纽	3×10	60	2005.12	2009.8	7576.36

表6-2　2017年苏州市城市中心区防洪大包围沿线其他闸站工程特性情况

控制工程名称	规模		控制工程名称	规模	
	节制闸（米）	泵站（立方米每秒）		节制闸（米）	泵站（立方米每秒）
活络浜	4	2	张家浜闸	10	—
小觅渡桥泵闸	6	1	吴梗桥闸	12	—
梅巷河泵闸	4	1	九曲港闸	12	—
陈家桥泵闸	10	4	友新河闸	10	—
东虎啸桥泵闸	8	2	金巷桥河闸	10	—
娄葑泵闸	4	2.5	友谊河闸	10	—
外河桥泵闸	6	4	总管塘河闸	2×8	—
徐家朗	4	1	路南闸	6	—
外板桥闸站	5.4	2	百吉桥闸	2×8	—
石渔桥泵站	4	—	西山庙港闸	6+12+6	—
上塘河船闸	16	—	僧塘圩南港闸	3×6	—
三星河闸	5	—	绿台桥港闸	12	—
相门塘闸	12	—	红菱浜	6	7.5

图6-2　2009年澹台湖枢纽

图6-3　2017年青龙桥泵站

图6-4　2020年苏州市城市中心区防洪工程图

第二节　苏州市城市中心区治涝工程

一、低洼地改造

1991年以来，苏州市为解决部分低洼地区汛期短时积水问题，逐步推进低洼地改造工程，有效改善雨水排水条件，切实提高市民居住环境质量。

1999年太湖流域特大洪涝灾害发生后，为从根本上消除内涝隐患，提升苏州城区防洪除涝能力，苏州市委常委会10月24日上午决定实施“苏州城区防洪综合治理工程”，总投资5.85亿元。市委、市政府于同年11月22日召开动员大会，市委常委、常务副市长沈长全主持会议，市长陈德铭作动员，市委书记梁保华作总结讲话。市委常委、常务副市长沈长全代表市委、市政府与全市144个系统、单位签订责任书。

2002年11月20日，苏州市政府印发《苏州市区无地队（城中村）和低洼地改造实施方案》。在城市总体规划的指导下，结合住宅小区建设，拆旧建新，一步到位。按照“十五”期间基本完成市区无地队（城中村）、低洼地改造的目标，制订分批改造计划。原则上先近后远，整合成片，对位于古城区以及主次干道两侧、新村内的无地队（城中村）、低洼地优先纳入改造计划，初步确定分批实施计划。

2004年3月1日，市水利（水务）局、财政局批复同意实施金石街地区、南环新村、盘溪新村、阊门内下塘街等低洼地区的雨水管道改造工程，工程控制投资1000万元。

2007年5月22日，市水利（水务）局、财政局批复同意市河道管理处对倪家场地区、双虹路、挹秀路等地区实施城区低洼地雨水管道改造应急工程。根据2007年度城区低洼地雨水管道改造计划，2007年计划敷设雨水管道15.36千米，计划投资780万元（含80万元前期费）。其中，沧浪片区敷设雨水管道6510米，投资319万元；平江片区敷设雨水管道3500米，投资186万元；金阊片区敷设雨水管道5350米，投资195万元。另安排汛前应急抢修费70万元，雨水管道疏通养护经费150万元。该工程至2007年7月30日全部竣工并验收合格。

2009年5月4日，市水利（水务）局、财政局批复同意对人民路5号、劳动路双虹路口等7处低洼地区实施雨水管道一期改造工程。一期改造工程计划敷设直径400毫米及以下管径雨水管道1786米，计划投资125.7万元（含11.4万元前期费）。同年6月23日，同意对席场弄、新民巷等9处低洼地区实施雨水管道二期改造工程。二期改造工程计划敷设直径600毫米及以下管径雨水管道5455米，计划投资415万元（含47.6万元前期费）。

2010年6月12日，市水利（水务）局、财政局批复同意市河道管理处对方家场等11处低洼地区实施雨水管道一期改造工程。经审核，一期改造工程计划敷设直径600毫米及以下管径雨水管道3469米，计划投资382.32万元（含49.88万元前期费）。10月28日，市水利（水务）局、财政局批复同意市河道管理处对虹桥头等10处低洼地区实施雨水管道二期改造工程。经审核，二期改造工程计划敷设直径600毫米及以下管径雨水管道2976米，计划投资328.31万元（含42.82万元前期费）。

2011年4月20日，市水利（水务）局、财政局批复同意市河道管理处对锦康路等7处低洼地区实施雨水管道一期改造工程。经审核，一期改造工程计划敷设直径300毫米及以下管径雨水管道1721米，计划投资227.41万元（含29.76万元前期费）。12月26日，市水利（水务）局、财政局批复同意市河道管理处对波纤东路等7处低洼地区实施雨水管道二期改造工程。二期改造工程计划敷设直径300毫米及以下管径雨水管道1265米，计划投资378.62万元（含36.1万元前期费）。

2013年7月17日，市水利（水务）局、财政局批复同意市河道管理处对红旗巷、朱公桥南侧、东中市205号、五龙堂木杏小区等4处低洼地区实施雨水管道改造工程。经审核，一期改造工程计划敷设雨水主管、支管道共492米，计划投资103.12万元（含16.78万元前期费）。

2015年3月11日，苏州市政府办公室发布《苏州市城市中心区排水（雨水）防涝综合规划》。《规划》坚持分区治理、分期实施原则，针对新老城区特点和实施条件，拟定分区治理策略，全面提标与低洼易涝点整治相结合，合理确定治理措施，结合土地利用及城市建设，远近结合，分期实施。同时，结合低洼地、城中村和老新村改造，经论证分析在必要位置新建地块雨水泵站。

《规划》要求推进低洼地整治，实施低洼地治理工程。低洼地治理方案主要结合地块开发，采取征收搬迁、城中村改造、老新村改造等措施。其中，征收搬迁、城中村改造将按照新建地区标准建设，老新村改造则重点完善雨水管道或提标改造。

表6-3　2020年苏州市低洼地治理措施

位置	规划措施	位置	规划措施
北园新村	征收搬迁	薛家河周家村	城中村改造
城东新村	征收搬迁	羊王庙河苏医新村	老新村改造
王家桥浜	征收搬迁	小河浜	城中村改造
苏站路光华桥北		南园南路青阳河碧水桥东（蔡家村）	城中村改造
桃花坞下塘	桃坞地区综合治理		
宝城桥街南侧		皮匠浜（五十六间地区）	城中村改造或工程调度解决
河东巷7号、9号半		南王家庄	城中村改造或工程调度解决

二、雨水管网达标建设

2001年，苏州市城区防汛指挥部办公室牵头组织实施七家村、民治路等30处雨水管网改造工程。工程于2001年内竣工。工程决算费用为1338.21万元。

2003年2月21日，市水利（水务）局批复同意实施南门路地区雨水管网工程。工程范围东起南园路，西止人民南路，南到南环东路，北至南门路区域。主要内容：敷设雨水管道3500米，工程控制经费200万元。

2004年3月22日，市水利（水务）局、财政局批复同意实施东环路254号部分地方雨水管网改造建设项目。该工程排设约630米长直径400—600毫米的PVC管道西接糖坊湾泵房，清理化粪池13座，砌窨井28座、雨水边井60座。工程控制经费50万元。

2009年7月22日，市水利（水务）局、财政局批复同意关于平江、沧浪、金阊3个区当年对184

千米的雨水管网进行疏通养护，涉及街巷719条，雨水窨井11095座，边井20693座。核实3个区雨水管网疏通经费150万元。

2011年4月20日，市水利（水务）局、财政局批复同意市河道管理处对城区854条街巷的雨水管网进行疏通养护，核实养护经费150万元。

2017年9月4日，苏州市发改委同意2017年苏州市城市中心区（姑苏区）市政道路雨水管道改造工程项目初步设计。项目位于姑苏区，内容包括解放西路、广济桥匝道、友新路、平河路、东汇路、东大街、司前街、养育巷、枫桥路、百家巷等道路的雨水管道改造工程，共敷设直径400—1500毫米雨水干管7.7千米。项目概算总投资3684万元。

2018年11月23日，苏州市发展改革委批复同意2018年苏州市城市中心区（姑苏区）市政道路雨水管道改造工程初步设计。项目位于姑苏区，建设内容包括十梓街、中街路、虎丘路等14条道路的市政雨水管道改造工程，共敷设直径400—1500毫米雨水管14.6千米。项目概算总投资6487.4万元。其中，工程建设费用5396.9万元，工程建设其他费用781.6万元，预备费308.9万元。

2020年11月3日，苏州市行政审批局批复同意2019年苏州市城市中心区（姑苏区）市政道路雨水管道改造工程项目初步设计。项目拟对姑苏区三新路、双元路、清塘路等9条市政道路雨水管道进行改造，共需敷设直径400—1400毫米雨水管道7.49千米。项目概算总投资约5080万元。其中，建安工程费用约3994.8万元，工程建设其他费用约843.4万元，预备费约241.9万元。

表6-4 2017—2019年苏州市城市中心区雨水管网改造明细

年份	道路数量（条）	道路名称	管道长度（千米）	总投资（万元）
2017	11	解放西路、广济路匝道、友新路、平河路、东汇路、东大街、司前街、养育巷、枫桥路、百家巷等	7.7	3684
2018	14	十梓街、中街路、虎丘路、枫桥路、虎殿路、糖坊湾、带城桥路、葑门路、吴中西路、太湖西路、日规路、虎林路、金业街等	14.6	6487.4
2019	9	三新路、双元路、清塘路、旺宅路、南园路、桐泾南路、莫邪路、平泉路、广济北路	7.88	5465

三、立交泵站提标改造

2017年8月3日，苏州市发改委对齐门、相门、人民桥南3座立交泵站提标改造工程项目初步设计作出批复。工程位于姑苏区，共提标改造齐门、相门、人民桥南等3处立交泵站。建设内容包括：建设雨水重力管及雨水横截沟1060米、压力管180米，新建雨水泵坑（配套水泵）3座、净化槽1座、箱变3座、围墙163米，迁改给水管200米、路灯管线60米，翻（迁）建管理用房3座、雨水管及滤水管300米。项目概算总投资1895.6万元。其中，建安工程费用约1376.1万元，工程建设其他费用约429.3万元，预备费约90.3万元。

2018年11月23日，苏州市发改委对苏州市城市中心区立交泵站提标改造工程初步设计作出批复。项目拟对虎丘立交泵站、南园立交泵站、人民桥北立交泵站等9座立交泵站进行提标改造，内控设备更换、智能监控更换、水管更换、水泵及电气自控设备更换、增设泵站智能监控设施、泵站设施维护及更新、局部立交路面雨水系统改造、管理用房修缮、泵站及管道清淤等。项目概算总投资5570万元。其中，工程建设费用约3502.6万元，工程建设其他费用约1802.1万元，预备费约

265.2万元。

2020年11月26日，苏州市行政审批局对2019年苏州市城市中心区立交泵站提标改造工程项目初步设计作出批复。项目位于苏州城区，改造官渎立交泵站、长青立交泵站等11座泵站，改造内容主要包括：泵站有效容积扩容，泵站进出水管更换，水泵、电气自控设备、智能监控、配电等设备设施增设或更换，局部立交路面雨水系统改造、管理用房修缮和环境提升等。项目概算总投资7722.3万元。其中，建安工程费用为4872.1万元，工程建设其他费用约2482.5万元，预备费约367.8万元。

图6-5　2020年苏州市姑苏区立交泵站分布图

表6-5　2020年苏州市姑苏区立交泵站统计（部分）

名称	位置	汇水面积（公顷）	重现期（年）	总户号	启用年份	管理方式	出水口	泵站（平方米）	管理房（平方米）
长青立交泵站	金政街下穿苏浒路及沪宁铁路的东南侧	近期1	2—5	6100231677	1981	外包	白洋湾	75	75
官渎立交泵站	上高路下穿沪宁铁路的交叉口的西侧，官渎里立交的北侧	1.36	2—5	6100233297	1988	自管	梅莲河	100	200
虎丘立交泵站	虎丘路下穿北环路和沪宁铁路的东北侧	1.43	30	6100233170	1988	自管	青龙河	100	100
相门立交泵站	莫邪路下穿干将东路相门桥的东北侧	0.85	30	6200102062	1993	自管	环城河	40	80
桐泾立交泵站	桐泾路下穿三香路（即桐泾立交）的东北侧	0.93	2—5	6100307599	2002	外包	桐泾河	30	—
阊胥立交泵站	阊胥路下穿三香路的东北侧	0.71	2年以下	6100300696	2002	自管	环城河	50	50
南园立交泵站	南门路下穿南园路（即南园桥）的西南侧	1.2	30	6100300694	2003	自管	外城河	80	—

续表

名称	位置	汇水面积（公顷）	重现期（年）	总户号	启用年份	管理方式	出水口	泵站（平方米）	管理房（平方米）
人民桥南立交泵站	南门路下穿人民路（即人民桥）的东南侧	1.62	30	6100300693	2003	外包	环城河	70	10
人民桥北立交泵站	人民桥北侧匝道南面	0.3	30	6100300695	2003	自管	环城河	20	50
十字洋桥立交泵站	清塘路下穿北环路和沪宁铁路（即清塘立交）的东南侧	1.4	30	6100406878	2007	自管	清塘河	100	150
广济路北延立交泵站	广济北路下穿沪宁高速公路的南侧，广济北路上跨沪宁高速公路的跨线桥下，平海路北侧	1.18	30	6100421319	2009	外包	新莲河	50	—
广济立交泵站	上塘街下穿广济路（即广济桥）的东北角，上塘河的南侧	0.8	30	6100318053	2009	自管	上塘河	30	70
平门桥下穿立交泵站	东汇路下穿人民路平门桥的东北侧，泵房与下穿U形槽主体结构合建	0.423	30	6100409033	2010	外包	外城河	120	—
齐门立交泵站	东汇路下穿齐门路的东北侧	0.66	30	6100334092	2010	自管	外城河	50	100
苏浒立交泵站	白洋湾虎泉路下穿苏州火车站3号货场铁路的东南侧	1.05	2—5	6100231667	2010	外包	白洋湾	100	100
梅巷立交泵站	江宁路（原梅巷路）下穿北环路和沪宁铁路的东北侧	1.51	2—5	6618003333	2010	外包	梅莲河	70	30
齐门路北延立交泵站	齐门路下穿北环路和沪宁老铁路的西北侧，同时位于沪宁老铁路和沪宁城际高铁2条铁路线之间	2.09	10	6100412922	2010	自管	元和塘	70	80
人民路北延立交泵站	人民路下穿沪宁铁路的东北侧	1（下穿）和5.2（绿地）	10	6100407061	2010	自管	开门塘河	75	75
苏虞立交泵站	江乾路（原苏虞路）下穿北环路和沪宁老铁路的东北侧	1.09	10	6618015624	2011	外包	元和塘	75	75
创新立交泵站	广济路下穿沪宁铁路（即创新路人非通道）的西北侧，平泉路下的创新路人非通道	0.35	30	6618003873	2011	外包	火车站市政管网	35	5
金八立交泵站	平江区金八路（半片街）下穿沪宁城际高铁的西南侧，泵房与下穿U形槽主体结构合建	0.43	30	6619044548	2012	外包	元和塘	15	—
西塘河立交泵站	西塘河路下穿沪宁高速公路	0.3	8.3	6623561649	2016	外包	虎丘湿地支流	15	—

第三节 县（市、区）城市防洪治涝工程

一、张家港市

张家港市地处长江南岸，城区杨舍镇位于市域中心偏南，城区地面平均高程6—9米，主要河道有东西向的东横河和南北向的一干河、谷渎港、新市河、新沙河。其中，一干河为通江河道。张家港市南承太湖客水入侵，北受江潮顶托，张家港、二干河与东横河等河道没有控制工程，城区洪水位很大程度上取决于太湖水位，同时受长江潮水及台风影响较大。外围圩区排涝标准不断提高，也导致城区河道洪量集中，洪峰增大。1991年6—8月，张家港市遭受三次大暴雨袭击，降雨680.7毫米，内河水位5.2米，境域全部受灾，市区主要道路积水，城建新村等低洼区民居进水，全市受灾50多万人，城镇经济损失1.28亿元。

2002年，修建沿江高速公路取土时，在城区开挖暨阳湖，水域面积0.7平方千米，水深3.7米，有效提高城市水系调蓄功能。2003年，在东横河、新沙河等河道上建造分级控制套闸，将城区与太湖水系隔断，并在新市河上设立泵闸，外挡内降。2004年1月，完成一干河河口枢纽重建，建有3孔节制闸和灌排两用泵站各1座。防洪闸两侧孔宽5米；中为通航孔，宽8米；总净宽18米。总投资2445万元。设计引水流量110立方米每秒，排涝流量139立方米每秒。2004年4月，在朝东圩港河口距长江口约200米处建设朝东圩港水利枢纽，内控城区水位、外挡二干河污水。新建中型节制闸1座、灌排两用泵站1座，节制闸设3孔，每孔净宽12米，设计排涝流量216.93立方米每秒，引水流量215立方米每秒。枢纽可与一干河枢纽联合调度，枯水期通过泵站提水，每年增加引长江水能力1.3亿—1.7亿立方米。2004年12月至2005年10月，建造东横河水利枢纽，拦截二干河污水流入城区，确保经一干河、朝东圩港等河道引入的长江水进入城区河道。枢纽工程包括孔宽12米的分级控制单孔套闸1座和580米泄洪道等。总投资2542万元。2005年底，建有东横河堤防、二干河堤防（均系以路代堤）。其中，东横河北堤为主城区北西片外围堤防，长11千米，滨河道路面宽6—9米，路面高程6.5米；东横河南堤为主城区南西片外围堤防，滨河道路面宽7米，路面高程7.3米；二干河西堤为主城区东部堤防，长11.9千米，滨河道路面宽7米，路面高程6.3米。还建成暨阳湖南排工程，沟通南部水系，疏通市内排洪通道。

2008年，对朝东圩港段河道全线向西拓宽，对环城河段全线开挖整理，同时配套建设东横河西控制、南横套西控制、泗港控制闸等3座控制枢纽，24座跨河桥梁，56座圩口控制闸。并于2011年汛前实现全河段通水。朝东圩港—环城河是市域中部水循环体系中的重要骨干引排河道，北起朝东圩港出长江口，南接省级开发区西区河，全长19.7千米。通过朝东圩港、一干河、东横河、新沙河等枢纽工程的联合调度，极大提升市区河道水体调控能力，对于改善城区水生态环境、提高片区防洪能力发挥重要作用。

2020年，杨舍主城区主要以圩区防洪，有圩区12个，排涝站37座，排涝流量64立方米每秒；塘桥副城区地势相对较高，以自排为主，局部低洼地分布于沙漕交界河以北、南横套以南及三丈浦以西地区，共有7个圩区，排涝站21座，排涝流量38.8立方米每秒。根据已编制完成的《苏州市城市防洪排涝专项规划（2021—2035）》，城区防洪将在区域治理扩大通江能力和市境骨干河道治理基础上，内部以十一圩港等骨干河道为外河，建立分片控制工程，实现洪涝分区控制。

二、常熟市

常熟市城区主要是望虞河以东、外环以内地区，区域面积110.7平方千米（不含尚湖）。城区内水网交织，东南较密，西北较疏，河道较小，水

流平缓。城区以望虞河、元和塘为上游，白茆塘、常浒河为下游，水流向东、向北，排入长江。主要河流山前塘、元和塘、横泾塘、青墩塘、白茆塘、常浒河、南福山塘、耿泾塘等都以城区为起点，向四周辐射，通过护城河、环城河与张家港沟通。

常熟市城市防洪工程城区主要位于望虞河以东和外环以内地区，区域面积110.7平方千米（不含尚湖）。城区防洪标准为100年一遇，排水标准为抵御20年一遇暴雨，当天排出不受涝。规划在城区建成防洪大包围骨架，控制范围大致是南依张家港航道、昆承湖北岸，东以规划的外环河为界，北至海洋泾、黄河路等联线，西至虞山尚湖。护城河内2.5平方千米古城区，地势较高，为不设防区。在古城区商贸宾馆饭店集中区域和一些年代久远住宅小区及街巷，采取“疏控结合，以疏为主”策略。虞山及山北平原区，每遇暴雨，主要在虞山北坡形成山洪，向南福山塘方向宣泄；虞山北麓以东和南福山塘以西一片属平原区，不设防，是山洪下泄走廊，需确保泄洪河道畅通。文化片区（常浒河、青墩塘与东三环路包围区域）面积4.8平方千米，地势低洼，常浒河、青墩塘为设防河道，区内建有排涝泵站及防洪闸7座，主要向常浒河、青墩塘排水。昆承居住区（琴湖路以东、白茆塘以北、东三环路以西、青墩塘以南）面积6.5平方千米，白茆塘、青墩塘为设防河道，区内建有排涝泵站4座，防洪闸1座，主要向白茆塘、青墩塘南北向排水。城区东部中央商务区地处泰山路以东、小泾河以西、昭文路以北、长江路以南，面积1.3平方千米，区内主要有金家浜、油车浜、漕泾河、常浒河及海洋泾等河道，建有排涝泵站5座。2005年底，常熟市城区有排涝泵站、翻水站27座，设置排涝点4个，防洪斗（闸）门22座，排涝总动力1414.3千瓦。

截至2020年，主城区防洪除涝通过新建常浒河枢纽、青墩塘枢纽、白茆塘枢纽等10处控制性建筑物，已基本形成城区防洪大包围圈，排涝流量194立方米每秒，平均排涝模数3.2立方米每秒平方千米。

三、太仓市

太仓市城区位于市域西南部，包括城厢镇和经济开发区一部分。东至十八港，西至吴塘，南至浏河塘，北至城北河及东城北河，总面积25.18平方千米，分为东、中、西三区。城区地势较低，有东西向浏河和南北向盐铁塘、半泾河、十八港，浏河为苏州市引排水的主要通道，南北向河道均贯穿市区，并与浏河相交。太仓市区上有太湖阳澄区洪水过境，下有长江潮水顶托，遇集中暴雨，老城区排水管网标准偏低及老化破损，城区河道洪水排泄不畅，水位上涨快，导致城区会发生大面积积水。1999年，太仓市梅雨量583毫米，圩区内河水位4.28米，均为历史记载之最，经济损失2.24亿元。

1992年前，太仓城区为不设防区，区域性河道无口门控制，敞口纳洪，防洪排涝能力低。1992年编制的城市总体规划确定城区防洪标准为50年一遇。1992年起，结合老城区改造和新区开发，加快城市防洪排涝工程建设，以浏河、杨林塘、吴塘、石头塘为外河形成防洪包围圈，按防洪标准修筑堤防40多千米。调整疏通内部水系，在外河各支河口建节制闸、排涝泵站、涵洞共30多座，向外河排除涝水。改造城区原有排水管网，提升管道排水能力。初步构建起防洪排涝工程体系。

2000年，太仓市规定新区一期防洪标准为50年一遇，排涝标准为20年一遇。新区一期防洪排涝工程包括团结河以东、新浏河以北、十八港以西和一级公路以南区域，共12.8平方千米。东区开挖沟通浏河到东北城河的娄江段（4.1千米），并建造驳岸，通城河等5条河道清淤并建成驳岸9070米，闸、站、桥工程开始实施。中区完成7个地块的排水系统建设，建造下水道1500米，翻建泵站3座等，投入经费150万元。西区实施西门第

表6-6　2000—2005年常熟市城区排涝站情况

属性	排涝翻水站名称	启用年份	站址	水泵类型	水泵（台）	电动机功率（千瓦）	排水量（立方米每秒）	受益面积（平方千米）	泵站出水口	备注
城区排涝泵站	五星新中心河排涝站（老）	1976	薛家桥	轴流泵	1	30	0.517	—	—	已停用
	长莲泾排涝站	1992	虞园新村	轴流泵	2	37×2	1×2	0.9408	耿泾塘	—
	木桥圩排涝站	1992	甸桥新村	轴流泵	2	37+30	1+0.517	1.064	太平港河	—
	琴湖排涝北站	1992	洪泾里	轴流泵	1	30	0.517	0.265	张家港河	—
	琴湖排涝南站	1992	琴湖二区	轴流泵	1	15	0.25	0.328	张家港河	—
	里颜港排涝站	1992	张家宅基	轴流泵	1	37	1	0.517	张家港河	—
	闸口桥排涝站	1992	闸口桥	轴流泵	1	37	1	0.529	鸭潭头	—
	泰安新村排涝站	1992	锁栏北路	轴流泵	1	15	0.25	0.378	泰安街河	—
	七沿河排涝站	1997	菱塘南村	混流泵	1	11×2	0.45×2	0.07	琴川河	2005年翻修
	湖苑排涝站	2000	青墩塘路88号	轴流泵	1	65	1.48	1.764	青墩塘河	—
	五星四区排涝北站	2000	五星四区55幢旁	轴流泵	1	7.5	0.14	0.098	耿泾塘	—
	五星四区排涝南站	2000	湘江东路底	轴流泵	1	7.5	0.14	0.101	耿泾塘	—
	田头廊排涝站	2000	义庄公寓5幢前	潜水泵	2	2.2×2	0.028×2	0.079	莲灯浜河	—
	观音堂排涝站	2000	阜湖路3幢24-1旁	轴流泵	1	7.5	0.14	0.04	晏清河	—
	海虞园排涝站	2001	海虞园南入口	轴流泵	1	7.5	0.14	0.172	常浒河	—
	元和一区排涝站	2001	元和一区	轴流泵	1	11	0.18	0.02	太平港	—
	朱家巷排涝站	2002	元和朱家巷	轴流泵	1	30	0.665	0.342	太平港	—
	枫泾排涝站（双向）	2003	枫泾河东	潜水轴流泵	1	132	1.57	0.512	张家港河	2003年翻修
	五星中心河排涝站	2003	后桃花村	轴流泵	2	45×2	1.02×2	0.265	张家港河	—
	新省中排涝站	2004	新世纪大道旁	轴流泵	2	130+80	2.89+1.77	1.353	常浒河	—
	元和五区排涝站	2005	元和五区21幢旁	轴流泵	1	7.5	0.14	0.09	太平港河	—
	漕泾排涝站	2005	前漕泾（昭文路）	轴流泵	2	65×2	1.36×2	1.746	常浒河	—
	锁澜南路排涝站	2006	泰安街河旁	轴流泵	2	30×2	0.527×2	0.02	泰安街河	—
城区翻水站	琴川翻水站（双向）	1981	小东门	轴流泵	1	40	1	1.531	环城河	—
	西门翻水站	1988	西门湾	轴流泵	2	65×2	1.475×2	1.502	九万圩河	—
	颜港中心河翻水站	1990	颜港新村二区	轴流泵	1	22	0.517	0.343	颜港中心河	—
	北门翻水站（双向）	2001	水北门	潜水轴流泵	3	55×2	0.962×2	1.531	福山塘	一台为备用泵
城区排涝点	阜湖路排涝点	2000	阜湖路中段	潜水泵	2	2.2×2	0.028×2	0.07	晏清河	—
	珠江路东排涝点	2000	五星七区74幢旁	潜水泵	1	2.2	0.028	0.08	耿泾塘	—
	北桥湾排涝点	2005	北桥湾新建家园口	潜水泵	2	2.2×2	0.028×2	1.353	莲灯浜河	—
	琴湖四区排涝点	2005	琴湖四区	潜水泵	2	2.2×2	0.028×2	0.04	—	—

表6-7　2000—2005年常熟市城区防洪工程、河道整治工程建设情况

工程名称	项目名称	投资金额（万元）	年份
前仓村、关帝弄地段排水工程	铺设D300下水管148.3米，增设斗门井4座	6.60	2000
化工小区排水工程	增设排涝点	6.59	2000
元和大兴村地段排水工程	铺设D300—D600下水管254.6米，增设窨井7座	12.01	2000
甸桥1—2区防洪工程	铺设D300—D450下水管424.8米，新增沿河挡墙107米	27.10	2000
枫泾小区排水工程	铺设D230下水管2351米，增设窨井367座	1.40	2000
锁栏北路地段排水工程	铺设D300下水管583米，增设斗门井4座	3.70	2000
北门大街体育场排水工程	铺设D800—D1200泄洪管127米，增设窨井4座	5.20	2000
小张家港沿岸挡墙工程	铺设D450下水管，新增沿河挡墙88.7米，增设斗门井	8.70	2000
颜南新村地段排水工程	铺设下水管道	3.50	2000
五星四区防洪工程	新建泵站，铺设D450下水管	12.00	2000
五星七区防洪工程	铺设D450下水管等	3.20	2000
衡山花园地段防洪工程	铺设D600下水管	2.10	2000
装卸运输公司沿河挡墙工程	翻修原挡墙343.9米，新建挡墙14.8米	7.15	2000
海虞北路（体育馆、电视台）地段排水工程	铺设D600下水管240米，新增窨井8座	3.70	2000
元和小区1—2区防洪工程	新建防洪挡墙125米	26.21	2000
南头巷地段排水工程	铺设D300—D450下水管584米，增设窨井6座，增设雨水井6座	4.10	2000
尚湖引水闸东侧挡墙	新建防洪挡墙107米	28.94	2000
元和路防洪工程	铺设D600—D800下水管136米，新增窨井8座	1.30	2000
福山塘引水排涝工程	新建泵站	13.10	2000
珠江路防洪工程	铺设D600—D800下水管	—	2000
新开河桥防洪工程	铺设D600—D800下水管	—	2000
2002年城区清淤	福山塘，泰安街河，鸭潭头河清淤18万立方米，总长6千米	309.00	2002
耿泾塘清淤	河道清淤6.13万立方米	126.00	2002
木桥圩河清淤	河道清淤0.36万立方米	11.00	2002
福山塘环境整治工程	河道清淤0.43万立方米	22.00	2002
新颜东路下水道翻建	铺设D450—D600下水管210米，新增窨井10座	40.37	2002
元和朱家巷闸工程	新增泵站1座，翻修沿河挡墙	20.70	2002
体育馆下水道翻建	翻修涵洞159米，增设窨井5座，增设雨水井2座	12.00	2002
海虞桥南坡下水道改造工程	新增泵站1座，铺设D600—D800下水管197.5米，翻修沿河挡墙500米	22.00	2002
珠江路防洪工程	铺设D300—D1000下水管1000米，新增窨井20座，新增雨水井20座	208.84	2002
李闸路下水道工程	铺设D300—D450下水管350米，新增窨井40座，新增雨水井40座	32.10	2002
报慈浜新建下水道	铺设D600—D800下水管972米，新增窨井36座	76.58	2002
北横河工程	新建闸门2座	2.80	2002
五星中心河防洪设防工程	新建泵站1座，铺设下水管948米	273.14	2003

续表

工程名称	项目名称	投资金额（万元）	年份
蒋家河河道清淤工程	河道清淤6.9万立方米	131.00	2003
枫泾河综合整治清淤	河道清淤2万立方米	90.00	2003
漕泾二、四区清淤	河道清淤1.66万立方米	56.00	2003
石墩河清淤工程	河道清淤1.69万立方米	36.00	2003
张家浜、漕家浜清淤工程	河道清淤2.66万立方米	68.00	2003
文化片区常浒河、青墩塘清淤	河道清淤4.35万立方米	181.00	2004
长莲泾河清淤	河道清淤4.95万立方米	127.00	2004
东三环西侧河道疏理工程	河道清淤2万立方米	172.00	2004
昆承片区水系调整	河道清淤8.1万立方米	1246.00	2004
文化片区常浒河、青墩塘清淤	新建泵站2座，河道清淤6万立方米	181.00	2004
新世纪大道东侧河道清淤	新建泵站1座，新建涵洞180米	110.00	2004
福山塘支河清淤工程	河道清淤	19.00	2004
里颜港清淤工程	河道清淤0.47万立方米	5.00	2005
曾泾河清淤工程	河道清淤	4.50	2005
漕泾排涝站工程	新建泵站1座	120.00	2005
元和五区排涝站	新建泵站1座	12.00	2005
锁澜路泵站改造工程	新建泵站1座	150.00	2005
学前河清淤工程	河道清淤	35.00	2005
疾控中心挡墙工程	新建挡墙250米	60.00	2005

四小学等1999年受淹区的治理工程。

2001年，投资896万元，完成包泾河闸站、河道疏浚和西城河闸站等8项防洪工程。2002年，建造界河泵站和李家河泵站，设计排涝流量4立方米每秒，工程投资123万元；建造沿线各支河口配套涵洞11座，投资151万元；建设位于大半泾南口和大半泾北口的防洪护岸工程2处，长800米，投资94万元；建设位于十八港沿线和梅园村北线的护岸工程，长2360米，投资14.5万元。2003年，建成娄江闸站，全面完成新区防洪系统一期防洪工程。

2004年，规划实施新区二期防洪工程，二期防洪工程南起城北河，北至湖川塘，东起十八港，西至盐铁塘，总面积18.8平方千米；拓浚王家河、横一河、大半泾北段和通城河北段，同时修筑防洪挡墙；重新整治河、沟、塘，再开挖两横三纵水系网格，共设置排涝闸站10座，排涝流量34立方米每秒。

2015年，由太仓市城管局牵头编制《太仓市主城区排水（雨水）防涝规划（2015—2030）》。2019年，排水防涝行业管理职能自太仓市城管局移交至太仓市水务局之后，对太仓市主城区的雨水管网和排涝能力重新进行评估，形成《太仓市城市排水防涝实施普查评估报告》，完成《太仓市城市内涝治理系统化实施方案（2021—2025）》的编制。2020年，为落实各级主体的管理养护责任，又制定《太仓市水利工程管理养护实施意见》。

截至2020年，主城区在浏河北侧沿线除盐铁塘口外，均已建有控制，吴塘以西地区地势低洼，已建10个圩区，保护面积约48.1平方千米。根据《苏州市城市防洪排涝专项规划（2021—2035）》，城区洪涝水主要经杨林塘、浏河等区域骨干河道北排长江。主城区内将加快推进半泾、湖

表6-8　截至2005年太仓市城区防洪排涝泵闸工程情况

工程名称	地点	防洪闸		排涝泵站		
		闸门形式	闸宽（米）	排涝流量（立方米每秒）	水泵类型	水泵数量（台）
半泾河闸站	大半泾南口	升卧门	10	6	立式轴流泵	4
东城北河闸站	东城北河口	升卧门	6	4	立式轴流泵	4
通城河闸站	通城河北口	升卧门	4	2	立式轴流泵	2
西城河闸站	西城河新浏河口	升卧门	8	2	立式轴流泵	2
李家河涵站	李家港十八港口	平板直升门	2	2	立式轴流泵	2
界河涵站	界河十八港口	平板直升门	2	2	立式轴流泵	2
包泾河闸站	吴塘包泾河口	平板直升门	4	2	立式轴流泵	2
娄江河南闸站	娄江河新浏河口	升卧门	6	4	立式轴流泵	4
团结河闸站	团结河浏河口	—	—	4	立式轴流泵	4
刘家河泵站	刘家河大半泾口	—	—	4.5	立式轴流泵	3

工程名称	排涝泵站			建成年份	投资（万元）
	水泵规格（寸）	电动机数量（台）	电动机功率（千瓦）		
半泾河闸站	28	4	220	2001.5	346.73
东城北河闸站	24	4	180	2001.5	165.08
通城河闸站	24	2	90	2001.5	120.41
西城河闸站	24	2	90	2001.5	107
李家河涵站	24	2	90	2002.5	65.08
界河涵站	24	2	90	2002.5	58.27
包泾河闸站	24	2	90	2002.5	166
娄江河南闸站	24	4	180	2003.5	180
团结河闸站	24	4	180	—	—
刘家河泵站	28	3	165	—	—

川塘等河道整治，保障洪涝水安全外排。其中，吴塘以西维持有圩区防洪形式，加强防洪排涝达标建设；吴塘以东、盐铁塘以西半高田区以敞开式防洪为主，局部低地适当建设小包围防洪；盐铁塘以东总体敞开式防洪，结合畅流活水工程控导工程建设，提升城区遇集中强降雨时外排能力。

四、昆山市

昆山市中心城区位于市域中部，东至青阳港，南至沪宁高速公路，西达叶荷河、小虞河，北至北环城河、樾河，总面积约21平方千米。区域西部承接娄江来水，北部承接张家港、皇仓泾及汉浦塘来水，在东部青阳港汇合后经东娄江、浏河排入长江。区内东西向河道一般为泄水河道，承泄上游洪水及本地涝水；南北向河道大多为调节河道。

昆山市中心城区防洪采取建设联圩的工程措施，分片形成防洪包围。吴淞江、娄江、北环城河及南北向的叶荷河、东仓基河、小虞河、东环城河、司徒街河、青阳港等9条骨干河道组成区域的圩外水系框架，将全区分成红峰、玉山、西河、朝阳、合兴及城南6个城区防洪联圩。红峰联圩为高田圩区，建有防洪圩堤5058米（其中，各类护岸4013米）、防洪闸1座、防洪排涝站闸2座，排涝流量3.6立方米每秒，排涝模数3.1立方米每秒平方千米。红峰联圩涝水由西仓基站向南排入娄江，由北仓基站向北排入北环城河。玉山联圩为高田圩区。建有防洪圩堤7707米、防洪闸1座、防洪排涝站闸4座，排涝流量8立方米每秒，排涝模数2.86立方米每秒平方千米，圩内涝水排入北环城河、娄江。朝阳联圩位于玉山镇中心，为高田圩区，建有防洪圩堤4360米、排涝站闸2座，排涝流量4.6立方米每秒，排涝模数2.84立方米每秒平方千米；朝阳站闸、朝阳二站闸将圩内涝水排入娄江、司徒街河。西河联圩为高田圩区，建防洪圩堤12.8千米、三闸3座、排涝站闸5座，排涝流量12.5立方米每秒，排涝模数6.47立方米每秒平方千米，圩内涝水排入北环城河、娄江和青阳港。合兴联圩建有防洪圩堤7239米（其中各类护岸6939米）、防洪闸1座、防洪排涝站闸5座，排涝流量12.2立方米每秒，排涝模数2.80立方米每秒平方千米，涝水主要由东西两侧排涝站排入司徒街河及青阳港。城南联圩为半高田圩区，建成防洪圩堤5.14千米、圩堤护岸4.7千米、防洪排涝站闸5座，排涝流量31立方米每秒，排涝模数3.44立方米每秒平方千米，涝水分东西两个方向分别排入小虞河及吴淞江。至2005年，昆山市中心城区已建成防洪排涝站闸22座、单防洪闸4座、防洪圩堤42.326千米、护岸32.046千米。

表6-9　2005年昆山市中心城区各联圩防洪排涝站闸工程基本情况

工程名称		河名	建成年份	所在位置	设备情况					变压器		流量（立方米每秒）
					闸门宽（米）	水泵		电机		数量（台）	容量（千伏安）	
						数量（台）	型号	数量（台）	功率（千瓦）			
红峰联圩	西仓基泵闸	西仓基河	1996	南口	5.0	—	—	2	55	—	—	2.8
	北仓基泵闸	北仓基河	2002	北口	4.0	—	—	1	55	—	—	0.8
	虹桥浜闸	虹桥浜	—	西口	4.0	—	—	—	—	—	—	—
玉山联圩	东门水关泵闸	致塘河	1983	东口	4.0	—	—	2	45	—	—	2.0
	西水关泵闸	致塘河	—	西口	5.0	—	—	2	45	—	—	2.0
	望山河泵闸	望山河	1984	南口	4.0	—	—	1 1	45 55	—	—	2.2
	新开河泵闸	望后街河	—	南口	0.7	—	—	1	90	—	—	1.8
	朝东街闸	风车浜	—	西口	4.0	—	—	—	—	—	—	—
西河联圩	西牛湾泾排涝站闸	西牛湾泾	1994	西口	5.5	1	40ZLB-125	1	132	1	100	4.0
						1	500ZLB-70	1	30			
	东牛湾泾排涝站闸	东牛湾泾	1993	东口	4.0	2	700ZLB-160	2	65	1	20	3.0
	东门塘河排涝站闸	东门塘河	2004	东口	5.0	1	700ZLB-160	1	65	1	100	1.5
	祝家库排涝站闸	祝家库河	2004	西口	3.0	1	600ZLB-125	1	45	1	80	1.0
	夹浦河排涝站闸	夹浦河	1996	北口	4.0	2	700ZLB-160	2	65	1	100	3.0
	东门塘西闸	东门塘河	2004	西口	5.0	—	—	—	—	—	—	—
朝阳联圩	朝阳二泵闸	严家角河	1995	南口	6.0	—	—	1 1	45 55	—	—	2.4
	朝阳泵闸	长横泾河	1979	中段	4.0	—	—	1	15 65	—	—	2.2
合兴联圩	圆明港排涝站闸	圆明港	2004	东口	4.0	2	800QZ-160D-75	2	80	1	315	3.2

续表

工程名称		河名	建成年份	所在位置	设备情况					变压器		流量（立方米每秒）
					闸门宽（米）	水泵		电机		数量（台）	容量（千伏安）	
						数量（台）	型号	数量（台）	功率（千瓦）			
合兴联圩	李箕河排涝站闸	李箕河	2004	西口	3.0	2	700QZ-160D-55	2	55	1	200	3.0
	东汛塘河排涝站闸	汛塘河	1994	东口	4.5	1	40ZLB-125	1	132	1	200	4.0
						1	500ZLB-70	1	30			
	西汛塘河排涝站闸	汛塘河	1995	西口	4.0	1	600ZLB-125	1	45	1	100	1.0
	珠地河排涝站闸	珠地河	2004	东口	3.0	1	600QZ-160D	1	45	1	200	1.0
	三家村河闸	三家村河	2003	西口	4.0	—	—	—	—	—	—	—
城南联圩	车站排涝站闸	铁路河	2004	西口	6.0	2	1000ZLB-125	2	132	1	400	7.0
	西横塘排涝站闸	横塘河	2003	西口	5.0	2	1000ZLB-125	2	130	1	400	7.0
	东横塘排涝站闸	横塘河	2001	东口	6.0	2	40ZLB-125	2	132	1	400	7.0
	南亚新开河排涝站闸	南亚新开河	2001	东口	4.0	2	700ZLB-160	2	65	1	200	3.0

2016年，昆山市人民政府批复《昆山市城市防洪规划（2015—2030）》。规划中心城区按100年一遇设防（抵御200年一遇洪水），北部阳澄湖休闲度假片区和南部水乡古镇旅游片区按50年一遇设防（抵御100年一遇洪水）。农村圩区排涝达到20年一遇，最大24小时暴雨雨后一天排除不受涝；城镇圩区排涝达到20年一遇最大24小时暴雨，确保每时段（以1小时为一时段）圩内水位不超过最高控制水位。

2016—2020年，昆山市各区镇按照规划工程逐步推进河道整治、堤防达标、排涝提升三大类工程。围绕强化市域骨干河道防洪与行泄能力，实施杨林塘、界浦港、千灯浦等骨干河道整治，完成大直港、茆沙塘、昆北塘、淀山湖等河湖堤防达标建设，完善昆南四镇外围防洪屏障，市域防洪减灾能力不断增强。为加快圩区内部涝水快速外排，加快开展低洼圩区排涝工程，高新区、花桥经济开发区、巴城、陆家等区镇推进站闸新改建，新增排涝能力107立方米每秒，工程实施后有效提升城乡排涝能力。昆山市域基本形成“高低分开、洪涝分治、疏控结合、综合治理”的格局，低洼地、半高地因地制宜筑堤建圩，高地敞开自排，对缓解区域洪涝灾害发挥积极作用。

五、吴江区

吴江城区西邻太湖，东靠京杭运河苏州段，地面高程一般3.2—5米，大部分地段地面高程低于丰水年汛期的最高水位。1991年4月，吴江规划松陵镇5.07平方千米范围建西元圩区、桃园新村区、城北区、城西区、江新村区和西门联圩区6个防洪分区。规划建设7座排涝泵站，配套工程为防洪闸3座、涵洞10座、防洪墙6.7千米、排水管道250米，投资总预算500万元。1991年10月至1996年9月，先后建成西元圩一站等7座排涝泵站，总排涝流量12.8立方米每秒，并建设防洪挡墙165米及与城建、环卫相配套的附属工程。

1997年的城镇防洪工程建设进展较大，基本完成震泽、北厍、芦墟等镇区的综合治理工程，配套完成排涝站3座（流量9立方米每秒）、防洪闸11座、套闸1座、直立墙4.2千米及其他配套建筑物。黎里、平望、金家坝、梅堰等镇区的治理工程也有较快进展。这些工程的建成使全市的城镇防洪除涝能力跨上一个新的台阶。

1998年的城镇防洪工程，结合治太工程和农水工程一并建设，共完成排涝站3座（流量12立方米每秒）、套闸3座、防洪闸3座、护岸2千米。盛泽、松陵、震泽等9个镇区城镇防洪除涝能力薄弱、设施不配套的问题得到初步解决。

1999年8月，编制吴江城区运西防洪工程规划。范围：北至瓜泾港、吴淞江，东至京杭运河苏州段，南至北大港、安惠港，西至内苏州河、东太湖堤防线，总面积19.09平方千米。一般洪水情况下（外河水位低于3.8米），以大包围中已建的原分区小包围排涝为主；遇较大洪水时（外河水位超过3.8米），启用大包围，并结合使用小包围，实行二级排涝。工程设计标准：遇5米高水位不出险，日雨量200毫米一天排出不受涝（第一期工程日雨量150毫米一天排出）。防洪堤防堤顶高程5.5米，顶宽3米，防洪墙顶高程5.2米。规划新建防洪闸7座、闸站结合建筑物3座、单排涝泵站1座（西塘港排涝站）、涵洞5座、堤防和护岸18.17千米；同时整治疏浚主要河道14条20千米，疏浚土方24万立方米；综合治理油车桥东南片、木浪桥、盛家厍、西元圩等特低居民住宅区，面积9万平方米；建设京杭运河苏州段沿线风光带，绿化和改造面积6万平方米。工程投资总概算为11002万元，整个工程计划分三期实施。1999年11月至2005年底，建成西塘港泵站和东城河闸站，东城河和三江桥2座泵闸站，西塘河、团结和部队农场3座泵站，西斗闸、行船路闸等8座涵闸，瓜泾港100米防洪墙、运河沿线1749.5米防洪墙，完成汤阴港、七里港、新桥河和西塘港河道疏浚。2005年12月，内苏州河防洪闸开工。

2000年的城镇防洪工程，针对1999年特大洪涝灾害中暴露的薄弱环节，进行完善。原建成的9个镇区防洪工程都进行防洪墙加固加高。其中，芦墟镇借助太浦河补偿工程新建闸1座。对松陵镇区防洪工程重新进行规划，把原有的6个小包围治理工程，作为两级防洪配套设施，在外围再规划建设大包围，治理范围20平方千米，分两期实施。第一期治理范围15平方千米，即北至瓜泾港，南至南环路，东至京杭运河，西至环太湖大堤和部队农场大堤，于1999年11月开工，至2000年6月全部完成。建成西塘港18立方米每秒泵站1座，东城河10立方米每秒泵站和8米防洪闸闸站结合工程1座，北龙防洪闸1座，涵洞6座，运河沿线防洪挡墙加高1.75千米，加高加固堤防18千米，疏浚河道土方2.68万立方米，征地43.3公顷，完成投资1168.63万元。

截至2020年，有圩区（包括在建）11个，保护面积132.3平方千米，圩区面积率98%；防洪堤防总长111千米，堤顶高程5—5.5米；总排涝流量345立方米每秒（一级外排流量），排涝模数2.6立方米每秒平方千米。

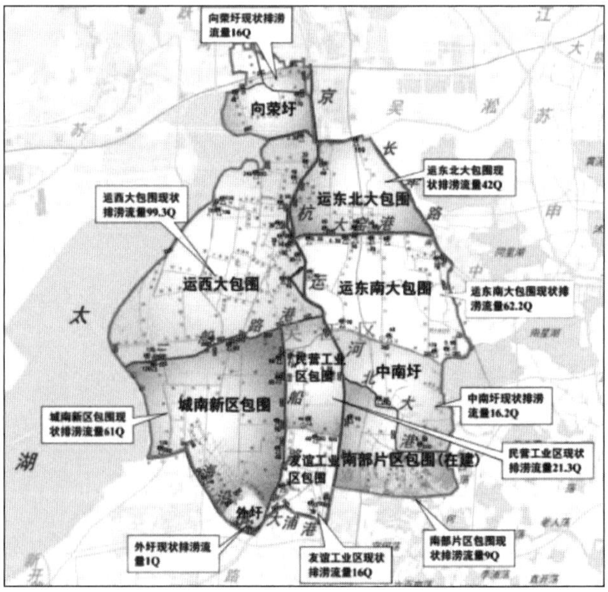

图6-6　2020年吴江城区包围分布及防洪排涝工程示意图

表6-10　1992—1996年吴江市松陵镇区洪涝治理工程排涝泵站情况

泵站名称	地点	排涝流量（立方米每秒）	水泵（台）	水泵型号	电动机功率（千瓦）	建成年份
西元圩一站	东城河西元浜口	0.7	4	250ZLB-A	7.5	1992.5
西元圩二站	运河西元浜口	0.6	2	350ZLB-1000	15	1992.5
桃园泵站	通余浜东口	0.6	2	350ZLB-1000	15	1992.6
		1	2	500ZLB-100	18.5	
城北泵站	九龙港北口	1	1	600ZLB-100	37	1992.11
		1.5	3	500ZLB-100	18.5	
城西泵站	油车河北口	0.5	1	500ZLB-100	18.5	1993.6
		3	3	600ZLB-100	37	
江新泵站	老同里大桥西堍	2	4	500ZLB-100	18.5	1993.7
西门泵站	庆丰桥西堍	2	2	600ZLB-100	45	1996.9

表6-11　2000—2006年吴江城区运西防洪工程

工程名称	地点	防洪闸				排涝泵站
						水泵
		闸宽（米）	闸底高（米）	闸顶高（米）	闸门形式	排涝流量（立方米每秒）
东城河泵闸站	东城河东口	8	0.5	5.2	升卧式钢闸门	10
西塘河泵站	西塘河北口	—	—	—	—	18
西斗闸	瓜泾港西斗河口	4	1.3	5.2	钢闸门	—
行船路闸	安惠港行船路口	9	1	5.2	直升式钢闸门	—
三江桥泵闸站	三江桥东堍	6	1	5.2	升卧式钢闸门	9
团结泵站	联瑾中心河南口	—	—	—	—	2
部队农场泵站	通堤桥东堍	—	—	—	—	—
内苏州河防洪闸	内苏州河南口	6	0	5.2	—	—

工程名称	排涝泵站				投资（万元）	时间
	水泵		电动机			
	数量（台）	型号	数量（台）	功率（千瓦）		
东城河泵闸站	5	800ZLB-125	5	80	716.06	2000.5
西塘河泵站	8	900ZLB-135	8	130	324.98	2000.6
西斗闸	—	—	—	—	—	2000.6
行船路闸	—	—	—	—	114.11	2005.3
三江桥泵闸站	3	900ZLB-135	3	130	515.15	2005.5
团结泵站	1	800ZLB-125	1	95	98.4	2005.8
部队农场泵站	1	800ZLB-125	1	95	70.7	2005.10
内苏州河防洪闸	—	—	—	—	69.8	2006.4

表6-12　2020年吴江城区包围圈基本情况

包围圈名称	保护面积（平方千米）	排涝流量（立方米生每秒）	排涝模数（立方米每秒平方千米）
运西大包围	34.8	99.3	2.9
城南新区包围	24.25	61	2.5
外圩联圩	1.59	1	2.9
友谊工业区	5.5	16	1.8
运东北大包围	12.2	42	2.6
运东南大包围	19.74	62.2	0.9
民营工业区	7.43	21.3	2.9
中南圩	9.25	16.2	2.5
向荣圩	6.26	16	0.6
南部片区包围（在建）	9.78	9	2.9
外圩	1.5	1	0.7

六、吴中区

吴中城区原为吴县（市）城区，2001年，撤销吴县市，分设苏州市吴中区、相城区。地面高程3.5—4米。吴中城区洪水威胁主要来自太湖、上游运河来水和本地区产水。

1988年前，防洪工程基本上只有一些农田水利设施，长桥镇新塘、龙桥、龙南、长桥和龙西村分别在中心河南口、一号河南口、北干河西口、东港东口和葛庄河东口建成一字门防洪闸站5座。

1988—2000年，吴县（市）城区划定保护片，在其四周筑堤，在河口建闸控制、设站排水，形成封闭的包围圈。防洪设施顶高程和主干道路面高程不低于5米，其他道路、新建住宅区、单位室外地坪高程不低于4.7米。出现历史最高水位并同遇台风、暴雨袭击时不出险，日降雨200毫米不成涝。

1992年，在东区四号河南的京杭运河苏州段口建造澹台湖泵闸站。翌年，在东港东口建造悬挂式4米横移门东港防洪闸1座，建造北干河西段（西塘河东）南北两侧挡墙1000米。1996年，翻建北干河西西塘河口胜利泵闸站（4米横移门防洪闸和4米检修闸各1座）。

1998年，在西区中心河南的京杭运河苏州段口建造城区泵闸站，为双向排涝站，既防洪排涝又引水换水。在前坟村河、大坟桥河、葛庄河、后坟村河东的西塘河口及前坟村河西口建造4米横移门防洪闸5座，建造盘蠡路涵洞2个。

2000年，东、西两区合一。在京杭运河苏州段口建造西塘河南闸站，投资209.58万元。在湄长河口建造西塘河北闸，改建东区澹台湖闸站。确定城区沿京杭运河苏州段驳岸顶高程为5.2米，开放河道驳岸顶高程5米，内河挡墙顶高程4.4—4.8米，泵闸标高5.2米以上，防洪道路地坪高程不低于5米。暴雨来临时预降水位至3米。

2005年10月，扩大城区防洪范围，中心城区片分成四小片：京杭运河苏州段以北为城市中心片，西塘河以东、京杭运河苏州段以南、古运河以西、绕城高速以北为老开发片，石湖以东、京杭运河苏州段以南、西塘河以西、绕城高速以北为蠡墅片，苏旺河以东、苏东河以南、石湖以西、太湖以北为越溪片。中心片纳入苏州城市中心区防洪规划，按城市大包围方案，由苏州市统一实施，达到200年一遇防洪标准；老开发片、蠡墅片、越溪片分片设防，达到100年一遇防洪标准；城市排涝标准为20年一遇，雨水管道设计标准为1年一遇。

至2020年，吴中区已建圩区52个，防洪保护面积168平方千米，占总面积的23%。吴中城区（城区、郭巷、木渎）面积166.5平方千米，运河以北区域纳入城市中心区大包围，内部仍保留早期治理形成的小型闸站，大包围未启用前可根据实际需要进行小范围排水；其他地区除沿运河建有红旗、滨湖、姜家、镇区（在建）及建设5个包围外均为敞开式防洪。5个包围防洪保护面积24.78平方千米，圩区面积率15%；堤防总长21千米，堤顶高程5—5.5米；排涝流量49立方米每秒，平均排涝模数2.0立方米每秒平方千米。

表6-13 1992—2000年吴中城区主要防洪泵闸工程情况

泵站闸名称	地点	防洪闸				排涝泵站	
		闸宽（米）	门顶高（米）	底板高（米）	闸门形式	水泵型号	数量（台）
澹台湖泵闸站	东区四号河南，江南运河口	5	5.2	0.7	直升式钢闸门	32ZLB-125立式轴流泵	2
东港防洪闸	东港东口	4	—	—	悬挂式横移门	—	—
胜利泵闸站	北干河西西塘河口	4	—	—	横移门	32ZLB-125立式轴流泵	1
城区泵闸站	西区中心河南，江南运河口	3	—	—	—	32ZLB-125立式轴流泵	1
防洪闸5座	前坟村河、大坟桥河、葛庄河、后坟村河东之西塘河口、前坟村河西口	4	—	—	横移门	—	—
涵洞2座	盘蠡路	—	—	—	—	—	—
西塘河南闸站	西塘河南的江南运河口	8	5.2	0	升卧式平面钢闸门	32ZLB-125立式轴流泵	1
西塘河北闸	—	8	—	—	升卧式平面钢闸门	—	—

泵站闸名称	排涝泵站				建成年份	投资金额（万元）	备注
	电动机（千瓦）	电动机（台）	排涝流量（立方米每秒）	引水流量（立方米每秒）			
澹台湖泵闸站	65	2	3	—	1992	172.51	2000年改建并增设拦污栅
东港防洪闸	—	—	—	—	1993	43.69	投资含北干河挡墙
胜利泵闸站	65	1	1.5	—	1996	67.31	1996年重建
城区泵闸站	65	1	1.5	1.5	1998	—	泵站系排涝引水双向站
防洪闸5座	—	—	—	—	—	43	—
涵洞2座	—	—	—	—	—		—
西塘河南闸站	—	—	1.5	—	—	209.58	—
西塘河北闸	—	—	—	—	—	104.09	—

表6-14　2020年吴中城区包围基本情况

名称	保护面积（平方千米）	排涝流量（立方米每秒）	排涝模数（立方米每秒平方千米）
滨湖圩	11.84	24.75	2.1
红旗联圩	4.6	12.26	2.7
镇区包围	5.06	8.5	1.7
姜家圩	1.8	1.5	0.8
建设圩	1.48	1.6	1.1

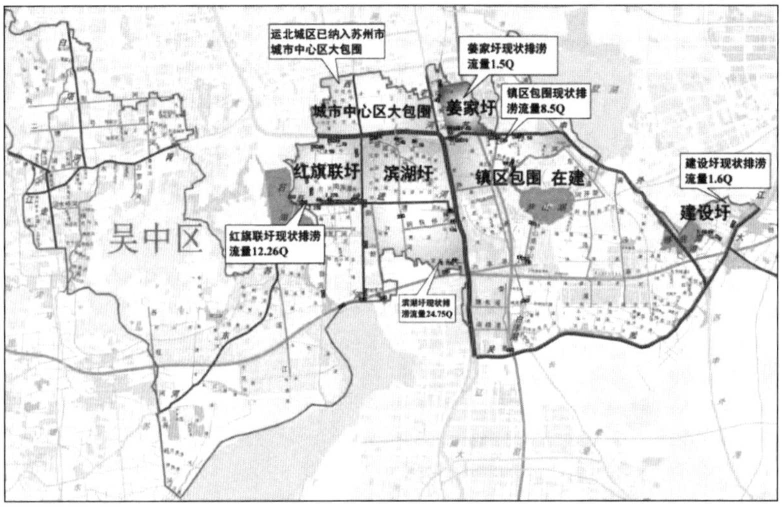

图6-7　2020年吴中城区包围分布及防洪排涝工程示意图

七、相城区

2001年，苏州撤销吴县市，分设苏州市吴中区、相城区。

2003年11月，苏州市相城区水务局编制完成《苏州市相城区城区防洪规划报告》，同年成立苏州市相城区城区防洪工程建设管理处。防洪规划范围是北到北河泾，东临阳澄湖，西以沈思桥港、友谊河、苏虞张公路为界，南至沪宁高速公路，总面积56.1平方千米。其中，水域面积7.31平方千米，地面平均高程3.7米。规划防洪标准100年一遇，排涝标准为20年一遇。规划设计洪水位4.8米，河道堤防顶高程5.5米，湖荡堤防顶高程6米。规划明确相城区城区防洪采取“内外分开、分区包围、挡排蓄结合、综合治理”的措施，抵御区域洪水和排除涝水，在规划范围内形成北、中、西、南4区6个排水片进行综合治理，以提高抗御洪涝灾害的能力。防洪除涝方式主要是在各保护区四周筑堤，在河口建节制闸和泵站，形成一个封闭的包围圈。规划整治外河有元和塘、北河泾、洋泾河等9条，新建和加固元和塘、蠡塘河、阳澄西湖等15条河（湖）堤防、护岸；整治6个片内河道126.743千米，设置防洪闸64座、排涝闸站38座，排涝流量168立方米每秒，引水流量40立方米每秒。

2003年，根据相城区城区防洪规划及先急后缓、效益优先的原则，城区防洪工程建设管理处首先在朝阳河与西白塘交界处、朝阳河与徐图港交界处组织实施朝阳河南闸站工程与朝阳河北闸工程。朝阳河南闸站工程，建设8米防洪闸（升卧式钢闸门，门顶高程5.2米），总排涝流量6立方米每秒，引水流量3立方米每秒。朝阳河北闸工程，设6米防洪闸（钢制横移门），门顶高程5.2米，闸底板高程1米。驳岸工程方面，当年，在朝阳河上

（万斤港与徐图港之间）新建挡墙2628.4米，挡墙顶高程4.88米；在采莲路采莲河上新建挡墙1088米，挡墙顶高程4.44米。

2004年，在徐图港与蠡塘河交界处新建徐图港东闸站，设8米防洪闸（升卧式钢闸门，门顶高程5.2米），闸室两侧设既可排涝又可引水的双向泵房，排涝流量、引水流量均为6立方米每秒。在徐图港与元和塘交界处新建徐图港西闸站，设8米防洪闸（升卧式钢闸门，门顶高程5.2米），排涝流量4立方米每秒。在朝阳河与蠡塘河交界处新建朝阳河北闸站，设8米防洪闸（升卧式钢闸门，门顶高程5.2米），排涝流量6立方米每秒。驳岸工程方面，当年，实施徐图港东（西起205省道，东至蠡塘河）驳岸工程4898.5米，徐图港西（西起元和塘，东至205省道）驳岸工程3915.9米，柴水泾港驳岸（南起徐图港，北至南河梗）1953.4米。

2005年，在朝阳河与元和塘交界处新建朝阳河西闸站，设4米防洪闸（升卧式钢闸门，门顶高程5.2米），排涝流量4立方米每秒。在夏圩港与白塘交界处新建夏圩港闸站，设6米防洪闸（升卧式钢闸门，门顶高程5.2米）。其中，1座泵房系排涝引水双向泵房，泵站总排涝流量4立方米每秒，引水流量2立方米每秒。在南村巷港南端新建南村巷港闸站，设6米防洪闸（升卧式钢闸门，门顶高程5.2米），排涝流量4立方米每秒。当年，在万斤港、宋泾港、洋泾河、朝阳河、木桥港、管子圩港、殷家桥港、平门塘等河道沿线实施驳岸工程15000余米，挡墙顶高程4.32米，洋泾河段顶高程4.52米。

2003—2005年，相城区城区共建有防洪排涝闸站7座、防洪闸1座，排涝流量34立方米每秒，总投资2794.43万元。

截至2020年，全区建成圩区49个，保护面积244.6平方千米，区域总体为低洼地联圩设防、高地和半高地敞开的防洪格局。

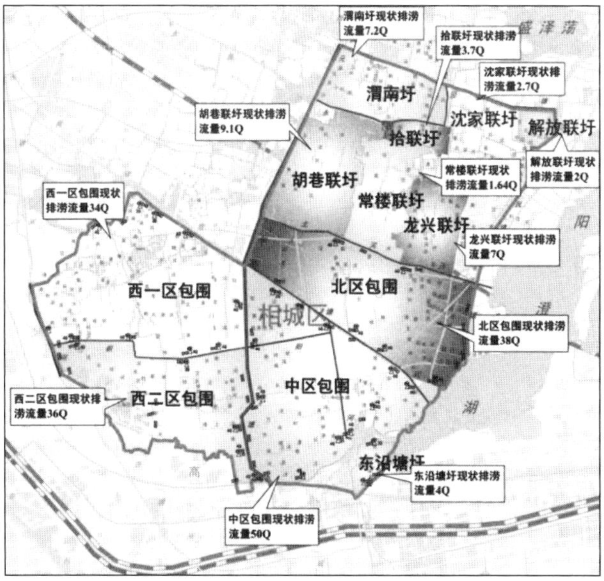

图6-8　2020年相城城区包围分布及防洪排涝工程示意图

表6-15　2003—2005年相城城区防洪泵闸工程情况

泵站闸名称	地点	防洪闸				排涝泵站	
		闸宽（米）	门顶高（米）	底板高（米）	闸门形式	轴流泵型号	数量（台）
朝阳河南闸站	朝阳河与西白塘交界处	8	5.2	0.5	升卧式钢闸门	40-ZLB	1
朝阳河北闸	朝阳河与徐图港交界处	6	5.2	0.5	钢制横移门	—	—
徐图港东闸站	徐图港与蠡塘河交界处	8	5.2	0.5	升卧式钢闸门	40ZLB-125	2
徐图港西闸站	徐图港与元和塘交界处	8	5.2	0.5	升卧式钢闸门	800ZLB-125	2
朝阳河北闸站	朝阳河与蠡塘河交界处	8	5.2	0.5	升卧式钢闸门	40ZLB-125	2
朝阳河西闸站	朝阳河与元和塘交界处	4	5.2	0.5	升卧式钢闸门	800ZLB-125	2
夏圩港闸站	夏圩港与白塘交界处	6	5.2	0.5	升卧式钢闸门	800ZLB-125	1
南村巷港闸站	南村巷港南端	6	5.2	0.5	升卧式钢闸门	800ZLB-125	2

续表

泵站闸名称	排涝泵站			建成年份	投资金额（万元）	备注
	电动机（千瓦）	排涝流量（立方米每秒）	引水流量（立方米每秒）			
朝阳河南闸站	130	6	3	2003	429.70	一侧双向泵房
朝阳河北闸	—	—	—	2003	85.25	—
徐图港东闸站	130	6	6	2004	497	两侧双向泵房
徐图港西闸站	95	4	—	2004	421	—
朝阳河北闸站	155	6	—	2004	392	—
朝阳河西闸站	95	4	—	2005	267.6	—
夏圩港闸站	95	4	2	2005	303.98	一侧双向泵房
南村巷港闸站	95	4	—	2005	397.9	

表6-16　2020年相城城区包围圈基本情况

包围圈或圩区名称	保护面积（平方千米）	排涝流量（立方米每秒）	排涝模数（立方米每秒平方千米）
西一区	19.1	34	1.8
北区	15.9	38	2.4
西二区	16.88	36	2.1
中区	19.02	50	2.6
东沿塘圩	1.19	4	3.4
解放联圩	0.9	2	2.2
沈家联圩	2.45	2.7	1.1
渭南圩	5.09	7.2	1.4
拾联圩	1.16	3.7	3.2
胡巷联圩	7.28	9.1	1.3
常楼联圩	5.14	1.64	0.3
龙兴联圩	4.24	7	1.7

八、苏州工业园区

1994年，苏州工业园区经国务院批准设立，是中国和新加坡两国政府间的重要合作项目。园区境内地面高程在2—4.98米；水位历史最高为4.37米，最低为1.89米，多年平均水位为2.76米；最大年降水量为1545毫米，最小为604毫米，多年平均降水量为1076毫米，历史上曾多次遭受水灾危害，房屋、田地被淹。鉴于此，在制定开发建设规划时，曾提出两种防洪工程方案：第一种是采用传统的大包围办法，在构筑防洪堤岸的基础上设置水利设施，建造水闸、泵站，用以调控水位，确保包围圈内不受水淹；第二种是运进大量土方，填高土地，使之超过有记载的最高水位。考虑到园区的目标是以吸引国际一流的高科技项目为主，经反复论证，最后决定采用第二种方案，并在总体规划中，设定填土方案具体要求。最初对于一般道路及其沿街建筑物室外地坪的高程设定为4.6米，后考虑汛期高水位时雨水管道排水的需要，改为4.7米。1994年4月，首期开发区开始填土，土方资源基本来自苏州市郊山丘。2001年起，二、三区开始填土，土方资源大多通过园区境内湖泊清淤取土工程所得。

首期开发区8平方千米，借古城优势，首期开发区内设位于黄天荡北的2平方千米启动区，最先填土于中新双方商定的“点线”实施。“点”是启动区内0.45平方千米的示范区，“线”是苏斜路（现名金鸡湖路）。两项工程均从土地填高平整开始。

1994年4月30日，示范区内第一块0.1平方千米作业区（新苏工业坊）开始填土，填高1米，土方总量约10万立方米，土方资源来自上方山。5月4日，苏斜路（中新合作区路段）两侧快车道路基填筑土方。接连数月，50吨的大卡车首尾相衔，昼夜不停地展开一场苏州历史上罕见的大规模填土工程。6月20日示范区填土工程完成，7月20日苏斜路填土工程完成。施工中，严格按技术规范操作，分层填筑瓦砾道砟，每填30厘米土夯实一次，遇到淤泥部分先清理，直至硬土部位，再施填土。新加坡质量监理人员对工程质量表示满意。

1995年5月，2平方千米的启动区填土工程完成，填土方250万立方米。当年底另有1.5平方千米左右完成土地平整，填土工程完成250万立方米，娄江工业带3个小区平整土地工程结束。1996年平整土地2.3平方千米，累计完成填土面积6.6平方千米。

1997年平整土地6.9平方千米，完成填土面积100万平方米，累计土方560万立方米。首期开发区8平方千米土地填高平整基本完成，平均垫高0.9米，达到吴淞标高4.68米，高出1954年历史最高水位0.41米，甚至比区内外一些具有堤岸功能的公路标高还高出0.3米，达到防洪要求。这样的填土大工程，其效果终于得到验证。1999年7月梅雨期，苏州地区连降暴雨，河、湖水位急剧上涨。但地处低势的中新合作区首期开发区由于采取填高方案，在特大洪涝灾害中安然无恙，区内所有工厂、住宅区和商业设施无一受淹。

2001年2月，按照中新联合协调理事会精神和省、市要求，园区全面加快金鸡湖东二、三区开发建设步伐，填土平整工程开始向二、三区推进。由于园区地势低洼，按照“九通一平”高标准基础设施建设要求，二、三区土地平整需填土5000多万立方米，但本地及周边土源却极为有限。向苏州郊区取土需穿越市区，一路上尘土飞扬、噪声刺耳，给市民生活带来不便，而且取土成本也高，加上苏州市立法禁止开山采石取土，因此不能再沿用首期开发区的办法。针对这一矛盾，园区工委、管委会经过反复研究，决定利用园区湖泊众多的优势，通过湖底清淤取土的办法，解决湖东开发急需的土方资源，并明确按商业化运作模式，由园区市政公用集团具体负责工程实施任务。园区市政公用集团为此专门组建苏州工业园区华园建设发展有限公司（原苏州工业园区华园租赁有限公司）作为实施主体，从2001年5月开始，相继在独墅湖、阳澄湖、金鸡湖等湖泊实施围湖清淤取土工程。2001年完成填土方277万立方米，填土面积2.85平方千米。2002年填土方1037万立方米，2003年填土方1000万立方米，2004年完成填土方3000万立方米，2005年完成填土方1400万立方米。从1994年到2005年，累计完成填土方7987万立方米，中新合作区基础设施地面平均填高0.9米。截至2005年3月，全区共围湖10.2平

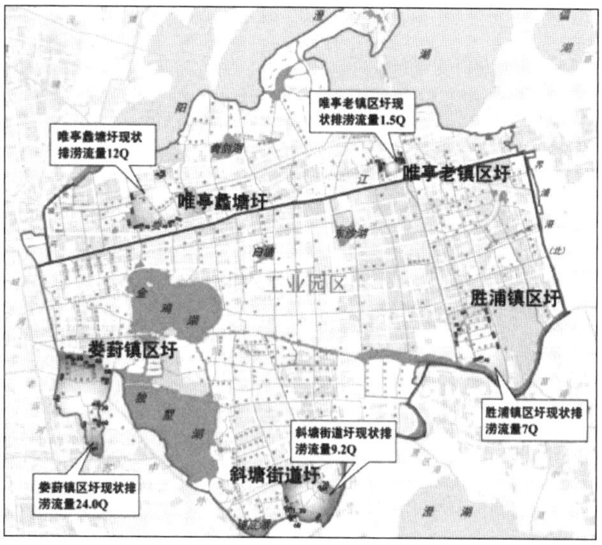

图6-9　2020年苏州工业园区包围分布及防洪排涝工程示意图

方千米，清淤取土2600多万立方米。其中，独墅湖围湖4平方千米，清淤取土约1400万立方米；阳澄湖围湖0.5平方千米，清淤取土约100万立方米；金鸡湖围湖5.7平方千米，清淤取土约1100万立方米。通过三湖清淤取土，3年间，湖底取土总量已占二、三区填土工程量的一半以上，不但节约开发成本，而且避免挖废耕地15000亩，节省建设资金5亿多元。

随着园区开发不断向周边区域推进实施，2007年以来，部分已建圩区被拆圩取消或逐步缩小范围，区内圩区设防面积不断减少。其后，在实施清淤取土工程同时，利用干湖的有利时机，组织实施环湖驳岸、基础管网、造景绿化、生态治水等工程，基本完成玲珑湾、金鸡墩、风之园、人工岛屿（A、B岛）等景观绿化工程，完成环金鸡湖驳岸15千米、绿化造林80万平方米，同时开展环湖水生植物种植和李公堤、水巷邻里等商业旅游设施的建设步伐。

至2020年，全区保留娄葑、斜塘、唯亭、胜浦、蠡塘5个老镇圩区外，其余均为敞开式防洪区。5个圩区防护面积17.16平方千米，圩区面积率7%；防洪总长31.4千米，堤顶高程4.8—5.5米；排涝流量53.7立方米每秒，排涝模数3.1立方米每秒平方千米。

表6-17　2020年苏州工业园区圩区基本情况

包围圈名称	保护面积（平方千米）	排涝流量（立方米每秒）	排涝模数（立方米每秒平方千米）
斜塘街道圩	2	9.2	4.6
娄葑镇区圩	5.88	24	4.1
唯亭蠡塘圩	4.48	12	2.7
唯亭老镇区圩	0.47	1.5	3.2
胜浦镇区圩	4.33	7	1.6

九、苏州高新区

苏州高新区建成区面积约52平方千米，地形西高东低，东部低洼地区地面高程一般在3.6米左右，东西向河道有前桥港、马运河、枫津河、金山浜、南裤子浜，南北向河道有金枫运河、南北中心河、大轮浜、狮山河、渠田河。1992年高新区建区后就着手建造防洪工程，经过多年的建设，至1997年在东部沿京杭大运河形成3个联圩，兴建防洪闸19座、排涝泵站10座，排涝流量27.5立方米每秒，并对上述河道进行全面整治；马运河以北地区也已基本完成河道整治。

1998年，高新区编制《苏州高新区城市防洪规划》，要求基本保留已建成的沿京杭大运河的3个联圩的防洪格局，其他地区则不设防。随着建成区不断扩大发展，第一圩区（即现枫桥片区）部分沟通河道填没，该圩区改为胜利河、红旗河和月盘河这3条河道沿河低洼片区独立设防排涝的形式，第二、三联圩继续保留，并进行完善配套及部分站闸的改造。2001年，区域东南横塘老镇区在菖蒲浜、窑浜2条河口兴建2座泵闸站，排涝流量0.6立方米每秒，基本解决该片低洼地的排涝问题。

至2005年，高新区第二联圩北起枫津河，南至金山浜，西起长江路，东至京杭大运河，总面积2.1平方千米，建有曙光东、曙光南2座防洪闸和曙光北、支津2座泵闸，排涝流量4.5立方米每秒；第三联圩北起金山浜，南至横山环山河，西起大轮浜，东至京杭大运河，总面积5.6平方千米，建造的防洪建筑物有河角上、狮山小区、落星桥和赵宅前4座防洪闸，徐家浜、吴前港、北河桥和徐思河4座泵闸，排涝流量13立方米每秒；枫桥片区北起马运河，南至枫津河，西起南北中心河，东至京杭大运河，在胜利河、红旗河和月盘河上各有泵闸站1座、防洪闸1座，排涝流量7立方米每秒；横塘片区建有菖蒲浜、窑浜2座泵闸站，排涝流量0.6立方米每秒。

至2020年，全区有路东包围、科技学院小包围、枫桥小包围、狮山小包围、九图圩、青春圩、长亭圩、浒关片圩、箭渎圩，另有浒关南片圩、镇湖街道圩在建。

表6-18　1993—2003年苏州高新区防洪工程建设情况

名称		闸门形式	闸门净宽（米）	机泵设备		排涝流量（立方米每秒）	建成年份	备注
				数量（台）	功率（千瓦）			
第二联圩	曙光南闸	横移门	5	—	—	—	1993	—
	曙光东闸	横移门	5	—	—	—	1994	—
	曙光北闸站	横移门	5	2	2×55	4	1994	—
	支津闸站	横移门	5	1	18.5	0.5	1996	—
第三联圩	河角上闸	横移门	5	—	—	—	1992	—
	赵宅前闸	横移门	5	—	—	—	1992	—
	徐家浜泵闸站	直升门	5	2	2×37	3	1992	—
	徐思河泵闸站	横移门	5	2	2×37	3	1992	—
	狮山小区闸	横移门	5	—	—	—	1993	—
	落星桥闸	横移门	5	—	—	—	1993	—
	北河桥泵闸站	横移门	5	2	2×37	3	1993	—
	吴前港泵闸站	直升门	5	2	2×70	4	2002	1992年建移门闸，2002年改造为直升门
	青石桥泵闸站	横移门	5	2	2×55	3	1993	2000年前拆除
枫桥片区	胜利河泵闸站	横移门	4	2	2×65	3	1992	—
	胜利河防洪闸	横移门	5	—	—	—	1992	—
	红旗河泵闸站	横移门	5	2	2×55	3	1996	—
	红旗河防洪闸	横移门	5	—	—	—	1996	—
	月盘河泵闸站	横移门	3.5	1	80	1	1997	—
	月盘河防洪闸	横移门	5	—	—	—	1997	—
横塘片区	菖蒲浜泵闸站	直升门	4	1	18.5	0.3	2001	—
	窑浜泵闸站	直升门	4	1	18.5	0.3	2001	—

表6-19　2020年苏州高新区城区包围圈基本情况

包围圈名称	保护面积（平方千米）	排涝流量（立方米每秒）	排涝模数（立方米每秒平方千米）
路东包围	17.7	38.8	2.2
九图圩	1.7	3	1.8
科技学院小包围	1.25	5.5	4.4
枫桥小包围	3.68	12.5	3.4
狮山小包围	4.71	16	3.4
青春圩	3.3	1.8	6
长亭圩	1.4	4	5.5

续表

包围圈名称	保护面积 （平方千米）	排涝流量 （立方米每秒）	排涝模数 （立方米每秒平方千米）
浒关北片圩	4	0.99	4
浒关南片圩（在建）	8.2	—	—
箭渎圩	1.5	2.2	3.2
镇湖街道圩（在建）	1.8	14.27	26

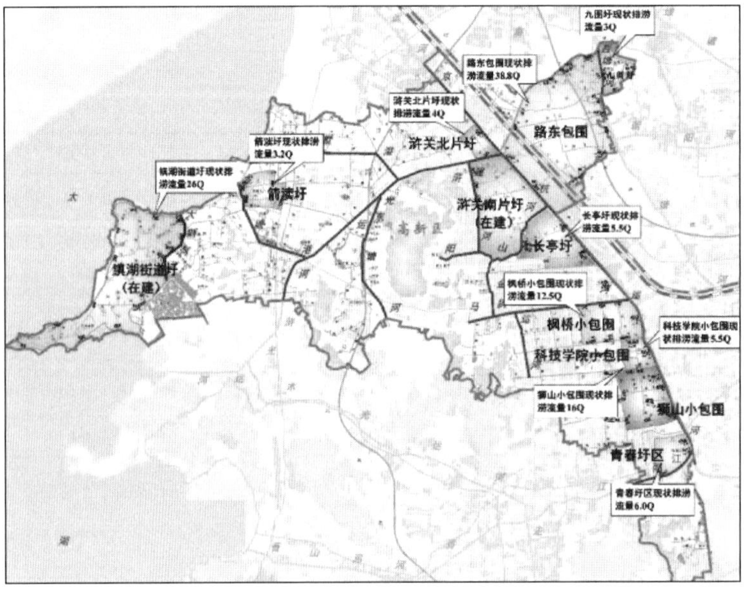

图6-10　2020年苏州高新区包围分布及防洪排涝工程示意图

第七章　农村水利与水土保持

1991年起，苏州市组织实施中低产田改造和吨粮田建设，田间工程向规格标准化、设施现代化、管理科学化发展。1997年，全市开展农村河道大整治，将河道疏浚与整修防洪圩堤、复垦复耕、水环境整治、村镇建设等有机结合起来，提高农业综合生产能力，改善农村水环境，增强水安全保障能力。进入21世纪，全市加强城乡河道管理，制订轮浚机制，探索创新管理方式，农村水利基础设施不断完善，农村河道整治和长效管理效果明显，河道环境面貌发生根本性变化。苏州水土保持工作起步于1956年，先后开展江海河湖堤防的绿化、沙土区农田林网化等工作。1991年《水土保持法》颁布后，编制全市水土保持规划，明确苏州市水土保持区划，开展小流域综合治理，加强林草植被和治理成果保护，以水土保持理念指导生态河道和农村水利建设，取得良好成效。

第一节　圩区治理

90年代，苏州市水利局持续加大农村水利建设投入，全市各乡镇根据市政府要求，结合各自特点，建成200亩以上农村联圩652个，保护面积422万亩，占全市陆域面积的47%。其中，万亩以上联圩140个，保护面积246万亩；5000—10000亩联圩157个，保护面积101万亩；1000—5000亩联圩269个，保护面积68万亩；1000亩以下联圩96个，保护面积7万亩。其中，低洼联圩342个，保护面积230万亩；半高田联圩230个，保护面积138万亩；沿江联圩80个，保护面积54万亩。常年预降的低洼联圩197个，保护面积128万亩，占低洼联圩面积的56%，占联圩面积的30%。

随着城镇化、工业化进程的加快，圩区防洪除涝的任务越来越重，成为淹不起、淹不得的地方。2007年，全市已建成防洪圩堤5250千米，三闸3467座，排涝站1941座17万千瓦3635个流量，基本形成“排得出、灌得上、挡得住、降得下”的农村联圩体系，全市90%的圩子能抗御1954年型洪水位，69%的耕地除涝能力达日雨量200毫米2天排出标准，98.8%的耕地能够做到70—100天无雨保灌溉。

一、联圩并圩

1991年，苏州市发生特大洪涝灾害，全市782个联圩中29个小圩破圩，损坏圩堤8946处1586千米，损毁涵、闸、泵1551座，大量半高田遭受洪涝灾害，损失较大。针对这个情况，苏州市开始探索圩区标准化管理模式。1992—1994年，全市加高加固圩堤3299千米，完成土方2070万立方米，建设堤防护岸640千米，治理半高田36万亩。

1999年，太湖流域再度发生特大洪涝灾害，苏州市水利农机局于1999年10月制定新的《苏州市圩区治理规划标准》，提出2000—2002年三年治理圩区计划目标：加高加固圩堤3299千米，加固土方2070万立方米，建设达标堤防护岸640千米。明确当年被洪水淹没的半高田地区原则上要求建圩设防。其治理原则为：圩区和半高田治理，必须服从太湖流域总体规划的总布局，既要考虑平望、常州新闸建闸控制和东太湖暂不分洪，又要考虑到近期两闸不能实施和东太湖分洪的需要；必须考虑“上下兼顾、左右平衡”，蓄、控、挡、排、降并举，洪、涝、渍、潮并治，渔、林、航、路、村、环境效益并重的原则；必须坚持“因地制宜、超前规划、量力而行”的原则，坚持“以治理河道与建设联圩”相结合。建设标准原则按江苏省农田水利标准。圩区排涝标准：按日雨量200毫米2天排出，对日雨量300毫米、3日雨量500毫米要有对策，并针对圩区内产业结构的耐水和圩区调蓄能力，确定排涝模数（或排涝动力）。调蓄能力控制：圩内按预降60厘米的要求进行调控。圩堤防洪标准：圩堤按历史最高水位加1.0米超高确定堤顶高程，即浦南靠浙江交界处6.0米，浦南其他地区及阳澄、淀泖圩区控制堤顶高程为5.5米，沿大河大荡圩堤堤顶高程在上述标高的情况下再加0.5米超高，堤顶宽度不小于3.0米，坝顶宽度不小于5.0米，堤内外坡宜小于1∶2，堤内设内青坎，宽度不小于3.0米，宜控制在5.0米，离堤脚10米内严禁开挖鱼塘，堤外自然滩地最好采用护砌防护。联圩规模：必须因地制宜，量力而行，结合自然行政村建圩，一般以不超过5000亩为宜，联圩不得占用排洪河道，以充分发挥这些河道的排洪能力；圩区建筑物布置不宜过多，以防洪闸为主，套闸原则上每圩设1座，必要时大圩可设2座。采用防洪闸联圩，一个圩内至少有1座闸能满足有水位差时启闭的要求，以利引水改善圩内水质。圩区建筑物防洪标准：闸门门顶要求按历史最高水位加0.5米超高设计，闸墙与堤顶同高，上游翼墙与门顶同高，以圩内控制水位与闸门顶漫水组合进行稳定和防渗校核计算。

2000年冬至2002年底，加高加固圩堤3911千米，完成土方2574万立方米，建设堤防护岸339千米，改善排涝面积109万亩。2005年末，全市共建有联圩689个，圩区总面积419.189万亩，联圩堤防5801千米，符合标准的5251千米，建护堤的2447千米。至此，全市能联并的小圩大体都已建成联圩，布局基本定型。

2006年，各地针对圩区工程运行管理中存在的薄弱环节，组织调查研究，积极探索联圩建设管理的新机制。昆山市出台《关于加强联圩水利工程管理的意见》，推行圩区标准化管理，明确以公共财政投入为主，按照市场化运作模式，实行管养分开。

2008年，农村水利建设以开展圩区治理为重点，对上万个防洪抗灾能力低、易受洪涝灾害的鱼鳞小圩进行联圩并圩，建成200亩以上农村联圩652个。

2020年，全市有689个联圩。

表7-1　2005年苏州市联圩工程统计

地区	圩区总面积（万亩）	10000亩以上		5000—10000亩		1000—5000亩	
		联圩（个）	面积（万亩）	联圩（个）	面积（万亩）	联圩（个）	面积（万亩）
张家港市	59.30	16	25.40	34	25.10	30	8.40
常熟市	65.00	23	33.50	20	13.80	65	16.40
太仓市	7.30	2	2.20	5	2.90	6	1.90
昆山市	112.30	40	74.80	27	19.60	61	17.50
吴江市	111.90	41	76.40	32	22.90	46	11.90
吴中区	21.50	4	7.70	5	3.40	44	9.10

续表

地区	圩区总面积（万亩）	10000亩以上		5000—10000亩		1000—5000亩	
		联圩（个）	面积（万亩）	联圩（个）	面积（万亩）	联圩（个）	面积（万亩）
相城区	33.50	8	12.10	14	10.00	36	10.40
工业园区	6.30	3	3.20	1	0.60	10	1.90
高新区	2.00	—	—	—	—	8	1.50

表7-2　2020年苏州市联圩工程统计

地区	已建联圩		圩堤工程（千米）		三闸工程（座）				机电动力（千瓦）
					圩口闸		分级闸		
	联圩（个）	圩田面积（平方千米）	总长	其中达标	套闸	防洪闸	套闸	单闸	
张家港市	85	244	888.89	835.67	23	156	7	101	15977.00
常熟市	133	184	887.46	664.71	104	311	5	35	23765.00
太仓市	16	28	103.20	103.20	35	24	—	—	4653.00
昆山市	132	238	1188.97	1101.74	114	773	4	36	57297.00
吴江区	129	364	1819.58	1701.88	227	456	7	55	52790.00
吴中区	75	45	319.72	283.23	48	138	1	4	12154.00
相城区	77	121	383.12	376.97	64	262	7	18	16224.50
工业园区	25	8	113.65	98.75	8	107	—	—	4658.00
高新区	17	5	96.41	84.91	12	33	—	—	2075.50

二、圩区达标建设

1999年大水后，针对圩区防洪除涝存在的问题，苏州市水利农机局提出2000—2002年三年治理圩区计划目标。经过努力，共完成新建、改造三闸1364座，机电排涝设施更新改造1061座84194千瓦。

2008年，苏州市水利（水务）局针对圩区建设标准低、工程设施老化严重、工程管护力量薄弱、防洪除涝能力偏低、存在防洪安全隐患，开展全市圩区建设管理调研，形成《苏州市农村圩区建设和管理情况调研报告》并报苏州市政府。

2009年，苏州市政府出台《关于加强农村圩区建设管理的意见》和《关于圩区工程三年达标建设实施意见》，全市加快推进圩区达标工程建设，增强防洪抗灾能力。2010年全市加固圩堤455千米，新建改造排涝站184座，新建改造圩区三闸169座，投入圩区达标建设资金5.5亿元。2011年又完成圩堤加固415千米，新建改造排涝站145座，新建改造圩区三闸196座，投入资金约6亿元，完成三年计划的80%的任务。2010—2012年累计达标圩堤1278千米，完成三闸更新改造671座，完成排涝站建设483座，全面完成三年目标任务。经测量验收，年度圩堤断面达标率在95%以上，对少量年度未达标的堤防整改，整改后进行复测，确保堤防达标工程合格率100%，优良率95%以上。三年圩区工程达标建设在抗御2013年23号强台风“菲特”中得以充分利用。

在完成圩区达标建设的基础上，全市按照“有一套制度、有专人管理、有经费保障、有台账记录、有防盗装置、有维修队伍、有定期考核、有奖惩措施”的“八有标准”，加快圩区管理的达标工作。各地建立健全圩区管理制度，成立联圩管理队伍，加强圩区工程管理，全市聘用联圩管理人员1633人，落实圩区运行管理费6546万元，圩区运行管理费主要由县、镇两级承担，市级考核以奖代补。并根据农村水利现代化建设要求，全市加快农村水利信息化系统建设步伐，以信息化建设带动现代化建设，以信息化管理提高农村水利建设管理水平。继太仓市联圩工程视频监控设施建成后，张家港市南丰镇、昆山市周市镇、高新区浒墅关镇建成圩区信息化管理中心，吴江市全面完成排涝泵站防盗报警系统建设，全市各乡镇完成圩区工程远程监控系统、防盗报警系统建设，部分乡镇完成圩区工程自动化控制系统。昆山市探索出圩区标准化管理的新路，针对全市106个联圩建立76个联圩服务区，依托公共财政的支持，实现闸、站、堤、河的统一管理，为全市提供标准化建设与管理的新模式。

为切实加强圩堤的管护，杜绝乱垦乱种和乱占圩堤，2011年启动圩区堤防达标管理试点。苏州市水利（水务）局出台《苏州市农村圩区试点镇堤防达标管理办法（试行）》，确定2011年每县（市、区）一个镇进行圩区堤防达标管理试点。建立健全圩区堤防工程管理组织领导体系，市、镇两级成立以分管领导为组长，相关部门为成员的领导小组，形成强有力的领导体系。明确圩区堤防管理的责任主体，落实管理职责；明确堤防管理范围和权属，加快确权划界工作；建立健全堤防管理制度，理顺管理体制，实行统一管理。加大资金投入，详细测算圩堤达标建设、管理等所需经费，出台圩区达标建设、管理经费筹措政策，明确各级财政的分担比例，保障圩区堤防达标管理试点工作的顺利开展。苏州市级落实700多万元进行考核以奖代补。坚持建管标准，试点镇圩区堤防必须坚持按照规划标准建设，堤防完全达标占95%以上，无不达标圩堤；设置齐全标志牌、宣传牌、界桩、里程桩等设施；加快推进堤防绿化工作，宜绿化圩区堤防绿化率要达85%以上，保证堤防不被乱垦乱种；加快圩区信息化管理系统的建设进程，提高信息化管理水平；组建和优化管理队伍，加强培训，管理人员要具有一定的水利基础知识和相应的水利技术技能；建立日常巡查和专项检查等制度，健全圩区堤防巡查、管理台账。

在圩区堤防达标管理试点取得成功的基础上，由市政府于2012年下达《苏州市农村圩区堤防达标管理三年任务的通知》，开展2013—2015年三年圩区堤防达标管理工作。按照“三无六到位”（无不达标堤防、无乱垦乱种、无乱搭乱建，土地流转到位、管理制度到位、资金落实到位、堤防绿化到位、标牌设置到位、检查考核到位）的要求，抓关键、攻难点，全面完成三年任务，2013—2015年全市绿化圩堤2508千米，设置里程桩、界桩、警示牌等15890块，圩区堤防达标综合评估92分。太仓市三年任务一年完成，完成979亩土地流转，宜绿化圩堤绿化率不低于90%，双凤、城厢镇按“市场运作、管养分离”实现圩区工程专业化管理。张家港市全面完成圩区堤防绿化、界牌设置、队伍建设等任务，并制定《张家港市农村圩区水利工程达标管理考核办法》及《张家港市圩区水利工程达标管理考核评分表》。常熟市层层签订责任状，逐级落实堤防达标管理任务。昆山市高标准推进堤防达标管理工作，市财政补助经费600万元，镇级1∶1配套。吴江区水利（水务）局、财政局联合发文明确圩堤达标和管理每千米补助5万元，并与城镇绿化、中小河流整治、湖泊整治、重点县建设相结合，提出建设达标、绿化达标、流转达标、界桩界牌宣传牌设置达标的圩堤达标管理目标要求。吴中区、相城区达标任务落实到镇、落实到联圩，落实各联圩堤防管养人员。

2017年，全市新建改造排涝站157座、三闸199座，加高加固圩区堤防118千米，有效提升圩区防洪除涝能力。

表7-3　2013—2015年苏州圩堤达标管理情况

年份	地区	圩堤三年达标管理堤防绿化完成情况（千米）	圩堤达标管理里程桩设置完成情况（个、块）	圩堤达标管理评估综合得分
2013	张家港市	137.74	607	92.6
2014		74.79	387	92.35
2015		46.21	344	92.2
2013	常熟市	206.63	488	90
2014		118.58	995	91.9
2015		85.03	750	92.2
2013	太仓市	42.28	438	92.6
2014		11.34	185	91.9
2015		—	—	—
2013	昆山市	379.78	3664	94.5
2014		209	2795	94.75
2015		—	—	—
2013	吴江区	150.8	638	89.5
2014		236.19	229	90.05
2015		435.4	1450	90.3
2013	吴中区	44.4	164	89.5
2014		48.36	508	90.3
2015		47.18	329	89.75
2013	相城区	97.74	822	91.6
2014		86.77	731	90.3
2015		50.52	366	90.2

第二节　农村河道治理

一、河道疏浚整治

80年代以前，苏州市农业生产大力推广有机肥种植，农民有组织地开展大量的罱河泥等造肥行动，农村河塘每年通过罱泥清淤一遍，河道淤积相对较少，河道引、蓄、排功能得到充分发挥，水环境相对较好。农村实行联产承包责任制后，不再罱泥积肥，河道逐年淤积，据估计，每年淤积10—20厘米，10多年后大批河道已严重淤积，普遍淤积在1米以上，个别严重河道达2米，严重影响农田引水灌溉，当时流传着“河面像被子、河底像盆子、河岸像锯子、河堤像棍子”的顺口溜。尤其是沿江高亢地带的河道引水引不进、灌不上，因农业生产灌溉用水需要，必须加强河道疏浚整治工作，每年对严重影响引水灌溉、交通航运等功能的河道进行分期分批疏浚清淤。如张家港市采取“推磨转圈”的方法，即按照县、乡分级管理、分级负担县、乡河道疏浚的方式，通过县、乡分级统筹一定数量的劳动积累工，采取以资代劳方式筹集工程经费，有计划地推进县、乡河道的定期轮流疏浚整治，确保河道功能正常发挥。

受到当时地方财力的限制，仅用劳动积累工及义务工的办法来筹措工程建设资金，已无法满足农村水利建设的需要，河道清淤疏浚实施力度跟不上河道淤积速度，加上河道保护意识比较淡薄，工矿企业、城乡居民随意向河道中倾倒生产、生活以及建筑垃圾，出现河岸坍塌、河床淤积、垃圾漂浮、水生植物蔓延、水质发黑恶化的情况，大量河道仍然淤积严重，淤积厚度大多在0.5—2

米，河道排涝、灌溉、航运等功能受到严重影响，水生态环境也日益恶化，农村广大群众为此意见很大，反响强烈。

1997年3月，苏州市第十一届人民代表大会第五次会议通过徐永达等13名代表提出的“加大河道整治力度，推进农村基本现代化建设进程”的议案。根据议案要求，各级政府要加大河道疏浚力度，通过5年时间，确保苏州农村河道全面疏浚一遍。各级政府成立由水利、交通、建委、财政、土地等部门参加的河道整治指挥部，指挥部下设办公室（设在各级水利部门），负责开展全市河道疏浚规划和组织实施工作，并先后出台河道整治实施工作意见。

1997年4月，苏州市水利农机局组织计划财务处、农村水利处、苏州市水利勘测设计研究院的有关人员会同各县（市、区）水利部门，对全市河道进行全面调查和勘测，于1997年10月编制完成《苏州市河道整治总体规划》，规划自1998—2002年5年间疏浚土方1.2亿立方米。并提出规划方案和实施意见，对河道疏浚作出相应规定，以行洪排涝灌溉为主的河道，由水利部门负责整治；以通航为主的河道，由交通部门负责整治；兼有行洪排涝和通航功能的河道，由水利、交通部门联合整治；城区河道由建委部门负责整治；专为工业等产业部门服务的河道，由受益单位负责整治。

1997年10月起，苏州市全市各地掀起农村河道疏浚整治的高潮，根据地方财力和河道淤积工作量，按照“轻重缓急”的原则，提出“六个优先”的实施方案：引水灌溉发生困难的河道优先整治，影响交通航运的河道优先整治，沟通太湖、阳澄湖等大水源的河道优先整治，穿镇过村严重影响人民群众生活的河道优先整治，直接影响夏熟高产、联圩水位预降的生产河优先整治，沿河复耕量大和加固加高防洪圩堤土方量大的河道优先整治。5年时间共疏浚各级河道15596条14668千米，完成土方1.26亿立方米。其中，疏浚县级河道101条392千米，镇级河道1089条1816千米，村级河道14406条12460千米，投入资金6亿多元。2001年水质监测评价，全市208个监测断面中达到Ⅱ、Ⅲ类水质标准的有32个，占总监测断面的15.4%，比2000年提高1.5个百分点；Ⅴ类至劣Ⅴ类水的断面占63.4%，比2000年降低8.7个百分点；增强河道的引排能力，基本上解决“一雨就涝、一抽就干”的被动局面，提高排涝工程设施的运行效率；同时结合河道疏浚，加高加固防洪圩堤4776千米，增强圩区的防洪能力；全市共增加复耕土地3.37万亩，平整土地10多万亩；改善灌溉面积108万亩，改变过去泥深水浅、有机灌不上水的局面，降低灌溉成本，减轻农民负担。但是，还存在着河道管理相对滞后、河道疏浚整治未达到标准、河道污染严重、资金筹措不足等问题。

2002年10月起，在认真总结第一轮河道疏浚经验和成效的基础上，又开始第二轮河道疏浚整治工作。本次河道疏浚整治以理顺沟通水系为重点，坚持河道疏浚标准质量，强化河道疏浚管理，确保取得更大成效。第二轮（2003—2005年）河道疏浚整治三年规划继续疏浚整治未列入第一轮疏浚河道和疏浚未达标准的河道，按照规划逐步实施河道整治、畅流工程、生态河道、圩区工程等建设，并逐步建立健全县镇级河道10—15年、村级河道5—8年定期疏浚一遍的轮浚机制，为保障苏州经济社会的可持续发展提供良好水环境。

至2005年6月，共疏浚各级河道8092条5218千米，完成土方5229万立方米。其中，疏浚县级河道44条220千米，镇级河道553条856千米，村级河道7495条4142千米，投入资金2.5亿元。全市调整新开河道51条69千米，如吴中区浦庄镇3年投入400多万元，进行实地开挖河道，调整和理顺全镇河网水系，把太湖水引入腹地，水环境得到全面改善。

2005年8月，根据江苏省委相关指示，全市迅速掀起以农村村庄河道疏浚整治为重点的第三轮河道整治工作。苏州市先进性教育活动办公室、农办、财政、水利四部门互相协作，于2005年12月31日联合下发《关于在先进性教育活动中组织农村党员集中疏浚整治村庄河道的实施意见》，分解下达年度工作任务，要求各地完成1991万立方米的疏浚任务。

为保证村庄河道的疏浚任务保质保量完成，苏州市水利（水务）局于2006年1月制定下发《苏州市农村村庄河道疏浚整治实施管理办法》，从河道土方疏浚、河道清障、长效管理3个方面提出要求，即强化验收标准，明确检查重点和验收程序，实施分级负责和分级验收制度。要求各县（市、区）建立以镇为单位的河道疏浚整治和长效管理的档案制度，并按照“六个一”的要求，即“一图（村平面图）、一表（村河道情况表）、一合同（本次河道疏浚工程施工合同）、一像（施工前后的对比图像）、一账（本次河道疏浚工程实施财务账目）、一总（本次河道疏浚整治实施工作总结）”，进行河道疏浚资料的收集、整理和归档管理。至2006年5月18日，全市疏浚整治各级河道3899条2618千米3038万立方米。其中，村庄河道3752条2355平方千米558万立方米，结合绿化1064条1071千米300万平方米，拆坝建桥188处，打通断头河（浜）113千米，清理沉废船3445只，复垦土地3101亩，清理垃圾221762吨，清理违章947处，出动党员干部225087人次折合229239工日，共投入河道疏浚整治经费1.8亿元。其中，苏州财政投入800.5万元。

2009年，全市投入1.5亿元，疏浚整治农村各级河道2140条1718千米，完成河道土方2451万立方米，超额完成年度任务。全市共拆坝639座，建桥（涵）492座，清理沉废船只1223条，复耕土地66.67公顷，完成河道绿化295千米360公顷。张家港市成立拆坝建桥领导小组，加快推进畅流工程建设。太仓市、相城区加快河道绿化工作，成为全市河道绿化的榜样。全市河道疏浚全部采用干河施工，坚持“两清一建”标准，保证河道整治质量。吴江市、工业园区、高新区全部委托有资质的单位进行勘测设计，并进行公开招标。各县（市、区）成立河道疏浚验收小组，对完成疏浚的河道及时组织逐条验收，严格把关，河道验收资料收集齐全，分类清晰。2009年常熟市、太仓市、吴江市、相城区通过省级河道整体验收，至此，全市农村河道畅流工程在全省率先通过省级验收。

2010年，根据农村河道疏浚整治规划要求，全市加大资金投入，农村河道综合整治工作提前一年完成，并建立完善农村河道的轮浚机制。“十一五”期间，全市共投入11亿元，疏浚各级河道1.3万条，完成河道绿化1387千米。张家港市、昆山市、吴中区、高新区于2008年通过省验收，太仓市、常熟市、吴江市、相城区于2009年通过省验收，均获得优秀等次，在全省率先通过整体验收。通过综合整治，做到“疏好一条河、复垦一片地、增加一批林、整治一村环境、活化一方水系”，河道引排能力提高，水环境面貌改善。太仓市3年绿化河道180千米，绿化面积240多公顷，呈现规模化、园艺化、立体化效果，大大改善农村水环境面貌；太仓市财政专门安排近2000万元资金快速推进河堤绿化。相城区按照“水城、花城、商城、最佳生态人居城”的建设要求，加快推进河道、堤防绿化工作。

2011—2015年，苏州积极推进河道畅流工程建设，包括大力实施拆坝建桥，消灭断头浜、断头河道，使河网水系畅流，轮浚村庄河道9157条7583千米，土方1.1亿立方米。共拆坝2049处，建桥1801座，清理各类杂船5944只。同时，与生态河道建设工程相结合，因地制宜、分门别类，主要引排水河道、集镇区河道尽量建设生态挡墙，村庄及野外河道以自然生态为主，同时加强河道水、坡、岸的绿化工作，营造既美观又实用的水生态环境，更加凸显出江南水乡风貌。2013年开展生态河道建设试点以来，完成生态护岸河道957千米，建成各种形式的生态护岸849千米，并提出除主要引排水河道及防洪圩堤外，不再建不透水性硬质护岸。

表7-4 1998—2002年苏州市第一轮河道疏浚完成情况

地区	累计完成量							
	完成土方（万立方米）	县级河疏浚（千米）	乡级河（千米）		中心河（千米）		生产河（千米）	
			新开	疏浚	新开	疏浚	新开	疏浚
张家港市	1952.40	131.60	5.20	289.30	9.80	1127.10	9.95	1553.00
		16.00	3.00	118.00	6.00	697.00	19.00	2720.00
常熟市	2175.12	34.43	2.00	235.06	0.60	982.40	0.30	1325.00
		6.00	1.00	110.00	1.00	836.00	1.00	1641.00
太仓市	1523.44	34.90	14.00	199.45	0.40	71.52	28.92	547.80
		4.00	10.00	107.00	1.00	53.00	30.00	593.00
昆山市	1424.00	96.00	2.00	198.00	—	196.00	6.00	1507.00
		42.00	1.00	82.00	—	225.00	9.00	1438.00
吴县市	3194.35	35.33	—	223.48	0.40	495.78	1.15	2380.00
		6.00	—	150.00	2.00	466.00	3.00	2826.00
吴江市	1752.78	58.70	5.80	636.43	2.30	379.06	2.60	1492.00
		26.00	6.00	495.00	3.00	403.00	2.00	2008.00
郊区	83.07	—	—	—	—	2.00	—	89.46
		—	—	—	—	2.00	—	110.00
工业园区	151.77	—	—	—	—	25.50	2.30	159.00
		—	—	—	—	17.00	4.00	229.00
高新区	46.90	0.78	—	5.66	—	8.70	0.70	51.55
		1.00	—	6.00	—	3.00	2.00	54.00

表7-5 2003—2005年苏州市第二轮农村河道疏浚完成情况

地区	累计完成量							
	完成土方（万立方米）	县级河疏浚（千米）	乡级河（千米）		中心河（千米）		生产河（千米）	
			新开	疏浚	新开	疏浚	新开	疏浚
张家港市	1339.03	65.57	—	95.40	—	51.00	0.65	1501.00
		9.00	—	46.00	—	44.00	2.00	3954.00
常熟市	906.78	39.20	2.00	83.65	8.50	65.80	4.30	518.40
		6.00	1.00	42.00	5.00	55.00	4.00	932.00
太仓市	731.55	36.13	25.00	96.11	1.50	29.51	5.50	321.60
		6.00	8.00	51.00	1.00	29.00	9.00	331.00
昆山市	452.60	—	—	85.00	—	68.00	—	472.10
		—	—	90.00	—	88.00	—	767.00
吴中区	800.33	39.38	8.50	126.87	1.60	205.18	1.50	374.00
		3.00	6.00	64.00	4.00	171.00	4.00	433.00
相城区	326.55	15.80	2.90	32.50	3.40	133.10	—	197.20
		5.00	2.00	20.00	2.00	176.00	—	239.00
吴江区	534.06	24.00	—	185.93	—	74.50	—	92.90
		9.00	—	129.00	—	94.00	—	136.00

续表

地区	累计完成量							
	完成土方（万立方米）	县级河疏浚（千米）	乡级河（千米）		中心河（千米）		生产河（千米）	
			新开	疏浚	新开	疏浚	新开	疏浚
工业园区	860.00	—	—	87.70	—	—	—	—
		—	—	75.00	—	—	—	—
高新区	52.24	0.03	—	24.65	3.40	0.02	—	7.00
		6.00	—	19.00	3.00	3.00	—	9.00

表7-6　2006—2010年苏州市农村河道疏浚完成情况

年份	村庄河道疏浚完成情况			河道绿化情况		结合水系调整		清理沉废船（只）	复垦土地（亩）
	数量（条）	长度（千米）	土方（万立方米）	绿化长度（千米）	折合面积（亩）	拆坝建桥（处）	打通断头河（浜）（千米）		
2006	3899	2671	3037	469	4503	—	—	3445	1540
2007	242	217.44	235.71	104.73	30.31	14	31.6	46	714.6
2008	205	209.09	298.33	107.9	32.9	10	9.18	195	254.5
2009	484	371.2	378.2	115	23	—	—	485	—
2010	187	129.71	165.302	12.7	18.26	25	9.449	748	335.3

表7-7　2016—2020年苏州市村庄河塘轮浚整治情况

地区	实施行政村等数量（个）	完成土方量（万立方米）	地区	实施行政村等数量（个）	完成土方量（万立方米）
2016年			昆山市	62	247.25
张家港市	38	350.28	吴江区	124	206.61
常熟市	33	237.34	吴中区	53	96.20
太仓市	88	103.74	相城区	32	97.43
昆山市	64	172.84	2019年		
吴江区	124	205.17	张家港市	38	246.84
吴中区	49	114.54	常熟市	32	277.54
相城区	35	89.84	太仓市	88	83.60
2017年			昆山市	55	227.25
张家港市	36	261.00	吴江区	106	159.99
常熟市	34	256.07	吴中区	52	113.90
太仓市	88	84.68	相城区	29	59.68
昆山市	59	246.83	2020年		
吴江区	124	180.79	张家港市	37	189.62
吴中区	56	91.88	常熟市	34	304.34
相城区	35	97.07	太仓市	88	85.06
2018年			昆山市	48	188.32
张家港市	35	219.49	吴江区	113	176.24
常熟市	36	248.07	吴中区	48	109.39
太仓市	88	88.75	相城区	31	77.48

二、"水美乡村" 建设

"水美乡村" 建设是水生态文明建设的重要载体，也是改善农村人居环境的有效途径。苏州认真落实省委、省政府加快推进生态文明建设的决策部署，持续推进农村水环境综合整治，并以实现"河畅、水清、岸绿、景美" 为目标，着力开展 "水美乡村" 建设。

根据2014年省水利厅 "水美乡村" 创建工作要求，苏州市建立镇村申报、县级复查、市级复核的工作机制，对照河道疏浚、水体通畅、防洪排涝、农田灌溉、水体保洁、水质达标、岸坡整治、植物措施、村容村貌、水土保持、水乡人文、长效管护、宣传到位等标准，逐项复核打分，得分超过90分的推荐给省水利厅审核。2014年向省水利厅申报张家港市凤凰、南丰镇，常熟市沙家浜镇，太仓市城厢、双凤镇，昆山市锦溪镇，吴江区七都镇，吴中区横泾街道等10个水美乡镇及张家港市乐余镇稻麦良种场、常熟市虞山镇梦兰村、太仓市沙溪镇太星村、昆山市花桥镇天福社区、吴江区汾湖镇杨文头村、吴中区临湖镇灵湖村、相城区望亭镇迎湖村等63个水美村庄。2015年、2016年全市分别有6个、4个乡镇被省水利厅命名为水美乡镇，分别有80个、21个村庄被命名为水美村庄。

根据《省水利厅关于加强 "水美乡村" 建设的通知》，苏州市组织进行2014—2016年度 "水美乡村" 现场检查和复核评估。其中，"水美乡镇" 18个、"水美村庄" 155个。

表7-8　2014—2016年苏州市水美乡镇名录

年份	地区	乡镇名称	年份	地区	乡镇名称
2014	张家港市	凤凰镇	2015	常熟市	董浜镇
	张家港市	南丰镇		太仓市	沙溪镇
	常熟市	沙家浜镇		昆山市	周庄镇
	太仓市	城厢镇		吴江区	吴江开发区（同里镇）
	太仓市	双凤镇		吴中区	临湖镇
	昆山市	锦溪镇	2016	张家港市	大新镇
	吴江区	七都镇		常熟市	碧溪新区
	吴中区	横泾街道		太仓市	璜泾镇
2015	张家港市	常阴沙现代农业示范园区		吴江区	震泽镇

表7-9　2014—2016年苏州市水美村庄名录表

年份	地区	村庄名称	年份	地区	村庄名称
2014	张家港市	杨舍镇善港村船务里	2014	常熟市	虞山镇梦兰村
		杨舍镇闸上村柴头湾			梅李镇瞿巷村
		锦丰镇光明村			海虞镇钱家庄
		乐余镇永利自然村			碧溪新区浒西村
		乐余镇扶海自然村			古里镇康博村
		乐余镇稻麦良种场			支塘镇蒋巷村
		乐余镇畜禽良种场			董浜镇观智村
		凤凰镇金谷村朱家弄			尚湖镇张村村
		南丰镇建农村			辛庄镇张港泾村
	常熟市	虞山镇东青村		太仓市	浏河镇何桥村
		虞山镇福圩村汪家宅基			（新区）珠江社区

续表

年份	地区	村庄名称
2014	太仓市	城厢镇万丰村
		城厢镇东林村
		城厢镇电站村
		沙溪镇香塘村
		沙溪镇太星村
		璜泾镇雅鹿村
		璜泾镇杨漕村
		双凤镇庆丰村
		双凤镇勤力村
		浮桥镇绿化村
		浮桥镇三市村
	昆山市	锦溪镇三联村
		锦溪镇长云村
		高新区姜巷村
		高新区唐龙村
		淀山湖镇六如墩村
		张浦镇姜杭村
	吴江区	太湖新城（松陵镇）东庄田村
		太湖新城（松陵镇）陆家湾村
		平望镇油车港村
		震泽镇三扇村
		汾湖开发区（黎里镇）东联许庄村
		汾湖开发区（黎里镇）杨文头村
		七都镇开弦弓村（南村）
		吴江高新区（盛泽镇）五景村
		吴江开发区（同里镇）北联村
		桃源镇芦菲浜村
	吴中区	横泾街道新路村
		临湖镇湖桥村
		临湖镇灵湖村
		临湖镇石塘村
	相城区	黄埭镇新巷村
		望亭镇迎湖村
2015	张家港市	杨舍镇南庄村南湖苑自然村
		杨舍镇东莱村盛家埭自然村
		金港镇永兴村
		金港镇朱家宕村
		锦丰镇福利村
		锦丰镇南港村
		塘桥镇何桥村
		塘桥镇金村村
		乐余镇向群村
		乐余镇东林村
		乐余镇红星村
		凤凰镇程墩村酒店弄自然村
		南丰镇永联村
		大新镇龙潭村朝东埭自然村
		大新镇龙潭村新套埭自然村
		常阴沙现代农业示范园区常兴社区
	常熟市	虞山镇中泾村
		梅李镇天宇村
		海虞镇里泾村直北娄
		海虞镇七峰村上山巷
		碧溪新区龙桥村
		碧溪新区浒东村
		古里镇坞丘村
		古里镇苏家尖村
		支塘镇阳桥村
		支塘镇何北村
		沙家浜镇新湖村龚家湾
		沙家浜镇昆南村南里泾
		尚湖镇河金村
		辛庄镇旺倪桥村
		辛庄镇桃园村
	太仓市	浏河镇河南新村
		浏河镇斑竹园
		（新区）花北村
		（新区）华盛园社区
		城厢镇永丰村
		沙溪镇岳星村
		沙溪镇洪泾村
		璜泾镇孟河村
		璜泾镇王秀村
		双凤镇新闾村
		双凤镇黄桥村
		双凤镇凤中村
		浮桥镇新邵村
		浮桥镇牌楼社区
	昆山市	张浦镇金华村
		张浦镇赵陵村
		张浦镇清水湾村
		巴城镇石家浜村
		巴城镇龙潭湖村
		巴城镇华社前村

续表

年份	地区	村庄名称	年份	地区	村庄名称
2015	昆山市	千灯镇歇马桥村	2015	相城区	阳澄湖度假区莲花村南岸村
		千灯镇吴家桥村			阳澄湖度假区清水村
		周庄镇双庙村唐家浜自然村			阳澄湖度假区莲花村西舍村
		周庄镇龙亭村蟠龙自然村	2016	张家港市	金港镇袁家桥村肖家庄
	吴江区	太湖新城（松陵镇）新营村			锦丰镇协仁村谐和埭
		吴江开发区（同里镇）叶明村			塘桥镇牛桥村
		吴江开发区（同里镇）肖甸湖村		常熟市	支塘镇项桥村小圩
		汾湖开发区（黎里镇）黎星村葫芦兜自然村			董浜镇新民村
		汾湖开发区（黎里镇）新钢村贺家浜自然村			东南街道小康村
		平望镇溪港村		太仓市	城厢镇太丰社区
		吴江高新区（盛泽镇）沈家村沈家坝自然村			沙溪镇半泾村钱桥巷自然村
		震泽镇龙降桥村			双凤镇新卫村
		震泽镇齐心村香洞湾自然村		昆山市	花桥镇天福社区
		桃源镇严慕村西亭后浜自然村			周市镇东方村
	吴中区	光福镇香雪村			周市镇市北村
		东山镇三山村		吴江区	吴江开发区（同里镇）方尖港村
		金庭镇石公村			震泽镇众安桥村
		角直镇澄墩村			桃源镇新亭村西南浜自然村
		角直镇湖浜村		吴中区	光福镇香雪村浮庙自然村
		临湖镇东吴村			临湖镇陆舍村南港自然村
		临湖镇前塘村			东山杨湾村
	相城区	北桥街道北渔社区		相城区	渭塘镇凤阳村
		开发区漕湖街道倪汇村			太平街道聚金村
		望亭镇项路村			黄桥街道生田村
		望亭镇宅基村			

三、河道长效管理

制度体制 从1998年起，经过5年河道基本疏浚一遍。但因疏于管理，水生植物滋生蔓延，各种生产、生活垃圾抛填河道，污水直接排放，河道又重新淤塞。为巩固河道疏浚整治成果，2002年9月11日，苏州市政府在张家港市召开农村河道长效管理现场会，开展农村河道长效管理工作。

2003年，苏州市水利（水务）局制定《苏州市农村河道长效管理考核办法（试行）》，经过2004年及2005年两年的修改和实施，逐步完善。各县（市、区）通过试点，在办法修订、队伍建设、资金筹措、建章立制、宣传发动及台账资料等方面积累丰富的经验，形成一套较为完整的河道长效管理制度。农村河道长效管理机制包括河道轮浚和河道长效管护机制两个部分，要求各地编制河道轮浚规划（计划），建立河道长效管护机制。省、市一方面根据完成的县乡河道轮浚任务给予奖补，另一方面按河道管护检查考核结果确定等级和名次给予奖补。

2005年1月和11月，苏州市分别公布实施《苏州市河道管理条例》和《苏州市蓝线管理办法》，为各县（市、区）制定和出台河道管理实施办法及蓝线管理办法提供有力的法律依据。

2012年，各地根据领导分工调整情况，及时调整完善组织领导网络。常熟市加强河道管理组织领导网络建设，健全由分管市长任组长，水利、建设、财政、农林、环保、爱卫、农办等部门为成员的领导小组，各镇也相应健全完善组织领导网络。太仓市实行行政首长负责制，河道长效管理工作纳入干部考核体系，市政府与各镇政府签订河道长效管理责任状，明确部门职责、资金投入、管理要求及奖惩措施。昆山市政府向全市转发《昆山市河道长效管理以奖代补考核办法》，明确各区镇人民政府为河道长效管理工作责任对象。

2013年，各县（市、区）出台河道长效管理办法及考核细则，成立以分管领导为组长，各镇分管领导、相关部门负责人为成员的河道长效管理领导小组，明确责任和分工，全面开展农村河道长效管理工作。张家港市大新镇河道保洁、绿化管理、道路卫生全部纳入新联村镇建设投资有限公司进行一体化管理。

2014年，苏州市政府下发《关于加强苏州市河道养护管理工作的意见》，明确市、县（市、区）、镇三级人民政府及相关部门的职责、养护管理目标和养护管理标准。苏州市水利（水务）局、财政局制定《苏州市河道养护管理工作检查考核办法（试行）》，苏州市水利（水务）局制定《苏州市河道巡查抽查实施细则（试行）》。

在河道长效管理过程中，各级都十分重视队伍的建设和人员的选用，做到县级有机构、镇级有组织、村级有专人，形成农村河道长效管理网络体系。张家港、常熟、太仓、吴江等县（市、区）成立河道管理处，具体负责县级以上河道的管理工作，并负责镇村级河道管理工作的业务指导。各镇成立由镇政府、水利站、爱卫办、环卫所等单位组成的河道管理领导小组，由镇政府主要领导担任组长，主要负责对镇级河道的管理，并指导开展村级河道的长效管理，实行镇长负责制，由水利站统一组织实施。各村成立河道管理领导小组，选聘有能力、有责任心的村民担任河道专职管理员。各县（市、区）在人员选用上既考虑家庭困难的低保户人员，更重视人员的素质，聘用身体健康、能力较强、有责任心的村民担任河道管理专职人员，并与河道管理员签订协议，为保洁员配备救生设备及购买人身保险等，加强安全防范措施。2007年，全市建立各级管理机构752个，聘请保洁员8239人。2012年，全市调整组成333个河道长效管理领导机构，聘请河道管理员8455人。2013年，全市调整组建河道长效管理机构324个，聘请河道保洁员8540人。2014年，全市调整组建河道长效管理机构252个，聘请河道保洁员8608人。

宣传教育　各地都采取多种方式大力宣传河道长效管理和爱河护河的重要性，让社会各界了解河道、关心河道、爱护河道，支持并参与河道长效管理工作。2003—2005年，苏州市水利（水务）局连续3年在《苏州日报》上刊登河道长效管理的系列报道。2003年，太仓市城厢镇印发以“河道保洁、人人有责”为标题的公开信，分发到每家每户，吴江市平望镇开展“爱护河道、人人有责，清洁河道、从我做起”的宣传活动，提高广大村民的爱河、护河意识。2005年，昆山市制作《生命之水》《保护河道、保护城市的血液》两部电视专题片，在电视台黄金时段多次播放。吴中区制作河道长效管理宣传牌，在各乡镇巡回展示。2006年，常熟市海虞镇政府通过分发致海虞人民的一封公开信、“爱护母亲河”倡议书及开展“爱护母亲河”系列征文活动，爱河护河宣传进社区、进单位、进学校。高新区通安镇向村民发出《告村民书》，进行广泛宣传。

2013年以来，全市利用各种媒体，开展广泛宣传。《苏州日报》《姑苏晚报》《城市商报》和苏州电视台、苏州广播电台等新闻媒体对全市河道整治、生态建设、河道长效管理等工作进行连续报道和宣传。《苏州日报》头版报道太仓市水生态文明建设工作。张家港、常熟、吴中、相城等县（市、区）添置和完善河道公示牌，起到宣传和接受群众监督的作用。昆山电视台、《昆山日报》多次报道河道保洁先进事迹，提高河道长效保洁工作的社会知晓度和群众参与度。

经费投入 自2002年实行农村河道长效管理机制起，全市采用市级奖励、县级补助、乡村配套的办法，多渠道、多层次筹措资金，落实农村河道长效管理经费。普遍采用的办法是：每村每年由市、县（市、区）财政补助4000元，乡镇配套4000元，有条件的村适当增加管理费用，并建立河道管理专户，实行专款专用。

2002年，张家港市按每村每年4000元的标准由市财政补贴，镇级按1∶1配套，落实河道管理经费，做到建管结合，一建就管，河道长效管理步入规范化轨道。昆山市为改善农村生态环境，市财政拨专款500万元，在全市170个农业村中开展清洁村庄、清洁家园、清洁河道的“三清”活动，各村都成立一支保洁队伍，负责打捞本村河道漂浮物，确保河道、河边整洁。各县（市、区）借鉴张家港长效管理的经验，由政府出台办法，落实资金。

2003年，全市共落实该项经费2897万元。其中，县级财政投入达1015万元，镇村配套1882万元。

2004年，全市共投入农村水利建设资金5.58亿元。其中，县级以上投入1.56亿元，镇级投入3.22亿元，村自筹0.8亿元；共投入农村劳力340万工日，完成农田水利总土方2741万立方米，达年度计划的106%。

2005年，全市按照市级奖励、县级补助、镇级配套、村级补充的办法，投入河道长效管理资金近5000万元。

2006年，全市落实管理经费近6000万元，形成较为完善的管理网络。大部分县（市、区）河道长效管理实行市场化运作。为鼓励先进、激励后进，根据2006年度年初预算安排和有关规定，对获得农村河道长效管理优胜市（区）、先进市（区），以及先进镇称号的单位实行以奖代补奖励；以奖代补经费全部用于补助各地农村河道长效管理等工作，经费将通过苏州市级农业发展基金专户下达。

2007年，全市投入管理经费6000多万元，形成完善的管理网络。不少县（市、区）和乡镇实行河道长效管理的市场化运作或市场化运作的试点工作。张家港市、昆山市完成2007年度农村河道管理员的公开招聘工作，经培训后全部上岗。

2008年，落实农村河道长效管理经费9000多万元。2009年，全市加大河道长效管理经费的投入，落实河道长效管理经费共计9984万元。2010年，全市落实经费超过1亿元。2011年，全市河道长效管理经费超1.1亿元。

2013年，全市各级落实管理经费1.54亿元。其中，市级补助300万元，县级财政4864万元，镇级财政8515万元，村级补充1761万元。昆山市超过4000万元，太仓市超过1500万元，其他县（市、区）也均超过1000万元。

2014年，全市落实管理经费1.64亿元。其中，市级补助300万元，县级财政6290万元，镇级财政7892万元，村级补充1930万元。昆山市超过4000万元，连续多年年增长在10%；太仓市超过2164万元，增长25%；常熟市、高新区等县（市、区）财政补助增幅分别达50%和100%；其他县（市、区）也均超过1000万元。

2015年以后，河道管护经费落实有序。2017年城乡河道养护管理考核经费1500万元，2018年城乡河道养护管理考核经费1500万元。

检查考核 苏州市财政局、水利（水务）局每年两次对各地组织领导、宣传教育、规章制度、队伍建设、经费落实、台账资料、管理效果及群众满意度等方面进行考核，并施行以奖代补。各地组织不同形式的检查考核活动，基本做到县级半年考核1次、镇级一个季度考核1次、村级一个月考核1次。吴江区采用明察暗访形式进行日常检查，每年年终考核由市政府组织四个检查考核小组，对全市各镇河道管理情况进行检查考核，要求每镇评出2个河道管理最差的村。太仓市水利（水务）局每个局长挂钩1—2个乡镇，责任落实到局长，并列入年度工作考核内容。常熟市委、市政府组织农工办、财政局、水利（水务）局、农林局、环保局、爱卫办等部门分组对全市各镇的河道清理及长效管理工作进行检查打分。张家港市要求河道巡查员每天对每个河管员的上岗情况、上岗时间、工作内容及完成情况进行检查记录，在此基础上水利站每月对河管员进行考核，水利（水务）局有重点地每季度对镇进行考核，将考核结果与评先、报酬挂钩。吴中区浦庄镇印制保洁员考评计分卡，根据出勤、安全、质量、管理、监督等五方面进行评分；横泾镇对保洁员每月进行2次考核，召开1次例会，并进行优秀保洁员的评选。同时，抓好河道保洁台账资料的管理。张家港市建立考核制度、巡查记录、聘用协议、百分考核、管理月报、总结汇总等台账资料，将全市范围内的河道全部排序编号，以镇或村为单位在水系图上标注。常熟制订统一的河道保洁台账资料档案管理要求，明确各镇收集资料和记入内容台账必须达到15种、12项的标准要求，各村也要收集12种资料，还制作河道清理、长效管理的VCD片子。昆山市、吴江区统一编制河道管理台账，统一格式、统一内容、统一管理、统一考核。

张家港市河道长效管理队伍开始主要由低保户、困难户组成，带有一定的照顾性质，随着长效管理的深入，这种模式越来越不适应管理的需要，于2003年在乐余镇开展河道长效管理市场化运作试点，2005年在全市范围内推行长效管理的市场化运作。他们总结出“公开招聘、分组管理、逐级考核、分组到人”的长效管理模式，由各镇面向社会公开招聘河道管理自然人或法人，组建河道长效管理队伍，实现专业队伍专业化，并签订责任状，组织培训；根据管理人员数量和管理范围大小，将管理队伍分为若干个管理小组进行分区域集中；水利站设立巡查员岗位，负责日常管理工作的巡查监督，形成“水利（水务）局—水利站—巡查员—保洁员”的检查考核机制，一级抓一级，一级对一级负责；所有巡查员、保洁人及责任地段、联系电话在市水利网站上公开，接受社会监督；巡查员每天对每个河管员的上岗情况、上岗时间、工作内容及完成情况进行检查记录，在此基础上水利站每月对河管员进行考核，水利（水务）局有重点地每季度对镇进行考核，将考核结果与评先、报酬挂钩。

吴中区河道长效管理由村级管理为主逐步转变为镇水利站统一管理，河道保洁员实行公开招聘、竞争上岗、择优录用、末位淘汰，接受社会监督。2005年起，昆山市政府明确河、湖长效管理由市水利（水务）局扎口管理，市水利（水务）局在水利站增设河道管理员，专门监督检查河道管理情况。常熟市市级河道实行市场化运作，达到节约增效的目的。相城区河道长效管理打破行政区划的限制，进行分段划片包干，落实到专人，有效杜绝互相推诿、扯皮现象。苏州工业园区唯亭镇通过镇农服中心直接管理保洁员，直接发放报酬，直接检查考核，河道长效管理效果明显，水平迅速提高。

2007年1月6—23日，由苏州市水利（水务）局、财政局组织有关人员，按照苏州市水利（水务）局《关于印发〈苏州市农村河道长效管理考核办法〉的通知》中规定的办法和要求，采用听取汇报、查阅资料、问卷调查、查勘现场的方式，对各县（市、区）河道长效管理的组织领导、宣传教育、规章制度、队伍建设、经费落实、台账资料、检查考核及管理效果等各个方面进行一次全面检查考核，并结合全年的不定期抽查及考核情况，以及当地群众来信来电反映情况进行综合评分打分。根据综合得分情况，决定授予昆山市、张家港市、常熟市、吴中区、苏州高新区等5县（市、区）2006年度农村河道长效管理优胜市（区）称号，决定授予苏州工业园区、太仓市、相城区、吴江市等4县（市、区）2006年度农村河道长效管理先进市（区）称号。根据各县（市、区）水利主管部门推荐，经苏州市级复查、考核、评比，决定授予陆家、大新、海虞、浒庄、通安、唯亭、城厢、元和、横扇等9个镇2006年度农村河道长效管理先进镇称号。

通过河道长效管理，全市河道内“三水”的蔓延之势得到有效控制，绝大部分地区水草连片生长的情况得到有效治理，水葫芦、水花生已基本消失，河道内随意设置网簖、河边垃圾成堆、河面漂浮物到处可见的现象大为改观。特别是一些地方通过沟通水系、控制污染源后，河道水质得到明显改善，有的地方甚至恢复六七十年代淘米洗菜的情景，许多河道两岸垂柳映绿，河水清澈，呈现一派农村新气象。

第三节　农业灌溉工程

一、高效节水灌溉建设

苏州市坚持以点带面，典型引路，结合实际情况，先集中力量规划建设一批具有代表意义的节水灌溉示范园，完善各项灌溉服务制度，真正做到节水增产，降本增收。通过示范园的建设，让群众得益、让领导看到节水灌溉前景广阔，从而吸引群众、调动广大干部群众的积极性，自觉、自愿地投入节水灌溉建设中来。到1999年底，全市建成各类防渗渠道4697千米，控制灌溉面积1113.4平方千米，占宜发展节水工程面积的40%（其中，1996—1999年共建设防渗渠道820千米，控制面积193平方千米）。共建防渗渠道307.81千米。其中，防渗明渠223.76千米、防渗暗渠84.05千米，是市下达任务的116%，控制面积为73平方千米。通过节水工程建设，有效保障作物需水要求，促进作物的正常生长。主要包括：行灌区改造或建设后，渠道衬砌化、沟渠建筑物配套齐全，灌溉输水快、渗漏少，与土渠相比，平均每亩可节水100立方米左右；在满足灌溉需要的前提下，因衬砌沟渠的断面尺寸比土渠小且稳定，如果是地下暗渠则不占土地，据测算平均每亩地可节地1%左右。其社会效益、经济效益相当明显。节水工程建成后，大大地提高排灌质量，能够迅速、及时地调节水稻各生长期及施肥、施药所需的水量，也有效地控制地下水位，给作物提供良好的生长条件。据测算，每亩农田比未实施工程的田块可平均增产25千克左右；土渠每年需要维护、清除杂草及淤泥3—4次，建成衬砌渠道后养护及检修比土渠容易且省工。据测算，每年可节省维修养护费0.5元/米左右；通过泵站改造及做衬砌渠道等节水措施，每亩耕地可节电2—5千瓦时；采用节水灌溉后可根据作物的需水情况进行灌溉，减少很大一部分回流水，既提高化肥及农药的利用率，又保护水环境，促进生态环境的良性循环。

随着城镇化、工业化的快速推进，基本农田减少，农田水利设施被破坏，特别是建设整治到位的旱涝保收田和吨粮田大量减少，农田建设逐步走入低谷，以防渗渠道建设为主的节水灌溉建设也处于停滞状态。随着产业结构的调整，经济作物种植的快速发展，作物的灌溉要求也相应提高，从2002年开始，以喷、滴灌为代表的，科技含量较高的节水灌溉建设步伐明显加快。到2002年底，全市已建成各类防渗渠道4680千米，控制灌溉面积1050平方千米，占总耕地面积的35%；建低压灌溉设施及喷微灌灌溉设施107公顷，铺设各级管道30多千米。通过灌溉泵站的改造、防渗渠道的建设及灌溉渠系的调整，大大提高农业灌溉水渠系利用系数。到2003年底，全市已建成各类防渗渠道4258千米，控制灌溉面积142万亩；有混凝土梯形渠道2048千米，地下暗渠2210千米，总投入资金34520万元。其中，县级以上财政投入7332万元、镇村自筹27188万元。2004年，积极发展高效节水灌溉技术，全年共建设防渗渠道48千米，增加受益面积2500亩，累计建设节水灌溉面积达3.3万亩，促进农业产业结构调整。

2009年，根据国家节水灌溉示范项目建设和管理的有关规定，苏州高新区通安镇树山村节水灌溉示范工程建设已全部竣工，并通过区水利、财政、发改等部门的初验。同时，根据国家节水灌溉示范项目建设和扩大内需项目管理的有关规定，吴中区越溪旺山生态园节水灌溉示范工程建设已全部竣工，并通过区水利、财政、发改、监察等部门的初验。

此外，在高效节水灌溉项目政策方面，虽未出台专门的政策文件，但重点给予扶持，优先列入中央、省级财政专项资金项目计划，特别是在现代农业园区建设中，除农业、国土投入外，对高效节水灌溉的水利设施投入陆续安排落实资金，形成有关示范项目。

表7-10　2010—2012年苏州市高效节水灌溉示范项目

名称	简介
太仓市陆渡现代生态农业示范区项目	2010年度建设，小型灌区喷微灌工程，实施面积3100亩，投资2359.2万元，亩均收入达到2500—2900元，每亩节水80立方米。
常熟市董浜、梅李镇高效节水灌溉工程项目	2010年度建设，小型灌区灌微灌工程，董浜镇实施面积3820亩，梅李镇实施面积1200亩，总实施节水灌溉面积5020亩，投资521万元。常熟市（董浜一期）高效节水灌溉项目工程实施后，预计每亩净增产值1550元，每亩年净增效益550元，水利用系数可达0.9。
吴中区现代农业示范园	2011年度建设，小型灌区渠道防渗工程建设2万亩，投资5800万元，灌溉水利用系数由0.4提升至0.6以上，同时提高农业综合生产能力。
相城区渭塘凤凰泾节水灌溉项目	2011年度建设，小型灌区灌微灌工程，实施面积2300亩，投资1072万元，灌溉水利用系数为0.3，节水灌溉工程实施后，节水效益有明显提高，喷滴灌工程实施后，灌溉水利用系数可达0.85。
吴江市同里高效节水灌溉项目	2012年度建设，小型灌区渠道防渗工程建设1.05万亩，投资1100万元，可改善灌溉面积1.05万亩，可年增产粮食55万千克，按1.92元每千克计，可达105.6万元；喷灌区0.3万亩增效（经济作物）按400元每亩，可达120万元，年增加经济效益共225.6万元。

表7-11　有关高效节水规划设计示范项目

名称	简介
吴中区甪直镇淞南村喷灌设计项目	甪直镇淞南村位于吴中区东部，片区面积6.2平方千米，区内共有14个自然村，农户1273户，户籍人口4105名，耕地面积3350亩。淞南村是苏州市新农村建设示范村，规划建设2000亩现代农业示范园区，致力于打造千亩特色农业示范区、千亩生态农业旅游休闲观光区。本规划确定对示范区内166亩药材种植区进行喷灌工程典型设计。典型设计区种植药材净面积166亩，以白花蛇舌草、藿香、鱼腥草、半枝莲、夏枯草、佩兰等6种药材为主。茂盛期株高在40—100毫米，均为喜温暖湿润气候，灌溉时最好采用喷灌，保持田间一定的湿润。种植区土地平整后平均地面高程4.6米，周围水网密集，堂林浦、北华滨、南华滨、和尚滨、云龙塘、阿头湾等河道与吴淞江相通，多年平均低水位为2.6米。
张家港市凤凰镇支山村桃园滴灌工程项目	凤凰镇位于张家港市南部，全镇总面积78.7平方千米。支山村（原名莺山村）位于凤凰镇西南端，总面积5.8平方千米，有47个村民小组，农户数1620户，总人口3920人；可耕地总面积3521亩，以种植水蜜桃为主，还保留一部分水稻种植和蔬菜种植。支山村千亩桃园连片面积1100亩，辐射带动以支山村为核心的方圆10千米范围内的800多户农户种植水蜜桃面积3500多亩，水蜜桃产业已成为凤凰镇老百姓增收致富的一项主要支柱产业。典型设计区位于支山村千亩桃园西部，面积约135亩。桃园滴灌工程总投资13.62万元。
昆山市周市镇市北基地大棚微喷灌设计项目	项目区位于周市镇市北基地园区的东南部，规划面积约为192.64亩。区内共布置大棚102个，南北向布置，宽7.5米、长60米，主要种植优质蔬菜、瓜果等，采用倒挂式微喷灌方式进行灌溉。

续表

名称	简介
常熟市董浜镇高效节水灌溉项目	董浜镇自2002年开始推广节水灌溉技术，至2014年建设高效节水灌区111个，种植区共有节水灌溉面积5万亩。其中，蔬菜瓜果区4万亩、水稻区1万亩。做到全镇节水灌溉全覆盖。规模化节水灌溉增效综合示范项目主要采用半固定式变频恒压供水管网微喷灌，有9个行政村，8000多户农民受益。累计建成41个灌区，新建泵站41座。投资1300万元，亩均投入1500元。
花桥天福万顷良田建设工程	花桥天福万顷良田建设工程位于昆山市花桥经济开发区东北角，东邻上海嘉定区外冈镇周泾村，西接国家级昆山经济技术开发区，南依省级花桥经济开发区，北靠上海嘉定区外冈镇和平村。花桥天福万顷良田建设工程以土地整理项目为载体，以实施城乡建设用地增减挂钩政策为抓手，以建设连片农田、实行规模生产、发展现代农业、提高综合生产能力为目标。通过工程区农地整理，推进农业经营规模化，农业生产现代化，加快社会主义新农村建设；通过建设用地空间整合，优化用地结构，节约集约用地。该工程结合江苏省农田水利重点县项目，自2009年开始施工建设，2011年建设完成，总投资4200多万元，总面积7006.79亩，工程主要涉及道路、桥梁、渠道、电灌站、站闸、土地平整、智慧灌溉等项目。

常熟市于2001年编制《常熟市“十一五”节水灌溉建设规划》，并按照规划分年逐步实施，至2005年，已建成董浜镇巷门村及树弄村，梅李镇梅东村，新港镇河坝村、李村村及李袁村，虞山镇尚湖茶果园等节水灌溉示范园，总面积233.33公顷。其中，喷灌220公顷、微灌13.33公顷。2011年，江苏省发改委《关于常熟市2011年度规模化节水灌溉项目实施方案的批复》，批复同意常熟市董浜镇规模化节水灌溉增效综合示范项目区。苏州市水利（水务）局以《关于常熟市2011年规模化节水灌溉项目增做工程的批复》，同意增做工程，确保工程效益充分发挥，主要建设内容为：增加灌区面积951亩，增设管道8.25千米及水表箱438只。批复工程建设完成土方开挖5.13万立方米，土方回填2.46万立方米，砼及钢筋砼1225立方米，钢筋30.15吨，管道铺设125.86千米，水泵机组及控制柜24台（套）。经常熟市水利工程质量监督站评定，常熟市节水示范项目工程质量等级评定为合格等级。该项目经审计核定工程实际完成投资1374.35万元。项目实施后，项目区内年节水215万立方米，亩增产100千克，每亩省工8工，年增经济效益843万元。

2013年，江苏省发改委、水利厅发布《关于常熟市2012年规模化节水灌溉项目实施方案的批复》，同意常熟市规模化节水灌溉增效综合示范项目区节水灌溉面积10650亩。其中，新建梅里微喷灌6600亩，虞山低压管道1900亩，碧溪低压管道2150亩。新建泵站24座，铺设管道83591.1米，排水沟2685米。苏州市水利（水务）局《关于常熟市2012年规模化节水灌溉项目施工图设计等相关资料的批复》，增加管道长度30.41千米、排水沟0.24千米。苏州市水利（水务）局《关于常熟市2012年规模化节水灌溉项目设计变更的批复》，同意虞山1号、2号泵站合并增加过河管道等，碧溪项目区增加管道1800米，梅里增加过路顶管675米、过河管道380米等，23座泵站增加场地配套设施。同时，《常熟市2013—2015年规模化节水灌溉增效示范项目实施方案》获得批复，经同意，通过《方案》实施，到2015年项目区发展高效节水灌溉面积33281亩（虞山10858亩、尚湖7346亩、辛庄3936亩、董浜2186亩、海虞1932亩、古里1200亩、碧溪5823亩）。其中，低压管道灌溉7905亩，喷微灌工程灌溉7429亩，衬砌渠道灌溉17947亩。工程建设内容为新建灌溉泵站57座（虞山19座、尚湖11座、辛庄4座、董浜5座、海虞6座、碧溪12座），铺设管道115.92千米（虞山61.41千米、董浜17.09千米、碧溪37.42千米），衬砌渠道108.68千米（虞山19.66千米、尚湖53.97千米、辛庄15.33千米、海虞11.44千米、古里8.28千米），排水沟64.96千米（虞山32.72千米、尚湖8.72千米、辛庄13.22千米、董浜2.19千米、海虞6.22千米、古里1.89千米）。

2014年，苏州市有节水工程面积62.85万亩。其中，渠道防渗灌溉35.66万亩，低压管道灌溉13.32万亩，喷灌7.60万亩，微灌6.28万亩。同时，江苏省发改委对《关于常熟市2011年度规模化节水灌溉项目实施方案的批复》做出批复，同意常熟市董浜镇规模化节水灌溉增效综合示范项目区节水灌溉面积15336亩。新建微灌区灌溉泵站24座，铺设供水管道116千米。根据省发改委、财政厅、水利厅《关于下达2014年省水利基本建设第三批投资计划的通知》和《常熟市规模化节水灌溉增效示范项目（2013—2015年）实施方案》，常熟市2014年规模化节水灌溉增效示范项目区总面积15.1平方千米，作物种植面积15305亩，涉及虞山、尚湖、海虞3个镇7个行政村的5个项目区，受益农民9595人（其中2014年辛庄、碧溪项目区调整到2015年实施，将2015年虞山、尚湖项目区调整到2014年实施）。通过项目实施，农田灌排设施全面配套，农业灌溉水平大大提高，规模化、设施化、专业化经营模式逐步扩大，农田产出效益明显增加。

2015年，规划节水工程面积86.06万亩。其中，渠道防渗灌溉面积49.41万亩，低压管道灌溉面积18.42万亩，喷灌10.18万亩，微灌8.05万亩。2020年规划保有量，节水工程面积110.61万亩。其中，渠道防渗灌溉64.21万亩，低压管道灌溉23.05万亩，喷灌13.80万亩，微灌9.55万亩。

2016年，《关于上报张家港市2016年中央财政高效节水灌溉工程实施方案的请示》获得批复，同意实施。项目区涉及乐余镇东林区、稻麦示范区和庆丰区3个项目区，项目区建设总面积3115亩。其中，低压管道灌溉3055亩，渠道灌溉60亩。专项资金项目建设主要内容为：建设灌溉站18座、电磁流量计18套、低压管道26.06千米、灌溉渠道0.42千米、排水沟4.47千米、机耕路4.22千米，新建人行桥1座，建设智能化信息系统1套。核定实施方案工程投资总概算为1237万元，其中中央财政补助460万元。其中，由地方财政自筹。

2017年，《关于上报常熟市2017年度中央高效节水灌溉补助项目实施方案的报告》获得批复，同意实施。项目位于梅李镇梅南村，项目区灌溉面积1245亩，新建低压管道输水灌溉1195亩、衬砌渠道灌溉50亩。主要建设内容：新建灌溉站5座，铺设低压管道10.5千米，新建排水沟4.2千米，新建机耕路7.3千米，配套计量设施5套。要求控制总投资概算642万元，中央高效节水灌溉补助资金200万元，其余部分由常熟市、镇两级财政配套和村自筹。

2018年，建设喷微滴灌和低压管理灌溉等高效节水灌溉面积9.27千公顷。常熟市还依托河海大学、扬州大学、科研院所进行技术攻关，成功研制半固定田间管道恒压供水系统。为彻底改变过去小型农水工程重建轻管的现象，实现工程良性运行，常熟市水利技术推广站牵头整合市水利技术推广站、镇农服中心以及各行政村资源，成立首个民办公助形式的镇级节水灌溉协会，由协会负责对本镇区域内节水灌溉工程实行统一管理、统一收费、统一维护，通过建章立制，明确责任权利，调动用水户积极参与节水灌溉工程和用水管理的积极性，降低用水成本，发挥已建工程效益；同时以协会为纽带平台，将节水灌溉技术的研究、推广、应用和管理融为一体，形成科研单位+管理单位+用水单位共同管理、共同推进、共同提高的新型推广服务模式，实现科研推广和农业生产的直接融合，加快科技成果转化为现实生产力的进程，并初步形成政府扶持、科技支撑、协会组织、百姓参与的节水灌溉技术服务体系。

表7-12　2001—2018年苏州市暗渠明渠建设情况

地区	暗渠		明渠	
	面积（平方千米）	长度（千米）	面积（平方千米）	长度（千米）
张家港	27.3	101.25	141	891.81
常熟	150.4	1063.25	166.6	1195.09
太仓	76.3	264.51	132.3	1094.46
昆山	49.1	117.47	58.9	298.09
吴江	15.8	42	125.8	759.1
吴中	8.2	27.25	15.4	186.78
相城	13	28.27	49.7	175.08
高新	10.4	17.18	23	50.69

表7-13　2018年苏州市高效节水灌溉工程建设情况

地区	高效节水灌溉		喷微滴灌		低压管道灌溉	
	面积（平方千米）	铺设各类输水管道长度（千米）	面积（平方千米）	铺设各类输水管道长度（千米）	面积（平方千米）	铺设各类输水管道长度（千米）
张家港	9.8	132	2.2	45	7.6	87
常熟	92.7	1370	33.9	697	58.8	674
太仓	25.2	376	9.6	197	15.6	179
昆山	9.7	199	9.7	199	—	—
吴江	4.5	70	2	41	2.5	29
吴中	2	37	1.5	31	0.5	6
相城	1.4	29	1.4	29	—	—

二、灌区达标建设

为提高灌区工程的建设管理标准，1990年开始开展灌区工程达标评比，出台《苏州市机电排灌达标泵站、达标灌区标准及评选办法》，1991年全市审定达标站65座、达标灌区9处。近30年来，全市通过丰产方、高标准农田建设、高效节水灌溉建设，基本形成灌排齐全、渠系配套的农田灌溉体系。截至2018年底，全市建成灌溉渠道6.83万条1.23万千米，排灌动力30460台452101千瓦，有固定站6319座。其中，纯灌站3953座、排灌结合站348座、排涝站2018座；排灌面积1665.7平方千米，占耕地总面积98%。

1993年制定印发《苏州市一九九三年度水利建设检查评比实施办法》，对土方工程及建筑物工程进行检查评比，至2001年共实施9年，每年评出15个水利建设先进乡镇和20个优秀配套建筑物，对苏州市的农田水利工程起到促进作用。

表7-14 1991年苏州市达标站、达标灌区统计

地区	达标泵站	达标灌区
张家港	后塍镇塍西电灌站、杨舍镇新城电灌站、港口镇庄泾电灌站、妙桥镇勤丰电灌站、南丰乡安东排涝站、德积乡拦门村排涝站	西张镇金谷灌区、杨舍镇新城灌区
常熟	辛庄镇界善排灌站、白茆镇山河排灌站、杨园镇治安排灌站、唐市镇塘渡排涝站、张桥镇平墅灌溉站、古里镇大翁排灌站、任阳镇任阳排涝站、冶塘镇西张灌溉站、珍门镇金家角灌溉站	王庄镇尤巷灌区
太仓	双凤镇塘东电灌站，直塘镇曾湾中电灌站、泥桥南电灌站、张泾东电灌站，南郊镇胜泾南电灌站、群星南电灌站、北娄电灌站、新农北电灌站，板桥镇新陆北电灌站，沙溪镇岳湾电灌站、三仓南电灌站、新河电灌站，浏河镇农场东电灌站，新毛镇新横东电灌站、万丰北电灌站、柴塘西电灌站，新湖镇汝江电灌站，娄东镇梅园电灌站	直塘镇青秧灌区，新湖镇维新灌区、岳堤灌区，沙溪镇胜利灌区、洪泾灌区，归庄镇迷东灌区，双凤镇凤南灌区，岳王镇岳西灌区
昆山	玉山镇南河电灌站、江浦灌排站，城北镇同心电灌站、东风排灌站，新镇野猫洞排涝站，正仪镇荣明电灌站，巴城镇黄金电灌站、合心电灌站，石牌镇大河双电灌站，陆杨镇横江电灌站、永新灌排站，周市镇红旗一电灌站、蔡泾电灌站，兵希镇牛童泾电灌站，蓬朗镇群英电灌站、新建东电灌站、北张电灌站，千灯镇南湾电灌站、南金星电灌站、卫星电灌站，石浦镇石北电灌站，淀东镇塘泾电灌站、南横电灌站，张浦镇胜利电灌站，大市镇陶雪电灌站，陈墓镇双联电灌站	—
吴县	湘城乡吴家排灌站、小娄港排灌站，北桥乡西钱灌溉站、洋塘灌排站，渭塘乡刘新灌排站，陆墓镇夏圩排灌站、马巷灌溉站，斜塘乡新华排涝站，黄桥乡青台排涝站，吴县新区澹台湖闸站	田泾乡官泾灌区、渭塘乡渭西灌区、陆墓镇花南灌区、黄埭乡长泾灌区、东桥乡金坞灌区
吴江	盛泽镇胜天泵站，南麻乡东庄泵站，七都乡菱南灌排站，桃源镇胜利灌排站，梅堰镇龙南灌排站，平望镇平西排水站，八都乡徐家漾排水站，金家坝乡杨坟头灌排站、肖庄排水站、九曲港排水站	黎里镇乌桥灌区、平望镇新丰灌区、梅堰镇联西灌区、芦墟镇甘溪灌区
郊区	—	娄葑乡桑家桥灌区

表7-15 1994—2001年苏州市水利建设检查土方工程评比情况

年份	土方工程先进、进步县		水利建设先进乡镇		
	先进县	进步县	一等奖	二等奖	三等奖
1994	—	—	吴县东山镇、张家港市塘桥镇	张家港市南沙镇，吴县越溪乡、陆慕镇，吴江市八都镇	常熟市藕渠乡、福山镇、任阳镇，昆山市张浦镇、石牌镇，吴江市震泽镇，太仓市璜泾乡、牌楼乡，郊区虎丘乡
1995	张家港市、吴县市	太仓市、常熟市、昆山市、吴江市、郊区、园区	张家港市南沙镇、塘桥镇	太仓市陆渡镇，吴县西山镇、东山镇、渡村镇	常熟市藕渠镇、张桥镇、福山镇，太仓市浮桥镇，昆山市陆扬镇、张浦镇，吴江市盛泽镇、震泽镇，郊区浒关镇，工业园区唯亭镇
1996	—	—	—	—	—
1997	张家港市、吴县市	常熟市、吴江市、昆山市、太仓市、园区、郊区	张家港市德积镇、后塍镇，吴县市西山镇，吴江市震泽镇	太仓市牌楼镇，常熟市赵市镇、唐市镇，昆山市玉山镇，吴县市黄埭镇	太仓市城厢镇、吴江市盛泽镇、昆山市城北镇、园区跨塘镇、郊区长青乡

续表

年份	土方工程先进、进步县		水利建设先进乡镇		
	先进县	进步县	一等奖	二等奖	三等奖
1998	张家港市、吴县市	太仓市、吴江市、常熟市、昆山市、郊区、园区	吴县市车坊镇，张家港市晨阳镇、后塍镇，太仓市浮桥镇	吴江市盛泽镇、八坼镇，吴县市陆慕镇，太仓市璜泾镇，昆山市城北镇	常熟市大义镇、古里镇，昆山市玉山镇，园区唯亭镇，郊区浒关镇
1999	常熟市、吴县市	张家港市、吴江市、太仓市、园区、昆山市、郊区	园区跨塘镇，常熟市福山镇、王庄镇，吴县市黄埭镇	太仓市新塘镇，吴江市盛泽镇，吴县市陆慕镇，张家港市东莱镇、鹿苑镇	郊区虎丘乡，太仓市鹿河镇，吴江市平望镇，昆山市石牌镇、南港镇
2000	吴江市、吴县市	常熟市、太仓市、昆山市、张家港市、郊区、园区	吴江市震泽镇、盛泽镇，吴县市东山镇、陆慕镇，太仓市岳王镇，昆山市南港镇	常熟市王庄镇、新港镇，园区娄葑镇，郊区浒关镇，张家港市泗港镇、鹿苑镇，太仓市鹿河镇，昆山市张浦镇	—
2001	—	—	吴江市盛泽镇、太仓市浏家港镇、张家港市港口镇、虎丘区横塘镇	张家港市德积镇，常熟市新港镇、练塘镇，吴江市南麻镇，吴县市陆慕镇	太仓市浏河镇，园区胜浦镇，昆山市陆家镇、玉山镇，吴县市渭塘镇

表7-16　1994—2002年苏州市水利建设检查配套建筑物评比情况

年份	水利建设配套先进、进步县		优秀水利配套建筑物		
	先进县	进步县	一等奖	二等奖	三等奖
1994	吴县、张家港市	吴江市、常熟市、昆山市、太仓市、郊区	吴县越溪龙翔排涝站、渡村闸站，吴江市菀坪菀东闸站，张家港市兆丰排涝站	常熟市沙家浜闸站、莫城青洲排涝站，张家港市南丰建农排涝站、塘桥青龙电灌站，吴江市青云御龙闸站，吴县西山排涝站	吴江市庙港南望闸站，张家港市妙桥洞泾电灌站、东莱团结闸站，太仓市浏河常青电灌站、城厢城北电灌站，昆山市巴城杨木排灌站、城北广福圩红星南站，常熟市张桥东古排灌站，吴县胥口新区排涝站，郊区浒关塘西排灌站
1995	—	—	张家港市晨阳南新电灌站、鹿苑鹿北电灌站，吴县市越溪张桥灌区（泵站）、蠡口泵站	张家港市南丰永丰排涝站，吴县市望亭迎湖灌区、横泾灌溉站，昆山市正仪项西闸站，常熟市支塘孟泾电灌站，太仓市南郊群星电灌站	常熟市王庄南村坝灌溉站、藕渠金东电灌站、白茆大闸排灌站，吴江市叶家港闸站、莘塔友好泵站，昆山市千灯浦套闸、陆家丰安闸站，太仓市直塘米中电灌站、璜泾新联电灌站，张家港市南沙电灌站（进步奖：太仓市九曲红光电灌站，昆山市玉山仓基河闸站，吴江市桃源双庆套闸、桃源新民套闸、梅埝庙头泵站，郊区长青富强闸站，园区跨塘龙会灌溉站）

续表

年份	水利建设配套先进、进步县		优秀水利配套建筑物		
	先进县	进步县	一等奖	二等奖	三等奖
1996	张家港市、吴县市	太仓市、常熟市、昆山市、吴江市、郊区、园区	吴县市黄桥张庄灌溉站，张家港市东莱七圩港排涝站、西张安庆电灌站，常熟市沙家浜红石闸站，吴江市八坼农创闸站，昆山市玉山共青排涝站	吴县市黄埭卫星灌溉站、横泾旺山灌溉站，昆山市玉山金鸡湖排涝站、正仪镇东排涝站，吴江市青云天亮闸站，太仓市浏河东仓电灌站，常熟市古里小桥巷闸站，张家港市妙桥西旸灌排站	常熟市白茆山泾排灌站、森泉陈张灌溉站，昆山市正仪黄潭闸站，张家港市大新万年电灌站，园区跨塘方泾电灌站，吴县市陆慕吕池灌溉站，吴江市平望胜墩灌溉站、北厍汾湖灌溉站，太仓市城厢东新电灌站、双凤黄桥灌排站，郊区虎丘新塘泵站
1997	张家港市、吴县市	吴江市、昆山市、常熟市、太仓市、园区、郊区	张家港市港口东南电灌站、东莱电灌站、塘市新丰电灌站，吴县市横泾尧南灌溉站、渭塘渭北灌溉站，昆山市城北同心排涝站闸，吴江市菀坪菀西泵站，太仓市归庄苏巷电灌站	张家港市南丰双德排涝站，太仓市南郊太安电灌站，常熟市王庄张村电灌站、兴隆杨荡灌溉站，昆山市正仪友谊排涝站、南郊千灯秦峰闸站、城北白窑灌排站，吴江市八都花园桥套闸、震泽虹桥排涝闸站，吴县市东桥灌溉站	吴县市城区胜利闸站，太仓市双凤南转电灌站、新湖苏界闸站，吴江市震泽思范桥防洪闸，常熟市珍门杨木灌溉站、唐市新泾电灌站，园区跨塘宋庄泵站，郊区浒关长亭闸站
1998	张家港市、吴县市	常熟市、太仓市、昆山市、吴江市、园区、郊区	吴县市甪直西庄电灌站，太仓市璜泾新联北电灌站、城厢花墙灌排站，常熟市莫城燕泾排灌站，吴江市北厍张家港排涝站，昆山市张浦吴家灌溉站，张家港市泗港西大房电灌站、东莱福前排涝站	太仓市城厢团结河闸站，常熟市白茆金塔排灌站、张桥中安电灌站，吴县市黄桥桥西排涝站、蠡口朱巷电灌站、东桥罗泾桥泵站，昆山市城北同心排灌站、南港排涝站，张家港市西张南电灌站，太仓市城厢刘家河排涝站	吴江市梅堰桃花漾泵站、平望大河港套闸、铜罗高路泵站，张家港市晨阳南新二站，常熟市淼泉鱼池坝闸站，昆山市正仪群南排灌站，园区跨塘虹桥灌溉站，郊区横塘乡蒋墩灌排站
1999	常熟市、吴县市	张家港市、工业园区、吴江市、太仓市、昆山市、郊区	常熟市古里团结排灌站，昆山市千灯大塘电灌站、花桥蓬南电灌站，太仓市同心灌排站，张家港市凤凰杨家桥电灌站、锦丰锦西河闸站，园区跨塘中心电灌站，吴县市西山示范区灌溉站	昆山市周庄新泾排涝站，太仓市新毛明星灌溉站、鹿河新泾南灌溉站，吴江市盛泽兴桥排涝站、八坼友谊泵站、七都排涝站，张家港市大新海坝排灌站，常熟市唐市西排涝站、张桥东新电灌站、练塘路北电灌站	吴县市城区城西泵闸站、渭塘渭中排涝站、黄埭埝里套闸，张家港市乐余团结河闸站，昆山市千灯东方电灌站，郊区长青杨家庄闸站

续表

年份	水利建设配套先进、进步县		优秀水利配套建筑物		
	先进县	进步县	一等奖	二等奖	三等奖
2000	常熟市、昆山市	张家港市、吴江市、太仓市、工业园区、吴县市、郊区	张家港市新杰排涝站、南丰永联排涝站，常熟市古里北高场排灌站、王庄山界灌溉站，吴江市梅堰丁香坝闸站，昆山市城北红旗闸站、蓬朗邵泾排涝站、兵希夏东闸站	常熟市白茆周家桥排灌站、兴隆虹桥闸站，张家港市南沙马桥电灌站，吴江市松陵东城河闸站、七都双石港闸站，太仓市双凤勤力泵站、新安泵站、新湖北翁泾泵站，昆山市开发区李其河闸，园区胜浦一号闸站	吴江市八都贯南排涝站，张家港市后塍丰庄电灌站，吴县市蠡口莫阳泵站、陆慕文陵闸站、尹山湖金丝港排涝站、城区西塘河北站，郊区虎丘新开河闸站，太仓市南郊新农南站
2002	—	—	优秀配套建筑物：张家港市南丰排涝站工程、杨舍包港排涝站工程、杨舍范港东排涝站工程，常熟市沙家浜张泾排涝站、沙家浜沙霞排涝站、莫城徐湖溇排涝站、虞山浦浜排涝站，太仓市西城河闸站工程、城区防洪工程（包泾河闸站），昆山市孔港河站闸工程、白墅浦站闸工程、周市太平河排涝站、玉山西环娄站闸工程，吴中区长桥朱家桥泵站，吴江市松陵方尖港泵站、松陵淞南泵站、桃源新民排涝站、菀坪新坪排水站、七都吴娄港闸站		

三、高标准农田水利建设

苏州市节水灌溉工程建设主要为中低产田改造与丰产方、高标准农田建设相结合及高速公路、国道、省道两侧的丰产示范方建设，基本要求建成一处，成一处景点。中低产田改造，建设丰产示范方是实现农业基本现代化的重要标志之一。按照省委、省政府、市委、市政府的要求，按照省水利厅农田水利建设标准，大力整治农田，做到农田规格化、田间园艺化、沟渠衬砌化、道路砂石化，沟渠路林、闸站桥涵配套齐全，使田块适宜机械化耕作。在沟渠、闸站配套上继续贯彻灌得快、排得快、降得下的标准，做到旱、涝、渍兼治，达到节水、稳产、高效。

根据中央的决定精神，“八五”“九五”期间，全市紧紧围绕防洪保安全、改造低产田、建设吨粮田、增粮增棉这一目标，按照挡得住、排得快、灌得好、降得下、能控制的标准，大力开展农田水利基本建设，积极进行低产田改造和吨粮田建设，进行沟、渠、田、林、路综合治理，站、闸、桥、涵、河全面配套，每年改造中低产田10万亩左右，建吨粮田10万亩左右。

1992年开始，全市按照“大灾后反思，反思后大干”的要求，精心组织实施中低产田改造和吨粮田建设，由小面积转向大面积，由公路沿线转向边缘死角，由低标准转向高标准，由单项治理转向综合治理，田间排灌渠道进行衬砌，田间工程向规格标准化、设施现代化、管理科学化发展，为农业现代化和农村规模经营创造条件。

1994年全市遭受严重旱灾后，苏州市农业局、水利局、土地管理局于1995年联合制定《苏州市吨粮田建设标准》。同年，提出“三高一创”的高标准吨粮田建设。

1996年，根据省委、省政府要求加快沪宁高速公路沿线现代化农田水利建设的指示和省水利厅《关于抓紧开展沪宁高速公路江苏段现代化农田水利示范带建设工作的通知》，开展沪宁高速公路沿线农田的规划整治工作，按照吨粮田水利建设的要求，规划建设42平方千米，到1999年，实际完成31平方千米。同年，根据水利部、计委、财政部、中国人民银行、中国农业发展银行《关于“九五”期间在全国建设300个节水增产重点县和建设节水型井灌区的通知》，吴县市被定为“九五”期间全国300个节水增产重点县之一。吴县市“九五”期间计划发展节水灌溉69平方千米，实际完成67平方千米。

1997年，沪宁高速公路苏州段涉及吴县、昆山、工业园区和苏州郊区的13个乡镇109个村，沿线两侧各1000米内的面积共有16.55万公顷。由于公路建设过程中打乱了原有的水利设施，加上沿线农田高低不平，废浜废潭较多，苏州市编制沿线整治规划。根据高标准农田水利建设的要求，按照“农田规格，沟渠配套，圩堤达标，河道顺直，道路畅达，田园绿化，配套合理”的标准，整个工程规划平整土地8.8万亩，完成土方988万立方米，建设衬砌沟渠749千米，修筑机耕道路422千米，新建闸站198座，改建14座，总投资1.96亿元。其中，吴县市东桥、昆山市正仪、工业园区跨塘和唯亭4个乡镇是苏州沿线示范带建设的试点区，也是列入省重点建设的试点区，总面积5863亩。通过各地的建设，推坟堆，填废浜，全市平整土地11680亩，衬砌防渗渠道125条43千米，新建站、桥、涵、闸20座，修筑机耕道路80条43千米，建设高标准示范中心方2603亩。

到2000年底，全市建成旱涝保收田2720平方千米。其中，完全达到旱涝保收田标准1845平方千米，建成吨粮田368平方千米，达到历史最高水平。2060平方千米农田达到日雨200毫米2天排出的排涝标准，占耕地面积的68.3%；2983平方千米农田达到70天无雨保灌溉的标准，占耕地面积的98.7%；1817平方千米农田达到1米以上降渍标准，占总耕地面积的60%。

2005年末，全市耕地面积24.78万公顷。其中，达到旱涝保收田标准的22.63万公顷，吨粮田3.2万公顷，17.6万公顷农田达到日雨200毫米2天排出的排涝标准，24.3万公顷农田达到70天无雨保灌溉的标准，14.8万公顷农田达到1米以上降渍标准。

四、小型农田重点县建设

根据中共中央、国务院《关于切实加强农业基础建设进一步促进农业发展农民增收的若干意见》，加快推进农田水利基础设施建设。财政部、水利部印发《中央财政小型农田水利重点县建设管理办法》，全市借助编制完成的新农村建设镇村水系规划，积极开展中央财政小型农田水利重点县申报和编制工作。昆山市通过竞争性立项，2009年争取到第一批重点县项目。

为进一步规范管理小型农田水利建设，研究制定一整套建设管理办法。印发《苏州市小型农田水利贯彻招投标管理指导意见》《苏州市2010年度中央财政小型农田水利设施项目质量监督方案（试行）》《关于抓好中央财政小型农田水利重点县项目建设管理工作的意见》《关于进一步完善中央财政小型农田水利重点县项目建设管理程序指导意见的通知》《苏州市小型水利工程管理体制改革实施方案》。各地补充制定相关管理规范，汇编成《重点县项目建设管理文件汇编》，确保项目投入建设，同时为顺利争取二、三轮重点县建设项目创造条件。

“十二五”期间，昆山市、张家港市、太仓市、吴江区还争取到第二轮重点县项目，太仓市、吴江区争取到中小河流试点县项目，常熟市争取到中央的高效节水灌溉项目，2009—2015年全市争取到省级以上投资近10亿元。2009—2012年建成高标准农田和高效节水灌溉面积28万亩。常熟市董浜镇通过水利部高效节水灌溉推广示范基地的审查验收。

到2018年，昆山市、张家港市、太仓市、吴江区、吴中区、相城区一共争取9个批次重点县项目，总投资260920万元。

表7-17　2009—2017年苏州市重点县建设高标准农田面积

单位：万亩

年份	张家港	常熟	太仓	昆山	吴江	吴中	相城
2009	—	0.43	—	2.05	—	—	—
2010	1.04	0.80	2.75	0.62	0.95	—	—
2011	0.97	3.51	1.65	0.37	0.86	0.85	0.05
2012	1.18	2.77	3.15	2.03	0.61	0.08	0.13
2013	0.92	2.38	2.44	0.30	1.00	—	0.02
2014	0.08	3.46	2.45	0.30	1.10	—	—
2015	0.84	3.28	2.88	0.34	0.50	—	—
2016	—	2.00	1.11	—	0.01	—	—
2017	—	0.87	0.47	0.05	0.01	—	—

表7-18　2017年苏州市中央财政小型农田水利重点县项目任务完成情况

地区	渠系工程			灌溉站（座）	圩区工程建设				沟道（河道）整治				生态护坡（千米）
	衬砌渠道（千米）	渠系建筑物（处）			排涝站（座）	闸、涵（座）	圩堤加固（千米）	挡墙（千米）	数量（条）	长度（千米）	土方（万立方米）	护坡（千米）	
		新建	改造										
张家港	226.85	3137	—	216	88	66	8.99	—	53	77.89	56.76	44.17	27.41
常熟	376.64	30604	—	311	22	35	6.72	3.98	29	34.37	42.1	—	—
太仓	546.69	19573	—	383	3	28	24.56	—	—	702.41	518.89	—	—
昆山	198.43	3562	1227	56	34	44	80.05	—	437	468.44	559.17	34.39	34.39
吴江	260.848	630	—	102	33	66	8.76	11.133	33	40.00	55.81	32.56	25.58
吴中	20.13	29	—	15	27	42	16.08	—	115	116.57	170.38	59.23	59.23
相城	47.81	146	—	25	23	29	—	—	38	54.92	172.38	51.78	51.78

第四节　水土保持

一、发展概述

苏州市水土保持工作起步于1956年，从全面规划、综合治理入手。60年代主要开展江海河湖堤防的绿化工作，部分地区进行零星整治。70年代后抓紧实施沙土区农田林网化工作，80年代推进水土保持工作，90年代水土流失防治的同时落实管理责任制。进入21世纪，苏州市水土保持工作迎来大发展时期。

2004年，开展吴中区水土保持生态修复试点工作，在西山镇结合生态旅游，在涵村重点实施生态示范小流域治理工程，主要是结合林果茶园改造，应用生物有机肥料对坡地土壤进行改良，根据坡地特点实行林果茶综合治理，推广碧螺春茶园标准化建设和茶果混作栽培技术，提高山坡生态利用效率，并采取措施，限制向100米等高线以上拓展；结合山体地形，布设水平沟、纵向沟、蓄水塘，配备潜水泵、软管，形成一个蓄泄防相结合的灌溉体系。种植茶树200亩，果树190亩，修复撇洪沟2千米，修建蓄水池1个，修建道路7千米，工程总投入160万元。其中，省级50万元。

2006年，遵照省政府《关于划分水土流失重点防治区和平原沙土区的通知》和省水利厅、发改委、环保厅《关于进一步加强建设项目水土保持监督工作的通知》等文件，明确苏州市水土流失

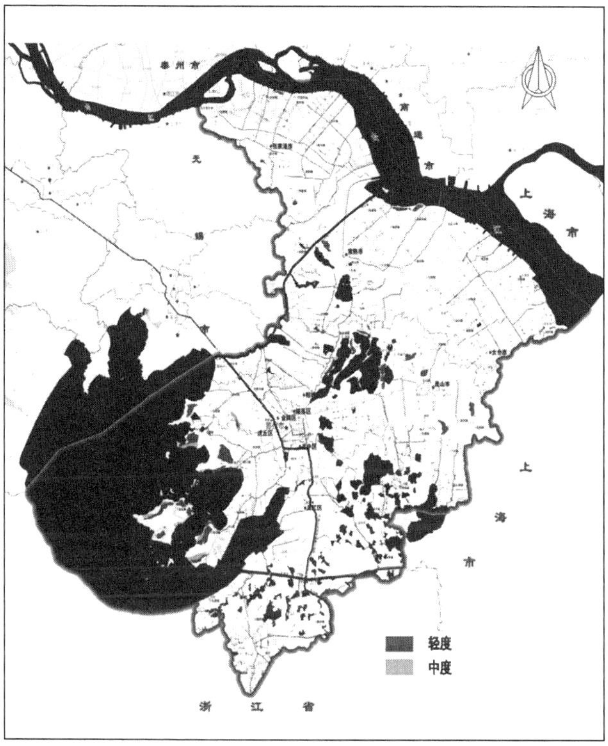

图7-1　2020年苏州市水土流失图

的类型及面积。苏州市水土流失的类型主要是水力侵蚀，全市水土流失面积38.09平方千米，占土地总面积的0.43%，其中，轻度流失面积31.72平方千米、中度流失面积6.37平方千米。各县（市、区）水土流失面积分别为：吴中区31.62平方千米（轻度25.27平方千米、中度6.35平方千米）；常熟市2.78平方千米，全部为轻度流失；昆山市1.76平方千米，全部为轻度流失；虎丘区0.91平方千米（轻度0.89平方千米、中度0.02平方千米）；相城区0.53平方千米，全部为轻度流失；张家港市0.49平方千米，全部为轻度流失；城区、工业园区、吴江市及太仓市无水土流失面积。

2015年，苏州市水利（水务）局下发《关于进一步加强建设项目水土保持监督工作意见的通知》，并根据水土保持工作要求修订完善。2018年，市政府下发《关于建立苏州市水土保持规划实施情况考核工作联席会议制度的通知》，建立市级水土保持联席会议制度，并要求各县（市、区）也成立相关制度。

2017年7月，按照建设生态文明、推进资源节约型和环境友好型社会要求，依据《水土保持法》《江苏省水土保持条例》《水土保持规划编制规范》及国家、省水土保持规划成果，苏州市水利（水务）局开展苏州市水土保持规划工作。苏州市政府编制完成《苏州市水土保持规划（2016—2030年）》，明确2016—2030年全市水土保持工作要点和任务。

《规划》根据全国水土保持区划成果，提出苏州市水土保持区划。苏州市属于南方红壤区（Ⅴ）——江淮丘陵及下游平原区（Ⅴ-1）——太湖丘陵平原水质维护人居环境维护区（Ⅴ-1—4sr）。在江苏省水土保持区划中，苏州市涉及3个四级分区：苏锡常沿江平原人居环境维护农田防护区、苏州东平原水网人居环境维护水质维护区、苏锡湖滨丘陵水源涵养人居环境维护区。遵循全国水土保持区划及江苏省水土保持区划成果，在全国三级区及江苏省四级区的基础上，本规划将苏州市划分为：张家港常熟沿江人居环境维护农田防护区、苏州城区平原水网人居环境水质维护区、常昆太平原水网人居环境水质维护区、苏州环太湖水源涵养人居环境维护区。

《规划》主要任务为加强林草植被和治理成果的保护，以省级水土流失重点预防区为重点，近期新增水土流失预防面积99.48平方千米、治理面积8.73平方千米，远期新增水土流失预防面积142.13平方千米、治理面积13.49平方千米，改善生态环境和人居环境，减少进入江河湖泊的泥沙；建立健全水土保持监测体系，在完善有监测站点的基础上，近期新建2个监测站点，推进水土保持信息化建设，规范生产建设项目水土保持监测；创新体制机制，强化科技支撑，建立健全综合监管体系，提升综合监管能力。同时，建立可行的水土保持生态补偿机制，以达到提高水源涵养功能、控制水土流失、改善人居环境、维护水质、保障区域社会经济稳定可持续发展的目的。

表7-19　2016年苏州市水土保持区划

区划分区	县（市、区）	乡镇、街道等
张家港常熟沿江平原人居环境维护农田防护区	张家港市	凤凰镇、塘桥镇、南丰镇、常阴沙农业示范园区、杨舍镇、乐余镇、锦丰镇、大新镇、金港镇
	常熟市	海虞镇、梅李镇、碧溪街道
苏州城区平原水网人居环境水质维护区	姑苏区、工业园区、吴江区	全境
	虎丘区	浒墅关镇、枫桥街道、狮山街道
	吴中区	郭巷街道、甪直镇、城南街道、长桥街道
	相城区	元和街道、太平街道、相城经济开发区、高铁新城、渭塘镇、阳澄湖镇、黄桥街道、黄埭镇及阳澄湖生态休闲旅游度假区
常昆太平原水网人居环境水质维护区	常熟市	沙家浜镇、辛庄镇、支塘镇、古里镇、董浜镇、虞山镇、尚湖镇、东南街道
	昆山市	淀山湖镇、锦溪镇、千灯镇、张浦镇、陆家镇、花桥镇、玉山镇、开发区、周市镇、巴城镇、周庄镇
	太仓市	城厢镇、双凤镇、沙溪镇、浏河镇、浮桥镇（港区）、璜泾镇、娄东街道、科教新城
苏州环太湖水源涵养人居环境维护区	虎丘区	通安镇、东渚镇、镇湖街道
	吴中区	东山镇、临湖镇、横泾街道、香山街道、越溪街道、金庭镇、木渎镇、胥口镇、光福镇
	相城区	望亭镇

表7-20　2016年苏州市水土流失易发区划分结果

分类	县（市、区）	乡镇、街道等
全部划入易发区的乡镇及街道	姑苏区	全境
	工业园区	全境
	虎丘区	狮山街道、枫桥街道、浒墅关镇
	吴中区	胥口镇、临湖镇
	相城区	黄埭镇、黄桥街道、渭塘镇、太平街道、相城经济开发区
	吴江区	同里镇、震泽镇、平望镇、桃源镇、黎里镇
	常熟市	虞山镇、海虞镇、辛庄镇、沙家浜镇
	张家港市	杨舍镇、凤凰镇
	昆山市	淀山湖镇、张浦镇、周庄镇、锦溪镇、花桥镇
	太仓市	城厢镇、双凤镇、科教新城
仅镇区划入易发区的乡镇及街道	吴中区	甪直镇、郭巷街道、城南街道、长桥街道
	相城区	元和街道
	吴江区	盛泽镇
	常熟市	梅李镇、东南街道、支塘镇、董浜镇、古里镇
	张家港市	塘桥镇
	昆山市	周市镇、陆家镇、千灯镇
	太仓市	娄东街道、沙溪镇

表7-21　2016年规划制定的苏州市分县（市、区）近期水土流失防治任务

单位：平方千米

县（市、区）	近期防治规模		远期防治规模	
	治理面积	预防面积	治理面积	预防面积
姑苏区	—	1.32	—	1.89
吴中区	5.78	26.78	10.78	32.27
工业园区	—	3.59	—	6.11
虎丘区	0.37	4.39	0.32	5.00
相城区	0.41	4.95	0.12	6.89
吴江区	—	15.16	—	32.09
张家港市	0.30	9.49	0.18	13.21
常熟市	1.29	15.32	1.25	21.31
昆山市	0.58	11.18	0.84	15.56
太仓市	—	7.30	—	7.80

2018年，苏州市对《中国铁路上海局集团有限公司枢纽工程建设指挥部苏州西货场扩能改造工程水土保持方案》《华能太仓发电有限责任公司灰场10MW光伏发电项目（二期）水土保持方案》《华能太仓电厂风电项目水土保持方案》《常熟中电光伏发电有限公司海洋泾49.3MW集中式光伏发电项目水土保持方案》《苏州市相城交通建设投资（集团）有限公司、苏州工业园区市政工程部苏州国际快速物流通道二期工程—春申湖路快速化改造工程水土保持方案》《常熟福山光伏发电有限公司10MW集中式地面光伏发电项目水土保持方案》等项目水土保持方案进行审批。并按照规定对已批复的苏州西货场扩能改造工程、太仓华能光伏和风电项目、春申湖路快速改造、常熟福山光伏项目等项目水土保持方案执行情况进行现场监督检查，提出相关整改意见，督促建设单位列出整改方案，落实整改措施。还根据生产建设单位自主验收和报备情况，对华能太仓发电有限责任公司灰场10MW光伏发电项目（二期）工程、常熟福山光伏发电有限公司10MW集中式地面光伏发电项目、常熟福山光伏发电有限公司5+40MW光伏发电项目（2017年项目）等项目水土保持设施自主验收材料及公开情况进行备案。到2020年末，全市审批生产建设项目水土保持方案1018个。

根据水土保持规划开展生态河道、农田整治等工程建设，2018年总投资超过4.7亿元；2019年投入资金22.09亿元，防治面积31.55平方千米；2020年投入资金11.53亿元，防治面积129.16平方千米。

表7-22　2019—2020年全市水土流失防治面积

县（市、区）	2019年		2020年	
	面积（平方千米）	投资（万元）	面积（平方千米）	投资（万元）
张家港市	2.11	22675	1.04	9919
常熟市	—	—	106.81	14050
太仓市	10.34	9163	1.67	20186
昆山市	10.00	93861	9.10	20928
吴江区	0.07	8500	0.27	9588
吴中区	0.70	9751	4.94	8242
相城区	0.23	3120	1.10	8137

续表

县（市、区）	2019年		2020年	
	面积（平方千米）	投资（万元）	面积（平方千米）	投资（万元）
姑苏区	5.50	53800	0.29	12011
高新区	2.60	20017	3.94	12245

二、小流域治理

小流域综合治理指以小流域为单元，综合采取工程、植物、耕作等措施，从坡面到沟道、上游到下游进行全面防治，形成水土流失综合防护体系。从1998年开始，苏州市积极开展山丘区小流域治理工作。1998年10月，光福塘村河和东山泄洪河小流域治理工程开工建设，翌年8月竣工。光福塘村河小流域治理工程位于光福镇穹窿山南侧，涉及陈华、塘村、梅园3个行政村。治理水土流失面积9平方千米，建设基本农田2000亩，坡地改梯田500亩，护砌沟渠1.50千米，埋设暗管0.44千米，修筑道路1900平方米，疏浚河道3500米，翻建提水站1座，建设沟口护砌建筑物10座，补种经济林5000亩，补种水土保持林2000亩，封禁治理3000亩。共投资113.6万元。东山泄洪河小流域治理工程位于东山镇东洞庭山东侧，涉及岱松、湖湾、东山、星光、绿化5个行政村。治理水土流失面积11平方千米，建设基本农田3000亩，坡地改梯田500亩，护砌泄洪河0.4千米，埋设暗管0.6千米（其中，金家河提水站混凝土暗管0.2千米），整修提水站1座，新建滚水坝1座，补种经济林2500亩，补种水土保持林5000亩。共投资71.64万元。两项工程总投资185.24万元。其中，国家和省补助50万元、镇村自筹135.24万元。

2001—2004年，建设胥口镇香山河水土保持小流域治理工程，工程位于穹窿山西南侧，涉及花墩、外塘、水桥3个行政村。2001年11月至翌年1月，开挖花墩村至外塘村环山沟2500米（沟面宽2.4米，沟深1.2米，沟底宽1.4米），开挖小旱泾浜和黄泥浜撇洪沟835米（沟面宽5.5米，沟深3.5米，沟底宽2米）。2004年，开挖水桥村至光福镇下陈村泄洪沟1300米（沟面宽2.4米，沟深1.2米，沟底宽1.4米）。共投入劳力1.55万工日，出动机械10余台（套），完成土方1.48万立方米，治理水土流失面积4.2平方千米。投资355万元。其中，区补助46.5万元、镇村自筹308.5万元。

2003年，吴中区、常熟市、高新区先后编制《吴中区水土保持生态修复项目区规划》《常熟虞山水土保持规划》及《高新区树山综合治理规划》，并根据规划利用国家节水灌溉项目、水土保持项目逐步实施水土保持生态修复工程。通过植树补绿、建设山区水源及封山育林等措施，许多山区恢复山清水秀的良好生态环境。通过水土保持生态修复治理，把原本面貌落后、生态条件差的吴中区旺山村治理成为最美丽的山村；把吴中区金庭镇治理成为山清水秀，集高效农业和观光旅游于一体的乡村旅游点；把常熟市虞山宝岩建设成水杉与茶树间作园、珍稀树木园、竹类品种园、杨梅品种园、果树精品园，成为集农林生产、生态观光、森林旅游、文化娱乐、科普教育于一体的宝岩生态观光园；把高新区树山村建设成为山水结合的生态旅游村。

2004年7月至翌年1月，建设西山涵村坞、越溪旺山坞水土保持生态修复工程。西山涵村坞生态修复工程：疏浚整治汇集涵村坞的泄洪河道1条，河面宽15米、长760米，完成土方1.1万立方米，砌筑护坡1528米；整治撇洪沟2350米，包括清除乱石淤泥，局部沟床加深50厘米左右，修复和新建干砌块石护坡2350米；新建9座坝高1米的滚水坝，开挖1只蓄水量0.8万立方米的蓄水池；浆砌块石集水沟600米；配套流动喷灌机2台（套），喷灌面积200亩；修复整理采石宕口1只。投资242.72万元。其中，国家和省补助100万元、镇村自筹142.72万元。越溪旺山坞水土保持生态修复工程：新建旺山西山塘固定喷灌泵站2座、提水泵站1座，配套水泵4台（套），衬砌渠道2621米，排水渠道1550米，灌溉面积1705亩（其中，喷灌面积243亩）；新建引水水源工程，包括溢流坝1座、宝华池衬砌300米，整治板桥渠和毛家渠1062米，铺设补水管道2130米；架设低压输电线路500米等配套设施工程。投资248.9万元。其中，国家和省补助130万元、镇村自筹118.9万元。

通过综合治理，2010年10月30日，吴中区被水利部命名为全国水土保持科技示范园区，2012年又被水利部、教育部命名为全国中小学水土保持教育社会实践基地。2013年，吴中区旺山水土保持科技示范园展示馆全面建成并对外开放。

2018年，根据省水利厅布置，全市完成228个小流域划分，涵盖市行政区域，划分原则主要以主要骨干河道为界限，充分考虑保留联圩及行政区域的完整性，以及山丘区与平原区的界限，一般小流域面积不超过50平方千米。

张桥小流域治理工程（划入旺山小流域） 位于吴中区越溪街道张桥。工程于2012年2月15日开工，当年10月完工。主要工程包括：封育治理633公顷，建张桥钢丝网围栏3000米，修筑田间生产道路1300米，开挖灌溉两用沟2590米，种草1600平方米，新建生态护岸800米，补种水土保持经济林100亩，新建科普展示馆486平方米，建设水保园及周边配套设施。批复总投资515万元。

2012年12月，省发改委、水利厅共同下达《关于苏州市吴中区2012年度水土保持项目实施方案的批复》，批复实施水土保持科技示范园展示馆工程。主要包括水土保持科技示范园展示馆布展、监控系统、值班室和水保园零星绿化景观等4个工程。

表7-23　2018年苏州市小流域划分情况

县（市、区）	小流域名称	面积（平方千米）	周长（千米）	流域地形特征	最长汇流路径（千米）
常熟市	小山小流域	8.18	13.46	平原区	5.57
	虞南小流域	30.38	21.67	平原区	3.40
	金塔小流域	36.20	26.44	平原区	11.65
	海城小流域	31.37	24.16	平原区	5.26
	支东小流域	38.39	27.23	平原区	6.00
	塘桥小流域	26.23	24.59	平原区	8.53
	北新小流域	26.04	39.67	平原区	12.12
	滨江小流域	25.87	26.35	平原区	3.54
	东盾小流域	29.69	27.75	平原区	4.30
	三江小流域	29.14	27.04	平原区	7.75
	马桥小流域	32.33	23.41	平原区	4.93
	杨塘小流域	37.33	25.15	平原区	5.20
	森东小流域	30.09	23.51	平原区	6.33
	珍门小流域	39.59	30.74	平原区	8.73
	问村小流域	27.93	22.51	平原区	8.67
	童王小流域	26.97	31.62	平原区	7.82

续表

县（市、区）	小流域名称	面积（平方千米）	周长（千米）	流域地形特征	最长汇流路径（千米）
常熟市	东渔小流域	31.00	23.13	平原区	6.59
	范段小流域	21.38	30.03	平原区	6.84
	双凤小流域	32.76	29.32	平原区	7.27
	城东小流域	47.10	31.17	平原区	9.02
	城西小流域	41.66	30.31	平原区	7.44
	昆承湖小流域	32.65	26.13	平原区	7.21
	三家小流域	28.14	22.63	平原区	9.69
	学甸小流域	16.36	27.69	平原区	5.45
	合欣小流域	16.95	24.76	平原区	7.50
	景湖小流域	22.84	21.82	平原区	3.44
	六里塘小流域	27.58	22.93	平原区	5.73
	前进小流域	22.71	20.43	平原区	3.48
	长江小流域	103.13	75.13	平原区	22.18
	丁市小流域	42.13	42.87	平原区	8.66
	芦福小流域	35.88	39.23	平原区	10.78
	蒋巷小流域	23.16	28.20	平原区	7.27
	苏浜小流域	25.66	30.62	平原区	6.61
	山联小流域	7.77	20.46	平原区	3.21
	群丰小流域	41.86	34.38	平原区	8.18
	谢家塘小流域	14.99	24.42	平原区	4.74
	河金小流域	39.09	41.24	平原区	8.23
	草荡小流域	34.05	31.99	平原区	6.61
	潭荡小流域	22.11	22.60	平原区	6.71
	南湖荡小流域	49.07	28.99	平原区	5.71
	阳桥小流域	19.60	22.29	平原区	5.81
昆山市	民营小流域	31.75	29.15	平原区	7.03
	合丰小流域	14.35	18.85	平原区	1.64
	包桥小流域	29.00	21.75	平原区	4.43
	南星渎小流域	30.75	24.40	平原区	4.53
	红星小流域	7.09	13.01	平原区	4.66
	千灯小流域	31.62	25.39	平原区	8.42
	诸天浦小流域	33.97	26.49	平原区	4.85
	团结小流域	26.69	25.33	平原区	8.42
	江浦小流域	27.29	25.67	平原区	7.14
	阳澄湖小流域	15.65	30.39	平原区	5.27
	泗安泾小流域	21.45	30.63	平原区	4.19
	星光小流域	14.55	19.97	平原区	3.80
	孔巷湾小流域	14.20	17.74	平原区	2.12
	合兴小流域	19.34	22.28	平原区	8.19
	吴淞小流域	31.19	35.40	平原区	10.70

续表

县(市、区)	小流域名称	面积(平方千米)	周长(千米)	流域地形特征	最长汇流路径(千米)
昆山市	巴城湖小流域	48.78	37.43	平原区	9.40
	傀儡湖小流域	33.56	31.88	平原区	4.66
	陆桥小流域	24.20	34.76	平原区	11.75
	曹安路小流域	24.75	33.00	平原区	3.11
	枫塘小流域	19.75	21.97	平原区	3.70
	北大小流域	32.74	29.76	平原区	6.22
	新镇小流域	19.43	24.98	平原区	6.88
	汉浦塘小流域	37.17	29.72	平原区	2.16
	南大小流域	15.13	20.41	平原区	1.46
	金城小流域	18.07	20.43	平原区	7.59
	七浦塘小流域	30.38	52.84	平原区	9.75
	石浦小流域	17.15	29.14	平原区	8.64
	白莲湖小流域	45.31	33.47	平原区	8.39
	金华小流域	21.41	23.27	平原区	4.85
	太史淀小流域	40.24	31.41	平原区	5.25
	长白荡小流域	50.88	44.79	平原区	10.14
	西分圩河小流域	43.92	34.53	平原区	9.40
	东分圩河小流域	25.26	34.69	平原区	9.83
	天福小流域	7.39	13.91	平原区	3.58
	商秧潭小流域	26.48	25.92	平原区	3.91
苏州工业园区	东沙湖小流域	38.41	24.95	平原区	4.87
	高南河小流域	27.57	43.13	平原区	17.05
	青剑湖小流域	25.28	29.82	平原区	2.21
	阳澄湖2小流域	4.34	14.87	平原区	5.76
	胜浦小流域	35.28	26.49	平原区	4.48
	盒子湾小流域	20.21	25.95	平原区	7.05
	独墅湖小流域	38.55	28.25	平原区	6.78
	金鸡湖小流域	47.92	35.72	平原区	10.09
	莲池湖小流域	23.40	31.90	平原区	3.23
	阳澄湖1小流域	23.45	37.24	平原区	12.43
姑苏区	姑苏小流域	44.97	34.33	平原区	6.31
	白洋湾小流域	34.45	31.38	平原区	6.28
	城北小流域	17.44	21.66	平原区	2.23
虎丘区	阳山小流域	41.89	29.64	平原区	7.93
	金通小流域	38.79	34.01	平原区	9.49
	路东小流域	7.22	13.30	平原区	4.89
	浒镇小流域	34.94	37.29	平原区	2.22
	金山小流域	29.19	36.44	平原区	3.74
	支英小流域	22.66	28.32	平原区	3.06
	科技城小流域	25.89	32.06	丘陵区	4.98

续表

县（市、区）	小流域名称	面积（平方千米）	周长（千米）	流域地形特征	最长汇流路径（千米）
虎丘区	太湖小流域	112.53	61.08	平原区	14.34
吴江区	长漾小流域	46.44	40.79	平原区	6.96
	双阳小流域	13.55	15.48	平原区	3.96
	坛丘小流域	40.73	31.48	平原区	5.60
	平南小流域	22.31	21.86	平原区	4.73
	沐庄湖小流域	37.23	30.22	平原区	12.44
	北厍小流域	32.45	30.91	平原区	5.83
	莘塔北小流域	46.40	29.79	平原区	11.46
	九里湖小流域	31.03	31.60	平原区	3.84
	同里小流域	37.71	29.52	平原区	3.72
	城南新区小流域	49.19	32.37	平原区	7.47
	古池小流域	43.61	30.64	平原区	11.14
	松陵沿太湖小流域	31.98	46.73	平原区	1.39
	平北小流域	30.16	25.30	平原区	9.12
	横南联圩小流域	26.73	22.79	平原区	4.20
	中南小流域	21.84	20.88	平原区	6.17
	联民小流域	32.97	26.81	平原区	5.71
	运东—团结小流域	21.75	19.96	平原区	4.16
	芦西小流域	42.85	28.98	平原区	5.84
	塘南小流域	45.55	33.49	平原区	8.23
	北麻荡小流域	26.16	21.80	平原区	7.71
	溪南小流域	17.18	25.49	平原区	2.69
	铜罗小流域	19.04	22.25	平原区	3.60
	臧龙小流域	42.80	38.73	平原区	13.75
	盛泽镇区小流域	42.76	33.74	平原区	4.47
	盛北小流域	38.99	27.58	平原区	6.71
	南麻小流域	30.36	24.91	平原区	2.69
	梅桥小流域	30.92	29.38	平原区	7.01
	桃源小流域	38.68	32.11	平原区	1.37
	菱塘小流域	24.51	25.04	平原区	5.63
	芦墟小流域	35.15	28.16	平原区	6.12
	太湖新城小流域	43.53	41.66	平原区	7.00
	元荡小流域	31.12	28.23	平原区	2.31
	太湖 1 小流域	72.81	75.34	平原区	33.12
	太湖 2 小流域	2.96	12.47	平原区	2.32
	七都沿太湖小流域	42.71	42.34	平原区	19.93
	八都小流域	42.29	31.72	平原区	8.98
吴中区	石公小流域	30.42	27.91	丘陵区	5.61
	香山小流域	25.29	27.99	平原区	0.69
	穹窿山小流域	18.44	23.69	丘陵区	5.10

续表

县(市、区)	小流域名称	面积(平方千米)	周长(千米)	流域地形特征	最长汇流路径(千米)
吴中区	光福小流域	25.76	25.17	丘陵区	6.80
	杨湾小流域	12.08	17.80	丘陵区	4.72
	碧螺小流域	21.68	21.12	丘陵区	6.15
	渡桥小流域	26.20	23.21	平原区	6.15
	太湖新城小流域	31.09	32.57	平原区	6.57
	清明山小流域	36.54	29.18	平原区	8.16
	石庄小流域	25.10	28.66	平原区	9.70
	七子山小流域	6.35	10.77	丘陵区	1.90
	堂里小流域	23.90	29.80	丘陵区	0.72
	金庭小流域	28.03	37.50	丘陵区	1.58
	长桥小流域	5.96	13.56	平原区	4.13
	铜鼓山小流域	16.08	19.59	平原区	8.36
	湖桥小流域	23.71	24.05	平原区	7.64
	香雪海小流域	25.91	38.75	丘陵区	2.72
	迁里小流域	10.84	17.03	平原区	6.34
	车坊小流域	32.74	34.72	平原区	3.00
	天池山小流域	18.15	23.36	丘陵区	6.26
	旺山小流域	36.80	34.17	平原区	11.45
	宝山小流域	12.35	16.51	丘陵区	2.15
	金山小流域	19.56	29.87	平原区	4.28
	澄湖小流域	33.47	29.20	平原区	5.61
	尹山湖小流域	45.76	37.91	平原区	8.99
	南城区小流域	25.89	25.01	平原区	4.23
	独墅湖小流域	11.86	21.53	平原区	3.84
	甪直小流域	47.50	45.56	平原区	3.00
	太湖小流域	1552.11	328.71	平原区	39.47
相城区	黄桥小流域	41.20	37.62	平原区	6.50
	永昌泾小流域	25.66	20.63	平原区	5.13
	北河泾小流域	34.44	24.53	平原区	5.54
	元和小流域	43.11	31.64	平原区	7.79
	湘泾小流域	14.62	35.51	平原区	3.11
	东桥小流域	42.24	33.59	平原区	5.38
	北桥小流域	33.86	35.94	平原区	3.93
	漕湖小流域	41.77	35.25	平原区	2.07
	济民塘小流域	44.56	66.71	平原区	17.36
	盛泽荡小流域	49.05	38.80	平原区	4.29
	望亭小流域	27.20	27.60	平原区	5.38
	太湖小流域	21.47	23.37	平原区	10.06
	阳澄湖小流域	66.42	110.51	平原区	13.84
	莲花小流域	3.01	18.05	平原区	0.41

续表

县（市、区）	小流域名称	面积（平方千米）	周长（千米）	流域地形特征	最长汇流路径（千米）
太仓市	钱泾塘—石头塘—新七浦塘小流域	36.51	25.41	平原区	8.00
	白米泾—新七浦塘—石头塘小流域	13.65	16.82	平原区	2.85
	七浦塘—盐铁塘—杨林塘—孔泾小流域	34.52	23.61	平原区	6.37
	新七浦塘—盐铁塘—七浦塘—石头塘小流域	25.51	27.58	平原区	10.93
	浪港—石头塘—七浦塘小流域	46.06	34.71	平原区	12.56
	七浦塘—石头塘—杨林塘小流域	43.73	32.35	平原区	12.56
	七浦塘—孔泾—杨林塘—石头塘小流域	28.10	21.58	平原区	5.00
	新七浦塘—石头塘—浪港小流域	31.08	25.66	平原区	9.12
	湖川塘—盐铁塘—浏河—十八港小流域	37.59	24.91	平原区	6.84
	杨林塘—盐铁塘—湖川塘—十八港小流域	13.94	16.75	平原区	5.77
	杨林塘—十八港—湖川塘—石头塘小流域	16.35	17.98	平原区	5.44
	新塘河—向阳河—浏河小流域	31.66	23.54	平原区	4.74
	杨林塘—石头塘—陆窑塘—向阳河小流域	31.73	23.65	平原区	8.04
	杨林塘—向阳河—新塘河小流域	11.72	13.27	平原区	3.11
	盐铁塘—新七浦塘—白米泾小流域	26.43	23.14	平原区	8.08
	钱泾塘小流域	46.03	35.53	平原区	8.00
	长江小流域	132.47	88.22	平原区	36.57
	吴塘圩区小流域	36.89	46.78	平原区	1.79
	新七浦塘—吴塘—杨林塘—盐铁塘小流域	14.95	21.13	平原区	7.04
太仓市	杨林塘—吴塘—浏河—盐铁塘小流域	22.38	24.21	平原区	9.90
	浏南小流域	15.30	32.65	平原区	6.76
	陆窑塘—石头塘—浏河—向阳河小流域	29.93	25.21	平原区	5.23
	湖川塘—十八港—浏河—石头塘小流域	38.97	29.14	平原区	7.04
	科教新城小流域	39.21	50.34	平原区	7.66
	泥桥青凤小流域	4.73	11.71	平原区	3.06
张家港市	东横河北1小流域	28.31	27.90	平原区	11.17
	太字圩港东小流域	37.51	31.24	平原区	4.00
	五节桥港小流域	30.14	26.61	平原区	7.17
	护漕港东小流域	14.15	19.69	平原区	1.30
	护漕港西小流域	26.32	24.08	平原区	5.69
	张家港河北1小流域	35.84	28.96	平原区	8.06
	二干河西小流域	44.21	32.87	平原区	13.19
	二干河东2小流域	34.09	24.87	平原区	8.23
	二干河东1小流域	28.99	22.31	平原区	7.17
	张家港河北2小流域	24.01	23.33	平原区	6.18
	走马塘西小流域	35.81	44.09	平原区	4.96
	盐铁塘南小流域	47.00	31.62	平原区	5.78
	盐铁塘北小流域	28.53	31.44	平原区	2.17
	六干河西小流域	39.05	35.33	平原区	10.51
	五干河西2小流域	45.46	28.50	平原区	8.23

续表

县（市、区）	小流域名称	面积（平方千米）	周长（千米）	流域地形特征	最长汇流路径（千米）
张家港市	六干河东小流域	15.74	16.96	平原区	7.10
	农场小流域	48.82	34.06	平原区	3.89
	朝东圩港东小流域	46.84	30.79	平原区	4.10
	香山小流域	23.54	28.54	平原区	4.96
	东横河北2小流域	26.74	21.89	平原区	3.52
	五干河西1小流域	33.48	25.57	平原区	7.17
	长江小流域	139.06	169.02	平原区	60.78
	双山岛小流域	38.44	24.40	平原区	16.65
	东横河南2小流域	24.33	27.30	平原区	9.56
	走马塘东小流域	20.16	26.85	平原区	5.88
	东横河南1小流域	47.67	61.17	平原区	12.75
	张家港河南小流域	21.72	29.72	平原区	7.90

表7-24　张桥小流域治理工程完成情况

项目	批复量	完成量	项目	批复量	完成量
封育治理	633公顷	633公顷	水土保持经济林	100亩	100亩
田间生产道路	—	1300米	科普展示馆工程	398平方米	486平方米
灌溉两用沟	2590米	2590米	种草	1600平方米	1600平方米
生态护岸工程	950米	800米	水保园及周边配套设施建设	—	浮雕、展示等设施

东山双湾小流域综合治理工程　位于东山镇双湾村，以沟道整治、封育治理等措施综合治理面积10平方千米。其中，重点治理2.7平方千米、新增及改善水土保持面积1平方千米。工程于2013年8月20日开工，2014年5月28日完成。主要工程量为：建设泵站1座，铺设引水上山主管道1340米、分水管道2150米；新建主蓄水池2座、分水池11座；新建、翻修排水沟2条1900米，蓄水坑3座。项目概算投资254.52万元。

东山镇小流域综合治理工程　2013年3月，根据水利部、省水利厅及市水利（水务）局的工作部署，苏州市吴中区水利（水务）局即着手开展水土保持项目的规划和前期工作。在前期立项阶段，区水利（水务）局对下属13个乡镇的水土流失情况进行摸底，最终确定本年度水土保持项目区选择在东山镇小流域。随后，编制完成《苏州市吴中区东山镇小流域综合治理工程实施方案》，并于2013年9月24日通过专家评审。10月29日，市发改委、水利（水务）局共同下达《关于吴中区东山镇小流域综合治理工程实施方案的批复》，同意工程实施，批复总投资为508.7万元。项目批复后，区水利（水务）局以吴中区中央财政小型农田水利重点县项目建设管理处作为建设单位，负责本次工程的全过程建设管理工作。工程于2014年4月12日开工，2015年1月30日完成。主要施工项目合同总价为440.30万元。完成工程量包括：新建水池13座，维修水池13座；改建引水泵站1座、大修1座；新建引水管道5.404千米；设立标识标牌44块；补种经济林200亩。

西山涵村坞小流域治理　位于吴中区金庭镇涵村。小流域出口有一段长680米的河道，是汇集涵村坞所有撇洪沟的排水通道，河面宽度15

米。项目将河岸两侧采用浆砌块石护坡，平均顶高程为4.5米，护坡长度为1360米，并对河道进行疏浚。工程还疏浚整治涵村小流域所有撇洪沟的泄洪通道，整治长度为2350米，清除山谷沟底柴草、荆棘、乱石，挖除淤积土方，底部用小块石进行护底，做到“紧、密、平”，以降低水流速度，修复和新建沟两侧干砌块石护坡，并对局部沟床进行加深。根据撇洪沟落差及实际情况，设置9座滚水坝，滚水坝坝高为1米，以保持撇洪沟常年不断水。集水河道出口断面处设置1座较大的滚水坝，坝顶高程为3.5米，以增强河道的蓄水功能，从而使该河道既具备泄洪功能，又具备拦蓄功能。为改善涵村坞灌溉和抗旱条件，涵养水源，结合景观，又开挖1座较大的蓄水池，蓄水总量达0.8万立方米。同时对涵村坞小流域入口处采石宕口进行修复整理，挖除险石，对残余山体余面进行处理，平整宕底，外运土方覆土并栽种绿化6000平方米。

吴中区越溪旺山小流域生态修复工程　以小流域为单元的水土保持综合治理的原则，经过不懈努力，治理面积1.63平方千米（其中，兴修水平梯田0.34平方千米），苗圃地0.54平方千米，银杏、枇杷、茶叶等茶果种植区1.10平方千米，节水灌溉1.58平方千米，水域面积0.46平方千米（其中，蓄水塘坝有上山塘、南山塘、西山塘、九龙潭及大池等，山顶有2座5米×10米×10米钢筋混凝土蓄水池）；建设三级游览道路8千米，生态停车场0.018平方千米，景点8处。通过示范区建设，治理后发展到森林覆盖率达70%；治理程度100%；每年拦蓄泥沙0.31万吨，减沙效益达到75%，土壤侵蚀模数1200吨每平方千米年下降到300吨每平方千米年，达到微度侵蚀的程度。

本水土保持科技示范园区，治理前曾是白色污染（墓葬）、开山采石相当严重的地区，治理后由于林地增加、保护治理措施到位，视觉质量、景观生态、景观环境有较大的提高。2011年被水利部命名为吴中区水土保持科技示范园。以科技园区为基地，建设水土保持径流监测小区1处、测流卡口站1处、小型气象站1套，配置自动保存数据的操作柜机和电脑，开展典型区泥沙径流试验研究，观测不同坡度耕作情况下人为水土流失数据及开展本地区水土流失模数的研究工作，为本地区水土流失治理模式提供理论依据，推动新《水土保护法》的贯彻落实。2012年，被水利部、教育部命名为全国中小学水土保持教育社会实践基地。

图7-2　2012年吴中区旺山小流域九龙潭

常熟虞山宝岩生态建设　项目整治面积1200亩，建设山区蓄水池“福海池”1座，蓄水面积达3500平方米。扩建宝岩片236亩固定喷灌，三峰片167亩茶树固定喷灌，秦坡涧片205亩茶树固定喷灌，外校片255亩茶树固定喷灌，祖师山片227亩茶树微喷，维摩片110亩茶树微喷。配套建设灌溉泵站4座、宝岩湾水源工程扩浚和28只灌溉试验测坑。通过建设形成水杉与茶树间作园、珍稀树木园、竹类品种园、杨梅品种园、果树精品园等景点，成为集农林生产、生态观光、森林旅游、文化娱乐、科普教育于一体的宝岩生态观光园。

高新区树山综合整治　高新区开展对树山村的综合治理，工程整治总面积为5平方千米。由于树山村灌溉水源少，水量小，无法满足山区作物生长，对山区生态造成很大影响。首先是解决水源问题，新建、扩建蓄水池8座，蓄水面积增加到10.21

万平方米，最大可蓄水25.52万立方米。新建、改造灌溉沟渠21条11.1千米，整治泄洪沟2.94千米。在改善水利条件的同时，加大茶树、果树的种植力度，最大限度地给山体复绿。还充分利用山村的自然资源，山水的有机结合，把树山村建成生态旅游村。

吴江区元荡生态清洁小流域治理　元荡生态清洁小流域位于吴江区黎里镇东部两省一市交界区域，是长三角生态绿色一体化发展示范区中先行启动区的核心区域。小流域立足河湖众多的优良生态本底，以元荡为中心节点，规划重点打造元荡示范样板，构建“一心为核、三带串联、多点聚焦”的治理布局。

2017年，吴江区根据《江苏省生态清洁型小流域建设管理办法（试行）》文件精神，严格按照《江苏省生态清洁型小流域建设工程评定标准》开展元荡生态清洁小流域建设，2020年完成评定。结合吴江区全面开展农村畅流活水行动，通过打通断头浜、治理黑臭河道、清除阻水物等方式，实施河道综合治理，还原河道自然形态。元荡村全面自查，利用4年左右的时间，元荡村对全部河道进行清淤疏浚，累计疏浚河道12条，长度6000余米。累计拆除沿河建筑和彩钢板棚70多间，拆除鸡鸭棚近百个，清运乱堆乱放300多处。全面铺开农户生活污水管网改造工程，通过在自然村内设置动力污水池，通过动力设备，将污水进行集中处理，达标后再排放入河道内，累计接管近700户农户的污水池。严格按照人居环境整治、农村长效卫生中关于河道管理的考核办法，督促保洁公司加强巡查，提升管护力度，重点对河面零散漂浮物、绿萍、水草和白色垃圾及阻水障碍（沉船、网簖等）等情况进行整治，河道保洁人员确保每条河道每日打捞一次，做到河道垃圾日产日清。通过水土流失防治、污染源防治、清淤疏浚、村庄环境美化等多个方面，实现河湖基本功能全面恢复、生态空间基本修复、水环境质量有效改善、管护机制提质增效，提升农村水系综合整治在生态环境保护和建设、人与自然和谐宜居等方面的显示度，具有显著的社会、生态、经济效益。同时，元荡小流域紧紧围绕“绿水元荡、生态湖居”党建品牌，紧抓良好区位优势，扎实推进“环元荡美丽乡村群”“美丽湖泊群”和“生态景观岸线”几大亮点工程建设，进一步做好水文章，改善生态水环境，优化美化人居环境，深化细化党建品牌内涵。2020年，元荡小流域获批省级生态清洁小流域。

图7-3　2007年高新区树山小流域

第八章　防汛防旱

苏州地处太湖下游、长江之滨，上有洪水下压，下有高潮顶托，腹部地势低洼，洪、涝、渍和风、暴、潮等自然灾害十分频繁。1991年之后，苏州市进一步完善防汛岗位责任制。1998年，苏州市政府首次颁发《苏州市防御洪水预案》，2015年印发防汛防旱应急预案与防台风应急预案，2020年进行修编。以各项预案为准则，全市各部门及早开展汛前检查，做到工程措施、防守责任、防汛物资、应急预案"四落实"，科学精准调度运用防洪工程体系，全过程落实水利工程安全度汛措施和责任。严格落实各级人民政府行政首长负责制，并建立包括分级负责制、部门负责制、技术负责制和防汛岗位负责制的一整套防汛防旱工作制体系；落实薄弱危险地区人员安全转移和救生措施；加强防汛抢险队伍建设，组建专业抢险队伍，落实防汛抢险物料，保证防汛抢险的需要，成功抗御1991、1998、1999年特大洪涝，以及干旱、台风等水旱灾害，保障人民生命和财产安全。

第一节　组织体系

80年代起，苏州开始建立防汛岗位责任制。市、县(市、区)、乡三级防汛防旱指挥部领导成员，具体分工，明确岗位责任；长江、太湖等主要堤防及联圩工程，除建立各单位工程防汛岗位责任制外，还分段、分项目、分片包干到各级领导人员，各级岗位责任制人员名单均报市防汛防旱指挥部统一汇编成册备查。1998年起，根据颁布实施的《防洪法》的规定，防汛抗洪工作实行各级人民政府行政首长负责制，并据此建立包括分级负责制、部门负责制、技术负责制和防汛岗位负责制的一整套防汛防旱工作制体系。

一、指挥机构

(一)苏州市防汛防旱指挥部

苏州市政府设立苏州市防汛防旱指挥部，各县(市、区)、镇(街道)人民政府设立本级防汛防旱指挥机构，负责本行政区域的防汛防旱工作。有关单位可根据需要设立防汛防旱指挥机构，负责本单位防汛防旱工作，并服从当地防汛防旱指挥机构的统一指挥。

1999年大水期间及之后每年，市委、市政府成立由市委常委和市政府各分管市长为首的防汛工作组，以加强对防汛工作的领导和对各县(市、区)防汛工作指导进行分工负责。全市各地认真部署防汛各项准备工作，汛前各级防汛防旱指挥部成员全部调整到位，做到思想准备到位、应急准备到位、汛前整改到位、业务培训到位、责任落实到位。

2015年，苏州市政府印发《苏州市防汛防旱应急预案》，明确市防指由市政府分管副市长任指挥，苏州军分区分管领导、市政府分管副秘书长、水利(水务)局局长任副指挥，成员为宣传部、发改委、经信委、教育局、公安局、民政局、财政局、国土资源局、住建局、规划局、市容市政管理局、交通局、水利(水务)局、农业委员会、卫计委、环保局、园林和绿化管理局、安监局、粮食局、民防局、供销合作总社、轨道交通集团、便民服务中心、供电公司、气象局、水文局等部门的领导。

2020年5月下发的《苏州市防汛防旱应急预案》,明确市防指由市政府分管应急的副市长任指挥,分管水务的副市长任常务副指挥,市政府分管副秘书长、水利(水务)局主要负责人、应急局主要负责人、苏州军分区分管负责人、武警苏州支队分管负责人任副指挥,成员为宣传部、发改委、教育局、工信局、公安局、财政局、资源规划局、生态环境局、住建局、园林绿化局、城管局、交通局、水务局、农业农村局、文广旅局、卫生健康委、应急局、粮食和储备局、人防办、供销总社、便民服务中心、轨道交通集团、供电公司、通信行业管理办公室、气象局、水文局等部门负责人。

市防指负责组织指导全市的防汛防旱工作。组织开展汛前检查,督促有关部门、单位做好汛前各项准备工作,及时处置发现的问题;制定全市防汛防旱预案,及时掌握雨情、水情、工情和灾情,启动、结束防汛防旱应急响应,部署和组织实施抗洪抢险,组织灾后处置,并做好防汛防旱相关协调工作。

指挥职责:综合研判防汛防旱形势,负责指挥Ⅰ级应急响应时的防汛防旱及抢险救灾工作。具体职责是主持召开市防指成员会议,指挥防汛防旱和抢险救灾工作;主持重要的防汛防旱会商会议,研究总体调度方案、抢险救灾部署等;及时向江苏省防汛抗旱指挥部、市委、市政府报告汛情、灾情和应对措施;请示省防指调派物资、部队支援抢险救灾。

常务副指挥:受指挥委托,负责指挥Ⅱ级应急响应时的防汛防旱及抢险救灾工作。当灾害仍在发展且有扩大趋势时,提请指挥提高响应级别;指挥外出时,全面主持市防指工作。

副指挥职责:协助指挥工作,负责重大防汛防旱事件协调工作。负责Ⅲ级、Ⅳ级应急响应时的防汛防旱指挥工作,当灾害仍在发展且有扩大趋势时,提请指挥提高响应级别。

各成员单位分工明确,职责分明,服务于防汛防旱及应急抢险工作,力求不断提高水旱灾害的预防和应急处置能力,最大限度地减轻灾害损失。

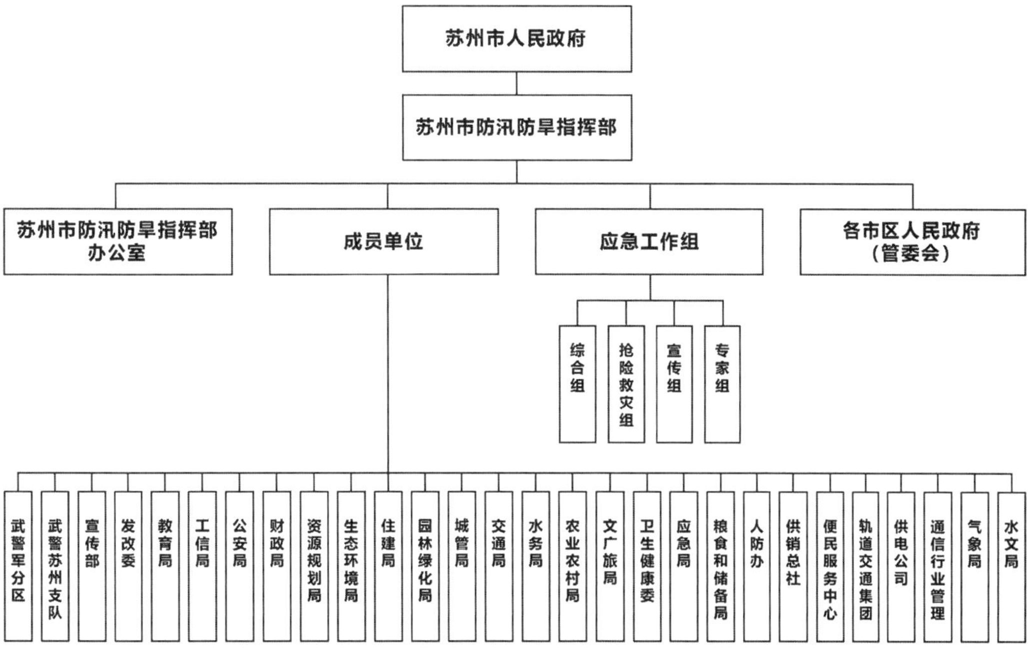

图8-1 市防指组织体系结构图

表8-1　1991—2020年苏州市防汛防旱指挥部指挥、副指挥名单

年份	指挥机构名	指挥	副指挥
1991	苏州市抗洪救灾指挥部	章新胜	范育民、冯大江、府培生、黄铭杰、王纪庚
	苏州市防汛防旱指挥部	府培生	黄铭杰、张献林、范家麒、瞿慰祖
1992	苏州市防汛防旱指挥部	王振明	沈长全、张献林、范家麒、瞿慰祖
1993	苏州市防汛防旱指挥部	王振明	张献林、范家麒、瞿慰祖
1994	苏州市防汛防旱指挥部	王振明	张献林、范家麒、周小东
1995	苏州市防汛防旱指挥部	王振明	沈长全、张献林、范家麒、周小东
1996	苏州市防汛防旱指挥部	王振明	沈长全、王健荣、张献林、范家麒、周小东
1997	苏州市防汛防旱指挥部	王振明	沈长全、顾杰、范家麒、周小东
1998	苏州市防汛防旱指挥部	江　浩	浦荣皋、谭颖、戚冠华、周小东、黄雪球
1999	苏州市防汛防旱指挥部	江　浩	王纪庚、浦荣皋、谭颖、周小东、黄雪球
2000	苏州市防汛防旱指挥部	江　浩	赵振明、浦荣皋、谭颖、周小东、黄雪球
2001	苏州市防汛防旱指挥部	江　浩	姜人杰、赵正明、浦荣皋、谭颖、周小东、黄雪球
2002	苏州市防汛防旱指挥部	江　浩	赵正明、王国祥、邵建林、黄雪球
2003	苏州市防汛防旱指挥部	江　浩	赵正明、王国祥、邵建林、黄雪球
2004	苏州市防汛防旱指挥部	江　浩	任辉、王国祥、吴文祥、黄雪球
2005	苏州市防汛防旱指挥部	江　浩	任辉、王国祥、黄雪球
2006	苏州市防汛防旱指挥部	程惠明	陈贯云、王国祥、黄雪球
2007	苏州市防汛防旱指挥部	程惠明	陈贯云、王国祥、黄雪球
2008	苏州市防汛防旱指挥部	周玉龙	陈贯云、王国祥、戴锦明
2009	苏州市防汛防旱指挥部	周玉龙	陈贯云、王国祥、戴锦明
2010	苏州市防汛防旱指挥部	周玉龙	陈贯云、王国祥、戴锦明
2011	苏州市防汛防旱指挥部	周玉龙	陈贯云、王国祥、戴锦明
2012	苏州市防汛防旱指挥部	周玉龙	陈贯云、高晓东、戴锦明
2013	苏州市防汛防旱指挥部	徐　明	芮国新、周伟、戴锦明
2014	苏州市防汛防旱指挥部	徐　明	芮国新、周伟、戴锦明
2015	苏州市防汛防旱指挥部	陆留生	芮国新、陆伟跃、王国荣
2016	苏州市防汛防旱指挥部	陆留生	芮国新、阙明清、王国荣
2017	苏州市防汛防旱指挥部	蒋来清	江皓、王国荣、芮国新
2018	苏州市防汛防旱指挥部	蒋来清	江皓、王国荣、谢启清
2019	苏州市防汛防旱指挥部	王　翔	蒋来清、张剑、沈志栋、王国荣、刘军、谢启清、段吉俊
2020	苏州市防汛防旱指挥部	王　翔	蒋来清、张剑、沈志栋、王国荣、刘军、谢启清、段吉俊

表8-2　苏州市防汛防旱成员单位职责明细

成员单位	单位职责
苏州军分区	协调解放军驻苏部队、预备役部队和民兵，支持地方抗洪抢险，协助地方完成紧急清障等任务
武警苏州支队	协调驻苏武警部队参加支持地方抗洪抢险，加强对重要目标的安全保卫，协助公安部门维护防汛抢险和社会治安秩序，协助地方组织群众转移和安置
宣传部	把握全市防汛防旱工作宣传导向，协调新闻媒体做好新闻报道及灾害性天气警报、水雨情预警、应急响应等信息的播发，做好防灾减灾、避险自救等知识的宣传工作
发改委	负责与防汛防旱工程建设、除险加固、水毁修复工程等有关的防灾减灾重要预算内投资补助资金对上争取，负责防汛抢险时所需电力的供应和调度

续表

成员单位	单位职责
教育局	负责全市学校的防汛防旱安全工作，督促做好学校及培训机构停课、学生转移等工作
工信局	负责指导水旱灾害影响地区有关工业企业人员开展自救互救
公安局	负责维护防汛抢险秩序和灾区社会治安，负责道路交通临时管制；依法查处盗窃、哄抢防汛防旱器材、物料及破坏水利、水文、通信设施的案件
财政局	负责及时安排抢险救灾、应急抢修、险工隐患处理、水毁工程修复等经费
资源规划局	负责做好防汛防旱设施建设的规划选址工作，负责水旱灾害发生时地质灾害预警和监测工作
生态环境局	负责对灾害次生的水环境污染、水生态环境破坏开展应急监测，提出环境污染控制和处置的建议，监督指导污染防治措施的落实
住建局	负责建筑工地的防汛工作，协助属地政府做好居住在危险房屋的群众的撤离疏散工作
园林绿化局	负责苏州城区所管辖的园林、名胜古迹和古树名木的防汛防旱安全，及时清除被风雨刮倒、折断影响交通、供电、通信等安全的树木，必要时及时通知园林景区停止营业
城管局	负责市管道路、桥梁等市政设施的管理维护和抢险工作，负责广告牌、灯箱、霓虹灯等户外设施安全管理的监督
交通局	负责协调救援人员和抢险救灾物资的运输车辆和船舶，发布航道限速行驶和停航通告，负责所辖江、河、湖通航水域船只、浮筒、浮码头等人员的转移撤离工作，做好航道清障工作
水务局	组织编制洪水干旱灾害防治规划和防护标准并指导实施，承担水情旱情监测预警工作，组织编制重要江河湖泊和重要水工程的防御洪水抗御旱灾调度及应急水量调度方案，承担防御洪水应急抢险的技术支撑工作，负责水旱灾害期间重要水工程调度工作
农业农村局	负责农（渔）业的防汛防旱、抢险救灾工作，清除在水域内非法设置的渔簖、罾网、围网、拦网等行洪障碍，汛情紧张时及时撤离水面、鱼塘的有关渔业人员，及时提供农业受灾情况
文广旅局	组织广播、电视部门做好新闻报道及灾害性天气警报、水雨情预警、应急响应等信息的播发，做好相关宣传报道工作；负责对重大活动、旅游景区等发布安全提示信息，根据预警级别督促关闭旅游景区，指导旅游景区做好防御及游客避险、救护、疏导和转移工作，保障游客安全
卫生健康委	负责组织开展伤病人员医疗救治和灾区卫生防疫工作，及时提供灾区疫情与防治信息
应急局	统筹消防等应急救援力量建设，指导综合性应急救援队伍、各级各部门及社会应急救援力量建设；按照分级负责的原则，指导应急救援，组织协调有关灾害应急救援工作，协调重要应急物资的储备、调拨和紧急配送；组织协调灾害救助工作，会同有关方面组织协调紧急转移安置受灾群众、因灾毁损房屋恢复重建补助和受灾群众生活救助，组织指导灾情核查、损失评估、救灾捐赠工作，依法统一发布灾情信息；负责监督、指导灾害发生时的安全生产工作，防止发生危险化学品爆炸、泄漏等安全事故及次生灾害
粮食和储备局	负责市级救灾物资的收储、轮换和日常管理，根据市应急局的动用指令按程序组织救灾物资的调出
人防办	负责人防工程的防汛安全工作
供销总社	协助做好防汛抢险和生产救灾物资的供应工作
	便民服务中心：及时提供群众反映的灾情、汛情等信息，做好沟通和解释工作
轨道交通集团	负责轨道交通设施的防汛排涝工作，确保安全运行
供电公司	保障防汛、排涝及抗旱用电，及时修复受破坏的供电设施
通信行业管理办公室	组织、督促市广电总台、各基础电信运营企业加强通信、应急广播电视保障系统的维护，确保应急期间的通信畅通，并制定通信系统备用方案和应急处置预案
气象局	及时提供天气预报、灾害性天气专报和实时气象信息，预测天气发展趋势；发布灾害性天气警报和预警信号；开展灾害成因的气象分析
水文局	负责水雨情的监测、预警预报工作，做好水文信息的统计分析

（二）苏州市防汛防旱指挥部办公室

市防指的办事机构为苏州市防汛防旱指挥部办公室。市防办为苏州市水利（水务）局下属事业单位，机构规格正科级，分类定性为参照国家公务员制度管理单位，经费渠道为财政全额拨款。

其主要职责：市防指组织指挥全市防汛防旱防台工作，由市防办承担其日常工作；组织、协调、管理、监督、指导全市防汛防旱防台工作；紧急情况下组织实施应急处置；组织制定市级防御洪水方案、防御台风预案和抗旱预案，并监督实施；指导、督促各县（市、区）制定并实施防御洪水方案、防御台风预案、城市防洪预案和抗旱预案；对流域性、区域性河湖和重要水利工程实施调度；监督、指导其他水利工程调度；组织、指导、督促清除河道、湖泊等范围内阻碍行洪的障碍物，组织审查涉水工程建设项目防洪影响评价；组织洪涝旱灾情统计，发布汛情、旱情信息，对水旱灾情进行评估；组织指导防汛抗旱物资储备、防汛抗旱专业队伍建设管理等保障工作；指导突发水旱灾害的应急管理工作；指导江堤海塘、河道湖泊的综合治理和开发，保障防汛安全；负责防汛决策系统的信息化建设工作；承办交办的其他事项。

二、防汛责任制

防汛抗灾从机构建立之初就实行防汛责任制度，分工负责，各司其职。1987年4月，国务院防汛工作汇报会议纪要明确“地方的省（区、市）长、地区专员县长要在防汛工作中负主要责任，并责成一名副职主抓防汛工作”，防汛工作实行“行政首长负责制”。每年市、县（市、区）主要领导都要听取市、县（市、区）防汛防旱指挥部的工作汇报，商讨部署防汛防旱工作，对防汛防旱的重大问题作出决策。1997年4月18日和5月9日，市委、市政府两次召开全市防汛防旱工作会议，落实在党委领导下的行政首长负责制，市政府领导与各县（市、区）领导签订防汛工作责任状，各地也层层签订责任状，对防汛任务逐条逐项落实，责任到位到人。1998年起，根据颁布实施的《防洪法》的规定，防汛抗洪工作实行各级人民政府行政首长负责制，并据此建立包括分级负责制、部门负责制、技术负责制和防汛岗位负责制的一整套防汛防旱工作制体系。

行政首长负责制。市政府明确各级行政首长对辖区内防汛防旱工作总负责，压实堤防、蓄滞洪区等防洪工程防汛抗洪责任，落实重要基础设施和生产经营单位防洪保安责任，细化落实基层防汛抗旱各项责任措施。市、县（市、区）、镇级防汛防旱指挥机构落实行政一把手负责制，并相应确定指挥、副指挥、成员单位的职责和责任人。汛前市防指指挥与各区防指指挥签订防汛责任书，市水利（水务）局与其所属单位签订责任状，要求将防汛防旱责任制逐级分解落实到基层，落实到每一处水利工程和涉水建设项目。对于大江大河堤防、中型以上涵闸，确定行政责任人和具体负责人，并上报省防指备案。

技术责任人负责制。责任制贯穿在工程建设、汛前准备、队伍组织、物资储备、防洪调度、抢险救灾等各个环节。在防汛工作中坚持行政与技术并重，在加强行政首长负责制的同时，严格技术责任人负责制，并将技术责任贯彻于汛前检查、预案完善、抢险方案制定等方方面面，着力增强科学防汛抗洪的能力。

督促检查制度。市防指定期对各市防汛防旱责任状执行情况进行检查，通报检查情况，并落实相关奖惩措施。根据情况反馈，不断强化防洪工程、重点部位值班值守和巡查抢护，确保险情及时发现、早期处置，在防汛关键地区预置消防救援队伍、专业抗洪抢险力量，强化险情处置。市防指每年都将各级防汛行政负责人和技术责任人名单在新闻媒体上予以公布，接受全社会监督，促使各地真正做到思想到位、组织到位、措施到位。

在一年一度的全市防汛防旱工作会议上，市

政府与各县（市、区）政府签订年度防汛防旱工作责任状，各类重点防汛工程和重要涵闸、泵站、重点险工隐患落实行政责任人和技术责任人，在建的重点水利工程建立安全度汛的专门机构。市防指每年将全市防汛行政负责人与技术负责人名单在新闻媒体上予以公布，接受全社会监督。

第二节　工程措施

2020年，苏州市已形成长江堤防控制线、环太湖堤防控制线、望虞河东岸控制线、太浦河北岸控制线以及淀山湖昆山堤段控制线5条外围防洪屏障，基本抵挡长江和太湖流域50年一遇洪水的入侵，形成“北出长江、南入太浦、河湖调蓄”的洪涝蓄泄格局。

长江堤防设计防洪标准为50年一遇高潮位，设计防洪水位为6.18米，堤防等级为Ⅱ级。沿线主要有张家港闸、十一圩闸、浒浦闸、白茆闸、荡茜枢纽节制闸、七浦闸、杨林闸、浏河闸等8个口门，七浦塘江边枢纽、常熟海洋泾枢纽2座泵站。

苏州境内太湖堤防设计防洪标准为50年一遇向100年一遇提升，堤防等级为Ⅱ级，主要口门建筑物有胥口、瓜泾口、大浦口、戗港、三船路闸等。

望虞河堤防设计防洪标准为50年一遇，堤防等级为Ⅲ级，设计防洪水位为4.2米。主要口门建筑物有琳桥港闸、冶长泾闸、永昌泾闸、虞山船闸等。

太浦河堤防设计防洪标准为50年一遇，堤防等级为Ⅲ级，设计防洪水位为4.58米。主要口门建筑物有北窑港闸、东西港闸、西林塘闸、东溪河闸、沧浦港闸等。

江南运河苏州段堤防设计防洪标准为100年一遇（其中，苏州城市中心区为200年一遇，太浦河至草荡段为50年一遇）。主要口门建筑物有青龙桥枢纽、胥江枢纽、仙人大港枢纽、大龙港枢纽、澹台湖枢纽等。

淀山湖堤防设计防洪标准为50年一遇，堤防等级为Ⅱ级，设计防洪水位为4.45米。沿线布置有穿堤建筑物27座。其中，挡洪闸13座，泵站13座，套闸1座。

一、工程运行

（一）代表站及控制水位

流域选定太湖代表站，区域选定湘城和陈墓代表站。根据《太湖流域洪水与水量调度方案》确定流域防洪控制水位和调水限制水位。为控制防洪风险，兼顾工业、农业、航运以及生态等用水需要，综合确定区域代表站防洪控制水位和调水限制水位。

表8-3　2020年苏州市代表站控制水位情况

单位：米

水位及时间		代表站		
		太湖	湘城	陈墓
警戒水位	—	3.8	3.7	3.6
防洪控制水位	4月1日至6月15日	3.1	3.3	—
	6月16日至7月20日	3.1—3.5	3.3—3.5	—
	7月21日至次年3月15日	3.5	3.5	—
	3月16日至31日	3.1—3.5	3.3—3.5	—
调水限制水位	4月1日至6月15日	3.0	3.1	—
	6月16日至7月20日	3.0—3.3	3.1—3.3	—
	7月21日至次年3月15日	3.3	3.3	—
	3月16日至31日	3.0—3.3	3.1—3.3	—

表8-4　2020年苏州市各水文站点警戒水位与保证水位一览

单位：米

站点或水位	警戒水位	保证水位	站点或水位	警戒水位	保证水位
平望	3.90	4.40	琳桥	3.80	4.20
枫桥	4.00	4.60	湘城	3.70	4.00
陈墓	3.60	4.00	太湖水位	3.80	4.65

（二）沿江口门

1.洪水调度

当气象预报有强降雨时，沿江口门适时排水，充分利用长江潮位涨落规律抢排，预降水位。

当湘城水位高于防洪控制水位时，沿江口门排水，七浦塘阳澄湖枢纽保持行水通畅。

当湘城水位超过警戒水位3.70米，七浦塘江边枢纽开泵排水。

2.水量调度

当湘城水位低于调水限制水位时，沿江口门引水；七浦塘江边枢纽可以闸泵联合引水，统筹七浦塘沿线市、区水位及生态用水需求，联合调度阳澄湖枢纽。

当湘城水位处于调水限制水位与防洪控制水位之间时，为增加河湖水体流动性，沿江口门可适时引排。七浦塘江边枢纽泵站可根据生态用水需要，低潮时段开泵引水；开泵期间，沿线太仓市、常熟市、昆山市口门进行分水，分水总量不超过泵站引水量的30%。

（三）环太湖口门

1.洪水调度

根据《太湖流域洪水与水量调度方案》，当太湖水位高于防洪控制水位时，环太湖各敞开口门应保持行水通畅。当太湖水位不超过4.10米，且陈墓水位不超过3.60米时，东太湖沿线口门、胥口节制闸开闸泄水；当太湖水位超过4.10米，或陈墓水位超过3.60米，或区域预报或正在发生强降雨时，东太湖沿线口门、胥口节制闸可以控制运用。

2.水量调度

根据《太湖流域洪水与水量调度方案》，当太湖水位低于调水限制水位时，或内河水位高于太湖水位时，环太湖口门实行控制运用，避免污水进入太湖，合理控制出湖水量。

（四）望虞河东岸口门

1.洪水调度

根据《太湖流域洪水与水量调度方案》，太湖水位高于防洪控制水位，望亭水利枢纽泄水期间，当湘城水位不超过3.70米时，望虞河东岸口门保持行水通畅；当湘城水位超过3.70米时，望虞河东岸口门可以控制运用；当望虞河有蓝藻时，为保障阳澄湖生态安全，尚湖、阳澄湖等水源地供水安全，望虞河东岸口门可以控制运用。

2.水量调度

引江济太期间相机开启望虞河东岸口门进行分水，分水比例不超过常熟水利枢纽引水量的30%，且分水总量不超过50立方米每秒。常熟水利枢纽泵站引水期间，虞山船闸严格按照套闸运用。

（五）非常措施及调度权限

1.非常措施

洪水调度方面，当太湖水位超过4.65米时，服从流域超标洪水调度的同时，重点保护环湖大堤和苏州城市等重要保护对象，充分发挥沿长江口门排水能力。当区域发生超标洪水时，由市防指另行制定超标洪水调度措施。

水量调度方面，当太湖水位或湘城水位超过调水限制水位时，若发生突发水污染事件、水质恶化等严重影响区域供水安全的情况，或各县（市、区）有其他生态用水需求，在确保区域防洪安全的前提下，由各地防汛防旱指挥部上报望虞河常熟枢纽、望虞河东岸、长江、太湖等沿线口门引水调度申请，同意后可实施水量应急调度。

当区域发生干旱时，要进一步加强水利工程科学调度，增加沿江、环太湖引水量，适当降低河湖生态需水要求，实行用水限制措施，必要时启动备用水源，最大限度满足区域基本用水需求。

2.调度权限

市防指负责沿江浒浦闸、白茆闸、荡茜枢纽节制闸、七浦闸、杨林闸、浏河闸、七浦塘江边枢纽及七浦塘沿线水闸、箱涵的运行调度。

张家港市防汛防旱指挥部负责沿江张家港闸、十一圩闸及辖区内沿江其他口门的运行调度。常熟市、太仓市防汛防旱指挥部负责各自辖区内沿江其他口门的运行调度。其中，张家港闸、十一圩闸实施流域、区域洪水与水量调度时，由市防指发布调度指令。

市防指负责胥口和东太湖瓜泾口、三船路、大浦口、戗港闸的运行调度，相城区、高新区、吴中区、吴江区防汛防旱指挥部负责各自辖区内环太湖其他口门的运行调度。

市防指负责琳桥闸、永昌泾闸的运行调度，明确"引江济太"期间望虞河东岸开启口门的数量和流量；常熟市、相城区防汛防旱指挥部负责各自辖区内望虞河东岸沿线其他口门的运行调度。

当区域发生大洪水、超标洪水或干旱时，长江、太湖、望虞河沿线口门须服从市防指统一调度。

二、项目岁修

水利工程的防汛抗灾能力取决于工程建设的设计标准、施工质量和管理水平，工程能否保持完好状态，严重影响抗灾救灾的正常发挥。新中国成立以后，各级都把认真做好汛前工程检修当做贯彻"预防为主"方针的头等大事，形成制度。每年2月下旬至4月底，结合冬春水利工程验收，由市、县（市、区）水利部门牵头组织有关单位，对新老工程进行普查；对重点工程、流域性工程进行重点检查，将防汛险工与河道清障检查等情况，分项列表汇总，编订整修计划并上报，组织实施，抢时间修复。对于列入计划，尚未完成或即将完工的项目，加快工程进度，力求梅雨季前完成施工；对于一时难以解决的项目，则落实防汛责任制和安全度汛及防汛应急措施，确保汛期安全。

表8-5　2002—2019年苏州市岁修经费情况

单位：万元

年份	省级度汛应急工程经费	市级度汛应急工程经费	中央特大防汛经费
2002	20	209	—
2003	136	62	—
2004	100	215	—
2005	35	—	—
2006	—	—	365
2007	105	145	—
2011	—	96	200
2012	70	150	89
2013	40	74.3	260
2014	120	89.3	—
2017	30	180.0	—
2019	—	200	—

第三节 非工程措施

一、汛前汛后检查

（一）汛前检查

90年代开始，每年春节后市防指下发通知，部署开展汛前检查工作。各地结合实际制定检查方案，全面排查本地区薄弱环节和风险隐患，组织有安全度汛任务的机关事业单位、工矿企业、学校、村庄等开展汛前检查。检查内容主要包括责任制落实、值班值守制度、防汛防台风预案、培训演练、设施设备、抢险准备等各个方面和各个环节。对检查中发现的问题与隐患，建立整改台账，明确整改措施，确保汛前整改到位。在各地自查的基础上，4月，市防指对各地汛前准备工作的开展情况进行检查、重点抽查。经过检查，各地对大部分险工隐患进行应急加固处理，对暂时不能处理的险工隐患制定应急抢险方案，落实应急抢险队伍，加强巡查、监测和专人防守。

市防指成员单位按照“谁主管、谁负责”的原则，统一组织行业防汛大检查。行业检查除对责任制落实、值班值守制度、防汛防台风预案、设施设备、抢险准备等单位自查内容进行督导检查外，各部门各行业还要结合安全度汛需要，开展有针对性的重点检查。水务部门重点检查水利工程防汛准备工作情况，工程调度、运行管理和安全度汛责任制落实情况，监测预报预警制度建设情况，各类防汛防旱方案预案修订完善情况，水利工程设施水毁修复情况，涉水在建工程安全度汛措施落实情况；应急管理部门重点检查危化品生产存储点等安全度汛措施的落实情况，各类应急救援队伍和救灾物资汛前准备情况；教育部门重点检查学校防汛安全和应急管理措施落实情况，校舍安全风险隐患排查情况，师生防汛防台风应急知识宣传教育情况等；资源规划部门重点检查山体滑坡、崩塌、泥石流等地质灾害易发区监测预报预警和安全防范措施落实情况，重大地质灾害等突发事件应急预案建设情况，海浪、风暴潮监测预报预警制度建设及应急措施准备情况等；住建部门重点检查在建项目安全度汛措施的落实情况以及汛期危旧房屋安全治理措施落实情况等；园林绿化和文广旅部门重点检查园林及旅游景区安全度汛措施的落实情况；城管部门重点检查道路、桥梁等市政设施的安全度汛措施落实情况，广告牌、灯箱、霓虹灯等户外设施防台风各项安全措施落实情况；交通运输部门重点检查交通设施、涉水在建交通工程的安全度汛和应急抢险保障措施等；海事部门重点检查船舶、水上平台、避风锚地、锚位安全风险隐患排查情况；农业农村部门重点检查渔业安全度汛准备情况，渔船、水产养殖设施等安全度汛情况；轨道交通集团重点检查轨道交通设施安全度汛措施和在建工程应急排涝措施落实情况。

水利部门每年汛前开展水利工程汛前检查工作。查清工程防洪能力，组织对河湖堤防、涵闸、泵站、涉水工程、在建工程和城市防洪工程等进行全面检查，查清工程险工隐患和防汛薄弱环节，做到全面掌握工程的具体情况；强化非工程措施检查。做好有防汛指挥系统的维护管理工作，做好防汛通信、预警及水文设施的维护保养工作，防汛抗旱抢险队伍抓紧时间进行培训、演练以及对设备进行维修保养，确保汛期抢险时拉得出、打得响。

苏州市大江大湖的防汛责任由相关县（市、区）负责。长江堤防由张家港市、常熟市、太仓市负责，太湖堤防由高新区、吴中区、相城区、吴江区负责，淀山湖堤防由昆山市负责，望虞河堤防由相城区、常熟市负责，太浦河堤防由吴江区负责。

（二）汛后检查

1991—2020年，根据省防办下发的关于部署当年防汛抗旱工作的相关通知，结合苏州实际，每年10月汛后下发全市汛后检查工作通知，对汛后检查工作做详细部署和具体安排。各县（市、区）防指和有关单位结合实际情况，成立以分管领导为组长的汛后检查小组，同时明确各类工程检查行政责任人和技术责任人，按照“谁检查、谁负责”的要求，全面落实汛后检查工作责任制，加强部门沟通和上下协调，对管辖范围内河湖堤防、穿堤建筑物、涵闸、泵站等水利工程开展全面检查。

二、防汛物资储备

苏州市根据财政部、水利部印发的《中央级防汛物资管理办法》以及省财政厅、省水利厅制定的《江苏省省级防汛物资管理办法》等相关文件精神，结合实际，制定《苏州市市级防汛物资管理办法》。

苏州市按照“防大灾、防多灾”的要求，每年与计划、商业、供销、物资等部门联合发文，确定储备物资的品种、数量和方式，并实行分级负责、分级储存、分级管理、分级负担的原则。对储存的地点、时间、数量、规格、质量和物资的调配、结算均有明确规定，保证防汛抢险的需要。

市级防汛物资。是指由市财政安排资金，市防办负责购置、储备和管理，用于支持大江大河等流域性堤防、大中型涵闸，区域性河道堤防，市区重点保护对象的防汛抢险和救助受洪水威胁群众应急需要的各类物资。市级防汛物资管理坚持“定额储备、专业管理、保障急需”的原则。市级防汛物资的有关技术标准按照国家防汛抗旱总指挥部办公室制定的标准执行。市级防汛物资专项经费包括物资购置经费、更新经费和储备管理费，属于市级财政专项资金，必须专款专用，严禁挪作他用。

防汛物资储备定额、品种和方式。防汛物资机械类主要有移动泵车、水泵、疏通车、工具车等，物料类有编织袋、吸水膨胀袋、彩条布、木桩、挡水板、气囊等，小型机具类有发电机、电缆、铁锹、应急灯、投光灯、雨衣、警示锥、警戒线、防滑垫等。市级防汛物资储备定额将根据水利部制定的《防汛物资储备定额编制规程》进行测算确定，具体定额的确定由市防办会同财政局商定后报市防指批准。市级防汛物资储备的品种包括抢险物料、救生器材和抢险机具等。市级防汛物资采取集中储备和委托储备的方式储备。集中储备主要依靠市指定的仓库进行储备，委托储备主要委托有关单位进行储备。市级防汛物资属市专项储备物资，必须“专物专用”。未经市防办批准，任何单位和个人不得动用。

表 8-6　2020 年苏州市防汛物资储备点一览

储备点名称	级别	行政区划	地址	管理单位
江苏省水利防汛物资储备中心苏州分中心仓库	省级	苏州市	苏州浒墅关开发区阳山东路100号	江苏省水利防汛物资储备中心
苏州市外塘河枢纽仓库	市级	苏州市	苏州工业园区外塘河枢纽（通源旧机动车交易市场内）	苏州工业园区保安服务有限公司、苏州市河道管理处
苏州市胥口枢纽仓库	市级	苏州市	苏州市水利工程管理处胥口枢纽	苏州市水利工程管理处
苏州市西塘河枢纽仓库	市级	苏州市	苏州市水利工程管理处西塘河枢纽	苏州市水利工程管理处
苏州市张家港一干河口仓库	市级	苏州市	张家港一干河口	长江防洪工程管理处
苏州市常熟徐六泾口仓库	市级	苏州市	常熟徐六泾口	常熟市长江河道管理处
苏州市太仓杨林塘河口仓库	市级	苏州市	杨林塘入江口	太仓市堤闸管理所

表 8-7　1991—2020 年苏州市防汛抗旱物资管理与使用情况

年份	草包、编织袋（万只）	木材（立方米）	土工布（万平方米）	石块（万吨）	其他
1993	224.00	133.00	—	—	—
1996	50.00	60.00	—	—	—

续表

年份	草包、编织袋（万只）	木材（立方米）	土工布（万平方米）	石块（万吨）	其他
2002	370.00	584.00	—	—	—
2003	377.00	—	12.00	—	—
2004	372.11	749.50	14.50	—	—
2005	269.82	471.30	5.00	1.00	—
2006	25.00	70.00	5.00	1.00	—
2007	25.00	70.00	5.00	1.00	—
2008	25.00	70.00	5.00	1.00	—
2009	182.00	415.00	12.50	2.90	—
2010	2.00	—	2.00	—	200台（套）6寸潜水泵、25台（套）12寸混流泵等
2011	407.80	978.40	23.20	3.70	—
2012	403.40	2221.10	31.40	4.70	—
2013	200.00	450.00	13.80	3.50	—
2014	210.00	550.00	14.80	3.60	—
2015	210.00	550.00	14.80	3.60	—
2017	210.00	550.00	14.80	3.60	—
2018	—	—	9万只土工布袋、2万平方米土工布	—	10台高扬程水泵、6台发电机组
2019	381.00	2201.00	33.60	—	各类移动抢险机泵3141台（套）
2020	2.00	—	2.00	—	200台（套）6寸潜水泵、25台（套）12寸混流泵等

三、应急预案与队伍

应急预案　1998年7月，苏州市政府颁发《苏州市防御洪水预案》，这是《防洪法》实施后，首次由市政府颁发的防御洪水方案。为提高全市水旱灾害的预防和应急处置能力，规范全市防汛防旱及应急抢险工作，最大限度地减轻灾害损失，结合全市实际，2015年，苏州市政府印发《苏州市防汛防旱应急预案》，编制印发《苏州市防台风应急预案》。

2020年，市本级完成《苏州市防汛防旱应急预案》《苏州市防台风应急预案》的修编，对机构改革后的防指成员单位进行补充调整，优化启动应急响应条件，具有更强的针对性和可操作性，为当年汛期快速、有序、高效应对防汛防台工作提供决策依据。

苏州市不断通过宣传、培训和演练等多种形式，加强防汛抗旱队伍的日常化建设。在媒体上公布报警电话，宣传防汛防旱有关方针、政策、法规，普及防汛防旱知识，提高公众应对能力和参与意识。编制水旱灾害应急培训教材，多渠道、多形式广泛深入开展应急法律法规和预防、避险、自救、互救、减灾等常识教育。选择受水旱灾害影响和威胁较大地区开展应急综合演练，制定应急措施；演练结束后，认真总结，不断完善预案。在应急响应行动中，苏州市积极广泛进行社会动员。汛期或旱季，各县（市、区）防汛防旱指挥部根据水旱灾害的发展，做好动员工作，组织社会力量投入防汛防旱。

应急队伍　1991—2020年期间，苏州市每年组建抢险队，投入防汛抗旱工作中。

1991年，全市共组建民兵抢险队179个，巡逻队331个，先后出动30万人次，抢修险工地段

1432处，抢运物资130多万吨，转移群众3900余人。驻苏部队共出动1.19万人次。其中，地炮旅1.1万人次，工兵修理大队500人次，坦克团400人次。武警支队共出动官兵1500余人次，车辆160辆次。抢运草包80余万只，挖泥筑坝1000米，抢运各类物资650吨。消防支队共出动消防车、泵185台次，官兵900人次。在72个点排除积水19.16万立方米，派出109人次参加筑堤坝72米，派出285人次深入700多个单位进行防火安全检查，发现隐患1509处，指导消除隐患1420处。

1992年，市委、市政府及时调整、充实防汛指挥成员，并重新组建8个防汛工作组，健全和完善以行政首长负责制为核心的各类防汛责任制，建立群众性防汛抢险队3844个，总人数达7.9万人。

1993年，全市共有120.09万人投入抗灾抢险，加固险工险段129.57千米，抢做土方71.51万立方米。受灾最严重的吴江市组织200多名机关干部和20多万名群众上堤防守加固险堤390处，抢修和封堵病险闸25座，保证太浦河泄洪和东太湖分洪期间的安全。

1994年，全市共出动80.05万人次，3.21万台电动机和7237台柴油机，张家港、吴江、吴县抗排服务组织出动51台柴油机泵参加抗旱，县（市、区）及群众自筹投入的抗旱经费逾1亿元。抗旱耗用电力8969.79万千瓦时，耗用柴油5124.51吨，全市3万余名管水服务人员日夜奋战在田头，有效减轻了旱灾危害。

1995年，全市各地先后有65.91万人次投入抗灾，3500多支抢险突击队上堤上坝，突击抢修险工4500多处474千米，抢做土方197.88万立方米。

1999年灾情发生后，市委、市人大常委会、市政府、市政协办公室牵头组织59个部委办局单位120名机关干部分别到城区各地和郊区协助抗灾。驻苏部队、武警官兵、公安消防干警先后出动3100余人次。

2001年，全市共组建群众性防汛抢险队3358个，共61892人。

2002年，全市共组建群众性防汛抢险队2814个，共54291人。

2003年，全市共组建群众性防汛抢险队2745个，共56203人。其中民兵抢险队1445个28261人，河道管理单位抢险队260个3978人，机关抢险队134个3634人，城镇街道抢险队207个4566人，其他专业抢险队693个14829人。流域性河湖堤防在达到警戒水位时有抢险队232个，可动用抢险民力4566人；在达到设计洪水位时有抢险队588个，可动用抢险民力20699人；当出现超标准洪水时，有抢险队796个，可动用抢险民力26647人。

2004年，全市共组建群众性防汛抢险队2312个，共47396人。其中民兵抢险队1205个24414人，河道管理单位抢险队207个2991人，机关抢险队126个3273人，城镇街道抢险队193个3665人，其他专业抢险队581个13053人。已落实流域性河湖堤防在达到警戒水位时有抢险队306个，可动用抢险民力6740人；在达到设计洪水位时有抢险队620个，可动用抢险民力20786人；当出现超标准洪水时，有抢险队777个，可动用抢险民力25974人。

2006年，全市共组建群众性防汛抢险队1981个，共44203人。其中民兵抢险队1020个22726人，河道管理单位抢险队203个4437人，机关抢险队130个3182人，城镇街道抢险队210个4461人，其他专业抢险队418个9397人。

2009年，全市共有抢险队伍882个，共16799人，市本级依托7家水利施工企业，组建一支28人的专业化防汛排涝队伍，在梅雨期和台风来临时出动排涝抢险，汛期共出动168人次。

2012年，全市共组建群众性防汛抢险队1576个，共36689人。其中，民兵抢险队953个21646人，河道管理单位抢险队211个5181人，其他专业抢险队412个9862人。台风“海葵”期间，在苏水利施工企业自发组建27支应急抢险队伍，随时准备投入抗台抢险。

2013年，为应对局地暴雨造成的内涝积水灾害，依靠水利管理单位、民兵等组建群众性抢险队伍，通过与水利施工队伍签订协议组建专业抢险队伍，全市建立防汛抢险队1563个，有35913人。全市共投入抗旱人数14.52万人。

2016年，河湖水位长期偏高，市防指下发通知要求各县（市、区）安排专门人员对太湖、京杭运河、望虞河、太浦河等重要堤防开展24小时拉网式巡查，每天出动巡查人员约600人次，发现险工隐患及时进行应急加高加固。经市政府特批，紧急采购一批移动应急排涝设备，提升应急排涝抢险能力，并组建或协调专业化、社会化、军事化的抢险队伍，为防汛抢险提供支撑。

2018年，依托6家水利施工企业，组建一支24人的专业化防汛排涝队伍，在梅雨期和台风来临时出动排涝抢险，汛期共出动160人次；与市建筑安装行业协会应急抢险支队签订抢险协议，落实一支178人的抢险队伍，在汛情紧急时可以随时投入抢险。

2020年，全市共有抢险队伍1217个，总人数23352人。其中民兵抢险队492个11135人，管理单位专业抢险队355个6043人，其他抢险队359个6074人。市本级落实应急排涝抢险队伍7个28人，应对超标洪水防汛抢险队伍5个100人。投入抢险救援人力4239人次，机械设备27台（套），使用土石方量0.22万立方米、编织袋8.85万袋、土工布3200平方米，消耗物资总价值96万元，减淹人口3560人，减淹面积10.62平方千米。

第四节　重大水旱灾害

一、水灾

苏州市上承客水入境，下受江潮顶托，是洪水走廊，太湖水位易涨难消，运河水位暴涨难退。苏州洪涝灾害主要有梅雨型和台风暴雨型两种，梅雨型洪水主要特点是历时长、雨量大、范围广，台风暴雨型洪水特点是历时短、雨强大、范围相对小。当出现台风、暴雨、天文大潮和上游洪水“四碰头”时，苏州防汛面临更加严峻的考验。短时强降雨频发也逐渐成为新的洪涝特征。

（一）1991年洪涝

1991年汛期，苏州市遭受20世纪罕见的特大洪涝灾害，雨量之多、水位之高，均超过新中国成立以来洪涝最大的1954年。是年汛期5—9月，全市以17个报汛站统计的面平均雨量为973毫米，较多年平均值623毫米偏多56%，降雨量最大的张家港闸为1160.8毫米，较多年平均值647毫米偏多79%。逐月雨量为：5月份94毫米，比同月多年平均值偏少10%；6月份356毫米，是同月多年平均值的237%；7月份295毫米，是同月多年平均值的214%；8月份123毫米，比同月多年平均值偏多13%；9月份96毫米，比同月多年平均值偏少19%。5—9月的降雨总量也比1954年还多29毫米。是年梅雨降水的显著特点是：雨季来得早，雨强大，暴雨频繁，持续时间长。汛情的主要特点是：特大梅雨洪涝，全汛降水和径流特丰，太湖出现超过1954年历史最高纪录的持续高水位，太湖平均水位最高达4.79米；四次遭遇雷暴大风袭击。其中，两次为全市范围；长江多次出现较高天文潮位。全市总的受灾损失为：农作物受涝面积412.4万亩，受灾面积295.3万亩（其中，失收40.6万亩、重灾93.8万亩、轻灾160.9万亩），损毁堤防8546处1585.8千米，损失土石方566.94万立方米，损毁涵闸站1551座、桥梁1028座，倒塌房屋11715间，住房受淹24万户（其中，城镇居民6万户），企业受淹8800多家，有29个小圩先后由于堤防漫水或决口而破圩，因灾死亡29人，严重受伤195人，受灾人口313.81万人。全市直接经济损失达27.73亿元。

（二）1993年洪涝

1993年汛期，苏州市发生有记载以来第三大的洪水。汛期，太湖流域气候反常，出现罕见的多雨冷夏。苏州市盛夏持续低温，雨日偏多，日照寡少。7—8月，连续遭到暴雨袭击，雨量集中，强度超常，再加上上游客水大量压境，太湖洪水下泄受阻，河湖水位急剧上涨，全面超过或接近危急水位，酿成较为严重的洪涝灾害。汛情方面：异常超长两段梅雨，降水特丰，时空分布极不均匀，降雨强度历史少有；太湖出现历史第三高水位，阳澄淀泖腹部地区水位超过1991年。水位上涨速度快。高水位持续时间长。汛期5—9月，全市以17个报汛站统计的面平均雨量为916毫米，较多年平均值623毫米偏多47%；与特大洪涝的1954年和1991年相比，分别仅差28毫米和57毫米。瓜泾口站全汛降雨量1097.6毫米为全市实测最大值，较汛期多年平均值592.5毫米偏多85%，甚至比多年平均年总量1025.8毫米还多71.8毫米。

洪涝灾害由超量梅雨所致，降水时间长，强度大，来势猛；由于流域综合治理骨干工程尚在实施之中，防汛调度上，也发生较大失误，从而给苏州市的工农业生产和人民生活带来许多困难，造成较为严重的损失。全市洪涝灾害的受灾范围遍及6县（市、区）、郊区和苏州城区，涉及面为157个乡镇2348个行政村及城镇21个街道，受灾人口216.16万人，有3000人一度被洪水围困。先后有30357户城乡居民住宅进水，倒塌房屋5106间，损坏房屋15055间；3400余条道路积水，水深10—120厘米；15.13万公顷农田受淹，3.86万公顷农田成灾，72.59公顷鱼池漫塘；1980家工厂企业进水，1004家企业被批停产半停产，12千米公路路基路面遭不同程度水毁，14条次供电线路发生中断，损坏输电线路100杆8千米，损坏通信线路80杆5千米，沉船24条；6个圩子破圩，面积450公顷，损坏堤防395千米，有26处圩堤决口，长3.8千米，损坏护岸工程563处42.84千米，损坏水闸97座、桥涵145座，损坏泵站67座，装机容量2100千瓦，损坏管理设施39处，累计损失土方59.87万立方米，石方9.37万立方米。全市因灾死亡12人，受伤41人，总的洪涝直接经济损失达9.1135亿元。

（三）1995年洪涝

1995年汛期，苏州市气候异常。梅雨期降水集中，雨强超常，杭嘉湖大量客水入境，太湖洪水下泄继续受阻，苏州市出现90年代以来的第三次较大洪水。6月20日入梅，入梅比常年推迟4天，至7月7日出梅，梅期长17天，较常年亦偏短7天。全市平均梅雨量为317.1毫米，与多年平均值相比，偏多65.2%。全市河道水位全都大大超过警戒线；大运河苏州水位高达4.01米，与1991年、1993年最高水位相比仅差8—9厘米；吴江、吴县、昆山3个市的淀泖区水位均超过1991年最高水位；吴江浦南片水位全部超过1991年和1993年的最高水位；太湖平均水位自6月20日的3.19米起涨，至7月10日出现最高水位4.32米，超过警戒水位0.82米，与梅前相比涨幅1.13米，太湖蓄水量净增约28亿立方米。

由于梅雨期降水相对集中，且连续反复，特别是上游洪水迅速、大量入境，而下游排水严重受阻，苏州市境内河湖暴涨，洪涝并发，造成较为严重的灾害。苏州市梅雨洪涝受灾的范围，除太仓市外遍及各县（市、区）城乡，涉及面为141个乡（镇）2357个行政村和34个城镇街道。受灾人口26.62万人，有6000人一度被洪水围困，800人被紧急转移，先后有17025户居民住宅进水，倒塌房屋119间，损坏房屋2298间，1887条道路积（上）水，水深5—100厘米；9.39万公顷农田受淹，6.83万公顷农作物受灾（其中，2.35万公顷成灾），929公顷林果受损，1344公顷鱼池漫塘；961家工厂企业进水，476家企业被迫停产或部分停产，有5条航道中断通航（其中，六级以上3条），损坏输电线路70杆5.31千米，沉船16条；

溃坝1处，破圩面积371公顷，堤防决口7处，堤防受损508千米，护岸受损246千米，损坏水闸46座，损坏桥涵114座，损坏机电泵站16座，累计损失土方115.47万立方米，损失石方23.55万立方米，损失砼方3.5万立方米。全市死亡1人，重伤1人，直接经济总损失2.9521亿元。

（四）1996年洪涝

1996年汛期，太湖流域又一次出现较大洪涝。苏州市梅雨期雨量明显偏多，太湖出现历史排序第四的高水位。8月初，张家港、常熟沿江发生新中国成立以来的最高潮位。汛期5—9月，苏州市累计平均降雨量（以17个报汛站统计）为664.2毫米，较多年平均值623毫米偏多6.6%。7月，长江中下游径流特丰，延至8月初大潮汛期间，正遇长江洪峰下泄，又遇第8号台风影响，致使沿江潮位超历史。

苏州市梅长45天，比常年多21天。梅汛期雨量特多，全市平均为461毫米，是常年梅雨量的2.4倍，仅次于新中国成立以来梅雨量最多的1991年和1993年。其中，梅雨量最多的西山为656毫米，其次为瓜泾口571毫米。7月3—5日，苏锡常地区普降暴雨、大暴雨，太湖水位急剧攀升。其中，5—6日一天之内，太湖平均水位从3.7米陡涨0.21米至3.91米，涨幅之大，为历史罕见。9—15日，流域大部分地区再度出现两次大的降雨过程，太湖水位继续直线上升，20日，太湖平均水位涨达4.39米，出现历史排序第四的高水位。长江大潮期间，实测最高潮位仪征以下、长江口南北支以上全线超历史。张家港闸下为7.22米，超过历史最高潮位0.42米；浒浦闸下为6.29米，超过历史最高潮位0.02米；张家港闸下自7月28日起连续10天超警戒，8月1日、2日超历史；浒浦闸下和七浦闸下自7月30日起连续5天超警戒。其中，8月1日浒浦闸下超历史。持续时间之长，为历史所罕见。

汛期总的受灾情况为：受灾范围共涉及150个乡镇1370个行政村和城镇28个街道，受灾人口45万人。有3963户城乡民宅进水，倒塌房屋1970间，损坏房屋6760间，倒塌棚舍561间、围墙5075米，道路积水508条（处），水深50—60厘米；5.5万公顷农田一度受淹，2.4万公顷农作物受灾，0.6万公顷水产养殖受损；273家企业进水，175家工厂停产或部分停产，损坏输电线路571杆56.65千米，25条线路供电中断，损坏通信线路155杆11.8千米；损坏堤防77.21千米、护岸6.93千米，损坏闸桥涵47座、泵站5座，累计损失土方21.56万立方米、石方1.24万立方米、混凝土方0.24万立方米。全市因灾死亡3人，受伤110人，直接经济总损失2.35亿元。

（五）1998年洪涝

1954年以来的又一次全流域性大洪水，宜昌以下360千米江段和洞庭湖、鄱阳湖水位均超历史最高纪录，中下游大部分江段超警戒水位长达2—3个月。长时间大流量、高水位，使沿江人民生命财产受到严重威胁。苏州市长江河段在长时间高水位、大流量、强流速的冲刷下，造成局部河床冲刷加剧，张家港市乐余镇五干河口至六干河口的南通两电厂灰坝外、锦丰镇正丰圩堤外等处薄弱河段先后发生3次水下窝崩。冬汛和春汛期间，尤以1月份降雨最多，为近百年来所罕见。全市平均降雨169毫米。其中，苏州177毫米，且降雨强度大，70%以上的降雨都集中在上半个月，再加上低温寡照，油菜等农作物受涝渍灾害较为严重，部分城镇低洼地也有一些道路积水和少量民宅进水。受灾范围共涉及113个乡镇的1682个行政村和5个城镇街道，受灾人口42.7万人，有310户城乡民宅进水，11处道路积水，3.18万公顷农田一度受淹，5.94万公顷农作物因涝渍（主要为渍害）受灾。其中，成灾3495公顷、绝收14公顷，损坏堤防5.13千米，损坏护岸12处340米，直接经济损失3503万元。

（六）1999年洪涝

1999年汛期（5—9月），苏州市面平均降雨量1155.5毫米，约是多年平均降雨量647.8毫米的1.8倍，甚至比多年平均年总雨量1069.2毫米还多86.3毫米，是有记载以来汛期降雨量最多的一年，其重现期超过100年一遇（百年一遇降雨量为1139毫米）。其中，降雨量最多的苏州站为1390毫米，比历史最多的1962年汛期降水1187.6毫米，多出202.4毫米。汛期降雨时空分布极不均匀，各月面平均雨量分配为：5月份94.1毫米，与常年同期相比偏少7.6%；6月份559.5毫米，与常年同期相比偏多241.4%；7月份92.9毫米，与常年同期相比偏少38%；8月份326.3毫米，与常年同期相比偏多171.9%；9月份82.7毫米，与常年同期相比偏少26.3%。全市5—9月的面平均降雨量也比特大洪涝的1954年和1991年分别偏多22.4%和18.8%。是年的特大洪涝，主要因异常梅雨而起，属全流域梅雨型洪涝，再加上8月份的罕见持续雷阵雨形成的伏汛，使河湖长期处于高水位下，加重内涝排除的困难。汛情的主要特点为：雨量特多，降雨集中；客水凶猛，洪涝夹击；水位涨得快，高水位持续时间长；台风明显偏少，长江出现“姊妹水”。1991年大水后已完成的治太骨干工程发挥巨大作用，但由于杭嘉湖北排工程建设以及苏南运河的拓浚，南北客水凶猛，洪涝夹击，全市各地河网大多超过或接近历史最高水位。全市受灾人口159万人，受淹农田180万亩、企业3191家，直接经济损失20.15亿元。1999年汛期，太湖流域发生超百年一遇的特大洪水，苏州市出现外洪内涝、洪涝夹击的严重局面，是继1991年之后的又一重灾年。

（七）2002年洪涝

2002年汛期，苏州市总降雨量比常年略偏多，降水时程分布不均，5月份及梅雨期出现集中降雨，梅雨后期及盛夏先后受3个台风外围影响。8月24日又遭历史上罕见的强雷暴袭击，造成较为严重的灾情和人员伤亡。同时，长江中下游再次发生中等偏大洪水，苏州市沿江累计超警戒水位的时间长达38天，并出现1997年以来的最高潮位。汛期，苏州市受到二次区域性强雷暴袭击。7月17日傍晚到夜里，受长江中游降水云团和西南低涡东移的影响，苏州市突遭强雷暴雨袭击，全市平均降雨23毫米。其中，市区降雨量最大，为40—76毫米，由于降雨强度大并伴有闪电、雷击和大风，部分街巷积水，不少树木折断，一些广告牌、灯箱、店招损毁，并有部分房屋被风刮坏，多条供电线路跳闸停电。8月24日傍晚到夜里，苏州市遭强雷暴及飑线袭击，在约一个半小时内，全市平均降雨31.5毫米。其中，市区雨量最大，达到75毫米；苏州市区瞬时最大风力达11级（32.1米每秒）、吴江最大风力达12级（32.9米每秒），其余各地为6—8级；当晚18时到21时，全市遭大小雷击4298次。

由于短时降雨强度大，并伴有狂风和强雷击，全市各地出现较为严重的灾情。据8月27日统计，全市受灾范围涉及43个乡镇、203个村、29个街道和43个居委会，受灾人口43.4万余人，紧急转移794人，住宅受淹170户，损坏房屋3519间6万多平方米，倒塌房屋1262间2.11万平方米，道路积水116条4.58千米，水深20—50厘米，共造成13人死亡、278人受伤。农作物受灾面积2382公顷，成灾面积1371公顷，林果苗木受损619公顷，淡水养殖损失面积100公顷2.5吨。许多广告牌和行道树被风刮倒，409条供电线路中断，78条运输船只沉没，损坏水文测站8个，造成市区10多处泵站无法及时运行，不少街巷大面积积水。暴雨期间，市区还发生交通事故25起。全市直接经济损失1亿多元。其中，农林牧渔业直接经济损失1990万元，工业交通运输业直接经济损失2616万元，其他直接经济损失5460万元。

（八）2003年洪涝

2003年汛期，苏州市局地强对流灾害性天气发生的频率高、分布范围较广，并造成多起较为严重的人员伤亡事件。汛期共受到8次强雷暴袭击，其中6月6日、6月29日、7月5日3次，还同时伴有冰雹。强对流天气的特点是尺度小，局地性强，是全球增暖背景下极端气象事件增多的明显征兆。6月6日上午，苏州市突遭强雷雨大风袭击，相城等局部地区还出现冰雹。苏州市区短时雨量达到大到暴雨程度，实测最大风力9级，最先出现雷雨大风的相城局部风力更大。苏州城区有20多处居民区及10余条道路、街巷出现短时积水。相城区共倒塌房屋4间、损坏房屋6间、倒塌工棚13间、倒塌围墙15处，另有一些户外广告牌在风雨中倒塌，7条供电线路中断，因灾死亡2人、受伤9人。

7月17日傍晚，常熟、相城和太仓等地自西向东又先后遭雷雨大风袭击，遭灾地区最大风力达到9—10级并出现短时强降水。此次雷雨大风共造成上述地区108间房屋倒塌，5000多间房屋、棚舍损坏，并致4人死亡、44人受伤。7月26日下午，张家港锦丰、乐余镇突遭雷雨大风袭击，最大风力有Ⅱ级左右，持续时间10多分钟，并伴有短时强降水和局地性的冰雹，降雨量为10—34毫米，冰雹的直径一般为4—5毫米。受灾范围共涉及上述两个镇的18个行政村1919户，有163间房屋倒塌，4923间房屋不同程度损坏，12条供电、通信线路受损中断，许多大树被风刮倒、折断或连根拔起，并致6人受伤。8月28日下午，苏州工业园区金鸡湖东部地区也突遭雷雨大风袭击，3小时降雨达60毫米以上，风力超过9级，致使苏州建鑫建筑有限公司在工业园区二三区F城工地的21间活动房工棚瞬间倒塌，正在工棚中避雨的百余名民工被压在倒塌的废墟内，致6人死亡、46人受伤。

（九）2009年洪涝

2009年汛期，全市总降雨量比往年略为偏多，面雨量为778.1毫米（根据水文局17个报汛雨量站统计，下同），比多年平均降雨量662.3毫米多17.5%。河湖水位较往年略偏高，太湖平均水位最高为4.23米，是1999年以来的新高。梅雨期较短、梅雨量偏少。6月26日入梅，7月8日出梅，梅长12天，全市平均梅雨量111毫米（根据市气象局资料，下同），不足常年的一半。但是，局地性雷阵雨和雷雨大风等强对流天气较多，且集中在7月下旬至8月上旬，强降水过程共出现5次，主要是：7月22日，南部地区出现暴雨，苏州63.1毫米，吴江60.5毫米，平望106.3毫米；7月27—28日，北部沿江地区出现大暴雨。其中，张家港达到118.6毫米；7月30日上午，苏州市区出现强降雨，相城区102.8毫米，工业园区104.1毫米（其中，工业园区11—12时一小时降雨达83.9毫米）；8月2—3日，受海上偏东气流和弱冷空气的共同影响，昆山、太仓相继出现特大暴雨，昆山里厍站259毫米，太仓浏家港336.8毫米，太仓七浦闸391.4毫米，超过历史最大的日降雨量（1977年8月21日浏河站最大日降雨量为301.3毫米）；8月4日，吴江出现大暴雨，吴江市区降雨135.3毫米，同里78.7毫米，横扇174.5毫米，平望213毫米，梅堰最大一小时降雨达163毫米。

由于短时降雨强度过大，远远超过排涝能力，8月2—4日的特大暴雨对苏州市部分地区造成一定的经济损失，全市共有23个镇8.485万人受灾，经济损失4.37亿元。其中，昆山市9个镇，3.5万人受灾，1.17万户住宅受淹，186家企业进水，损坏房屋39间，转移1500人，经济损失0.5亿元；太仓市9个镇4.8万人受灾，1.7万户住宅受淹，1459家企业进水，1630家企业停产，损坏房屋1.86万间，倒塌房屋164间，转移1354人，经济损失3.5亿元；吴江市5个镇0.185万人受灾，900户住宅受淹，60家企业进水，经济损失0.37亿元。

（十）2016年洪涝

2016年汛期，太湖地区累计降雨1146毫米，是常年同期雨量的1.7倍。其中，梅雨期（6月19日至7月20日）面均雨量539毫米，是常年同期的2.4倍。太湖平均水位达到1999年以来最高4.87米，并连续超警58天。苏州市当年降雨总体偏多，梅雨量较常年偏多1倍，主要河湖水位长时间居高不下。6月11日至7月2日近半个月即发生8次区域性大暴雨，日雨量50.5—121.5毫米不等，7月1—2日，望亭站连续100毫米以上大暴雨，同期运河上游来水大，望亭（大）、苏州（枫桥）、琳桥和望亭立交（下）四站水位超过历史最高水位。其中，望亭（大）最高水位达5.04米（7月2日10时），枫桥最高水位达4.82米（7月2日10时）。运河沿线相城区、高新区等受淹严重，受淹城镇3个，道路积水最大水深1.1米，洪水围困700余人，紧急转移人口5300余人。2016年汛期，全市出现1998年以来最严峻的汛情，但市防指超前谋划，科学实施水利工程精准调度，直接经济损失仅1.55亿元，与太湖、大运河汛期水位远低于当年的1991年大洪水相比，直接经济损失减少92.62%，有力保障百姓生命财产安全和生活生产秩序正常。

（十一）2020年洪涝

2020年汛期，苏州市平均降水量较常年偏多近50%，根据苏州市17个雨量站实测降水资料统计，汛期（5—9月）面平均降水量为982.2毫米，较多年面平均降水量666.3毫米偏多47.4%。苏州市6月9日入梅，7月21日出梅，入梅早出梅晚，梅长42天，较常年偏长18天，梅长列1951年以来历史第四位，与1999年和1980年持平。雨量多、梅雨典型、暴雨多且间隔时间短，全市平均梅雨量630.9毫米，为常年的2.65倍，列历史第三位。受全市普降大雨和客水影响，河湖水位迅速上涨，全市10个主要水文站点普遍超警超保。太湖平均水位6月28日首次超警，太湖发生2020年1号洪水，7月17日超保证水位，7月20日涨至最高4.79米，与1991年并列历史第三位，累计超警48天，超保9天。京杭运河枫桥站水位7月6日6时至18时（12小时）快速上涨0.7米，达最高4.72米，列历史第二位，累计47天超警。望虞河、太浦河因高水位大流量行洪持续超警。汛期受梅雨期强降雨和第4号台风“黑格比”影响，防汛形势十分严峻。全市共启动防汛、防台应急响应54次，市、县（市、区）两级上下联动、防指成员团结协作，较好完成防灾抗灾各项工作任务，城市运行正常有序。全市累计转移安置人口5277人，无人员伤亡；无工业企业因汛停工停产；仅农作物遭受部分损失，受灾9010公顷；直接经济损失7272万元。

二、旱灾

1992年，苏州市在汛期发生“枯梅伏旱”灾害。6月21日入梅，7月14日出梅，梅期24天接近常年，但雨日比常年减少7天。全市平均梅雨量66毫米，相当于常年梅雨量的34%，为新中国成立以来第5个枯梅年。7月份整个太湖流域严重高温少雨，各地灌溉水源偏紧，全市有300多条河浜断流，200多座灌溉站抽水困难，吴县丘陵山区一些山塘、小水库基本见底，水井井底朝天，部分群众生活用水告急。整个汛期，苏州市共有30732公顷农作物受旱，其中包括沿江地区26880公顷棉田及丘陵区3852公顷高亢地。严重干旱期间，市防指果断决定大引江水，共增引江水5.8亿立方米，使太湖和内河水位均有较大回升。与此同时，全市机电排灌动力全部出动，日夜抽水，大显神威。各级党委、政府层层发动，落实措施，动员各方面的力量支援抗旱。

1994年，苏州市的高温天气始于春季，由于极涡较常年弱而副热带高压持续偏强，苏州市春季3—5月平均气温，较常年偏高1.5摄氏度，为苏州市有记载以来春季平均气温的最高值。其中，4月上旬至5月下旬连续6个旬平均气温均偏高1摄氏度以上，5月份3个旬偏高2摄氏度以上，这是苏州有气象纪录以来尚未出现过的。

入夏以后，大气环流出现反常。在刚进入夏季的6月上旬，伴随着9403号强热带风暴在华南登陆，副热带高压开始北上，苏州市于7日比常年提前9天进入梅雨季节，但梅雨特征不明显，仅出现5次过程性降水，且雨量少、雨强小。6月下旬，以9404号热带风暴的形成为先兆，副热带高压再次大幅度北跳，脊线越过北纬30度，强大的副热带高压控制长江中下游及江淮地区。苏州市的梅雨开始早，结束早，6月24日即出梅、提前进入盛夏。苏州市梅期仅17天，比常年少7天；雨日仅9天，亦比常年少7天；梅雨量也偏少，全市平均降雨98.6毫米，比正常年景梅雨期降水量减少49%。

出梅后，由于受副热带高压控制，且狭长的东西向赤道辐合带一直稳定在南海北部和台湾以东洋面，阻挡副热带高压的南退，苏州市气温居高不下。在6月下旬，就出现35摄氏度以上的高温日3天；进入7月份后，又出现35摄氏度以上的高温日10天；8月和9月也各有1天；累计高温日数15天，极端最高气温37摄氏度，出现在7月14日。7月份的平均气温高达30.5摄氏度，打破苏州43年来的最高纪录。35摄氏度以上的高温日数虽然不是特别多，但是从6月29日至8月8日的连续41天，日最高气温均在33摄氏度以上，比酷暑年1953年的持续时间还要长。7月份降雨特少，上旬、下旬各地均基本无雨，仅中旬出现过两场热雷雨，整个7月全市平均雨量仅11.2毫米，比常年减少90%，为近70年来降雨最少的一个月，且这种晴热无雨的天气一直持续到8月上旬末。高温干热使得蒸发量大大增加。据气象部门观测，7月份的月蒸发量高达294.9毫米，又首开苏州市新中国成立以来的同期最高纪录。

1994年总的受灾情况为农作物受旱面积10.023万公顷。其中，成灾面积4.152万公顷（水稻1.0127万公顷、旱作3.1393万公顷），有2.5万人发生饮水困难。

苏州市2000—2020年未发生明显干旱灾害。

2011年1—4月，全市降雨量比常年明显偏少，比常年同期偏少50%—60%，出现气象意义上的严重干旱，市防指采取多项措施，充分发挥水利工程的基础支撑和保障作用，将河湖水位控制在正常位置，尽最大努力将干旱损失降到最低程度。抢抓时机，积极实施调水引流。沿江水闸抢抓时机乘潮引水，积极补充内部河湖水源，1—5月，沿江八大闸共引水26.75亿立方米；加强维护保养，确保农田灌溉设施正常使用。各地抓住时机，对各类农田灌溉设施进行检修和维护，确保各项设备在农业用水高峰期能够拉得出、打得响；未雨绸缪，提前购置移动抗旱设备。常熟、昆山、吴江、吴中等利用中央下达的应急抗旱资金，采购各类移动抗旱设备，包括采购移动灌溉设备1015台（套），移动喷滴灌节水设备155台（套），输水软管4万米及发电机组600千瓦，各项设备在农业用水高峰期和抗旱需要时发挥巨大作用；加大河道清淤力度，确保河湖水系畅通。各地开展大规模的河道清障活动，对河道网簖、地笼等阻水障碍进行清理，同时各地加大村镇级河道疏浚及拆坝畅流工程力度，促进村镇河道的水体流动，改善水环境质量。

2013年汛期，苏州市平均气温为27.1摄氏度，比常年平均气温偏高2.5摄氏度。6月30日出梅后至8月下旬，全市出现罕见的持续高温伏旱天气，35摄氏度以上的高温天气市区长达52天（常年平均10.8天，历史极值28天，2012年为22天）。其中，8月7日，市区极端最高气温达41摄氏度。出梅以后，苏州市出现持续高温伏旱天气，部分丘陵地区树木出现严重缺水现象，干枯作物面积达1500亩，水产养殖因旱减产722吨，造成直接经济总损失2.05亿元。全市共投入抗旱人数14.522万人，抗旱设施2.66万台（套），装机容量15.1万千瓦，抗旱浇灌面积52.7万亩次，投入抗旱资金818万元。受高温伏旱影响，吴中区部分丘陵地区发生严重旱情，市防指及时从常熟调用45台高扬程水泵，投入吴中区抗旱工作；吴中区委、区政府高度重视，立即召开抗旱紧急会议，动员各级各部门投入抗旱；吴中区水利部门出动41台（套）高压水泵，并派出专业技术人员，赶赴抗旱第一线进行技术指导，同时加强对抗旱机泵的维修养护，确保抗旱设备的正常运行。

三、台风

1992年，16号强热带风暴于8月27日在西太平洋面生成。30日晚，风暴中心移近福建沿海时，开始影响苏州市，全市普降大到暴雨，并伴有7—9级大风。过程降雨全市平均76毫米，太仓沿江的浏河、七浦达102毫米。风暴影响苏州市之时，恰逢农历八月初天文大潮汛，二者相遇，使连日屡超警戒线的长江潮位再度猛涨。31日凌晨，江阴肖山、常熟浒浦闸、太仓浏河闸的最高潮位分别达到6.34米、6.06米和6.04米，这是仅次于1974和1981年的历史第三高潮位。第19号台风于9月19日在菲律宾以东洋面生成。23日，19号热带风暴自南向北正面袭击苏州市时，各地先后出现8—9级东北大风并伴有暴雨。全市平均降雨59毫米，东部沿江及太湖湖区在70毫米以上，吴江南部超过100毫米。台风侵害对农作物危害严重，棉花再度严重倒伏，水稻早熟品种也大面积发生倒伏。两次台风使全市15个街道147个乡镇2398个村受灾，倒塌房屋、棚舍670间，严重损坏房屋384间，死伤各1人，晚秋作物有124553公顷受灾，13772公顷成灾。

1994年，苏州市主要受9414号、9415号、9517号3个台风影响。9414号、9415号台风“擦肩而过”，苏州市喜降甘霖。这两次台风的累计过程雨量全市平均为73.7毫米，17个报汛站中有14个站大于50毫米。其中，5个站大于100毫米。由于出现大范围的较多降雨，苏州市的旱情大为缓解，气温也出现回落。汛期的台风灾害：全市受灾范围共60个乡镇882个村以及城镇的2个街道，受灾人口38.08万人，倒塌房屋、棚舍1225间，损坏房屋3511间，倒塌围墙550米，死亡1人、受伤9人，造成19个企业部分停产，损坏输电线路16杆0.37千米、通信线路25杆0.9千米，农作物受灾12253公顷。

1995年8月25—26日，7号强热带风暴影响苏州市。该热带风暴于8月25日凌晨4时30分在浙江温岭石塘镇登陆。登陆时近中心风力有11级，风暴登陆后朝西北方向移动，当天8时，风暴中心到达台州附近时减弱为热带风暴，随后转向偏北方向移动，其中心先后掠过天台、四明山区，经余姚、慈溪，并穿过杭州湾。19时许在上海金山县重又登陆，经上海市区西部、宝山区、长江口、崇明县和苏州市、南通市，于26日凌晨5时左右进入黄海。由于这个风暴移动路径偏东，且右半圈风强雨大，左半圈风弱雨小，未对苏州市造成正面袭击。受其外围影响，苏州各地均下中到大雨，全市平均降雨21毫米，最大观测点雨量为七浦闸43毫米；东山实测最大风速为7级（14米每秒），其余均为5—6级，没有受灾损失。

1997年主汛期，苏州遭受进入90年代以来最为严重的一次台风袭击，因台风和天文大潮的共同影响，沿江潮位全线超历史最高纪录。9711号台风于8月10日在关岛以东洋面上生成，受其影响，苏州自18日下午起风力骤增，有7—8级，傍晚以后风势更劲，并伴有暴雨。极大风力城区有11级，郊县普遍均有8—10级，长江和太湖水面上达到11级。全市平均降雨量61毫米，沿江地区大多在70毫米以上。其中，最大的七浦闸站达113毫米。受9711号台风和农历七月十七天文大潮的共同影响，市境内长江水位猛涨。19日凌晨，沿江三市潮位全线超历史，七浦闸下游、浒浦闸下游实测子潮潮位分别高达6.43米、6.74米，均高于6.30米、6.29米的历史最高纪录，均创下有潮位记载以来的新高。9711号台风就其台风中心气压、近中心最大风力、大风区范围都可列为90年代影响华东沿海地区历次台风的强度之最。

台风、暴雨和高潮位“三碰头”侵袭,对苏州市造成严重影响,特别是让沿江地区的工农业生产和水利设施造成较大损失:全市共倒塌房屋2083间、损坏房屋3694间;农作物受灾面积25.9万公顷。其中,成灾7402公顷;1022公顷林果蚕桑受损;水产养殖损失4280公顷6990吨;倒、折三杆2200余杆,97条次供电线路一度中断。长江堤防严重受损,土方大量被冲失,许多护堤工程严重毁坏,部分水闸门顶漫水,险情频频发生。江港堤防遭受严重损坏的有48.7千米,损失土方123万立方米。这次台风灾害全市共造成直接经济损失4.65亿元。

2001年汛期,苏州市降雨量比常年略多,降雨时空分配不均匀,梅雨期短而梅雨量多。出梅后,出现高温时间早、高温日数多的情况,其间苏州市先后受到“飞燕”“尤特”“桃芝”3个台风的影响。其中,2号台风“飞燕”的影响最为严重。它的环流与梅雨锋雨带及冷空气结合,造成苏州市6月22—24日出现区域性暴雨,东北部连续两天出现大暴雨,积涝成灾范围涉及苏州市5个县级市和吴中、相城、虎丘区以及工业园区、苏州新区的80多个乡镇700多个行政村和平江、沧浪、金阊3个区的15条街道;有11个城镇积水,525条城市、镇区街道、街巷浸水,水深达50—80厘米;6460户城镇居民和7190户农户家中进水,458家企业受淹;31.46万亩农田受涝,3.3万亩鱼池漫塘;部分水利设施、公路路基也受到损坏。

2002年汛期,苏州市受到不同程度影响的热带气旋有3个,比常年略偏多。影响苏州市的3个热带气旋分别是:5号台风“威马逊”、15号台风“鹿莎”、16号台风“森拉克”,但这几个台风对苏州市的影响均为外围影响。除16号台风“森拉克”影响时,正值天文大潮,造成沿江出现相当于历史第三位的高潮外,其他2个台风均未对全市造成大的影响。16号台风“森拉克”于8月29日在西太平洋洋面上生成,之后一直向偏西方向缓慢移动,9月7日18时30分左右在浙江苍南登陆。受其外围影响,全市各地均出现6—7级的大风,沿江地区出现1997年以来的最高潮位。

2004年汛期,苏州市先后受到“蒲公英”“云娜”和“海马”等3个热带气旋活动的影响。其中,“蒲公英”和“云娜”影响较重。7号强热带风暴“蒲公英”在北移过程中和北方南下的冷空气相结合,致使苏州市从当天早晨起,就先后出现暴雨、大暴雨和大风天气。据各报汛站资料统计,全市平均降雨79.9毫米,沿江地区和昆山市北部部分地区6小时降雨量超过70毫米,达到大暴雨程度。与此同时,苏州市各地均出现7—10级大风。其中,太仓七浦闸测得的极大风速达25.3米每秒,胥口测得的极大风速达24.9米每秒,江湖水面上的最大风力超过10级。强降水和大风致使全市沿江地区和市区等许多地方出现短时积水,一些树木、围墙、广告牌等被大风刮倒,部分输电线路受损,太湖、长江水域发生多起船舶翻沉事故。

2005年,苏州市先后4次受台风影响。其中,台风“麦莎”和“卡努”影响较大,移动路径属于登陆北上中路型,风狂雨骤,全市共有3461户住宅、198家企业、72个仓库一度进水,268条(处)道路积水;5944间房屋、4335间棚舍和18733米围墙倒塌,9896间房屋损坏;505杆输电线杆损坏,654条次供电线路中断。全市直接经济损失8.16亿元。

2006年汛期,苏州市受到4个台风的外围影响,分别出现中等以上降雨或7—8级大风,影响程度偏轻。特点是影响早,异常情况多。如:1号台风“珍珠”在5月18日影响苏州,为历史最早,全市普降大雨,雨量最大的为浏河闸62.1毫米,对全市水情影响不大;4号台风“碧利斯”导致苏州7月14—15日持续2天7级以上大风,为历史罕见;5号台风“格美”登陆后,受其边缘影响,从7月19日开始全市普降大雨,浏河闸7天累计雨量256.6毫米,望虞河闸、浒浦闸及阳澄湖湘城7天累计雨量均超200毫米，分别为214.5毫米、204.9毫米、200.4毫米；8号超强台风“桑美”为新中国成立以来最强的登陆台风，但由于其范围小，对苏州没有造成重大影响。

2007年，影响全市的台风主要有4号“万宜”、8号“蝴蝶”、9号“圣柏”、13号“韦帕”和16号“罗莎”。其中4号、8号、9号台风主要受外围影响，13号和16号台风影响较大。13号台风“韦帕”于9月16日8时在菲律宾以东洋面上生成，19日凌晨2时30分在浙江苍南霞关镇登陆，19日11时减弱为热带风暴，进入安徽境内后转为北上，20日7时于江苏省连云港市出海。受台风“韦帕”影响，苏州市从18日1时开始出现降雨，截至20日8时，全市面降雨量106.8毫米，最大值155.6毫米，出现在太仓市七浦闸站，全市共有8个雨量站降雨超过100毫米，主要河湖水位明显上涨；全市普遍出现7—9级大风。其中，最大风速23.9米每秒，出现在太湖小雷山自动站。16号台风“罗莎”于10月2日8时在菲律宾以东洋面上生成，7日15时30分在浙江苍南和福建福鼎交界处登陆，强度逐渐减弱，8日18时东移入海。同时，北方有一股冷空气东移南下。受台风外围和冷空气共同影响，6日夜起，苏州市东北风逐渐增大，7—8日风力达7—9级，太湖水面阵风达10级，最大风速27.2米每秒，同时伴有大雨、暴雨，局部大暴雨。7日7时至8日14时，全市面降雨量91.6毫米。其中，吴中站137.0毫米，吴江站150.7毫米，张家港站30.7毫米，常熟站56.3毫米，太仓站71.8毫米，昆山站100.0毫米，东山站94.9毫米，工业园区跨塘站达到211.0毫米，全市河湖水位普遍上涨。

2008年，影响苏州市的台风主要有7号“海鸥”、8号“凤凰”、13号“森拉克”和115号“蔷薇”。受台风外围影响，全市普遍出现阵雨天气，雨量小到中等，局部大雨。2008年台风均未对全市造成重大影响。

2009年，影响苏州市的台风主要为8号台风“莫拉克”。“莫拉克”对苏州市的影响特点为开始早、结束迟、降水分布不均。台风降雨主要集中在8月9日下半夜至10日早晨及11日白天，苏州市东部及沿江大部分地区日雨量达到暴雨。台风过程降雨量为50—90毫米，局部超过100毫米，最大过程降雨量出现在张家港晨阳站，为105.5毫米。8号台风“莫拉克”影响期间，由于各方面高度重视，防台措施落实到位，且台风影响比预计的小，危害被降到最低程度，全市各地除部分道路、低洼圩区出现短时积水外，无重大灾情发生。防台抗台期间，各县（市、区）的党政主要领导都非常重视，党委、政府主要负责人坐镇指挥，各级防指指挥长深入一线，现场办公，明确责任，全面落实各项防台措施。

2011年，9号台风“梅花”于7月28日14时在西太平洋洋面上生成。8月5日10时30分，苏州市气象台发布强台风警报，预计这次台风将对苏州市产生严重的大风、暴雨影响。5日20时，市防指根据《苏州市防御台风预案》，启动防台Ⅱ级应急响应。至6日15时“梅花”减弱为台风，7日8时，台风中心位于北纬31.8度，东经124.4度，并以每小时25千米左右的速度继续向西北偏北方向移动，逐渐远离苏州市。市防指随即解除防台Ⅱ级应急响应。这次台风的特点是强度强，移动速度慢，持续时间长，移动路径不稳定。对苏州市的影响可以说是“有惊无险”，主要影响是出现7—9级偏北大风，并伴有阵雨，局部雨量中等。在抗御灾害中，全市各地累计投入抗灾人数20.41万人，抢险人数11.05万人；投入编织袋19.93万只，抗灾用油255.8吨，总物资消耗折算资金1129万元。

2012年，全市先后受到5个台风影响，分别为9号台风“达维”、10号台风“苏拉”、11号台风“海葵”、14号台风“天秤”、15号台风“布拉万”，属于受台风影响较多的年份。其中，“达维”“苏拉”“天秤”“布拉万”的影响较小，“海葵”则造成严重影响。11号台风“海葵”于8月3日8时生成，6日17时加强为台风，7日14时再次加强为强台风，8日凌晨3时20分在浙江省象山县鹤浦镇登陆。登陆时中心最大风力14级（42米每秒）。8日凌晨起，台风7级风圈和10级风圈先后影响苏州，全市普遍出现8—10级、水面11级的东北大风。其中，陆地出现7级以上大风。苏州市受灾人口14.79万人，紧急转移2.14万人；住宅进水1332户，倒塌房屋925万间；农作物成灾面积13.02万亩，绝收面积1.96万亩，树木倒伏3万株；短时停产企业267家，跳闸断电供电线路1008条次，通信中断10条次；损坏堤防38处6千米，损坏护岸33处。因洪涝灾害造成的直接经济损失9.88亿元。其中，农业直接经济损失7.31亿元，工业交通业直接经济损失0.69亿元，水利工程水毁直接经济损失0.46亿元，其他方面经济损失1.42亿元。

2013年汛期，苏州市基本未受台风影响，汛期过后，受台风“菲特”外围云系和冷空气的共同影响，苏州市出现强降雨，造成严重影响。10月6—8日，苏州市普遍出现暴雨，平均过程降雨量为234.9毫米，最大为吴江桃源站335.4毫米，其次为昆山站303.9毫米。受台风降雨影响，全市河湖水位迅速上涨，主要河湖站点超过警戒水位。全市各地累计投入抗灾人数5.83万人，抢险人数5.02万人次；投入编织袋51.448万只，抗灾用油75.73吨，抗灾用电565.84万度，消耗物资折算资金1699万元。

2014年，受“凤凰”台风外围影响，苏州市出现6—7级东北大风，水面阵风8级，全市普降中雨，局部大雨。市防指各成员单位按照预案要求，全力做好各项防台工作。同时，苏州城区防汛抢险队伍提前到达指定位置集结，配齐发电机、临时水泵、疏通车等抢险设施，在易积水地点周边待命。台风“凤凰”影响期间，城区未出现积水点，21座立交泵房正常工作。

2018年汛期，苏州市受到6个台风影响，与1949年以来同期最多值持平，分别为8号台风“玛莉亚”、10号台风“安比”、12号台风“云雀”、14号台风“摩羯”、18号台风“温比亚”和22号台风“山竹”。其中，“安比”“温比亚”和“山竹”影响比较严重。受10号台风“安比”外围影响，苏州市从7月21日8时至22日20时，普降中雨；受18号台风“温比亚”影响，苏州市从8月16日8时至18日8时全市暴雨到大暴雨，大运河、望虞河、太浦河等水位超警。9月16—17日，受22号台风“山竹”倒槽影响，常熟出现特大暴雨，受灾人口2.49万人，紧急转移43人；倒塌房屋11间；农作物成灾面积2.73万亩，水产养殖损失面积0.26万亩；因洪涝灾害造成的直接经济损失6354.1万元，其中，农林牧渔业直接经济损失1984.8万元，工业交通运输业直接经济损失4369.3万元。在抗御灾害中，全市各地累计投入抢险人数5396人，投入编织袋1万只、编织布0.5万平方米、挡水设施2000延米、救生衣100件、抢险设备131台。

2019年8月9日夜里到8月10日，受9号台风“利奇马”影响，全市普降大暴雨，多处河湖超过警戒水位，多地出现不同程度积水险情。张家港、常熟等8个县（市、区）受灾，农作物受灾面积为19066.67公顷，137家企业停产。因洪涝灾害造成直接经济损失0.38亿元。其中，农业直接经济损失0.32亿元，其他经济损失0.06亿元。各地各部门履行防台责任采取行动，落实各项防范措施。市防汛防旱指挥部办公室按照防台风应急预案，启动防台风应急响应，分别于8月9日10时、15时及10日21时启动防台风Ⅳ级、Ⅲ级和Ⅰ级应急响应，各地各部门按照预案开展各项防汛防台工作。台风直接影响期间，所有在建工程、旅游景区、培训机构全部停工、停业、停课，共转移船只5722条，转移人员39897人。其中，危房、拆迁户等转移17003人，拆除或加固广告牌5312个，工地停工7492个，保障人民群众生命财产安全。迅速派出应急抢险队伍，及时消险除患。全市累计投入抢险人员6.3万人，投入动力7363台班、编织袋16.9万只、沙石料0.6万立方米、木材500立方米、钢材2.2吨，总物资消耗折算资金561.65万元。

2020年，台风“黑格比”贯穿苏州。4号超强台风“黑格比”于8月1日14时在菲律宾以东洋面上生成，随后沿西北方向移动，3日14时升级为台风，继续向西北移动，4日凌晨3时30分前后在浙江省乐清市沿海登陆，20时到达苏州南部，继而由南往北贯穿苏州，5日1时起逐渐远离苏州。4日20时起苏州受其影响，局部大到暴雨。汛期受梅雨期强降雨和4号台风“黑格比”影响，防汛形势十分严峻。全市共启动防汛防台应急响应54次，市、县（市、区）两级上下联动、防指成员团结协作，较好完成防灾抗灾各项工作任务，城市运行正常有序。全市累计转移安置人口5277人，无人员伤亡；无工业企业因汛停工停产；仅农作物遭受部分损失，受灾9010公顷；直接经济损失7272万元。

第九章　水资源水环境水生态

1993年，《江苏省水资源管理条例》出台。为贯彻落实该《条例》，1995年苏州开始征收水资源费，成为水资源节约、保护和管理的重要保障制度。由于地下水超采带来的地面沉降问题，1996年起苏州开始关注地下水资源管理问题，加强地下水动态监测，实施地下水限采，2000年，苏州落实省人大常委会《关于在苏锡常地区限期禁止开采地下水的决定》，至2005年底，累计封填深井2798眼，全面实现禁采目标。2007年太湖蓝藻危机暴发后，苏州编制并实施《苏州市饮用水源安全保障规划》，启动水源地达标建设工作，开展蓝藻常态化打捞与治理。2009年，苏州在全国率先发布节约用水条例，建设节水载体，强化宣传教育，开展有奖答题与征文等活动，全社会对水资源节约保护认识不断提高。

苏州市委、市政府以解决突出水环境问题作为提升城市品位、落实生态文明建设的重要手段。2010年，根据市委建设“三区三城”目标，启动“最佳城市水环境三年行动计划”。2012年，市委、市政府出台《苏州古城区河道水质提升行动计划》，提出“四个百分百”，围绕“截污、清淤、活水、保洁”四个环节，实施活水畅流等系列工程。2017年起，实施城市中心区清水工程。2011年，启动苏州市农村黑臭河道专项治理，2016年实施苏州市城镇黑臭水体整治行动，逐步消除黑臭。各县（市、区）实施相关专项治理行动。截至2020年，全市水环境明显改善，再现“江南水乡”胜景。

第一节　水资源保护

一、水资源调查

水资源调查评价是对水资源的数量、质量、时空分布特征和开发利用条件的分析评定，是水资源合理开发利用、管理和保护的技术基础，也是国家或地区有关水资源工作的决策依据。2002年，国家计委、水利部发出《关于开展全国水资源综合规划编制工作的通知》。省计委、水利厅随即布置全省开展水资源综合规划编制工作。2002年下半年，苏州市水利（水务）局根据水利部、省水利厅通知精神，开始苏州市水资源综合规划的编制工作。2005年、2006年，省水文局苏州分局先后完成苏州市水资源调查评价和苏州市水资源开发利用调查评价成果报告，并通过由省水利厅组织的专家评审和验收。成果交由苏州市水利（水务）局汇总编入《苏州市水资源综合规划》。

根据当时调查，全市多年平均地表水资源量24.43亿立方米，地下水资源量9.37亿立方米，重复计算量7.24亿立方米，水资源总量为26.56亿立方米（不包括入境水量）。以2000年在籍人口为基数，苏州市人均水资源占有量为459立方米，略高于江苏省的人均水资源占有量438立方米。苏州市水资源调查评价是太湖流域水资源调查评价的一个单元。苏州市的河网水体水污染较严重，湖泊的富营养化问题也比较突出，水质变差，大大降低水资源的可利用率。苏州市已形成水质型缺水的状况。

二、水源地保护

（一）饮用水水源地建设

2005年，国务院办公厅发布《关于加强饮用水安全保障工作的通知》，全省范围内开始开展饮用水水源地保护行动。

2007年，江苏省人大常委会通过《关于加强饮用水源地保护的决定》，编制完成全省饮用水水源地安全保障规划。苏州市规划通过审查。3月，根据《水法》有关规定和省政府批准的《江苏省地表水（环境）功能区划》，江苏省水利厅发布《关于公布江苏省集中式饮用水源地核准名录（第一批）的通知》。其中，苏州市集中式饮用水水源地共10个。

为加强水源地保护，2008年省人大常委会颁布《关于加强饮用水源地保护的决定》并实施。2010年1月，《关于公布江苏省集中式饮用水源地核准名录（第二批）的通知》发布，苏州新增1家，为吴江市东太湖应急备用水源地，共11家。

2013年6月，《关于公布江苏省集中式饮用水源地核准名录（第三批）的通知》发布，苏州吴中区新增3家，共14家。

2016年5月，在省水利厅、住建厅、环保厅《关于公布完成达标建设水源地名录（第二批）的通知》附件2“新增城市集中式饮用水源地”中，苏州新增工业园区阳澄湖水源地，全市共有15个集中式饮用水水源地。

2017年，在省水利厅《关于公布江苏省集中式饮用水源地核准名录（第五批）的通知》附表“江苏省集中式饮用水源地在用名录”中，苏州共14家饮用水水源地，此前部分水源地合并。其中，县级以上城市集中式饮用水水源地13个（不含应急备用水源地）、乡镇水源地1个（太湖白塔湾水源地）。

表9-1　2017年苏州市纳入江苏省集中式饮用水水源地核准名录

水源地名称	类型	名录批次	使用状态	水源地级别
苏州市太湖贡湖金墅港水源地	湖泊	第一批	日常	地级
苏州市太湖寺前水源地	湖泊	第一批	日常	地级
苏州市太湖白塔湾水源地	湖泊	第三批	日常	乡镇
苏州市太湖镇湖（上山）水源地	湖泊	第三批	日常	地级
苏州工业园区阳澄湖水源地	湖泊	第四批	日常	地级
常熟市长江浒浦水源地	河道	第一批	日常	县级
常熟市尚湖水源地	湖泊	第一批	日常	县级
张家港市长江新海坝水源地	河道	第一批	日常	县级
张家港市一干河新港桥应急水源地	河道	第二批	应急	县级
昆山市傀儡湖水源地	湖泊	第一批	日常	县级
吴江区太湖庙港水源地	湖泊	第二批	日常	地级
吴江区太湖北亭子港水源地	湖泊	第三批	日常	地级
太仓市长江浪港水源地	河道	第一批	日常	县级
太仓市长江浏河口水源地	河道	第三批	日常	县级

根据水利部《关于印发全国重要饮用水水源地名录（2016年）的通知》，根据国务院有关文件部署，水利部组织对全国供水人口20万以上的地表水饮用水水源地及年供水量2000万立方米

以上的地下水饮用水水源地进行核准，共将全国618个饮用水水源地纳入名录。其中，苏州有：太湖湖东水源地（含太湖金墅港、镇湖、渔洋山、浦庄、庙港水源），张家港市长江水源地，常熟市长江水源地，昆山市傀儡湖水源地。

（二）水源地达标建设

2011年，省政府办公厅转发省水利厅、住建厅、环保厅《关于开展全省集中式饮用水源地达标建设意见的通知》，按照“水量保证、水质达标、管理规范、运行可靠、监控到位、信息共享、应急保障”的要求，在全市范围内开展水源地实现“一个保障、两个达标、三个没有、四个到位”的安全保障达标建设。“一个保障”即保障水源地安全供水，正常情况下水源地安全供水，突发事件情况下保证应急供水。“两个达标”即集中式饮用水水源地水质达到国家规定的水质标准，供水保证率达97%以上。“三个没有”即水源地一级保护区范围内（湖泊的为半径500米）没有与供水设施无关的设施和活动，二级保护区范围内（一级保护区外延2000米水域或陆域）没有排放污染物的设施或开发活动，准保护区范围内（二级保护区外延1000米水域或陆域）没有对水体污染严重的建设项目、设施或开发活动。“四个到位”即水源地保护机构和人员到位，警示标牌、分界牌和隔离措施到位，备用水源地和应急管理预案到位，水质在线监测和共享机制建立到位。

2014年7月，省水利厅、住建厅、环保厅《关于公布完成达标建设水源地名录的通知》《完成达标建设的水源地名录（第一批）》中，苏州市共有5个：苏州市太湖金墅港、渔洋山、寺前水源地，昆山市傀儡湖水源地，张家港市长江水源地。

2016年5月，省水利厅、住建厅、环保厅《关于公布完成达标建设水源地名录（第二批）的通知》中，苏州有6个：苏州市太湖镇（上山）水源地、太湖亭子港水源地，常熟市长江水源地、常熟市尚湖水源地，太仓市长江浪港水源地、太仓市长江浏河口水源地。

2017年底，全市县（市、区）级以上水源地（含备用1个）均完成达标建设，唯一的白塔湾乡镇水源地也在2018年完成达标建设，通过市水利（水务）局、发改委、环保局组织的联合验收。

（三）水源地保护

2007年太湖蓝藻危机暴发后，国家开始新一轮太湖治理措施。经过十余年治理，太湖水质总体向好，但不稳定，受2016年太湖大水等影响，部分水质指标出现反复，太湖生态环境没有大的改变，蓝藻暴发及湖泛发生的隐患尚未消除。2016年以后水草大量减少，蓝藻呈现增加的趋势，加上太浦河、望虞河长时间大流量排水，蓝藻对苏州市一些水源地影响加重，加强太湖蓝藻防控，确保水安全仍然是治太工作的主要任务和目标。影响长江水源地安全的因素也较多，长江是黄金水道，船舶运输繁忙，每天数百条危化品船只穿梭在长江航道上，沿岸港口码头、化工企业密集，一旦出现安全事故，对水源地安全将造成威胁。随着长江河势和工情、水情发生变化，沿江水闸频繁启动，引排水和咸潮对水源地供水影响日趋加重。

1.政策制度

2004年12月1日，苏州市人民政府以79号令发布《苏州市供水办法》，明确市饮用水水源地一、二级保护区和准保护区范围内禁止、限制污染水源地的活动，对水源地保护提供制度保障。

2007年，根据《全国城市饮用水水源地环境保护规划（2008—2020年）》，苏州市编制《苏州市饮用水源安全保障规划》，苏州市环保局会同苏州市水利（水务）局编制《苏州市城市饮用水水源地环境保护规划实施方案》。

2008年1月19日，江苏省第十届人民代表大会常务委员会第三十五次会议通过《江苏省人民代表大会常务委员会关于加强饮用水源地保护的决定》，自2008年3月22日起施行。2012年1月12日，江苏省第十一届人民代表大会常务委员会第二十六次会议通过，并对第十四条第三项进行修订。为加大水源地生态环境保护力度，2010年，苏州市委、市政府出台《关于建立生态补偿机制的意见（试行）》，《意见》明确对县级以上集中式饮用水水源地保护区范围内的村，按每年每村100万元予以生态补偿。其中，市本级财政每年每村补50万元；列为县级以上生态公益林的，按100元每亩予以生态补偿。市财政、水利、农委等部门制定《苏州市生态补偿专项资金管理暂行办法》，市水利（水务）局制定《苏州市水源地村生态补偿考核办法》，明确水源地村应承担控制污染源、提高生活污水集中处理率、定期实施出入湖河道清淤、组织打捞水草、做好蓝藻防控工作等保护职责。

根据省人大常委会《关于加强饮用水源地保护的决定》、省政府办公厅《关于加强全省饮用水水源地管理与保护工作的意见》等文件要求，苏州市政府印发《关于加强全市饮用水水源地保护和管理工作的实施意见》，对下一步全市水源地保护和管理提出明确任务，分解落实责任。市水利（水务）局制定《关于加强集中式饮用水水源地标准化管理的意见》，力求从电子档案、界标设立、宣传展示牌设立、视频监控、水质水量监测等8个方面实现水源地保护和管理的制度化、规范化与信息化。

2.水质检测

从1997年起在全市自来水厂取水口布设监测断面，每年监测12次，共监测26个项目，每次监测后对监测数据进行分析评价，及时了解和掌握全市饮用水水源地水质的变化情况。2001年，张家港还建立国内首家县级市水资源监测站，对水源地每月监测，启动水源地水质预警系统，及时掌握水源地动态变化。

“十一五”期间，对水源地水质实行自动站实时监测、人工常态监测和湖体巡测，县级市以上水源地水厂取水口均安装24小时自动监控系统，并实现数据资源共享；建成国内首个内湖水质气象综合浮标站和金墅港、渔洋山、上山村“全球眼”视频监控系统，实现蓝藻水华的实时监控，每年4—10月对太湖苏州水域蓝藻及湖泛实施监测，对水源地水质及藻类生长情况进行跟踪监测。

2014年起，苏州市水利（水务）局委托省水文水资源勘测局苏州分局对全市水源地水质定期监测，水源地取水口每月监测，每年4—10月开展加密监测。环保局在全市所有集中式饮用水水源地建设水质自动监测站，每2—4小时提供一组监测数据。市气象局、环保局和水利（水务）局按职责分工对太湖水源地水质和蓝藻进行全时立体监测和巡查，监测结果及时上传至太湖蓝藻监测信息服务网，气象、水利、环保、供水企业均能实时共享。

3.限制保护

2007年，无锡水污染事件发生后，苏州市自来水公司在充分调研的基础上，实施完成水源地围栏保护工程，在藻类暴发时可通过加装工业滤布实施物理拦截，尽可能减少藻类进入制水程度的数量。同年，按照“统一标准、分级实施、限期完成、统一验收”的要求，高新区投入813.3万元，完成取水头部一级保护区围栏保护工程，围栏的范围为以两座取水口连线的中点为圆心，半径500米的区域。围栏外侧在蓝藻暴发时增挂滤布，以有效拦截蓝藻。

2014年，全市以湖泊为水源地的取水头部一级保护区全面实施围栏保护工程，在保护桩之间设置高度为1.5米的钢丝网（或不锈钢网），外侧在蓝藻暴发时增挂滤布拦截，同时对蓝藻、水草进行常态长效打捞。集中式饮用水水源地设立水源地保护标志牌，出入水源地的道路设立警示标志，严禁危险品运输车辆进入水源地保护区。

4.关停项目

2003年，苏州市政府在《苏州市城市规划若干强制性内容的暂行规定》中确定沿太湖、阳澄湖纵深1千米规划为生态走廊，沿湖岸5千米区域为一级保护区，严禁建设对水环境有影响的项目。2005—2006年，在饮用水水源地保护区内，苏州市共关停工业企业29家，取缔垃圾填埋场1个和垃圾中转站1个，停止建设餐饮项目2个。2007年，在二级保护区内，共关闭工业企业2家，搬迁排污口6个，移除渔民船只80余艘。常熟、昆山通过划定畜禽禁养区，禁止新建和扩建畜禽养殖，解决畜禽养殖对水源地水质的污染影响。

5.综合整治

2009年，针对金墅港杂船停靠在水源地附近，生活污水直接排入水源地等环境突出问题，开始实施金墅港水源地综合整治。苏州市委、市政府高度重视，各级领导多次深入现场开展调查研究，确定金墅港水源地综合治理工程方案，各级政府和各有关部门各负其责、密切配合，总投资11875万元，退渔还湿900亩，清淤面积6.28平方千米，清除淤泥约218万立方米，建设围栏和迁建金墅港闸、新建避风港、拓宽顺堤河等，建设渔民安置房和渔船集中停泊港，将世代在船上生活的居民全部迁移上岸，生活船统一销毁，作业船集中停放，保护区内的437条船只全部迁离水源保护区，同时封闭金墅港闸，进入太湖捕鱼作业由金墅港改为水源保护区外的河道，减轻对水源地的影响。至此，金墅港水源地成为全省第一个标准化、规范化建设的水源地。

2020年，为加强对湖泛的监测预警，增强应急处置能力，及时发现并尽可能控制湖泛的影响范围，确保苏州市太湖水源地安全，维护太湖生态健康，首次印发《苏州市太湖湖泛应急预案》。

6.生态清淤

2007年以后，吴中区投入804万元对太湖寺前水源地实施生态清淤，清除淤泥37万立方米。对邻近渔洋山水源保护区的设施控制使用，确保不产生污染源，确保不对水源地安全造成影响。西太湖养殖围网全部拆除，东太湖的养殖面积压缩到45000亩，阳澄湖养殖面积压缩到32000亩，常熟市对尚湖进行生态清淤和综合整治，昆山市对阳澄东湖0.2平方千米的湖体进行清淤。

7.蓝藻防控

2007年5月30日，太湖无锡水域蓝藻暴发。9月8日，苏州渔洋山水源地一级保护区围栏外藻类密度（水面下0.5米）为1795万个细胞/升；上山村水源地一级保护区围栏外水面以下0.5米藻类密度为1699万个细胞/升，水面藻类密度为3657万个细胞/升；水源地西北、西南3千米水面藻类密度分别为9600万和9500万个细胞/升；金墅港水源地一级保护区围栏外水面藻类密度为2613万个细胞/升；无锡南泉水源地至苏州无锡交界处蓝藻成片分布。其中，南泉水源地水体水面藻类密度为33128万个细胞/升。

蓝藻暴发引发供水危机事件发生后，苏州市水利（水务）局成立市区供水安全和市区水环境安全等应急工作小组，抓紧修订完善《苏州市区应急供水实施方案》《地下水应急供水预案》《区域水利工程调水应急方案》和《城区河道水环境应急方案》，积极应对突发事件。

为确保供水安全，建立预警监测和蓝藻观测机制，并要求各地自来水公司加强太湖取水口沿线的巡查，加大监测范围，密切关注水源地水质变化动态，监测信息每日上报。各自来水公司进一步提高处理工艺，加强应急物料的储备，强化应急工艺，改善水处理效果，确保突发情况下能够最大限度满足市区居民饮用水的需求。

为有效拦截蓝藻，除水源地太湖取水口一级保护区围栏工程，市政府还投资4000万元建设完成共8千米的城区自来水管网沟通应急工程，将市区4个供水片区联成一体，确保市民饮用水安全。

对蓝藻增多现象，采用应急调水工程措施，利用城内泵闸工程，调引外城河水体，适当抬高运行水位，加快水体流动。市水利（水务）局会同城投、环保等有关部门通过打捞、截污、口门控制、引水活水等一系列措施，多管齐下清除蓝藻。

（四）应急水源地

2006年，省水利厅编制《江苏省集中式饮用水水源地突发性水污染事件水利系统应急预案》。按照《应急预案》，苏州市、各县（市、区）确定应急水源地建设方案。

“十一五”期间，通过入阳澄湖清水通道建设、减少围网养殖面积、加大引入长江水力度等综合措施，不断改善备用水源地阳澄湖水质。在阳澄湖第二水源地水质达到饮用水源标准之前，利用“引江济太”的有利条件，建设西塘河应急水源工程，建设规模为60万立方米每日的应急取水泵站，可应对太湖突发大规模蓝藻事件，保障苏州市区供水安全。

张家港市规划一干河作为应急水源地，总蓄水量约305万立方米，有效蓄水量约241.5万立方米。常熟市规划结合福山水道南岸边滩整治，实施总库容561万立方米的应急水库建设。园区阳澄湖水厂2014年5月启动试运行。太仓市将长江白茆口至新太海汽渡2000米岸线和浏河三井村至上海界的6500米岸线列入水源及生态保护岸线，规划建设总库容为1500万立方米的避咸调节储备水库。吴江市利用太湖围垦地退渔还湖的有利时机，结合东太湖综合整治工程同步实施二水厂应急备用水库工程。昆山市长江引水工程的水源取水口位于常熟市滨江水厂取水口下游50米处，规划日供水能力90万立方米。其中，一期工程日供水能力为45万立方米。此外，编制《苏州市地下备用水源应急利用规划》，在确保不引发地质灾害的前提下，把地下水资源作为水厂的备用水源，提高供水安全保障水平。

图9-1　2017年太仓市浏河长江应急水库

三、入河排污口管理

2004年，根据《水法》，各地按照统一部署，认真组织力量，全面开展入河排污口的普查登记，共普查登记排污口1420个。加强入河排污口的管理，并积极做好新建排污口的审批工作。

2005年，根据当年1月1日起实行的水利部22号令《入河排污口监督管理办法》的规定，对新建入河排污口按照水利部规定严格执行入河排污口论证、审批制度，对老的入河排污口进行全面普查登记。全年共完成42个（其中县级28个）取排水项目的水资源和排污口论证。

2007年6月11日，苏州市水利（水务）局在《苏州日报》刊登《入河排污口登记工作的通知》的公告，于当年10月完成排污口登记工作，共有2759户排水户到各地水行政主管部门依法进行登记。

2008年，全年审批5个排污口。开展水生态修复试点工作，委托河海大学和南京地理湖泊研究所编制太仓污水厂尾水通道和阳澄湖入湖河道的水生态修复方案。该方案已通过省水利厅组织的专家审查。

2010年，根据《入河排污口监督管理办法》的规定，对新建、改建、扩建的排污口，实行排污口设置论证和审批，共审批3个排污口。

2016年，强化河道排水口检查，积极开展入河排污口自查整改。2018年1月，下发《关于进一步加强全市入河排污口监管的意见》，严格审批流程，强化监督管理，根据自查发现的问题，制定措施实施整改，不断强化入河排污口规范化建设，将排污口监测加密到一年四次并拓展到规模以下排污口。全年全市共有283个规模以上的入河排污口，与2017年相比，总数未变（新增3个；其中，张家港新增2个，相城新增1个。关停或接管3个；其中，张家港接管1个，昆山关停2个）。

表9-2 苏州市规模以上入河排污口情况

区划	2017年排污口（个）	2018年排污口（个）	2017年入河废污水量（万吨）	2017年COD（万吨/年）	2017年氨氮（万吨/年）
张家港	40	41	1.18	0.262	0.0051
常熟	69	69	1.52	0.418	0.0087
太仓	40	40	0.68	0.189	0.0034
昆山	44	42	2.16	0.239	0.0073
吴江	51	51	1.85	1.017	0.0905
吴中	9	9	1.28	0.305	0.0078
相城	15	16	0.63	0.164	0.0045
姑苏	3	3	1.15	0.285	0.0090
高新	9	9	0.70	0.167	0.0041
园区	3	3	1.35	0.296	0.0020

四、水功能区

2003年，省水利厅、环保厅编制《江苏省地表水（环境）功能区划》，并经省政府批准。其中，苏州市划定190个水功能区。

省级水功能区分一级区划和二级区划，一级功能区分为4类，即保护区、缓冲区、开发利用区和保留区；二级功能区在一级开发利用区内划分，分为7类，为饮用水源区地、工业用水区、农业用水区、渔业用水区、景观娱乐用水区、过渡区和排污控制区。水利部门主要负责加强宣传，开展水功能区确界立碑，规范排污口的设置、审批、管理，加强水功能区监测，开展水功能区纳污总量计算等工作。

2004年，加强水功能区管理和保护，市水利（水务）局组织对饮用水水源地水功能区进行确界立牌，明确水功能区的名称、长度、规划水质目标和管理要求等内容，全市10个主要水源地水功能区的10块标牌全部安装到位。同时，市水利（水务）局与水文局共同编制完成监测工作计划，实行水功能区水质通报制度，每2个月定期向市领导和有关部门通报情况，并在市水利（水务）局门户网站向社会公布。

2005年，对省政府划定的保护区、保留区、缓冲区和饮用水源区等59个重要水功能区的水质进行每月监测，实行水功能区水质每月通报制度，向市四套班子和环保等有关部门通报水质监测情况，并在苏州市水利（水务）局的政府网站向社会公布。

2006年，强化对水功能区的保护，对54个重点水功能区中72个检测断面的水质，坚持实行每月监测和通报制度。对新建、改建、扩建的排污口，坚持实行项目论证科学评价和依法审批，加强排污口有序管理。按照省水利厅要求，配合河海大学、省水文局，组织开展对全市700多个重点水功能区入河排污口设置及排污现状的普查，并对部分排污口水质进行监测，为准确计算纳污量提供基础资料。依据《江苏省地表水（环境）功能区划》，结合苏州实际情况，编制《苏州市地表水（环境）功能区划》，对《江苏省地表水（环境）功能区划》中苏州部分作调整，保留176个水功能区，调整16个区划，把县市级骨干河道纳入水功能区划，新增153个水功能区划，为强化水功能区保护提供依据。

2007年，共监测水功能区130个。其中25个水功能区达标，达标率为19.2%，较上年上升11.5个百分点。

2009年，完成《苏州市地表水（环境）功能区划》编制，拟在省划定全市190个水功能区的基础上增加57个市级水功能区；水功能区水质达标率连续3年上升10个百分点，达到45%。

2011年，强化水功能区保护。全市190个水功能区水质达标率连续4年稳步提升。其中，2008年为35%，2009年为45%，2010年为50.5%，2011年达到55%。

2010年，在《江苏省地表水（环境）功能区划》中苏州部分的基础上，结合《苏州市城市规划河网水系总体规划》及各县（市、区）实际，拓展县（市、区）主要骨干河道的功能区划，新增市级水功能区57个，并经2010年《市政府关于同意苏州市地表水（环境）功能区划的批复》批准。苏州市城区（包含工业园区、高新区）新增9个功能区（2个湖泊），张家港市新增14个功能区（1个湖泊），常熟市新增5个功能区（1个湖泊），太仓市新增5个功能区（1个湖泊），昆山市新增5个功能区（2个湖泊），吴江市新增8个功能区（5个湖泊），吴中区新增6个功能区，相城区新增5个功能区（2个湖泊），基本填补上苏州市域内的骨干河道及重点湖泊。

表9-3 2010年苏州市市级水功能区名录

水功能区名称	河流（湖、库）	水质目标	河长（千米）	面积（平方千米）
金枫运河苏州景观娱乐、工业用水区	金枫运河	Ⅳ	3	—
马运河苏州景观娱乐、工业用水区	马运河	Ⅳ	4	—
金墅港苏州引水保护、工业、农业用水区	金墅港	Ⅲ	6.8	—
龙塘港苏州引水保护、工业、农业用水区	龙塘港	Ⅲ	3	—
走马塘河吴中工业、农业用水区	走马塘河	Ⅳ	14.8	—
顺堤河吴中工业、农业用水区	顺堤河	Ⅳ	23.7	—
香山运河吴中工业、农业用水区	香山运河	Ⅳ	11.5	—
联东河吴中工业、农业用水区	联东河	Ⅳ	4.3	—
大缺港吴中工业、农业用水区	大缺港	Ⅳ	2.4	—
箭泾河吴中工业、农业用水区	箭泾河	Ⅳ	4.3	—
盐铁塘张家港工业、农业用水区	盐铁塘	Ⅳ	12.7	—
十字港天生港张家港工业、农业用水区	十字港、天生港	Ⅳ	6.5	—
五干河张家港工业、农业用水区	五干河	Ⅳ	14.7	—
北中心河张家港工业、农业用水区	北中心河	Ⅳ	16.5	—
滨江运河张家港工业、农业用水区	滨江运河	Ⅳ	3.6	—
北横套张家港工业、农业用水区	北横套	Ⅳ	7.6	—
常沙河张家港工业、农业用水区	常沙河	Ⅳ	6	—
暨阳湖张家港景观娱乐用水区	暨阳湖	Ⅳ	—	2
合兴横套张家港工业、农业用水区	合兴横套	Ⅳ	3.5	—
农场河张家港工业、农业用水区	农场河	Ⅳ	6	—
悦来横套张家港工业、农业用水区	悦来横套	Ⅳ	5.1	—
十三圩港张家港工业、农业用水区	十三圩港	Ⅳ	4.3	—
段山港张家港工业、农业用水区	段山港	Ⅳ	7	—
奚浦塘张家港工业、农业用水区	奚浦塘	Ⅳ	11.7	—
金鸡湖苏州景观娱乐用水区	金鸡湖	Ⅳ	—	6

续表

水功能区名称	河流（湖、库）	水质目标	河长（千米）	面积（平方千米）
水网泾苏州景观娱乐、工业用水区	水网泾	Ⅳ	3	—
白莲泾苏州景观娱乐、工业用水区	白莲泾	Ⅳ	3.5	—
斜塘苏州景观娱乐用水区	斜塘	Ⅳ	5.6	—
沙湖园区景观娱乐、农业用水区	沙湖	Ⅳ	—	2.33
尤泾常熟引水保护、工业、农业用水区	尤泾	Ⅳ	11.3	—
东环河常熟工业、农业用水区	东环河	Ⅳ	9.2	—
大滃常熟工业、农业用水区	大滃	Ⅳ	10.3	—
三泾常熟工业、农业用水区	三泾	Ⅳ	8.8	—
南湖荡常熟渔业、农业用水区	南湖荡	Ⅳ	—	4.8
新荡茜引清保护、工业、农业用水区	新荡茜	Ⅳ	19	—
随塘河太仓工业、农业用水区	随塘河	Ⅳ	44	—
吴塘苏州工业、农业用水区	吴塘	Ⅳ	26.7	—
金仓湖太仓景观娱乐用水区	金仓湖	Ⅳ	0.7	—
新泾太仓工业、农业用水区	新泾	Ⅳ	6	—
郭石塘昆山工业、农业用水区	郭石塘	Ⅳ	6.5	—
白莲湖昆山渔业、农业用水区	白莲湖	Ⅳ	—	5.2
新支浦昆山工业、农业用水区	新支浦	Ⅳ	7.9	—
长白荡昆山渔业、农业用水区	长白荡	Ⅳ	—	4.4
邵塔港昆山工业、农业用水区	邵塔港	Ⅳ	5.4	—
海沿槽吴江工业、农业用水区	海沿槽	Ⅳ	4.2	—
长荡吴江渔业、农业用水区	长荡	Ⅲ	—	1.1
张鸭荡吴江渔业、农业用水区	张鸭荡	Ⅳ	—	1.4
黄泥兜苏州渔业、农业用水区	黄泥兜	Ⅳ	—	6
九里湖苏州渔业、农业用水区	九里湖	Ⅳ	—	8.7
西三级河仓浦塘吴江景观娱乐用水区	西三级河仓浦塘	Ⅳ	4.5	—
永昌泾相城区引水保护、工业、农业用水区	永昌泾	Ⅳ	15	—
黄花泾相城区工业、农业用水区	黄花泾	Ⅳ	6.5	—
朝阳河相城区工业、农业用水区	朝阳河	Ⅳ	13.9	—
春申湖相城区渔业、景观娱乐用水区	春申湖	Ⅳ	—	1
盛泽荡相城区景观娱乐用水区	盛泽荡	Ⅳ	—	4.2
鳑鲏港吴江工业、农业用水区	鳑鲏港	Ⅳ	14.7	—
雪落漾吴江渔业、农业用水区	雪落漾	Ⅳ	—	2

调整后的苏州市的水功能区划共有247个水功能区。其中，省级190家、市级57家。长江流域有13个水功能区，1个保护区，1个保留区，1个缓冲区，4个饮用水源区，6个工业、农业用水区，涵盖148.7千米长的苏州市所有长江岸线。太湖流域有234个水功能区，7个保护区，35个缓冲区，192个工业、农业、景观娱乐用水区，基本涵盖苏州市境内的流域性河道、区域性河道、县级河道及重点湖泊。河流有150条共2124.0千米，湖泊有31个共2113.1平方千米。

2016年，根据《省政府关于江苏省地表水新增水功能区划方案的批复》，苏州市新增省级水功能区10个。其中，7个水功能区为有市级水功能区。

2017年，根据省政府办公厅《关于加强水功能区管理工作的意见》中“水功能区管理实施限期达标制度”的要求，为切实提高水功能区达标率、改善水环境、提升水生态文明建设水平，编制《苏州市区及跨区域水功能区达标整治方案（2018—2020年）》，确保至2020年全市203个省级水功能区中至少有167个达标。

表9-4 2016年苏州市新增水功能区情况

行政区域	水功能区名称	控制断面或重点城镇	长度（千米）	面积（平方千米）	水质	备注
工业园区	金鸡湖工业园区景观娱乐用水区	金鸡湖	—	7.2	Ⅲ	市级、省级
工业园区	水网泾工业园区景观娱乐、工业用水区	水网泾	3	—	Ⅳ	市级、省级
高新区	金墅港高新区工业、农业用水区	金墅港桥	6.8	—	Ⅳ	市级、省级
张家港市	暨阳湖张家港景观娱乐用水区	暨阳湖湖心	—	0.62	Ⅳ	市级、省级
张家港市	三干河南延段张家港工业、农业用水区	鹿苑、塘桥、西张、港口	5.2	—	Ⅳ	省级
张家港市	环城河张家港景观娱乐用水区	杨舍	9.6	—	Ⅳ~Ⅴ	省级
常熟市	南湖荡常熟渔业、农业用水区	苏虞张公路南湖大桥	—	4.8	Ⅳ	市级、省级
太仓市	七浦塘工业、农业用水区	荡茜闸、七浦塘桥	43.8	—	Ⅳ	市级、省级
相城区	盛泽荡相城区景观娱乐用水区	牡丹园桥	—	4.2	Ⅳ	市级、省级
张家港市、常熟市	走马塘苏州工业、农业用水区	王庄北新桥、张家港枢纽上游	27.5	—	Ⅴ	省级

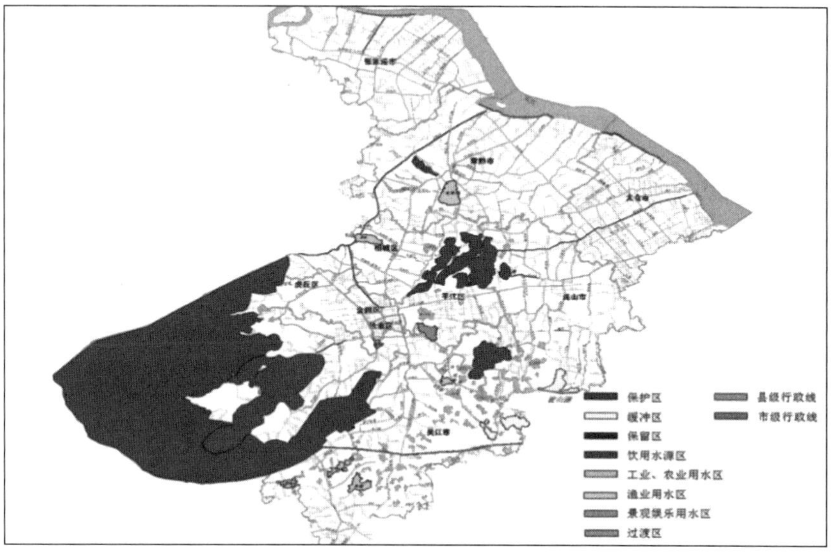

图9-2 2020年苏州市水功能区位置分布图

表9-5 2020年苏州市水功能区划分情况

苏州辖区	保护区	保留区	缓冲区	饮用水源区	工农业用水区	省级重点	国家考核	省级水功能区	市级水功能区
长江流域	1	1	1	4	6	13	13	13	—
太湖流域	7	—	38	9	186	80	61	190	50

第二节 水资源管理

一、地下水管理

苏州市地下水开发利用较早，早在2000多年前的春秋战国时期就有人打井取水，当时主要开采浅层地下水（潜水）用于生活。而深层地下水（承压水）的开采最早出现在40年代初，至60年代末，全市开凿深井不到20眼，地下水开采量很小，水位变化不大。进入70年代以来，全市深井数量和地下水开采量不断增长。据全市普查，70年代除苏州市区深井开采地下水已有一定规模，所属6县（市、区）范围也只有零星开采。1980年苏州市区有深井234眼，年开采量接近6000万立方米；6县（市、区）深井数不足百眼，年开采地下水量不足4000万立方米，以后随着乡镇企业的迅速崛起，深井数量猛增。1996年全市深井接近2500眼，地下水年开采量接近3亿立方米，达到全市开采地下水的顶峰时期。由于过量开采，地下水位急速下降，苏州市漏斗中心水位（白洋湾）为64.75米。至1996年，出现以苏州市区及其周边地区为中心的地下水超采漏斗区，并伴随出现地面沉降。

（一）限采

1996年，江苏省政府发出《关于加强苏锡常地区地下水资源管理的通知》。苏州市根据省政府的要求，切实加强地下水资源管理工作的领导和协调，市、县（市、区）两级水行政主管部门不断加大地下水资源管理力度，采取一系列切实有效的措施。包括：开展地下水资源普查评价，在摸清全市地下水基本情况的基础上，划定严重超采区和一般超采区；提出各市、县（市、区）的地下水允许开采量，科学制订年开采地下水计划；建立地下水资源动态监测网络等。

1997年，苏州市在地下水调查评价的基础上，在全市范围内设置地下水动态测井208眼，每个乡镇设1—2眼，并坚持每月10日、20日、30日统一监测动、静水位，每季度将监测的情况进行汇总分析，并编制地下水动态监测报告，一年四期，并将全年情况出一个总报告。严格深井审批。控制深井总数，是减少地下水开采的有效办法。市、县（市、区）两级水行政主管部门，严把深井审批关，坚持在严重超采区原则上不得新开深井，对特殊行业确需开凿深井的，必须在同一地同时报废2眼深井，才能同意开一眼新深井。在一般超采区也实行“开一填一”制度。在深井使用管理上，严格做到“四个一”管理制度，即对每一眼深井，安装一只水表，发一份取水许可证，挂上一块深井编号牌，建立一份用水台账，地下水资源管理人员每月上门到用水企业进行监督检查。对未经批准擅自开凿深井的非法打井案件进行依法查处。1997年以来，省政府对苏锡常地区实施地下水计划控制。苏州市各级水行政主管部门根据省下达计划，经过调查研究和平衡分析，把省控制计划分解落实到镇和用水单位，并按总量控制，适当留有余地的要求，实际下达计划要比省下达计划适当减少。计划下达后，管理人员经常深入用水单位进行监督检查，及时阻止和查处超计划用水现象。1997—2000年省下达苏州市控制计划分别为24530万、22690万、20910万、18460万立方米。1997—2000年实际开采量分别为23732万、21429万、18804万、16659万立方米。

1998年，江苏省政府下达苏州市地下水开采计划22690万立方米，除市区2100万立方米外，6市、县（市、区）计划开采20590万立方米。并严格控制增打新井，严肃查处非法打井案，压缩地下水开采量。6市、县（市、区）都实行一井一表一证一牌一卡制度，对地下水使用实行安装计量，安装水表率达95%以上。

1999年，常熟、昆山、太仓三市分别在虞山、玉山、城厢等地对地下水实行回灌补给50多万立方米，缓解地下水用水矛盾。

1999年，江苏省政府下达苏州市地下水开采计划20910万立方米。在加强地下水管理方面，加大深井管理，严格控制增打深井，张家港市实行“八个一”管理，即一块井牌、一张取水许可证、一只水表、一张照片、一份月报表、一本年审账、一张跟踪管理卡、一份档案。6市、县（市、区）都对地下水使用实行计量，安装水表率达95%以上。地下水下降的势头得到控制，全市平均水位埋深与上年同期相比稳中有升。其中，升幅最大的是吴江市同里镇，Ⅱ承压水位平均水位上升10.34米；苏州市漏斗中心水位比上年同期上升2.6米，水位降落漏斗范围明显呈回缩势态；常熟市福山镇Ⅰ承压水位平均上升6.71米。

2000年，各地切实开展地下水深井的封井工作，建立专业封井队伍，加强现场监督，严格控制地下水开采量。积极调整水源结构，帮助企业进行节水工程技术改造，大幅度减采地下水。地下水年总开采量为1.53亿立方米，占省计划的91.4%。其中，超采区7026.3万立方米、其他地区8287.9万立方米，分别占省下达计划的92.3%和90.6%。认真做好超采区地下水的回灌，全市平均水位稳中有升。其中，升幅最大的是张家港市西张和杨舍镇，分别比上年同期上升8.18米和7.85米。

（二）禁采

为彻底解决因超量开采地下水所带来的环境影响，多位省人大代表和政协委员提议在苏锡常地区限期禁止开采地下水，2000年8月26日，江苏省人大常委会通过《关于在苏锡常地区限期禁止开采地下水的决定》，明确2005年底前苏州、无锡、常州全面实行禁采地下水。

省人大常委会禁采决定下达后，市水利农机局及时召开各市、区相关人员会议，对省人大常委会《决定》作说明，并布置对全市所有深井调查摸底，做好禁采封井的前期工作。

经调查核实，苏州市列入省封井计划的深井总计2806眼，根据省水利厅要求，据此制定封井计划，分期分批实施封填。

2000年9月开始，苏州市根据实际情况，按照“能封则封，水到井封，尽量早封”的原则制订封井计划，逐年封填深井，建立封井档案，防止重新启用。

2000年10月，苏州市人民政府专门召开全市地下水资源管理工作会议，成立以沈长全副市长任组长，市相关职能部门和各市、县（市、区）政府主要负责同志为成员的苏州市地下水禁采封井工作领导小组。同时，把禁采封井工作列入每年的“市政府实事项目”之中，与各职能部门、各市、县（市、区）政府签订责任状，要求如期完成当年度的禁采封井任务。

2001年，开展地下水封井工作，全市完成封井841眼。为禁采封井顺利实施，必须提高区域供水能力和自来水普及率。2001年，市政府及水务部门决策实施市区北部供水工程，使10多个镇38万户居民用上洁净的自来水，解决水源问题，为禁采封井打好基础。其他各市、区在2000年完成全市区域供水总体规划的基础上，新建自来水厂，扩大供水规模。为规范禁采封井工作，苏州市各地制定苏州市地下水深井封填工艺要求和操作程序；选择有资质的施工队伍；还精选填埋材料，采用废砖坯或洁净的黄泥。2001年，全市地下水总开采量为13049万立方米。其中，超采区5978万立方米、其他地区7071万立方米，分别占省下达计划的97.2%、95.2%和98.9%。

2002年，全市共封填深井733眼。全年全市共开采地下水8988万立方米，占省计划的97%。其中，超采区3869万立方米，占计划的95%；非超采区5119万立方米，占计划的97%。

2003年，全市共封填深井821眼。全市共开采地下水5500万立方米，占省计划的86%。其中，超采区2040万立方米，占计划的92%；非超采区3460万立方米，占计划的82%。

2004年，继续开展地下水深井封填工作，全市共封填深井215眼。全市共开采地下水2936万立方米，为省计划的90%。其中，超采区488万立方米，为计划的91%；非超采区2448万立方米，为计划的90%。

2005年11月，省人大常委会副主任洪锦炘带队的省人大苏锡常地区封井工作检查组到苏州市区检查落实省人大常委会决定的封井工作。检查组听取苏州市政府的汇报，从2000年起，苏州市区共有2758眼深井（除经省批准的特种用水深井外），已全部按规定封实。洪锦炘一行在副市长江浩等陪同下，抽查苏州城区、吴江市的已封深井现场，对苏州市禁采封井工作予以肯定，并肯定企业顾全大局积极配合封井工作。至2005年底，除经省政府批准保留的特种行业深井外，全市已累计封填深井2798眼，全面实现省禁采目标，地下水位明显回升，环境地质状况得到改善，地下水降深50米漏斗线已经消失，40米漏斗区面积由2000年的1346平方千米减少到127平方千米。

2006年，对浅层地下水取水许可程序、要求作出明确规定，规范浅层地下水的开发利用。

2008年，地下水开采量为368万立方米，控制在省下达的计划内。调整全市的地下水监测井，对142眼监测井每月监测3次，并落实专人定期监测。

2010年，苏州市加强地下水水位动态监测，地下水开采量控制在计划内，深层地下水开采量控制在200万立方米左右，远远低于省水利厅下达的控制在360万立方米的指标范围。

二、地表水管理

1996年，继吴江和太仓两市完成水资源开发利用情况分析工作后，张家港、昆山、常熟、吴县4市全面开展，市区的水资源开发利用现状分析报告通过省水利厅和苏州市验收，县级水资源开始利用现状分析工作全面完成，从而对全市地表水资源等有较全面的了解。

1997年，推广工业用水使用净化地表水，循环用水，一水多用。

2003年7月2日，苏州市水利（水务）局印发《关于转发〈关于实施地表水“四个一”管理的通知》的通知〉》，要求对地表水用水户进行一次全面的调查摸底，掌握全市取用地表水企业的状况，取水口水泵的台数、功率等基本资料，为实行“四个一”管理提供依据；“四个一”管理是取水许可监督管理的重要手段，地表水用水户必须申领“取水许可证”（一证）、安装计量设施（一表）、建立取水台账（一卡）、设置地表水使用牌（一牌）；各市、区水行政主管部门要加强对地表水“四个一”管理制度的宣传，水资源管理人员要定期到用水户抄表，检查计量设施的运行状况，做好用水台账，双方签字确认；各市、区要尽快开展地表水“四个一”管理工作，在全面调查的基础上由各市、区根据省水利厅要求制作取水台账和地表水使用牌，并将进展情况报苏州市水利（水务）局。

2004年，规范地表水管理，对新建、改建、扩建的取水工程项目严格实行水资源论证制度，全年共完成23个取水建设项目的水资源论证，新批和报批取水许可预申请或申请15份；同时将地下水“四个一”管理制度全面向地表水推开。

2006年，各市、县（市、区）加大计量设施建设的投入，推广智能化计量设施，苏州市区地表水在线采集系统投入运行，张家港市智能化计量设施推广率达80%，常熟、太仓市和相城区已落实经费，开展地表水在线监控系统建设的前期准备工作。

2011年，开展地下水监测井水质普查；张家港、常熟市通过省水利厅水资源管理示范县验收，张家港市成功列入国家首批水资源管理试点市。

三、取用水管理

（一）取水许可管理

根据《水法》、水利部1990年下发的《关于进一步开展和加强取水许可管理工作的通知》和江苏省水利厅下发的《关于建设项目取水申请、审批问题的通知》《关于开展取水登记工作的通知》，新建、改建、扩建的建设项目需要从江河、湖泊、水库、地下取水或者增加取水量的单位，按照审批程序规定批准后方能按批准的条例取水。

1993年，根据国务院《取水许可证制度实施办法》和《江苏省水资源管理条例》，在1992年全面完成取水登记工作基础上，吴江市率先对1051个取水单位核发取水许可证，苏州市对已进行登记的用水户全面审定，确定合理用水量。至1993年底，共发放取水许可证5887张，为全面实施取水许可制度奠定基础。

1994年，苏州市全面实施取水许可制度，全市共登记取用水6821处，发放取水许可证5927张；对40多家新建、改建和扩建的取水项目，进行立项前预申请、立项后申请和验收审批。

1995年，开展换发和新发取水许可证工作。5月，全面完成换发新取水许可证，共换发或新发取水许可证5887张。

1996年，全面完成取水许可证年审工作，全市换发或新发取水许可证5513张，换证率100%。

2000年，各地做好取水许可证年审和换发新证工作，年审率达100%。

2001年，开展取水许可证年审工作，共年审许可证4948张，注销许可证280张。

2002年3月，水利部、国家发展计划委员会颁布《建设项目水资源论证管理办法》，要求直接从江河、湖泊或地下取水并需申请取水许可证的新建、改建、扩建的建设项目，建设项目业主单位应当按照该《办法》的规定进行建设项目水资源论证，编制建设项目水资源论证报告书。苏州市水利（水务）局积极贯彻该《办法》，审查全市新建、改建、扩建取水户时全部实行水资源论证制度。

2003年，市水利（水务）局全面开展2002年度取水许可证年审工作，共年审许可证3597张，注销许可证553张。省水利厅将地下水“四个一”管理制度在地表水管理中全面推行。苏州市在审查全市新建、改建、扩建取水户时，全部实行水资源论证制度。

2004年，市水利（水务）局全面开展2003年度取水许可证年审工作。

2005年，加强取水许可监督管理，认真组织取水许可证年审工作。到2005年底，全市共发放取水许可证（不含农业）1464张。其中，电力企业29张，取水许可量668937万立方米；一般工业企业1211张，取水许可量54376.19万立方米；自来水供水企业59张，取水许可量77422万立方米；浅层地下水取水申请136张，取水许可量1218.24万立方米；深层地下水申请29张，取水许可量533.41万立方米。市水利（水务）局与市经贸委、技监局完成全市134个行业584个产品共627个取水定额标准的制定工作，比省定额增加178个定额值。

2006年，根据省水利厅的要求，对苏州城区2万吨以上用水户开展相关内容的调查，为水资源的优化配置、管理和保护提供依据。

2007年，全市全面实施建设项目水资源论证制度，规范取水许可审批、验收、发证程序；完善用水考核，实施居民梯级水价政策，在全省率先出台再生水利用价格。

2013年7月1日起，按照《江苏省建设项目取水许可验收管理规定（试行）》，完善规范取水许可验收制度。取水项目在取水工程试运行后，由负责取水许可审批的水行政主管部门或流域机构组织验收，验收通过后再发放取水许可证。同时，严格执行节水“三同时”制度，凡新建、改建、扩建项目节水设施必须与主体工程同时设计、同时施工、同时投用，节水设施在取水许可验收中一并验收。对已建成的项目开展取用水后评估，分析取用水合理性，在换发取水许可证时对取水户的许可水量重新核定。

单位和个人在取得取水许可后，取水实行计划管理，单位和个人在每年底向水行政主管部门申报取水计划后，水行政主管部门根据企业和单位近几年的取水情况结合用水定额，对企业和单位申报的计划进行核定后下达。

（二）用水计划管理

1988年，《江苏省水资源管理条例》公布实施。是年起，市节水办对城区深层地下水取水户每年核定下发取水计划，并实行年度考核制度。

1991年11月，市政府下发《关于印发苏州市城镇供水资源管理实施办法的通知》，计划用水工作得到强调和明确。年末，市区计划用户达530户。

2002年，市水利（水务）局依据相关法律法规，建立计划用水管理制度，对全市所有自备水源取水户实施计划用水管理。对工业和大生活用水户，市水利（水务）局每年初根据省用水定额标准，参照用水户今年用水水平和生产经营情况，以许可水量为最大限值，高标准从严编制年度取水计划，并以文件形式下发到各取水户和水资源管理单位。每年年中、年末两次对取水户取水计划的执行、规费缴纳、退水情况等进行监督检查，年末对水资源管理单位的工作进行考核评分。对监督检查中发现的问题，明确限期整改时间；对超计划取水的实行水资源费加价征收并核减下年度取水计划；对超许可取水的除加价收费外，限期进行节水技改。对确因扩大生产规模而超许可取水的限期进行水资源论证，按规定程序重新办理取水许可手续。

自建立计划用水管理制度以来至2020年，全市工业和大生活自备水源的计划用水率一直保持100%。

表9-6　2002—2005年用水情况

单位：亿吨

年份	工业用水	农田用水	生活用水	林牧渔业用水
2002	27.22	17.43	3.84	1.69
2003	30.32	16.04	4.22	2.13
2004	37.31	15.50	4.86	2.48
2005	50.61	20.28	5.20	—

四、最严格水资源管理

1991年11月，苏州市人民政府下发《关于印发苏州市城镇供水资源管理实施办法的通知》，计划用水工作得到强调和明确。1995年开始，按照全省部署，苏州开始水资源费的征收工作，成为水资源节约、保护和管理的重要保障制度。

2011年中央一号文件和中央水利工作会议明确要求实行最严格水资源管理制度。2011年5月初，苏州市水利（水务）局下发《关于开展落实最严格水资源管理制度专项执法行动的通知》，要求各地紧紧围绕"三区三城"建设和率先基本实现水利现代化的总体目标，以区域水环境整治为重点，着力解决水功能区达标率低、水环境质量差的河道周边非法排污问题，严厉打击非法取水、用水浪费等行为，把实行最严格水资源管理制度作为保障苏州经济社会可持续发展的重要举措。

2012年1月12日，国务院印发《关于实行最严格水资源管理制度的意见》。2012年3月15日，江苏省制定发布《省政府关于实行最严格水资源管理制度的实施意见》。2012年，苏州市政府出台《关于实行最严格水资源管理制度的实施意见》，明确苏州市水资源管理"三条红线"指标体系，到2015年，用水总量控制在90亿立方米以内；万元工业增加值用水量降低到15立方米以下，农田灌溉水有效利用系数提高到0.65以上；水功能区水质达标率提高到70%以上，饮用水水源地水质达标率100%。

2013年1月2日，国务院办公厅发布《实行最严格水资源管理制度考核办法》。自发布之日起施行。按照中央和省部署要求，2013年，苏州市制定完善最严格的水资源管理配套法规制度，水资源管理“三条红线”框架基本建立。研究出台苏州市《关于实行最严格水资源管理制度的实施意见》。在征求各地意见的基础上，市政府将出台《落实最严格水资源管理制度考核办法》，各市、区用水总量、用水效率和水功能区管理目标随《考核办法》一并下达。各市、区均制定《实行最严格水资源管理制度的实施意见》。作为全省水资源管理现代化试点，苏州市、张家港市、常熟市完成《水资源管理现代化建设方案》，有序推进各项工作。

2014年3月22日，苏州市政府出台《最严格水资源管理制度实施意见》《落实最严格水资源管理制度考核办法》，为涉水事务管理提供有力依据。

2016年，苏州市认真落实最严格水资源管理制度，全面完成省下达的用水总量、单位地区工业增加值用水量、农田灌溉水有效利用系数、水功能区水质达标率等目标任务。建立县（市、区）水资源管理“三条红线”控制指标体系，最严格水资源管理制度考核指标核定并下达到县（市、区），考核工作体系已建立，并实施对县（市、区）年度目标任务考核。

2017年，苏州市制定《实行最严格水资源管理制度考核工作实施方案》，对各市、区开展考核，政府办将考核结果通报各地政府并抄送市纪委、组织部，作为地方人民政府主要负责人和领导班子综合考核评价的重要依据。出台《苏州市“十三五”水资源消耗总量和强度双控行动实施方案》，完善苏州市水资源消耗总量和强度双控管理制度。修订《苏州市节约用水条例》并于2018年7月1日起实施，出台《苏州市水效评估规范》《苏州市用水审计规范》《苏州市合同节水管理工作规范（试行）》等配套制度。全市差别水价制度全部执行到位，全年全市水资源费征收3.23亿元，超额完成省水利厅下达的2.1亿元的任务。制定《苏州市入河排污口监督管理办法》，加强入河排污口管理，并积极开展入河排污口排查和规范化整治工作，对自查中发现的问题，制定措施实施整改，加强入河排污口监测，及时向各地政府和环保部门通报监测情况。在全省率先开展水效领跑者引领行动，芬欧汇川有限公司、金华盛纸业作为全省仅有的两家企业分别入选国家首批水效领跑者和入围名单，4家入选省级水效领跑者，数量为全省之最。全市重点水功能区水质达标率再创新高，初步测算达到86.7%，比2016年上升11.2%。全市14个县级以上水源地全部完成达标建设。

2018年7月，江苏省最严格水资源管理考核联席会议通报“2017年度实行最严格水资源管理制度考核结果”，苏州再居榜首，连续10年获得优秀等级。

截至2020年，全市严格贯彻落实最严格水资源管理制度，在省最严格水资源管理制度考核中获得优秀。

第三节　节约用水

一、节水基础管理

（一）计划用水

1980年，苏州市革命委员会城市建设局发布《关于迅速实行计划用水确保高峰供水的紧急报告》，要求从1980年7月1日起试行计划供水。经苏州市自来水公司生产计划科调查，市区月用水量万立方米以上的单位有61户（含自来水、深井水）；市区有深井263眼，最高日取水量18.6万立方米。企事业单位用水浪费现象普遍，节约用水的潜力较大。

1980年9月3日，苏州市革命委员会颁发《关于试行计划用水、节约用水暂行办法的通知》，正式批准成立苏州市节约用水办公室，并从1980年7月起开始试行计划供水。《通知》的第八条规定：凡计划用水单位，超过计划的用水量加倍（二至五倍）收取水费，超计划越多，收费越多。

1981年三季度起，苏州市区正式实行计划用水，首批纳入计划考核的有106个月取水量5000立方米以上的企事业单位。年末，计划户扩大到111户，市节水办收取加价水费15.91万元，由市自来水公司作为弥补企业亏损之用。实行计划用水后，企事业单位加强内部管理，采取一水多用、循环回用的措施，减少取用水量。苏州石棉制品厂通过工艺改革后，回用率达73%，产品单耗从62立方米每吨，下降到16立方米每吨。

1982年1月3日，苏州市人民政府颁布《苏州市计划用水、节约用水暂行办法》。其中，第七条：凡计划用水单位，地下水超计划的用水量，按自来水工业用水价格收费，自来水超计划的水量按二至五倍收取水费。市区111户自来水、地下水计划用水户，当年合计节约取水量424.57万立方米。

1983年6月25日，苏州市人民政府颁发《苏州市城镇供水资源管理实施细则》。其中，第十六条：凡实行计划用水的企事业单位，超过核定供水限额者，视其超耗的多少，收取二至五倍的水费。

在市节水办严格执行超计划用水户处二至五倍的加价收费后，企事业单位逐步重视节约用水，加强内部管理，减少跑冒滴漏，积极实施节水技改措施，节水效果明显。1983年，苏州市区计划用水户节水量1231.12万立方米，是1982年的2倍。

1985年11月24日，市节水办为加强计划用水考核，下发通知决定从1986年1月起，对全市计划用水实行一季度、二季度、四季度按季考核，三季度按月考核，计划每半年下达一次的办法。此制度一直沿用至今。

1986年5月24日，市节水办下发通知，决定从当年7月1日起，凡月用水量1000立方米以上的用户均纳入计划用水范围，并按规定考核，当年计划用水户增至375户。

1991年11月，苏州市人民政府下发《关于印发苏州市城镇供水资源管理实施办法的通知》，计划用水工作得到强调和明确，年末，苏州市区计划用水户达530户。

1995年2月10日，江苏省物价局、财政局、建委印发《江苏省城市超计划用水加价收费管理办法》的通知，规定对加价水费收入性质、征收科目及用途、使用票据、奖罚措施和执行时间等作详细说明。为使执行者更具操作性，市节水办按通知要求对加价收费的程序确定操作规范，做到依法节水。

1997年，经市委编办批准，市节水办从市自来水公司划出，成为市政公用局直属的事业单位，计划用水工作得到加强，加价水费由节水办收取，作为地方财政预算外资金，全额上缴地方财政。

1999年起，市节水办在严格执行用水计划的同时，强化对用户的服务工作，对超计划用户实行现场核实、抄表员核实、与自来水公司核实的三核实制度，增强加价水费的计算的准确性，并对每个超计划用户进行用水分析，帮助用户查漏堵漏，降低无效耗水量，提高节水水平。

2000年，市节水办为合理安排用水计划，改变下达计划的方式：将原来按取水单位水表口径安排计划改变为参考用水单位上年用量和单位产品取水量来确定计划量，这样考虑到企业生产增长因素，使计划安排更趋科学合理。市节水办考虑到在市场经济条件下企业经营的情况，同意企业在规定时间内可调整计划，提高用水单位节约用水的积极性和主动性，共同做好计划用水工作。

2001年，共有767户计划用水单位。

2002年，共有770户计划用水单位，对超计划用水量征收加价水费共计75.3万元。

2003年，共有798户计划用水单位，下达用水计划7600万立方米，对超计划用水量征收加价水费共计96.82万元。

2007年，共有815户计划用水单位，对144户超计划用水单位征收加价水费62万元。

2008年，共有822户计划用水单位，对143户超计划用水单位征收加价水费63万元。

2009年，共有740户计划用水单位，对133户超计划用水单位征收加价水费70万元。

2010年，共有710户计划用水单位，加强对月用水量500立方米以下的用水单位的管理，城区计划节水量达到1000万立方米。

2011—2012年，根据《苏州市节约用水条例》，苏州市区将月用水量大于500立方米的自来水、地下水、地表水用户全部纳入计划管理，对三种供水水源统一下达计划并考核，使计划用水考核更科学合理，同时将月用水量500立方米以下的洗车、洗浴、农贸市场也逐步纳入计划用水管理。同时，强化用水大户监控管理。对年取水量在20万立方米以上的用水单位建立重点监控名录，起草用水大户、高污染用水大户监督管理办法，严格实行计划用水和定额管理，加强计量管理，定期开展水平衡测试，逐步推行用水审计，开展节水型载体创建，促进用水户开展节水技改，不断提高用水大户的用水效率。

2013年，苏州市发布《苏州市计划用水管理办法（试行）》，对计划用水管理机构及用水计划的核定、反馈、调整、考核、复核、加价水费收取等作具体规定。建立重点用水户监督管理制度，2013年发布《关于加强重点用水户监督管理工作的通知》，每年初更新发布市级重点用水户监控名录。走访重点用水户，开展行政指导，帮助完善用水管理台账，协助进行水平衡测试和管网查漏，对不合理、不合规用水提出整改意见并监督落实。

2015—2016年期间，苏州市强化计划用水。依照2016年11月6日实施的《江苏省计划用水管理办法》，结合实际操作优化计划用水管理流程，新增超计划用水预警提示环节，由事后管理向事前服务转变。对已发生超计划的用水单位除按规定征收超计划加价水费外，新增发放行政指导书环节，协助用水单位做好管网查漏年均超过50次，每年平均减少漏失水量60万立方米。对用水单位足额征收自来水、地表水加价水费。

2019年，苏州市出台《苏州市建立健全城镇非居民用水超定额累进加价制度实施方案（试行）》，对超计划超定额用水非居民用水户执行累进加价制度，征收加价水费，2019年和2020年全市收取超计划加价水费分别为209.38万元和78.84万元。为加强用水监管工作，2020年起每年初发布年度苏州市节约用水监督检查通知，年内完成对9个市区节水管理机构和重点用水户的两轮检查，年底前发布检查结果通报文件。同时积极配合部、省两级对苏州市的“四不两直”检查工作。

（二）水平衡测试

苏州市的水平衡测试工作始于80年代。至1990年，共有171家工业企业完成测试。进入21世纪，苏州市水平衡测试工作再次启动，并在节水型城市创建过程中不断优化提升。

2005年起，为配合节水型城市创建工作，苏州市新一轮水平衡测试工作拉开帷幕。2006年，苏州市发布《关于开展水平衡测试的通知》，并且出台一系列针对被测试企业（单位）的补助和优惠政策。对全市年取水量在2万立方米以上的用水企业（单位）进行全面梳理，详细制订测试计划。专门组织具有相关资质的测试机构，将测试工作全面铺开。至2010年创建国家节水型城市时，苏州市先后有300余家企业（单位）进行水平衡测试。

2012年，根据《中国节水委关于开展水平衡测试能力认定的通知》要求，苏州市动员组织苏州中聚节能科技有限公司等5家水平衡服务机构积极申报，并全部取得相应资质，数量居全国首位。

2015年，作为《苏州市节约用水条例》的配套制度，苏州市发布《苏州市水平衡测试实施办法》，规范苏州市的水平衡测试组织实施工作。苏州市区至2018年底累计完成800余家企业（单位）的水平衡测试工作，覆盖面达到非居民用水总量的60%以上，落实节水措施超过2000项，为苏州市城市节水工作整体水平的提升奠定基础。

2019—2020年，苏州市持续推进水平衡测试，逐年扩大水平衡测试覆盖面，制订分年度水平衡测试计划，年均测试企业单位超过70家。积极探索水平衡测试管理模式，规范测试工作程序和质量，通过政府购买服务的方式，择优选择服务机构，加强对测试机构的管理，定期组织技术培训。至2020年底累计测试单位超过800家次，测试水量超过1.5亿立方米，有效提高企业（单位）的管理水平和用水效率。

图9-3　2014年苏州市区水平衡测试项目验收会议

图9-4　2014年水平衡测试现场

（三）用水定额

2001年，苏州市开展工业企业用水调查和城市生活用水调查，共调查116家工业企业和近80家生活用水单位，为制定用水定额打下基础。

2003年，根据《水法》和国务院、省政府有关文件的要求，结合全市实际情况，市水务部门制定《苏州市工业企业产品取水定额和城市生活用水定额（试行）》，共涉及137个行业584个产品627个取水定额值。其中，工业116个行业557个产品583个定额值，城市生活用水21个行业27个产品44个定额值。

至2010年，苏州市全面执行定额用水与计划用水相结合的制度，参考国家、省和其他城市相同产业、产品的用水定额，兼顾苏州市生产、技术、工艺和用水单位的实际，对全市137个行业584个产品制定627个用水定额值。其中，工业取水116个行业557个产品583个定额值，城市生活用水21个行业27个产品44个定额值。国家主要行业用水定额颁布实施后，及时按照国标修改相关定额值标准，建立用水定额管理指标体系。

2011—2012年，认真执行定额用水管理，加强对GB/T18916《取水定额》和《江苏省城市生活与公共用水定额》《江苏省工业用水定额》的贯彻执行力度，在国家、省公布的定额基础上，开展苏州市电子行业部分产品取用水定额编制和医院、宾馆行业用水定额的修正工作。

2013年开始，苏州市制定用水量较大行业的主要产品用水定额，同年发布《苏州市电子行业主要产品取水定额》，部分产品定额被省级定额采用。2016年，发布《苏州市宾馆、医院和造纸行业主要产品用水定额》，并在国家、省公布的系列定额基础上，结合苏州实际，扩大定额覆盖面，对部分行业产品用水定额进行补充完善，修订发布《苏州市工业用水以及城市生活与公共用水定额（2016年修订）》，提高用水定额的科学性和适应性。

2019—2020年，苏州市开展新一轮市级用水定额修订，新增62项用水定额，修改9项用水定额，补充部分定额先进值、领跑值，为提高苏州市计划与定额用水管理水平奠定基础。

（四）节水“三同时”

2006年，苏州开始实行建设项目节水设施设计审查和验收制度，苏州市发改委、水利（水务）局、建设局等四部门联合下发《关于加强建设项目节水设施建设管理的通知》，明确要求市行政区域内的新建、改建、扩建等建设项目节水设施应当与主体工程同时设计、同时施工、同时投入使用。市节约用水管理机构受水行政主管部门委托，具体负责建设项目节水“三同时”的日常监督管理。

2006年、2007年，苏州市水利（水务）局先后发布《关于下达〈苏州市建设项目节约用水方案技术设计审查要求〉的通知》和《关于印发〈建设项目水资源论证报告表（试行）〉的通知》，对工程项目节水设施建设从设计、施工、验收等环节进行具体规定。

2008年，市节水办印发《苏州市建设项目节水三同时管理流程》。次年，将建设项目的节水措施、节水器具等审查纳入市行政服务中心统一受理。2008—2009年，共完成天都花园住宅工程等357个建设项目的节水措施审核和273个建设项目的节水设施验收及苏州苏信特钢有限公司特殊钢项目等20个项目的水资源论证。

2013年，苏州市人民政府出台《苏州市建设项目节约用水管理办法》，进一步明确各主管部门的管理责任，对建设项目节水技术要求进行整合，对节水评估工作也有具体化要求，通过规划、发改、经信、水务、住建等部门通力合作、层层把关，形成对建设项目节水的闭合管理。

2015—2018年，苏州市推进节水“三同时”常态化管理。2016年以来，又将建设项目节水设施验收与排水验收相结合，强化节水“三同时”管理的抓手。近4年累计完成新建、改建、扩建项目节水专项审查551个。其中，155个项目建有雨水收集利用设施。2017年，苏州市区完成382个建设项目的节水措施设计审核，76个建设项目的节水设施验收。

2018年7月1日，新修改的《苏州市节约用水条例》实施，第十五条规定：新建、改建、扩建建设项目，应当制定节约用水措施方案，配套建设节约用水设施。节约用水设施应当与主体工程同时设计、同时施工、同时投入使用。2018年，苏州市区完成296个建设项目的节水措施设计审核，127个建设项目的节水设施验收，全部落实节水措施。

（五）节水型载体建设

1.节水型企业

2004年7—9月，苏州市节约用水管理处为掌握市区工业企业冷却水循环利用率情况，调查165家工业企业。这些企业年取水量4275万立方米，占苏州古城区工业企业总取水量的65.7%。

“十三五”时期，苏州完成2家市级节水型工业园区试点建设，积极贯彻落实省水利厅要求，重点培育江苏常熟新材料产业园创建首个省级节水型工业园区。开展节水型农业园区试点，完成首批2个农业园区创建，指导张家港市常阴沙现代农业示范园区开展第二批创建试点。

2016年，结合管理服务推动节水型企业创建。按标准规范开展节水型企业的创建，在资金与政策上给予扶持，在技术与管理上加强指导。指导用户开展节水技改和水平衡测试，帮助企业建立健全节水管理制度和工作网络，为企业挖掘节水潜力、提高用水效率出谋划策；为企业（单位）制作《苏州市用水单位节约用水宣传手册》《苏州市高耗水服务业节水宣传手册》《苏州市员工节水手册》《苏州市企业〈单位〉节水工作指南》等资料，有针对性地发放给广大用户。市区年用水量50万立方米以上企业全部建成节水型企业，结合企业清洁生产、循环经济改造，促进企业开展节水减排、节水技改，不断提高企业用水效率。其中，金华盛纸业有限公司第一批获得全国造纸行业节水标杆企业称号，是江苏省唯一全国节水标杆企业。

2.节水型社区

2004年5月，苏州市节约用水管理处再次草拟《苏州市创建节水型城市方案》，上报市水利（水务）局。水利（水务）局决定除采取多项措施抓紧达标工作，还确定改造市区所有居民旧的生活用水器具。

2006年，经省政府同意，省发改委、水利厅联合下发《江苏省节水型社会建设规划纲要》，指出在全省大中城市，重点对大专院校、工业企业生活小区、城市居民住宅小区开展创建节水型社区活动。制定节水型社区标准，发展城市居住小区再生水利用技术，鼓励推广应用中小型处理回用技术，建设节水型住宅。加强节水的日常宣传教育，建立节约用水社区监督网，设立免费的节水热线，增强公众参与意识。《纲要》颁布后，苏州市认真规划实施城市中水回用和雨水利用，加强城市供水管网改造，推广节水型器具进社区、进学校、进医院、进宾馆、进家庭，全面开展节水型社区建设。2006—2008年，苏州市两年投资3000多万元，对14.3万户居民家庭进行节水器具改造，共换掉31万个水嘴和6万只排水阀，年节水500多万立方米。

此后，苏州市贯彻落实省住建厅《江苏省节水型小区标准及考核管理办法》，围绕考核标准指标，每年制订节水型小区创建和复查计划，组织相关部门进行培训，指导新创建和已建成节水型小区按要求开展节水工作。坚持以节水宣传推动节水型小区创建，每年开展“节水宣传进小区”、组织“市民看水务”，通过参观节水教育基地、自来水厂、污水处理厂，以及举办节水讲座、发放资料、展板展示、公益宣传等形式，向居民宣传推广节水新技术、节水小窍门，倡导节水减排、绿色消费，使节水意识深入人心，成为居民群众的自觉行动。在创建过程中，各居民小区建立健全节水管理制度，完善节水台账，开展节水宣传活动，加强节水长效管理。另外，为推动非常规水资源利用，优先推荐有海绵措施改造和雨水、再生水利用的小区申报省级节水型小区。

从2011年开始，市政府实施城区居民家庭改厕民生工程，2011年完成改厕8235户，2012年完成改厕8539户；实施雨污水配套设施建设工作；所有卫生洁具均采用节水型器具，保证居民家庭节水器具的普及率达100%。

2017年，苏州市节水型居民小区户数200401户，根据2017年《苏州市城市建设统计年报》统计，城市居民生活用水户1741826户。2018年，节水型居民小区户数221693户，根据2018年《苏州市城市建设统计年报》统计，城市居民生活用水户1766667户。通过不断努力，截至2018年底，累计已有177个小区获得省级节水型小区称号。

3.节水型单位

为全面推进节水型单位创建，苏州市水利（水务）局、财政局、市级机关事务管理局、教育局、旅游局、卫计委等多部门联合，开展机关、学校、宾馆和医院等节水型单位的建设工作，逐步形成多部门联动，公众参与的格局。

对照住建部《节水型企业（单位）目标导则》，市创建办每年年初制订创建及复查任务，下达工作计划，组织培训，在节水指标落实、基础管理、组织推动等方面加强指导，全面提高用水单位节水水平。截至2018年底，苏州市区累计有220家单位获得江苏省住建厅授予的节水型单位称号。

表9-7　截至2020年苏州市省级节水型企业、单位、小区建设情况

单位：个

类型	大市	市区	姑苏区	吴中区	相城区	高新区	工业园区	吴江区	张家港市	常熟市	太仓市	昆山市
企业	407	203	13	39	29	31	56	35	40	42	52	71
单位	436	253	103	41	18	12	33	45	26	63	51	43
小区	355	210	73	20	48	16	30	23	17	28	38	62

表9-8　2001—2020年苏州市省级节水型企业、单位、小区建设明细

单位：个

年份	类型	大市	市区	姑苏区	吴中区	相城区	高新区	工业园区	吴江区	张家港市	常熟市	太仓市	昆山市
2001	企业	3	3	2	—	—	—	1	—	—	—	—	—
	单位	1	1	1	—	—	—	—	—	—	—	—	—
2004	企业	9	3	3	—	—	—	—	—	4	—	—	2
	单位	5	1	—	1	—	—	—	—	1	—	—	3
2006	企业	17	8	4	—	—	—	—	4	3	—	—	6
	单位	17	7	3	—	—	—	—	4	3	—	—	7
2007	企业	62	53	2	12	10	12	12	5	—	—	—	9
	单位	25	25	14	2	4	1	—	4	—	—	—	—
	小区	36	30	12	4	9	5	—	—	—	—	—	6
2008	企业	64	33	—	5	2	—	14	13	12	15	—	4
	单位	43	25	4	—	—	—	4	16	9	7	—	2
	小区	48	27	10	1	—	—	5	11	—	18	—	3
2009	企业	30	4	—	1	1	—	1	1	1	10	10	5
	单位	18	2	1	—	—	—	—	1	—	6	8	2
	小区	48	9	8	—	—	—	—	1	12	2	23	2
2010	企业	31	1	—	1	—	—	—	—	2	6	11	11
	单位	17	3	—	2	1	—	—	—	1	4	6	3
	小区	21	12	12	—	—	—	—	—	1	—	6	2

续表

年份	类型	大市	市区	姑苏区	吴中区	相城区	高新区	工业园区	吴江区	张家港市	常熟市	太仓市	昆山市
2011	企业	27	5	—	1	—	—	2	2	2	2	14	4
	单位	20	2	2	—	—	—	—	—	—	3	6	9
	小区	17	9	5	—	—	1	1	2	1	—	3	4
2012	企业	21	11	—	3	1	1	2	4	1	2	5	2
	单位	24	10	2	2	2	1	1	2	1	2	7	4
	小区	18	13	5	1	1	1	1	4	1	—	2	2
2013	企业	15	10	—	2	1	2	3	2	2	—	1	2
	单位	68	33	17	1	—	—	6	9	6	15	10	4
	小区	21	15	5	1	2	2	2	3	—	—	—	6
2014	企业	27	12	—	1	—	6	3	2	2	2	5	6
	单位	80	48	22	12	2	3	4	5	4	19	8	1
	小区	20	6	1	1	3	1	—	—	1	2	3	8
2015	企业	22	13	—	3	1	4	4	—	—	1	6	3
	单位	34	23	15	3	1	—	2	2	—	3	5	3
	小区	16	12	2	—	3	1	6	—	—	—	—	4
2016	企业	15	6	—	—	2	1	3	—	4	1	—	4
	单位	18	17	9	2	1	1	2	2	1	—	—	—
	小区	17	13	2	1	4	2	4	—	—	—	—	4
2017	企业	12	12	—	3	3	4	2	—	—	—	—	—
	单位	15	12	5	2	1	1	3	—	—	2	—	1
	小区	23	17	2	3	7	—	5	—	1	—	—	5
2018	企业	19	11	—	2	4	—	5	—	6	—	—	2
	单位	26	26	5	12	1	3	5	—	—	—	—	—
	小区	20	14	4	3	6	—	1	—	—	—	—	6
2019	企业	14	7	1	1	2	1	2	—	1	2	—	4
	单位	13	9	2	—	2	1	4	—	—	1	1	2
	小区	29	18	3	3	6	2	2	2	—	5	1	5
2020	企业	19	11	1	4	2	—	2	2	—	1	—	7
	单位	12	9	1	2	3	1	2	—	—	1	—	2
	小区	21	15	2	2	7	1	3	—	—	1	—	5

4.节水型学校

2006年起，省水利厅联合省教育厅在全省117所高校中开展节水型高校创建工作，计划到2010年，使全省90%以上的高校建成节水型高校，在大学生中形成良好的节水意识。2011年，市水利（水务）局、教育局、财政局联合下发《关于全面开展学校节水工作的通知》，制定苏州市节水型学校考评标准，要求5年内将苏州一半以上的学校创建成节水型学校。

在节水型高校建设过程中，苏州市高校设立以校领导为组长的节水型高校创建工作小组，制订创建工作计划和用水管理制度，按学期进行考核，节奖超罚，以经济手段促进节约用水，同时建立节水激励机制。

高校重视节水新技术的推广运用，充分利用校内、校外两种技术资源，普及节水设施，提高用水效率。推行用水智能化管理，积极推进中水回用，推广雨水利用技术。至2010年，苏州大学、苏州农业职业技术学院、苏州卫生职业技术学院、苏州经贸职业技术学院等4所高校，把节水工作作为创建和谐校园的重要内容，健全节水管理网络，明确岗位责任，加大投入，开展水平衡测试和节水技改工作，更新改造内部供水管网，推广应用节水型用水器具，安装节水型水嘴8136只，全面采用浴室卡式智能管理装置，探索非传统水资源的利用，回收的中水、收集的雨水用于校园的绿化、卫生冲洗和景观用水，节水成效明显。

2011年，成立苏州节水型学校建设领导小组，市水利（水务）局、教育局、财政局联合下发《关于全面开展学校节水工作的通知》，制定市级节水型学校创建的考评标准，要求到2016年将苏州一半以上的学校创建成“学生节水意识强，饮水卫生安全，学校节水制度完备，节水器具普及”的节水型学校。市财政部门对创建节水型学校实行以奖代补给予资金补助，市水务、教育部门通过试点创建、广泛动员、全面推进，分步推动全市学校节水创建工作的开展，各县（市、区）节水管理部门加强联动，建立创建节水型学校简报制度，及时总结、汇报创建进展，宣传学校节水工作亮点特点。命名胥江水厂、福星污水处理厂、金华盛纸业（苏州工业园区）有限公司等9家企业（单位）作为节水教育基地，在园区青少年活动中心筹建节水科技馆，制作校园节水宣传片，在全市中小学生中开展“我的天堂我的水”主题征文活动。2011—2012年度，苏州大市共创建成功68所市级节水型学校。其中苏州市区36所，部分学校生均用水量降至每人每日24.5升。

至2020年，整个苏州大市共创建成功587所市级节水型学校，78所省级节水型学校。

表9-9　2011—2020年苏州市市级节水型学校建设情况

单位：所

年份	姑苏区	吴中区	相城区	高新区	工业园区	吴江区	张家港市	常熟市	太仓市	昆山市
2011	8	—	2	2	1	—	—	—	—	—
2012	9	5	3	2	4	4	7	11	5	5
2013	12	5	2	3	4	7	11	23	7	13
2014	8	10	2	4	2	9	10	22	8	14
2015	8	6	4	3	3	8	12	8	8	15
2016	3	5	3	6	3	16	8	5	9	12
2017	3	5	2	6	2	4	7	5	8	8
2018	6	7	5	5	3	3	5	3	2	5
2019	5	8	5	7	10	8	7	2	2	6
2020	4	2	1	6	3	8	9	3	2	6

5.节水型宾馆

苏州结合行业管理，推动节水型宾馆创建。苏州是全国重点旅游城市，市区拥有四星级以上宾馆35个。其中，五星级宾馆12个。行业年取水量占公共服务业取水总量的近10%。

自2011年起，市水利（水务）局、旅游局、节水办针对四星级以上宾馆联合开展节水型宾馆创建工作，以“绿色宾馆”建设为基础，将节水管理与行业管理有机结合，建立平台促进交流，挖掘宾馆节水潜力，健全节水管理机制，落实节水措施，推广使用节水技术和产品。举办“宾馆节水，我有一招”节水措施征集活动，开展“宾馆员工看水务”活动，组织行业节水工作参观、学习和交流，取得良好的效果。结合水平衡测试，实施完善计量设施、管网改造、回收利用雨水和蒸汽冷凝水、管控后台员工用水等一系列节水技术改造措施。市区四星级以上宾馆已全部创建为省级节水型单位。

6.节水型灌区

2006年，《江苏省节水型社会建设规划纲要》中将江苏省节水型社会建设分成三个主要阶段，分阶段提出节水型灌区建设的任务和目标。因地制宜推广不同的节水灌溉模式。苏州结合高标准农田建设，推广灌溉暗渠，明排衬砌，水稻采用浅湿、湿润灌溉等方法。同时推广节水灌溉机械化技术和装备；加快大中型灌区节水改造工程。开展大中型灌区节水配套改造，加强渠首工程的配套、维修及渠系建筑物的配套工作。

7.节水型基地

按照《中共中央国务院关于加快水利改革发展的决定》《国家中长期教育改革和发展规划纲要（2010—2020年）》要求，为深入开展中小学节水教育社会实践活动，水利部、教育部、全国节约用水办公室决定针对拥有完备的基础设施和较强的组织能力，能够开展水情知识教育、亲水爱水活动，展示节水理念和技术的社会场所开展全国中小学节水教育社会实践基地评定工作，如节水科技展馆、节水示范园区、自来水厂、污水处理厂等。通过评定工作，各省级行政区原则上建成一个全国中小学节水教育社会实践基地。

8.节水型机关

2013年，苏州市各级公共节能办按照创建节水型机关的要求，联合节水办对创建单位进行实地考察，确定创建对象，并开展系列活动：会同节水办联合下发通知，明确创建节水型单位的要求和意义，召开创建节水型单位联络员会议，负责创建工作的专业技术人员对创建单位联络员进行业务培训，确保创建任务的顺利完成；各创建单位高度重视节水型机关创建工作，专门召开会议，成立创建节水型单位领导小组，强化责任，指定专人负责创建工作的协调联络工作，确保创建工作顺利开展。据初步统计，市本级机关完成18家节水型机关创建，创建率超过68%；姑苏区完成行政中心（西区）创建，本级机关创建率超过90%；工业园区和高新区本级机关创建率达到90%；吴中区完成10家节水型机关创建，本级机关创建率达到60%以上（含乡镇）；太仓市完成7家节水型机关创建，本级机关创建率超过75%；吴江区完成6家节水型机关创建，本级机关创建率80%；常熟市完成16家节水型机关创建，本级机关创建率超过40%；张家港市完成2家节水型机关创建；昆山市完成1家节水型机关创建；相城区行政中心将完成创建。全市共完成63家节水型机关创建工作。

2014年，苏州市区完成市教育局、旅游局等8家机关创建任务，工业园区完成园区海关创建任务，吴中区完成2家区本级机关创建任务，太仓完成8家机关创建任务。

2016年，苏州市结合公共机构节能工作，开展节水型机关建设，大力倡导节约文化建设，制定能耗消耗统计制度，下达机关用水定额管理指标和节约用水目标，并列入年度管理目标进行考核。市机关事务管理局联合水利（水务）局，对各级公共机构进行走访调研、创建动员和工作指导。连续举办三届节能节水新产品、新材料、新技术推介会，参展商近50家，参观人数累计超过4000人次。组织全市36名公共机构节能管理负责人参加全国公共机构节能管理远程网络培训，组织1256人参加能耗统计培训。开展公共机构节能节水技术改造，4年来累计投入近800万元用于节水器具改造、管网改造、水平衡测试、雨水利用等项目。吴中区、工业园区、姑苏区等辖区内行政中心水电已实行智能化管理，并配套建设雨水收集利用设施。

2019—2020年，苏州市水利（水务）局高分通过省级节水型机关创建工作验收；张家港水务局、苏州市供排水管理处、苏州市水务集团完成市级节水型机关创建；截至2020年底，指导大市范围水务条线所有符合条件的72个机关建成节水型机关，基本实现系统内节水型机关全覆盖。

9.节水型工业园区

为贯彻习近平总书记新时期治水方针，落实最严格水资源管理制度，市水利（水务）局、发改委、工信局于2017年联合发文，在全市范围内开展节水型工业园区创建工作。

创建节水型工业园区，是节水型企业、单位、社区、学校、机关等节水型载体创建的升华，是提升社会节水水平、提高用水效率、优化水资源合理配置的重要举措。苏州市总结节水载体创建经验，结合实际，制定出台《苏州市节水型工业园区申报及考核办法（试行）》，为创建节水型工业园区奠定基础。为树立典型，示范引领，经各地推荐综合考量，选取江苏扬子江国际化学工业园作为首个节水型工业园区培育创建试点。

10.江苏扬子江国际化工园

位于张家港保税区，2001年5月经江苏省政府批准成立，规划面积24平方千米，2010年获批为"国家生态工业示范园区"。园区管委会高度重视：成立领导小组，明确职责分工；将节水规划纳入总体规划；成立节水管理部门，制定节水管理制度，完善节水管理网络；专款专用，2017年财政节水专项资金投入173.6万元，社会投入节水资金4366.7万元；积极开展水平衡测试，完成节水型企业创建13家；2017年园区万元工业增加值用水量为30.76立方米每万元，工业用水重复利用率96.5%，计划用水率95.34%；加强节水宣传和教育工作力度，利用报刊、电视、广播等宣传工具，开展经常性的水资源危机教育、节水政策宣传、节水法治教育和节水知识教育。2018年通过市水利（水务）局、发改委、工信局组织的联合验收，被命名为苏州市首家节水型工业园区，具有示范和引领作用。

在扬子江国际化工园试点的基础上，2019年指导培育昆山经济开发区光电产业园开展创建工作。经过规划编制、自评估及专家审核、现场验收和网上公示，2020年底通过验收，成为苏州市第二家节水型工业园区。

11.试点建设节水型高速服务区

2019—2020年，根据省节水办关于节水型高速服务区建设的工作部署，苏州市对全市高速服务区水源、年取水量、计划用水管理等信息全面调查。重点选择阳澄湖高速服务区开展节水评估工作，全面了解服务区用水状况，对用水薄弱环节进行分析，对照标准，提出整改意见。

二、用水审计

2003年国务院印发的《中国21世纪初可持续发展行动纲要》指出，要"推行用水审计，促进水资源的合理利用"。2009年，苏州市颁布《苏州市节约用水条例》，规定要建立用水审计制度。通过审计分析取用水的合理性，提高用水效率和效益，保障水资源可持续利用，支撑经济社会的可持续发展。

2009年，苏州市水利（水务）局制定《苏州市工业企业用水审计规范》，明确审计内容和审计程序，对用水户取、用水活动的合理性、合规性、先进性等情况进行审查，寻找存在的问题，提出指导意见，在全国首推该项工作。

2017年，苏州市水利（水务）局拓宽审计面，完善审计内容，规范审计过程，以审计"水量、制度、水质、水效"为基础，在审计对象上增加公共机构；在内容上增加排水水质符合性校核；在报告书格式上进行优化，发布新版《苏州市用水审计规范》。用水审计的对象选择以高耗水、高污染、用水量大的企业（单位）为重点，单位产品取水量超过规定的用水户，也必须进行用水审计。

至2020年底，市区已在造纸、火电、电子、医院、酒店、学校等23个行业的147家企业（单位）开展用水审计，覆盖苏州市前十大主要用水行业。

同时加强审计结果运用力度，根据审计结论以文件通知、行政指导书等形式下发给用水户，要求根据审计结论落实整改，确保用水审计工作最终成果。企业（单位）根据审计建议开展节水技改工作，起到良好的节水效果。

友达光电（苏州）有限公司用水审计 友达光电（苏州）有限公司成立于2001年6月，位于苏州工业园区苏虹中路398号，占地面积32万平方米，注册资本27800万美元，员工人数约10000人，是台湾友达光电集团在中国大陆的后段模块营运中心。公司经营范围以液晶显示屏等新型显示器件制造及相关产品的组装为主，主要从事研究、开发、设计、制造薄膜电晶体液晶显示器等。友达光电（苏州）有限公司根据审计报告提出的建议，投入35万元，开展F2栋屋顶雨水收集利用及纯水设备反冲洗水回收，用于冷却塔补水等工程，设备运行良好，年节水量近5万立方米。

华润雪花啤酒（江苏）有限公司用水审计 华润雪花啤酒（江苏）有限公司拥有现代化啤酒生产设备、高水平酿造工艺，是长江三角洲最大最现代化的啤酒生产企业之一。华润雪花啤酒（江苏）有限公司的前身是新西兰狮王公司，始建于1997年9月，位于苏州工业园区红枫路1号，占地面积15万平方米，设计产能30万千升每年，总投资额3.4亿美元。2004年10月，华润雪花啤酒（中国）有限公司全资收购狮王公司，公司类型为有限责任公司。已完成节水技改项目包括包装用水项目通过洗瓶机末道喷淋水回收至预浸槽，同时把预浸槽的溢流水收集到储水罐，清洁卫生时使用，包装水耗较同期下降0.16吨每千升。酿造用水项目，优化清洗工艺，消除过度消耗，酿造水耗项目较同期下降0.31吨每千升。蒸汽冷凝水回用项目：在原冷凝水回收系统上进行改造，完善全厂蒸汽冷凝水回收系统。其中，增设回收点的20多处，增加Spiraxsarco疏水器10多个，回收率由原来的56%增加到92%，年节水12000吨，年节蒸汽1500吨。

三、合同节水

节水工作和节水技改项目主要靠政府推动和用水单位自筹建设，缺乏有效的商业模式，难以调动用水单位和市场的主动性、积极性。面对新形势，苏州市水利（水务）局根据国家、省关于合同节水管理的工作要求，注重创新引领、积极探索，在全市范围内开展合同节水管理工作。

2017年，结合苏州实际情况，先后发布《关于进一步推进合同节水管理的工作意见》《关于推行合同节水管理促进我市节水服务产业发展的实施意见》《关于制定〈苏州市合同节水管理工作规范（试行）〉》，为开展合同节水管理工作提供政策支持。

图9-5　2020年华润雪花啤酒（江苏）有限公司

2017年，市水利（水务）局发布《关于推行合同节水管理促进我市节水服务产业发展的实施意见》，并先后制定《苏州市合同节水管理工作规范》及《合同节水管理项目第三方核查技术导则（试行）》，通过政策、平台、保障合力推进，探索实施一批合同节水管理项目。三星电子（苏州）半导体有限公司采用BOT合同节水管理模式，投资近2000万元建设一期、二期中水回用工程，工艺废水回用率达到70%，工业用水重复利用率达到98%，单位产品水耗由2008年的0.84立方米每千片下降到2018年的0.48立方米每千片。2017—2018年，全市共征集10个合同节水管理申报项目，苏州市水利（水务）局邀请第三方评价机构对申报材料的真实性、准确性及符合性进行审核，并对项目现场进行实地调查，形成合同节水管理项目第三方审核报告，最终远纺织染（苏州）有限公司废水厂改善暨回收水工程、苏州阿特斯再生水循环利用工程等6个项目被确定为合同节水管理项目。

为规范第三方审核工作，苏州市水利（水务）局制定《苏州市合同节水管理项目第三方核查技术导则（试行）》，明确审核依据、原则、流程、要点以及审核报告的格式。同时发布《关于下达苏州市首批合同节水管理项目补助经费的通知》，对首批合同节水管理项目的实施单位和节水服务企业进行补助，鼓励其加强项目的运行管理，做好示范引领作用。2018—2020年，经申报、第三方技术核查和专家审查，有17个项目被认定为合同节水管理项目，对实施单位和第三方服务企业给予政府补助共计252万元。

表9-10　2018—2020年苏州市合同节水管理项目

命名年份	命名批次	项目名称	实施单位	节水服务企业	管理模式
2020	第三批	苏州信息职业技术学院校园智慧节水平台项目	苏州信息职业技术学院	上海熊猫机械集团环保科技有限公司	用水费用托管型
2020	第三批	苏州维信电子有限公司废污水处理设施运营管理项目	苏州维信电子有限公司	苏州科锦环保科技有限公司	节水效益分享型
2020	第三批	光大环保能源（苏州）有限公司中水回用项目	光大环保能源（苏州）有限公司	苏州瑞志翔环保科技有限公司	节水效果保证型
2019	第二批	张家港市骏马纺织印染有限公司印染排放尾水再生利用项目	张家港市骏马纺织印染有限公司	张家港市格锐环境工程有限公司	节水效果保证型
2019	第二批	张家港市清源水处理有限公司中水回用项目	兹昌兴业（张家港）织染有限公司	张家港市清源水处理有限公司	用水费用托管型
2019	第二批	常熟市格林染整有限公司中水回用系统项目	常熟市格林染整有限公司	江苏明洲环保工程有限公司	用水费用托管型
2019	第二批	朝阳河、严家角河及司徒街河水生态改善修复工程	昆山市琨澄供排水管网有限公司	上海太和水环境科技发展有限公司	节水效果保证型
2019	第二批	昆山市陆家镇河水一体化设备处理工艺项目	昆山市乐佳市政建设工程有限公司	杭州司迈特水处理工程有限公司	节水效果保证型
2019	第二批	盛泽镇盛溪河河道生态修复及运营维护一体化服务	吴江市盛泽水处理发展有限公司	江苏金禾水环境科技股份有限公司	节水效果保证型
2019	第二批	苏州飞鸟表面处理有限公司中水回用及零排放项目	苏州飞鸟表面处理有限公司	苏州巨耀环保科技有限公司	节水效果保证型
2019	第二批	渠田河小流域水质提标升级及运维项目	苏州高新区横塘街道农林服务中心	普利资环境科技（苏州）有限公司	节水效果保证型

续表

命名年份	命名批次	项目名称	实施单位	节水服务企业	管理模式
2018	第一批	远纺织染（苏州）有限公司废水厂改善暨回收水工程	远纺织染（苏州）有限公司	昆山跃宏环保科技有限公司	用水费用托管型
2018	第一批	苏州阿特斯再生水循环利用项目	苏州阿特斯阳光电力科技有限公司	苏州新脉市政工程有限公司	用水费用托管型
2018	第一批	常熟市农村分散式污水处理二期项目第一标段	常熟市水利（水务）局	常熟中车村镇水务有限公司	节水效果保证型
2018	第一批	常熟市农村分散式污水处理二期项目第二标段	常熟市水利（水务）局	常熟首创农村污水处理有限公司	节水效果保证型
2018	第一批	东安江水质应急处置设备服务外包项目	昆山经济开发区水利（水务）站	环能科技股份有限公司	节水效果保证型
2018	第一批	张浦镇黑臭河道整治及管养项目	昆山市张浦水利站	苏州天瑞环境科技有限公司	节水效果保证型

四、水效领跑者行动

自国家发布《水效领跑者引领行动实施方案》后，苏州市政府在省内先行发布《市政府办公室关于开展水效领跑者引领行动的通知》，明确苏州市水效领跑者引领行动的创建范围及目标：到“十三五”期末，通过开展水效领跑者引领行动，推动各行业用水效率全面提升。

2016年11月，市水利（水务）局发布《关于开展首批苏州市“水效领跑者”活动的通知》，在造纸、钢铁、啤酒、农业中率先开展水效领跑者申报工作。经过各县（市、区）积极申报、综合评定，江苏永钢集团有限公司、金华盛纸业（苏州工业园区）有限公司、芬欧汇川（中国）有限公司、华润雪花啤酒（江苏）有限公司、常熟市董浜镇高效节水灌区（蔬菜区）等5家企业获得首批苏州市水效领跑者称号。

2017年，在市级水效领跑者的基础上，苏州市积极争创省、国家级水效领跑者，芬欧汇川（中国）有限公司、金华盛纸业（苏州工业园区）有限公司、江苏沙钢集团有限公司、昆山市第一人民医院被评为省级水效领跑者。其中芬欧汇川（中国）有限公司、金华盛纸业（苏州工业园区）有限公司分别入选造纸行业的国家水效领跑者入围名单。首批水效领跑者评选初具成效。市水利（水务）局继续护大范围，发布《关于开展第二批苏州市“水效领跑者”活动的通知》，从电子、纺织染整、发电行业和公共机构中遴选出华润电力（常熟）有限公司、江苏华电吴江热电有限公司、苏州三星液晶显示科技有限公司、苏州市吴中区区级机关事务管理中心等4家企业（单位）获得第二批苏州市水效领跑者称号。

2018年，苏州市水效领跑者继续扩大评选范围，从学校、宾馆、医院、饮料、乳制品等行业中遴选。同时为规范第三方核查工作，制定《水效领跑者第三方核查技术导则（试行）》。水效领跑者引领行动的开展，有效推动高耗水、高污染工业企业及大用水量单位改进用水工艺、强化管理，实现从“要我节水”到“我要节水”的转变。“十三五”期间培育三批次8个行业12家企业（单位）成为市级水效领跑者，6家企业（单位）成为国家和省级水效领跑者，数量列全省首位。

表9-11　2017—2020年苏州市水效领跑者名单

年份	名称	称号	级别
2017	金华盛纸业（苏州工业园区）有限公司	入围	国家级
	芬欧汇川（中国）有限公司	水效领跑者	国家级
2017	金华盛纸业（苏州工业园区）有限公司	水效领跑者	省级
	芬欧汇川（中国）有限公司	水效领跑者	省级
	江苏沙钢集团有限公司	水效领跑者	省级
	昆山市第一人民医院	水效领跑者	省级
2020	金华盛纸业（苏州工业园区）有限公司	水效领跑者	省级
	芬欧汇川（中国）有限公司	水效领跑者	省级
	江苏沙钢集团有限公司	水效领跑者	省级
	常熟市董浜镇高效节水灌区（蔬菜区）	水效领跑者	省级
	沙洲职业工学院	水效领跑者	省级
	华润电力（常熟）有限公司	入围	省级
	江苏理文造纸有限公司	入围	省级
	中粮东海粮油工业（张家港）有限公司	入围	省级
2017	江苏永钢集团有限公司（江苏联峰实业股份有限公司）	水效领跑者	市级
	金华盛纸业（苏州工业园区）有限公司	水效领跑者	市级
	芬欧汇川（中国）有限公司	水效领跑者	市级
	华润雪花啤酒（江苏）有限公司	水效领跑者	市级
	常熟市董浜镇高效节水灌区（蔬菜区）	水效领跑者	市级
2018	华润电力（常熟）有限公司	水效领跑者	市级
	江苏华电吴江热电有限公司	水效领跑者	市级
	苏州三星液晶显示科技有限公司	水效领跑者	市级
	苏州市吴中区区级机关事务管理中心	水效领跑者	市级
	苏州工业园区机关事务管理中心	入围	市级
2020	沙洲职业工学院	水效领跑者	市级
	常熟市练塘中学	水效领跑者	市级
	苏州高新区金色小学校	水效领跑者	市级
	可口可乐装瓶商生产（苏州）有限公司	入围	市级
	亚东工业（苏州）有限公司	水效领跑者	市级
	苏州虹盛印染有限公司	水效领跑者	市级
	吴江南玻玻璃有限公司	水效领跑者	市级
	江苏华昌化工股份有限公司	水效领跑者	市级
	长春化工（江苏）有限公司	水效领跑者	市级
	高德（苏州）电子有限公司	入围	市级

五、节水型城市（社会）建设

1996年12月5日，建设部、经贸委、计委联合颁发《关于印发节水型城市目标导则的通知》。1997年7月22日，江苏省建委、计经委、环保局联合下发《江苏省节水型城市目标导则》。国家《目标导则》内容涉及城市水资源开发利用管理、机构、法律法规、执法等30项,考核满分为100分,取得90分以上者由建设部等授予国家节水型城市称号。省《目标导则》31项,增加工业用水水平衡测试率要达80%以上的指标,其他指标与国家标准相同。苏州市区工业用水重复利用率、水平衡测试覆盖率、生活用水节水器具普及率等没有达标。为此,苏州市节约用水管理处抓紧达标的各项基础工作。1999年5月,苏州市节约用水管理处根据建设部、省建委等领导机构下发的《目标导则》要求,草拟《苏州市创建节水型城市方案》。因正值政府机构改革,部门职能调整,该方案未正式定稿。

2000年6月,苏州市节约用水管理处为提高工业用水重复利用率,帮助苏州市新苏纶纺织厂、苏州市树脂厂建设节水技改项目。两个企业节水项目总投资214万元。其中,市节水办补助40万元。11月工程竣工后,形成年节水能力75万立方米。

2001年初,苏州市节约用水管理处在苏化农药集团、精细化工有限公司等4家大用水户开展水平衡测试,为创建节水型单位打好基础。

苏州市政府计划从2004年起,通过3—4年的努力,争取到2007年达到全国节水型城市的目标。2005年5月初,苏州市政府办公室针对《苏州市创建节水型城市实施意见》广泛征求意见。7月,市节水办调研彩香街道、娄门街道居民生活用水器具的情况。并决定改造新庄、彩香、苏安新村等5个老新村。市水利(水务)局确定结合老新村改造,把节水器具改造安装纳入政府实事工程,作为重点工作来抓(将居民家庭旧螺旋式升降水嘴和大于9升坐便器的水阀,分别换成快开式水嘴和节水型排水阀,已符合节水型的除外),节水型水嘴和卫生洁具排水阀覆盖率要达到100%。所需费用全部由政府支付,此举在全国创下先例。8月26日,苏州市政府第46次市长常务会议原则通过《苏州市创建节水型城市实施意见》,明确市区范围包括平江、沧浪、金阊3个古城区和吴中、相城、工业园区、高新区(虎丘区)的建城区开展创建节水型城市活动。在市区区级水务局或建设局设节约用水办公室,落实专门人员管理范围内的节约用水工作。镇(街道)增设节约用水专职管理人员,形成市、区、镇(街道)三级管理网络机构。市区成立苏州市节水型城市工作领导小组,下设办公室(领导小组办公室)承担苏州市区创建节水型城市的组织、协调、考核工作,以保证创建工作顺利实施。各区和市各有关部门建立领导小组,实行一把手负责制。市政府和各责任区、部门签订目标责任书。9月4日,成立苏州市节水型城市建设工作领导小组,市长担任组长,副市长担任副组长,成员包括各相关区、委、局、办的主要领导。领导小组办公室设在市水利(水务)局。9月27日,市政府召开全市创建节水型城市动员大会。市委副书记、市长阎立代表市政府与29个责任区、局签订创建节水型城市责任书。会上下发《关于印发创建节水型城市实施意见的通知》,强调到2006年,苏州市要达到省级节水型城市的考核标准。为加快市区创建步伐,确保创建目标的实现,经苏州市人大十三届四次会议审议通过,将年内完成4万户居民家庭节水型器具的改造任务列入2006年苏州市实事项目。该工程进展顺利,超额完成年度目标任务,共计改造70394户,更换水嘴125738只、排水阀28751只。《苏州市节约用水管理办法》经市政府第92号令颁布实施,委托上海同济大学编制的《苏州城市节约用水规划》通过主管部门组织的专家审查。

2007年,全市紧紧围绕创建节水型城市的“实施意见”和“行动计划”,切实加强组织领导,积极开展创建宣传,明确工作思路,制定计划标准,精心组织部署,落实创建任务。全面启动节水器具改造,并超额完成年度任务。全市有30个社区、小区获得江苏省节水型小区称号,200余家企业(单位)创建成省级节水型企业(单位),苏州农业职业技术学院创建成省级节水型高校。

2008年，苏州市区创建省级节水型城市通过验收，张家港市节水型社会试点工作以点带面全面铺开。4所高校、34家企业（单位）、17个社区分别创建成节水型高校、节水型企业（单位）和节水型社区。

2009年，完成节水型高校3所、节水型企业15家、节水型社区6个、节水示范项目25个的创建工作，开展用水评估，做好用水审计试点工作。2009年，吴江市被评为第四批国家级节水型城市（住建）。

2010年，完成节水型企业16家、节水型单位9家、节水型高校2所、节水型社区5个、节水示范项目10个的创建工作，对2家企业开展用水审计工作。苏州市区及常熟市、太仓市创建节水型城市，并通过初审。张家港市通过水利部节水型社会建设试点验收。

2011年5月，住建部、发改委授予苏州市区节水型城市称号，张家港、常熟、太仓、昆山4个县级市获得国家节水型城市命名。市政府召开创建国家节水型城市总结表彰会，对创建工作中的先进集体与个人进行表彰。市创建办确定"巩固、完善、提高"的城市节水工作思路，制定下发《关于继续做好节水型城市建设长效管理的通知》，明确"十二五"城市节水工作目标，把提高城市节水管理水平作为促进水资源和经济社会协调发展、提高城市综合竞争力和市民素质的一项系统工程，力争在"创建节水型城市"成功的基础上做出新的成绩。

2012年，苏州市区各项考核指标除公共供水计划用水率、用于工业的非常规水资源量占总量比重和水环境质量达标率有扣分外，其余均达到《国家节水型城市考核标准》中的满分要求。

2013年，加强节水型社会建设，树立光大环保能源（苏州）有限公司等一批节水典型，全年创建省级节水型学校12所，市级节水型学校87所、节水型宾馆15家、节水型机关63家，完成12个行业13家企业的用水审计。

2014年，完成18家省级节水型企业（单位）和社区、14个节水减排项目、2个省级节水教育基地和9所省级节水型学校创建任务。创建市级节水型学校90所，累计建成市级节水型学校236所，市本级节水型机关创建率达到75%。苏州市区新建9个雨水利用示范项目，张家港、常熟、太仓3个县级市完成省级节水型社会示范区建设。市节水办被中国城镇供排水协会节水工作委员会评为2014年度城市节水工作先进集体。

2015年，深入推进节水型社会建设。加强节水管理，建立用水大户联系制度。推进节水型载体创建活动，重点抓好高耗水高污染企业的节水创建工作。开展省级节水型载体复查。6月，苏州市高分通过国家节水型城市复查。张家港、常熟、太仓、昆山4个县级市均通过第一轮国家节水城市复查。

2016年，推进节水型社会建设，市区创建各类节水型载体62个，在全市工业、生活用水领域开展水效领跑者引领行动，推动用水效率不断提升。同年，市水利（水务）局、团市委联合成立"水讲堂"志愿者服务队伍，志愿服务内容主要是开展节水护水、水生态、水资源、水安全、水文化知识普及讲座，服务对象主要有幼儿园、中小学和社区。

2017年，建成国家节水型城市群，四市、吴江区建成节水型社会示范区（吴中区已申请验收），常熟全国首批建成国家级节水型社会达标县，节水型载体建设向纵深发展。开展10家企业合同节水工作，在全省率先开展水效领跑者行动，创建成5家市级、4家省级、1家国家级水效领跑者。

2018年，为提升服务质量，市水利（水务）局联合团市委，在苏州工业园区金鸡湖学校开展苏州市"水讲堂"精品课程评比活动。共收到参赛作品65件。其中，19件优秀作品入围决赛并获得奖项。该项目还被共青团江苏省委评为江苏省“保护母亲河，争当河小青”试点项目。

图9-6　2018年苏州市“水讲堂”精品课程评比活动

2019年，苏州市以99分最高分通过国家节水型城市第二轮复查，张家港、常熟、太仓、昆山4个县级市均通过复查，形成全国第一个节水型城市群。

2020年，相城、昆山、太仓建成国家级节水型社会达标县。

图9-7　2010年9月，在全国节水型社会建设经验交流会上，张家港市作为全国唯一县级市，获得全国节水型社会建设示范市称号。

第四节　水环境治理

一、苏州城区水环境综合治理

为解决市区水环境水质问题，1995年苏州市曾提出市区水环境综合治理初步设想，后经专家论证，确定苏州市水环境综合治理方案。

2001年，苏州市机构改革，市委、市政府把城市供水、排水、水环境治理、河道管理、城市节水、地下水开采等相关涉水职能统一划交市水利（水务）局，在宏观上为治理水环境、保护水资源提供体制保障。市水利（水务）局从污水处理、促进水体交换、做好河道综合整治等多个方面全面提升全市水环境。加大污水处理力度，加快污水处理厂建设，完善苏州城市污水管网收集系统，市污水处理厂集中处理率由2001年的30%提高到2008年的86.5%；促进水流速度，提高水体自净能力。2003年，西塘河引水工程基本通水。制定《利用有水利工程改善城区河道水环境质量实施方案》，实施城区河道换水。太湖沿线口门主汛期外开启，让太湖水自流入苏州城区西部河道；做好河道综合整治工作，开展第一轮清淤，同时加强城区河道水面保洁管理工作。至2008年底，全市水环境面貌得到一定改善。

2010年1月，根据市委十届十一次全体会议提出的“我市要加快实施民生工程，加快推进节能减排，加快提升城市品位，在生态文明建设上有更大突破”要求，以及市委建设“三区三城”的奋斗目标和市第十四届人民代表大会第三次会议关于进一步加强苏州生态文明建设的决定，结合水环境面临的新情况、新问题，市水利（水务）局制定《打造最佳城市水环境三年行动计划》，决定用3年时间，加大截污治污力度，加快河道整治步伐，推进节水减排工作，全面打造最佳城市水环境。2010年工作目标为节水减排，建设国家节水型城市；2011年工作目标为截污治污，争创国内一流；2012年工作目标为理活做美，实现人水和谐。

2011年，编制《苏州市黑臭河道治理实施意见》，决定利用3年时间（2011—2013年），全面规划，综合治理，改善全市黑臭河道水环境质量。针对每一条黑臭河道，分析其黑臭成因，根据其成因提出截污治污、治理水体、修复生态、优化调度等治理措施。2011年11月，苏州市政府办公室印发《苏州市农村黑臭河道专项治理实施意见》，开启农村黑臭河道专项治理。

2012年5月9日，苏州市委书记蒋宏坤调研城区河道水质，提出做到四个“百分之百”：污水百分之百实现截留，河道百分之百纳入轮浚清淤范围，百分之百消除断头河，河道保洁实现百分之百覆盖。6月13日，苏州市召开城区河道清淤工程动员大会，蒋宏坤要求，古城区水环境整治要做到六个“结合”：解决河道黑臭与提升水质相结合，控源截污与扩大引水量、增加水的流动性相结合，治标与治本相结合，打通断头河与完善水系网络相结合，水质改善与发展水文化、水景观、水经济相结合，治理与管理相结合。

2012年6月22日，市委、市政府出台《苏州古城区河道水质提升行动计划》，全面拉开提升城区河道水质的大幕。《行动计划》围绕“截污、清淤、畅流、保洁”四个环节，通过3年集中治理，到2014年底，百分百实现污水入河截流，百分百实行河道清淤，百分百消除断头河，百分百达到河道保洁全覆盖，全面提升河道管理水平，使古城区水质、水景观明显改善，感官黑臭河道彻底消除，呈现“水清水好水美，河净岸洁景秀”。环城河水质主要指标达到Ⅲ类，其他河道达到Ⅳ类

表9-12　2012年《苏州古城区河道水质提升行动计划》六大任务

任务名称	内容
全面开展控源截污，着力提升污水的收集能力	坚持“厂网并举，管网先行”，结合改厕、老新村整治等做好排水管道改造和建设，对城中村、低洼地加快进行改造，对河道排水口进行全面排查，上溯追源，对未分流、未接纳的排水户实施改造接入，对雨污混接、管道渗漏等进行改造和封堵，对部分设施陈旧的泵站实施改造。计划三年敷设污水管道68.5千米，新建3座泵房、3座泵井、一体化污水处理设施15个，对32座泵房、9座泵井进行改造；大力发展循环经济，组织开展工业污染企业的全面普查，对超标排污的企业限期治理，实行关、停、并、转、治；加快出台污水厂运行监管和住宅小区排水考核管理等办法，全方位加强对排水户的监控管理；同时，积极探索面源污染的治理措施。
全面实施河道清淤，着力提升河道的自净能力	结合“两河一江”治理，完善河道清淤机制，全面清除河床污染底泥，减轻河道内源污染，做到主要河道二年一次，一般河道三年一次，施工方式以干河清淤为主，全面提高清淤效果。对重要历史街区、旅游景区的河道，要加大清淤频次，确保河底不淤，不发生河底泛泡、沉渣泛起现象，并推广生态综合治理技术，发展水文化，建设水景观，提升河道的品位。2012年计划对古城区河道全部实施清淤，完成土方40.6万立方米。其中平江河、临顿河、官太尉河、悬桥河及东北街河清淤工程作为首先实施的重点，清淤土方2.4万立方米，2012年6月份完成。

续表

任务名称	内容
全面沟通河网水系，着力提升水体的循环能力	按照苏州城区水系规划要求，加快推进水系调整和沟通步伐，全面实施畅流工程，打通断头河，拓宽束水段，确保河河相通，水畅其流，恢复河道的引排功能。三年内完成16条断头浜打通。其中，2012年计划完成冶坊浜、东西虎泾、木头桥浜等9条断头浜打通工程，2014年前结合地块开发和低洼地改造完成7条打通工程。同时，结合虎丘地区虎阜路改造和桃花坞综合改造工程，完成束水段拓宽工程。
全面推行“河湖长制”管理，着力提升河道的综合管理能力	对古城区内30条河道推行“河湖长制”管理，正副“河长”分别由河道所辖地的党政领导和市水利（水务）局中层以上干部担任，承担河道的巡视、检查，发现问题，通报情况，并建立例会制度落实措施，切实加以解决；实行河道保洁管理提标升级，保洁范围全覆盖管理，管理职责全方位延伸，由单一水面保洁向河岸、河底保洁延伸，由单一白天保洁向全天候保洁延伸，由单一打捞漂浮物向综合管理延伸。对景点周边等重要河道，增加保洁频次，消除时间盲点，推行手摇木船、水乡服饰，体现水乡特色，全面提升河道管理水平。
全面引水调流入城，着力提升河道水环境的承载能力	加快区域水利治理，构建“江—河—湖”连通体系，提高外围水环境质量；加强引水泵闸工程建设，改善换水条件，增加换水流量，三年计划改造泵站9座；按照“以动制静、以清释污、以丰补枯、改善水质”的要求，充分利用西塘河、外塘河、城区防洪大包围等水利工程，加大引水调流力度，缩短换水周期，增加水环境容量，改善水动力条件，提高水环境质量；积极开展利用胥江西引清水入城的方案研究，多渠道开辟引水调流途径；加快低洼地改造，着力解决局部地区制约高水位引水问题，切实提高引水调流效能。
全面加强水质监测，着力提升水环境管理的保障能力	按照“自动化监测、系统化运行、精准化调度、智能化管理”的要求，加强污水处理厂、泵房的信息化系统升级改造。完善污水收集和处理的自动监控监测系统，保证污水处理设施稳定达标运行；加强河道工程管理系统建设，实现河道换水的远程监控；加快新技术推广运用，实施河道水面保洁监督；加强城区河道水环境监（观）测，做到一日一观测、一周一监测、一周一公示，全面接受社会公众的监督。

不低于Ⅴ类水标准。投入3.08亿元。其中，污水管网建设改造1.66亿元，河道清淤及水系沟通1.42亿元。

2012年7月，为解决河道清淤后水质提升问题，市水利（水务）局组织南京水科院、太湖水利设计院、苏州水文局等单位，分析研究国内外城市河道治理的典型案例和苏州城区水环境治理几十年来的探索实践，提出“自流活水”构想，研究确立“因势利导、江湖共济、双源互补、三点配水、活水自流、惠及周边”的总体方案。工程包括水源工程、配水工程、辅助工程和调度控制系统四项。2012年12月31日，市四套班子领导听取“自流活水”方案汇报，市委、市政府同意苏州古城区水质提升行动计划“自流活水”方案。

2013年1月4日，根据市委、市政府《苏州古城区河道水质提升行动计划》要求，为全面提升城区河道水环境质量，不断加强控源截污力度，促进节水减排工作，市水利（水务）局制定《城区河道水质提升新三年行动计划》。目标通过三年集中治理，围绕“截污、清淤、活水、保洁”四个环节，全面提升河道管理水平，大力实施活水畅流工程，使城区水质、水景观明显改善，感官黑臭河道彻底消除，呈现“水清水好水美，河净岸洁景秀”，并创建成为国家“城市水环境改善和饮用水安全保障”示范城市。

表9-13　2013年《城区河道水质提升新三年行动计划》任务

任务名称	内容
完善污水管网建设	进一步详查河道清淤过程中发现的排污口，落实整改方案，能立即采取措施修复的立即修复，需要片区改造的列入控源截污工程计划；针对在调查中发现的未入网排水户，将继续通过工程改造和执法管理双管齐下的有效手段予以改造接纳，力争完成150家排水户改造接纳；开展住宅小区排水管道养护管理情况调查，重点检查南阳台排水情况，在此基础上开展小区南阳台污水管网改造；对城区35座污水泵站及12座提升泵井进行全面改造，实施管网SCADA工程，实现管网运行的实时监控。
开展活水畅流工程建设	做好环城河配水工程前期调研，建立水质模型、计算水量、研究环城河及古城内河道流速流量分配等，实施平四闸、尚义桥闸改造，邱家村泵闸扩建，平四河南河口拓宽，校场桥扩建，外塘河枢纽扩建以及城区泵闸视频监控集成建设等；实施阳光内城河水体循环工程建设。
继续实施城区河道整治工程	结合平江风貌保护，完成恢复中张家巷历史河道；完成西卧金浜工程，实现西卧金浜与东卧金浜沟通，新建河道约60米，顶管管长约460米；对参与小包围片换水枢纽进行双回路电源改造，完成大龙港枢纽、胥江南支枢纽、仙人大港枢纽、娄江枢纽、南庄枢纽等的双回路电源改造。
开展市区黑臭河道整治	在城区河道全面整治的基础上，吴中区、相城区、工业园区、高新区开展建成区范围内黑臭河道的整治。其中，吴中区整治黑臭河道9条，一期计划是5条，疏浚土方约3.6万立方米；相城区计划对18条黑臭现象比较严重的河道进行整治；工业园区计划全面疏通与市区连接的8条河道；高新区计划整治黑臭河道4条。
强化排水监管	制定出台新的排水条例，做好排水条例出台宣贯工作，在条例的基础上制定完善相关的排水监管制度；继续开展排水户普查工作，建立完善排水户信息管理数据库；做好污水主干管和排水支管委托养护、招标和监管，加强检查考核力度，保证污水不满溢；完成监测站业务用房建设和改造，完成CMA和CNAS的监督评审，健全监测站质量管理体系，开拓气相色谱等不少于5项的新项目，加强与各区的技术交流和业务联系，开展全市排水监测行业的竞赛；完成国家“十二五”水专项各项研究任务，编制《苏州市城镇污水处理厂全流程运行控制导则》（试用），结合“水专项”科研成果，进行污水厂源头控制、运行优化控制、节能降耗、除臭及污泥的处理处置的交流和培训，初步建立城乡生活污水治理绩效评估体系并实施，创建成为“城市水环境改善和饮用水安全保障”示范城市；开展宣传主题为“改善水环境，人人来尽责”系列宣传活动，重点是城乡接合部地区，中、小学校和沿街、沿河餐饮企业等。
做好污水处理工作	完成福星污水处理厂加盖除臭工程改造任务；年计划处理污水9130万吨，COD、NH_3-N削减量分别达2.5万吨、0.25万吨；以污泥的减量化、稳定化、无害化和资源化为原则，抓好实施污泥安全处置项目的推进工作，提高污泥处置的安全性。
完善雨水管网改造工程	解决吉庆街、司前街、养育巷、中街路等街道雨水支管排水不畅问题，加大雨水管网养护力度，减少面源污染入河；加强对城区河道保洁船只的监管，对150条保洁船安装GPS设备，在集控中心进行轨迹跟踪监管。
加强饮用水水源地保护工作	完成渔洋山城区饮用水水源地清淤等综合治理工程，启动水源地达标建设；加强太湖、城区河道蓝藻预警和打捞管理工作，确保集中式饮用水水源地水质达到国家规定的标准。
强化节约用水管理	制定出台《苏州市计划用水管理办法》《苏州市水平衡测试管理办法》《苏州市建设项目节水管理办法》等规范性文件；完善苏州节水管理信息系统，落实超计划或超定额累进加价收费、阶梯式水价、建设项目节水设施“三同时”等制度，提高市区计划用水精细化管理水平。
迎接创建国家节水型城市复查	落实创建节水型企业（单位）、机关、学校、宾馆等节水型载体任务，取水量大于30万立方米的用水单位落实水平衡测试任务；加强对苏州市区新、改、扩建项目雨水收集利用系统的设计审查，推进雨水收集利用。同时做好再生水、雨水冲洗道路、路面、景观绿化等方面的推广应用；完善用水审计规范，推行用水大户用水审计工作，确保通过国家节水型城市复查。

2013年8月，苏州市被水利部确定为全国首批水生态文明建设试点城市之一，全面推进水生态文明城市建设。市政府制定下发《苏州市2014—2016年水生态文明城市建设三年行动计划》，成立由分管市长为组长的领导小组。

2014年5月20日，利用环城河上的临时围堰，提前调试“自流活水”运行方案。标志着古城区“自流活水”核心工程已全面建成并可投入运行，同时也标志着苏州城区迈入告别河道水质黑臭、水质全面提升的时代。实现三个活水：全城活水，活水范围包括古城及周边地区共70平方千米；持续活水，一天24小时，流水不断，流速不减；自流活水，古城片区、虎丘山塘片区和城东片区不再依靠水泵强制活水，水体自主流动。

2015年4月，国务院印发《水污染防治行动计划》。为深入推进生态文明建设，落实国务院《江苏省水污染防治工作方案》《江苏省城市黑臭水体整治行动方案》，2016年，市政府印发《苏州市水污染防治工作方案》，从“集中治污”到“全面治水”。2016年7月14日，市政府办公室印发《苏州市城镇黑臭水体整治行动方案》，从2016年起，用5年左右时间，全面消除苏州市城镇建成区（含开发区、新城和新拓展城市住宅区）黑臭水体。

苏州城区河道实现“自流活水”后水质改善明显，基本实现“古城区水质明显提高、水景观明显改善”的目标。但由于源水水质不稳定、截污不彻底、活水范围未拓展等，城区河道水体透明度低，感官仍不理想。2017年，根据市委、市政府主要领导对城区水环境“水质提升、感官清澈”的治水新要求，计划实施城市中心区清水工程。市水利（水务）局委托省太湖院、南京水科院等6家单位综合编制《苏州城市中心区清水工程总体方案》，力争经过两到三年努力，实现城市中心区水质和透明度的再提升，主要包括控源截污、活水扩面、清淤贯通、生态净水4项具体工程加上长效管理措施。

2020年，清水工程控源截污、清淤贯通、活水扩面3项工程基本完成，平江历史片区生态净水项目正在进行厂房主体结构施工，虎丘湿地生态修复项目正在开展可研及初设等前期工作，累计完成约6.9亿元。至2020年底，河道水质和感官质量明显提升，已实施完成的区域河道主要指标达到Ⅲ类或优于Ⅲ类水质标准，关联提升泵站水量水质向好。

（一）河道治理

1.古城水系

从公元前514年伍子胥构筑阖闾大城起，经过千百年的开凿和整治，至唐代古城内河网水系已相当完备。历史上，苏州城内的河网水系在城市生活中发挥过极大的作用，集引水、排水、运输、消防隔离、美化环境、调节气候功能于一体，是一项实用和先进的城市基础设施。由于苏州城市污水集中处理事业是80年代初才起步的，因此在漫长的年代里城内河道一直兼有排放污水的功能，河水受到的污染则越来越严重，河道污染逐渐成

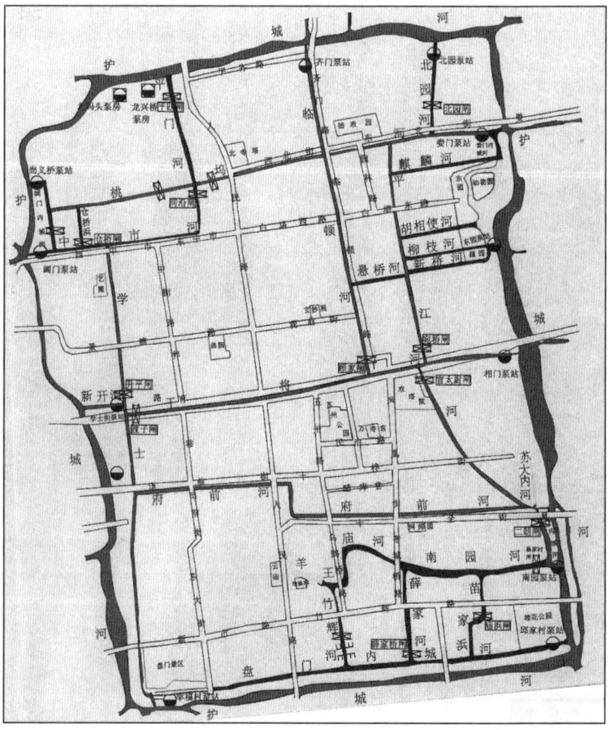

图9-8　2020年苏州市古城内河道示意图

为公害。由于自然变迁和社会发展，苏州古城内河道屡有填废，清代以来城内河道逐渐减少，影响水系的完整性。

至2005年底，古城内河道长约34.63千米。其中，三横三纵骨干河道长约18千米，平江水系河道长约5.29千米，南园水系河道长约8.42千米，阊门支流河道长约2.92千米。古城内平均每平方千米有河道约2.44千米，密度之高在全国仍是独一无二的。中心城区古城外有河道约长186.4千米。主要进水河道为元和塘、十字洋河、山塘河、上塘河、胥江、京杭运河，出水河道为娄江、相门塘、葑门塘、小觅渡桥河、老运河、大龙港。

表9-14　2005年苏州中心城区古城内河道一览

单位：米

水系		河道（段）名称	起讫	长度	宽度
骨干河道	三横	桃坞河（含东、西北街河）	西起阊门内城河，东至护城河（娄门）	3120	5—6
		干将河（含新开河）	西起护城河，东至护城河（相门）	3100	5—10
		府前河（道前河、十全河）	西起学士河，东至护城河（葑门）	3330	5—6
	三纵	学士河	北起中市河，南至护城河（盘门）	3200	5—8
		临顿河（含齐门河）	北起护城河（齐门），南至干将河	2400	8
		平江河（含官太尉河）	北起桃坞河，南至十全河	2850	8—10
平江水系		北园河	北起护城河，南至桃坞河	700	5—6
		麒麟河	西起平江河，东至娄门内城河	740	4—8
		胡厢使河	西起平江河，东至东园暗河	530	6—8
		柳枝河	西起平江河，东至护城河	700	5—10
		新桥河	西起平江河，东至娄门内城河	600	5—8
		悬桥河	西起临顿河，东至平江河	420	3—5
		娄门内城河	北起桃坞河，南至新桥河	1000	8—50
		传芳河	东起娄门内城河东园段，向西折南仍接娄门内城河东园段	400	10
		东园暗河	北起胡厢使河，南至柳枝河	200	4
南园水系		盘门内城河	西起学士河，东至护城河	2900	10—25
		竹辉河	北起大云桥（接羊王庙河），南至盘门内城河	600	6—8
		薛家河	北起南园河，南至盘门内城河	660	10—15
		苗家浜	北起南园河，南至盘门内城河	600	8—10
		沧浪亭河	西起人民路边，东至大云桥（接羊王庙河、竹辉河）	340	5—20
		羊王庙河	西起大云桥（接竹辉河、沧浪亭河），东至银杏桥（接南园河、薛家河）	800	6—8
		南园河	西起银杏桥（接羊王庙河、薛家河），东至护城河	1100	20—50
		葑门内城河	北起苏州大学内停车场，南至南园河东口	920	5—10
		盘门放生池	西起学士河向东折，南接盘门内城河	500	10
阊门支流		阊门内城河	北起护城河，南至中市河	500	5
		仓桥浜	北起桃坞河，南至中市河	270	4
		平门小河	北起护城河（平门），南至中市河	1100	4—8
		中市河	西起护城河（阊门），东至平门小河	1050	3—10

表9-15　2005年底苏州中心城区古城外河道一览

单位：米

河道名称	起点	终点	长度	宽度
护城河	—	—	15300	90
虎丘环山河	—	—	1565	18
青龙河	山塘河	铁路	900	10
小普济桥河	山塘河	浜底	130	9
鸭脚浜	十字洋河	山塘河	975	22
青山绿水浜	山塘河	山塘河	320	8
硕房庄河	袁梗浜	山塘河	1511	11
方家浜	硕房庄河	上塘河	1020	11
冶坊浜	硕房庄河	浜底	80	11
冶坊浜	西园路北	上塘河	330	11
杨安浜	浜底	山塘河	180	12
青龙桥河	铁路	阳光城	1355	20
袁梗浜	太平桥	青龙桥河	350	16
五泾浜	浜底	山塘河	750	13
清洁河	山塘河	十字洋河	850	15
前塘河	元和塘	十字洋河	2780	20
仓河	塔影河	护城河	1522	23
总管塘河+平门塘	曾家角河	沪宁高速	1972	21
石鱼桥河	元和塘	平门塘	1008	11
新莲河	西塘河	元河塘	3840	20
杨家庄河	元和塘	上高路	1112	17
南田村河	杨家庄河	护城河	805	11
磨坊基河	友谊河	塔影河	740	15
友谊河	塔影河	沪宁高速	1130	15
西石曲浜	塔影河	新莲河	800	20
陆家庄河	沪宁高速	前塘河	1650	20
东升浜	陆家庄河	新莲河	1220	15
港外浜	平门塘	浜底	360	10
黄家浜	平门塘	浜底	350	10
塔影河	西塘河	平门塘	2449	16
斜河浜	东升浜	前塘河	1335	15
洋家河	—	—	605	37
新益浜	白洋湾	浜底	295	12
洋泾塘	—	—	1309	20
西郭桥浜	运河	山塘河	2534	25
泥点港	运河	医院闸	1388	23.5
齐白桥河	西郭桥河	青龙桥河	1448	20.1
红菱浜	运河口	齐白桥河	505	28.8
新开河	西塘河	黄花泾	2200	20
前张网港	陆步桥浜	螳螂桥港	990	17

续表

河道名称	起点	终点	长度	宽度
螳螂桥浜	申家庄港	长泾塘	1635	18
长泾塘	三佛桥塘	黄花泾	3275	25
申家庄港	村庄	绿台桥港	1595	18
僧塘圩南港	三佛桥塘	绿台桥港	1725	23
绿台桥港	申家庄港	西塘河	1190	21
谢家桥浜	僧塘圩南港	山塘河	1075	16
朱家湾	铁路	长泾塘	790	15
俞埂上浜	朱家湾	长泾塘	450	15
三佛桥塘	白洋湾	僧塘圩南港	590	35
时家桥港	后头巷浜	京杭运河	540	14
后头巷浜	马家圈浜	西郭桥浜	980	14
马家圈浜	齐白桥河	京杭运河	695	15
叶家浜	僧塘圩港	浜底	770	14
僧塘圩北港	312国道	绿台桥港	1360	27
白洋圩浜	三佛桥塘	浜底	540	12
木头桥浜	白洋湾	浜底	480	18
颜家新开河	新开河	黄花泾	1985	12
后张网港	新开河	陆步桥浜	1375	18
甘三图浜	十图港	新开河	1150	16
陆步桥浜	前张网港	黄花泾	1350	20
颜家浜	黄花泾	浜底	430	15
三东浜	王家庄浜	浜底	740	14
王家庄浜	十图港	浜底	740	13
台角上浜	长泾塘	浜底	360	15
东七字浜	长泾塘	浜底	430	16
双浜	长泾塘	浜底	650	14
民主浜	泥点港	浜底	985	12
祥杏桥浜	泥点港	浜底	1485	16
铁路浜	铁路	泥点港	1435	15
吉利浜	村庄	浜底	540	15
十图港	西塘河	前张网港	1295	17
徐家浜	运河	凤凰泾	530	13
倪大纹浜	凤凰泾	白莲浜	523	16
活络浜	运河	白莲浜	887	16
白莲浜	上塘河	里双河	2150	14
彩香浜	白莲浜	里双河	1927	14
张家浜	桐泾河	浜底	195	13
桐泾河	上塘河	里双河	2112	17
黄石桥河	胡家浜	里双河	1307	19
万河	里双河	胥江	760	13
淮阳河	上塘河	菱塘浜	1073	8

续表

河道名称	起点	终点	长度	宽度
夏驾浜	黄石桥河	护城河	1480	14
三香河	夏驾浜	里双河	592	28
小河浜	夏驾浜	胥江	730	10
里双河	运河	小河浜	3027	25
双桥河	胥江	浜底	785	19
虹桥浜	凤凰泾	白莲浜	494	12
胡家浜	桐泾河	菱塘浜	540	14
菱塘浜	淮阳河	胡家浜	969	13
胡家角河	里双河	胥江	1080	14
凤凰泾	上塘河	里双河	2140	18
娄江	护城河	苏嘉杭高速	1337	29
三星河	护城河	东环路	823	13
相门塘	护城河	苏嘉杭高速	1390	21
葑门塘	葑门老运河	苏嘉杭高速	1243	32.3
杨枝塘	葑门塘	浜底	167	32
小觅渡桥河	护城河	苏嘉杭高速	991	23.1
外河	葑门塘	东环路	600	27.5
蒋家浜	外河	茄子桥南	1448	14
东港河	三星河	娄江	1664	12
夏家浜	三星河	葑门塘	1359	7
高木桥河	胥江	浜底	862	12
小桥浜	胥江	浜底	163	10
横娄浜	胥江	金塘河	744	23
巴里河	高木桥河	金塘河	880	11
卧金浜	巴里河	仙人大港	1250	15
解放桥河	护城河	浜底	530	13
金塘河	解放桥河	横娄浜	647	16
西塘河	护城河	大龙港	719	20
钱塘河	盘蠡桥	西塘河	760	7
西卧金浜	南环西路北	仙人大港	406	12
上沙河	钱塘河	仙人大港	649	7
仙人大港	运河	大龙港	3585	14.2
友新河	仙人大港	浜底	1080	16
顾家河	友新河	九曲港	435	20
九曲港	京杭运河	盘蠡路	2695	20
吴埂港	九曲港	京杭运河	897	20
南庄河	九曲港	京杭运河	930	20
二号河	京杭运河	新郭港	285	15
三号河	京杭运河	新郭港	167	15
大文桥河	—	—	944	8
断头浜	仙人大港	浜底	150	7

续表

河道名称	起点	终点	长度	宽度
葛庄桥河	—	—	908	7
青阳河	运河	湄长河	2625	11
湄长河	大龙港	老运河	3000	14
北干河	大龙港	老运河	3200	8
规一河	友新河	盘蠡路	465	15
规二河	九曲港	一号河	425	15
新郭港	京杭运河	河象港	2695	20
高架河	仙人大港	九曲港	950	20
规三河	友新河	九曲港	460	15
一号河	吴宫港	盘蠡路	1985	20
大龙港	运河	护城河	3700	33
老运河	老觅渡桥	斜港	3359	38
胥江	运河	护城河	3525	20
上塘河	运河	护城河	3739	15
元和塘	护城河	沪宁高速	2217	35
山塘河	西山庙桥	护城河	3249	15
西塘河	沪宁高速	护城河	4200	18

表 9-16 清代以来苏州市区城内填废河道一览

单位：米

时期	方向	名称（方位）	长度
清代	南北	官舍巷	660
		殿基巷、光明丝织厂附近	940
		北园仓库附近	170
		东蒋家场	660
		人民路	1780
		宫巷附近	250
		十全街南	200
		网师园附近	230
		乌鹊桥弄	300
		燕家巷	400
		西街	300
		专诸巷	700
		瑞光新村附近	980
		带城桥弄	300
	东西	宝城桥弄	410
		齐门路西二条支流	350
		狮林寺巷	620
		白塔东路	220
		曹胡徐巷	440
		卫道观前、振亚丝织厂附近	650

续表

时期	方向	名称(方位)	长度
清代	东西	唐家巷	480
		盛家带东西支流	280
		曹家巷、砂皮巷、祥符寺巷、西花桥巷	1250
		观前街	800
		马医科、塔倪巷	560
		蔡汇河头	340
		嘉余坊、富仁坊	800
		幽兰巷	350
		王废基、大公园	450
		东小桥弄	200
		戈家弄	150
		天库前、宋仙洲巷	550
		曹家巷	200
		包衙前	200
		马大箓巷	200
		王洗马巷	650
		东西百花巷	650
		竹辉路、新市路、南园新村附近	1110
		仓米巷	420
		景德路	650
		慕家花园、海红坊	660
		古吴路、长春巷	640
		通和坊、桂和坊	640
		庙堂巷	300
		瓣莲巷	380
		侍其巷	180
		潘儒巷	180
民国	南北	永定寺、西美巷	1320
		公园路、甫桥西街下塘	620
		锦帆路	620
	东西	装驾桥巷	700
		阊村坊、闾邱坊、史家巷	1500
		石匠弄东侧	220
		白塔西路	1030
		三茅观巷、高师巷	660
新中国成立后	南北	内城河(东)	2030
		阀门厂二条支流	660
		杨家村河	200
		林机厂二条支流	850
		王天井巷	500
		金狮河沿	370

续表

时期	方向	名称（方位）	长度
新中国成立后	南北	蒋家桥浜	320
	东西	梵门桥河	320
		内城河（北）	3020
		渔郎桥浜	390
		白塔东路（平江河至东园）	420
		十梓街（泗井巷至内城河）	1700
		新桥巷	420
		中张家巷	550
		三多巷	390
		传芳河（娄门横街至北仓街）	280
		刘家浜	320
		北园路	410
		学士街西二条支流	250
		范庄前、因果巷、旧学前	1100
		苏州大学支流	150
		沧浪亭南至苏州府学前	320
		菉葭巷	440
		大儒巷	410
		钮家巷、平江实验学校（新学前学地）	860

注：由于废河所处方位历史变化情况比较复杂，有的傍河街道古今一致，则遵从习惯以街取名，方位亦明确无误，但有的傍河地名已几经变化，若依旧称，则读来极不方便，更有处于荒地田间，没有坐标，取名更难，故废河名称（方位）一律用现今地名或现今位置上的实物标明。

2.疏浚整治

1991年6月12日，苏州市委编办批复同意成立苏州市古城水环境综合整治办公室，为正科级事业单位建制，人员编制7人。该年，疏浚金阊区、平江区、沧浪区、郊区河道15.76千米，清淤6.1万立方米。

1992年，疏浚学士河、羊王庙河、南园河、盘门内城河、小河浜、蒋家浜、平江河、桃坞河、平门小河、麒麟河等18条（段）河道，计长14.03千米。

1992—1995年，苏州市政府组织发动群众义务疏浚古城区内河道40余千米（包括部分城外河道），清挖河床淤泥30余万立方米。

1993年，疏浚竹辉河、巴里河、盘门内城河、道前河、柳枝河、大新河、胡厢使河、临顿河等河道（段）6.8千米。彻底改造干将河，拆除言桥至太平桥计长950米防空工事（1970年利用河道所筑），新建全部驳岸、护栏，改建全部桥梁。1994年，完成青阳河、钱塘河、王家桥浜、白莲浜、麻布浜、彩香浜、三香河、黄石桥河等河道疏浚10千米，新建驳岸2000多米。

1995年，完成小河浜、盘门内城河、学士河、羊王庙河、桃坞河、临顿河、悬桥河、平江河、五泾浜、方家浜、彩香浜等河道（段）疏浚11.47千米。12月，苏州市委、市政府决定成立苏州市水环境治理指挥部，具体实施以“疏、截、治、引、管”为主要内容的水环境综合治理一期工程。其中，市区河道治理工程是市区水环境综合治理的一个关键的子项目，列为市政府重点事实工程项目。

1996—1998年，完成古城区阊门内城河、桃坞河、平门小河、学士河、中市河、临顿河、东西北街河、齐门河、平江河、娄门内城河、新桥河、悬桥河、柳枝河、东园暗河、麒麟河、北园小河、府前河、南园河、盛家带河、官太尉河、葑门内城河、盘门内城河、竹辉河、薛家河、羊王庙河、苗家浜等河道疏浚，长度约28千米，清淤23.2万立方米，修护加固驳岸3531米，总投资1359.48万元。

1997—1998年，完成建成区第一轮疏浚工程，整治河道有桐泾河南段（里双河至银荷桥）、徐家浜、凤凰泾、活络浜、虹桥浜、白莲浜、彩香浜、淮阳河、胡家浜、黄石桥河、小河浜、夏驾浜、里双河、解放桥河、横娄浜、巴里河、高木桥河、万河、双桥河，长度约30千米，清淤49.4万立方米，整修驳岸、护坡4100米，总投资1482.93万元。

1998—1999年，完成建成区第二轮疏浚，涉及湄长河、青阳河、杨枝塘河、仙人大港、西塘河、上沙河、清洁河、前塘河、五泾浜、三星河、王家桥浜、南田村河等河道，清淤192.43万立方米，总投资1396.91万元。1998年，对学士河南段和百花洲地区进行综合治理、改造，按规划要求，将学士河河道拓宽拉直，河床全面铺底，使这一地区成为具有水城风貌的游览地区。

2002年，完成苗家浜、竹辉河疏浚830米，清淤5515立方米。

2003年，疏浚城北河道4.3千米，清除淤泥66247立方米；修复建造北五泾浜等河道护栏1739米；建造仙人大港邱家桥北侧等驳岸315米。5月，淮阳河地区防洪综合治理工程全部完成，共拆迁沿线各类建筑8321平方米，迁移各类管线6处，拓宽河道长350米、宽10米，清挖土方8000立方米。新开河道长450米、宽8米，清挖土方14400立方米，这是进入21世纪后城区实施的第一条脏乱差断头浜打通工程。疏浚恢复菱塘浜河400米，清挖土方5000立方米，新建驳岸1385米，新建跨河桥梁4座，构筑30米长混凝土箱涵1座。该工程沟通穿过石路商业区南北向的淮阳河与彩香地区的胡家浜。加快辛庄片防洪综合治理工程建设步伐，治理辛庄地区的青龙河、袁埂浜、硕房庄河、方家浜、野芳浜等断头浜，改变河水长年黑臭、严重影响居民生活特别是影响山塘河水环境的状况。2005年2月全面建成并通水。

表9-17　1996—2003年苏州市水环境综合治理情况

时间	整治河道	完成工程量		投资（万元）
		疏浚土方（立方米）	驳岸（米）	
1996.1—1996.8	临顿河、西北街河、齐门河	21093	36	27.91
1996.1—1996.12	竹辉河、薛家河、羊王庙河、庙家浜河	16326	—	178.47
1996.1—1997.5	十全河、道前河	12131	650	180.02
1996.1—1997.5	尚义河、仓桥浜、桃花坞河、平门小河	33022	1337	98.63
1996.4—1997.3	盘门内城河	21882	—	100.94
1996.6—1997.5	学士河、中市河	20425	426	48.67
1996.6—1997.5	东北街河、麒麟河、娄门内城河、北园小河	25242	—	70.04
1996.9—1997.4	平门河、娄门内城河、新桥河、凿桥河、柳枝河、东园暗河、胡厢使河	37173	—	110.22
1996.9—1997.4	南园河、望星河、官太尉河、二郎河	35407	—	150.30
1997.5—1997.7	南园河的银杏桥至苗家浜段（三角潭、陆家潭）	2216	360	266.20
1997.5—1997.12	白莲浜	50400	—	193.59
1997.5—1997.12	彩香浜南段到淮阳河	36000	70	82.41
1997.5—1997.12	凤凰泾等	43176	—	129.39
1997.5—1998.5	三元四村河、凤凰泾河	38586	—	83.39

续表

时间	整治河道	完成工程量		投资
		疏浚土方（立方米）	驳岸（米）	（万元）
1997.5—1998.9	巴里河、高木桥河	29033	—	73.02
1997.6—1997.11	胡家浜河、黄石桥河	46647	—	192.08
1997.6—1997.11	三香河、虎啸塘河、夏家浜河	4548	—	93.43
1997.6—1997.12	网船浜	89590	—	176.21
1997.6—1997.12	网船浜（桐泾新村胥江段）	31071	—	101.28
1997.6—1998.1	沧浪亭河	7100	702	128.08
1997.8—1997.11	洛香河、三元一村河等	27403	—	57.96
1997.9—1998.1	解放桥河、中横楼河	37063	—	124.17
1997.9—1998.6	万河、双桥浜	31965	—	118.25
1997.11—1998.9	桐泾河南段（干将河—网船浜）	28500	—	57.75
1998.6—1998.7	青阳河	84277	—	156.65
1998.12—1999.1	湄长河（杏秀桥到湄长桥段）	1492792	—	148.47
1998.12—1999.1	湄长河、杨枝塘河	78434	—	312.44
1998.12—1999.1	仙人大港（友新路向西至大运河段）	63298	—	171.35
1998.12—1999.1	西塘河、上汤河南段	42503	—	191.43
1998.12—1999.1	清洁河、朱家港东段	39289	—	74.55
1998.12—1999.1	虎丘环山河	60349	—	209.73
1998.12—1999.1	三星河西段到王家浜	63375	—	132.29
2002.6—2004.7	十全街河、干将路河	25513	—	64.92
2003.3—2004.1	悬桥河、临顿河、齐门河、胡厢使河、柳枝河、东西北街河、娄门内河等平江水系	48512	—	123.98
2003.9—2003.12	新开河，学士河泵站到皋桥、阊门内河	39502	—	98.69
2003.9—2003.12	盘门内城河、南园河、薛家河	55561	—	196.67

2002—2004年，实施古城区河道第二轮疏浚工程，涉及新开河、学士河、阊门内城河、悬桥河、临顿河、齐门河、胡厢使河、柳枝河、东西北街河、娄门内城河、盘门内城河、南园河、薛家河、十全河、干将河。

2004年，完成城北片河道二期疏浚工程，涉及塔影河西段、仓河、前塘河西段、曾家角河、杨家庄河、南田村河（北段）等7条河道（段），总长约6千米，清淤约13万立方米；完成盘门内城河盘门景区段、学士河思贤桥至水关桥段、卧金浜北段、小觅渡桥河西段河道疏浚计长1763米，清淤1.95万立方米；完成312国道北侧友谊河、东石曲浜、西石曲浜、总管塘河、磨坊基河、陆家庄河等6条河道南段河道疏浚计长1200米，清淤约3000立方米。

2005年，完成城区西北片、北片、南片城乡接合部泥点港、西郭桥河、红菱浜、齐白桥河、青龙河、友谊河、新郭河、城湾河、小觅渡桥河河道疏浚计长10.14千米，清淤21.95万立方米；完成临顿河跨塘桥北侧、护城河钱万里桥东侧、府前河市图书馆东北侧3处束水段拓宽工程；完成齐白桥河与西郭桥河沟通工程（与河道疏浚同步实施）；完成仙人大港友新高架桥下至运河口段束水段拓宽工程。

2006年，完成城北片长泾塘、塔影河、磨坊基河、螳螂桥浜、前张网河、十图港长10.6千米河道疏浚，清淤24.66万立方米，新建挡墙833延米；完成山塘河、上塘河、横娄浜、金塘河、卧金浜、钱塘河、上沙河、大龙港、仙人大港、友新河、陆家庄河、平门塘、洋泾河、西石曲浜、斜河浜、杨家庄河、南田村河、605河、西虎泾、东港河、白莲浜、彩香浜、里双河、湄长河、青阳河、徐家浜等河道疏浚计长36.52千米，清淤70.98万立方米（世行贷款项目）；完成青龙河断头浜、鸭脚浜断头浜、卧金浜断头浜打通工程；完成袁梗浜束水段和解放桥河束水段拓宽工程。

2006—2010年，城市中心区拓宽束水段6段，重建河道护岸长度0.5千米；打通断头浜8段，新开河道长度3.7千米，新建护岸长度7.2千米；平江新城整治河道20.9千米，修建护岸41.8千米；沧浪新城整治河道18.7千米，修建护岸27.1千米；金阊新城整治河道29.5千米，新建护岸62.5千米，加高加固护岸6.3千米。高新区新开、拓浚外河长度80.9千米，加高加固护岸19.9千米，新建护岸153千米；内河长度16.7千米，新建护岸22.7千米。工业园区新开、拓浚河道总长150.6千米，新建及加高加固护岸366.9千米。吴中区新开及疏浚河道总长95.3千米，新建或加高加固护岸236.3千米。相城区疏浚河道132千米，新建或加高加固护岸246.1千米。浒关区新开或拓浚河道长度31.7千米，新建或加高加固护岸62.7千米。至2008年，共疏浚河道69条（段），长72千米，清淤土方约143万立方米，实施打通断头河和拓宽束水段工程10项，并从2004年开始每年换水4亿立方米以上。

“十一五”期间，苏州市加大县级市河道疏浚整治等重点水利地方基建项目的实施力度。相继实施常熟市海洋泾整治工程、金泾塘城区段拓浚工程，太仓市湖川塘十八港以西段整治工程，张家港市东横河边界段拓浚工程，昆山市师姑泾、木瓜河整治工程，吴江市三里塘河道工程，吴中区苏东运河整治二期工程、张家浜整治工程、箭泾河整治工程、北塘河整治工程等。累计完成投资5.2亿元。

2011—2015年，苏州城市中心区河道整治包括束水段拓宽和断头浜打通：拓宽河道主要有解放桥河（老闸位置）、蒋家浜、菱塘浜等；断头浜打通包括中张家巷河（平江区历史河道恢复）、五泾浜西断头（沟通硕房庄河）、钱塘河（沟通卧泾浜）、押秀河（沟通洋泾河）、东虎啸桥河（沟通洋泾河）、鸭脚浜（向北沟通西塘河）、冶坊浜（沟通硕房庄河）等。由于河道淤积严重，影响该地区引排水需要，虎丘地区根据《苏州市虎丘地区河道整治规划》，“十二五”期间重点进行该地区河道的疏浚、拓宽和新开，沟通水系。工程内容包括：拓浚白洋湾、木头桥浜、谢家桥浜、塔影河、青龙河、山前河、绿台桥港等河道；疏浚山塘河、虎丘环山河、青山绿水浜、鸭脚浜、齐山桥浜、硕房庄河和青龙河等；谢家桥浜、塔影河和山前河三条河道结合疏拓延伸新开河道1520米。

3.河道清淤

根据《苏州古城区河道水质提升行动计划》，从2012年起，围绕“清淤、截污、畅流、保洁”4个环节，通过3年集中治理，到2014年，百分百实现污水入河截流，百分百实行河道清淤，百分百消除断头河，百分百达到河道保洁全覆盖，全面提升河道管理水平，使古城区水质明显改善，水景观更加迷人。

苏州市在2011年启动的黑臭河道整治工程基础上，迅速调整清淤整治计划，对姑苏区范围内110条河道进行清淤，清淤里程110千米，清淤量148万立方米，工程批复投资9895万元，实际完成投资8500万元。本次清淤工程时间紧、任务重、面广量大，分三步实施：先期实施试验段5条河道；一期40条河道，集中连片整治；二期65条河道，实现河道清淤百分百。

试验段：5月22日至6月20日。启动临顿河、平江河、官太尉河、悬桥河干水清淤和西北街河带水清淤，共5条河道，5千米，清淤量3万立方米。

通过实施本次清淤试验，清淤效果明显，积累在城区特别是古城区干河清淤的施工经验，为接下来清淤逐步推开打下基础。

一期工程：6月14日至8月31日。启动苏州古城保护“两线三片”范围内河道、市政府周边河道、胥江盘溪片河道及城东片河道清淤整治，共40条河道48千米，清淤70万立方米，分6个标段实施。通过实施一期河道清淤工程，河东新区片、胥江盘溪片等片区水质大为改善，清淤后的河道水质清澈，鱼虾活跃，白莲浜等河道往年“泛黑花”等难题得到破解。

二期工程：10月4日至12月28日。实施古城片（环城河以内区域）、白洋湾片、山塘片、梅巷片河道清淤整治，共65条河道57千米，清淤75万立方米，分6个标段清淤施工，考虑到麒麟河等7条河道（段）的干河施工安全，先期招标对7处河段进行加固，保障干河清淤工作的顺利推进。特别是古城区35千米河道，除桃坞河100米、盘门内城河300米、耦园东侧河150米、平门小河150米、东北街河300米共1千米河道由于安全因素采用带水清淤外，包括沧浪亭河等单位内部河道在内的34千米河道全部采用干水清淤，河道水质改善明显。本次古城河道干河大清淤，清出的淤泥达148万立方米，共封堵、修复356处污水漏点，每天减少污水入河量就达1400余吨。从已经完成的河道清淤来看，充分利用干河清淤的机会，还原河道的本来面目，清理各种生活垃圾和大块建筑垃圾，利用干河清淤的机会排查排污口，实施截污工程，对拿不上来的碎砖瓦砾用于边坡的护砌，对清理至硬土层后的河床进行整理等举措，克服传统的带水清淤的弊病，将多年沉在河道内的大量生活垃圾清理干净。将河道内50厘米至1米多厚度淤泥清理干净之后，河道断面增大，河道过水量增加。在改善河道水环境的同时，畅通城市防洪排涝的通道。从试验期5条河道及一期40条河道清淤完成后监测数据来看，河水的溶氧量等数据指标都明显好转。

苏州市于2017年启动清水工程，其中包括三大清淤贯通项目，即清淤贯通工程项目、清淤贯通补充和拓展项目、清淤贯通（平江历史片区河道清淤）项目。清淤工程一期项目位于外城河、西塘河以西，里双河以北，312国道以南，京杭运河以东区域，外加清水通道外塘河、外塘河支浜，共21条河道的清淤及外塘河的护岸整治，河道疏浚长度为34.69千米，疏浚土方47.9万立方米。共分两个标段。一标段河道清淤及淤泥固化包括外塘河（含护岸整治）、外塘河支浜、凤凰泾、白莲浜、彩香浜、桐泾河、黄石桥河、胡家浜、淮阳河、夏驾浜、三香河11条河道。二标段河道清淤及淤泥固化包括山塘河、虎丘环山河（含支浜）、鸭脚浜、袁梗浜、硕房庄河、五泾浜、方家浜、冶坊浜、清洁河、上塘河（含支浜）10条河道。此次清淤采用干河清淤的方式，清淤要求高，标准严，2017年11月20日开工，2018年7月25日完工。

为保障城区水环境，提升水体感官度，对平江河、悬桥河、临顿河、东北街河（临顿路—平江路）实施干河清淤。干河冲浆清淤共18335立方米，清理层积性土7554.61立方米。环城河8段河道清淤73159立方米，2018年5月6日开工，2018年6月15日完工。

清淤工程二期项目位于古城区、城南、城东以及清水通道西塘河，按高标准实施河道清淤，每条河道设立标准断面桩，淤泥进行集中固化处理。清淤河道（段）共30条，总长为41.22千米，清淤土方合计38.3万立方米，共分为两个标段。古城内标段河道清淤及淤泥固化主要包含桃坞河（西段）、中市河、阊门内城河、仓桥浜、平门河、桃坞河（东段）、平江河支河、新桥河、耦园东侧河、新开河、学士河、干将河、府前河、十全河、官太尉河、苏大内河、沧浪亭河、南园河、二郎巷河、门内城河、竹辉河、薛家河、苗家浜、盘门内城河共24条河道疏浚。古城外标段河道清淤及淤泥固化包

图9-9　2019年东北街河干河清淤现场

括西塘河、娄江及娄江支浜、三星河、相门塘、西塘河（朱公桥河）、大龙港共6条河道，总长10.26千米，清淤土方合计19.22万立方米。2019年8月5日开工，2020年4月30日完工。

4.河道保洁

2002年，苏州市政府发出《关于加强城区河道水面保洁管理的实施意见》，对加强城区河道水面保洁、落实长效管理措施、改善城区河道整体面貌提出明确要求，为实施河道保洁的改革指明方向。从2003年1月起，市河道管理处对城区87千米河道保洁实施招投标，为保证河道水面保洁改革的成功实施，制定《城区河道水面保洁管理考核办法》，建立实施承包人自查、社区居委会参与检查、河道巡查员每天全面巡查的“三查”考核机制，考核结果与支付月承包经费紧密挂钩，对三个月连续被评为优秀标段的承包人和保洁员给予奖励；对月考评中出现连续三个月不合格标段的承包人，则依照考核办法先后中止承包合同，河道水面保洁水平明显提高。《苏州日报》头版整版报道河道保洁新机制，全国五大媒体先后赴苏采访报道。

（二）杂船整治

根据市委十届十次全会上提出的建设“三区三城”目标，城区水环境治理还面临着许多新任务、新要求。为此，市水利（水务）局制定《打造最佳城市水环境三年行动计划》，要求加快、加大对水面杂船进行综合治理的步伐和力度，及早消除安全、治安隐患，恢复和建设优美河道景色。

2010年，苏州市加大苏州城区杂船整治力度。6月上旬，市政府专门成立杂船专项整治工作领导小组，通过对城区船只全面排查，逐条编号登记造册，制定《苏州市区河道水面杂船整治工作方案》，根据相关法规对市区内河道水面“三无”（无船名船号、无船籍港、无船舶证书）船只进行专项综合整治。9月20日，城区665条杂船全部整治清理完毕，城市河道防洪排涝能力得到提升，河道水环境也焕然一新。

2018年4月13日，苏州市政府和江苏省海洋与渔业局联合发布《关于太湖围网拆除的通告》，

图9-10　2010年将杂船拖出葑门塘

图9-11　2010年集中拆解杂船现场

苏州市行政区域内全面启动太湖水域围网拆除工作。自开展整治以来，苏州市已累计清理杂船7200余只。其中，吴江1000余只，吴中区5400余只，高新区836只。截至2019年5月，经过全面排查，苏州市太湖沿线地区仍有1924只杂船。其中，吴江区已没有杂船，吴中区1832只（其中，废弃船、沉船、长期空置船751只，总计吨位为13035吨，经营船425只，生活船656只），高新区92只。

（三）引水工程

鉴于河道水污染严重，迫切需要治理，恢复古城水乡风貌，苏州市人民政府于1990年3月委托有关单位开展苏州市水环境治理工程可行性研究工作，研究工作分古城区河道和环城河（亦称外城河）两部分进行，古城区部分简称“小引水”方案，环城河部分简称“大引水”方案。

小引水与大引水方案是苏州城区水环境治理项目的两个子项目，小引水与大引水方案研究工作基本同步进行。鉴于古城内河道污染严重，迫切需要及早治理，小引水方案的研究工作于1991年先行完成。小引水方案要解决的范围是城内小河，水质目标以地面水V类为标准，达到一般景观用水要求。大引水方案研究的启动时间是1992年。引水方案要解决的对象是环城河，目标是通过引水使环城河进水流量不低于大运河改道前的水平，对水环境有所改善，消除黑臭，达到旅游景观用水要求。

到1995年，小引水工程纳入“苏州市区水环境综合治理工程”。引水水源为太湖金墅港，引水方案为管道引水。主要内容为：古城区引水工程，每秒从太湖金墅港抽引太湖水4立方米进城；对建成区65千米河道全面疏浚，整修驳岸和束水段拓宽；新建城市污水干管120千米，污水提升泵站23座，在19个新村内敷设污水管网；新增污水处理能力14万吨每日。总投资11.4亿元。小引水工程将古城区作为整体全区运行和以临顿河为界分东区、西区分别单独运行两种方式。分区运行时，需要在学士河北端黄鹂坊桥和东北街河香花桥设闸控制。苏州市水环境治理指挥部于1995年12月1日召开第一次成员会议，正式启动实施小引水工程，在2000年前后基本完成。

大引水工程由于种种原因，直到2002年后才予以实施，并改称为西塘河引水工程。西塘河引水工程采用自流引水与泵站抽引相结合的办法。抽水泵站设在西塘河裴家圩处，规模为40立方米每秒。西塘河泵站以上段与望虞河直接相通，不设控制，两岸堤防与望虞河的防洪要求相适应；泵站以下段的河道堤防与苏州城市防洪的要求相适应。西塘河引水工程的河道路线：从望虞河东岸的琳桥港开始，沿线经过琳桥港、西塘河、十字洋河3条河道（统称西塘河），在钱万里桥处接通环城河。河道全线需进行拓宽整治，河道长度为17.87千米。全线拓宽疏浚，底高程为0米，底宽40米。沿线两侧有大小支河72条，全部建涵闸控制或封堵，沿线共新建47座建筑物。其中，河口琳桥港引水闸1座、裴家圩泵站枢纽1座、4米防洪闸3座、6米防洪闸3座、7米防洪闸1座、8米防洪闸1座、6米套闸2座、8米套闸2座、涵洞20座、桥梁13座。

西塘河河道的自引能力主要取决于望虞河琳桥港口与环城河钱万里桥处的水位差，根据要求河道自引能力为100天，其余时间均需靠泵抽引。同时，根据同步编制的《苏州市城市防洪规划报告》，西塘河裴家圩泵站承担城市防洪40立方米每秒的排涝任务。因此，裴家圩枢纽采用双向泵站，引排结合，一站多用。排涝时涝水的排水路线：西塘河—黄埭塘—元和塘—阳澄区—通江河道—长江。由于泵站地处平原河网地区，水流扩散条件较好，涝水扩散较快，泵站排涝对周边区域基本没有影响。裴家圩泵站采用闸站结合布置形式，泵站装机为40立方米每秒，布置在西侧；节制闸为3孔，单孔净宽10米，布置在东侧。裴家圩泵站为竖井式贯流泵。

西塘河引水工程自2002年底启动工程的征

地拆迁工作，至2004年1月1日河道正式通水。河道通水后，环城河水质有明显改善。

（四）"自流活水"工程

历史上，太湖位居高势，湖水由胥江直达城区。随着地势与水情变化，古城西南的太湖水位与东北的阳澄湖水位基本持平，西北部的琳桥水位最高，东南部的吴淞江水位最低。即便不是运河改道，胥江也已难以引来太湖清水。而由于城区防洪的需要，城中7个防洪包围的封闭运行，使得苏州水城之水愈加难以流动。

2012年7月，市水利（水务）局组织南京水科院、太湖水利设计院、水文局等专家调研，提出"自流活水"的构想。其核心是把上游来的优质水源有效分配到全城百余条河道，从而盘活外围水系、城区水系和古城水系，加速水体交换。为营造北高南低的水势，水利部门根据"因势利导、江湖共济、双源互补、三点配水、活水自流、惠济周边"的总体方案，在城区设置娄门堰、阊门堰、娄东堰3个配水点，从而调控内城河、外城河以及相邻片区的分流比，实现按需配水。北高南低水位差产生后，实现活水自流，城区河道24小时流速不减，水体更新加快。其中，城区日进水250万立方米，实现两天一更新；古城日进水70万立方米，每天一更新；山塘河每天更新两次。

根据《苏州古城区河网自流活水方案》，利用流域、区域的引江工程和中心城区防洪大包围引排体系及古城区闸站控制工程，由望虞河、阳澄湖经西塘河和外塘河双源供水，通过溢流堰、潜坝等配水工程，营造古城区河道南北水头差，因势利导，全面"活"动河网水体，满足改善古城区河网水环境的需求。工程包括引水水源工程、调控古城区引水水量的配水工程和改善内城河水流条件的辅助工程三大类。其中，配水工程是主体工程。

1.水源工程

西塘河引水。西塘河引水充分利用已经建成投入的工程设施。经觅渡桥站和琳桥站水位高低关系分析，望虞河琳桥水位高于环城河觅渡桥水位40厘米的保证率为75%，高20厘米的保证率为95%；琳桥站平均水位为3.62米，比觅渡桥3.13米高出近50厘米。因此，西塘河引水对古城区环城河的水流是比较顺畅的，可通过30米节制闸自引或40立方米每秒泵站的抽引为古城区自流活水提供优质水源。

外塘河引水。外塘河位于环城河东北角，东连阳澄湖，利用外塘河枢纽引阳澄湖水，可在糖坊湾处进入环城河，输水距离为4千米。

经湘城站和觅渡桥站水位高低关系分析，阳澄湖水位高于环城河觅渡桥水位10厘米的保证率为75%，高20厘米的保证率仅为20%；阳澄湖平均水位为3.24米，比觅渡桥3.13米高11厘米。阳澄湖对古城区有一定的水势条件，但保证程度不高，需要泵站抽引。

外塘河上已建有城区防洪大包围枢纽——外塘河枢纽，由1座28米节制闸和1座15立方米每秒的双向引排泵站组成。当西塘河来水量不能满足城区引水水量要求时，可视水位条件，自引或泵引阳澄湖水进入环城河。

2.配水工程

为营造古城区南北水头差，合理控制内城河与外城河分流比，实现按需配水，并满足环城河日常通航需要，在西环城河五龙桥附近新建阊门堰（溢流堰和潜坝各1座），东环城河娄门桥北新建娄门堰（溢流坝和潜坝各1座）；为改善干将河东西向水流条件，在东环城河药门桥附近新建长岛潜坝；为减少从外塘河引水时或北环城河水位抬高后水量由外塘河南支河散失入娄江，在外塘河入娄江口新建娄东堰（活动溢流堰1座）。

阊门堰、娄门堰两座配水工程功能要求和工程组成一样，均为一堰一坝型。活动溢流堰顺水流方向长16.5米，堰宽16米，堰高1.7米，堰底平台高程为1.5米，活动溢流堰竖直挡水时堰顶高程为3.2米。活动溢流堰视来水流量大小，通过开度无级调节，控制入内城河总的流量为7—10立方米每秒，满足内城河“自流活水”要求。为满足环城河日常游船通行问题，规划在溢流堰上游兴建潜坝，潜坝顶高程按照满足营造南北水头差要求和枯水期水面景观要求，确定为与河道最低控制水位2.8米同高，潜坝与河道同宽，在溢流堰开启状态下，通过潜坝壅水保证内城河入流总量为7—10立方米每秒。潜坝中间设通航孔，满足日常游船通行，通航孔宽根据环城河规划游船类型确定为15米。为保证河道最低控制水位时的航行安全，采用坝顶高程为1.2米。

长岛潜坝位于东环城河相门桥南侧，工程内容为1座潜坝，主要功能是为改善干将河东西向的水力条件，加快东西向河道的水流速度，带动城区南部河道水体流动。潜坝规模根据壅水要求确定为：坝宽与河道同宽，坝顶高程为2.8米，中间通航孔宽15米，顶高1.2米，沿河纵深分3道，间隔55米，每道坝长30米。

娄东堰位于外塘河入娄江口北侧，工程内容为1座活动溢流堰，规模同阊门堰、娄门堰，顺水流方向堰长16.5米，堰宽16米，堰高1.7米，堰底平台高程为1.5米，活动溢流堰竖直挡水时堰顶高程为3.2米。主要功能是防止北环城河水位抬高后水量由外塘河散失入娄江，影响内城河引水效果。

3.辅助工程

在保证外引清水、合理配水的基础上，为提升内城河“自流活水”效果，城区内部河道需要配套辅助工程，加强水系沟通，提高束水段过流能力。工程包括：对北环城河附近平四闸及南环城河邱家村泵站进行改建，提高其引排能力；进行校场桥、单家桥拓宽扩建工程，提高其过流能力；实施沧浪亭河联通工程，沟通水系。

表9-18　2012年苏州古城区河道“自流活水”工程情况

主要工程项目		内容及规模
水源工程	外塘河枢纽扩建	泵站由15立方米每秒扩容到40立方米每秒
	外河塘整治	河道护岸建设5千米
配水工程	阊门堰	堰和潜坝各1座，堰宽16米，长16.5米；潜坝与河同宽，坝高2.8米，通航口宽15米，顶高程为1.2米，共3道，每道40米
	娄门堰	堰和潜坝各1座，堰宽16米，长16.5米；潜坝与河同宽，坝高2.8米，通航口宽15米，顶高程为1.2米，共3道，每道40米
	娄东堰	堰宽16米，长16.5米
	长岛潜坝	潜坝与河同宽，坝高2.8米，通航口宽15米，顶高程为1.2米，共3道，每道30米
辅助工程	平四桥桥闸	5米横移式闸门改造为升卧式闸门
	邱家村泵站	下闸首泵站增容改造，由4立方米每秒增至8立方米每秒
	校场桥、单家桥	校场桥扩建改造5米箱涵至8.8米箱涵，单家桥西南堍岸拓宽
	沧浪亭连通工程	沧浪亭往北利用暗管与十全河沟通，管道为D1.2米

（五）控源截污工程

2013年起，苏州在雨污分流改造已基本完成的基础上，通过污水厂及泵站调度，在国内同类城市率先开始实施污水管道低水位运行。结合管网低水位运行，苏州市对雨污水管网系统进行全面排查，2015—2017年组织第三方对中心城区污水管网进行两轮CCTV结构性检查，同时结合管网养护和河道清淤对排污口进行排查，此两轮结构性检查中共计发现管道渗漏、破损、变形、异物插入等问题近700处，居民、商户私接点5000余个，对问题点改造修复后，中心城区污水厂进水COD浓度达331米毫克每升，较2015年增幅达15%。

对发现的各类私接渗漏问题制定不同的整治和修复方案，2016年对姑苏区内私接立管实施改造2200余处。2018年启动平江片区住宅楼南阳台污水收集工程，涉及小区202个，同时对建设年代久远、漏损严重等原因造成不能满足污水收集、输送功能的污水管道进行非开挖修复，共计修复约120千米污水支管。开展姑苏区182根倒虹管（过河管）的专项检查，共查出23根倒虹管存在27处问题点，主要问题为倒虹井管道接口渗漏，初步估算漏水量约1500立方米每日。

2016年，苏州市对城市中心区的待拆迁区域、城中村、城乡接合部、合流制区域进行截污改造，完成管网建设长度约79.53千米，确保区域内一滴污水不入河。是年起，苏州市开展“五整治”（餐饮、农贸市场、洗车、建筑工地、无厕住宅）及企事业单位内部排查。“五整治”共完成中心城区截污纳管等整改415家，农贸市场、餐饮业、洗车业、建筑工地同步办理排水许可近200家，污水乱排乱放得到有效遏制。对企事业单位内部共排查93家，排查雨水管37千米，污水管32千米，主要存在雨污合流、雨污互通、私接以及部分功能性、结构性缺陷等问题。通过执法、社会动员、工程措施相结合，以入户改造方式消除中心城区内包括阊门内城河、桃坞河、山塘河等46条河道共计2202个沿河污水直排点。对居民商户随意倾倒、大排档油污污染等问题，水政支队联合环保、城管等多部门进行联合执法，规范居民商户排水行为，对城区重要河道加装监控探头，对违法排水行为进行拍摄取证，形成有效震慑。

2017年，苏州市中心城区控源截污总投资35357.28万元。

表9-19　2015—2017年苏州市中心城区污水管网工程建设情况

改造区域名称	面积（平方千米）	排水量（立方米每日）	提升泵井（座）	污水工程量（米）	建设方案
泥渡浜南	0.018	50	—	450	雨污分流
砻糠桥（泵井）	0.004	18	1	300	雨污分流
新塘工业园	0.450	800	—	8000	雨污分流
航运三村	0.006	18	—	150	雨污分流
保兴里	0.008	25	—	200	雨污分流
五十六间	0.040	120	—	1000	雨污分流
杨家浜桥	0.014	40	—	350	雨污分流
前姚家弄	0.036	100	—	900	雨污分流
虹桥头	0.003	34	—	200	雨污分流
娄上村、张家庄（泵井）	0.380	1140	1	9500	雨污分流
苏站七组（泵井）	0.002	5	1	150	雨污分流
南园路东、南环路北侧区域	0.008	24	—	200	雨污分流
东汇路南侧区域	0.006	18	—	150	雨污分流
小河浜（泵井）	0.017	51	1	200	雨污分流
枣市街区域（泵井）	0.035	105	1	900	雨污分流
高木桥（泵井）	0.003	50	1	200	雨污分流
蔡家村	0.018	54	—	450	雨污分流
南王家庄	0.035	105	—	900	雨污分流
山塘街铁路以北区域	0.200	500	2	2500	末端截流
界石浜	0.020	60	—	500	末端截流

续表

改造区域名称	面积（平方千米）	排水量（立方米每日）	提升泵井（座）	污水工程量（米）	建设方案
城湾村	0.058	200	1	1500	末端截流
旺家屯	0.015	45	—	400	末端截流
梅巷村	0.040	120	—	1000	末端截流
西虎泾	0.030	90	—	750	末端截流
东虎泾	0.030	90	—	750	末端截流
谈埂上	0.028	84	—	700	末端截流
姚家浜	0.030	90	—	750	末端截流
解放桥北堍	0.008	24	—	200	末端截流
朱公桥南侧	0.015	45	—	400	末端截流
解放西路南、福星路西侧区域	0.030	90	—	750	末端截流
桃花坞大街南侧沿河	0.004	11	—	100	末端截流
雨污分流	—	—	6	24200	—
末端截流	—	—	3	10300	—

（六）清水工程

2017年，苏州市启动城市中心区清水工程，工程范围东至金鸡湖，西、南至运河，北至沪宁高速，总面积约100平方千米。主要包括控源截污、活水扩面、清淤贯通、生态净水四项工程及长效管理，总体目标为实现城市中心区河道水质和感官质量的再提升，工程总投资约23.4亿元。

活水扩面项目　建设水系控导工程，包括邱家村泵站改造工程；新建分级闸门2座，分别位于凤凰泾与里双河交汇处、盘门内城河竹辉河西侧；改造白莲浜南闸、新塘泵闸、为钢桥泵闸、平四泵闸、齐门泵闸、北园泵闸、顾家桥泵闸、白莲泵闸、朱家庄泵闸等9座闸门；城南片新建3座换水泵站，分别位于友新河闸、吴埂港闸、张家桥闸；建设城区活水联控联调系统，包括30个水质监测站、26个水位站点、7个视频监测站点及相应的模型与水利工程调度软件系统等。

清淤贯通工程　清淤工程。清水通道清淤：包括西塘河、外塘河支浜，河道总长7.2千米，清淤疏浚工程量为20.15万立方米；外塘河护岸局部缺失段及破损段新建驳岸918米。主要过水河道和重要河道清淤：包括桃坞河、中市河、平门河、山塘河、盘门内城河、硕房庄河等45条河道，河道总长66.14千米，清淤疏浚工程量为73.09万立方米。贯通工程。共两处，淮阳河北端束水位置待具备实施条件后进行拓宽，盘门内城河轮船公司桥束水处进行桥梁改造实施拓宽。

清淤贯通补充和拓展　工程位于古城区干将河以北、人民路以东、北外城河以南、东外城河以西区域，包括桃坞河东段、临顿河、平江河、悬桥河、新桥河、耦园东侧河6条河道清淤，河道总长10.92千米，清淤土方合计5.83万立方米。

2017年河道清淤增补项目：砖屑瓦砾、沉积性淤土清除及外运约8万立方米，部分驳岸维修加固、重建等，设置清淤断面桩，增加淤泥固化点供电，临时堆土点外运剩余土方约10万立方米，危险点住户临时撤离、受损房屋修复和赔偿、受损路面维修加固等，应急清淤增补项目，增加外城河局部河段清淤及淤泥外运，增补人员临时安置撤离。2018年河道清淤增补项目：将阊门内城河、干将河等4条河道纳入2018年河道清淤计划，砖屑瓦砾、沉积性淤土清除及外运约8.3万立方米，部分驳岸维修加固、重建等，临时安置撤离补偿、受损房屋修复和赔偿、受损路面维修加固等工程。

生态修复项目 工程主要针对四种类型河道进行生态修复，分别为水源通道片区、重点河道、清水末梢区域河道及城区断头浜，共计55条河道，修复面积约为276万平方米。以草型清水态生态系统构建技术为主，辅以循环、曝气、生物飘带、砾间接触氧化等技术。同时，在生态修复的基础上，为山塘河、平江河、上塘河3条主要人文历史景观河道点缀绿景。

平江历史片区生态净水项目 位于姑苏区环城河北、齐门桥西北侧地块，占地约18336平方米，采用全地下式厂区布置，地下建筑面积约为7000平方米，采用生态膜物理过滤技术，设计处理水量规模5万吨每日，出水管道穿越环城河接入齐门泵站，同时，配套实施控导工程，修复娄门闸、东园闸2处漏水闸门，改造顾家桥闸、苑桥闸和金平闸3处闸门。建成后恢复地面绿化景观，并恢复河道水生态系统。采用生态膜物理过滤技术处理原水，输水管网穿越环城河接入齐门河，将清水注入平江河上游，设计处理规模为5万立方米每日，出水水质浊度不大于3NTU、色度不大于15度。净水工程平面布置包括：预处理间、超滤膜厂房、高低配配电区、空压机房、加药间和污泥脱水间。配套实施控导工程，修复娄门闸、东园闸2处漏水闸门，均为5米×3.2米铸铁电动闸门；改造闸门3处。其中，顾家桥闸、苑桥闸在有基础上嵌套1.5米×1.5米镶铜铸铁电动闸门，金平闸更换5米×2.3米闸板并嵌套1.5米×1.5米镶铜铸铁电动闸门。

2017年，清水工程完成管网建设及修复60千米；沿河直排点整治完成平江河、临顿河等5条河道203处；结合历史文化名城保护和提升六大工程，集中开展餐饮业、洗车业、农贸市场、建筑工地、无厕住宅排污五项整治，完成古城区14.2平方千米的排污整治，完成截污纳管等整改共415家；完成15座活水控导工程；21条河道清淤项目进行清淤和淤泥固化生产。

2018年，控源截污项目污水管网建设及修复累计完成208.31千米，超计划任务23.1%。其中，2018年完成147.4千米，超计划任务一倍以上；基本完成沿河直排点整治。清淤贯通项目完成26条河道（段）清淤。

至2020年，控源截污、清淤贯通、活水扩面三项工程已基本完成，平江历史片区生态净水项目正在进行厂房主体结构施工，各项工程已累计完成货币工作量约6.9亿元。

二、县（市、区）水环境治理

太仓城区水环境综合整治项目 2011年，完成项目投资1.28亿元。2015年，积极推进城区水环境整治。投入8400万元，完成新区十八港南枢纽主体工程，实现通水，建设规模为泵站流量20立方米每秒，闸宽28米，配套建设调度管理中心。实施滨江新城向阳河2米×8米双孔节制闸工程建设。实施城区樊泾河北延工程，整治河道0.7千米，向北与致和塘实现沟通。开展农村河道畅流工程，结合冬春水利，疏浚河道160条，长116千米，挖出土方175万立方米。加强老城区、新区闸站统一管理调度，实行联动调水，高温季节延长引水时间至8—14小时，改善城区水体和水环境质量。

2017年，太仓市启动十八港北水利枢纽工程建设，主要通过引清水入城区，改善城区水环境，同时兼顾防洪功能。工程位于十八港与杨林塘相交处，新建闸站1座，泵站引排流量均为20立方米每秒，闸孔净宽20米。估算总投资7000万元。完成程泾河西延工程一期建设，新建东仓路箱式桥梁和新开河道200米。

2020年，按照“生态园林城市建设”目标要求，从污水治理、河道整治、控导工程三方面入手，持续推进城区水环境综合整治，补齐主城区二环内生活污水治理短板，提升河网水动力，切实改善城市水生态环境质量。2020年，主城区水质提升工程被列为市人大“一号议案”。

金鸡湖及周边区域水环境综合治理项目　调水引流体系为集中、高效、精准利用南出阳澄湖优质水，提高阳澄湖优质水源利用效率，实现有序引排、按需分配、精细调控、增流提质的功能，构建金鸡湖、独墅湖及周边河网调水引流系统。一期项目包括木沉港泵闸及水立交工程、金鸡湖及周边区域水环境治理工程两块内容，于2019年6月全部完工。二期项目包括陆泾河泵闸及水立交工程、环湖控制工程。其中，陆泾河泵闸及水立交工程一、二标段，环湖控制一、二标段共4个主体施工标段于2019年10月开工。

图9-12　2019年园区金鸡湖及周边区域水环境综合治理项目图

苏州高新区水环境整治提升工程　2015年以来，启动实施顺堤河、前进河、东塘河—杨柯柜、龙塘港等引水骨干河网工程，整治河道21.47千米，建设护岸27.85千米、桥梁14座、闸1座，以及杨柯柜闸站等引水和控导建筑物3座。

2018年实施苏州高新区清水工程三年行动，通过“西畅、中引、东调”综合措施，通过西部河网整治、中部引水泵站、东部控导堰等建设，通过浒光运河及西部骨干河道将西部太湖清水引入建成区，满足经开区、枫桥、狮山横塘的河网生态流速，结合控源截污、清淤疏浚、生态治理等措施，改善建成区河网水质。浒光运河西部东西向骨干河道：田鸡港、金墅港、箭渎港、中桥港、龙塘港、前进河等组成；引水线路：一路通过东塘河—杨柯柜河—马运河，另一路通过建林河—金枫运河—马运河及金山浜。通过清水工程建设，加快打通中西部河网水系，将西部优质水源引入东部建成区域，从而改善全区水资源调配格局，加快东部地区河道流速，可有效提升城区河道的生态流量，改善河道水质。

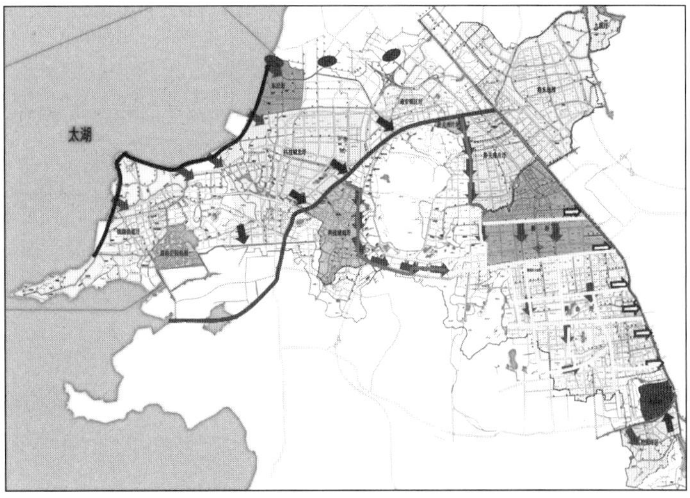

图9-13　2020年苏州高新区活水调度方案路线图

三、黑臭水体治理

（一）农村黑臭水体整治

2011年11月，苏州市政府办公室印发《苏州市农村黑臭河道专项治理实施意见》，开启农村黑臭河道专项治理。各地先后成立农村黑臭河道专项治理工作领导小组，制定出台《农村黑臭河道专项治理实施意见》和《考核办法》，明确各成员单位的工作职责。张家港、昆山、常熟等地召开黑臭河道专项整治工作动员大会进行工作部署。各级党委、政府领导关心和指导黑臭河道专项治理工作，还邀请人大常委会、政协领导和代表、委员视察黑臭河道治理工作，共同推进专项治理工作的进程。同时，各地对农村黑臭河道周边污染源开展全面调查，对沿河养殖场情况、村庄生活污水状况、企业排污情况等进行排查摸底，全面了解河道黑臭的原因。根据污染源情况和河道淤积及沟通条件，制定“一河一策”治理方案，昆山、吴江、常熟、相城分别制定出台《农村黑臭河道综合整治实施方案》《城乡河道综合治理设计方案》《污水处理三年行动计划》等意见。张家港在专项治理中做到与群众关注相结合、与村庄环境整治相结合、与河道基础条件相结合。

至2013年8月，全市共排查出546条感官黑臭、群众反映强烈的农村河道。并投入约4.5亿元治理资金，完成对409条黑臭河道的治理，占总量的近75%。

为确保农村黑臭河道专项治理工作顺利推进，各地积极筹措资金，加大资金投入。张家港明确农村黑臭河道专项治理全面享受近几年出台的关于河道疏浚、整治及村庄环境治理等一系列奖励政策。常熟明确水利工程、养殖污染治理、生活污水治理、雨污分流改造等市级补助比例。太仓结合中小河流治理、中央财政小农水项目落实治理资金。至2015年，全市投入治理资金约129308万元。到“十二五”期末，所有治理后河道水质达到或优于景观水体水质，根治全市范围内河道黑臭现象。截至2015年底，全市已完成674条农村黑臭河道治理任务。

表9-20　2012—2015年农村黑臭河道治理情况汇总

地区	张家港	常熟	太仓	昆山	吴江	吴中	相城
完成治理条数（条）	118	157	97	63	12	135	92
长度（千米）	88	200.4	100.51	82.18	14.97	99.5	81.3
清淤（万立方米）	103	212.2	120.06	75.7	23.9316	79.8	180.25
沿河点源治理数量（处）	14	47	20	50	32	110	—
沿河生活污水治理户数（户）	5451	8080	572	592	253	3000	2850
沿河畜禽养殖场关闭数量（个）	11	58	10	3	3	—	—
投入资金（万元）	15248	53200	1516.24	42250	3637.87	5781	7675

2019年各地在巩固提升完工河道的同时，持续推进农村黑臭水体整治。2019年4月，市人大常委会以《苏州市河道管理条例》修订为契机，以查问题、防反弹为目的，开展黑臭水体整治工作专项督查，赴常熟实地视察整治现场，并召开座谈交流。5月，抓住开展全市范围的《水污染防治法》执法契机，全力自查，对全市水环境进行“大体检”；政府督查推动整治进程。7—8月，城乡黑臭水体整治联合高质量推进生活污水治理，由市政府督查室牵头，市纪委监委、牵头部门共同参与，对全市开展半年度督查，总结前阶段取得的成绩，重点提出存在问题，下发督查通报，要求各地强化长效管护责任落实和管护质量，有力推动整治工作有序开展；常规检查多样并确保到位。市

牵头部门会同第三方技术单位开展月度常态化检查，及时发现问题、督促整改、检验成效。2019年5月，委托第三方突击对全市城乡河道开展一次全面的暗访巡查，并在常规第三方服务中新增全市河道巡查内容，切实形成持续关注的工作模式，全面掌握河道动态变化，有效监控防黑返臭。至2020年完成506条农村黑臭河道治理。在完成整治任务的同时，苏州积极挖掘整治典型，全市收集30多个典型案例，形成案例集，供各地之间相互借鉴学习，为总结黑臭水体整治"苏州经验"打下基础。

2020年，苏州围绕基本消除城乡黑臭河道总目标总要求，重点开展以下方面的工作：继续推进整治任务，实现农村黑臭水体整治工作扫尾收官，实现消除城乡黑臭水体整治目标；继续做好销号工作。督促指导各地按照规定要求开展整治效果评估工作，对满足销号要求的河道，积极启动销号程序，争取尽早完成销号工作；继续杜绝返黑返臭。防止整治完工河道返黑返臭，将是2021年工作中的重中之重，对于出现返黑返臭河道，将对责任部门负责人启动约谈机制，形成高压态度，确保整治河道水环境长效保持；继续做好长效管理。强化河湖长制关键抓手，将黑臭水体整治、管护工作列入河长工作重点考核内容；强化河道日常巡查工作，加大督查指导力度；强化定期和不定期水质检测，以常态化日常管护确保水环境质量不断提升；强化联合联动执法，加强污水设施运行维护和监管力度，严格控制污水入河、违章搭建、偷排偷倒等非法行为。

（二）城镇黑臭水体整治

为深入推进生态文明建设，落实国务院《水污染防治行动计划》《江苏省水污染防治工作方案》《江苏省城市黑臭水体整治行动方案》，2016年，苏州市政府印发《苏州市水污染防治工作方案》，从"集中治污"到"全面治水"，到2020年，地表水考核断面水质优良比例（达到或优于Ⅲ类）达到70.3%（其中，国考断面水质优良比例达到68.8%，省考断面水质优良比例达到62.0%）。县级以上集中式饮用水水源地水质达到或优于Ⅲ类比例总体高于98%。地下水水质保持稳定。丧失使用功能（劣于Ⅴ类）的水体、苏州市区城市建成区黑臭水体基本消除。

2016年7月14日，苏州市政府办公室正式印发《苏州市城镇黑臭水体整治行动方案》。《方案》提出，从2016年起，用5年左右时间，全面消除苏州市城镇建成区（含开发区、新城和新拓展城市住宅区）黑臭水体。其中，到2018年，苏州各城市建成区基本消除黑臭水体。到2020年，苏州各镇建成区基本消除黑臭水体，实现苏州市城镇建成区水体无异味、水质有效提升、城镇滨水空间绿化美化、人居环境明显改善、公众满意度显著提高。

2016年9月8日，为加强对全市城镇黑臭水体整治工作的指导和统筹协调，加快推进全市城镇黑臭水体整治工作，市政府决定建立苏州市城镇黑臭水体整治联席会议制度，并印发通知。苏州市城镇黑臭水体整治联席会议由下列单位组成：张家港市、常熟市、太仓市、昆山市、吴江区、吴中区、相城区、姑苏区人民政府，苏州工业园区、苏州高新区管委会，苏州市委宣传部，苏州市发改委、财政局、住建局、规划局、市容市政管理局、水利（水务）局、环保局、农委、园林和绿化局。苏州市政府分管副市长为联席会议召集人，苏州市政府分管副秘书长、苏州市水利（水务）局主要负责人为联席会议副召集人，各成员单位分管领导为联席会议成员。联席会议设联络员，由各成员单位牵头部门或责任处室负责人担任。

苏州市城镇黑臭水体整治工作联席会议下设办公室，办公室设立在市水利（水务）局，由市水利（水务）局主要负责同志兼任办公室主任。办公室主要负责联席会议日常工作，对城镇黑臭水体整治工作重大、难点问题进行调研并提出建议，组织拟订黑臭水体相关工作方案、计划、办法并提交联席会议研究审定，督促有关单位落实联席会议议定事项，承担联席会议会务和成员单位日常联络工作，编发有关工作信息并做好联席会议交办的其他工作。

各县(市、区)政府(管委会)是城镇黑臭水体整治的责任主体，负责组织对辖区内城镇建成区黑臭水体的排查、认定和结果公布，排定黑臭水体整治计划，编制黑臭水体整治方案并组织实施，开展黑臭水体整治效果评估，建立长效管理机制，制定长效管理方案。

苏州市各有关单位、市各有关部门需结合单位职能职责做好城镇黑臭水体整治的各项相关工作，并做好对各级条线部门的汇报、沟通、协调和指导。

市城镇黑臭水体整治工作联席会议原则上每半年召开1次，也可根据工作需要不定期召开。联席会议由召集人召集或委托联席会议办公室主任召集，每次研究1个以上议题。会议议题由成员单位提出，并由联席会议办公室汇总后于会前报经召集人同意。各成员单位原则上每季度向联席会议报告一次工作，若有重大事项要在第一时间主动报告；要加强信息沟通，及时向联席会议办公室及其他成员单位通报有关工作情况。

2016年10月10日，为加强市城镇黑臭水体整治工作的技术指导，充分发挥专家在城镇黑臭水体整治工作中的重要作用，成立苏州市城镇黑臭水体整治专家顾问组。其中，太仓市出台《太仓市城镇黑臭水体整治行动方案》以及《市政府办公室关于建立太仓市城镇黑臭水体整治联席会议制度的通知》，对全市疑似黑臭水体开展检测，确定21条河道(断头浜)水质情况较差。其中，樊泾河、洋沙泾、南长春河及浏河镇洙泾河已列入苏州市政府2017年度黑臭水体整治项目并启动治理。2016年启动南长春河黑臭河道生态治理项目。南长春河是城区一条典型的断头浜，由于截污、雨污分流不彻底，且水体流动性差，夏季高温时经常发黑、发臭。年初，利用移动式纯氧纳米气泡机、生物浮床等技术对南长春河黑臭河道进行综合治理，主要通过增加水体溶氧的方式，消减水体污染因子，促进水体自净能力的恢复。2018年度全市累计排查出城乡黑臭水体932条。其中，426条城镇黑臭水体于当年底全部整治完成，实现基本消除城镇建成区黑臭水体整治目标，总投资约15.8亿元。同时，面对省、市两级整治任务效果评估工作逐步完成，国家尚未明确如何销号的前提下，苏州市积极行动，积极向省级部门上

表9-21　2016—2019年城乡黑臭水体整治情况

地区	城镇水体		农村水体	
	数量(个)	投资(万元)	数量(个)	投资(万元)
张家港	58	34267.70	49	12700.00
常熟	49	14988.14	297	18445.00
太仓	49	8835.23	43	1828.71
昆山	63	21335.00	—	—
吴江	119	65996.88	73	17901.20
吴中	31	11000.00	10	2000.00
相城	32	10203.00	34	4509.83
姑苏	1	262.29	—	—
园区	5	969.56	—	—
高新区	19	13612.67	—	—

报销号申报。严格按照《城市黑臭水体整治工作指南》和省级主管部门相关要求，对已整治河道实施常态检测、跟踪评估，2016年、2017年9条省级整治任务已向省水利厅提交效果评估报告并报请销号。同时，积极指导县（市、区）开展效果评估工作，做好全过程指导，确保检测到位、评估到位、效果到位。严格中央、省、市效果评估要求，在全省率先探索性整治任务销号工作，本着从严从紧的态度，最终确定“申请上报—文本审查—现场审查—专家审查—上网公示”的销号程序，分批次开展城镇黑臭水体整治市级任务销号工作，第一批最终共认定23个水体整治成效稳定、水质明显提升，具备销号条件。

图9-14　2017年3月13日，市政府召开全市城镇黑臭水体整治暨工作推进会

四、水生态文明城市

2013年8月，苏州市被水利部确定为全国首批水生态文明建设试点城市之一，全面推进水生态文明城市建设。市政府制定下发《苏州市2014—2016年水生态文明城市建设三年行动计划》，成立由分管市长为组长的领导小组。张家港、常熟、太仓、昆山4市省级水生态文明试点建设方案获省水利厅批复实施。

2014—2016年，苏州市开展湖泊综合整治、河网水质提升、节水减排与控源截污、生态河道建设、清水涵养、防洪排涝达标、城乡供水安全升级、水域经济生态发展、现代水管理体系建设、水文化与水意识提升十大行动，实施各类工程640余项，累计完成投资822.4亿元，构建水环境治理、水生态修复、现代水管理、水经济发展、水安全保障和水文明意识六大体系，实现30项预期考核指标，取得显著的生态环境和社会经济效益。

2015年，苏州市水生态文明城市建设被列为全国样板，2018年以全国最高分通过国家水生态文明城市建设试点验收，所辖张家港、常熟、太仓、昆山均被列为江苏省水生态文明建设试点市，并全部高分通过试点技术验收，逐步形成“1+4”水生态文明城市群格局。

图9-15　2018年9月21日，全省城市黑臭水体整治工作现场推进会召开

图9-16　2014年，苏州市水生态文明城市建设推进会召开

表9-22 苏州市水生态文明建设试点考核指标实现情况统计

<table>
<tr><th rowspan="2" colspan="2">指标体系</th><th rowspan="2">评价指标</th><th colspan="2">指标值</th><th rowspan="2">责任部门</th><th rowspan="2">备注</th><th rowspan="2">实现情况</th></tr>
<tr><th>试点前（2012年）</th><th>试点建设目标（2016年）</th></tr>
<tr><td rowspan="12">水环境治理</td><td rowspan="6">控源截污</td><td>重点企业清洁生产审核比例</td><td>100%</td><td>100%</td><td>经信委、环保局</td><td>包括超总量超浓度排放、使用和排放有毒有害污染物的企业以及规模以上高污染行业企业</td><td>100%</td></tr>
<tr><td>化肥（农药）施用强度</td><td>215（3.85）千克/公顷</td><td>210（2.4）千克/公顷</td><td>农委</td><td>单位面积农田施用化肥、农药的数量，化肥、农药数量以折纯量计算</td><td>208.2（2.38）千克/公顷</td></tr>
<tr><td>规模化畜禽养殖场废弃物综合利用率</td><td>80%</td><td>90%</td><td>农委</td><td>通过还田、沼气、堆肥等方式利用的畜禽粪便量与畜禽粪便产生总量的比例</td><td>96.7%</td></tr>
<tr><td>工业废水达标排放率</td><td>99%</td><td>100%</td><td>环保局</td><td>按照江苏省2012年发布的最新工业废水排放标准</td><td>99.7%</td></tr>
<tr><td>生活污水收集处理率（城镇）</td><td>94%</td><td>95%</td><td>水利（水务）局</td><td>城镇居民生活污水收集处理量占排放总量的比例</td><td>95.2%</td></tr>
<tr><td>生活污水收集处理率（农村）</td><td>65%</td><td>70%</td><td>水利（水务）局</td><td>农村生活污水收集处理量占排放总量的比例</td><td>75%</td></tr>
<tr><td rowspan="3">节水减排</td><td>节水型企业（单位）覆盖率</td><td>20%</td><td>25%</td><td>水利（水务）局</td><td>节水型企业（单位）用水量占总用水量比例</td><td>65.8%</td></tr>
<tr><td>节水灌溉面积覆盖率</td><td>50%</td><td>65%</td><td>农委、水利（水务）局</td><td>节水灌溉面积占总灌溉面积比例</td><td>65.5%</td></tr>
<tr><td>再生水利用率</td><td>15%</td><td>20%</td><td>水利（水务）局</td><td>—</td><td>27%</td></tr>
<tr><td rowspan="3">增容达效</td><td>感官黑臭河道</td><td>247条</td><td>—</td><td>水利（水务）局</td><td>消除感官黑臭河道</td><td>圆满完成全部247条黑臭河道的治理工作</td></tr>
<tr><td>河流透明度>50厘米的比例</td><td>36%</td><td>40%</td><td>水利（水务）局</td><td>以苏州市所有河流型水功能区监测断面为评价对象，引江影响区除外</td><td>42%</td></tr>
<tr><td>主要湖泊富营养化指数</td><td>58</td><td>55</td><td>水利（水务）局</td><td>营养状态评价项目包括总磷、总氮、叶绿素α、高锰酸盐指数和透明度。主要湖泊指阳澄湖、澄湖、长漾，各湖泊评价值按面积加权平均，下同</td><td>54.4</td></tr>
<tr><td rowspan="5">水生态修复</td><td rowspan="3">保护修复</td><td>水域面积保护率</td><td>—</td><td>100%</td><td>水利（水务）局</td><td>当年水域面积与基准年水域面积比值</td><td>100%</td></tr>
<tr><td>新建、改造护岸的生态化比例</td><td>—</td><td>90%</td><td>水利（水务）局</td><td>防洪、城市中心区、航道等需进行护岸硬化的除外</td><td>100%</td></tr>
<tr><td>城市透水面积率</td><td>44%</td><td>45%</td><td>园林局、住建局</td><td>由绿地率、水面面积率、人工增强透水面积率组成</td><td>47.4%</td></tr>
<tr><td rowspan="2">河湖健康</td><td>主要湖泊沉水植物覆盖率</td><td>5%</td><td>8%</td><td>农委</td><td>—</td><td>14.4%</td></tr>
<tr><td>主要湖泊贝类生物密度</td><td>35克/米^2</td><td>38克/米^2</td><td>农委</td><td>澄湖是贝类养殖基地，不做考核</td><td>60.5克/米^2</td></tr>
</table>

续表

指标体系		评价指标	指标值		责任部门	备注	实现情况
			试点前（2012年）	试点建设目标（2016年）			
水资源管理	三条红线	用水总量	81.5亿立方米	90亿立方米	水利（水务）局	全口径用水量	83.93亿立方米
		万元工业增加值用水量	15.9立方米	14立方米	水利（水务）局、经信委	—	12.94立方米
		农田灌溉水有效利用系数	0.63	0.65	水利（水务）局	—	0.674
		水功能区水质达标率	62.9%	72%	水利（水务）局	包括苏州市地市级以上全部水功能区，按照全指标进行评价	75.5%
	能力水平	重要水管理制度有效实施率	85%	90%	水利（水务）局	水资源论证和取水许可、计划用水和超计划累进加价、入河排污口和涉河建设项目审批与监管等重要水管理制度的有效实施率	90%以上
		工业用水监控管理率	50%	60%	环保局、水利（水务）局	开展取退水水质水量联合监测，并纳入水资源管理信息系统的一般工业用水量比例	80%以上
		用水大户对于水资源管理满意度	—	75%	水利（水务）局、统计局	年用水20万立方米以上的取用水户对于水资源管理的满意度	93.6%
水经济发展	养殖	湖泊/池塘生态化养殖面积比例	40%/36%	60%/55%	农委	湖泊生态养殖要求：不投饲、不施肥、不用药；池塘生态养殖要求：混养、套养、循环净化塘	87%/68%
	旅游	省级以上涉水风景区数量	20个	22个	旅游局、农委、水利（水务）局	包括4A级以上旅游景区、省级以上水利风景区、省级以上湿地公园。其中，旅游景区要求以水体直接命名或主要游览对象包含于水体中	31个
水安全保障	防洪除涝	流域防洪达标率	96%	98%	水利（水务）局	按流域防洪规划标准	98.3%
		防洪除涝达标率（区域）	74%	85%	水利（水务）局	骨干河道防洪20—50年一遇，排涝20年一遇	85.7%
		防洪除涝达标率（城市）	89%	90%	水利（水务）局	防洪按规划标准；河道排涝20年一遇，雨水管道1—3年一遇，重要地区3—5年一遇	92.2%
		防洪除涝达标率（圩区）	95%	96%	水利（水务）局	防洪按历史最高水位不出险，排涝日雨200毫米两天排出	98%
	城乡供水	集中式饮用水水源地安全保障达标率	100%	100%	水利（水务）局、环保局	达到饮用水水源地安全保障达标建设目标要求的集中式饮用水水源地占总数比例	100%
		公共供水末梢水质达标率	98%	100%	卫生局、水利（水务）局	采用卫生部门调查统计数据	100%

续表

指标体系		评价指标	指标值		责任部门	备注	实现情况
			试点前（2012年）	试点建设目标（2016年）			
水文化培育	传承发展	古井、古桥和古水埠保护个数	70个	100个	文广局	得到重点保护与合理开发的古井、古桥和古水埠个数	627个
		新建水文化载体数量	—	5个	住建局、旅游局、文广局、水利（水务）局	包括蕴含苏州特色水文化的滨水景观、节水与水情教育基地、知名水利服务品牌、以水为主题的文化节和学术交流会等	15个
	宣传教育	水生态文明宣传教育（干部）	50%	80%	市委宣传部	相关部门干部参与水生态文明培训的比例	98%
		水生态文明宣传教育（学生）	未普及	1课时/阶段	教育局	每教育阶段（小学、初中、高中）水生态文明相关教育课时数量，包括课堂教学、专家讲座、互动实践、参观学习等	1课时/阶段
		水生态文明宣传教育（公众）	20次/年	50次/年	水利（水务）局	每年组织面向公众的水生态文明宣传教育活动次数	60次/年
		水生态文明宣传教育（企业）	5次/年	10次/年	水利（水务）局	每年组织面向企业的水生态文明宣传教育和培训活动次数	10次/年
		水生态文明志愿者数量	200	300	团市委、水利（水务）局	登记在册并长期协助开展水生态文明宣传教育活动的志愿者人数	353名
总评		公众对水生态环境的满意度	—	75%	水利（水务）局、统计局	抽样调查，对区域内水生态环境整体感到满意的人数比例	83.9%

第十章　公共供水

1951年，苏州建造第一座水厂——胥江水厂，并于1952年投入运行，城区先后建成北园水厂、横山水厂。1965年开始，苏州所辖各县（后撤县建市）政府所在镇陆续兴办自来水厂。80年代中期，苏州的镇、村开始实施农村改水，建办小水厂。1995年白洋湾水厂竣工，供水能力基本满足城区的生产、生活用水需求。2000年以来，随着苏州社会经济的快速发展，特别是水务一体化改革后，水务事业得到迅速发展。为满足公共用水需要，苏州加快推进区域供水工程建设，实施具有苏州特色的一户一表改造、二次供水改造，自来水提标改造、互联互通等项目建设。2004年市政府颁布《苏州市供水办法》，进一步加强供水管理，发展供水事业。截至2020年，实现区域供水与城乡供水一体化，优化更新为先进的水处理工艺系统，保障了苏州供水行业的整体服务质量。

第一节　水　厂

2020年，全市共有22座区域供水厂，均为具备现代化标准的自来水厂。苏州市供水系统划分为9个板块，分别为市区供水区（市自来水公司供水片区）、张家港供水区、常熟供水区、太仓供水区、昆山供水区、吴江供水区、吴中供水区、工业园区供水区、高新区供水区。[1]根据板块划分，介绍水厂情况。

一、市区供水区

1991年，苏州市区有北园水厂、白洋湾水厂、西南郊的横山水厂。

2001年，苏州撤销吴县市，分设苏州市吴中区、相城区。2002年11月正式实施市区北部供水工程，解决相城区10个乡镇居民用水问题。

2005年11月，苏州市自来水公司白洋湾水厂改建工程开工，2006年7月底结束。2006—2008年，完成相城水厂一期建设工程。2009年1月，新的胥江水厂开工建设，2010年9月通水。

胥江水厂（老） 位于城西南的胥门，取水口设在城外接官厅，水厂建在城内百花洲，占地14.11亩，设计日供水能力7200立方米。1950年7月拆除胥门套城，开始水厂基建工程，因资金尚未筹足，工程分三期实施。另外在净水设施尚未构筑时，在进水口安装两只口径不同的竹篓，大套小，篓间放置砂石，起过滤作用，安装一台18匹马力柴油抽水机建成简易供水设施。

1951年4月，第一期工程开始实施，建设岸边式取水设施。同年5月，由唐瀚章设计的规模为7200立方米每日沉淀池工程动工建设，由于无钱购买钢筋，主要建筑材料为城墙的条石加工而

1 苏州市供水专项规划（2017—2035）。

成，池底用竹筋混凝土，利用旧房建成一级泵房。1951年8月1日下午，建设中的胥江水厂用简易供水设施免费向市民供应消毒过的胥江水。1952年3月1日，沉淀池竣工并正式投产供应沉淀水，正式对外营业。

1954年胥江水厂第二期工程开工建设，项目为4800立方米每日快滤池、900立方米清水池、120立方米冲洗水塔各1座。由工程师陈松庭设计。1955年12月，二级泵房建成，建成后将原善后救济总署购买的60匹马力汽油抽水机1台及50匹马力电力抽水机2台安装供水，扩大了供水量。后逐步改造至1980年泵房内设8sh-9A水泵3台、配55千瓦电动机，BMD水泵2台、配50千瓦电动机，F1G401水泵、配55千瓦电动机。

1956年，胥江水厂第三期工程开始实施，计划建设第二座1200立方米清水池和其他基建设备。因钢材紧缺，清水池被迫停工。江苏省建设厅要求改向地下水资源发展。1957年6月14日，市自来水公司与建筑工程部机械凿井公司西安工程处签订合同，在水厂内开凿口径250毫米深150米深井1座，配口径150毫米深井泵，出水量90立方米每小时，同年12月竣工，工程总造价25018.40元。1958年开凿第二口深井，口径300毫米，深150米，配口径200毫米深井泵，出水量138立方米每小时，是年10月竣工，工程总造价为21526.42元。由于地下水硬度高，含铁量大，即使通过曝气除铁及沉淀过滤等净化处理后硬度仍较高。另外因地下水源不足，在沉淀池中大量积沙，于1961年放弃使用。1959年2月，胥江水厂1200立方米清水池继续建造，至10月竣工投产。1970年后，用水量不断提高，又加之70年代水质恶化日趋严重，出厂水质受到一定影响。

1975年11月至1976年6月，胥江水厂和上海同济大学联合研究气浮净化工艺，1977年10月至1978年3月建成5000立方米每日气浮池1座，并投产使用。至此胥江水厂日供水能力达1.22万立方米。1980年3月1日，胥江水厂因其取自胥江的原水受工业废水污染，有机毒物含量过高无法净化，被迫彻底停产。

北园水厂　位于市区娄门内东北角北园，1959年6月，由江苏省出面委托上海市政设计院设计，由于水源清澈，因此设计标准较低，采用双层滤料接触滤池一次净化的新工艺，不建沉淀池；建容量为200立方米的洗水塔1座，每座容量为1500立方米的清水池2座。1959年10月，经苏州市政府批准开始建设苏州市北园水厂，供水规模3万立方米每日。取水口设在城外离水厂约2.5千米的阳澄湖支流阳澄河畔，水厂设在城内北园，占地216.477亩，江苏省投资90万元。此年正处在社会经济困难时期，工程量大，经费有限，材料紧缺，工程逐步进行。

1962年10月，北园水厂正式投产供水，日供水量5000立方米。1964年开始，接触滤池处理效果不是特别理想。1965年11月，北园水厂开始建造第二座1500立方米清水池，至1966年6月竣工。1966年2月，开工建造设计规模为2万立方米每日的平流式沉淀池，1967年8月建成投产，日供水能力达3万立方米。

1967年、1968年、1970年、1979年、1980年水厂陆续开展设施建设。1982年6月湾里泵房投产，口径1000毫米的浑水输水管铺设完工，移动罩滤池正式投产，使日供水能力增至9万立方米。1983年挖潜配套工程全部竣工，北园水厂日供水设计能力增至12万立方米。1984年建二级泵房，后经数次改造。至2005年底，泵房总面积400平方米，共设机泵8台。

2003年以来，北园水厂原水水质急剧恶化，氨氮、耗氧量指标升高，发生藻类暴发的情况。水厂具有3套独立的水处理工艺，第一套工艺设计处理能力2万立方米每日，主要工艺流程为源水经平流沉淀池后过滤；第二套工艺设计处理能力5万立方米每日，主要工艺流程为源水经机械加速澄清后过滤；第三套工艺设计处理能力5万立方米每日，主要工艺流程为原水经反应后，先气浮，再过滤，最后流入清水池。

2008年1月15日，由于相城水厂投产替代北园水厂产能，北园水厂停产，退出运行。

横山水厂 位于苏州市西南郊苏福公路横山东麓，占地104.07亩，距市区5.5千米。1973年8月，完成横山水厂设计任务书，设计规模日供水量12万立方米，分二期施工，第一期6万立方米每日。经江苏省计划委员会批复同意，建造净水设备，选配水泵及相应的浑、清水配水管，建造泵房及附属建筑物。核定投资750万元，其中国家投资500万元，其余由苏州市自筹解决。

1974年6月第一期工程开工建设，包括：2500立方米清水池2座、545立方米吸水井1座、6万立方米每日快滤池1座、3万立方米每日机械加速澄清池2座、600立方米高地冲洗水库及配水井各1座、264平方米半地下室二级泵房、变电所、高配间、加药间等。1977年6月竣工，7月1日正式通水。

1978年7—9月中，增压站取水口电力供应时常中断，引起全市大面积水压严重下降。为此，1979年初在横山水厂南600米处的胥江边建备用泵房，作为备用取水口。该工程于1979年4月动工，至1979年6月竣工投产。

1981年动工实施横山水厂第二期工程，是年6月，6000立方米清水池建成投产。1982年10月开工建设3万立方米每日澄清池2座，1983年底完工。1983年11月6日，口径1000毫米第二路浑水管开工排设，全长8.23千米，1984年6月19日竣工。1984年7月19日，6万立方米每日双阀滤池竣工，于20日上午投产运行。横山水厂供水设计能力达12万立方米每日。

1988年8月，横山水厂扩建一期工程开工，增建1万立方米每日重力式无阀滤池3座，1989年7月竣工投产，横山水厂设计供水能力增至15万立方米每日。1990年8月，横山水厂扩建二期工程动工，至1993年7月竣工投产，横山水厂供水设计能力达18万立方米每日。

2010年9月29日，胥江水厂（横山水厂迁建工程）投入运行，置换原横山水厂产能，横山水厂停产，退出运行。

相城水厂 位于御窑路龙道浜8号，占地约225亩，一期设计规模为30万立方米每日，水源取自太湖金墅港，设计取水量为30万立方米每日；二期设计规模为20万立方米每日，水源取自太湖金墅港，设计取水量为20万立方米每日。相城水厂常规工艺于2007年6月底投产，预处理及深度处理工艺于2008年3月15日完工并投入运行，投产以来有效缓解苏州市北部区域的供水压力。2019年10月，相城水厂二期工程正式动工，设计规模20万吨每日，总投资约5.2亿元。

胥江水厂（新） 位于苏州市吴中区，是由原横山水厂迁建而来的一座现代化水厂。2008年8月26日，江苏省发改委批准横山水厂迁建项目（胥江水厂）。胥江水厂厂址位于胥口镇苏福路1099号，设计规模30万立方米每日，占地面积160亩，水源取用太湖水，取水泵站利用已建的渔洋山取水泵站。2009年1月16日开工建设，2010年9月28日胥江水厂常规处理工艺并网通水，2010年11月深度处理工艺并网通水。水厂原水取自太湖渔洋山，经16.4千米的浑水管线输送到厂区。水厂净水工艺在常规处理工艺的基础上增加预臭氧和臭氧—活性炭深度处理工艺，出厂水优于国家现行生活饮用水卫生标准的要求。

胥江水厂主要建设项目是配水井及预臭氧接触池、机械混合折板絮凝平流沉淀池（共设4组，每组设计能力为7.5万立方米每日）、加药间、加氯间、V型砂滤池、后臭氧接触池和活性炭滤池、臭氧制备车间、回用水池、排泥水调节池及污泥脱水系统、清水池、送水泵房。泵房（安装6台卧式离心清水泵，其中2台流量5000立方米每小时，扬程39.5米，并且设置变频调速装置；2台流量

图10-1　2011年胥江水厂（新）

4100立方米每小时，扬程39.5米；2台流量2050立方米每小时，扬程39.5米。每台水泵出水管上设有电磁流量计用于单泵计量）。

白洋湾水厂　位于312国道长浒大桥北侧、京杭大运河西岸，占地约150亩，设计日供水能力30万立方米，大致供水区域在市区的北环路以南，三香路以北，东环路以西，京杭大运河以东，主要承担着苏州城区北部的供水任务。白洋湾水厂原一期于1987年动工，1990年6月27日建成投产，采用机械搅拌澄清池+普通快滤工艺；原二期于1992年动工，1995年6月28日通水，采用平流沉淀池+普通快滤工艺。水厂原水取自太湖金墅港水源地，在取水泵房加压后，通过两根直径分别为1200毫米和1400毫米的管线输送至白洋湾水厂，输送距离约15千米。

为应对不断变化的原水水质，切实保障安全供水，经省发改委批复，对白洋湾水厂实行原址改建，工程内容包括改建原有常规处理工艺，新增预处理、深度处理和污泥处理工艺。2012年5月4日，改建工程正式动工。由于水厂改造期间仍要保证正常供水，改建工程分两阶段实施。第一阶段是拆除原有一期机械搅拌澄清池、普通快滤池、清水池、办公楼等构筑物，并在原址上建设新配水井、平流沉淀池、V型滤池、清水池等；第二阶段是对原有二期平流沉淀池、清水池、加氯间、加矾间等构筑物进行改造，并增加相应预处理、深度处理和污泥处理工艺。其中，第一阶段15万立方米每日的预处理+常规工艺于2013年6月28日正式投产，第二阶段15万立方米每日预处理+常规工艺于2014年5月29日正式投产，30万立方米每日的深度处理工艺于2014年8月29日正式投产。经过两年多的建设，工程总规模30万立方米每日预处理+常规处理+深度处理工艺全面投产，实现深度处理工艺在市区供水的全覆盖。经深度处理后的水质优于现行的国家生活饮用水卫生标准，达到直接饮用的要求。

二、张家港供水区

张家港市在1986年9月前称沙洲县。1962年1月建县后，工厂及单位用水由其自行打井或用河水解决，居民均用土井水。1969年，沙洲县革委生产指挥组将县人民医院内的1口直径300毫米深井划归自来水厂，装置8JD-80型深井泵1台，设计日供水能力2000立方米。当年9月10日建成投产。深井供水不消毒，直接供水。同年11月24日，高21米、容量为50立方米的圆柱形砖砌筒身、钢筋砼水塔投入使用，开始实行全日制供水。

地面水厂　1977年，经沙洲县计划委员会批复同意，建设供水能力为5000立方米每日的地面水厂，厂址在泗杨路东横河南侧，占地3亩，水源地为东横河。该厂投资45万元，采用悬浮澄清池加无阀滤池工艺，1979年11月建成投运。1982年5月，又在园林路开凿直径300毫米深井1口，并网供水。

第一水厂　1983年7月，经苏州市计划委员会批复同意，在地面水厂北侧扩建供水能力2万立方米每日的张家港县第一水厂（一期工程为1万立方米每日），工艺为机械搅拌澄清加无阀滤池过滤，总投资210万元。一水厂占地18.9亩，水源仍采用东横河水，另建一、二级泵房与原系统分开。1986年2月5日建成投产。1987年10月，该厂新建口径300毫米深井3口。1988年12月，由于东横河屡遭污染，水质日趋恶化，搬迁取水口至6千米外的东莱镇福东村，改用当时水质较好的一干河水源。取水规模为9万立方米每日，新建一级泵房。经张家港市计委批复同意，一水厂二期工程也同时建设，供水规模为1万立方米每日，工艺与一期相同，投资118万元。二期工程于1989年4月竣工投产，原5000立方米每日地面水厂停止运行。2014年，一水厂拆迁。

第二水厂　1991年12月，经江苏省计经委批复同意，建设张家港市第二水厂，工程列为1992年该市政府十件实事工程之一。设计规模为5万立方米每日，地址选在一干河东侧、长泾路北侧，占地32.4亩，工艺采用折板反应斜管沉淀加虹吸滤池，水源也是一干河，仍采用福东泵站抽取原水，铺设口径800毫米预应力砼管材的浑水管道3千米。总投资2233万元。1992年12月开工，1994年4月28日竣工投产。2020年，第二水厂停用。

第三水厂　1994年12月28日，开工建设第三水厂。原水直接取用长江水。选址在二水厂东侧，占地86亩。设计规模为20万立方米每日，一期工程为10万立方米每日，总投资1.78亿元。其中，400万美元为英国政府设备贷款，用以进口关键的阀门、水泵、电气及自控仪表。1998年6月16日竣工投运，实现取水、净水、供水全过程的自动化遥控，达到国内领先水平和发达国家90年代中期水平。第三水厂20万立方米每日深度处理改造工程于2020年4月开工建设，采用“微滤+纳滤”深度处理工艺。2000年12月，经张家港市计委批复同意建设三水厂二期工程，工艺除将网格反应改为折板反应外，其余与一期工程相同。共投资7509万元。2001年8月开工，2002年5月21日竣工。2020年4月，第三水厂20万立方米每日深度处理改造工程开工建设，采用“微滤+纳滤”深度处理工艺。

双山自来水厂　1999年10月28日，由张家港市自来水公司部分投资援助的2500立方米每日的双山自来水厂建成投产，彻底改变双山岛上无自来水的历史。

第四水厂　2004年4月，开工建设一期工程。项目总规模为40万立方米每日，一期工程为20万立方米每日，总投资为3.4亿元，地址选在水源厂南侧，占地203.7亩。敷设出厂自来水输水管道19.73千米，口径为1200—1800毫米，材质为球墨铸铁。与此同步实施的还有北区区域供水工程。四水厂一期工程工艺采用折板反应平流沉淀加V型滤池，方形钢筋砼清水池容量为15000立方米，与一、二、三厂共用一个长江取水口。四水厂一期工程于2005年8月竣工投运，使张家港市4座市级水厂的日供水总能力达到47万立方米。2008年8月二期工程投产，采用“折板反应+平流沉淀+V型滤池”工艺。2017年9月，四水厂扩建20万立方米每日深度处理工程开工建设，2020年11月投产，采用“超滤+纳滤”双膜法深度处理工艺。

2000年5—7月，张家港市自来水公司投资350万元，实施一、二水厂原水改用长江水技改项目，福东泵站一干河改作备用水源，使公司下属水厂的原水全部采用长江水。

截至2020年，张家港市日供水能力达到80万立方米，从以一干河内河水为水源水到以长江水为水源水，从依靠人工管理到实现自动化管理，从传统常规处理工艺到先进深度处理工艺，供水能力、供水水质、供水安全保障能力得到提升。

三、常熟供水区

常熟供水事业起始于60年代，随着经济发展，自来水需求量逐步增加，先后建成常熟市第一自来水厂、第二自来水厂、第三自来水厂、滨江自来水厂及区域供水工程。

第一自来水厂 1965年10月，经苏州专员公署批准，于西门大街10号筹建虞山给水站（后称为常熟市第一自来水厂），取水口为西门湾水域，1966年5月13日建成供水，日供水能力1728立方米，标志着常熟供水事业从此开始。后经几次扩建和技术改造，1985年一水厂日供水能力达到1.6万立方米。由于受污染水质恶化，该水厂在1998年底停产弃用。

第二自来水厂 位于市区西南部尚湖边，占地面积26700平方米。该厂建于1984年，1986年5月正式投运，于2017年初完成深度处理改造，建有尚湖取水口1座，平流式沉淀池（7.5万立方米每日），一期四阀滤池（5万立方米每日），二期翻板砂滤池（2.5万立方米每日），二期翻板生物活性炭滤池（7.5万立方米每日），清水池（容量4000立方米）2座。二期深度处理增加预臭氧、后臭氧工艺，滤池反冲洗系统具备气冲、气水混冲、水冲工艺，排泥脱水处理工艺，次氯酸钠消毒工艺。通过高低压配电系统、泵房、水泵机组、加矾系统的改造，净水工艺流程实现全自动控制。现生产规模为日供水7.5万立方米。

第三自来水厂 位于新港镇浒浦问村，总占地面积为113220平方米。现生产规模为日供水40万立方米，主要向城区和通江路沿途各乡镇供水。供水范围占全市供水面积的75%，受益人口近百万。一期工程于1996年11月开工，1997年12月竣工投产；二期工程于2000年10月开工，2001年10月竣工投产。臭氧生物活性炭深度处理改造工程于2018年12月开工，2020年11月竣工投产。

滨江自来水厂 位于浒浦浒东村，距市区23千米，地处江苏省经济开发区内。现规模为日供水40万立方米，主要供水区域为沿江开发区及东南部乡镇。一期工业水厂规模达到日供水10万立方米，工程于2003年7月竣工投入使用。二期工程扩建为生活饮用水厂，制水采用常规工艺，增加20万立方米每日的V型滤池1座和1万立方米清水库2座，于2005年6月竣工投用，日供水能力达到20万立方米。2009年扩建项目启动，在原有基础上，新建20万立方米每日的折板式絮凝平流沉淀池1座、V型滤池1座、清水池2座、二泵房1座、110千伏变电所1座，同时建造取水口泵房1座，设计取水能力80万立方米每日，实现三水厂和滨江水厂原水互通，整体工程于2012年7月竣工投产，充分缓解高峰供水压力。为了节能减排与环境保护，2013年新建排泥水处理工程，于2015年4月正式投产运行，连同第三水厂的排泥水集中处理，该系统主要设施有排泥水调节池、污泥浓缩池、污泥平衡池、脱水机房、PAM投加系统等。

四、太仓供水区

1973年以前，太仓县城城厢镇居民及广大农村的饮用水以河水及浅井水为主。随着社会经济发展，城厢镇人口逐步增长，河流水体受到污染无法饮用。1973年8月30日，太仓市革命委员会批准建设太仓城厢自来水厂，水厂供水规模2500立方米每日，以地下水为水源，1973年共打深井2口，城厢镇第一小学东面盐铁塘边打1口150米深井，建造1座150立方米容积、25米高的水塔和

1幢办公楼。后随着用水量的不断增加，逐年增凿深井，延伸输水管道，至1984年底，水厂拥有深井15口，输水管道21千米，以及企、事业单位部门的自备深井8口。由于井位分布不合理，且长期只抽不回灌，水源补给不上，城区内地下水形成中心漏斗区，静动水位大幅度下降，出水量日益减少，不能满足城厢地区生产、生活用水需要，供需矛盾突出。后又在水质检测中，发现部分深井水中汞、砷等重金属元素含量超标，保障供水安全已刻不容缓。

第一水厂　1984年12月26日批准立项，计划总投资300万元，建设第一水厂。确定取水口泵站设在城区东南朝阳村姚泾河西约100米处浏河上。太仓县第一水厂日供水能力按4万—4.5万立方米设计，分二期施工，第一期为2万立方米。当年5月3日动工，1986年5月1日，正式投产供水，基本解决县城区域内的生产、生活用水。1987年底完成二期工程施工任务，形成5万立方米每日供水规模。

自90年代起，太仓地面水受污染日趋严重。1994年，太仓市政府决定建设以长江为水源的第二水厂，但考虑到新厂投资大、建设周期长，实施中期改水工程，作为应急过渡措施。太仓市第一水厂在加强地面水源管理，强化取水口区保护，缩短清洗净水构作物和更换滤料周期的同时，投入23.4万元，将原有深井中出水比较丰富的7口深井与地面管网接通，一旦发现浏河受到严重污染，便降低主管道水压，提高深井出水量，改供深井水，并在太平新村、向阳路、桃园新村等地设置24个深井水供应点，无偿供应深井水。为减少深井水资源的耗用，铺设工业用水专管4千米，供应地面水。这些措施对缓解当时供水矛盾、提高供水质量、安定群众情绪，起到一定的作用，但无法改变浏河严重污染造成的供水质量问题。指挥部反复研究，确定继续采用地下水，在浏太路经济开发区东侧打一深井群，与第二水厂工程相衔接。工程从1994年9月开始至1995年6月结束。至1999年8月，第二水厂正式并网供水，所有深井全部关闭。

太仓市第二水厂　项目于1994年由省计经委批准立项，1997年11月18日开工，到1999年8月8日正式供水。二期工程的日供水能力也为10万吨，工程建设内容主要是增建一组滤池、沉淀池和清水池以及配套的输水管网36千米，投资约为1.84亿元，该工程于2003年底全线竣工通水。三期工程设计规模为日供水能力10万吨，总投资8300万元，厂区投资4000万元，包括沉淀池、滤池的建设，建设工期为1年。此项工程从2004年12月底开工建设，至2005年底建成投入运行，日供水能力实现30万吨。2017年，太仓市启动第二水厂深度处理工程，2019年底投入运行。

太仓市第三水厂　总规划供水规模60万立方米每日，总占地面积约495亩。厂区工程一期总投资约6.7亿元，工程于2011年7月开工建设，至2013年9月建成正式投产运行。至2020年，出厂水水质全部达到GB5749—2006规定的106项标准。供水规模40万立方米每日。该厂以长江水为水源，采用国内外先进的臭氧—活性炭深度处理工艺。厂区主要构筑物包括取水泵房、加氯加药间、臭氧制备车间、平流沉淀池、臭氧接触池、活性炭滤池、石英砂滤池、清水池及送水级泵房等。浏河水源地位于长江口南支，浏河口上游长江边滩。围堤总长6848米，占地面积约3500亩，总库容1742万立方米，有效库容1427万立方米。浏河水源地于2014年12月通过由江苏省水利厅、住建厅、环保厅组织的"水源地达标建设"联合验收。

五、昆山供水区

1965年9月，由政府投资12.8万元，在昆山玉峰山东麓动工兴建昆山第一座水厂——玉山简易自来水厂，次年5月竣工投产。该水厂设计生产能力为2000立方米每日，采用玉峰山东麓的张家港河水为水源，生产工艺为双层滤料接触过滤，以重力式向厂外供水，用水人口0.4万人。1974年3月，水厂扩建第二组滤池及一级泵站，供水能力增至4000立方米每日。1980年，水厂再次扩建，生产能力增至8000立方米每日。

第一水厂 1982年4月，开始建设玉峰山水厂（后又称第一水厂），该厂位于玉山镇玉峰山北麓，设计日供水能力为2万立方米，采用普通快滤池—装配式清水库—二级泵房的工艺，压力式向外供水，至1984年6月建成投产。至此，玉峰山东麓的老净水厂进入备用状态，后废弃，供水任务全由新水厂承担。1987年，玉峰山水厂进行优化配套技术改造，增设栅条反应斜管沉淀池，提高供水能力2万立方米每日。1992年12月，玉峰山水厂新建的取水管道工程竣工，与该年新建泾河水厂共用傀儡湖水源。1999年，玉峰山水厂采用涡旋混凝低脉动沉淀技术，顺利解决沉淀池长期存在的泛矾花问题，进行生产自动化控制技术改造。

泾河水厂（第二水厂） 1991年2月，开始建设位于玉山镇花园路的第二水厂——泾河水厂。该厂水源为西与阳澄湖相通的傀儡湖。是年6月开工建设，建造的主要设施、设备有滤池、沉淀池和二泵房。1992年6月30日，泾河水厂第一期工程并网供水，供水能力为5万立方米每日。1993年5月，泾河水厂一期生产实现自动化控制。是年5月初，庙泾河河水倒灌，呈赤色，严重威胁饮用水安全，立即筑土坝挡污，翌年建节制闸，7月竣工。1996年7月至1997年9月，实施泾河水厂二期工程，增建二期滤池和沉淀池等设施，日供水能力提高到15万立方米。2002年6月，日供原水70万立方米的庙泾河水源厂建成通水。2002至2005年，泾河水厂又完成3期扩容工程，扩建滤池和沉淀池等设施，每期增加日供水能力15万立方米，使昆山市自来水公司的日供水能力增至60万立方米。

第三水厂 2005年7月，开始建设昆山市第三水厂一期20万立方米每日工程，厂址位于巴城，取水口设于傀儡湖，水源水质常年保持地表水Ⅲ类标准。由于河网水质污染和湖泊富营养化严重，2006年昆山自来水公司实施水质深度处理，水厂采用O3+常规处理+O3—BAC工艺，一期规模40万吨每日，采用进口20kg/h臭氧系统3套，二期增加20万吨每日水处理量，二期工程采购国林20kg/h臭氧系统1套。2007年5月，第三水厂二期20万立方米每日工程并网通水，第三水厂二期出厂管线直径2000毫米城北大道工程完工。2008年4月，第三水厂三期20万立方米每日工程开工建设。7月，第三水厂一、二期自动化工程建设投入运行。11月，完成长江引水初步建设方案，召开长江引水方案专家咨询会。

第四水厂 工程总规模90万立方米每日，位于张浦镇，占地235亩。分三期实施，一期工程规模为30万立方米每日，主要建设内容包括水源厂工程、净水厂工程和输配水管网工程。2009年2月底，一期工程开工建设。10月，第四水厂一期配套管网工程竣工。2010年5月29日，工程建成通水。8月底，第四水厂一期工程自动化控制系统投入运行。

水厂采用预臭氧处理+常规处理+臭氧生物活性炭处理工艺，深度处理设施同步建成。水源取自傀儡湖，预留与长江引水水源衔接口。2011年1月9日，长江引水一期工程提前建成通水，构建起“江湖并举、双源供水”新格局。3月5日，长江引水二期工程开工建设。11月30日，长江引水二期工程建设通水，全面完成昆山市第二饮用水源（长江引水）工程建设。

2014年3月，完成泾河水厂、第三水厂、第四水厂氯投加系统改造。

六、吴江供水区

1965年以前，吴江各集镇居民主要饮用河水或井水。1965年县城松陵镇成立供水站，在银行弄开凿1号深井，建高25米、容量60立方米水塔，日产水1344立方米，敷设输水管1.05千米，镇上部分居民开始饮用自来水。

松陵自来水厂 1986年建成以地表水为水源的自来水厂，厂址坐落于城南东门桥南300米处，供水规模0.5万立方米每日。自来水厂以东太湖支流为水源，取水口位于吴家港。1989年，供水规模扩建为2.5万立方米每日，制水工艺为水力循环沉淀加无阀过滤，城区供水普及率达100%。1992年因原2.5万立方米每日供水能力已趋饱和，经吴江市计划委员会批准，于1992年至1996年分两期在原有2.5万立方米每日的供水规模基础上，再扩建5万立方米每日，达到7.5万立方米每日规模。1992年10月，松陵自来水厂更名为吴江市自来水公司，2000年划归吴江城市投资发展有限公司。

南环水厂 1996年底，日产10万立方米净水厂——南环水厂全部建成并投入使用，制水工艺为格栅反应—平流沉淀—砂滤—消毒。原2.5万立方米每日水力循环沉淀池—重力式无阀滤池净水设施和由水厂所属的7口深井陆续淘汰。2001年2月，随着东太湖水域网箱养殖业不断扩大，东太湖水质污染日益严重，太湖水富营养化进程加快，水中氨氮含量时常超标。为改善吴江市自来水公司南环水厂制水工艺，吴江市计划委员会批准对10万立方米每日滤池实施改造，将原滤池报废后，建成“V型气、水反冲洗式均质滤料滤池”，规模仍为10万立方米每日，整个滤池改造及配套工程于2001年下半年完成，耗资约250万元。

2005年以前，吴江人民的饮用水由23座小水厂供应，由于各水厂管网材质、管理水平等良莠不齐，水质水压得不到保障，百姓反映强烈。2005年吴江市人民政府明确由吴江市区域自来水投资有限公司、华衍水务（吴江）有限公司共同出资成立合资公司吴江华衍水务，统筹负责全区的城乡区域供水工程。吴江华衍水务有限公司于2005年10月成立后，整合23个乡镇水厂，先后建成吴江区域供水一期工程、二期工程。区域供水的原水取自东太湖，取水口设于七都镇庙港社区富强村，工程总投资7亿多元，分为两大部分。一部分是位于七都镇富强村的净水厂（后称第一水厂），占地206亩（13.73公顷），是一个自动化程度较高的现代化水厂，采用先进的折板絮凝、平流沉淀、V型气水反冲过滤、液氯消毒水处理工艺，造价约2亿元。另一部分是遍布全市整个行政区域的175千米管网和松陵、梅堰、黎里、南麻4座增压泵站，造价5亿多元。2005年2月5日正式投产供水，8月区域供水工程全部建成通水。2016年，吴江区启动第一水厂深度处理改造工程。其中，一期25万吨每日深度处理综合池于2017年12月份完工正式通水，总投资1.78亿元；二期深度处理全覆盖工程于2019年底建设完成，总投资2.5亿元，实现吴江第一水厂60万吨每日深度处理工艺全覆盖。2013年，吴江华衍投资建成具有现代化和深度处理能力的第二水厂。2019年，吴江华衍完成对庙港水厂的深度处理全覆盖改造。

吴江区第一水厂 建设规模为给水工程60万吨每日，分二期建成。净水工艺为：混凝、平流沉淀池、过滤、消毒常规水处理工艺。一期30万吨每日常规水处理工艺及供水配套设施于2005年8月6日竣工正式通水。二期30万吨每日常规水处理工艺及供水配套设施于2008年6月30日竣工正式通水。

吴江第二水厂 占地面积约320亩。厂区工程一期总投资约10亿元，工程于2011年11月开工建设，至2013年3月5日建成正式投产运行，供水规模30万吨每日，该厂以太湖水为水源，采用国内外先进的臭氧—活性炭深度处理工艺。厂区主要构筑物包括取水泵房、配水井及预臭氧接触池、加药间、加氯间、臭氧制备车间、平流沉淀池、石英砂滤池、提升泵房、后臭氧接触池及生物活性炭滤池、清水池、配水泵房等。

七、吴中供水区

1994年6月，吴县（2001年撤市建区）成立吴县供水公司，后更名为吴中区供水公司，1995年10月吴县自来水厂（后吴中水厂）破土动工，至1997年一期工程完成，供水能力7.5万立方米，2003年1月，扩建水厂二期工程，翌年2月建成投产，日供水能力提高到15万立方米。2005年8月，吴中区又在浦庄镇石庄村开工建设日供水20万立方米的浦庄水厂一期（后称吴中新水厂）。

吴中水厂　一期设计规模为7.5万立方米每日，于1997年6月建成投产；二期设计规模为7.5万立方米每日，于2004年2月建成投产。采用折板絮凝、平流沉淀、均质滤料滤池的常规净水工艺。2019年6月，设计规模为15万立方米每日深度处理工艺工程竣工投运。同期完成污泥脱水项目建设，实现排泥水零排放。

吴中新水厂　一期设计规模为20万立方米每日，于2006年6月建成；二期设计规模为20万立方米每日，于2015年8月建成，采用折板絮凝、平流沉淀、均质滤料滤池的常规净水工艺。2013年11月，一期设计规模为20万立方米每日深度处理工艺工程竣工投产，同年，一期污泥脱水处理工程竣工投产。2015年12月二期污泥脱水处理工程竣工投产，2016年1月，二期设计规模为20万立方米每日深度处理工艺工程竣工投产。

2006年9月，10万立方米每日三马增压泵站竣工，向甪直地区供水。2013年12月，全面向东山供水。

汾湖地区依靠莘塔、北厍、芦墟、黎里、金家坝5个泵站进行二次加压供水。随着汾湖高新区经济快速发展，尤其是用水企业增多，原先汾湖地区的供水能力跟不上快速增长的生产生活用水需求，时而会出现因水压不足造成供水末梢没水的情况。2018年7月，增设汾湖泵站，向汾湖高新区供水。

截至2020年，吴江境内共有2座自来水厂，分别为日供水量15万立方米的吴中水厂和日供水量40万立方米的吴中新水厂。

八、工业园区供水区

1994年起，园区成立，根据中新双方商务协议约定着手筹划供水工程。4月中旬，市自来水公司将供水管道从市区铺设至园区首期开发区内2千米。5月起，园区根据总体规划对道路和供水管网铺设实行同步建设。5月26日，市建设委员会批准市市政公用局《苏州工业园区启动区供水工程方案》实施。该方案总投资2100万元，采用“西水东调”办法，分城北公路东段（创新路口→官渎里立交桥南）、东环路（官渎里立交桥南→苏沪机场路→启动区）和南门路（人民桥→南园桥）3个工程段施工，铺设供水管道11.37千米，将城西白洋湾水厂出水东调至园区，于1995年5月底前实现向启动区日供水3万立方米目标。12月8日，园区管委会（筹）批准园区自来水厂可行性方案。年底，市自来水公司供水管道铺设到园区边线。

1995年起，园区供水工程项目开始实施。9月26日，国家计划委员会批准园区供水、供气、污水处理和热电站等基础设施项目，明确供水工程一期建设规模为日供水15万立方米，总投资3.55亿元。11月3日，为配合二、三区总体规划调整，经专家专题论证，园区上报水厂厂址调整方案。11月7日，省建设委员会、计划经济委员会批准园区供水工程初步设计方案，并同意园区水厂厂址从吴县市郭巷镇长浜村附近调整为郭巷镇塘北村与娄葑乡金厍村交界处（为70平方千米规划区内）。

星港街水厂　1996年7月11日，园区水厂（星港街水厂）一期工程动工。12月3日，园区水厂一期工程举行落成典礼，日供水能力15万立方米。1998年1月起，园区水厂切换供水水源，开始供水。2001年起，园区供水管网铺设向金鸡湖东地区延伸。2003年起，园区实施区、镇基础设施对接并网，园区水厂供水管网先后与娄葑、跨塘、唯亭、胜浦4镇接通，镇村居民告别饮用多年的深井水。是年12月，园区供水工程二期项目启动。

二期工程位于水厂原址，扩建规模为日供水能力30万立方米。水源仍选用太湖水，取水口仍选在浦庄寺前村一期取水口处，取水管深入湖中1700米；浑水管沿苏州绕城高速公路铺设至水厂，水管直径2200毫米、长约32千米，水厂建造2组平流沉淀池、3座清水池以及滤池、冲洗泵房、污水浓缩池等设施。2005年7月1日，园区水厂取水口二期工程竣工通水，日取水量提高到90万立方米。二期扩建完成后使园区水厂供水能力从原来的15万立方米每日提高到45万立方米每日。水厂二期工程于2019年完成深度处理改造，常规工艺采用混凝、沉淀、过滤、消毒，深度处理工艺为臭氧活性炭滤池。

阳澄湖水厂　位于听波路，规划总规模50万吨每日，已建规模为20万立方米每日，日均供水量约17万立方米每日，由园区进行日常管理。该厂2015年建成投产，按照常规工艺+深度处理标准建设。常规工艺采用混凝、沉淀、过滤、消毒，深度处理工艺采用臭氧—活性炭。该厂水源地位于阳澄湖，水源地达标建设于2017年底完成自评估工作，2018年1月5日通过省政府的联合验收。

九、高新区供水区

1990年苏州高新区开发建设起步阶段，生产生活用水由苏州自来水公司横山水厂负责供应。1994年6月，成立苏州新区自来水建设发展管理公司。1997年7月，开工建设新宁水厂，一期日供水能力15万立方米，于1998年底建成，2000年元旦正式通水。至此，高新区在真正意义上实现区域供水。2005年1月，苏州新区投资约3亿元，建设第二水厂，即高新区新宁第二水厂一期工程，设计日供水能力15万立方米，项目于2006年7月建成投入并网运行。2009年6月，公司又斥资1亿元，建设高新区新宁第二水厂二期工程，设计日供水能力15万立方米，二期项目也于2010年5月并网运行。至此，高新区第二水厂共计日供水能力30万立方米。二厂采用折板反应、平流沉淀、V型滤池生产工艺，与一水厂工艺相同。生产全过程实现自动化控制。

2013年，公司完成高新区2座自来水厂深度制水工艺改造，改造项目包括第一水厂和第二水厂两部分。其中，第一水厂改造规模为15万立方米每日，第二水厂改造规模为30万立方米每日，项目均采用预臭氧、后臭氧＋活性炭滤池的处理工艺。2019年4月两座水厂均完成消毒工艺改造，由原来使用液氯消毒改造为使用次氯酸钠消毒。两座水厂均采用预处理、折板反应、平流沉淀、V型砂滤池过滤、臭氧—活性炭深度处理和次氯酸钠消毒的制水生产工艺。

高新区第一水厂　位于高新区竹园路300号，占地面积约182.4亩，供水能力为15万立方米每日，水源地位于吴中区香山街道太湖渔洋山。

高新区第二水厂　位于高新区镇湖街道长山路1号，占地面积约294.45亩，供水能力为30万立方米每日。取水口设在太湖镇湖水域，取水泵站位于新区镇湖街道上山村，占地面积15亩，建有取水口构筑物2座、自流管、蓄水池1座、泵房1座等设施。

第二节　供水输配

一、管网建设改造

（一）苏州市区

新中国成立前，苏州城区有供水管道1.1千米，埋设在邵磨针巷、观前街、宫巷等路段。

1950—1977年，在古城区主要街道和环古城道路排设供水管道，干管口径100—250毫米。1978—1989年，供水管道向街巷里弄延伸，完善供水管网，并逐步向市郊及吴县境内铺设管道。苏州城区基本上形成600毫米以上的大口径环状管网，口径300毫米和600毫米纵横交叉的井状管网。南北向和东西向口径300毫米以上供水干管分别有14条和15条，管网密度为11.46千米每平方千米，基本适应城区生活和生产用水需要。

1990—1999年，管道向北部延伸，各水厂供水区域重新划分调整，市区主干道重要干管口径扩大至800—1000毫米，同时改造部分老新村管网。2001—2005年，配合观前地区改造、环古城风貌保护、城市环境综合整治及内环线东、南、西环高架路等重点实事工程，新铺或改排、迁移各类供水管道。其中，2003年底，相城区供水管网工程全部完工，铺设镇到村二级管网348千米、村到户三级管网2480千米。

2005年底，苏州市城区和相城区建成的口径75—1800毫米的供水管网共计约1417.31千米。

2018年，全市全年完成供水管网建设、改造3.74万千米。推进阳澄湖第一水源建设项目、太湖度假区金庭镇区域水管网建设项目，组织供水老旧管网改造。2019年，完成新建供水管网（直径75毫米以上）总长度399千米、改造292千米，完成老旧二次供水设施改造288处。

表10-1　1949—2020年苏州市城区自来水管网长度、主要管道口径发展情况（选年）

年份	主要管道口径（毫米）	最大管道口径（毫米）	年末管道总长度（千米）
1949	—	—	1.10
1959	150	250	38.50
1977	300	600 （不包括水厂出厂清水管）	170.83
1989	300—600	1000 （不包括水厂出厂清水管）	431.10
1999	—	1400	847.34
2005	1000	1800	1417.31
2006	1000	1800	1505.27
2007	1000	2200	1602.29
2008	1000	2200	1696.10
2009	1000	2200	1787.63
2010	1000	2200	1841.20
2011	1000	2200	1914.86
2012	1000	2200	1971.47
2013	1000	2200	2106.43
2014	1000	2200	2211.09
2015	1000	2200	2265.75
2016	1000	2200	2332.93
2017	1000	2200	2399.29
2018	1000	2200	2452.85
2019	1000	2200	2513.73
2020	1000	2200	2465.17

（二）张家港市

80年代末期，口径75毫米以上干管仅为33.55千米，且质量较差，大量采用自应力砼管，漏损比较严重，因此自90年代开始逐步将以前的老旧管道更新。至2005年底，管道总长398.52千米。其中，口径100—200毫米管道226.02千米，口径300毫米以上管道192.28千米。管网密度为24.78千米每平方千米。

2005—2020年，张家港市给排水有限公司根据城市建设计划，结合相关供水规划，统筹做好公共服务设施，城市供水需求，优化完善全市域供水管网建设体系，提升全市供水质量和安全供水保障，到2020年底，共铺设或改造管道长度7960.83千米，覆盖率100%。

表10-2　2006—2020年张家港市自来水管网长度、主要管道口径情况

年份	主要管道口径（毫米）	最大管道口径（毫米）	年末管道总长度（千米）
2006	50—1800	1800	451.00
2007	50—1800	1800	628.00
2008	50—1800	1800	596.00
2009	50—1800	1800	714.00
2010	50—1800	1800	2282.00
2011	50—1800	1800	2823.00
2012	50—1800	1800	3204.00
2013	50—1800	1800	3571.00
2014	50—1800	1800	3959.00
2015	50—1800	1800	4830.00
2016	50—1800	1800	6895.00
2017	50—1800	1800	7277.00
2018	50—1800	1800	7453.00
2019	50—1800	1800	7721.00
2020	50—1800	1800	7960.83

（三）常熟市

1991年后，常熟市的管网建设随污水厂建设同步配套。截至2005年底，常熟市自来水公司建成的供水管网总长度11404千米，供水受益面积超1000平方千米，受益人口100多万。

自2008年起，探索实践“统一规划、统一建设、统一运行、统一管理”模式，组建江南水务统一实施全市生活污水管网建设项目，2015年水利水务一体化后，新组建水投公司统一建设全市生活污水主次管网，经过多年治理，常熟市城乡生活污水主次及支管网共建成近7000多千米。2018年无新建直径500毫米以上管道工程。

2019年，主要新建工程为窑石线（锦绣大道—蒋巷大道）直径600毫米给水管道工程、支塘芝溪路—支何线直径600毫米给水管道工程以及配合涉铁通道进行零星预埋新建管，累计新增直径500毫米以上给水管8.6千米。

2020年，主要新建工程为新世纪大道北延一期（北三环—常昭路）直径800—1000毫米给水管道新建工程、琴川大道一期（泰山路—龙腾路）直径1200毫米给水管道新建工程、东南大道东延（玉山路—白茆塘）直径500毫米给水管道新建工程以及海虞镇海棠路（龙墩路—向阳路）直径600毫米给水管道新建工程，累计新增直径500毫米以上给水管6.5千米。

表10-3 2018—2020年常熟市城区自来水管网长度、主要管道口径情况

年份	主要管道口径（毫米）	最大管道口径（毫米）	年末管道总长度（千米）
2018	—	—	551.10
2019	600	1400	559.70
2020	1000	1200	566.20

（四）太仓市

1991年后，太仓市逐步增加供水管网的铺设。1999年8月，太仓市第二水厂一期工程竣工通水，一期区域供水工程铺设各种口径管道37.45千米。2000年8月起，逐步向各镇区供水。2003年2—12月，二期区域供水工程完成支管总长28千米，总共投资1亿多元，全市范围各镇（区）都用上长江水。2005年，全市262个行政村完成通水145个，受益人口34万。至2005年底，太仓市自来水公司有供水管网379千米。2011年末，太仓市直径75毫米以上供水管网共1193千米。自2012年起，太仓市全市域累计实施新建供水管网约382千米，至2022年12月，拥有直径75毫米及以上市政供水管网共计1575千米。其中，管材以球墨铸铁管、钢管、PE管为主。

表10-4 2011—2020年太仓市自来水管网长度、主要管道口径情况

年份	主要管道口径（毫米）	最大管道口径（毫米）	年末管道总长度（千米）
2011	100—300	2200	1193.00
2012	100—300	2200	1254.00
2013	100—300	2200	1303.00
2014	100—300	2200	1357.00
2015	100—300	2200	1380.00
2016	100—300	2200	1405.00
2017	100—300	2200	1431.00
2018	100—300	2200	1464.00
2019	100—300	2200	1490.00
2020	100—300	2200	1525.00

（五）昆山市

1992年12月，玉峰山水厂新建的取水管道工程竣工。1996年，敷设并开通昆太路口径1000毫米的输水管。1998年3月，完成泾河水厂二期输水管线第一阶段工程（口径1200毫米管道）。2004年又完成汉浦塘—黄浦江路等管线工程，铺设口径800毫米以上管线37.3千米。2005年底，昆山市供水管网270千米。

2005—2020年，累计完成7个市政管网新建工程，共计新建供水管网约117.81千米，投资额约88901.75万元。累计完成18个市政管网改造工程，共计完成供水管网更新约62.94千米，投资额约26934.03万元。共计总投资额115835.79万元。

表10-5　2005—2020年昆山市自来水管网长度、主要管道口径情况

年份	主要管道口径（毫米）	最大管道口径（毫米）	年末管道总长度（千米）
2005	100、200、300	2000	1036.82
2006	100、200、300	2000	1106.26
2007	100、200、300	2000	1198.58
2008	100、200、300	2000	1315.11
2009	100、200、300	2400	1434.12
2010	100、200、300	2400	1515.83
2011	100、200、300	2400	1607.26
2012	100、200、300	3000	1734.77
2013	100、200、300	3000	1888.09
2014	100、200、300	3000	1987.26
2015	100、200、300	3000	2058.36
2016	100、200、300	3000	2124.98
2017	100、200、300	3000	2177.58
2018	100、200、300	3000	5101.40
2019	100、200、300	3000	6496.50
2020	100、200、300	3000	6536.70

（六）吴江区

吴江区原为23个乡镇小水厂分散供水模式，供水管网是各自独立规划建设和管理，所用管材种类庞杂，施工质量参差不齐，供水管网管理水平不高。2005年吴江华衍水务成立之初，吴江区供水管网总长度1186千米，材质普遍老旧，75毫米以上管径管材以水泥管、灰口铸铁管、玻璃钢管、UPVC管、镀锌管、塑料管等为主，占全部管材的70%。吴江华衍水务经过15年的持续改造、新建，至2020年12月，吴江区有直径75毫米及以上市政供水管线长度共计4501千米，管材采用球墨铸铁管、PE管、钢管为主。

（七）吴中区

1991—1997年，吴县（市）城区、开发区由苏州市自来水公司供水，管道也由苏州市自来水公司铺设。1995—1996年，吴县市铺设从太湖寺前取水口至红庄水厂的第一条浑水管16.5千米，管道口径1000毫米。2003年，又铺设第二条浑水管16.5千米，管道口径1000—1600毫米。至2005年，共铺设供水干管98.8千米，铺设支管95.95千米。

表10-6　2006—2020年吴中区自来水管网长度、主要管道口径情况

年份	主要管道口径（毫米）	最大管道口径（毫米）	年末管道总长度（千米）
2006	200	2200	410.00
2007	300	2200	498.00
2008	200	2200	670.00
2009	200	2200	710.00
2010	200	2200	810.00
2011	200	2200	830.00
2012	200	2200	867.66

续表

年份	主要管道口径（毫米）	最大管道口径（毫米）	年末管道总长度（千米）
2013	200	2200	963.74
2014	200	2200	1086.00
2015	200	2200	1168.00
2016	200	2200	1530.19
2017	200	2200	1702.01
2018	200	2200	1963.00
2019	200	2200	2079.41
2020	200	2200	2287.28

（八）相城区

2001年相城区成立时，全区共有镇村集中式饮用水供水工程117处（不包括通安镇）。其中，村级水厂108家，镇区的集中供水普及率为95%，农村集中供水普及率仅45%，除陆慕镇镇区饮用由苏州市自来水公司供应的自来水以外，其余供水工程的水源均是深井水，水量、水质均不能满足相城区经济发展的需要。同年，江苏省人大通过《关于苏锡常地区限期开采地下水的决定》，为解决相城区工矿、企事业单位及群众生产生活用水的困难，苏州市发展计划委员会以《关于苏州市北部地区供水工程项目建议书的批复》，同意实施苏州市北部地区供水工程。经苏州市委、市政府研究，并经苏州市十二届人大五次会议审议通过，苏州北部供水工程被列为苏州市2002年实事项目之一。

苏州北部供水工程在市区的供水输水管上分设两根输水干管引至相城区11个乡镇（后撤并为10个镇），计划敷设口径400—1200毫米输水干管82.47千米（至各个乡镇镇区为止），建设方浜、凤凰泾和望亭3座增压站，日调节供水能力分别为10万立方米、2.8万立方米和1.2万立方米。工程总投资1.78亿元。北部供水工程自2001年11月正式启动。2002年底，北部区域供水工程通至各镇的干管铺设全线完工，实际共敷设口径400—1200毫米管道84.16千米，至2003年12月31日，相城区的供水管网工程也全部完工，铺设镇到村的二级管网348千米、村到户的三级管网2480千米。此后主要供水管网定期进行设施更新维护。

2015—2020年，全区实施新改建供水管网约250千米，实施范围覆盖全区。2020年末，相城区直径75毫米以上供水管网总长度1330.77千米。

表10-7　2014—2020年相城区自来水管网长度、主要管道口径情况

年份	主要管道口径（毫米）	最大管道口径（毫米）	年末管道总长度（千米）
2014	75—300	800	1398.80
2015	75—300	800	1460.20
2016	75—300	800	1525.80
2017	75—300	800	1593.02
2018	75—300	800	1624.56
2019	75—300	800	1629.35
2020	75—300	800	1330.77

（九）工业园区

自1994年始，园区供水管网随道路建筑敷设。路幅宽度在37米以上道路给水管网两侧布置，东西向道路南侧为输水管，北侧为配水管（配水管为口径300毫米），南北向道路东侧为输水管，西侧为配水管。路幅宽度在37米以下道路给水管网单侧布置，东西向道路布置在南侧，南北向道路布置在东侧。1994—1999年，累计敷设管网55千米。到2005年末，建成供水管网468千米。至2020年，园区已建成市政供水管网约1076千米，与市区、吴中区和昆山有5处互连互通管道，可更好保障城市供水安全与稳定。园区市政供水管网按照高起点高标准规划建设，基本已按照《园区供水专项规划》建设到位，管径按照远期110万吨每日规模设置，管材使用球墨铸铁和PE管道。

表10-8　2006—2020年苏州工业园区自来水管网长度、主要管道口径情况

年份	主要管道口径（毫米）	最大管道口径（毫米）	年末管道总长度（千米）
2006	300	1800	494.00
2007	300	1800	549.00
2008	300	1800	680.00
2009	300	1800	704.00
2010	300	1800	888.00
2011	300	1800	952.00
2012	300	1800	988.00
2013	300	1800	1000.00
2014	300	1800	1011.00
2015	300	1800	1023.00
2016	300	1800	1026.00
2017	300	1800	1040.00
2018	300	1800	1067.00
2019	300	1800	1074.00
2020	300	1800	1076.00

（十）高新区

1994年6月苏州新区自来水建设发展管理公司成立后，管网铺设工作随之展开，至2002年，新区建成区内共铺设自来水管道201.7千米。自2003年起实施大规模的供水管网工程，在浒关、通安、东诸等开发分区铺设供水管网，完成世纪大道、通浒路、华金路、开山路、竹园路、滨河路、大新科技园、东渚科技城环路等一批重点市政道路配套项目管网工程建设和阳山花园、华通花园、新浒花园、龙景小区、马浜小区、教育园定销房等动迁小区输水管铺设。至2005年底累计铺设供水管道680.3千米，供水管网覆盖整个高新区。2005—2020年，共铺设市政供水管网661.23千米，口径涉及直径100—1600毫米，已覆盖苏州高新区各个城镇辖区。

表10-9　2006—2020年高新区自来水管网长度、主要管道口径情况

年份	主要管道口径（毫米）	最大管道口径（毫米）	年末管道总长度（千米）
2006	300	1600	680.31

续表

年份	主要管道口径（毫米）	最大管道口径（毫米）	年末管道总长度（千米）
2007	400	1600	787.32
2008	300	1600	849.29
2009	300	1000	903.25
2010	300	1200	957.78
2011	400	1000	1017.67
2012	400	1200	1066.64
2013	400	1400	1107.58
2014	500	1600	1146.53
2015	300	1000	1186.27
2016	300	1600	1223.23
2017	300	1400	1262.24
2018	300	1400	1294.39
2019	300	1000	1320.62
2020	300	1400	1341.54

二、供水设施改造

（一）一户一表改造

一户一表指针对居民住宅，每户居民住宅安装一块计费水表，由供水企业直接对每户居民住宅抄表收费。苏州市于1998年、2001年分别发布《关于在全市新建住宅中实施“一户一表”供水办法的通知》《关于在全市新建住宅中实施“一户一表”供水办法的修改补充通知》，以指导苏州市一户一表相关工作规范、有序地开展。

2002年5月8日，苏州市人民政府市长办公会议专题研究在苏州市区进行自来水一户一表改造的有关工作。会议认为实施市区自来水一户一表改造，是改善城市居民用水条件的需要，是提高供水管理水平，为将来实行差别供水创造条件的需要，这是政府的一项强制性工作，也是为市区居民办的一件好事、实事。对户表改造的费用，市长办公会同意从污水处理费中每立方米借支0.2元，待基本水价提高后，从自来水收费中支出，同意从房改房共用部位维修基金中每户提取200元，作为屋顶水箱改造专项费用。居民也要承担一部分费用，每户平均不宜超过200元，城镇低保家庭全额减免改造费用。

根据《苏州市区自来水一户一表改造实施方案》，改造范围为苏州市区由苏州市自来水公司直接供水、一个单元一只总表的居民住宅。实行总表制的旧住宅小区、单位集体宿舍、周边无供水主管的管网末梢区、小高层等暂不实行一户一表改造。供水管网不能满足一户一表要求的，在管网调整后再行改造。改造标准，根据国家建设部制订的小康住宅标准做到“水表出户、一户一表、计量到户”。对水压较高、供水条件较好的采用直供水方式，对水压较低的居民区，同步进行小区管道及屋顶水箱的配套改造。经核定采用机械铜壳水表改造，平均每户改造费用650元，采用电子远传水表平均每户改造费用950元，采用机械铜壳水表居民负担200元，采用电子远传水表居民负担400元。工程列为2002—2004年的苏州市政府实事工程。

市区一户一表改造于2002年5月启动，2004年9月完成。工程遵循“积极稳妥、规范有序、循序渐进、分步到位”的改造原则，采用集中地埋式和分层嵌墙式的施工方式，结合市区供水管网情况，对符合改造条件的新村、小区、街坊以及分布在全市的零星住宅进行改造。涉及116个新村、小区及街坊，共20.5万用户受益。同时根据户表改造需要，为保障供水安全性和可靠性，进行低压区多层住宅楼屋顶水箱改造，安装专门开发研制的密封防污自控水箱3822只，改造配水管网52千米。2006—2007年，市自来水公司完成无地队城中村一户一表改造。2008—2009年，完成街巷街坊大宅院一户一表改造。截至2009年，完成整个供水区域内的一户一表改造。

除市区供水区外，其他供水区参照《关于在全市新建住宅中实施"一户一表"供水办法的通知》《关于在全市新建住宅中实施"一户一表"供水办法的修改补充通知》要求，开展一户一表改造工作。

张家港　2003—2005年，张家港市区范围完成一户一表改造工程，改造用户3.8万余户。2014—2017年实施农村供水改造工程，累计完成改造8.5万余户，改造管网长度1585千米。

常熟　常熟市于2000年起对新建住宅接水按一户一表设计施工，于2001年起对城区（原虞山镇）居民住宅进行一户一表改造。根据原常熟市自来水公司一户一表实施情况，城区通过用户出资、供水企业和政府补助的形式在2001至2004年共投入4100余万元实施6.9万余户居民水表改造建设。乡镇通过2003年开展的区域供水一体化建设，经历从总表供水到农村居民一户一表的转变。

太仓　太仓市水务集团专门成立一户一表改造办公室，从2002年开始，历经8年，在2009年底完成全市改造工作。

昆山　2001年以来昆山市全面启动一户一表改造工作，至2020年共计完成户表改造约6.5万户，居民一户一表率已超过99%。

吴江　吴江区结合区政府农村供水管网改造、老旧小区供水管网改造、老旧小区二次改造，持续投入10亿余元对全区200多个项目实施改造，敷设管网1000多千米，对总表用户实施一户一表改造，实现装表到户，一户一表改造完成率达到100%。

工业园区　工业园区所有自建供水设施项目、设计方案均通过供水行政主管部门组织的技术性审查，并按照审定的设计方案施工。新建居民住宅供水设施均按照一户一表、水表出户的要求进行设计和建设。已建居民住宅供水设施不符合前款要求的，均按照二次供水改造计划实施改造。

高新区　高新区一户一表改造工作自2003年10月至2004年10月实施，共完成户表改造5558户。

（二）二次供水改造

苏州各地供水设施建设年代不一，市政供水条件存在差异，二次供水系统形式不尽相同。为规范二次供水设施建设改造工作，解决好"最后一千米"用水安全问题，2011年苏州市政府出台《苏州市生活饮用水二次供水管理办法》，各县（市、区）政府也先后制定出台二次供水管理办法等相关规定，对二次供水改造范围、改造资金来源和新建及改造后二次供水设施管理要求等作明确规定，确保从源头到龙头的供水安全。《办法》明确二次供水设施由供水企业负责运行、维护和管理。新建二次供水设施经验收合格后，由建设单位在供水前向供水企业移交，并签订移交协议，协议中按照物价部门核定的收费标准，明确运行、维护和管理费用，在移交时由建设单位一次性交付供水企业。通过改造的二次供水设施直接由供水企业负责运行、维护和管理。

为加强对二次供水设施建设的技术指导，苏州市制定二次供水工程技术规程。对新建的二次供水设施设计、施工，建设单位委托具备相应资质的单位承担，设计方案经过供水主管部门组织的技术审查，竣工验收供水企业参与。需要改造的二次供水设施设，政府直接委托供水企业改造，改造方案报供水主管部门会同财政部门审核后，明确资金渠道，列入年度实施计划。供水主管部门对二次供水水质的监测工作每年不少于两次。2012年3月22日，市区二次供水改造启动。结合二次供水改造、局部增压装置安装等工程，因地制宜地推动城区居民楼屋顶水箱取消工作，最终于2019年完成，共计取消屋顶水箱3100余个，惠及居民18000余户。

张家港 2019年3月，二次供水改造工作启动，2020年7月完成，惠及65个小区、1.8万户，约5.4万人。工程主要对水箱供水的老旧小区进行设备更新，改为叠压供水的模式，同时增加必要的安防设施、水质检测与远程监控系统。

常熟 2012年2月，常熟市发布《常熟市生活饮用水二次供水管理办法》，同年6月，发布《关于新建小区生活饮用水二次供水管理运行维护费标准的批复》，在政策宣传、建筑设计施工、水箱清洗消毒、水箱废除拆除、水质监管、老小区改造、二次供水泵房日常运行维护等环节均加强管理。常熟老小区二次供水改造于2012年6月开始，2014年12月结束，共改造完成86个老小区106个泵房。供水企业按照要求，从2012年下半年开始第一次全市范围内水箱清洗消毒工作，以后每年开展两次清洗消毒工作。2014年初，制订《二次供水泵房日常巡检制度》，开始实施对已接收泵站的日常巡视工作。2016年，常熟中法水务开始实施“二次供水水质监测全覆盖”工作。

太仓 2007年，太仓市实现“村村通”，全市实现区域供水。在实现区域供水之后，供水水压完全能够满足多层居民直供水压力要求，2007年，在市住建局的牵头下实施老小区改造，2010年前已经将所有老旧小区二次供水设施同步拆除完毕。太仓市二次供水设施集中在全市293个居民楼、城市广场、商业综合楼等高层建筑，配备无负压变频恒压供水设备共598套，由市水务集团设专门机构统一管理，所有设备均正常平稳运行。

昆山 2012年以来，昆山市相继出台《昆山市生活饮用水二次供水管理办法》《关于新建小区生活饮用水二次供水管理运行维护费收取标准的批复》等政策文件。昆山市自来水公司联合社区物业、设计单位、属地自来水公司等相关单位，踏勘泵房现场和周边环境，紧抓安全文明施工，于2020年9月全面完工。二次供水泵房改造数量为716个。其中，市区316个，区镇400个。2007年前由房产开发单位建成管理的泵房数占比约10%，2007—2016年建成的泵房数占比约70%，2016年后建成的泵房数占比约20%。

吴江 2019年，为落实《吴江区生活饮用水二次供水管理办法》，吴江区政府印发老旧小区二次供水改造事宜抄告单，吴江华衍水务有限公司与政府相关部门、属地沟通，迅速响应，立即着手与各镇签署框架协议，积极推动老旧小区二次供水设施改造计划，对老旧小区二次供水小区的泵房、庭院管、立管等供水设施进行维护升级。共有26个小区完成改造工作，惠及居民3万户，累计投资近1.4亿元，老旧小区供水品质明显提升。

吴中 2007年起，苏州吴中供水有限公司在大市范围内首家对供水区域内居民进行二次供水小区统建统管工作。2015年，在区政府统一部署下，对2007年前未纳入统一管理的吴中区的18个小区参照新建小区标准实施综合改造，2016年完成全部改造工作。截至2020年底，区域内所有泵房按照行业标准，配备自动化恒压控制系统，远传监控系统、门禁视频安防系统、在线水质管控系统均实现无人值守。小区水质100%达到国家生活饮用水标准。

相城 2016—2017年，相城区通过城区二次供水设施采购及安装一期、二期、三期工程，共完成27个老旧二次供水泵房改造。截至2020年，相城区改造二次供水泵房74座，改造老旧小区、农村管网35.2千米。制定供水设施巡检计划及水质检测计划，定期开展市政管网、市政消火栓、二次供水泵房巡检，以及管网水、末梢水及二次供水水质检测。水质检测信息按季度公布在区政府网站。一旦发生爆管事故，直径500毫米以下的24小时内修复，直径500毫米以上的48小时内修复。

工业园区　2010年4月，苏州工业园区出台《苏州工业园区住宅供水管理及改造办法》和《苏州工业园区住宅供水技术指导意见》，全面启动二次供水改造和供水一体化管理工作，主要包括新建住宅小区供水管理、已建住宅小区二次供水改造和移交管理。按照住宅供水管理及改造办法，园区已建住宅小区已全部完成二次供水改造，并移交自来水公司进行运行维护，新建小区也全部要求建设单位按照标准建设，通过验收后移交自来水公司统一运行维护。自来水公司按照配套的《苏州工业园区住宅小区供水设施运行维护管理手册》和《住宅小区供水巡检维护管理制度》对接管后的住宅小区进行统一的运行维护管理，由自来水公司统一运维管理的小区二次供水泵房全部接入自来水公司二次供水信息化管理平台，并实行24小时实时监控。二次供水信息化管理系统已实现对二次供水巡检及巡检报修的动态跟踪以及水箱清洗的动态预警和提醒，确保“最后一千米”供水安全。

高新区　2012年，高新区出台《苏州高新区高层住宅二次供水设施改造设施意见》，成立高层住宅二次供水设施改造试点工作领导小组，新区自来水公司成立二次供水管理处，全面启动二次供水改造和供水一体化管理工作。历时5年完成已建46个高层住宅二次供水设施的改造工程，全面接管高层住宅改造小区二次供水设施日常运维工作。至2020年，新区自来水公司推动管理区域内198个高层二次供水住宅小区项目建运一体化，累计惠及住宅用户14万。建立二次供水设施运行、维护与管理制度，定时巡检，按期维保，确保设备运行良好，对各项水质指标按规定进行检测和信息公示。二次供水水箱按规定每半年清洗一次，居民住宅二次供水入户水压均满足0.1Mpa以上的规范要求。2012—2016年，苏州高新区自来水有限公司根据区文件要求，将区域内二次供水住宅小区全面改造完毕，由自来水公司接收统一管理。

图10-2　2015年二次供水启动仪式

（三）自来水深度处理改造

在水厂没有开始深度处理改造前，水厂的制水生产基本采用常规工艺，即混合聚凝、沉淀、过滤（砂滤）、消毒四道工序。在原水水质稳定达标情况下，常规工艺生产出来的自来水能够满足国标要求。由于蓝藻、过度养殖等因素影响，太湖、阳澄湖等河湖水质受到轻度污染，经常发生波动，对自来水水质稳定达标造成安全隐患。2007年太湖蓝藻暴发引发供水事件后，国家和省委省政府高度重视，提出在对水厂制水工艺进行深度处理改造常规工艺的基础上增加一定的水处理工艺，以弥补常规工艺的不足，对水中有毒有害物质进一步去除。深度处理的办法主要有：活性炭过滤法、臭氧—活性炭法、膜处理法、光催化氧化法等。根据苏州水源地水质，苏州市以湖泊为水源的水厂深度处理采用臭氧—活性炭法（03-BAC工艺）。张家港等以长江为水源的水厂采用膜处理法。臭氧—活性炭法中，臭氧主要对原水进行预处理（前臭氧）和后道进一步消毒处理（后臭氧），活性炭（滤池）工艺能将水中溶解的有机污染物、色度、异嗅异味进一步去除，提高供水水质。膜处理法是一种水处理较好的高效分离技术，种类有微孔精滤膜、纳滤膜、超滤膜、反渗透膜等，微滤膜可以将水中细菌和浊度有效去除，反渗透膜可以去除水中有机物、无机离子。通过深度处理后的出厂水基本达到直饮要求。

2011年，苏州市水务局下达《关于加快实施自来水厂深度制水工艺改造的通知》，要求尚未进行深度制水工艺改造的自来水厂抓紧研究方案、开展前期工作。同时根据《省政府办公厅关于切实加强城市供水安全保障工作的通知》要求，用5年时间全面完成既有自来水厂深度处理工艺改造，努力实现从供“合格水”向供“优质水”的转变。

昆山饮用水深度处理工程，是江苏省城市供水水质深度处理示范工程，也是昆山市政府重点实事工程。工程总规模150万立方米每日。其中泾河水厂60万立方米每日；第三水厂60万立方米每日；第四水厂30万立方米每日。工程于2005年进行各项前期准备工作，2006年4月1日正式开工。其中泾河水厂及第三水厂一、二期于2007年2月初竣工投入试运行；第三水厂三期于2009年1月初竣工投入试运行；第四水厂于2010年5月初竣工投入试运行。深度处理工程增建预臭氧接触混合池、提升泵房、臭氧发生间、制氧车间、后臭氧接触池、生物活性炭翻板滤池、反冲洗泵房、变配电间和炭库等构筑物。

2008年3月，相城水厂一期完成预处理和深度处理工艺投入运行，在江苏省地级市自来水公司中率先采用先进的臭氧—活性炭深度处理工艺。2010年9月，胥江水厂常规处理工艺通水，同年11月预处理及深度处理工艺投入运行。

2012—2014年，姑苏区实施白洋湾水厂升级改造项目。2013年6月28日，完成“预处理+新一期常规工艺”的并网运行。2014年5月29日，新二期常规工艺并网运行，2014年8月29日，深度处理工艺并网运行。2018年白洋湾水厂开始次氯酸钠投加系统的改造，2019年胥江水厂、相城水厂也完成次氯酸钠投加系统改造工程，至此，苏州市自来水有限公司消毒剂完成从液氯到次氯酸钠的转变，消除液氯重大危险源及可能带来的环境污染。2019年2月，东港新村最后一套预制集成化增压泵站建成并实现通水，苏州城区最后一批居民告别屋顶水箱，12月22日，阳澄湖取水泵房正式启用。2020年，渔洋山、金墅港泵站完成粉末活性炭应急投加装置的建造，提升供水保障应急处置能力，确保供水安全。胥江水厂完成新增污泥处理板框机建设。

2012年，高新区自来水有限公司投资约1.8亿元，开展对高新区2座自来水厂的深度制水工艺改造，2014年初正式完工并投入运行。2座水厂均采用常规处理+深度处理的制水生产工艺，即：取水—预臭氧—折板反应—平流沉淀—V型砂滤池过滤—后臭氧—生物活性炭—消毒—清水库—送水。2019年4月，苏州高新区自来水有限公司考虑到制水生产过程中所使用的液氯消毒剂供应商逐步减少，以及存储、运输、使用等过程中诸多不便及危险因素，投资约600万元完成2座水厂的消毒工艺改造，由液氯消毒改为次氯酸钠消毒工艺。

园区按照先规划、后建设，厂网同步、管路同期的原则，星港街水厂、阳澄湖水厂均采用常规处理+深度处理工艺，形成双水源对点供水格局，保障城市供水的安全与稳定。星港街水厂深度处理工艺为臭氧—活性炭工艺，具体为预臭氧接触池、主臭氧接触池和生物活性炭滤池。深度处理工艺比常规处理工艺功能更全面，有物理化学吸附、臭氧化学氧化、生物降解和臭氧灭菌消毒的功能，具有良好的净水水质效果。设计规模：预臭氧20万立方米每日、主臭氧20万立方米每日、生物活性炭滤池20万立方米每日，采用下向流工艺。2012年7月开始建设，2014年7月开始投入运行。

2017年，太仓市启动第二水厂深度处理工程，总投资约2.78亿元，主要包括30万立方米每日预处理单元、深度处理单元（其中25万立方米每日臭氧活性炭深度处理工艺、5万立方米每日纳滤膜深度处理工艺）及净水厂工艺规模相应的排泥水处置单元。其中，纳滤膜工艺为全国首家采用的国际先进处理工艺技术，并列入国家“十三五”水专项课题示范工程。该工程于2019年底投入运行。

2019年12月31日，吴江华衍水务庙港水厂深度处理全覆盖工程顺利进入试运行阶段，标志着吴江供水从“合格水”向“优质水”迈进，吴江居民用水全面进入深度处理时代。该工程的建成，助力吴江华衍水务更好地应对新水质标准的实施。庙港水厂深度处理全覆盖工程总投资达4.61亿元，通过改、扩建，庙港水厂达到60万立方米每日的深度处理能力。该工程标志着吴江华衍水处理由常规处理工艺升级为“臭氧氧化”和“活性炭过滤”的深度处理工艺，可以分解有机物及活性炭吸附，完成水质深度净化，为客户提供更加优质安全的饮用水。

常熟市第二自来水厂、第三自来水厂完成深度处理改造，分别自2017年、2020年正式投产。深度处理改造工程在原有常规处理工艺前端增加预臭氧接触池，对原水进行预臭氧氧化，在砂滤池后加入臭氧—生物活性炭深度处理工艺，通过臭氧化、微生物氧化、杀菌、活性炭吸附等流程，有效地去除水中的有机污染物，显著提升出厂水水质及气味，不断增强人民群众的获得感、幸福感和安全感。

（四）供水工程互连互通

为推动全市供水协调发展，提升整体区域防风险能力，确保供水安全保障水平，实现原水共济，清水互通，苏州市开展“互连互通”建设工程。苏州4市6区共10个行政区域，共有9个独立供水片区（姑苏、相城和其他7个市区），除张家港和常熟外，其他7个片区实现相邻清水管网互通，建成清水互通管。其中，太仓和昆山1处，昆山和园区2处，园区和姑苏—相城2处，园区和吴中1处，姑苏和吴中1处，姑苏和新区1处，吴中和吴江1处。

昆山与苏州园区、太仓建有3条互连互通管道。昆山与园区共有供水互连互通管2条，元丰路中新大道于2006年建成通水，前进西路阳澄湖大道于2010年建成通水，管径均为直径1200毫米（中新大道至元丰路2.7千米、阳澄湖大道至前进西路全长4.4千米），设计输送能力为20万立方米每日。昆山与太仓互连互通1根直径1200毫米应急供水管道，于2008年建成，全长2.7千米。西侧与昆山黄浦江路供水管线相连，东侧与太仓苏州西路供水管线连接，理论最大转供水设计能力10万立方米每日。

吴中区与周边3家自来水公司建立应急连通管，分别是与苏州市自来水公司连通的友新路直径1200毫米互通管，与园区自来水公司连通的金堰路直径1400毫米互通管，与吴江自来水公司连通的苏震桃路路直径1400毫米互通管。其中，苏震桃公路至江陵西路直径1400毫米互连互通输水管网，最大可实现吴中自来水公司向吴江区供水管网输水8万吨每日，仅在应急状态下启用，互连互通管启用按照相关应急预案执行。

园区与周边昆山、市区、吴中3家自来水公司共建成5条互连互通管，利用区域压力调控可实现互连互通供水，总互通供水规模至少可达47万立方米每日。园区与昆山自来水公司2条互连互通管，阳澄湖大道—昆山直径1200毫米互通供水管（供水能力10万—15万立方米每日）、中新大道东—昆山直径1200毫米互通供水管（供水能力10万—15万立方米每日）。园区与市自来水公司2条互连互通管，娄江大道—市区直径1200毫米互通供水管（供水能力10万—15万立方米每日）、金鸡湖大道—市区直径1000毫米互通供水管（供水能力7万—10万立方米每日）。园区与吴中自来水公司在金堰路—东方大道位置1条直径1400毫米互通供水管（供水能力10万—15万立方米每日）。其中，园区与昆山自来水公司中新大道东直径1200毫米互连互通点在2019年安装电动控制阀门，启闭可实现远程控制，无需应急人员赶到现场。园区与吴中区的金堰路互连互通点电动阀门安装也已列入改造计划。

此外，为检验互连互通供水设施完好性，提升苏州各区供水安全保障应急能力，苏州市水务局从2017年起连续4年组织开展一系列全市较大规模的跨供水片区的3—5天互连互通应急演练重点项目和常规项目。例如，重点项目有2018年东水西调实战演练，这次演练共涉及5个自来水公司、6个供水片区、7处供水互连互通、10多个水厂，历时10天时间，通过这次演练，首次尝试通过清水管网把长江供水区与太湖供水区的连通。此外，还于2019年组织北水南送多系统组团联合互通供水演练，于2020年组织模拟渔洋山水源恶化事件供水应急演练。

第三节　供水能力

一、市、县（市、区）供水量

90年代初，苏州市自来水厂日供水能力39万立方米，累计发展用户47832户，当年售水量10295.52万立方米。至2000年，日供水能力60万立方米，累计发展用户53397户，用水普及率100%，年售水量12232.78万立方米。随着地下水禁采工作不断深入，城市供水不断向农村延伸，2005年，苏州市有市、县（市、区）级供水厂16座，设计供水能力393万立方米每日，较上年增加77万立方米每日。其中，苏州市区6座，水源除苏州市区北园水厂为阳澄湖水外均为太湖水，实际供水能力135万立方米每日，比上年增加30万立方米每日（园区水厂二期投入运行，供水能力由上年的15万立方米每日增加到45万立方米每日）；张家港市4座，水源为长江水，实际供水能力47万立方米每日，比上年减少1万立方米每日；常熟市3座，水源为尚湖和长江水，实际供水能力67.5万立方米每日，与上年相同；太仓市1座，水源为长江水，实际供水能力50万立方米每日，比上年增加30万立方米每日；因玉峰山水厂停止运转，昆山市水厂，水源为傀儡湖（阳澄湖）水，实际供水能力63.5万立方米每日，与上年相同；吴江市1座，水源为太湖水，实际供水能力为30万立方米每日，比上年增加18万立方米每日。

2006年，苏州市有市、县（市、区）级供水厂17座，供水能力429.5万立方米每日，较上年增加36.5万立方米每日。其中，苏州市区7座，水源除苏州市区北园水厂为阳澄湖水外均为太湖水，实际供水能力155万立方米每日，比上年增加20万立方米每日（吴中区新水厂投入运行，供水能力由上年的15万立方米每日增加到35万立方米每日）；张家港市4座，水源为长江水，实际供水能力47万立方米每日；常熟市3座，水源为尚湖和长江水，实际供水能力67.5万立方米每日；因玉峰山水厂停止运转，昆山市水厂实际供水能力80万立方米每日，比上年增加16.5万立方米每日；吴江市1座，水源为太湖水，实际供水能力为30万立方米每日。

2007年，苏州市有市、县（市、区）级供水厂19座，供水能力502.5万立方米每日，较上年增加73万立方米每日。其中，苏州市区8座，水源除苏州市区北园水厂为阳澄湖水外均为太湖水，实际供水能力200万立方米每日，比上年增加45万立方米每日（苏州市区新水厂投入运行，供水能力由上年的60万立方米每日增加到90万立方米每日；高新区新水厂投入运行，供水能力由上年的15万立方米每日增加到30万立方米每日）；张家港市4座，水源为长江水，实际供水能力55万立方米每日，比上年增加8万立方米每日；昆山市水厂实际供水能力100万立方米每日，比上年增加20万立方米每日。

2008年，苏州市有市、县（市、区）级供水厂19座，供水能力532.5万立方米每日，较上年增加30万立方米每日。其中，苏州市区8座，水源均为太湖水，实际供水能力188万立方米每日；张家港市4座，水源为长江水，实际供水能力55万立方米每日；常熟市3座，水源为尚湖和长江水，实际供水能力67.5万立方米每日；太仓市1座，水源为长江水，实际供水能力30万立方米每日；昆山市2座，水源为傀儡湖（阳澄湖）水，实际供水能力100万立方米每日；吴江市1座，水源为东太湖水，实际供水能力为60万立方米每日，较上年增加30万立方米每日。受益人口1144.04万人，全年供水总量为122916.41万立方米。

2009年，苏州市有市、县（市、区）级供水厂26座，供水能力538.7万立方米每日。其中，苏州市区15座，水源均为太湖水，实际供水能力206.2万立方米每日；张家港市4座，水源为长江水，实际供水能力55万立方米每日；常熟市3座，水源为尚湖和长江水，实际供水能力67.5万立方米每日；昆山市2座水厂实际供水能力120万立方米每日，较上年增加20万立方米每日。

2010年，苏州市有市、县（市、区）级供水厂24座，供水能力601.2万立方米每日。其中，苏州市区13座，水源均为太湖水，实际供水能力225.7万立方米每日；张家港市4座，水源为长江水，实际供水能力68万立方米每日；昆山市2座，水源为长江和傀儡湖（阳澄湖）水，实际供水能力150万立方米每日。

2011年，苏州市有市、县（市、区）级供水厂25座，供水能力601.2万立方米每日。其中，苏州市区13座，水源均为太湖水，供水能力225.7万立方米每日；张家港市4座，水源为长江水，供水能力68万立方米每日；常熟市3座，水源为尚湖和长江水，供水能力67.5万立方米每日；太仓市1座，水源为长江水，供水能力30万立方米每日；昆山市3座，水源为长江和傀儡湖（阳澄湖）水，供水能力150万立方米每日；吴江市1座，水源为东太湖水，供水能力为60万立方米每日。

2012年，苏州市有县级以上供水厂20座，供水能力637.5万立方米每日。其中，苏州市区8座，水源均为太湖水，实际供水能力215万立方米每日；张家港市3座，水源为长江水，实际供水能力65万立方米每日；常熟市3座，水源为尚湖和长江水，实际供水能力87.5万立方米每日；吴江区2座，水源为东太湖水，实际供水能力为90万立方米每日。

2013年，苏州市有县级以上供水厂20座，供水能力637.5万立方米每日。其中，苏州市区8座，水源均为太湖水，实际供水能力215万立方米每日；张家港市3座，水源为长江水，实际供水能力65万立方米每日；常熟市3座，水源为尚湖和长江水，实际供水能力87.5万立方米每日；太仓市1座，水源为长江水，实际供水能力30万立方米每日；昆山市3座，水源为长江和傀儡湖（阳澄湖）水，实际供水能力150万立方米每日；吴江区2座，水源为东太湖水，实际供水能力为90万立方米每日。

2014年，苏州市有市、县（市、区）级供水厂20座，供水能力703.7万立方米每日。其中，苏州市区12座，水源均为太湖水，实际供水能力241.2万立方米每日；常熟市3座，水源为尚湖和长江水，实际供水能力87.5万立方米每日；太仓市2座，水源为长江水，实际供水能力70万立方米每日。

2016年，苏州市有县级以上供水厂22座，供水能力717.5万吨每日。其中，苏州市区11座，水源为太湖和阳澄湖水，实际供水能力345万吨每日。

2018年，苏州市有县级以上供水厂22座，供水能力717.5万立方米每日。其中，苏州市区11座，水源为太湖和阳澄湖水，实际供水能力345万立方米每日；张家港市3座，水源为长江水，实际供水能力65万立方米每日；常熟市3座，水源为尚湖和长江水，实际供水能力87.5万立方米每日；太仓市2座，水源为长江水，实际供水能力70万立方米每日；昆山市3座，水源为长江和傀儡湖（阳澄湖）水，实际供水能力150万立方米每日。

2020年，苏州市有县级以上供水厂21座，供水能力732.5万立方米每日。其中，苏州市区（含吴江区）11座，水源为太湖和阳澄湖水，实际供水能力345万立方米每日；张家港市2座，水源为长江水，实际供水能力80万立方米每日；常熟市3座，水源为尚湖和长江水，实际供水能力87.5万吨每日；太仓市2座，水源为长江水，实际供水能力70万立方米每日；昆山市3座，水源为长江和傀儡湖（阳澄湖）水，实际供水能力150万立方米每日。2020年，全市供水总量175666.35万立方米，平均日供水量450万立方米，最高日供水量593.36万立方米，年有效供水总量143469.03万立方米，年售水总量142925.37万立方米。其中，生产经营用水量60524.62万立方米，居民生活用水量55750.95万立方米，公共服务用水量22847.58万立方米，其他用水量3802.22万立方米。

二、镇村供水量

80年代，苏州兴办乡镇、村自来水厂，实施农村改水工作。80年代中后期，各乡镇普遍自办自来水厂，村级联办或独办自来水厂。90年代后期起尤其进入21世纪后，苏州各地的供水事业得到较快发展，供水形式由分散供水向区域集中统一供水转变，饮水安全由保障城镇居民向保障城乡全体群众拓展，饮用水源转为以长江水或太湖水为主，有效提高供水质量和可靠性。

“八五”期间，苏州镇村供水实现三个转变：制水方式从简易制水转变为集中式工艺流程的正规型供水，供水方式从以村为点转变为以乡镇为中心兴建水厂的规模型供水，供水面从消灭空白乡镇转变为全市农村大面积普及。

1991—1995年，苏州新建乡镇水厂34座、联办水厂95座、村级水厂456座，延伸管网516处。1995年底，苏州各地建制镇已建自来水厂158座，设计供水能力116.99万立方米每日，加上联办和村级水厂，农村自来水受益人口累计392.56万人，普及率80.42%，有37.5%的乡镇实现村村户户饮用自来水的目标。1994—1995年，苏州农村水厂抽检合格率均在90%以上。各县（市、区）农村自来水普及率，1993年昆山市和太仓市分别达到94%和80%，1995年张家港市和吴江市分别达到85.85%和82.72%，1997年常熟市达到87.4%，先后达到全国农村普及自来水先进县（市、区）标准，受到全国爱国卫生运动委员会的命名表彰。

“九五”期间，苏州农村改水进入大面积推进、规模型发展阶段，到2000年底，农村自来水普及率达95%以上，基本实现以镇村为单元的自来水供水格局，80%以上以地下水为水源，不到20%以地表水（河道）为水源，水源地遍地开花，由于原水水质差别很大，制水工艺简单，管网材质低劣，供水服务粗放，供水质量得不到保证。

2000年10月，省人大作出苏锡常地区全面禁采地下水的决定，在封井的同时，同步开展自来水管网延伸工程，供水管网迅速向农村地区延伸。

2003年，全市有镇村级小水厂65座（不含已纳入区域供水的水厂），设计供水能力35.35万立方米每日，实际供水能力29.75万立方米每日，这些小水厂的水源大都是地表水，部分为地下水。

2004年，全市有镇村级小水厂59座，较上年减少6座（昆山减少5座，吴江减少1座），实际供水能力72.54万立方米每日，较上年增加42.79万立方米每日。其中，苏州市区吴中区12座，实际供水能力12.01万立方米每日；苏州市区高新区4座，实际供水能力3.95万立方米每日；张家港市8座，实际供水能力8.35万立方米每日；昆山市13座，16.5万立方米每日；吴江市22座，实际供水能力31.73万立方米每日。

2005年，全市有镇村级小水厂48座，实际供水能力53.96万立方米每日。其中，吴中区12座，设计供水能力19.6万立方米每日；苏州高新区4座，实际供水能力3.95万立方米每日；张家港市9座，设计供水能力13.4万立方米每日；吴江市23座，已实现区域供水，由吴江华衍水务公司统一管理。

截至2005年底，全市基本实现自来水村村通，基本实现城乡一体化区域供水新格局，实现自来水“同水源、同管网、同水价、同服务”区域供水目标，累计发展用户288692户，当年售水量

13412.91万立方米。其中，工业用水占25.52%，居民用水占58.33%。

2006年，全市有镇村级小水厂35座，比上年减少13座，实际供水能力63.46万立方米每日。其中，吴中区9座，设计供水能力13.75万立方米每日；苏州高新区3座，实际供水能力3.7万立方米每日；吴江市已实现区域供水，因供水有缺口，小水厂未能取消，在供水高峰期做补充。

2007年，全市有镇村级小水厂33座，比上年减少2座，实际供水能力62.6万立方米每日。其中，吴中区9座，设计供水能力15.75万立方米每日；苏州高新区2座，实际供水能力3.7万立方米每日；吴江市22座，已实现区域供水，因供水有缺口，小水厂未能取消，在供水高峰期做补充。

2008年，全市有镇村级小水厂11座，比上年减少22座，实际供水能力19.2万立方米每日。其中，吴中区9座，实际供水能力15.5万立方米每日；苏州高新区2座，实际供水能力3.7万立方米每日；吴江市已实现区域供水，小水厂全部取消。

2009年，全市有镇村级小水厂7座，比上年减少4座，实际供水能力18.2万立方米每日。其中，吴中区5座，实际供水能力14.5万立方米每日；苏州高新区2座，实际供水能力3.7万立方米每日；其他市（区）已全部实现区域供水，小水厂全部取消。

2010年，全市有镇村级小水厂5座，比上年减少2座，实际供水能力10.7万立方米每日。其中，吴中区3座，实际供水能力7万立方米每日；苏州高新区2座，实际供水能力3.7万立方米每日；其他市（区）已全部实现区域供水，小水厂全部取消。

2014年，全市有镇村级小水厂3座，比上年减少2座，实际供水能力6.2万立方米每日。其中，吴中区2座，实际供水能力4.5万立方米每日；苏州高新区1座，实际供水能力1.7万立方米每日；其他市（区）已全部实现区域供水，小水厂全部取消。

2016年，全市有镇村级小水厂2座，比上年减少1座。其中，吴中区实际供水能力5万立方米每日。

2019年，全市有镇村级小水厂1座，在吴中区，实际供水能力2万立方米每日。

2020年，全市有镇村级小水厂1座。其中，吴中区金庭镇实际供水能力2万立方米每日。

表10-10 2020年苏州市公共供水量一览

单位：万立方米

地区	运营单位	水厂名称	年度供水量	有效供水量	漏损水量	最高日供水量
吴中区	苏州吴中供水有限公司	吴中水厂	3104.66	10500.90	1333.17	41.69
		吴中新水厂	8723.31			
太仓市	太仓市自来水有限公司	太仓市第二水厂、太仓市第三水厂	10453.00	9512.00	941.00	34.28
常熟市	江苏中法水务股份有限公司	常熟市第二自来水厂	2465.54	17177.41	3095.54	8.28
	江苏中法水务股份有限公司	常熟市第三自来水厂	10023.64			34.24
	江苏中法水务股份有限公司	常熟市滨江自来水厂	7783.78			27.56
昆山市	昆山市自来水集团有限公司	泾河水厂、第三水厂、第四水厂	32278.77	28133.64	4145.13	105.08
吴江区	吴江华衍水务有限公司	第一水厂	11718.85	17003.00	3059.00	39.08
	吴江华衍水务有限公司	第二水厂	8341.74			28.16
张家港市	张家港给排水有限公司	第三水厂	16270.00	14693.00	1577.00	52.95
		第四水厂				

续表

地区	运营单位	水厂名称	年度供水量	有效供水量	漏损水量	最高日供水量
姑苏区	苏州市自来水有限公司	胥江水厂	9456.78	25315.24	2922.94	30.29
	苏州市自来水有限公司	白洋湾水厂	8776.53			28.27
	苏州市自来水有限公司	相城水厂	10004.87			32.26
相城区	苏州市自来水公司转供	苏州市自来水公司转供	10467.95	8998.44	1469.51	32.26
工业园区	苏州工业园区清源华衍水务有限公司	星港街水厂	8833.00	12819.22	1363.78	57.30
		阳澄湖水厂	5350.00			
高新区	苏州高新区自来水有限公司	苏州高新区第一水厂	4077.21	10864.73	1224.00	13.88
	苏州高新区自来水有限公司	苏州高新区第二水厂	7999.80			27.78

第四节　供水行业监管

一、供水水质监测

按照住建部《关于加强城市供水水质督察工作的通知》和省住建厅《江苏省城市供水水质督察管理办法》要求，2016年上半年，市水务局出台《关于进一步加强公共供水水质监管的意见》。根据《意见》精神，要求完善供水水质监测体系，不断加强供水企业检测能力建设，严格执行水质报告制度和公示制度，确保城市安全供水和水质优化。

完善供水水质监测体系。市、县（市、区）供水主管部门针对集中式饮用水源地保护和公共供水安全状况，加强原水、生产过程和供水末梢水质监控，逐步建立起以水质为核心的质量监管体系。建立原水监测体系，加强水源地水质监测，强化上游水质监控，开展水源地上游污染源调查，筛查可能存在的污染风险，掌握污染风险物质、类别、等级，完善应对措施。在水源地取水口上游一定距离设置水源地水质在线监测点，实现实时联网共享。供水企业进一步加强原水色、嗅、味的检测，及时发现原水水质的变化。建立饮用水卫生监督体系，打造城乡饮用水卫生监测网络，定期对出厂水、管网末梢水、二次供水进行水质监测。供水主管部门和供水企业也应建立相应体系，掌控网络节点的水质状况。建立供水运行监测体系，委托有资质的水质监测机构，通过定期与不定期、定点与不定点监测等多种监督手段，对各市、县（市、区）供水水质进行监测抽查。各市、县（市、区）供水区域内的出厂水、管网水、管网末梢水（龙头水），每季度进行一次常规42项指标抽查，每年进行2次管网末梢水106项指标抽查；中心城区供水水质督查应当加大频次，其中出厂水、管网水、管网末梢水（龙头水）、二次供水每月进行一次常规42项指标抽查，每季度进行一次管网末梢水（龙头水）106项指标抽查。各地供水主管部门委托省级及以上质量技术监督部门认定的水质监测机构，每季度对所辖区的公共供水水质进行水质抽查，并将抽查结果报水务局备案。

加强供水企业检测能力建设。按照《江苏省城市供水企业水质检测实验室等级能力建设指导手册》的规定，提升水质检测能力建设，配强队伍，配齐装备，建立与供水规模和水质检验项目相适应的等级实验室。严格落实班组、水厂化验室、中心化验室三级检测制度，根据相关要求，对水源水、净化工艺水、出厂水、管网水、管网末梢水（含龙头水）、二次供水，进行常态化、高频次检测。各环节检测资料分类建档，定期检查分析。

执行水质报告制度和公示制度。按照“江苏省供水水质报告及监控系统”要求按时上报和管理水质检测数据。供水企业每月向当地供水主管部门上报本月的水质检测数据和分析报告，不影响供水水质的一般水质事故，当天应向主管部门上报专项事故情况和分析报告。影响供水水质的重大水质事故发生后，应迅速报告当地供水主管部门或当地政府，并同时报水务局。建立水质信息公示制度。定期在苏州水网公布对各市、县（市、区）的水质监测结果，接受社会监督。供水企业参照《江苏省城市供水服务质量标准》（DGJ32/TC 03-2015）要求，在单位门户网站上定期向社会公示供水水质检测结果。

二、组织供水安全保障考核

2017年起，组织全市供水安全和服务工作考核。考核内容包括管网漏损率控制、二次供水改造、水厂深度处理改造、应急预案修订、物资采购储存、水质监管、水压控制、供水服务等方面，考核结果向各市、县（市、区）进行通报。

三、开展供水企业服务质量第三方考核评价

为提升全市供水企业服务的质量和水平，创新监管方式，市水务局委托苏州科技大学编制《苏州市供水企业服务质量第三方评价方案》，于2018年8月印发。根据《方案》，供水企业服务质量可从4个方面进行评估：供水压力，供水水压在很大程度上决定用户使用的直观感受，是供水服务最根本、最核心的内容，自来水管网、用户端的水压力监测数据则对供水管理起着至关重要的指导作用，故本项分为管网末梢压力及供水不间断供应两个分项；设备维护与管理，设备维护与管理包括漏水抢修、供水设施维护与管理、降压与停水、二次供水设施管理四部分，分别从突发事故处理、供水设施日常维保养护、管网检修管理方面评价供水服务质量；运营与服务，运营与服务评价包括业务处理、业务收费、投诉处理、服务公开、服务质量、营业厅环境六大项，服务是供水企业与用水户进行信息交换的主要形式，对用户满意度的捕获力的关键取决于供水企业的运营与服务，应把用户满意度作为企业活动的首要目标，该部分主要对相关业务办理流程及岗位人员服务行为进行评价；信息化建设，信息化建设部分主要考核供水企业对外服务信息化情况，有利于改善服务体验，提供给用户更便利的业务办理条件及问题反馈通道，是增加用户对服务满意度的重要手段。

自2018年起，每年通过政府采购委托第三方，组织对供水企业服务质量的考核评价，考核评价内容包括供水压力、供水水质、供水设备维护与管理、供水运营与服务、信息化建设等5个方面40多个子项。委托第三方通过现场查看、翻阅台账、调查问卷、随机抽检、随机回访进行综合考评打分，考核评价结果由市水务局公开通报，供水企业针对存在问题组织整改。

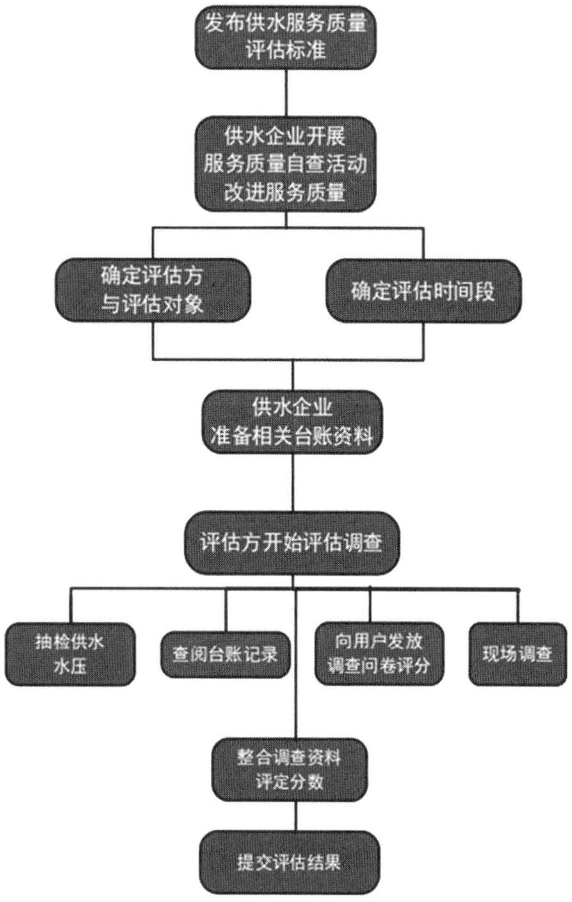

图10-3　苏州市供水企业服务质量第三方评价流程

表10-11　2017年苏州市

序号	考核项目	分值	考核内容
1	整改落实	35	2016年省住建厅供水安全保障考核、问题整改完成情况。
2	防冻保供	6	供水设施防冻保温工作。
3	二次供水	6	老旧二次供水设施改造情况，接管的二次供水设施、水箱的管理情况。
4	深度处理	10	按时序完成自来水厂深度处理改造。
5	管网漏损	10	城市供水管网漏损率控制：2017年底前控制在12%以下，2020年控制在10%以内；开展供水管网漏损调查评估工作。 管网漏水抢修，管网、水厂、泵站、消火栓、闸门等供水设施维护与管理。 贸易结算的水表定期检定和更换。 分区计量系统管理。
6	互连互通	5	开展不同区域间供水管互连互通演练，提高供水安全保障。
7	水质水压	12	在水源地取水口上游一定距离设置水源地水质在线监测点，设置位置和水质参数合理，并与相关部门和城市公共供水企业中心控制室实现实时联网共享。 供水主管部门对辖区供水企业开展水质监测工作，并对外公示。供水企业水质检测数据应及时对外公示，不利点管网水水质合格。 建立完整的纸质档案和GIS管理信息系统；合理设置测压点数量，管网压力满足规范要求。

供水安全保障考核标准

考核细则	考核依据
完成整改要求的不扣分；未完成整改要求的，每一项扣5分。	《省住房和城乡建设厅关于2016年度全省城市供水安全保障考核评价的通报》（苏建城〔2016〕348号） 省住房和城乡建设厅关于印发《城市供水安全保障工作整改通知书》的函（苏建函城〔2016〕645号）
供水主管部门未制订详细的防冻能力较差的老旧小区改造计划的，扣1分；2018年不能完成全部老旧小区供水设施防冻改造的，扣3分；供水企业未参与建筑供水工程专项验收的，扣1分；供水企业未建立与乡镇（街道）、村组（社区）日常沟通联系机制的，扣1分。	《省住房城乡建设厅关于加强全省建筑供水设施防冻保温工作的通知》（苏建城〔2016〕669号） 关于转发《省住房城乡建设厅关于加强全省建筑供水设施防冻保温工作的通知》的通知（苏市水务〔2017〕5号）
未制订改造计划的，扣1分；2017年之前全部完成的不扣分；计划2018年全部完成的扣3分；计划2018年以后完成的，不得分；二次供水设施、水箱未定期清洗的，扣1分；清洗人员不具备卫生部门上岗证书的，扣1分。	省住房城乡建设厅　省物价局　省公安厅　省卫生计生委关于转发《关于加强和改进城镇居民二次供水设施建设与管理确保水质安全的通知》的通知（苏建城〔2015〕235号） 《江苏省城市供水服务质量标准》（DGJ32/TC 03-2015） 《二次供水设施卫生规范》（GB17051）
常规工艺的水厂未制订具体改造计划和方案的，每个扣2分；水厂进行了部分深度处理改造的，扣2分；沿江三市（张家港、常熟、太仓）2019年底前不能完成深度处理改造任务的，扣5分。	《省政府办公厅关于切实加强城市供水安全保障工作的通知》（苏政办发〔2014〕55号）
未实质性开展供水管网漏损率调查评估工作的，扣3分；2017年3月底未完成供水管网漏损率调查评估的，扣2分；供水管网漏损率调查评估未包括乡镇的，扣2分；供水设施无完善的巡检和抢修制度，扣1分；贸易结算的水表未定期检定和更换的，扣2分；未开展分区计量的，扣3分；供水管线未设立明显的标识标记的，扣1分。	《国务院关于印发水污染防治行动计划的通知》（国发〔2015〕17号） 《江苏省水污染防治工作方案》（苏政发〔2015〕175号） 《苏州市水污染防治工作方案的通知》（苏府〔2016〕60号） 《关于组织开展公共供水管网漏损率调查评估工作的通知》（苏市水务〔2016〕24号） 《江苏省城市供水服务质量标准》（DGJ32/TC 03-2015） 《冷水水表计量检定规程》（JJC162）
供水企业未获得苏州市水务局演练指令直接开展演练的，扣2分；供水企业未严格按照演练实施方案开展演练，造成供水事故的，不得分。	关于下发《苏州市供水互连互通管道2017年度应急演练实施方案》的通知（苏市水务〔2017〕8号）
未在水源地取水口上游一定距离设置水源地水质在线监测点的，扣2分；水质在线监测点设置位置或监测参数的更新周期不合理，不能预留应急处置时间的，扣1分；水质在线监测参数没有结合水源特征污染因子设定的，扣1分；水质在线监测系统未与相关部门和城市公共供水企业中心控制室实现实时联网共享的，扣1分；未建立水质在线监测系统日常维护制度并落实，或现场查看发现在线监测数据失真、存在故障的，扣1分。供水主管部门未按照《江苏省城市供水水质督察管理办法》规定开展水质监测工作的，扣2分；查看供水企业水质公示制度和公示情况，不符合《江苏省城市供水服务质量标准》（DGJ32/TC 03-2015）要求的，扣1分；管网末梢水、低用水量区域长水龄管道水未及时放空，造成水质不达标的，扣1分。未建立完整管网档案的，扣1分，建立纸质档案、但未建立GIS管网信息档案的，扣1分；管网最不利点的压力不能满足国家或当地相关标准要求的，扣1分；低压区占比超过5%的，扣1分；低压区超过10%的，扣2分。	《江苏省城市供水水质督察管理办法》（苏建城〔2006〕63号） 《江苏省城市供水服务质量标准》（DGJ32/TC 03-2015） 《城市供水管网漏损控制及评定标准》（CJJ92-2016，正在修订） 《城镇供水管网运行维护及安全技术规程》（CJJ207-2013） 《城市给水工程规划规范》（GB50282-98） 《江苏省城乡供水管理条例》

续表

序号	考核项目	分值	考核内容
8	设备维护	3	水厂设施、设备养护良好，设备完好率≥95%
9	应急管理	8	配备高锰酸钾和粉末活性炭应急自动投加装置和物资。 供水主管部门和供水企业分别制定各自的供水应急预案。 定期组织多部门的联动应急演练，及时评估演练实效，并对应急预案及时完善。
10	信息报送	5	突发性供水信息报送制度执行情况。

表10-12　2019年苏州市

总项分值	总项目	分项	分项分值	子项编号	子项	子项分值
14	供水压力与水质	供水压力与压力检测	9	1	管网末梢供水压力符合国家相关标准要求	5
				2	供水不间断供应	4
		供水水质	5	3	供水水质合格	5

考核细则	考核依据
供水企业未制定供水设施设备日常保养、定期维修和大修理三级维护检修制度的，扣2分（制度不完善的，每缺1项扣0.5分，扣完2分为止）；查看现场，主要水处理设施设备有故障或无法正常使用的，扣1分。	《城镇供水厂运行、维护及安全技术规程》（CJJ 58-2009）
未配备高锰酸钾（或预臭氧）和粉末活性炭，应急自动投加装置的，扣1分；应急投加设置点位不合理的，扣1分；自动投加装置存在故障或不能即启即用的，扣1分；无应急物资储备的，扣1分；现场应急物资储备量不足3天的使用量，扣1分；供水主管部门未制定城市供水应急预案并报同级人民政府批准或备案的，扣2分；供水企业未制定企业层面的供水突发事件应急预案，并通过当地供水部门评审，根据规定报相关部门备案的，扣2分；供水企业未制定各专项预案，涵盖水质、工艺、管道、电气设备等突发供水安全事故，以及夏季高峰供水、防汛防台、冬季保供等的，每缺一项扣1分。供水主管部门、供水企业分别制定的应急预案应定期组织演练和修订（其中供水企业的应急预案应该每年演练和修订），各级预案演练和修订达不到要求的，每级扣2.5分。	《住房城乡建设部关于印发城镇供水规范化管理考核办法（试行）的通知》（建城〔2013〕48号） 《江苏省城乡供水管理条例》 《省政府办公厅关于切实加强城市供水安全保障工作的通知》（苏政办发〔2014〕55号） 《关于进一步加强全省住房城乡建设系统应急处置工作的通知》（苏建办〔2014〕733号） 《城镇供水厂运行、维护及安全技术规程》（CJJ 58-2009）
未按照要求及时上报信息的，发现一起扣1分；未及时上报，造成严重后果的，扣5分。	《苏州市突发性供水信息报送制度的通知》（苏市水务〔2016〕56号）

供水服务质量评分标准

评估内容	评估方式
中心城区供水水压不低于0.28Mpa，县（市）城区不低于0.24Mpa，建制镇区不低于0.20Mpa，乡村不低于0.16Mpa；低压供水率不应超过1%。 两种计算方式二选一：统计75毫米及以上供水管不能达到苏州供水规划水压要求的长度占比，每超0.1%，扣0.5分，扣完3分为止；统计不能达到苏州供水规划水压要求服务区人口占总人口比率，每超0.1%，扣0.5分，扣完3分为止。 使用转供水的水司管网压力考核，计入转供水提供方的考核范围内。	供水企业提供不满足压力要求管网位置，按实际情况计分；问卷调查，2分。个人、企业用户各占1分。
供水企业应建立管网运行管理台账，记录供水间断频次与恢复时间，未建立台账的，扣4分；DN500毫米及以下的管道不能在24小时内修复，DN500毫米以上的管道不能在48小时内修复的，每次扣0.5分（重大节日、外事活动等特殊情况除外）；扣完4分为止。	查阅企业提供过去一年供水间断记录、持续时间的相关台账；核对台账，按标准计分。
管网水质检测采样点应按每2万人口设置1个。供水人口低于20万或高于100万时，可酌量增减，但城市供水单位采样点不得少于3个。管网水质检测点数量小于上述要求的，扣1分，其中供水人口低于20万或高于100万的供水企业，管网水质检测点数量低于按每2万人设置1个检测点总数80%的，扣1分；管网水的浑浊度、色度、臭和味、游离余氯、菌落总数、总大肠菌群每月不得少于2次检测，符合《生活饮用水卫生标准》GB5749中的有关要求，有一项水质不达标的，该检测点当次检测计为不合格；管网末梢水的浑浊度、色度、臭和味、游离余氯、菌落总数、总大肠菌群、CODMn每月不得少于2次检测。《生活饮用水卫生标准》GB5749表1全部项目、表2中可能含有的有害物质指标每月不得少于1次检测；管网水及管网末梢水分别独立计算，检测频次未达到上述要求的，扣1分，总计2分；未进行检测的，扣4分；水质合格率应为100%，全年管网水（包含末梢水）质合格率每低0.1%，扣1分，扣完2分为止。	对照水司服务人口总数统计管网水质检测点数量，按标准记分；查看水质检测点检测报告，核算检测频次，按标准记分。

续表

总项分值	总项目	分项	分项分值	子项编号	子项	子项分值
27	设备维护与管理	漏水抢修	1	4	抢修设备与人员、台账设置完备	1
		设备维护、管理	8	5	建立供水管线巡查制度	3
				6	供水阀门、井盖缺损，应及时补配修复、采取安全措施	2
				7	贸易结算水表定期更换检定	3
		降压与停水	10	8	停水降压，应及时通知用户	6
				9	停供水持续时间	2
				10	降压持续时间	2
		二次供水设施管理	8	11	制定有二次供水管理制度和突发事件应急预案	1

评估内容	评估方式
未建立专业抢修队伍并配备必要的抢修车辆、通信、防护、检测等抢险设备的，扣0.5分；抢修队伍不能24小时值班的，扣0.5分。扣完1分为止。	现场查看抢修班组成员、配套车辆及设备；查看抢修班组值班记录，值班记录应由值班人员签名；查看管道抢修记录台账，台账内需注明接报时间、突发事故简述、止水时间；翻阅抢修记录，按标准计分。
未建立供水管线巡查制度的，扣2分；未设专人负责管网巡检养护工作的，扣0.5分；未按时进行管线巡查的，每次扣0.1分；未写清巡查发现问题及养护内容的，每处扣0.1分。扣完3分为止。	翻阅过去一年管网巡检养护记录台账，台账内需明确巡检范围、日期、发现的问题以及养护内容，每次巡检养护需专人签字确认。
未建立阀门、井盖（DN40毫米以上）修复台账记录的，扣1分；现场抽检相关设施情况，存在缺损、未采取安全措施的，发现一处扣0.2分。扣完2分为止。	翻阅台账记录；现场抽检阀门及井盖20处，按标准计分。
根据《冷水水表计量检定规程》JJG162的要求进行水表检定：标称口径小于或等于50毫米且常用流量不超过16立方米每小时，用于贸易结算的水表只做首次强制检定，限期使用，到期轮换。标称口径大于50毫米或常用流量超过立方米每小时的水表检定周期为两年，检定记录缺失或未定期检定的，每个扣0.1分，扣完1分为止。 水表检定换装达标率：口径大于50毫米或常用流量超过16立方米每小时的水表，检定不合格的，水表换装后再次检测，达标率应为100%，供水公司提供上一周期检定不合格水表换装后的检测报告，若无法提供或检定仍不合格，则计为不达标，达标率=换装后二次检定达标水表数量/上一周期检定不合格水表总数量，每降低1%，扣0.5分，扣完1分为止。	抽查20处贸易结算水表检定记录，比对上次检定时间，对照标准计分；统计水表换装达标率，按标准计分；企业用户调查问卷占1分。
供水企业应建立停水降压台账记录、档案，未建立台账记录的，扣2分。 其中，居民用户：DN500毫米以上管道计划停水施工应提前48小时通知用户，DN500毫米及以下管道计划停水施工（不含爆管）应提前24小时通知用户；要求：书面通知须张贴至小区楼道口醒目位置，除此之外，还需选择广播、电视、报纸、网络媒体等一种或多种形式发布。企业用户：DN500毫米以上管道计划停水施工应提前48小时通知用户，DN500毫米及以下管道计划停水施工（不含爆管）应提前24小时通知用户；要求在以下方式中至少选择一种：书面通知送达企业，电话通知企业，信息、网络媒体通知企业。特殊单位用户：涉及医院、消防单位供水管计划停水施工的，DN500毫米以上管道计划停水施工应提前48小时通知，DN500毫米及以下管道计划停水施工（不含爆管）应提前24小时通知，应通过书面或电话通知负责人的方式。 发生紧急事故不能提前通知的，城市供水单位应在抢修的同时通过网络媒体等形式通知停水范围内的用户，对于医院、消防（指各区消防大队）特殊单位应电话通知。 不能提供停水降压通知记录的，每次扣0.2分；抽查回访10家特殊单位，反馈表明未及时通知停水的，每次扣0.2分。扣完2分为止。	翻阅停水降压台账、档案，应注明停水降压时间、范围、管道直径、通知方式及完成通知时间；通过信息传媒渠道发布的通知应留存照片或截图；抽查回访停供特殊单位。 问卷调查：个人、企业用户各占2分。
每100千米供水管网（75毫米及以上）停供水率不得高于0.5%，每高0.1%扣0.4分，不足0.1%按照0.1%扣分，扣完2分为止。	统计计算企业网站公布的停供水总时间，计算停供水率，根据结果计分。
降压持续时间涉及DN500毫米及以下管道的不应超过24小时，涉及DN500毫米以上管道的不应超过48小时，超过每次扣0.5分，扣完2分为止。	翻阅台账统计过去一年内降压持续时间频次，按标准打分。
未制定二次供水管理制度的，扣0.5分；未制定突发事件应急预案的，扣0.5分。	翻阅二次供水管理制度和突发事件应急预案。

续表

总项分值	总项目	分项	分项分值	子项编号	子项	子项分值
27	设备维护与管理	二次供水设施管理	8	12	定期对水池、箱进行清洗，消毒并进行水质检测，留有检测记录	7
53	运营与服务	业务处理	4	13	服务网点设置符合要求	1
				14	居民用户新户抄表到户率应达100%	1
				15	供用水合同签订率	1
				16	水量异常、催缴友情提醒	1
		营商环境	22	17	优化营商环境	10
				18	严格按有关部门批准的收费项目标准收费	4
				19	对公合同审查	3
				20	服务过程中，不得吃拿卡要、谋私利、刁难用户	5
		咨询、投诉处理	10	21	工作流程规范化	1

评估内容	评估方式
水箱（池）消毒清洗，每半年不得少于1次，二次供水设施水质检测每半年应进行1次。 清洗消毒后的水质检测项目至少应包括《二次供水设施卫生规范》GB17051水质指标必测项目：色度、浑浊度、臭和味、肉眼可见物、pH值、大肠菌群、细菌总数、游离余氯指标。 评分标准：未对二次供水设施数量、位置、清洗时间、水质检测情况进行统计存档的，扣4分。二次供水设施清洗、检测频次不满足评估要求或水质检测项目任何一项不达标的，该二次供水设施管理计为不合格。二次供水设施管理合格率应为100%，每降低1%扣1分，不足1%的按1%计，扣完4分为止。	翻阅台账及检测记录；问卷调查，个人用户占3分。
城市建成区每70平方千米应建立1个供水办事处或功能齐备的服务网点，城乡一体化供水企业，应按实际情况设置乡镇及农村供水办事处或营业网点，城市供水企业存在服务网点缺失的，每个扣0.5分，扣完1分为止。	根据供水企业服务范围及对应服务网点数量按标准计分。
供水范围内抽检10个新用户小区（2016年后建成小区），不满足抄表到户要求的，每处扣0.1分，扣完1分为止。	现场抽查抄表到户情况；翻阅相关记录。
从用水企业名单中抽调10份供水企业服务范围内单位（2016年之后签订）供用水合同，缺少合同、未按规范签订合同的，每个扣0.1分，扣完1分为止。	抽查相关合同。
水量异常提醒：供水企业应留存用户水量异常台账以备查验；抄表员发现居民用户水量突增或突减的，应在其门上张贴异常水量通知单或发短信通知，留下电话以备用户咨询；抽查回访10个用水异常用户，反馈显示供水公司未进行异常提醒的，且企业短信或微信平台后台无记录的，每次扣0.1分，扣完0.5分为止。 缴费提醒：用户在规定时间内未按时缴费的，供水公司应通过书面、短信、微信等催缴通知进行（每月一次）提醒，直至用户缴费或采取暂停供水措施；未进行友情提醒的，抽查回访10个未按时缴费用户，反馈显示供水公司未进行缴费提醒的，且企业短信或微信平台后台无记录的，每次扣0.1分，扣完0.5分为止。	抽查回访用户。
进一步优化工商企业用户用水接入业务办理程序，抽检20家工商企业用户用水接入业务办理起讫时间，无需增设管线的应在5天内完成，需增设管线并办理行政审批事项的最长不应超过35天完成装表接入。 评分标准：未对业务办理起讫时间进行记录的，扣2分；业务办结时间超时的，每个扣1分，扣完8分为止。	抽检20家工商企业用户用水接入业务办理起讫时间，以电话回访的形式检查。
查看接表装水施工是否按有关部门批准的收费项目标准进行收费；查看接表收费底单明细内对应材料及措施费单价，无明确收费标准且无相近类型的，设备、材料类不超过同期市场价格的40%，安装费用参照江苏省市政安装定额；抽查20份接表施工收缴明细单，无收费明细或超过按以上标准进行收费的，每发现一次扣1分，扣完4分为止。	查看收缴记录明细。
对照省工商局发布标准合同文本，查看合同内容是否增加了不公正条款；抽查企事业单位新用户（两年内）签订的供用水合同20份，对照标准合同查看是否增加明显不公条款及垄断内容，确认存在不合理条款的，每份合同扣0.5分，扣完3分为止。	抽查新用户供用水合同。
以调查问卷的形式对服务情况进行回访，存在吃拿卡要、谋私利、刁难用户的，核实后每次扣1分，扣完5分为止。	问卷调查，个人用户占2分，企业用户占3分。
未制定工作流程规范化服务制度的，扣0.5分；未开通24小时服务热线的，扣0.5分。	查阅工作流程服务规章制度；确认企业开通24小时投诉服务热线。

续表

总项分值	总项目	分项	分项分值	子项编号	子项	子项分值
53	运营与服务	咨询、投诉处理	10	22	对群众的咨询、投诉等应在规定时限内处理并反馈	6
				23	建立用户服务工作考核机制	1
				24	对用户反映水质问题，职能部门应在24小时内上门查找水质污染原因	1
				25	水压问题（爆管或管网压力正常而用户端水压异常），职能部门应在24小时内派员上门测压	1
		服务公开	4	26	城市供水单位应制定社会服务承诺制度并向社会公示	1
				27	城市供水单位应在对外服务窗口公示所有收费项目	1
				28	城市供水单位应在对外服务窗口公示业务受理范围、办事地点、流程等	1
				29	城市供水单位应设立企业网站或开通微博、微信等系统	1
		服务质量	8	30	对外服务人员应着装整齐，挂牌上岗	1
				31	服务态度	3
				32	服务纪律	2
				33	城市供水单位每年开展服务进社区，上门服务，延伸服务	1
				34	工作人员岗位培训	1
		营业厅环境	5	35	服务内容公开	0.7
				36	营业厅内应布局合理、舒适安全。	1.8
				37	宣传资料齐全	0.5
				38	积极为特殊人员提供服务	2

评估内容	评估方式
对用户一般咨询，可以当场回复的应及时解答；对不能立即答复的问题，应记录在案，转相关职能部门，要求在5个工作日内处理完毕并回复用户；需要较长时间实施整改措施的，应在5个工作日内提出处理方案和处理时限答复用户，并在承诺的时限内完成整改措施；台账应留存用户电话，以备回访。 评分标准：查询投诉处理记录台账，未能在规定时限内处理并答复的，每次扣0.5分；未记录台账的，扣1分。扣完1分为止。抽检近3个月20次（不足20次则向前回溯至第20次投诉）投诉电话进行回访，确认问题是否在规定时间内解决，未按规定时间回复或未解决问题的，每次扣0.1分，扣完1分为止。	翻阅台账，查看回复时间，电话抽检回访用户，按标准计分；问卷调查，4分，个人、企业用户各占2分。
未建立用户服务工作考核机制的，扣1分。	翻阅考核制度。
对此类问题发生地点、投诉用户电话、处理时间及结果进行归档记录，无完整记录存档的，扣1分。 评估抽查近3个月5次（不同区域）水质投诉处理情况（转供水用户除外），回访用户确认处理情况，对未在时限内上门处理投诉的，每个扣0.2分。	翻阅台账，抽查回访用户，按标准计分。
对此类问题发生地点、投诉用户电话、处理时间及结果进行归档记录，无完整记录存档的，扣1分；抽查评估近3个月5次（不同区域）水压投诉处理情况（转供水用户除外），回访用户确认处理情况，对未在时限内上门处理投诉的，每个扣0.2分。	翻阅台账，抽查回访用户，按标准计分。
未制定社会服务承诺制度并通过企业网站等渠道向社会公示的，扣1分。	查看公示情况。
未在对外服务窗口公示所有收费项目，扣1分。	现场查看。
未在对外服务窗口公示业务受理范围、办事地点、流程的，扣1分。	现场查看。
未设立企业网站或开通微博、微信等系统的，扣1分。	现场查看。
对服务网点及上门服务人员进行抽检并对用户进行问卷调查，未达要求的，每人每次扣0.2分，扣完1分为止。	现场查看，问卷调查。
与用户直接接触办理相关业务、接报自来水咨询与投诉，注意文明礼貌和服务态度。	问卷调查，3分，个人用户占2分，企业用户占1分。
对外服务人员上门服务时主动出示证件，维修完毕做好现场清理，以调查问卷的形式对服务情况进行用户回访。	问卷调查，个人用户占2分。
当年度未开展社区上门服务、延伸服务的，扣0.5分；开展社区上门服务、延伸服务少于2次的，扣0.5分。扣完1分为止。	查阅上门服务活动记录及照片。
当年度未开展工作人员岗位培训的，扣1分；岗位培训应记录培训内容及人员参与情况，开展培训工作而未记录的，扣0.5分。	查阅岗位培训记录及照片。
营业厅内墙上应悬挂或张贴服务标语、业务受理范围、办事程序、受理时限、服务承诺、投诉电话及收费标准等服务内容，每缺一项扣0.1分。	现场查看，按标准记分。
设有用户等候休息处、备有饮用水；配置用户书写台、书写工具、老花眼镜、登记表书写示范样本等；墙面应挂有时钟；有明显的禁烟标志。每缺失一项，扣0.1分，扣完0.8分为止。	现场查看，按标准记分；问卷调查，个人用户占1分。
在营业大厅显著位置整齐摆放赠阅宣传资料，内容包括业务收费标准、水费价格、收费依据、服务承诺、供水业务服务指南等。宣传资料内容每缺失一项，扣0.1分。	现场查看，按标准记分。
业务接待窗口开通至少一个军人及其他特殊人群优先窗口，为其提供优质供水服务，优先窗口缺失的，扣2分。	现场查看，按标准记分。

续表

总项分值	总项目	分项	分项分值	子项编号	子项	子项分值
6	信息化建设	对外服务信息化	6	39	城市供水单位应建立计算机营业收费管理系统、用户报装、表务管理等营销管理工作流程应实现网络流转	1
				40	城市供水单位应建立用户服务呼叫系统，实现对用户来电的自动处理	1
				41	通过网络、电话等信息化渠道为用户提供方便快捷的供水服务	1
				42	城市供水单位建立用户查询水量等信息化渠道，提供多种缴费方式方便用户缴费，用户对缴费途径与办理流程感到满意	2
				43	积极推行居民水表用户实名制	1

评估内容	评估方式
营销数据、流程控制、指标分析、业绩考核四项功能未能在计算机营业收费管理系统中实现的，每缺失一项，扣0.2分；用户报表、表务管理未能实现网络流转的，每项扣0.2分。扣完1分为止。	现场查看。
话务分析、热线大屏、电话录音、语音导航四项功能，每缺失一项扣0.25分，扣完1分为止。	现场查看。
停水降压通知，通过网络渠道发布通知；开通水费网上缴纳通道；用户可通过电话、微信公众号平台查询水费缴纳状态；水费催缴、用水异常提醒可通过短信形式提醒用户。每缺一项功能，扣0.25分，扣完2分为止。	现场查看。
供水单位未提供电话、网络等信息渠道方便用户查询用水量等信息的，扣0.5分；供水单位未提供网络渠道方便用户进行水费缴纳的，扣0.5分。	根据实际情况按标准计分；调查问卷，居民用户占1分。
在办理业务、签订协议或提供服务时，是否按相关要求登记实名制信息。	问卷调查，个人、企业用户各占0.5分。

第十一章　城乡污水处理

苏州传统的城镇排水靠所建的明沟暗渠,雨污水都就近排入河道。新中国成立后,城市规划建设了雨水管网系统,随着城镇住宅小区的不断建造,尤其是1978年后一批规模较大的居民新村建成,尽管户内配套有卫生设施,但产生的生活污水当时还是通过雨污合流管网向河道排放,使得水环境污染日益严重。80年代,苏州城区开始建设污水处理厂,1985年建成第一座污水处理厂——城西污水厂,以后又陆续建成城南、城东、福星、娄江污水厂,并逐步配套污水管网。90年代后,苏州高新区、工业园区、吴中区、相城区和所辖各市城区及部分乡镇也先后建起污水处理厂。至2020年,全市共有污水处理厂近90座,率先在全国推行"统一规划、统一建设、统一运行、统一监管"的城乡生活污水治理模式,城镇生活污水处理能力达到420余万立方米每日,为水资源保护、城乡水环境提升提供基础性支撑。

第一节　污水处理厂

一、城区污水处理厂[1]

苏州城市污水集中处理系统的建设开始于80年代。始建于1982年1月的城西污水处理厂是苏州第一座对城市生活污水集中净化处理的企业,设计日处理污水能力5000立方米,经过3年8个月的工程施工,于1985年11月14日正式投入二级运转,标志着苏州城市污水处理行业从此诞生。

1986年,苏州城区处理污水84.36万立方米。其后陆续兴建城西、城东、福星、娄江4座污水处理厂。2007年1月,福星、娄江污水处理厂二期扩建工程开工。2009年城西污水处理厂废止。2008年11月,福星、娄江、城东三大污水处理厂升级改造。三大污水处理厂升级改造工程项目总投资近4亿元,建设规模达到36万立方米每日。其中,娄江污水处理厂建设规模为14万立方米每日,福星污水处理厂18万立方米每日,城东污水处理厂4万立方米每日,市区污水处理厂处理后的污水达到国家一级A最高排放标准。

至2020年底,运行的有城东厂、福星厂、娄江厂污水处理厂,共3座。

(一)城西污水处理厂

城西污水处理厂位于桐泾南路908号,占地面积33.1亩(2.21公顷)。工程由上海市政工程设计院设计,处理污水性质为城市生活污水,设计二级日处理污水能力为5000立方米,采用传统曝气活性污泥法工艺,进行二级生化处理,设计进厂污水浓度5日生化需氧量(以下简称BOD5)为250毫克/升,固体悬浮物(以下简称SS)为250毫克/升;处理后出水水质标准是BOD5小于等于20毫克/升,SS小于等于30毫克/升,进厂污

1城区为苏州市排水管理处管辖片区,故按此分类。

水经处理净化达标后排入里双河。生产过程中的剩余污泥经浓缩池自然浓缩后外运填埋。该厂服务区域东起古城河以西，西至西环路，北起干将路，南至胥江。服务面积5.6平方千米，服务人口约10.5万人。

该厂于1982年元月动工兴建，1985年11月14日正式运行。1989年，城西厂进行二期扩建，1993年扩建部分投产，设计二级日处理污水能力增至1.25万立方米。2009年1月福星污水处理厂二期工程进入调试试运行，运行基本稳定，城西污水处理厂于2009年1月16日起停止运行，该区域污水全部转输至福星污水厂处理。原城西厂管辖的菱塘、金石街、玻纤路、金门路、三元、新庄、劳动路、白洋湾、福星9座中途提升泵站划归福星污水厂管理。

（二）城南污水处理厂

城南污水处理厂位于南环西路，占地面积8.7亩（0.58公顷）。上海市政工程设计院设计，主要承担东起苏嘉公路，西至横塘，北起南门外城河及胥江，南至湄长河，接纳解放、盘溪、大龙港、友联等新村的生活污水。规划服务面积7平方千米、服务人口7万人，设计一期规模为二级日处理污水能力5000立方米，远期拟达二级日处理污水2万立方米。一期工程于1984年7月破土动工，1990年11月正式投产，建设总投资114.8万元。工厂处理污水性质为城市生活污水，采用传统曝气活性污泥法工艺进行二级生化处理，设计进厂污水浓度为：5日生化需氧量BOD5为250毫克/升，固体悬浮物SS为250毫克/升；出水水质标准BOD5<20毫克/升，SS<30毫克/升，进厂污水经处理净化后排入仙人大港支流，生产过程中的剩余污泥经浓缩池自然浓缩后外运填埋。

2003年，因南环高架快速路施工影响，城南污水厂进厂管道遭破坏，切断污水来源，同时根据苏州市水环境整治规划，城南污水厂服务区域的生活污水由福星污水厂承担处理，4月15日，该厂停止运行。

（三）城东污水处理厂

城东污水处理厂位于庄先湾路8号，占地面积3.53万平方米。城东污水处理厂始建于1984年，设计处理能力为2.5万立方米每日，1994年进行扩建，设计处理能力提升至4万立方米每日。2009年实施升级改造工程，2010年9月投入运行，采用传统曝气活性污泥法工艺进行二级生化处理。新建A/A/O生化池，保留原有一期工程及二期工程的二沉池。利用原有加氯接触池改造成紫外线消毒池，并采用转盘过滤器进行深度处理，进一步去除SS和TP。同时对预处理构筑物和污泥处理构筑物的除臭工程进行改造，并将原有带式脱水机更换为离心式浓缩脱水一体机。

2020年，该厂实施提质增效工程，新增深度处理单元用地，新建V型滤池、紫外线消毒池、出水提升泵房，对新建及原有除臭系统进行更新。经处理后尾水达到《城镇污水处理厂污染物排放标准》（GB18918—2002）表1一级A标准及《太湖地区城镇污水处理厂及重点工业行业主要水污染物排放限值》（DB32/1072—2018）表2标准后排入外城河。

截至2020年底，城东污水处理厂收集相门泵站、悬桥泵站、皋桥泵站、相王弄泵站、乐桥泵站、外河桥泵站、平直泵站、中军弄泵站、竹辉泵站、北园泵站、徐公桥泵站、里河泵站12座中途提升泵站的污水转输量。

（四）福星污水处理厂

福星污水处理厂位于福运路111号，占地面积11.85万平方米。地处于苏州市区西南角，京杭运河东岸。主要承担苏州古城区西南片区的生活污水，服务面积46.4平方千米，服务人口56万。福星污水处理厂一期工程于1999年10月开工建设，2002年12月31日建成投产试运行，设计处理能力为6万立方米每日，采用交替式生物处理工艺（UNITANK）。二期工程于2007年5月开工

图11-1　2012年福星污水处理厂

建设，2009年1月通水试运行，采用改良型交替式生物处理工艺，设计处理能力为12万立方米每日，二期建成后，设计总处理能力18万立方米每日。三期升级改造工程，2009年3月开工建设，2010年7月通水试运行，三期深度处理工艺采用高效沉淀池+V型滤池处理工艺，最终出水指标达到GB18918—2002中的一级A排放标准。2011年实施综合改造工程，2013年投入运行，将原交替式反应池拆除，新建A/A/O生化池；改造二期改良型交替式反应池；改造污泥脱水机房，将带式脱水机更换成离心式浓缩脱水一体机。改造完成后，废气排放达到GB18918—2002中的二级标准。

2020年，该厂实施提质增效工程。新建一组（4万立方米每日）二级处理单元，对原二级处理单元减量优化运行。其中，综合改造工程综合反应池由6万立方米每日减至4.5万立方米每日，二期交替式生物反应池由12万立方米每日减至9.5万立方米每日，总处理规模仍保持18万立方米每日。经处理后尾水达到GB18918—2002中的一级A标准及DB32/1072—2018中的排放标准。

截至2020年底，福星污水处理厂收集金石街、城西、福星、菱塘、玻纤、沧浪新城、三元、新庄、白洋湾、劳动路、南环、金门、金阊物流园、高教园、城南、泰南路、石路、吴越路18座中途提升泵站的污水转输量。

（五）娄江污水处理厂

娄江污水处理厂位于扬华路77号，占地面积12.53万平方米。地处苏州市区东北方向，位于苏州工业园区娄葑工业北区内，设计处理能力14万立方米每日，收集处理城北地区及娄葑街道部分自流片区生活污水，同时接纳城东污水处理厂转输的古城区、城东地区的部分生活污水，服务面积55.6平方千米，服务人口约61.7万。

娄江污水处理厂一期工程于2000年12月开工建设，2004年1月通水试运行，采用交替式生物处理工艺（UNITANK），设计处理能力为6万立方米每日。二期工程于2007年4月开工建设，2008年12月通水试运行，采用改良型交替式生物处理工艺，设计处理能力为8.5万立方米每日。二期建成后，设计总处理能力14万立方米每日，出水水质达到GB18918—2002一级B排放标准。三期升级改造工程于2009年3月开始建设，2010年9月通水试运行，采用高效沉淀池+V型滤池工艺，出水指标达到GB18918—2002一级A排放标准。

2020年，娄江污水处理厂实施提质增效工程，利用升级改造工程预留用地，新建一组（7万立方米每日）二级处理单元，原二期二级处理单元由8.5万立方米每日减量至7万立方米每日运行，总处理规模仍保持14万立方米每日。新建污泥深度处理车间，将原离心脱水机改为板框压滤机。经处理后尾水达到《城镇污水处理厂污染物排放标准》（GB18918—2002）表1一级A排放标准及《太湖地区城镇污水处理厂及重点工业行业主要水污染物排放限值》（DB32/1072—2018）标准。达标尾水排放至娄江（凤凰泾下游500米）。全厂产生的污泥外运焚烧。

至2020年底，娄江污水处理厂管辖齐门、北环、广济北路、园区互通4座中途提升泵站。

二、县（市、区）污水处理厂

1994年，张家港市建成第一座城镇污水厂——

第一污水处理厂，处理能力为3万立方米每日。2002年2月22日，市政府发文，决定将张家港市污水处理厂并入市自来水公司并组建张家港市给排水公司。2009年末，为全面推动城乡供排水一体化建设，各镇区20家供排水企业整体移交归并到市给排水公司。2002—2018年，相继建成第二污水厂、第三污水厂、城南污水厂、锦丰片区污水厂、塘桥片区污水厂、乐余片区污水厂、常阴沙片区污水厂、金港片区污水厂，污水处理能力总计22.5万立方米每日。2018—2020年，先后开展城南厂、三污厂、锦丰厂、塘桥厂、乐余厂扩建项目，新增污水处理能力10.5万立方米每日，并建成二污厂、塘桥厂、乐余厂尾水湿地，尾水处理能力达到10万立方米每日，全市9座污水厂全部完成提标改造，出水水质达到苏州特别排放限值标准。至2020年底，张家港市共有污水处理厂9座，分别为第一污水处理厂、第二污水处理厂、第三污水处理厂、城南污水处理厂、锦丰片区污水处理厂、塘桥片区污水处理厂、金港片区污水处理厂、乐余片区污水处理厂、常阴沙污水处理厂。

常熟市城北污水处理厂于1998年7月投产运行，污水二级处理工艺为卡鲁塞尔氧化沟，污水深度处理工艺为絮凝沉淀+V型滤池，设计处理能力为9万立方米每日。城南污水处理厂于1998年7月投产运行，污水二级处理工艺为UCT，设计处理能力为3万立方米每日。2018—2020年，常熟市的城南、城北、城西等10座城镇污水厂进行提标改造，2019年完成城南、城北、城西、辛庄、八字桥、虞山、东南污水厂管理性提标，2020年完成周行、城西、中创、常昆污水厂工程性提标，10座城镇污水厂出水水质达到苏州特别排放限值标准。截至2020年底，常熟市共有污水处理厂10座，分别为城北污水处理厂、城南污水处理厂、城西污水处理厂、东南污水处理厂、周行污水处理厂、辛庄污水处理厂、虞山污水处理厂、八字桥污水处理厂、中创污水处理有限公司、沙家浜常昆污水处理有限公司。

图11-2　2021年锦丰污水处理厂二期扩建项目，新增污水处理能力3万立方米每日

1995年开始，太仓市先后建成城区、城东、璜泾、双凤、沙溪、浏河、江城、岳王和南郊9座生活污水处理厂，实现建制镇污水处理厂全覆盖，“十三五”期间新增处理能力7万立方米每日。2017年12月，太仓市南郊污水处理厂对2万立方米每日处理设施进行提标改造，新建2万立方米每日常规处理单元及4万立方米每日深度处理单元，建成后总规模达到4万立方米每日，工程于2020年1月投入运行。2018年7月，太仓市浏河污水处理厂对1万立方米每日处理设施进行提标改造，并新建2万立方米每日常规处理单元及3万立方米每日深度处理单元，建成后总规模达到3万立方米每日，主要工艺为A/A/O生化池，深度处理采用高效沉淀池+反硝化深床滤池工艺，工程于2020年9月投运。

2018年7月，太仓市沙溪污水处理厂提标改扩建工程开工，主要对1万立方米每日处理设施进行提标改造，并新建2万立方米每日常规处理单元及3万立方米每日深度处理单元，建成后总规模达到3万立方米每日，主要工艺为A/A/O生化池，深度处理采用高效沉淀池+反硝化深床滤池工艺，工程于2020年10月投运。

2018年12月，太仓市双凤污水处理厂提标改扩建工程动工，并新增1万立方米每日处理能力，建成后总处理规模为1.5万立方米每日，主要工艺为

A/A/O生化池，深度处理采用混凝沉淀+反硝化深床滤池，工程于2020年10月投运。截至2020年底，完成沙溪、浏河、双凤和南郊污水处理厂改扩建项目，总处理能力达28.5万立方米每日，污水处理能力逐步增强。其中城区、南郊、浏河、沙溪、璜泾、双凤、岳王污7座水处理厂由市水务集团统一运行。城东污水厂由高新区委托建邦采用BOT模式运行，待娄江新城城东水质净化厂建成投用后（由市水务集团负责运行），原城东污水厂改为泵站。江城污水处理厂由港区管委会港投公司负责运行，市水务集团协助管理。

截至2020年底，太仓共有污水处理厂9座，分别为太仓江城城市污水处理有限公司、岳王污水处理有限公司、浏河污水处理有限公司、璜泾污水处理有限公司、沙溪污水处理有限公司、双凤污水处理有限公司、南郊污水处理有限公司、城东污水处理厂、城区污水处理有限公司。

1994年昆山市污水处理公司成立，筹备建设污水处理厂，1999年、2001年城区污水处理厂一期、二期分别建成投运。污水二级处理工艺为A/O工艺、CASS工艺，污水深度处理工艺为高效沉淀池、普通沉砂池，设计处理能力为7.5万立方米每日。北区污水处理厂于2005年10月投产运行，污水二级处理工艺为改良型A/A/O工艺，污水深度处理工艺为高效沉淀池+V型滤池，设计处理能力19.6万立方米每日。花桥污水处理厂于2015年9月投产运行，污水二级处理工艺为A2/O，污水深度处理工艺为斜板沉淀+V型砂滤，设计处理能力6.25万立方米每日。截至2020年底，累计完成6座污水厂改扩建，新增污水处理能力17.35万立方米每日，完成所有污水厂提标改造建设，尾水全部达到苏州特别排放限值，完成互连互通管网建设49千米，进一步增强污水系统韧性。至2020年底，昆山市共有污水处理厂20座，分别为昆山市污水处理有限公司、铁南琨澄水质净化有限公司、开发区琨澄光电水质净化有限公司、开发区琨澄精密水质净化有限公司、北区污水处理厂、吴淞江污水处理厂、光大水务（昆山）有限公司（开发区港东污水处理厂）、锦溪污水处理厂有限公司、淀山湖琨澄水质净化有限公司、巴城琨澄水质净化有限公司、石牌琨澄水质净化有限公司、正仪琨澄水质净化有限公司、花桥污水处理厂、陆家污水处理厂、张浦污水处理厂、千灯琨澄水质净化有限公司、周庄琨澄水质净化有限公司、周庄琨澄水质净化有限公司分站、周庄镇第二污水处理厂、港浦污水处理有限公司。

苏州市吴江区城镇污水处理始于90年代初，第一座县级污水处理厂吴江污水处理厂于1995年9月建成投运，一期设计日处理污水能力0.5万立方米，标志着吴江区城镇污水处理行业的诞生。至2008年，吴江区综合污水处理厂（含工业）共10家，设计日处理污水能力25.7万立方米，市政污水管网382.31千米。2013年起，吴江区逐年新建城镇生活污水处理厂，将生活污水从综合污水处理厂转移至新建城镇生活污水处理厂收集处置，逐步实现分质处理。至2020年底，吴江区共有污水处理企业14座，分别为苏州市吴江污水处理有限公司、城南污水处理有限公司、吴江经济技术开发区运东污水处理厂、盛泽水处理发展有限公司联合生活污水处理厂、盛泽水处理发展有限公司南霄生活污水处理厂、横扇生活污水处理有限公司、平望生活污水处理有限公司、七都生活污

图11-3　2020年横扇污水处理厂及湿地

水处理有限公司、桃源生活污水处理有限公司、震泽生活污水处理有限公司、盛泽水处理发展有限公司、桥北生活污水处理厂、芦墟污水处理有限公司、汾湖南部污水处理有限公司、盛泽水处理发展有限公司南麻社区综合污水处理厂。

1987年吴中区（吴县、吴县市）开始建设独立的城区，结合道路铺设，建立排水系统。1996年前，主要铺设雨污合流的砼排水管，就近直接向河道排水，居民、商业的生活污水，经化粪池简单处理后，分散排入附近河道。之后，根据国务院批复《太湖流域水污染防治》的总体要求及吴县市、吴中区制订的“九五”“十五”计划，开始分区域建造污水（生活污水、工业废水）处理厂，并实施雨水、污水管道分开的管网建设，将污水、废水集中处理，达标后排放附近河道。至2020年底，吴中区共有9座已投运的生活污水厂，分别为甪直污水处理有限公司、甪直新区污水处理有限公司、吴中城区污水处理有限公司、胥口镇污水处理有限公司、城南污水厂、木渎新城污水处理厂、太湖国家旅游度假区科福污水处理有限公司、金庭污水处理有限公司、吴淞江污水处理有限公司。

甪直污水处理有限公司　始建于1991年，于2000年、2003年建设（二期）1.4万立方米每日和（三期）2万立方米每日扩建工程项目，于2010年全面完成升级改造。2018年新建污水调节池5万立方米每日。

甪直新区污水处理有限公司　始建于2006年7月，于2008年1月通过环保验收。一期2万立方米每日，采用水解酸化+A2O的主体工艺。2009年进行深度处理提标升级改造，并于同年8月通过环保验收。二期扩建6万立方米每日工程，采用水解酸化+A2O+三相催化氧化+高效沉淀+活性砂滤的主体处理工艺，于2018年11月12日正式开工建设，至2020年基本建成。

吴中城区污水处理有限公司　于1997年至2020年分3期建设。1999年建成一期项目并投入使用，2003年开始实施改扩建工程，2008年进行升级改造。2016年进行改扩建工程，扩建三期1万立方米每日工程，一、二期共2万立方米每日局部改造工程。2019年进行升级改造工程，在不改变原生产工艺及处理规模的情况下，一、二期生化池布置生化填料，增加碳源投加系统

胥口镇污水处理有限公司　一期于2003年开工建设，2005年1月投入运行。二期扩建工程及提标升级改造总投资1664万元，工程于2010年4月投入运行。三期扩建工程总投资2941万元，工程于2014年4月开工建设，2015年9月投入试运行。提标改造项目总投资3309万元，工程包括增设二期A2/O生物填料以及新建二次提升泵房和反硝化滤池，改造后水厂主体工艺为A2/O+混凝沉淀池+滤布滤池+反硝化滤池+消毒池。工程于2019年7月开工建设，2020年11月投入试运行。

城南污水厂　2009年1月一期7.5万立方米每日工程正式投入商业运营，工艺采用“粗细格栅+曝气沉砂池+初沉池+A/A/O生化池+二沉池+紫外消毒”。2015年7月二期扩建7.5万立方米每日工程投运，采用工艺与一期一致；2016年7月15万立方米每日一级A提标项目投入运行，新增深度处理单元“高效反应沉淀池+纤维滤池”，出水指标全面执行一级A标准。

图11-4　2020年吴中区城南污水处理厂

木渎新城污水处理厂　始建于2013年11月，

2016年12月正式投入运行，处理规模为10万立方米每日。服务面积21.7平方千米，服务人口27.5万。

太湖国家旅游度假区科福污水处理有限公司 2014年9月，污水厂迁（扩）建一期工程正式开工建设，设计规模为3万立方米每日，设计出水采用一级A标准，于2018年4月投入运行。2020年3月，厂内进行提标改造，主要通过进一步完善自控仪器仪表及部分处理单元设备改造，充分挖掘污水处理潜能，实现管理性提标。

金庭污水处理有限公司 总规模为1万立方米每日，占地面积48亩，总投资约为1.15亿元，包括30.7千米污水收集主管网、5座提升泵站，以及提标工程。该厂服务金庭镇镇区，并辐射到镇区附近49个自然村居民的生活污水处理。

吴淞江污水处理有限公司 2017年11月，吴中吴淞江污水厂开工建设，并于2019年12月完成一期工程竣工验收，污水处理工艺主要采用多模式A/A/O工艺。2020年1月起，该厂进行深度处理提标改造，同年7月底完成提标改造的深床反硝化滤池工程竣工验收。

相城区建区前，原10个镇范围内只有规模较小的3座工业污水厂，主要处理污水厂附近的工业废水，排水事业在建区后才得到发展。2001—2005年间，相城区分别建成城区、黄埭潘阳、渭塘3座综合污水处理厂，实现综合污水处理厂的从无到有，排水体制从合流制向分流制转变。2005年底，相城区共有9座污处理厂，设计处理能力9.05万立方米每日。2018年，城区污水厂实施提标改造，新增超细格栅、反硝化活性砂滤池、接触消毒池等，更换鼓风机、厂区仪表。同年，城西污水厂进行扩建，扩建8万立方米每日工程，扩建污水处理设施为半地埋式，采用改良型多点进水A/A/O+A/O的多段A/O工艺+高效沉淀池+反硝化深床滤池。2019年，一泓污水厂进行扩建，扩建2万立方米每日工程，采用多级A/O工艺+混凝沉淀池+砂滤池工艺。2020年，澄阳污水厂实施提标改造，改造细格栅、粗格栅、A/A/O生化池等，新增反硝化活性砂滤池、接触消毒池、厂区仪表。至2020年底，相城区共有污水处理厂8座，分别为相城区城区污水处理厂、城西污水处理厂、漕湖产业园污水处理有限公司、一泓污水处理有限公司、阳澄湖镇澄阳污水处理有限公司、黄埭污水处理有限公司、望亭展欣水务有限公司、高铁新城污水处理厂。

1994年，苏州工业园区的开发建设启动后，基础设施的排水工程即采用雨、污分流制，铺设管道分别收集雨水和污水，各自单独成为一个系统，雨水就近排入河道，污水经污水管输送到污水处理厂，处理后排入吴淞江。园区启动时，由苏州市市政养护处在苏斜路、东环路口铺设一条污水管，穿过东环路，通到苏州城东污水处理厂。随着“九通一平”工程实施，敷设污水管解决园区在启动初期的污水排放。1996—1998年，中新苏州工业园区开发有限公司（CSSD）在园区东南角处建设污水处理厂一期10万立方米每日工程，污水厂一期建设工程经时任中国国务院副总理的李岚清和时任新加坡副总理的李显龙共同奠基后，于1996年6月1日正式开工，1998年10月建成。10月12日，园区污水厂由时任新加坡内阁资政的李光耀揭牌后，正式接纳园区污水。2004年在园区管委会的统一部署下，继娄葑和斜塘以后，又先后开通接纳胜浦、跨塘和唯亭三个乡镇的污水，园区全面完成区域污水接纳处理。随着园区二、三区和北部地区的开发建设及园区各乡镇全面接纳污水，园区污水处理量迅速上长，2004年园区清源水业公司启动园区污水处理厂二期扩建10万立方米每日工程，到2006年二期扩建工程完成，园区污水处理能力达到20万立方米每日。

截至2020年底，园区共有污水处理厂2座，分别为清源华衍水务有限公司第一污水处理厂、第二污水处理厂。两厂之间有污水压力管道进行互通调节，构成污水双通道、双处理终端的安全运行模式，保障城市污水处理系统的运行安全。

苏州工业园区清源华衍水务有限公司第一污水处理厂（以下简称一污厂） 最初设计为二级标准，后通过工艺控制实现功能性优化代替工程改造，达到提标要求，稳定达到一级A排放标准，2014年，该厂经提标改造，尾水排放优于一级A排放标准。2016年，为降低一污厂气味对周边环境影响，对一污厂20万立方米每日工程进行加盖除臭，除臭工艺采用化学洗涤+生物土壤滤池的复合工艺，至2017年初已投入运行取得良好效果。2020年，一污厂通过管理提标，尾水排放率先达到苏州特别排放限值。

苏州工业园区清源华衍水务有限公司第二污水处理厂（以下简称二污厂） 位于苏州工业园区金堰路25号。规划规模为30万立方米每日，处理能力为30万立方米每日。为苏州工业园区重要的配套基础设施。该项目是列入国家"十一五"规划中江苏省内最大的新建污水处理项目，也是省内第一座完全按照太湖流域排放标准《太湖地区城镇污水处理厂及重点工业行业主要污染物排放限制》（DB32—1072/2007）建设的新建污水处理厂。二污厂（一期工程）处理能力为15万立方米每日，于2009年9月投入运行，污水处理工艺采用A/A/O活性污泥法工艺。二污厂（二期工程）处理能力为15万立方米每日，于2020年12月底投入运行。二期工程污水处理采用A/A/O+A/O的五段式改良型生物除磷脱氮活性污泥法工艺，深度处理采用化学混凝沉淀+气水反冲洗滤池过滤工艺。二污厂出厂水水质标准执行苏州市特别排放限值。

图11-5 园区第二污水处理厂尾水湿地

苏州高新区污水集中处理始于90年代初。第一座污水厂建于1993年6月，经过2年10个月的工程施工，于1996年3月投入运行，设计日处理污水能力2万立方米。至2020年底，高新区共有污水处理厂5座，分别为狮山水质净化厂、枫桥水质净化厂、浒东水质净化厂、苏州高新水质净化有限公司科技城水质净化厂、白荡水质净化厂。

狮山水质净化厂 原苏州市河西污水厂，后更名新区污水处理厂。采用三槽交替式氧化沟工艺进行二级生化处理，该氧化沟是一种三槽交替运行的系统，污水处理能力得到提高，经过两次扩建、提标改造以及20年的管理性提标改造，对符合设计标准的进厂水的BOD5的去除率达96.1%，脱氮率为81.9%，除磷率为85.5%。新区污水处理厂迁建和综合改造工程主体工程于2018年6月开工，该项目为苏州地区首座较大规模全地下式城镇污水厂。

枫桥水质净化厂 原新区第二污水处理厂，2005年7月正式投产。水厂采用卡鲁塞尔氧化沟法进行二级生化处理，该型氧化沟是一种多沟串联系统，污水处理能力得到提高，经过扩建、提标改造及2019年的管理性提标，对符合设计标准的进厂水的BOD5的去除率达98.2%，脱氮率为85.1%，除磷率为96.5%。2018年枫桥水质净化厂进行除臭综合改造工程，对预处理区及脱水机房增设离子除臭设施，厌、缺氧池增设土壤滤池。

浒东水质净化厂 原苏州高新浒东污水厂，2009年正式投产。水厂采用循环式活性污泥工艺（CAST）进行二级生化处理，该工艺在时间上污染物基质具有浓度梯度，污水处理能力得到提高，经2019年的管理性提标，对符合设计标准的进厂水的BOD5的去除率达98%，脱氮率为86%，除磷率为98%。

图11-6　2017年相城区澄阳污水处理厂再生水利用

苏州高新水质净化有限公司科技城水质净化厂　原苏州高新恩固山污水厂，后更名苏州高新镇湖污水处理厂，2011年正式投产。水厂采用循环式活性污泥工艺（CAST）进行二级生化处理，该工艺在时间上污染物基质具有浓度梯度，污水处理能力得到提高，经提标改造以及2019年的管理性提标，对符合设计标准的进厂水的BOD5的去除率达93.3%，脱氮率为80%，除磷率为92.5%。

白荡水质净化厂　原苏州新区白荡污水处理厂，2013年3月正式投产。水厂采用循环式活性污泥法（CAST）进行二级生化处理，该生化处理系统是在传统的SBR工艺上追加前置的生物选择池，污水处理能力得到提高，后于2020年进行管理性提标，加强后段提标设施的处理能力，对符合设计标准的进厂水的BOD5的去除率达93.3%，脱氮率为80%，除磷率为92.5%。

第二节　管网建设

一、污水管网

（一）城区污水管网

1.干管建设

苏州城区排水原用砖沟和石驳水沟排泄雨水和污水，直接排入河道。至新中国成立时，城区有149.3千米长的砖砌排水暗沟，常被垃圾杂物堵塞。随着经济发展和人口增长，原有排水系统已不适应城市发展需要。50年代开始，在部分已拓宽的干道埋设混凝土瓦筒管下水道，但仍是雨水、污水合流排入河道。1979年起，规划实行雨水、污水分流，筹备建造污水处理系统。

1980年开始建设城区苏州城区道路污水干管，根据污水处理系统建设规划，结合道路建设逐年铺设，重点为污水处理厂配套。至1985年在干将东路、三香路、烽火路、道前街、司前街、东大街、竹辉路、人民路、范庄前、平江路、后庄路、东环路共铺设管径450—1500毫米的干管9.24千米，并建成城西污水处理厂的管径600毫米进厂管326米，为在建的城西、城东和城南3座污水厂输送污水作好准备。随着城市建设发展，污水管道铺设逐年推开。1986—1989年，在带城桥路、竹辉路、东环路、人民南路、三香路、西环路建成管径300—1500毫米的污水管4.51千米，城东厂管径600毫米的进厂管492米、管径900—1200毫米的出厂管182米。

截至2020年底，苏州城区主要道路污水管道情况见下表：

表11-1　2000—2020年苏州城区污水管网建设情况

年份	地点	实施内容
2000	十全街、观前街、凤凰街、西中市、养育巷、杨枝塘路、盘门路、虎丘路等道路	铺设干管6.56千米，管径为300—800毫米
2001	西环路和南环西路	延伸段干管2.87千米，管径为800—1500毫米
	景德路、书院巷、中军弄、迎春路、上塘街	铺设污水管2.86千米，管径为300—600毫米

续表

年份	地点	实施内容
2002	福星、娄江2座污水厂配套管网	铺设城东厂至娄江厂的转接管1.48千米，管径1350毫米；官渎里立交处娄江厂的进厂管1.80千米，管径300—1200毫米；西环路和南环路延伸工程及福星厂的进厂管3.43千米，管径800—1800毫米；北园路、清塘路、上塘街的污水管1.80千米，管径315—600毫米
2003	人民路和南门路改造、广济路和三香路拓宽、西出入口等工程，以及在白塔东路和西路	铺设污水管道9.71千米，管径400—1200毫米
2004	城东厂至娄江厂	铺设污水管1.26千米，管径1350—1500毫米
	娄江厂	铺设出厂管3.39千米，管径1400毫米
	书院巷、中街路延伸段、学士街中段糖坊湾、娄门立交、东环路、现代大道、宝带西路、三香路（虎啸桥至彩香桥）、南环路、西环路	新铺污水管19.67千米，管径400—1200毫米
2005	东北街、日规路、清塘路北延伸段、312国道（苏锦路至双喜奶业公司）、枫桥路、宝带西路、苏福路东段	铺设污水管3.30千米，管径400—800毫米
2006	东北街（临顿路—张香桥）、虎池路（白洋街—长青街）、虎北路（城北西路—白洋街）	铺设污水管合计4.74千米，管径300—400毫米
2007	北环路（合园路—清塘路）、金储街（虎林路—西环路）、金业街（虎池路—城北西路）	铺设污水管合计3.32千米，管径400—600毫米
2008	西中市（南新路—吴趋坊）、嘉馀坊（人民路——庆元坊）、古吴路（水潭巷—养育巷）	铺设污水管网1.85千米，管径250—400毫米
2010	西园路、杨富路、宴宫路等路段	铺设污水管合计5.52千米，管径300—100毫米
2011	江乾路、陆步桥街、苏站路（广济路—人民路）等路段	铺设污水管合计13.18千米，管径300—100毫米
2012	吴越路、新郭港路、干将路（学士街—乐桥泵站）等路段	铺设污水管合计6.91千米，管径300—100毫米
2013	胥秀路、桐泾南路、石曲街等路段	铺设污水管合计4.69千米，管径400—100毫米
2014	港务路、枣市街、盘蠡路等路段	铺设污水管合计1.51千米，管径300—400毫米
2015	冬青路、泾园路、虎阜路等路段	铺设污水管合计9.00千米，管径300—800毫米
2016	凌波路、齐门外大街、平河路等路段	铺设污水管合计4.46千米，管径225—800毫米
2017	人民路（十全街—竹辉路）、广济北路（平海路—平川路）	铺设污水管合计9.62千米，管径300—400毫米
2018	苏苑东街（迎春路—冬青路）、苏浒路（黄花泾—虎林路）、金业街（自由路—虎泉路）等路段	铺设污水管合计7.79千米，管径250—1200毫米
2019	江宇路（平海路—城北路）、宝带西路（伯乐桥—石湖大桥）、江昊路等路段	铺设污水管合计5.06千米，管径400—600毫米
2020	郭运路（吴越路—新郭运路）	铺设污水管0.31千米，管径400毫米

2.支管完善

支管到户　1998年起，苏州实施市区水环境综合治理工程的污水管网和福星、娄江污水厂建设。在实施过程中发现，由于污水收集系统干、支管不配套，不完善，城区许多街坊、新村支管没有铺设到位，排放的污水未能接入污水管网，污水截流处理率仍然很低。

2002年9月15日，苏州市政府批转市水利（水务）局《关于苏州市区污水管网支管到户工程实施意见》，决定在市区全面实施污水管网支管到户工程，进一步完善苏州城市污水管网收集系统，提高污水截流处理率。文件规定，凡是具备条件的道路、街巷、小区及企事业单位都要实行污水管网支管到户，原合流制的排水系统经改造整治，全部实行雨污分流。工程具体由6部分组成：小街水巷污水管网工程、老新村管网改造工程、街坊污水支管到户工程、学校医院等重点排水户污水接纳工程、城市公厕污水接入工程和虎丘、梅巷等地块污水管道工程。该项工程也是国家发展计划委员会及环保总局批准立项的"水环境综合治理工程"的延伸。为此，市政府成立工程指挥部，办公室设在市水利（水务）局，市水务投资发展有限公司作为项目法人负责资金筹措，并成立支管到户项目办公室负责组织街巷、集中式住宅小区内部的雨污分流改造和城市公厕等排水户的污水接纳（项目办设在苏州市排水管理处），而学校、医院、宾馆、餐饮业内部的雨污分流改造则由这些单位各自负责。工程的资金来源是城市建设专项资金（污水处理费）及国债资金。

苏州市区污水管网支管到户工程于2002年9月启动，首先在平江区观前片19号街坊进行试验工程，区域范围为临顿河以西，旧学前以北，白塔西路以南，皮市街以东，约17公顷。试验工程最大可能实施雨污水分流，将旧学前和上述试验区内原合流管、原截流管分别改造成雨水管和污水管，具体做法是新铺设污水干管，对原合流管进行疏通、修复，大部分保留作为雨水管，将集中式住宅、单位（单位的厕所、食堂）、学校、机关、餐饮、公用厕所等原接入合流管的污水全部改接入新的污水管，从而纳入城市污水收集系统，雨水另行排入河道，基本解决原系统排水混乱的格局，改善区域的污水排放条件，使周边河道环境得到有效改善，同时对小区环境的改善发挥较大作用。试验工程共铺设污水管4.02千米，其中管径300毫米、250毫米和150毫米的排污管，长度分别达1.48千米、1.74千米和0.8千米，还改善路面6700平方米。试验工程也探索积累了在苏州古城内空间狭窄、地下管线众多的小街小巷敷设污水管道的技术和经验。

2003年起，支管到户工程在试验取得经验的基础上全面展开，全市需实施工程的区域分成39个片区，计划用4—5年时间完成。当年完成敷设排水管道154.16千米。其中，污水管道127.01千米，雨水管道27.15千米，占计划量的103.2%，投资约9231万元，涉及14个片区、11个街坊，占地面积630公顷，接纳136家企事业单位、2400幢居民楼、44座公厕的污水。

2004年，支管到户工程主要在南环、东环2条道路沿线及部分零星区域展开。重点收集友联片、大龙港片、东环片、东港片等10个完整的片区及17号街坊（金门片）、南华公寓（南环片）等4个局部片区，还包括群众反映强烈以及配合城区防汛指挥部雨水管道改造工程先行实施的宏葑新村121幢、长康里、金石街等10个零星片区，实施区域覆盖面积达848公顷，铺设排水管道204.87千米。其中，污水管道153.48千米、雨水管道51.39千米，投资约1.4亿，完成工程量约占计划量的102.3%，共接纳130家企事业单位、2814幢集中式住宅楼、49座公厕的生活污水，涉及10万余户居民约31万人。

2005年，共完成排水管道115.13千米。其中，污水管道80.93千米，雨水管道34.2千米，投资7364万元，重点收集西北街片、府前片、相王弄片、桃坞片等8个完整片区及南环片（南环新村）、葑宏南片等4个局部片区。

2006年，完成56千米排水管道敷设。其中，污水管道41千米，雨水管道15千米，投资约3060万元，共接入26座公厕，接纳53家企事业单位的生活污水，共涉及300幢集中式住宅楼、7500余户居民约38000人，涉及友联片、葑宏片、双桥片、府前片等8个片区,实施区域覆盖面积达59公顷。

2007年,累计敷设完成48.3千米。其中,污水管道35.7千米,雨水管道12.6千米,涉及公园片、相王弄片、胥江片、山塘片等8个片区,投资约2898万元。

截至2007年底,支管到户工程累计敷设排水管道582.48千米。其中,污水管道442.14千米,雨水管道140.34千米,分别占计划量的111%、88%。有效提高城区污水截流率,大幅度增加污水集中处理量,2002年城区年污水处理量为2114万立方米,至2007年污水处理量达到7884万立方米,增长3.7倍。

入院改厕　2011年1月20日,苏州市政府下发《市政府印发关于加快推进城区居民家庭"改厕"工程的实施意见的通知》,并成立由市委、市政府主要领导担任的改厕工程指挥部,从此改厕工程在城区范围内全面展开。通过采取项目带动、危旧房改造、个案解决三种改造类型,在做好城区污水管网铺设的基础上,把实施城区居民家庭"改厕"工程,与解决住房困难相结合、与危旧房改造相结合、与疏解居住密度相结合、与历史文化传承相结合、与水环境综合整治相结合,彻底解决古城区居民的马桶问题。

2011年5月16日,苏州发改委同意实施金阊区信记社区居民家庭零星"改厕"工程项目。该工程计划实施47户,其中上塘街24户、淮阳路14户、西信记里平房9户。工程内容包括加装卫生设施、对外围环境进行整治、改造污水管网等配套设施。总投资概算为90万元。其中,"改厕"及外围环境整治费70万元,改造污水管网等配套设施费20万元。

2013年2月5日,苏州市政府印发《市政府关于2013年度苏州城区居民家庭"改厕"工程计划的批复》,指出2013年度城区居民家庭"改厕"工程计划任务确定为6734户,经费分担按有关政策执行。改厕工程涉及居民住房、古城保护、环境整治等。为确保改厕项目优质高效推进,改造期间,从摸底论证、民意收集、项目会审、方案公示,到建设监管、竣工验收、奖惩考核,姑苏区均建立一套管理体系,出台改厕工程施工规范、验收流程、长效管理办法和监督管理办法等一系列制度。通过建立改厕工程长效管理机制,加强改厕工程质量调查工作,建立居民义务监督员制度,落实长效管理的责任主体、管理范围、方式和涉及的经费等问题。

2011—2013年,经过3年改造,市区铺设雨污水管道10481米,专门建设木耳场、小河浜等泵房9座,完成居民家庭改厕23582户。其中,2011年计划改厕7800户,完成8235户;2012年计划改厕8539户,完成8599户;2013年改厕6748户。通过整治改造,古城区的基础配套功能得到完善,居住环境得到美化,管理秩序得到规范,区容区貌得到提升,古城的文化历史风貌得到彰显。

(二)县(市、区)污水管网

1.张家港

1991年,张家港市铺设人民路污水主管。2002年,建立污水管网GIS地理信息系统。至2003年,市区二环路以内污水管总长为89.84千米。其中,污水主管38.24千米,合流管51.6千米。2005年,共建有污水主管网58千米。

截至2020年底,全市污水处理设施配套市政污水主管网850千米。

2.常熟

1998—2005年底,常熟市城区先后开展污水主干管及小区污水管改造工程,累计完成污水管网延伸473.24千米。其中,主管网166.8千米,支管网306.44千米。

2016年,新建城乡生活污水主次干管工程开工建设,项目概算投资0.54亿元,涉及2个乡镇延伸主干管网约16.6千米,管径200—500毫米。截至2020年底,已完工投用。

2017年,各镇污水收集管道完善工程(乡镇污水主管网第一批)开工建设,项目概算投资2.12

亿元，涉及9个乡镇延伸主干管网约58千米，管径90—630毫米。截至2020年底，已完工投用。各镇污水收集管道完善工程（乡镇污水主管网第二批）开工建设，项目概算投资2864万元，涉及2个乡镇延伸主干管网约7.6千米，管径110—500毫米。截至2020年底，已完工投用。

2018年，各镇污水收集管道完善工程（乡镇污水主管网第一批）开工建设，项目概算投资3.73亿元，涉及7个乡镇延伸主干管网约56千米，管径160—1200毫米。截至2020年底，已完工投用。

2019年，各镇污水收集管道完善工程（乡镇污水主管网第一批）开工建设，项目概算投资0.96亿元，涉及4个乡镇延伸主干管网约23.8千米，管径110—500毫米。截至2020年底，完成投资89%。各镇污水收集管道完善工程（乡镇污水主管网第二批）开工建设，项目概算投资0.63亿元，涉及5个乡镇延伸主干管网约10.4千米，管径110—500毫米。截至2020年底，完成投资85%。

2019年，城东水质净化厂（暂名）配套污水转输系统工程也开工建设，项目概算投资2.02亿元，新建污水转输管13.75千米，管径300—1800毫米。截至2020年底，项目已完工。

3.太仓

2005年底，太仓城区已铺设污水管道26.5千米，基本实现污水管网城区全覆盖。其中，1998—2000年建成8.52千米，2001—2003年建成6.3千米，2004年建成6.68千米，2005年建成5千米。

表11-2　1999—2020年太仓市污水管网建设情况

年份	污水处理厂	片区	实施内容
1999—2020	太仓市城区污水厂	新浏河以北至339以南，太平路以西至吴塘河，包含新湖片区、华盛园片区、金仓湖等片区	建设配套管网合计70千米，管径300—1200毫米
2005—2020	太仓市沙溪污水厂	沙溪片区	建设配套管网合计40千米，管径300—800毫米
2006—2020	太仓市璜泾污水厂	包含璜泾镇、鹿河管理区和王秀管理区	建设配套管网合计55千米，管径300—800毫米
2006—2020	太仓市浏河污水厂	浏河镇中心生活区	建设配套管网合计46千米，管径300—800毫米
2007—2020	太仓市双凤污水厂	西至勤力村（常熟交接），北接沙溪直塘，东至204国道，南至苏州绕城高速，含部分新湖管理区	建设配套管网合计35千米，管径300—800毫米
2009—2020	太仓市南郊污水厂	覆盖科教新城及城西工业园	建设配套管网合计52千米，管径300—1000毫米
2016—2020	污水主管网	归庄管理区、老闸管理区、九曲管理区	建设合计18千米，管径300—800毫米

4.昆山

2016年，实施中心城区污水管网建设改造项目，包括老城区、开发区、高新区范围内污水管网建设。2018年起，为提供污水系统稳定性，建成8条互连互通管，总长49千米，包括精密与千灯、陆家与花桥、张浦至吴淞江、周庄与锦溪、光大至光电、周市至光电、陆家与精密的互连互通管。截至2020年底，累计建成市政污水管网1909千米，城市建成区基本消除污水管网空白区。

5.吴江

2005年底，吴江城区已铺设污水管道23.06千米，基本实现污水管网城区全覆盖。其中，1996—2000年建成3.79千米，2001—2003年建成10.21千米，2004年建成1.82千米，2005年建成7.24千米。2018年建设的平望镇中鲈大道污水管道工程（唐家湖大道—中心河），2018年建成，管道长约1.22千米，管径为450—800毫米。2018年建设的横扇社区叶圣路、域水路、轮牛路污水管道工程，于2019年建成叶圣路、域水路、轮牛路管道3.39千米，管径为400毫米。2019年建设的吴江区2019—2020年高质量推进城乡生活污水治理工程（市政集团第一期）—开明路，于2020年建成，管道长约2.35千米，管径为400毫米。截至2020年底，由苏州市吴江城镇排水管网有限公司负责养护，接水苏州市吴江七都生活污水处理有限公司，运行状态良好。

6.吴中

1996年前，吴县市主要铺设雨污合流的混凝土排水管，就近直接向河道排水，居民、商业的生活污水，经化粪池简单处理后，分散排入附近河道。之后，根据国务院批复《太湖流域水污染防治》的总体要求及吴县市、吴中区制订的"九五""十五"计划，开始分区域建造污水（生活污水、工业废水）处理厂，并实施雨水、污水管道分开的管网建设，将污水、废水集中处理，达标后排放附近河道。1988年底，吴县城镇共铺设排水管62.55千米。2000年底，吴县市城镇共铺设排水管286千米。2005年底，吴中区城镇共铺设排水762千米。其中，城区44千米，镇街道718千米。2008年，城南污水厂BOT项目配套60千米市政污水主管网建成，管径为400—2000毫米，覆盖东山、临湖、横泾、越溪、城南等区域。截至2020年底，吴中区共建成3222.9千米污水管网。

7.相城

截至2020年底，相城区市政污水管网长度为471.71千米。2018年度已建道路新建污水管网34.04千米，总投资11007万元。

8.工业园区

苏州工业园区每年制订道路建设计划时，按照污水专项规划制定相应的污水管网建设计划，与道路建设同步实施完成，做到道路建设延伸到哪里，市政管网覆盖到哪里，避免重复投资、节约建设成本的同时，有效保证市容市貌及污水收集。自2003年起，园区发挥中新合作区的辐射带动作用，实行区镇联动，将基础设施建设延伸到周边各镇，对下辖的娄葑、斜塘、胜浦、唯亭4个街道，严格做到给污水管网、污水泵站等给污水系统与中新合作区按照同一标准进行统一规划、统一实施、统一管理，真正实现整个园区建设标准的统一。

2007年7月，苏州市排水管理处与苏州工业园区清源水业互通行试验取得成功。市区与园区间设置连通管，使市区、园区的两个独立的污水系统之间相互有一个应急排放通道，进一步提高市区和园区城市污水处理厂运行管理的安全系数。

截至2020年底，园区已建成市政污水管网约800千米，严格按照雨污分流规划标准建设，整个园区污水收集率达到100%，管道材质主要为HDPE双壁波纹管、UPVC管、钢筋混凝土管等。2020年新建污水管网管材采用球墨铸铁管、PE管。污水管网管径范围在直径200—2200毫米之间。园区内管段服役年限处在10—20年之间的管道，约占总长度的60%；而服役年限在20年以上的管道，约占总长度的2%；服役年限在10年内的管道，约占总长度的38%。

9.高新区

截至2020年底，苏州高新区已建市政排水管道1929千米。其中，雨水管道1280千米，污水管道649千米。

二、污水泵站

（一）城区

城市生活污水中途提升泵站与污水干管同步始建于1980年。1980年3月，相门污水泵站投建，1982年12月竣工。随着污水管网的建设，中途提升泵站也陆续投建。截至2020年底，共有相门、平直等34座污水泵站由排水公司运行管理，除吴越路、广济北路泵站，已全部投入运行。

相门污水泵站 位于相门桥西南堍。1980年3月投建，1982年12月竣工，1989年11月投入运行。设计服务范围：人民路以东，十梓街以北，莫邪路以西，因果巷以南。设计泵站流量2420立方米每小时，设计装机容量104千瓦。设备为无锡水泵厂生产的2台20ZLB-7.0轴流泵和2台14ZLB-7.0轴流泵。2004年5月水泵改造为EMU生产的3台KPR500-5轴流泵（流量1700立方米每小时，扬程7米，功率51.5千瓦）。2019年将水泵更换为4台威乐KPR500+T30-6/48P潜污泵（流量1784.8立方米每小时，扬程6.8米，功率52千瓦）。2019年4月相门泵站更新2台日本住刃ARM-200/VP505粉碎性格栅（过流量2260立方米每小时，功率4.5千瓦）。

南环污水泵站 位于人民南路与南环路交叉口。1984年9月投建，1985年8月竣工，1987年6月投入运行。设计服务范围：南门路及以南区域，冬青路以西，仙人大港以北，人民路以东。设计泵站流量120立方米每小时，设计装机容量20千瓦。设备为石家庄水泵厂生产的2台4PW离心式污水泵。2004年5月将水泵改造为上海凯泉水泵厂生产的3台WL2327-671-250立式泵（流量450立方米每小时，扬程8.4米，功率18.5千瓦）。2019年3月南环泵站更新1台日本住刃ARS-125/VP505粉碎性格栅（过流量900立方米每小时，功率4.5千瓦）。

平直泵站 位于五卅路77号。1986年9月投建，1988年4月竣工，10月投入运行。设计服务范围：莫邪路以西，南门路以北，学士街以东，干将路以南。设计泵站流量1550立方米每小时，设计装机容量71.5千瓦。设备为无锡水泵厂生产的2台14ZLB-6.2轴流泵和乐清水泵厂生产的1台300TLW-540IIID立式污水泵。2004年7月对泵房设备进行改造，设备为飞力生产的3台CP3201LTCODE625潜水排污泵（流量806立方米每小时，扬程6.5米，功率22千瓦）。2018年9月平直泵站更新1台日本住刃ARM-125/VP505粉碎性格栅（过流量1600立方米每小时，功率4.5千瓦）。

悬桥泵站 位于旧学前2号。1987年4月投建，1989年6月投入运行。设计服务范围：北环路以南，中街路以东，观前街以北，莫邪路以西。设计泵站流量1550立方米每小时，设计装机容量64千瓦。设备为无锡水泵厂生产的2台14ZLB-6.2轴流泵和乐清水泵厂生产的1台300TLW-540IIID立式污水泵。2004年9月对泵房设备进行改造，设备为飞力生产的3台CP3201LTCODE625潜水排污泵（流量360立方米每小时，扬程9.6米，功率22千瓦）。2020年7月悬桥泵站更新4台ABS生产的XFP206J-CB2潜水排污泵（流量600立方米每小时，扬程12米，功率30千瓦）。2018年9月悬桥泵站更新1台日本住刃ARM-125/VP505粉碎性格栅（功率4.5千瓦，过流量1600立方米每小时）。

竹辉泵站 位于带城桥路南首。建设时间1990年9月至1991年4月，1993年8月投入运行。设计服务范围：竹辉桥以西，南园桥以北，烧香桥以南，乌鹊桥路以东。设计泵站流量240立方米每小时，设计装机容量27.5千瓦。设备为石家庄水泵厂生产的3台4PW离心式水泵。2001年4月改造1台4PW为乐清水泵厂提供的200TLW-300ⅢD立式污水泵（流量324立方米每小时，扬程6.6米，功率11千瓦）。2014年4月改为3台飞力NT3153.181.2153-413污水泵（流量320立方米每小时，扬程6.5米，功率9千瓦）。2019年3月竹辉泵站新1台日本住刃ARS-100/VP505粉碎性格栅（功率4.5千瓦，过流量334立方米每小时）。

三元泵站 位于三香路191号。1991年1月投建，1992年6月建成，11月投入运行。设计服务范围：枫桥路及以南区域，京杭运河以东，桐泾北路以西，三香路以北。设计泵站流量360立方米每小时，设计装机容量40千瓦。设备为石家庄水泵厂生产的4台4PW离心式水泵。2003年6月对泵房设备进行改造为由乐清水泵厂3台

250TLW400ⅡA立式污水泵（流量780立方米每小时，扬程6.2米，功率18.5千瓦）。2015年4月改为4台ABS生产的XFP300J-CB3-PE185/8水泵（流量779立方米每小时，扬程6.19米，功率18.5千瓦），2018年10月三元泵站更新2台日本住刃ARM-125/VP505粉碎性格栅（过流量1600立方米每小时，功率4.5千瓦）。

乐桥泵站　位于干将路乐桥南堍。由雨水泵室和污水泵室两部分组成，1994年11月建造。雨水泵室安装4台由扬州亚太特种水泵厂生产的225QWDL-30千瓦/4型潜水排污泵（流量500立方米每小时，扬程10米，功率30千瓦），主要排除干将中路乐桥立交地道的雨水。污水泵室安装2台扬州亚太特种水泵厂生产的200QWDL-22千瓦/2型潜水排污泵（流量400立方米每小时，扬程10米，功率22千瓦），主要提升干将中路沿线的污水。2003年4月污水泵室新增1台相同型号的潜水排污泵，2004年10月再增1台由飞力生产的NP3153180MTCODE431潜水排污泵（流量300立方米每小时，扬程10米，功率11千瓦）。2018年7月乐桥泵站更新1台日本住刃ARM-75/VP505粉碎性格栅（过流量300立方米每小时，功率4.5千瓦）。

菱塘泵站　位于干将西路与广济路交叉口东北角。1994年12月投建，1995年4月竣工，2003年4月投入运行。设计服务范围：金门路以南，广济南路以东，道前街以北，南浩街以西。设计流量342立方米每小时，设计装机容量26千瓦。设备为4台潜水排污泵。2013年12月更换为4台浙江丰球100WQ100-7-5.5水泵。

徐公桥泵站　位于葑门西街40号。1995年5月投建，1996年6月建成，1998年投入运行。设计服务范围：东环路以西，觅渡桥以北，葑门路以南，莫邪路及以东区域。设计泵站流量290立方米每小时，设计装机容量30千瓦。2018年8月徐公桥泵站更新1台日本住刃ARM-75/VP505粉碎性格栅（过流量300立方米每小时，功率4.5千瓦）。

外河桥泵站　位于东环路西侧外河桥北堍。1995年12月投建，1996年2月竣工，1999年3月投入运行。设计服务范围：227省道以西，东南环立交以北，杨枝塘路以东，葑门路以南。设计泵站流量350立方米每小时，设计装机容量23千瓦。设备为扬州亚太生产的2台100QWDL-4型潜水排污泵和2台150QWDL-7.5型潜水排污泵。2003年因东环高架快速路施工，该泵站移建，2005年投入运行，设备为浙江丰球生产的3台200WL-260-7-11型潜水泵（流量260立方米每小时，扬程7米，功率11千瓦）。2018年7月外河桥泵站更新1台日本住刃ARS-75/VP505粉碎性格栅（过流量519立方米每小时，功率4.5千瓦）。

福星泵站　位于南环西路。2003年8月投建，2005年3月投入运行。设计服务范围：盘蠡路以西，西环路以东，胥江河以南，吴中西路以北。设计泵站流量670立方米每小时，设计装机容量30千瓦。设备为飞力生产的4台CP3127MT410潜水排污泵。2003年8月，因南环高架快速路施工，泵站南移重建，2005年建成投入运行，设备为浙江丰球生产的4台150WQ210-7-7.5型潜水泵。（流量210立方米每小时，扬程7米，功率5.5千瓦）。2013年9月福星泵站更新江苏通用回转式固液分离机（渠道宽度1050毫米，设备宽度1000毫米，栅条间隙16毫米，渠道深度6.65米，安装角度80，功率1.5千瓦），江苏通用无轴螺旋输送压榨机（功率1.1千瓦）。

金门路泵站　位于金门路212号。1999年投入运行。设计服务范围：西园路以南，银泰路以东，广济南路以西，干将路及以北区域。设计泵站流量1400立方米每小时，设计装机容量72.9千瓦。设备为飞力生产的5台CP3152MT430型潜水排污泵（流量250立方米每小时，扬程7米，功率13.5千瓦）。2015年更换2台ABS牌XFP-PE4-255J-CB2-PE220/6潜水泵（流量730立方米每小时，扬程8.5米，功率18.5千瓦）。

中军弄泵站 位于东大街东侧中军弄口，2000年11月投建，2001年4月建成，2001年9月投入运行。设计服务范围：道前街以南，人民路以西，西二路以北。设计泵站流量428立方米每小时，设计装机容量25千瓦。设备为浙江丰球生产的2台150WQDL-7.5潜水排污泵和2台100WQDL-4型潜水排污泵。2013年将2台100WQDL-4型潜水排污泵更换为浙江丰球生产WQ150-7-5.5潜水排污泵（流量150立方米每小时，扬程7米，功率5.5千瓦）。2013年9月中军弄泵站更新江苏通用回转式固液分离机（渠道宽度835毫米，设备宽度800毫米，栅条间隙16毫米，渠道深度5.65米，安装角度80，功率1.5千瓦），江苏通用无轴螺旋输送压榨机（L=3000×260，功率1.1千瓦）。

金石街泵站 位于广济桥西南处，2002年9月投入运行。设计服务范围：北环路以南，桐泾北路以东，金门路以北。设计泵站流量522立方米每小时，设计装机容量36千瓦。设备为浙江丰球生产的2台150WQ145-10-7.5型潜水排污泵。2014年更换为3台浙江丰球200WQN370-8-18.5水泵（流量370立方米每小时，扬程8米，功率18.5千瓦）。

玻纤路泵站 位于玻纤路与桐泾北路交叉口，2003年7月投入运行。设计服务范围：北环西路以南，硕放庄路以东，枫桥路以北，广济路以西。设计泵站流量878立方米每小时，设计装机容量44千瓦，设备为飞力生产的4台CP3152MT430型潜水排污泵（流量250立方米每小时，扬程7米，功率13.5千瓦）。2013年9月玻纤泵站更新江苏通用回转式固液分离机（渠道宽度1050毫米，设备宽度1000毫米，栅条间隙16毫米，渠道深度5.91米，安装角度75，功率1.5千瓦），江苏通用无轴螺旋输送压榨机（L=1500×260，L=3500×260，功率1.1千瓦）。

城南泵站 位于南环西路、龙西路交叉口，明日家园旁。2003年5月30日开工，2004年2月20日竣工，12月26日投入运行。设计服务范围：胥江河以南，桐泾南路以东，仙人大港以北，人民路及以西区域。设计泵站流量1468立方米每小时，设计装机容量156千瓦。设备为飞力生产的4台CP3300型潜水排污泵（流量540立方米每小时，扬程20米，功率44千瓦）。2019年5月城南泵站更新2台日本住刃ARM-125/VP505粉碎性格栅（过流量1980立方米每小时，功率4.5千瓦）。

相王弄泵站 位于英雄置业用地的南面，科发制笔用地内。2004年12月1日开工，2005年3月2日竣工，2005年9月接管，至2005年底投入运行。设计服务范围：烧香桥以北，葑门桥以西，苏州饭店以东，吴衙场以南。设备为飞力生产的3台NP3102180MTCODE462型潜水排污泵（流量86立方米每小时，扬程6.7米，功率3千瓦）。2018年9月相王弄泵站更新1台日本住刃ARS-60/VP505粉碎性格栅（过流量155立方米每小时，功率4.5千瓦）。

城西泵站 位于里双桥西侧。2009年3月投入运行。设计服务范围：干将西路以南，西环路西东，胥江河以北，盘胥路以西。设计泵站流量2000立方米每小时，设计装机容量，80千瓦。设备为4台浙江丰球WQH605-7.5-22型潜水排污泵（流量600立方米每小时，扬程7.5米，功率22千瓦）。2019年6月城西泵站更新2台日本住刃ARM-125/VP505粉碎性格栅（过流量2420立方米每小时，功率4.5千瓦）。

金阊物流园泵房 位于虎北路与城北西路交叉口东北侧。2005年投入运行。设计服务范围：沪蓉高速以西，京杭运河以东，金政街以北，黄花泾大桥以南。设计泵站流量1600立方米每小时，设计装机容量45千瓦。设备为江苏河海生产的3台250QW515-7-15潜水排污泵（流量515立方米每小时，扬程7米，功率15千瓦）。2016年金阊物流园泵站更新1台日本住刃ARM-100/VP505型粉碎型格栅（功率4.5千瓦）。

泰南路泵房 位于胥江菜场西南角。2008年投入运行。设计服务范围：泰南路。设计泵站流量

450立方米每小时，设计装机容量23千瓦，设备为江苏河海生产的3台150QW145-10-7.5潜水排污泵（流量145立方米每小时，扬程10米，功率7.5千瓦）。2014年9月泰南路泵站更新3台克瑞丰球生产的150QW150-10-7.5潜水排污泵（流量150立方米每小时，扬程10米，功率7.5千瓦）。2019年5月泰南路泵站更新1台日本住刃ARM-200/VP505粉碎性格栅（过流量140立方米每小时，功率4.5千瓦）。

皋桥泵房　位于皋桥南侧。2004年投入运行。设计服务范围：北环路以南，人民路以西，南浩街以东，景德路以北。设计泵站流量780立方米每小时，设计装机容量30千瓦。设备为飞力生产的3台NP3153-181-MT-443潜水排污泵（流量259立方米每小时，扬程9米，功率9千瓦）。2018年7月皋桥泵站更新1台日本住刃ARS-60/VP505粉碎性格栅（过流量518立方米每小时，功率4.5千瓦）。

北园泵房　位于政园小区外东南侧。2007年投入运行。设计服务范围：齐门路以西，东汇路以南，莫邪路以西，白塔东路以北。设计泵站流量450立方米每小时，设计装机容量15千瓦。设备为飞力生产的3台NP3127MT3潜水排污泵（流量150立方米每小时，扬程9米，功率4.7千瓦）。2019年更换1台飞力生产的NP3153-181-MT-443潜水排污泵（流量259立方米每小时，扬程9米，功率9千瓦）。2019年3月北园泵站更新1台日本住刃ARS-75/VP505粉碎性格栅（过流量300立方米每小时，功率4.5千瓦）。

齐门泵房　位于梅花三村东北侧（沪霍线北）。2005年投入运行。设计服务范围：西塘河以东，和兴路以南，上高路以西，北环东路以北。设计泵站流量2000立方米每小时，设计装机容量100千瓦。设备为飞力生产的6台NP3201MTCODE640潜水排污泵（流量570立方米每小时，扬程20米，功率22千瓦）。2018年8月齐门泵站更新2台日本住刃ARM-125/VP505粉碎性格栅（过流量2280立方米每小时，功率4.5千瓦）。

北环泵房　位于虹桥头9号小区北侧北环高架下。2009年投入运行。设计服务范围：北环路（汽车北站—汇元坊）。设计泵站流量700立方米每小时，设计装机容量20千瓦。设备为江苏亚太生产的3台150WQ300-7-10潜水排污泵（流量300立方米每小时，扬程7米，功率10千瓦）。2019年7月北环泵站更新2台日本住刃ARS-75/VP505粉碎性格栅（过流量600立方米每小时，功率4.5千瓦）。

园区互通泵房　苏慕路管养中心西门南侧。2008年投入运行。设计泵站流量1500立方米每小时，设计装机容量50千瓦。设备为上海康大生产的3台250QW600-7-18.5潜水排污泵（流量600立方米每小时，扬程7米，功率18.5千瓦）。

劳动路泵房　位于胥门三香农贸市场北侧。2006年投入运行。设计服务范围：胥江河以北，姑胥桥以西，三香路以南，劳动西路以东。设计泵站流量300立方米每小时，设计装机容量10千瓦。设备为飞力生产的3台100WQ100-7-3潜水排污泵（流量100立方米每小时，扬程7米，功率3千瓦）2019年6月劳动路泵站更新1台日本住刃ARS-60/VP505粉碎性格栅（过流量140立方米每小时，功率4.5千瓦）。

新庄泵房　位于西环快速路西，安徽会馆北侧。2004年投入运行。设计服务范围：金湾街以南，京杭运河以东，硕放庄路以西，枫桥路以北。设计泵站流量2580立方米每小时，设计装机容量90千瓦。设备为飞力生产的3台NP3171180MTCODE432潜水排污泵（流量360立方米每小时，扬程20米，功率18.5千瓦）浙江丰球生产的3台潜水排污泵（流量500立方米每小时，扬程20米，功率37千瓦）。2018年7月新庄泵站更新2台日本住刃ARM-125/VP505粉碎性格栅（过流量2620立方米每小时，功率4.5千瓦）。

沧浪新城泵房　位于友联运河大桥与郭运路

交叉口东南侧。2011年投入运行。设计服务范围：太湖西路以南，新郭港路及以西区域，旺吴路以北，郭运路及以东区域。设计泵站流量800立方米每小时，设计装机容量25千瓦。设备为浙江丰球生产的3台200WQ270-7.5-11潜水排污泵（流量270立方米每小时，扬程7.5米，功率11千瓦）。

高教园泵房 位于科源路与学府路交叉口西侧。2006年投入运行。设计服务范围：金茂路以东，环山路以北，吴越路以西，苏福路以南。设计泵站流量1200立方米每小时，设计装机容量45千瓦。设备为苏州浙江丰球生产的3台200QW400-7-15潜水排污泵（流量400立方米每小时，扬程7米，功率15千瓦）。

白洋湾泵房 位于虎泉路与新城路交叉口西北侧。2005年投入运行。设计服务范围：沪蓉高速以西，西塘河以东，金政街以南，北环西路以北。设计泵站流量3500立方米每小时，设计装机容量100千瓦。设备为飞力生产的6台CP3201LTCODE625潜水排污泵（流量673立方米每小时，扬程8.5米，功率22千瓦）。2019年7月白洋湾泵站更新2台日本住刃ARM-125/VP505粉碎性格栅（过流量2420立方米每小时，功率4.5千瓦）。

吴越路泵房 位于吴越路东侧（上方山附近）。2014年投入运行。设计服务范围：泵站以南至文正学院。设计泵站流量600立方米每小时，设计装机容量15千瓦。设备为飞力生产的3台潜水排污泵（流量200立方米每小时，扬程6米，功率4.3千瓦）。

里河泵房 位于里河一村东北角。2014年投入运行。设计服务范围：杨枝新村东，里河新村北。设计泵站流量210立方米每小时，设计装机容量10千瓦。设备为浙江丰球生产的3台100WQ70-7-3潜水排污泵（流量70立方米每小时，扬程7米，功率3千瓦）。

石路泵房 位于苏州轨道交通2号线石路站9号出口内。2016年投入运行。设计服务范围：北到上塘街，东到阊胥路，南到金门路，西到广济南路。设计泵站流量200立方米每小时，设计装机容量15千瓦。设备为苏州瑞龙生产的2台SP-4（1250）潜水排污泵（流量80立方米每小时，扬程4米，功率7.5千瓦）。

广济北路泵房 位于广济北路同平海路交叉口。2019年投入运行。设计服务范围：沪宁高速以北。设计泵站流量450立方米每小时，设计装机容量35千瓦。设备为飞力生产的3台潜水排污泵（流量400立方米每小时，扬程7米，功率15千瓦）。

（二）其他区、县污水泵站

1.张家港

至2020年底，张家港市有大型污水提升泵站55座，农村污水提升泵站1057座。

2.常熟

常熟市城乡生活污水管网建设起步较早，主要分为三个阶段。第一阶段为90年代，筹建市级污水处理厂的同时，各镇按卫生镇创建工作要求建设污水处理厂及管网；第二阶段为2009年市政府印发《加强全市城乡生活污水处理工作的实施意见》后，组建城乡生活污水处理设施建设、融资和运行平台江南水务公司，由江南水务投资建设污水厂及管网（其间部分主次管网、支管网由各板块投资建设，市财政实行以奖代补）；第三阶段为2015年水利水务一体化后，生活污水治理行业主管部门由市住建局调整为市水务局，组建环保科技公司（原水投公司），负责全市城乡生活污水管网及配套污水泵站建设工作。截至2020年底，全市共建成111座污水泵站，且污水泵站均正常投用运行。

3.太仓

太仓市生活污水中途提升泵站与污水干管同步始建于1998年。1998年3月，青石桥污水泵站投建，1999年3月竣工。以后，随着污水管网的建设，中途提升泵站也陆续投建。

截至2020年底，共有29座污水泵站由太仓市水务集团有限公司运行管理，以上已全部投入运行。

4.昆山市

截至2020年底，昆山全市共有一级泵站58座，总提升能力约121万立方米每日，由水务集团、区镇实施专业化养护，并推进泵站标准化改造，不断提升泵站输送效能。

5.吴江区

城市生活污水中途提升泵站始建于2004年。2004年4月，运东13号污水泵站投建，随着污水管网的建设，中途提升泵站也陆续投建。截至2020年底，共73座污水泵站由属地污水处理公司运行管理。

6.吴中

随着污水管网的建设，城市生活污水中途提升泵站也陆续投建。截至2020年底，吴中区共有85座污水泵站。至2020年底，由中晟排水公司与光大水务管理运维。

7.相城区

截至2020年底，相城区共有市政排水泵站41座。

8.工业园区

截至2020年底，苏州工业园区已建污水提升泵站44座，分布在各个污水管网系统中，通过污水调度系统可以对44座污水泵站进行远程调控，污水通过6条主要的收集路径（LS线、跨塘线、华池街白塘线、金鸡湖大道线、东方大道线、唯亭胜浦线）最终汇入园区两座污水厂进行处理，通过东沙湖泵站、星华街泵站及娄葑工业区泵站可以实现一污厂和二污厂之间的水量分配调度，每天最多可实现22万立方米污水的提升调度。

9.高新区

苏州高新区生活污水中途提升泵站与污水干管同步始建于1992年。1992年12月，赵家浜污水泵站投建，1996月3月竣工投入使用。以后，随着新区建设发展，苏州高新区逐步建设投运新区第二污水处理厂、白荡污水处理厂、浒东污水处理厂、镇湖污水处理厂，同步污水管网的建设，中途提升泵站也陆续投建。截至2020年底，共有35座污水泵站全部投入运行。

表11-3　2020年苏州市污水泵站一览

地区	污水泵站	数量（个）
城区	相门、平直、悬桥、外河桥、徐公桥、竹辉、相王弄、中军弄、皋桥、北环、北园、园区互通、齐门、乐桥、里河、三元、新庄、白洋湾、金阊物流园、广济北路、金门路、金石街、石路、菱塘、泰南路、南环、城南、福星、吴越路、沧浪新城、高教园、城西、劳动路、玻纤路	34
张家港	—	55
常熟	—	111
太仓	小北门街、康乐新村、南园路、西景瑞、洋沙泾、新湖、凤南路、太平新路、子冈路、东仓新路、南漳泾路、金仓湖、江申大道、广州路、陆渡、娄江路、三港、龙江路、通港路、姚泾北路、姚泾南路、西环路、鹿河及江城区域的1号、2号、3号、4号、5号	29
昆山	—	58
吴江区	城北垂虹、大江河、江兴、九龙、丽都、柳胥、鲈乡北路、鲈乡、梅里、潘家港、七里港、水乡、苏州河、翁家塘、西塘河、樟木河、城南创业路、快速路、松陵八坼、松陵大道、学院河、友谊、云龙、长安、中山南路等	73
吴中区	城南街道：东湖泵站、阳光水韵泵站 甪直镇：富江路泵站、吴淞北路泵站、育才路泵站、正源路泵站、香花弄泵站、海藏路泵站、澄湖村泵站、老乡政府泵站、机场路泵站、东升路泵站、联谊路泵站、司家浜泵站	85

续表

地区	污水泵站	数量（个）
吴中区	香山街道：梅舍路泵站、郁舍泵站、后塘路泵站、外塘路泵站、花样年泵站、丽波路泵站、香山花园泵站、桑园泵站、梅园泵站、兰博基尼泵站、昙花庵泵站 光福镇：福湖路泵站、污水厂泵站、银矿路泵站；城南厂配套：1号泵站、2号泵站、3泵站、4泵站、5泵站、6泵站、7泵站、8泵站、9泵站、10泵站等	85
相城区	澄乐路泵站、澄阳路泵站、太东路泵站、西公田路泵站、相城大道泵站、渭塘总泵站、桥角泵站、建新泵站、玉盘泵站、钻石路泵站、聚金路泵站、汇海隆泵站、富元路泵站、春申湖路泵站、济学路泵站、华元路泵站、古元路泵站、采莲路泵站、城西老2号泵站、漕湖1—3号泵站、积善桥、车轮桥、小公园、咏春工业坊、灵埂村泵站、北灵路泵站、鹅东泵站、盛南泵站、吴开路泵站、友胜路泵站、大闸蟹泵站、消泾南泵站、消泾北泵站、清水村泵站、胡家角泵站、周家浜泵站、早花泵站、顺贤路泵站、五大队泵站	41
工业园区	东沙湖泵站、星华街泵站、娄葑工业区泵站	3
高新区	横山路、滨河路、横塘、新升、塔园路、金枫路、竹园路、鹿山路、津桥、中心路、石图里、长江路、湘江路、朝红路、嵩山路、泰山路、建林路、鸿禧路、鸿福路、阳山、通浒路、真山路、新浒、苏华路、锦峰路、天池山、五台山、省道、东渚、龙景路、太湖大道、贡山路、西洋山、镇湖等	35

第三节　生活污水处理能力

一、城镇生活污水处理能力

苏州市的污水处理系统建设起步于80年代，至2020年，苏州市区（含吴江区、吴中区、相城区、姑苏区、工业园区、高新区）有污水处理厂41座，污水处理能力235.75万立方米每日；张家港市9座，污水处理能力28.5万立方米每日；常熟市11座，污水处理能力40.2万立方米每日；太仓市9座，污水处理能力28.5万立方米每日；昆山市16座，污水处理能力87.2万立方米每日。

表11-4　2005—2020年苏州市污水处理能力（选年）

年份	地区	污水厂（座）	设计处理能力（万立方米每日）	年份	地区	污水厂（座）	设计处理能力（万立方米每日）
2005	市区	24	73.30	2007	太仓	8	14.50
	张家港	10	12.10		昆山	17	23.81
	常熟	16	20.40		吴江	16	36.10
	太仓	2	4.00	2008	市区	26	115.25
	昆山	15	20.17		张家港	11	15.70
	吴江	11	29.33		常熟	19	26.96
2006	市区	22	70.80		太仓	7	12.50
	张家港	10	12.10		昆山	21	36.96
	常熟	14	23.55		吴江	14	27.10
	太仓	8	11.90	2009	市区	26	121.75
	昆山	17	23.33		张家港	11	17.20
	吴江	7	29.10		常熟	19	26.45
2007	市区	20	74.75		太仓	7	12.50
	张家港	10	12.40		昆山	21	39.26
	常熟	18	26.86		吴江	15	39.30

续表

年份	地区	污水厂（座）	设计处理能力（万立方米每日）
2010	市区	28	140.50
	张家港	11	17.20
	常熟	20	26.55
	太仓	8	13.50
	昆山	20	39.11
	吴江	15	39.30
2011	市区	29	147.00
	张家港	12	23.00
	常熟	17	28.85
	太仓	9	15.50
	昆山	21	47.29
	吴江	12	43.30
2012	市区	28	155.50
	张家港	9	21.10
	常熟	17	28.85
	太仓	9	21.50
	昆山	21	47.36
	吴江	12	44.05
2013	市区	44	205.50
	张家港	11	26.20
	常熟	14	29.80
	太仓	9	21.50
	昆山	20	50.69
2014	市区	43	202.45
	张家港	10	26.00
	常熟	11	29.70
	太仓	9	21.50
2014	昆山	20	50.99
2016	市区	43	228.30
	张家港	10	26.00
	常熟	11	32.70
	太仓	9	21.50
	昆山	20	70.74
2017	市区	48	223.55
	张家港	10	26.00
	常熟	11	32.70
	太仓	9	21.50
	昆山	20	71.74
2018	市区	47	220.55
	张家港	10	28.00
	常熟	11	32.70
	太仓	9	21.50
	昆山	20	71.74
2019	市区	41	206.25
	张家港	9	24.50
	常熟	10	29.70
	太仓	9	21.50
	昆山	20	78.54
2020	市区	41	235.75
	张家港	9	28.50
	常熟	11	40.20
	太仓	9	28.50
	昆山	16	87.20

二、镇村生活污水处理能力

90年代初，苏州乡镇开始处理工业污水。1992年，建成角直污水处理厂，是苏州第一座有一定规模的乡镇级污水处理企业。至1999年底，全市有5座乡镇级污水处理厂建成投运，设计污水处理能力6.87万立方米每日。2001—2005年，共建成污水处理厂47座，新增设计污水处理能力67.97万立方米每日。2005年底，全市共有乡镇级污水处理厂或公司53家，设计污水处理能力75.88万立方米每日，处理的生活污水占54%；据33个建有污水厂的乡镇统计，已铺设污水收集管网699.4千米。

2009年，全市各地共完成建设资金36.2亿元，向上争取到补助5.26亿元，苏州市级财政也安排500万元环保专项资金，对有农村污水治理任务的区实施以奖代补。在农村生活污水处理设施建设方面：全年共完成投资5.2亿元，新增污水处理能力1.86万立方米每日，完成509个村庄生活污水治理，受益户数8.7万户。其中，太湖一级保护区完成159个村庄生活污水治理，受益户数1.6万户，阳澄湖水源保护区完成52个村庄生活污水治理，受益户数5130户，污水治理取得明显成效。

2010年，农村生活污水处理率按受益户数计算，太湖一级保护区达75%，阳澄湖水源水质保护区达60%，其他非保护区平均达45%。

2011年，全市各地加强组织领导，细化责任目标，加强沟通协调，实际投资2.4亿元，完成196个自然村庄生活污水治理，解决2.28万户农户生活污水治理问题。其中，建成独立式生活污水处理设施80个自然村，受益户数7321户；接污水管116个自然村，受益户数15437户。太湖一级保护区完成81个自然村建设，受益户数6038户；阳澄湖水源保护区完成19个自然村建设，受益户数5786户，年度任务超额完成。

2015年，实施“农村生活污水治理三年行动计划”。苏州市委、市政府专门成立由市长为组长的领导小组。抽调苏州市委农村工作办公室、苏州市住建局、苏州市环保局、苏州市水利（水务）局、苏州市农业委员会等主要部门人员集中办公。苏州市级明确每年2亿元补助资金用于以奖代补。各市、县（市、区）对照实际目标任务，落实重点村、特色村1100多个，同步开展700多个一般村生活污水治理和撤并乡镇的污水管网建设，合计受益农户10万户以上。全年超额完成苏州市委、市政府下达的1000个村庄农村生活污水治理的目标任务。

2016年，全市累计完成1580个村庄的生活污水治理工作，超额完成苏州市委、市政府下达的1000个村庄农村生活污水治理的目标任务，重点村、特色村治理率已达85%，全市农村生活污水治理率为75%。根据《市委办公室市政府办公室印发〈关于切实加强全市农村生活污水治理工作的意见〉的通知》，要求农村生活污水治理实现“统一规划、统一建设、统一管理、统一运行”的“四统一”。苏州市农污治理项目建设资金由原来的市镇两级各50%调整到市级100%承担。2016年，全市完成116个重点、特色村，20个一般村，2个管理区，共计7597户农户的污水治理任务。

2017年，全市共完成1840个村庄治理，受益农户86543户，其中重点村、特色村507个，受益户数25010户，农村地区一般村1257个，受益户数58582户，城镇地区一般村76个，受益户数2951户。

2018年，全市共完成514个村庄治理，受益农户26527户。其中，农村地区一般村487个，受益农户25172户，城镇地区一般村27个，受益农户1355。

2019年，全市乡镇生活污水处理率91.5%，继续开展农村生活污水治理。共完成1150个村庄治理，受益农户46384户。其中，农村地区945个，受益农户38120户，城镇地区205个，受益农户8264户。

2020年，全市共完成1343个村庄治理，受益农户45933户。其中，农村地区752个，受益农户31393户，城镇地区470个，受益农户12372户，相城区本年度完成村庄治理121个，受益农户2168户。

表11-5　2020年苏州市城镇污水处理厂明细

地区	污水处理厂名称	级别	建成规模（万立方米每日）
姑苏区	苏州市排水有限公司福星污水处理厂	市级	18.00
	苏州市排水有限公司娄江污水处理厂	市级	14.00
	苏州市排水有限公司城东污水处理厂	市级	4.00
高新区	苏州高新水质净化有限公司狮山水质净化厂	市级	8.00
	苏州高新水质净化有限公司枫桥水质净化厂	市级	8.00
	苏州高新水质净化有限公司白荡水质净化厂	市级	4.00
	苏州高新水质净化有限公司浒东水质净化厂	市级	4.00
	苏州高新水质净化有限公司科技城水质净化厂	市级	4.00
工业园区	苏州工业园区清源华衍水务有限公司第一污水处理厂	市级	20.00
	苏州工业园区清源华衍水务有限公司第二污水处理厂	市级	30.00

续表

地区	污水处理厂名称	级别	建成规模（万立方米每日）
吴中区	苏州吴中城区污水处理有限公司	市级	3.00
	光大水务（苏州）有限公司	市级	15.00
	苏州市吴中区木渎新城污水处理厂	镇级	10.00
	苏州市吴中区胥口镇污水处理厂	镇级	3.00
	苏州角直污水处理有限公司	镇级	4.00
	苏州角直新区污水处理有限公司	镇级	2.00
	苏州吴中金庭污水处理有限公司	镇级	1.00
	苏州太湖国家旅游度假区科福污水处理有限公司	镇级	3.00
	苏州吴中吴淞江污水处理有限公司	市级	4.00
	苏州吴中河东污水处理有限公司	市级	8.00
相城区	苏州市相城区城区污水处理厂	市级	6.00
	苏州市相城区城西污水处理厂	市级	12.00
	苏州市漕湖产业园污水处理有限公司	镇级	9.00
	苏州市相城区一泓污水处理有限公司	镇级	2.00
	苏州市相城区阳澄湖镇澄阳污水处理有限公司	镇级	2.00
	苏州市相城区黄埭污水处理有限公司	镇级	1.50
	苏州市相城区望亭展欣水务有限公司	镇级	1.00
	苏州高铁新城污水处理厂	镇级	4.00
吴江区	苏州市吴江污水处理有限公司	市级	8.50
	苏州市吴江城南污水处理有限公司	市级	3.00
	吴江经济技术开发区运东污水处理厂	市级	6.00
	盛泽水处理发展有限公司联合生活污水处理厂	市级	3.00
	盛泽水处理发展有限公司南霄生活污水处理厂	市级	2.00
	苏州市吴江横扇生活污水处理有限公司	镇级	0.50
	苏州市吴江平望生活污水处理有限公司	镇级	0.50
	苏州市吴江七都生活污水处理有限公司	镇级	1.00
	苏州市吴江桃源生活污水处理有限公司	镇级	0.75
	苏州市吴江震泽生活污水处理有限公司	镇级	1.00
	盛泽水处理发展有限公司桥北生活污水处理厂	镇级	0.50
	苏州市吴江芦墟污水处理有限公司	镇级	5.00
	苏州市汾湖南部污水处理有限公司	镇级	0.50
	盛泽水处理发展有限公司南麻社区综合污水处理厂	镇级	1.00
昆山市	昆山市污水处理有限公司	市级	7.50
	昆山市铁南琨澄水质净化有限公司	市级	3.00
	昆山开发区琨澄光电水质净化有限公司	市级	12.80
	昆山开发区琨澄精密水质净化有限公司	市级	2.50
	北区污水处理厂	市级	19.60
	吴淞江污水处理厂	市级	7.50
	光大水务（昆山）有限公司（开发区港东污水处理厂）	市级	5.00
	昆山市锦溪污水处理厂有限公司	镇级	3.00
	昆山市淀山湖琨澄水质净化有限公司	镇级	3.00

续表

地区	污水处理厂名称	级别	建成规模（万立方米每日）
昆山市	昆山市巴城琨澄水质净化有限公司	镇级	1.25
	昆山市石牌琨澄水质净化有限公司	镇级	1.20
	昆山市正仪琨澄水质净化有限公司	镇级	0.60
	花桥污水处理厂	镇级	6.25
	陆家污水处理厂	镇级	6.00
	张浦污水处理厂	镇级	5.00
	昆山市千灯琨澄水质净化有限公司	镇级	3.00
	周庄琨澄水质净化有限公司	镇级	0.14
	周庄琨澄水质净化有限公司处理分站	镇级	0.25
	周庄镇第二污水处理厂	镇级	0.50
	昆山市港浦处理有限公司	镇级	1.00
太仓市	太仓市城区污水处理有限公司	市级	6.00
	太仓市城东污水处理厂	市级	7.00
	太仓市南郊污水处理有限公司	市级	4.00
	太仓市双凤污水处理有限公司	镇级	1.50
	太仓市沙溪污水处理有限公司	镇级	3.00
	太仓市璜泾污水处理有限公司	镇级	1.00
	太仓市浏河污水处理有限公司	镇级	3.00
	太仓市岳王污水处理有限公司	镇级	1.00
	太仓江城城市污水处理有限公司	市级	2.00
常熟市	常熟市城北污水处理厂	市级	9.00
	常熟市城南污水处理厂	市级	3.00
	常熟市城西污水处理厂	市级	6.00
	城东水质净化厂	市级	6.00
	东南污水处理厂	市级	1.00
	周行污水处理厂	市级	2.00
	辛庄污水处理厂	市级	3.00
	虞山污水处理厂	市级	4.50
	八字桥污水处理厂	市级	3.00
	常熟市中创污水处理有限公司	镇级	1.00
	沙家浜常昆污水处理有限公司	镇级	1.70
张家港市	张家港市第一污水处理厂	市级	3.50
	张家港市第二污水处理厂	市级	7.00
	张家港市第三污水处理厂	市级	4.00
	张家港市城南污水处理厂	市级	3.00
	张家港市锦丰片区污水处理厂	镇级	3.00
	张家港市塘桥片区污水处理厂	镇级	4.00
	张家港市金港片区污水处理厂	镇级	2.50
	张家港市乐余片区污水处理厂	镇级	1.10
	张家港市常阴沙污水处理厂	镇级	0.40

专记

城乡生活污水治理三年行动

2012年，苏州市十三届一次会议通过第025号提案《关于进一步加强城乡生活污水治理的建议》。继城区水环境提升三年行动计划和2013年新三年行动计划后，2014年，在全市推行农村生活污水治理三年行动计划。截至2017年底，全市共有城镇污水处理厂93座，处理能力374万吨每日，率先全面执行一级A排放标准；已建成污水管网1.18万千米，城区、建制镇镇区污水管网基本建设完成，率先在全国开展管网结构性查漏和管网修复；率先在全国全域开展农村生活污水治理三年行动计划，共治理村庄5000多个，受益农户约45万户，农村地区生活污水治理率达80%以上。张家港市采取城乡“全接管”模式，高质量、全收集、全处理城乡生活污水；常熟市在全国率采用PPP模式实施分散式农村生活污水治理；太仓市加快被撤并乡镇生活污水治理进度，实施尾水排放提标改造试点等。

2018年9月，苏州市委、市政府出台《关于高质量推进城乡生活污水治理三年行动计划的实施意见》，市政府出台《关于成立高质量推进城乡生活污水治理工作领导小组的通知》，在全市范围开展高质量城乡生活污水治理三年行动计划（以下简称三年行动计划），一盘棋推进水、气、泥、厂、网、湿建设，系统性落实建设、监管、养护、执法、激励措施，对全市城乡生活污水进行系统性、全域化、高质量治理。

一、设施建设

污水处理厂建设。按照三年行动计划的实施意见，2018年至2020年全市加快城镇污水处理厂和配套管网（泵站）建设，新建、扩建、改建城镇污水厂28座以上，新增污水处理能力不低于65万立方米每日。其中，2018年新增污水处理能力1万立方米每日，2019年新增污水处理能力38.5万立方米每日，2020年新增污水处理能力26万立方米每日。

污水处理厂保障能力建设。构建不同生活污水收集系统之间互连互通，增强污水调度、保障和应急处理能力。2018年，结合污水规划调整内容，研究片区之间、片区内各污水厂互连互通的方案。2019年，结合各地污水厂实际运行情况，加快建设污水厂互连互通管网。2020年建成符合各片区需求的污水厂安全运行互连互通管网，进一步增强污水调度、保障和应急处理能力。

农村生活污水治理。农村地区生活污水治理率力争达到90%以上，太湖一级和阳澄湖一、二级保护区、重点国考断面关联村庄生活污水治理率达到100%。2018年，各地排定农村污水治理目标和任务，完成500个村庄污水治理，确保已建设施正常运行。2019年，完成不少于500个村庄污水治理，确保已建设施正常运行。2020年完成不少于500个村庄污水治理，确保已建设施正常运行。

污水管网建设。城区按照全覆盖、无盲区的要求，建设污水收集输送管网。2018年，加大污水管网建设力度，根据污水“全收集”目标，按照三年任务要求，排定各市（区）管网建设任务。

初雨治理设施建设。建设初期雨水收集、调蓄、输送设施。2018年，根据海绵城市规划内容，结合污水处理情况，确定工作方案，合理测算初期雨水水量，分步实施，开展初期雨水研究。2019年，研究制订初期雨水收集、调蓄、输送和处理等技术方案，并组织实施。2020年，配套建成初期雨水处理处置系统。

污泥处置设施建设。建设满足辖区内的污水厂污泥和通沟污泥处置设施。2018年，综合考虑城市废弃物处理处置设施建设，妥善处理处置污水厂污泥和通沟污泥。污泥100%得到妥善处理处置。2019年，高标准建设满足各地污水厂污泥和通沟污泥处理需求的设施。污泥100%得到妥善处理处置。2020年，各地建成污泥处理设施，污泥100%得到妥善处理处置。

独立场站污水处理设施建设。完成服务区、交通场站等生活污水治理和接纳工作。2018年，编制服务区、交通场站等生活污水治理工作方案。完成10%的污水治理任务量。2019年，完成40%的污水治理任务量。2020年，完成50%的污水治理任务量。

二、污水厂提标改造

污水处理厂提标改造。城镇污水处理厂尾水按“苏州特别排放限值”完成尾水提标。2018年，编制“苏州特别排放限值”提标改造指南。“一厂一策”，全市10%的污水厂完成尾水提标改造。2019年，合理选择工艺路线，加快污水厂工程性提标工作；完成太湖一、二级保护区内污水厂提标改造。全市完成40%的污水厂尾水提标厂数。2020年，全市50%的污水厂完成尾水提标改造。

尾水生态净化系统建设。开展污水厂尾水生态净化系统建设。建成尾水生态净化系统规模不低于污水厂总规模的三分之一。2018年，结合尾水提标，调研各污水厂已有条件和周边环境，开展污水厂尾水生态净化方案设计。按照三年任务的要求，排定各市、区尾水生态净化系统建设，完成10%的尾水生态净化系统建设。2019年，充分利用污水厂已有条件和周围地块情况，开展污水厂尾水生态净化系统建设。完成40%的尾水生态净化系统建设。2020年，推进污水厂尾水生态净化系统建设，完善水处理循环利用体系。完成50%的尾水生态净化系统建设。

再生水系统建设。污水厂改为再生水厂，同步建设再生水供水管道，作为河道补水、景观用水、公共杂用、工业回用、工业冷却等水源。2018年，进一步提高尾水水质，结合污水厂周边情况，建设再生水供水系统。2019年，拓宽尾水使用渠道，进一步推进尾水再生利用。2020年，制订尾水利用鼓励性政策，提高污水厂尾水回用率。

除臭系统建设。同步建设除臭设施，鼓励建设高标准的环境友好型污水处理厂。2018年，根据污水厂周边情况，同步考虑污水厂除臭设计，提高新建污水厂设计标准。2019年，因地制宜建设除臭设施，规划建设环境友好型污水处理厂。2020年，全面解决污水厂臭味扰民问题，建设环境友好型污水处理厂。

三、污水接纳

雨污分流改造。完成老城（镇）区、老小区、工业企业和单位内部雨污分流改造。推进污水直排点和雨水排口非雨出流整治。2018年，按照排水达标区要求，编制工作方案，排定工作任务。完成20%的老城（镇）区、老小区、工业企业和单位内部雨污分流改造工作量。完成太湖、长江水源地二级保护区岸线外3千米范围内和平江历史片区零直排区建设方案。2019年，完成40%的老城（镇）区、老小区、工业企业和单位内部雨污分流改造工作量，完成60%的零直排区建设任务。2020年，完成40%的老城（镇）区、老小区、工业企业和单位内部雨污分流改造工作量。完成40%的零直排区建设任务。城镇建成区基本消灭污水直排点和雨水排口非雨出流。

阳台和车库污水收集系统建设。开展居民区阳台和车库污水收集系统建设。2018年，编制工作方案，排定工作任务，完成10%的居民区阳台和车库污水收集系统建设工作量。2019年，完成40%的居民区阳台和车库污水收集系统建设工作量。2020年，完成50%的居民区阳台和车库污水收集系统建设工作量。

“十个必接”污水接纳项目。落实生活污水“十个必接”〔机关、学校、医院、浴室、美容美发、洗车点、餐饮（宾馆）、农贸市场、垃圾中转站、集中居住区（宿舍）〕。2018年，编制工作方案，排定工作任务，完成10%的生活污水“十个必接”建设工作量。2019年，完成40%的生活污水“十个必接”建设工作量。2020年，完成50%的生活污水“十个必接”建设工作量。

重点行业污水接纳项目。完成餐饮、洗车、美容美发、农贸市场、建筑工地、工业企业等行业的排污专项整治。2018年，调研各地排水情况，制定排水行业专项整治方案，落实排查任务和内容。2019年，开展餐饮、洗车、美容美发、农贸市场排污专项整治。2020年，开展建筑工地、工业企业等行业的排污专项整治。

四、管网检查修复

管网检查与管网信息管理。三年内完成雨污水管网功能性、结构性检查，成果纳入管网GIS信息化系统管理。2018年，各市（区）根据有管网建设量，按照三年任务的要求，完成方案编制，各区市完成10%管网功能性、结构性检查任务。2019年，完成40%管网功能性、结构性检查任务。2020年，完成50%管网功能性、结构性检查任务。

管网修复项目。2018—2020年，与管网功能性、结构性检查工作同步，及时开展管网修复，确保输送系统完整完好，全面完善管网功能。

养护机械化管理。提高管网机械化养护率。2018年，提高机械化养护水平，机械化养护率达到80%。2019年，提高机械化养护水平，机械化养护率达到85%。2020年，提高机械化养护水平，机械化养护率达到90%。

养护末端管理。推进日常养护进小区、进农村。2018年，小区养护率达到80%。2019年，小区养护率达到85%。2020年，小区养护率达到90%，推进日常养护进农村。

管网维护制度化建设。建立健全常态化检查修复制度。2018年，调研各地管网养护管理办法，各市（区）制定养护管理方案。2019年，研究出台《苏州市管网养护和修复管理办法》，建立常态化管理机制。2020年，根据《苏州市管网养护和修复管理办法》，开展管网养护考核，提高管网质量。

五、运行监管

厂站网一体化运行管理。推行污水管网、泵站和污水处理厂一体化运行。2018年，按照“统一规划、统一建设、统一运行、统一监管”要求，完善污水设施统一管理机制。2019年，落实污水设施统一管理内容，明确责任单位工作任务。2020年，加强污水设施统一管理目标考核，充分发挥一体化运行管理的优势。

非生活污水接纳专项管理。全面加强工业废水接纳管控，避免水量水质冲击和双向稀释。2018年，根据《城镇污水处理厂接纳处理工业废水管理暂行办法》，加强工业废水接纳管控，加强工业废水水质监测和评价，加强工业企业废水监督管控。2019年，建设纳管工业企业排口自动化管控体系，结合污水厂提标改造，全面评价工业废水进入城镇污水厂处理效果。2020年，完成纳管工业企业排口自动化管控体系建设。完善接纳配套政策，进一步完善工业废水处理监管。

安全运行管理。强化污水厂站网运行管理，管道窨井等全面配置防坠设施，确保安全运行和达标排放。2018年，加强污水厂站网运行管理，强化污水处理设施安全运行管理，保证污水厂安全运行和达标排放。2019年，加强污水厂管理人员、生产人员技能培训，提高污水厂运行操作和管理水平，全面提升污水厂人员专业素质。2020年，行业主管部门进一步优化污水处理设施运行管理、安全维护等考核机制。

农村生活污水管理。全面落实农村生活污水治理设施统一运行管理。2018年，制定农村污水治理设施统一运行管理办法，引入专业管理队伍，落实经费，加强污水处理设施运行监管。2019年，建设农村污水设施信息化管理平台，引入第三方运行监管单位，全面开展设施运营维护考核。2020年，进一步完善农村生活污水治理长效机制，实现专业化运营、市场化运作、日常化管理，确保设施正常稳定运行。

运行管理保障体系。2018年，制定污水处理设施养护管理考核办法，落实养护经费。各地结合设施状况和管理，出台管理政策和污水处理运营服务费核拨办法，建立健全排水设施及污水处理的运营维护机制。2019年，各地制定出台《污水处理设施养护管理考核办法》，落实养护经费，加强养护质量检查，确保设施正常运行。2020年，根据《污水处理设施养护管理考核办法》，加强养护质量检查，确保设施正常运行。

污泥监管体系。加强污泥全程监管。2018年，全面落实污泥进出联单制度，运用GPS系统，开展污泥运输处置全程监管，确保污泥100%安全妥善处理处置。2019年，开展污水厂污泥处理处置专项调查，掌握污水厂污泥产生量和泥质情况，跟踪污泥去向和处理处置情况，确保污泥100%安全妥善处理处置。2020年，对污泥处理处置设施进行能力评估，进一步落实城镇污水厂污泥处理处置过程监管和设施建设，确保污泥100%安全妥善处理处置。

制定污水处理行业规范和质量论证。制定行业质量管理规范，推进污水处理质量认证。2018年，以现行质量管理体系标准为基础，结合环境管理体系标准、职业健康安全管理体系标准，针对苏州城镇污水处理行业特点，制定污水处理行业质量管理规范。2019年，根据污水处理行业质量管理规范，推进质量认证工作。提出城镇污水处理企业的质量管理要求，促进城镇污水处理企业质量管理的科学化、规范化和标准化。2020年，落实污水处理行业质量管理规范，进一步加强污水行业质量管理，健全质量管理体系，提高质量管理水平。

污水治理监测评估。推行生活污水治理第三方监管。2018年，各市（区）研究开展污水运行管理第三方运行管理模式，提高监管成效。2019年，评估生活污水治理第三方管理工作成效，制定第三方管理工作考核办法。2020年，推行生活污水治理第三方监管，切实提高监管成效和水平。

截至2020年底，三年行动计划已完成项目投资220余亿元。苏州市先后编制印发《苏州市排水管道建设与检查修复技术规定（试行）》《苏州市城镇污水处理厂尾水湿地建设技术指南》，在省内率先制定高于“国标”和“省标”的苏州特别排放限值标准，以“苏州标准”推进全市城镇污水厂尾水提标改造，实现尾水准四类标准排放。系统开展城镇污水厂尾水生态净化系统（湿地）建设，在准Ⅳ类尾水的基础上，进一步提升尾水生态活性。

全市新增污水处理能力55万立方米每日，完成超过3100个村庄（自然村）生活污水治理，受益农户11.5万户以上；累计建成污水收集管网3500多千米，并对2.67万千米排水管网开展功能性、结构性检查检测，同步修复“错接、混接、渗漏、堵塞”等问题点位4.7万余处；全市累计完成124个独立场站（旅游点、服务区和交通场站等场所）污水设施、1839个阳台车库污水收集系统、6306个“十个必接”（机关、学校、医院、浴室、美容美发、洗车、餐饮、农贸市场、垃圾站、集宿区等十个场所）污水收集系统、10393个重点行业污水接纳系统建设，对1652个小区实施雨污分流改造，整治非雨出流排口、污水直排口5494个，完成3个零直排区建设；建成17座城镇污水厂尾水生态净化系统（湿地），完成68座城镇污水厂提标改造，提标后的污水厂尾水基本达到“苏州特别排放限制”标准。随着截污、纳污、治污能力的持续提升，全市已基本消灭城乡黑臭水体，国省考断面达标比例较2018年有明显提升。

第十二章 建设与运行管理

1991—2020年，苏州市不断提升水利工程建设管理水平，加强工程设施的综合维护与管理，推进水管单位的规范化建设、法治化建设和现代化建设。加强工程建设质量管理，严格按照基本建设程序，实行项目法人负责制、招投标制、工程建设监理制和合同档案管理制。深入开展水管体制改革，实行“管养分开、管办分开”，保证苏州水利水务工程的合规建设和有效运行管理。

第一节 建设管理

一、建设管理体制

（一）水利工程建设管理

1994年，苏州市在水利建设中，坚持建管并重，一建就管，以建促管，以建设为基础，向管理要效益。全市建造融建设、管理、经营、服务、开发为一体的闸站工程200座。

2003年，苏州市编制完成《苏州市水利工程管理体制改革实施意见》，市、县（市、区）重点水利工程建设网络基本形成，可以随时了解和掌握重点水利工程建设动态。

2006年，强化开工许可，加强跟踪检查。强化施工图审查、施工放线、缴纳占用补偿费、发放河道工程占用证等工作。

2016年，为加强和规范水利工程的建设管理，加强资金管理，保证工程质量，制定《苏州市水利局水利工程建设管理细则》《苏州市水利局招标代理机构选定办法》《苏州市水利局关于严格禁止领导干部范围规定插手工程建设领域行为的若干规定（试行）》等办法。

2016年4月，苏州市水利（水务）局正式成立基本建设处，同时挂“安全监督处”牌子。同年，为加强水利工程建设管理，苏州市水务局制定《关于加强水利工程建设管理的整改方案》，印发《苏州市河道湖泊管理范围内建设项目水利技术规定（试行）》《苏州市水利工程建设质量提升行动计划（2018—2020）》。

表12-1 1990—2020年苏州市水利建设投资和完成工程量情况

年份	历年水利建设投资（万元）			历年完成工程量（万立方米）		
	中央、省、市	县（市、区）	乡村自筹	土方	石方	混凝土
合计	19846.14	12125.71	30285.63	177546.65	627.65	693822.40
1990	12.74	12.60	0.58	105.55	0.35	20.00
1991	167.2	30.35	1.50	719.87	8.11	143.00
1992	44.07	90.15	1.20	365.12	2.33	207.00
1993	44.57	16.88	7.75	569.52	3.14	1108.00

续表

年份	历年水利建设投资（万元）			历年完成工程量（万立方米）		
	中央、省、市	县（市、区）	乡村自筹	土方	石方	混凝土
1994	73.18	15.98	8.30	437.29	4.28	380.00
1995	78.33	67.22	12.22	542.75	14.91	212.00
1996	55.26	13.13	22.90	888.35	4.20	565.00
1997	225.94	32.12	37.79	1775.93	4.57	308.00
1998	175.42	49.84	105.92	961.23	6.59	698.00
1999	254.74	158.92	397.46	7346.25	8.63	1337.00
2000	695.07	146.94	621.77	5779.58	4.80	11321.00
2001	549.42	282.25	416.11	2877.61	9.65	25031.00
2002	223.57	114.97	146.61	484.55	3.02	2469.00
2003	421.83	114.88	101.37	1098.50	4.77	4600.00
2004	293.86	239.82	56.30	1136.28	7.15	7591.00
2005	210.72	251.33	165.01	1404.76	9.87	10878.00
2006	129.08	279.34	247.30	1860.90	11.03	17549.00
2007	64.19	182.64	278.48	1977.88	9.43	12501.00
2008	91.27	129.57	255.21	1457.23	8.65	12627.00
2009	69.98	56.36	136.80	1304.93	3.57	4595.00
2010	5..14	156.22	211.96	1655.38	7.49	9397.00
2011	180.10	177.02	212.24	1750.02	17.23	5948.00
2012	182.05	221.9	421.25	2039.89	30.43	10075.00
2013	341.01	205.79	441.53	2391.79	23.20	10181.00
2014	414.21	270.71	654.17	3883.23	26.73	20131.00
2015	448.58	344.44	1309.53	5977.32	39.71	30861.00
2016	772.09	322.55	1220.28	10075.41	32.80	27467.00
2017	505.73	372.09	1646.48	18685.40	51.28	37263.00
2018	529.50	686.80	1528.58	18412.14	24.81	28341.00
2019	825.34	404.85	1469.00	16811.30	17.42	32817.00
2020	890.35	445.08	899.08	10969.60	32.04	25222.00

（二）市区供水工程建设管理

苏州市最早的自来水厂于1950年由苏州自来水建设委员会负责工程建设，承担设计、施工、运行、维护和养护等业务。1952年，成立苏州市自来水公司，负责自来水供应、市政公用工程施工总承包三级、机电设备安装、给排水安装、二次供水设备安装及招投标代理服务。公司有白洋湾、相城、胥江三座现代化水厂。直径100毫米以上供水管网约2500千米，担负着为姑苏区、相城区、木渎、胥口两镇及光福、金庭、太湖度假区供水的任务，供水服务面积超700平方千米。公司作为建设方实施太湖金墅港水源地生态清淤和综合治理，对市区97%以上的供水管网进行改造，完成市区74个已建老小区二次供水改造。

2002年，自来水公司并入苏州市水务集团。

（三）区县城镇供水工程建设管理

2000年以前，多为各区县以建制镇为供水单位，独立成体系，部分行政村建有自己的小型水厂。随着农改水工程的推进和地下水的限采，村办水厂逐步被各镇级水厂取代，初步实现集中供水。经过多轮扩建，供水范围逐步扩展到农村，由各乡镇政府投资建设和管理。后成立区域自来水投资有限公司。

表12-2　2020年苏州市各供水区主要运营单位情况

地区	运营单位	地区	运营单位
市区	苏州市自来水有限公司	吴江	吴江华衍水务有限公司
张家港	张家港市给排水有限公司	吴中	苏州吴中供水有限公司
常熟	江苏中法水务股份有限公司	工业园区	工业园区清源华衍水务有限公司
太仓	太仓市自来水有限公司	高新区	苏州高新区自来水有限公司
昆山	昆山市自来水集团有限公司		

（四）市区排水工程建设管理

50—90年代，市属排水工程由市政工程管理局负责建设。

1991年成立苏州市排水工程队，后与排水综合服务部合并为苏州市城市排水服务公司，1997年成立苏州市排水管理处，主要负责贯彻执行国家有关法律法规和行业政策，管理市区污水接纳和处理；参与市区污水接纳设施建设规划和污水处理厂新建扩建方案的编制审核，制订污水处理厂运转技术标准和管理制度；管理污水处理厂日常运行，完成年度污水处理任务；负责市区污水排放管网、污水提升泵站的日常养护和监督管理，2002年划归市水利（水务）局领导。

2008年后，另组建苏州市排水有限公司，承担市区污水处理厂的资产、运行管理和污水管网运行职能。2011年底，将苏州清源建设有限公司整体并入苏州市排水有限公司，苏州市排水有限公司成为城区污水处理的运营管理主体和建设维护主体，主要承担苏州市区污水处理厂（含中途提升泵房）的运行管理以及市区污水干管养护等。

（五）区县城镇排水工程建设管理

区县排水项目一般由各县（市、区）政府负责建设，建设主体为区县的建委、环保、水务等政府部门，或乡镇政府、污水处理厂、区县排水运营维护单位等。部分区县引进社会资本参与污水项目建设和运营。

二、施工管理

（一）招投标工作

90年代末引入招投标机制以来，经过30年的发展，从最初的施工承包商选择逐步扩展到监理、勘测设计、质量检测、征地、招标代理等工程建设全过程相关服务单位的选择。

90年代，苏州市水利局严格执行水利部和江苏省水利厅制定的相关规程规范，主要有《水利工程建设项目监理招标投标管理办法》《江苏省水利工程建设项目招标投标管理办法》《江苏省水利工程建设项目施工招标投标实施细则》。1994年、1995年，全省水利系统加强施工招标投标制度的推行工作，针对招投标中存在的一些不规范现象，下发《关于加强水利工程建设施工招投标管理的意见》。经过努力，苏州市中小型水利工程实行招标投标的比例增大，并开始逐步规范。1996年8月，苏州市水利工程建设招标投标管理办公室成立，挂靠局计划财务处，负责管理全市水利建设项目的招投标监管工作。2005年正式更名为苏州市水利水务工程招投标管理办公室，与苏州市水利水务工程质量监督站合署办公。

1997年，《江苏省水利工程建设招标投标管理实施办法（试行）》正式出台。苏州市加强招投标管理，大中型工程招投标达100%。2000年，市水利（水务）局印发《关于进一步加强水利工程施工招标投标管理工作的通知》，对苏州市水利工程施工招标投标管理工作提出具体要求。5月，印发《苏州市水利工程建设施工招标投标工作手册》，对招标投标工作流程、招标文件编制审查、标底管理办法、评标小组组成、招标动态管理等一系列具体操作提出办法要求。

2001年3月5日，市政府转发市科委《苏州市农业科技攻关项目招投标办法（试行）》。同年12月，省水利厅将水利部颁布的《水利工程建设项目招标投标管理规定》（水利部第14号令）转发给苏州市水利农机局。该规定是《招标投标法》颁布后，水利部总结水利工程建设实际制定的第一个规范招标投标行为的法规，也是规范各类水利工程招标活动的总规定。

2002年12月16日，省水利厅向苏州市水利（水务）局转发《关于对水利工程建设项目招标投标监察工作的实施意见》的通知。同年，市科技局、财政局印发《苏州市科技项目招投标管理暂行办法》。

2005年6月，印发《苏州市水利水务工程违法分包转包及挂靠认定暂行办法》《苏州市水利水务工程工程量清单评标办法指导意见》《苏州市水利水务工程评标专家守则》《苏州市水利水务工程评标专家考核制度》《苏州市水利水务工程评标专家抽取管理办法》《苏州市水利水务工程评标专家库建立管理暂行办法》《苏州市水利水务工程招标投标工作办理程序》等一系列办法、意见。这些制度的出台及运作，一定程度上解决了建设过程中一些不规范行为。

2005年后，苏州市水利（水务）局不断加大招标投标监督管理力度，逐步健全招标管理制度，招标投标行为不断规范。2010年，根据水利部及省水利厅开展工程建设领域突出问题专项治理工作统一部署及苏州市水利工程建设领域突出问题专项治理工作方案，苏州市水务局印发《关于进一步加强苏州市水利工程建设招标投标程序管理的通知》；为有效防止串标围标和借用资质投标的行为，规范苏州市水利工程建设市场秩序，印发《关于要求进一步规范招标投标活动中几项工作的通知》。同年11月，苏州市水利（水务）局总结近几年水利工程招投标工作经验，印发《苏州市小型农田水利工程招投标管理指导意见》。

2012年10月24日，市水利（水务）局印发《关于转发进一步加强水利工程建设招投标管理工作的通知》，要求各单位结合本地实际，认真贯彻执行。同年，省水利厅印发《江苏省农村水利重点工程项目招投标管理工作指导意见（试行）》，苏州市相关单位积极贯彻执行。

2013年，苏州市公共资源交易中心挂授牌暨交易信息网开通仪式在市行政服务中心举行，该中心包含市产权交易分中心、政府采购分中心、国土分中心、建设工程分中心、交通工程分中心、水利工程分中心等，成为统一的电子交易平台。

2016年，为规范招标代理机构选定工作，制定《苏州市水利局招标代理机构选定办法》。为加强政府投资水利工程的后续管理，制定《苏州市水利建设工程项目招标中标后监督检查办法（试行）》，重新修订《苏州市水利工程建设项目招标投标信用管理实施细则》。自2016年7月1日起，《苏州市水利工程建设项目招标投标信用管理实施细则》废止。

2017年，为规范苏州市水利水务建设项目招投标委托代理工作，强化主管部门行政监督管理职责，印发《苏州市水利局水利水务建设项目招投标委托代理工作监督管理流程》及《关于进一步加强苏州市水利工程建设招投标管理的通知》。2018年，印发《关于明确招标投标工作具体事项的通知》及《关于苏州市水利工程建设项目招投标工作补充意见的通知》。截至2020年，规模和标准以上的水利建设项目施工招投标率和施工监理招标率均达到100%，勘察（测）设计招投标稳步推进，凡不具备自行招标资格的，都必须委托招标代理机构代理招标。水利工程建设项目招标投标监察工作法制化、科学化、成熟化。

（二）项目法人责任制

随着改革的进一步深入，为适应建立社会主义市场经济体制需要，水利部于1995年颁发《水利工程建设项目实行项目法人责任制的若干意见》，原国家计委于1996年颁布《关于实行建设项目法人责任制的暂行规定》，明确提出“今后新开工的生产经营性项目原则上都要实行项目法人责任制”“其他类型的项目应积极创造条件，实行项目法人责任制”“要求做到先有法人、后有项目”，取代以往的项目业主责任制。2000年原国家计委、财政部、水利部、建设部联合制定并经国务院批转的《关于加强公益性水利工程建设管理的若干意见》及水利部于2001年颁发的实施意见，对公益性水利工程项目法人责任制的实施作出更为具体的规定，进一步完善水利工程建设项目法人责任制制度体系。为进一步加强水利工程建设管理，加快建立与新时代水利工程建设管理高质量发展相适应的项目法人管理制度，水利部于2020年制定颁发《水利工程建设项目法人管理指导意见》。项目法人责任制在建设管理“四项制度”中处于核心地位，建设管理的其他三项制度都要靠项目法人责任制来实现和保证，落实好项目法人责任制，是整个建设管理工作的关键。

1991年以来，苏州市重点水利工程建设项目均成立项目法人，负责工程建设。环太湖大堤工程建设相继成立吴江市大浦口水利枢纽工程建设管理处、吴江市瓜泾口水利枢纽工程建设管理处、吴江市太湖治理工程建设管理处、苏州市吴中区治理太湖工程建设管理处等项目法人单位；长江江堤达标建设中成立太仓市水利工程建设管理处、张家港市防洪工程建设管理处及常熟市水利工程建设管理处等项目法人单位。在整个项目的建设过程中，由上述项目法人单位依法行使项目法人的各项职责。2017年11月，为完善事业单位法人事中事后监管工作，促进事业单位法人合法、规范运行，市编办印发《苏州市事业单位法人“双随机、一公开”核查工作实施细则》。2020年7月22日，市水务局转发省水利工程建设局印发的《水利重点工程安全生产项目法人工作清单》，要求相关单位积极执行落实。

（三）监理制度

1995年前后，苏州市水利建设项目逐步实施建设监理制度。工程建设监理制是工程建设一种新的监督管理体系。它与其他新体制相配合，构成一个完整的质量监督及管理体系，建设监理制不仅仅是工程建设项目新型体制和建筑市场的主体之一，更重要的是成为连接业主负责制、招投标制、承包合同制和加强政府宏观管理的中间环节，实行监理单位对工程三大控制（质量、工期、投资）、二个管理（合同、信息）、一个协调。2003年，水利部批准《水利工程建设项目施工监理规范》为水利行业标准，并予发布，标准编号为SL288—2003。同年3月5日水利部印发《关于加强大中型开发建设项目水土保持监理工作的通知》。2006年12月，市水利（水务）局转发《关于落实建设工程安全生产监理责任的若干意见》。2007年11月，市水利（水务）局转发水利部《转发国家发展改革委建设部关于印发〈建设工程监理与相关服务收费管理规定〉的通知》。截至2020年，对照《水利工程建设监理规定》的要求，苏州市水利工程建设均实行监理制。

（四）施工企业资质复查

1991—2020年，苏州市积极按照《建筑业企业资质管理规定实施意见》《关于建筑业企业资质就位的意见》《江苏省建筑业企业资质就位实施意见》等文件要求，不断加强施工企业资质管理，定期开展资质施工企业资质的年检、审查。例如，

2010年6月，印发《关于开展我市2010年水利施工企业资质检查工作的通知》；2012年7月，印发《关于开展我市2012年水利施工企业资质检查工作的通知》；2013年8月，印发《关于开展苏州市2013年水利工程建设监理单位资质等级审批工作的通知》，同年8月8日，印发《关于开展2013年苏州市水利施工企业资质核查工作的通知》；2014年7月，印发《关于开展2014年苏州市水利施工企业资质核查工作的通知》。

水利工程建设监理单位资质等级审批工作要求，各市、区监理企业申报材料报所在地水利部门初审，市有关监理企业申报材料直接报苏州市水务局初审。初审单位应当按照《水利工程建设监理单位资质管理办法》的要求，对申请材料进行符合性审查，查验申请人提交材料的真实性，提出监理单位资质等级建议和审查意见。

此外，为加强市水利施工企业资质的动态监管，市水利（水务）局还积极配合省水利厅做好企业资质动态抽查工作，重点选择部分企业进行动态抽查，被抽查的企业在市局初审后，提交相关附件材料的原件至省市水利厅基建处核查。核查结论为不合格的企业，限期整改，整改过程中企业暂停新接工程、不得新申请资质；逾期不改或者整改仍不合格的，由资质许可机关撤回资质；逾期不参加网上核查的企业，将建议省住建厅在“省建筑业监管信息平台”上锁定该企业基本信息，同时将该类企业列为资质动态抽查对象。

（五）预选承包商制度

2009年，苏州市出台《苏州市政府投资建筑工程预选承包商管理办法》，2010年起在建筑工程（房屋建筑和市政基础设施工程）领域实施预选制度。苏州市政府投资建筑工程预选承包商资格审查委员会（以下简称市委员会），由市政府领导任主任，市发展和改革、监察、财政、住房和城乡建设、市容市政管理局、交通运输、水利、园林和绿化、审计、法制、国税、地税、工商等单位及部门和各市、区政府，苏州工业园区、苏州高新区管委会领导为成员，负责对申请承接政府投资建筑工程的承包商名录（以下简称名录）的审定和发布。委员会每年一次集中受理加入名录的申请，审查确定进入名录的承包商名单。至2013年，苏州市水利工程建设领域也实施预选承包商制度。直至2020年，经2020年7月6日市政府第103次常务会议研究通过，市政府决定废止《苏州市政府投资建筑工程预选承包商管理办法》。在实施期间，就加强对政府投资建筑工程招标投标的监督管理，提高招标效率，降低社会成本，优选承包单位，保证工程质量安全，对促进建筑市场秩序的好转起到积极作用。

（六）信用体系

为规范水利工程建设市场秩序，加强水利建设市场主体诚信管理，根据国务院《关于社会信用体系建设的若干意见》、水利部《水利建设市场主体信用信息管理暂行办法》、江苏省水利厅《江苏省水利工程建设项目招标投标诚信管理暂行办法》等有关法律、法规，结合苏州市实际，制定《苏州市水利工程建设项目招标投标信用管理实施细则（试行）》，《细则》于2013年5月印发。2014年制定《苏州市水利工程建设项目招标投标信用管理实施细则》，展开对承包商的合同履约情况的考核，督促其人员、设备、材料等及时到位，督促其质量保证体系及质量控制体系及时有效地运作，使建设项目在受控状况下顺利实施，达到合同预定的质量、进度、投资目标。在展开标后履约考核的基础上对承包商实行信用等级评价，评价将应用于后期项目招标，预选承包商评选等工作中。同年，成立苏州市水利（水务）局社会信用体系建设领导小组，明确责任分工。2015年，颁发《苏州市水利工程建设诚信考核管理实施意见》，在苏州水网公布全市参建单位年内考核结果，并把考核结果和招投标工作结合起来，逐步形成一套适合苏州市水利建设的招投标管理制度。2017年，为进一步规范水利工程建设市场秩序，促进水利建设市场主体依法诚信经营，成立市水利（水务）局社会信用体系建设领导小组，明确责任分工。根据省水利厅《江苏省水利工程建设信用管理实施细则》，苏州市水务局制定《苏州市水利工程建设信用管理暂行办法》和《苏州市水利工程建设信用等级评价办法》；为加快推进水利（水务）社会信用体系建设，营造良好的社会信用环境，市水务局制定《苏州市水行政管理中社会法人和自然人失信惩戒办法（试行）》。

2019年，为完善水务系统失信惩戒机制，规范市级社会法人和自然人水务信用管理系统失信信息的信用修复工作，苏州市水务局制订《苏州市水务局信用修复管理办法（试行）》，为规范水利工程建设市场秩序，促进水利建设市场主体依法诚信经营，根据省水利厅《江苏省水利工程建设从业单位履约考核信用管理办法》，制定《苏州市水利工程建设从业单位履约考核和信用管理办法》。自2020年1月1日起，《苏州市水利工程建设信用管理暂行办法》废止。

（七）项目代建制

国家将水利作为基础设施建设和保障改善民生的重要领域，不断加大投入力度，促进大规模水利建设深入推进，项目点多面广量大，基层建设任务繁重，管理能力相对不足。在水利建设项目特别是基层中小型项目中推行代建制等新型建设管理模式，发挥市场机制作用，增强基层管理力量，实现专业化的项目管理十分必要。为积极、稳妥推进水利工程建设项目代建制，规范项目代建管理，根据《中共中央国务院关于加快水利改革发展的决定》《国务院关于投资体制改革的决定》等有关文件及规定，结合水利工程建设项目的特点，水利部于2015年制定颁发《关于水利工程建设项目代建制管理的指导意见》。水利工程建设项目代建制，是指政府投资的水利工程建设项目通过招标等方式，选择具有水利工程建设管理经验、技术和能力的专业化项目建设管理单位，负责项目的建设实施，竣工验收后移交运行管理单位的制度。2015年，苏州高新区水环境治理工程、娄江整治工程等均设施代建制。

2017年，苏州市水利工程建设处作为市级项目的代建单位，列入苏州市首批项目代建名录库，负责城区清水工程、运河堤防加固、阳澄湖综合整治等重大水利水务工程代建工作。

2018年，推动水利工程建设项目代建制管理，制定《苏州市水利局水利水务建设项目招投标委托代理工作监督管理流程》，落实招标文件审查制度和平台上线申报审查备案制度，试点水利建设项目电子招标和监督工作。

2019年，推动水利工程建设项目代建制管理，落实招标文件审查制度和平台上线申报审查备案制度。向社会第三方购买专业服务进行从业单位信用管理和水利工程履约考核，更好地提供技术支持补充管理力量。

三、质量与安全管理

（一）工程质量安全监督

2003年，苏州市正式成立市水利水务工程质量监督站，以强化全市水利工程的质量监督，工程质量监督主要围绕质量监督申请与批复、项目划分申报与确认、质量监督检查与整改、工程质量核备、工程验收等关键环节开展。根据省水利厅和强县扩权的要求，苏州范围的张家港市、常熟市、太仓市、昆山市、吴江区、相城区、吴中区七市（区）均已批准设立县级水利质量监督站（或质监科），负责县级水利工程的质量监督工作。

2009年1月1日起，全国取消工程质量监督费、工程定额测定费。2011年，苏州市水利工程质量监督站受理的项目数量和投资概算爆发性增长、性质多样性突出。2009年受理项目96个、概算投资7.3亿元，2010年受理项目85个、概算投资13.6亿元，2011年受理项目168个、概算投资29.5亿元。受理的工程类型有中小河流治理工程项目、农水工程重点县项目、地方投资重点实事项目等。同年，受理东太湖综合整治工程，概算45.3亿元，走马塘拓浚延伸工程张家港、常熟段概算13.4亿元，淀山湖续建工程概算3.1亿元。

2012年，苏州市水利工程质量监督站依据法规规定，按照属地管理原则，经过三年强县扩权，7月起不再受理苏州市级水行政主管部门以外组织实施的水利工程质量（安全）监督工作。该年，为促进工程质量提升，市水利工程质量监督站与省质量监督中心站联合组建项目组，开展质量监督工作。

2014年，全年共受理质量监督申报42份，计88个标段（即合同工程），施工合同价总价约24亿元，共受理安全监督申报20份，计42个标段，对发现的不规范建设行为、质量问题和安全隐患等共发出84份整改意见，未发生较大的质量问题或安全事故。安全监督方面，编制并使用《安全监督检查意见表》，并配合水利（水务）局安委会开展以“强化红线意识，促进安全发展”为主题的安全生产月活动和“打非治违”为主题的“六打六治”专项行动，对12个施工现场进行针对性的重点抽查，对发现的违规行为和存在的安全隐患出具了书面整改意见。

2015年，出台《苏州市水利局安全生产工作方案》等文件，有计划有步骤落实各项工作措施和工作责任制，结合市政府的安全工作布置，不定期开展在建工程质量和安全工作检查。同年，苏州市水利工程质量监督站受理多个中央财政小型农田水利重点县建设项目和高标准农田水建设示范重点县项目，为做好质量监督工作，制定《苏州市2010年度中央财政小型农田水利设施项目质量监督工作方案（试行）》和《关于进一步规范中央财政小型农田水利设施项目划分、质量核定等工作的通知》，明确质监工作的职责权利、主要依据、工作方式、工作重点，对项目划分、质量核定也做出详细规定。并且成立“苏州市农田水利工程质量监督项目站”，在各市（区）水利（水务）局聘用质量监督员，加强质量监督工作。

2016—2017年，市水利（水务）局印发《苏州市水利系统质量建设工作方案》，按照项目法人、勘察、设计、施工监理及质量检测职责要求，落实质量管理责任，并在工程完成后在明显部位设置永久性标牌，认真落实质量终身责任制。为加强工程质量监督检查，市局基建处会同市质监站进行多次质量抽样检查，并加强对关键部位和重点环节实施强制性检测检查。此外，修订完善《苏州市水利建设工程项目招标中标后监督管理检查办法（试行）》，制定《苏州市水利工程文明工地建设管理办法》《苏州市水利优质工程建设管理办法》《苏州市水利工程建设信用管理暂行办法》《苏州市水利工程建设从业单位履约考核评分标准（试行）》等规章制度。为维护水利建设市场良好秩序，开展市级水利文明工地和优质工程评选活动，对获得荣誉的单位进行表彰，并提高其信用等级进行激励。

2017—2018年，印发《苏州市水利优质工程建设管理办法》，完善政策激励机制，积极开展优质工程评比，2017年度2个项目评定为市级优质工程，以《关于表彰2017年度苏州市水利建设优质工程奖的通知》文件给予表彰。水利工程质量发展方面，印发《苏州市水利工程质量提升行动计划（2018—2020年度）》文件，积极开展水利工程质量提升活动。率先将安全文明措施费明确为不可竞争费用，由项目法人根据实施情况按实计量支付。在水利工程施工中积极推行对柄螺栓拉杆等新工艺、新技术，在冶长泾船闸工地上积极推行整套滑模新工艺，受到省太湖治理工程建设管理局的表彰。地方规章制度和技术标准方面，印发《关于对全市水利建设工程质量监督实行分级管理的通知》《苏州市水利建设质量工作考核实施办法》《关于印发2018年度苏州市水利基本建设管理工作目标任务和考核细则的通知》《苏州市河道疏浚清淤工程施工监督管理细则（试行）》等文件，积极研究探索适合苏州水利质量监督管理的规章制度。

2019年，为贯彻落实市水务局《关于开展全市水利行业百日安全生产大排查大整治活动的通知》及《关于切实做好夏季水务安全生产工作的通知》要求，加强夏季全市在建水利工程安全和质量监管，严防各类安全和质量事故发生，对全市在建水利工程开展质量安全生产检查。以“互联网+监管”为抓手，创新监督管理模式，运用质量监督App，实时录入监督检查发现问题及相应图片，现场签发监督检查意见。创新监督机制，针对重点项目京杭大运河苏州段堤防加固工程全线开工的实际情况，专门编制《京杭大运河苏州段堤防加固工程质量和安全监督工作方案》，明确质量和安全监督工作模式，首次以质监项目站的方式开展监督工作。同时开展省、市、县（市、区）三级质量监督机构联合巡查活动，加大县级质量监督机构的指导力度。同年，制定《苏州市水利水务工程质量监督站管理工作手册》《水利工程安全监督检查要点（试行）》《水利工程质量监督检查要点（试行）》等规章制度。

2020年，全面深入开展质量安全监督检查，印发《关于开展“强质量保安全”水利工程建设质量安全提升专项行动的通知》，要求全市质量监督机构要严格落实“四个一”（即：清退一批不合格原材料、责令一个不达标的工程返工、责成项目法人责令一家违规的施工单位停工整改、约谈一家履职不到位的监理单位）专项整治活动。为推动监督管理规范化建设，印发《关于进一步明确全市水利建设工程质量与安全监督分级管理的通知》《苏州市水利工程建设质量备案、核备及核定办法（试行）》《全市水务行业安全生产专项整治三年行动实施方案》《苏州市水利水务质监站工作职责手册》和《水利工程质量监督管理工作要点》《水利工程安全监督管理工作要点》，强化监督管理的规范性、操作性和实效性。扎实开展安全生产月、质量月和各类专项检查、第三方专项抽查、联动监督检查等活动，全年开展监督检查116次，出动检查357人次，出具监督检查意见116份，发现并督促整改各类问题隐患1005个。购置混度土回弹仪、碳化深度测量仪等仪器设备，提高监督保障能力。积极运用《江苏省水利工程质量安全监督移动工作平台》监管系统，推进监督管理信息化水平提升。

2008年，苏州市水利水务工程质量监督站增挂“苏州市水利水务工程安全监督站”牌。为保障工程安全监督工作落实到位，市安监站组建安全监督项目站或组，明确工程负责人及监督人员，开展多次安全监督活动，重点检查各参建单位安全生产行为，针对检查发现的问题隐患均已发送安全监督检查意见，并全部完成整改。工程建设完工后，市安监站出具《水利工程建设安全评价意见书》，工程竣工时，出具水利工程建设安全监督报告。截至2020年，市水利水务工程安全监督站（以下简称市安监站）受理苏州市七浦塘拓浚整治工程、东太湖综合整治工程、京杭大运河苏州段（姑苏区）堤防加固工程、阳澄湖中西湖连通工程、中小河流整治工程等项目的安全监督工作。

表12-3　2017—2020年苏州市水利优质工程名单

年份	工程名称
2017	七浦塘拓浚整治工程（昆山一标段）
	杨林塘航道整治水利补偿工程Ⅲ标
2018	建林河闸站工程（苏州高新区建城区水环境整治工程一期一标段）
	小石湖泵站工程（石湖片区水环境整治提升—调水引流工程一标段）
2019	苏州高新区建成区水环境整治提升工程三期浒光运河枢纽工程

续表

年份	工程名称
2019	吴中区木光运河引流活水闸站工程
	望虞河除险加固工程相城区境内工程五标段
	七浦塘拓浚整治工程太仓六标段
	锦溪镇棋盘荡综合整治工程二标段
	太史淀退渔还湖工程
	昆山市活水畅流工程一期（三标）
2020	常熟市畅流活水工程一期项目—虞山镇泵站（常浒河枢纽）工程
	常熟市畅流活水工程—元和塘闸工程
	界浦港综合整治工程一标
	相城区城区防洪河道畅流一期工程005标

表12-4　2016—2020年省部级以上奖项工程名单

年份	工程名称	奖项
2016	苏州高新区建成区水环境整治工程一期一标段	省文明工地
2017	苏州高新区建成区水环境治理工程三期浒光运河枢纽工程	省文明工地
2018	锦溪镇棋盘荡综合整治工程二标段	省文明工地
	太仓市城区水环境综合整治十八港北枢纽工程	省文明工地
	木沉港泵闸及水立交工程二标	省文明工地
2019	望虞河西岸控制工程常熟市境内工程土建施工三标段	省文明工地
	常熟市畅流活水工程—白茆塘枢纽工程	省文明工地
2020	陆泾河泵闸及水立交工程一标段	省文明工地
	阳澄中湖生态修复工程二标段	省文明工地
	京杭大运河苏州段（姑苏区）堤防加固工程四标段工程	省文明工地
	苏州高新区建成区水环境整治工程建林河闸站工程	省水利优质工程

（二）文明工地

文明工地建设管理分为平时检查和集中评价两个阶段，按照两个阶段的结果进行综合评定。平时检查可结合稽查、检查、质量监督等活动进行，由各地水行政主管部门负责汇总打分，市本级项目由苏州市水务局负责；集中评价由苏州市水务局负责，评价组根据工程进度每年组织一到两次打分评价。年度考核期为上年度11月至本年度10月。水利工程建设项目应当按照文明工地建设标准进行现场管理。文明工地建设管理实行备案制度，拟申报市文明工地的建设项目，由申报单位在开工30天内按照有关规定向苏州市水务局报名备案。

2002年6月，环太湖大堤瓜泾口水利枢纽工程被评为2001年度省水利建设工程文明工地。2003年5月，常熟市白茆闸改建工程被评为2002年度省水利工程建设项目文明工地。2004年9月，一干河枢纽工程、青龙桥河枢纽工程被评为2003年度省水利工程建设项目文明工地。2015年4月，七浦塘拓凌整治工程阳澄湖枢纽工程、七浦塘拓浚整治工程太仓一标段、吴江东太湖牛腰泾提升泵站工程被评选为2014年度省水利工程建设项目文明工地。2020年7月，望虞河西岸控制工程常熟市境内工程土建施工三标段、常熟市畅流活水工程—白茆塘枢纽工程被评为2019年度省水利工程建设项目文明工地。

表12-5　2015—2020年苏州市水利工程建设文明工地名单

年份	工程名称
2015	虎丘湿地公园核心区界河及泵站工程—金巷桥河河道及园东闸站；七浦塘拓浚整治工程（太仓五标段、太仓六标段、太仓七标段）；湖川塘东段拓浚整治二期工程（北京路桥—新区浏河交界）；吴江经济技术开发区防洪工程；娄江整治工程1标段、2标段、吴中区东太湖堤线二期暨滨湖大道二期水闸工程001标段、003标段等。
2016	高新区建成区水环境整治工程一期Ⅰ标段；吴江区2016年度中央财政小型农田水利重点县工程桃源项目区；吴中区胥口镇高标准农田整治项目；太仓城区防洪排涝改造工程（2015年度）一标段；太仓城区防洪排涝改造工程（2016年）二标段、张家港市渡泾港闸改建工程、高新区浒墅关镇高标准农田建设项目二期Ⅱ标段、高新区建成区水环境整治工程一期Ⅱ标段、望虞船闸设备维修及设施改造工程。
2017	高新区建成区水环境整治提升工程三期浒光运河枢纽工程；常熟市畅流活水工程—海洋泾立交地涵工程、常浒河枢纽工程；相城区城区防洪及河道畅流一期工程005标、006标；吴江区2017年中央财政小型农田水利重点县工程—盛泽项目区；高新区浒墅关镇吴公村高标准基本农田建设项目；昆山市活水畅流工程一期（一标）；苏州市2017年市级土地出让金用于农田水利工程建设项目—吴中区胥口镇项目区。
2018	常熟市畅流活水工程—元和塘闸工程、二、常熟市中小河流治理重点县综合整治和水系连通试点项目古里项目区一标段、锦溪镇棋盘荡综合整治工程一标段、太仓市城区水环境综合整治十八港北枢纽工程、汾湖高新区吴天贞荡闸站工程、金鸡湖及周边区域水环境治理工程一标、木沉港泵闸及水立交工程二标、阳澄湖中西湖连通工程一标段、二标段。
2019	望虞河西岸控制工程常熟市境内工程土建施工三标段、常熟市畅流活水工程—白茆塘枢纽工程、昆山市高新区2018年度水利工程四标、苏州市渭泾塘整治工程一标段、京杭大运河苏州段堤防加固工程高新区非核心段工程Ⅰ标段、阳澄中湖生态修复工程一标段、三标段。
2020	申张线青阳港段航道整治工程—白墅浦站闸工程、太仓市农田水利建设—十八港（苏州路—湖川塘段）治理工程二标段、京杭大运河苏州段堤防加固工程（吴江）—1标、京杭大运河苏州段堤防加固工程（吴江）6—1标、京杭大运河苏州段堤防加固工程（吴江）5—2标；陆泾河泵闸及水立交工程一标段、陆泾河泵闸及水立交工程二标段；京杭大运河苏州段堤防加固工程高新区非核心段工程Ⅴ标段；高新区河道整治工程（东塘河、杨柯柜段）；浒光运河清淤及岸线综合整治工程三标段；京杭大运河苏州段（姑苏区）堤防加固工程四标段工程；阳澄中湖生态修复工程二标段。

第二节　运行管理

一、水利工程设施维护管理

苏州市水利工程管理实行市、县（市、区）两级统一管理与分级管理相结合。市水行政主管部门负责对流域性（省管、市管）河道堤防、湖泊（湖荡）管理范围内建设项目占用堤防、岸线、水域进行审查，检查监督工程管理状况，对防汛岁修以及重点工程除险加固、日常运行养护工作给予一定的经费补助。苏州市直接管理胥口水利枢纽工程，负责苏州城区河道和防洪排涝工程管理工作。

按照属地管理的原则，沿江三市水行政主管部门对长江堤防分段实施管理，吴江市、吴中区、相城区、虎丘区水行政主管部门对辖区内的太湖堤防实施管理。涉及区域防洪安全的太湖堤防上的瓜泾口、大浦口、戗港、三船路等口门控制建筑物，长江堤防上的张家港、十一圩港、浒浦、白茆、七浦、杨林、浏河闸等中型水闸工程，以及张家港、二干河、常浒河、白茆塘、七浦塘、杨林塘、娄江、浏河、吴淞江等市级河道均由所属各县（市、区）水行政主管部门负责日常管理工作，由苏州市水行政主管部门负责工程的调度运行和检查监督管理工作。受益和影响在两个乡（镇）以上、一个县（市、区）范围内的水利工程，由县（市、区）水行政主管部门负责管理。受益和影响在一个乡、（镇）范围内跨村的且无水管单位的公益性工程，受县

（市、区）水行政主管部门委托，由乡（镇）水利（务）站负责管理。水管单位具体负责水利工程的管理、运行和维护。

截至2020年，苏州市通过深化水利工程管理体制改革，积极实施联网统一调度和指挥，确保资源共享。

（一）河道管理

苏州市河道管理采取河道分级管理的体制，实行统一管理和分级管理相结合、下级管理服从上级管理的办法。市、县（市、区）水行政主管部门是河道管理的行政主管部门，负责本行政区域内河道的管理和监督。市、县（市、区）人民政府应当加强对河道管理工作的领导，建立健全河道管理机构，将河道管理纳入国民经济和社会发展规划，将河道的建设、管理、维护运行等所需经费纳入财政预算。镇人民政府、街道办事处应当做好河道整治维护、水岸清洁、日常巡查等工作，依法及时处置违法行为。开发区（园区）管理机构应当按照市、县（市、区）人民政府规定的职责，明确责任主体，做好区域内河道管理工作。村民委员会、居民委员会可以依法制定村规民约或者居民公约，引导村民、居民自觉维护河道整洁，协助做好河道的清淤疏浚和水岸清洁等工作。

由流域管理机构和省水行政主管部门实施管理的河道，市、县（市、区）水行政主管部门按照上级要求配合做好相关管理工作；区域性骨干河道、跨县重要河道由市水行政主管部门实施管理，也可以根据统一规划和管理要求，由县级市（区）水行政主管部门实施管理；县域重要河道和一般河道由县级市（区）人民政府明确实施管理的单位。2016年，全面实施《苏州市河道养护管理考核办法》，考核结果与奖补经费挂钩，并推进河湖管护机制创新试点工作，获水利部批复的常熟市河湖管理机制创新试点工作进入实施阶段。2017年以来，全面深化河湖长制改革，落实市、县（市、区）、镇、村四级河湖长。

（二）圩区管理

以圩区为单位，建立圩区管理服务区，形成有力的领导管理体系。

2005年，以昆山市为试点推进联圩水利工程管理服务区建设，到2010年全市均建立圩区管理服务区管理模式，同时推进管养分开和市场化管理。截至2020年，公益性水利工程以政府委托管理为主，实行管养分离，按照专业化、市场化运作的要求，委托具备专业知识的管护公司或其他社会组织进行管护，以圩区或镇村为单位，组建圩区工程养护队伍。管理内容为堤防、防洪闸（含套闸、分级闸）排涝站、圩口涵洞、堤防绿化等圩区防洪除涝工程的运行管理、维修养护。

（三）灌区管理

90年代，苏州开始推动土地集中流转。土地流转后特别是2018年推进农业水价综合改革后，水利工程可承包给土地使用者经营管理，土地使用者有偿使用水利工程，交纳一定的使用费；有多个土地使用者的，可组建用水协会，由协会按章程统一管理，统一收费。土地未流转的，也可组建用水协会或由村委会委托管理。管理内容灌溉泵站、渠道、管道、排水渠及配套建筑物的运行管理、维修养护，对机泵动力设备、电气设备及附属设施进行日常维护，确保田间灌排工程完好，发挥正常功能。

（四）水闸管理

水闸和枢纽管理主要包括设备安全运行、检查观测、保养维修、听令启闭，兼有通航任务的套闸兼船只进出管理和收费。运行管理的首要功能是引排。21世纪以来，工程运行现代化大力推进，提高管理效率。以张家港市为例，现市管节制闸的闸管人员每闸仅配2—3人，比原先减少一半人员。

表12-6 2020年苏州市各级水行政主管部门情况

单位名称	单位级别	单位类别	上级水行政主管部门	主要职责
苏州市河道管理处	市级	行政管理类事业单位	苏州市水务局	参与苏州城区防洪工程规划的编制和修订,负责编制姑苏区防汛排涝工程设施调度运行方案;参与制定全市河道管理技术规程及管理办法,负责苏州城区河道管理技术标准的制定和修订;受市水务局委托,对地方流域性河道及市级骨干河道实施管理;对各县级市(区)骨干河道管理工作实施技术指导、监督、考核;对镇村级河道管理工作实施技术指导及考核。
苏州市水利工程管理处	市级	行政管理类事业单位	苏州市水务局	按照河道及水利工程管理规范要求,对苏州市太湖水利工程、长江防洪工程和其他重要水利工程实施统一管理,参与审查管理范围内的各类建设项目;负责七浦塘工程、西塘河引水工程、胥口水利枢纽工程水闸泵站及堤防护岸、河道保洁、绿化和蓝藻打捞等日常管理和维修养护工作;根据雨情、水情和苏州市水务局的运行调度指令,及时做好防汛排涝和调水引流工作;负责全市水利工程水费、水资源费、占用农业灌溉水源、灌排工程设施开发补偿费以及胥口水利枢纽船闸船舶过闸费等行政事业性规费的征收和管理;组织开展全市水利工程专业技术人员业务培训。
张家港市长江防洪工程管理处	县(市)级	公益一类事业单位	张家港市水务局	承担张家港市的防洪、除涝工作,按照统一调度做好区域内的防洪、除涝、引排水工作;受水务局委托,负责张家港市长江河道管理范围内各项涉水活动的水行政监管及相关审批材料的申报工作;负责防洪工程的运行、维修、养护等日常管理工作;编报防洪工程建设、维修、养护年度计划和防洪工程运行管理专项经费年度计划。
常熟市长江河道管理处	县(市)级	社会公益类事业单位	常熟市水务局	承担长江常熟段江(港)堤、通江水闸、穿堤建筑物、海洋泾枢纽、穿堤涵洞及丁坝、河势控导工程护岸和附属工程、管理设施、滩涂、护堤林带等组成的长江防洪工程体系,本市长江水域、岸线涉水开发利用的管理任务。
江苏省望虞河常熟管理所	县(市)级	社会公益类事业单位	常熟市水务局	负责望虞河、走马塘防洪工程的运行、维修和养护等日常管理工作;按照防洪工程管理规范要求,负责防洪工程的检查、观测工作,建立健全防洪工程技术档案,提高科学管理水平;制止侵占、破坏、毁损防洪工程等违章、违法行为;对涉及防洪工程安全的各项活动进行监督检查;参与防洪工程管理范围和保护范围内各类建设项目的审查;对单位或者个人在防洪工程管理范围内自建的各类防洪工程实施技术指导和监督;负责对占用防洪工程管理范围的单位和个人按规定征收河道堤防工程占用补偿费;执行市水行政主管部门交办的其他事项。
太仓市堤闸管理处	县(市)级	行政管理类事业单位	太仓市水务局	承担太仓市境内长江防洪工程的运行管理维护任务。管理范围北与常熟交界,南至上海宝山。境内堤防工程总长50余千米。其中,主江堤38.38千米,闸外港堤12.52千米。沿线有浏河节制闸、七浦节制闸2座中型水闸,7座小型水闸,11座通江涵洞。

续表

单位名称	单位级别	单位类别	上级水行政主管部门	主要职责
昆山市淀山湖水域综合管理中心	县（市）级	行政管理类事业单位	昆山市水务局	负责统筹协调昆南淀泖区涉及长三角一体化的水务相关工作，配合做好一体化的涉水规划管理、生态保护、项目管理、公共服务等工作；按照统一调度配合做好该区域的防洪除涝工作；负责淀山湖防洪工程的堤防、水闸、泵站等水利工程的运行、养护等工作；负责淀山湖水域及其岸线管理范围内各项涉水项目的申报指导及监管工作。
昆山市湖泊管理所	县（市）级	行政管理类事业单位	昆山市水务局	负责全市湖泊的管理与保护工作以及水源地保护区域内日常管理保护工作。
吴江区水利工程运行中心	区级	公益一类事业单位	吴江区水务局	负责太浦河（吴江段）和环太湖大堤（吴江段）堤防、闸、站、涵洞等水利工程设施的管理、维修和养护，沿线绿化管理和防汛保安工作；为防汛抗旱提供物资保障，负责防汛抗旱物资的采购、储存和调运。
苏州市吴中区堤闸管理所	区级	行政管理类事业单位	吴中区水务局	负责环太湖大堤工程管理。
苏州市相城区堤闸管理所	区级	行政管理类事业单位	相城区水务局	负责全区重要水利工程的运行管理；负责太湖、望虞河水利工程的维修和养护等日常管理工作；按照工程管理规范要求，负责太湖、望虞河水利工程的检查、观测工作，建立健全工程技术档案；受局委托承担区属水利工程管理单位的安全监管和重点建设项目的质量安全监管等相关工作；完成区水务局交办的其他工作。
苏州高新区（虎丘区）堤闸管理所	区级	行政管理类事业单位	高新区城乡发展局	负责堤闸；太湖堤防及穿堤建筑物管理的管理和监督。

表12-7　2020年苏州市大中型水闸精细化管理工程达标情况

县（市、区）	工程名称	管理单位	工程规模	所在流域	已创建等级
市属	阳澄湖枢纽东地涵	苏州市水利工程管理处	中型	太湖	省一级
	胥口枢纽节制闸	苏州市水利工程管理处	中型	太湖	省一级
	澹台湖枢纽工程水闸	苏州市河道管理处	中型	太湖	省二级
张家港市	一干河水利枢纽—水闸工程	张家港长江防洪工程管理处	中型	长江	—
	六干河节制闸	张家港长江工程管理处	中型	长江	—
	走马塘江边枢纽—水闸工程	张家港长江防洪工程管理处	中型	长江	省二级
	三干河江边枢纽—水闸工程	张家港长江防洪工程管理处	中型	长江	省二级
	四干河江边枢纽—水闸工程	张家港长江防洪工程管理处	中型	长江	省二级
	渡泾港泵闸工程—水闸工程	张家港长江防洪工程管理处	中型	长江	—
	五干河节制闸	张家港长江防洪工程管理处	中型	长江	待改造
	朝东圩港水利枢纽—水闸工程	张家港长江防洪工程管理处	中型	长江	—
	十一圩闸上闸	张家港长江防洪工程管理处	中型	长江	加固改造中
	十一圩港节制闸	张家港长江防洪工程管理处	中型	长江	加固改造中
	太字圩港节制闸	张家港长江防洪工程管理处	中型	长江	—

续表

县（市、区）	工程名称	管理单位	工程规模	所在流域	已创建等级
张家港市	张家港节制闸	张家港长江防洪工程管理处	中型	长江	—
	十字港闸	张家港长江防洪工程管理处	中型	长江	—
	五节桥港泵闸工程—水闸工程	张家港长江防洪工程管理处	中型	长江	—
	段山港节制闸	张家港长江防洪工程管理处	中型	长江	—
太仓市	新荡茜水利枢纽—节制闸	太仓市堤闸管理处	中型	太湖	省一级
	北城河西闸站	太仓市堤闸管理处	中型	太湖	—
	十八港南枢纽	太仓市堤闸管理处	中型	太湖	—
	浏河节制闸	太仓市堤闸管理处	中型	太湖	省一级
	十八港北枢纽	太仓市堤闸管理处	中型	太湖	—
	七浦节制闸	太仓市堤闸管理处	中型	太湖	省一级
常熟市	金泾闸	常熟市长江河道管理处	中型	长江	省一级
	浒浦节制闸	常熟市长江河道管理处	中型	长江	省一级
	福山闸	常熟市长江河道管理处	中型	长江	省一级
	海洋泾枢纽	常熟市长江河道管理处	中型	长江	—
	白茆闸	常熟市长江河道管理处	中型	长江	省一级

表12-8　2020年苏州市大中型泵站精细化管理工程达标情况

县（市、区）	工程名称	管理单位	工程所在地	所在流域	已创建等级
张家港市	双山南泵站	张家港长江防洪工程管理处	江苏省苏州市张家港市双山香山旅游度假区管委会	长江	
	五节桥泵站	张家港长江防洪工程管理处	江苏省苏州市张家港市金港镇	太湖	
	太字圩港闸站—泵站工程	张家港长江防洪工程管理处	江苏省苏州市张家港市金港镇	长江	
	朝东圩港泵站	张家港长江防洪工程管理处	江苏省苏州市张家港市大新镇	太湖	
	渡泾港泵站	张家港长江防洪工程管理处	江苏省苏州市张家港市大新镇	太湖	
	十一圩港泵站（在建）	张家港长江防洪工程管理处	江苏省苏州市张家港市锦丰镇	长江	改扩建中
	一干河泵站	张家港长江防洪工程管理处	江苏省苏州市张家港市锦丰镇	太湖	
	三干河泵站	张家港长江防洪工程管理处	江苏省苏州市张家港市锦丰镇	太湖	省二级
	四干河泵站	张家港长江防洪工程管理处	江苏省苏州市张家港市乐余镇	太湖	省二级
	常沙河泵闸站—泵站工程	张家港长江防洪工程管理处	江苏省苏州市张家港市张家港市现代农业示范园区	长江	
	走马塘泵站（在建）	张家港长江防洪工程管理处	江苏省苏州市张家港市张家港市现代农业示范园区	长江	改扩建中
	凤凰三干河泵站	张家港长江防洪工程管理处	江苏省苏州市张家港市凤凰镇	太湖	
市属	七浦塘江边枢纽泵站	苏州市水利工程管理处	太仓璜泾	太湖	省一级
	裴家圩枢纽泵站	苏州市水利工程管理处	高新区浒墅关	太湖	省一级
	中西湖连通周家浜泵站	苏州市水利工程管理处	相城区阳澄湖镇	太湖	省一级
	澹台湖枢纽	苏州市河道管理处	吴中区郭巷街道	太湖	省二级

续表

县（市、区）	工程名称	管理单位	工程所在地	所在流域	已创建等级
市属	大龙港	苏州市河道管理处	吴中区长桥街道	太湖	省一级
	南庄	苏州市河道管理处	姑苏区吴门桥街道	太湖	省一级
	仙人大港	苏州市河道管理处	姑苏区吴门桥街道	太湖	省一级
	胥江	苏州市河道管理处	姑苏区吴门桥街道	太湖	省一级
	东风新	苏州市河道管理处	姑苏区金阊街道	太湖	省一级
	娄江	苏州市河道管理处	工业园区	太湖	省二级
	元和塘	苏州市河道管理处	姑苏区苏锦街道	太湖	省二级
	外塘河	苏州市河道管理处	工业园区	太湖	省二级
	青龙桥	苏州市河道管理处	姑苏区虎丘街道	太湖	省二级
	木沉港泵闸	苏州工业园区市政服务集团	苏州工业园区	太湖	

表12-9　2020年苏州市三级以上堤防精细化管理工程达标情况

县（市、区）	工程名称	管理单位	工程规模	所在流域	堤防长度（千米）	已创建等级
市属	七浦塘堤防	苏州市水利工程管理处	3级	太湖	87.78	省一级
	中西湖连通工程堤防	苏州市水利工程管理处	3级	太湖	3.62	省一级
常熟市	长江堤防常熟段	常熟市长江河道管理处	2级	长江	44.50	省一级
	望虞河东堤常熟市段	江苏省望虞河常熟管理所	3级	太湖	63.87	省一级
	海洋泾堤防	常熟市河道管理处	3级	太湖	28.89	—
	走马塘堤防常熟市段	江苏省望虞河常熟管理所	3级	太湖	20.00	—
昆山市	淀山湖防洪大堤	昆山市淀山湖水域综合管理中心	3级	太湖	25.60	—
吴江区	太浦河堤防	苏州市吴江区水利工程运行中心	3级	太湖	76.00	后续工程未完工
	太湖堤防吴江区段	苏州市吴江区水利工程运行中心	1级	太湖	48.02	后续工程未完工
太仓市	长江江堤太仓市段	太仓市堤闸管理处	2级	太湖	50.00	省一级
吴中区	太湖堤防吴中区段	吴中区堤闸管理所	1级	太湖	66.62	—
相城区	京杭大运河堤防相城段	相城区水利工程管理中心	2级	太湖	6.35	—
	望虞河堤防相城区段	相城区水利工程管理中心	2级	太湖	5.86	—
	太湖大堤相城区段	相城区水利工程管理中心	2级	太湖	39.96	—
张家港市	双山洲堤	张家港长江防洪工程管理处	2级	长江	16.77	—
	长江堤防张家港市段	张家港长江防洪工程管理处	2级	长江	71.78	省二级
虎丘区	太湖堤防虎丘区段	苏州高新区堤闸管理所	2级	太湖	25.80	省一级

二、供水设施维护管理

（一）设备设施巡检养护及应急

1991年起，苏州市区各类大小管网抢修、关阀主要由自来水公司供水营业部养护管理科负责，同时负责整个管网设施设备的养护巡检、阀门清挖等。1999年，苏州市自来水公司将供水营业部一分为二，拆分为供水营业所及供水管网所。供水管网所搬至北园工作，抢修管理科负责抢修关阀工作，养护管理科负责管网设施设备的养护巡检、阀门清挖等工作。2006年，苏州市自来水公司建设227省道、宋泾桥、苏虞张3处进城流量仪。2018年，各板块供水单位有专职检漏员，拥有水听器、噪声记录仪、多探头相关仪、听漏仪等各类漏点检测设备。安装测流点用于管网流量的实时监测，区域内管理表采用远传设备，实现流量实时监测。在管道管网运维方面，投放物联网监测设备监测水压、流量和水质实时变化。针对爆管抢修等应急情况，设定专项应急方案，并每年组织专项演练。

（二）水质管理

为控制水源地污染，苏州市相关主管部门采取包括拆除围网养殖、实施生态清淤工程、设置水质在线监测站在内的各项措施。市自来水公司对在用的金墅港水源地、渔洋山水源地实施一级保护区围栏布设、监控设备安装、增设防藻围隔以及蓝藻水草定期打捞等一系列工作。特别是针对较为严峻的蓝藻防控形势，苏州市编制《饮用水水源藻类突发性污染生产过程控制标准及应急方案》和配套手册，严格落实各项防范措施，通过侦测、拦截、抑制、打捞、处理5个环节，层层设防，不断降低水厂取水口藻密度。

各板块供水单位引入ISO9001质量管理体系和ISO14001环境管理体系认证，全面推广建筑给水不锈钢管道，为优质供水提供保障。

三、排水设施维护管理

（一）排水管网管理

苏州市排水管理处自1998年1月1日起接管市管污水干管的管理养护工作，接收1辆疏通车（后报废），配备4名工人由处排水管理科兼管管网养护工作。1999年排水管理处成立管网养护公司，司职污水管网管养工作，新增1辆疏通车（后报废）。排水管理处制定轮疏计划，变被动疏通堵塞管道为主动预防管道堵塞，疏堵和防堵结合，强化管网养护；划分责任区域派出污水设施巡检员，变被动接报为主动发现问题，同时制定巡检制度、24小时电话值班制度、情况接报处理制度以及相应的考核制度；组织力量对城区污水干管展开普查，于2000年完成调查报告，在普查的基础上对管道分为一般养护管道和特殊养护管道二类，主动把握管道的疏通养护周期。2000年，管网养护公司改名为城市排水服务公司，区管污水干管移交排水管理处管养。2004年排水管理处接管新村小区雨污水支管的管养工作。

管网养护中，干管的养护标准采用《城镇排水管渠与泵站维护技术规程》（CJJ/T68—96）和《排水管道维护安全技术规程》（CJJ6—85）；支管养护标准采用排水管理处制定的《苏州市中心城区排水支管养护管理办法》。管道疏通养护也从排水管理处自行养护一种模式增加为自行养护、委托养护、招标养护3种模式。

（二）排水泵站管理

苏州市区污水中途提升泵站分属排水公司管网所管辖，泵站调度方案由管理科提出，运控中心负责实施。机泵的保养和修理由外包单位和公司机修中心负责，泵站的大修和更新改造计划，由市排水公司上报主管部门审批同意后实施。污水中途提升泵站的设备从2001年4月起持续进行更新改造完成。

（三）污水处理厂管理

1994年7月，苏州市河道管理处通过对苏州市区污水厂各项工作的考核办法，与各污水处理厂签订合同，实行综合承包责任制，推行处、厂二级考核，二级分配。

2002年，苏州市排水管理处划归市水利（水务）局，分管污水处理厂。综合承包责任制几经修订，至2005年苏州市排水管理处将考核内容完善为生产、管理、党群工作3个方面的22项指标。市排水管理处每月对照指标对各厂进行考核。2008年，苏州市排水管理体制改革，由新组建的苏州市排水有限公司承担市区污水处理厂的资产、运营管理。2017年，公司进行生产运行集约化改革，设运行控制中心、运行保障中心、机修中心、排水管网管理所4个基层部门，依托于集约化、扁平化、专业化的组织架构和信息化工具，实现统一调度模式，污水厂实现少人值守，泵站实现无人值守。运行控制中心,负责福星、娄江、城东3座污水处理厂和32座污水泵站的运行调度、数据分析和水质达标等职能,同时开展工艺研究、课题研究等工作。运行保障中心,负责污水处理厂日常厂区管理、污泥脱水、保障污水处理厂设备设施正常运行等职能。机修中心,负责污水处理厂及泵站的设备仪表及自控设备的维修等职能。排水管网管理所,负责污水泵站、泵井的设备设施管理与日常巡视、保养及清淤工作,以及污水管网的检查巡视、疏通养护及维修抢修等职能。

2020年,各县(市、区)由水处理公司负责污水处理厂,水务局对污水处理厂进行日常监督管理,开展每季度污水处理厂进出水水质、泥质抽测并进行通报,确保水质达标排放。农村污水处理独立设施的运行维护由镇级负责,市水务局按季度进行水质抽检,并开展一年2次的考核,按照日常水质检测结果和考核情况综合评定后进行以奖代补,确保农污设施发挥其应有的效益。

第三节　水利普查

一、第一次全国水利普查

2010年1月11日,国务院发布《国务院关于开展第一次全国水利普查的通知》,决定于2010—2012年开展第一次全国水利普查。

普查任务包括全面查清我国江河湖泊的基本情况,通过对我国江河湖泊进行全面系统的调查,查清江河湖泊的数量及其分布,查清我国江河湖泊的水文特征状况。全面查清我国水利工程基本情况,通过对我国水利工程的普查,查清我国各类水利工程的数量与分布、规模与能力及效益等基本情况。查清我国经济社会用水状况,通过对城乡居民生活用水、农业用水、工业用水、建筑业用水、第三产业用水等国民经济各行业用水以及河道外生态环境用水的调查,全面查清我国经济社会用水状况。全面查清我国江河湖泊开发治理保护情况,通过对我国江河湖泊取水口、水源地、入河湖排污口、河湖治理情况等进行普查,查清我国江河湖泊开发治理保护的基本情况。查清我国水土保持情况,通过对全国土壤侵蚀情况、侵蚀沟道、水土保持治理措施等的调查,掌握水土流失、治理情况及其动态变化等。查清我国水利行业能力建设情况,通过对各类水利单位和机构的调查,全面查清水利单位的数量及分布、从业人员数量及结构、资产规模及运营状况等。建立国家基础水信息平台,通过水利普查,进一步完善基础水信息标准和统计调查制度,建立健全基础水信息登记和台账管理系统,建立国家基础水信息数据库(包括普查综合成果空间数据库及属性库,主题空间数据库及属性库)和信息管理系统,建立水信息资源整合和共享机制,形成规范、统一、权威的国家基础水信息平台。

第一次全国水利普查范围是中华人民共和国境内(未含香港、澳门特别行政区和台湾省)所有河流湖泊、水利工程、重点经济社会取用水户以及水利单位等对象。

第一次全国水利普查对象包括河流湖泊为流域面积50平方千米及以上的河流和常年水面面积1平方千米及以上的湖泊。水利工程包括水库、水电站、水闸、泵站、引调水、堤防、农村供水、塘坝、窖池及灌区和地下水取水井等十一类工程。经济社会取用水户即城乡居民生活、工业、建筑业及第三产业等用水单位,灌区、规模化畜禽养殖场及公共供水企业等取用水户。河湖开发治理保护包括河湖取水口、地表水水源地、入河湖排污口、有治理保护任务的河流与湖泊。水土保持包括水蚀、风蚀、冻融侵蚀区域,侵蚀沟道,淤地坝等主要水土保持措施。水利单位包括水利行政机关、事业、企业、社团、乡镇水利管理单位等五类单位。

2010年,苏州市的太仓、常熟、吴江作为试点先行开展普查。国普办授予太仓市水利普查特殊贡献市称号。2011年,全市在试点的基础上,紧紧围绕清查登记这条主线,各普查专项统筹部署,完成清查登记工作任务。2012年，进行普查填表工作。市、县（市、区）两级经费预算总计2152万元，各市（区）均设立固定的办公场所，成立专职队伍，累计培训千名骨干专职普查，动员万余人参与普查。其中，昆山市11个区镇落实经费累计达462万元。2013年2月21—22日，苏州市水利普查成果作为江苏省第一次水利普查省级档案一部分，以优良等级通过国家级验收。

二、水文化遗产调查

2017年5月，根据省水利厅和省文物局联合下发《关于联合开展全省水文化遗产调查工作的通知》要求，苏州市水利（水务）局制定《关于做好苏州市水文化遗产摸底调查工作的通知》，成立苏州市水文化遗产调查工作小组，依托苏州大学社会学院、苏州市历史学会和苏州市考古研究所，组成调查团队，自2017年5月开始，经过半年多的努力，对苏州市水文化遗产展开全面调查工作。依据《江苏省水文化遗产调查分类分级目录》，经过筛选梳理，获得水文化遗产调查项目资料工程建筑类1807条、文献资料类411条、非物质文化遗产类462条，包括筑堤建闸的水利工程遗址、记载水事的碑记文化、独具特色的桥梁、景观文化以及歌咏水利的诗赋文化、治水传说等。

第十三章　河湖管理与河湖长制

1991—2020年期间，苏州市坚持保护优先、系统治理、分类指导、共建共享，加大河湖治理和管护力度，深化河湖长制改革。全市在河湖水域面积勘察的基础上，进一步制订科学管护方案，将划界确权、退圩还湖、河湖长制作为三大重点，加强巡查管护。2017年，我国全面推行河长制，全市按照分级管理、属地负责的原则，建立市、县（市、区）、镇（街道）、村（社区）四级河湖长体系，围绕深化河湖长制改革任务，加强水污染防治、水环境治理、水域岸线保护、执法监管、水资源保护、生态修复、长效管护、水文化弘扬等工作。市委、市政府每年发布1号"总河长令"，推动河湖问题解决，市委、市政府领导带队巡河查湖，在全国首创"河道主官""河湖长制+"等机制，确保工作落地高效。河湖环境不断提升，人民满意度逐年提高，苏州河湖长制工作入选2019年中组部攻坚克难案例，"跨界联合河长制"入选中国改革2020年度典型案例。

第一节　河湖管理

根据1984年国土资源调查，苏州市有200亩以上的湖泊323个，其中千亩以上湖泊87个、2206.94平方千米。根据省人民政府2005年公布的《江苏省湖泊保护名录》，苏州有0.5平方千米以上的湖泊94个，占全省湖泊保护名录137个湖泊的68.6%。根据2012年全市水利普查成果，苏州有50亩以上的湖泊384个，总面积为2171.9平方千米。其中，1平方千米以上的湖泊63个。2008年，苏州市水利（水务）局编制完成阳澄淀泖区60个湖泊的《苏州市湖泊保护规划》。2010年11月，苏州市政府制定实施《关于进一步加强湖泊管理和保护工作的意见》，对湖泊的政府责任、管理机构、分级管理权限、勘测调查、保护范围划定和开发利用等作明确规定。2012年底前基本完成列入省保护名录的94个湖泊勘测调查工作。2011年启动阳澄湖、澄湖、独墅湖三大湖泊勘测调查，划定三大湖泊的保护范围、界桩坐标确定和埋设工作并实施，2012年基本完成。2014年开始对苏州市水域面积勘察和水域占用行为监测，开展河湖健康评估。

一、水域面积勘察

2014年，苏州市水利（水务）局委托浙江省水利河口研究院开展"苏州市水域面积勘察及水域监控系统建设工程"项目，掌握市管河道和湖泊变化及开发利用现状，并开发苏州市水域监控系统。2015年该项目通过验收。

根据勘察结果，2013年全市水域面积为3205.01平方千米，水面率为37.0%；如果不含太湖和长江水域，全市水域面积为994.35平方千米，水面率为15.4%。全市共有各级河道21879条，河道水域总面积为958.12平方千米，河道总长度为21637.51

千米；全市共有大小湖泊353个，湖泊水域总面积为2197.84平方千米；全市共有塘坝8404个，水域面积为49.05平方千米。

苏州市按照水利分区划分（不包含太湖和长江水域及内部岛屿），全市分为阳澄区、淀泖区、浦南区、虞西区、新沙区和滨湖区6个水利分区。根据本次水域面积勘察成果，各水利分区中，阳澄区水域面积最大，达到446.37平方千米，淀泖区次之，为320.87平方千米，新沙区和滨湖区水域面积最小，分别为36.09平方千米和35.32平方千米；苏州各水利分区中，水面率最高的是淀泖区，为21.11%，其次为浦南区，为19.35%，滨湖区水面率最低，为5.4%。

2013年，苏州各市区中，吴中区水域面积列首位，达到1621平方千米，排名第二位的吴江区，水域面积为315.31平方千米，姑苏区水域面积最小，为7.91平方千米；苏州各市区中，吴中区水面率最高，为72.7%，姑苏区水面率最低，为9.5%。不计长江和太湖水域，2013年苏州各市区中，吴江区水域列首位，为233.67平方千米，姑苏区居末位；苏州各市区中，相城区水面率最高，为27.8%，高新区水面率最低，为6.2%。

2013年，苏州市93条省骨干河道水域面积为567.21平方千米，占全市河道水域总面积的59.2%，占全市水域总面积的17.7%；苏州市93条省骨干河道长度为1784.69千米，占全市河道总长度的8.2%。其中，流域性河道4条，为长江、望虞河、太浦河和江南运河，流域性河道长度为289.26千米，水域面积为476.05平方千米。苏州市有94个湖泊列入省保护湖泊名录，其中太湖、鹅真荡、嘉菱荡3个为省管湖泊，阳澄湖、澄湖和独墅湖等91个为市管湖泊。根据本次勘察结果，2013年苏州市94个省保护湖泊水域面积为2147.75平方千米，占全市湖泊水域总面积的97.7%，占全市水域总面积的67.0%。

根据遥感变化监测结果，在2011—2013年间，苏州市管水域管理范围内共监测出2427处变化，变化类型包括水域减少（水域占用）、水域增加、跨河建设工程变化和管理范围内开发利用变化4种类型。其中，水域减少836处，水域减少总面积为115万平方米；水域增加478处，水域增加总面积为201万平方米，2011—2013年间苏州市管水域面积增加86万平方米。水域增加变化中，走马塘拓浚工程水域增加面积为122万平方米，七浦塘拓浚工程水域增加面积为8.3万平方米，如不计走马塘和七浦塘拓浚工程，2011—2013年间苏州市管水域面积减少44.3万平方米（664.5亩）。另外还监测出跨河建设工程变化121处，管理范围内开发利用变化992处。

根据遥感变化监测结果，在2011—2013年间，苏州各市区中减少情况较为严重的为工业园区、昆山市、吴江区和常熟市，水域减少面积分别为28万平方米、22万平方米、18万平方米和16万平方米。

基于2013年航空影像提取市管水域管理范围内的所有非原状地形的开发利用要素，包括房屋、景观、码头等，并下发地方调查其项目名称等信息，共发现27605处开发利用项目，总面积为1603万平方米（2.4万亩）。其中，景观类型开发利用面积最大，为533万平方米。本次监测出的市管水域管理范围开发利用行为涉及苏州市10个市、区的80个乡镇（街道），苏州市全部36条市管河道和全部91座市管湖泊均发有开发利用情况。

苏州市水域监控系统，将分类水域面积勘察成果（2013年）、水域本底信息库和水域动态变化数据库（2011—2013年）纳入该系统进行管理和更新，主要包括水域监控地图展示、水域基础信息查询统计、水域变化信息查询统计、数据上报更新维护、移动平台展示和更新5个功能。

二、河湖健康评估

2008年，江苏省水利厅启动全省主要河湖健康状况评价工作，2008—2009年确定河湖健康评价指标体系，2010年正式开展江苏省主要河湖健康状况评价工作，至2014年，共编制5部《江苏省主要河湖健康状况报告》。

2014年，苏州市采用与《江苏省主要河湖健康状况报告》相同的技术路线、指标体系和评价方法，针对苏州市区域内的长江苏州段、江南运河苏州段、望虞河苏州段、张家港苏州段、胥江和阳澄湖、太湖等主要河流和湖泊进行河湖健康评价。其中，河流健康评价主要依据河流系统所具备的主要特征及功能，分别从河流自然及水文状况、水质状况、生态特征、社会服务功能5个方面共遴选11项指标对河流系统的健康状况先进行单项评价，再对河流系统的自然属性健康水平和社会服务功能健康水平进行分类综合评价，最后在此基础上对河流系统的健康状况进行综合评价，得出苏州市河流健康综合评估结果。评价结果显示，胥江、长江苏州段、望虞河苏州段综合健康状况为“轻度亚健康”，江南运河苏州段综合健康状况为“重度亚健康”，张家港苏州段综合健康状况为“轻度不健康”。

湖泊健康评价主要依据湖泊系统所具备的主要特征及功能，分别从湖泊形态、水动力、湖体水质、水生生物、防洪安全、水资源供给6个方面共遴选8项指标对湖泊系统的健康状况先进行单项评价，然后对湖泊系统的自然属性和服务功能进行分类综合评价，最后在此基础上，对湖泊系统的健康状况进行综合评价，由此得出湖泊健康的综合评估结果。评价结果表明，2014年，阳澄湖和太湖的自然属性健康等级均为“重度亚健康”，阳澄湖的社会服务功能健康等级为“健康”，太湖的社会服务功能健康等级为“轻度亚健康”。

2015年，除海洋泾和昆承湖外，常熟市水利（水务）局增加开展尚湖、白茆塘和金泾塘河湖健康状况调查与评估。其中，基于河流自然属性和社会服务功能共计12项指标综合评价，海洋泾、白茆塘和金泾塘综合健康指数分别为79.21、66.23和79.89，海洋泾和金泾塘为“亚健康”，白茆塘为“轻度不健康”。基于湖泊自然属性和社会服务功能共计9项评价指标综合评价，昆承湖和尚湖综合健康指数分别为80.73和81.59，健康状况均为“健康”。

同年，昆山市水利（水务）局针对庙泾河和傀儡湖启动河湖健康状况试点评估。基于河流自然属性和社会服务功能共计12项指标综合评价，庙泾河综合健康状况为“健康”。基于湖泊自然属性和社会服务功能共计8项评价指标综合评价，傀儡湖综合健康状况为“健康”。吴江区水利（水务）局增加开展頔塘、屯浦塘、元荡和北麻漾河湖健康状况调查与评估。基于河流自然属性和社会服务功能共计12项指标综合评价，三级河、頔塘和屯浦塘综合健康状况为“亚健康”。基于湖泊自然属性和社会服务功能共计8项评价指标综合评价，长漾、元荡和北麻漾综合健康状况均为“亚健康”。

2016年，针对境内胥江、西塘河和护城河3条重要河流，以及阳澄湖、独墅湖、金鸡湖和石湖4个重要湖泊持续开展河湖健康状况调查与评估，形成《苏州市河湖健康状况报告河流篇（2016）》。基于河流自然属性和社会服务功能共计12项指标综合评价，胥江、西塘河和护城河综合健康状况为“亚健康”。基于湖泊自然属性和社会服务功能共计9项评价指标综合评价，金鸡湖、独墅湖和石湖综合健康状况为“亚健康”，阳澄湖为“轻度不健康”。

2017年，针对境内浒光运河、金墅港、龙塘港、娄江、平江河、山塘河和斜塘7条河流和阳澄湖持续开展河湖健康状况调查与评估，形成《苏州市河湖健康状况报告（2017）》。基于河流自然属性和社会服务功能共计12项指标综合评价，金墅港综合健康状况为“轻度不健康”，浒光运河、龙塘港、娄江、平江河、山塘河和斜塘综合健康状况均为“亚健康”。基于湖泊自然属性和社会服务功能共计9项评价指标综合评价，阳澄湖综合健康状况为“亚健康”。

2019年，对《苏州市河湖健康评估指标体系（修订版）》进行再次修订，形成《苏州市河湖健康评估指标体系（二次修订稿）》，并在2014—2018年评估工作基础上持续对苏州市的娄江、外塘河、斜港、屯浦塘和急水港5条河流以及镬底潭、阳澄湖和金鸡湖3个湖泊开展健康调查与评估。基于河流自然生态、服务功能、干扰水平和管理水平共计20项指标综合评价，娄江和急水港综合健康状况为“健康”，外塘河、斜港和屯浦塘综合健康状况均为“亚健康”。基于湖泊自然生态、服务功能、干扰水平和管理水平共计22项指标综合评价，阳澄湖综合健康状况为“亚健康”。基于21项指标（不考虑饮用水水源地水质达标率）综合评价，金鸡湖综合健康状况为“健康”，镬底潭综合健康状况为“亚健康”。

三、确权划界

2014年8月，水利部发布《关于开展河湖管理范围和水利工程管理与保护范围划定工作的通知》，要求“到2020年基本完成国有河湖管理范围和水利工程管理与保护范围的划定工作”。2014年9月，江苏省政府审议通过《省委十二届六次全会重要改革举措实施规划（2014—2020年）》，明确提出“实现自然生态空间统一确权登记，完成河湖和水利工程管理范围划定、定桩”。

2015年7月，江苏省政府办公厅印发《关于开展河湖和水利工程管理范围划定工作的通知》，对全省河湖和水利工程管理范围划定工作进行全面部署，要求2018年基本完成工作任务，2019年全面完成验收。2015年10月苏州市人民政府办公室印发《关于开展河湖和水利工程管理范围划定工作的通知》。

根据省水利厅下达的2016—2018年三年划界任务，苏州市划界任务为93条省骨干河道、94个省保护名录湖泊、83座水利工程（张家港37座，常熟4座，太仓14座，市本级28座）和59个增列工程（张家港8条河道，太仓1座闸站，相城区50座小型闸站）。苏州市河湖和水利工程管理范围划定共分为10个实施单位，分别为苏州市本级、张家港市、常熟市、太仓市、昆山市、吴江区、吴中区、相城区、工业园区和高新区。

2016年，苏州市政府成立市河湖和水利工程管理范围划定工作领导小组，由苏州市分管副市长担任组长，领导小组下设办公室，办公室设在市水务局，领导小组成员包括市发改委、公安局、财政局、资规局、住建局、城管局、交通局、水务局和农业农村局。要求各市、县（市、区）政府（管委会）参照成立相应领导小组。各市、县（市、区）政府（管委会）成立县级河湖和水利工程管理范围划定工作领导小组。各成员单位按照职责分工开展工作：水务部门作为牵头部门，负责划界工作实施，明确分管负责人，落实责任分工，按照目标时间要求专管专办，把河湖和水利工程管理范围划定作为部门重点工作来抓；资规部门负责确权工作中土地权属调查、地籍测绘、权属登记和使用证发放等工作；财政部门负责落实划界工作专项经费，监督专项经费使用管理；公安、住建、城管、交通、农业农村等有关部门负责相关的协调和配合工作。

苏州市水务局作为全市河湖和水利工程行业主管部门，负责全市河湖和水利工程管理范围划定工作的指导、协调、监督工作，各市、县（市、区）水务局负责本辖区内河湖和水利工程管理范围划定工作的具体实施，各市、县（市、区）水利工程管理单位负责现场监管和配合，沿线各镇水利管理服务站配合现场施工等。

常熟市作为江苏省河湖和水利工程管理范围划定工作的试点市，其划界工作实施方案于2015年8月12日通过省水利厅组织的符合性审查。其他各市、区的划界工作实施方案由苏州市水务局组织开展符合性审查，审查会议邀请省水利厅，市国土局、财政局等有关部门的专家和代表，各市、区实施方案均于2016年通过审查。实施方案符合性审查通过后，各地上报政府（管委会），通过政府批复，依据实施方案，全面开展河湖和水利工程管理范围划定工作。

2019年8月至10月，苏州市水务局组织市资规局、财政局，县（市、区）资规局、财政局，施工、监理、抽检、省内业审核等单位和特邀专家，对各实施单元划界工作进行技术预验收，现场检查界桩界牌、告示牌等埋设情况和工程质量，听取工作报告、施工报告、监理报告、抽检和整改落实情况、省内业审核情况等汇报，查阅相关资料台账，交流意见和建议，各实施单元均于10月通过技术预验收。在通过技术预验收、档案验收等基础上，各县市（区）政府或领导小组办公室组织资规局、财政局、交通局、水务局等有关成员单位召开县级正式验收会，各实施单元于12月13日全部完成县级（实施单元）验收。

根据省下达的三年划界工作任务，全市划定管理范围线长度为5496.59千米（2016年为1736.23千米，2017年为3362.75千米，2018年为397.61千米），除个别河湖因施工整治暂缓划界外，全市实际共划定管理范围线5056.49千米，埋设界桩界牌31407个，告示牌5190个，地形图数字化及入库3056幅。苏州市河湖管理范围和水利工程管理与保护范围划定工作经费共5498.51万元。

河湖和水利工程管理范围划定，为水利部门开展行政许可、依法行政提供基础和支撑，对进一步加强河湖和水利工程管理、保障河湖和水利工程的功能发挥、国土开发利用规划和城乡建设规划具有重要的指导意义。划界过程中为推进信息化建设，加强数据共享和具体管理工作衔接，水务部门多次与资规部门对接、协商、沟通，划界成果与资规部门共享，做好成果与土地利用总体规划、城乡总体规划等相关规划的衔接，并将成果纳入日常管理工作中，截至2020年11月，在涉河建设项目审批，河湖岸线保护和利用管理规划，水域遥感监测分析，“两违”专项整治，违建别墅清理等工作中得到应用。

（一）苏州市本级

2020年，苏州市本级共划定管理范围线395.2千米，埋设界桩界牌2759个，告示牌442个，1∶2000地形图数字化及入库323幅。

表13-1　2020年苏州市本级工程划界成果

名称	划界总长（千米）	界桩点（个）	告示牌（个）	1∶2000地形图数字化及入库（幅）
裴家圩枢纽	1.4	7	2	4
澹台湖枢纽	1.4	12	2	2
大龙港枢纽	0.5	9	2	1
南庄枢纽	0.3	6	2	1
仙人大港枢纽	0.4	13	2	1
胥江枢纽	1.0	25	2	3
东风枢纽	0.5	10	2	1
青龙桥枢纽	0.4	13	1	1
元和塘枢纽	0.4	12	2	2
外塘河枢纽	0.5	12	1	1
娄江枢纽	0.4	10	2	1
活络浜泵站	0.1	9	2	1

续表

名称	划界总长（千米）	界桩点（个）	告示牌（个）	1:2000地形图数字化及入库（幅）
徐家郎泵站	0.1	10	2	1
红菱浜泵站	0.2	6	2	1
外板桥泵站	0.1	10	2	1
泥点港泵站	0.1	8	2	1
祥信桥泵站	0.1	8	2	1
长泾塘泵站	0.2	7	2	1
新开河泵站	0.1	4	2	1
幸福泵站	0.1	6	2	1
石渔桥泵站	0.1	7	2	1
陈家桥泵站	0.2	7	2	1
东虎啸桥泵站	0.1	8	2	1
娄葑泵站	0.2	8	2	1
外河桥泵站	0.1	8	2	1
城西泵站	0.2	7	2	1
阳澄湖	188.6	1193	219	144
独墅湖	25.4	143	22	19
七浦塘	103.1	728	95	74
元和塘	4.9	35	6	4
娄江—浏河	1.4	10	2	1
胥口水利枢纽	6.7	43	10	8
苏州外城河	36.6	234	18	21
老运河	3.6	23	2	3
黄花泾	5.1	33	6	6
胥江	7.7	56	10	7
石湖	2.9	19	2	3

（二）张家港市

截至2020年，张家港市最终划定成果管理范围线及保护范围线累计总长29.59千米，管理范围界桩数为234个，管理范围界牌为68个，告示牌35个。

表13-2　2020年张家港市河湖划界成果

工程名称	管理范围线总长度（千米）	界桩（个）	界牌（个）	告示牌（个）
1.中型涵闸				
张家港节制闸	1.00	4	4	1
五节桥泵闸	0.64	7	3	1
十字港闸	0.96	4	6	1
太字圩港节制闸	0.82	7	—	1
段山港节制闸	0.94	6	1	1
朝东圩港水利枢纽	0.94	12	—	1

续表

工程名称	管理范围线总长度（千米）	界桩（个）	界牌（个）	告示牌（个）
一干河水利枢纽	1.00	9	—	1
渡泾港泵闸	0.87	5	2	1
十一圩闸	1.54	—	7	1
三干河水利枢纽	1.14	9	1	—
五干河节制闸	1.00	9	—	1
六干河节制闸	1.16	10	—	1
走马塘江边枢纽	2.54	13	5	1
2.小型涵闸				
双山北闸	0.70	6	—	1
双山南闸	0.52	6	—	1
护漕港节制闸	0.75	6	—	1
后塍套闸	0.46	7	—	1
福前套闸	0.52	10	—	1
东横河水利枢纽	1.34	5	4	1
东横河西闸	0.40	4	4	1
新沙河南控制	0.56	6	—	—
朝东圩港节制闸	0.62	10	1	1
南横套节制闸	0.64	7	3	1
3.国有水管单位管理的小型涵闸				
常通港节制闸	0.50	2	4	1
十三圩节制闸	0.65	1	6	1
四干河节制闸	0.77	6	—	1
农场河节制闸	0.78	6	—	1
常沙河节制闸	0.80	10	—	1
锦丰套闸	0.39	5	2	1
东莱东套闸	0.34	1	3	1
东莱西套闸	0.40	—	4	1
鹿苑套闸	0.66	8	2	1
西旸套闸	0.68	3	3	1
乐余北中心河闸	0.72	7	3	1
杨舍套闸	0.60	8	—	1
七干河西闸	0.76	7	—	1
三干河南闸	0.48	8	—	1

（三）常熟市

截至2020年，常熟市水利工程管理范围划定工程最终划定成果管理范围线及保护范围线累计总长7.1千米，管理范围界桩数28个，界牌数1个，1:2000地形图4幅。

表 13-3　2020 年常熟市水利工程划界成果

工程名称	管理范围线总长度（千米）	界桩（个）	界牌（个）	1∶2000 地形图（幅）
福山闸	1.3	4	—	1
浒浦闸	2.4	9	—	1
白茆闸	1.6	8	—	1
海洋泾枢纽	1.8	7	1	1

（四）太仓市

太仓市水利工程管理范围划定工作的实施对象共2个中型涵闸，8个中型涵闸。截至2020年，已完成7.53千米管理范围的划定，共埋设界桩（牌）85个，完成全市及区镇水系图制作。

表 13-4　2020 年太仓市水利工程划界成果

工程名称	管理范围线总长度（千米）	界桩（个）	界牌（个）	告示牌（个）
1.中型涵闸				
浏河节制闸	1.33	7	—	2
七浦节制闸	0.77	14	—	2
2.小型涵闸				
新泾节制闸	0.58	7	—	2
钱泾节制闸	0.52	12	—	2
荡茜节制闸	1.37	9	—	2
鹿鸣泾节制闸	0.66	8	—	2
浪港节制闸	0.93	10	—	2
新塘河节制闸	0.67	4	—	2
汤泾节制闸	0.70	9	—	2
东坝节制闸	—	5	—	2

（五）昆山市

2016年，昆山市完成划界长度330.88千米，完成埋设界桩1548个，界牌181个，告示牌341个。2017年完成划界长度322.63千米，完成埋设界桩1283个，界牌203个，告示牌329个。2018年完成划界长度19.95千米，完成埋设界桩87个，界牌14个，告示牌18个。截至2020年，共计完成划界总长1184.62千米。

表 13-5　2016—2017 年昆山市放样桩牌埋设统计

划界单元	界线测绘长度面积（千米）	地形图修测（平方千米）	界桩（个）	界牌（个）	告示牌（个）
吴淞江	89.69	0.84	389	39	90
长牵路港	5.92	0.04	32	2	5
大直港	19.67	0.18	96	5	20
道褐浦	36.96	0.35	192	15	43
千灯浦	28.5	0.25	127	36	28
支浦江	17.67	0.16	101	13	18

续表

划界单元	界线测绘长度面积（千米）	地形图修测（平方千米）	界桩（个）	界牌（个）	告示牌（个）
白莲湖	18.48	0.14	79	0	15
陈墓荡	10.60	0.10	41	9	11
明镜荡	16.51	0.18	79	5	17
阮白荡	7.67	0.08	41	4	7
商秧潭	13.67	0.13	53	12	15
天花荡	10.76	0.10	46	8	11
万千湖	5.67	0.08	36	0	7
汪洋湖	4.99	0.05	25	1	5
杨氏田湖	10.52	0.12	63	4	12
长白荡	15.77	0.16	77	11	16
苏申外港	17.83	0.18	71	17	21
竹塘（山较）	33.41	0.32	168	1	36
娄江—浏河（昆山段）	75.72	0.66	280	35	67
张家港（昆山段）	37.49	0.35	166	32	38
青阳港（昆山段）	18.85	0.18	68	19	17
夏驾河	25.29	0.23	114	23	24
尤泾（昆山段）	3.60	0.03	20	—	4
界浦港（北）（昆山段）	4.37	0.04	22	—	5
界浦港（南）（昆山段）	7.87	0.12	28	19	12
汉浦塘	23.53	0.21	95	23	25
庙泾河	13.49	0.12	55	4	13
淀山湖	25.54	0.25	99	12	26
雉城湖	6.03	0.08	30	—	7
鳗鲤湖	9.95	0.12	43	9	11
巴城湖	7.05	0.07	25	9	8
傀儡湖	12.30	0.11	—	—	15
白蚬湖	10.61	0.13	48	5	13
急水荡	7.53	0.09	22	12	8
思常港	6.07	0.06	23	8	6
东尤泾	13.88	0.13	64	6	12

（六）吴江区

截至2020年，吴江区河湖和水利工程管理范围划定工作合计划定1946.89千米，埋设电子界桩4290个，实体界桩6859个，告示牌1390个。

表13-6　2020年吴江区水利工程划界情况

划界单元	划界总长（千米）	电子界桩（个）	界桩（个）	告示牌（个）
黄泥兜	16.10	—	104	12
上下荡	7.44	—	53	9
太湖	13.46	—	90	24

续表

划界单元	划界总长（千米）	电子界桩（个）	界桩（个）	告示牌（个）
太浦河	82.98	—	557	74
杨沙坑	5.49	—	30	6
庄西漾	7.95	—	48	13
黄家湖	5.74	—	45	6
大德塘	28.94	—	231	29
麻溪	21.18	—	164	25
清溪河	21.63	—	178	20
澜溪塘	51.10	—	364	51
頔塘	51.58	—	385	56
西大港	4.54	—	38	6
紫荇塘	22.54	—	177	24
郎中荡	6.65	—	52	7
桥北荡	8.93	—	66	9
蚬子兜	8.41	—	57	8
野河荡	9.24	—	66	7
北角荡	8.28	—	62	9
东下沙荡	5.18	—	38	6
南万荡	9.74	—	72	11
西下沙荡	6.95	—	51	7
杨家荡	6.22	—	41	6
陆家荡	2.70	—	20	4
普陀荡	10.93	—	76	11
袁浪荡	9.58	—	76	12
汾湖	4.20	—	13	2
沈庄漾	6.40	—	48	7
长田漾	13.48	—	101	13
瓜泾港	3.79	—	27	4
吴淞江	5.16	—	27	6
长牵路港	22.46	—	111	21
戗港	6.48	—	63	6
三船路港	16.22	—	93	17
新开路港	4.70	—	25	5
横路港	16.33	—	84	19
三里塘	13.77	—	70	14
新运河	6.39	—	38	7
南参荡	10.65	—	58	11
何家漾	9.83	—	47	10
凤仙荡	10.20	—	52	11
张鸭荡	11.01	—	58	11
长荡	10.40	—	56	14
长畸荡	17.14	—	97	18

续表

划界单元	划界总长（千米）	电子界桩（个）	界桩（个）	告示牌（个）
前村荡	6.72	—	40	8
大龙荡	8.79	—	47	10
蒋家漾	11.07	—	58	11
金鱼漾	27.09	—	127	26
徐家漾	11.19	—	58	11
雪落漾	14.53	—	76	15
荡白漾	10.94	—	54	15
东藏荡	12.28	—	63	13
连家漾	7.87	—	39	11
牛长泾	17.69	—	137	16
苏申外港	48.60	—	273	23
八荡河	6.03	—	39	6
北大港	4.19	—	31	8
白蚬湖	22.34	—	94	14
方家荡	11.95	—	69	12
季家荡	6.76	—	42	10
九里湖	10.73	—	50	11
沐庄湖	11.99	—	66	14
南星湖	15.14	—	87	15
石头潭	12.12	—	70	8
孙家荡	7.27	—	42	6
同字荡	6.74	—	39	7
吴天贞荡	4.56	—	14	4
元荡	24.12	—	88	16
众家荡	6.30	—	40	4
诸曹漾	5.39	—	19	4
外围河	6.52	30	4	2
内苏州河	10.34	48	4	2
共青河	9.61	44	4	2
直渎港	11.31	53	4	2
五方港	5.08	15	4	2
亭子港	2.90	10	4	2
圩内横草路	9.45	44	4	2
朱家港	3.26	6	4	2
盛家港	3.75	15	4	2
徐河湾	1.21	4	4	2
方尖港	11.78	39	4	2
南大港	8.90	40	4	2
大南港	2.59	15	4	2
新清水港	4.64	17	4	2
茶壶港	0.94	9	4	2

续表

划界单元	划界总长（千米）	电子界桩（个）	界桩（个）	告示牌（个）
黎里市河	3.07	10	4	2
群新河	2.22	7	4	2
北厍市河	1.47	4	4	2
厍星河	9.14	41	4	2
直大港	7.64	34	4	2
平溪河	8.32	37	4	2
铁枪河	6.44	28	4	2
长桥港	2.87	11	4	2
总扇桥港	5.56	27	4	2
大泾港	3.87	14	4	2
铁人埭港	1.93	10	4	2
申家港	1.76	9	4	2
龙头港	0.48	—	4	2
织纱桥港	1.64	10	4	2
东大港	7.05	19	4	2
三里泾	5.41	21	4	2
冯家浜（陆家荡界河）	3.91	18	4	2
斜港	11.27	89	4	2
吴娄港	5.54	28	4	2
虹呈港	8.20	39	4	2
庙港	6.15	22	4	2
长圩港	5.01	26	4	2
快鸭港	1.62	5	4	2
小港	0.83	—	4	2
沙漠塘	5.12	21	4	2
双阳港	2.63	10	4	2
贯桥港	12.92	57	4	2
桃花桥港	4.57	15	4	2
桃源河	6.73	30	4	2
虹桥港	3.12	16	4	2
长板桥港	4.15	17	4	2
顾庄塘	3.95	23	4	2
青云港	10.28	52	4	2
诸荇港	2.69	10	4	2
青荫港	1.70	6	4	2
凤仙桥港	6.77	31	4	2
乌桥港	5.68	25	4	2
焦安潭	0.85	3	2	1
脚板漾	2.19	10	2	1
庙荡	1.30	5	2	1
泥混荡（年温荡）	3.19	13	2	1

续表

划界单元	划界总长（千米）	电子界桩（个）	界桩（个）	告示牌（个）
盘船荡	2.00	8	2	1
山荡	2.24	10	2	1
升罗斗	0.96	4	2	1
石铁荡（庙前荡）	1.37	6	2	1
小荡（新营村）	1.19	5	2	1
小张鸭荡	2.34	10	2	1
狗屎荡	1.98	8	2	1
和尚荡	1.89	8	2	1
六百亩荡	4.04	19	2	1
三百亩荡	2.34	9	2	1
寺前	1.22	5	2	1
谊南荡	2.77	13	2	1
门前荡（汤华村）	1.40	5	2	1
喇叭荡	2.00	8	2	1
李浦荡	1.96	8	2	1
徐河漾	2.85	12	2	1
北漾（大家港村）	1.59	8	2	1
钵头漾（大家港村）	2.15	9	2	1
东方圩（施家荡）	0.69	4	2	1
冬瓜荡	2.32	9	2	1
古池荡	4.24	20	2	1
黄婆荡	1.36	5	2	1
里荡	0.76	3	2	1
里小荡	0.53	3	2	1
蚂蚁漾	1.53	6	2	1
南漾	2.31	8	2	1
鳑鲏荡	0.51	3	2	1
石臼头	1.50	6	2	1
宋水塘	1.05	4	2	1
汤家荡	0.78	2	2	1
田西荡	0.84	3	2	1
外小荡	0.82	3	2	1
湾家扇	0.82	3	2	1
乌龟漾	0.89	3	2	1
石塘荡	1.36	7	2	1
桃花荡	1.35	6	2	1
陆家荡（星字湾村）	3.34	16	2	1
三十亩荡	1.36	5	2	1
火刀荡	2.62	7	2	1
烂泥兜	2.22	9	2	1
马家荡	0.40	3	2	1

续表

划界单元	划界总长（千米）	电子界桩（个）	界桩（个）	告示牌（个）
那摩芋荡	0.95	3	2	1
太平荡（龙津村）	1.21	5	2	1
小殷家荡	1.00	4	2	1
杨家荡（龙津村）	0.65	2	2	1
殷家荡	2.31	10	2	1
囡鱼荡	1.38	6	2	1
白鱼荡	1.90	8	2	1
荷花荡（文安村）	1.69	7	2	1
白巨斗	2.09	9	2	1
北白荡（黎星村）	1.91	8	2	1
北白荡（三好村）	0.40	2	2	1
北芦荡	1.09	4	2	1
北南莺荡	1.99	9	2	1
北洋花荡	1.10	6	2	1
北造欠	0.80	3	2	1
冰林荡	2.94	13	2	1
茶瓶斗	1.08	4	2	1
车子漾	1.50	6	2	1
沉河	2.01	8	2	1
陈彩荡	1.87	8	2	1
大港口	0.87	3	2	1
大荷花荡	2.89	12	2	1
大渠荡	2.76	12	2	1
大义荡	2.28	9	2	1
大月荡	1.89	7	2	1
刀柄荡	1.78	8	2	1
东北造欠	0.88	5	2	1
东菇荡	4.30	18	2	1
东造欠	1.08	5	2	1
豆腐荡	1.94	10	2	1
杜公漾	2.64	11	2	1
黄杨浜荡	1.57	8	2	1
角字荡	2.12	9	2	1
接官荡	2.96	13	2	1
金家荡	1.25	5	2	1
掘泥漾	0.98	3	2	1
康家荡	1.59	6	2	1
揽桥荡	2.55	12	2	1
鲤婆兜	1.47	6	2	1
莲荡	2.49	10	2	1
龙头荡	1.20	5	2	1

续表

划界单元	划界总长（千米）	电子界桩（个）	界桩（个）	告示牌（个）
门前荡（跃进村）	1.77	7	2	1
庙潭子	0.96	3	2	1
囡囡荡	2.03	8	2	1
南湖荡	1.37	5	2	1
南菱荡湾	0.69	3	2	1
南芦荡	1.28	5	2	1
南盘荡	1.55	7	2	1
南莺荡	2.42	12	2	1
倪店荡	1.56	6	2	1
倪家荡	1.72	7	2	1
汝家荡	2.41	10	2	1
杀人潭	1.62	7	2	1
蛇舌荡	2.65	11	2	1
四方荡	2.35	11	2	1
寺后荡	1.47	6	2	1
苏家荡	1.90	8	2	1
汤团荡	1.56	6	2	1
天花荡	1.97	6	2	1
田六荡	2.74	12	2	1
乌龟荡	2.50	11	2	1
乌金漾	2.50	11	2	1
乌桥桥潭	1.38	6	2	1
污泥兜	1.16	5	2	1
西凌荡	1.75	7	2	1
西天花荡	1.32	5	2	1
西厅荡	2.19	9	2	1
西野鸭荡	1.67	7	2	1
小白荡	2.17	9	2	1
小官荡	2.76	12	2	1
小荷花荡	1.20	5	2	1
小姐坟荡	2.92	13	2	1
小木瓜荡	1.60	6	2	1
肖荡	1.46	5	2	1
新珠南小荡	0.92	3	2	1
杨家荡（港南村）	2.92	13	2	1
杨文荡	2.38	10	2	1
洋河潭	1.68	7	2	1
野鸭荡	1.98	8	2	1
直开荡	3.40	16	2	1
中心荡	1.34	4	2	1
朱家湾小荡	0.97	4	2	1

续表

划界单元	划界总长（千米）	电子界桩（个）	界桩（个）	告示牌（个）
砖屑荡	1.52	6	2	1
蚌壳荡	3.56	17	2	1
北白荡（永新村）	1.97	8	2	1
黄家潭	3.95	18	2	1
将军荡	0.99	4	2	1
龙珠含	2.29	10	2	1
木瓜荡	2.66	12	2	1
邵伯荡	3.69	16	2	1
双珠荡	3.06	13	2	1
台字头	2.52	11	2	1
小月荡	3.07	14	2	1
杨墅荡	3.61	16	2	1
野猫圩荡	3.68	9	2	1
张清荡	3.93	12	2	1
漳水圩	3.04	8	2	1
珍字荡	2.86	12	2	1
庄字漾	1.64	7	2	1
郑月荡	1.52	6	2	1
北白荡	0.57	4	2	1
东乙荡	0.95	3	2	1
端市荡	1.93	8	2	1
凤凰荡	2.87	12	2	1
健石荡	1.61	7	2	1
将家荡	1.44	7	2	1
金家潭	0.64	2	2	1
栲栳漾	2.93	14	2	1
马家荡（联丰村）	1.18	5	2	1
戚家荡	1.72	7	2	1
青田荡	2.25	10	2	1
申家兜	2.64	10	2	1
沈思荡	1.36	5	2	1
桃花漾	4.26	16	2	1
天字荡	1.20	5	2	1
汪紫潭	1.06	5	2	1
乌鸡潭	0.94	3	2	1
乌木荡	1.99	9	2	1
吴石坟	1.46	6	2	1
小龙荡	1.44	6	2	1
小西荡	1.24	5	2	1
小长漾	1.44	6	2	1
新建荡	2.35	10	2	1

续表

划界单元	划界总长（千米）	电子界桩（个）	界桩（个）	告示牌（个）
杨婆荡	2.16	10	2	1
鱼鲇兜	1.67	6	2	1
庄家荡	2.38	11	2	1
荷花荡（南杨村）	1.53	6	2	1
黄天荡	3.46	16	2	1
毛字圩	3.00	14	2	1
雪湖荡	2.28	10	2	1
东藏龙荡	1.79	9	2	1
西藏龙荡	2.91	13	2	1
靴通荡	1.47	6	2	1
金家荡（端市村）	2.77	14	2	1
清水漾	3.40	14	2	1
盛家荡	3.48	16	2	1
水界漾	2.95	14	2	1
林种荡	2.17	10	2	1
南西漾	1.01	4	2	1
清水池	1.06	4	2	1
唐古漾	0.95	4	2	1
西藏荡	4.06	19	2	1
唐家港	2.29	10	2	1
梅家荡	1.43	6	2	1
赤来荡	2.77	12	2	1
大龙港	5.29	22	2	1
荷花荡（荷花村）	1.15	4	2	1
横荡	1.22	5	2	1
庙前荡（河泥泾荡）	4.51	22	2	1
南镜荡	2.07	10	2	1
牛皮荡	1.23	4	2	1
牛皮长荡	2.75	14	2	1
泉水漾	0.97	3	2	1
散荡	0.86	3	2	1
太吉亩荡	1.09	4	2	1
西白漾	1.70	7	2	1
小钟荡	0.84	4	2	1
小子漾	2.47	11	2	1
庄西荡	1.85	8	2	1
墩家荡	1.03	4	2	1
干荡	1.15	4	2	1
后荡	1.83	9	2	1
南溪荡（四爿头荡）	3.3	13	2	1
四十亩荡	2.27	10	2	1

续表

划界单元	划界总长（千米）	电子界桩（个）	界桩（个）	告示牌（个）
寺西荡	1.13	4	2	1
湾里荡（三池湾）	2.86	9	2	1
向家荡（谢家荡）	2.42	10	2	1
小荡（荷花村）	1.44	6	2	1
百花漾	0.96	4	2	1
仙人漾	1.08	4	2	1
白米湾	1.10	4	2	1
钵头滩	2.59	11	2	1
庞茆生荡	1.86	8	2	1
清水荡	3.21	15	2	1
白漾	0.66	3	2	1
北林荡	0.50	2	2	1
北漾（大船港村）	1.45	5	2	1
钵头漾（夏家斗村）	3.57	16	2	1
东漾	1.15	4	2	1
枫林漾	0.92	3	2	1
高家埭荡	0.80	3	2	1
花木漾	2.01	9	2	1
南林荡	0.68	2	2	1
小官塘	1.36	6	2	1
连公荡	1.15	4	2	1
长滩漾	1.52	7	2	1
招认荡	0.42	3	2	1
周生荡	2.59	12	2	1
沙泥潭	1.42	5	2	1
三庙址漾	2.45	11	2	1
荷花荡（银杏村）	0.55	3	2	1
外围河	6.52	30	4	2
内苏州河	10.34	48	4	2
共青河	9.61	44	4	2
直渎港	11.31	53	4	2
五方港	5.08	15	4	2
亭子港	2.90	10	4	2
圩内横草路	9.45	44	4	2
朱家港	3.26	6	4	2
盛家港	3.75	15	4	2
徐河湾	1.21	4	4	2
方尖港	11.78	39	4	2
南大港	8.90	40	4	2
大南港	2.59	15	4	2
新清水港	4.64	17	4	2

续表

划界单元	划界总长（千米）	电子界桩（个）	界桩（个）	告示牌（个）
茶壶港	0.94	9	4	2
黎里市河	3.07	10	4	2
群新河	2.22	7	4	2
北厍市河	1.47	4	4	2
厍星河	9.14	41	4	2
直大港	7.64	34	4	2
平溪河	8.32	37	4	2
铁枪河	6.44	28	4	2
长桥港	2.87	11	4	2
总扇桥港	5.56	27	4	2
大泾港	3.87	14	4	2
铁人埭港	1.93	10	4	2
申家港	1.76	9	4	2
龙头港	0.48	—	4	2
织纱桥港	1.64	10	4	2
东大港	7.05	19	4	2
三里泾	5.41	21	4	2
冯家浜（陆家荡界河）	3.91	18	4	2
斜港	11.27	89	4	2
吴娄港	5.54	28	4	2
虹呈港	8.20	39	4	2
庙港	6.15	22	4	2
长圩港	5.01	26	4	2
快鸭港	1.62	5	4	2
小港	0.83	—	4	2
沙漠塘	5.12	21	4	2
双阳港	2.63	10	4	2
贯桥港	12.92	57	4	2
桃花桥港	4.57	15	4	2
桃源河	6.73	30	4	2
虹桥港	3.12	16	4	2
长板桥港	4.15	17	4	2
顾庄塘	3.95	23	4	2
青云港	10.28	52	4	2
诸荇港	2.69	10	4	2
青荫港	1.70	6	4	2
凤仙桥港	6.77	31	4	2
乌桥港	5.68	25	4	2

（七）吴中区

吴中区境内主要引排水骨干河道12条，一条流域性河道：京杭大运河（京杭大运河吴中段）；6条区域性河道：浒光运河、木光河、屯浦塘、吴淞江、斜港、胥江等；箭泾河、界浦港（南）、老运河、苏东河、走马塘河等5条河道为重要县域河道。河道总长度142.10千米，划界总长度269.13千米。1个省管湖泊：太湖；8个市管湖泊：万千湖、九里湖、黄泥兜、石湖、镬底潭、下淹湖和游湖等。划界总长度162.27千米。北渡水桥套闸至大嘴山段（即东山环岛路段）4.8米（吴淞高程）等高线测量工作。截至2020年共完成河湖管理范围划界462.40千米，界桩共计2551个，界牌共计194个，告示牌413个，1：10000地形图入库19幅。划界工作共完成管理范围线测绘190.24千米，界桩（牌）共计42个，电子界桩955个，告示牌14个，正射影像图167个。

表13-7　2020年吴中区太湖岛屿划界情况

类型	河湖名称	界桩牌（个）	电子界桩（个）	告示牌（个）	界线测绘（千米）	正射影像图制作（幅）	界线入库（千米）
岛屿	西山岛	15	344	1	68.14	46	68.14
	冲山半岛	4	44	1	6.24	22	6.24
	漫山岛	—	35	1	5.84	9	5.84
	阴山岛	—	25	1	4.54	7	4.54
	横山岛	—	32	1	4.67	7	4.67
	长沙岛	—	46	1	8.52	11	8.52
	叶山岛	—	24	1	4.05	5	4.05
	余山岛	—	15	1	2.77	4	2.77
	三山岛	4	60	1	8.60	13	8.60
河道湖泊	顺堤河	3	135	1	43.50	24	43.50
	苏旺河	4	28	1	5.33	4	5.33
	白洋湖	3	28	1	4.93	3	4.93
	尹山湖	3	55	1	9.13	4	9.13
	西塘河	6	84	1	13.98	8	13.98

（八）相城区

相城区水利工程管理与保护范围划定对象为50个一般县域闸站。截至2020年，划界工作共完成管理范围线测绘64.55千米，界桩（牌）共计276个，界牌共计134个，告示牌99个。

表13-8　2020年相城区水利工程确权划界情况

工程名称	管理范围线总长度（千米）	界桩（个）	界牌（个）	告示牌（个）
元和之春泵站	0.70	6	2	1
生态园泵站	0.74	6	2	2
蠡塘河泵站	0.46	4	2	2
朝阳河南闸站	0.76	7	2	2
朝阳河北闸	0.68	2	6	2
徐图港东闸站	0.83	6	4	2
徐图港西闸站	0.93	9	3	2
朝阳河北闸站	0.83	2	6	2
朝阳河西闸站	0.92	6	5	2

续表

工程名称	管理范围线总长度（千米）	界桩（个）	界牌（个）	告示牌（个）
夏圩港闸站	1.07	10	3	2
南村巷港闸站	0.73	6	3	2
田大港闸站	1.16	6	6	2
小庄郎闸站	0.66	5	3	2
栈条桥港闸	0.82	3	5	2
潘家桥闸站	0.92	5	4	2
沈思桥闸站	0.76	5	3	2
黄桥河东闸站	0.75	8	0	2
新联闸站	0.82	7	1	2
西听河北闸站	0.89	6	4	2
杜家港闸站	0.74	2	6	2
万安河闸站	0.75	2	6	2
楼上河闸站	0.94	8	4	2
文陵河闸	1.66	5	2	2
商贸区套闸	1.66	3	2	2
华元河闸站	1.68	6	1	2
济民塘南闸站	1.69	4	2	2
柴米径北闸站	1.69	6	1	2
林家港闸	1.65	6	1	2
瓦泄坝闸站	1.65	8	2	2
嘉金角北闸站	1.65	6	2	2
金桥港闸站	1.66	4	4	2
登云港南闸站	1.64	4	2	2
平门塘北闸站	1.69	8	—	2
沈家庄闸站	1.66	8	—	2
沈思桥北闸站	1.66	6	3	2
金峰闸站	1.68	3	5	2
后江闸站	1.68	7	—	2
小石桥闸站	1.66	4	3	2
登云港北闸站	1.66	7	1	2
朱巷港闸站	1.69	5	3	2
圣贤桥港闸站	1.67	8	—	2
圣贤桥港南闸	1.66	6	1	2
玉成河闸	1.68	5	3	2
平门塘南闸站	1.65	1	5	2
殷家桥港闸站	1.66	3	4	2
老市河南闸站	1.68	7	3	2
南窑河闸站	1.68	5	2	2
济民塘东闸站	1.67	6	—	2
玉带河闸	1.64	8	—	2
楼上河闸	1.69	6	2	2

（九）苏州工业园区

2016年，园区对列入省湖泊保护名录的湖泊和列入省骨干河道名录的河道进行划界，划定管理范围线105.7千米，并于2020年4月在园区管委会网站公示。截至2020年底，工业园区完成水利工程管理与保护范围划定对象包括金鸡湖、镬底潭、沙湖3个湖泊，吴淞江、娄江、斜港3条河道。共完成管理范围线测绘105.7千米，界桩（牌）共计525个，告示牌99个。

（十）高新区

截至2020年，高新区完成5座湖泊即渚镇湖、大白荡、诺贝尔湖、胜天湖、恩古山湖划界工作，共划定湖泊保护范围线长度13.66千米，明确湖泊保护范围，保护范围面积为0.84平方千米，埋设电子界桩150个、告示牌10个。完成5条重要县域河道即浒光运河、金墅港、胥江、浒东运河、黄花泾划界工作，共划定河道管理范围长度58.65千米，管理范围面积1.48平方千米。

四、退圩还湖

1999年太湖流域大水后，湖泊调蓄洪水的功能和水域的保护更加得到重视，苏州市加大对太湖水环境整治的投入，太湖部分湖区、其他湖泊逐渐开展退田（渔）还湖工程。

按照《江苏省太湖保护规划》，将部分湖面围垦区划定为退田（渔）还湖的规划保留区，在其范围内严格控制开发、建设活动，禁止向保留区内安置移民；编制退田（渔）还湖规划；严格按照批复的退田（渔）还湖规划，有计划、有组织实施退田（渔）还湖工程。

（一）高新区

苏州高新区位于太湖东岸，境内太湖岸线北起田鸡港闸北，南至铜坑闸，总长约25千米，境内太湖保护范围内有杵山圩和金墅港圩两处历史圈圩，根据《江苏省太湖保护规划》，该两处圈圩为退圩还湖保留区。

2013年10月23日，江苏省水利厅和江苏省太湖水污染防治办公室在南京组织召开该实施方案的审查会。2013年12月9日，江苏省人民政府下发《省政府关于苏州高新区太湖退圩还湖实施方案的批复》。根据《批复》，同意苏州市政府组织编制的《苏州高新区太湖退圩还湖实施方案（修订稿）》，由苏州高新区管委会实施太湖退圩还湖工程。工程内容主要包括：对总面积1524亩的金墅、杵山两处历史圈圩进行退圩还湖，还湖面积1078亩，占规划保留区面积的70.73%，堆土区及管理道路面积为446亩，占总面积的29.27%。其中，金墅历史圈圩面积930亩，还湖面积884亩，3处堆土区及管理道路面积46亩；杵山历史圈圩区面积594亩，还湖面积194亩。实施退圩还湖后，原太湖大堤堤线维持不变，杵山堆土区段的太湖保护范围线调整至堆土区自保堤背水坡堤脚。本项目涉及流域防洪工程标准按100年一遇建设。

金墅围垦区　金墅围垦区位于太湖贡湖湾东南侧，龙塘港河口与金墅港河口之间，面积为930亩，于1981年围垦而成，属通安镇渔业村，为太湖内的渔业圩区。围垦区西侧水域为太湖金墅水源地，取水口设计取水能力为60万立方米每日。围垦区东侧为太湖大堤，岸线长约960米，建有护岸；西、南为围垦塘埂，塘埂顶高程平均约5.5米（镇江吴淞基面，下同），顶宽3—5米；北面为水源地管理道路，道路路面总宽6米，道路及西北侧取水口管理平台长约1055米。围垦区内北部为废弃鱼塘，塘埂高程平均约3.5米，底高程为1.5—2.5米。围垦区南部约173亩为荒地，荒地平均高程4米。

金墅围垦区退圩还湖措施为挖除南侧、西南侧围垦塘埂1050米，并挖除南侧荒地，使其湖底高程与周边湖盆大体一致，消除围垦区与太湖连接的屏障。内部挖除鱼塘埂，形成宽广水面向西南与太湖直接相通。

金墅退圩还湖区紧靠水源地，后续作为滨湖

湿地生态保育区利用。围垦区大体呈正方形，原湖岸线较为方正生硬，本次设计保留水源地的管理道路及平台，拆除南侧、西南侧塘埂，将湖岸线调整至老大堤青坎护岸处。塘埂拆除后，围垦区大部分开挖为成湖水面，内部堆土区3处，沿太湖大堤、水源地道路布置芦苇生态护岸带，并在水源地道路上新建桥梁1座，沟通道路南北两侧太湖水面。

杵山围垦区 杵山围垦区位于太湖贡湖湾东南侧，杵山西南侧，面积约594亩，于1981年围垦而成，属东渚镇杵山村，为太湖内的渔业圩区。围垦区东南侧至太湖大堤，岸线长约1461米，建有护岸；西、北为围垦塘埂，塘埂顶高程在5.5米以上，顶宽3—5米；围垦区外围西北角为渔船码头及避风港，码头至太湖路堤之间为简易水泥道路，面宽5米，道路长约450米。围垦区内原为养殖鱼塘、虾塘，塘埂高程平均约3.5米，塘底高程为1.5—2.5米。

杵山围垦区退圩还湖措施为挖除西南侧围垦部分塘埂，挖除塘埂长770米，消除围垦区与太湖连接的屏障。内部鱼塘挖除塘埂，挖深湖底，形成宽广水面向西与太湖相通。围垦区大体呈三角形，岸线较生硬，本次将北部作为集中弃土堆泥区，南部湖岸线调整至老大堤青坎护岸附近，使湖岸线平滑舒畅。还湖水域向西与太湖沟通，北部为集中弃土堆泥区，堆放退圩还湖开挖土方，形成外围大堤、河道、水塘等，新建外围大堤设计顶高程为7米，与已建高新区环太湖路堤相连接，即将太湖堤线西移至新建大堤处（防汛仍可利用原路堤）。

苏州高新区太湖退圩还湖工程总体布置面积特征见下表：

表13-9 退圩还湖工程总体布置特征情况

分区	项目	实施方案	备注
金墅围垦区	分区面积（亩）	930	—
	退圩还湖面积（亩）	884	成湖水域
	弃土堆泥区面积（亩）	46	水源地道路、平台、堆土区
	弃土堆泥区所占比例	95.05%	—
杵山围垦区	分区面积（亩）	594	—
	退圩还湖面积（亩）	194	成湖水域
	弃土堆泥区面积（亩）	400	集中堆土区
	弃土堆泥区所占比例	32.66%	—
合计	总面积（亩）	1524	—
	退圩还湖面积（亩）	1078	成湖水域
	弃土堆泥区面积（亩）	446	—
	弃土堆泥区所占比例	70.73%	—

注：退圩还湖区为高程3.00米以下，弃土堆泥区为高程3.00米以上。

2013年12月，苏州高新区太湖退圩还湖工程开工，于2020年6月完工，清退圈圩面积1.02平方千米，恢复自由水面面积0.72平方千米。

（二）吴中区

苏州市吴中区东山镇新塘圩位于东山镇的东北角，东山镇为伸入太湖的半岛，西北以大缺港为界，其他三面环太湖。东山镇以渡水港为界，渡水港西北区域为山区（太湖沿线不设防），渡水港东南多为养殖鱼塘，沿线建有太湖大堤长约28千米。新塘圩围垦区为沿太湖大堤分布的围垦鱼塘，《江苏省太湖保护规划》将该部分养殖水面划定为退田（渔）还湖规划保留区。

2016年4月，苏州市编制《苏州市吴中区东山镇太湖新塘圩退圩还湖工程实施方案》。2017年1月，江苏省人民政府下发《省政府关于苏州市吴中区东山镇太湖新塘圩退圩还湖工程实施方案的批复》，同意提出的退圩还湖总体布局，对东山镇太湖新塘圩进行退圩还湖，面积为15.3万平方米。其中，还湖面积10.78万平方米，占总面积的70.46%；5处弃土区面积共计4.52万平方米，占总面积的29.54%。实施退圩还湖后，原太湖蓄水范围线和太湖大堤堤线维持不变。弃土区周边新建护岸工程及桥涵工程建设方案，建设单位按规定报经市水行政主管部门批准后实施。工程任务包括通过围垦区整治，实现大部分水域的退圩还湖，促进太湖调蓄水能力和防洪能力的提高。取消鱼塘、蟹塘养殖，整治周边生态环境，为太湖水环境保护创造条件。提升东山景区入口景观环境，促进东山镇社会经济的发展方式转型和产业结构调整，提升吴中区环太湖旅游品牌。项目区内涉及流域防洪工程标准按100年一遇建设，项目区自身设防标准为50年一遇。

表13-10　吴中区东山镇太湖新塘圩退圩还湖工程综合特性情况

序号	名称及项目	单位	数量	备注
一、设计水位				
1	50年一遇设计洪水位	米	4.66	太湖
2	100年一遇设计洪水位	米	4.8	太湖
二、退圩还湖总布置				
1	总面积	亩	229.45	—
2	还湖面积	亩	161.63	3米高程计
3	弃土堆泥区面积	亩	67.82	占总面积29.54%
三、退圩还湖工程设计				
1	湖底高程			
(1)	塘底	米	1.5—2	挖除养殖底泥
(2)	塘埂处	米	1.5	—
2	弃土堆泥区高程	米		
(1)	西端D1—D3	米	5.5	建设利用
(2)	西端D4—D5	米	5	景观绿地
3	护岸工程			芦苇绿化带
(1)	长度	千米	1.6	
(2)	面积	平方米	2640	
4	桥梁工程			
(1)	跨径	米	6	6×3.5米箱涵
(2)	总面宽	米	4.8	车行道宽4米
四	工程总投资	万元	293.47	

第二节　河湖长制

一、体制机制

河湖长制是落实绿色发展理念、推进生态文明建设的内在要求，是解决复杂水问题、维护河湖健康生命的有效举措，是完善水治理体系、保障水安全的制度创新。由各级党政领导担任河长，落实河道管理保护地方主体责任，统筹推进水资源保护、水域空间管控、水污染防治、水环境治理、水生态修复、河湖执法监管，维护河湖健康生命。

"河湖长制"最大程度整合各级党委政府的执行力，弥补早先"九龙治水"的不足。

水利部于2014年1月24日下发《水利部关于深化水利改革的指导意见》，将建立严格的河湖管理与保护制度作为深化水利改革的一项重要任务，又于2014年3月21日印发《关于加强河湖管理工作的指导意见》，要求全面提升河湖管理的法制化、规范化和专业化水平，实现传统管理向现代管理、粗放管理向精细管理转变，保障防洪和供水安全，促进河湖休养生息，维护河湖健康生命，推进水生态文明建设。

2014年9月19日，水利部发布《关于开展河湖管护体制机制创新试点工作的通知》，依据文件要求，常熟市积极编制申报材料，启动创建工作。2014年12月31日，在《水利部办公厅关于公布第一批河湖管护体制机制创新试点县（市）名单的通知》，确定常熟市为首批河湖管护体制机制创新试点县。试点范围为常熟市境内所有河道、湖泊。试点水平年为2014年；试点期为2016年、2017年，明确从推进水利水务管理体制改革，实现城乡河道统一管理；深化"河湖长制"管理工作；全面推行"管养分离"，严格监督考核；加大河湖管护经费投入；加强河湖管护能力建设；积极推进水利工程划界确权；严格涉水项目审批，加强涉河项目监督管理；建成河湖工程管理信息系统；全面推进河湖健康状况评估；依托"畅流活水"工程，完善河道管理设施几个方面实施试点任务。

苏州市河长制建立起步较早，2014年初，苏州市政府办公室出台《关于加强全市河道管理"河长制"工作实施意见的通知》，制定《关于开展骨干河道"河长制"工作考核实施办法》，骨干河道"河长"、管理机构、管理和维修养护经费、常年保洁责任基本落实，骨干河道管理巡查和执法检查正常开展。2016年，苏州市加强"河湖长制"管理，全市93条省骨干河道"河长"全部落实，全面实施《苏州市河道养护管理考核办法》，考核结果与奖补经费挂钩，并通报各县（市、区）人民政府。启动河湖和水利工程划界工作，各县（市、区）均委托相关设计单位编制实施方案。

2017年以来，苏州市全面深化河湖长制改革，24643条河（湖）共落实约5100名市、县（市、区）、镇、村四级河湖长；建立"党政领导，一级抓一级，河长主导，层层抓落实，社会引导，全民共参与"的工作体系，完善河湖长牵头、河道主官为纽带的"交办、会办、督办、查办"工作机制；编制"一河一策"行动方案，落实"一事一办"工作清单，制定河湖长履职标准化流程，明确履职"四步曲"，推行尽责"六步法"，落实巡河"九查看"；围绕河湖长制"八大任务"，开展一系列专项行动，攻克难点，消除痛点，建设生态美丽河湖。

（一）领导体制

1.河湖长

按照分级管理、属地负责的原则，自2017年起，苏州市逐步建立市、县（市、区）、镇（街道）、村（社区）四级河长体系，2017年，34条（座）重要河湖分别由18名市领导担任市级河长，当年实现河长全覆盖。各级河长湖长对相应河湖管理和保护负总责，负责统筹协调水污染防治、水环境治理、水资源保护、水域岸线管理、水生态修复、执法监管、长效管护、水文化弘扬等八方面工作。苏州市河长办负责设立市级河长公示牌，公示内容包括河湖名称、河湖简介、河长名单、职责任务、联系电话、二维码、落款时间。

至2020年，苏州市级河长25名，县级河长183名，镇级河长1346名，村级河长3557名。

总河长　市级第一总河长由市委书记担任，市长任总河长，市委副书记、常务副市长和分管水利副市长担任副总河长。各县（市、区）总河长由本级党委主要领导担任，构建相应的河长组织体系。各级河长因职务调整发生变动的，接任者自动承担河长职责。各级总河长负责组织领导本行政区域内河湖管理和保护工作，是本行政区域全面推行河湖长制工作的第一责任人，对本行政区域内的河湖管理和保护负总责。

市、县（市、区）级河长湖长 市、县（市、区）级河长湖长负责落实上级河长湖长部署的工作；对责任河湖进行日常巡查，及时组织问题整改；审定并组织实施责任河湖“生态美丽河湖”方案、“一河（湖）一策”方案，组织开展责任河湖专项治理工作和专项整治行动；协调和督促相关主管部门制定、实施责任河湖管理保护和治理规划，协调解决规划落实中的重大问题；督促制定本级河湖长制组成部门责任清单，建立区域间部门间协调联动机制，推动河湖跨界地区建立联合会商、信息共享、协同治理、联合执法等联防联控机制，协同落实管理和保护任务；督促下一级河长湖长及本级相关部门处理和解决责任河湖出现的问题、依法查处相关违法行为，对其履职情况和年度任务完成情况进行督导考核。

镇、村级河长湖长 镇级河长湖长主要负责落实上级河长湖长交办的工作，落实责任河湖治理和保护的具体任务；对责任河湖进行日常巡查，对巡查发现的问题组织整改；对需要由上一级河长湖长或相关部门解决的问题及时向上一级河长湖长报告。村级河长湖长主要负责在村（居）民中开展河湖保护宣传，组织订立河湖保护的村规民约，对相应河湖进行日常巡查，对发现的涉河湖违法违规行为进行劝阻、制止，能解决的及时解决，不能解决的及时向相关上一级河长湖长或部门报告，配合相关部门现场执法和涉河湖纠纷调查处理（协查）等。

表13-11 2017—2020年苏州市级河长名单

年份	市级河长	职务	河湖名称	所在市、县（市、区）
2017—2018	周乃翔	省委常委、市委书记	七浦塘	常熟市、太仓市、昆山市、相城区
2019—2020	蓝绍敏	省委常委、市委书记		
2017	李亚平	市委副书记、代市长	望虞河（含鹅真荡、嘉菱荡、漕湖）	常熟市、相城区
2018—2020	李亚平	市委副书记、市长		
2017	朱　民	市委副书记、统战部部长	阳澄湖	昆山市、相城区、工业园区
2018	朱　民	市委副书记、市委党校校长		
2019—2020	朱　民	市委副书记		
2017—2020	陆　新	市委常委、组织部部长	白蚬湖、黄泥兜	昆山市、吴江区、吴中区
2017—2019	王　翔	市委常委、常务副市长	太湖、长江、太浦河（含汾湖）、江南运河	张家港市、常熟市、太仓市、吴江区、吴中区、相城区、姑苏区、高新区
2020	王　翔		长江、太浦河（汾湖）	
2017	徐惠民	市委常委、工业园区党工委书记	金鸡湖、娄江—浏河、外塘河	太仓市、昆山市、吴中区、相城区、姑苏区、工业园区
2018—2020	吴庆文	市委常委、工业园区党工委书记	娄江—浏河、外塘河、独墅湖、金鸡湖	吴中区、相城区、姑苏区、工业园区、太仓市、昆山市
2017	黄爱军	市委常委、秘书长	吴淞江	昆山市、吴江区、吴中区、工业园区
2018—2019	黄爱军	市委常委、秘书长	吴淞江、青阳港	
2020	黄爱军	市委常委、姑苏区委书记	平江河、山塘河	
2017	吴庆文	市委常委、副市长	锡北运河、白茆塘、常浒河	常熟市
2018—2020	杨知评	副市长		
2017	盛　蕾	市委常委、宣传部部长	澜溪塘	吴江区

续表

年份	市级河长	职务	河湖名称	所在市、县（市、区）
2017	俞杏楠	市委常委、政法委书记	澄湖、石湖	昆山市、吴江区、吴中区、姑苏区、高新区
2018—2020	俞杏楠	市委常委、政法委书记	澄湖、石湖、万千湖	
2017	姚林荣	市委常委、昆山市委书记	淀山湖、万千湖、青阳港	昆山市、吴中区
2018—2020	姚林荣	市委常委、统战部部长	元和塘	
2017—2018	王少东	市人大常委会副主任	杨林塘	太仓市、昆山市
2020	沈国芳	市人大常委会副主任		
2017	徐美健	副市长、高新区党工委书记、虎丘区委书记	游湖	吴中区、高新区
2018	徐美健	市委党委、副市长、高新区党工委书记		
2020	徐美健	市委常委、政法委书记		
2017—2020	蒋来清	副市长	十一圩港（二干河）、走马塘	张家港市、常熟市
2018	陆春云	副市长	太湖苏州段、淀山湖苏州段	
2020	陆春云	副市长	太湖、淀山湖	
2017	金　洁	副市长、吴中区委书记	元荡、斜港—屯浦塘—急水港（含镬底潭）	昆山市、吴江区、吴中区、工业园区
2018	金　洁	市委常委、宣传部部长	元荡、斜港—屯浦塘—急水港（含镬底潭）、澜溪塘	
2020	金　洁	市委常委、宣传部部长	元荡、斜港—屯浦塘—急水港	
2017	吴晓东	副市长	张家港河、元和塘、盐铁塘	张家港市、常熟市、太仓市、昆山市、相城区、姑苏区
2018—2019	吴晓东	副市长	江南运河苏州段	
2020	吴晓东	副市长	江南运河、澜溪塘	
2020	江　海	副市长	张家港河、盐铁塘	
2017	曹后灵	副市长、相城区委书记	西塘河、春申湖	相城区、姑苏区、高新区
2018—2020	曹后灵	副市长	西塘河、春申湖	相城区、姑苏区、高新区
2017—2018	程华国	市政协副主席	頔塘	吴江区

2.河长制办公室

2017年，苏州市成立全面深化河长制改革领导小组后，设置河长制办公室，办公室设在苏州市水务局。办公室为常设机构，承担全市河湖长制工作日常事务，主任由市水利（水务）局主要负责同志兼任，副主任由市经信委、市水利（水务）局、市农委、市环保局分管负责同志担任，领导小组各成员单位落实一名科级联络员。各市、县（市、区）参照设置河长制办公室。

2020年，主任由市水务局主要负责同志兼任，副主任由市工信局、市环保局、市园林和绿化管理局、市交通运输局、市水务局、市农业农村局分管同志担任。河长制办公室负责组织编制各项制度，承担河湖长制组织具体工作，督促河长确定事项的落实，分解下达河湖长制年度工作任务，组织开展对下一级河湖长制工作进行检查、考核和评价，全面掌握河湖管理状况，做好河湖长制和河湖保护舆论监督宣传和信息报送工作。

3.河长制改革领导小组

苏州市委常委会、市政府常务会议多次研究部署，于2017年4月印发《关于全面深化河长制改革的实施方案》，召开全市全面深化河长制改革工作动员部署会，成立苏州市全面深化河长制改革工作领导小组。经苏州市委、市政府研究同意，对苏州市全面深化河长制改革工作领导小组成员进行调整。各市、县（市、区）也参照成立相应领导小组，召开动员部署会河长大会，党政主要领导担任领导小组组长和总河长，定期召开河长办主任会议研究部署工作。

4.河长制改革领导小组成员单位

2019年，经请示苏州市委、市政府主要领导同意，苏州市全面深化河长制改革工作领导小组成员单位调整为：市委组织部、市委宣传部、市发改委、市工信局、市公安局、市司法局、市财政局、市自然资源和规划局、市生态环境局、市住建局、市园林绿化局、市城管局、市交通运输局、市水务局、市农业农村局、市文广旅局。

（二）制度机制

随着河湖长制推进，2017年出台市级会议、信息共享、信息报送、工作督查、考核办法、验收办法六项制度，建立河湖长制工作交办、会办、督办、查办工作机制，保障各项任务的落地见效。

2017年11月30日，苏州市河长办对张家港市、常熟市、太仓市、昆山市、吴江区、吴中区、相城区、姑苏区、工业园区、高新区完成市级验收。2017年12月21日，市河长办通过省全面建立河湖长制工作验收。

2018年，评定昆山市、张家港市、吴江区为苏州市2018年度河湖长制工作考核“优秀”单位，其余市、县（市、区）考核为“良好”单位。2019年，评定常熟市、太仓市、吴江区、昆山市为苏州市2019年度河湖长制工作考核“优秀”单位，其余市、县（市、区）考核为“良好”单位。2020年，评定昆山市、张家港市、吴江区、工业园区为苏州市2020年度河湖长制工作考核“优秀”单位，其余市、县（市、区）考核为“良好”单位。

表13-12　2017年苏州市河湖长制制度机制一览

名称	文件	分类	具体内容
会议制度	《苏州市河长制工作市级会议制度》	总河长会议	由市第一总河长（或总河长）主持召开。会议原则上每年年初召开。研究决定河长制改革重大政策、重要规划、重点制度，总结部署全市河湖长制改革工作（签订责任状），通报考核结果，听取各市、区总河长关于河湖长制改革工作汇报，经总河长同意研究的其他事项。
		领导小组会议	会议由市河长制改革领导小组组长或副组长主持召开。会议听取市河长制办公室河湖长制改革工作汇报，研究确定全市河湖长制工作目标，部署落实河湖长制工作各项任务，统筹解决河湖长制工作中的重大问题等。
		河长会议	会议由各位市级河长分别主持召开。部署“一河一策”行动计划，推进重点项目落地，专题研究治河护河中存在的突出问题，落实督查考核工作，通报“一事一办”成效，经市级河长同意研究的其他事项。
		河长制办公室主任会议	会议由市河长制办公室主任主持召开。研究确定需提交由总河长审定事项，落实总河长、河长会议交办事项，制订工作计划和任务，通报河湖长制改革工作进展情况，布置督查和考核工作，讨论考核结果等其他事项。
信息共享	《苏州市河长制数据信息共享制度》		本制度适用于市河长制工作领导小组成员单位与市河长制工作办公室之间的数据信息共享工作。数据信息共享主要包括河湖水污染防治、水环境综合治理、水资源保护、河湖生态修复、水域岸线管理、河湖执法监督、河湖长效管护、水文化弘扬等方面的内容。

续表

名称	文件	分类	具体内容
信息报送	《苏州市河长制工作信息报送制度》	信息简报制度	各地和市领导小组成员单位应积极将河湖长制工作政务信息、举措部署、工作动态于每月28日报市河长制办公室。市河长制办公室负责整理汇总、选取要点，每月初印发《工作简报》。
		信息专报制度	各地和市领导小组成员单位应将重要、紧急的河湖长制工作信息第一时间整理上报至市河长制办公室。市河长制办公室负责整理、编辑、汇总、上报，专报信息实行一事一报。
		工作通报制度	通报内容包括河湖长制工作重要部署落实情况；年度工作目标、工作任务推进情况；对重点督查事项的处理进度和完成效果；危害河湖的重大突发性应急事件处置；河湖长制工作督查、考核情况。市河长制办公室负责整理通报内容，报请总河长（或副总河长）同意后印发各地和市领导小组成员单位。原则上每季度通报一次，重要工作进展以及公众关注的重要事项实时通报。
		官方网络平台	开辟河湖长制工作网站，利用App、政务微博、微信公众号等发布河湖长制工作信息。
工作督察	《苏州市河长制工作市级督查制度》	河长督查、市河长制工作领导小组督查、市河长制办公室督查	中央和省、市关于河湖长制工作的重大决策、重要部署及重要会议和文件的贯彻落实情况；中央和省、市关于河湖长制各项任务贯彻落实情况；中央和省、市河湖长制工作会议决定的重大事项落实情况；河湖长制年度目标任务落实情况；省市总河长、副总河长、河长批示贯彻落实情况；河长巡查、信访件、群众举报、监督员及新闻媒体提出的意见和建议、政府热线交办事项落实情况；其他河湖长制工作需要督查的事项。市河湖长制办公室对督查情况进行汇总，根据需要编发督查通报或督查专报。
交办制度	《苏州市河长制工作交办制度》	总河长交办、市级河长交办和市河长办交办	总河长交办对象为下级总河长，市级河长交办对象为责任河湖县级河长，市河长办交办对象为各县（市、区）河长办或交界河湖县级河长。
考核问责	《苏州市河长制改革工作考核办法》		考核工作坚持日常考评与年终考核相结合、县（市、区）自评与市级考核相结合、过程评价与结果评估相结合。考核工作由市级总河长统一领导，市河长制领导小组组织市河长制工作办公室（以下简称市河长办）、市相关部门和单位具体实施。考核内容包括河湖长制建立与运行、任务落实与完成、河长履职与成效、责任部门年度任务完成情况、黑臭水体整治效果等。考核分为开展自评、监测评估、现场考核、结果审定四个程序。
验收制度	《苏州市河长制工作验收办法》		验收对象为各县（市、区），各县（市、区）在完成本级河湖长制建立工作自查，并完成对所辖镇（街道）的河湖长制建立工作验收之后，向市河长制办公室提出验收申请。市级验收工作由市河长制办公室组织，验收组由市领导小组成员单位相关人员组成。市级验收内容主要包括市、县（市、区）河湖长制工作方案制定情况、组织体系建立情况、制度建立情况、各项工作开展情况等。
履职规范	《关于进一步明确各级河长履职标准化流程的通知》		认河：市河长办向市级河长和河道主官提供相应河湖基本概况，市水利（水务）局联络员负责收集各方面信息报市河长办，由市河长办编写河道综合分析报告，河道主官审核后，报请市级河长审定；巡河。市级河长每季度巡查一次，河道主官每月巡查一次，市、县（市、区）河长每月巡查一次，镇级河长每半月巡查一次，村级河长每周巡查一次。治河：市河长办梳理分析汇总市级河长在认河和巡河过程中发现的问题，编写“一河一策”，报请市级河长审定。市河长办建立“河长工作联系单”专题数据库，及时进行交办和督办、查办，每月28日通报河长确定事项落实情况。护河：按照分级管理原则，落实管护主体、责任和经费。

2020年，市河长办为适应新阶段新任务新要求，深入推进河湖治理管护工作高质量发展，促进全域生态美丽河湖建设，结合河长湖长履职尽责工作实际，印发《关于进一步规范各级河长湖长巡河（湖）治河（湖）工作的通知》，具体内容如下：

河长湖长巡河（湖）频次　市级河长湖长每半年应对责任河湖巡查一次，河道主官每半年应巡河两次，县级河长湖长每季度巡河（湖）一次，镇级河长湖长每月巡河（湖）一次，村级河长湖长每月巡河（湖）二次。

市、县（市、区）级河长湖长履职重点任务　市、县（市、区）级河长湖长主要负责落实上级河长湖长部署的工作；对责任河湖进行日常巡查，及时组织问题整改；审定并组织实施责任河湖“生态美丽河湖”方案、“一河（湖）一策”方案，组织开展责任河湖专项治理工作和专项整治行动；协调和督促相关主管部门制定、实施责任河湖管理保护和治理规划，协调解决规划落实中的重大问题；督促制定本级河湖长制组成部门责任清单，推动建立区域间部门间协调联动机制；督促下一级河长湖长及本级相关部门处理和解决责任河湖出现的问题、依法查处相关违法行为，对其履职情况和年度任务完成情况进行督导考核。

镇级、村级河长湖长履职重点任务　镇级河长湖长主要负责落实上级河长湖长交办的工作，落实责任河湖治理和保护的具体任务；对责任河湖进行日常巡查，对巡查发现的问题组织整改；对需要由上一级河长湖长或相关部门解决的问题及时向上一级河长湖长报告。村级河长湖长主要负责在村（居）民中开展河湖保护宣传，组织订立河湖保护的村规民约，对相应河湖进行日常巡查，对发现的涉河湖违法违规行为进行劝阻、制止，能解决的及时解决，不能解决的及时向相关上一级河长湖长或部门报告，配合相关部门现场执法和涉河湖纠纷调查处理（协查）等，具体工作按《关于进一步规范村级河长履职的通知》的要求执行。

二、治理举措

（一）河长巡河

巡河是河长履职的关键一环。通过对河道、河岸、河面开展三位一体巡查，河长需做到“九查看”：河面、河岸保洁是否到位；河底淤塞、岸坡坍塌情况，河道是否有阻水物；河道水体有无异味、异色；是否有新增入河排污口；有排水口水质状况，周边水体颜色、气味情况；是否存在涉水违建、倾倒废土弃渣及其他侵占河道的情况；是否存在破坏水生态环境的行为；交办工作是否落实到位；是否存在其他影响河道水质的情况。同时，河长需对巡河过程中发现的问题及时进行整改落实，对整改是否到位、问题是否反弹、后续管理是否跟上等情况进行再跟进。

2017年，全市全面深化河长制改革工作动员部署会召开后，市级第一总河长、总河长第一时间巡河并提出要求，各级河长相继开展认河巡河，各级河长共计巡河5万余人次，215份“一事一办”工作清单任务全部完成。各级河长充分发挥主导作用，结合河湖巡查、“263”暗访、群众举报，采取专题会、现场会等形式，协调解决问题，推动工作落实。在市政府门户网站设立河湖长制工作专栏，对各级河长巡河治河情况进行常态化报道。

2018年，河湖长体系更加完善，全市353个湖泊实行网格化管理，5123名各级河湖长累计巡河巡湖近20万人次，落实市、县（市、区）、镇、村“一事一办”任务清单1.3万余份，下发问题交办单近300份。

2019年，全市5106名各级河湖长累计巡河巡湖超40万人次，召开工作部署会、督办会4万多次，工作项目化、项目目标化、目标节点化、节点责任化，完成各级“一事一办”工作任务清单2.5万份。

2020年，全市5106名各级河湖长巡河（湖）逾12万次，办结苏州市级河湖长下发的6份工作交办单，在新冠肺炎疫情影响的特殊年份中，确保全市12850份“一事一办”工作清单任务在年底前完成。张家港市、太仓市、吴江区、工业园区、苏州高新区开展无人机航拍巡河，不断完善与提升监测体系；吴中区开展“全员大巡河”专项行动。

表13-13　2017—2020年市级河长巡河情况一览

时间	河长	河道主官	巡河名称	视察地点、工程
2017.4.18	周乃翔	王辉斌	七浦塘	王辉斌视察巴城段、阳澄湖枢纽拓浚工程
2017.11.28				王辉斌视察昆山浩宇建材码头、太仓市明辉企业堤防工程
2018.10.12				王辉斌视察阳澄湖大闸蟹产业园二期建设情况及七浦塘支河蒲扇泾、白米泾疏浚整治工程
2018.12.21				王辉斌视察七浦塘支河上社塘整治情况
2019.4.18	蓝绍敏	俞愉		王辉斌视察七浦塘巴城段岸线整治和绿化情况、巴城水质净化有限公司污水处理情况
2019.8.20				俞愉现场调研七丫口生态湿地沿江环境，视察七浦塘支河石头塘整治情况
2019.11.20				蓝绍敏、俞愉巡查调研阳澄湖中西湖连通工程现场
2017.5.3	李亚平	张旗	望虞河	李亚平、张旗巡查调研琳桥港、永昌泾船闸现场、鹅真荡网围养殖现场、嘉菱荡（九里河）、锡北运河、张墓荡闸现场
2017.11.2				李亚平、张旗巡查调研虞北货场码头现场
2018.9.29				李亚平、张旗巡查调研漕湖街道“散乱污”企业整治现场，及丰泾河泵闸现场
2018.12.19				李亚平、张旗巡查西控工程相城段、龙墩大桥、东胜大桥现场
2019.4.3				李亚平、张旗视察未来水产养殖场、义虞桥两侧码头、三亚路口北侧码头整治情况
2019.8.7				李亚平、张旗视察漕湖养殖场占用漕湖岸线及水域整治情况及吉桥村钢膜厂、天油化工整治情况
2019.8.28				李亚平、张旗视察未来水产养殖场、天油化工整治情况
2020.3.31		张旗、沈志栋		李亚平视察相城区北桥镇“两违”整治情况，和常福街道小义村望虞河支流中泾河道整治工程，巡查海虞镇河口村生态美丽河湖现场
2020.7.28				李亚平视察相城区沙墩港桥国考断面、国省考断面整治、蓝藻拦截情况，现场巡查常熟市虞山街道澳水村鲍鱼滩生态美丽河湖建设情况
2020.8.31				李亚平现场巡查龙墩塘区域（耿泾塘—罗卜泾—龙墩塘区域）生态美丽河湖建设情况
2017.4.25	朱民	祁立春	阳澄湖	朱民、祁立春巡查调研阳澄湖综合整治项目黄埭西版片区浒东运河治理工程、入湖河道林巷治理工程，乘船巡查水环境治理情况
2017.7.12				朱民、祁立春乘船调研昆承湖水质，乘船查看阳澄中湖、东湖水质
2018.3.21				朱民、祁立春视察阳澄湖生态休闲公园岸线整治现场、阳澄湖湿地公园、阳澄湖周家浜中西湖连通工程、相城区太平街道沈家桥村村级工业园区整治现场
2018.4.25				祁立春视察阳澄湖对堂村沙场吊机码头整治现场、澄阳污水处理厂尾水提标改造项目、常熟辛庄镇欣华医药助剂厂整治现场、常熟辛庄镇范巷纺织助剂厂整治现场

续表

时间	河长	河道主官	巡河名称	视察地点、工程
2018.8.24	朱民	祁立春	阳澄湖	祁立春巡查调研阳澄湖相城区段七浦塘与阳澄湖交界口、昆山巴城镇阳澄湖支流黄泥田河、阳澄湖工业园区陆泾河入湖口
2018.10.31				朱民、祁立春开展苏沪省交界地区水葫芦防控及农村生活污水治理情况调研
2018.11.16				朱民、祁立春视察相城区太平街道葫芦港生态驳岸绿化及生活污水接管工程、阳澄湖生态旅游度假区洋沟娄村中西湖连通村级河道洋沟娄村港、阳澄湖中西湖连通（二标）工程
2019.4.9				朱民、祁立春调研苏州工业园区陆泾河张泾民营区整治现场、阳澄湖中西湖连通工程、相城区官泾港围网整治现场、相城区太平街道旺巷村违建整治现场
2019.5.7				祁立春调研阳澄湖度假区莲花村南湖滩码头整治现场、调研阳澄湖度假区莲花村西舍占河违搭整治现场、调研昆山市巴城镇C464附近蟹仙楼
2019.5.24				朱民、祁立春现场查看阳澄湖昆山市巴城镇春秋水城非法侵占水域、阳澄湖巴城镇武神潭村水产养殖尾水直排（蟹知秋湖鲜馆附近）、阳澄湖生态建设工程、阳澄湖度假区莲花村西舍占河违搭整治
2019.8.15				朱民、祁立春乘船巡查阳澄湖生态修复工程，现场查看阳澄湖综合整治工程——治长泾、渭泾塘整治工程
2019.11.14				朱民、祁立春巡查阳澄湖旅游度假区环境整治工作（澄林路黄金水岸农家乐餐饮污水整治现场、莲花岛莲花村南北岸自然村、相城区国家现代农业示范区）
2020.4.2				朱民、祁立春巡查阳澄湖支河（常熟与相城区交界）
2020.6.12				朱民、祁立春巡查调研相城区阳澄湖生态修复工程、苏州工业园区阳澄湖饮用水水源地
2020.9.4				朱民、祁立春巡查调研相城区阳澄湖度假区野家淡、西塘港和昆山市巴城镇阳澄湖支河黄泥田河整治工作，巡查调研昆山市巴城琨澄水质净化有限公司
2020.12.10				朱民、祁立春巡查调研苏州工业园区阳澄湖水源地周边、外塘河口水葫芦打捞情况、相城区盛泽荡“两违”整治工作。
2017.6.2	陆新	潘国强	白蚬湖	陆新、潘国强实地调研白蚬湖现场
2018.3.21		潘国强、孙建江		陆新、潘国强现场调研苏州天山水泥有限公司码头整治情况
2018.3.29				陆新、潘国强巡查白蚬湖绿化工程实施、农村生活污水治理情况
2019.3.28		孙建江		陆新、孙建江坐船巡查白蚬湖现场
2019.5.28				陆新、孙建江巡查白蚬湖现场
2020.4.29				陆新、孙建江查看南中心河清淤、昆山周庄地笼拆除点整治情况
2017.6.2		潘国强	黄泥兜	陆新、潘国强实地调研黄泥兜现场
2018.3.21		潘国强、孙建江		陆新、潘国强现场调研吴江开发区弯里村农村生活污水治理情况，查看吴江开发区合心村东岸堤防加固情况
2018.3.29				陆新、潘国强视察吴江开发区弯里村生活污水治理情况、水东浜沿岸整治情况

续表

时间	河长	河道主官	巡河名称	视察地点、工程
2019.3.28	陆新	孙建江	黄泥兜	陆新、孙建江巡查瑶盛村木结构房屋“两违”整治情况
2020.4.9				陆新、孙建江现场视察吴江同里池塘标准化改造项目情况
2018.9.19	王翔	沈志栋	长江	王翔、沈志栋现场查看老七浦塘沿线生态修复情况、江苏保洁有限公司关于职业病防治情况、港区组团污水处理厂“一厂一管”监控中心情况、S80港区出口情况以及中德三期项目安全生产管理情况
2019.3.13				王翔、沈志栋视察苏通大桥南岸交通码头情况、第二渔船厂过堤滑道防汛闸孔情况、望虞河口趸船浮码头工程进度
2019.7.5				王翔、沈志栋视察华能港务码头港口堆场扬尘污染控制情况、沿江植树造林实施情况、宝连生物肥料有限公司“两违”整治情况
2020.8.13		沈志栋、徐华东		王翔、沈志栋开展水上交通安全生产检查，调研江苏张皋汽渡有限公司和张家港孚宝仓储有限公司生产情况
2017.5.11	王翔	沈志栋	太浦河	王翔、沈志栋现场查看太浦河入太湖口地段、太浦河枢纽、太浦河平望大桥、太浦河汾湖段情况
2017.11.15				王翔、沈志栋现场查看元盛铸造厂、玉绫制造公司顺发船舶码头、吴江公兴混凝土公司、精细化工厂情况
2018.3.12				王翔巡河苏南运河、太浦河
2018.3.28				王翔巡河太湖
2018.6.27				王翔巡河太浦河、江南运河、北麻漾
2018.9.4				王翔巡河太浦河
2019.9.5				王翔、沈志栋查看华莺村违建现场及北厍钢铁造船厂违章现场
2019.12.28				王翔、沈志栋视察横扇蔬菜厂“两违”整治情况
2019.3.21				王翔、沈志栋现场巡查东太湖度假区，查看北厍钢铁造船厂违建现场情况，现场调研同里镇能源小镇情况、烟花仓库“四乱”整治现场情况、敞乱污整治情况，现场查看汾湖湾堤防加固加高工程
2019.8.28				李亚平、张旗视察未来水产养殖场、天油化工整治情况
2020.3.30		沈志栋、徐华东		王翔巡河太浦河
2020.6.23				王翔巡河太浦河
2020.9.9				王翔视察太浦河（太湖新城段）两岸绿化景观提升工程项目现场
2019.2.15	黄爱军	谢强	平江河	黄爱军调研平江河沿河环境
2019.3.6				黄爱军视察平江河河道保洁、沿河违建整治情况
2019.5.22				黄爱军巡查平江河水环境、平江河支河中张家巷河恢复工程现场
2020.4.10				黄爱军视察平江河河道管护情况、平江片区调水、活水情况
2020.11.19				黄爱军调研平江河水质、水环境保护情况
2019.2.15			山塘河	黄爱军调研山塘河沿河环境
2019.3.6				黄爱军视察山塘河水环境
2019.5.22				黄爱军沿河巡查山塘河河道保洁、沿河违建整治情况
2020.4.10				黄爱军视察山塘河河道管护情况，落实河湖长制工作要求
2020.11.19				黄爱军巡查山塘河水质情况
2018.7.11	吴庆文	张伟华	金鸡湖	吴庆文调研金鸡湖治河工作

续表

时间	河长	河道主官	巡河名称	视察地点、工程
2018.8.22	吴庆文	张伟华	金鸡湖	吴庆文调研娄江—浏河、外塘河、独墅湖、金鸡湖，实地检查园区河湖水质情况，详细了解金鸡湖及周边区域水环境综合治理项目推进情况
2018.9.13				吴庆文实地调研金鸡湖水质情况
2019.5.29				吴庆文、张伟华现场调研风之园55号河口处金鸡湖水环境
2019.6.19				吴庆文、张伟华实地调研凤凰泾套闸现场、金鸡湖隧道工地现场、金鸡湖防汛及蓝藻防控现场情况
2020.6.19				吴庆文带队巡查金鸡湖
2020.7.13				吴庆文率队赴轨道6号线施工现场、金鸡湖隧道湖东段区域检查防汛工作
2020.9.3				吴庆文率队，以“四不两直”方式到湖东、斜塘、湖西等地及金鸡湖、独墅湖、娄江—浏河、外塘河等河湖，督查文明城市创建各项工作
2017.11.21	徐惠民	傅泉福	金鸡湖	徐惠民、傅泉福现场调研金鸡湖及周边水环境
2017.5.11			娄江—浏河	徐惠民、傅泉福巡查外塘河枢纽、新城大桥段、向东桥段
2017.12.20				徐惠民、傅泉福巡查太仓段、昆山段
2018.4.3	徐惠民、吴庆文			徐惠民、傅泉福查看园区段水环境整治情况、十五甸码头综合整治情况、浏河塘沿线码头整治情况
2018.7.11				吴庆文、傅泉福查看高新区码头整治情况、娄江周市整治情况及沙石码头、滨河公园整治情况
2019.3.12	吴庆文	傅泉福、张伟华		吴庆文、傅泉福查看巴城镇师姑泾治理情况、巴城镇震川西路码头整治现场、蓬朗工业污水处理厂整治现场
2019.6.21				吴庆文、张伟华视察外跨塘断面情况、朱家村断面情况、正仪铁路桥断面情况、振东渡口断面情况、娄江河闸断面情况
2020.6.19		张伟华、陆增根		吴庆文带队巡查娄江—浏河
2020.9.3				吴庆文率队，以“四不两直”方式赴湖东、斜塘、湖西等地及金鸡湖、独墅湖、娄江—浏河、外塘河等河湖，督查文明城市创建各项工作
2017.5.11	徐惠民	傅泉福	外塘河	徐惠民、傅泉福巡查外塘河枢纽
2018.7.11	徐惠民、吴庆文			吴庆文调研外塘河治河工作
2018.9.13				吴庆文实地调研外塘河水质情况
2019.5.29	吴庆文	傅泉福、张伟华		吴庆文实地调研外塘河区域水环境治理情况
2020.6.19		张伟华、陆增根		吴庆文带队巡查外塘河
2020.9.3				吴庆文率队，以“四不两直”方式到湖东、斜塘、湖西等地及金鸡湖、独墅湖、娄江—浏河、外塘河等河湖，督查文明城市创建各项工作
2017.5.10	俞杏楠	缪文学	澄湖	俞杏楠、缪文学巡查石湖全线
2018.2.27		缪文学、俞愉		俞杏楠、缪文学查看肖甸湖北大坝生态护岸工程
2018.3.13				俞杏楠、缪文学查看肖甸湖北大坝生态护岸工程
2018.8.2				俞杏楠、缪文学查看木梳湾堤防工程

续表

时间	河长	河道主官	巡河名称	视察地点、工程
2019.6.12	俞杏楠	俞愉、黄涧秋	澄湖	俞杏楠、黄涧秋巡查肖甸湖排泥场、水产养殖场水上加油站、巡查澄湖养心园违建、水产养殖场看护棚
2020.4.3		黄涧秋		俞杏楠、黄涧秋调研澄湖环湖大道金波路北侧渔业养殖看护棚及周边环境问题
2017.5.10	俞杏楠	缪文学	石湖	俞杏楠、缪文学巡查石湖全线
2018.2.27		缪文学、俞愉		俞杏楠、缪文学查看石湖高新区“吴越春秋”整治现场
2018.3.13				俞杏楠、缪文学查看石湖高新区“吴越春秋”整治现场
2018.8.2				俞杏楠、缪文学查看石湖景区黑臭水体治理现场
2019.5.14		俞愉、黄涧秋		俞杏楠、黄涧秋巡查小爱茶吧违建、苏州经贸学院填埋河段
2017.5.2	姚林荣	钱斌	万千湖	姚林荣、钱斌巡查万千湖
2017.6.9				姚林荣、钱斌巡查万千湖昆山市、吴中区沿湖情况
2018.4.13		钱斌、俞愉		姚林荣、钱斌巡查长云村抛石护岸工程
2018.7.12				姚林荣、钱斌抽查万千湖治理现场
2018.8.2				姚林荣、钱斌查看生态园、凌塘自然村污水治理、支河疏浚
2018.10.30				俞杏楠、俞愉查看凌塘村污水处理、大洋泾港桥湖面保洁
2019.5.14	俞杏楠	俞愉、黄涧秋		俞杏楠、黄涧秋巡查长云村钓鱼场围网
2020.4.3		黄涧秋		俞杏楠、黄涧秋查看垂钓“两违”整治现场
2017.5.10	吴晓东	—	元和塘	吴晓东、汪香元现场巡河
2017.11.14		—		吴晓东、汪香元巡查相城区渭塘段
2018.4.28		钱斌		吴晓东、汪香元巡查河道全线
2018.7.6				吴晓东、汪香元巡查沈滨村
2018.7.18	吴晓东、姚林荣			吴晓东、汪香元巡查驰马塘
2018.7.6				吴晓东、汪香元巡查凤凰泾大桥
2018.9.18				姚林荣、钱斌查看瞿家湾综合整治工程、项泾码头、人民桥沿线污水治理、凤凰泾大桥入河排污口整治
2018.10.23				姚林荣、钱斌巡查吴塔桥、元和塘312段北侧派安混凝土码头、巡查苏站路齐门外北大街路口
2019.2.25	姚林荣	钱斌、邢鹏		姚林荣、钱斌巡查锦弘印染有限公司、巡查人民桥以北段综合整治、巡查姑苏区段违章建筑整治
2019.7.22				姚林荣、钱斌查看齐门北大街“两违”整治情况、查看齐门北大街维科特型材现场、巡查王云废旧物资回收站
2019.12.5				姚林荣、钱斌查看维科特型材整治，范巷电镀厂、沙粉厂“两违”整治情况、顾泾河清淤工程、312国道北侧银龙管桩“散乱污”整治、违建拆除
2019.12.26				姚林荣、钱斌查看范巷电镀厂、沙粉厂“两违”整治情况，元和塘以东、太东路北侧新建驳岸，维科特型材整治情况，312国道北侧银龙管桩“散乱污”整治情况、违建拆除
2020.3.30		邢鹏		姚林荣、钱斌查看312国道北侧银龙管桩“散乱污”整治情况、违建拆除，齐门北大街维科特型材督办

续表

时间	河长	河道主官	巡河名称	视察地点、工程
2017.5.28	徐美健	马九根	游湖	徐美健、马九根查看西门渔网鱼簖清理、安山自然村生活污水收集处理、游湖口渔网鱼簖清理和水环境、污水提升泵站现场
2017.7.4				徐美健、马九根巡查河道全线
2018.11.23		马九根、缪文学		徐美健、缪文学巡查河道全线
2019.5.13		缪文学		徐美健、缪文学参加前西峰浜清淤整治现场推进会
2020.5.28				徐美健、缪文学视察闸站和堤防建成情况、检查高新区吴中区交界游湖口水环境现场
2017.5.23	金洁	韩卫	斜港—屯浦塘—急水港—镬底潭	金洁、韩卫现场巡河
2017.11.27				金洁、韩卫现场巡河
2018.3.9		韩卫、高平		金洁、韩卫巡查斜港高垫大桥沿线码头整治、屯满塘—爱富希新型建材有限公司码头
2019.3.13		高平		金洁、高平查看北联村池塘标准化改造、屯浦大桥预制板拆除
2019.12.19				金洁、高平查看急水港地笼网清除现场、查看独墅湖社区“两违”整治现场
2020.4.20				金洁、高平巡查吴中水上服务区全线
2017.5.23		韩卫	元荡	金洁、韩卫现场巡河
2017.11.27				金洁、韩卫现场巡河
2018.3.9		韩卫、高平		金洁、韩卫查看陈家湾自然村农村生活污水管网建设
2019.3.13		高平		金洁、高平查看东联村水美乡村建设
2019.12.19				金洁、高平查看元荡码头“两违”整治现场
2020.12.18				金洁召开元荡巡河工作会议，交流元荡及苏申外港线年度工作进展情况、存在问题等
2017.6.1	王少东	肖芃	杨林塘	王少东、肖芃巡查陆杨镇区段、杨林船闸
2017.8.1				王少东、肖芃查看三千湾桥未拆迁现场、杨林塘桥水环境现场、石家浜站堤防绿化工程和超英桥非法垦种现场、陆杨公路桥堤防未达标段和未拆迁段现场
2017.9.5				王少东、肖芃巡查杨林船闸上游至岳王水上执法大队
2017.11.22				王少东、肖芃巡查太仓水上服务区至岳王水上执法大队
2017.12.26				王少东、肖芃查看陆杨公路桥段和超英桥段整治现场
2018.1.18				王少东、肖芃查看新湖养殖小区养殖污染整改现场、洪双楼黑臭水体整治
2018.3.26				王少东、肖芃看农村生活污水治理现场、美陆佳园桂苑雨污分流改造现场
2018.5.18				王少东、肖芃查看杨林塘支河—直挺河综合治理现场、农村面源污染治理现场
2018.6.27				王少东、肖芃查看新太酒精有限公司节水型企业创建、市北村生态护岸
2018.7.25				王少东、肖芃查看双凤砖瓦厂拆除、巡查万丰村人工生态湿地、北孝仁塘黑臭水体整治、知心花园控源截污工程

续表

时间	河长	河道主官	巡河名称	视察地点、工程
2018.8.21	王少东	肖芃	杨林塘	王少东、肖芃巡查双湖路生活污水管网建设周市段杨林塘堤防工程
2018.9.26				王少东、肖芃巡查浮桥牌楼社区码头堆场整治
2018.11.22				王少东、肖芃查看新江村生态护岸建设、巡查路桥工程有限公司码头整治
2019.2.26				王少东、肖芃查看杨林塘航道生态修复二期、天龙排涝站翻建
2019.4.2				王少东、肖芃查看三千湾桥拆迁 王少东、肖芃查看岳王唐扣明媒码头拆迁
2019.5.24				王少东、肖芃查看海峰电镀有限公司排污口
2017.5.4	蒋来清	江皓	十一圩港	蒋来清、江皓巡查十一圩港全线
2017.10.25				蒋来清、江皓巡查张家港市沙钢集团中水回用工程
2018.1.31				蒋来清、江皓巡查张家港沙钢集团中水回用工程、张家港市港丰公路桥北西侧绿化工程、张家港市永兴热电厂码头提升工程
2018.3.28				蒋来清、江皓巡查张家港市洪发建材黄砂码头
2018.7.24				蒋来清、江皓查看张家港市杨舍镇东福路段码头岸线整治
2018.8.24				蒋来清、江皓巡查十一圩港全线
2018.10.9				蒋来清、江皓巡查十一圩港全线
2019.3.27		张剑		蒋来清、张剑查看张家港市港口综合执法基地长江采砂管理情况
2019.7.4				蒋来清、张剑巡查张家港市锦丰镇佳宇机械公司调研违建现场、张家港市凤凰镇安庆村粮管所调研违规现场
2020.1.19				蒋来清、张剑巡查张家港市栏杆桥附近“两违”整治现场
2020.3.26				蒋来清、张剑巡查张家港市安庆村兵营房“两违”整治现场
2020.6.1				蒋来清、张剑查看锦丰镇锦江大桥市级河道驳岸修复、巡查西闸口村徐军平房“两违”整治现场、杨舍镇黎明中心河生态美丽河湖建设、检查锦丰镇十一圩港闸入江断面水质
2017.8.11		江皓	走马塘	蒋来清、江皓参加张家港市巡河座谈会
2017.10.25				蒋来清、江皓巡查常熟市福山段堤坡冲刷问题点、张家港市东沙堤防加固
2018.3.28				蒋来清、江皓巡查常熟市海虞镇南岸常青河闸东侧新材料产业园污水处理有限公司
2018.7.12				蒋来清、江皓巡查走马塘全线
2018.7.24				蒋来清、江皓查看张家港市塘桥污水处理厂走马塘排污口、张家港市富淼科技股份有限公司走马塘排污口
2018.12.25				蒋来清、江皓巡查常熟市常青河闸东闸
2019.11.28		张剑		蒋来清、张剑现场调研常熟市尚湖镇王家塘美丽乡村、现场调研常熟市尚湖镇金塔金属制品有限公司
2020.1.19				蒋来清、张剑现场查看常熟市尚湖镇福寿村内河整治
2017.6.2	王翔	—	太湖	王翔全面完成对区内11条由苏州市级领导担任河长的河湖的认河及首轮巡河工作
2018.9.18	王翔、陆春云	卢渊		陆春云、卢渊查看迎湖村生活污水及违章整治、金墅历史圩区整治、杵山生态园整治、小横山社区养殖整治、堂里村住家船整治

续表

时间	河长	河道主官	巡河名称	视察地点、工程
2018.12.3	王翔、陆春云	卢渊	太湖	陆春云、卢渊查看菱湖渚游艇码头及酒店侵占湖面及违建、庙港水源地违建拆除
2019.2.21	陆春云			陆春云、卢渊查看太湖新城亭子港渔船整治、叶家港村大咸港污水治理、浦江源太湖蟹养殖地尾水治理工程
2019.8.15				陆春云、卢渊查看太湖一号房车营地、尾水治理工程“两违”整治情况、太湖生态渔村“两违”整治情况
2020.7.14		卢渊、蒋华		蓝绍敏、俞杏楠、蒋来清、陆春云、俞愉、张剑、蒋华调研越溪桥吴山街与滨溪路交叉口东侧国考断面情况、京杭运河轻化仓库省考断面情况
2018.9.21	王翔、陆春云	卢渊	淀山湖	陆春云、卢渊查看真爱码头岸线现场、千灯浦水葫芦防控现场、防洪管理处码头并乘船巡湖、小千灯闸入湖支流整治现场
2019.5.8	陆春云			陆春云、卢渊查看千灯浦桥千灯浦断口
2020.5.16		卢渊、蒋华		周旭东率领相关部门负责人赴淀山湖开展巡河工作
2017.5.10	吴晓东	汪香元	张家港河	吴晓东、汪香元检查常熟段河道情况
2017.11.14				吴晓东、汪香元巡查走马塘张家港枢纽至河甸桥段、城湖入口蟹市场上岸工作现场
2018.8.9				吴晓东、汪香元现场调研马路渡口桥码头整治情况、东南工业小区综合整治情况、水美乡村创建工作情况、阳澄湖大闸蟹产业园
2018.10.15				江海、徐业洲现场调研香山河整治工程、新南沙大桥码头环境提升情况
2019.5.29	江海	顾建明		江海、徐业洲检查新湖村“两违”整治情况
2019.8.29				江海、徐业洲检查黄泗浦桥“两违”专项整治现场
2020.3.26				江海、徐业洲现场调研兵营房区域拆迁情况及中新莺山桃花源、风邦科技抱团情况
2020.9.2				江海、徐业洲现场调研中新莺山桃花源
2017.5.10	吴晓东	汪香元	盐铁塘	吴晓东、汪香元巡查盐铁塘太仓段河道情况
2017.11.14				吴晓东、汪香元巡查盐铁塘赵市油脂化工码头
2017.7.19	王翔		江南运河	王翔、沈志栋巡查姚家浜运河堤防应急施工现场、京杭运河省考断面情况
2017.11.24				王翔、沈志栋巡查吴江段沿线码头、企业、堤防情况，召开工作部署会议
2018.3.12	王翔、吴晓东	张伟		王翔、沈志栋查看码头整治经维新型建材公司现场，召开工作部署会议
2018.4.25				王翔、沈志栋现场调研、指导黄花泾口驳岸整治、支流河道清淤
2018.9.30				吴晓东、张伟巡视指导寒山桥北环境整治现场、永利广场外侧省考断面情况、晋源桥下侧空间侵占整治现场、瓜泾口北省考断面情况、三里桥现场
2018.12.3				吴晓东、张伟巡视万心桥淤泥堆场、华佳丝绸公司污水治理、支河雄湾上港排污、违建整治现场，同时召开河长会议、讨论总结运河治理工作

续表

时间	河长	河道主官	巡河名称	视察地点、工程
2019.5.10	吴晓东	张伟	江南运河	吴晓东、张伟巡视松陵镇城建综合码头、联丰天龙红木片区“散乱污”企业整治情况、盛泽镇八线路段企业生活污水治理
2020.3.31		张伟、张炎		吴晓东、张炎查看江陵街道吴江商贸装卸码头“两违”整治现场、平望镇明广码头（运浦生态休闲廊道建设）、平望镇汪南运河加高加固工程、平望古镇
2017.5.22	盛蕾	高平	澜溪塘	盛蕾、高平调研桃源镇思古村、南三环大桥，部署四桥、万心大桥现场
2017.11.2				盛蕾、高平部署吴江段沿岸“三水同治”“两高一低”行业整治现场
2018.9.19	盛蕾、金洁			盛蕾、高平召开生活污水治理会议、落实工作任务，同日召开吴江盛虹集团码头整治、盛泽丝绸公园整治会议，落实工作任务
2018.12.3				金洁、高平巡查澜溪塘河段沿岸
2019.5.10	金洁、吴晓东	高平、张伟		金洁、高平召开沿岸企业生活污水治理和“散乱污”企业整治座谈会部署工作
2017.6.28	曹后灵	马九根	西塘河	曹后灵、马九根视察应急水源地取水泵房，黄花泾闸、琳桥闸
2017.11.16				曹后灵、马九根召开西塘河河湖长制工作会议，落实河湖长制工作、递交“一事一办”工作清单
2018.4.17				曹后灵、马九根巡查水利工程管理处西塘河管理所
2018.9.6				曹后灵、马九根巡查陆新塘工业园区整治进度及许家湾农村生活污水生态治理工程
2019.5.9				曹后灵、马九根巡查董巷郎水美乡村建设及中环北线路口“两违”整治情况
2020.4.2				曹后灵、马九根查看高新区九图村水美乡村建设现场
2017.11.16			春申湖	曹后灵、马九根巡查水利工程管理处西塘河管理所、大庄村临河违建整治情况、琳桥港“散乱污”企业
2018.4.17				
2018.9.6				曹后灵、马九根巡查琳桥港“散乱污”企业、巡查不达标堤防整治，召开座谈会
2019.5.9				曹后灵、马九根巡查金家浜水体污染治理，召开座谈会
2020.4.2				曹后灵、马九根查看苏地2013—G—95号地块“两违”整改现场
2017.6.2	吴庆文	卢渊	锡北运河	吴庆文、卢渊认河
2017.8.11				吴庆文、卢渊认河
2017.10.11				吴庆文、卢渊水上巡查中创污水处理厂
2018.10.13	吴庆文、杨知评	卢渊、韩卫		杨知评、韩卫视察沿线企业污水接管情况中创污水处理厂改造现场
2019.8.30	杨知评	韩卫		杨知评现场踏勘支塘镇何北村农村生活污水收治情况
2020.4.14		韩卫、陈春明		杨知评、韩卫视察尚湖镇袁巷浜生态美丽河湖建设
2017.6.2	吴庆文	卢渊	白茆塘	吴庆文、卢渊认河
2017.8.11				吴庆文、卢渊认河
2017.10.11				吴庆文、卢渊巡查白茆塘沿线高新区朱泾货场

续表

时间	河长	河道主官	巡河名称	视察地点、工程
2018.3.9	吴庆文、杨知评	卢渊、韩卫	白茆塘	吴庆文、卢渊视察碧溪新区江枫桥省考断面整治情况
2018.10.13				杨知评、韩卫视察畜禽整治现场
2019.1.8	杨知评	韩卫		杨知评、韩卫视察小康村水生态亲水公园、北渡桥组村庄生活污水治理情况、碧溪新区江峰建材码头整治和省考断面水质
2019.5.11				杨知评、韩卫视察琴川街道白茆塘整治现场
2019.8.30				杨知评、韩卫视察何北村生活污水收治工程
2019.11.22				杨知评现场踏勘古里镇强盛功能化学、福兴织染公司工业排口
2020.4.14		韩卫、陈春明		杨知评、韩卫视察白茆塘流域支塘镇何北村河道（沙沟河、董家浜）整治工程建设情况、白茆塘支河支塘镇湖漕塘生态美丽河湖建设情况
2017.6.2	吴庆文	卢渊	常浒河	吴庆文、卢渊认河
2017.8.11				吴庆文、卢渊认河
2017.10.11				吴庆文、卢渊视察三环路外亲水性景观带
2018.1.10	吴庆文、杨知评	卢渊、韩卫		吴庆文、卢渊全线巡河
2018.3.9				吴庆文、卢渊视察梅李镇蒋伟军沙场码头整改情况、常浒河建材经营部“两违”整治现场
2018.10.13				杨知评、韩卫视察泰安街商铺生活污水整治情况
2019.1.8	杨知评	韩卫		杨知评、韩卫视察常浒河枢纽
2019.5.11				杨知评、韩卫视察古里镇常浒河工厂“两违”整治现场、常浒河建材经营部“两违”整治现场
2020.8.19		韩卫、陈春明		杨知评、韩卫查看琴川城市公园六八塘生态美丽河湖建设情况、白茆塘支河肖泾河现场
2017.7.13	黄爱军	—	吴淞江	黄爱军、俞愉巡查车坊大桥、胜浦大桥、古城南路大桥、东城大道大桥、录溪大桥
2017.10.23				黄爱军、俞愉视察录溪大桥住家船整改情况、胜浦大桥南侧、第二污水处理厂
2018.4.27				黄爱军、俞愉视察赵屯国考断面情况
2018.5.24				黄爱军、俞愉视察杨岸河河道断面整治情况、支流道褐浦、石浦市河沿街截流情况
2018.8.14				黄爱军、俞愉巡查陆家镇粮库浜
2018.12.11				黄爱军、俞愉视察胜浦大桥污水处理厂、甪直镇污水处理厂、瓜泾口污水处理厂
2019.5.30	黄爱军、王飏	朱江		王飏、朱江视察甪直塘、二十三亩港治理现场情况
2019.8.14				王飏、朱江视察张浦镇民房“两违”整治情况、中盐昆山有限公司污水收集处理情况及吴淞建材码头供应情况
2019.12.10				王飏、朱江视察陆家污水处理厂情况，巡查扩建工程现场
2020.4.3	王飏	朱江、吴琦		王飏、朱江查看胜浦大桥东房屋现场、苏州燃料有限公司现场及吴中区华丰石油加油站现场
2020.6.16				王飏、朱江查看东尤泾生态美丽河湖建设现场、昆山市吴淞江活水引清工程现场

续表

时间	河长	河道主官	巡河名称	视察地点、工程
2020.9.27	王飏	朱江、吴琦	吴淞江	王飏、朱江查看瓜泾口闸省考断面情况、调研夹浦桥海事所吴淞江拓宽工程
2017.5.2	黄爱军	—	青阳港	黄爱军、俞愉现场巡河
2017.6.19				黄爱军、俞愉现场巡河
2018.4.13				黄爱军、俞愉视察同丰路桥西段
2018.8.1				黄爱军、俞愉视察庆丰大桥
2018.12.11				黄爱军、俞愉视察昆山312国道及青阳港大桥
2019.5.30	黄爱军、王飏	朱江		王飏、朱江视察支流里黄河治理现场情况
2019.12.10				王飏、朱江现场查看航道整治工程前进路桥段
2020.5.14	王飏	朱江、吴琦		周继春乘船巡查青阳港、吴淞江
2017.5.27	程华国	曹萍	頔塘	程华国、曹萍巡查明港大桥、文昌阁震泽污水处理厂、长湖申线桥、平望污水处理厂
2017.10.23				程华国、曹萍巡查吴江区頔塘河，召开座谈会
2018.3.28				程华国、曹萍巡查江苏恒宇化纤集团巡查企业排污提标整治工程、望高科码头垃圾及污水收集转运情况
2018.8.21				程华国、曹萍巡查堰月桥任务清单落实情况、老外贸站“散乱污”整治情况
2018.8.27				程华国、曹萍现场调研吴江区顿塘河
2019.5.21				程华国、曹萍巡河頔塘
2020.4.24	程华国、王竹鸣	曹萍、周春		王竹鸣、周春巡查新运河通运西路登船全线
2020.12.9				王竹鸣、周春查看平望镇何文龙码头—河湖“四乱”整治现场、頔塘支河市河历史水街建设情况

（二）一河一策

2017年，按照“科学、规范、可行、有效”的原则，编制“一河一策”（2017—2020）行动计划，列出问题清单、任务清单、责任清单和“一事一办”工作清单，明确河湖治理路线图与时间表。苏州市一河一策覆盖河湖包括七浦塘、望虞河、阳澄湖、白蚬湖、黄泥兜、太浦河（含汾河）、苏南运河、独墅湖、娄江、外塘河、吴淞江、锡北运河、白茆塘、常浒河、澜溪塘、澄湖、石湖、淀山湖、万千湖、青阳港、杨林塘、游湖、十一圩港、走马塘、元荡、斜港、张家港、元和塘、盐铁塘、西塘河、春申湖、頔塘。

2017年12月11日，市政府召开全市河长制工作推进会，市政府主要领导对市全面转入治河阶段进行全面动员部署。2017年度215份“一事一办”工作清单任务全部完成，县级“一河一策”全部编制完成。

2018年，全市共完成34条市重点河湖、302条县重点河湖、1744条镇级、3017片村级一河一策编制，明确治理行动计划。一事一办，细化治河护河任务。全市2018年共落实一事一办任务清单市级450份、县级3136份、镇级9638份。

（三）“两违”整治

2017年，开展长江沿线环境大整治，集中清除违法违规小散乱码头7座、违章停泊船只70余条，各类违章搭建、乱堆放以及随意垦种20余处，常态化开展打击长江非法采砂行动，抓获非法采砂船14条，3名非法采砂人员被行政拘留。强化河湖综合执法行动，建立由水利部门牵头（航道由交通、水利部门共同牵头），统筹国土、规划、交通、环保、农委等各部门行政执法职能的综合执法机制，全年立案查处环境违法行为1905件，处罚金额1.48亿元。

2019年，根据省委、省政府《关于在全省开展河湖违法圈圩和违法建设专项整治工作的通知》和市委、市政府《关于在全市开展河湖违法圈圩和违法建设专项整治行动的通知》，制定《苏州市河湖违法圈圩和违法建设市级专项整治行动实施方案》。整治范围为全市所有由省、市、县（市、区）、镇、村领导担任河湖长的河湖，其中93条省骨干名录河道、94座省保护名录湖泊列入市级专项整治范围。扎实推进长江岸线利用项目清理整治、河湖"两违三乱"专项整治等重点任务。全市"两违"项目1369个，年度任务完成率97%，恢复水域面积2000亩，45个省级"三乱"项目中41个通过省级验收销号。

2020年，为有序推进市级"两违三乱"销号及剩余项目整治，市河长办印发《市级"两违"项目验收销号管理办法》。截至2020年底，1369个市级"两违"问题，已完成1363个，整改率99.6%，45个省级"三乱"、3064个市级"三乱"问题全部完成整治。

（四）水岸同治

2018年，围绕打好水污染攻坚战，全面治理长江、太湖、阳澄湖沿线支流，岸线1000米范围内所有支流两岸500米范围内的农村生活污水全覆盖，规模化养殖场全部关停，企业生活污水全收集，码头船舶污染全治理，"两违三乱"全整治，污水排放全提标。完成长江、太湖、阳澄湖支流高质量水岸同治污染攻坚战实施方案；召开阳澄湖第一次湖泊联席会议，对阳澄湖支流整治工作进行布置，长江支流整治任务纳入全市长江环境大整治环保大提升百日攻坚行动。

2019年，坚决落实打好污染防治攻坚战，实施高质量推进城乡生活污水治理三年行动计划，全面推进长江、太湖、阳澄湖、七浦塘、望虞河高质量水岸同治攻坚行动，长江入江支流水质达到Ⅲ类，张家港市每年投入10多亿元用于长江生态保护修复，打造美丽长江最后一湾。

2020年，高质量推进五大水岸同治攻坚行动。高质量推进长江、太湖、阳澄湖、七浦塘、望虞河及支流水岸同治攻坚行动，系统治理418条通江达湖支流，沿线农村生活污水、养殖场（户）、企业生活污水、码头船舶污染、"两违三乱"问题整治工作基本完成；沿线36座污水厂按计划推进尾水提标改造，基本实现"长江干流苏州段水质保持稳定、42条主要通江支流年度水质均值达Ⅲ类"的目标，长江苏州段高标准建设沿江生态廊道领先全省。

（五）生态美丽河湖

苏州河湖长制工作的总基调是高质量推进生态美丽河湖建设，主要任务就是突出控源截污、高强度推进水污染防治，突出节水减排、高标准推进水资源保护，突出整违治乱、高效率推进水空间管控，突出消劣除黑、高水平推进水环境治理，突出修生养息、高要求推进水生态修复。

2019年，根据市《关于全面深化河长制改革的实施方案》《关于深化湖长制工作的实施方案》和市第一总河长、总河长有关要求，苏州市水务局组织编制《苏州市生态美丽湖泊建设技术指南》，作为指导苏州市生态美丽河道建设和评价的主要依据。

2020年，全市建成387条生态美丽河湖，印发全市8条各种类型的生态美丽河道（湖泊）建设方案。并编制完成《苏州市生态美丽河湖评估验收办法（试行）》。

三、创新亮点

2017年以来，苏州市创新引领治水，形成创新亮点，主要包括河道主官、联合河长制、河湖长制+等。

（一）河道主官

河道主官，是河湖长制度工作中的关键环节，成为沟通河长的联络员、发现问题的巡查员、调查问题的研究员、交办问题的传令员、解决问题的督导员。苏州河道主官主要由市委、市政府副秘书长或河长所在单位的副职领导担任。其主要职责包括：1.负责组织协调、沟通上下、畅通信息渠道，督办市级河长湖长部署的具体工作；2.负责开展日常巡河，每半年巡河两次，及时发现河湖存在问题；3.负责组织开展问题调查分析，提出治理管护对策；4.负责组织将河湖治理管护任务分解细化，形成“一事一办”清单，提请河长部署落实；5.负责对河长交办问题进行督导，跟踪问效，确保交办任务切实解决。苏州河长配备河道主官获评中国水利2017基层治水十大经验之一。2018年，为18名市级河长配备河道主官。截至2020年，有河道主官25名。

表13-14　2018年市级河道主官名单

河湖	主官	职务
七浦塘	王辉斌	市委副秘书长、市委办公室主任
望虞河、鹅真荡、嘉菱荡、漕湖	张　旗	市政府副秘书长、市政府办公室主任
阳澄湖	祁立春	市委副秘书长
白蚬湖、黄泥兜	潘国强	市委副秘书长、市接待办主任
长江、太浦河、汾湖	沈志栋	市政府副秘书长、市金融办主任
吴淞江、青阳港	俞　愉	市委副秘书长、市委研究室主任
金鸡湖、独墅湖、娄江—浏河、外塘河	傅泉福	市委副秘书长、市信访局局长
澄湖、石湖、万千湖	缪文学	市委政法委副书记、市综治办主任
元和塘	钱　斌	市委副秘书长、市档案局局长
游湖	马九根	市政府副秘书长
澜溪塘、元荡、斜港—屯浦塘—急水港、镬底潭	高　平	市委宣传部副调研员、办公室主任
杨林塘	肖　芃	市人大常委会副秘书长
十一圩港、走马塘	江　皓	市政府副秘书长
太湖、淀山湖	卢　渊	市政府副秘书长
张家港、盐铁塘	徐业洲	市政府办公室副主任
江南运河	张　伟	市政府副秘书长
西塘河、春申湖	马九根	市政府副秘书长
白茆塘、常浒河、锡北运河	韩　卫	市政府副秘书长、市口岸办主任
蚬塘	曹　萍	市政协副秘书长

（二）联合河长制

2017年以来，苏州充分发挥河湖长制平台作用，推进并不断完善“联合河长制”工作体系。针对市域内交界河湖管理上存在的“短板”问题，在全市范围内的县际、镇际交界河湖全域推进联合河湖长制工作，打破行政壁垒，建立和完善跨区域治水机制，完善联合规划、联合机构、联合会商、联合通报、联合治水、联合执法六大机制，市级建立联席会议制度，按季总结、通报、协调；县级成立工作小组或明确专人，按月组织巡河、对接会商；镇村级完善日常联动工作制度，常态化管理、实时化反映，共同解决区域内水安全、水生态、水环境问题，形成治水合力，真正实现“联防联控”“共建共享”。

2017年，苏州在青吴嘉协同治水、苏锡望虞河联合河长制、苏锡通泰“两岸四地”打击长江非法采砂等机制基础上，不断完善“联合河长制”工作体系，实现全市451条交界河湖联保共治全覆盖。

2018年，吴江区与浙江秀洲区探索建立跨界联合治水机制，通过共聘联合河长、开展联合巡河、联合清淤疏浚等一系列举措。昆山市与上海青浦区、嘉定区，太仓市与上海嘉定区、宝山区均开展多次联合巡河、联合打捞水葫芦。10月30日，吴江、嘉善、青浦启动长三角生态绿色一体化发展示范区协同治水；11月14日，苏州无锡联合河长制启动。

2019年，苏州市全面深化河长制改革工作领导小组办公室印发《关于全面建立跨界河道联合长制的通知》，提出在全市建立跨界河道联合河长制，推进全市区域交界河湖的治理形成联防联治、共建共管的新机制，以推动河湖长制工作向纵深发展。并明确跨界河道联合河长制的主要内容，包括：建立跨界联合河湖长制度；建立联合巡河机制；建立联合共治共商机制；建立联合监测执法机制。

2020年，实现交界河湖联合河长制全域覆盖。4月2日，承办市委、市政府召开的全市跨界河湖联合河长制启动会议，建立和完善联合巡河、联合治理、联合执法、联合监测、联合保洁、信息共享等联防共治机制，印发全市451条跨县交界河湖名录，并指导各市（区）全部建立联合河长制，形成跨界河湖治理管护“机制共建、信息共享、水岸共治”的双赢格局，推进长三角生态绿色一体化发展示范区协同治水取得新进展。同年，苏州市出台《跨界河湖联合河长制实施细则》，统筹推进上下游、左右岸共同治理，杜绝“三不管”，消除“空白点”，形成跨界河湖治理管护无盲区、无死角、无缝隙。

联合河长制实施后，取得显著成效，尤其是水质得到有效提升。具体包括：推进跨界河湖周边点源污染全收治、面源污染综合整治，共消灭8条跨界黑臭河道。全市水功能区水质达标率100%，国省考断面水质优于Ⅲ类水比例90%、无劣Ⅴ类断面，42条主要通江支流水质年度均值达Ⅲ类，13个集中式饮用水水源地水质年均值达到Ⅲ类及以上。

漂浮物得到有效防控。双方共同落实属地责任，主动作为，拦截打捞水葫芦、漂浮垃圾，全市共出动打捞船8.05万船次，人员10.7万人次，打捞蓝藻13.6万吨、水草和垃圾漂浮物7.89万吨、水葫芦14.5万吨。

违法行为得到有效遏制。各地协调配合，对跨界区域开展全覆盖联合执法，全市共立案查处违法建设、违法采沙、违法养殖、非法倾倒、捕捞等案件16起，797处市级“两违”整改和45处省级“三乱”治理任务完部全成。

淤积堵塞得到有效纾解。按照引得进、流得动、排得出的要求，加强跨界河湖清淤疏浚、水系连通、消除端头，构建健康水循环体系。全市共拆除交界河道坝埂、拦河围堰283条，确保上下游行洪通畅。

生态环境得到有效修复。协同开展生态治理和修复，全市建成跨界生态美丽河湖6条（座），建成阳澄湖70多千米的生态美丽湖岸。

“联合河长制”在全省乃至全国得到推广。江苏省河长制领导小组在《全省河长制工作高质量发展指导意见》中明确2020年在全省“探索联合河长制”，水利部办公厅印发《关于进一步强化河长湖长履职尽责的指导意见的通知》将河湖联防联控机制作为完善务实工作机制内容之一。《“东方水城”的嬗变之路》入选2019年中组部“不忘初心、牢记使命”攻坚克难案例，“跨界联合河长制”入选中国改革2020年度典型案例。

（三）河湖长制+

2017年4月26日，召开苏州市全面深化河长制改革工作动员部署会，积极推进“河湖长制+”，主要包括坚持问题导向，通过"+高质量城乡污水治理""+除黑剿劣""+两违三乱整治""+生态美丽河湖建设"，持续改善河湖面貌。

2018年，召开全市深化河湖长制改革暨高质量推进城乡生活污水治理推进会，深入推进河湖长制与高质量城乡生活污水治理相结合。

2019年，召开全市深化河湖长制改革暨生态美丽河湖建设推进会，深入推进河湖长制与生态美丽河湖建设相结合。

2018—2020年，苏州市河湖长制工作连续3年获得省政府关于落实有关重大政策措施真抓实干成效明显督查激励。

第十四章　依法治水

1998年，《中华人民共和国水法》首次颁布后，苏州市依法管水、依法治水不断推向深入。1999年，苏州市人大常委会批准施行《苏州市长江防洪工程管理条例》，为苏州水利法制史上出台的第一个地方性法规。"十五""十一五"期间，相继出台《苏州市区河道保护条例》《苏州市城市排水管理条例》《苏州市供水办法》《苏州市节约用水条例》等涉水地方性政策法规。"十二五"期间，颁布《苏州市排水管理条例》。2020年，完成《苏州市河道管理条例》修订，发布《苏州市供水条例》等。1991—2020年，全面开展水政监察队伍建设，苏州市及其县（市、区）成立水政监察队伍，全市建成市县乡三级水行政执法体系，建立健全水行政执法网络，建立与公安、国土、环保、渔政、海事等部门的联席会议和联合执法制度，为依法治水、管水提供有力支撑。

第一节　法治建设

一、法规、规章和规范性文件

1999年，《苏州市长江防洪工程管理条例》批准施行。该条例由苏州市第十二届人大常委会第十三次会议于1999年7月29日制定，并经江苏省第九届人大常委会第十二次会议于1999年10月30日批准，于1999年12月1日起施行。条例共26条，明确长江防洪工程管理原则和管理机构及职责、防洪工程管理范围及范围内的禁止行为、防洪工程保护范围、长江堤顶道路管理、占用长江堤防审批权属、防洪工程管理费用、违反本条例有关规定的处理等各项规定，是苏州水利法制史上的第一个地方性法规。

"十五"期间，苏州市相继出台《苏州市市区河道保护条例》《苏州市城市排水管理条例》、《苏州市河道管理条例》《苏州市供水办法》等涉水地方性政策法规，完善苏州市水法规体系。其中，2003年，苏州市制定《苏州市城市排水管理条例》经市十三届人大常委会五次会议通过，报省人大常委会批准，于2004年1月1日起正式施行。《条例》对城市的产业废水、生活污水和大气降水的接纳、输送、处理、排放的行为以及对公共排水设施和自建排水设施的建设、管理等通过法律形式进行规定，对排水规划和建设、排水管理、排水设施养护维修也作相应规定，明确法律责任。

2004年，市十三届人大常委会第十二次会议审议通过《苏州市河道管理条例》。《条例》体现人与自然和谐相处的科学发展观，全面理顺河道管理体制，确立统一管理与分级管理相结合的原则；明确规划先行，突出河道规划的重要性；在河道占补平衡、水面率的控制和水质保护等方面都有新的具体规定。该《条例》于2005年1月1日起施行。《苏州市供水办法》于2004年12月1日由市政府令颁布，于2005年2月正式实施。《办法》确定统一管理与专业管理相结合的原则，对集中式饮用地表水源实行保护，规定在各级保护区内禁止的行为和活动。

2005年，《苏州市蓝线管理办法》于11月7日以政府文件颁布，于12月1日起执行。

2006年，为推动节水型城市的创建和依法管理节约用水工作，《苏州市节约用水管理办法》于8月15日由苏州市人民政府颁布，并于10月1日起实施。作为《节水办法》的配套制度，年内还出台《苏州市节水型企业标准（试行）》、《苏州市节水型单位标准（试行）》和《苏州市节水型企业（单位）考核管理办法》。

2007年，《苏州市城市排水户分类管理办法》于8月13日发布，并于10月1日起实施。同年，苏州市水利（水务）局向市政府报送《关于加强建设项目节水设施管理的通知》和《关于加强地下水井管理的通知》两份规范性文件。

2008年，苏州市水利（水务）局按照规定程序向市政府报送备案的规范性文件有《关于印发〈建设项目水资源论证报告表（试行）〉的通知》和《关于进一步加强河道管理范围内建设项目监督管理的通知》。完成《苏州市西塘河管理和保护办法（草案）》的起草工作。对所有行政许可事项进行梳理，简化审批流程，提高审批效率。同时，进一步梳理执法依据，制定《苏州市水行政处罚自由裁量权实施办法》和《苏州市水行政处罚自由裁量暂行标准》。

2009年，对《苏州市西塘河管理保护办法》进行完善和修改，重点在管理保护范围、应急水源地保护、政府和部门职责等方面取得突破，3月24日在市长常务会议上通过。组织起草《苏州市节约用水条例（草案）》，于11月23日经省第十一届人民代表大会常务委员会第十二次会议批准，自2010年3月22日起施行。《条例》在管理体制、超计划和定额用水、用水审计等方面都有所创新。

2010年，苏州市水利部门梳理法律、法规、规章和规范性文件129部，编制行政权力公开目录，公开权力点247个，编制流程图36个，水利政策法规体系不断完善。编制《苏州市城市防洪工程管理办法（初稿）》《苏州市二次供水管理办法》，修改完善《关于进一步加强湖泊管理和保护工作的意见》，并通过市政府常务会议审定。

2011年，苏州市水利（水务）局制定《苏州市水利局2011年依法行政工作要点》，完成《水利窗口行政指导手册》修订工作，许可、处罚、强制、征收、奖励等行政权力事项全部上网公开，实现所有办件项目网上审批。张家港市水利（水务）局被评为全省水利政策法规工作先进单位。

2012年，苏州市水利（水务）局与江苏省水文水资源勘测局苏州分局联合起草《苏州市水文办法》，2013年5月1日颁布施行。苏州市水利（水务）局重新印发《苏州市重大水行政决策程序规定》，细化、量化行政决策的具体对象；对市区河道干河清淤工程开展风险评估，对“苏州市农村圩区堤防达标建设和管理工程”开展后评估。

2013年，配合市人大做好《苏州市城市排水条例》和《苏州市城市排水户分类管理办法》立法后评估工作；为全面加强最严格的水资源管理，市政府出台《苏州市建设项目节水管理办法》和《苏州市逐步禁止公共绿化、道路冲洗使用自来水工作的实施意见》。

2014年12月，《苏州市排水管理条例》经江苏省人大常委会通过，并于2015年3月22日颁布施行。2016年7月，苏州市人大常委会对《苏州市排水管理条例》贯彻实施情况开展执法检查。

2017年，开展《苏州市河道管理条例》《苏州市生活饮用水二次供水管理办法》的评估工作，配合市人大常委会完成《苏州市河道管理条例》执法调研和《苏州市节约用水条例》立法调研。

2018年，配合市人大常委会完成《苏州市节约用水条例》修订和《苏州市河道管理条例》立法调研。推进全市水利（水务）信用体系建设，出台《苏州市水利局公平竞争审查制度实施方案》。

2019年，配合市人大常委会完成《苏州市河道管理条例》修订、《苏州市节约用水条例》贯彻执行和《苏州市供水条例》立法调研。推进全市水利水务信用体系建设，开展水利工程建设施工单位信用等级评价工作。

二、普法宣传

1991年8月，常熟市被水利部确定为全国普及《水法》宣传教育试点单位，也是华东地区唯一试点单位。试点期间，市普法领导小组把《水法》列入市“二五”普法必学法律。市水利局采取抓点促面、辅导与自学、普法与执法三结合的方法实施普法教育。经过一年多努力，实现达标准、出经验、见效果的试点要求。

1993年，苏州市通过开展座谈会、悬挂横幅标语、发表宣传文章、出专题板报、放映电影幻灯等多种形式，宣传和纪念《水法》实施5周年。通过水法宣传活动，取水要申请、用水要交费和自觉保护水、珍惜水的风气逐步形成。

2001年，市水利农机局分别组织苏州电视台、常熟电视台在市域地下水人工回灌、地下水源井填封、农业节水灌溉、河道管理等现场录制电视专题节目，进行宣传报道。

2004年3月22日，市水利（水务）局与市委宣传部、市文化局、广播电视台等部门联合举办《水法》宣传文艺专场。

2005年3月23日，市水利（水务）局团委和供水、排水、节水、河道管理等局直属单位团组织在平江历史街区举行水法宣传活动，呼吁全社会节约用水、维护水资源。

2006年12月4日，在法制宣传日期间，通过大规模张贴标语、悬挂横幅、出动宣传车、演出咨询等形式，宣传《水法》《苏州市城市排水管理条例》《苏州市河道管理条例》等有关法律法规，提高市民的水资源环境意识、水危机意识、爱水节水意识。

2007年，在法制宣传日期间，全市充分利用广播、电视、网络等媒体大力开展水法规宣传，向全市人民普及水法律知识，共投入专项资金220万元。

2008年，全市通过举办大型活动、开展法律咨询、召集用水户和行政相对人等开座谈会、利用媒体宣传等多种途径，提高全社会的水法律法规意识。在第十六届“世界水日”、第二十一届“中国水周”中，市水利水务部门紧紧围绕“涉水卫生”“发展水利，改善民生”的宣传主题，组织开展水法宣传活动。共投入资金220余万元，举办大型文艺演出9台次，发放水法宣传资料及宣传用品近13万份，悬挂横幅500余条，召开各类座谈会和水法制学习培训50余次，同时，根据省水利厅和市政府要求，自8月12日起开展全市水利系统“五五”普法中期检查，重点检查普法规划、年度计划、普法制度、普法资金、执法培训等方面的落实情况。

2009年，根据联合国、水利部确定的水法宣传主题，市水利水务部门充分挖掘苏州水文化内涵，逐步增强全社会护水惜水意识。全市共组织广场宣传活动20余次，发放宣传资料5万多份。3月22日，在高新区绿宝广场举办主题为“坚持科学治水，加强民生水利”的大型水法宣传活动。“中国水周”期间，苏州电视台在《苏州新闻》和《社会传真》栏目进行宣传，《苏州日报》以专版形式连续七天集中报道全市水利、水务成就，《姑苏晚报》《江南时报》分别以新闻、访谈、专栏的形式集中报道水法宣传系列活动，新华网、名城苏州网、苏州水网等网络媒体也进行宣传。

2010年，市水利部门通过举办主题活动、系列活动以及“小手牵大手”、法制进社区、数字电影等方式，丰富水法宣传的载体。3月22日，苏州市水利（水务）局与吴中区政府、苏州太湖国家旅游度假区管委会、苏州市科学技术协会、太湖流域管理局苏州管理局联合，在吴中区太湖度假区举办主题为“爱我母亲湖、保护水资源”的大型水法宣传活动，活动中举行《苏州市节水条例》《姑苏水韵》宣传片首发仪式。各新闻媒体纷纷进行专题报道，如“世界水日”、“中国水周”、城区杂船专项整治等。

2012年3月22日，苏州市纪念第20届“世界水日”和第25届“中国水周”活动开场仪式在苏州高新区文昌实验中学举行，并举行《太湖流域条例》宣传启动仪式。

2014年，苏州市组织“文明劝导小分队”进入街道社区宣传水法规知识，开展“关爱苏州水，做文明苏州人”专题讲座。

2015年，苏州市上门入户宣传3月正式实施的《城镇排水与污水处理条例》和《苏州市排水管理条例》，增强社会各界的“水意识”。

2017年，苏州市开展“水法水情知识”微信抢答活动、制作播放《治理水环境，保障水安全》公益广告等系列活动。法治微电影《河长的一天》获得市第三届法治微电影大赛优秀奖。

第二节　水行政许可

1988年颁布实行的《水法》第三十二条规定：“国家对直接从地下或者江河、湖泊取水的，实行取水许可制度，取水许可制度由水利部门组织实施，并征收水资源费。”1990年水利部、财政部、国家物价局发布的《河道采砂收费管理办法》第三条规定：“河道采砂实行许可证制度。”由此提出水行政许可证的发放，为今后的规范管理奠定基础。

1995年，苏州市根据《江苏省水资源管理条例》和省政府有关文件精神，理顺水资源的管理体制，实行取水许可制度。还对新建、改建、扩建的取用水工程实施预申请、申请和审批制度，共计200多项。城市排水户向城市排水设施排放污（废）水必须由排水户向有关部门提出申请，经审核批准方可排放。

2002年4月，排水许可审批权属由苏州市市政公用局转至苏州市水利（水务）局，由苏州市水利（水务）局委托苏州市排水管理处承担污水排放审批工作。排水许可审批项目共3项，分别是污水排放审批、排水许可审批、临时排水许可审批。

2004年，遵照《中华人民共和国行政许可法》有关规定，全市对28项地方性法规和规范性文件进行清理，废止《苏州市城市供水资源管理实施办法》《苏州市深井管理暂行办法》和《苏州市计划用水节约用水暂行办法》。对13项涉水行政审批项目进行清理，共取消3项、新增4项，仍有14项审批职能。

2005年7月8日，水利部公布《水行政许可实施办法》，并从公布之日起施行。《水行政许可实施办法》是根据《行政许可法》《水法》《防洪法》《水土保持法》等法律法规制定的，包括九章六十二条，明确水行政许可的规定、实施和监督检查。苏州市全面学习贯彻《行政许可法》，对14项行政许可项目的内容重新修订，新增3项非行政许可审批项目。9月8日，苏州市水利（水务）局印发《关于认真贯彻〈水行政许可实施办法〉等四部规章的通知》，将水利部出台的《水行政许可实施办法》（水利部令第23号）、《水利部关于修改或者废止部分水利行政许可规范性文件的决定》（水利部令25号）、《水利工程建设安全生产管理规定》（水利部令第26号）等4部规章，转发给各市（区）水利（水务）局、园区地方发展局、局机关各处室及直属单位。

2007年10月下旬，市水务局组成两个检查组对全市8个市（区）以及苏州市河道管理处、排水管理处的水行政许可工作和水政执法案卷进行检查。张家港市开展的水行政许可为10项，常熟市开展的水行政许可为7项，太仓市开展的水行政许可为13项，昆山市开展的水行政许可为9项，吴江市开展的水行政许可为9项，吴中区开展的水行政许可为13项，相城区开展的水行政许可为14项。

2009年，市水利（水务）局共受理审批事项267件。6月5日，苏州市水利（水务）局对行政许可项目申请书及有关格式文书进行修改，自7月1日起执行。

2010年，大力规范水行政许可行为。对所有行政许可事项进行梳理，结合网上审批的要求，细化审批流程，做好网上监察的准备工作。

2011年2月24日，根据省水利厅《行政权力目录》和《市政府关于公布苏州市行政机关和法定授权组织新增取消调整行政许可非行政许可审批事项的通知》要求，苏州市水利（水务）局将有关水行政许可项目名称及法律依据予以公布。

2013年，办结各类水行政许可210件。

2016年，出台苏州市水利（水务）局窗口行政指导手册。同年，加强排水许可管理，全年完成252家重点排水户的水质抽查，排水户许可登记73家，出具勘察意见64份，办理行政中心审批112份（其中，许可证78家，接纳34家）。

2017年，全市加强排水许可管理，共办理排水许可证1126件，增长22.8%。2017年，出台《苏州市水利局行政审批事项事中事后行政监督管理实施方案》《苏州市水利局行政审批事中事后监管责任清单》，深化行政审批制度改革，推进局行政审批工作重心从事前审批向事中事后监管转变。根据《省政府关于推进“证照分离”改革试点工作的通知》，落实证照分离改革要求。11月28日，推进局行政审批工作重心从事前审批向事中、事后监管转变，制定《苏州市水利局行政审批事项事中事后行政监督管理实施方案》《苏州市水利局行政审批事中事后监管责任清单》《苏州市水利局事中事后监管检查表》《苏州市水利局事中事后执法检查表》4个文件。

2018年，印发苏州市水利（水务）局窗口行政指导手册（2018版）。4月20日，出台《苏州市河道湖泊管理范围内建设项目水利技术规定（试行）》。完成市级的水工程建设规划同意书审批、河道管理范围内建设项目审批两项业务下放至姑苏区住建委。

2019年，市水务局把局内部分散在4个处室的行政审批职能集中到政策法规（行政审批）处，统一负责市级水行政许可事项的承办工作。许可办理的不见面审批率已达到90%。印发《苏州市级水行政许可需编制技术报告的项目清单（试行）》并对外公布，明确需要编制技术报告的具体项目正面清单。9月，印发《关于加强“互联网+监管”工作的通知》，根据实际工作需要，在“国家互联网+监管系统”监管目录中认领监管清单，及时开展监管工作。12月5日，印发《关于进一步规范餐饮业排水许可的通知》，对餐饮业（包括宾馆、酒店、农家乐和各类饮食店等）排入城镇排水管网的排水许可管理进行规范。12月18日，为加强全市水行政审批中介服务机构的主体诚信管理，规范中介服务市场秩序，提升中介服务机构编制涉水技术报告编制质量与水平，印发《苏州市水行政审批中介服务机构监督管理办法（试行）》。

2020年，先后出台《关于贯彻〈苏州市河道管理条例〉第二十五条的提示函》《关于印发苏州市水务局行政许可技术报告内审规定的通知》等制度，推进扩大“不见面审批”标准化覆盖面，将本部门具有依申请特征的17个政务服务事项进驻政务服务大厅，实现“应进必进”。缩短审批期限，将局行政许可业务的审批承诺时限由15个工作日缩减至10个工作日。配合做好建设项目工程审批制度改革工作。做好规划方案联合审查，对工改平台系统推送的征求意见及时回复，出具审查意见44份。出台《关于进一步明确苏州市水行政许可受理范围的通知》，结合苏州市实际，明确部分水行政许可在市级、县级市（区）的受理范围，以及涉及边界河道的项目受理。

表14-1　1999—2020年苏州市政府颁发涉水法规规章规范性文件一览

名称	颁布时间	性质
苏州市长江防洪工程管理条例	1999.11.3	法规

续表

名称	颁布时间	性质
苏州市市区河道保护条例	1997.7.12	法规
苏州市城市排水管理条例	2004.1.1	法规
苏州市供水办法	2004.11.23	规章
苏州市节约用水管理办法	2006.10.1	规章
苏州市中心城区河道管理技术规定	—	规范性文件
苏州市城市排水户分类管理办法	2007.10.1	规章
苏州市节约用水条例	2009.10.27	规章
苏州市生活饮用水二次供水管理办法	2011.5.11	规章
苏州市重大水行政决策程序规定	2012.11.19	规章
苏州市水文办法	2013.3.22	规章
苏州市计划用水管理办法	2013.11.22	规章
苏州市电子行业主要产品用水定额（试行）	2013.11.28	规范性文件
苏州市河道管理条例	2015.1.1	法规
苏州市水平衡测试实施办法	2015.1	规章
苏州市排水管理条例	2015.3.22	法规
苏州市水行政管理中社会法人和自然人失信惩戒办法（试行）	2017.9.1	规章
关于印发《城镇排水与污水处理条例》《苏州市河道管理条例》和《苏州市节约用水条例》行政处罚自由裁量权标准（试行）的通知	2020.8.14	规范性文件
关于印发苏州市河道堤防工程占用补偿费暂行办法的通知	2020.9.21	规范性文件
苏州市供水条例	2020.11.27	法规

表14-2　2020年苏州市水行政许可受理范围

<table>
<tr><th>类别</th><th colspan="2">内容</th></tr>
<tr><td rowspan="5">市级受理范围</td><td rowspan="2">河道管理范围内建设项目工程建设方案审批和河道（除长江）采砂、取土、淘金、弃置砂石或者淤泥，从事相关活动审批受理范围</td><td>本市行政区域内的流域性河道、区域性骨干河道、跨县重要河道（仅限河道干流）、市直管河道和5平方千米以上湖泊（仅限湖泊本体）管理范围内的项目，应当由长江委、太湖局、省水利厅审查的项目除外。</td></tr>
<tr><td>列入《江苏省湖泊保护名录》中5平方千米以下湖泊管理范围内的项目，县级市（区）水行政主管部门审批后许可决定抄送市水务局。</td></tr>
<tr><td rowspan="3">水工程建设规划同意书审核受理范围（除了应当由长江委、太湖局、省水利厅审查的项目外）</td><td>列入《江苏省骨干河道名录》的河道：盐铁塘（十一圩至走马塘）、济民塘、界浦港、大直港—南塘江、南横套河—七干河、北福山塘、尤泾、辛安塘、夏驾河、石头塘、界泾河、永昌泾、黄埭塘—蠡塘河、西塘河、浒东运河、黄花泾—朝阳河、金墅港、浒光运河、木光河、胥江、苏东河、苏州外城河、老运河、三船路港、戗港、大浦港（海沿潮）、牵牛河（吴淞江至三白荡，含南星湖）、大窑港、道褐浦、东尤泾。</td></tr>
<tr><td>列入《江苏省湖泊保护名录》中的湖泊：阳澄湖、澄湖、昆承湖、北麻漾、独墅湖、白蚬湖、长漾、尚湖、金鸡湖、傀儡湖、三白荡、黄泥兜、石湖、游湖、镬底潭、万千湖、春申湖。</td></tr>
<tr><td>其他列入《江苏省湖泊保护名录》《江苏省骨干河道名录》的河道湖泊管理范围内建设水工程的，由县级市（区）水行政主管部门负责审查签署水工程建设规划同意书，许可决定抄送水务局。</td></tr>
</table>

续表

类别	内容	
市级受理范围	生产建设项目水土保持方案审核受理范围	本市行政区域内省级立项或者市政府及其投资主管部门批准，且用地面积5万平方米以上或者挖填土石方总量5万立方米以上的生产建设项目。
	取水许可受理范围	长江干流：日取水量10万立方米以上15万立方米以下的工业与城镇生活取水、设计流量15立方米每秒以上20立方米每秒以下的农业取水。
		太湖：在太湖局实施取水许可的区域内，地表水日取水量4万立方米以上5万立方米以下的工业与城镇生活取水。
		其他河道、湖泊：日取水量4万立方米以上的工业与城镇生活取水、设计流量1立方米每秒以上的农业取水。
		市政府及其投资主管部门批准的建设项目取水。
县级市（区）受理范围		除市级以上受理的水行政许可项目外，其余项目由各地水行政主管部门或者履行水行政主管部门职责的机关受理审批。
涉及边界河道的项目受理	不属于市级以上受理范围、涉及县级市（区）边界的水行政许可项目，双方水行政主管部门应当先行协商。	协商一致的，不跨界项目由属地水行政主管部门审批；跨界项目由立项一方水行政主管部门负责审批，共同监管，许可决定均抄送市水务局。 不能协商一致的，由市水务局实施审批。

注：来源于2020年苏州市水务局《关于进一步明确苏州市水行政许可受理范围的通知》内容。

表14-3　2009—2020年苏州市水行政许可数量

年份	数量（件）	年份	数量（件）
2009	267	2015	191
2010	296	2016	197
2011	222	2017	332
2012	219	2018	230
2013	218	2019	452
2014	235	2020	285

表14-4　1987—2020年苏州市排水许可审批项目

名称	审批主体	审批数量
污水排放审批	1987年，依据《苏州市市政设施管理条例》，苏州市河道管理处受苏州市人民政府市政公用局委托，开始对排水户污水排放进行审批。1992年，污水排放审批工作划归苏州市市政总公司管理，1996年底，苏州市市政公用局再次委托苏州市河道管理处进行审批。1997年，成立苏州市排水管理处，污水排放审批工作由苏州市排水管理处承担，2002年4月，污水排放审批权归苏州市水利（水务）局。	1987年依法接纳审批排放污水的排水户4户，1988年审批13户，1989年审批9户，1990年审批12户，1991年审批8户，1992年审批5户，1993年审批9户，1994年审批9户，1995年审批2户，1996年审批2户，1998年审批20户，1999年审批17户，2000年审批39户，2001年审批28户，2002年审批28户，2003年审批68户，2004年审批97户，2005年审批90户，2006年审批25户，2007年审批29户，2008年审批36户，2009年审批76户，2010年审批65户，2011年审批56户，2012年审批46户，2013年审批60户，2014年审批47户，2015年审批50户，2016年审批42户，2017年审批31户，2018年审批21户，2019年审批40户，2020年审批31户。

续表

名称	审批主体	审批数量
排水许可审批	1995年，依据《关于印发〈城市排水许可管理办法〉的通知》和《城市排水许可管理办法》，江苏省建设厅《关于我省实施〈城市排水许可管理办法〉有关问题的通知》和《苏州市市政设施管理条例》以及2004年实施的《苏州市城市排水管理条例》，开始实施排水许可证审批工作，审批权属苏州市市政公用局，受市政公用局委托，苏州市河道管理处承办排水许可证审批发放前期审查工作。1997年，委托苏州市排水管理处承办前期审查工作。2003年，审批权属苏州市水利（水务）局，苏州市排水管理处受苏州市水利（水务）局委托，承办排水许可证审批发放前期审查工作。2015年，苏州市正式实施《苏州市排水管理条例》，排水管理处依照《苏州市排水管理条例》承担排水许可审批工作。	1995年办理排水许可证31份，1996年办理104份，1997年办理184份，1998年办理123份，1999年办理72份，2000年办理31份，2001年办理79份，2002年办理36份，2003年办理32份，2004年办理185份，2005年办理165份，2006年办理101份，2007年办理16份，2008年办理4份，2009年办理31份，2010年办理92份，2011年办理31份，2012年办理27份，2013年办理27份，2014年办理86份，2015年办理59份，2016年办理82份，2017年办理238份，2018年办理104份，2019年办理361份，2020年办理61份。至2020年底，共计审批发放排水许可证2362份。
临时排水许可审批	2003年，苏州市排水管理处受苏州市水利（水务）委托，承办临时许可证（施工）审批核发工作。	2004年批办10份，2005年批办6份，2006年批办3份，2007年批办7份，2008年批办1份，2009年批办4份，2010年批办8份，2011年批办10份，2012年批办8份，2013年批办6份，2014年批办5份，2015年批办4份，2016年批办1份，2017年批办7份，2018年批办8份，2019年批办3份，2020年批办5份。

第三节　水政执法

一、执法队伍与制度建设

（一）执法队伍体系建设

1989年，苏州市水利局成立水政科（水政水资源科）。1995年成立“苏州市水政监察支队”，正科级建制，核定人员编制8名，与局水政水资源处合署办公。同期，各县级市（区）水政监察大队陆续成立。各地分别在2001年前后成立水政中队。

2003年，确定苏州市水政监察支队为参照国家公务员制度管理的事业单位，为财政全额拨款的全民所有制事业单位，正科级建制，核定事业编制8名，领导职数为支队长1名，副支队长2名。张家港、常熟、太仓、昆山、吴江、吴中大队先后经批准为参照公务员管理的事业单位。

2004年，为适应水务一体化管理，苏州市经省总队批准，在城区设立河道、供水、排水、节水四个水政监察直属大队，依法行使城市水务管理权力，加大对水资源保护、水污染防治和水环境治理的监察力度，填补城市水行政执法的空白，实现水行政执法工作由农村水利向城市水利的延伸，以水域、水工程保护执法为主，向查处开发、利用、节约、保护水资源过程中的一切水事违法案件转变。同年，批复苏州市水政监察支队增挂“苏州市长江河道采砂管理办公室”牌子。沿江三市张家港、常熟、太仓在全省率先成立长江河道采砂管理机构。

2012年，批复同意增加苏州市水政监察支队人员编制3名，同时为落实上级对发达镇实行行政管理体制改革试点的重要决策，陆续分批对部分行政权力进行下放，市级执法部门对各镇综合执法工作的业务指导、协调、统计、考核和督查。

2014年，重新核定人员编制为16名。同年，贯彻落实市政府《加强太湖苏州湾水域管理和保护的意见》，揭牌成立苏州市水政监察支队太湖苏州湾大队，挂“苏州市太湖苏州湾水域管理办公室”，负责太湖苏州湾水域水行政执法。

2016年，苏州市持续推进基层行政审批服务执法等综合改革。工业园区成立区综合执法局，下设综合执法大队，挂“水政监察大队”牌子，具体由水上中队承担渔政、水政、城管等职责。高新区成立农林水利综合执法大队承担水行政执法职责。张家港、常熟、太仓、昆山、吴江、吴中、相城等市、区执法事项权限均有不同下放。

苏州市加强长江执法基地建设，各级认真落实《江苏省长江河道采砂管理现代化规划（2015—2020）》的要求，推进沿江三市执法基地和监控系统建设。

至2020年，苏州市达到综合执法网络全覆盖、执法基地建设全覆盖、主要江河湖泊及重点水利工程执法管理全覆盖，形成横向到边、纵向到底的日常巡查网络，85%以上专职水政监察员具备办案能手水平。

表14-5　2020年苏州市水行政长江执法基地建设情况

地区	名称	时间	监控情况	基本情况
张家港	江苏省水行政执法长江张家港基地	2017.1	有	基地位于朝东圩港东侧，是集全市水政指挥中心、培训中心、办案中心等功能于一体的基地；执法基地面积1703.54平方米，总投资1200余万元。
	江苏省水行政执法长江张家港西部基地	2011	有	基地位于张家港市港区德积镇长江边，用于监控张家港市双山水域，同时可用于查扣抓获的非法采砂船只，配有办公大楼及停泊岸线。办公用房总面积1777.46平方米，停泊岸线长50米，总投入约660万元。
	江苏省水行政执法长江张家港东部基地	2019.11	有	基地位于四干河口下游，用作张家港市采砂船集中停泊点，同时对苏通七号锚地、长江四干河、五干河、六干河以及江心岛、南通交界水域形成长江采砂管理半小时辐射，具备快速打击敏感水域非法采砂活动的功能。由江边执法码头和岸上执法用房组成，总投资2000万元。
常熟	江苏省水行政执法长江苏州常熟基地	2017.12	有	基地位于常熟经济技术开发区江南大道59号滨江科技创新中心20幢，占地面积152.3平方米，建筑面积729.62平方米，总投资554万。建有执法基地办公室楼，执法基地监控系统。
太仓	浏河基地	2004	有	基地位于浏河节制闸下游150米新浏河南岸。基地主要设施有：执法基地管理用房320平方米，办公设施齐全，环境优美；苏水政—007执法艇和供执法艇停泊的趸船及固定码头；执法基地的监控设施等。总投资近600万元。

（二）执法制度建设

1997年，根据水利部《关于加强水政监察规范化建设的通知》《关于印发水政监察规范化建设实施意见的通知》和省水利厅有关文件要求，开展水政监察规范化建设，市、县（市、区）两级水政监察队伍初步实现“执法队伍专职化、执法管理目标化、执法行为合法化、执法装备系列化、执法文书标准化、执法统计规范化、考核培训制度化、检查监督经常化”的要求，各级理顺机构上“四位一体”（即水政、水资源管理、水政监察、水费收缴）、职能上“三位一体”（即执法、收费、管理），建成一支“政治合格、人员精干、业务熟悉、作风过硬、纪律严明、装备良好、关系协调、运行有序、执法有力”的水行政执法队伍。6月28日，苏州市水政监察规范化建设通过省级验收。同年，苏州市水政监察支队被水利部评为先进单位。

1998年，苏州市为加强水法制建设，积极开展水行政执法责任制，苏州市成立水行政执法责任制领导小组，制定具体实施方案，健全完善行政执法公示制、行政执法错案责任追究制、内部行政执法监督制等10项制度。吴江市首先进行试点，并在全市范围内推广，6市、县（市、区）全部通过当地依法治市领导小组验收。

1999年，苏州市推行执法巡查制度，重点巡查长江、太湖、淀山湖、望虞河、太浦河堤防，吴县市通过巡查，共查处20多起非法凿井案。

2000年，苏州市制定水行政执法责任制实施方案，并制定完善各项水行政执法制度。

2002年，苏州市完善水政执法网络体系，新组建苏州市区河道、供水、排水、节水大队。

2004年，苏州各地以制度规范水政监察队伍建设，重点抓学习制度、台账制度、巡查制度、培训制度、岗位责任制度等一系列制度和规定的落实，建立健全执法网络，网络覆盖率达90%。6月，苏州市发布《关于整顿统一着装工作的通知》，推进水政执法队伍服装统一化、规范化。

2008年，苏州市中队以“八化”为标准建设，坚持用制度规定管人管事，支队组织全市参观学习常熟、昆山中队的制度建设好做法，推广常熟水政监察人员统一工作服饰和水政监察证件管理规定以及水政监察车辆管理规定的经验。

2017年，苏州市健全长江采砂联合执法机制，与长航公安、海事、海警搞好联防联控。

2018年，苏州市完善巡查执法制度，组织编制《规范涉水违法案情呈送（移送）工作程序》《河湖联合联动综合执法工作方案》《苏州古城区河道联合执法抽查工作方案》。支队与南通、上海嘉定建立联席机制，与渔政、水警、海事、城管、属地水政大队建立太湖执法联合联动机制，巡查信息共享；昆山市与上海青浦区对接，打造“三横二纵”水行政执法共振圈；吴江区对接浙江嘉善，建立信息共享、联合执法机制。

2020年，苏州市落实三项制度，提升办案水平。“行政执法三项制度”方面，支队研究制定《苏州市水政执法全过程记录实施办法》，明确执法全过程记录程序及要件，规范取证程序和要求，细化案件源核查、案件内审、案件会商等流程，确保“全过程记录制度”落实到位，实现每一个执法活动的闭环管理。自由裁量标准方面，配合机关业务处室研究印发修订后的《苏州市节约用水条例》《苏州市河道管理条例》和《城镇排水与污水处理条例》自由裁量标准，严格裁量基准。

（三）全国水利综合执法示范点建设

2012年12月7日，水利部印发《关于全面推进水利综合执法的实施意见》。2013年5月3日，水利部办公厅印发《关于开展水利综合执法示范点工作的通知》，确定苏州市为水利部推进水利综合执法示范点，8月30日，苏州市人民政府办公室发布《关于落实水利部开展水利综合执法示范点工作的实施意见》。2013—2017年，苏州市开展水利综合执法示范点建设。市水利（水务）局成立水利综合执法示范点建设领导小组及工作班子，全市建立健全专职水政监察队伍，同时，明确专职水政监察队伍综合执法职责。全市支队、大队全部承担或者受委托承担水行政处罚、行政征收等职责，承办行政强制执行、行政强制措施组织实施。并加强对水行政许可决定实施情况的监督检查，对影响较大的行政许可项目，支队、大队都参与许可项目的现场勘查、论证分析等。根据执法实际需要，全市在镇水利站、水利工程管理单位增挂水政监察中队牌子，组建水政监察中队85个，担负执法巡查、监督检查及协助执法等职能。建立水行政管理巡查与执法巡查及案件查处、行政征收与规费追缴、许可后续监管与执法检查之间的工作衔接制度；建立健全太湖流域“一湖两河”联合执法巡查机制，与无锡、南通、上海、浙江等地水利部门建立联合执法巡查和联席会议制度；与公安、交通等部门建立长江河道采砂管理多部门联合执法机制，提升水行政执法效能。落实执法巡查制度，实行执法巡查责任制。建立重大水事违法案件挂牌督办制度，及时有效督办挂牌案件，积极推进“两法衔接”机制，建立信息通报、联合调查、案件移送等执法制度，加大案件查处力度。加强执法人员学习培训，全市支队、大队都至少有1名法律专业人员和1名水利专业人员。其他人员学历均在大专以上。除正常办公设备外，支队、大队有执法车辆、勘察取证器材等。市支队及沿江大队都有执法基地或专用执法码头，装备执法船共20艘。2017年6月27日，水利部、江苏省水利厅组织召开苏州市水利综合执法示范点建设验收，苏州市水利（水务）局完成水利部水利综合执法示范点建设主要任务，执法效能明显提升，通过验收。

二、专项执法

2001年，苏州各地成立水行政执法中队，开始实施专项执法工作。在防汛清障专项行动中，共清除笼梢网、鱼簖、渔网213处。

2002年，全市各级水政监察队伍为配合防汛工作，保障安全度汛，开展对主要行洪河道的防汛清障工作，共清除笼梢网、渔网、鱼簖310处。

2003年，苏州市水政监察支队获得“全省‘一江两道三湖’专项执法活动先进单位”称号。4月初开始，针对东太湖非法圈圩养殖问题，市防指组织吴江市、吴中区防指和水政执法人员开展专项行动，经过一个多月的努力，共投入1000余人次，挖泥船、机船5艘，拆除圩埂6500米，清除土方6400立方米，并彻底平毁新圈的1500米圩埂，消除防汛中的一个严重隐患。同时，对苏州城区河道内92条坝埂、围堰及时拆除，保障苏州城区安全度汛。

2004年，苏州市重点开展水利工作执法检查、河湖涉水项目执法大检查专项行动。全市共出动执法人员700人次，清除各类设障226处，其中渔网176处、违章占用17处、乱垦乱种1.05万平方米、乱堆放物料50吨。吴江市、吴中区专门对东太湖2003年拆除的100公顷圈圩养殖进行执法检查，防止圈圩回潮。苏州市胥口水利工程枢纽管理处和吴江、昆山等地对非法占用太湖、沿太湖大堤乱搭建、未经批准违规取土和占用河道等问题进行执法处理。苏州市境内的太浦河和望虞河保持常年基本无设障的状态。

2005年，苏州市开展重点水利工程执法、河湖清障等专项行动。河湖清障行动中，全市共清除各类设障600多处，其中笼梢网、网簖、地笼等渔具523处、乱垦乱种1.07公顷、乱堆物料88处、违章建筑268平方米、拆除筑坝72条。

2006年，全市加强水政巡查和执法力度，狠抓河道清障及长效管理，河道及其工程管理范围内设障情况比往年大有改善。全市境内的太浦河和望虞河基本保持常年无设障的状态，市级主要行洪河道上的渔网、鱼簖基本清除，农村河道的清淤整治力度得到不断加强，提高河网的调蓄、行洪和引水能力。

2007年，苏州市积极开展专项整治月活动，努力维护良好水环境。无锡太湖局部蓝藻暴发后，导致无锡市区供水危机。根据市局供水和水环境治理工作的安排，支队组织沿太湖的市、区和城区直属大队开展为期一个月的专项整治活动。活动期间，共出动执法巡查人员450余人次，开展联合执法5次，查处水事案件6起，拆除筑坝6处，清除渔网、鱼簖160张，虾笼1300余条，封堵餐饮排污口18个，新接入污水管网的餐饮单位30家，拆除小深井7家。

2008年，全市加强防汛清障工作，对主要行洪河道进行3次专项执法检查。5月份省水利厅对苏州市防汛清障工作进行执法检查时，未发现主要行洪河道有设障行为。全市共清除渔网、鱼簖272处，处理违章占用3247平方米、违章建筑1064平方米、违章种植0.35公顷（5.3亩），整改束水20处，基本达到主要行洪河道无设障的要求。

2009年，全市加大对水事违法案件的查处力度，积极开展执法巡查、防汛清障和百湖专项执法检查活动。深入开展“百湖执法大检查”专项活动开展期间，全市共出动执法人员4530人次，执法车1513车次、执法船60航次，行程52700多千米，检查涉水项目360余个，填写登记表810余份，现场制止违法违章行为180起，立案查处96起，罚款81.6万元。

2010年，全市加大对水事违法案件的查处力度，积极开展执法巡查、防汛清障和百湖专项执法检查活动。全年全市共出动执法巡查人员12224人次，巡查4854次，现场处理水事违法违章行为394起，立案68起，罚款116.5万元。

2011年，苏州市推行最严格水资源管理制度，开展以打击非法取水、用水浪费和非法排污口为重点的专项执法行动，开展全市主要行洪河道汛前执法专项检查。

2012年，根据《江苏省水资源管理条例》，“在城市、集镇等建筑物密集区禁止开采浅层地下水用于水温空调”，对虎丘婚纱城地区“开采地下水用于水温空调”开展专项整治行动。苏州市连续多年开展排水监察专项执法行动。2003年，水政监察支队三大队执法巡查27批次，2004年执法巡查45批次，2005年执法巡查288批次，2006年执法巡查163次，2007年执法巡查134次，2008年执法巡查150次，2009年执法巡查140次，2010年执法巡查200次，2012年执法巡查214次。

2013年，苏州市开展河湖专项执法检查专项活动，前移执法关口，加大巡查力度，做到及时发现、处理问题。全市河湖专项执法行动共出动执法人员12946人次、执法车4791台次、执法船187航次，行程近20万千米，检查项目1204个，填写登记表523份，现场制止违法行为39起，发出整改通知书143份，立案32起。

2014年，为贯彻落实水利部和省水利厅河湖专项执法检查活动，全市各级紧紧抓住河湖专项执法行动契机，结合实际把专项活动拓展覆盖到全市涉水事务，先后开展涉水案件查办年活动、城区水务百日执法活动、长江河道采砂集中整治月活动、汛期河湖执法清障月活动、太湖苏州湾水域联合执法清障月活动等，保证专项执法行动的开展更具操作性和针对性。各级均成立河湖专项执法行动领导小组。

2015年，苏州市开展专项执法巡查，及时处理水事违法行为。针对少数建设工地乱倒建筑垃圾和偷排泥浆的行为，支队会同河道管理部门加大主要河道、重点河段的巡查力度与频次，在重要河道安装监控。支队针对苏州湾所辖区域建设任务重、产生泥浆多等特点，深入施工单位，提前摸清产生泥浆的数量、处置和运输方式等，组织召开会议，要求相关单位加强泥浆排放管理，并坚持每周不少于2次的定期或不定期巡查。支队会同吴中大队先后5次对“古北雅园外侧滩地环境整治工程”项目进行专项巡查；此外，支队还会同吴中大队对太湖东（西）山开展码头建设专项巡查。高新区为加强太湖大堤管理，组织力量铲除擅自在大堤管理范围的违法种植作物。

2016年，苏州市开展市区重大工程涉水建设专项执法检查、执法清障月专项检查、“护江2016”专项执法以及水行政执法推进月等多项专项执法行动。执法清障月活动中，全市共出动执法巡查人员2764人次，执法车565车次，清除违章搭建595平方米，拆除河道筑坝143条（限期拆除122条），清除渔网、地笼等240处，清除阻水障碍18处，清除杂船153条，立案查处5起。

2017年，苏州市积极开展专项执法行动。组织开展“河湖保护专项执法”“城区水务专项执法”和“水环境百日专项执法”等3个专项执法行动。

2018年，苏州市围绕“四清四乱”和“三乱整治”等，开展专项执法检查和整改查处行动。本次行动共查处涉水违法256起，清除违法设障295处，违法堆放81处，整治入河排污口14个，整治排泥场123个，取缔码头22个，立案30起。依法查处苏浙界太湖乔溇段水域违法搭建行为，依法拆除东太湖大堤观鸟台、太湖南箭岛圈圩、马舍山违法建筑等，依法制止侵占独墅湖湖中坝埂行为，完成漕湖综合整治违法堆岛补救措施（占补平衡）项目验收等。

2019年，中央要求，自2018年起，用三年时间，在全国集中开展扫黑除恶，整治社会不稳定因素。苏州市水务局扫黑除恶专项工作在市扫黑办统一部署下，成立“苏州市水务局扫黑除恶专项斗争领导小组”，于支队设办公室，在局系统组织开展扫黑除恶专项斗争工作。重点在工程招投标、施工、长江河道采砂、河湖管理等领域开展扫黑除恶专项斗争。共组织制作扫黑除恶固定宣传标语8条，横幅24条，大型宣传牌2幅，宣传栏2期。发放应知应会3000余份，宣传册700份，防套路贷宣传册300份。印发《加强扫黑除恶专项斗争线索摸排工作的通知》，部署线索摸排，全年共组织24次线索摸排。

2020年，苏州市集中开展多项执法专项行动。支队组织开展混凝土企业用水、涉水建设、建筑工地和汽修行业排水专项执法，配合河道部门开展河道沉杂船专项整治，发放整改通知单23份，立案13起，罚没款24.95万元。开展“水行政监督检查暨水政执法专项行动”，水利工程建设安全生产及质量监督专项执法检查活动，水土保持专项执法检查。推动“两违三乱”整治销号，水政、渔政、水警联合执法，对35处违法侵占太湖水域的搭建物予以集中拆除。部级9个“清四乱”、省级45个“三乱”先后完成整治和验收，市级1369处“两违”和201处“三乱”全部完成销号，完成率100%。

表14-6　2011—2016年苏州市水行政专项执法统计

年份	出动执法巡查人数（人次）	出动执法巡查次数（次）	现场处理水事违法违章行为（起）	现场梳理水事违法违章立案（起）
2011	18825	7914	816	69
2012	14445	5540	790	43
2014	19359	7443	430	33
2015	29419	11274	587	48
2016	34808	12661	558	27

注：资料来源于《苏州依法治水战略研究》，2018年6月12日。

三、联合执法

1997年，苏州市水政监察机构组织在望虞河、太浦河联合执法清障行动，彻底清除鱼簖、渔网等行洪阻碍物500多处，并加强对水利工程的保护，查处各类水事案件近50起，责令赔偿1.25万元，刑事处罚2人，追回款物1.2万元，挽回经济损失25万元，有效地保护水利工程管理范围内的权益和水利设施。

2005年，苏州市水政监察机构发布《关于建立联合执法巡查制度的通知》，为加大水事违法违章行为的查处力度，支队、大队建立联合执法巡查制度，按照统一管理与属地管理相结合的原则，由市水政监察支队负责组织实施，各大队、中队参加。2005年11月，为加强对太湖和太浦河、望虞河的管理和保护，发挥太湖局和江苏、浙江、上海水行政执法队伍的合力，制定太湖流域“一湖两河”水行政执法联合巡查制度。太湖局水政监察队伍和两省一市水政监察总队及一湖两河沿线水政监察队伍在一湖两河管理范围内联合开展的水行政执法巡查。

2007年，苏州市积极开展执法巡查。支队组织各市、区大、中队对长江、太湖等主要河湖进行7次联合执法巡查，参加省和太湖局联合执法巡查4次。通过联合巡查和自身巡查共发现各类水事违法违章35起。其中，市支队立案查处3起，责成市、区大队立案查处8起，现场解决14起。

2014年，全市开展河湖执法清障月活动、太湖苏州湾水域联合执法清障活动等活动。

2015年，支队会同张家港、常熟大队对长江、望虞河等重点水域开展联合巡查，查处长江航道局在铁黄沙综合整治施工中的非法采砂行为。2月，支队及吴中大队联合城管对吴淞江涉嫌堆土行为进行调查。3月，支队联合渔政、水警和吴中太湖新城管委会对苏州湾东山大道附近水域进行联合清障。5月，支队会同吴中大队对太湖沿线开展联合执法巡查，发现东山长拆码头旁有船舶正在太湖边堆土，当即由吴中区水利(水务)局联系东山水利站了解情况并责令立即停工。6月，支队会同太仓大队联合巡查苏沪交界水域，加强边界水事秩序管控。

2016年，苏州市健全联合执法机制，加大长江采砂管理力度。沿江三市均建立与长航公安、海事、海警等联合执法机制，做到信息互通，资源共享。常熟市水政大队，按照六方联合执法方案，把打击长江非法采砂作为水政执法的重要内容，信息共享，及时联动，共同打击长江非法采砂活动，开展联合执法10余次。张家港联合长航公安开展夜间执法巡查和打击行动。太仓联合上海市水务执法总队开展联合巡查，共同打击苏沪边界非法采砂行为。

2017年，苏州市落实河长制改革任务，推进联合执法。根据联合执法巡查机制，组织有关单位对长江、太湖、阳澄湖、望虞河、太浦河、七浦塘等主要河湖开展联合执法巡查。

2018年，苏州市开展“古城区河道联合执法巡查”，联合环保、城管，以及市供排水处、河道管理处等部门(单位)，对古城区重要河道，定期开展联合巡查，对向河道抛撒垃圾、排放污水油污等违法行为进行综合执法。年内共组织7次专项巡查，巡查朱公桥弄、阊门内下塘、学士河、中市河等沿河街道的雨污排放、垃圾抛洒、油烟排放等情况，出动联合执法人员100人次，执法车45车次，发放整改通知单35份(其中水政支队33份、市城管2份)。

2019年，苏州市认真开展联合执法巡查，主动与区河长办、城管、环保、住建以及河道、供排水等部门联合联动，实现联合执法巡查制度化、常态化。累计开展联合执法巡查活动15次，召开联席会议4次，发出限期整改通知单22份，配合姑苏区对里双河25处违章搭建物实施强制拆除。

2020年，苏州市继续推进区域联合执法。苏州市和无锡市、泰州市、南通市签订《长江河道采砂管理水政联合执法协议》。太湖局无锡水资源中心、苏州、湖州、无锡、常州签订《太湖岛屿监管水行政执法协同工作机制》。同时，苏州市坚持打好河湖“两违三乱”收官之战，开展集中执法检查，推动“两违三乱”整治销号，水政、渔政、水警联合执法，对35处违法侵占太湖水域的搭建物予以集中拆除。按照有关销号规程，配合开展销号工作。部级9个“清四乱”、省级45个“三乱”先后完成整治和验收，市级1369处“两违”和201处“三乱”全部完成销号，完成率100%。

四、打击长江非法采砂

1998年，省人大常委会颁布《关于在长江江苏水域严禁非法采砂的决定》。是年，苏州市政府办牵头，市水利、公安、交通等部门组成联合执法队伍，对苏州长江流域进行执法巡查，打击非法采砂活动。

“十五”期间，随着苏州市沿江开发力度不断加大，长江河道工程类采砂项目增多，苏州市重点加深对抽砂吹填项目的监管，专门成立监管工作领导小组，成立采砂管理机构，加大对人、财、物的保障；购买执法船艇；太仓市首先建立苏沪边界执法基地，用于打击长江非法采砂；严格落实监管制度，依照《长江河道采砂管理条例》，制定采运砂船舶管理制度、监管人员岗位责任制、开采量日报制度等一套监管制度、监管程序和工作流程；加强检查和现场监管；加强对吹填施工区域昼夜间联合打击活动，维护长江河道的正常水事活动。

2001年，在打击长江非法采砂行动中，共出动执法人员851人次，执法船只99艘次，抓获采、运砂船59只，罚款55.7万元。

2002年，为确保长江安全度汛，张家港、常熟、太仓三市防汛指挥部根据江苏省防汛指挥部《关于集中严厉打击长江非法采砂的紧急通知》，多次组织公安、水利、交通等部门采取联合行动，共出动执法人员约900人次，执法船只约100艘次，抓获采、运砂船只50只，拆毁采砂设备55套，罚款30万元。

2003年，为确保长江安全度汛，张家港、常熟、太仓三市防指根据省防指《关于集中严厉打击长江非法采砂的紧急通知》的要求，多次与公安、水利、交通等部门采取联合行动，共出动执法人员1000余人次，执法船只150多艘次，抓获非法采、运砂船150只，罚款40万余元。

2004年，苏州市及所属沿江三市张、常、太在全省率先成立长江河道采砂管理机构，常态化开展长江非法采砂整治，适时开展“联合巡江”“集中整治”“护江行动”“清江行动”等专项打击行动，严格落实巡查制度，对重要水域、敏感水域加强巡查。加强对禁采和吹填的监管，维护河势稳定和防洪通道的安全。积极开展联合执法行动，与长航公安、海事部门建立联合执法机制，始终保持打击长江非法采砂的高压态势，非法采砂行为逐步减少。

2005年，苏州市严厉打击长江非法采砂，全面抓好“清江”“巡江”行动，共出动执法巡查人员1785人次，执法船236航次，抓获非法采砂人员190人次、非法采砂船47条，拆除采砂设备52套，罚没款80余万元，江砂禁采工作取得明显成效。至2005年底，队伍建设方面，苏州市的支队和沿江三市执法人员共45名，平均年龄36岁。其中，大学文化程度人数14名、大专文化程度人数25名、高中文化程度人数6名，专职人员42名，正式人员37名、聘用人员5名、临时人员3名。装备建设方面，支队和沿江三市有执法基地1个、执法艇3艘、执法车辆7台、电脑30台、电话机22部、传真机4台、复印机2台、普通照相机4个、数码照相机8个、普通摄像机3个、数码摄像机4个、录音器材5个、实时监控系统1套、扫描仪2台、望远镜2个及手机、对讲机若干部。

2006年，以监管与整治相结合，打击长江非法采砂取得明显成效。全市打击长江非法采砂共出动执法巡查人员715人次，执法船164航次，抓获非法采砂人员190人次、非法采砂船47条，拆除采砂设备52套，罚没款62万余元。

2007年，坚持打击长江非法采砂，全市出动执法巡查人员1137人次，执法船（车）80航（车）次，抓获非法采砂船28条、非法采砂人员170人，拆除采砂设备26套，罚没款35.8万元，维护长江河势稳定。

2008年，全市加大对水事违法案件的查处力度，积极开展专项整治活动，高度关注长江、太湖、望虞河、太浦河、阳澄湖、澄湖等主要河湖，开展长江河道采砂管理集中整治月行动，重点对非法采砂、违章取水、擅自建设涉水工程等违法违章行为进行查处。

2009年，打击长江非法采砂抓获非法采砂船

30余条，拆除采砂设备40余套，罚没款71万元。

2011年，查办望虞河太湖喇叭口堆土案、漕湖堆岛案、吴江不夜城假日酒店违章搭建等重大水事案件，严肃查处东太湖工程建设串投标案。

2012年，高度重视长江河道采砂管理工作，出动水政监察艇78航次、执法车509车次、巡查人员1579人次，罚没款172万元。

2014年，全市开展长江河道采砂集中整治月，现场处理长江采砂案7起、水务案6起。

2015年，查办长江航道局铁黄沙综合整治工程一标段项目部长江非法采砂案和苏州太湖旅业发展有限公司围湖造地案。

2016年，开展联合打击长江非法采砂78次，抓获非法采（运）砂船4条，罚没款32万余元。重点查办中铁十六局在轨道交通3号线施工中擅自向河道排放泥浆、太湖吴江七都段违法建设朝风台工程等案件。

2017年，开展长江采砂专项执法巡查22次，查处非法采砂案3起，抓获非法采砂船14条，罚没款39万元，3名非法采砂人员被行政拘留。

2018年，开展长江采砂专项执法巡查23次，查处非法采砂案8起，抓获非法采砂船14条，罚没款39万元。

2019年，与南通市签署长江苏通段交界水域水政执法巡查联合联动协议，合力打击长江非法采砂。突出大保护，抓专项行动，打击长江非法采砂，落实地方政府行政首长负责制，在长江委、苏州市水网上主动公开行政责任人、水行政部门负责人、现场监管三级责任人名单，层层压实责任。3月，苏州市分管副市长蒋来清带队巡江并召开专题部署会议。全年围绕“清江行动”“江阴大桥以下双查行动”“苏通交界水域执法巡江行动”“国庆期间清江护江行动”等，开展专项打击行动34次，全市查获非法采砂船49艘、非法运砂船14艘，立案19起，罚款166万元。开展专项执法巡查34次，查处非法采砂案19起，抓获非法采砂船49艘、非法运砂船14艘。

2019年以来，苏州市保持高压严打，全面落实长江禁采工作。开展“护江行动”“清江行动”等专项巡查行动，继续加大苏沪、苏通边界水域联合巡查力度，与无锡、南通、泰州、上海联合开展“两岸四地”联合清江行动。开展进驻式督导工作。以“四不两直”督导为手段，抓住薄弱环节，寻找突出问题，严管严控采砂船擅自停靠、移动，严格按照“一船一档”要求规范处置涉案采砂船舶。联合市公安局、交通运输局、长航公安苏州分局下发《关于印发长江苏州段河道采砂综合整治行动实施方案的通知》，通过整治行动动态掌握“三无”采砂船数据，全市停泊点内“三无”采砂船清零，配合做好沿江两岸非法砂场、接卸点清理整治，防范发生非法采运砂石交易行为。

2020年，苏州市和无锡市、泰州市、南通市签订《长江河道采砂管理水政联合执法协议》，推进长江流域联合执法。组织“水行政监督检查暨水政执法专项行动”，按照梳理“管理清单”、排查“问题清单”、挂牌“查处清单”的行动路线，在强化监督检查的基础上，严肃查处典型违法行为。

五、案件查处

苏州市自90年代开展水行政执法体系建设以来，各级水行政执法队伍在广泛宣传水法规，提高全民水法规意识的同时，加大执法力度，严肃查处一大批各类水事违法案件，有效地维护水利管理秩序，为推动苏州市水利事业的发展和保障社会稳定发挥重要作用。

自1990—1998年底，全市共发生各类水事违法案件1037件。其中，河道案223件，水工程案558件，水资源案181件，水土保持案38件，其他案37件。其中，已处理案件955件，结案率为92%，处理违章人员1600余人，拆除占用堤防、河道的违章建筑100多处5000多平方米，清理堤防乱垦乱种800多处500多公顷，罚款50多万元，挽回经济损失400余万元，同时每年还根据防汛指挥部统一部署，联合公安、交通、渔政、港监等有关部门，对望虞河、太浦河等行洪河道进行清障。

2001年，全市共查处违章建筑142.5平方米、违章取土5起、违章占用86处、违章垦种7亩，罚款24.7万元，水事秩序明显好转。各地还着重加大对非法凿井案和无证取用地下水案的查处力度，共查处非法凿井案2起，并在媒体上进行曝光。在防汛清障行动中，共清除笼梢网、鱼簖、渔网213余处。

2002年，全市各地不断加大巡查力度，全年共查处水事违法案件60起，水事秩序明显好转。全市各级水政监察队伍为配合防汛工作，保障安全度汛，开展对主要行洪河道的防汛清障工作，共清除笼梢网、渔网、鱼簖310处。

2004年，全年共出动执法巡查人员6359人次，巡查2991次，现场处理水事违法违章行为184起，其中违章建筑49起、违章取土55起、违章凿井14起，乱垦乱种1.63公顷，渔网、鱼簖245处，立案查处42起。水事违法案件查处率达95%，水事秩序明显好转。

2005年，全市共出动执法巡查人员7298人次，巡查3035次，现场处理水事违法违章行为161起，立案查处27起，主要有违章建筑21起、违章取土15起、违章占用43起、违章凿井16起，罚没款60余万元，有效地维护水事秩序。

2006年，全市共出动执法巡查人员11208人次，巡查4948次，现场处理水事违法违章行为178起，立案查处74起，其中水资源案14起、水工程案17起、采砂案19起、其他案24起，罚没款82.87万元。

2007年，全市共出动执法巡查人员1.12万人次，巡查6000次，现场处理水事违法违章行为250起，立案查处水事案件58起，罚没款71万余元。

2008年，全市共出动执法巡查人员10302人次，巡查5850次，现场处理水事违法违章行为231起，立案查处水事案件106起，其中水资源案10起、河道案57起（含采砂案44起）、水务案39起，罚没款126.68万元。对立案查处的案件，都严格执行法定程序，基本做到事实清楚、证据确凿、适用法律准确。

2009年，全市全年立案查处水事案件96起，其中河道案24起、水资源案6起，采砂和水务等其他案件66起，罚款149.1万元。

2010年，全市全年立案查处水事案件68起，其中河道案14起、水工程案1起、水资源案13起、长江采砂案15起、水务案25起，罚款132.4万元。

2011年，全市累计出动执法巡查人员17042人次，巡查7163次，现场处理水事违法违章行为792起，立案67起，罚款465万元。

2012年，全市全年共出动执法巡查人员14445人次，巡查5540次，现场处理水事违法违章行为630起，立案43起，罚款237.4万元。

2013年，全市全年查处水事违法违章行为645起，立案49起，罚没款302万余元。特别是查处苏州市区临顿河悬桥段偷排泥浆案，得到社会各界关注，警示效果好。

2014年，全市累计出动执法巡查人员19359人次，巡查7443次。立案查处水事案件33起，其中水资源案7起、河道案12起、水工程案1起、其他案件13起。

2015年，全市全年共出动执法巡查人员29419人次，巡查11274次，现场处理水事违法违章行为587起，立案48起（其中处罚20起），罚款120万元。

2016年，全市全年共出动执法巡查人员34808人次，巡查12661次，现场处理水事违法违章行为558起，立案27起，罚款50.2万元。水事案件查处取得新突破。

2017年，全市全年共查处立案45起，其中，支队立案4起，张家港立案7起，常熟立案2起，太仓立案3起，昆山立案3起，吴江立案5起，吴中立案8起，相城立案10起，苏州高新区1起，苏州工业园区立案2起。

2018年，苏州市推进挂牌督办违法项目查处销案工作。依法对太湖乔溇段水域违法搭建开展调查处理，依法拆除东太湖大堤观鸟台、太湖南箭岛圈圩、马舍山超许可建设等违法建筑，依法制止侵占独墅湖湖中坝埂行为，完成漕湖综合整治违法堆岛补救措施（占补平衡）项目验收等。全市共开展执法巡查11236次，制止或查处水事违法行为2416次，立案83起，罚款126.32万元，收缴违法所得64.36万元，追缴水资源费43万余元。

2019年，苏州市加大执法巡查力度，严肃查处水事违法行为。年内共组织执法巡查6次，出动执法人员66人次，执法车辆14车次，执法艇11船次。完成太湖所有主岛和望虞河、太浦河、阳澄湖、娄江、澄湖、淀山湖等8条流域性骨干河道以及31处重点湖泊的执法巡查。全市全年共现场查处（制止）水事违法行为944起，立案80起，结案78起，罚款281.83万元，收缴违法所得97.6万元，清除违章搭建约12.8万平方米，清除违章占用约3.8万平方米，清除渔网、鱼簖3000余处。水利部下达的9项"清四乱"任务全部完成，太湖局"一湖两河"74处疑似"四乱"问题，完成整治64处，省下达的45处"三乱"整治任务完成44处。

2020年，全市共开展水政执法巡查12506次，出动执法人员31780人次、执法车辆11618车次、执法艇835船次。长江采砂管理方面，建立边界水域联合联动协同执法机制，开展水政执法巡江725次，出动执法人员2058人次、执法艇81船次、执法车688车次。全市共现场查处水事违法行为为591起，立案73起。

表14-7 1991—2020年苏州市各类水事违法案件立案查处情况（选年）

单位：件

年份	河道案	水工程案	水资源案	其他
1991	25	317	10	18
1992	52	35	0	13
1993	23	12	4	7
1994	19	22	2	7
1995	11	25	5	3
1996	16	24	33	2
1997	34	15	68	1
1998	28	15	59	1
2004	11	7	21	3
2006	0	17	14	43
2007	0	12	21	25
2008	13	0	10	83
2009	24	0	6	66
2010	14	1	13	40
2011	13	2	15	37
2012	8	1	20	14
2013	17	2	16	14
2014	12	1	7	13
2018	42	1	9	31

续表

年份	河道案	水工程案	水资源案	其他
2019	18	1	3	58
2020	19	0	5	49

表14-8 2009—2020年苏州市水行政执法案例情况

编号	标题	时间
09100401	吴江市同里镇政府填埋湖泊建设码头案	2009.10.22
09100402	苏州市吴中区八斤蟹业专业合作社擅自建设涉水工程案	2009.10.22
10040401	徐安昌擅自拆除公告供水设施案	2010.4.15
10050401	好运来集团填埋东下沙荡案	2010.5.12
10070401	苏州工业园区港田市政工程有限公司擅自取土案	2010.7.26
10080401	速走综合物流园开发建设投资有限公司未按行政许可要求占用河道施工案	2010.8.25
10090401	苏州齐鲁建设工程有限公司擅自在淮阳河河道内铺设管道案	2010.9.14
10090402	刘德文擅自在河道内铺设管道排放泥浆案	2010.9.14
10090403	苏州中航万科长风置业有限公司擅自改建长风技校桥案	2010.9.30
10120401	苏州第二市政工程有限公司擅自筑坝阻断河道案	2010.12.30
10120402	锦池洗车行擅自开凿泄浅层地下水案	2010.12.25
11040401	苏州同济医院有限公司违法排水案	2011.4.15
11080401	刘德文擅自在河道内铺设管道排放泥浆案	2011.8.5
11080402	安徽水安建设集团股份有限公司在吴中东太湖综合整治堤线调整吹填工程一标段串投标案	2011.8.15
11080403	群玉洗车场擅自开凿浅层地下水井案	2011.8.5
11080404	旭达汽车服务公司擅自开凿浅层地下水井案	2011.8.5
11080405	雷鑫汽车修理服务部擅自开凿浅层地下水井案	2011.8.5
11080406	徽信保时汽车饮品店擅自开凿浅层地下水井水案	2011.8.5
11080407	甲客一站式汽车服务部擅自开凿浅层地下水井水案	2011.8.5
11080408	兄弟汽车美容装饰中心擅自开凿浅层地下水井水案	2011.8.5
11090401	苏州永春建设发展有限公司向雨水管网排放泥浆案	2011.9.20
11090402	安徽水安建设集团股份有限公司在吴江市东太湖生态清淤及取土工程四标、五标串投标案	2011.9.15
11090403	苏州市永利工程有限公司在吴江东太湖生态清淤及取土工程四标、五标串投标案	2011.9.15
11100401	苏州市宏大建设工程有限公司在吴中东太湖综合整治堤线调整吹填工程一标段串投标案	2011.10.13
11100402	苏州发达市政工程有限公司在吴江市东太湖生态清淤及取土工程二标、三标串投标案	2011.10.13
11100403	苏州市宏大建设工程有限公司在吴江东太湖生态清淤及取土工程一标、五标串投标案	2011.10.13
11120401	崔保平未经许可在河道内铺设管道案	2011.12.20
12070401	杨树李擅自取用浅层地下水案	2012.7.15
12070402	苏州嘉运实业有限公司违法排水案	2012.7.15
12070403	苏州太湖牧业有限公司违法排水案	2012.7.15
12090401	苏州齐鲁建设有限公司排放泥浆案	2012.9.26

续表

编号	标题	时间
12090402	施正兴擅自在长江白茆沙水域非法采砂案	2012.9.3
12090403	江辉擅自在长江白茆沙水域非法采砂案	2012.9.3
12090404	沈志荣擅自在长江白茆沙水域非法采砂案	2012.9.3
12090405	黄永华擅自在长江白茆沙水域非法采砂案	2012.9.3
12090406	李勇擅自在长江白茆沙水域非法采砂案	2012.9.3
12090407	上海石洞口围堤开发工程有限公司擅自在太仓长江荡茜口吹填采砂案	2012.9.3
13050401	苏州市能工基础工程有限公司向临顿河悬桥河排放泥浆案	2013.5.31
13060401	山东水利建设工程有限公司分包部分水利工程案	2013.6.5
13090401	陈幼明擅自取用地下浅层地下水案	2013.9.5
13090402	朱大海擅自取用浅层地下水案	2013.9.5
13090403	李春伟擅自取用浅层地下水案	2013.9.5
14010401	魏书磊向西塘河排放泥浆案	2014.1.28
14010402	苏州齐鲁建设工程有限公司向金巷桥河排放泥浆案	2014.1.14
14010403	上海申西储运有限公司向新莲河排放泥浆案	2014.1.27
14060401	苏州车之妆汽车美容有限公司擅自开凿浅层地下水井并取用浅层地下水案	2014.6.30
14060402	苏州市宏大建设工程有限公司向东太湖卸驳淤泥土案	2014.6.30
14060403	中铁上海工程局有限公司苏州西环快速路北延工程项目经理部向十图浜排放泥浆案	2014.6.30
14060404	上海星宇建设集团有限公司擅自开凿浅层地下水井并取用浅层地下水案	2014.6.30
14120401	苏州工业园区卡马仕汽车服务有限公司取用浅层地下水案	2014.12.12
15040401	长江航道局铁黄沙综合整治工程一标段项目部长江非法采砂案	2015.4.10
15100401	苏州太湖旅业发展有限公司围湖造地案	2015.10.26
16080401	中铁十六局苏州Ⅲ—TS—08标项目部向吴宫港排放泥浆案	2016.8.10
17030401	中铁上海工程局有限公司擅自占用平江新城斜河浜河道案	2017.3.10
17070401	计根龙沿湄长河搭建平台和钢制台阶案	2017.7.1
17120401	苏州逸浩市工程有限公司向西塘河新塘桥段北侧河道排放泥浆案	2017.12.25
18080401	关于对太湖乔溇段水域建设架空建筑物、渔民搭建渔业用房等实施行政强制拆除的请示	2018.8.2
18080402	独墅湖坝埂拆除会商会纪要	2018.8.3
18080403	常熟古建园林股份有限公司擅自启用消防栓水案	2018.8.28
19030401	苏州风景旅游发展有限公司擅自填堵占用平江新城友谊河河道案	2019.3.25
20010401	苏州市富利峰建材有限公司擅自从大运河中取水案	2020.1.20
20010402	苏州市嘉达混凝土制品有限公司擅自从界浦河河道中取水案	2020.1.20
20070401	江苏省交通工程集团有限公司向外塘河（工业园区段）排放泥浆案	2020.7.28
20070402	苏州市华联燃料物资供应中心擅自取用地下水案	2020.7.28
20070403	苏州市三角咀生态园开发有限公司擅自损毁西塘河堤防案	2020.7.28
20080401	长江南京航道工程局涉嫌未经水行政主管部门许可擅自在长江河道内弃置泥砂案	2020.8.28
20090401	薛亮涉嫌向西塘河排放泥浆案	2020.9.29
20090402	张家港华达码头有限公司涉嫌未经水行政主管部门许可擅自在长江河道内施工案	2020.9.28
20090403	张家港永恒码头有限公司涉嫌未经水行政主管部门许可擅自在长江河道内施工案	2020.9.28

续表

编号	标题	时间
20090404	张家港港新重装码头港务有限公司涉嫌未经水行政主管部门许可擅自在长江河道内施工案	2020.9.28
20090405	江苏省中油泰富石油集团有限公司涉嫌未经水行政主管部门许可擅自在长江河道内施工案	2020.9.28
20090406	张家港浦项码头有限公司涉嫌未经水行政主管部门许可擅自在长江河道内施工案	2020.9.28
20120401	苏州恒鼎市政工程有限公司向南园河排放泥浆案	2020.12.24
21010401	周学新未经批准从运河河道取水案	2021.1.23
21070401	苏州平泰置业有限公司未取得污水排入排水管网许可证排放污水案	2021.7.8
21090401	苏州口腔医院有限公司平江院区未取得污水排入排水管网许可证排放污水案	2021.9.7
21100401	苏州恒鼎市政工程有限公司涉嫌向相城区北桥街道思桥后浜河（盛北花园十区北）非法排放泥浆案	2021.10.15
21100402	苏州瑞恺福工程有限公司擅自从河道取水案	2021.10.26

第十五章　水利经济与财务（审计）

1991年后，苏州市充分发挥区位、行业存量资源优势，水利综合经营工作持续发展。1992年邓小平南方谈话后，水利系统新办企业发展迅猛，相继成立市水利经济协作公司、市水利经贸公司、市宏禹公司、市水利物资供销公司、市水利经济总公司等。同时借鉴乡镇企业灵活的经营机制和国有企业规范的管理体系，形成整套管理考核制度，并吸收改革成功经验，从承包责任制到厂长（经理）年薪制、租赁经营制，最大限度地调动经营者积极性。综合经营对巩固水利管理队伍，促进水利建设，增加国家和集体收入，改善职工福利发挥了有利影响。世纪之交，为适应经济环境的改变，产权制度改革成为企业的转型出路。水利企业改制工作按照“尊重实践，分类指导，把握时机”的工作思路，规范做好方案制定、资产评估、产权界定、变现资金使用、债权债务处理、职工安置等各项工作。财务管理方面，苏州市水利系统规范开展系统内的财务收支审计和经济责任审计，加强内管干部经责审计和离任审计。规费征收、财务管理与审计的规范化、制度化，对巩固水利管理阵地，促进水利事业发展发挥了重要作用。

第一节　综合经营

水利经济就是水利工程管理单位利用管理范围内的自然资源、设备、技术、劳力、资金和信息开展综合经营的一项副业生产活动。水利肩负着艰巨的社会职能，包括流域治理、防汛抗旱、农田基本设施建设等，任务重，经费紧，职工劳动强度大，福利收入低。七八十年代，国家水利投资减少，水利部提出采用“两个支柱，一把钥匙”的方针，来发展壮大水利经济，弥补经费不足。苏州市基层水利事业单位纷纷利用原有的土地、房屋、设备、技术，创办许多经济实体，补足事业经费，解决子女就业，稳定职工队伍，促进水利建设更好地为社会发展服务。

一、发展概况

改革开放后，苏州市水利系统广大干部职工解放思想，勇于探索，按照“一主多副、以副养水”“以闸养闸”“以堤养堤”的方针，逐步发展水利综合经营。1981年，水利部提出把综合经营作为水利管理工作三大任务之一。其后，苏州市水利局成立水利工程综合经营公司，各县（市、区）也先后建立综合经营股（站、公司），并不断完善规章制度，加强企业管理，优化产品结构，增强经营活力。至80年代末，综合经营已成为水利管理中的重要经济支柱。

进入90年代，随着国家经济政策的调整，市场经济的活跃，水利系统把综合经营这一传统项目定性为“水利经济”，并赋予新的内涵，把它列为水利系统的支柱，与水利建设一样列入水利局的议事日程。因此，全系统水利经济迎来新的发展机遇和高潮。

1991年后，水利工程管理系统从上到下形成管理服务的经济实体，经营触角扩展到机械设备、电力设备、电子元件、丝绸服装、包装材料、建筑材料、汽车修理、乡镇供水、商贸服务等多个行业。苏州市充分利用存量资产发展物业，提高资产的利用率和资产收益率，促进资产收入的稳步增长；通过土地置换、泵站建设、工程改造等手段，进行综合开发，扩大产业和经营规模，增强经济实力；充分发挥水利行业水土资源优势，建设发展稳定可靠的财源，拓展生存空间；各地在做好水利资源开发利用的近期和中长期规划的基础上，充分利用水利设施、水利工程、水域、土地、滩地、岸线等资源性资产，统筹兼顾、合理开发，发展港口、码头和物流仓储等产业，不断拓展水利经济的发展领域。

1992年，苏州市各级水利部门把发展综合经营，作为深化水利改革、发展水利事业的重要内容来抓。1月15日，为促进全市水利综合经营持久、稳定、健康发展，苏州市水利局印发《苏州市水利综合经营管理费收取办法》。4月27日，市水利局公布首批苏州市水利综合经营骨干单位，有张家港市水利机械厂、常熟市水利局工程公司、昆山市抗排队、吴江市震泽水利站、吴县长桥水利农机站、苏州市涂装机械厂等。全市与美国等一些国家创办合资企业9家，和中国香港、台湾等地区创办合资企业8家，市、县（市、区）两级创办公司20多家，各级新增企业200多家，全市投入发展综合经营资金4000多万元。全市260多个乡以上水利管理单位已全部办成经济实体，实现服务专业化、经营实体化。全市水利综合经营的总收入突破6亿元，有效稳定了水利队伍，促进水利事业在改革开放新形势下的健康发展。

1993年，苏州市水利系统广大干部职工坚持一手抓好水利本职工作，一手抓好综合经营，做到主业不放，副业不松，全市重点水利工程管理单位和165个乡水利站全部开展综合经营。2月13日，苏州市计划委员会同意建立苏州市水利经济协作发展公司，主营房地产开发、经营与租赁、系统内水利基础产业及经营的投资与开发、兼营金属材料、建材装饰等。该年，全市投入技改、扩大规模和新建企业基础设施的建设资金1.6亿元，市、县（市、区）两级新办实体30多家，与美国等国家和中国香港、台湾等地区创办合资企业9家，正式投产8家。经过努力，全市一年共创综合经营总收入13.22亿元，实现利润8278万元，分别是1992年的2.2倍和2.07倍，苏州市水利局、吴江市水利局被评为全国水利综合经营有突出贡献单位，受到水利部嘉奖。

1994年6月27日，建立苏州市水利经济发展总公司，总公司隶属于苏州市水利局，实行独立核算，自负盈亏。总公司下属苏州市水利物资站、市水利经济协作发展公司、市水利经济贸易公司、市华星经济贸易公司、市水利物资供销公司、市江湖开发公司。同时，水利管理部门在搞好水利工程管理的基础上，充分利用水利系统水土资源、人才技术、设备设施等优势，因地制宜发展经济，创办经济实体和企业，苏州市水利工程范围内的土地利用率达70%，水面利用率达75%。增办的实体和企业有100多个，年递增率近25%。用于技术改造和扩大生产规模的资金每年有7000多万元。吴江市水利变压器厂投入1200万元进行技改，试制的3.5万伏级2万千伏安变压器投入市场。1994年，苏州市水利经济总收入17.6亿元，利税1.39亿元，总收入比1993年增长57%，利税在调资因素增加、社会保险费用加大的情况下，仍增长11%。

1995年1月19日，水利部副部长严克强到苏考察吴江市水利综合经营，对苏州市发展水利综合经营的经验和做法给予充分肯定。5月10—11日，苏州水利局在常熟召开全市水利经济工作会议，会议组织参观常熟何市水利站、唐市农机站等单位的经济实体，交流经验，各市水利局局长、综合经营站长和部分骨干企业代表参加会议。5月19日，全国水利经济工作会议在吴江开幕，23日在南京结束。其间，参观吴江、吴县、张家港市的现场，水利部领导和与会代表对苏州市水利经济和农田水利建设给予高度评价。5月28日，在上海市召开的全国水利经济工作会议上，苏州市的吴江市、常熟市被评为全国水利经济十强县（市）中的第3和第5名，张家港被评为全国水利经济先进县（市）。6月5日，苏州市水利局公布1994年水利综合经营管理工作的考核情况，吴江市获一等奖，荣获“综合经营优秀管理单位”称号。

1996年3月11日，为加强行业管理，更好发挥县市级职能管理部门的作用，市水利局印发《苏州市县（市）级水利综合经营管理工作考核办法》。考核内容包括管理工作、主要经济指标、统计工作、安全管理工作与荣誉获得情况五部分。3月18日，市水利局转发《江苏省水利综合经营奖励办法》。5月8日，市水利局公布考核结果，吴江市获一等奖，荣获“综合经营优秀管理单位”称号。5月28日，市水利局印发《关于对1995年水利综合经营工作进行奖励的通知》，奖励吴江市水利局19000元，昆山市水利局17000元，张家港市水利局14000元。全市本年完成综合经营总收入22.57亿元，比1995年增长12.8%；实现利润1.4亿元，利税1.66亿元，分别比1995年增长16.6%和10.6%，速度和效益同步增长。全年利税超千万元的企业有2个，利税超百万元的有27个。全市水利经济的固定资产原值达10.3亿元，净值达7.6亿元，总资产17.1亿元，均比1995年增长20%以上，实现国有资产保值增值。

1997年，由于国有企业的改革力度加大，乡镇工业改制全面启动，水利经济发展面临前所未有的挑战，在夹缝中求生存，在困难中求发展，昆山市已有15家企业实行改制，吴江市完善经济承包责任制，做到权力分配、责任分担、利益分享相统一。1997年全市完成水利经济总收入24亿元，实现利税1.66亿元，与1996年基本持平。

1998年，苏州市水利企业进一步加大改革力度，建立新的运行机制，完成改制企业143家。其中，建立有限责任公司11家，股份合作制15家，动产拍走不动产租赁47家，出售转让24家，关闭46家，盘活大量沉淀资产，总量超过5000万元；通过扭亏增盈，不断夯实发展后劲。抓住产业政策机遇，大力发展乡镇供水事业，继常熟、吴县之后，昆山、太仓的乡镇供水又发展3家，总数达到10家，成为水利经济新的增长点。不断提高管理水平，加强技术革新，吴江变压器厂、常熟市第四无线电厂、常熟市水利工程公司等一批骨干企业继续保持良好的发展态势。全市完成综合经营总收入23亿元，实现利税1.34亿元。

1999年，苏州市水利企业进一步解放思想，加大改革力度，全市累计完成改制企业246家。其中，建立有限责任公司20家，股份合作制18家，租赁经营54家，出售转让34家，其他形式10家，还注销营业执照110家。全市完成综合经营总收入23.2亿元，实现利税1.32亿元。

21世纪初，水利改革进入新阶段，水利从单一为农业服务转化为全社会服务，由工程型水利转化为资源型水利。水利经济（综合经营）逐步调整思路，通过深化改革、强化管理、拓宽工作领域、增强自身经济实力、谋求可持续发展，各基层单位相继完成企业改制。各直属企业先后实行股份制改革，经营型事业单位完成转企改制，水利经济进入积极转型、稳步发展时期。

深化产权制度改革过程中，苏州市从实际出发，因企制宜，选择改制形式，对资产规模较大而有一定潜力的骨干企业，进行规范化的公司制改造，大部分改为有限责任公司；对资产规模一般、生产经营正常的企业，改组为有限责任公司或股份合作制企业；对规模较小的企业采取兼并、租赁、承包、出售等形式，进一步放开搞活；对产品无市场的亏损企业、试行分立重组、部分搞活、破产等手段，实施解困脱贫。在改制中兼顾国家、集体、职工三者利益，尽量使改制对国家，对经营者，对职工都有益，真正达到以改制促发展的目的。为了化解潜在风险，各地还对许多“一脚踢”承包企业进行清理。

2000年，全市水利系统深入开展企业改革工作，通过建立有限责任公司、股份合作制、租赁经营、拍卖等形式，累计完成改制268家，改制面达到86%。其中，改为有限责任公司的有27家，股份合作制10家，租赁经营35家，出售转个人经营73家，其他形式10家，关停113家。

2001年3月，张家港市水利工程公司转制完成，更名为张家港市水利建设工程有限公司。

2003年10月，张家港市水利勘测设计室转企改制，更名为张家港市天源水利设计院有限公司。12月，常熟市水利勘察设计院实行转制，转制后组建成立常熟市水利勘察设计院有限公司。年底，吴江水利房产公司也完成改制工作。

2004年1月，常熟市水利工程公司连同构件厂一起实施产权制度改革。改制后，公司更名为常熟市水利工程有限公司。4月，张家港市民用爆破物品管理服务站实行经营性事业单位转企改制，更名为张家港保税区科奇国际贸易有限公司。5月，江滩管理所实行经营性事业单位转企改制，更名为江滩芦业有限公司。12月，常熟市水利第四工程队实施改制，转制后更名为常熟市河海建设工程有限公司。年内，吴江市水利建筑工程公司和松陵、平望抽水机管理站也相继完成产权制度改革任务。

2005年前后，苏州市综合经营骨干企业，主动适应市场经济的发展形势，已基本完成改制工作，分别改制为股份合作制企业或有限责任公司。经营亏损、维系困难的企业，则相继关闭注销。通过转制、改制等一系列的重大改革举措，基本理顺各基层管理站的体制，水利系统“局办”“站办”企业实现真正意义上的事企分开。

总体来看，在市场经济发展和竞争中，市水利系统综合经营企业经历逐步发展、不断壮大、改制分开的过程。伴随市场经济发展，部分工业企业因产品不能适销市场、设备更新缺少投入、新品开发滞后以及缺乏经营人才等原因，发展后劲不足，于世纪之交纷纷歇业关闭。综合经营的发展与转型，对巩固水利管理队伍，加强工程管理，促进水利建设，增加国家和集体收入，改善职工福利，提供职工子女就业起到重要作用，成为推进水利事业发展的有力支撑。

二、企业选介

苏州市水利勘测设计研究院　1988年9月，苏州市水利局勘测设计室注册成立，企业性质为事业单位，经营方式按照主管局指令性任务文件和委托性任务合同书进行工程规划勘测设计、技术服务。1993年12月，企业更名为苏州市水利勘测设计研究所，企业性质变更为差额拨款事业单位。1995年7月，企业更名为苏州市水利勘测设计研究院。

2003年9月，根据市科研机构转企转制的精神，结合体制改革，启动苏州市水利设计院改制。2004年，更名为苏州市水利设计院有限公司，为股份制企业，经营场所变更为水文局高新区金山路24号（租赁）。2005年主营业务收入约为470万元。2010年办公面积850平方米，主营业务收入约为2500万元。2012年经营场所变更为高新区黄浦街5号（自购），办公面积2200平方米，主营业务收入约为3000万元。2020年经营场所变更为高新区恒轩街19号研发大楼（自建），办公面积8200平方米，经营范围变更为承接乙级水利工程设计、水利工程技术开发、技术转让、技术咨询、技术服务和相关的业务活动；乙级工程测量、乙级工程勘察专业类岩土工程（勘察）（涉及资质的凭资质证书经营）等，年主营业务收入约为6300万元。公司在城市防洪、河道整治、灌溉排涝、引调水、水土保持咨询等方面具有较强的规划和勘测设计能力，在苏州市的水利工程建设、水生态、水环境治理中承担大量的科学研究、工程规划、设计等任务，对平原水网地区水系规划、水利工程设计、水生态、水环境治理具有丰富的实践经验。一批规划可研和勘测设计项目获得省市优秀勘察设计奖。

吴江市水利电力设备厂 1971年7月，吴江县水利机械修配厂在松陵镇三江桥县水利局仓库成立。1988年3月，县水利机械修配厂改名国营吴江县水利电力设备厂，撤销原增挂的江苏省水利工程综合经营公司吴江县水利电力设备厂名称。同年10月，县水利电力设备厂增挂吴江县水利电子仪器厂名称。1992年5月，吴江撤县设市，原冠名中县称全部改为市称。同月，县水利电子仪器厂更名为吴江市变压器厂。1995年5月，市变压器厂与沈阳变压器厂技术联营，挂沈阳变压器厂吴江分厂牌子。

1991年，S7-30-500千伏安/10系列电力变压器通过水利部优质产品性能验收；1994年，工厂固定资产1165万元，流动资金2243万元，工业总产值6292万元，生产发电机376台套/0.55万千瓦（产品产量调整），变压器2284台套/80.37万千瓦，销售5433万元，税金210万元，利润636.2万元，人均创利1.82万元。1997年，CSP-B-100-50G/10自保防雷配电变压器获吴江市科技进步二等奖、苏州市科技进步四等奖；1998年，SH11-30-500/10、DH-25-100/10非晶合金铁芯配电变压器获吴江市科技进步一等奖；新S9系配电变压器获吴江市科技进步三等奖；获得高新技术企业奖牌和证书；进入国家经贸委第一批全国城乡电网建设与改造所需主要设备产品及生产企业推荐目录，并列入国家重点经贸产品招标与采购目录，1999—2000年相继进入第二、第三批。2003年，质量体系转换为ISO9001—2000版。

2004年7月，市松陵抽水机管理站、市变压器厂、沪江特种变压器厂整体改制为民营的吴江市变压器厂有限公司。2013年1月，公司再次更名为吴江变压器有限公司。

吴江市通用电器设备厂 1987年，吴江县通用电器设备厂建立。1990年获部级生产合格证。1997年4月开始，按质量保证模式的要求建立质量管理体系，1998年，获得ISO9002质量体系认证。同年，被国家经贸委列入《全国城乡电网建设与改造主要设备产品及生产企业推荐目录》，被省电力工业局定为在省内发供电单位具有销售资质的企业，具有全面生产各类高、低压交流配电设备和控制设备的能力和资格。2000年3月，企业转制为吴江通用电力电器设备有限责任公司。

该厂先后被评为水利部先进企业，省水利系统二十强企业，省水利系统先进管理企业，苏州市文明单位，吴江市文明单位，吴江市属工业十面红旗竞赛优胜单位，“AAA”级资质信企业，重合同守信用单位。工厂产品被评为苏州市质量信得过产品、苏州市名牌产品。产品销售遍布全国，并远销伊朗、叙利亚、厄瓜多尔和新加坡等国。典型工程有：上海博物馆、上海凤凰自行车厂、南京中日友好会馆、广西南宁、柳州、贵港（贵糖集团）等造纸工程、东山国宾馆、苏州精细化工集团、世界银行援建江苏四大水利工程、嘉兴发电厂及常熟发电厂等。

张家港市天源水利设计院有限公司 1993年3月，张家港市水利工程勘测建筑设计室成立，性质为全民事业单位，有设计人员5人。同年6月30日，更名为水利工程勘测设计室，主要承担张家港市的水利工程勘测设计任务。1997年10月，取得水利行业设计丁级资质。

“九五”“十五”期间，设计室完成大量农田水利建设工程和配套建筑物设计，设计的电灌站、排涝站多次获得苏州市一、二、三等奖。如南丰新杰、永联排涝站，南沙马桥电灌站，后塍丰庄电灌站分别获2000年苏州市优秀配套建筑物评比一、二、三等奖；南丰新建排涝站、安乐排涝站、东莱永协排涝站获2002年苏州市优秀设计工程奖。

2003年10月，水利勘测设计室转企改制，更名为张家港市天源水利设计院有限公司。改制后的设计院以水利行业工程设计为基础，拓宽业务渠道，从单一的工程设计转变为规划、设计、监理等全方位服务。1995—2008年末，设计院共完成设计、监理等业务总收入2501.12万元，利润254.67万元，上交国家税金188.99万元。

张家港市水利建设工程有限公司　公司前身为沙洲县水利工程队，1969年，由县水利局组建，为境内水利工程服务。1988年，由市政府批准更名为张家港市水利工程公司。1995年，取得工民建工程施工四级增项资质。1996年，公司更名为张家港市水利建筑工程总公司。1997年，承接江堤达标建设工程，当年完成施工产值5165万元，净利润270万元。1998年，达标江提建设进入尾声，公司向外地拓展业务，承接淮河入海水道堤防土方工程，添置推土机、铲运机设备共20套。

2000年6月，公司进入转制筹备阶段，经苏州天和会计师事务所评估，该公司净资产48.89万元。10月，公司搬迁至水利（水务）局位于杨舍镇泗杨路万红桥堍的西仓库办公。2001年3月，公司转制完成，更名为张家港市水利建设工程有限公司，为满足保留三级资质条件，公司注册资本达802.67万元。其中，个人股225万元，集体股577.67万元。1988—2005年，公司共完成工程总收入29268.52万元，利润1179.65万元，上交国家税金1315.03万元。

张家港市长江治理工程有限公司　1999年8月成立，建筑业企业资质为河湖整治工程专业承包三级和堤防工程专业承包三级，经营范围为水下抛石工程、护坡护坎和土石方工程。企业性质为有限责任公司，注册资本400万元，由张家港市长江治理工程管理处以实物出资195万元，37位员工以个人股东身份出资205万元。之后，公司分别于2000年7月、2000年12月、2001年9月、2003年12月进行4次股本金结构调整。

2004年8月，公司再次进行股本金结构调整。调整后经工商管理部门核准的公司总股本金为420万元。2007年7月，长江治理工程有限公司被江苏省测绘局批准为丁级测绘资格单位，并颁发丁级《测绘资质证书》。业务范围有：控制测量、地形测量、水利工程测量、建筑工程测量、线路工程测量、竣工测量。

1999—2008年，公司主要承接长江节点整治工程、沙钢水下抛石工程等多项重点工程，共完成业务收入13519.02万元，利润1354.04万元，税金750.34万元。

常熟市第四无线电厂　1983年5月20日，企业挂牌成立常熟市水利局电视元件厂。1984年6月25日，市水利局以常熟市水利职工学校名义将电视元件厂更名常熟市第四无线电厂，属全民事业性，实行企业化管理。1990年，企业被水利部评为1989年度先进企业。1991年，企业与深圳康佳电子股份公司建立供货关系，逐步成为该公司的专供协作企业。1992—1993年，先后建办经营部、常熟市国泰贸易公司。1996年，企业在市百强企业综合位次为87名。1997年1月，常熟市国泰贸易公司注销。1999年，企业在职职工102人。

2000年3月，企业实行产权制度改革。经审计、评估，企业总资产2442.24万元，净资产1022.53万元，剥离土地、建筑物、设备和其他资产，改制出让资产为320万元。改制后企业更名为常熟市彩浪电子有限公司，注册资本320万元。公司设股东会，股东28人；设董事会5人，监事会3人。公司董事长占股64.7%，其他董事占股25%，职工股东23人占股10.3%。

2003年6月，因董事长刑事案发，企业生产中止。市水利（水务）局组织专门工作班子，聘请法律顾问，进行企业资产处置、职工安置、债务应诉等工作，至2006年4月，处理工作结束，企业注销。

常熟市水利工程公司　1973年11月13日，以农桥组为基础建立常熟县交通局农村桥梁工程队。1979年1月，农桥队更名为常熟县水利局水利工程队。1981年，水利工程队更名为常熟县水利工程队。1984年8月，水利工程队更名为常熟市水利工程公司。

1990年，公司承建吴江太浦河黎里大桥，推广应用“大跨径后张法预应力析架梁及先张法预应力板梁"新技术。1991年10月，省计经委授予公司省优秀新技术推广应用项目金牛奖。是年，公司营业总收入1465万元。

1994年，公司承建的国家重点工程望虞河河口枢纽导流工程首次成功使用水工浇筑大体积混凝土掺入格雷斯纤维的防裂技术。此技术获得省水利厅科技成果鉴定，并在水利工程建设施工中推广应用。当年，公司营业总收入达到9700万元。1995年12月，公司取得市政工程施工二级资质。

公司先后被水利部评为1989年度先进企业、1990年度全国水利综合经营先进单位，被省水利厅评为1992年、1993年度省水利综合经营二十强企业和1995年度省水利系统明星企业。

自1984年起，公司先后建办常熟市水利工程队联营构件厂、常熟市水利局汽车运输队、常熟市水利工程公司饰面石厂、常熟市多德利制衣厂等企业，但至1999年底，上述企业都歇业关闭。

2000年12月，公司通过GB/T19002—1994质量体系认证。是年，公司营业总收入12805万元，突破亿元大关，创历史新高。2002年7月，公司取得水利水电工程施工总承包二级主营资质，市政公用工程施工总承包二级、桥梁工程专业承包二级等资质；2003年8月，公司通过省技术监督局计量保证确认认证。

2004年1月，公司连同构件厂一起实施产权制度改革时有职工110人。经审计、评估，企业资产总额7835.72万元，负债总额4067.92万元，净资产3767.80万元。核准剥离有关资产和人员安置等费用后，公司改制出让资产为670.21万元。改制后，公司更名为常熟市水利工程有限公司，注册资本1200万元，设股东会、董事会、监事会。

2014年，公司营业总收入12631.69万元，利润594.62万元，在职职工79人，拥有挖掘、起重、装载等工程施工机械和混凝土配料搅拌机泵等生产设备24台套。

常熟市水利勘察设计院　1985年2月，建立常熟市水利勘测设计室。1992年10月，增挂江苏省常熟市疏浚工程承包公司牌子。1993年6月，水利勘测设计室更名为常熟市水利勘察设计院，获水利工程勘察设计丙级资质。1994年4月，常熟市振虞物资供销公司划入设计院管理。1996年起，设计院先后承接和参与望虞河河道拓浚护岸及配套闸涵、长江常熟段江堤达标、农村水利等工程设计。2002年7月，设计院更名为常熟市水利勘察设计院，注册资金85万元。

2003年12月，企业实行转制。经审计、评估，设计院净资产为311.45万元，核准剥离人员安置等费用321.79万元，加上应付科目结余10.22万元，实际净资产为-0.12万元。经市国资办批准，实行零资产转让。转制后组建成立常熟市水利勘察设计院有限公司，注册资本120万元。股东15人，董事长占股30%，副职3人占股30%，职工11人占股40%。改制时在职职工24人。其中，各类技术人员15人。2014年末，公司设有设计室、规划室、勘察测绘室、财务部等科室，在职职工26人。

第二节　规费征收

1991年后，根据相关法律、法规，市水利部门征收或收取的涉水费主要有农业灌溉水费、水利工程水费、水资源费、河道堤防专用费、河道采砂管理费、长江河道砂石资源费、水土保持费、船舶过闸费、涉水处理费、南水北调工程基金等。其中，农业灌溉水费是最早收取的涉水费用。水资源费于1995年开始全面征收。随着各项法律法规出台，其他各项规费陆续开征或收取。由财政等部门征收的涉水费有防洪保安资金等。1993年至2005年，苏州市水费实际收入分别为2908万元、2847万元、3081万元、3591万元、3843万元、3743万元、3620万元、3827万元、4131万元、4659万元、5413万元、6048万元、5920万元。

一、水利工程水费

水利工程水费是指通过水利工程的拦、蓄、引、提、调、排等水利工程设施向各类用水户提供的生产和生活用水而收取的费用。水利工程有偿供水是国家保护水资源、促进节水和保障水利供水工程基本运行的一项重要价格政策。

1983年11月，苏州市政府根据国务院批转水利电力部《水利工程水费征收使用和管理试行办法》和《江苏省水利工程水费收交使用和管理实施办法（试行）》，印发《关于收交水利工程水费的通知》，明确水利工程水费的收缴范围、收缴标准和管理使用办法。

1992年，苏州市开展水利工程水费收缴工作，围绕"农业巩固，水产挖潜，工业增收"的目标，实行科学计量收取，全面推广"上置波轮式管道流量计"和取水跟踪计时器，共安装1300多台。

1995年，省政府颁发《江苏省水利工程水费核定、计收和管理办法》，对水费核定的原则和标准作出具体规定。苏州市积极执行相关规定要求，初步建立按供水成本确定水费标准的水价形成机制。调整后的各收费项目包括：农业用水：稻麦田4元每亩，旱田0.50元每亩，经济作物4元每亩；工业用水：消耗水0.04元每立方米，循环水0.01元每立方米；水产用水：内塘养殖15元每亩，外塘养殖3元每亩；自来水0.02元每立方米；冲污水0.08元每立方米。该收费标准自是年1月1日起执行。

2001年，水利工程水费基本由事业性转为经营性收费管理。

1992年共收缴水利工程水费2653万元，较1991年2627.5万元增加25.5万元。1993年，苏州市共收缴水利工程水费2908.27万元。2013年，全年征收水利工程水费0.88亿元。

二、水资源费

征收水资源费，是国家对水资源实施统一管理、调配和保护的重要手段。科学征收与管理水资源费，有利于合理配置水资源和提高用水效率、促进节约用水和减少污水排放、保障饮用水安全和保证供水单位良性运行为核心的水价形成机制，充分发挥市场机制和价格杠杆的调节作用，促进水资源可持续利用和经济社会可持续发展。

1994年，江苏省人民政府《关于做好〈江苏省水资源管理条例〉贯彻实施工作的通知》，决定在全省范围内开展水资源费征收工作。同年，苏州市人民政府发布《贯彻省政府关于做好江苏省水资源管理条例实施工作通知〉的意见》。

1995年12月11日，为贯彻省政府第三步水费改革办法，苏州市政府《关于贯彻实施〈江苏省水利工程水费核订、计收和管理办法〉的意见》出台。苏州市从1995年开始水资源费的征收工作。

2002年，企、事业单位及个体工商户直接取用地下水的，每立方米2元；农村公共设施供水（镇、村自来水厂）以地下水为水源的，每立方米1元；以机电设施直接取用浅层地下水的，每立方米1元。当年共征收水资源费2118.4万元。

2004年，依据国家发改委与水利部联合颁发的《水利工程供水价格管理办法》，苏州市地表水水资源费征收标准为0.13元每立方米，地下水资源征收标准为2.4元每立方米（包括浅层地下水），对洗浴、室内游泳池、洗车等高耗水行业取用地下水的，水资源费征收标准为2.7元每立方米，对乡及乡以下农村水厂以地下水为水源的，免收农民生活用水部分的水资源费，非农民生活用水部分按1.2元每立方米征收水资源费。当年征收

3241万元。2005年，共征收3830.28万元。

2007年，江苏省物价局、财政厅、水利厅下发《关于印发〈江苏省水资源费征收使用管理实施办法〉的通知，新实施办法自2009年1月1日起执行，原《江苏省水资源费征收使用管理暂行办法》自新实施办法执行之日起废止。苏州市水务局严格按照《江苏省水资源费征收使用管理实施办法》相关要求，开展水资源费征收与科学化管理。同时，完善用水考核，实施居民梯级水价政策，在全省率先出台再生水利用价格。

2008年，完成省下达苏州市的7500万元水资源费和4900万元南水北调基金征收指标。2009年，居民用水实行阶梯水价。

2011年，全市“两费一金”（水资源费、水利工程水费、南水北调基金）征收连创新高，近两年均突破3亿元，是全省唯一完成征收水资源费和南水北调基金任务的市。2012年，达到3.4亿元，再创历史新高。同时对超计划用户征收超定额、超计划加价水费。2013年，全年征收水资源费1.97亿元，南水北调基金0.78亿元。

2014年，特种行业用水计量收费率100%，万元工业增加值取水量9.86立方米。全年“两费一金”（水利工程水费、水资源费、南水北调基金）征收超过3.4亿元。

2015年2月，江苏省物价局、财政厅、水利厅印发《关于调整水资源费有关问题的通知》。苏州市水务局严格执行新标准。

2016年，特种行业用水计量收费率100%，万元工业增加值取水量9.6立方米。

2017年，苏州市本级、常熟市、昆山市、太仓市和吴江区出台阶梯水价政策，全市差别水价制度全部执行到位。全市全年征收水资源费3.23亿元，超额完成江苏省水利厅下达的2.1亿元的征收任务。

2018年，万元工业增加值取水量8.93立方米，2020年为8.36立方米。

表15-1　2020年12月苏州市部分水资源费收缴情况汇总

单位名称	年计划取水量（万立方米）	实际取水量（立方米）				本月水资源费（元）
		本月		年度累计		
		消耗水	循环水	消耗水	循环水	
苏州自来水公司	18000	—	—	—	—	1643672
望亭发电厂	80000	1088994	14828834	18989175	303535037	296948
金华盛纸业有限公司	1045	532971	—	11038682	—	127913
苏信特钢有限公司	800	—	—	649730	—	—
苏州蓝天燃气热电有限公司	486	144719	—	2982754	—	34733
苏州宝化炭黑有限公司	269.7	—	—	1006057	—	—
苏州东吴热电有限公司	319	92546	—	1668853	—	22211
中国高岭土有限公司	93	—	—	513997	—	—
苏州阳山天然矿泉水有限公司	30	—	—	16789	—	—
苏州工业园区北部燃机热电有限公司	515	148049	—	2693293	—	35532
园区清源华衍水务公司（阳澄湖水厂）	—	3999100	—	66786824	—	799820
苏州上建杭鑫混凝土有限公司	8.5	—	—	93278	—	—
苏州润建混凝土有限公司	4	36545	—	48800	—	10964
艾杰旭汽车玻璃（苏州）有限公司	0.18	1758	—	3558	—	527
苏州金鸡湖高尔夫俱乐部公司	9	12485	—	96459	—	4994
苏州太阳岛俱乐部有限公司	6.1	13276	—	75812	—	5310

续表

单位名称	年计划取水量（万立方米）	实际取水量（立方米）				本月水资源费（元）
		本月		年度累计		
		消耗水	循环水	消耗水	循环水	
苏州永盛混凝土制品有限公司	6	11000	—	29905	—	3300
苏州市嘉达混凝土制品有限公司	—	25475	—	165466	—	7643
苏州市富利峰建材有限公司	—	—	—	30706	—	—
华联燃料物资供应中心	—	—	—	87225	—	—
罗杰斯科技（苏州）有限公司	—	—	—	2284	—	—

三、水利建设基金

筹集水利建设基金，是增加水利投入、加强水利基础设施建设的一项重要政策。江苏省政府决定从1997年起建立水利建设专项资金，省和市、县（市、区）分级筹集，分级使用。1997年7月，省政府印发《关于建立水利建设基金有关问题的通知》，明确水利建设资金的来源与标准。水利建设基金属政府性基金，由财政部门负责征收，纳入财政预算管理，专项列收列支水利建设基金的筹集，实行按季划转、年终决算。此后，苏州市积极加强对基金筹集和使用管理工作的组织协调，确保基金足额征收、管严用好，充分发挥效益。

2011年4月30日，省政府印发《省政府关于水利建设基金征收和使用管理有关问题的通知》，决定2011年1月1日至2020年12月31日继续征收水利建设基金，对相关政策作适当调整，并继续实行省和市、县（市、区）分级筹集、分级使用。

苏州市、县（市、区）水利建设基金来源：市、县（市、区）收取的城市基础设施配套费提取3%；市、县（市、区）收取的防洪保安资金；市、县（市、区）分成的农业重点开发建设资金用于水利部分；从城市维护建设税中划出不少于15%的资金用于城市防洪和水源工程建设；市、县（市、区）人民政府确定的政府性基金和其他收费项目提取部分。

苏州市水利建设基金是用于水利工程建设、水利工程维修养护、防汛应急度汛等的专项资金，按规定用于流域骨干河流、中小河流、湖泊治理；病险水库除险加固；泵站改造；城市防洪设施建设；水资源工程建设；重点水土流失防治工程建设；农村饮水和灌区节水改造工程建设；水利工程维修养护和更新改造；防汛应急度汛；其他经政府批准的水利工程项目。市、县（市、区）各级水利建设基金中，都划出一定比例的资金，专项用于水利工程维修养护、应急度汛，切实改变重建轻管现象。

四、船舶过闸费

1991年4月1日起，根据省物价局、交通局文件精神，市再次调整船舶过闸费征收标准：轮队（不分轻重载）按0.25元每吨收取，挂机船、机帆船、工作船、货轮（不分轻重载）按0.30元每吨收取，排筏按0.40元每立方米（吨）收取。所收过闸费用于船闸管理养护和防汛，不得挪作他用。

1994年7月13日，省政府制定《江苏省船舶过闸费征收和使用办法》，再一次调整船舶过闸费标准：货驳（空重不分）按0.45元每吨收取，挂机船、货轮、渔轮、工作船、人力船（空重不分）按0.60元每吨收取，拖轮、挖泥船、打捞船、泥驳、宿舍船等按0.05元每吨收取，抽水机船按每次每艘0.5元收取，排筏按0.25元每立方米（吨）收取。

1996年12月，省财政厅、物价局、水利厅印发《江苏省水利系统船舶过闸费征收和使用办法》，又一次调整征收标准：轮队按0.60元每吨收取，轮队空船（货驳、油驳）按准载吨位0.50元每吨收取；挂机船、机帆船、工作船、货轮（空重不分）按0.70元每吨收取；拖轮、挖泥船、泥驳、宿舍船等按总吨位0.10元每吨收取，抽（序）水机船按0.80元每艘收取，排筏按0.40元每立方米（吨）收取。过闸费征收票据统一使用省财政厅监制的“江苏省水利系统过闸费收费定额收据”，过闸费收入按预算外资金管理的有关规定执行。

苏州市胥口水利枢纽 苏州市胥口水利枢纽管理处船舶过闸费征收工作，包括闸门运行、核证、售票、检票、排挡等工作，设运行科胥口驻点担任稽查，负责核证单和船舶照片的校验、吨位丈量初验、违章处理；规费科后台监管，抽检过闸船舶视频，比对吨位丈量数据以及管理船舶数据库。先后制定《过闸收费管理细则》《POS机票据管理流程》，修订《过闸费征收流程和相关规定》《船舶信息数据库维护制度》等规章制度，进一步规范船舶过闸费征收和使用管理工作。结合船闸日常管理需求和征询船民意见，在船闸售票厅内动态显示实时水位信息、当日最大吃水深度和太湖封航状态，主动服务船民，提高船舶通行效率。

表15-2 2018—2020年胥口水利枢纽船舶过闸费征收情况

年份	船舶流量数（艘）	吨数（吨）	过闸费（元）
2018	3470	9640325	7802428
2019	2483	9504798	6580444
2020	4549	14816464	10257948

望虞船闸 望虞船闸于2000年4月28日投运，常熟望虞船闸工程开发有限公司（以下简称公司）按照省财政厅、物价局、水利厅1996年印发的《江苏省水利系统船舶过闸费征收和使用办法》确定的过闸费标准收取过闸费。

2009年10月，省物价局发文确定望虞船闸船舶过闸费为经营性收费，收费标准为挂机船、机帆船、工作船、货轮（空重不分）等船舶过闸费由0.70元每吨调整为1.10元每吨，其他类型船舶过闸费征收标准作相应调整，执行时间从2009年11月1日至2012年12月31日，到期重新审定。

2012年12月，省物价局、水利厅联合发文，再次调整望虞船闸船舶过闸费征收标准：挂机船、机帆船、工作船、货轮（空重不分）等船舶过闸费的征收标准由1.10元每吨调整为0.90元每吨，其他类型船舶过闸费标准也作相应调整。调整后的收费标准有效期限为3年，执行时间从2013年1月1日起。

2000—2014年，公司船舶过闸费收入累计18247.94万元。

浒浦套闸 浒浦套闸于2005年6月底建成运行后，常熟浒浦套闸工程开发有限公司（以下简称公司）按照省财政厅、物价局、水利厅1996年12月联合印发的《江苏省水利系统船舶过闸费征收和使用办法》的过闸费标准收取过闸费。

2006年3月，省物价局财政厅联合发文，确定浒浦套闸船舶过闸费为经营性收费，收费标准为挂机船、机帆船、工作船、货轮（空重不分）等船舶过闸费的征收标准由0.70元每吨调整为1.10元每吨，其他类型船舶过闸费征收标准相应调整。从2006年6月1日起试行一年。

2007年7月，经省政府同意，省物价局、财政厅联合下发文件，正式核定浒浦套闸船舶过闸费收费标准，执行时间从2007年7月1日至2018年12月31日止。

2006—2014年，公司船舶过闸费收入累计17677.99万元。

表15-3　1995—2014年苏州市部分船舶过闸费征收情况

单位：元

年份	浒浦套闸	白茆闸	福山船闸	练塘船闸	王市船闸	南湖套闸	北塘套闸	谢桥船闸	雪沟闸	白宕闸	建新闸
1995	59.41	64.18	—	17.86	22.34	2.44	—	—	1.45	1.19	0.89
1996	139.80	111.22	—	58.42	16.44	3.60	—	—	9.97	29.89	9.71
1997	138.20	113.37	—	52.83	15.15	3.86	—	—	10.00	19.92	9.16
1998	134.93	113.48	—	38.18	14.26	2.51	—	7.22	9.07	14.95	13.90
1999	146.43	120.98	5.04	28.35	9.40	2.44	7.03	5.20	11.45	20.15	7.85
2000	162.73	131.77	—	27.97	10.07	3.05	4.03	8.96	10.42	17.60	8.75
2001	156.49	146.61	—	44.17	12.48	2.23	9.09	71.59	8.00	22.00	6.70
2002	217.36	156.21	—	42.36	10.13	1.52	9.33	93.21	8.24	31.26	6.60
2003	384.18	109.24	90.20	67.47	54.81	1.64	8.67	13.97	13.90	31.04	13.59
2004	262.43	286.38	102.47	77.96	33.06	1.32	7.49	13.07	5.60	15.00	4.58
2005	362.23	192.01	78.62	94.37	7.74	1.02	6.23	11.13	3.90	11.90	1.82
2006	—	122.06	88.85	105.12	8.76	0.72	4.77	12.28	4.58	1.55	2.15
2007	—	134.00	123.20	71.86	6.14	0.45	3.42	9.55	3.50	3.75	2.20
2008	—	214.40	124.55	48.21	4.14	0.10	2.73	12.35	3.27	2.60	0.90
2009	—	133.10	96.30	30.55	4.15	0.10	2.25	14.15	3.72	2.09	0.40
2010	—	126.05	132.95	39.45	3.25	0.10	1.25	15.05	3.92	3.85	0.40
2011	—	142.45	159.55	64.95	2.75	0.10	1.00	11.90	2.34	3.15	0.10
2012	—	180.00	152.80	54.15	0.70	—	0.8	10.75	—	1.90	—
2013	—	111.10	124.95	28.25	14.70	—	0.9	11.20	0.24	2.10	0.05
2014	—	191.60	104.50	13.00	11.00	—	0.95	9.00	0.10	1.00	—

注：浒浦套闸2006年开始，停收过闸费。

五、防洪保安资金

1991年7月，江淮流域发生特大洪涝灾害，水利工程在抗洪斗争中发挥重要作用，但也暴露出防洪除涝设施标准低、排水出路不足等问题。1991年12月31日，省政府印发《关于筹集防洪保安资金的暂行规定》，规定从1992年起，全省范围内凡有生产、经营收入的各类企业、城镇个体工商户和有固定工资收入的在职职工，除符合免征条件外，都要按规定缴纳防洪保安资金。苏州市自1992年开始征收防洪安保资金。

1999年5月，省政府印发《江苏省防洪保安基金征收和使用管理规定》，对有关征收政策作调整，进一步减轻企业负担，苏州市按照省政府相关规定落实。2016年3月18日，江苏省财政厅印发通知，规定自2016年1月1日起，暂停征收防洪保安资金。同年苏州市防洪保安资金也随即暂停征收，对企业已缴纳的所属期为2016年度的防洪保安资金，有关征收部门积极做好退库相关工作。

六、南水北调基金

为筹集国家南水北调重点水利工程资金，保证南水北调工程的顺利实施，2006年2月，省政府办公厅下发《关于印发江苏省南水北调工程基金筹集和使用管理实施办法的通知》，在全省范围内通过提高水资源费征收标准来筹集南水北调工程基金。南水北调工程基金实行计量征收、按月征收、专款专用。2006年12月5日，苏州市政府印发《关于核定南水北调工程基金上缴数额的通知》，下达各市、区南水北调工程基金上缴数额表。规定基金征收期限为8年，按《江苏省南水北调工程基金筹集和使用管理实施办法》规定上缴，常熟市直接上缴省财政，其他各市、区上缴苏州市财政。截至2014年，征收结束。

表15-4　2007—2014年苏州市南水北调工程基金上缴情况

地区	用水量（万立方米）	每年上缴数额（万元）	8年累计上缴数额（万元）
苏州市区	21428	1500	12000
吴江	8857	620	4960
太仓	7429	520	4160
昆山	8286	580	4640
常熟	13143	920	7360
张家港	10857	760	6080

七、河道补偿占用费

为加强河道堤防工程的维护和管理，保障河道行洪排涝、通航安全、水土保持以及河道综合效益的发挥，依据《江苏省河道管理实施办法》，1998年始在全省范围内征收河道堤防工程占用补偿费，苏州市也随即按照相关规定开始征收。河道堤防工程占用补偿费由县级以上地方人民政府河道主管机关负责按月征收。征收标准为：兴建建筑物设施和停放物料等行为的，每月每平方米0.5元、1元；占用内河河道岸线的，每月每米3—5元；占用长江岸线的，每月每米4—8元；占用河道湖泊湖荡、水库等水域从事旅游娱乐的，每月每平方米0.2—0.8元；从事种植、养殖活动的，每月每平方米0.02—0.1元；设置渔网等捕鱼设施的，每月每张（道、处）10—50元。占用补偿费纳入预算外资金管理，其主要用于河道堤防工程的管理、维修和养护，观测监测设施的更新改造，工程管理技术研究，专业培训等。1999—2008年，张家港河道占用补偿费收费总额为2227.4万元。

第三节　财务管理与审计

一、机构设置

水利系统财务管理实行“统一领导，分级管理”体制，执行财政统一的行政事业单位财务制度，受同级财政部门管理和监督，同时执行上级水行政主管部门的专项管理制度。

1997年，市水利农机局参照省水利厅设立计划财务科，负责财务管理与会计核算工作，局属事业单位中除市防汛防旱指挥部办公室外，均独立设置财务机构，配备财务人员。2010年，市水务局设立财务审计处，剥离计划、基建等职能，增加内部审计的职能。2016年，为进一步规范会计基础工作，解决局系统直属单位财务人员不平衡问题，成立集中记账中心，隶属局财务处管理，局直属9家事业单位的会计核算工作分批进入集中记账中心进行。

各市、区水利（水务）局均设立财务科或财务审计科负责财务管理和会计核算工作，吴江、吴中等水利（水务）局成立财务结算中心，负责直属单位的财务核算与管理工作。2019年机构改革后，财务科撤销，财务管理和会计核算职能并入办公室。

随着财政管理体制改革的不断深化和《预算法》的颁布实施，财务工作内容不断拓展，在原来的会计核算和内部财务管理基础上增加政府采购、绩效管理、预算管理等内容。

各级水利部门都非常重视财务人员的培养和培训，在财政和省水利厅统一部署下，组织会计证、基本建设财务核算与管理、行政事业单位财务制度、政府采购管理、预算项目绩效管理等培训，提高财务人员履职能力。

二、制度建设

为规范会计核算和财务管理工作，市水务局高度重视内控制度建设，相继制订《苏州市水利局机关内部财务管理制度》《公务接待管理暂行规定》《苏州市水利局采购业务及合同管理制度》《苏州市水利局单一来源采购管理办法》《苏州市水利局专项资金管理办法》、《苏州市水利局政府采购业务内部控制制度》《苏州市水利局固定资产管理制度》《苏州市市级机关差旅费管理办法》补充规定实施细则等制度，并根据实际情况不断修订完善。建立比较完整的内部控制体系，注重各项制度的执行管理，开展制度执行情况的专项检查。

各市、区水务局结合自身实际情况，均建立健全各项内部管理制度，用制度管人、管事、管财。

三、内部审计

苏州市水利局从1991年就开始开展内部审计工作，初期内部审计主要围绕直属单位年度财务收支情况、年度企业经营业绩完成情况、干部职工收入分配情况展开，审计结果作为企业年度承包协议及领导班子嘉奖的依据。

2012年，根据《江苏省内部审计工作规定》、《中国内部审计准则》、《苏州市市级部门（单位）内部管理领导干部经济责任审计办法（试行）》以及其他有关法律、法规和规定，市水利（水务）局成立内审工作领导小组，全面启动内管干部经济责任审计工作，对局属事业单位法人代表进行任中和离任经济责任审计工作。局组织人事处根据局属事业单位法人代表任职情况，将任职已满3年及离任的法人代表列入内审计划，报局内审工作领导小组审定，局财务审计处根据下达的年度内审工作计划，组建审计组，按《苏州市市级部门（单位）内部管理领导干部经济责任审计操作指南（试行）》自主或委托中介实施审计工作。2019年起内审工作由局办公室组织实施。

自2012年起，自行实施市胥口水利枢纽工程管理处法人代表、市排水管理处法人代表、市西塘河引水工程管理所法人代表、市节约用水办公室法人代表、市水利水务工程质量监督站法人代表的任中经济责任审计工作；委托中介机构实施市胥口水利枢纽工程管理处法人代表、市西塘河引水工程管理所法人代表、市水利工程管理所法人代表、市排水管理处法人代表、市河道处法人代表、市水利工程管理处法人代表、市水利水务信息调度指挥中心法人代表、市供排水管理处法人代表的任中和离任审计工作。实现内管干部经责审计和离任审计的全覆盖。

审计内容主要包括：单位预算执行和财政财务收支的真实、合法和绩效情况；重要投资项目的建设和管理情况；重要经济事项管理制度的建立和执行情况；遵守财经法规及有关廉政规定情况。通过审计，发现单位管理中存在的漏洞和薄弱环节，在完成整改的同时建立健全相应管理制度，避免同类问题再次发生。

各市、区水务局相继开展系统内的财务收支审计和经济责任审计，常熟市水务局多次被评为内审工作先进集体。通过内审，厘清责任，规范财务基础工作和系统财务行为。

第十六章　水利水务改革

1978—2008年，按照省水利厅的统一部署，苏州先后推行水价改革、排水管理体制改革、水利工程管理体制改革等。按照全省水资源（水务）管理体制改革的要求，2001年，苏州市机构改革中，市委、市政府决定在全市实行水务一体化管理体制，2002年，苏州市水务局正式挂牌成立，将水利管理、水资源开发建设、供水排水、节约用水、污水处理、防汛防旱防台、水环境治理以及城市防洪、城市河道管理职能划归水务局，实现城市与农村、地下水与地表水、水质与水量、供水与排水、用水与节水等涉水事务的一体化管理。深化水管体制改革，建立职能清晰、权责明确的水利工程管理体制和管理科学、经营规范的水管单位运行机制；推进水价改革，地表水资源费和地下水资源费逐步调整，自来水价格进一步理顺，节约用水意识得以增强；深化投融资管理体制改革，组建水务投资发展有限公司，促进涉水资源的优化整合，逐步建立起政府购买公共产品、市场公开竞争、科学规范管理的新机制。2015年，苏州市水务局出台关于深化水利改革的实施方案，至2020年，依托水务一体化优势，进一步整合资源，从总体规划、依法治水、供排水体制等方面取得有效进展。

第一节　水务一体化管理体制改革

七八十年代，苏州水资源管理状况是“条块分割、多头管理”。1993年，江苏省出台《江苏省水资源管理条例》，规定县级以上地方人民政府水行政主管部门负责本行政区域水资源的统一管理、保护和监督工作。1997年7月，《江苏省水资源管理条例》修订，进一步明确各级水行政主管部门的职能是：贯彻执行《水法》及有关法律、法规，组织有关部门进行水资源综合科学考察和调查评价，管理和指导计划用水、节约用水工作，对水资源的开发利用进行管理和监督等。2000年，江苏省水利厅召开全省水务改革工作会议，启动全省水务管理体制改革。

2001年，苏州市机构改革中，市委、市政府决定在全市实行水务一体化管理体制。《中共江苏省委、江苏省人民政府关于印发〈苏州市机构改革方案〉的通知》和《中共苏州市委、苏州市人民政府关于印发〈苏州市市级党政机关机构改革实施意见〉的通知》明确，不再保留市水利农机局，组建市水利局，增挂“市水务局”牌子，将原市地质矿产局承担的地下水行政管理职能，原市建委承担的指导城市防洪、水环境整治职能，原市市政公用局承担的城市地下水开发和利用、城市计划用水和节约用水、城市供水和排水、污水处理和城区河道管理职能等划归水利局。

2002年水务局成立后，将水利管理、水资源开发建设、供水排水、节约用水、污水处理、防汛防台防旱、水环境治理以及城市防洪、城市河道管理职能划归水务局，实现城市与农村、地下水与地表水、水质与水量、供水与排水、用水与节水等涉水事务的一体化管理。

2003年6月23日，苏州市人大常委会印发《关于进一步理顺城市排水管理体制　全面推进水务体制改革的建议》(以下简称《建议》)。提出《苏州市城市排水管理条例》(以下简称《条例》)已列入苏州市人大2003年度立法计划，《条例》(草案)于5月15日通过市十三届人大常委会第四次会议第一次审议。审议过程中提出，苏州市城市排水管理体制尚未理顺，将会影响《条例》贯彻实施。《建议》提出全力推进城乡水务一体化管理的重要性和紧迫性，要求抓紧理顺水务一体化管理体制。各县级市也要加快水务体制改革步伐。

2003年9月15日，市委办公室、市政府办公室发出《关于落实全市水务一体化管理体制的意见》(以下简称《意见》)。《意见》要求统一对水务一体化管理体制的思想认识，认真落实水务部门的“三定”，加强组织领导。11月17日，苏州市政府召开县(市、区)长会议，要求12月底前各县(市、区)水务职能落实到位。2004年，各市、县(市、区)按照城乡水务一体化管理体制的要求，增挂“水务局”牌子。

2008年8月，根据市委、市政府深化市区城市管理体制改革的实施意见，原属市市政公用管理局的市政设施管理处承担的下水管道(雨水管道)和泵站养护管理职能划入水务局，归口到局市河道管理处管理，相关人员、设备设施成建制划入。

2009年，面对苏州城市化、现代化建设的新形势，全市水利系统以科学发展观为指导，紧密结合全市工作实际，发挥苏州市水利水务一体化的优势，通过“一龙治水”的新格局，在政策制度的上传下达、贯彻落实上突破政出多门、责任不清、相互之间职能交叉的传统现象，彻底解决体制性障碍。通过调整治水思路，转变治水理念，苏州市的水利工作逐步由重工程建设向重水资源节约保护和优化资源配置转变，由以农村、农业为主向以城乡统筹、加强城市水利转变，由粗放型、计划型管理向集约型、市场型转变。

2014年，为深入贯彻党的十八大和十八届三中全会精神，全面落实中央关于水利改革发展的决策部署，推动水利重要领域和关键环节改革攻坚，水利部印发《水利部关于深化水利改革的指导意见》。2015年，江苏省水利厅和苏州市水务局分别出台关于深化水利改革的实施方案，包括加快水行政管理职能转变、强化水资源管理体制改革、创新水生态文明制度建设、完善河湖管理与保护制度、深化水利工程管理改革、加快水利建设管理改革、创新农村水利发展机制、健全防汛抗旱应急保障机制、加强水利法治建设和科技创新、完善水利投入稳定增长机制、构建水权制度和水价机制等方面。

苏州市水务一体化管理体制实施后，从总体规划、依法治水、供排水体制等方面取得有效进展。

制订涉水规划。苏州水务局成立后，先后完成《苏州市城市防洪规划》《苏州水网水质改善综合治理工程规划》《苏州市城市中心区河道整治工程近期规划研究报告》和《苏州市水资源保护规划》等。为加快水资源综合治理步伐，又专门制定《苏州市区水资源综合治理工程实施方案》。同时，根据城市化、现代化建设需要，开展供水、排水规划的前期工作，抓紧编制全市性的排水规划、供水规划，实现基础设施共享。

依法管理。按照城乡水务统一管理的要求，逐步建立健全发挥水务管理优势，强化水务行业管理的地方性法规，推进依法行政工作，制定《苏州市城市排水管理条例》，明确水行政主管部门是城市排水行政主管部门，负责城市排水的监督管理，对城市的产业废水、生活污水和大气降水的接纳、输送、处理、排放的行为以及对公共排水设施和自建排水设施的建设、管理等通过法律形式进行规定。着手制定《苏州市城市供水管理办法》和《苏州市河道管理条例》。为保证执法工作的顺利进行，苏州市水政监察支队专门在城区设立河道、排水、供水、节水四个执法大队，对涉水事务的违法行为统一执法，使水政执法工作由农村水利向城市水务延伸，加强涉水事务的依法管理工作。

水务一体化。水务管理体制改革后，立即着手解决人民群众普遍关心的热点、难点问题，包括实施苏州市区北部供水工程。全面实施市区自来水一户一表改造工程。完成淮阳河地区防洪综合整治工程。实施西塘河引水工程。政府通过关、停、并、转，已经基本解决重污染企业，通过城乡河道清淤、长效管理、水面保洁等一系列工作使河道环境得到改善。水务一体化后，通过污水支管到户工程、污水处理设施建设、按水功能区划目标管理、重要水源保护、引水工程建设、城乡地下水资源统一管理、水环境综合治理、建设项目水环境影响评估、防洪影响评价、水生态建设等，形成全区域、全覆盖、全水网的水环境保护体系。

第二节 农村水利改革

一、小型农田水利工程产权制度改革

按照省政府办公厅《关于加快小型水利工程产权制度改革的意见》的要求，苏州市农村小型水利工程产权制度改革从1998年秋收期间开始酝酿，1999年4月22日在常熟召开改革工作会议，同年5月14日市政府专门出台《关于农村小型水利工程产权制度改革的意见》。其中常熟、昆山两市为试点县（市）。改革范围为乡（镇）、村范围内国有或乡（镇）、村集体所有的机电排灌站及其配套建筑物。机电排灌站及田间配套设施所占的土地，不列入改制范围。改制形式分为租赁经营、承包经营、股份合作经营、拍卖转让等。

1999年，各地根据“明晰所有权、放开建设权、搞活经营权、规范管理权”的原则，大胆实施农村小型水利工程产权制度改革，全市共改制4623处。其中，拍卖1585处，租赁1798处，竞争承包1080处，股份合作制2处，其他158处，回收资金1011万元。

2000年，继续推行小型水利工程产权制度改革，全市通过拍卖、租赁、竞争承包等形式已经完成改制17648处，占应改制数的82.5%。一批小型农田配套设施已由集体经营转为个人经营，由国有转为私有，提高服务水平。

2001年，全市通过拍卖、租赁、竞争承包等形式已经完成改制1.7万多处，占应改制数的83%。

2002年底，苏州市基本完成改制任务，取得明显成效。全市宜改工程17054处，已改制的工程16775处，占宜改工程的98.36%。其中，拍卖4731处，租赁8613处，竞争承包2526处，股份制或股份合作制754处，其他151处。改制回收资金1664.4万元。其中，专户储存1297.3万元，未专户储存367.1万元，改制吸纳资金88万元。改变过去由国家、集体单一投入的格局，开始形成以经营者投入为主，国家、集体适当扶持的多元投入新机制。

在改革中，各地按照能源费、工资、维修费、管理费、大修理费、折旧费和适当的利润，认真核定水费成本。常熟市练塘镇罗灯村水费核定明确，核定用电50度每亩，以0.54元每度计，为27.2元；工资核定18.4元每亩，渠系修理核定1元每亩，管理费核定1.5元每亩；工程水费核定4元每亩；折旧费按出让资产6%核算，2.86元每亩；大修理费按出让资产4.8%计算，1.81元每亩；设备维修费按出让资产3%计算，0.95元每亩；租赁费按资产为2.25元每亩；红利按出让资产8%计算，为3.82元每亩。以上合计63.79元，在前三年平均成本77.2元的基础上降低13.41元每亩，全村1550亩灌溉田每年减少20785.5元。张家港市市均水费前三年平均值为42.5元，以镇为单位最高水费达55.79元每亩，最低只有21.58元每亩，集体补贴比较普遍，为降低水费成本，减轻村级集体负担，规范农民合理负担，认真确定转制后的农灌成本。昆山市经过一年的实践，各项费用明显下降，与1998年相比，设备维修保养费下降5.8%，

每亩耗电量下降4.68度，水费控制在25.06元每亩以内，实实在在地减轻农民负担。

2017年，农田水利设施产权制度改革全面完成，全市24050处小型农田水利工程均进行造册登记，标注位置功能，明晰产权，明确管护责任，落实管护经费，工程效益得到良好发挥。

2018年，各地完成小型农田水利工程产权制度改革与创新运行机制工作，明晰各类工程的产权归属和管护职责，落实维修养护经费，落实考核工作。

二、乡镇水利服务体系改革

乡镇水利是苏州市最基层的水利事业单位。苏州市自1958年大量建乡镇水利站以来，乡镇水利站建设进入快速发展期。水利站主要承担本乡镇水资源、河道、农田水利工程的规划、建设和管理，肩负防汛抗旱、灌溉排涝、圩区建设管理、协助做好水行政执法、国营排灌站运行管理、依法收缴行政事业性收费等重要任务。还有部分水利站，如吴江市盛泽镇水利站还承担城镇防洪排涝职能。

1991年2月27日，江苏省水利厅发布《关于加快乡水利管理服务站为中心的水利服务体系建设的意见》，又一次明确要按照水利部提出的要求建设“五有”水利站，即：有称职的人员；有办公房屋；有管理责任制；有可靠经济来源；有必要的检修测量设备。并提出解决乡水利站经费的途径，明确提出“有偿服务，合理收费”的方针。

1992年3月5日，水利部《关于进一步加强农村水利服务体系建设工作的通知》中明确提出“稳定完善县级服务组织，巩固乡级水利服务机构，建立健全村级服务队伍”。6月20日，国务院办公厅明确“区乡水利（水保）管理服务站作为县级水利部门的派出机构，实行县水利部门与当地乡镇政府双重领导的体制，是由水利工程建设、管理和服务的跨行政区等特点决定的”。在县、乡体制改革中，要充分考虑到水利行业的这一特点，隶属关系维持不变。通过几年努力，全市基本理顺管理体制，实行行业归口管理。

1995年5月21日，江苏省人民政府《关于进一步加强水利工作的决定》明确规定“乡（镇）水利管理站是县级水利部门的派出机构，也是最基层的国家水利事业单位，在水利工程建设、管理、防汛抗旱以及发展农村经济服务等方面发挥着重要作用，要在定编定员的基础上，进一步巩固完善”，并强调“在县级机构改革中，对乡镇水利管理服务站要稳定、充实、加强”。

2011年，根据中央、省2011年一号文件和水利现代化建设要求，苏州市加快推进乡镇水利站改革，加强基层水利服务体系建设，全面增强基层水利服务能力。此次改革坚持“经费有保障，人员有素质，执法有手段，管理有规章”原则，具体措施包括：明确乡站职能，理顺管理体制。明确水利站属县（市、区）水行政主管部门的派出机构，实行“条块结合、以条为主”的管理；严格按照职责，实行定岗定编。根据各乡镇的实际和工作职能，以职定岗，以岗定人，合理确定人员的编制；落实有关政策，保证财政供给。明确乡镇水利站是全额拨款事业单位，乡镇水利站编制人员经费纳入财政预算，全额划拨。改革的具体步骤和模式：根据全市各地的具体情况，因地制宜，实行分类指导。工业园区和高新区：不强调一定要成立水利站，但在其他机构（如农技服务中心等）中要设置2—3名的水利专职人员。张家港市、太仓市、吴中区和相城区：要求按行政区域面积和管辖人口重新核定岗位和编制。岗位设置原则上设定站长1名，副站长1—2名，会计员1—2名，工程员1名，机电员1名，水政监察员1名，河道管理员1名。常熟市、昆山市和吴江市：鉴于各乡镇水利站的人员编制太多，要求按规定核减一定数量的编制，对符合条件的可按规定办理提前退休，确保水利站总编制削减20%的要求；其余人员采取事企分离、编制和人员分开的办法，可以设立水利站和水利服务中心两块牌子。

2011年底，常熟、太仓、昆山的28个水利站完成改革。2015年，全市水利站全面完成改革任务。全市设立乡镇（含涉农街道）水利站79个，全部为全额拨款事业单位性质。其中，水利派出机构70个，农业服务中心9个，核定编制总数1359，编外人员115名。苏州市乡站的管理体制主要实行“双重领导，以条为主”，为县级水行政主管部门的派出机构。从各地情况来看，常熟、昆山、吴江、张家港、太仓和吴中、相城七县（市、区）实行水利（水务）局垂直管理，以条为主；高新区（虎丘区）、工业园区实行主管局及乡镇双重管理。

2019年机构改革中，除昆山外，其他市、区水利站均划入乡镇管理。

第三节　水价和排水制度改革

一、水价改革

六七十年代开始实施有偿水资源使用，但水价偏低，随意采水、浪费水现象较为普遍。80年代初，江苏开始进行水费制度改革，至2000年先后进行4次改革，苏州市依据省有关规定，开展市域内水价改革工作。

第一次改革在1982年，以《江苏省水利工程水费收交使用和管理实施办法（试行）》（苏政发〔1982〕57号）出台实施为标志，规定水费收缴的范围、标准及收缴使用管理办法，在全省包括苏州市初步建立有偿供水制度。

第二次水费制度改革在1989年，以《江苏省水利工程水费核订、计收和使用管理办法》（苏政发［1989］38号）为标志，在全省首次确立供水成本核算观念。

第三次水费制度改革在1995年，以《江苏省水利工程水费核订、计收和管理办法》（省政府第66号令）为标志，在全省初步建立按供水成本确定水价标准的水价形成机制。提出“苏南支持苏北，以工补农”的差额水价体系原则，水费列入生产成本；农业水费仍按低于供水成本收费，工业用水按全部投资并加供水投资的5%的盈余核定其标准。

1995年12月，苏州市政府《关于贯彻实施〈江苏省水利工程水费核订、计收和管理办法〉的意见》出台。第四次水费制度改革在2000年，以省物价局与省水利厅联合颁布的《关于调整水利工程供水价格的通知》（苏价工〔2000〕142号、苏水经〔2000〕7号）为标志，这次改革的最大突破是将水费标准改为供水价格，水价纳入商品价格管理范畴，标志着全省水利工程供水市场化运作的起步。

2001年，按照国家和省有关规定，苏州市全面推广水利工程水费自收，严格按照经营性收费管理的要求，实行水费收缴公示制度，加强对水费资金使用管理的监督，进一步推进水费收缴、使用、管理的规范化和制度化。

2004年，依据国家发改委与水利部联合颁发《水利工程供水价格管理办法》，苏州市地表水水资源费征收标准为0.13元每立方米，地下水资源征收标准为2.4元每立方米（包括浅层地下水），对洗浴、室内游泳池、洗车等高耗水行业取用地下水的，水资源费征收标准为2.7元每立方米，对乡及乡以下农村水厂以地下水为水源的，免收农民生活用水部分的水资源费，非农民生活用水部分按1.2元每立方米征收水资源费。

2008年，江苏省水利厅、省物价局出台《江苏省水利工程供水价格管理实施办法》。《水价实施办法》的出台，解决水价形成机制不合理，价格调整机制不灵活的问题。江苏省供水价格远远未达供水成本，2008年仅占成本的三分之一；解决水价管理事权划分不清晰，职责不明确的问题；解决计价方式单一的问题。2009年，苏州居民用水实行阶梯水价。

2015年2月，苏州市水务局严格执行新标准，严格落实《江苏省水资源费征收使用管理实施办法》的规定，坚持调整水资源费与理顺水价结构相结合，限制高耗水和产能过剩行业用水以及超量取用水，支持低消耗用水，建立差别化的水资源费征收体系和超计划超定额累进加价制度；充分考虑不同产业和行业取用水的差别特点以及各方承受能力，制定相应的调价措施，稳妥实施，促进社会和谐稳定；全面执行超计划取水累进加价征收水资源费制度，实施惩罚性的征收标准。取用水单位超计划取用地表水或地下水的，对超计划取水部分，按照累进加价原则加收水资源费。

2015年12月，苏州市物价局出台市区居民生活用自来水阶梯价格制度完善方案，依据国家和省相关规定和进度要求，对阶梯用量设置和阶梯价格比例先期进行调整，并于2016年1月1日起实施；市区居民基本水价由现行每立方米1.61元提高到1.86元（含税），上调0.25元。

表16-1　2016年前苏州市区具体水价及构成情况

单位：元每立方米

用户分类			基本水价	城市附加费	水资源费	污水处理费
居民生活用水	第一阶梯	户均年用水量0—216立方米（含）	1.61	0.04	0.20	1.35
	第二阶梯	户均年用水量216—300立方米（含）	2.41	0.04	0.20	1.35
	第三阶梯	户均年用水量300立方米以上	4.83	0.04	0.20	1.35
非居民生活用水			1.91	0.04	0.20	1.35
特种行业用水			2.91	0.04	0.20	1.62
						重污染行业2.01

注：1.重污染行业是指化工、医药、钢铁、印染、造纸、电镀等。

2.特种行业是指洗浴、洗车、足浴、啤酒饮料纯净水等高消耗行业用水用户。

表16-2　2016年苏州市区自来水价格及分类

单位：元每立方米

用户分类			基本水价	城市附加费	水资源费	污水处理费
居民生活用水	第一阶梯	户均年用水量0—216立方米（含）	1.86	0.04	0.20	1.35
	第二阶梯	户均年用水量216—300立方米（含）	2.79	0.04	0.20	1.35
	第三阶梯	户均年用水量300立方米以上	5.58	0.04	0.20	1.35
非居民生活用水			2.16	0.04	0.20	1.75
特种行业用水			3.16	0.04	0.20	2.02

注：1.非居民生活用水中的重污染行业（化工、医药、钢铁、印染、造纸、电镀等）按照企业环保信用评价等级分档加价收取污水处理费。

2.特种行业是指洗浴、洗车、足浴、啤酒饮料纯净水等高消耗行业用水用户。

表16-3　2001年苏州市水利工程供水价格

分类			收费标准
农业用水	按亩收费	稻麦田	7元每亩
		旱田	0.9元每亩
		经济作物	7元每亩
工业用水	按立方米收费	消耗水	9分每立方米
		循环水	2.25分每立方米

续表

分类			收费标准
水产用水	按亩收费	池塘养殖	25元每亩
		湖荡、河沟养殖	7.5元每亩
自来水厂（地表水）按立方米收费			4分每立方米
船闸：按立方米收费			标准另定
其他：按立方米收费			按成本核定水价

注：农业经济作物含棉花、油料、蚕桑、经济林、菱、藕、蔬菜、茶叶等。

二、农业水价综合改革

2017年，根据国家、省有关要求，苏州市政府印发《关于建立市农业水价综合改革联席会议的通知》，分管副市长为召集人，市委农办、市发改委、财政局、水利（水务）局、农委、物价局为成员单位。为加快推进农业水价综合改革工作，市水利（水务）局、物价局、财政局印发《关于抓紧落实农业水价综合改革工作的通知》。市水利（水务）局印发《关于加快推进农业水价综合改革试点示范区建设通知》，全市落实启动改革试点面积7.35万亩，其中高效节水灌溉面积5.88万亩；开展节水工程建设及配套灌溉计量设施，全市在2016年完成1.3万亩高效节水灌溉的基础上，2017年又完成2万多亩高效节水灌溉面积。全市382座灌溉站已配套电磁流量计、计时器等灌溉计量设施。研究确定水权分配，相城区首先公示下发试点区灌溉用水定额文件，其他市、区先后完成试点区水权分配工作；完善用水服务组织建设，从统计情况来看，全市已组建农民用水户合作组织27个，其中民政注册登记的3个，工商注册24个，全市由合作组织管理的灌溉面积21万亩，占全市有效灌溉面积的11%左右。各市、区均已确定以协商定价的方式确定农业水价，各市、区出台水价核定办法和完成水价定价备案工作。根据实际情况因地制宜地核定或复核水价；大部分市、区相关部门联合出台农业水价及节水奖补管理办法。开展农业灌溉设施养护管理及考核，各地完成小型农田水利工程产权制度改革与创新运行机制工作，明晰各类工程的产权归属和管护职责，落实维修养护经费，落实考核工作。全市落实小型农田水利管护经费4510万元，区级落实考核奖补经费2300万元。

2018年，各市、区水利（水务）局根据《江苏省灌溉用水定额》和本地实际，均以文件形式下达农业用水定额和节水目标，指导和激励各灌区加强灌区基础设施建设和制定科学高效用水制度，积极推进农业节约用水工作。为合理确定各地农业用水价格，各地都出台农业水价核定办法和超额累进加价制度，采用调查、统计、实测等相结合的方法，测算农业用水成本，并在此基础上与用水户共同协商制定农业用水价格，并在物价局备案。2018年，全市完成改革任务82.95万亩。各地都加快完成农业用水计量设施建设，安装专用的计量设施和以电折水相结合措施，完善农业用水计量工作，各地都配套适合本地特点的计量装备。吴江、吴中分别完成52套、21套电磁计量仪安装；张家港、昆山、相城推广以电折水；太仓运用物联网技术，建设农田水利信息化平台，对灌区用水信息进行分析、监控和处理。常熟对经济作物和水稻进行分类定价；吴江核定水稻平均水价0.09元每立方米左右并制作发放农业用水精准补贴卡；张家港在改革区公示水价；太仓市水利、物价等部门下发农业用水指导价格文件。全市落实节水奖励资金557万元，精准补贴资金1039万元。张家港按管护定额发放精准补贴，对亩均低于用水定额的给予每亩10元节水奖励。太仓财政安排570万元，50%用于管护奖励，50%用于节水奖励和精准补贴。昆山落实精准补贴150万元，节水奖励50万元。吴江区建立节水奖励和精准补贴卡，便于基层操作。

2019年，苏州市政府建立水价改革联席会议制度，各市、区均成立农业水价综合改革领导小组或建立联席会议制度。全市完成77.19万亩水价改革，成效显著。为科学地制定用水考核、精准补贴和节水奖励措施，各地采用安装专用的计量设施和以电折水相结合的办法，完善农田用水计量工作，全市完成689套计量设施安装。张家港、昆山、相城推广以电折水，太仓运用物联网技术，建设农田水利信息化平台。全市落实下达年度水价改革经费1700多万元。

其间，全市按照改革要求因地制宜、形式多样地组建农民用水合作组织，改革推进到哪里，合作组织组建到哪里。包括：新登记注册成立用水协会，常熟董浜镇节水灌溉协会；碧溪新区节水灌溉协会，吴中角直镇、临湖镇、胥口镇农村用水合作协会在民政部门进行登记注册；在村经济合作社增加用水服务功能，张家港、常熟、太仓、昆山、吴江、相城有关镇村在村经济合作社、劳务合作社等组织里增加农业用水供水管理服务功能，承担用水合作组织的职能；新组建水利服务队，太仓市组建70个水利服务队承担用水合作组织职能。

表16-4 2018—2020年苏州市农水改革资金落实及使用情况

单位：亿立方米

地区	2018年用水量	较前一年节水量	2019年用水量	较前一年节水量	2020年用水量	较前一年节水量
张家港	0.96	0	1.32	0.04	1.11	0.24
常熟	2.01	0	1.98	0.03	1.85	0.14
太仓	—	—	1.14	—	—	—
昆山	0.80	0.05	0.83	-0.03	—	—
吴江	0.80	—	0.78	0.02	0.64	0.14
吴中	0.18	—	0.18	0.01	—	—
相城	0.14	—	0.14	0.00	—	—

三、排水管理体制改革

苏州城市排水日常管理工作由苏州市排水管理处负责。苏州市排水管理处于1997年在原河道管理处基础上成立，与1995年成立的苏州市城市排水监测站合署办公，实行一套班子、两块牌子的管理体制，2003年初又增挂“苏州市水政监察支队直属三大队”的牌子，从事排水执法监察工作。具体负责城市排水的日常管理工作，贯彻执行国家有关法律法规和行业政策，参与城市排水规划建设。担负污水处理、排水管理（污水接纳、排水许可等）、管网养护、排水监测和排水监察工作。2002年下半年开始承担苏州市区污水管网支管到户工程建设。

2004年以来，根据苏州市委、市政府关于推进社会事业领域企事业单位改革的决定精神，苏州市的排水管理体制改革提上工作日程。为进一步强化污水管网的管理工作，改善城市水环境，2004年6月开始进行污水支管养护工作试点。首先在石路、彩香街道进行委托养护试点，采用购买公共服务的市场化方式运作，摸索从委托养护向招标养护过渡的新模式。2005年全面采用市场化运作模式，共对13个片区实行招标养护，对2个商业区（石路步行街和观前街地区）进行委托养护，涉及新改造污水管道355千米和部分老管道养护，服务面积46平方千米，受益人口达76.4万，为支管养护全面推向市场奠定基础。

2006年开始，在原有对各基层经济责任目标承包考核的基础上，将工资总额予以承包，对福星污水处理厂、娄江污水处理厂、城西污水处理厂、城东污水处理厂、城市排水服务公司、城市排水监测站等6个基层单位实行独立核算、内部考核的运作机制，既提高各基层的管理自主权，又加强对污水处理和运行、排水管网养护和水质监测工作的监管，为下一步改革培育市场创造条件。

在由苏州市排水管理处进行大量的调查研究、考察国内特别是周边城市排水单位改革经验后，市政府于2008年9月出台《苏州市排水管理体制改革方案》（苏府〔2008〕114号）。《方案》中明确，根据“事企分开、管办分开”的原则，组建新的排水管理处和排水公司，分别承担行政管理和运行作业职能。水务局召开排水处全体职工改革动员大会后，排水管理体制改革的各项工作自2008年底全面展开。

2008年，出台《苏州市排水管理处改革实施意见》。根据《实施意见》，分三个步骤完成市排水管理处改革。第一步，明晰产权。继续保留苏州水务投资公司，市水务局受市政府委托代管水务投资公司，水务资产由国资委管理。苏州清源建设公司与市排水管理处合并，一套班子、二块牌子，由排水管理处负责管理的污水处理厂和管网、泵房等排水设施，经营性资产全部转入清源建设公司，社会事业性管理资产划归排水管理处。第二步，裂变重组。模拟市场化运作，培育市场竞争能力，加强国有资产管理。2006年，市排水管理处对福星污水处理厂、娄江污水处理厂、城西污水处理厂、城东污水处理厂、城市排水服务公司按照独立核算单位签订承包合同。2007年，对上述5个单位根据工作范围、性质进行重新组合，组建福星污水处理服务所、娄江污水处理服务所、排水管网服务所3个单位，均为二级法人单位，全部独立核算，保留事业单位性质，模拟市场化运作并逐步向市场化过渡。继续保留城市排水监测站，承担城市排水监测等行政管理职能。2008年，完成福星、娄江污水处理厂一期项目技术改造任务。引入市场竞争机制和社会资本，福星污水处理服务所、娄江污水处理服务所所辖污水处理厂全部实行TOT，向战略投资者转让。转让后的污水处理经营单位要根据与政府签署的特许经营协议负责管网收集的污水处理，达到规定标准排放。继续保留清源建设公司，转换职能，负责世行和日本协办银行贷款和还款，对城市排水基础设施建设融资，承担排水基础设施建设的项目法人。第三步，事企分开。重新组建苏州市排水管理处，明确职能配置、人员编制和岗位设置。

2009年1月苏州市国有资产管理委员会发布《关于设立苏州市排水有限公司的批复》，苏州市排水有限公司正式成立。

排水管理体制改革过机制创新，进一步转变政府职能，强化政府监管，不断提高污水处理的管理水平和运营效率。转制后，事业单位承担的行业管理职能与污水处理、管网运营维护的作业职能进行合理划分，加快推进污水处理企业化、市场化运作，逐步提高市区污水处理的管理水平和运行效率。

第四节　投融资体制改革

水利建设主要依靠各级政府财政资金，资金不足，制约水利设施建设与管理，水利设施不能适应水利发展和抗御洪涝灾害的需要。

2002年，将市自来水公司、水利工程公司、清源建设有限公司等单位合并，组建水务投资发展有限公司，负责城市水务项目建设资金的筹集、融通、管理、使用。按照市政府城市水务规划和建设任务，公司负责城市水务建设、水务项目投资所需资金筹集、融通、管理和使用，逐步达到水务经营性项目不需政府投资、公益性项目为政府筹资的目标。2003年8月12日，苏州市政府批复同意组建苏州水务投资发展有限公司并授予国有资产投资主体。对于供水和污水处理类经营性工程通过成本、利润等核算，提高供水和污水处理价格，如污水处理费提高到每吨1.15元的价格，为污水处理设施建设创造投资收益条件，实现“谁耗费水量谁补偿、谁污染水质谁补偿、谁破坏水生态环境谁补偿”的目标，有利于促进全市节约用水工作。

水务公司组建以后，为解决财政资金的缺口、推进城市水务工程的建设发挥较好的作用。先后组织实施西塘河引水工程、市区北部供水工程、自来水户表改造工程、污水支管到户工程，并实施城市防洪工程、河道整治工程。

2014年3月，苏州水务投资发展有限公司更名为苏州水务集团有限公司。集团主要承担苏州市区自来水生产、输配及服务，污水收集处理及达标排放、水务项目投资、市政设计与建设等相关业务。

2017年，苏州市三个县（市、区）项目实施融资。其中，常熟市污水治理工程和畅流活水工程与农发行常熟支行签订贷款36亿元、15亿元，太仓市农村生活污水治理项目向国开行融资2亿元，张家港通洲沙西水道水利工程建设向建设银行和农业银行贷款共2亿元。

第五节　水利工程管理体制改革

新中国成立以来，苏州市兴起三次水利建设高潮，兴建一大批水利工程，初步建成防洪（挡潮）、除涝、灌溉、降渍、调水五大水利工程体系，发挥巨大的社会效益和经济效益。但是，水利工程管理中存在的问题也日趋突出，主要是：水利工程管理体制不顺、职能不清、权责不明；管理单位事企不分、机制不活；人员经费不落实，水利工程运行管理和维修养护经费不足；国有水利经营性资产管理运营体制僵化等。这些问题导致大量水利工程老化失修，效益衰减，影响水利工程的安全运行和效益的发挥，直接制约着苏州市经济和社会的可持续发展。

根据《国务院办公厅转发国务院体改办〈关于水利工程管理体制改革实施意见〉的通知》和《省政府办公厅转发省体改办省水利厅省财政厅〈关于我省水利工程管理体制改革工作实施意见〉的通知》，结合苏州市实际，苏州市水利（水务）局于2003年10月29日印发《苏州市水利工程管理体制改革实施意见》。按照意见要求，苏州市成立水利工程管理体制改革领导小组，负责全市水管体制改革工作。各县（市、区）水管单位体制改革工作在当地政府的统一领导下进行。市属水管单位的体制改革工作由苏州市水利（水务）局具体负责。各部门协调配合，深入开展水利工程管理体制改革。此次改革的主要举措与内容有：明确权责，规范管理，实行统一管理与分级管理相结合。结合实际情况，市、县（市、区）两级实行统一管理和分级管理；明确水行政主管部门和水管单位的管理责任；建立和完善责任追究制度；划分水管单位类别和性质，严格定编定岗；深化水管单位内部改革，加强水利工程管理。根据水管单位的性质，分类推进机构、人事、劳动、分配等相关制度改革。规范水管单位的经营活动，严格资产管理；积极推进水利工程产权制度改革；强化水利工程目标管理；积极推行管养分离工作，积极推行水利工程的管理与维修养护分离，精干管理机构，提高养护水平，降低运行成本；规范财政支付范围和方式，严格资金管理。根据水管单位的类别和性质，采取不同的财政政策；积极筹集水利工程维修养护岁修专项资金；严格资金管理；妥善安置分流人员，落实社会保障政策；完善新建水利工程管理体制。

2004年，根据国家、省、市水利工程管理体制改革的精神，苏州市加快水利工程管理体制改革步伐。各地根据自身特点和水管单位设置的现状，进行适当的结构调整，明确单位的职能与职责，水管单位分类定性工作基本完成。经地方政府批准分类定性的水管单位有苏州市级以及常熟市、吴江市、张家港市、太仓市水利（水务）局等所属的水管单位。各地全面开展定编定岗、经费测算工作，落实水利工程管理单位的经费来源。胥口、张家港，太仓、昆山等地工程管理单位按照“管养分离”“管办分离”的原则和“养事不养人”的思路提出初步改革实施方案。常熟、张家港、吴江、太仓、昆山相继建立健全河道管理机构。继续实行管理和养护分开的试点工作，保证工程的完好和安全。加强河道堤防的达标考核，常熟市长江河道管理处通过水利部“国家一级水利工程管理单位”验收，张家港市长江防洪工程管理处、太仓市堤闸管理所、常熟市望虞河工程管理所和苏州市胥口水利枢纽管理处积极开展国家二级水利工程管理单位申报和初验工作。

2005年，根据省、市体改工作的总体步骤，苏州市水利水务部门按照“管养分离”“管办分离”的方针，坚持“该建则建，该撤则撤”的原则，采取“政府财政购买公共服务”的思路，进一步调整或建立健全水利工程管理机构，重新确定单位性质和职能，进一步明确分阶段目标任务。市属管理单位苏州胥口水利枢纽管理处、苏州市西塘河工程管理所、苏州市河道处以及常熟、张家港、吴江、太仓、高新区等地部分水管单位的分类（按纯公益性、准公益性、经营性划分）已获政府批准；昆山、吴中等水管单位分类定性已与体改办达成一致意见；昆山市按照“体制理顺，合理归并”的思路，计划按行政管理和公益事业两类性质，调整和理顺管理体制，分别负责淀山湖防洪工程和辖区镇级以上河道的管理。市属和常熟、张家港水管单位的改革方案已报批，全员聘用、竞争上岗工作已完成。

2006年，以“核定编制、落实经费”为目标，积极推进水管体制改革工作。政策层面工作基本完成，各地出台改革实施意见，分类定性、定岗定编工作也已基本完成；两项经费全部落实，内部改革不断深化，通过人事、分配制度改革，加强成本核算，做到减员增效；管养分离不断推进，建立考核评分制度，依托行业优势深化经营管理体制改革，成立常熟浒浦套闸工程开发有限公司、太仓市宁太水利产业有限公司。常熟市已通过验收，张家港、太仓、昆山、吴江、苏州市级的水管单位基本具备验收条件。

2007年，全市水利水务部门围绕全面提升水利工程管理水平的工作目标，深化改革，加强管理。8月10日，通过省政府办公厅、省水利厅、省财政厅、省人事厅联合组织的省级验收，改革成效比较显著。按照水管单位承担的任务和收益状况，进行科学分类定性，划分为纯公益性或准公益性事业单位。根据《水利工程管理单位定岗标准》，合理设岗，严格定编，低于部颁标准，做到机构精简。引进竞争机制，深化人事、分配制度改革，加强成本核算，做到减员增效。在单位内部实行竞聘上岗制，全员合同制管理，加强干部任职考核。通过这次改革，解决吴江市太浦河管理所多年没有解决的体制问题，昆山市财政首次为娄江堤闸管理所安排正常经费。

第十七章　科技与信息化

1991—2020年，苏州市坚持不懈地推进科教兴水战略，坚持科技进步，强化科学治水，推进科研攻关，不断加快成果转化，促进示范推广，形成几十项主要科研成果，每年申报成功省级水利科技项目。落实水利现代化规划对于信息化的相关要求，深入开展信息化建设和工程管理现代化的研究，加快水利工程数据库和管理信息化建设，2017年起建设了“智水苏州”平台，构建“一基础、一平台、一中心、两保障、N应用”的总体框架，实现“调人、调事、调物、调水”。开展水资源节约保护、水环境保护与水生态修复技术、生态工程建设技术等科研工作，为建设城乡防洪保安体系、城乡水环境保护体系、供水保障体系提供科技支撑。

第一节　科技机构

一、省级科研机构

（一）江苏省太湖水利规划设计研究院有限公司

原为江苏省水利厅直属全额事业单位，1983年11月成立，原名江苏省太湖水利规划处、江苏省水利勘测设计院苏南（分）院，1993年9月24日更名为江苏省水利勘测设计研究院苏南院，1996年4月17日更名为江苏省太湖水利设计研究院，2003年8月13日经批复同意进行体制改革，2004年6月江苏省太湖水利规划设计研究院有限公司（以下简称公司）正式挂牌。公司为国家级高新技术企业、江苏省文明单位、江苏省专精特新企业。公司重视水利科技创新，2019年成立“太湖水科学研究中心”平台，深深扎根太湖水利规划、设计任务，紧密结合太湖水利生产实践，积极开展太湖水利规划理念和设计技术创新，企业创新能力不断提升。至2023年底，公司累计获得授权国际发明专利1项、发明专利5项、实用新型专利48项、软件著作权22项、商标3项。多年来，公司承担太湖流域大量重点水利工程规划、设计任务，主要有无锡犊山枢纽、无锡梅梁湖泵站、江苏省丹金闸水利枢纽、江苏省新闸防洪控制工程、江苏省钟楼防洪控制工程、苏州七浦塘工程、新一轮太湖水环境综合治理工程（走马塘工程、新沟河工程、新孟河工程）三条骨干河道及吴淞江综合整治工程、太浦河后续工程等，获得数百项国家级、省部级和市厅级规划、咨询和设计奖项，主要有中国水利优质工程奖——“大禹奖”、全国优秀咨询奖、全国大禹科技进步奖、江苏省优秀设计一等奖、江苏省优秀咨询一等奖等。

（二）江苏省水文水资源勘测局苏州分局

江苏省水文水资源勘测局苏州分局（以下简称苏州水文分局）是承担苏州地区水文业务及管理职能的公益性事业单位。前身为江苏省水文总站苏州分站，1996年更名为江苏省水文水资源勘测局苏州分局。内设办公室、站网水情科、水质科、水资源科共4个职能科室，下设城区、常熟、太仓、昆山、张家港等5个水文水资源监测中心，各监测中心负责辖区水文测站管理，水文测站实行驻测、巡测相结合的管理方式。苏州水文分局有各类水文（流量)站13处(其中国家重要水文站6处)、水(潮)位站34处、降水量站34处、蒸发站3处,浅层地下水监测井17眼、深层地下水监测井42眼,水土保持径流场1处,墒情站1处,水质监测断面325个,拥有环太湖、环阳澄湖、沿江、望虞河、太浦河、苏沪苏浙边界等多条巡测线。主要负责全市水文监测及管理,水文站网规划与建设,水文信息采集、处理、监视以及水雨情分析和水文预报,开展主要河湖及地下水水量水质监测、分析和评价,承担水文资料整编与管理,科技研究与成果推广等职能,积极为"河湖长制"、江苏"六大水利"建设和社会经济发展提供水文服务。

二、市级科研机构

苏州市水利设计研究院有限公司

1988年9月,苏州市水利局勘测设计室注册成立,企业性质为事业单位,经营方式按照主管局指令性任务文件和委托性任务合同书进行工程规划勘测设计、技术服务。1995年7月,企业更名为苏州市水利勘测设计研究院。2004年,更名为苏州市水利设计院有限公司,为股份制企业。企业经营范围为承接乙级水利工程设计、水利工程技术开发、技术转让、技术咨询、技术服务和相关的业务活动;乙级工程测量、乙级工程勘察专业类岩土工程(勘察)(涉及资质的凭资质证书经营)等。公司在城市防洪、河道整治、灌溉排涝、引调水、水土保持咨询等方面具有较强的规划和勘测设计能力,在苏州市的水利工程建设、水生态、水环境治理中承担大量的科学研究、工程规划、设计等任务,对平原水网地区水系规划、水利工程设计、水生态、水环境治理具有丰富的实践经验。一批规划可研和勘测设计项目获得省市优秀勘察设计奖。

三、县(市、区)级科研机构

(一)常熟市水利技术推广站

前身是常熟水利科学研究所,发端于1934年太湖流域工程处所属庞山湖农场,职能以灌溉试验为主。1958年3月,常熟县灌溉试验站(以下简称试验站)建立,址设金家大圩。试验站开始对晚稻灌溉制度和晚稻生长的需水量及耐涝情况开展试验。1959年,更名为常熟县农田水利试验站。1978年,试验站科研项目"地下排灌技术"获全国科学大会奖。

1986年3月,试验站更名江苏省常熟水利科学研究所(以下简称水科所)。1991年起,水科所对太湖流域水稻用水量、直播水稻高产节水灌溉技术进行科研实验,取得突破性进展,分别获得省水利厅水利科技进步奖。

2003年3月,常熟市水利技术推广站成立(以下简称推广站),水科所保留牌子并入。为了正确指导全市蔬菜节水灌溉基地建设与运行,推广站承续水科所在2001年与梅李、新港、董浜水利管理服务站合作开展的"节水灌溉技术在大田无公害蔬菜生产中的应用示范"科研实验。2004年6月,推广站在常熟宝岩生态园开展"虞山水土保持生态建设综合技术研究"科研。

2005年11月,推广站"变频恒压农田供水系统研究与应用"科研项目,获省水利厅科技成果三等奖。2006年,推广站(水科所)会同扬州大学水利科学与工程学院开展"减轻农业面源污染的水稻非充分水肥耦合技术研究",即在水稻节水灌溉条件下水肥耦合对农业面源污染程度的研究,此科研项目获省水利科技成果三等奖。2008年6月,推广站与南京理工大学自动化学院合作,开展"GPRS无线远程监控技术在节水灌溉泵站的应用示范"科技项目研究。2010年6月,推广站继续与南京理工大学自动化学院合作,开展"基于物联网的智能化农业节水灌溉系统研究与开发"的科技项目研究。项目开发组将物联网的智能化管理平台设于董浜节水灌溉监控服务中心,并在以董浜镇曹家桥为中心的果蔬种植区推广。至2014年末,董浜全镇111座节水灌溉泵站纳入智能化平台管理，覆盖面积3.97万亩，其中蔬果3.03万亩、水稻0.94万亩，14个行政村受益。2011年始，推广站在董浜、碧溪、虞山、梅李等镇试验应用低压管道技术，实施水稻节水灌溉工程。

2012年1月，推广站在省水利厅科技处、农业发展中心组织下，参与水利部科技推广项目——"基于物联网的现代农业节水灌溉综合管理系统"的科研实验。同年5月，推广站"基于调频恒压控制的农田节水智能灌溉系统"与"基于物联网的温室大棚系统"两个项目经国家知识产权局授权，获实用新型专利。

按照2016年江苏省灌溉试验站网建设规划，常熟市水利技术推广所属江苏常熟站被列为江苏省灌溉试验重点站，是全省五个重点站之一。

（二）昆山市水利技术推广站

昆山市水利技术推广站是昆山市水利系统的专业科研推广机构，始建于1959年4月，初时定名昆山县农田水利科学研究站，1960年与昆山县气象站合并，改名为昆山县水文气象站。1962年8月与气象站分设，业务及科研经费归属江苏省水利厅农水处，并更名为江苏省水利厅昆山农田水利试验站，科研业务日由江苏省水利厅安排，行政关系仍属昆山县水利局管辖，1969年体制变更，试验站划归属地管理。1979年经昆山县革命委员会批准更名为江苏省昆山农田排灌研究所，2000年1月26日，江苏省水利厅明确科研业务和经费均下放移交给昆山市水利局，所需科研经费支出归地方财政统筹安排。2004年1月9日，经昆山市编制委员会批准更名为昆山市水利技技术推广站。

（三）吴中区山区水利水保实验站

为逐步改善山区水利条件，研究和探索山区花果灌溉技术，更好地发展山区花果林业特产的生产。1979年10月26日，经苏州地区行政公署水利局苏地行（水）字第115号批复建立"吴县山区水利科学试验站"，并拨款4000元筹建。经过一年筹备，至1981年4月，吴县人民政府批复同意建立"吴县山区水利科学试验站"，属水利局领导的事业单位。初期办公地点设在洞庭公社农机水电管理站内，1984年正式建成试验站办公大楼。山区水利科学试验站的主要任务是：探讨花果山区水利建设工程类型和工程措施；研究山区花果灌溉新技术新方法；科学用水与增产途径；研究山区地下水位高低对花果生产的关系等。当年，水利科学试验站在东山绿化村征用9亩8分，栽种各种柑橘进行不同品种的柑橘滴水、排水和高产试验。

（四）吴江区东太湖水生态科学研究基地

东太湖水生态科学研究基地由同济大学环境科学与工程学院和苏州市吴江区水务局共同建立。研究基地围绕水域生态关键科学问题，聚焦河湖污染治理和生态恢复研究，涵盖富营养化湖泊水生植物恢复、饮用水水源地水质和水生态安全保障、平原河网污染溯源和面源污染截留资源化利用等多方面的研究。

2013年1月，同济大学环境科学与工程学院与苏州市吴江区水务局建立合作关系，共同完成东太湖水生植物收割机制研究和适应性管理研究。2017年3月，初步建立东太湖水生态科学研究基地。2020年7月，正式成立东太湖水生态科学研究基地，为高校技术人才和地方政府搭建桥梁，形成长效合作机制。研究基地成立以来，取得丰硕的成果。基地提交的《谨防底泥疏浚削弱东太湖生态自净功能》和《东太湖水源地水生植物适宜性管理技术指导手册》专项报告被吴江区水务局采纳，帮助水务局将亭子港水源地疏浚政策转向水生植物保护的对策，并取消早期的不合理疏浚规划，为水务局节省1亿多元的财政资金。《2021年8月17日庙港水源地2-MIB严重超标分析报告》《东太湖备用水源水库东西两侧湿地水质及水生态状况分析》等专项报告，为水源地及周边水域的保护和管理提供数据支撑。研究基地成立以来，给吴江区水务局提交多份具有参考价值的研究报告、月报和年报，包括《东太湖水体浑浊成因研究与对策研究报告》《东太湖水源嗅味问题防控技术研究报告》等，以及2020年7月以来30期《东太湖水生态健康状况月报》、2期《东太湖水生态健康状况年报》，为水务局掌握东太湖各功能区和水源地水质水生态状况奠定基础。

自2017年起，研究基地积累东太湖相关的水质数据2万多个，藻类群落数据和其他生态指标数据多达5万个以上。利用这些数据，结合吴江河网水质数据，建立吴江水环境水生态数据管理平台（数据库）。基地编制《东太湖水源地水生植物适应性管理指导手册》《减缓东太湖水体浑浊的应对方案和技术措施指南》等相关技术指南。

第二节　科研项目与成果

1992年全市共列研究课题20项，通过鉴定或验收的有12项。其中，昆山市的《排水鼠道护壁技术》通过水利部部级鉴定，《太仓县40万亩节水灌溉示范工程项目》通过水利部技术验收。苏州市水利局和太仓县水利仪器设备厂、太仓县水利局共同研制的LSB-200型上置波轮流量变送器、LSG-I型流量数字积算仪，通过江苏省水利厅组织的技术鉴定，吴江市水利局等单位研制的小机泵无线电遥控装置通过省级水利科技鉴定。

1996年，苏州市从实际出发继续推广适合该市的新技术、新成果，市级立项的所有建设项目中均不同程度的推广运用新的水利技术。

1998年全市共承担省级水利科研、试验项目8项。其中，完成4项，有2项获苏州市科技进步四等奖，有1项获得省水利科技进步二等奖，有1项获得省水利科技进步三等奖。曾获得省水利科技进步三等奖的苏口型旋塞式放水口门，已推广安装6000多套，受益面积2万多亩。

2000年，全市共承担水利科研、试验、推广项目13项。张家港市完成的“汛情拨号自动采取与管理信息系统”获得省水利科技进步一等奖，“吴江市地面沉降与开采地下水关系研究”“小型闸门便携式启闭机的研制”等6项获得科技进步奖。全市推广浅湿灌溉技术，建立7个共3.7万亩节水灌溉技术示范方。

2001年，全市共承担科技项目21项。其中，新立项的12项，往年结转的9项。还有5项水利科技成果参加2001年9月18—21日举办的北京2001年国际水利水电技术设备展览会展出。吴江通过研究，成功地将电动机软起动和软停车技术应用于泵站，解决泵站起动时电流波动大、停机时水锤影响的难题，经专家评定，该技术首次在国内中小型泵站应用。完成运用无源选通技术的多孔闸门自动化监控系统建设、利用社会动力的8BJ-350型机动泵站推广、投资小、成本低的QW120A型悬挂抓斗式清污机研制等项目。全市新建、改建高效节能排灌泵站214座，建造防渗暗渠150多千米，新安装喷灌设施400亩，推广轴流泵整体移位检修安装装置50台套，昆山还研制开发40寸轴流泵的整体吊装维修装置。

2002年，全市投入水利科研推广经费达742万元，水利系统共承担科技项目19项。其中，新立项的11项。共完成的课题有8项，通过鉴定验收的4项，准备鉴定的2项，提交调研总结的2项。全市有3座排涝泵站应用电动机软起支软停车技术，推广水稻高产节水浅湿灌溉技术150万亩，约占水稻种植面积的77%，取得节本增产、提高水稻品质的明显效果，平均单产达590公斤，增加2.1%。全市有6项科技项目获得江苏省水利科技进步奖。

2003年，全市投入水利科研推广经费达660多万元，共承担省、市水利水务科技重点项目20项。其中，新立题的8项，苏州城市生态治水示范项目列入国家“863”计划的重大科技专项，该项目将在苏州市南园水系和拙政园、沧浪亭两个园林实施。2003年已完成的课题有11项。其中，通过专家鉴定的4项、准备鉴定的5项、提交调研总结的2项。全市水利水务系统有3个项目获2003年度省水利科技优秀成果三等奖。

2004年，全市共承担省市重点科技项目22项，内容涉及水资源开发保护，重建水生态的水利工程技术研究，治理水环境的技术研究，以及水利工程建设新技术研究开发等方面，共完成11项。市水利（水务）局承担的《蜂巢格网防护工程技术研究》和《“葫芦净”防除水花生、水葫芦的技术研究与示范》两个项目分别通过江苏省、苏州市科技部门组织的鉴定。探索水利工程与自然环境和谐相处的《城镇河道护岸工程生态混凝土的开发、应用》项目按计划完成生态混凝土砌块试验，孔隙成形技术、碱度降低技术、植草方式和草种选择等方面研究，在吴江生产该生态混凝土砌块，并在运东开发区的庞山中心河和三船路的护岸工程中铺设应用450米，还制定生态护坡技术综合评价指标体系，对生态护岸开展检测研究。保护水资源、水环境的《减少农业面源污染的水稻非充分水肥耦合调控技术研究》项目在室内试验研究基础上，提出非充分灌溉条件下水肥耦合技术的实施方案，在2004年水稻生产季节中，开展室外试验和验证。《水利与防汛工程自动化监控系统》在常熟的白茆闸、浒浦闸安装监控系统，在城区小东门和练塘船闸设立雨量、水位自动监测点，并应用远传技术建立传输网络。申报立项的《苏州城市规划区浅层地下水开发利用研究》已在前两年野外调研、野外试验和综合研究的基础上，查明苏州市规划区浅层地下水的水文地质条件，编写完成研究报告，提出微承压水开采利用方案，为浅层地下水的合理开发利用和制订科学的规划方案提供基础性的资料。有3项成果获得苏州市政府颁发的苏州市科技进步奖，其中《苏州市防汛指挥决策支持系统》获二等奖，《水表远传集抄系统》《中型立式轴流泵整体吊装装置的研制》获三等奖；3项成果获得省水利科技优秀成果奖，其中《中型立式轴流泵整体吊装装置的研制》和《吴江市地下水水位水量自动监测管理信息系统》获二等奖，《张家港市沿江闸群监控系统研究》获三等奖。

2005年，市水利水务部门根据全国和省水利科技工作会议提出科研的重点，努力开展水资源节约保护、水环境保护与水生态修复技术、防洪工程建设技术、水利信息化技术等方面的研究开发。全市实施的科技项目共21项，其中新批准立项的8项。当年承担的科技项目中共完成9项，其中通过鉴定的6项，提交试验研究报告的2项。其中，苏州市水利（水务）局承担参加的水环境保护治理的《城镇河道生态混凝土的开发及应用》《减轻农业面源污染的水稻非充分水肥耦合技术研究》两项省科技重点项目于6月通过省科技厅组织的科技成果鉴定。常熟市水利（水务）局紧密结合沿江重点工程的建设研究高性能建材技术，经过两年多努力先后完成《水工建筑物掺聚丙烯纤维混凝土技术的试验与应用研究》和《常熟市浅层地下水开采工艺及开发利用研究》两项省水利重点科技项目。张家港市水资源管理处为加强饮用水水源的安全监督管理，也开展创新研究和实践，成功研究开发由水源地水质自动监测预警、移动应急监测、实验室固定监测和突发事件应急对策预案四部分组成的饮用水水源地水质立体化监测保障系统。苏州市河道管理处完成的《关于苏州城市河道的历史沿革及维护管理研究》软课题也顺利通过市科学技术协会组织的专家评审验收。经省水利科技评审委员会评定，《蜂巢格网防护工程技术研究》《苏州市城市规划区浅层地下水开发利用研究》和《变频恒压农田供水系统研究与应用》三个项目获得2005年度江苏省水利科技优秀成果三等奖，《蜂巢格网防护工程技术研究》和《吴江市地下水水位水量自动监测管理信息系统》分别获得苏州市科技进步二等奖和三等奖。

2006年，全市共承担水利科技项目18项。其中，新批准立项的5项。年内完成并申请鉴定的科技项目4项，通过鉴定验收的3项。共有6个项目获得2006年度江苏省水利科技优秀成果奖，其中，《张家港市饮用水源地水质立体化监测保障系统研究》获一等奖；《城镇河道护岸工程生态混凝土开发及应用》和《水工建筑物掺聚丙烯纤维混凝土技术的试验与应用研究》获二等奖。有5项获得苏州市科技进步奖，其中，《减轻农业面源污染水稻非充分水肥耦合技术研究》为二等奖；《张家港市饮用水源地水质立体化监测保障系统研究》《城镇河道护岸工程生态混凝土开发及应用》等4个项目为三等奖。

2007年，全市共承担水利科技项目16项。其中，4个项目获得2007年度江苏省水利科技优秀成果奖，其中《低扬程贯流泵站水力特性研究及其在城市防洪中的应用》获二等奖；《长江岸床稳定监测预警系统研究及应用》《多功能节水灌溉技术研究》和《常熟市水情监测调度系统研究与应用》获三等奖。

2009年，全市共承担水利科技项目15项，通过项目验收或专家鉴定的2项，报告结题3项，有3个项目获得江苏省水利科技优秀成果奖，其中《灌排试验系统研发及农田水肥高效利用理论研究》《轨道式牵引过闸设施工程的研究和应用》获二等奖，《泵站集群智能管理系统的研究应用》获三等奖。

2010年，全市共承担水利科技项目6项，通过项目验收的有2项。其中，“吴中区水土保持科技研究和示范推广项目”省水利厅立项，“青龙桥河水质生态修复技术研究与示范工程”市科技局立项。其中，“城镇生活污水厂尾水河道水质改善与生态修复技术研究及应用示范”“河网地区城市河道水质改善与生态修复技术研究与工程示范”2个项目通过省水利厅验收。

2012年，苏州市水利系统围绕推进服务长江、太湖开发战略，进行水利关键技术研究；围绕加强河湖管理，开展河湖安全生态建设关键技术研究；围绕高标准农田的建设，开展节水灌溉和农业灌溉水利用系数测算与效率研究；结合水利重点工程建设，组织关键技术研究。组织地方应用单位与科研院校合作，开展黑臭河道治理、污泥处置、中水回用和水源地保护等先进实用技术研究比较；推广农田水利装配式建筑物、重点工业行业节水减排技术、高效农业节水技术、乡村生活污水生态净化处理技术等。

2013年，苏州市水利系统紧紧围绕水利现代化建设的总体目标，加强重点课题、重大项目、重要技术的研究和攻关，加快科技成果转化、推广和应用；围绕服务长江、太湖开发战略，开展开发中的水利关键技术研究。

2015年，全市组织申报省水利科技项目12个，通过审核3个，争取省补经费70万元；申报市科技局13个，通过审核1个，争取补助经费15万元；征集市级水利科技项目9个，核定7项，下达年度科技补助经费80万元，项目主要有水利水务信息化、水处理技术、河道保洁、水利工程管理绩效等方面的技术研究。组织申报2014年度省水利科技优秀成果奖项目6个。其中，获得一等奖1个，二等奖3个，三等奖2个，协助申报苏州中心城市科技发展创新奖1项。

2017年，市水利（水务）局推荐的“箱式准确定位深水抛投施工工法”科技成果获得2017年度江苏省水利科技进步奖三等奖。

2018年，全市新增水利科技项目11项，其中省级1项，市级10项，8项水利科技项目通过验收，其中省级5项、市级3项。苏州工业园区测绘地理信息有限公司完成“智能遥控船的水文监测管理系统”科研项目，取得1项国家专利。

2019年，全市新增水利科技项目9项，其中省级2项，市级7项；10项水利科技项目通过验收，其中省级2项，市级8项；在研科技项目20项。

表17-1　1991—2020年苏州市水利系统部分年份主要科研成果

项目名称	年份	承担单位	经办处室、单位
常熟水利课题研究经费	2008	常熟市水利技术推广站	农水处
西塘河引水工程效益分析与持续发展研究	2015	河海大学	水利工程管理处
七浦塘水量分配研究（农1709-30）	2017	河海大学	水利工程管理处
管网渗漏研究	2016—2017	苏州科技大学	供排水处
苏州市水文化遗产研究调查	2017	苏州市历史学会/苏州大学社会学院	办公室
苏州市水文化概论	2017	苏州市历史学会/苏州大学社会学院	办公室
苏州市级水功能区纳污能力计算	2017	江苏省水文水资源勘测局苏州分局	水资源和供水处
河道淤泥综合处置方案研究	2017—2018	江苏省工程咨询中心	河道处
阳澄湖水量分配方案研究	2018	江苏省太湖水利规划设计研究院有限公司	防办
苏州市水文化遗产研究	2018	苏州市历史学会/苏州大学社会学院	运管处
农村生活污水适用技术研究	2018	苏州科技大学	排水处
西塘河等区域河道有序流动方案研究	2018	苏州市水利设计研究院有限公司	防办
苏沪边界水体水质分析与水质提升方案研究	2020	太湖流域水文水资源监测中心（太湖流域水环境监测中心）	水资源和供水处
生态美丽河湖建设导则及方案编制	2020	江苏省太湖水利规划设计研究院有限公司（联合体成员：苏州园林设计院有限公司）	河长改革处
苏州市生态水位确定和保障研究及七浦塘水量分配方案研究	2020	江苏省太湖水利规划设计研究院有限公司	水资源和供水处
胥江水量分配方案研究	2020	江苏省太湖水利规划设计研究院有限公司	水资源和供水处

苏口（SK）型旋塞式农田放水口门　苏州市水利农机局、吴江市水利农机局、吴县市水利农机局根据迅速发展高标准农田建设急需新型实用的田间放水口门，成立支斗门课题组，经过7个月的攻关，成功研制苏口（SK）型旋塞式农田放水口门。该口门具有以下优点：放水速度快、流量可高节、止水性能好；结构简单、就地取材、造价便宜；装配式结构、制造容易、能工厂生产；重量轻、造型美、整体性好、坚固耐用；灌排两用、适应范围广、安装操作方便、能大规模推广使用。省水利厅授予该成果水利科技进步三等奖。

小型闸门便携式启闭机　1998年，苏州市水利农机局、昆山市水利农机局、昆山市周市镇水利农机站研制成功小型闸门便携式启闭机。该启闭机主要由便携手摇启闭机的研制及埋板式支斗门的改进运用两部分组成，便携式启闭机要求重量轻、操作安全方便、启闭速度快、可随身携带、一机多用、使用寿命长、传动比大等；埋板式支斗门要求采用装配式结构、工厂化制作、止水性能好、成本低、能配合便携式启闭机使用、能进行流量控制。便携式启闭机克服使用较广泛的螺杆启闭机的诸多缺点，且使用、维护、管理方便可靠，可降低整个灌区的支斗门的造价，它还可配合科学用水、节水灌溉，故推广运用前景比较广阔。便携式启闭机可作为其他小型闸门、地下暗井等设备的启闭，经过改装还可作为小型货物装卸等的起重设备。1999年，省水利厅授予该成果水利科技进步三等奖。

苏州市区污水截流工程技术研究及示范　苏州市区污水支管到户工程全面展开后，根据这一重点实事工程的实际需求，2004年起苏州市排水管理处承担省水利重点科技项目《苏州市区污水截流工程技术研究及示范》，围绕群众关注的水环境污染治理的热点问题，开展古城新村和街坊的污水截流工程施工技术、污水截流率与水质改善关系、合流管用做雨水管的效能分析和技术措施三方面的深入研究。苏州市排水管理处通过《苏州市区污水截流工程技术研究及示范》项目的实施，为苏州市区污水截流工程提供可靠的技术保障，推动苏州市区污水截流工程的顺利实施。该成果获2006年度苏州市科技进步三等奖和江苏省水利优秀科技成果三等奖。

苏州区域水质提升与水生态安全保障技术及综合示范项目 国家重大科技专项“苏州区域水质提升与水生态安全保障技术及综合示范项目”（2017ZX07205），由清华大学牵头，组成包含苏州科技大学等16家参与单位的科技攻关团队，开展望虞河东岸水设施功能提升与全系统调控、胥口湾水源地水生态健康提升与水质保障、河道水环境品质提升与水生态健康维系技术及示范研究，为江苏省苏州市实现良性水循环和健康水生态提供技术支撑。

平原河网区城市地势低平、河网密布、河流水动力微弱。“十三五”水专项“苏州区域水质提升与水生态安全保障技术及综合示范项目”以苏州市中心区为试点区域，采取原型观测、模型试验与数值模拟相结合的方法，深入剖析其面临的主要水生态环境问题，通过自主研发的城市区域径流多维立体控制、河网补水和河道水体旁路净化、城市河网水动力优化调控、河流水生态构建与健康维系、水动力—水质联控联调等水环境提升技术，提高苏州水环境智慧化管理水平，促进苏州水环境质量持续提升。在此基础上，针对中国平原河网区水环境治理，研究提出实施城市面源污染协同控制，削减入河污染负荷；加强推广全方位水体品质提升与水生态修复成套技术；开展水环境联防联治，细化治水责任，推动区域一体化协同治水等具体建议。

水专项研发的“城市河网水动力—水质联控联调技术”在平江河的支河得到应用，平江河水系的水质由原来的Ⅴ到劣Ⅴ类提升为Ⅲ到Ⅳ类，透明度提升到1.5米以上，水环境品质提升显著。

供排水设施一体化管理平台示范 2017年至2020年，苏州市排水有限公司作为子任务承担单位参与国家重大科技专项《苏州区域水质提升与水生态安全保障技术及综合示范项目》（2017ZX07205），苏州市排水有限公司负责“水环境设施效能动态评估与一体化管理平台建设”的研发与“供排水设施一体化管理平台示范”的实施。该平台集成设施排水生态安全性评价技术、工业废水处理设施排水生态安全性监测技术、城市污泥及其处理的环境影响评价技术、多设施多指标效能动态评价技术，形成水设施一体化和规范化管理技术，并在苏州中心区供排水设施一体化管理平台示范工程（平台管控的所有污水厂及其配套管网服务区面积为100.8平方千米）得到应用，平台具备设施基础信息管理、数据查询分析、系统效能评估、设施调控和运行维护管理等功能，采用一体化管理技术后可提高中心区3座污水厂及配套排水管网运行效能评估的系统性和时效性，评估周期由过去的月度评估（>30天）提升为逐日（24小时）评估。2020年7月起，通过苏州中心区供排水设施一体化管理平台，苏州市排水公司在其负责的福星排水片区应用本课题研发的基于多目标鲁棒优化的水环境设施雨季协同调控技术。福星污水处理厂2020年出水COD、BOD5、TN、TP和氨氮较2016年分别降低41.3%、12.6%、33.9%、35%和67%。

第三节 信息化建设

一、发展概况

2012年4月，《苏州市水利现代化规划》经水利部、江苏省人民政府批复通过。水利水务信息化作为水利现代化的基础和标志，是防洪减灾、水资源管理、水环境监测和水土保持的重要手段和技术支撑，是提高水利水务管理工作效率和效能、实现水利水务政务公开、服务社会的重要途径和必然要求，是武装和改造传统水利水务、促进水利水务改革与发展的重要措施和迫切需要。同时，也是适应苏州市电子政务建设发展趋势的必然选择。

为指导苏州市水利水务信息化发展建设，亟需编制具有全局性、战略性、综合性、统领性的发展规划，统筹谋划水利水务信息化发展顶层设计。为此，苏州市水务局组织并委托苏州市规划编制信息中心联合编制《苏州市水利水务信息化发展规划（2012—2020年）》。《规划》坚持以云计算、物联网等信息技术为支撑，紧紧围绕“一张底图、共享建库、单点登录、分级应用”的水利水务共享应用新格局建设，提出完善水利水务信息综合采集与工程监控体系；整合和开发利用有的信息资源，逐步形成水利水务“一张图”数据库；在水利水务综合服务基础平台的支撑下，建立市、县（市、区）、镇多级互连互通的水利水务政务应用系统，形成较为完善的智慧水利水务信息化体系。

2015年，围绕“苏州市水利水务信息化发展规划”目标与要求，深化开展信息化工程建设，完善水利水务应用系统开发，组织编制新一轮水利水务信息工程建设方案。提出要推进水利水务信息工作以云计算、物联网等信息技术为支撑，围绕建设“标准统一、共享建库、单点登录、分级应用”的信息化新格局，加快建成水利水务信息化部署应用体系，促进实现信息共享、应用协同、基础支撑和安全保障，形成较为完善的智慧水利水务信息化体系。

2017年，苏州市水利水务信息采集系统已初具规模，水雨情主要依靠江苏省水文局苏州分局提供的站点信息，也对部分重要工程运行要素、安全要素等进行监测。基础监测包括水雨情监测、流量监测等。

表17-2　2017年苏州市基础监测设施建设统计

监测类别		数量（个）	备注
水雨情监测	雨量站	29	站点分布在苏州市内，基本形成雨情采集网络
	水位	32	站点分布在苏州市内，基本满足控制区域内水体水文基本特性需要
流量监测		6	站点分布在苏州市内

苏州市实现对沿江重要枢纽的工程监控，对部分重要闸站和重点堤段安装实时监控设施，胥口、西塘河等管理单位对水闸运行实现远程控制。

同时，苏州市水利工程管理处及其他各局属单位根据业务管理和治安防治需要，已建设完成对部分重要闸泵站、重要城市河道以及沿江重要水利枢纽等的视频监控和对部分办公区域的安全监控。

苏州市水务局通过业务应用、政务应用和公共服务三方面相关信息化建设，建有各类应用系统，有效地支撑各类日常业务管理。

表17-3　2017年苏州市水利水务局业务应用系统建设情况

业务应用体系	分类	业务系统
业务服务	防汛减灾	防汛决策系统（以视频监控为主）
		苏州市防汛排涝物资管理系统
	水资源	水资源管理信息系统数据采集系统
		苏州市水域监控系统
	城镇排水	苏州供排水信息管理系统

续表

业务应用体系	分类	业务系统
业务服务	城镇排水	实验室信息管理系统
		苏州市排水行业管理信息系统
	工程管理	苏州市城区水务工程调度控制系统
		苏州水利工程管理处信息化调度系统
		河长制信息平台
政务服务	内部事务	OA协同办公系统
公众服务	公众服务	门户网站

苏州水务局建立苏州排水行业管理信息系统、排水许可证审批系统等监管系统，能够实现全市各污水厂生产运行数据在线填报及统计。供排水管理处实现对姑苏区3家污水厂、污水管网、雨水管网及所属设施数据采集与在线监控、巡检养护的信息化管理。

吴中区、吴江区、常熟市水务局建立排水监管系统，实现区域排水业务的信息化管理。苏州各区市93家污水处理厂基本建立生产运行调度管理系统，实现水质、水量及设备运行状况等业务数据采集与监控、污水厂及污水泵站设备设施的自动化控制。河道处还建设有机房面积24平方米，磁盘存储能力299.6TB，由上海网波进行运营维护；供排水管理处建有机房面积20平方米，由苏州优明计算机服务有限公司进行运营维护；工程管理处建设有存储容量1TB的机房，由管理处自行运营维护。苏州防汛建成专网，以苏州市水利水务局为节点，向上连接江苏省水利厅，向下连接各市、区水利水务局，专网连接带宽为100M；横向连接江苏省水文局苏州分局；苏州市水利水务局内部通过局域网相连。截至2017年，苏州市建成市水利水务局、7个市、县（市、区）水务局会场的防汛异地会商电视会议系统，与苏州市防汛办实现远程会商、远程视频会议。

二、“智水苏州”建设

为深入贯彻习近平总书记“节水优先、空间均衡、系统治理、两手发力”治水思路，全力推进苏州水治理体系和治理能力现代化建设，结合苏州市“智慧苏州”的布局，根据苏州水利水务工作实际，突出“水利工程补短板、水利行业强监管、水利管理提质效”，于2017年启动智慧水利水务系统顶层设计工作，代号为“智水苏州”。

“智水苏州”项目以“智慧驱动、精准治理”为理念，以“科学治水、精准治水、依法治水、全民治水”为核心，通过构建感知与仿真、决策与预警、调度与控制三大核心能力，围绕“调人、调事、调物、调水”建设方向，构建“一基础、一平台、一中心、两保障、N应用”的总体框架，形成“水安全、水资源、水生态、水工程、供排水、水事务、水务监管”6+1业务应用体系，最终实现“可操作、可应用、可指挥、可提效”水利水务现代化目标。项目包含综合管理层、应用层、平台层、基础设施层、感知层、通信服务、体系建设等建设内容。

综合管理层 综合管理层根据指挥调度相关场景，进行场景相关数据集成和可视化，建设“智水苏州”综合指挥调度中心。

应用层 应用层以流程化、可视化的方式，实现汛情实时监控预警、多源信息有效整合、精准内涝预报、多手段预警发布、人员物资高效指挥调度、流程化应急响应等防汛业务全过程支撑；构建立体监测、智能管控、科学调度的生态河湖全域长效监管体系，补充生态河湖信息化工程短板，服务江河湖泊行业监管，实现苏州生态河湖智慧化监管；从数据角度采集和打通苏州市供排水业务内在关联，用数据驱动城市水务监管，实现对城市水务运行统一监管；通过建设水务行政审批系统，提高局内办件审批效率，缩短时间消耗，办件全流线上审批，推进数据整合与共享。

平台层　平台层将各个应用的服务、消息、数据统一集成适配以及编排、海量数据处理与可视化数据建模，提供服务、消息、数据集成服务，以支撑新业务的快速开发部署；构建苏州市水务局数据平台，实现“数据资产化、服务价值化、管控可视化”的目标，为“智水苏州”建设提供安全、可靠的专业数据信息服务；实现对苏州市水务感知数据实时监测和感知设备双向管理，实现对物联感知设备和数据安全监管；实现全网视频信息共享和互联互控，通过平台提供视频流接入、管理与转发等能力；对下实现电话系统、短信系统、即时消息通信系统、内部通信系统、视频会议、视频监控、无线集群通信、移动便携终端等通信方式的统一接入与互连互通，对上通过丰富的开放接口与综合业务平台对接，为水务监测和应急事件处置过程中的统一指挥、联合行动调度提供强有力的融合通信保障；提供基于水利水务“一张图”的数据服务、定位服务、可视化服务、空间分析模型等GIS服务和技术支撑，实现水利水务地理信息资源的统一管理与应用；建设“智水苏州”统一门户，对各个业务子系统的重要信息进行综合展示，通过门户首页实现各业务系统的统一管理，为各级管理人员提供统一系统管理入口；实现快捷响应、灵活调度、智能高效的运维管理，为维护水务业务的安全、可靠、高效运行提供强有力的保障；基于“一个平台，多级用户”的原则，建立“智水苏州”移动工作平台。通过数据中心与PC端进行数据的互连互通、实时交互，为水务局不同部门业务人员提供全面、快捷、简便、高效的移动服务。

基础设施层　基础设施层中“水务感知网络”作为负责承载“智水苏州”所有业务的通道，主要分为水务专网传输承载网、办公网和网络安全部分；水利无线专网是1.4G苏州市公安无线网的扩展及补盲。本次建设主要考虑姑苏区。

感知层　感知层构建苏州市水利水务感知体系，包括排口监测设备、窨井液位监测设备、河道断面水质监测设备、水位监测站、流量监测站、潮位监测站、水质监测站、无人机巡检、AR巡河试点。

通信服务　通信服务建成覆盖市水务局、新区、相城、园区、吴中、吴江各分局的水务光环专网。共租赁通信铁塔6座，租赁期1年。共13条数据传输链路汇聚至苏州市水务局。“智水苏州”项目物联网设备使用服务商提供的130个无线传输网络。

治理保障体系　治理保障体系应覆盖安全体系建设、标准体系建设、运维体系建设三个方面。

2018年11月，苏州市政府专题研究“智水苏州”建设，确定“整体规划、实用超前、急用先建、分步实施”的建设原则，分三期实施。一期项目于2019年11月开始实施，围绕“水安全、水工程、供排水”三大应用体系，实施防汛排涝、供排水监管、水利工程管理（含河湖长制管理）等业务应用系统。初步构建涵盖主要河湖流量、水位、视频等要素的物联网感知体系和基础资源体系；整合水务基础数据，横向与部分区市水务、应急、城运等部门共享相关数据；完成防汛排涝、水利工程建设与管理、河湖长制、供排水等业务管理平台的建设。通过制定标准规范，部署安全设备，上线统一运维平台初步搭建智慧水务外围保障运行体系。2020年12月底，工程完成。

（一）苏州市智慧水利先行先试实施方案

2020年3月23日，水利部印发《水利部关于开展智慧水利先行先试工作的通知》文件，苏州市水务局2020年4月制定完成苏州市智慧水利先行先试实施方案。方案以水利部出台的《水利业务需求分析报告》和《智慧水利总体方案》为建设依据，构建安全实用、智慧高效的水利信息大系统。

通过对水利十大业务和苏州市水务局部门职能配置的分析和梳理，开展苏州市智慧水务业务的建设，构建水防灾、水资源、水生态、水工程、供排水、水事务和水务监督核心体系。

针对苏州市智慧水利水务规划设计的6+1核心业务体系和调度指挥中心（IOC），分别建设防汛排涝管理、水资源应用、节水用水管理、生态河湖管理决策、河湖长制综合管理、长江协同监管应用、河道视频智能监管、工程建设及运行管理、水利工程质量安全与信用管理、农村水利与水土保持、供排水管理、水政执法管理、公众服务、数字化政务应用办公、水务综合监督等业务应用系统及调度指挥中心。

根据先行先试任务划分，智慧水务重点阐述水防灾、水资源、水工程、供排水、水事务、水务综合监督核心体系和调度指挥中心（IOC）的建设内容，水生态业务应用在生态河湖智能监管中进行说明。

（二）《苏州排水智能化建设试点方案》

2020年10月，苏州市水利（水务）局制定《苏州排水智能化建设试点方案》（以下简称《方案》）。《方案》对标国内外各大城市先进的智慧排水系统建设标准，全面摸清苏州市排水系统底账，建设必要的在线监测设备，建设结合业务的软硬件信息化体系，实现“感知设备一张网、GIS信息一张图、编制一套水务模型，统筹一个智能化平台、开发一套业务应用、建设一批无人值守厂站”，最终建成覆盖从管道到河道，从接口到排口，全流程、全系统的智慧排水系统，逐步实现智能监管、智能调度、智能生产，构建可持续的城市排水防涝系统，保障城市排水防涝安全，提高城市综合防灾减灾能力。

排水基础设施一张图。基于统一的GIS平台，将污水管网、雨水管网、重点排水户、城市易涝点、污水泵站等信息统一展示和分析，构建集全市综合管理、集中调度、集中监测、应急指挥、数据分析和决策支持于一体的排水基础设施一张图，实现全市域排水一张图全览。该图范围包括89座城镇污水厂、570多座污水泵站、13000多千米污水管网、六区四市雨水管网一张图展示，重点区域支持三维地图展示，并能实时监测污水厂进水水质、出水水质等关键指标，监测污水泵站运行状态，可视化展示污水管网、雨水管网液位、流量等关键指标。

苏州排水管网普查。普查内容主要包括获取和处理排水设施的空间信息、形态尺寸、拓扑关系、设施状况、运行状态等，对隐蔽的管道管段（隐蔽管线点）实地探测，对排水管道的混接点进行调查和检测，查明区域内排水管道分布情况。

管道检测评估。采用闭路电视系统（简称CCTV）检测等，对苏州排水系统的管道内部状况进行检测，检测排水管道内部是否存在结构性缺陷（如管道破裂、洞、塌陷、变形、接头错位或者脱节等）和功能性缺陷（如淤积、结垢、异物、垃圾、树根等）。根据检测结果，对被检测管道进行管道健康状况评估，列出管道故障的类型和确切的位置，为管道的维护提供全面、准确和可靠的依据。

排水GIS一张图。根据排水业务应用对地图服务及相关管理服务的使用需求，汇聚全市GIS数据，开发切合排水业务的专题地理信息图层，将专题图层资源进行复用封装成可以调用共享GIS服务。

排水感知设备物联网。统一安装流量、水位、水质等感知设备，利用物联网、智能视频分析等先进技术手段将业务数据梳理、整合，构建覆盖管网、泵站、污水厂等的物联监测设施体系，基于GIS地图实现实时数据、历史数据、监控点位、监控设备状态数据的展示、预警报警展示、监测设备反控、数据统计分析等功能，全网统一管理和集中自动化控制排水传感设备。

感知全面覆盖。针对排水管网、重要节点、易涝点、重点场所、河道等监测对象，构建覆盖管网及河道水位、重要节点流量与水质、闸泵站状态、视频监控、路面积水水位等物联监测设备，逐步建立全覆盖、全要素的排水一体化数据监测体系，重点针对进行初雨污染治理的区域实施监测。

设备统一管理。通过物联网平台，统一接入、控制和管理排水感知设备，采集、分析、监控和存储感知数据，提供设备和数据等能力开放支持业务的快速集成，并保障外部系统的通信安全。

排水智能化模型。充分利用人工智能、数据分析等技术，在排水基础设施一张图和排水感知设备物联网的建设基础上，整合、共享水文、气象、环保等数据，面向苏州核心区，构建内涝预警预报模型、排水管网评估模型、水环境质量模型等进行模拟分析，实现厂网河一体化调度及辅助决策支持。

内涝预警预报模型。建立内涝预警预报模型，实现内涝在线动态与报计算、内涝在线动态流程化计算、精细化降雨接入、内涝计算成果分析、淹没分析及仿真、内涝影响分析、内涝风险简报和内涝风险图在线绘制等功能模块。

排水管网评估模型。基于GIS数据和管网SCADA系统联合智能算法建立排水管网评估模型，进行管道液位充满度、过载度情况、系统状态预测、管网水质浓度分布和旱、雨季入流入渗计算。

水环境质量模型。通过实际监测数据对模型进行率定和验证，使得模型能够较好地体现地下水入渗、河水倒灌、雨水入流对管网水量、水质的影响，以及管网污水出渗、外排对水环境的影响。

厂站网河精细化调度。综合考虑内涝风险、管网问题、污水厂处理能力、河道水位等多方面的因素，建立一体化的厂站网河模型系统，能够涵盖和分析厂站网河一体化中所遇到的种种的问题。

智慧排水应用系统。对于政府，以全景图的方式使监管人员了解排水系统的运行状态，及时发现问题，通过应急指挥调度平台快速、准确的下达应急响应命令，通过考核评估功能实现对运行单位、运维单位的考核；对于技术人员，通过平台内置模型和算法实现数据的深度分析，给予技术人员科学指导，开展排水系统运行调度；对于作业工人，实现调度指令接收，完成巡检、抢修等工作，反馈作业效果等。

排水智能化基础平台。重点建设完善排水数据标准，归集汇聚各类排水业务数据，完成排水大数据平台的搭建。建立数据动态更新业务流程机制化提醒排水养护单位，定期完善、修正排水基础数据，保证数据及时更新。

三、县（市、区）信息化建设

（一）张家港市

2020年，张家港市信息化系统包括：张家港市水环境监测与调度管理系统、张家港市水政监察监测信息系统、张家港市智能船闸缴费平台和张家港市水利工程管理平台。

1.张家港市水环境监测与调度管理系统

2015年，张家港市启动水环境监测与调度管理系统建设工作。该系统充分利用张家港市信息化建设成果，打造以“一张图、一个门户、多终端应用、一站式服务”为特征的防汛、水资源、水环境监测与综合调度协同工作平台，提供数据监视、信息查询分析、日常业务管理、工程调度等功能服务，提升数据信息汇集共享、水环境监控预警能力，为水资源和水环境监测与调度提供全面的决策支持。

2.张家港市水政监察监测信息系统

2016年，张家港市实施水政监察监测信息系统建设工作。该系统全面覆盖水事监察案件的申报审批流程的完整生命周期，同时满足大队日常巡查任务、OA在线办公和执法人员日常在线学习的多种业务需求。系统上线后，有效提升张家港市水政监察大队日常执法办公工作效率，实现对执法人员、执法车船、监控设备、GPS设备等的高效管理。

3.张家港市智能船闸缴费平台

2019年，张家港市实施智能船闸缴费平台建设工作。该平台主要建设内容为过闸船舶微信报港缴费功能、过闸船舶实时位置在线地图定位、实时查看船闸视频、船舶进出闸调度通知、船舶诚信积分管理、过闸船舶防疫信息上报、过闸船舶违章处罚、过闸船舶超高告警。

4.张家港市水利工程管理平台

2019年，张家港市实施水利工程管理平台建设工作。平台主要实现对长防处组织机构、行政办公、工程信息、检查观测、维修养护、调度运行、实时监测等进行PC端与移动端相结合的在线管理与监测。

（二）常熟市

至2020年，常熟市已有信息化系统包括：江苏省水资源管理信息系统一期工程（常熟分工程）、常熟市节水信息管理系统、易涝片区水位实时监测系统、长江沿江闸站自动化控制系统、常熟市防汛决策系统、“智水琴川”（一期）——GIS信息系统建设项目等。

1.江苏省水资源管理信息系统一期工程（常熟分工程）

2009年，苏州市按上级要求启动省水资源管理信息系统一期工程建设，江苏省水资源管理信息系统一期工程常熟市分工程采用中国电信CDMA无线网络传输方式进行通讯，共建成分中心机房1处，监测站99个，监测点134个（其中地表水量点104个、地下水量点1个、地下水位点29个）。2013年6月21日，通过省一期工程建设处合同完工验收。由于取水户和地下水监测井的变化，常熟市分中心监测站、监测点不断调整，常熟市分中心共有监测站94个（其中地表水监测站69个、浅层地下水监测站4个、深层地下水位监测站21个），监测点118个（其中地表水量点93个、浅层地下水量点4个、深层地下水位点21个）。一期工程实施后，全市纳入计算机远程在线监测取水户的许可水量占全市非农总许可水量的99%，21眼深层地下水监测井水位监测全部纳入信息系统，并实现全省联网。

2.常熟市节水信息管理系统

常熟市节水信息管理系统以常熟市节水的实际需求为导向，旨在实现节水信息管理十大功能，即基础数据、计划用水管理、节水统计管理、水效管理、载体创建、非常规水资源、节水技改、节水三同时管理、节水型城市创建、查询及大数据。

3.易涝片区水位实时监测系统

2020年，为了实时掌握城区易涝片区周边河道水位情况，市城防所委托南京水利科学研究院开发易涝片区水位实时监测系统，现场安装太阳能水位采集与发送装置6套，建立网页查询系统。该系统功能操作便捷，系统稳定，维护性较好。

4.长江沿江闸站自动化控制系统

市长江河道管理处从2010年开始建设常熟市长江防汛监控系统，同时不断完善沿江各闸自动化控制系统，主要侧重于涵闸调度及防汛安全。沿江各闸实现视频监控全覆盖，可远程调控的监控摄像头21只，可在处部防汛监控室实时监控沿江各闸上下游水位、闸位等相关情况，可实现远程操控闸门启闭等。

5.常熟市防汛决策系统

常熟市防汛决策系统由水利数据自动采集系统、水利远程监测系统、防汛决策支持系统逐年建设发展而成，通过对水情、雨情等信息的采集，对数据管理应用进行数据分析，从而进行科学决策。常熟市已建设向上连接苏州市防指、省防指的防汛会议系统，并于2019年更新系统设备，2020年，该系统在超长梅雨期防汛中发挥重要作用。

6.“智水琴川”（一期）——GIS信息系统建设项目

“智水琴川”一期工程中GIS信息系统建设项目主要建设内容有：统一平台与数据标准规范，集成全市供水主要信息化成果（包括：供水的水压、水量、水质监控功能；供水厂站网等空间数据一张图展示功能；供水关键指标展示功能；供水GIS系统和D米A功能展示；停水通知与相关信息展示功能），开发污水厂及其配套管网GIS应用系统（包括：排水户许可和监管功能；污水厂站网等空间数据一张图展示功能；污水关键指标展示功能；管网地理信息及巡查、维护管理功能；泵站巡查、维修、运行监控功能；冒水、流向、客户接管等智能分析功能；厂站网流量、液位、水质监控功能），开发农村分散式污水设施监管系统（包括：设施档案管理功能；设施运行、水质等主要指标展示和视频、报警等监管功能；第三方监管信息展示功能），集成城区雨水管理信息化成果数据（包括：雨水管、箱涵、泵站地理信息展示和巡查养护数据；入河排污口数据；闸泵站运行监控、报警数据），开发“智水琴川”高质量信息化管理平台（包括：作为上述各类智能化系统的总平台；各类数据集成的基础平台；建设基础的物联感知；配备数据管理功能；大数据分析功能；BIM），污水厂配套管网普查，厂站网流量、液位、水质等监控测点布设。项目后续将融合监管、运营的思路与要求，形成监管、综合运营的水务一体化平台，达到供水、污水、农村分散式污水综合集成，以及全域展示、行业监管和供排水综合调度的目标。

（三）太仓市

太仓市智慧水利建设从2018年开始全面展开，紧密围绕水利改革发展总基调，按照“安全、实用”的工作原则要求，进行一期建设内容的规划设计。太仓市智慧水利（一期）项目建设，按照“总体规划、急用先建”的原则，结合太仓市水务局信息化情况及实际需求，基于太仓市政务云计算中心的各类计算资源，采用“1+1+3”的建设模式，通过完善1个智能感知体系，建设1个智慧水利能力中心（包括水利数据中心及各服务支撑平台），建立3个智慧应用平台即综合监管平台、指挥调度平台、移动应用平台，初步形成智慧水利总体框架，为后续建设奠定数据基础、服务基础、应用基础。

1.数据中心

包括元数据库、基础数据库、业务数据库以及交换共享数据库。整合历年的人工填报数据、水普数据等纸质数据，归集防汛决策、水资源信息采集、基础水信息平台等水利系统内部以及省水利厅、城管局、气象局、环保局等单位的26个系统，设计536张数据库表，已记录4000万条以上数据。

2.数据服务管理系统

以面向服务的体系架构（SOA）为理念进行构建，提供水利数据传输中枢，整合有水利数据资源，提供专业的水利数据接口，实现系统间便捷、规范、灵活的数据交换与服务共享，方便上层业务应用系统的快速开发。

3.统一身份认证系统

针对本次建设的指挥调度、可视化和数据服务管理等应用等系统进行统一身份认证及实现单点登录管理，包含身份认证和动态密码两个独立的软件系统。

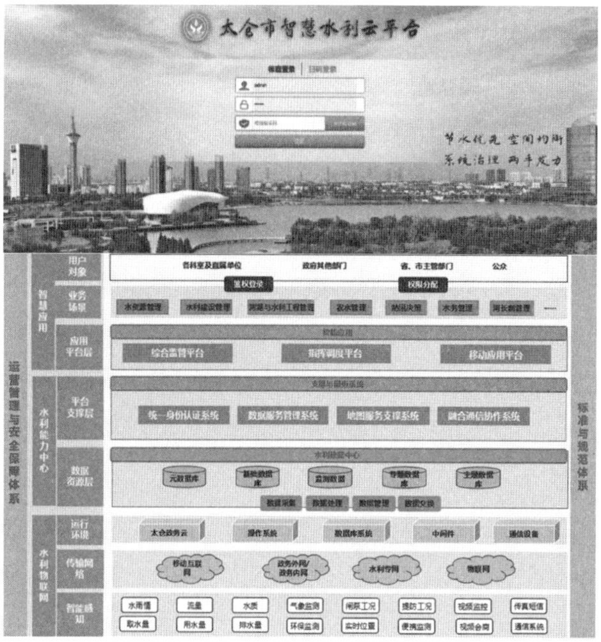

图17-1　2020年太仓市智慧水利云平台架构拓扑图

4.融合通信协作系统

将全局的视频会商、图文信息、语音、视频汇聚于一个平台，实现“市—镇—闸站”一网互联，实现“一呼百应”；实施网络提升工程，依托太仓市政务网，实现水务局、各区镇水利站、下属单位、主要闸站的三级全联通。整合水务局有的防汛监控、长江堤防监控、城区防洪排涝监控共计461路视频监控图像的汇聚；通过与太仓市视频专网交换，实现与全市其他部门28000多路监控的共享。

5.三维地图服务系统

集成全市重要水利工程、河流水系、水务设施等98类水利地理信息数据，接入3万多条全市范围内重要建筑物面形状和高度数据，测绘170.4千米主要河道和天镜湖区域的三维影像数据，整合完善太仓市水利地理信息数据资源，建立太仓市水利地理信息系统，建成“太仓水利水务一张图”。

6.综合监管平台

围绕“水资源、水安全、水环境、水生态”四大水问题和行业综合态势、工程全景、水工程管理、水行政管理四大主题，构建11个监管专题界面，展示310类水利水务数据指标，实现宏观与微观数据的可视化管理。

7.指挥调度平台

通过指挥调度平台的建设，建立一个集日常值守、预警发布、实时会商、快速调度于一体的全流程可视化、数字化的指挥调度平台。

8.移动应用平台

通过在相关人员的手机或者配备的专用移动设备上的App，实现消息接收、即时通信、地图信息展示和导航、事件上报与处置跟踪、基础资料查阅等功能。

（四）昆山市

2010年，昆山市以圩区信息化为基础，开展圩区水利工程管理信息化系统（一期）建设，在重要泵闸站布设水位计和摄像头，开启信息化建设与管理的新模式，为水闸和排涝泵站的远程实时监测积累经验。后期逐年完善，至2019年已基本完成一期至九期建设，形成高效、稳定、科学的监管体系。在圩区信息化逐步建设的基础上，建成基于昆山水务地理信息，集水雨情、气象、城市道路小区积水、站闸视频监控等功能的防汛决策指挥管理平台，实时掌握各项汛情数据，全市防汛“一盘棋”，形成防汛快速响应机制，提高应急调度水平。

2017年起，通过开展数据资源整合上云、统一资源目录体系、统一平台认证系统、业务应用系统整合四个方面的工作，实施智慧水务综合管理平台项目，整合不同时期开发的水利水务业务系统，如在线招投标、排水许可审批、节水管理、工程质量安全监督系统等，达到“四个一”的目标，即“一张网、一张图、一个中心和一个门户”。

2018年，实施智慧河长制信息平台和智慧水务大数据平台建设，结合“认河、巡河、治河、护河”的总体要求，规范和督促各级河长尽责履职，实现河湖长制动态和静态管理；整合供水、污水等基础业务数据，构建水务大数据一体化集中展示门户，实现对城市水务资源管理方面全面智能监管的目标。

2019年，结合全市站闸专项综合整治工作，对部分主要老旧站闸进行信息化改造，逐批更换和合理布设增建水位、监控等前端感知设备，并配套部署自动控制系统、语音疏导系统、防盗报警系统，逐步提升前端设备的数据收集与稳定传输能力。搭建联圩站闸管理平台，汇聚前端水雨工情采集数据，试点泵闸远程自动控制，为决策管理、防汛调度、水环境提升等业务工作提供数据支撑和技术探索。

至2020年，昆山水务构建起“布局合理、功能齐全、传输稳定、高度共享”的数字水务前端综合采集体系，初步实现“1+3+N”体系框架，“1”即一个水务基础数据库中心和数据标准，“3”即三个综合应用平台，分别为防汛预报预警决策系统、河长制信息综合平台和智慧水务平台，“N”即排水许可、节水管理、水务建设项目管理等N个业务条线应用系统。

（五）吴江区

吴江智慧水务系统及相关项目于2020年及以前处于谋划阶段，项目自2021年开始建设，主要围绕“一张网、一大脑、一张图、N应用、一体系”的主线，打造一个集“感知、预警、决策、处置”为一体的信息化管理与指挥系统。智慧水务系统以“大小”屏方式展示吴江水务总体态势及各专题具体应用，智慧水务基于空间地理信息平台，加强与气象水文、交通、水环境、卫星遥感等数据的关联分析，支撑区域化智慧水务综合管控与创新，推动由经验判断向科学决策转变。

（六）吴中区

1.吴中智慧水利（一期、二期）建设及运行情况

2016年、2019年分别投入运行智慧水利信息化系统一期、二期，并委托苏州航天系统工程公司运行维护。一期项目于2016年11月28日通过验收，在经过1年的质保期以及2018年签订的为期1年的运维项目后，2019年8月，签订为期2年的新一期运维项目。二期项目于2019年完成项目建设，质保期一年结束后，2020年6月签订为期16个月的二期运维项目。

其中为加快完善排水管网、排水户和污水厂监管系统，助力高标准推动吴中区高质量推进城乡生活污水三年行动、城乡生活污水处理提质增效精准攻坚“333”行动，2020年在一期开发平台基础上，组织实施吴中区智慧水务信息化管理系统项目（二期）建设。项目总投资1400多万，于2020年1月15日完成招投标，3月份开工，于10月底完工进入试运行阶段。智慧水务二期主要建设内容有：完善基础数据、管网数据、图影数据和泵站信息四类数据；建设智慧水务信息化系统和农村污水信息化系统；搭建调度指挥中心，实现吴中区污水管网数据一张图、污水厂运营全过程监管、污水管网水位全掌握、排水户信息一张表等功能，全面提升城乡污水治理水平。

2020年智慧水务二期项目投入试运行，标志着生活污水排放监管平台得到极大提升，河湖水生态环境治理和保护有新的保障，对全区有约3086.9千米污水管网（其中，主管（直径≥300毫米）2033.2千米，支管（直径≤300毫米）1053.7千米）的管理实行一张图管理成为现实。其中，搭建在排水管理处的调度指挥中心将实现吴中区智慧水务的基础数据展示、流程监督监控、事件处置协同调度等多种功能，集中实时监控、预警、统计分析等全区污水接纳排放情况，快速发现问题、处置事件、观察动态、统计分析，为各级领导提供决策支持。

智慧水利一期、二期系统由水利综合监测预警系统、吴中企业微信（吴中水利掌上通）、河长制管理系统、水政执法管理系统、水利行政审批管理系统、行政办公管理系统、视频智能分析系统、水利公共信息平台扩建、防汛及办公网络升级、水闸泵站控制管理系统、水利视频监控系统、水雨情监测系统和运维管理系统组成，在防汛、水资源管理、水生态治理与保护方面发挥重要作用。

2.智慧供水运行情况

2017年11月，吴中智慧供水信息化系统一期项目建成投运。项目运行后实现“从源头到龙头”的数据化、信息化管理，形成从水源地管理、水厂运行、管网运行、抢维修服务、水质检测在内的全方位监管信息化系统，建立和完善吴中水厂供水服务区供水保障能力建设。截至2020年11月，系统包含：管网长度：直径75毫米以上约2052.22千米，阀门数量：直径75毫米以上约29690个（直径500毫米以上605个），消防栓数量：约6815个。累计抢维修工单12.8万余条，巡检中上传事件1477条，巡检任务5662项，巡检里程76.5万千米。市民呼叫热线系统累计受理话务211794条。其中，咨询173563条，受理报修38231条。微信公众号绑定用户数量160995户，业务受理量2830个，水质报表2517个。智慧水务信息化系统的运行基本消除城市低水压区，减少重大爆管事故概率，增强应对突发事件能力，有效地保障供水安全性，提高供水服务水平，在水务信息化体系中发挥着积极的社会效益。

（七）相城区

2020年，相城水务系统信息化系统主要包括

区水务局智慧水利系统、区水务集团信息化系统、高铁苏水有限公司信息化系统。

1.区水务局智慧水利系统

相城智慧水利系统于2016年启动，一期于2018年10月完成，二期于2020年4月完成，总投资3200万元。系统主要功能为防汛决策视频会商、水位雨量信息自动监测、水利工程及河湖高清监控管理等。区防汛抗旱指挥中心系统设在区水务集团四楼，实现与国家、省、市及镇防汛会商系统互连互通，可在汛期开展视频调度、领导会商决策，共布设水雨情遥测站点55处，实现主要河湖水位、雨量自动测报率达到100%。

2.区水务集团信息化系统

区水务集团在不同时期因业务需求建设部分信息系统，主要包括营业收费系统、客服热线系统、二次供水平台、污水厂内厂外自控系统等。主要功能为自来水收费、客户服务热线、二次供水平台监测及污水厂自动控制等。

3.高铁苏水有限公司信息化系统

建成以生产运营调度为核心的供排水管理系统，包括重点排污企业监控、厂网一体化调度、二次供水泵房、高品质供水、智慧消火栓、管网GIS系统、综合工单等15个系统，实现从龙头到排口的全流程实时监控、预警及设备全周期管理。

（八）工业园区

1.清源华衍水务信息化

苏州工业园区清源华衍水务从2009年起开始打造管理信息化、生产智能化、数据可视化的信息中心，在统一规划、统一标准、统一建设、统一管理”的信息化建设原则下，将地理信息（GIS）系统、数据采集与监视控制系统（SCADA）、实时数据的水力模型、客户服务、管网运营、生产过程等系统数据，集成汇聚生产、输配、服务等关键信息，打造一个管理人员、专家、运营信息高度融合的集成管理环境，从而实现快速响应和优化决策。同时以战略保障为总纲，以公司管控为原则，以人、财、物管理三集中为目标，以工程建设、资产管理、营运生产管理为主线，以协同平台为支撑，实现一体化业务协同，从而达到企业资金、人力资源管理、物资采购三集中与生产业务管理系统深度集成、整合的实现与应用，建立企业管控体系、业务运营体系的统一集成应用平台。

管理信息化主要建设成果有：综合运营系统。一个综合性数据监控和应用系统，实现从源头到龙头、从龙头到排放口的全过程监控与管理，对内外服务智能调度、生产及管网运行智能调度、应急事件管理与处置、同时建立完善的人员、业务绩效考核机制。用户服务以业务创新与信息化流程双轮驱动，使用户业务与公司执行更高效关联，同时重新定义业务系统间关联；水力模型。基于实时管网运行数据，预测供水并指导双水厂联合供水，在确保水质安全的前提下节能降耗；还有资产管理系统、工程项目管理系统、实验室管理系统、营收系统、表务管理系统等。

生产智能化主要建设成果有：建设水厂、污水厂、污水泵站自智能化体系，实现生产部门工艺、设备精细化管控。在污水厂方面，对污水处理工艺环节进行优化控制（工艺单元的优化控制、仪器仪表数据的校核、设备及网络的冗余设计等）；在水厂方面，利用水力模型反馈的水厂供水所需要的压力和流量，根据此时的压力和流量反馈控制智能生产模型的节点，最终达到水厂生产的闭环运行，同时通过水质仪表对源水的监测，分析源水水质给予絮凝剂投加量，以及结合水处理工艺环节进行优化控制。此外，对生产过程中的设备数据进行智能操作，实现生产的工艺单元闭环管理、厂站运行联动控制，保障生产运行安全。

2.金鸡湖水环境工程信息化

工业园区于2017年启动金鸡湖及周边区域水环境综合治理项目。项目新建调水引流泵、闸、堰等水利工程近50座，其中智慧管控系统配有综合可视化大屏、远程自动控制系统、各站点远程视频监视系统、远程语音广播系统等，初步形成以金鸡湖、独墅湖为核心、惠及周边河网、基本覆盖中新区的信息化系统。金鸡湖及周边区域水环境综合治理智慧管理系统设在木沉港水利管理中心，初步实现金鸡湖及周边区域的水环境信息全面掌握，水系及区域内水利设施全局可视化，水利工程设施“远程自动化运行、无人值守”，各类水文水质数据自动生成分析等。

（九）高新区

智慧水利水务历经两个发展阶段：2013—2017年，由业务部门牵头独立实施信息系统和工控自动化系统建设，主要包含区圩区水文监测系统（2014年）、区河长制管理系统（2017年由省水利厅统一下派部署）、区水利巡查监管系统（2017年）、区防汛指挥决策系统（2017年）、建成区水环境整治—闸站远程调度与运行管理平台（2017年，工控自动化系统）；2018年起，机构调整后由信息中心会同业务部门实施信息系统和工控自动化系统建设，主要包含区农林水利综合信息系统（二期）——水利水务子系统（2019年，19年底完成采购，受疫情影响项目于2020年4月左右正式启动）、太湖水闸自动化系统提升（2019年）、区智慧水务系统（2020年，主要为污水管网监测体系，硬件为主）、区防汛视频会商系统升级（2020年）。截至2020年，参照苏州市水务局“智水苏州”架构开发建设的区农林水利综合信息系统（二期）——水利水务子系统，已经基本完成智慧水利水务框架搭建工作；建成区水环境整治——闸站远程调度与运行管理平台和太湖水闸自动化系统实现引水畅流项目相关闸站和太湖沿线相关闸站的自动化控制；区智慧水务系统初步补充完善排水管网监测体系及关键环境断面的水质监测体系；区防汛视频会商系统升级项目打通区镇两级视频会商通道，并初步打通区镇两级之间涉水信息化数据的传输通道。

第四节　水文技术

一、水文站网

1991—2020年间，苏州水文站网经数次站网规划实施后，水文站网得到进一步发展。流量站密度达到平方千米每站，雨量站密度达到平方千米每站，蒸发站密度达到平方千米每站，基本达到世界气象组织容许最稀站网密度的要求。对照《地下水监测规范》，苏州潜水含水层属冲积平原区的弱开采区的地下水网站密度，达到规范要求。

传统水文站网主要为防汛和水利工程服务，功能较为单一。随着经济社会的发展以及水资源管理工作力度的加大，水文测站监测内容及服务功能均有增加。苏州水文站以提供水文情报、为水资源评价和工程管理服务三方面功能为主，同时还兼有多种功能，如调水或输水、重要引退水口、水源地水功能区水质监测、区域水文等。随着工程水利向资源水利的转变，苏州水文部门积极探索、科学实践，在供水、生态补水、引江济太、改善水环境、水功能区、集中式饮用水水源地、太湖流域地方水资源监督考核等工作中，布设一些水资源专用站，为水资源管理服务。

（一）地表水站网

1992年，苏州市水文站网有水文站12处、水位站18处，雨量站9处。2003年，水利部办公厅颁布《关于开展全国水文站网普查与功能评价工作的通知》。江苏省水文水资源勘测局苏州分局于2005年6月完成该项普查与评价工作，并提出苏州水文站网调整和补充的建议。至2005年，苏州水文站网有水文站12处、水位站17处、雨量站4处。按照测验项目分布，有流量站12处、河湖水位30处、河湖水温3处、潮水位2处、雨量28处、蒸发量3处。2019年，苏州市有水文测站60处，其中水文站12处、水文站19处、雨量站26处、蒸发站3处。截至2020年，苏州有水文测站62处，其中水文站13处、水位站19处、雨量站27处、蒸发站3处。

(二)地下水站网

1992年全市共有浅层地下水观测井21处。2000年,面对地面沉降等地质灾害,为保障经济社会可持续发展,苏州实行限期禁止开采地下水。2003年按照水利部《关于开展全国水文站网普查与功能评价工作的通知》,经普查与功能评价,至2005年全市保留浅层地下水观测井15处,分别是:杨舍、望虞闸、白茆闸、珍门、七浦闸、浏河闸、直塘、巴城、花桥、陆墓、金家坝、平望、瓜泾口、枫桥、望亭。同年底前,苏州地区全面实现禁止开采地下水。通过监测对超采区的地下水位、开采量,开展实时监测,随时掌握开采动态,以加强监督、指导管理。2020年,苏州市有地下水监测基本站59个。

二、水文测验

1991—2020年,苏州水文测验正逐步实现系统化、规范化、现代化,严格执行全国统一的技术标准《水文测验规范》,建立健全各项水文测验的规章制度,明确水文测站的勘测人物和技术要求,测验设备也不断改进提高,逐步引进应用测报新技术,从而提供测验成果质量、工作效率和为水利建设以及国民经济建设服务的能力。

(一)流量测验

流量是反映水资源和江河湖库水量变化的基本资料。流量测验通常选择不同水情施测的瞬时流量,并同时观测水位,必要时还观测比降,以建立水位(或其他水力因素)与流量之间的关系,用实测水位(或水力因素)变化过程资料推算流量过程。流量测验以流速仪测流为主,流速仪法测流的过河设备主要采用水文缆道、桥测、船测、简易过河索等。2005年,全市12个水文站中除2个站受制于通航等条件、利用桥梁测流外,其余均采用水文缆道测流。随着工程的建设,苏州引进多种自动流量测验仪器,包括ADCP(声学多普勒流速剖面仪)、H-ADCP、SL等。其中,用ADCP测验的流量资料参与资料整编。2008年,ADCP在苏州得到广泛应用。

图17-2 2007年完成的望虞闸水文站H-ADCP测流设备

(二)水位观测

水位即水的位置高低,通常以某个水准基面以上米数表示。水位是水利建设、防汛防旱的重要依据,与河道航运、城市给排水、桥梁、港口等都有密切关系。在水文测验中,它还是推求流量的依据。水位观测一般由人工观测技术与自记技术组成。1991年以来,水位观测开始从人工观测转向自记技术。除采用浮子式自记水位计为主外,还有部分站点使用压力式水位计、超声波水位计、雷达水位计等。至2005年全市32个水位观测站点,使用自记水位计的有25个,占水位观测站点总数的78%。水位自记井德结构形式大多是岸式和岛式,部分为岛岸结合式。2020年,测站基本实现自动采集。

此外,深层地下水监测自1998年开始,监测井选用工业生产井,监测设备采用电测法。

(三)降水量观测

降水量包括降雨、降雪、降雹的水量。苏州雨量观测场有多种标准雨量观测场,由于人类活动影响或场地条件限制等原因,不少地方没有条件建设标准雨量观测场,雨量器置于屋顶或采用杆式雨量器。

降水量人工观测主要采用S米1型20厘米量器，该仪器为上海气象仪器厂生产。降水量观测以每日8时作为日分界，委托雨量站一般非汛期按2段制观测，汛期根据报汛需要按4段制、8段制或12段制观测。

（四）水面蒸发量观测

1991年以来，苏州各测站逐步使用玻璃钢材质的E601型蒸发器观测。蒸发量每日定时观测1次，观测日分界时间与降水量观测相同。结冰期间停止观测，待冰融化后，观测结冰期的总蒸发量。

（五）水文普通测量

水文普通测量主要包括水准测量和断面测量。根据1993年颁布的《水文普通测量规范》（SL58—93）要求，国家重要水文站的基本水准点逢“0”和“5”的年份，用不低于三等水准各校测一次，其他测站逢“5”的年份校测一次，等级同前。校核水准点每年汛前用不低于四等水准校测一次。水尺零点高程每年汛前校测一次，汛后或大洪水后对使用过的水尺进行校测，如发现水尺变动或资料可疑时，立即校测水尺零点高程。

断面测量，河床稳定的测站每年只在汛前施测一次；河床冲淤变化较大，每年汛后要复测，每次较大洪水后再加测。

普通水准测量主要使用经纬仪、水准仪和全站仪。经纬仪分为光学经纬仪和电子经纬仪，较为先进的电子经纬仪具有自动记录、储存、计算以及数据通信功能。水准仪按结构不同分为微倾水准仪、自动安平水准仪、数字水准仪（又称电子水准仪），至2008年，苏州仍以光学水准仪为主。

三、水文情报

水文情报工作是及时掌握和传递雨情、水情信息、分析已出现的水文情势和预报未来水情变化的应用科学技术，是防汛抗旱和水资源调度决策的科学依据，是一项适应自然减免灾害的非工程措施。

1992年6月，省水文总站率先利用邮电部门的公用数据分组交换网建设水文数据计算机网络，用计算机网络传输水情，此为报汛方式和传输手段的重大改革。各水情站将水情用电话直接报苏州水文勘测处，然后采用邮电部门的公用数据分组交换网传输到省水文总站。

1995年，随着江苏省水文局开发实时水情信息传输处理系统，开始采用公众数据交换网（X.25）取代电报网传输水情信息，苏州采用水情信息交换系统收集本市水情分中心及邻省的水情信息。2003年汛期开始，各水情站使用水文信息电话进行有线语音接入报汛。2005年汛期开始，苏州23处报汛站的水情电文通过电话语音报汛形式报苏州水情中心，经合理性检查后，通过计算机网络系统传输到省水文信息中心，外省市委托收发的水情均由省水文信息中心转发。水情信息由苏州水文局编制成水情简报，及时报送苏州市防指及有关单位。

2005年，随着计算机技术的发展，《水情信息编码标准（SL330—2005）》取代《水文情报预报拍报办法》并颁布执行，苏州开始直接采用标识符加数据的编码方式传输水情信息。2006年起，苏州定水文遥测系统进行报汛试点。2007—2020年，正式运行水文遥测系统进行报汛。

第十八章　机构与队伍

1991—2020年，苏州市对水利水务机构设置、队伍建设和用人机制等方面进行系列改革。机构设置方面，积极推进事业单位改革，开展乡镇水利站改革，因地制宜设置管理机构，实行事企分开，推行竞争上岗，提高办事效率。队伍建设方面，加强人才队伍建设，拓宽干部培育渠道，充分发挥党管人才的优势。党建工作方面，高度重视党组织建设，积极创建“水惠民生”等党建品牌，全面落实党风廉政建设责任制，建立健全惩治和预防腐败体系，抓好机关作风建设、政风行风评议工作。群团组织是党联系群众的桥梁和纽带，30年间，市水务局持续开展工会组织、共青团组织、妇女组织和水利水务学会等社会团体建设，专项发力，联合共建，开展一批有温度、有深度的系列主题活动，提升了社会形象。

第一节　机　构

一、市级水利行政机构

1991年，苏州市水利局是市政府主管水行政职能部门，为正处级。1996年7月19日，根据苏州市委、市政府转发的《中共江苏省委、江苏省人民政府关于苏州市党政机构改革方案的通知》，苏州市水利局从即日起更名为苏州市水利农机局。

1996年12月30日，市政府印发《苏州市水利农机局职能配置内设机构和人员编制方案》，市水利农机局内设机构调整为办公室、水利建设处、工程管理处、规划计划处、农机管理处、财务处、水政水资源处、市防汛防旱指挥部办公室、科技教育处9个职能处室，均为正科级建制。

2001年，市委、市政府印发《中共苏州市委、苏州市人民政府关于印发〈苏州市市级党政机关机构改革实施意见〉的通知》，不再保留市水利农机局，组建市水利局，增挂“市水务局”牌子，为市政府工作部门。12月，市政府办公室印发《苏州市水利局职能配置内设机构和人员编制规定》，市水利局内设机构调整为办公室、综合规划处（总工程师室、科技处）、水资源处、政策法规处、工程管理处、农村水利处、计划财务处（审计处）、供水管理处、排水管理处、组织人事处；另外，按规定设置纪委、监察室（合署办公），工会、团委。苏州市水利局各处室均为正科级建制，在编人员共43名。

2010年4月1日，市政府印发《苏州市水利局（苏州市水务局）主要职责内设机构和人员编制规定》，苏州市设立市水利局，挂市水务局牌子，为市政府工作部门，正处级建制。市水利（水务）局内设机构调整为办公室、规划计划处（总工程师室）、政策法规处、行政许可服务处、水资源处、农村水利处（水土保持办公室）、水务管理处、工程管理处、财务审计处、科技信息处、组织人事处11个职能处室，均为正科级建制。

2016年，市编办印发《关于同意调整市水利局内设机构设置的批复》，调整市水利局部分内设机构：办公室增挂“信息宣传处”牌子；撤销科技信息处，改为规划计划处挂牌机构，规划计划处不再挂“总工程师室”牌子；政策法规处和行政许可服务处合并，组建“政策法规与行政许可处”；水资源处增挂“水环境治理办公室”牌子；农村水利处增挂“农村水务处”牌子；水务管理处分设为供水管理处、城镇排水处（挂“海绵城市建设办公室”牌子）；工程管理处增挂“河道工程管理处”牌子；设立基本建设处（挂“安全监督处”牌子）；重新明确组织人事处、财务审计处主要工作职责。内设机构总数仍为11个。

2017年3月16日，市编办印发《市编办关于同意市水利局增设河长制改革处的批复》同意增设河长制改革处（挂“水环境治理处”牌子），为正科级建制内设机构，撤销局水资源处增挂的“水环境治理办公室”牌子，核增局行政编制3名，核定河长制改革处（水环境治理处）领导职数为：处长1名、副处长1名。

2019年1月7日，市编办印发《关于市水务局职责机构编制转隶方案的通知》，市水务局由在市水利局挂牌调整为单独设置，作为市政府工作部门。不再保留市水利局，相关职责由市水务局承担。市水务局负责贯彻落实中央关于水利、水务（以下均简称为水务）工作的方针政策和省委、市委的决策部署，在履行职责过程中坚持和加强党对水务工作的集中统一领导。

2019年3月30日，市委、市政府办公室印发《苏州市水务局职能配置、内设机构和人员编制规定》，明确内设办公室（组织人事处、审计监督处）、规划计划处（科技和对外合作处）、政策法规处（行政审批处）、财务处、水资源和供水处（市节约用水办公室）、排水处、农村水利与水土保持处、工程运行管理处（生态河湖处）、基本建设处（安全监督处）、河湖长制改革处10个职能处室。

表18-1　1991—2020年苏州市水务局领导任职更迭情况

<table>
<tr><th rowspan="2">机构名称</th><th colspan="3">局长</th><th colspan="4">班子成员</th></tr>
<tr><th>姓名</th><th>任职时间</th><th>备注</th><th>姓名</th><th>职务</th><th>任职时间</th><th>备注</th></tr>
<tr><td rowspan="4">苏州市水利局（1996年4月更名为苏州市水利农机局）</td><td rowspan="4">范家麒</td><td rowspan="7">1991.1—1997.10
1997.10—1999.1</td><td rowspan="7">党组书记</td><td>王兴元</td><td>副局长</td><td>1991.1—1997.10</td><td></td></tr>
<tr><td>黄雪球</td><td>副局长</td><td>1991.1—1997.10</td><td></td></tr>
<tr><td>陈国清</td><td>副局长</td><td>1991.1—1997.10</td><td></td></tr>
<tr><td>薛淦泉</td><td>副局长</td><td>1992.1—1997.10</td><td></td></tr>
<tr><td rowspan="3">苏州市水利农机局</td><td rowspan="3">戚冠华</td><td>黄雪球</td><td>副局长</td><td>1997.10—1999.1</td><td>党委书记</td></tr>
<tr><td>陈国清</td><td>副局长</td><td>1997.10—1999.1</td><td></td></tr>
<tr><td>薛淦泉</td><td>副局长</td><td>1997.10—1999.1</td><td></td></tr>
<tr><td rowspan="10">苏州市水利农机局（2001年6月组建苏州市水利局，增挂“市水务局”牌子）</td><td rowspan="10">黄雪球</td><td rowspan="10">1999.1—2007.11</td><td rowspan="10">党委书记</td><td>陈国清</td><td>副局长</td><td>1999.1—2007.11</td><td>2002.11党委副书记</td></tr>
<tr><td>薛淦泉</td><td>副局长</td><td>1997.1—2001.8</td><td></td></tr>
<tr><td>蒋小欣</td><td>副局长</td><td>2000.1—2007.11</td><td></td></tr>
<tr><td>倪士群</td><td>副局长</td><td>2001.6—2004.4</td><td>2001.6—2002.11党委副书记</td></tr>
<tr><td>夏　坚</td><td>副局长</td><td>2001.6—2007.11</td><td></td></tr>
<tr><td>赵瑞龙</td><td>副局长</td><td>2002.8—2007.11</td><td></td></tr>
<tr><td>何绍明</td><td>副局长</td><td>2002.11—2007.11</td><td></td></tr>
<tr><td>李能安</td><td>副局长</td><td>2005.11—2007.10</td><td></td></tr>
<tr><td>徐国忠</td><td>总工程师</td><td>2007.6—2015.2</td><td></td></tr>
</table>

续表

机构名称	局长			班子成员			
	姓名	任职时间	备注	姓名	职务	任职时间	备注
苏州市水利（水务）局	戴锦明	2007.11—2015.2	党委书记	陈国清	副局长	2007.11—2010.3	党委副书记
				何绍明	副局长	2007.11—2012.6	
				蒋小欣	副局长	2007.11—2015.2	
				夏　坚	副局长	2007.11—2015.2	
				赵瑞龙	副局长	2007.11—2015.2	
				尹培强	副局长	2007.12—2015.2	
				郭根林	纪委书记	2012.12—2015.2	
				陈习庆	副局长	2013.6—2015.2	
苏州市水利（水务）局（2019年1月更名苏州市水务局）	王国荣	2015.2—2020.6	党委书记	蒋小欣	副局长	2015.2—2019.1	
				夏　坚	副局长	2015.2—2020.8	
				赵瑞龙	副局长	2015.2—2016.3	
				尹培强	副局长	2015.2—2017.2	
				郭根林	纪委书记	2015.2—2019.1	2017.8市纪委派驻纪检组组长
				陈习庆	副局长	2015.2—2020.8	
				周云祥	副局长	2016.6—2020.8	党委副书记
				吴向阳	总工程师	2017.5—2020.8	
				钱卫东	市纪委派驻纪检组组长	2019.1—2020.8	
				徐春明	副局长	2020.4—2020.8	
苏州市水务局	陈习庆	2020.8—	党委书记（2020年11月改设党组）	周云祥	副局长	2020.8—2022.11	党委副书记
				夏　坚	副局长	2020.8—2021.4	
				徐春明	副局长	2020.8—	
				钱卫东	党委委员、市纪委派驻纪检组组长	2020.8—	
				吴向阳	总工程师	2020.8—2021.12	

二、水务局直属单位

1993年8月，苏州市水利局直属单位增建太湖工程管理筹建处（1999年1月更名为太湖工程管理处，2000年4月更名为水利工程管理所）。1995年11月增设水政监察支队。2003年，市机电排灌站更名为苏州市水利水务工程质量监督站。

2005年，苏州市水务局直属企事业单位有苏州市水政监察支队（苏州市长江河道采砂管理办公室）、苏州市防汛防旱指挥部办公室（苏州市防汛防旱信息中心）、苏州市节约用水办公室、苏州市河道管理处、苏州市水利工程管理所、苏州市水利水务工程质量监督站（苏州市水利水务工程招投标办公室）、苏州市西塘河引水工程管理所、苏州市胥口水利枢纽工程管理处、苏州市排水管理处、苏州市自来水公司、苏州市清源建设有限公司，均为正科级建制，共1313人。

2015年12月14日，苏州市胥口水利枢纽工程管理处、苏州市西塘河引水工程管理所并入苏州市水利工程管理所，并更名为苏州市水利工程管理处。苏州市胥口水利枢纽工程管理处更名为苏州市水利工程建设处。

2016年，增设苏州市水利水务信息调度指挥中心。

截至2020年，苏州市水务局直属事业单位有市河道管理处、市水政监察支队、市节约用水办公室、市水利水务工程质量监督站、市防汛防旱指挥部办公室、市水利水务信息调度指挥中心、市水利工程管理处、市供排水管理处、市水利工程建设处，均为正科级建制。其中，市水政监察支队、市节约用水办公室、市水利水务工程质量监督站、市防汛防旱指挥部办公室为参照公务员管理的事业单位。

（一）市河道管理处

1986年成立，为正科级单位，核定人员编制38名，隶属于市政公用局；1992年，市政公用局内部调整，重新核定编制433名；1997年划转人员编制413名至新成立的市排水管理处，划转后编制15名；2002年，划交市水利（水务）局管理；2003年，事业单位机构职能调整，核定编制20名；2007年，新增苏州城市中心区防洪工程运行管理职能，核定编制60名；2008年，原市政设施管理处承担的下水管道建设管理职能以及72名人员编制划转至河道管理处；2014年，市河道管理处划转5人至市水政监察支队、划转10人至市西塘河引水工程管理所，划转后编制117名；2015年，根据市委编办统一调整，重新核定编制102名；2016年，升为副处级建制；2020年，分别划转人员编制5名至市水利工程建设处、市水利水务信息调度指挥中心，划转后，核定人员编制92名。

（二）市水政监察支队

1996年4月14日成立。2003年4月，市编办印发《苏州市水政监察支队职能配置内设机构和人员编制规定》，核定编制8名。2015年，市编办下发《苏州市水政监察支队主要职责内设机构和人员编制规定》，明确主要职责、内设机构和人员编制。其中内设科室为综合科、巡查科、处罚科、稽查科4个；内设大队苏州市水政监察支队太湖大队、城区大队、阳澄湖大队、机动大队、稽查大队5个。核定编制21名。2015年10月，明确为苏州市水利（水务）局下属事业单位，挂“苏州市长江河道采砂管理办公室”牌子，依据《市政府关于印发加强太湖苏州湾水域管理和保护的意见的通知》增挂“苏州市太湖苏州湾水域管理办公室”牌子。机构规格相当于正科级，分类定性为参照国家公务员制度管理单位。

2016年4月，根据市编办规定，挂“苏州市长江河道采砂管理办公室”牌子，相当于正科级，经费渠道为财政全额拨款，核定编制18名。

（三）市节约用水办公室

1979年成立，为市自来水公司内设机构。1980年市政府设立苏州市节约用水办公室，开展节约用水、计划用水及地下水资源管理工作。1997年成立苏州市节约用水管理处。2002年，涉水机构成建制划入市水利局。2005年6月22日，苏州市节约用水管理处更名为苏州市节约用水办公室，各市、区均成立专门节水管理机构，形成完善的“市—县区—用水单位”三级管理网络。2016年，有人员编制16名，工作人员17名（其中在编15人），人员配备齐全。

（四）市水利水务工程质量监督站

1984年3月，苏州市水利局内设秘书、工程管理、水利建设、计划财务四科和农机排灌站、勘测设计室、科教组。2003年3月28日，经市编办批复同意，市水利水务管理所增挂“苏州市水利水务工程质量监督站”牌子。2003年10月8日，根据市委编办批复，市水务局部分事业单位进行调整，市机电排灌站更名为苏州市水利水务工程质量监督站。2016年，明确为苏州市水利（水务）局下属事业单位，挂“苏州市水利水务工程安全监督站”牌子，机构规格相当于正科级，取消“负责水利水务工程建设项目的招标、投标及其监督管理，规范招投标活动”职责。设置3个科室，分别为综合科、质量监督科、安全监督科。

（五）市防汛防旱指挥部办公室

1983年成立城区防汛指挥部办公室，设在苏州市水利局。

1988年3月29日，市委编办印发《关于同意城区防汛指挥部办公室划归市建委管理的批复》，同意将暂设在河道管理处内的“城区防汛指挥部办公室”划出单列归市城乡建设委员会管理，为科级事业单位，配备专职人员3名。

1990年3月26日，市委编办印发《关于苏州市城区防汛指挥部办公室划归市政公用局管理的批复》，将其划归市政公用局管理。1995年11月23日，经市编办同意，增加编制2名。

2002年7月24日，经市委编办同意，城区防汛指挥部办公室并入苏州市防汛防旱指挥部办公室，更名为“苏州市防汛防旱指挥部城区办公室”，划交市水利（水务）局管理。2002年12月24日，更名为“苏州市防汛防旱指挥部办公室”，增挂“苏州市防汛防旱信息中心”牌子。原机构性质、所有制、建制级别、隶属关系、人员编制及经费渠道均不变。

2004年10月25日，市委编办、市人事局印发通知，核定编制5名。2012年2月8日，经市编办同意，从市排水管理处（市城市排水监测站）除管理、专技岗位以外的其他岗位202名编制中收回50名，收回的50名编制中调剂3名到市防汛防旱指挥部办公室（苏州市防汛防旱信息中心），重新核定该单位全额拨款事业编制8名。

2013年8月22日，经市委编办同意，撤销增挂的“苏州市防汛防旱信息中心”牌子，不再承担“负责全市防汛防旱决策系统及防汛信息支持系统的日常管理和维护”的工作职责，其他机构编制事项不变。

2019年1月7日，市委编办印发《关于市水务局职责机构编制转隶方案的通知》，从市水利（水务）局下属的市防汛防旱指挥部办公室划转2名人员编制到市应急管理局下属的市安全生产监察支队。

（六）市水利水务信息调度指挥中心

2016年4月27日，市委编办印发《苏州市水利水务信息调度指挥中心主要职责内设机构和人员编制使用规定》，明确为苏州市水利（水务）局下属事业单位，机构规格相当于正科级，经费渠道为全额拨款。核定编制10名。2020年4月30日，根据《市委编办关于同意调整市水务局下属事业单位机构编制事项的批复》文件规定，苏州市水利水务信息调度指挥中心核增编制5名。

（七）市水利工程管理处

1986年1月24日，建立苏州市水利工程水费所。1992年7月30日，建立苏州市水利综合经营管理站。

1996年8月20日，经市委编办批准，苏州市胥口水利枢纽工程管理处成立，为全民所有制事业单位，相当于正科级，隶属苏州市水利局；核定编制40名，经费自收自支。

2004年6月22日，苏州市改革领导小组《关于对市水利局所属事业单位分类定性及改革方式的批复》明确苏州市胥口水利枢纽工程管理处分类定性为公益类。

1993年8月18日，市委编办批复同意建立苏州市太湖工程管理筹建处，隶属苏州市水利局，核定编制8名，编制来源分别从水利综合经营管理站、农机排灌站中调剂解决，原定防汛事业编制3名划入筹建处。人员经费从建设管理费中列支，不足部分从水利工程水费中适当补助。

1999年1月27日，市委编办同意更名为苏州市太湖工程管理处。更名后原机构类别、建制级别、所有制、隶属关系、人员编制和经费开支渠道不变。

2000年4月30日，市委编办同意将市水利农机局下属苏州市太湖管理处更名为苏州市水利工程管理所。2003年9月27日，成立苏州市西塘河引水工程管理所。

2003年10月8日，市水利综合经营管理站并入苏州市水利工程管理所。2005年10月19日，苏州市水利工程水费管理所并入苏州市水利工程管理所。2014年2月10日，市西塘河引水工程管理所增挂“苏州市七浦塘水利工程管理所”牌子，增加负责七浦塘水利工程管理职责。2015年12月14日，苏州市胥口水利枢纽工程管理处、苏州市西塘河引水工程管理所并入苏州市水利工程管理所，并更名为苏州市水利工程管理处。

（八）市供排水管理处

1982年2月，成立苏州市城西污水处理工程筹建处，负责兴建城西污水处理厂。1983年2月9日，城西污水处理厂被定为全民事业单位，与污水处理工程筹建处一起，划归市市政工程养护管理处管理。

1987年1月23日，苏州市河道管理处正式成立，人员由原污水处理工程筹建处，城区防汛指挥部和市政养护管理处的部分人员组成。下辖基层单位为河道泵房管理所和污水处理总厂。12月22日，苏州市河道管理处污水处理总厂撤销，原属总厂管理的城西，城南，城东3个污水处理厂直接归处管辖。

1988年5月20日，建立苏州市城市排水综合服务部，为苏州市河道管理处基层单位。1991年12月，成立苏州市排水工程队。1992年7月，成立“市城市排水物资供应站”。7月23日，排水综合服务部和排水工程队合并为苏州市城市排水服务公司。12月14日，建立苏州市河西新区污水处理厂工程筹建处。12月29日，建立“苏州市贡稻粮行”。1993年4月17日，建立“苏州新区排水公司”。

1994年1月，排水物资供应站、城市排水服务公司、市贡稻粮行、新区排水公司合并为姑苏排水综合公司，后更名为姑苏排水工程公司，为苏州市河道管理处下属企业。5月，因干将路工程，苏州市河道管理处泵房管理所所在地和新开河泵站被拆，泵房管理所暂迁城东污水处理厂办公，次年七月搬至相门桥西堍前进桥南侧相门泵站内。

1995年6月15日，成立苏州市城市排水监测站。与河道管理处合署办公，实行一套班子，两块牌子的管理体制。8月，河道换水、排涝泵站、闸门分别移交金阊、平江、沧浪三区及干将路管理处管辖，1996年1月18日河道管理处泵房管理所撤销。

1997年11月13日，成立苏州市排水管理处，为正科级建制事业单位，从河道管理处划转编制415名，主要职能为：市区污水设施的建设、污水厂生产运行、污水管网及提升泵站的日常养护监督等。河道管理处不再承担上述职能。市供排水管理处下辖城西，城南，城东3座污水处理厂和姑苏排水工程公司。原挂在市河道管理处的苏州市排水监测站牌子改挂在苏州市排水管理处。12月31日起，原市管污水管道由市政设施管理处移交给排水管理处管理、养护；白洋湾等五座立交泵房由排水管理处移交给市政设施管理处管理。2001年5月30日，原下属市河道管理处的苏州市姑苏排水工程公司调整为市政公用局下属的企业单位。

2002年4月23日，市排水管理处划归市水利（水务）局管理。是年12月24日，市排水管理处挂牌成立水政监察支队三大队。

2008年底，苏州市实施排水体制改革，按照事企分开，管办分开的原则，组建市排水有限公司。市排水管理处重新核定编制为28名，另有202名编制为内退人员和派往排水公司工作人员专用，今后随减员情况由市编办逐年回收。2009年1月，市排水管理处和市排水有限公司分别开始运行，市排水管理处对内部机构作重新设置。

2015年底，苏州市排水管理处增加“供水管理”职能，并更名为苏州市供排水管理处。至2020年底，苏州市供排水管理处实有职工25人（不含派往排水公司工作人员），专技人员有18人，其中：初级职称2人，中级职称9人，高级职称7人。

（九）市水利工程建设处

2015年12月14日，经市委编办批准，同意原“苏州市胥口水利枢纽工程管理处”更名为“苏州市水利工程建设处”，经费渠道调整为全额拨款，人员编制10名。

2016年4月27日，《市编办关于印发苏州市水利工程建设处主要职责内设机构和人员编制使用规定的通知》，明确建设处主要职责如下：组织实施市级承担的水利水务工程建设；参与市级承担的水利水务工程建设前期工作；受市水利（水务）局委托，协助审核市级承担的水利水务工程施工图。内设机构根据市级工作需要设置。

2017年9月建设处被列入苏州市首批项目代建名录库。

2018年1月15日，根据市水利（水务）局《关于市水利工程建设处内设机构设置的批复》，建设处设综合办公室、项目管理科、工程建设科3个内设机构。

2020年4月30日，《市委编办关于同意调整市水务局下属事业单位机构编制事项的批复》核定编制15名。

2020年12月10日，经市水务局批准，内设机构调整为综合科、项目管理科、工程管理科、监督管理科（安全监督科）。

三、县（市、区）级水利机构

（一）张家港市水务局

1991年8月8日，中共张家港市水利局委员会成立，设党委办公室。1992年8月，增设保卫科，与人事科合署办公。1996年3月23日，水利工程科更名为水利建设科；机电排灌科更名为工程管理科。

1996年9月，机构改革，水利局更名为水利农机局，实有人数32名。下设办公室、水利建设科、工程管理科（防汛防旱办公室）、农机管理科、经营计财科、水政水资源科（挂“张家港市水政监察大队”牌子）等6个科室。

2001年9月，机构改革，不再保留水利农机局，组建水利局（挂“水务局”牌子），农机编制、人员、职能划入农业局。下设办公室、计划财务科、工程管理科（防汛防旱办公室）、水政水资源科（挂“张家港市水政监察大队”牌子）、水利建设科等5个科室，实有人数21名。

2004年9月20日，增设规划科。2008年末编制数为27名，实有人数29名，其中公务员26名，驾驶员高级工2名，占编不进编人员1名。其内设机构为：办公室、计划财务科、水利建设科、工程管理科（防汛防旱办公室）、水政水资源科（挂“张家港市水政监察大队”牌子）。

2008年末，共有7个事业单位，分别是长江防洪工程管理处、长江治理工程管理处、水资源管理处、水资源监测站、水政监察大队（含采砂管理办公室）、河道管理处、防汛防旱指挥部办公室。

2010年8月24日，设立张家港市水利局，挂“张家港市水务局”牌子，为市政府工作部门，正科级建制。

2019年1月28日，将市水务局由在市水利局挂牌调整为单独设置，作为市政府工作部门，不再保留市水利局，相关职责由市水务局承担。同年2月2日，撤销张家港市水利局委员会，设立张家港市水务局委员会。

（二）常熟市水务局

1996年10月，常熟市水利局更名常熟市水利农机局，核定人员编制31名，另有行政附属编制6名。同年12月，内设机构调整为办公室、人事科、水利建设科、农机管理科、工程管理科、水政水资源科（挂“水政监察大队”牌子）、财务科、党委办公室8个股级科室。

1998年末，局机关在编人员36名。2001年11月，农机工作划入市农业局，撤销市水利农机局，建市水利局，挂“常熟市水务局”牌子，核定市水利局机关行政编制24名，行政附属编制5名，其中老干部服务员编制2名，后勤服务人员编制3名。

2001年12月，内设机构调整为办公室、党委办公室、建设规划科、工程管理科、水政水资源科（增挂“市节约用水办公室”牌子）、农村水利科、财务科、人事科8个科室，均为正股级建制，撤销农机管理科，职能划市农林局。

2009年1月5日，临时迁至黄河路800号原市第七中学。2009年6月，调整市水利局部分内设机构：办公室与党委办公室合并，组建党政办公室；撤销水政水资源科，建法制科，增挂“行政许可服务科”牌子；建水资源科，挂“市节约用水办公室”牌子；财务科增挂“资产管理科”牌子。

2010年5月，内设党政办公室、建设规划科、法制科（挂“行政许可服务科”牌子）、水资源科（挂“市节约用水办公室”牌子）、农村水利科、工程管理科、财务科（挂“资产管理科”牌子）、人事科8个科室。另按有关规定设置派驻纪检组、监察室（合署办公）。局内设机构经历多次调整，职能多有变化，2010年各科室职能确定后未有变化。2010年11月，局机关行政附属编制核定调整为3名。

2012年3月1日迁至珠江路172号。同年10月，市编办发文市水利局增加行政编制1名，总数为25名。2014年12月，局机关在编人员25名，其中行政编制23名，行政附属编制2名。

（三）太仓市水务局

1991年6月24日，太仓水利局水政股更名为水政水资源股。11月13日，设立县防汛防旱指挥部办公室。11月12日设立太仓县沿江水政监察站。1992年7月7日，同意开办太仓县堤闸管理所招待所。9月17日，同意将原太仓县农机公司更名为太仓县农机总公司。10月12日调整人秘股、计财股、水利股、农机股、排灌股和水政水资源股分别更名为人秘股、计财科、水利科、农机科、排灌科和水政水资源科，更名后级别不变。1994年4月20日，同意设立太仓市水利经营管理所。5月4日，同意开办太仓市农机招待所。

1997年2月27日，太仓市水利局更名为太仓市水利农机局；中共太仓市水利局委员会更名为中共太仓市水利农机局委员会；中共太仓市水利局纪律检查委员会更名为中共太仓市水利农机局纪律检查委员会；3月1日，太仓市水利局更名为太仓市水利农机局。

2001年10月29日，中共太仓市水利农机局委员会更名为中共太仓市水利局委员会。

2002年1月17日印发太仓市水利局职能配置内设机构和人员编制规定的通知。

2004年，原规划建设局下属事业单位市节约用水办公室划交市水利局；各水利站增加相应的水务管理职能。

2010年6月23日，经市人民政府批准，同意印发《关于太仓市水利局（太仓市水务局）主要职责内设机构和人员编制规定的通知》。

2014年2月17日，市编办同意局内设机构财务审计科更名为财务科，更名后，财务科不再承担内部审计监督职能。

2017年，根据市委办方案，撤销市水利局纪委，不再保留市一级党和国家机关内设纪检机构，撤销市水利局监察机构，不再保留市一级党和国家机关监察机构。

2018年，市编办同意水利局内设机构党政办公室增挂“内部审计室”牌子，不另增人员编制，增加相应职能。

2019年，根据《太仓市机构改革方案》，将市水务局由在市水利局挂牌调整为单独设置，作为市政府工作部门。不再保留市水利局，相关职责由市水务局承担。将市水利局的水资源调查和确权登记管理职责划入市自然资源和规划局；编制水功能区划、排污口设置管理、流域水环境保护职责划入生态环境部门；农田水利建设项目管理职责划入市农业农村局；将市水利局的水旱灾害防治相关职责及1名行政编制划转至市应急管理局；从市级总盘子统筹划入2名行政编制；将市水利局下属的12家事业单位调整为市水务局下属事业单位；将市水利局下属事业单位7个乡镇水利站的共7名事业编制划转至市农业农村局下属事业单位。调整后，市水务局合计行政编制17名。

（四）昆山市水务局

2013年3月6日，依据《关于增加市水利局行政编制的通知》，增加编制1名，核定市水利局行政编制18名。

2014年6月6日，依据《关于同意昆山市水利局办公室增挂科技信息科牌子的批复》，水利局办公室增挂科技信息科。

2015年7月28日，依据《关于同意昆山市水利局调整内设机构的批复》，水利局增设水务管理科，单独设置行政服务科。

2015年8月10日，依据《关于调整市水利局领导职数的通知》，增加领导职数1名。核定市水利局局长1名，党委书记1名，副局长5名，纪委书记1名，内设机构正职9名，副职4名。

2015年9月23日，依据《关于调整水利局和住建局行政编制的通知》，将市住房和城乡建设局2名行政编制划转至市水利局，核定市水利局行政编制20名。

2016年4月1日，依据《关于同意水利局下属事业单位更名的批复》，昆山市水利工程质量安全监督和水利技术推广站更名为昆山市水利水务工程质量与安全监督站、昆山市娄江河道管理站更名为昆山市城市水系调度与信息管理处。

2016年5月6日，依据《关于同意水利局下属事业单位整合的批复》，撤销机动抗旱排涝队事业单位建制，职能、编制、人员划入昆山市防汛防旱指挥部办公室。6月3日，依据《关于同意昆山市水资源管理中心增挂昆山市供排水监测站牌子的批复》，昆山市水资源管理中心增挂昆山市供排水监测站牌子，增加编制8名，分别从高新区、周市、千灯、张浦水利站调剂编制2名。6月7日，依据《关于同意市水利局调整安全生产机构及职责的批复》，水利局内设机构办公室增挂“安全监督科”牌子。7月13日，依据《关于同意昆山市节约用水办公室调整经费渠道的批复》，昆山市节约用水办公室经费渠道由自收自支调整为全额拨款单位。11月7日，重新核定昆山市水利局下属事业单位三定方案。

2017年2月27日，核减水利局行政编制1名，核定昆山市水利局行政编制19名。5月31日，依据《关于同意昆山市水利局调整部分机构设置的批复》，水利局增设河长制改革科并挂“水环境治理科”牌子，安全监督科调整增挂在工程管理科，政策法规科调整增挂在行政服务科，水政水资源科更名为水资源管理科，农村水利科增挂“基本建设科”牌子。

2017年6月20日，依据《关于调整市水利局领导职数的通知》，核销水利局党委书记1名，重新核定为：局长1名，副局长5名，另核纪委书记1名。8月28日，撤销水利局纪委、纪检监察室，核销纪委书记、监察审计室职数，核减行政编制1名，重新核定行政编制18名。12月1日，依据《关于同意市水利局组织人事科增挂内部审计室牌子的批复》，组织人事科增挂“内部审计室”牌子。

2019年3月1日，依据《市委办公室市政府办公室关于印发〈昆山市水务局职能配置、内设机构和人员编制规定〉的通知》，审核批准昆山市水务局三定方案。10月29日，依据《关于同意水务系统内调剂事业编制的批复》，重新核定市供排水管理处编制6名、市水利水务工程质量与安全监督站32名、市水资源管理中心15名、市河道管理处23名、市湖泊管理所13名、市水利工程建设管理处16名。

2020年8月20日，依据《关于同意核减水务系统部分事业编制的批复》，重新核定昆山经济技术开发区水利（水务）站40名、昆山高新区水利（水务）站51名、巴城水利（水务）站33名、张浦水利（水务）站38名。

（五）吴江区水务局

1986年，吴江县水利局只设行政股。内设事业机构有水利工程指导站、水利管理服务站、综合经营服务站、农业机械化服务站。1989年9月29日，设立水利勘测设计室，与水利工程指导站实行“一套班子、两块牌子”。1990年8月3日，设立水政水资源股。1991年4月16日，设立水费管理所，与水政水资源股合署办公。

1992年4月，配备防汛抗旱指挥部办公室人员编制2名。4月28日，行政股改称行政科。5月4日，吴江撤县设市，县水利局改称市水利局。设行政科、水利工程科、水利管理服务科、水政水资源科。

1993年4月24日，水利综合经营服务站更名水利工业公司，实行“一套班子、两块牌子”。1996年1月30日，设立吴江市水政监察大队，为属股级全民事业单位，人员编制10名，所需经费在水费和水资源费中列支。12月，市水利局更名市水利农机局。

1997年4月15日，市水利农机局设办公室、组织人事科、财务科、水政水资源科，另按规定设纪委、监察室（合署办公）。核定行政编制14名、行政附属编制2名。

2001年10月24日，撤销市水利农机局，组建市水利局，增挂“市水务局”牌子，原承担的农机职能整体划转市农林局（共划转人员219人，其中事业170人，企业49人）。

2002年1月17日，市水利局设办公室、水利建设科、财务审计科、组织人事科，另按规定设纪委、监察室（合署办公）。核定行政编制12名、行政附属编制3名。同年5月20日，防汛防旱指挥部办公室人员编制由4名调整为6名；设立吴江市水资源管理办公室，与水费管理所实行“一套班子、两块牌子”，人员编制由5名调整为12名（其中7名编制由水利综合经营服务站划入）；水利工程技术指导站更名水利工程质量监督站，人员编制仍为10名；水利管理服务站更名水利工程管理处，增挂“吴江市河道管理处”牌子，人员编制仍为10名；撤销水利综合经营服务站（水利工业公司），人员编制划入水费管理所。12月10日，调整机构，设防汛抗旱指挥部办公室、水资源管理办公室（与水费管理所实行“一套班子、两块牌子”）、水利工程质量监督站（与水利建设科、招投标管理办公室实行“一套班子、三块牌子”）、水政监察大队、水利工程管理处（增挂“吴江市河道管理处”牌子）。同年12月，市水利局办公地址移驻笠泽路世纪大厦。

2019年1月28日，吴江区委编办《关于吴江区水务局职责机构编制转隶方案的通知》将区住房和城乡建设局下属事业单位区排水管理处、区节约用水办公室调整为区水务局下属事业单位，将区水利局下属事业单位区防汛防旱指挥部办公室调整为区应急管理局下属事业单位。2019年10月31日，设立苏州市吴江区水旱灾害防御中心，为局下属事业单位，机构规格为正股级，公益一类，全额拨款，核定人员编制6名，主任1名，副主任1名。2019年12月20日，同意整合苏州市吴江区水利工程管理处、苏州市吴江区太浦河工程管理所、苏州市吴江区堤闸管理所、苏州市吴江区防汛物资储备管理中心职责，组建苏州市吴江区水利工程运行中心。2020年12月15日，同意整合苏州市吴江区水费管理所（苏州市吴江区水资源管理办公室）、苏州市吴江区排水管理处、苏州市吴江区水源地管理中心，组建苏州市吴江区水务服务中心。

（六）吴中区水务局

2002年3月18日，吴中区政府办公室印发《关于印发苏州市吴中区水利局（吴中区水务局）主要职责内设机构和人员编制规定的通知》。吴中区水利农机局更名为区水利局，增挂“区水务局”牌子，为区政府工作部门，正科（局）级建制。内设6个科室，分别是办公室、水政水资源科、水利工作建设管理科、财务审计科、人事监察科、农机管理科。区水政监察大队为区水利局的直属股级事业单位。职责调整时划入的职能包括：原由区建设局负责的城区污水处理职能；原由区建设局承担的城区河道管理职能。新增的职能：全区水资源（含空中水、地表水、地下水）开发利用、保护、配置管理职能；城区防洪、水环境整治职能。转变的职能：按照国家资源与环境保护的有关法律法规和标准，拟定水资源保护规划，组织水功能区划分，监测河湖水质，审定水域纳污能力，提出限制排污总量的意见，并将有关数据和情况通报区环境保护部门。会同环保部门审核河道排污口的设置，对涉水项目环境影响评价预评审；拟定节约用水政策，编制节约用水规划，制定有关标准。

2010年7月14日，吴中区政府办公室印发《关于印发苏州市吴中区水利局（吴中区水务局）主要职责内设机构和人员编制规定的通知》。设立吴中区水利局，挂"吴中区水务局"牌子，为区政府工作部门，正科级建制。内设6个机构，分别为办公室、法制科、水资源管理科、水利建设管理科、排水管理科、财务审计科，均为正股级建制。职责调整时新增的职责包括：组织、指导、协调、监督全区蓝藻巡查、打捞和防控工作；负责镇村生活污水治理管理工作；负责实施全区供水排水特许经营管理；负责审批入河（湖）排污口的设置（包括新建、改建和扩大）。强化的职责：加强水资源的统一管理和监督工作，加强水资源的节约、保护和合理配置，保障城乡供水安全，促进水资源的可持续利用；加强防汛防旱防台工作，减轻水旱灾害损失；加强河道、湖泊管理和保护工作。

2019年3月31日，吴中区政府办公室印发《苏州市吴中区水务局职能配置、内设机构和人员编制规定》的通知。区水务局内设办公室（法制科）、水务管理科（水资源管理科）、水利建设科（河湖长制改革科）。职能转变情况：加强水资源的合理利用、优化配置和节约保护。坚持节水优先，从增加供给转向更加重视需求管理，严格控制用水总量和提高用水效率。坚持统筹兼顾，保障合理用水需求和水资源的可持续利用。加强水域和水务工程的管理保护，加强太湖治理与保护工作。深化相对集中行政许可权改革，设立行政审批与监管协调联动制度。区行政审批局负责划转事项的行政审批过程和结果，并将相关信息同步推送至区水务局，区水务局将事中事后监管结果推送给区行政审批局。区水务局在区行政审批局依法行使行政许可过程中提供法律法规、政策依据、技术服务等综合支撑，按照审批结果及时开展事中事后监管，承担监管主体责任。

（七）相城区水务局

2001年8月24日，组建苏州市相城区水务局，为区政府工作机构，正科级建制，设办公室、计划财务科、水务建设管理科、水政水资源科、农机管理科5个职能科室，均为股级建制。

2007年8月20日，原水务建设管理科分设为水利建设管理科和供排水管理科，撤销财务科并入办公室。

2010年1月18日，区水务局更名为区水利局，挂区"水务局"牌子。

2010年6月25日，实施机构改革，苏州市相城区水利局（苏州市相城区水务局）为区政府工作部门，正科级建制。区水利局（区水务局）设办公室、水利建设管理科、水政水资源科（区节约用水办公室）、供排水管理科4个内设机构，均为正股级建制。

2011年4月15日，设立苏州市相城区防汛防旱指挥部办公室，为区水利局内设机构。

2017年7月19日，水政水资源科更名为行政许可服务科，同时挂"水政水资源科、区节约用水办公室"牌子。同年12月22日，增设河长制改革科，水利建设管理科更名为工程建设与监管科，供排水科更名为水务管理科，区防汛防旱指挥部办公室调整为工程建设与监管科的挂牌机构。调整后，区水利局内设机构为5个，分别为办公室、工程建设与监管科（区防汛防旱指挥部办公室）、水务管理科、行政许可服务科（水政水资源科、区节约用水办公室）、河长制改革科，均为正股级建制。

2019年3月31日，依据《区委办公室区政府办公室关于印发〈苏州市相城区水务局职能配置、内设机构和人员编制规定〉的通知》文件，区水务局是区政府工作部门，为正科级。区水务局设下列内设机构：办公室（河湖长制改革科）、水利建设管理科（质量安全监管科）、水务管理科（水资源管理科）。

（八）工业园区水务局

1995年，规划建设局成立之初，设有公用事业处，负责供水、污水、燃气行业管理，电力、电信规划建设协调。

2010年，将公用事业处分设为市政公用管理处和电力电信管理处。市政公用处负责供水、污水、燃气行业管理。

2013年7月，新设立水利处，负责水利设施建设管理、防汛抗旱及水资源管理职能。2016年3月，大部制时将水利处与市政公用管理处撤销，合并为水利水务处（合并运行燃气办）。2017年开始，增加调水引流工程建设和调度运行管理职能。2017年8月，增挂"河长制办公室"牌子。

2020年5月，水利水务处从规建委划转到国土环保局。2020年11月，水利水务处分设为水利管理处和水务管理处。

（九）高新区城乡发展局

2003年5月22日，保留虎丘区水政监察大队，挂"苏州高新区、虎丘区堤闸管理所"牌子，为副科级建制，核定人员编制8名，为财政全额拨款。

2013年9月29日，高新区水务局由区建设局挂牌调整至区农村发展局挂牌，区水务局的工作职能整体划转至区农村发展局。原在区建设局的职能处室水务处（防汛办公室、节约用水办公室）一并划转至区农村发展局。原由区建设局举办的事业单位一区水政监察大队（区堤闸管理所）成建制划转至区农村发展局，改为由农村发展局举办。成建制的单位划转后，其单位性质、单位建制、工作职能、人员编制、经费来源均不变。

2015年11月30日，根据《苏州高新区（虎丘区）政府职能转变和机构改革实施意见》，设立苏州高新区（虎丘区）城乡发展局，挂"水利局（水务局）、林业局"牌子，为管委会（区政府）工作部门，副处级建制内设水务处（防汛办公室、节约用水办公室）。水利局（水务局）职能为：贯彻执行国家、省、市有关水利（水务）方面的方针政策和法律法规；编制全区水利、水务发展规划和年度计划并组织实施；组织有关涉水建设项目论证工作；负责全区水资源管理，水资源有偿使用制度；负责全区供水、排水和节约用水行业管理工作；负责全区水利工程行业管理，指导防汛防旱工作；负责全区水行政执法工作，查处水事案件，协调水事纠纷。

2019年3月28日，苏州高新区（虎丘区）城乡发展局是区管委会（区政府）职能机构，为副处级建制，挂"区农业农村局、区水务局"牌子，内设水务处（河湖长制管理处）。

第二节 职工队伍

一、县（市、区）级职工队伍

1991—2020年，苏州市通过学历再教育、岗位培训、技能培训、人事制度改革和提高准入门槛等形式，提高全市水利系统职工队伍整体素质，为苏州水利事业健康发展提供坚实的人才保障，队伍整体结构呈现出人数相对减少，文化结构、专业技能结构、年龄结构等不断优的新态势，以适应不断发展的水利事业对人才的需求。

90年代，苏州市水利系统的职工队伍存在文化层次较低、专业人员不足、队伍结构待优化等问题。市水利局积极响应省水利厅工作要求，着力加强队伍建设，提高队伍素质。市水利局积极采取岗位培训、职称评定、学历再学习、轮岗交流等多种形式，强化学习理念，提升队伍素质，并有计划地通过调整充实，优化职工队伍年龄、文化结构。1995年开始，苏州市水政监察支队和各县级市（区）水政监察大队陆续成立，依法开展水行政相关工作，并逐步加强水政监察规范化建设，努力造就一支廉洁公正、作风优良、业务精通、素质过硬的专职水政监察队伍。1996年8月30日，张家港市水政监察大队规范化建设通过市局验收，是全国首家经过验收的队伍。1997年4月22日，太仓市水政规范化建设通过苏州市验收。5月17日，省水利厅副厅长徐俊仁主持对苏州市水政规范化建设进行验收，并对其率先通过水政规范化建设验收给予高度评价。6月28日，吴县市水政规范化建设通过苏州市局验收。

进入21世纪，苏州顺应水利事业发展需要，加强专业技术、经营管理、行政管理、党务工作人才队伍建设，解决职工队伍所存在的问题。

2002—2007年5年中，市水务局积极开展人才引进战略，引进1名熟悉给排水业务的高层次人才，引进博士2名，硕士11名，大学本科生84名，大专毕业生18名；鼓励系统干部职工参加学历、学位教育，有4名年轻同志通过硕士研究生学历教育并获得硕士学位；健全干部交流轮岗机制，共交流干部30余人次。注重人才培养、管理和使用，共提拔科级干部32人次，有3位同志培养到领导干部岗位上来；转变职称评聘观念，逐步形成梯队人才结构，共有13位同志被评为高级工程师。

2008年，加强专业技术知识培训，不断提高专业技术人员的工作水平。81位同志被评为工程师，8位同志被评为高级工程师。还与河海大学、市人事局联合举办有46位学员参加的水利工程专业工程硕士研究生班。加强能力建设，全面提升科级干部的政治能力、决策能力、执行能力和发展能力。同时，积极探索建立以业绩为导向的工作评价机制和激励保障制度。

2009年，注重改善领导班子和干部队伍结构，根据配备需求，充分发扬民主，注重知识结构、年龄层次、品学兼优，经过民主测评、党委研究、组织考察、任前公示、研究决定等组织程序，对4个直属单位主要负责人进行调整、提拔和使用。5位同志被选送为县处级后备干部人选。同时，对全市110名水利专业技术人员进行集中培训，参加培训的同志全部通过市人事局组织的业务考试，之后有87位同志评为工程师和初级职称。

2010年，认真执行干部人事制度规定，制定《苏州市水利（水务）局关于竞争上岗工作的实施方案》，竞争上岗工作严格按照公正、公平、公开要求办理。充分利用吸引、招录事业单位工作人员人才引进渠道的优势，突出抓好水资源、水环境、水工程方面人才强势工作，建立高层次人才库，不断推进人才开发工作，努力构建人才综合体系。

2011年，积极开展人才引进战略，加强人才专业技术的培训和教育，全面做好专业技术职称的评审工作，壮大队伍力量。切实做好事业单位岗位管理工作。

严格按照规范设岗、科学合理、精简效能、动态管理的岗位设置原则，明确管理岗位、专业技术岗位和工勤技能岗位三类岗位的结构比例和相应的主体岗位，做好人员分类管理工作。

2016年，推进干部交流轮岗工作，加强对选人用人的监督。机关处室中8个负责人和直属单位中8个主要负责人实行交流轮岗，部分机关中层副职和直属单位领导班子副职进行交流轮岗。严格加强干部选拔任用监督，先后提拔使用2名科级干部。加强干部能力提升，开展“项目立项”前工作专题培训，规范建设领域立项审批工作。首次组织中层干部工作讲坛，提升科级干部领导能力和水平。

2019年，优化干部队伍结构，加大轮岗交流力度，形成机关、参公单位和一般事业单位之间干部交流的良性互动，安排年轻干部到重大项目和基层一线进行锻炼，推荐2名年轻干部到住建部挂职锻炼。认真按照《苏州市事业单位岗位设置管理实施意见》，规范开展岗位设置、人员定岗和聘用工作。组织对节水条例贯彻落实工作的培训，加强对水政监察员的继续教育和培训。

至2020年，苏州市水利系统职工队伍呈现出总数下降、素质提升、结构优化等特点，更加文明、公正、廉洁、高效，不断适应新时代水利事业的建设需求。

二、乡镇水利站职工队伍

乡镇水利站是农村水利基层管理和服务的职

能机构，是农村社会化服务体系的重要力量，在水利工程建设、管理、防汛抗旱以及发展农村经济服务等方面发挥着重要作用。水利站职工队伍存在着队伍不稳、选人任用机制活力匮乏、专业技术人才缺失、年龄结构老化等问题，制约着农村水利公共管理和社会服务的发展。

1991年以来，苏州市积极建设“五有”水利站，并在县、乡体制改革中逐步理顺管理体制。随着部分乡镇合并、水利农机职能划分，对乡站人员也进行调整。2004年底，全市共有乡镇水利站92个，管理人员3368人，其中在岗在编1750人中，年龄结构为：40岁以下的为649人，占37.09%；40—50岁的604人，占34.51%；50—60岁的452人，占25.83%。文化程度为：初中以下毕业的865人，占49.43%；高中（中专）611人，占34.91%；大专以上的229人，占13.09%。技术职称为：全市乡站共有技术职称人员606人，占34.63%，其中初级职称516人，中级职称85人，高级职称5人。管理体制主要实行“双重领导，以条为主”。常熟、昆山、吴江三市实行水利局垂直管理，以条为主。新区（虎丘区）、工业园区有一部分乡站实行主管局及乡镇双重管理，一部分乡站实行以乡镇为主的管理。张家港、太仓和吴中、相城区采用主管局及乡镇双重管理的体制。

2007年，苏州进行乡镇水利站改革，开展企事分开、重新核定水利站事业编制人员、招聘引进人才等一系列工作。至2009年，全市乡站为71个，编制1371人，实有管理人员1384人，在岗在编1249人。在编在岗事业人员1384人中，年龄结构为：34岁以下183人、占13.22%；35—44岁516人、占37.28%；45岁以上671人、占48.48%。文化程度为：初中512人、占36.99%；高中（中专）419人、占30.27%；大专以上439人、占31.72%。技术职称为：技术员114人、占8.24%，助理工程师269人、占19.44%，工程师169人、占12.21%。

2008年，市水利（水务）局根据基层乡站水利专业技术人员的实际情况，专门组织专业技术人员进行职称专业技术知识培训，共有乡镇水利

图18-1 2009年职工年龄及学历结构

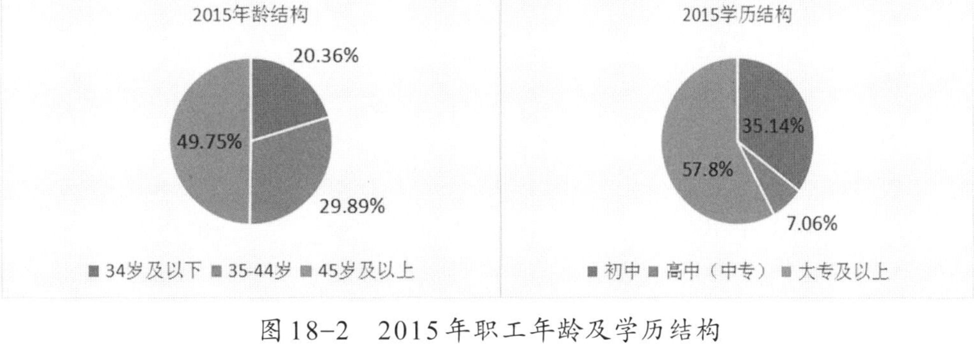

图18-2 2015年职工年龄及学历结构

站的专业技术人员130余人参加培训，学时超过140多个，邀请水利水务专业技术专家进行授课，并组织由市人事局认可的专业技术测试，全部通过测试。通过培训，为获得中级技术职称工程师资格创造条件，获得市人事局和基层水利工作者的好评。

2011年底，全市75个乡镇（含涉农街道）均设有水利（务）站，其中县（市、区）局派出机构66个，单独设立2个，并入农服中心7个；核定编制1862人，实有管理人员1585人，其中在岗在编1461人，编外聘用人员124人。此后，苏州市健全岗位管理制度，完善人员聘用制度和公开招聘制度，搞活用人机制；按照“效率优先、兼顾公平”的原则，健全体现岗位效益、分级分类的分配制度；提高新进人员准入门槛，完善水利站站长实施培训、持证上岗制度。

至2018年11月，全市共有69个乡镇水利站，在编在岗事业人员为1218人，相比2009年，34岁以下的年轻人员占比增加7.06%；文化程度也得到大幅提升：大专及以上学历占比增加25.8%；拥有工程师职称242人、高级工程师10人，工程师人数占水利相关专业总人数的72%。

2019年，市水务局根据基层乡站水利专业技术人员的实际情况，专门组织基层水利站站长培训，共有乡镇水利站90多位站长参加培训，不断提高基层水利站解决实际问题的能力。至2020年，苏州市各乡镇水利站基本达到“机构健全、职能明确、政策落实、队伍精干、能力提升、服务到位”的总体要求。

第三节　党组织建设

一、局机关党组织

1984年7月16日，中共苏州市水利局机关党总支部委员会建立。1987年5月29日，中共苏州市水利局机关委员会建立。1996年9月13日，同意建立苏州市水利局机关离退休干部支部委员会，隶属于局机关党委。1997年11月10日，建立中共苏州市水利勘测设计研究院支部、中共苏州市胥口水利枢纽工程管理处支部。2001年6月22日，中共苏州市委员会办公室印发通知，同意建立中共苏州市水利局委员会、纪律检查委员会。

2005年7月14日，苏州市水利（水务）局机关党总支部建立。2009年1月14日，经局党委研究，同意苏州市河道管理处成立党总支部委员会。2月23日，撤销中共苏州市排水管理处总支委员会，成立中共苏州市排水管理处支部委员会。2010年6月23日，撤销中共苏州市水利（水务）局机关总支委员会，建立中共苏州市水利（水务）局机关委员会。

2019年1月，苏州市水利局更名为苏州市水务局。同年，经苏州市直属机关党工委批准，中共苏州市水利局机关党委更名为中共苏州市水务局机关委员会，书记、委员任职不变，所属2个党总支和20个党支部分别进行改选。至2020年底，市水务局机关有党员294名。其中，离退休职工党员76名。

二、党建工作

1991年以来，苏州市水务局紧跟党中央号召，组织开展学习“三个代表”重要思想教育、保持共产党员先进性教育、学习实践科学发展观教育、党的群众路线教育实践、“三严三实”专题教育、“两学一做”学习教育、“不忘初心、牢记使命”主题教育等多次党内集中学习教育，深入开展理论学习，加强精神文明建设。

2005年，围绕学习“三个代表”重要思想教育的总要求，开展灵活多样的学习教育。在学习方式上，实行集中学习与个人自学相，学习交流与讨论问题相结合，培训骨干与党课辅导相结合，提高理论水平与解决实际问题相结合；在学习内容上，通过采取学习上级文件、领导讲话，组织参观“一大”会址和革命博物馆，瞻仰烈士陵园，听取优秀党员事迹报告会等，增强党员党性观念。

2006年，认真开展党员先进性教育活动。局党委按照市委统一部署，对全局机关和直属单位开展先进性教育活动工作进行动员和部署，376名党员参与率达到100%，群众满意度测评率也达到100%，在职党员的集中学习时间达到60小时，共编发专题简报26期、在“苏州水网”编发专题文章18篇、制作专题宣传展板12块。在学习讨论、深化认识的基础上，形成系统“理想信念坚定，业务本领过硬，求真务实创新，治水管水争先，廉洁奉公为民”的先进性具体标准。全系统共召开座谈会218次，发放征求意见表1634份，征求到意见607条，开展谈心活动3945人次，召开专题组织生活会22次、民主生活会11次，反馈评议意见321条。在先进性教育活动中，局党委和各单位的党组织还通过邀请专家学者进行理论辅导、举办业务知识讲座、组织干部培训，开展学习《党章》为主要内容的党的先进性教育知识竞赛，组织党员干部参加市级机关共产党员志愿服务总队成立仪式暨志愿服务活动、清明祭扫革命烈士陵园活动、参观中共一大会址和《时代先锋——苏州市保持共产党员先进性教育大型图片展》，开展外出“双看”活动等各种主题教育。

2008年，加强政治理论学习，不断提高马克思主义理论水平。按照市委部署，10名县处级领导干部参加市委组织的学习十七大报告专题培训班。科级以上干部积极参加由市委组织部、市委党校、市委宣传部等组织的“菜单式”选学讲座，提高对知识产权、国防教育、法制宣传、经济社会发展等知识的理解，为提高工作水平、增长工作才干提供精神支柱。

2009年，全系统积极开展学习实践科学发展观活动，市局以“坚持科学治水，加强民生水利”为主题，确定学习典型，走访基层、社区、“三服务”联络点、领导干部调研联系点、服务对象，为群众办实事56件，解决群众反映强烈的突出问题29件，群众满意和比较满意率达100%；两会提案建议、群众信访、便民服务工单均全部办结，受到服务对象的一致好评。

2014年，积极开展党的群众路线教育实践活动，紧扣“为民务实清廉”主题，按照“照镜子、正衣冠、洗洗澡、治治病”总要求，以抓铁有痕、踏石留印的劲头推进作风建设。局领导先后带队走访调研60余人次，召开各类座谈会23个，共收集各类意见建议128条；认真查找局党委存在的问题，7名班子成员共查摆“四风”问题80余条，对每一“风”都列出具体表现和事例。“四风”突出问题得到切实整改。

2016年，结合水利系统实际，坚持从严从实要求，扎实抓好“两学一做”，推进党内学习教育从“关键少数”向广大党员拓展、从集中性教育向经常性教育延伸。制定水利系统实施方案和工作计划分解表。切实开展自查自学，每名党员制订个人自学计划，加强理论武装、增强“四个意识”。局领导带头讲党课，各党支部每月讲一次党课。7月1日，局系统240名党员参加“市水利（水务）局庆祝中国共产党成立95周年大会”。局各党支部通过开展“三会一课”、民主生活会的方式，充分落实支部10项重点工作。局党员和县处级以上党员领导干部对照“五查摆五强化”“七查摆七强化”，带着问题学、针对问题改。

2019年，扎实开展“不忘初心、牢记使命”主题教育，向全系统各级党组织和党员覆盖，坚定用习近平新时代中国特色社会主义思想武装党员干部头脑。开展共产党人初心追问专题活动，组织开展“不忘初心、牢记使命——党员有话说”大讨论、大建言，引导基层党组织和党员认真答好“新时代三问”。加强爱党爱国爱人民等理想信念宗旨教育，制度化常态化推进“两学一做”学习教育。坚持“三会一课”、民主生活会、组织生活会，经常性开展谈心谈话，动员党员开展“五型党课”活动，持续开展党支部主题党日活动，形成良好的政治文化。

2020年，以庆祝中华人民共和国成立70周年为契机，继续深化开展“不忘初心、牢记使命”主题教育，教育引导广大党员干部坚定理想信念，以担当“最足成色”成就绿色发展“最美底色”。举办“解放思想再出发、对标找差抓落实”干部工作讲坛，主动对标对照查找差距短板项目6个，制定赶超项目7个，整改问题38条，形成针对性调研报告19份，农村断头浜打通、生活污水治理等问题获市民好评。

苏州市水利水务局不断加强精神文明建设，努力创建精神文明单位，成功打造“水惠民生”“善河惠民”“供排水先锋”和“碧水守护”等党建品牌活动，并积极开展慈善募捐、义务献血、扶贫帮困等多种形式的公益活动，承担社会责任，树立良好社会形象。苏州市排水管理处获苏州市2004—2005年度文明单位标兵；苏州市河道管理处、苏州市排水管理处等获2009—2010年度全省水利系统文明单位；张家港市水务局、苏州市胥口水利枢纽工程管理处获2011—2012年度全省水利系统文明标兵单位；市排水管理处、节约用水办公室等获2015—2017年度苏州市文明单位。

三、党风廉政建设

苏州市水利水务局严格执行《中国共产党廉洁自律准则》《中国共产党纪律处分条例》，强化党委在党内监督中的主体责任。认真履行领导班子成员“一岗双责”，加强对分管部门、联系单位主要负责人和班子成员的廉政教育、日常监督。坚持标本兼治，深化源头防腐各项举措，强化党内监督。

2004年，认真学习宣传贯彻“两个条例”（即《中国共产党党内监督条例（试行）》和《中国共产党纪律处分条例》），建立健全惩治和预防腐败体系。继续开展“立党为公、执政为民”的教育活动，开展先进典型教育和警示教育。明确一把手“一岗双责”，实施科级干部述职述廉制度、重大事项报告制度、纪委负责人与下级党政负责人谈话制度、廉政谈话制度和诫勉谈话制度。推行首问负责制、行政执法公示制、服务承诺制、限时办结制和责任追究制，切实做好群众投诉处理。开展“工程优质、干部优秀”和推行“廉政合同与建设合同双签制”，加强水利水务工程建设监督，开展工程建设领域行贿犯罪档案查询试点工作。

2005年，加强反腐倡廉教育，完善教育防范机制。继续开展“立党为公，执政为民”的教育活动。实施六项制度，完善监督管理机制，加强对党员领导干部的监督管理。在全系统全面实施巡查考核制度、科级干部述职述廉制度、重大事项报告制度、纪委负责人与下级党政负责人谈话制度、诫勉谈话制度和实施廉政谈话制度。注意了解党员干部在“生活圈”和“社交圈”的表现，发现问题及时提醒，及时处理，切实加强对党员领导干部特别是“一把手”的监督。

2006年，落实党风廉政建设责任制，推进廉洁文化进机关、进企业。开展治理商业贿赂和预防职务犯罪工作，建立健全惩防体系，加强对工程建设管理和重点部位的监督，从源头上增强防腐治理能力，先后制定《党风廉政建设责任制考核评估办法》等一整套规章制度，对各单位党风廉政建设责任制进行检查。组织党员干部观看《张思德》电影，重温《为人民服务》，参观“时代先锋”展览。各级党组织都认真开展廉洁文化进单位活动，新建职工活动中心3个、党员之家1个和阅览室2个。

2007年，按照苏州市惩防体系建设领导小组要求，制定推出《苏州市市管河道涉水项目建设管理规程》《苏州市排水接纳管理工作规程》和《苏州市水利工程建设管理工作规程》3个规程，形成较为完善的管理制度。同时，与市检察院职务犯罪预防处、监察局执法室联合成立廉政共建工作机制，预防职务犯罪，从源头上预防和治理腐败。认真抓好正反典型教育，增强党员干部拒腐防变的意识和能力，组织全系统党员干部分批观看电影《我的长征》《公仆》《隐形的翅膀》，锡剧《九品廉史》《香港回归十周年》，并组织观看《预防职务犯罪警示系列教育片》。

2008年，局党委、纪委举办科以上干部党风廉政教育培训班。积极推行党务公开，建立健全情况通报和情况反映制度，加强和改进党内监督工作。梳理、修订、完善内部管理制度，出台《内部财务管理制度》《会议费管理办法》《接待管理制度》《车辆管理制度》《后续教育管理制度》，使制度建设从粗放向细化、从经验型向科学型转化。同时开展政风行风评议工作，专门聘请12名行风监督员，召开行风监督员座谈会，不断完善政风行风建设工作。

2009年，开展“加强党性修养，坚持廉洁从政”党性党风党纪主题教育，制定出台《苏州市水利局重大行政决策程序规定》；推进惩防体系建设，成立惩防体系建设工作领导小组，积极开展工程领域突出问题专项治理工作，明确招标投标、项目安全等5方面工作任务，有效规范水利工程建设市场体系。认真贯彻落实中央和省、市纪委关于惩防体系建设工作部署，对照《苏州市水利局惩治和预防腐败体系建设2008—2010年任务分解表》，制定《苏州市水利（水务）局党风廉政建设责任制检查考核表》，将考核内容细化为8大类23项。制定《关于贯彻落实市委、市政府〈关于开展对“强服务、保增长、促发展”主题活动实行考核评估的办法〉的实施意见》，将党风廉政建设工作列入考核内容。以市纪委监察局规定的“禁酒令”和有关规定，坚决杜绝酒后驾车现象发生。组织举办科以上干部封闭式廉政教育培训班，观看《永不凋零的巴山红叶——记四川省南江县原县委常委、纪委书记王瑛》录像片。制定《苏州市水利局对党员领导干部进行诫勉谈话和函询的实施办法》，从严管理干部。

2010年，组织党员干部学习《党政领导干部选拔任用工作责任追究办法（试行）》《党政领导干部选拔任用工作有关事项报告办法（试行）》等干部选拔任用四项监督制度，学习党纪条规文件以及水行政法律法规。继续举办科以上干部封闭式廉政教育培训班，邀请市纪委的领导讲座，专门组织60多名科级以上干部到苏州监狱开展警示教育。

2011年，惩防体系建设逐步深入，作风效能建设再创佳绩。市局成立惩防体系建设工作领导小组，积极开展工程领域突出问题专项治理；东太湖、七浦塘工程纪检派驻组全面发挥监察作用。张家港、常熟、太仓把“5·10”“5·20”作为“我要廉”和“我爱廉”的倡廉日，昆山市建立企业准入、市场运行、项目合同、权力制约、全程监督、保证金六项制度，吴江市加大关键业绩指标考核监察，吴中、相城、新区、园区充分发挥纪监作用。

2013年，加强党风廉政建设，市局党委纪委被评为2013年度苏州市先进单位，市局机关“三公”经费比上年同期节约28%。“四位一体”现场集中评议政风行风活动，以综合满意度96.58分的成绩列全市9个参评部门第一名。认真组织党委中心组理论学习，邀请专家教授进行十八大以来习总书记重要战略思想解读、水生态文明建设、行政强制法等讲座，提高干部职工理论素养。开展“三访三促”和结对帮扶活动，市局领导深入基层一线开展调查研究，撰写10篇高质量的调研报告。

2014年，认真查找局党委存在的问题，7名班子成员共查摆“四风”问题80余条，对每一“风”都列出具体表现和事例，公开党委班子和班子成员整改事项，认真修订党委议事规则和机关工作办法，对照整改内容落实。

2016年，坚持“一岗双责”，制定《关于推动全面从严治党迈上新台阶的意见》和《2016年度党风廉政建设工作要点》，细化责任清单并以文件形式印发。制定出台《苏州市水利局关于直属党组织及其主要负责人报告履行党风廉政建设主体责任和廉洁从政情况实施办法（试行）》《苏州市水利局领导干部廉政谈话暂行规定》。积极协助党委推进党风廉政建设的宣传教育工作，扎实开展“两学一做”学习教育，给系统200多名党员干部发放《习近平总书记系列重要讲话读本（2016年版）》等必读书目。组织专题学习研讨，从反面典型经受教育。在政务门户网站“苏州水网”上开辟“以案说纪”专栏，将《中国纪检监察报》等登载的有关案件类报道作转载。先后制定出台《苏州市水利局关于严格禁止领导干部违反规定插手工程建设领域行为的若干规定（试行）》《苏州市水利局招标代理机构选定办法》《苏州市水利局水利工程建设管理细则》《关于切实加强党员干部生活纪律的通知》《苏州市水利局党委从严管理干部的若干规定》等10多项制度，修订苏州市水利（水务）局党委议事规则、工作规则和重大行政决策程序暂行规定。

2018年，加强水利水务系统作风建设，与市纪委监委第十七派驻纪检组建立联合督查机制，定期开展黑臭水体整治、河湖“三乱”整治督查。强化警示教育，围绕水利工程建设领域、基层站所、违反“八项规定”等违法违纪违规行为等重点，经常性开展警示教育，在全市水利水务系统不断营造风清气正政治生态。

2020年，党委充分发挥领导作用，班子团结、互相补台成为自觉，勇于担当、主动作为形成合力。主要负责人履行党风廉政建设“第一责任人”责任，班子成员履行“一岗双责”，配合市委巡察组、审计部门开展工作，加强权力运行制约监督，实现工程项目建设全过程监督。

第四节　群众团体建设

苏州市水利（水务）局各级党组织不断加强对工会、共青团和妇委工作的领导，关心和支持群众团体工作。强化党员之家、职工之家阵地建设。加强对水利水务学会工作的领导和指导，提高科学研究水平。积极开展岗位培训、岗位练兵和技能竞赛。开展清明祭扫烈士墓活动。组织开展妇女活动。开展各类慈善捐款活动。加强青年工作，择时召开青年座谈会和“党建带团建，团建促党建”座谈会。

一、工会组织

苏州市水利（水务）局以“党政满意、职工满意”为导向，围绕中心工作，服务系统大局，发挥工会组织在增强职工素质、凝聚职工共识、维护职工权益、丰富职工精神文化生活方面的作用，推动全市水务事业高质量发展。

2014年4月4日，苏州市水利（水务）局系统有机关及企事业单位9家工会组织，代管省直属单位1家，共有10个基层工会，在职职工978人。2014年4月9日，苏州市总工会同意撤销苏州市水利局工会委员会，成立苏州市水利局工会联合会，隶属于苏州市总工会，马奕、王晓清、庄志伟、张琰、范国强、赵洁、常飞等7位同志组成市水利（水务）局第一届工会联合会。任利锋、时静、张琰、陈东兴、盛林华等5位同志组成市水利（水务）局第一届经费审查委员会。范国强任工会联合会主席，庄志伟、赵洁任工会联合会副主席。张琰任经经费审查委员会主任。第一届女职工委员会主任由顾瑾担任。工会联合会任期5年。

2019年11月14日，苏州市水利（水务）局工会联合会召开第二届第一次会员代表大会，张辰、陆炜、陈鹊辉、顾瑾、盛林华、盛铭军、常飞等7位同志组成苏州市水务局工会联合会第二届委员会；由任利锋、阮兆鹏、陈东兴、姚正亚、夏明等5位同志组成苏州市水务局工会联合会第二届经费审查委员会。陈鹊辉任工会联合会主席，陆炜、盛林华任工会联合会副主席，姚正亚任经费审查委员会主任，顾瑾任女职工委员会主任。

保障职工利益。按时召开职工（代表）大会制度，定期召开职工代表座谈会、征求意见会，注重倾听职工的意见和要求，协调好劳动关系，维护职工的民主权益。2006年，市排水管理处、胥口水利枢纽管理处、西塘河引水管理处等单位对临时工采取中介机构管理，解决用工方面的矛盾。

活动竞赛。坚持以“水惠民生杯”立功竞赛为载体，积极开展劳动竞赛，全面提高职工技能素质。2005年，局工会开展“水务杯”劳动竞赛，局系统先后举办“计算机应用技能操作竞赛”“迎国庆摄影比赛”，参加市级机关第四届运动会。2006年，开展以“水务杯”为主的各类劳动竞赛活动，开展技能竞赛活动，组织慈善募捐活动。

开展文明创建。通过橱窗、工会网络等形式，加大宣传力度，提升文明窗口新形象。鼓励职工义务献血；积极开展扶贫帮困，和清塘社区困难户结对子，定期上门慰问；组织职工积极参加社会捐款，开展青年志愿者活动，丰富“水惠民生”志愿者服务内容。

表18-2 截至2020年局机关单位获得文明单位荣誉情况

<table>
<tr><th rowspan="2">单位</th><th colspan="3">获评年度</th></tr>
<tr><th>全国</th><th>江苏省</th><th>苏州市</th></tr>
<tr><td>市防汛防旱指挥部办公室</td><td colspan="3">无</td></tr>
<tr><td>市河道管理处</td><td></td><td>2007—2009
2019—2021</td><td>2004—2005
2006—2008
2009—2011
2012—2014
2015—2017
2018—2020</td></tr>
<tr><td>市水政监察支队</td><td colspan="3">无</td></tr>
<tr><td>市水利水务信息调度指挥中心</td><td>无</td><td>无</td><td>2018—2020</td></tr>
<tr><td>市水利工程管理处</td><td></td><td>2013—2015
2016—2018
2019—2021</td><td>2015—2017
2018—2020</td></tr>
<tr><td>市供排水管理处</td><td></td><td>2010—2012
2013—2015
2016—2018
2019—2021</td><td>2015—2017
2018—2020</td></tr>
<tr><td>市节约用水办公室</td><td></td><td>2013—2015
2016—2018</td><td>2009—2011
2012—2014
2018—2020</td></tr>
</table>

图18-3 2014年4月29日，苏州市水利（水务）局首届工会联合会成立大会

图18-4 2019年11月14日，苏州市水务局工会联合会顺利完成换届选举工作

二、共青团组织

2000年8月1日，经共青团苏州市级机关工作委员会同意，建立苏州市水利农机局团总支。2003年7月28日，苏州市团市委经研究，同意将苏州市水利（水务）局机关及其直属单位的团组织关系纳入团市委直属团组织序列。11月13日，苏州市水利（水务）局党委经研究，同意共青团苏州市水利（水务）局委员会由陈习庆、巫华、刘萍、刘华、张辰5位同志组成，陈习庆任局团委书记（正科级）。

2005年，局团委认真开展“青年文明号”争创活动和增强共青团员意识主题教育系列活动。结合本系统工作实际，与平江区团委联合开展“进社区、面对面”爱河护河宣传活动，开展“我为团旗添光彩”演讲比赛。各基层团组织也分别组织消防演练、大学生和青年座谈会、参观革命根据地沙家浜、开展素质拓展主题团日等多种形式活动，丰富团员青年的精神文化生活，发挥基层团组织自我组织、自我管理、自我服务的作用。

2007年，各级党组织十分注重加强对团支部的领导，帮助他们围绕全局工作中心，开展小型多样、符合青年特点的活动。组织开展“祭扫烈士墓”活动，进行植树活动，主动与多所小学联合开展“小手牵大手，爱我苏州水”科普宣传活动，加强对团员青年的理想信念教育。积极参加团市委和局团委组织的各类活动，胥口水利枢纽团支部得到团中央表彰。同年12月24日，苏州市团市委经研究决定，同意共青团苏州市水利（水务）局第二届委员会的组成，同意刘亮担任团委书记，巫华担任团委副书记，同意其他委员的内部分工。

2008年8月29日，苏州市团市委同意建立共青团苏州市河道管理处支部委员会，支部委员会由3名委员组成，其中书记1人。10月28日，苏州市水利（水务）局团委经研究决定，同意共青团苏州市河道管理处第一届支部委员会的组成，同意陆豪担任团支部书记，同意其他委员的内部分工。

2009年3月19日，经研究决定，市水利（水务）局团委同意共青团苏州市西塘河引水工程管理所第二届支部委员会的组成，同意盛林华担任团支部书记，同意其他委员的内部分工。12月1日，为进一步加强自来水公司团的建设，更好地开展团的工作，苏州市水利（水务）局团委同意苏州市自来水公司团委隶属苏州水务投资发展有限公司团委管理，不再隶属苏州市水利（水务）局团委。

2010年12月9日，市水利（水务）局团委召开第三次团员代表大会，与会代表共34名，会议通过团工作报告，并选举产生共青团苏州市水利（水务）局第三届委员会委员。选举巫华为本届团

图18-5　2013年12月10日下午，共青团苏州市水利局第四次大会在市水利局顺利召开

图18-6　2017年12月28日，苏州市水利（水务）局团委召开第五次团员大会，选举产生共青团苏州市水利（水务）局第五届委员会

委书记，梅新敏为副书记，梅新敏兼任组织委员，盛林华任文体委员，陆豪任宣传委员，黄志华担任青工委员。10月22日，市水利（水务）局团委同意共青团苏州市胥口水利枢纽工程管理处第三次代表大会选举结果，同意由黄志华任共青团苏州市胥口水利枢纽工程管理处支部书记。

2017年12月28日，市水利（水务）局团委召开第五次团员大会，大会应到会有选举权的团员代表48人，实到会43名。会议通过团工作报告，并选举产生共青团苏州市水利（水务）局第五届委员会委员。次年1月3日，团市委同意王亚男、肖昀、陈尉、周盛宇、顾越、龚自臻、章勤7位同志为新一届局团委委员，同意陈尉为团委书记，龚自臻和顾越为团委副书记。

2019年3月20日，根据《关于市水务局职责机构编制转录方案的通知》要求，并报团市委审批，共青团苏州市水利局委员会正式更名为共青团苏州市水务局委员会，自2019年3月14日起启用共青团苏州市水务局委员会印章，原共青团苏州市水利局委员会印章同时作废。

三、妇女组织

2007年，苏州市水利水务局积极组织妇女开展以“巾帼建功立业”为主题的各类竞赛活动，举办“庆三八　展才艺”活动，组织妇女参加健康体检，举办健康讲座，充分调动妇女为水利（水务）事业发展建功立业的积极性。

图18-7　2007年“庆三八　展才艺”文艺活动

2018年10月24日，苏州市水利（水务）局第一次妇女代表大会召开，苏州市水利（水务）局妇联正式成立。大会选举产生7位同志为局妇联第一届执行委员会委员。其中，局机关党委专职副书记顾瑾当选为主席，市水利工程管理处副处长王晓清、市排水管理处副处长李素芳当选为副主席。

图18-8　2018年苏州市水利（水务）局第一次妇女代表大会举行，副局长周云祥（中）出席会议

2020年，水务局妇联不断强化学习教育，提高妇女和妇联干部综合素质。广大妇女积极投身志愿服务工作，始终坚守初心，牢记使命，严格把好每一道关；赴企业、机关、学校等开展水讲堂8次，连续9年开展全市“我的天堂我的水”主题征文活动，提升社会公众水资源节约、水环境保护意识；组织女党员积极参加“世界水日”“在职党员统一服务日“狮山路执勤”“寒冬送温暖和高温送清凉”扶贫帮困活动，进一步深化主题教育。组织妇女参加机关工委和吴江区平望镇举办的“爱苏州”2020年丽人健康行活动暨万家学法活动，切实提高对家庭暴力危害的认识和妇女自身的维权意识，营造关爱、尊重妇女的良好氛围。

四、苏州水利水务学会

苏州市水利水务学会挂靠单位为苏州市水利

（水务）局，由苏州市水利（水务）局及直属单位、苏州水务投资发展有限公司、苏州所辖各市、区水利（水务）学会、水利部太湖流域管理局苏州管理局、江苏省水文水资源勘测局苏州分局、江苏省太湖水利规划设计研究院有限公司、苏州市水利设计研究院有限公司、苏州市给排水设计院有限责任公司、苏州水利工程有限公司等单位的水利水务科技人员组成。苏州市水利水务学会是苏州市科学技术协会的组成部分，并接受苏州市水利（水务）局和上一级水利学会的指导。

1994年9月23日，市水利学会在常熟市召开会议，各县（市、区）、苏南分院、水文水资源勘测处等10个单位、49名代表参加会议，收到论文14篇，有5位同志在会上交流，并进行换届选举。经苏州市科学技术协会批准，新一届水利学会理事会由19位同志组成，王兴元任理事长、薛淦泉、贝民建任副理事长。

2002年10月25日，苏州市水利学会会员代表大会暨2002年学术交流会召开，会议通过王兴元代表上届理事会所做的工作报告，决定学会改名为苏州市水利水务学会，通过新的章程，选举产生第一届理事会，会上还宣读交流24篇学术论文。

2007年12月10日，苏州市水利水务学会第二次会员代表大会在苏州市水利（水务）局隆重召开。江苏省水利学会戴玉凯理事长、苏州市科学技术协会明亮主席、柏京红副主席、张忆峰副主席等领导到会祝贺，苏州市水利（水务）局党委书记戴锦明、学会副理事长赵瑞龙、孙诗仁、陈万军等参加会议。

2008年9月10日，苏州市水利水务学会二届一次常务理事会召开。

2009年5月8日，苏州市水利水务学会水利工程建设分会成立暨第一次会员大会召开，苏州市水利（水务）局局长戴锦明、副局长赵瑞龙出席发表讲话。

2010年6月1日，苏州市水利水务学会举办“镇村污水、污泥治理”学术报告会。

图18-9　2008年9月10日，苏州市水利水务学会二届一次常务理事会召开

2011年9月7日下午，苏州市水利水务学会举办2011年水利水务学术报告会，邀请上海市城市建设研究员张善发总工程师作“城市面源污染问题的对策”讲座。各市、区水利学会、各团体会员单位代表60余人参加报告会。张善发总工从概念与定义、面源污染控制的必要性、国内外技术水平、政策与策略、规划导则、技术导则等六个方面对城市面源污染问题的对策进行阐述。会后张善发总工还与会员单位代表进行深入交流。报告会由市水利（水务）局党委委员、总工程师徐国忠主持。

2014年8月8日下午，市水利水务学会举办专题学术讲座，特邀国际知名水文水生态专家、美国内华达大学拉斯维加斯分校教授孔慕德·阿丘亚博士主讲“雨洪水资源管理与利用”。各市（区）水利学会、各团体会员单位代表共计100余人听取讲座。

2017年3月9日，苏州市水利水务学会2016年年会暨换届选举大会召开。局党委书记、局长王国荣，江苏省水利学会副理事长施红怡，苏州市科学技术协会领导刘荣生出席会议并讲话。市水利（水务）局全体局领导、处室负责人，市水利水务学会成员单位共90余人出席会议。

2017年5月24—25日，苏州市水利水务学会举办饮用水嗅味物质的识别鉴定技术培训班，全市供水企业实验室化验人员和一线生产人员共

40人参加培训。

2018年12月14日，市水利（水务）局举行水生态文明辅导报告会，表彰水利水务学会2017—2018年度优秀论文，并邀请苏州大学方世南教授做《水生态文明》专题辅导报告。

第五节　机构与人事制度改革

一、机构改革

（一）1996年机构改革

1996年12月30日，苏州市政府印发《苏州市水利农机局职能配置内设机构和人员编制方案》。根据《中共江苏省委、江苏省人民政府关于苏州市党政机构改革方案的通知》规定，苏州市水利局更名为市水利农机局，为市政府工作机构。

此次机构改革的职能转变表现在：根据精简、统一、效能的原则，从直接微观管理向间接宏观管理转变；从单纯的行政手段向依靠经济、法律、法规和行政综合手段指导水利农机工作发展。同时，强化行政管理职能，加强全市水利农机发展战略、规划工作；强化政策法规、协调、执法监督等方面的管理职能；强化全市行业管理和水资源统一管理；强化全市范围内的江堤海塘、太湖治理、防汛防旱、农机服务体系建设和农村水利等方面的职责。同时，把专业性、技术性较强的业务工作转移给事业单位。

机构改革后，苏州市水利农机局为市政府主管水利、农机的职能部门，统一管理全市水资源和水利工程设施，主管全市防汛防旱和农机化工作，负责全市水利、农机行业管理。市水利农机局内设9个职能处（室）。另外，按规定设纪检组、监察室（市纪委、监察局派驻）、机关党委，合署办公。核定市水利农机局机关行政编制36名。另核定行政附属编制6名，其中老干部服务人员编制2名，后勤服务人员编制4名。核定领导职数：局长1名，副局长4—5名（含纪检组长1名）；内设处（室）正处长（主任）10名（含纪检监察1名），副处长（副主任）11名。

表18-3　1996年“三定方案”内设机构职能

机构名称	主要职能
办公室	协助局领导组织机关日常工作，对各处、室工作进行综合协调；负责局机关重大会议的组织、文秘、信访、档案、保密、保卫、创建、计划生育、行政事务管理等工作；负责机关内部规章制度建设和各处室政研工作的分工与协作；负责局机关、直属单位的人事劳资管理工作；负责局机关干部和直属单位科级干部的培养、选拔、考察、考核、奖惩等工作；组织实施全市水利、农机技术职称的评聘工作；负责离退休干部的管理服务工作。
水利建设处	负责全市农田水利和机电排灌工作；组织拟定全市农田水利中长期规划和年度计划；指导农田水利基本建设、水利服务体系建设和农水工程管理；负责全市乡镇供水工作；配合市有关部门做好省专项资金中有关农田水利项目的计划管理工作；负责全市水土保持工作，拟定水土保持规划和计划，并组织实施。
工程管理处	负责全市流域性区域性河道、湖泊、堤防、涵闸等大中型水利工程设施和水域岸线的管理及保护；对全市江河湖泊和水利工程的防洪安全进行行业管理；归口管理全市工程管理单位的多种经营工作；拟定全市重点防汛、岁修工程计划并组织实施。
规划计划处	组织拟定全市水利发展战略，中长期规划和年度计划，拟定流域性、区域性水利规划和基建计划，并对全市水利规划、工程建设实行行业管理；负责全市水利基建项目可行性研究报告的立项、申报和审批；负责全市水利建设工程的质量监督和招投标工作；负责边界水利工程规划的拟定工作；负责全市水利系统的安全生产、综合统计工作。

续表

机构名称	主要职能
农机管理处	拟定全市农机化的发展战略、中长期发展规划和年度计划；参与制定全市农机化法规、规章，制定相应的农机化管理政策、标准，并负责监督管理；负责全市农机化项目和专项计划的编报并组织实施；负责全市农机化发展预测和统计工作；指导基层农机服务体系建设，负责农机系统供销、维修行业的宏观管理和农机维修网络建设；负责全市农村用油、抗灾柴油的需求预测和供应工作；监管农用柴油市场，指导全市农机供油网络建设和经营活动；拟定全市农机产品质量监督实施意见，参与调查分析和处理重大农机产品、商品质量事故。
财务处	负责全市水利农机系统财务会计工作的行业管理，负责全市各类水利、农机资金的监督检查和使用管理；负责全市水利农机行业的财务管理及审计、统计和行政事业性收费管理工作；按照国家有关规定监督市水利农机系统国有资产的保值增值。
水政水资源处	拟定全市水行政法规，主管全市水行政执法工作；负责全市水资源统一管理、保护和监督工作；负责组织实施取水许可制度、计划用水制度和水资源费征收管理制度；组织拟定城市供水水源规划，会同有关部门拟定水量分配方案；协调水事纠纷；依法征收其他有关行政性费用。 依照有关法律、法规，查处重大水事案件；指导全市水政监察工作；配合公安和司法机关查处重大水事治安和刑事案件。
市防汛防旱指挥部办公室	负责全市防汛防旱的日常工作；贯彻执行上级防汛防旱指挥部的决定，调度命令，制定本市防汛预案、抢险方案、水源调度方案和工程控制运用计划；组织防汛防旱工作检查；掌握汛情、旱情、灾情，并分析发展趋势，提出水利工程运用方案；做好防汛防旱物资储备、管理、调用和资金分配；协调、督促各部门，各行业做好分管的防汛工作，组织开展水旱灾害统计评估，总结推广防汛抗旱工作经验。
科技教育处	负责拟定全市水利农机科学技术和教育发展规划；组织水利农机的科研、鉴定和技术推广工作；负责引进农机具和农机技术的消化、吸收工作；负责科研项目的立项、申报工作；负责拟定全市水利农机行业的培训计划、管理标准并组织实施；指导全市水利农机行业学会、协会等社会团体的工作。

（二）2001年机构改革

2001年12月26日，苏州市政府印发《苏州市水利局职能配置内设机构和人员编制规定》，根据《中共江苏省委、江苏省人民政府关于印发〈苏州市机构改革方案〉的通知》和《中共苏州市委、苏州市人民政府关于印发〈苏州市市级党政机关机构改革实施意见〉的通知》，不再保留市水利农机局，组建市水利局，增挂“市水务局”牌子，为市政府工作部门。

机构改革的职能调整划入情况为：原市水利农机局承担的水利行政管理职能；原市地质矿产局承担的地下水行政管理职能；原市建委承担的指导城市防洪、水环境整治职能；原市市政公用局承担的城市地下水开发和利用、城市计划用水和节约用水、城市供水和排水、污水处理和城区河道管理职能。

机构改革的事业单位建制划交情况为：原市市政公用局所属的苏州市河道管理处、苏州市排水管理处（苏州市城市排水监测站）、苏州市节约用水管理处三个事业单位成建制划归市水利局（水务局）管理；原市建设委员会所属的苏州市城区防汛指挥部办公室、苏州市水环境治理指挥部两个事业单位成建制划归市水利局（水务局）管理；原市水利农机局所属的苏州市农业机械安全监理所、苏州市水利农机科学研究所（苏州市水利农机科技推广站）两个事业单位成建制划交市农业局管理；苏州市水利局农机排灌站更名为苏州市机电排灌站。

机构改革后，苏州市水利局设10个职能处室，核定市水利局机关行政编制40名。另核行政附属编制9名，其中老干部服务人员编制3名，后勤服务人员编制6名。核定领导职数为：局长1名，副局长5名。内设处室正处长（主任）11名（含纪委副书记），副处长（副主任）9名。

表18-4 2001年“三定方案”内设机构职能

机构名称	主要职能
办公室	协助局领导组织机关日常工作，协调局机关各部门和局下属单位工作；负责组织全局性的重大会议和活动，配合做好专题会议、活动的组织工作；督办领导指示和会议决定的事项；负责局文秘、档案、信息、信访、对内对外新闻宣传、保密、安全、保卫、人民武装、创建、计划生育、建议提案、行政事务管理等工作；负责局机关内部规章制度建设；负责水利史志、年鉴和局大事记的编纂工作。
水资源处（市节约用水办公室）	负责全市水资源管理和保护工作。组织实施取水许可制度、计划用水制度和水资源费征收管理制度；编制全市水资源调度方案，组织审定区域性水资源调度方案并监督实施；组织制定全市水资源中长期供求计划、年度取水总量控制计划和水量分配方案并监督实施；负责发布苏州市水资源公报；依法征收水资源费等规费。 组织水功能区的划分，控制水域排污；制定饮用水水源地保护措施；指导监测江河湖库及向水体和排水管网排污的水量、水质；组织审定江河湖库的纳污能力，提出限制排污总量的意见；会同环保部门审核向河道、湖泊排污口的设置和扩大，对涉水项目环境影响评价的预评审。 拟定节约用水政策，制定用水定额，负责全市节约用水工作。
政策法规处	组织起草水行政管理的地方性法规、规章和政策，承办上级机关指定的有关法规和规章的起草、修改事宜；承办有关水行政复议、水行政处罚听证、案件受理和行政诉讼应诉工作；宣传贯彻国家有关水法律、法规、规章；协调水事纠纷，指导全市水行政监察、水行政执法和水行政监察执法队伍建设。
综合规划处（总工程师室、科技处）	负责编制以下规划：全市水利发展总体规划、中长期规划；全市长江岸线、河道、湖泊流域（区域）综合治理规划；苏州城区防洪规划；城乡给排水管网规划；计划用水、节约用水和水土保持规划；全市水资源开发利用和保护规划；城市供水水源规划；农田水利建设规划；水利科学技术发展规划。综合平衡水利各类专项规划，组织开展有关国民经济总体规划、城市规划及重大建设项目中有关水行政业务的论证工作。 负责全市水利科技、对外技术交流和协作工作，组织全市水利科学技术研究和成果推广。
工程管理处	管理和保护全市流域性和区域性河道、湖泊、堤防、涵闸等水利工程设施和岸线水域；负责全市沿江、沿湖滩地资源开发管理工作；指导全市区域性水环境治理；负责苏州城区河道水环境治理；承担全市江河湖泊和水利工程防洪安全行业管理；编制全市重点防汛、岁修、急办工程计划并组织实施；依法征收水利工程水费等规费。
农村水利处	负责全市农村水利工作。拟定全市农田水利建设年度计划并组织实施；指导全市农村河道的管理工作；组织协调农田水利基本建设；指导节水灌溉工作；指导农村水利社会化服务体系建设；组织指导全市水土保持工作。
计划财务处（审计处）	根据本市水利发展总体规划和中长期规划，组织编制中长期计划和年度计划并组织实施；负责全市水利投资计划的综合平衡；拟定全市水利固定资产投资计划；组织编制和审查全市水利工程建设项目建议书、可行性研究报告、初步设计报告文件等；负责水利综合统计工作。 指导水利基本建设工作；组织审核、申报全市水利建设相关单位资质和执业人员资格；组织拟定本市水利行业技术质量标准和水利工程规程规范并监督实施；组织和协调城市建设中涉及水利设施的配套工作。 指导全市水利行业财务管理和会计核算工作，负责水利资金的计划、预算、使用、财务管理和内部审计监督；研究提出有关水利的价格、收费、税收、信贷、财务等方面意见，研究水利投入机制和筹资政策；指导全市水利行业经济工作，按照国家有关规定监督水利行业国有资产的管理。

续表

机构名称	主要职能
供水管理处	负责全市供水行业管理。编制城乡供水管网专业规划；根据城市供水水源规划，组织编制中长期和年度供水计划并组织实施；负责全市供水企业资质审核发证，组织管理自来水价格核算工作；研究提出自来水供水价格政策意见。
排水管理处	负责全市排水行业管理。编制全市排水管网专业规划；会同市规划部门，对城市小区开发等建设规划方案实施竖向标高控制、排水及其对防洪影响的预评审，并参与建设项目的竣工验收；组织实施排水许可证制度，依法征收污水处理费。 编制苏州城区河道规划；制定城区河道整治计划，并组织实施；根据规划蓝线，审批和监察临河建（构）筑物；指导、协调、检查、督促城区河道保护管理和水环境治理工作。
组织人事处	协助局党委组织党务日常工作。负责局机关及局属单位思想政治工作和精神文明建设；负责局机关并指导局属单位党建、群团等工作。 负责局机关和局属单位科级干部的考核、任免、调配、奖惩工作；负责局机关和局属单位人事、劳动工资管理工作；负责出国政审和干部档案管理工作；参与并承办全市水利（水务）工程系列专业技术职称评聘工作；负责全局人力资源管理与开发、职工教育与培训等管理工作；指导和管理全市水利（水务）行业的队伍建设；负责局离退休干部的管理服务工作。

（三）2010年机构改革

2010年4月1日，苏州市政府印发《苏州市水利局（苏州市水务局）主要职责内设机构和人员编制规定》，根据《中共江苏省委、江苏省人民政府关于印发〈苏州市人民政府机构改革方案〉的通知》和《中共苏州市委、苏州市人民政府关于印发〈苏州市人民政府机构改革实施意见〉的通知》，设立苏州市水利局，挂“苏州市水务局”牌子，为市政府工作部门，正处级建制。

此次改革调整优化组织结构，规范内设机构设置，撤销综合规划处（总工程师室、科技处）、计划财务处（审计处）、信息处、供水管理处、排水管理处，而调整为规划计划处（总工程师室）、财务审计处、科技信息处、水务管理处，同时，将行政许可服务工作专设行政许可服务处，在农村水利处增挂“水土保持办公室”牌子，保留办公室、政策法规处、水资源处、工程管理处、组织人事处。其中，行政许可服务处对外统一承办行政许可和审批事项，有利于今后实行“两集中、两到位”。调整后，继续设置11个内设机构，均为正科级建制。各处室重新挂牌，人员全部落实到岗。

另按有关规定设置纪委、监察室（合署办公），设置工会、团委（与组织人事处合署办公）。市水利局机关行政编制为42名（含离退休干部服务人员编制1名）。后勤服务人员编制另行核定。领导职数为：局长1名，副局长6名（含纪委书记、总工程师）；内设机构正副处长（主任）21名，其中正处长（主任）12名（含监察室主任1名），副处长（副主任）9名。

理顺职责关系、促进政府职能转变是本次机构改革的核心，改革中职责调整情况如下：

取消的职责：取消已由省、市政府公布取消的行政审批事项；取消拟订水利行业经济调节措施、指导水利行业多种经营工作的职责。

新增的职责：组织、指导、协调、监督全市蓝藻防控和打捞工作；负责镇村污水治理管理工作；负责实施全市供水排水特许经营管理；负责审批入河排污口的设置（包括新建、改建和扩大）。

强化的职责：加强水资源的统一管理和监督工作，加强水资源的节约、保护和合理配置，保障城乡供水安全，促进水资源的可持续利用；加强防汛防旱工作，减轻水旱灾害损失；加强河道、湖泊管理和保护工作。

机构改革后，要认真按照新的“三定”方案，选人用人，人岗两适，积极做好党委的参谋助手，建立健全正确的用人导向和用人机制，配备各处室的科级干部，竞争上岗，择优录用。要根据职能，切实转变机关工作作风，能由事业单位承担的职能职责，切实放到事业单位去履行承担，做到政事分开、政企分开、政资分开、政府与市场中介分开，精简机构，减少行政审批项目，把机关工作的重心放到行政管理上来，坚持依法行政、依法管理。

表18-5　2010年苏州市“三定方案”内设机构职能

机构名称	主要职能
办公室	负责机关公文处理、信息宣传、政务公开、建议提案、史志年鉴、信访、档案、保密、安全保卫、人民武装、计划生育、行政事务管理等工作，督办领导指示和会议决定的事项；负责机关内部规章制度建设。
政策法规处	组织起草地方性水法规、规章草案，承办上级机关指定的有关法规和规章的起草、修改事宜；研究拟订水利工作的政策；承办行政复议、行政处罚听证、案件受理和行政诉讼应诉工作；宣传贯彻国家有关水法律、法规、规章；负责重大水事纠纷的调处，指导水行政执法工作。
规划计划处（总工程师室）	负责水利规划管理工作，组织指导编制水利综合规划、中长期规划和水利专项规划；综合平衡水利各类专项规划；组织参与国民经济总体规划、城市总体规划、土地利用总体规划等编写工作；组织开展建设项目中有关水行政业务的论证工作；指导全市水环境治理；编制苏州城区河道水环境治理和河道整治规划。 负责全市水利工程建设管理工作；负责全市水利投资计划的综合平衡；组织编制、审核和审批水利工程建设项目建议书、可行性研究报告、初步设计报告文件等；组织审核、申报全市水利建设相关单位资质和执业人员资格；依法管理水利建设市场，指导监督水利工程建设安全生产工作；负责水利工程建设统计工作。
行政许可服务处	贯彻执行《行政许可法》，负责本局进驻行政服务中心有关行政许可事项的受理、审批、发证、送达等相关工作；组织、协调、指导本系统的行政许可工作。
水资源处	负责全市水资源统一管理、保护和监督工作，组织实施取水许可、水资源论证、水资源有偿使用制度；组织开展水资源调查、评价和水功能区监测工作；组织拟订全市水资源中长期供求计划、年度取水总量控制计划和水量分配方案并监督实施；负责发布水资源公报；依法征收水资源费。 提出水功能区划并监督实施，控制水域排污；组织编制全市水资源综合规划；指导监测江河湖库的水量、水质；组织核定水域纳污能力，提出限制排污总量意见并监督实施；组织编制全市水生态修复规划并组织实施；指导水资源突发公共事件的应急管理工作。 指导全市蓝藻打捞工作，拟订饮用水水源安全保障规划；指导全市节约用水工作，拟订节约用水政策，拟订用水定额，组织用水审计。
农村水利处（水土保持办公室）	负责全市农村水利工作，拟订全市农村水利建设规划和年度计划并组织实施；组织协调农田水利基本建设与管理；指导全市圩区建设、节水灌溉、农村河道疏浚整治和河道管理等工作；指导农村水利社会化服务体系建设；组织指导全市水土保持工作；负责全市建设项目水土保持方案的审批、监督实施及水土保持设施的验收工作。
水务管理处	负责全市供排水行业管理，编制市区供水、排水专业规划，开展全市供水水质监督管理工作；参与供水、排水水价规划和水价调整工作；组织实施排水许可制度，依法收取污水处理费等规费；负责城区供水、排水工程建设和供水、污水处理设施的运行监管；承担供排水调度及监督实施工作；组织城市建设中涉水管线建设的协调督查工作；负责镇村污水治理管理工作；负责实施全市供水排水特许经营工作；负责城区水务综合协调和便民服务工作；指导供水排水突发公共事件的应急管理工作。

续表

机构名称	主要职能
工程管理处	指导全市流域性和区域性河道、湖泊、堤防、涵闸等水利工程设施、水域及其岸线的管理与保护；指导全市沿江、沿湖滩地资源的治理和开发管理；负责市管河道管理范围内工程建设方案、位置、界限及有关活动的审批，负责长江及河道采砂管理工作；负责全市江河湖泊和水利工程的运行管理工作；依法征收水利工程水费等规费；指导、协调城区河道建设和管理工作，审批城区河道整治计划并监督实施。
财务审计处	指导全市水利行业财务管理和会计核算工作，负责水利资金的预算、使用、财务管理和内部审计监督；研究提出有关水利的价格、收费、税收、信贷、财务等方面建议，研究水利投入机制和筹资政策；负责直属单位财务管理和领导干部任期经济责任审计工作。
科技信息处	组织编制水利科技、水利信息化发展规划，负责全市水利科技及对外技术交流和协作，组织全市水利科学技术研究、技术引进和成果推广；组织拟订全市水利行业技术质量标准和水利工程的规程、规范并监督实施；负责全市水利信息化工作；负责部门信息化建设、局域网建设、网站建设、维护和管理工作；负责政府门户网站有关栏目的维护工作；负责电子政务应用系统及安全保障系统的开发、维护和管理。
组织人事处	协助局党委日常管理工作，负责思想政治工作和群众性精神文明创建工作；负责党建、工会、团委工作；负责机关和局属单位科级干部的考核、任免、调配、奖惩工作；负责机关和直属单位的机构编制、人事管理、劳动工资、教育培训、队伍建设等工作；负责出国政审和干部档案管理工作；参与并承办全市水利工程系列专业技术职称评聘工作；负责水利体制改革有关工作；负责机关离退休干部工作。

（四）2019年机构改革

2019年3月30日，苏州市委办公室、市人民政府办公室印发《关于印发〈苏州市水务局职能配置、内设机构和人员编制规定〉的通知》。该规定根据《省委办公厅省政府办公厅关于印发〈苏州市机构改革方案〉的通知》制定。

苏州市水务局是市政府工作部门，为正处级。此次机构改革中，水务局的职能转变主要分为两方面：加强水资源的合理利用、优化配置和节约保护。坚持节水优先，从增加供给转向更加重视需求管理，严格控制用水总量和提高用水效率。坚持统筹兼顾，保障合理用水需求和水资源的可持续利用。加强水域和水务工程的管理保护，加强长江、太湖、阳澄湖治理与保护工作；按照简政放权要求，将在姑苏区范围内依法依规可由区级政府行使的行政权力和相关职责事项交由姑苏区行使，成熟一批，移交一批，逐步到位。

市水务局设下列内设机构：办公室（组织人事处、审计监督处）、规划计划处（科技和对外合作处）、政策法规处（行政审批处）、财务处、水资源和供水处（市节约用水办公室）、排水处、农村水利与水土保持处、工程运行管理处（生态河湖处）、基本建设处（安全监督处）、河湖长制改革处。水务局机关行政编制40名。设局长1名，副局长4名，总工程师1名。科级领导职数18名，其中正科职11名（含机关党委专职副书记1名），副科职7名（含机关纪委专职副书记1名）。（内设机构的职能划分，详见市级机构一节。）此次机构改革贯彻落实市政府“三定”工作任务要求，按照权责一致、有权必有责的要求，通过定职责、定机构、定编制，对交叉重复的职能进行梳理，切实解决部门职责交叉和关系不顺的问题。

二、干部人事制度改革

苏州市水务局积极推进人事制度改革，不断完善科学选拔任用制度，注重优化结构，德才兼备、以德为先、任人唯贤，坚持以事择人、人岗相适。

2002—2007年，市水利（水务）局以提高行业竞争力为目标，不断加大人才引进力度。积极鼓励系统干部职工参加学历、学位教育。加强专业技术、经营管理、行政管理、党务工作人才队伍建设，完善适才选用机制和干部交流机制。优化干部队伍结构，加强干部的教育培训和业绩考评，加强对专业技术人员的岗位培训工作，有计划做好拔尖人才工作，建立人才资源信息库。加强科级干部能力的培训，通过脱产培训、“菜单式”选学讲座、网上学习、在职自学等形式不断丰富理论知识、文化知识。

2008—2012年，专门学习《党政领导干部选拔任用工作责任追究办法（试行）》等四项监督制度，提高选人用人公信度，加强对干部选拔任用工作的监督。为推进干部人事制度改革，制定《苏州市水利（水务）局关于竞争上岗工作的实施方案》，根据空缺职位和公务员编制情况，对行政许可服务处处长等的空缺职位实行竞争上岗。推进干部交流轮岗工作，加强干部交流工作制度化、规范化建设，加强对选人用人的监督。认真落实工作汇报请示和个人有关事项报告制度，坚持主责主业，防止“灯下黑”，以务实高效廉洁的总体要求打造一支过硬的纪检监察干部队伍。推行差额选拔干部制度、公开选拔干部制度、竞争上岗制和任前公示制，规范民主推荐和民主测评，提高选任公开性和透明度。在事业单位健全和完善科级干部聘用制度，实行岗位管理制度，推动身份管理向岗位管理转变。考评方面，完善干部考核评价机制，改进专业技术人才评价办法，注重建立以能力和业绩为导向的专业技术人才评价机制。坚持拟提拔干部述职述廉制度，逐步建立和完善“实绩考核与群众测评相结合”的干部考评机制。

截至2020年，苏州市水利（水务）局的人事制度改革总体推进有序，成效明显。干部任免方面，扩大干部的选任视野和用人渠道，引入竞争机制，逐步完善选拔任用程序。

第十九章　水文化

第一节　水利遗产

一、白茆闸遗址

白茆闸遗址位于苏州市常熟市碧溪新区东张办事处三江村白茆塘上，1936年采用近代科学技术重新建闸。原由太湖水利委员会勘测规划，后由扬子江水利委员会查勘定址，扬子建业公司承建，是民国时期江南地区较大的水利工程，建筑风格及装饰手法则采用中国传统牌坊式造型。该闸南北走向，闸净宽37.3米，高约30米，共有5孔，每孔闸门净宽7.46米，通航净高3.7米，为苏州地区水利、航运服务，并起排涝泄洪、引水灌溉等作用。现该闸已停用，为常熟保存最为完好的民国水闸。

二、谷渎港

谷渎港位于苏州市张家港市，相传为吴王刘濞开凿盐铁塘而成，因运输谷物得名。宋时名杨家港，在明洪武二十五年（1392）疏通而成，天顺二年（1458）因河道淤塞，江阴知县周斌重修，明清时期为出江大港。1966年拓浚，从福前镇起，经杨舍、塘市至北涸，底宽4—6米。1972年疏浚东横河以南段，清淤拓宽，截弯取直。因是成立沙洲县后新辟河道，故改名为新沙河。新沙河北起至东横河，南至江阴市北涸与张家港交汇，全长11.7千米。东横河以北段仍称谷渎港。河道堤岸立有体现古代河道管理保护意识的清代河道“八不准”碑。

三、浏河节制闸

浏河节制闸位于苏州市太仓市长江南岸入江口新浏河塘之上，南起浏南路中段，北起渔港路南端。1958年11月开工，翌年7月竣工，系江南地区大型水闸，主要作用为防洪、排涝、灌溉、航运

图19-1　2020年白茆闸遗址

等。建筑群体由节制闸与套闸两部分组成，配套设施有交通桥、闸室、护坡区等。闸体总长130.1米，闸分19孔，总净宽75米，中间17孔为泄水孔，单孔宽3.6米，南北两侧各为宽6.9米的通航孔闸。设计排水流量840立方米每秒，引潮流量750立方米每秒。1998年4月，在闸南侧河身泊岸处向外拓展河道建成套闸，以缓解节制闸通航压力。

四、吴江古纤道

吴江运河古纤道位于苏州市吴江区太湖新城（松陵镇）南大运河西岸，唐元和五年（810）始筑，名松江堤。宋庆历八年（1048）增石修治。元至正六年至七年（1346—1347）复以巨石重筑，总长九里，称"九里石塘"。明清两代多次修葺，1984年修复两段，计长1.8千米。除去基础，纤道高1.59米，宽3.1米。纤道上曾有多座纤桥。今存2座，一曰"三山桥"，为梁式5孔桥梁，花岗石砌筑；一曰"南七星桥"，为梁式6孔桥梁，花岗岩砌筑。另有修复重建的北七星桥。

五、宝带桥

宝带桥位于苏州市吴中区城南街道宝带桥社区京杭大运河畔，始建于唐代。桥全长347.8米，桥面最宽处5.2米，南北跨澹台湖东口，为53孔联缀花岗石拱桥。桥拱圈采用纵联分节并列砌置法，中孔东西侧桥额阴刻"宝带桥，同治五年孟冬之月，水利工程局重建"字样。该遗产与赵州安济桥、北京卢沟桥等并列为中国四大古桥，在工程技术上，它使用的是柔性墩，在古代建桥史上极为罕见，桥洞设置有利于宣泄洪水。

六、苏南水稻田灌溉遗址

苏南水稻田灌溉遗址位于苏州市吴中区，存续于新石器时期，属于灌溉工程，为全国重点文物保护单位。其中，6000年前的马家浜文化水稻田，是目前中国发现最早有灌溉系统的古稻田，出土的炭化稻确定为人工栽培稻，是中国水田考古研究的重要成果。

七、盘门

盘门位于苏州市姑苏区东大街49号。周敬王六年（前514）吴王阖闾命伍子胥筑春秋吴国都城，盘门为吴都八门之一。因门上曾悬有木制蟠龙，以震慑越国，得名蟠门，又因其"水陆相半，沿洄屈曲"，改称盘门。盘门总体布局和建筑结构基本保持元末明初旧观，水陆两门南北交错并列，总平面呈曲尺形，朝向东偏南10度。盘门是元明清三代陆续修建的遗构，是中国唯一保留完整的水陆并列古城门，具有极高历史文物价值，为第六批全国重点文物保护单位。

图19-2　2004年盘门

八、山塘河

山塘河位于苏州市姑苏区阊门外，为唐代苏州刺史白居易为便利水陆交通而开凿，与大运河

图19-3　2020年山塘河

连接贯通，东起阊门外城河，西至白洋湾通京杭运河。其中，自虎丘至阊门段长约3.5千米，宽20—50米。河上现架桥10座，有山塘桥、通贵桥、星桥、彩云桥、普济桥、望山桥等历史名桥。沿河为山塘街，古称白公堤。

九、锦溪古内河水道

锦溪古内河水道位于苏州市昆山市，建于清代，属于河道堤防，为昆山市文物保护单位。该水道呈“丰”字形分布，蜿蜒曲折，共计6千米，两旁分布着驳岸、河埠、水墙门、过街廊棚等极具江南水乡特色的建筑物及构筑物。现仍有古桥10座，58处驳岸小品，102个缆船石，大部分由花岗石及青石构筑，保存完好。

十、苏州（觅渡桥）水文站

苏州（觅渡桥）水文站位于苏州市姑苏区，始建于清代（1900），属于水文观测，在用。苏州觅渡桥水位站是京杭大运河上最早开始观测的水文站点，同时也是苏州城区重要的水情控制站，其监测水位是城区排涝调度的最主要参考。

十一、穹窿山堰闸

穹窿山地处苏州吴县太湖之滨，南有南宫塘，北有木光运河并行通过。穹窿山山势高峻，天旱时无水可供。据乾隆《吴县志》记载，宋朝有乡贤“度其泉源，创立三堰、二池、五闸，以资蓄泄，备旱涝，山氓便之”。堰、池和闸均在山的东南麓，三堰为过沙堰、上堰和下堰，二池为荷花池、圆荡池，五闸为上堰闸、下堰闸、过沙堰闸、荷花池闸、圆荡池闸。其后，在明成化、万历，清康熙、雍正、道光和光绪年间，曾多次重修。光绪三十年（1904）吴县县令李超琼组织整修穹窿山三堰五闸，并于藏书庙立《重修穹窿堰闸铭并序》碑。穹隆山三堰、二池、五闸是苏州最古老的山区水利工程，今还留存有上下堰、圆荡池、过沙堰等遗迹。

十二、胥江水厂旧址

胥江水厂位于姑苏区胥门南，是苏州第一座自来水厂，兴建于1950年，至1951年7月，先后建成清水机房和浑水机房，水源取自胥江，8月1日向市区免费供应粗滤水，1953年实行24小时生产运行供水制，后增建快滤池、清水池、水塔、泵房，1980年3月因水源严重污染而停产。胥江水厂现存旧址的建筑物、构筑物主要有水塔、蓄水池、过滤池、泵房以及机房和办公室等。

第二节　水利风景区

水利风景区，是指以水利设施、水域及其岸线为依托，具有一定规模和质量的水利风景资源与环境条件，通过生态、文化、服务和安全设施建设，开展科普、文化、教育等活动或者供人们休闲游憩的区域。自2001年水利部启动国家水利风景区创建以来，至2020年苏州市共计建成13家水利风景区，其中国家水利风景区6家，省级水利风景区7家。

一、国家水利风景区

苏州市胥·浦·塘水利风景区　胥·浦·塘水利风景区由胥口水利风景区、七浦塘水利风景区和西塘河水利风景区三个部分组成。景区规划面积160平方千米，核心景区5.59平方千米，其中水域面积3.63平方千米，为水利工程型水利风景区。景区以胥口水利枢纽、七浦塘、西塘河为核心区，拓展至阳澄湖，以胥江、七浦塘、西塘河三条轴带为链接，以胥口、西塘河、阳澄湖、江边四大水利枢纽为依托，统筹周边集镇、村落、公园等多个资源节点，形成"一城一湖三带四景"多节点空间格局。2004年，胥口水利风景区依托胥口水利枢纽被评为"国家水利风景区"。2018年，苏州市水务局纳入西塘河专项引水工程、七浦塘"通江达湖"引排工程，构建胥·浦·塘水利风景区，同年获批水利部第十八批国家水利风景区。

张家港市环城河水利风景区　环城河水利风景区位于张家港市市区南部，总面积18平方千米，其中水域面积近2平方千米，为城市河湖型水利风景区。景区以朝东圩港枢纽工程、环城河河道工程为重要依托，通过拓浚整治与其相连相通的

图19-4　2016年张家港市环城河水利风景区

东横河、谷渎港等市区生态河道，将水利工程建设与水环境治理、水景观营造、水文化展示、水旅游开发有机融合，形成以暨阳湖水生态景区、谷渎港水文化景区、东横河与沙洲公园为核心的水利风景区。2013年9月获批水利部第十三批国家水利风景区。

太仓市金仓湖水利风景区　金仓湖水利风景区位于太仓市主城区的东北侧，南起苏昆太高速公路，北至杨林塘，东枕石浦塘，西邻半泾河，规划面积2.66平方千米，其中水域面积0.76平方千米，为城市河湖型水利风景区。金仓湖水利风景区是太仓市重点工程，它的雏形是苏昆太高速公路建设时集中取土形成的水域，以独具的"匠心"，因地制宜，顺势而为，引入长江清水柔波，形成"白露横江，碧波接天"的千亩湖面。2008年开始，城厢镇政府先后投入6亿元，打造2平方千米核心景区。景区集森林、河流、湿地、岛屿、湖泊、草甸等多种自然景观于一体，以"生态、运动、养生"为主旋律，是一个集度假、体育运动休闲、康体养生、花卉观赏及水上游览等于一体的生态养生乐园，已然成为太仓绿肺城市的名片。2009年获批水利部第九批国家水利风景区。

图19-5　2009年太仓市金仓湖水利风景区

昆山市明镜荡水利风景区　明镜荡水利风景区位于昆山市锦溪镇南部，依托长白荡、明镜荡、

图19-6　2012年明镜荡水利风景区

图19-7　2011年浦江源水利风景区湿地公园

陈墓荡、汪洋湖四个自然湖泊和路带堤生态堤防及生态挡墙工程而建，有“五湖三荡、十里锦溪”美称，西与澄湖连通，东与淀山湖相接，景区规划总面积32平方千米，其中水域总面积10.78平方千米，为城市河湖型水利风景区。景区精心布设“一心一廊五区”星座式联动布局，以锦溪古镇为中心，一条生态廊道为主线，将明镜荡等五个湖泊、白莲湖郊野公园这一现代农业综合体、祝甸古窑文化园、棋盘荡滨湖度假区及计家墩乡村旅游综合体串联，融水利科普、休闲度假和园林景观为一体，打造出人水和谐的水利样板景区。明镜荡水利风景区作为典型江南水乡代表，水体资源丰富、水质纯净达标、水生态环境良好。景区四大自然湖泊有着丰富的水体资源，都兼具调蓄洪水、净化水质、维持生物多样性等自然功能。2014年获批水利部第十四批国家水利风景区。

吴江区浦江源水利风景区　浦江源水利风景区位于苏州市吴江区，南临江浙交界，北至太浦河北岸，规划面积14.7平方千米，其中水域面积11.2平方千米，为城市河湖型水利风景区。景区自然禀赋优良、水利资源独特，依托东太湖、太湖环湖大堤、太浦闸工程及湖岸天然河道绿地而建，是自然河湖型景区。景区利用23千米太湖岸线生态优势，充分整合美食、溇港、国学、非遗、江村等文化资源，抓住长三角一体化发展与环长漾带打造乡村旅游集聚区机遇，打造太浦河枢纽工程风景区、浦江源文化旅游区、庙港渔家风情体验区、东太湖生态度假区四个功能区，走出一条产城旅融合的特色发展之路。2011年11月获批水利部第十一批国家水利风景区。

吴中区旺山水利风景区　旺山水利风景区位于苏州市吴中区越溪街道旺山村，东近石湖，南邻太湖，三山环抱，规划总面积6.1平方千米，其中水域面积0.46平方千米，为水土保持型水利风景区。景区湿润温和，四季分明，物种丰富。景区分为入口集散区、鱼城集市旅游区、叆叇岭原生林泉保护区、九龙潭人文休闲服务区等区域。旺山水利风景区是太湖流域水土保持治理的典型示范，2003年，旺山水利风景区以水利工程为依托，先

图19-8　2007年吴中区旺山水利风景区

后开展宕口复绿、封山育林、疏林补密、安装护栏、修建生态护坡和山塘水池、整治泄洪沟和泄洪河等水土保持治理工程，建成旺山水土保持科技示范园区。2013年10月获批水利部第十三批国家水利风景区。

二、省级水利风景区

苏州石湖水利风景区 石湖水利风景区位于苏州市吴中区、高新区交界处，占地8.24平方千米，其中水域面积3.5平方千米，为城市河湖型水利风景区。景区主要依托石湖和石湖片区调水引流工程而建，有东石湖、西石湖和南石湖三个湖面。吴堤、越堤、石堤、杨堤和范堤五堤长虹卧波于水面之上。东入口、石湖广场、梅圃溪堂、天镜阁、桃花岛、行春桥、越城桥、越城遗址、渔庄等主要景点贯穿其中。2020年获批江苏省级水利风景区。

张家港市凤凰水利风景区 凤凰水利风景区位于张家港市凤凰镇，北依长江，南临太湖，以凤凰湖、三干河为重要依托，以“一湖、一浦、一山、一馆”为核心打造而成，规划总面积9.04平方千米，其中水域面积1.07平方千米，为城市河湖型水利风景区。凤凰水利风景区依托凤凰山北原有河道水系，通过水系疏浚整理、低洼地开挖湖面、湖区取土与道路建设等，整合凤凰湖生态公园、恬庄古镇、凤凰山、永庆寺、河阳山歌馆和金凤凰温泉度假村等景点资源，构建人与自然和谐共生的“水生态天堂”。2014年获批江苏省级水利风景区。

常熟市泥仓溇水利风景区 泥仓溇水利风景区位于常熟市董浜镇观智村，北依虞东路、东临苏嘉杭高速、南傍袁泾河、西靠长亳塘。景区规划面积1.3平方千米，水域面积0.3平方千米，为湿地型水利风景区。景区内植被丰富、生物物种繁多，共有动植物种类百余种，拥有琴川渔鼓、清风荷影、吴风揽翠、湿地森林等景点。设有采摘、垂钓、游船、骑行、露营等游乐体验项目以及科普园、湿地馆等水利科普设施，寓教于乐。将特色水利工程、景区风光、原生态和人文资源于一体。2017年获批江苏省级水利风景区。

太仓市凤凰湖水利风景区 凤凰湖水利风景区位于太仓市双凤镇勤力村，规划面积5.31平方千米，其中水域面积0.84平方千米，为自然河湖型水利风景区。景区以北圩工程为主体，沿圩区周边的河塘河、潘泾河、斜塘河、万泾河整体布局设计，是一个集防汛抗旱、生态养殖、旅游观光为一体的综合性水利风景区。2014年获批江苏省级水利风景区。

昆山市巴城湖水利风景区 巴城湖水利风景区位于巴城镇中西部，以联圩防洪工程为依托，各类河道整治及涉水工程项目为重点，范围内包

图19-9 2015年张家港市凤凰水利风景区

图19-10 2020年巴城湖水利风景区

括巴城湖、雉城湖和鳗鲤湖3个省保护湖泊及各类水域陆地资源，总面积23.3平方千米，其中水域面积3.55平方千米，为城市河湖型水利风景区。景区包括巴城老街、巴城湖公园、武神潭村的“八卦水城——南武城”遗址等特色景点，是融水利科普、田园观光、乡村游憩、生态湿地、文化体验、运动拓展、休闲度假、生态养殖等多元素为一体的水利风景区。2015年获批江苏省级水利风景区。

常熟市南湖水利风景区 南湖水利风景区位于常熟市西南部，总面积4.21平方千米，其中水域面积2.58平方千米，为自然河湖型水利风景区。景区内有南湖闸、南湖荡闸、南湖排涝站等水利工程。景区既有碧波万顷的湖泊景观，也有江南鱼米之乡小桥流水人家的秀丽特色，已形成以水科普、水景观、水文化展示为主题的水景观观光线，以生态河道为主题的生态廊道慢行观光线，以生态园、特色农家乐等为主题的田园风光休闲体验线等特色观光线，多主题路线浏览太湖人文风貌。2017年获批江苏省级水利风景区。

吴江区潜龙渠水利风景区 潜龙渠水利风景区位于苏州市吴江区盛泽镇。景区总面积0.62平方千米，其中水域面积0.24平方千米，为城市河湖型水利风景区。景区依托潜龙渠而建，属于城市河湖型水利风景区。景区水系与周边京杭大运河、长荡、野河荡相连，脉脉相通，起到调节水位、稳定水质作用。2020年获批江苏省级水利风景区。

图19-11　2017年吴江区潜龙渠水利风景区

三、最美水地标、最美运河地标

2017年11月28日上午，江苏省水利厅、省文化厅、省旅游局联合发布“江苏最美水地标”获选名单，苏州七浦塘水利工程、望虞河常熟枢纽入选水工程类最美水地标，苏州环太湖大堤、苏州暨阳湖入选水景观类最美水地标，苏州锦溪古镇入选水聚落类最美水地标。

图19-12　2020年苏州七浦塘水利工程

图19-13　2017年苏州环太湖大堤

2019年6月4日，由江苏省大运河文化带建设工作领导小组办公室指导，省委宣传部、省交通运输厅、省水利厅、省文化和旅游厅、省文物局主办的“寻找大运河江苏记忆”活动成果发布，苏州有宝带桥、全晋会馆（中国戏曲博物馆）、山塘河及其历史街区、枫桥夜泊、盘门—水陆城门5个运河地标入选。

图19-14　2019年宝带桥

图19-15　2019年枫桥

图19-16　2019年盘门

图19-17　2019年全晋会馆

图19-18　2015年山塘街

第三节　水文化展示馆

一、印象苏州水文化馆

印象苏州水文化馆位于平四路与人民路交界路口，是苏州市水务局为了传承历史文化，结合环古城健身步道提升工程的建设，将位于平四路与人民路交界处的平门泵房改造而成。2018年开始建设，至2020年底全部建成。场馆布展面积约730平方米，以苏州古城14.2平方千米范围为主、适当扩大到80平方千米内的水文化为主要展示内容，让市民了解苏州市水资源状况、管理政策、生活节水和用水常识，增强惜水、节水、爱水、护水的公共意识，推进水资源集约安全利用，共护碧水清流。

图19-19　2020年太湖水利展示馆

二、吴江同里太湖水利展示馆

太湖水利展示馆位于吴江区同里镇富观街太湖水利同知署旧址内，于2016年6月8日正式开馆。太湖水利同知署，俗称“水利衙门”。始建于清康熙年间（1662—1722），雍正八年（1730），清廷特设太湖水利同知署，将此宅第作为同知署的办公机构。太湖水利展示馆设在太湖同知署旧址第六进，占地面积978平方米。展馆共分5个展区，展陈实物410件。展馆深入挖掘太湖流域水文化，展示古今太湖流域治水历史和实践，是传播太湖流域水利文化和水利成就的重要窗口。

三、暨阳湖生态教育馆

暨阳湖生态教育馆位于张家港市镜湖公园内，是一座以“水·生命·生态”为主题的科普教育展馆，于2010年正式开馆。展馆建筑面积2000

平方米，地上二层，地下一层，分设水与生命、水生态、水资源3大展区，通过各具特色的展品展项，向青少年解析地球上的生命因水而生、逐水而居、与水共存的自然规律，展现地球水生态的多样性、水生态破坏的情况和保护水生态的绿色行动，教育、引导青少年保护水资源。

四、吴中区节水科普馆

节水科普馆位于吴中区吴旺山景区内，于2019年由吴中区水务局主持建设，展馆以吴中区水土保持科技示范园为依托，主要包括序厅、认知水资源、珍惜水资源、节约水资源、保护水资源、互动水资源六个板块，全方位展示吴中水利发展成就，普及节水理念、节水知识和节水文化。

五、吴中区水土保持科技示范园展示馆

水土保持科技示范园展示馆位于吴中区吴旺山景区内，于2013年建成开馆。馆内有水土保持品牌标识、生态河道、地形地貌模型、大禹治水浮雕等。展示馆总面积约500平方米，分为展示厅、多媒体教室、公共空间展示区等，展示厅分水土保持、生态之路，生态修复、拥抱绿色，水利建设、科技创新，综合治理、惠及民生和标本兼治、成果斐然五个篇章。馆内集实物模型及电子设备为一体，集中展示吴中区水土保护工程等多年的成果。

图19-20　2011年吴中区水土保持科技示范园展示馆

六、张家港水资源科普馆

水资源科普馆位于张家港市东横河水利枢纽院内，2015年11月29日正式开馆。总面积650平方米，分为水资源科普馆和水资源科普教育实践馆。水资源科普馆主要针对业内人士及科普教育爱好者，在普及水生态知识的同时，宣传张家港市水生态建设的成就。水资源科普教育实践馆主要针对中小学生和普通大众，突出科普性和互动性，传播与水有关的知识。该馆已先后获评“江苏省节水教育基地”“苏州市科普教育基地”。

图19-21　2020年张家港水资源科普馆

七、苏州工业园区节水科普馆

节水科普馆位于苏州园区青少年活动中心一楼，2014年3月22日正式开馆，场馆由苏州市水利

图19-22　2020年苏州工业园区节水科普馆

（水务）局、苏州市节约用水办公室和苏州工业园区青少年活动中心联合建设。该馆为江苏首家以节水为主题，面对人群为4—16岁少年儿童。该馆展区主要由“认识水资源”“珍惜水资源”“保护水资源”三个部分组成。展览融科学性、知识性、趣味性于一体，突出“自然、人、水”主题，介绍世界、中国和苏州的水资源状况，宣传节水的必要性和紧迫性。

第四节　碑刻选录

一、乾隆十二年御书江南潮灾叹碑

该碑现存于苏州沧浪亭，清乾隆十三年（1748）刻立，连额，座通高2.98米，宽1.18米。碑文内容如下：

乾隆丁卯七月望，苏松罹海潮之患，崇明、南汇为最重，连延数州县，漂室庐，溺老幼，不可胜计。督抚奏报赈救之策，亦既勉力竭心，而下诏蠲税截漕，更复多方筹划，然遥顾灾黎，戚戚不能去诸怀。夫六幕不调，洪波不警，伊谁之咎欤？仿杜甫同谷七歌之体，为《江南潮灾叹》，用示督抚诸臣，兼以自讼云尔。

江南古来称泽国，十岁九涝患不息。集议为谋疏浚方，补救唯应尽人力。潮灾数十载一遇，不先不后于兹值。呜呼一歌兮歌始辞，遥遥南望兴嗟咨。

有奏有奏自南来，七月望日潮为灾。天网浡潏洪涛涌，气压百川为倒回。纵有禹也应束手，胥为鱼矣唯增哀。呜呼二歌兮歌再陈，披奏到今常戚辛。

苏松郡邑滨大海，民乏那堪遇凋瘵。一夕风涛多没沦，南汇崇明首称最。去岁淮扬河患重，胡乃灾伤一时会。呜呼三歌兮歌放言，波臣何处为招魂。

彼时闻道多东风，赤龙奋怒长蛟洪。鼋鼍蝬蜗供势雄，磨牙砺爪思腹充。万间茅屋如卷蓬，须臾化作冯夷宫。呜呼四歌兮歌四叠，伤哉吾民命轻叶。

民命轻于叶可伤，昏夜走避无向方。巨浪连山风更鼓，泫泫汨汨雨屑凉。屋庐漂荡全家没，其稍

图19-23　2020年江南潮灾叹碑

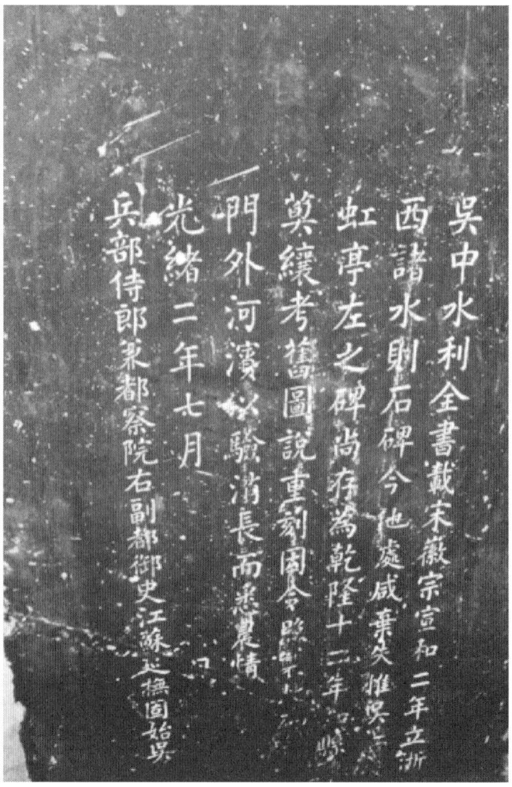

图19-24　2020年胥江水则碑

幸者乃有孤儿妇哭其傍。呜呼五歌兮歌未阑，不必眼见涕汍澜。

谁云救灾无善策，尽一分心一分益。截漕蠲税粗示概，调剂详筹牧臣职。仓储库帑莫吝悭，墨吏豪胥戒侵索。呜呼七歌兮歌悄终，吾言有尽心何穷。

乾隆十二年十一月初七日

二、胥江水则碑

该碑为清光绪二年（1876）江苏巡抚吴元炳因治苏州城内河水之需，根据乾隆十二年（1747）重刻的吴江垂虹桥左水则碑另行复刻。此碑原立于苏州胥门万年桥河滨，现藏苏州碑刻博物馆。此碑纵134厘米，横81厘米，厚20厘米。碑两面都有文字，阳面为水位说明，楷书，8列，共57字。阴面为立碑说明，楷书，7列，共108字。

三、长洲县奉宪禁占官湖碑

该碑碑高1.44米，宽0.71米，清康熙四十八年（1709）十一月立。现藏于苏州碑刻博物馆。该碑内容如下：

长洲县为□提占湖绝命等事。康熙四十七年十一月初十日，奉本府正堂陈信牌开：奉江抚都院于批据长洲县民俞华等呈词前事，奉批：仰苏州府严查速报，等因。到府。奉此。合行提审，仰县立提被告顾君赞等原呈俞华等一起批押解府，以凭亲审，招解宪夺，毋得迟延，等因。到县。奉即提解去。后续奉本府牌同前事，内开：十二月初八日，奉抚宪于批该本府申详前事，奉批：顾君赞等既经退还湖荡，姑念岁暮，如详销案，仍勒石永禁，取碑摹送查，缴，等因。到府。奉此。合就抄看饬□，仰县查照来文事理，立禁渎墅、朝天、金泾等湖，毋许豪强霸占，以致渔农失业。遵宪勒石永禁，取碑摹二套送府转呈，毋得迟延，致干咎戾等因。并抄粘看语，内开：本府查得渎墅、朝天、金泾等湖，为郡城东南之水泽，傍岸村民之所资赖。近缘沈心敷以湖傍菱芡擅售织造之戚，诣湖签簖混淆，以致俞华等连名具词呈宪，并呈织造，蒙宪批行到府，正在提审间。据有士民刘栋等称：蒙织造李着将湖荡退还，又经颁示饬禁，官则归官，听从民便，不惟万姓欢呼，而原被等亦已冰释等情，合词吁息。并据原呈俞华等亦称：穷赤炎黎，不堪废时拖累，具词请详勒石永禁，等情。前来。相应叙详。宪台俯念时当岁暮，兼值输漕之际，准予息销，仍赐宪示饬禁，使豪强知儆，小民乐业，出自宪台法外之仁，非本府所敢擅专者也。抄粘下县。奉此。为照渎墅、朝天、金泾等湖，泽梁无禁，原听万姓罱泥捞草采捕。昔有势豪割占林琪，具呈以经奉宪题达，请豁水面浮粮，蠲除去册，永遵，在案，上不容升科，下不许管业。今奉前因，合勒碑永禁。为此，仰该地方人等知悉：嗣后如有豪强在湖栽种菱芡，签簖截流、索诈渔户捞草舡只害民妨农者，或经察出，或被告发，定行立拿解宪，按光棍律惩处。各宜凛遵。须至碑者。

李宇、叶美、沈习之、林绍。

图19-25　2020年长洲县奉宪禁占官湖碑

原差：姚曙等。

原呈：俞耀华、沈林明、陆徐朋、顾甫、赵美、桑甫、张徐吴、朱沈明、秦甫。

被呈：顾君赞、朱龙、吴□□、朱□。

康熙四十八年十一月公立。

（苏州碑刻博物馆藏）

图19-26　2020年苏郡城河三横四直图碑

四、苏郡城河三横四直图碑

该碑立于苏州景德路城隍庙工字殿后殿西次间前檐墙上，现已纳入省“文物保护单位”城隍庙工字殿的保护范围。碑身高1.6米，宽0.8米，碑座高0.3米，宽0.9米，清嘉庆二年（1797）立。碑的正面镌刻《重浚苏州城河记》，记载吴中官府出资，地方士绅、商人和市民共同募捐筹款，全面疏浚苏州城内河道始末。费淳撰文，王文治书丹，刘恒卿勒石。碑的背面，镌刻一幅《苏郡城河三横四直图》，显示以“三横四直”七条贯穿全城的干流为主的河道分布体系。同时，以传统的立面画法标出城垣及重要桥梁、寺观、衙署的位置，形象反映清代中叶苏州河道纵横、桥梁密布的水乡风貌。河道各段的宽深尺寸，均有详细记载。

五、平江图碑

为南宋绍定二年（1229）所立，现藏于苏州碑刻博物馆。碑高2.84米，宽1.45米。该图刻绘

图19-27　2020年平江图碑

宋代平江城的平面轮廓和街巷布局，详绘城墙、护城河、平江府、平江军、吴县衙署和街坊、寺院、亭台楼塔、桥梁等各种建筑物。其中，桥梁多达359座，河道20条，庙宇、殿堂250余处。

六、奉宪勒石永禁虎丘染坊碑

为清乾隆二年（1737）所立，藏于苏州虎丘风景区管理处（苏州市姑苏区虎丘路北端虎丘山门8号）。碑高1.55米，宽0.73米，嵌于虎丘山门口右侧壁内，碑文34行，计1480多字。碑石已碎裂，碑面剥蚀，字迹漫漶，是现存中国历史上第一件河流水质保护法令，亦为世界上较早之河流水质保护法令，比英国《水质污染控制法》和美国《河川港湾法》分别早96年和162年。

图19-28　2020年奉宪勒石永禁虎丘染坊碑

七、清德顺镇正堂谭石碑

该碑成于光绪五年（1879），现由张家港市长江防洪工程管理处收藏。德顺镇为现金港镇德积村所在地，原名护漕港，又名德积街。2001年，重建德积村小学时，发现一块石碑，上面记载着境内滩涂、堤防及内河港池等设施的管理法则，系境内最早的水利管理地方规定。碑文如下：

正堂谭示今将有碍河身各项开列于后，应行永远禁止，如违提究。该处圩保若不认真查禁，一经发觉，立提究办。特示。

一不准挑起河泥沿岸堆积；

一不准套港内设立蟹簖渔罾；

一不准套河停泊木排；

一不准沿套港岸边砌埋坑厕；

一不准套港岸滩壅土贴铺栽种花、豆、蔬、菜等类；

一不准逼近套港岸滩排折插蔃篱竹枝树木。

光绪五年闰三月日示发立德顺镇

图19-29　2020年清德顺镇正堂谭石碑

八、谷渎港“八不准”石碑

清代，杨舍谷渎港两岸居民众多，水运繁忙。为保护母亲河，江阴知县汪坤厚于同治八年（1869）在杨舍堡城谷渎港水关码头西侧立“八不准”石碑。90年代建设杨舍西街五金大厦（位于杨舍西街东头）时挖出，后被张家港市城建档案馆收藏。2012年，小城河及谷渎港改造工程中，建青龙南桥，将该碑竖立于南桥西侧。谷渎港“八不准”碑长210厘米，宽50.1厘米，厚15厘米，金山石质。2017年，“八不准”碑列为张家港市第六批文物保护单位。石碑全文如下：

正堂汪示今将有碍河身各项开列于后，应行永远禁止，如违提究。该处地保若不认真查禁，一经发觉，立提究办。特示。

一不准沿河堆积宕泥，各归各段，挑运远处；

一不准沿河南北两滩复栽树、竹、葬、花、豆、菜、蔬等类；

一不准沿河砌埋坑厕；

一不准沿河钉立板罾蟹簖；

一不准沿河倒积垃圾矿石等项；

一不准沿河停泊木排；

一不准沿河逐渐堆砌河坎；

一不准沿河插立篱笆。

同治八年六月日示发立杨舍镇

九、江阴沙洲第一水闸碑

1958年，经江苏省水利厅批准，朝东圩港节制闸和朝东圩港拓浚同期建设，称“江阴沙洲第一水闸”，江阴县人民委员会立碑纪念。后节制闸几经修建，现石碑由张家港市长江防洪管理处收藏于朝东圩港水利枢纽。全文如下：

朝东圩港原是一条既狭又浅的河道，受尽洪涝干旱威胁，沿江良好水利条件未能利用发挥，不能适应农业生产发展需要。一九五八年农业生产“大跃进”和高标准河网化运动，沙洲地区水利规划中的首期工程，经四千名社员和技工的辛勤奋战，朝东圩港已于一九五八年冬浚通，港口节制闸于一九五九年六月胜利建成。

沙洲第一水闸建成后，朝东圩港灌区的四万亩农田，从此摆脱旱涝灾害，旱时开闸引潮蓄水，提高内河水位，发展自流灌溉，雨时闭闸拒洪，及时排涝，通过分级灌溉，分级排水，充分利用优势水源，灌溉农田，确保农业大丰收。

灌区全体社员，必须继续努力做好沟渠和水闸的养护管理工作，发挥工程最大作用，长期为农

图19-30　2020年谷渎港“八不准”石碑

图19-31　2020年江阴沙洲第一水闸碑

业生产服务。

江阴县人民委员会

公元一九五九年七月一日立

十、长江江堤达标工程纪念碑

1997年11月，水利部部长钮茂生亲临考察张家港达标江堤建设，十分嘉许。水利部专门拨款100万元，张家港市自筹140万元，在一干河水利枢纽附近建碑纪念。1998年11月，江苏省委书记陈焕友为“长江江堤达标工程纪念碑”题写碑名。纪念碑高约38米，由3块上尖下宽的钢筋混凝土块组成，象征万众一心抗洪水，圆形底座，四周用中国红大理石贴面，大理石上凿有仿宋体碑文，四周围植小龙柏，金山石台阶可从四个不同的方向走上方形承台观赏碑文。纪念碑顶中间用铁链悬挂着3只铜钟，意为警钟长鸣。纪念碑四周种植有花卉、冷季型草皮和雪松等各类常绿植物，场地外围饰有金山石栏杆。

2013年，因建设一干河生态廊道（沙洲湖至滨江公园）需要，张家港市委决策拆除纪念碑，原址堆土成坡，并覆盖绿化。石碑虽已埋入地下。但20世纪末张家港人民众志成诚，共建一流江堤保护家园的伟大壮举，将永远载入史册。石碑全文如下：

张家港市处长江入海之阴，有江岸线百余千米。虽居富饶之地，乃有水患之虞：上临江洪直下肆虐之危，下对飓风海潮侵袭之险。史有多次，威胁频仍。为永绝洪水之患，应省委之召，市委、市政府决定于境内江岸建起长治久安之江堤，以御百年一遇之特洪。工程始于前年冬月，竣于公元一九九八年夏日。历时两个冬春，耗资两亿五千万元。江堤增高至九米有余，皆凝块石以护坡；堤顶拓宽至六米许，均铺柏油为公路。此乃千秋功烈、泽被子孙之威举。是年，时任水利部部长钮茂生亲临视察，誉之“长江一流工程”，特拨款资助并嘱之勒石树碑，以志其事。铭曰：滔滔江水，几度沧桑。于斯江堤，固若金汤。安居乐业，恩谢吾党。子孙铭记，报之辉煌。

公元一九九八年十月

江苏省水利厅立

张家港市人民政府

图19-32　2020年长江江堤达标工程纪念碑

第五节　诗文选编

一、诗词

登阊门闲望

［唐］白居易

阊门四望郁苍苍，始觉州雄土俗强。
十万夫家供课税，五千子弟守封疆。
阖闾城碧铺秋草，乌鹊桥红带夕阳。
处处楼前飘管吹，家家门外泊舟航。
云埋虎寺山藏色，月耀娃宫水放光。
曾赏钱唐嫌茂苑，今来未敢苦夸张。

送人游吴

［唐］杜荀鹤

君到姑苏见，人家尽枕河。

古宫闲地少，水港小桥多。
夜市卖菱藕，春船载绮罗。
遥知未眠月，乡思在渔歌。

过吴门二十四韵

［唐］李绅

烟水吴都郭，阊门架碧流。
绿杨深浅巷，青翰往来舟。
朱户千家室，丹楹百处楼。
水光摇极浦，草色辨长洲。
忆作麻衣翠，曾为旅棹游。
放歌随楚老，清宴奉诸侯。
花寺听莺入，春湖看雁留。
里吟传绮唱，乡语认歈讴。
桥转攒虹饮，波通斗鹢浮。
竹扉梅圃静，水巷橘园幽。
缝堵荒麋苑，穿岩破虎丘。
旧风犹越鼓，余俗尚吴钩。
故馆曾闲访，遗基亦遍搜。
吹台山木尽，香径佛宫秋。
帐殿菰蒲掩，云房露雾收。
苎萝妖覆灭，荆棘鬼包羞。
风月俄黄绶，经过半白头。
重来冠盖客，非复别离愁。
候火分通陌，前旌驻外邮。
水风摇彩旆，堤柳引鸣驺。
问吏儿孙隔，呼名礼敬修。
顾瞻殊宿昔，语默过悲忧。
义感心空在，容衰日易偷。
还持沧海诏，从此布皇猷。

青玉案

［宋］贺铸

凌波不过横塘路，但目送、芳尘去。锦瑟华年谁与度？月桥花院，琐窗朱户，只有春知处。

飞云冉冉蘅皋暮，彩笔新题断肠句。试问闲情都几许？一川烟草，满城风絮，梅子黄时雨。

八声甘州·灵岩

［宋］吴文英

渺空烟四远，是何年，青天坠长星。幻苍崖云树，名娃金屋，残霸宫城。箭径酸风射眼，腻水染花腥。时靸双鸳响，廊叶秋声。

宫里吴王沉醉，倩五湖倦客，独钓醒醒。问苍波无语，华发奈山青。水涵空、阑干高处，送乱鸦斜日落渔汀。连呼酒，上琴台去，秋与云平。

一剪梅·舟过吴江

［宋］蒋捷

一片春愁待酒浇。江上舟摇，楼上帘招。秋娘渡与泰娘桥，风又飘飘，雨又萧萧。

何日归家洗客袍？银字笙调，心字香烧。流光容易把人抛。红了樱桃，绿了芭蕉。

过太湖

［元］方行

震泽留遗号，行人指太湖。
封疆连旧垒，形势压全吴。
水落鱼龙蛰，天寒雁鹜呼。
扁舟思范蠡，吾亦老樵苏。

七绝（二首）

钱昌照[1]

（一）

岁岁台风带雨来，台风岁岁亦成灾。
防洪蓄水人民力，早稻收齐晚稻栽。

（二）

麦苗肥壮谷登场，谁信当年一片荒。

1钱昌照（1899—1988），字乙藜，常熟县鹿苑镇（今属张家港市）人。著名爱国民主人士。

排灌齐全轮作好，芦台今日是粮仓。

参观保坍工程有感

张雨林

往昔坍江日夜愁，如今又可建高楼。
龙王锁住低头去，造福人民夺上游。

颂水利工程

王实夫

百里江堤岁岁防，几经考验硬如钢。
台风十级安无恙，日雨百毫亦正常。
堤外帆轮腾激浪，圩中棉稻放飘香。
人民喜作降龙汉，为保工农上富强。

赞水利工人

王实夫

春夏秋冬年复年，水工职守志坚严。
披星戴月维修岸，沐雨栉风排灌田。
全意全心争贡献，遵章守纪比清廉。
英模代有基层在，人物虽微敢顶天。

看长江丁坝有感

李恺民

横挡潮头竖挑泓，犹如长龙锁江中。
自古保坍无良策，今朝治水显英雄。

沙洲水利颂

钱中俊

降龙妙手实堪夸，客水潮高不蓄洼。
从此坍江成史话，丹心灌溉稻棉花。

治水儿女

钱中俊

水，柔如雾，坚如钢，
利如锋，力如锤，鸣如雷，
驯如绵羊，烈如猛兽。
调遣诸水，兴利除害，
治水的儿女，英名与水同在。

二、文赋

尚湖赋

［明］丁奉

余赋虞山之明日，客曰："君知山之遭虞仲，不知湖之遭太公乎？太公尚避纣，居东海之滨，来游于斯。人之名斯湖者，遂订之曰'尚湖'。之所遭，其奇之尤者哉！夫严陵，隐者尔，其滩获称曰'严'，且夸高无穷。太公之德之功，掩伊周，著天地。斯湖也，而乃斯名耶！故曰'奇之尤者'也。君在其涯,有世居之义，有独乐之情，可无以宣之乎？"余应之曰"然"，惟情与义不可泯。乃泂酌其波，濡毫而为之赋。其辞曰：

巨灵以赑屃之雄拳，凿鸿庞之广陆。迁极海之冥涛，襄古虞之阳麓。控吴郡于东南，襟熟城而西北。阐胜弥繁，描幽罔鞠。

曩尝与子希赤壁之乐，则月小山高，一川宝镜；肆访戴之行，则溪空雪冱，四岸琼瑶。云缟霞绯，河晶霄翠，虹时电际，星夕烟朝。映天家之万象，迥一碧其飘飖。

况夫沉峦若髻，印岭如屏。峰倒戈矛之态，林浮旌旆之形。沄沄滟滟，滴滴澄澄，潰沦以沸，訇濎以烝，每贴罗而展縠，更玉漾而珠腾，此吾平居之所以旷志怡情者也。

至于冰合经旬，迷津四路，风翻暝昼，蹴浪半空。观斯时也，则知滹沱之所以克济乎王霸，而江湖之所以见忧于范公。

吾且登楼贮睇，则巨贾巍艘，西指澄江之淼漫；孤商只艄，南趋吴郡之渺弥。过锡来昆，归常赴润，浤浤周道，汩汩枝岐。长峭峨嵯，远戴扶桑之旭；层帆飒纚，忙追昧谷之曦。

若乃叶浜、徐墅、邵巷、钱泾，至群陂而众汜，纷有号而无名。惟夫惠洞一泾，九逵冲要；乌山一穴，百丈渊玄。湖田二村，僻若张志和之宅；赵宋诸圩，洼如陆鲁望之田。斜堰朱泾，桥槎并卧；小山张墓，梁石双悬。

他如惊湍骇沫，忽被白茅之潮；接涘联浔，素作昆承之对。襟带一山而相为始终；绵亘诸乡而频更景类。滩痕继湿，走篆回文，沙彩矜晴，辉玑闪贝，此皆其大观焉耳矣。

若夫民之利之者，千竿饲豕之草，万簖培稼之泥。渔则提纲泛罛，鸣榔引钓，截罶垂篮，无乎不效。所获者，鲦鲩鰋鲤，鲞鳜鳊鲻，鳗虾鳖蟹，金背银丝，而能催吾归者，盖鲈鱼更肥也。弋则暗弹明媒，侦眠候食，比毕称叉，无乎不力。所获者，天鹅仙鹤，老鹳灵鸡，鹭鸳鸥鹕，雎雁凫鹥，而能忘吾机者，盖白鸥相知也。赤蓼酿曲，菖蒲荐卮，菇菱莲藕，以豆以市；蒹葭茭菼，以爨以篱。

吾又行吟访古，则父老佥曰：“顶山之白龙归省，甘雨时涨；丹井之双鸽飞坠，神光夜明。开国伯印公，宋理宗之名臣也，卜葬于斯，今曰‘印垄’；大丞相柴公，周世宗之嫡裔也，侨居来此，今曰‘柴泾’。”斯地也，朴素成村，优游作族。宠辱不惊，如庞德公之土；耕耘自赡，犹郑子真之谷。

噫吁嘻！家其中者，欲与古之幽贞为属耶？夫斯地攸居湖南一曲，阅琴川之八境，惟自此其长获，旱以湖溉，潦以湖承，承之斯稔，溉之斯登。盖不特供骚人之啸弄，而实以济百千万之苍生。吾于是载拜夏侯氏之底绩，且报谢水若之英灵。乃系以歌曰：“所贵乎有此山兮，惟以其有此湖，然而又贵乎有此人兮，安得此人洵矣都！”

第二十章　人物与荣誉

第一节　人　物

一、人物传略

徐韵琴（1872—1942），苏州市张家港市杨舍镇黎明村人。出身武术世家，文武兼备，性格刚毅，风餐露宿忍饥饿，敢叫沙滩变良田。1916年冬，徐韵琴同江阴城的吴霆胪、郑粹甫等倡议在段山北夹最狭处筑坝，两岸设工程局，由她主持，集民工2500余人，约40天坝成。1922年冬，福利垦殖公司因在段山南夹筑坝失利，遂邀徐韵琴为段山南夹筑坝工程主任，12月初开工，16日合龙。18日，潮水猝涨，越坝而过，泻成缺口。次年正月初，汛落后再次动工，未两日，再合龙，十天之后工事结束。以后三年，福利垦殖公司由徐韵琴主持筑坝围田达数万亩。围筑四海坝时，先由鹿苑钱宇门主持，坝被潮水冲毁以后，福利垦殖公司重推徐韵琴主持围务，四海坝筑成。民国年间，徐韵琴在今东莱徐丰村和黎明村境内建有粮仓，徐丰村的徐家仓自然村和黎明村的仓房圩自然村，就因徐韵琴的粮仓建在那里而得名。

张光斗（1912—2013），苏州市常熟市（今属张家港）人。1934年毕业于上海交通大学。是年秋，考取清华大学水利专业留美公费生后赴美留学，先后获得美国加州伯克利大学和哈佛大学硕士学位。1937年全面抗战爆发后，毅然放弃继续深造的机会回国工作。1949年10月起在清华大学任教，历任清华大学水利工程系副主任、主任，清华大学副校长、校务委员会副主任。1954年加入九三学社，1956年加入中国共产党。1955年当选中国科学院学部委员（院士），1981年被聘为墨西哥国家工程科学院国外院士，1994年当选中国工程院院士。曾任国务院学位委员会副主任，中国科学院主席团成员兼技术科学部副主任，中国工程院主席团成员，中国科学院、水利电力部北京水利水电科学研究院院长，北京市科学技术协会副主席，中国水利学会副理事长，《水利学报》主编，《中国科学》和《科学通报》副主编等职。张光斗在水利水电工程建设、科研和工程教育等方面贡献较大。他主持设计密云水库等工程，为黄河和长江水利工程规划设计和葛洲坝、丹江口、三门峡、小浪底、二滩、三峡、龙滩等多座大型水利水电工程建设提供技术指导，编写《水工建筑物》等学术著作，参与主持“中国可持续发展水资源战略研究”。曾获全国先进工作者、国家技术进步二等奖、全国高校优秀教学成果一等奖、光华科技成就奖、水利事业功勋奖、何梁何利科技进步奖、美国加州伯克利大学“哈兹国际奖”等多项国内国际荣誉和奖励。

石家瑚（1913—1995），教授。苏州市吴中区人。1935年毕业于浙江大学土木工程系。新中国成立前，先后在黄河水利委员会、浙江海塘工程处等从事水利建设工作。新中国成立后，历任华东水利委员会、江苏省水利厅高级工程师，江苏省水利学院水工教研室主任，江苏农学院水工教研室主任、高级工程师、副教授、教授，江苏省力学学会常务理事等职。1982年加入中国民主同盟。石家瑚毕生从事水利建设和教学工作。曾先后主持和参加山东黄河堵口工程、浙江海塘修防工程、福建沙溪水力发电工程等建设工作。先后发表《锚定结构锚固能力的探讨》《软土地基的工程特征和地震影响》《确定挡土墙基础最优尺寸的图解法》等有影响的论文。编写《苏北挡潮闸的设计与施工》等著作。1986年获中国水利学会“从事水利工作50余年老专家”荣誉称号。

陆钦侃（1913—2011），教授级高级工程师。苏州市人。1936年毕业于浙江大学土木系。1945—1947年在美国垦务局实习和在科罗拉多大学土木系进修，获硕士学位。曾任资源委员会水力发电工程总处工程师。1949年后，历任华东水力发电工程处工程师，水电建设总局技术处副处长，长江流域规划办公室副总工程师，水利电力部科学技术情报研究所高级工程师等职。中国水利学会常务理事，中国水力发电工程学会第一届常务理事及第二届名誉理事。第六、七届全国政协委员。发表有《三门峡水力枢纽综合利用的水利计算》《长江流域干支流开发程序问题》和《2000年中国水电发展的设想》等论文。

曹靖波（1917—2006），盐城市阜宁县人，民国三十年（1941）7月参加工作，先后担任阜宁公兴区民政办事员，老二区、司法区、王桥区区员，五专署纺交总纺织科员，建设处建设科副科长，盐城地委随军大队长、支书，苏州专署征粮大队长。新中国成立后，曹靖波历任常熟县农建科科长兼水利机械厂厂长，县农工部副部长，县水利局局长和副局长，市科学技术委员会副主任等。1956年，曹靖波带队到唐市范段圩蹲点，摸索出“一并（小圩并为大圩）、二隔（高低片之间建隔水堤）、三降（降低内河水位）、四开（田间开沟降低地下水）”的治涝经验。1957年秋，华东区派上海天马电影制片厂到常熟拍成《征服内涝》科教片电影。同年，曹靖波被邀参加中央召开的北方水利会议，介绍范段圩圩区治理经验。50年代后期，曹靖波组织水利技术人员在任阳试建低渠。这种低渠，挖废土地少，上水扬程低，省油省电，渠梢容易上水，改变过去高渠渠首漫水、渠尾淤高缺水的状况。1963年，县政府召开现场会，在全县推广。之后，地区、省以及上海青浦等地都组织人员前来参观学习。

曹宏勋（1920—2010），教授级高级工程师，苏州市吴中区人。1944年重庆复旦大学毕业。历任原西南公路局施工员、上海市工务局技术员、助理工程师。1951年参加治淮工程，修建安徽省佛子岭水库和梅山水库。历任技术队长、调度室主任等职。1958年调湖北省丹江口水利枢纽工程任技术处长、副总工程师。1971年支援湖北省十堰市黄龙滩水电站建设，任工作组技术负责人。1972年调长江葛洲坝水电站施工工程局任总工程师等职。1984年参加长江三峡工程建设论证专家组为顾问，为全国人大第五届、六届代表，湖北省第五届政协副主席。曾受聘为国际水资源学会会员。享受国务院批准的政府特殊津贴。1983年被评为湖北省特等劳动模范。1981年被邀赴日本参加第三届国际高分子混凝土技术学术讨论会，发表论文《高分子混凝土在葛洲坝工程中的应用》。曾主编《水利水电混凝土施工手册》。

顾景萍（1922—2011），苏州市常熟市人。1942年毕业于苏州工业学校，历任浙江省平湖县、新昌县、肖山县政府和杭州市自来水厂技术员，浙江省交通管理处、浙江大学工修股工程员，浙江省公路局工务员等职。新中国成立后，历任常熟县政府生建科、县水利局工程师等职，先后主持过中小型涵闸、大中型农桥和中小型公路桥、中小型机电站及常熟市（县）范围内的堤防、河道规划设计和施工。60年代，顾景萍成功设计“四无”倒虹吸，对圩区套闸设计进行多次革新，为联圩工程配套起到重要作用。1976年，顾景萍主持设计的装配式混凝土桁架拱桥试建成功，为全县小型水利配套建筑物工厂化预制装配化施工创造条件，且成倍地降低桥梁造价，促进农村桥梁建设。

沈纪兴（1936—2018），苏州市张家港市人。1955年毕业于华东水利学院，分配在水利部设计院土壤调查总队河北省水利勘测设计院工作。1971年，放弃大城市的优厚待遇，毅然回到家乡，投身家乡的长江保坍事业。自1970年至2005年，张家港境内共完成抛石425万多吨，沉柴排10万多平方米，修筑丁坝22条，平顺护岸8千多米，治理严重崩坍地段16千米，保护沿江44.3万亩粮田，避免3万多亩土地坍入江中，为国家积累20亿元的土地财富。这些，沈纪兴均一一参与，并在其中承担重要角色。1997年8月19日，第11号台风袭击张家港，乐余镇文革圩六干河港堤决口40余米，情况非常危急。64岁的他作为水利专家，义无反顾地上一线，担任技术指导，在现场连续作战三天三夜。1999年4月，汛期来临之前，他根据测量图纸分析对比，第一时间发现东海粮油码头区前沿，肉眼或者探测设备无法洞察的水下地形发生严重冲刷，整整两天两夜，调集之前码头所有的测量图进行详细比对分析，确认存在的问题，他睁着充满血丝的眼睛，立即建议及时对存在安全隐患的码头进行抛石加固，避免进一步冲刷对码头造成危害。2005年，张家港市相继出台《张家港市长江水文勘测管理办法》《张家港市长江水文勘测管理实施细则》，提升长江水文监测效能，这些都凝聚着他的心血。他把毕生的精力，都奉献给保坍事业。

二、水利专家简介

陈益（1918—　），教授级高级工程师。苏州市人。1941年毕业于浙江大学土木系。曾任资源委员会水力发电勘测总队助理工程师，浙江水力发电工程处副工程师。1950年后，历任水电建设总局设计处工程师，北京（水电）勘测设计院水工处副处长，水利电力部第四工程局石泉分局设计室主任，北京（水电）勘测设计院设计处处长，副总工程师，水利部规划设计管理局副局长等职。曾主持刘家峡、石泉、三门峡（改建）等水电站的设计工作。

金泰来（1921—　），教授。苏州市吴县人。1946年毕业于广西大学土木系。曾任中央水利实验处技佐。1949年后，历任南京水利科学研究所工程师，水利电力部第四工程局勘测设计院及水利水电科学研究院工程师，兼任武汉水利电力学院及成都科技大学教授。教授级高级工程师。合译有《空化与空蚀》，译有《水文测验仪器的研究》，参加编写的有《水工钢闸门设计》《水工模型试验》等书。发表的论文有《门槽水流空化特性的研究》《论高坝闸门的总体布置》等。

许铎（1922—　），教授级高级工程师。苏州市吴县人。1944年毕业于交通大学机械系。曾任上海电业管理局基本建设处第一副处长兼设计室主任，上海电力基本建设局计划建设处副处长，水利电力部供应设备处副处长、处长，水利电力部商务成套公司副经理，电力建设总局副总工程师，电力规划设计院副总工程师等职。长期从事电力建设管理和电力设备的配套工作。

蒋国澄（1929—　），教授级高级工程师。苏州市昆山市人。1950年交通大学土木工程系毕业。曾在原江苏省治淮总指挥部、南京水利实验处、水利水电科学研究院、水电部第四工程局、水电部电力基建司等单位任技术员、工程师、高级工程师等职，现任中国水利水电科学研究院咨询委员、教授级高级工程师。蒋国澄积极参加学会活动，曾担任土木工程学会理事、土力学及基础工程学会副理事长，中国水利学会理事、岩土力学专业委员会主任、混凝土面板堆石坝专业委员会副主任，中国水力发电学会混凝土面板堆石坝专业委员会副主任等学会职务。长期从事岩土工程的科研和工程实践，对土石坝工程及地基处理尤有造诣。曾主持“六五”“七五”“八五”国家重点科技攻关课题“高土石坝关键技术”的科研工作，取得众多达到国际先进水平的成果，并在工程上实现。主持的“南方红黏土坝料特性及压实标准”的研究成果获得1978年全国科学大会奖。获水电部授予的先进科技工作者称号。曾主持或参与水利部土工试验规程、碾压式土石坝设计规范、碾压式土石坝施工规程、混凝土面板堆石坝设计规范、混凝土面板堆石坝施工规程等规程规范的编制工作。参与编写《中国大坝50年》,《中国水力发电工程》(水工卷)(施工卷),《地基处理手册》,并主编《混凝土面板坝工程》等。曾发表论文30余篇。

朱慧珍(1934—),教授。女。苏州市昆山市人。1960年武汉水利电力大学农田水利工程系本科毕业。毕业后在沈阳农业大学水利学院历任助教、讲师、副教授、教授,并任硕士生导师、辽宁省水利学会水工及水文专业学组委员。对水资源开发与优化利用方面的研究,做出优异成绩。科研成果《海域河流域水资源评价与优化规划研究》获辽宁省政府科技进步三等奖及鞍山市政府科技进步一等奖。发表《海域河流域水资源优化利用研究》《辽河平原水田灌区灌溉水源的优化开发与运用研究》等论文10余篇。

钱易(1936—),女。中国工程院院士,苏州市人。1956年毕业于同济大学,1959年清华大学研究生毕业。毕业后留校任教。1981—1983年曾去美国康乃尔大学土木及环境工程系任访问学者。1994年当选为中国工程院院士。钱易长期从事环境保护工程研究,与他人合著《排水工程》《废水处理与利用》等专著,发表《工业废水可生化性探讨》《生化反应的化学计算式》和《活性污泥沉降性能因素的研究》等论文20多篇。1989年因“城市污水处理与利用”的研究成果获国家科技进步二等奖。北京世界妇女大会期间,她作为中国女科学家,是大会宣传典型之一。

言隽达(1939—2015),苏州市常熟市虞山镇人。1958年8月江苏省常熟中学高中毕业,考入浙江大学土木工程系水工建筑专业。1963年8月毕业,被分配到浙江省水利电力勘测设计院,先后负责桥墩水库复建、赋石水库、桥墩水库扩建加固等工程项目的设计,并先后担任水工二组专业组长、水电室副主任、代主任、主任等职务。1984年1月,任浙江省水利水电勘测设计院副院长兼总工程师。1986年4月,任浙江省水文总站主任;1988年7月,任浙江省水利水电勘测设计院院长;1989年7月,任浙江省水利厅副总工程师;之后,先后担任浙江省水利厅厅党组成员、副总工程师兼建设处处长,水利水电质量监督中心站主任。1995年10月,任浙江省水利厅总工程师。2002年4月退休后,被聘为浙江省人民政府防汛抗旱指挥部顾问、浙江省人民政府新安江引水工程顾问。

唐胜德(1939—2021),教授级高级工程师。苏州市人。1963年华东水利学院河川枢纽及水电站建筑物专业本科毕业。毕业后在水电部西北勘测设计院、甘肃秦川电力提灌工程指挥部、甘肃省水利水电勘测设计院从事规划设计工作,任高级工程师、副主任、院长等职务。1991年调入能源部、水利部上海勘测设计研究院,先后任副总工程师、副院长、院长。1995年调入水利部太湖流域管理局,任党组书记、局长,并先后兼任上海勘测设计研究院党委书记、院长。2001年退休。曾任甘肃省水力发电学会常务理事,全国水利水电勘测设计协会理事长。现任上海市水利学会副理事长。1993年起享受国务院批准的政府特殊津贴。长期从事水利水电工程规划设计工作,具有扎实的理论根基和丰富的实践经验,曾发表《水电站水下结构厚截面框架计算》《水泵站水锤计算》等论文10余篇。1989年获全国水利系统劳动模范称号,1990年获全国总工会授予的全国优秀科技工作者称号和全国“五一”劳动奖章。

朱鉴远(1942—),教授级高级工程师。苏州市人。1967年毕业于华东水利学院水文系。毕业后历经军垦农场劳动,辗转水电六局,水电部四川设计处,中国电建集团成都勘测设计研究院。历任技术员、工程师、泥沙设计研究室主任,中国水力发电工程学会水文泥沙专委会秘书长;兼任四川大学客座教授,北京大学中文图书评价研究评审专家。参加工作以来，长期从事水利水电工程泥沙设计研究。共主持、负责溪洛渡、二滩等36座水电站和金沙江等12条河流水电规划的泥沙设计研究，在国内外有关刊物、学术会议发表论文31篇，在《水能设计》等3本水利水电专著中撰写关于泥沙内容的篇章。主编《全国水文泥沙文选》《水文泥沙研究新进展》。著有《水利水电工程泥沙设计》。多篇论文被报刊报道、引用，或收入有关文集。负责编写由国家经贸委发布的DL/T5089—1999《水电水利工程泥沙设计规范》，此为世界上第一个泥沙设计规范，达到国际先进水平。个人获得“中国电力科学技术奖”（部级）。因成绩突出，多次获各类先进工作者等称号。

李菊根（1945—　），苏州市常熟市辛庄镇杨园洞港泾村人，1964年考入华东水利学院毕业后先后在黑龙江省电力三公司任技术员、秘书，副主任、总工程师、党委委员、副总经理。1986年起任黑龙江省电力工业局副总工程师、党组成员、副局长。1991年任东北电业管理局党组成员、副局长。1995年任河南省电力公司党组书记、总经理，2001年，调至北京，担任中国水电工程顾问集团有限公司董事长、党组书记、总经理、水电水利规划设计总院院长。1998年当选为第九届全国人民代表大会代表。李菊根长时期潜心研究水电工作，曾发表《开发江河明珠，铸就水电辉煌》《加速水电开发为小康社会提供动力之源》等专论，编审《前进中的中国水利电力事业》专刊，获得河南省电力公司科技进步特等奖1项、一等奖2项，河南省“五一”劳动奖章、河南省企业管理先进工作者、国家重点工程建设“功臣”等称号。

程吉林（1963—　），苏州市常熟市浒浦人。1983年毕业于华东水利学院农田水利工程专业，同年在江苏农学院水利系任教。后获武汉水利电由力大学硕士博士学位，晋升扬州大学水利科学与工程学院教授、博士生导师、副院长，为扬州大学农业水土工程博士点学科带头人。主要兼职有民盟扬州市主委、民盟江苏省常委、扬州市政协副主席、中国农业工程学会农业水土工程专业委员会副主任委员等。程吉林先后主持完成国家自然科学基金、省333工程基金、省青年基金等省级以上科学基金项目12项。其中，国家项目7项，包括国家自然科学青年基金项目“大系统试验选优理论与应用研究”、国家自然科学基金研究成果专著出版基金项目“大系统试验遗传理论与应用研究”、国家自然科学基金项目“大中型渠道与梯级泵站系统优化理论和应用研究”、国家科技支撑计划重大项目“大型贯流泵关键技术与泵站群联合调度研究”“南方农村规模化集中供水工程技术集成与示范推广”等课题。

第二节　荣　誉

一、集体荣誉

本部分入编的为苏州水利系统1991—2020年间获国家、部、省、苏州市表彰的集体荣誉项，其中部省级及以上58项、苏州市级35项。

表20-1　1991—2020年苏州水利系统获部省级以上集体荣誉一览

受表彰单位	荣誉称号	表彰单位	年份
苏州市防汛防旱指挥部办公室	全国抗洪抢险先进集体	水利部	1991
常熟市农机化研究所	全国先进农机化科技单位	农业部	1993
张家港市凤凰镇农机管理服务站	全国先进乡镇农机管理服务站	农业部	1995
昆山农田排灌研究所	全国科技推广先进单位	农业部、水利部、国家科委	1995
吴江市水利局	全国水利经济先进单位	水利部	1996
苏州市、吴江市水利农机局	全国水利经济先进单位	水利部	1997

续表

受表彰单位	荣誉称号	表彰单位	年份
苏州市水利农机局、张家港市水政监察大队	全国水政水资源工作先进单位	水利部	1998
苏州市防汛抗旱指挥部办公室	全国水利系统先进集体	人事部、水利部	1998
张家港市水政监察大队	全国创建文明行业工作先进单位	中央精神文明建设指导委员会	1999
苏州市水利局	全国水利系统先进集体	人事部、水利部	2001
常熟市长江防洪工程管理处	全国水利管理先进集体	水利部	2003
常熟市长江河道管理处	国家一级水利工程管理单位	水利部	2004
张家港市水利局	全国水利系统水资源工作先进集体	水利部	2006
昆山市水利局	全国农田水利建设先进县（市）	水利部、财政部	2006
常熟市水利局	全国水利系统“四五”普法先进集体	水利部	2006
苏州市胥口水利枢纽工程管理处	全国五四红旗团支部	共青团中央	2007
苏州市西塘河引水工程管理所	模范职工小家	全国总工会	2008
张家港市水务局	全国节水型社会建设示范市	水利部	2010
太仓市水利局	国家节水型城市	住建部、发改委	2011
常熟市水利局	全国水利系统“五五”普法先进集体	水利部办公厅	2011
太仓市水利局	第一次全国水利普查国家级培训突出贡献单位	国务院第一次水利普查领导小组办公室	2011
太仓市水利局	全国节水型社会达标县	水利部、全国节水办	2012
太仓市水利局	全国农田水利基本建设先进单位	水利部	2012
张家港市水政监察大队	全国文明单位	中央精神文明建设指导委员会	2015
常熟市水利局	全国水利系统“六五”普法先进集体	水利部办公厅	2016
太仓市水利局	第二届“最美家乡河”江苏七浦塘	水利部办公厅	2020
苏州市水利工程管理处	国家级水利工程管理单位	水利部	2020
苏州市水务局	全国水利系统先进集体	人力资源社会保障部、水利部	2020

表20-2　1991—2020年苏州市水利系统获省、厅级集体荣誉一览

受表彰单位	荣誉称号	表彰单位	年份
苏州市、太仓县水利局	省抗洪救灾先进集体	省委、省政府	1991
苏州市水利局计财科	省水利系统财会工作先进集体	省水利厅	1991
苏州城区防汛指挥部、吴江县防指、吴县防办	省防汛抗洪先进集体	省防汛防旱指挥部	1992
张家港、吴江市水利局	省“七五”期间发展粮食生产专项资金使用管理先进集体	省财政厅、省农林厅、省水利厅	1992
苏州市、吴县、张家港市水利局	省水利先进单位	省水利厅	1995
苏州市水利局、吴县市、张家港市水利局	省先进市、县水利局	省水利厅	1997
苏州市水利局	省水利工作进步奖	省水利厅	1997
苏州市水利农机局	省水利先进单位	省水利厅	1997
苏州市防办	省长江防汛抗洪先进单位	省水利厅、省人事厅	1998
常熟、张家港水利农机局	省水利先进单位	省水利厅	1999

续表

受表彰单位	荣誉称号	表彰单位	年份
苏州市水利（水务）局	“江苏省第二届闸门运行工技能竞赛”活动先进集体	省水利厅、省人事厅	2002
苏州市水利（水务）局	省水利系统2002年度先进集体	省水利厅	2003
苏州市水务局、苏州市吴中区水利局、苏州市相城区水务局、苏州市节约用水办公室、常熟市水利局、昆山市水利局、太仓市水政监察大队、张家港市水利（水务）局、吴江市水资源管理办公室	苏锡常地区地下水禁采先进集体	省人社厅、省水利厅、省建设厅、省国土资源厅	2005
苏州市水利局、太仓市水利局、常熟市水利局	省水利先进单位	省水利厅	2005
苏州市水利局、张家港市水利局	省水利先进单位	省水利厅	2006
苏州市防办	省防汛防旱先进集体	省防汛防旱指挥部	2007
苏州市水利局	省水利先进单位	省水利厅	2007
张家港市水政监察大队	省水行政执法“办案能手”	省水利厅	2007
苏州市排水管理处、苏州市自来水公司、苏州市胥口水利枢纽工程管理处、苏州市河道管理处	省群众性精神文明建设先进单位	省精神文明建设指导委员会	2008
苏州市水利局	省水利先进单位	省水利厅	2008
张家港市水利局	省农村河道疏浚整治先进县（市、区）	省委组织部、省农工委、省财政厅、省水利厅	2008
苏州市水利局	省水利先进单位	省水利厅	2009
苏州市水利局、张家港市水利局	省水利先进单位	省水利厅	2010
苏州市水务局	省“十一五”期间村庄建设整治先进单位	省住房和城乡建设厅	2010
苏州市水利局	省长江河道采砂管理工作先进集体	省水利厅、江苏海事局	2011
吴中区水利局、吴江市防汛防旱指挥部办公室	省防汛防旱先进集体	省防汛防旱指挥部	2011
苏州市水利（水务）局、常熟市水利局、苏州市吴江区盛泽水利服务站、昆山市水利局	省水利系统先进集体	省人社厅、省水利厅、省公务员局	2013
吴江区防汛防旱指挥部办公室	省防汛防旱先进集体	省防汛防旱指挥部	2015
吴中区水务局、太仓市水务局	省抗台抗洪工作先进集体	省人力资源社会保障厅、省水利厅、省应急管理厅	2020
昆山市水务局、苏州市吴江区水务局、张家港市水务局、常熟市水务局	省水利系统先进集体	省人社厅、省水利厅	2020

表20-3　1991—2020年苏州市水利系统获苏州市级集体荣誉一览

受表彰单位	荣誉称号	表彰单位	年份
苏州市水利局、抗旱排涝队、防汛防旱指挥部	市抗洪救灾先进集体	市委、市政府	1991

续表

受表彰单位	荣誉称号	表彰单位	年份
张家港市防汛防旱指挥部办公室、常熟市水利农机局、常熟市沿江堤闸管理处、太仓市水利农机局、昆山市水利农机局、吴县市防汛防旱指挥部、吴县市角直镇水利管理服务站、吴江市防汛防旱指挥部、吴江市平望镇镇水利管理服务站、郊区防汛防旱指挥部、苏州工业园区地方发展局农水处、苏州市水利农机局、苏州水文水资源勘测局	市抗洪救灾先进集体	市委、市政府	1999
苏州市水利局办公室	市信访工作先进集体	市委、市政府	2003
苏州市水利局排水管理处党总支	市先进基层党组织	市委	2003
苏州市水利局	市创建江苏省园林城市先进集体	市政府	2003
苏州市水利（水务）局	市重点项目建设与服务先进单位的决定	市政府	2003
苏州市河道管理处	市环保工作先进集体	市政府	2003
苏州市水利（水务）局	市重点项目建设与服务先进单位	市政府	2004
苏州市水务局（水利局）	市城市建设重点项目先进集体	市政府	2004
苏州市自来水公司党委	市先进基层党组织	市委	2006
苏州市西塘河引水工程管理所	科技进步双杯奖	市政府	2006
苏州市水利局	市建设社会主义新农村先进单位	市委、市政府	2007
苏州市水利（水务）局	市重点项目建设与服务先进单位	市政府	2007
苏州市水利局	市“绿色苏州”建设先进集体	市委、市政府	2008
苏州市水利局	市依法行政工作先进集体	市政府	2008
苏州市水利局	市政务公开先进单位	市政府	2008
苏州市河道管理处	市创建全国文明城市工作先进集体	市委	2009
张家港市水利局、常熟市水利局、太仓市水利（水务）局、昆山市水利局、吴中区金庭管理服务站、相城区北桥水务站	市建设社会主义新农村现代农业先进集体	市委、市政府	2009
苏州市水利局	市建设社会主义新农村推进奖	市委、市政府	2009
苏州市水利局	市“绿色苏州”建设先进集体	市委、市政府	2009
苏州市水利局	市环境保护先进单位	市政府	2009
苏州市水利局	全市信访工作先进集体	市委、市政府	2010
苏州市水利局	苏州市创建全国绿化模范城市工作、流域水污染治理先进集体	市委、市政府	2010
苏州市水利（水务）局、张家港市水利局、常熟市水利局、太仓市水利局、昆山市周庄水利管理服务站	苏州市“十一五”期间水利建设工作先进集体	市委、市政府	2011
苏州市水利局	市党政信息工作先进单位	市委、市政府	2012
苏州市水利局、苏州水务投资发展有限公司、苏州市节约用水办公室	市创建国家节水型城市工作先进集体	市政府	2012
苏州市水利局	市依法行政工作先进集体	市政府	2012
苏州市水利局	市城乡改革一体化先进集体	市委、市政府	2014
苏州市水利局	市实事项目工作先进集体	市政府	2014
常熟市水利局、太仓市水利（水务）局、昆山市水利局、吴江区水利局、吴中区水利局	市城乡改革一体化先进集体	市委、市政府	2015

续表

受表彰单位	荣誉称号	表彰单位	年份
常熟市水利局、太仓市水利（水务）局、相城区水利局、苏州市水利（水务）局	市农村生活污水治理先进集体	市委、市政府	2015
苏州市水利局	市绿化及环境专项整治先进集体	市委、市政府	2015
常熟市水利局、太仓市水利局、昆山市水利局、吴中区水利局、相城区水利局、苏州市水利局	市农村生活污水治理三年行动计划先进集体	市委、市政府	2018
苏州市水利局	市城乡发展一体化先进集体	市委、市政府	2018
苏州市节约用水办公室、苏州市水政监察支队	苏州市五一劳动奖状	市总工会	2019

二、个人荣誉

本部分入编的为苏州水利系统1991—2020年间获水利部、省政府、苏州市政府表彰的个人荣誉项，五一劳动奖章获得者。其中部省级及以上奖项53项、苏州市级53项。

表20-4　1991—2020年苏州市水利系统获部省级以上个人荣誉一览

受表彰者	荣誉称号	表彰单位	年份
周永兴	全国农机公司系统优质服务活动先进个人	物资部	1991
黄清元、王菊声	全国水利系统优秀厂长（经理）	水利部	1992
范家麒	全国抗洪抢险模范	国家防总	1992
徐守清	全国农机化科技先进工作者	农业部	1993
周永兴	农机公司系统优秀经理	国内贸易部	1993
贡瑞金	全国水利新闻宣传先进工作者	水利部	1994
陶光亚	全国水利行业先进审计工作者	水利部	1996
杨继雄	全国防洪抗旱先进模范	国家防总	1997
徐国程	全国水利系统水利管理先进工作者	水利部	1997
范家麒、张明岳	全国水利经济先进个人	水利部	1997
陈国清	全国水政水资源工作先进个人	水利部	1998
陈习庆	全国水利建设与管理先进个人	水利部	2003
金惠生	全国水利系统劳动模范先进工作者	人事部、水利部	2005
徐国程	全国水利建设与管理先进个人	水利部	2006
孙文渊	全国灌溉试验研究先进个人	水利部农村水利司	2006
卫臻	全国水利科技工作先进个人	水利部	2008
金惠生	全国水利系统先进工作者（享受省级劳动模范待遇）	水利部、人社部	2010
顾伟标	全国水利建设与管理先进个人	水利部	2011
卫臻	全国水利系统水资源工作先进个人	水利部办公厅	2012

表20-5　1991—2020年苏州市水利系统获部省级个人荣誉一览

受表彰者	荣誉称号	表彰单位	年份
蒋志伟、邹杏泉	省河道堤防管理工作先进	省水利厅	1991
陈金科、范家麒	省抗洪救灾先进个人	省委、省政府	1991
周永兴	省优质服务先进个人	省水利厅	1991

续表

受表彰者	荣誉称号	表彰单位	年份
杨子初、薛淦泉、薛国平	省防汛抗洪先进个人	省防汛防旱指挥部	1992
薛国平	省水利先进个人	省水利厅	1992
朱明南、朱源泉、董建平、张琰	治太“两河”工程建设管理先进工作者	省治理太湖工程指挥部	1995
薛国平、袁晓谛、钱文耀、万友山、朱惠联	望虞河工程建设管理先进工作者	省治理太湖工程指挥部	1995
范坤田	省农机管理系统先进工作者	省人事厅	1995
朱明南、朱源泉、吴岳芳、张琰、袁晓谛	治太“两河”工程建设管理先进工作者	省治理太湖工程指挥部	1997
范家麟	省优秀市县水利局局长	省水利厅	1997
杨继雄、黄祖萌、戴士芳、吴兴华	省长江防汛防洪先进个人	省水利厅、人事厅	1998
查国良	先进工作者	省水利厅	1998
袁晓谛、薛国平	治太“两河”工程建设管理先进工作者	省治理太湖工程指挥部	1999
刘鲁东、赵新华、吴兴华、姚雪球、周菊英、邹树林、吴兴华	省水利系统先进个人	省水利厅	2003
徐国程	江苏农村十大杰出人物	省水利厅、省农林厅等	2004
何绍明、楚敏明、李文君、祁小羊、陈家明、姚志良、朱文祥、吴桂民、卫臻、张为民、姚志良	苏锡常地区地下水禁采先进个人	省人社厅、省水利厅、省建设厅、省国土资源厅	2005
任荣林、严栋兴、沈育新	省水利先进个人	省水利厅	2005
金惠生	省水利先进个人	省水利厅	2006
姚雪球、叶海元、金惠元	省水利先进个人	省水利厅	2007
薛铮	省防汛防旱先进个人	省防汛防旱指挥部	2008
刘国强、叶海元、李建坤	省水利先进个人	省水利厅	2009
沈忠	省水利先进个人	省水利厅	2010
顾伟标	省防汛防旱先进个人	省防汛防旱指挥部	2011
金惠生	省水利先进个人	省水利厅	2012
周钰林、曹炳华、高怀四、胥家宝、凌伟建	省水利系统先进工作者	省人社厅、省水利厅、省公务员局	2013
陈利国	省防汛防旱先进个人	省防汛防旱指挥部	2013
刘大成	省优秀援疆干部人才	中共伊犁哈萨克自治州委员会、伊犁哈萨克自治州人民政府	2013
梅新敏、朱洪清、周栋	省防汛防旱先进个人	省防汛防旱指挥部	2015
俞强	省防汛防旱先进个人	省防汛防旱指挥部	2017
丁永伟	省住房城乡建设系统先进工作者	省人社厅、省住建厅	2018
沈琳	第二届江苏省“最美水利人”	省水利厅	2018
刘大成	省“人民满意的公务员”	省委、省政府	2019
许春风、金健、吕惠东、孙昉、陈江	省水利系统先进工作者	省人社厅、省水利厅	2020
徐鹰健	省抗旱抗台抗洪工作先进个人	省人社厅、省水利厅、省应急管理厅	2020

表20-6 1991—2020年苏州市水利系统获市级个人荣誉一览

受表彰者	荣誉称号	表彰单位	年份
范掌兴	市劳动模范	市委、市政府	1991
朱丙元	抗洪救灾先进个人	市委、市政府	1991
郑吉英	市劳动模范	市委、市政府	1994
范平、徐培峰、李德华、钱松年、徐剑荣、卞永才、朱桂兴、孙国来、杨建新、陶连根、叶水生、褚呈祥、邹树林、陆浩元、张传根、顾星雨、倪风才、王龙水	市1999年抗洪救灾先进个人	市委、市政府	1999
黄祖萌	市优秀共产党员	市委	1999
周伟忠	市劳动模范	市政府	2000
徐方	市科技工作先进个人	市政府	2002
周伟忠、沈世生、郭根林	市优秀共产党员	市委	2003
俞之熹	市优秀党务工作者	市委	2003
华建良、杨子初、吴兴华	1998—2002年度市环保工作先进个人	市政府	2003
张金龙	市城市建设立新功先进个人	市政府	2003
钱永明	市优秀共产党员	市委	2003
徐国程	市先进工作者	市委、市政府	2004
蒋小欣、瞿荣元	市建设重点项目先进个人	市政府	2004
陈统光	市职工教育先进工作者	市政府	2004
何绍明	市创建国家园林城市先进个人	市委、市政府	2004
张解平	市纪检监察先进工作者的决定	市委、市政府	2006
梅铭贤	市优秀共产党员	市委	2006
陈珊媛	市优秀党务工作者	市委	2006
徐国程	苏州市劳动模范	市政府	2006
朱明南	苏州市劳动模范	市政府	2007
张金龙、黄晨、朱卫	市区城市建设工作先进个人	市委、市政府	2007
刘云林	苏州市劳动模范	市政府	2009
吴岳芳、陈巧保	市社会主义新农村建设先进个人	市委、市政府	2009
吴岳芳、卫臻、陈巧保、曹菊明、莫林昌、杨晓春	市建设社会主义新农村新型集体经济先进个人	市委、市政府	2009
骆金标、曹菊明	市“绿色苏州”建设先进个人	市委、市政府	2009
钱春健、周钰林	市环境保护先进个人	市政府	2009
方健	市党政信息工作先进个人	市委、市政府	2010
周钰林	苏州市创建全国绿化模范城市工作先进个人	市委、市政府	2010
曹菊明、吴岳芳	“绿色苏州”建设先进个人	市委、市政府	2010
陈江	苏州市流域水污染治理先进个人	市委、市政府	2010
沈忠	苏州市城乡改革一体化先进个人	市委、市政府	2010
邵建芳、钱志龙、黄卫新、陈巧保、缪春明、徐强、曹炳华、包燕珍、凌伟建、焦健、顾建忠、王培元、王再峰、孙新元、王惠男、王根法、贡瑞金、吴岳芳、周钰林、张金龙	苏州市“十一五”期间水利建设工作先进个人	市委、市政府	2011

续表

受表彰者	荣誉称号	表彰单位	年份
贡瑞金、华建良、顾明、钱春健、巫华、王宇、徐兆鹏、吴玲、陈建珍	市创建国家节水型城市工作先进个人	市政府	2012
朱元元	市信息化工作先进个人	市政府	2012
蔡义龙	市创先争优优秀共产党员	市委	2012
陈永进	个人二等功	市政府	2014
朱元元	市信息化工作先进个人	市政府	2014
陆振超	市城乡改革一体化先进个人	市委、市政府	2014
李定成	实事项目工作先进个人	市政府	2015
李勇、奚海清	市农村生活污水治理先进个人	市委、市政府	2015
顾俊、马晓峰	市农村生活污水治理先进个人	市委、市政府	2016
毛曦	市五一劳动奖章、市技能大奖	苏州市水利局、人社局、总工会	2016
陶建飞	市技术能手	苏州市水利局、人社局、总工会	2016
陈永进	市生态文明建设工作先进个人	市委、市政府	2016
张琰、宋晓恒、胡玥、姜天雯	市农村生活污水治理三年行动计划先进个人	市委、市政府	2017
陆振超	市绿化及环境专项整治先进个人	市委、市政府	2018
李勇	市农村生活污水治理三年行动计划先进个人	市委、市政府	2018
侯公亮	苏州市全国文明城市长效管理先进个人	市委、市政府	2018
陆炜	苏州市劳动模范	市委、市政府	2018
刘晨	苏州市农村生活污水治理先进个人	市委、市政府	2018
陆振超、夏悦玥	苏州市五一劳动奖章	市总工会	2019
马晓峰	市打好污染防治攻坚战贡献突出的突出个人	市委、市政府	2019

附 录

重要文件辑存

苏州市吨粮田建设标准

（一）建设标准：①挡得住。圩堤的高度、宽度、坡度要达标。控制口门配套齐全，确保遇到历史最大洪水挡得住、不出险，遇超标准洪水有对策，保安全。②排得快。排水河道畅通，排涝动力充足，沟河相连，做到日雨200毫米两日排出不受涝，局部特大暴雨突击抗排不受灾。③灌得好。水源保证，河流畅通，渠系配套，防渗高效，确保百日无雨保灌溉，科学管水，适时适量，适应农作物生长需要。④降得下。排水沟系配套，深度达标，明排地表水，暗排地下水。使地下水位降到一般田面以下0.8—1.0米，防低渍害。

（二）建设要求：①农田规格。田块基本平整，格田成方。格田的尺寸和布置要适合机耕，便利排灌，方便生产，有利于作物生长。一般田块宽16—20米，长80—100米，上下田块的高差不宜过大。每格田都要布置单独的进排水，以消灭串灌漫灌。②沟渠配套。沟渠布置一般有灌排分开，自成系统和灌排结合等两种形式（因地制宜布置）。排水沟一般利用村级生产河作为一级排水，布置总排水沟、排水沟及隔水沟，按田块情况形成高水高排、低水低排，条块分割，四周脱空。总排水沟断面：底宽25—30厘米，深度100—120厘米，面宽65—80厘米；排水沟：底宽25厘米，深度80厘米，面宽65—70厘米；隔水沟断面：底宽25厘米，深度80厘米，面宽60厘米。暗渠管径按流量计算确定，一般直径45—80厘米；明渠断面一般为底宽35厘米，深度80厘米，面宽75厘米。也可利用排水沟作灌排两用沟。③圩堤达标。堤顶高程超过当地历史最高水位1米，（顶宽及内外坡参照苏州市圩区治理规划标准）。对两水夹堤，风浪和船行波冲刷严重的堤段，要求增做工程护岸。对有交通要求堤顶宽度放宽到符合要求。④河道顺直。河道断面和走向符合引水要求，无严重淤积，引排畅通。河底高程：乡骨干河-1—0米，中心河-0.5—0.5米，生产河0—1米。河底宽度、边坡视土质和冲坍情况定，有条件的地方可进行河岸护砌。⑤道路畅通。要尽量减少非生产占用耕地，道路宽度要因地制宜，一般根据作业机械的通行要求确定，有特殊交通要求的可按一般公路标准确定。路的布置通常横向每两块格田共用机耕路，纵向八块田布置一条机耕路，每块田块能单独进出。双车道路面宽6—7米，两边绿化，路面净宽5米；单车道加交叉道段回车场，一般路面宽5米，两边留有0.75米绿化带，路面净宽3.5米；单车道路面宽3—4米，净宽3米左右。⑥田园绿化。在布置排灌渠系和道路时，必须结合植树造林规划，在沟、渠、路旁都可植树。在机耕路、渠道两侧或一侧，种植林带，株距一般为1—3米。对填方渠道，树植在外坡脚下；挖方的渠道栽在渠道的外沿，渠道的内坡（临水坡）不宜栽树；在渠道、道路旁也可设置花坛。⑦配套合理。规划的配套建筑物要做到合理科学，设计新颖，技术先进，配套齐全，满足引、排、降、航等各项要求，沟渠配套工程全面推行装配式建筑物，机电排灌站的综合装置效率达到部颁标准，水闸要新颖、安全、方便。同时，注意环境的变化，争取建一个工程成一处景点。整个配套工程建设要尽可能采用先进技术和结构，推进苏州市农村的现代化建设。⑧提高地力。要实施配方施肥，以定产、测土、配肥、服务一体化，建立高产科学全养分的施肥制度。大力推广秸秆还田，积极发展经济绿肥。优化种植业结构，引进试验新品种，扩种富钾作物，实行轮作培肥土壤。有条件的地方，农田地下可埋设塑料波纹管，降湿防渍，协调土壤水、气、热状况，达到提高土壤肥力，作物持续高产稳产。

苏州市长江防洪工程管理条例

（1999年7月29日苏州市第十二届人民代表大会常务委员会第十三次会议制定　1999年10月30日江苏省第九届人民代表大会常务委员会第十二次会议批准　自1999年12月1日起施行　根据2004年9月23日苏州市第十三届人民代表大会常务委员会第十二次会议通过，2004年10月22日江苏省第十届人民代表大会常务委员会第十二次会议批准的《苏州市人民代表大会常务委员会关于修改〈苏州市长江防洪工程管理条例〉的决定》第一次修正　根据2010年12月22日苏州市第十四届人民代表大会常务委员会第二十一次会议通过，2011年1月21日江苏省第十一届人民代表大会常务委员会第二十次会议批准的《苏州市人民代表大会常务委员会关于修改〈苏州市长江防洪工程管理条例〉的决定》第二次修正）

第一条　为了加强长江防洪工程管理，保证工程完好和安全，维护人民生命和财产安全，保障社会主义现代化建设顺利进行，根据《中华人民共和国水法》、《中华人民共和国防洪法》、《江苏省水利工程管理条例》等有关法律、法规的规定，结合本市实际，制定本条例。

第二条　本条例适用于本市行政区域内的长江江堤（包括双山沙洲堤）、通江河道的闸外港堤、老江堤、通江（港）涵闸等各类长江防洪工程和设施（以下简称防洪工程）。

第三条　各级人民政府应当加强对防洪工程管理的统一领导，负责本条例的组织实施和监督执行。

第四条　防洪工程实行专业管理和统一管理与分级管理相结合的原则。

第五条　任何单位和个人都有保护防洪工程的义务。

对管理和保护防洪工程做出显著成绩的单位和个人，由各级人民政府或者水行政主管部门给予表彰和奖励。

第六条　市人民政府水行政主管部门是本市行政区域内防洪工程的主管机关，对防洪工程实施统一管理。

沿江各县级市人民政府水行政主管部门是本行政区域内防洪工程的主管机关，按照分级管理的权限及上级主管部门的统一规划和技术要求，负责防洪工程的管理和监督。

在汛期，防洪工程的运行和管理，必须服从有关防汛指挥机构的调度指挥和监督。

第七条　沿江各县级市人民政府应当按照精简、效能、规范、统一的原则，建立健全防洪工程管理机构，并保证管理机构的日常管理经费。

第八条　防洪工程管理机构受同级水行政主管部门的委托，行使下列职责：

（一）负责防洪工程的运行、维修和养护等日常管理工作；

（二）按照防洪工程管理规范要求，负责防洪工程的检查、观测工作，建立健全防洪工程技术档案；

（三）制止侵占、破坏、毁损防洪工程等违法行为；

（四）对涉及防洪工程安全的各项活动进行监督检查；

（五）对单位或者个人在防洪工程管理范围内建设各类防洪工程实施技术指导和监督；

（六）执行同级水行政主管部门交办的其他事项。

第九条 防洪工程管理范围规定如下：

（一）江堤：迎水坡外的水域、沙洲、滩地（包括可耕地）。背水坡有顺堤河的，以顺堤河（含水面）为界；没有顺堤河的，堤脚外十米至十五米。

（二）闸外港堤：迎水坡外的水域、滩地。背水坡有顺堤河的，以顺堤河（含水面）为界；没有顺堤河的，堤脚外八米至十米。

（三）老江堤：内外堤脚外的护堤地。

（四）通江涵闸：

1. 中型涵闸：上游河道、堤防各二百米至五百米；左右侧各五十米至二百米。

2. 小型涵闸：上游河道、堤防各一百五十米至三百米；左右侧各五十米至一百五十米。

3. 水闸上、下游河道各五十米至一百米范围内的水域划定为警戒区，树立标志牌。

第十条 防洪工程管理范围内属于国家所有的土地，经县级市土地行政主管部门登记，同级人民政府核发国有土地使用权证书，由防洪工程管理机构管理和使用。其中，已经县级以上人民政府批准，由其他单位或者个人使用的，可继续由原单位或者个人使用。

防洪工程管理范围内属于集体所有的土地，其所有权和使用权不变，但从事各项活动必须遵守有关法律、法规和本条例规定。

第十一条 防洪工程管理范围内禁止下列行为：

（一）破坏、毁损各类防洪工程和机电设备、水文、通讯、供电、观测、测量、标志等设施；

（二）在堤防和护堤地上扒口、取土、打井、挖坑、埋葬、垦种、放牧、开采砂石土料、爆破，毁坏护坡、护坎、林木植被，擅自搬运、翻动防汛块石等危害防洪工程安全的行为；

（三）擅自建房、圈围墙、筑渠、贮存易燃易爆物品、堆放物料、设置贸易市场、埋设管道、缆线或者兴建与防洪工程无关的各类建筑物、构筑物；

（四）在水闸警戒区河道内游泳、捕鱼和擅自停泊船只；

（五）向长江和通江河道的水域、滩地弃土，倾倒垃圾、废渣、农药，排放其他有毒有害的污水和废弃物；

（六）在长江禁采区、禁采期内采砂取土；

（七）擅自围垦长江滩地；

（八）任意平毁和擅自拆除、变卖、转让、出租防洪工程设施及其用地；

（九）在顺堤河内从事水产养殖活动。

第十二条 防洪工程保护范围规定如下：

（一）江堤、闸外港堤：背水坡有顺堤河的，顺堤河外河口线以外一百米至二百米；没有顺堤河的，堤脚外一百五十米至二百米。

（二）老江堤：堤两侧各五十米。

第十三条 在防洪工程保护范围内禁止开河、挖筑鱼塘、开凿深井、采砂取土、爆破等危害防洪工程安全的行为。

第十四条 防洪工程管理范围和保护范围由县级市人民政府水行政主管部门会同土地行政主管部门根据本条例第九条、第十二条的规定，提出划定方案，经县级市人民政府批准后予以公告，并埋设标志界石。

第十五条 长江堤顶是防洪工程建设、管理和防洪抢险的专用通道，与防洪工程建设、管理、防汛检查、防洪抢险等无关的机动车辆（摩托车除外）不得上堤行驶。

堤顶应当保持畅通，任何单位和个人不得设置障碍。

利用堤顶建成的等级公路，在不影响防洪工程安全的前提下，按照公路管理的有关规定通行机动车辆。

第十六条 确因生产、经营和经济发展需要，必须在防洪工程管理范围内新建、改建、扩建桥梁、码头、道路、渡口、管道、缆线、取水口、排污口和其他工业、民用建筑等建设项目的，建设单位或者个人在按照国家规定程序报请批准前，其中的工程建设方案应当先向当地水行政主管部门提出书面申请，经有关水行政主管部门审查同意；建设项目选址涉及公路、航道等有关部门的，由水行政主管部门会同交通等有关部门审查。

计划管理部门审批防洪工程管理范围内的建设项目改变其性质、规模、地点的，应当征得有关水行政主管部门的同意。

建设项目经计划管理部门批准后，建设单位或者个人应当将批准文件和施工计划送当地水行政主管部门备案，并按照批准的要求组织施工。

本条规定的建设项目竣工验收，应当有水行政主管部门参加。

第十七条　占用防洪工程的建设单位或者个人，必须按照防洪工程管理的要求，负责占用防洪工程的建设、管理、维修和养护，并接受水行政主管部门的指导和监督。

第十八条　防洪工程运行、维修、养护、加固和更新改造等所需经费，实行分级负担，并纳入各级政府财政年度计划。

第十九条　违反本条例第十一条规定，由县级以上人民政府水行政主管部门责令停止违法行为，赔偿损失或者采取补救措施，没收违法所得，并可以对个人处一千元以下罚款，对单位处一万元以下罚款；情节严重的，对个人处一千元以上一万元以下罚款，对单位处一万元以上五万元以下罚款。对直接负责的主管人员和其他直接责任人员，由其所在单位或者上级主管部门给予行政处分；应当给予治安管理处罚的，由公安机关依法给予治安处罚；构成犯罪的，依法追究刑事责任。

第二十条　违反本条例第十三条规定，县级以上人民政府水行政主管部门除责令停止违法行为，限期恢复原状或者补办有关手续外，并可以处一万元以上五万元以下罚款。

第二十一条　违反本条例第十五条第一款规定，县级以上人民政府水行政主管部门责令上堤机动车辆离开堤顶，并可以处五十元以上二百元以下罚款。

违反本条例第十五条第二款规定，县级以上人民政府水行政主管部门责令限期清除障碍，并可以处五百元以下罚款。

第二十二条　违反本条例第十六条规定，建设项目的工程建设方案未经水行政主管部门审查同意，或者未按照审查同意的方案施工的，县级以上人民政府水行政主管部门责令停止违法行为，补办审查手续；建设项目严重影响防洪工程安全的，责令限期拆除，逾期不拆除的，强行拆除，强行拆除所需费用由违法者承担；建设项目影响防洪工程安全但尚可采取补救措施的，责令限期采取补救措施，并可以处一万元以上十万元以下罚款。

第二十三条　违反本条例第十七条规定，县级以上人民政府水行政主管部门责令限期整改，采取补救措施；逾期不整改也不采取补救措施的，代为采取补救措施，所需费用由占用防洪工程的建设单位或者个人承担。

第二十四条　阻挠、威胁防洪工程管理人员执行公务，蓄意制造水事纠纷，强制管理人员改变工程设施控制运行方案的，由公安机关依法给予治安处罚；构成犯罪的，依法追究刑事责任。

第二十五条　水行政主管部门和防洪工程管理机构的工作人员滥用职权、徇私舞弊、玩忽职守、违章运行，致使国家和人民利益遭受损失的，由所在单位或者上级主管部门根据情节轻重，对直接负责的主管人员和其他直接责任人员给予行政处分；构成犯罪的，依法追究刑事责任。

第二十六条　本条例自1999年12月1日起施行。

苏州市河道管理条例

（2004年9月23日苏州市第十三届人民代表大会常务委员会第十二次会议制定　2004年10

月22日江苏省第十届人民代表大会常务委员会第十二次会议批准　2019年6月27日苏州市第十六届人民代表大会常务委员会第二十次会议修订　2019年7月26日江苏省第十三届人民代表大会常务委员会第十次会议批准）

第一章　总则

第一条　为了加强河道管理，保障水安全、改善水环境、修复水生态、保护水资源、弘扬水文化，根据《中华人民共和国水法》《中华人民共和国防洪法》《中华人民共和国水污染防治法》《江苏省河道管理条例》等法律、法规，结合本市实际，制定本条例。

第二条　本市行政区域内河道（包括湖泊）的规划、整治、保护和利用及其监督管理活动，适用本条例。

本市行政区域内长江、太湖、阳澄湖和水路交通运输的管理，以及历史文化名城、名镇、名村和历史街区内的河道管理，法律、法规另有规定的，从其规定。

第三条　河道管理遵循统筹规划、保护优先、区域协同、综合治理、合理利用、绿色发展的原则。

第四条　市、县级市（区）人民政府应当加强对河道管理工作的领导，建立健全河道管理机构，将河道管理纳入国民经济和社会发展规划，将河道的建设、管理、维护运行等所需经费纳入财政预算。

镇人民政府、街道办事处应当做好河道整治维护、水岸清洁、日常巡查等工作，依法及时处置违法行为。

开发区（园区）管理机构应当按照市、县级市（区）人民政府规定的职责，明确责任主体，做好区域内河道管理工作。

村民委员会、居民委员会可以依法制定村规民约或者居民公约，引导村民、居民自觉维护河道整洁，协助做好河道的清淤疏浚和水岸清洁等工作。

第五条　市、县级市（区）水行政主管部门是河道管理的行政主管部门，负责本行政区域内河道的管理和监督。

发展和改革、交通运输、住房和城乡建设、自然资源和规划、生态环境、城市管理、农业农村、文化广电和旅游、园林和绿化等有关部门按照各自职责，做好河道管理的相关工作。

第六条　水行政主管部门应当组织河道基础信息的调查与评价，建立专业数据库，推动信息资源的内部整合和部门之间的共享。

第七条　本市各级人民政府及有关部门、新闻媒体应当加强河道管理和保护的宣传教育，普及河道管理和保护的相关知识，引导公众自觉遵守河道管理和保护的法律、法规。

鼓励志愿者组织和志愿者参与河道保护、宣传教育和监督活动。

第八条　任何单位和个人有权对违反河道管理法律、法规的行为进行劝阻和举报。

对管理和保护河道作出突出贡献的单位和个人，由市、县级市（区）人民政府或者水行政主管部门给予表彰、奖励。

第二章　河长制

第九条　全面实行河长制，落实河道管理保护地方主体责任，建立健全部门联动综合治理长效机制，统筹推进水污染防治、水资源保护、水域空间管控、水环境提升、水生态修复等工作，维护河道健康生命和河道公共安全，提升河道综合功能。

第十条　市、县级市（区）、镇（街道）设立总河长，河道分级分段设立市级、县级、镇级、村级四级河长。总河长、河长名单应当向社会公布。

第十一条　总河长是本行政区域内河长制的第一责任人，组织领导、协调解决河长制实行过程中的重大问题，组织督促检查、绩效考核和责任追究。

市、县级市（区）总河长应当推动建立部门监督管理和执法联动机制。

第十二条　市级、县级河长负责协调和督促政府和相关部门制定河道整治和保护方案，协调和督促解决方案落实中的重要问题，督促相关部门处理和解决责任水域出现的问题、依法查处相关违法行为。

镇级河长负责协调和督促责任水域治理和保护具体任务的落实，对责任水域组织日常巡查，及时协调和督促处理巡查发现的问题，劝阻、制止相关违法行为并履行报告职责。

村级河长负责对责任水域进行日常巡查，督促落实责任水域日常保洁、护堤等措施，配合开展河道保护宣传教育和河道整治，劝阻相关违法行为。督促、劝阻无效的，按照有关规定履行报告职责。

第十三条　市、县级市（区）、镇（街道）人民政府应当设立河长制工作机构，履行下列职责：

（一）负责河长制工作的组织实施，研究制定相关管理规定，安排年度工作任务；

（二）负责总河长、河长确定事项的督促落实，对河长制工作和河长履职情况进行检查、评价、考核，协调处理跨界河道相关河长制工作；

（三）承担河长履职专业培训和技术指导工作，组织建立河长管理信息系统；

（四）总河长、河长交办的其他事项。

第十四条　各级河长按照认河、巡河、治河、护河的流程履行职责，统筹上下游、左右岸、干支流治理工作，实现水岸共治，推行河道综合管护模式，提升河道生态环境质量。

第十五条　水行政主管部门应当组织设置河长制公示牌。公示牌应当标明河道概况、河长姓名及职务、河长职责、整治目标和管护要求、排污口情况、禁止和限制行为、监督电话等事项，并设置于河道沿岸显著位置。

公示牌内容变动或者公示牌污损的，应当及时更新。

第十六条　有关部门、镇人民政府和街道办事处以及开发区管理机构，未按照总河长、河长的督促期限履行处理或者查处职责，由同级河长约谈该单位负责人，或者提请本级人民政府约谈该单位负责人。

市级、县级、镇级河长未履行职责的，由同级或者上级总河长进行约谈。

第三章　规划与整治

第十七条　河道分为流域性河道、区域性骨干河道、跨县重要河道、县域重要河道和一般河道。

由流域管理机构和省水行政主管部门实施管理的河道，市、县级市（区）水行政主管部门按照上级要求配合做好相关管理工作；区域性骨干河道、跨县重要河道由市水行政主管部门实施管理，也可以根据统一规划和管理要求，由县级市（区）水行政主管部门实施管理；县域重要河道和一般河道由县级市（区）人民政府明确实施管理的单位。

河道管理名录由水行政主管部门制定并定期调整。名录制定及其定期调整应当经本级人民政府批准后向社会公布。

湖泊的分类和名录管理按照国家和省有关规定执行。

第十八条　水行政主管部门应当根据河道管理权限，按照防洪排涝、资源配置、保护优先、系统治理的总体安排，会同发展和改革、交通运输、自然资源和规划、生态环境、农业农村等部门编制河道保护规划，报同级人民政府批准后实施，并报上一级水行政主管部门备案。

市水行政主管部门负责编制区域性骨干河道、跨县重要河道的保护规划，并根据上一级河道保护规划制定本行政区域内流域性河道的保护实施方案。

县级市水行政主管部门负责编制本行政区域内的县域重要河道和一般河道的保护规划，并根据上一级河道保护规划制定本行政区域内区域性骨干河道、跨县重要河道的保护实施方案。

第十九条　编制或者修改其他专业规划应当注重规划区内原有河道的保护和新河道的建设。

合理利用河道岸线资源，岸线利用的具体控

制指标应当在相应规划中明确。

第二十条　市、县级市（区）人民政府应当组织开展河道、湖泊管理范围和保护范围的划界工作，划定结果向社会公布。

河道、湖泊管理范围应当按照下列规定划定：

（一）有堤防的河道，以背水坡堤脚外护堤地外边缘为界；无堤防的河道，以河口线（直立护岸的，河口线为护岸临水边界线；斜坡护岸的，河口线为斜坡与河岸的交界线）外五至十米为界，或者根据历史最高洪水位、设计洪水位确定。河道两侧上述界线内的水域和陆域为管理范围。

（二）湖泊的管理范围为湖泊的水域、堤防及护堤地。有堤防但没有护堤地的，以背水坡堤脚外不小于十米为界；背水坡有顺堤河的，以顺堤河外河口线为界；无堤防的，以设计洪水位以上湖口线外不小于二十米为界。

河道、湖泊保护范围应当按照下列规定划定：

（一）区域性骨干河道管理范围界线外不小于二十米为界，跨县重要河道、县域重要河道管理范围界线外不小于十米为界，一般河道管理范围界线外不小于五米为界。

（二）七浦塘、西塘河等输送清水的河道，以管理范围界线外不小于三十米为界。

（三）湖泊管理范围界线外不小于十米为界。

第二十一条　河道保护范围内不得建设与防洪无关的工矿工程设施。确需建设的，应当按照基本建设程序报请批准，审批部门应当征求水行政主管部门的意见。

七浦塘、西塘河等输送清水的河道，其保护范围的管理按照国家、省有关饮用水水源准保护区的规定执行。

第二十二条　河道整治应当符合河道保护规划要求，注重河道历史传承和水生态的保护、恢复，改善河道的防洪、灌溉、航运等综合功能，保护河势稳定，维持河道的自然形态，不得任意截弯取直或者改变河道岸线。

第二十三条　开展河道整治应当根据河道保护规划和河道淤积监测等情况，制定河道整治方案。河道整治方案应当明确清淤疏浚、堤岸防护、截污导流、湿地修复、环境整治、历史传承、绿化造林和责任单位等内容。

河道整治涉及水源地、排污口、航道、渔业等管理活动的，应当征求生态环境、交通运输、农业农村等部门的意见。

河道整治情况应当及时向社会公布。

第二十四条　河道堤岸整治应当保障防洪安全，优先采用生态护岸，使用符合国家环保标准的材料。

河道清淤应当合理选用清淤方式，规范淤泥处置，推进淤泥的减量化、无害化处理和资源化利用。

鼓励相关企业、科研机构、高等院校开展技术攻关，支持淤泥资源综合利用的技术开发、示范推广、重大项目实施、重大技术和装备引进、信息服务等。

第四章　保护与利用

第二十五条　市、县级市（区）行政区域内的水域面积总量不得人为减少。

市、县级市（区）人民政府应当每五年公告一次本行政区域内水域及其变化情况。

水行政主管部门应当在每年第一季度公告上一年度已批准建设项目占用河道管理范围的情况以及水域补偿的方式与地点。

第二十六条　加强古水系、水巷、水井、水埠、护岸、桥梁等历史遗迹的保护。恢复或者修缮历史遗迹时，应当采用传统的材料、造型和工艺，同时加强空间管控，依法逐步改造或者拆除与整体风貌不协调的建（构）筑物。

鼓励搜集、研究治水兴水的成就和经验，挖掘整理、传承和弘扬相关的非物质文化遗产。

第二十七条　在河道管理范围内，确需建设跨河、穿河、穿堤、临河的建（构）筑物等工程设施的，其工程建设方案以及工程位置和界限应当依法报水行政主管部门批准，但由流域管理机构审批的除外。

工程设施建设需要加固或者重建堤防、护岸、闸站等水工程的，应当按照河道保护规划标准同步实施，所需经费纳入建设项目计划。

河道管理范围内已有建（构）筑物危害堤防安全、影响河势稳定、阻碍行洪输水的，水行政主管部门应当依法组织整治。

第二十八条　河道管理范围内的工程设施开工前，建设单位或者个人应当将施工方案报项目所在地水行政主管部门备案，并按照施工方案进行施工；工程设施完工后，及时通知水行政主管部门核查位置和界限。水行政主管部门应当制定监管方案，对工程设施施工过程进行监管。

工程设施经批准建设占用河道管理范围的，应当与水行政主管部门签订占用合同，明确占用范围和时间，依法交纳资源使用费用，国防、能源、交通、水利、市政、生态环境保护等公益性设施占用或者已缴纳土地使用权出让金的除外。

第二十九条　在河道管理范围内绿化造林，应当符合河道行洪、引排、防汛抢险、工程安全与水土保持的要求。

第三十条　直接或者间接向水体排放工业废水和医疗污水以及其他按照规定应当取得排污许可证方可排放废水、污水的企业事业单位和其他生产经营者，应当依法向生态环境部门申领排污许可证，经批准后方可设置入河排污口，并确保达标排放。

生态环境部门应当会同水行政主管部门开展入河排污口排查，建立排污口档案，进行分类整治，加强动态监测。

水行政主管部门应当开展入河雨水排放口调查，建立基础信息档案，并加强日常管理。

第三十一条　市人民政府应当建立跨县重要河道断面水质交接责任制，县级市（区）人民政府应当逐步建立县域重要河道断面水质交接责任制。

市生态环境部门应当根据建立跨县重要河道断面水质交接责任制的要求，制定水质监测方案，设置水质监测断面，定期进行监测，并将监测结果向社会公布。

第三十二条　水行政主管部门应当制定并组织实施水量分配和水工程调度方案，合理配置水资源，科学调度水工程，保障生活、生产和生态用水需求。

第三十三条　船舶应当在交通运输部门依法公布的码头、泊位或者锚地、停泊区、作业区等水域停泊。遇有紧急情况，需要在其他水域停泊的，应当向海事管理机构报告。

锚地、停泊区、作业区的建设应当符合水域岸线利用要求。

第三十四条　禁止填堵、覆盖河道。

因城市建设确需填堵原有河道的沟叉、贮水湖塘洼淀和废除原有防洪围堤的，应当按照管理权限，报市、县级市（区）人民政府批准。填堵原有河道的沟叉、贮水湖塘洼淀的，应当按照等效等量原则进行补偿，先行建设水域替代工程或者采取其他补偿措施，所需费用由建设单位承担。

第三十五条　禁止在河道、湖泊内采用圈圩方式从事养殖活动。

禁止在河道内从事网箱、网围养殖。

禁止违反国家和省有关规定，在湖泊内从事网箱、网围养殖。

第三十六条　市、县级市（区）人民政府可以根据保障行洪安全、保护河道生态、保持河道文化景观的实际需要，制定和定期调整禁止钓鱼、捕鱼、游泳的河道名录，并向社会公布。水行政主管部门应当在河道管理范围内设立相应警示标志。

禁止在前款名录公布的河道内钓鱼、捕鱼或者游泳。

第三十七条　在河道管理范围内，任何单位和个人不得从事下列活动：

（一）设置鱼罾、鱼簖、地笼网和其他影响行洪输水的捕鱼设施；

（二）放养或者丢弃福寿螺、牛蛙、鳄龟、巴西龟等危害水生态安全的外来入侵物种；

（三）清洗马桶、痰盂、装贮过涂（颜）料的器具等物品；

（四）在排水与污水处理设施未覆盖的区域，排放居民生活污水、餐饮业污水、居民宰杀畜禽的污水、居民饲养动物污水；

（五）丢弃船舶和浮动设施；

（六）倾倒、排放、堆放、填埋矿渣、石渣、煤灰、泥土、泥浆、垃圾等废弃物；

（七）炸鱼、毒鱼、电鱼；

（八）法律、法规禁止的其他行为。

第五章　法律责任

第三十八条　违反本条例规定，法律、法规已有处罚规定的，从其规定。

本条例规定的行政处罚权，可以按照相对集中行政处罚权规定，由行使相对集中行政处罚权的部门行使。

第三十九条　违反本条例第三十五条第一款规定的，由水行政主管部门责令停止违法行为，没收违法所得，限期拆除；逾期不拆除的，代为拆除，所需费用由违法者承担，处以一万元以上五万元以下罚款。

违反本条例第三十五条第二款规定的，由水行政主管部门责令停止违法行为，没收违法所得，限期拆除；逾期不拆除的，代为拆除，所需费用由违法者承担，处以一千元以上一万元以下罚款。

第四十条　违反本条例第三十六条第二款规定的，由水行政主管部门责令停止违法行为，没收违法所得，可以处以五十元以上二百元以下罚款。

第四十一条　违反本条例第三十七条第一项规定的，由水行政主管部门责令停止违法行为，没收违法所得，限期拆除；逾期不拆除的，没收捕鱼设施，处以二百元以上一千元以下罚款。

违反本条例第三十七条第二项规定的，由农业农村部门责令改正，处以二千元以上一万元以下罚款；造成损失的，依法承担赔偿责任。

违反本条例第三十七条第三项规定的，由水行政主管部门责令立即停止违法行为，可以处以五十元以上五百元以下罚款；情节严重的，处以五百元以上五千元以下罚款。

违反本条例第三十七条第四项规定的，由水行政主管部门责令立即停止违法行为，处以一千元以上一万元以下罚款；情节严重的，处以一万元以上三万元以下罚款。

违反本条例第三十七条第五项规定的，由水行政主管部门责令限期移除或者采取其他补救措施；拒不改正的，处以一万元以上五万元以下罚款。

第四十二条　水行政主管部门和其他有关部门及其工作人员在河道管理中玩忽职守、滥用职权、徇私舞弊的，由其所在单位或者上级主管部门对直接负责的主管人员和其他直接责任人员依法给予处分；构成犯罪的，依法追究刑事责任。

第六章　附则

第四十三条　本条例自2019年10月1日起施行。

苏州市供水办法

（2004年11月23日苏州市政府第35次常务会议讨论通过　2004年12月1日苏州市人民政府令第79号发布实施）

第一章 总　则

第一条　为了加强供水管理，发展供水事业，维护供水企业与用户的合法权益，保障生活、生产用水和其他用水，根据《中华人民共和国水法》《中华人民共和国城市供水条例》等有关法律法规，结合本市实际，制定本办法。

第二条　本办法所称供水，是指公共供水和自建设施供水。

公共供水是指供水企业通过公共供水设施，

向单位和居民的生活、生产和其他各项建设提供符合标准的用水;自建设施供水是指用水单位通过其自行建设的供水设施,主要向本单位的生活、生产和其他各项建设提供符合标准的用水。

公共供水设施,是指公共供水专用的取水口、水厂、泵站、公共输配水管网、公共消防专用供水设施、到用户水表或者总水表的管道(含水表)及相关附属设施。

第三条　本办法适用于本市行政区域内的供水、用水行为及其相关的管理活动。

第四条　市供水行政主管部门负责全市供水、用水的统一监督管理。

市供水管理机构受市供水行政主管部门委托,负责市区供水、用水的日常管理;县级市、区人民政府确定的供水行政主管部门按照规定的权限,负责本辖区内的供水、用水监督管理,业务上受市供水行政主管部门指导。

市、县级市、区有关行政主管部门应当按照各自职责,做好供水、用水的相关工作。

第五条　各级人民政府应当加强供水水源地保护、供水规划制定、公共供水设施建设与管理以及节约用水等的领导,鼓励发展区域供水和跨区域联网供水。

公共供水设施的建设应当引入市场化运作机制,采取政府投资、企业自筹、市场融资等多种方式筹集资金。

第二章　供水水源地保护

第六条　本市实行供水水源地保护制度。供水水源保护区包括集中式饮用水地表水源保护区和集中式工业用水地表水源保护区。

第七条　集中式饮用水地表水源保护区分为一级保护区、二级保护区和准保护区。具体范围由环境保护行政主管部门会同相关部门,根据各取水口的实际情况提出方案,由同级人民政府报有权机关批准后公布,并设立标志。

集中式工业用水地表水源保护区分为保护区和准保护区。具体范围由供水行政主管部门会同相关部门划定,并设立标志。

第八条　集中式饮用水地表水源一级保护区内禁止下列活动:

(一)航行、停靠船只(抢险、救援和执行水源保护等公务的船只除外);

(二)新建、改建、扩建与供水设施及保护水源无关的一切建设项目;

(三)设置各类鱼簖、进行网围、网栏、网箱养殖、捕捞等渔业活动及禽畜养殖;

(四)排放各类废水、污水,倾倒、堆放各类废弃物;

(五)旅游、游泳以及其他一切可能污染水体的活动。

本办法施行前保护区内已有的建筑物、构筑物和排污口由各级人民政府责令限期搬迁。

第九条　集中式饮用水地表水源二级保护区以及集中式工业用水地表水源保护区内不得从事下列活动:

(一)设置各类鱼簖、进行网围、网栏、网箱养殖、捕捞等渔业活动及禽畜养殖;

(二)新建、改建、扩建向水体排放废污水的建设项目;

(三)新建、扩建高尔夫球场、旅游度假区、水上游乐场所、码头等开发建设项目,设置有毒有害化学物品仓库及堆栈;

(四)排放各类废水、污水,倾倒、堆放各类废弃物。

第十条　准保护区内不得建设影响水质的化工、制革、制药、电镀、造纸、印染、酿造、建材等项目。生产经营和生活等排放的污染物应当达到一级排放标准,网围、网栏、网箱养殖不得污染准保护区内的水质。

第三章　供水工程规划与建设

第十一条　本市行政区区域供水规划、供水水源开发利用规划和市区供水专业规划由市供水行政主管部门会同有关的县级市、区人民政府和相关部门，根据城市总体规划及经济和社会发展计划组织编制，并进行环境影响评价，经市规划部门综合平衡和省供水行政主管部门审查后，报市人民政府批准并组织实施。

县级市供水行政主管部门根据前款制定的规划编制供水专业规划，经市供水行政主管部门审查后，报当地人民政府批准实施。

第十二条　供水工程的新建、改建、扩建，应当按照区域供水规划及供水专业规划进行。

取水口、水厂和输配水干管等公共供水设施的新建、改建、扩建，应当按照规定的审批权限办理审批手续。

第十三条　供水工程的设计、施工，应当由具有相应资质的单位承担，并遵守国家和地方的技术标准和规范。禁止无证或者超越资质证书所规定的经营范围承担供水工程的设计、施工。

供水工程竣工后，应当按照国家和地方的有关规定组织验收，未经验收或者验收不合格的，不得投入使用。

第十四条　区域供水管网到达的地区，禁止新建镇、村生活饮用水小水厂，有的镇、村小水厂逐步改造或者关闭。

在区域供水管网到达的城镇和农村集镇等地区，不得擅自取用浅层地下水。

第十五条　自建供水设施不得擅自与公共供水管网连接；因特殊情况确需连接的，必须经供水企业同意后，报供水、卫生行政主管部门批准，并在管道连接处采取必要的防护措施。

第十六条　公共供水设施应当按照规定划定安全保护范围，设立明显标志。在安全保护范围内，禁止从事下列活动：

（一）修建建筑物或构筑物；

（二）挖坑、挖渠、堆埋或取土；

（三）其他公共危害供水设施安全的活动。

第十七条　在公共供水输配管道及其附属设施的上下或者两侧埋设其他地下管线的，应当符合国家和地方有关技术标准和规范，并遵守管线工程规划和施工管理的有关规定。

涉及公共供水设施的建设工程，建设单位应当在开工前向供水企业查明地下供水管网情况；施工影响供水设施安全的，建设单位应当与供水企业商定相应的保护措施，并由建设单位组织实施；施工中造成公共供水设施损坏的，建设单位应当采取补救措施，并依法赔偿。

第十八条　任何单位和个人不得擅自改装、迁移或者拆除公共供水设施。

工程建设确需改装、拆除或者迁移公共供水设施的，建设单位应当报经县级以上人民政府城市规划和供水行政主管部门批准后，会同供水企业、施工单位采取相应的补救措施，并由供水企业负责监督实施。

第四章 供水用水管理

第十九条　公共供水推行特许经营制度。公共供水特许经营权通过招标、拍卖等方式获得，供水行政主管部门受政府委托与获得特许经营权的企业签订经营合同。

第二十条　供水企业应当设置水质检测机构，建立、健全水质检测制度，确保供水水质符合国家和地方规定的供水标准；在供水管网上设立供水监测点，做好供水监测工作；定期对其管理的供水设施进行检查维修，确保安全运行。

供水、卫生等行政主管部门应当按照各自职责，定期对供水进行监测，并向社会公布结果。

第二十一条　供水企业使用的供水设备、供水管材和用水器具应当符合国家或者地方标准。

第二十二条　在供水管网压力允许的区域，应当对原有供水设施进行改造，逐步取消储水池、屋顶水箱等二次居民生活供水设施。

仍在使用的二次供水设施应当由产权人或者受委托单位负责日常运行和维修管理，定期对水质进行检测，确保供水水质达标。

二次供水设施的清洗、消毒人员应当经卫生知识培训，并取得体检合格证。

第二十三条　供水企业应当按照规定或者约定的供水标准和服务承诺供水，禁止擅自停止供水。因工程施工、供水设施检修等原因确需临时停止供水或降低供水水压的，应当经供水行政主管部门批准并提前一天公告。

供水企业应当制定供水应急预案。

第二十四条　发生灾害、紧急事故以及其他原因导致供水设施发生故障时，供水企业应当在接报后立即组织抢修；需临时停止供水的，应当在抢修的同时公告，并向供水行政主管部门报告；连续二十四小时不能正常供水的，供水企业应当按照供水应急预案要求，采取应急供水措施，保证生活用水的需要。

供水设施抢修时，有关单位和个人应当给予支持和配合，不得阻挠或者干扰；抢修中需要拆除妨碍抢修的地面建（构）筑物时，抢修人员应当及时通知产权人；抢修结束后，供水企业对拆除部分予以恢复或者补偿。

第二十五条　从取水口至用户进户水表或者总水表（含水表）以前的供水设施，由供水企业负责维护管理；进户水表以后的供水设施及自建供水设施，分别由产权人或者受委托的单位负责维护管理。

第二十六条　供水企业应当对新建住宅实行一户一表，并与用户签订供用水合同。

供水企业应当对用户的用水实行装表计量，并按照规定期限进行抄表收费。

供水企业应当定期向供水行政主管部门填报供用水统计报表。

第二十七条　用户用水（包括环卫、绿化等公用事业性质的用水）应当按照规定交纳水费。

禁止用户有下列行为：

（一）将自备水源、锅炉以及有毒有害物质的各种设施，直接与公共供水管网连接；

（二）在公共供水管道上直接装泵抽水或者采用其他方式盗用公共供水；

（三）未经供水企业同意向其他用水单位或个人转供水或者擅自改变用水性质。

第二十八条　用户申请用水或者变更用水性质的，应当经供水企业同意并办理相关手续。

用户需要过户、迁移水表，或者减量、暂停、停止用水的，应当按照有关规定办理水表过户、迁移、更换等手续。

对水质、水压有特殊要求的用户，应当向供水企业提出申请，经同意后自行采取解决措施，加压应当进行间接加压，不得影响公共供水。

第二十九条　供水价格按照生活用水保本微利，生产和经营用水合理计价的原则制定，报省物价主管部门批准后执行。

生产、生活、经营等不同性质的用水应当分别装表计量收费。混合性质用水的，按照其中最高水价计量收费；单位用户总水表读数连续三个月未达到最低流量的，供水企业可以更换口径合适的水表；由于水表发生故障或其他非用户责任造成无法抄表计量的，按用户前三次抄表的月平均用水量计收水费。

第三十条　供水企业应当加强对水表的管理，按照规定做好水表的首检和周期检验，确保计量准确。

用户有保护水表的义务，对水表计量有异议的，经质量技术监督部门授权的计量检定机构检定，计量误差未超过国家规定的允许范围，其检定费用由用户支付；误差超过国家规定的允许范围，其检定费用由供水企业支付，并退还用户该次水费差额。

第三十一条　供水实行计划用水和节约用水。

节约用水行政主管部门应当对月用水量规定标准以上的用水单位，核定并下达月度和年度用水计划指标，并定期进行考核。

超计划用水单位对超计划部分用水除正常交

纳水费外，还应当缴纳加价水费。

第三十二条　公共消防供水设施实行专用。

公共消防供水设施由公安消防部门与供水企业共同管理。供水企业负责安装与维护；公安消防部门负责检查与管理，应定期将公共消防供水设施的启用情况和用水量通知供水企业，并交纳相应水费。

任何单位和个人不得擅自拆除、埋压、圈占、损坏、启用公共消防供水设施。

第五章 罚　则

第三十三条　违反本办法规定的行为，由供水行政主管部门进行处罚，法律法规、规章另有规定的，从其规定；造成损失的，责任人应当依法承担赔偿责任。

第三十四条　违反本办法规定，有下列行为之一的，责令停止违法行为，限期改正，处10000元以上30000元以下罚款：

（一）违反区域供水规划以及供水专业规划或者未经批准新建取水口、水厂和输配水干管等公共供水工程的；

（二）无证、超越资质证书规定的经营范围，或者未按照国家和地方规定的技术标准和范围进行供水设施设计、施工的；

（三）未经批准，擅自将自建设施供水管网与公共供水管网连接的。

第三十五条　违反本办法规定，有下列行为之一的，责令停止违法行为，限期恢复原状，可处1000元以上10000元以下罚款：

（一）擅自在公共供水设施安全保护范围内修建建筑物或构筑物，实施挖坑、挖渠、堆埋、取土或者其他危害公共供水设施安全的活动的；

（二）施工影响供水设施安全而建设单位未采取相应的保护措施，造成公共供水设施损坏的；

（三）擅自改装、迁移或者拆除公共供水设施的。

第三十六条　供水企业违反本办法规定，有下列行为之一的，责令停止违法行为，限期改正，并处5000元以上30000元以下罚款：

（一）未按规定对供水水质、水压进行监测或者未按照规定的标准进行供水的；

（二）对由供水企业管理的二次供水设施未按照规定进行水质检验和清洗、消毒，造成水质不达标的；

（三）擅自停止供水或者未履行停水通知义务的；

（四）供水设施发生故障后未在规定时间内组织抢修或者未按规定采取应急供水措施的；

（五）未在规定的限期内进行抄表收费造成用户损失的。

第三十七条　用户违反本办法规定，有下列行为之一的，责令停止违法行为，限期改正，并可处警告或者罚款：

（一）将自备水源、锅炉以及有毒有害物质的各种设施直接与公共供水管网连接的，对个人可处200元以上1000元以下罚款，对单位处5000元以上30000元以下罚款

（二）在公共供水管道上擅自直接装泵抽水以及采用其他方式盗用公共供水、擅自转供水、擅自改变用水性质，或者未经批准通过公共消防专用供水设施用水的，按最高标准向供水企业补交水费。对居民生活自用的，并可处200元以上1000元以下罚款；对单位并处5000元以上30000元以下罚款。

第三十八条　供水行政主管部门、供水管理机构及其工作人员玩忽职守、滥用职权、徇私舞弊的，由其所在单位或者上级机关给予行政处分；构成犯罪的依法追究刑事责任。

第六章 附　则

第三十九条　本办法自2005年2月1日起施行。

苏州市城市排水户分类管理办法

苏府〔2007〕114号

第一条　为了进一步加强城市排水管理，规

范排水行为，确保公共排水设施完好和安全运行，提高截污治污率，改善城市水环境，根据《苏州市城市排水管理条例》、建设部《城市排水许可管理办法》及其他有关法律法规，结合本市实际，制定本办法。

第二条　本办法所称排水户，是指直接或间接向城市排水设施排放产业污（废）水、生活污水的单位和个体经营者以及集中式居民住宅小区的建设单位（以下简称排水户）。

第三条　本办法适用于苏州市区范围内的排水户及对其的监督、管理。

第四条　市水行政主管部门是排水行政主管部门，负责本市排水户的监督管理，并组织实施本办法。

市排水管理机构受市水行政主管部门的委托，具体负责排水户的日常管理工作。

规划、建设、环保、市政、城管、卫生、工商、房产等有关行政主管部门根据各自的职责协同实施本办法。

第五条　根据排水水质情况，排水户分成以下五类：

第一类是生活污水排放类，包括机关事业单位、学校、商场、浴场等排水户（以下简称第一类排水户）；

第二类是餐饮污水排放类，包括宾馆、酒店和各类饮食店等排水户（以下简称第二类排水户）；

第三类是浓度较高、含杂物较多的污水排放类，包括公共厕所、垃圾中转站、粪便处理场和农贸市场等排水户（以下简称第三类排水户）；

第四类是含有沉淀物排放类，包括从事机动车清洗、建设工程施工排水等排水户（以下简称第四类排水户）；

第五类是有毒有害污水排放类，包括排放医疗机构污水的各类医疗机构和排放产业废水的厂矿企业等排水户（以下简称第五类排水户）。

第六条　新建、扩建、改建项目的排水设施应当与项目主体工程同时规划设计、同时施工建设、同时投入运行使用，并按照有关规定进行竣工验收。

第七条　排水户内部排水设施应当按雨、污分流要求建设，设计、施工、监理应当符合相应的国家规范。

在城市污水集中处理设施到达区域，应当将污水排入城市污水集中处理设施，排放污水水质应当符合《污水排入城市下水道水质标准》和其他有关规定。

在城市污水集中处理设施尚未到达的区域，应当按照城市排水规范的要求，自建污水处理设施，处理达标后按规定排入指定区域，待污水集中处理设施到达该区域时再按要求将污水接入。

第八条　已建排水设施未实行雨、污分流的，已建住宅小区应当根据城市排水规划进行改造，其他排水户应当按照城市排水的规范要求自行进行内部雨、污分流改造，并按照要求接入城市公共排水设施。

第九条　向城市公共排水设施排放污水的排水户，应当按照不同的类别建设污水处理设施，设置符合城市排水规范要求的污水排放口和专用检测井。

第一类排水户在内部雨、污分流后可直接排入城市公共排水设施，内部设有餐饮、集中式公厕的，应当同时符合第二、三类排水户的要求。

第二类排水户应当按规范配置隔油池、格栅井、残渣过滤池等预处理设施，排水户的油烟不得排入排水设施。

第三类排水户应当按规定配置格栅井、沉淀池或化粪池等预处理设施，其污水不得排入城市集中住宅小区内部污水管道（有规划和设计要求的除外）。粪便处理场应当在排放口安装CODcr、氨氮的在线检测装置。

第四类排水户应当按规定设置沉淀池，沉淀池的大小应当与污水排放量相匹配。

第五类排水户应当根据排水量的大小和水质情况采用相应的污水处理工艺，并在排放口安装能够对水量、pH和主要污染物进行检测的在线检测装置。医疗机构应当做到医疗机构污水与一般生活污水（食堂、医务人员宿舍等）、雨水分流，传染病医院（含带传染病房综合医院）和拥有500床位以上的综合医院应当经过二级处理、其他医疗机构经过一级强化处理后，医疗机构污水方可排入公共排水设施。

第十条　排水设施的养护按照“谁所有、谁管理、谁受益、谁负责”的原则，由排水设施的产权人负责管理。

建成后的居民住宅小区的内部公共排水设施，由产权人或者产权人委托的单位负责养护。

污水支管到户工程已经实施区域的排水设施，由市排水管理机构统一养护管理。

第十一条　排水设施养护责任单位应当按照以下要求进行养护作业。

第一类排水户内部管道应当定期疏通、清淤，管道、窨井内积泥不超标，窨井盖丢失、损坏要及时补缺、更换。

第二类排水户应当落实油污、废弃物清捞责任人，每周不少于一次的清捞，防止油污大量堆积，确保管网畅通，并做好台账，保存连续六个月的清捞记录资料。

第三、第四类排水户应当负责定期清理各类预处理设施，防止城市公共排水设施的淤塞，确保排水设施正常运行，经处理产生的污泥、垃圾应当落实消纳场所，不得将污泥投入城市公共排水设施。

第五类排水户要保证污水处理装置的正常运行，加强对水质、水量在线监测仪的日常维护保养，不得擅自关停或闲置污水处理设施。遇突发事件需暂停污水处理设施的，应当立即采取应急措施并向环境保护主管部门和排水行政主管部门报告，同时告知可能受到污染、损害的单位。

第十二条　新建、改建和扩建项目需要向公共排水设施排放污水、废水的，应当办理排水许可申报手续，确定排水方案、接管方案、污水排放等内容。

第十三条　排水工程竣工验收合格，经市排水行政主管部门同意后方可排水，并办理《城市排水许可证》。

第一类、第三类排水户在办理污水排放审批手续后，不再办理《城市排水许可证》，但从事经营性活动的除外。

其他排水户在其排水设施投入使用后应当在十天内办理《城市排水许可证》。

第十四条　《城市排水许可证》的有效期为五年。有效期满需要继续排放污水的，排水户应当在有效期届满30日前，向排水行政主管部门提出申请。排水行政主管部门应当根据申请，在有效期届满前作出是否准予延续的决定。准予延续的，有效期延续5年。

排水户应当按照许可的排水种类、总量、时限、排放口位置和数量、污染物种类和浓度等排放污水。需要变更排水许可内容的，排水户应当向所在地排水行政主管部门重新申请办理《城市排水许可证》。

第十五条　办理《城市排水许可证》的排水户应当将污水处理设施运转情况和排水水质化验资料（包括在线检测数据）按要求报送市排水行政主管部门，其中医疗机构应当自办证后每季度提供由市疾病预防控制中心出具的医疗机构污水质量检测报告。

第十六条　重点排污工业企业和重点排水户，由排水行政主管部门会同有关部门确定并向社会公布。市排水行政主管部门应当委托有资质的单位对排水水质进行监测，并向社会公开检测结果。

经检查发现排水户排放污水的水质不符合排水许可要求的，排水行政主管部门应当责令其限期改正；逾期仍不符合排水许可要求的，撤回《城市排水许可证》，禁止其向城市公共排水设施排放污水，并将有关情况及处理结果告知同级环境保护行政主管部门。

第十七条　排水户自建排水设施与公共排水设施衔接部位的施工，由排水管理机构进行监督、管理、验收，施工费用由排水户承担。

第十八条　使用自备水源向城市污水集中处理设施排放污水的，应当按照规定缴纳污水处理费。未依规定缴纳的，按有关规定予以追缴并进行处罚。

第十九条　暂不符合污水接纳标准，但对城市公共排水设施安全运行不构成严重影响的排水户，限期治理。治理期内，由排水户与污水处理单位约定处理方式、费用等。逾期仍未达到污水接纳标准的，停止排水。

第二十条　排水行政主管部门应当依照有关法律法规的规定，对排水户排放污水的情况实施监督检查，有关单位和个人不得拒绝或者阻挠。排水行政主管部门履行监督检查职责时，有权采取下列措施：

（一）进入现场开展检查；

（二）要求被检查排水户出示城市排水许可证；

（三）查阅、复制有关文件和材料；

（四）要求被检查的单位就有关问题作出说明；

（五）纠正违反有关法律法规和本办法规定的行为。

排水行政主管部门应当将监督检查的情况及有关问题的处理结果向社会公开。

第二十一条　排水行政主管部门及其工作人员对被检查单位的商业秘密负有保密义务。

第二十二条　有下列情形之一的，作出排水许可决定的排水行政主管部门或者其上级行政机关依据职权或者根据利害关系人的请求，可以撤销城市排水许可证：

（一）排水行政主管部门工作人员滥用职权、玩忽职守作出准予城市排水许可决定的；

（二）超越法定职权作出准予城市排水许可决定的；

（三）违反法定程序作出准予城市排水许可决定的；

（四）对不符合许可条件的申请人作出准予许可决定的；

（五）依法可以撤销城市排水许可的其他情形。

排水户以欺骗、贿赂等不正当手段取得城市排水许可的，应当予以撤销。

第二十三条　违反本办法规定，由有关部门和排水行政主管部门按照有关法律法规依法予以处罚。

第二十四条　县级市对排水户的监督、管理可参照执行。

第二十五条　本办法自2007年10月1日起施行。

苏州市节约用水条例

（2009年10月27日苏州市第十四届人民代表大会常务委员会第十三次会议制定　2009年11月23日江苏省第十一届人民代表大会常务委员会第十二次会议批准　根据2018年4月28日苏州市第十六届人民代表大会常务委员会第十一次会议通过　2018年5月31日江苏省第十三届人民代表大会常务委员会第三次会议批准的《关于修改〈苏州市节约用水条例〉的决定》修正）

第一章　总则

第一条　为了促进节约用水，提高水资源利用效率，保护和改善生态环境，保障经济社会可持续发展，根据《中华人民共和国水法》《中华人民共和国循环经济促进法》《江苏省节约用水条例》等有关法律法规，结合本市实际，制定本条例。

第二条　本市行政区域内节约用水及其相关监督管理活动，适用本条例。

本条例所称节约用水，是指采取科学合理的

行政、经济、技术等措施，加强用水管理，优化用水结构，改进用水工艺，实行计划用水，杜绝用水浪费，有效利用和保护水资源。

第三条　节约用水遵循统一规划、总量控制、综合利用、讲求效益的原则，采取计划和定额管理相结合的方式，建立政府调控、市场引导、公众参与的机制。

第四条　市、县级市（区）人民政府应当加强对节约用水工作的领导，把节约用水工作纳入国民经济和社会发展规划，建立节约用水专项投入制度，扶持节约用水科学技术研究、推广和应用。

重大建设项目布局、产业结构调整以及城乡建设应当坚持节水优先的理念，充分考虑本地区的水资源、水环境承载能力，实现水资源的可持续利用。

第五条　市、县级市（区）水行政主管部门按照规定的权限，负责本行政区域内节约用水的统一管理、监督、指导。

市节约用水管理机构受市水行政主管部门委托，具体负责全市节约用水工作的指导以及市区节约用水工作的管理。

县级市（区）节约用水管理机构，根据职责分工，在委托的权限内负责本行政区域内节约用水工作的日常管理。

发展改革、经济和信息化、规划、住房城乡建设、财政、农业、商务、市场监督管理、价格、园林和绿化、市容市政（城市管理）等行政主管部门应当按照各自职责，做好节约用水的相关管理工作。

第六条　各级人民政府应当广泛开展节约用水的宣传教育，提高全民节约用水意识。

水行政主管部门应当每年制定节约用水的宣传计划，定期开展宣传活动。

新闻媒体应当积极开展节约用水的公益宣传。

第七条　任何单位和个人都有节约用水的义务，有权对违反本条例的行为进行劝阻和举报。

单位和个人符合下列条件之一的，由各级人民政府或者水行政主管部门给予表彰、奖励：

（一）在建设节水型社会、节水型城市等工作中做出显著成绩的；

（二）研究推广节约用水技术、工艺、设备、器具和实施节约用水技术改造项目有显著效果的；

（三）再生水和雨水利用做出显著成绩的；

（四）劝阻和举报严重浪费水的行为，经查证属实的；

（五）其他对节约用水做出显著成绩的。

实施节约用水技术改造项目取得显著成效的，各级人民政府应当给予政策优惠和经费补助。

第二章　用水管理

第八条　水行政主管部门应当根据上一级人民政府节约用水规划以及本地区国民经济和社会发展规划、水资源综合规划组织编制节约用水规划，经同级人民政府批准后实施，并报上一级水行政主管部门备案。

水行政主管部门应当定期开展节约用水规划实施后评估工作。

第九条　发展改革行政主管部门应当会同水行政主管部门，根据国民经济和社会发展年度计划、节约用水规划、水资源和供水状况、用水定额及用水需求，组织制定本行政区域的年度取水、用水计划，实行总量控制。

第十条　节约用水实行居民生活用水和单位用水分类管理。

居民生活用水和年使用公共供水（即自来水，下同）五千立方米以下的单位用水，实行定额用水管理；年使用公共供水超过五千立方米的和使用自建取水设施的单位（以下简称计划用水单位）用水，实行计划与定额相结合的用水管理。

本条例所称居民生活用水是指居民因日常生活需要在居住场所发生的用水，单位用水是指机关、团体、部队、企业和事业等单位在生产、经营、科研、教学、管理等过程中发生的用水。

第十一条　节约用水管理机构根据本行政区

域年度用水计划、行业用水定额和用水需求，核定下达计划用水单位用水计划，定期公布和考核。

设计年用水量五千立方米以上的新增计划用水单位办理公共供水接水登记手续前，应当向节约用水管理机构申请用水计划。

计划用水单位因建设、生产、经营等需要增加用水计划的，应当向节约用水管理机构提出书面申请，节约用水管理机构应当在收到申请之日起十个工作日内予以书面答复。

具有下列情形之一的，不得增加用水计划：

（一）内部管网泄漏，未及时采取有效措施的；

（二）用水单耗、重复利用率等主要用水指标未达到行业标准的；

（三）使用国家明令淘汰的用水器具的；

（四）拖欠超计划用水加价水费的；

（五）法律、法规规定的其他不得增加用水计划的情形。

第十二条　单位用水实行超计划或者超定额累进加价收费制度。

用水单位取用地表水超计划或者超定额百分之五以上不足百分之十的部分按照水资源费的一倍加收；百分之十以上不足百分之二十的部分按照二倍加收；百分之二十以上不足百分之三十的部分按照三倍加收；百分之三十以上的部分按照五倍加收。

用水单位使用公共供水超计划或者超定额的，按照公共供水的基本水价和前款规定幅度加收。

实施抄表到户的区域，居民生活用水实行阶梯式计量水价，阶梯式计量水价分档水量及水价标准由价格行政主管部门会同水行政主管部门履行听证程序后制定。

尚未实施抄表到户的区域，供水企业应当制定和实施一户一表改造计划，落实居民生活用水阶梯式计量水价制度。

第十三条　累进加价水费由节约用水管理机构负责收取；阶梯式水费由供水企业收取。

累进加价水费的加价部分全额上缴财政专户，专项用于水资源节约和保护。

第十四条　水行政主管部门应当建立健全用水统计制度，督促节约用水管理机构、供水企业和计划用水单位建立供水和用水数据传输系统与共享数据库。

供水企业应当在每个抄表周期结束后的五日内，向节约用水管理机构报送用水单位的实际用水量，在考核周期结束后的三十日内报送居民生活用水户阶梯式水费征收清单。

计划用水单位应当建立健全用水原始记录档案和台账，并在每季结束后的十日内向节约用水管理机构报送上一季度的用水报表，每年一月三十一日前报送上一年度的用水情况报告。

第三章　效率控制

第十五条　新建、改建、扩建建设项目，应当制订节约用水措施方案，配套建设节约用水设施。节约用水设施应当与主体工程同时设计、同时施工、同时投入使用。

第十六条　民用建筑建设项目施工图设计文件应当符合绿色建筑设计标准中的水资源综合利用方案、雨水利用、节水措施等节约用水要求。不符合绿色建筑设计标准中的节约用水要求的，施工图设计文件审查机构不得出具施工图审查合格证书。

第十七条　年取用水十万立方米以上的建设项目，建设单位在组织工程竣工验收时，应当有水行政主管部门参加。

未经验收或者验收不合格的，节约用水管理机构不得核定用水计划，供水企业不得正式供水。

第十八条　已建项目未配套建设节约用水设施或者未安装节约用水设备的，应当在水行政主管部门规定的期限内建设节约用水设施或者安装节约用水设备。

用水单位不得擅自停止使用已有的节约用水设施、设备。

第十九条　重点计划用水单位应当每三年开展一次水平衡测试，其他计划用水单位应当每五年开展一次水平衡测试。当产品结构或者用水工艺发生变化时，应当重新进行测试。计划用水单位超计划用水百分之三十以上的，应当及时进行水平衡测试。

第二十条　本市建立用水审计制度。市、县级市（区）水行政主管部门应当对重点计划用水单位定期进行用水审计。超计划用水百分之三十以上的计划用水单位，应当接受水行政主管部门的用水审计，并根据审计结果采取提高用水效率的措施。

第二十一条　用水单位应当建立健全用水记录和用水统计分析等节约用水管理制度，落实部门和专人负责节约用水管理，加强用水设施、设备的日常维护管理。

物业服务企业、房屋所有人等应当对用水设施、设备和器具等加强维护和管理，采取防渗、防漏措施，降低渗漏率。

消防、环卫等设施的所有人或者管理人应当加强用水设施管理，防止水的渗漏、流失。

第二十二条　供水企业应当制定和实施公共供水管网改造计划，加强公共供水管网的改造、检查、维护，减少水的漏失，管网漏损率和水厂生产自用水比率应当控制在国家或者行业规定范围内。

各级人民政府应当支持公共供水管网改造，逐步开展管网独立分区计量管理。

第二十三条　以水为主要原料生产饮料、饮用水等产品的企业，应当采用节约用水生产工艺、技术和设备，原料水的利用率不得低于国家和省有关标准，尾水应当重复利用。

从事餐饮、洗浴、游泳、住宿等服务的单位，应当采用节约用水设备和设施。

从事洗车业务的单位，应当采用低耗水洗车技术和循环用水设施，减少洗车用水消耗。

第二十四条　禁止生产、进口、销售、使用国家明令淘汰或者不符合强制性用水效率标准的用水产品、设备；禁止使用国家明令淘汰的用水生产工艺。

各级人民政府应当鼓励、扶持居民使用节水型生活用水器具，采取优惠政策，加大资金投入，推进居民生活用水户节约用水器具改造。

第二十五条　各级人民政府应当通过定期公布水效领先单位、水效指标等方式，推动全社会建立节水型的生产方式、生活方式和消费模式。

发展改革、经济和信息化、住房城乡建设、商务等行政主管部门应当对节水型工业园区建设进行政策引导，支持和优先安排节约用水技术改造、海绵城市建设等项目或者资金。

鼓励用水单位采用节约用水新技术、新工艺、新方法，推广节约用水新技术、新产品的成果转化和应用，探索合同节水模式。

第二十六条　用水单位应当采取循环用水、一水多用等节约用水措施，提高水的重复利用率。

用水单位的设备冷却水、锅炉蒸汽冷凝水应当循环使用，不得直接排放。

用水单位的工业用水重复利用率、冷却水循环利用率应当达到国家或者行业标准；达不到国家或者行业标准的，应当进行整改，在达标前不得增加用水计划。

重污染行业和集中工业区的用水单位之间逐步推行循环用水或者串联用水。

第二十七条　各级人民政府应当加强农业用水管理，调整农业产业结构和布局，加大农业灌溉设施建设资金投入，发展高效节水型农业。

水行政主管部门和农业、科技等行政管理部门应当加强对农业节约用水的技术指导、培训和推广。

鼓励、扶持建设农业节约用水设施，发展管道输水、渠道防渗、喷灌、微灌等农业灌溉新技术，合理确定灌溉水价，提高农业灌溉用水的利用率。

推广、使用集约化节水型种植养殖技术和尾

水处理再利用技术，提高水资源循环利用率。

第二十八条　水行政主管部门应当加强深层地下水水质、水量、水位的动态监测和管理。

禁止在国家重要基础设施和水利工程安全保护区域开凿浅层地下水井；禁止擅自在城市、集镇内居民住宅区等建筑物密集地区开凿浅层地下水井用于生产、经营活动。

第四章　再生水和雨水利用

第二十九条　新建设计日处理能力五万立方米以上的污水处理厂，以及改建、扩建设计日处理能力五万立方米以上的污水处理厂具备条件的，应当配套建设再生水利用系统。

污水处理厂应当加强再生水利用系统管理，确保再生水利用设施正常运转，水质符合国家再生水水质标准。

本条例所称再生水，是指以污废水为水源，经再生工艺净化处理后水质达到再利用标准的水。

第三十条　再生水管道、水箱、出水口等外部设施表面应当有明显标识，管道不得与公共供水管道交叉连接。

第三十一条　规划用地面积二万平方米以上的新建项目，应当配套建设雨水净化、渗透和收集利用设施。

第三十二条　各级人民政府应当规划和建设取用再生水、雨水或者河水的相关配套设施。

绿化、景观、环卫等用水，优先选择使用符合标准的再生水、雨水或者河水，减少公共供水使用量。市区（含吴江区）自2019年7月1日起、县级市自2020年7月1日起，除喷雾降温、降尘外，公共绿化浇灌、道路冲洗不得取用公共供水。

新建项目景观用水不得取用地下水和公共供水。景观用水包括人造水景的湖、水湾、瀑布和喷泉等，但用于体育活动的瀑布、游泳池除外。

第五章　法律责任

第三十三条　违反本条例规定，法律、法规已有处罚规定的，从其规定。

第三十四条　违反本条例规定，有下列行为之一的，由水行政主管部门责令限期改正；逾期不改正的，处以二千元以上一万元以下罚款；情节严重的，处以一万元以上二万元以下罚款：

（一）设计年用水量五千立方米以上的新增计划用水单位未按照规定申请用水计划擅自用水的；

（二）供水企业和计划用水单位未按照规定报送资料、报表、报告的；

（三）供水企业未核查用水计划予以正式供水的。

第三十五条　违反本条例规定，在国家重要基础设施和水利工程安全保护区域开凿浅层地下水井，或者擅自在城市、集镇内居民住宅区等建筑物密集地区开凿浅层地下水井用于生产、经营活动的，由水行政主管部门责令限期改正，处以一千元以上五千元以下罚款；情节严重的，处以五千元以上三万元以下罚款。

第三十六条　违反本条例规定，新建项目景观用水取用地下水或者公共供水的，由水行政主管部门责令限期改正，处以一千元以上五千元以下罚款；情节严重的，处以五千元以上三万元以下罚款。

第三十七条　水行政主管部门、节约用水管理机构及其工作人员玩忽职守、滥用职权、徇私舞弊的，由其所在单位或者上级主管机关对直接负责的主管人员和其他直接责任人员，依法给予处分；构成犯罪的，依法追究刑事责任。

第六章　附则

第三十八条　本条例自2010年3月22日起施行。2006年10月1日苏州市人民政府公布施行的《苏州市节约用水管理办法》同时废止。

苏州市生活饮用水二次供水管理办法

（2011年5月11日苏州市政府第69次常务会议讨论通过）

第一条　为加强生活饮用水二次供水管理，

保证生活饮用水二次供水水质、水压和供水安全，保障公众身体健康，根据《城市供水条例》《江苏省城乡供水管理条例》等法律、法规，结合本市实际，制定本办法。

第二条　本办法所称生活饮用水二次供水（以下简称“二次供水”）是指对超过城乡供水管网正常服务压力要求的建筑物，在入户前再次通过储存、加压等设施向用户提供用水的方式。

本办法所称二次供水设施，是指为二次供水设置的管网、水箱（塔）、贮水池、水泵、电机、电控装置、阀门等设施。

第三条　本市行政区域内二次供水设施的建设、运行维护及其监督管理适用本办法。

第四条　市供水主管部门负责二次供水的监督管理。县级市、区人民政府确定的供水主管部门按照规定的权限，负责本行政区域内二次供水的监督管理，业务上受市供水主管部门的指导。

卫生主管部门负责本行政区域内二次供水的卫生监督管理。发展改革、财政、住建、价格、环保等部门按照各自职责共同做好二次供水管理工作。

第五条　新建、改建、扩建的建筑物对水压要求超过供水管网正常服务压力的，建设单位应当配套建设二次供水设施。二次供水设施应当与建筑物主体工程同时设计、同时施工、同时交付使用。

第六条　二次供水设施的设计应当符合国家、省、市二次供水设施卫生规范、二次供水工程技术规程。二次供水工程技术规程由市供水主管部门另行制定。

二次供水工程的设计、施工，建设单位应当委托具有相应资质的单位承担。

第七条　二次供水设施的设计方案应当经过供水主管部门组织的技术性审查。工程竣工后，建设单位应当组织竣工验收，供水单位应当参与。验收合格的，方可与公共供水管网连接使用。

二次供水设施的设计、施工方案及其变更，应当及时向供水主管部门备案。

第八条　居民住宅的二次供水设施，经验收合格后，由供水单位负责运行、维护和管理。建设单位应当在正式供水前向供水单位移交二次供水设施，签订移交协议。移交协议应当向供水主管部门备案。

二次供水设施运行、维护和管理的费用，应当执行价格主管部门核定的指导性收费标准，并在二次供水设施移交协议中明确。

第九条　已经建成的居民住宅的二次供水设施需要改造的，市、县级市（区）人民政府应当组织供水等相关部门编制改造计划并组织实施。改造移交后的二次供水设施，由供水单位负责运行、维护和管理。费用承担由同级人民政府确定。

第十条　供水单位应当按照国家相关的规定和协议对居民住宅的二次供水设施进行维护和管理。物业服务单位应当积极配合，发现问题及时通知供水单位抢修维护。

第十一条　二次供水设施管理者应当加强对二次供水设施的管理，建立水质检测和公示制度，定期进行水质检测，每半年至少一次对二次供水设施进行清洗、消毒，保证二次供水水质符合国家生活饮用水卫生标准。

二次供水管理者应当使用符合国家和省有关标准的净水剂、消毒剂等涉及饮用水卫生安全的产品。

清洗、消毒后的二次供水设施在投入使用前，应当经具备法定资质的水质检测机构检验合格。检验结果应当向当地居民公示。

第十二条　二次供水设施专（兼）职管理人员和清洗、消毒人员应当符合下列条件：

（一）掌握二次供水设施的管理和清洗、消毒的操作规程及日常卫生管理要求；

（二）清洗、消毒人员未患有传染病、皮肤病或者其他有碍生活饮用水卫生的疾病，并通过每年的健康检查。

第十三条　二次供水管理者应当按照规定每半年分别向供水和卫生行政主管部门报送水质、水压等有关资料，并接受检查。

第十四条　供水主管部门应当建立健全水质监测制度，加强对供水水质的日常监测，每半年公布一次供水水质情况。卫生主管部门应当定期对二次供水进行卫生监测，建立居民生活饮用水卫生监测信息发布制度。

第十五条　因工程施工、设备维修等原因确需停止二次供水的，二次供水管理者应当提前二十四小时通知用户；因发生自然灾害或者突发事故不能提前通知的，应当在抢修的同时通知用户，尽快恢复供水。

第十六条　任何单位和个人不得损坏、侵占和擅自改动、停止使用二次供水设施。

第十七条　未正式供水或者在建的二次供水设施按照本办法执行。

第十八条　本办法自公布之日起施行。

苏州市排水管理条例

（2014年10月24日苏州市第十五届人民代表大会常务委员会第十六次会议制定　2014年11月27日江苏省第十二届人民代表大会常务委员会第十三次会议批准）

第一条　为了加强城乡排水管理，保障排水设施安全运行，防治水污染和内涝灾害，改善城乡水环境，促进经济和社会可持续发展，根据《中华人民共和国水污染防治法》、国务院《城镇排水与污水处理条例》等法律、法规，结合本市实际，制定本条例。

第二条　本条例适用于本市行政区域内排水及其设施的管理活动。

法律、法规对农业生产排水和工业污水集中处理另有规定的，从其规定。

第三条　本条例所称排水，是指向排水设施排放雨水、污水，以及接纳、输送、处理、再生利用雨水、污水的行为。

本条例所称排水设施，是指排放、接纳、输送、处理、再生利用雨水和污水的设施，包括管道、窨井、沟（河）渠、泵站、城镇污水处理厂、村庄生活污水处理设施、污泥处理处置设施等。

第四条　排水管理应当遵循尊重自然、统筹城乡、科学规划、建管并重、保障安全、综合利用的原则。

第五条　市、县级市（区）人民政府应当加强对排水工作的领导，并将排水工作纳入城乡规划以及国民经济和社会发展规划。

市、县级市（区）和镇人民政府可以采取特许经营、政府购买公共服务等多种形式，吸引社会资本参与公共排水设施的建设和运营。

第六条　市水行政主管部门是本市排水行政主管部门，负责排水的监督管理。市排水管理机构受市排水行政主管部门委托，具体负责排水管理工作。

县级市（区）人民政府确定的排水行政主管部门负责本行政区域内排水的监督管理，业务上接受市排水行政主管部门指导监督。县级市（区）排水行政主管部门可以委托排水管理机构具体负责排水管理工作。

发展改革、财政、住房和城乡建设、规划、市容市政（城市管理）、交通运输、农业、环保、卫生、气象、工商、质监、价格等有关部门按照各自职责，负责排水的相关管理工作。

第七条　单位和个人有权对排水违法行为进行劝阻、举报。

单位和个人在保护公共排水设施中作出显著贡献的，排水行政主管部门应当给予表彰、奖励。

第八条　城乡排水规划应当由排水行政主管部门会同有关部门统一组织编制，报同级人民政府批准后实施，并报上一级排水行政主管部门备案。

内涝防治专项规划应当纳入城乡排水规划。

第九条　排水设施的建设和改造应当符合排

水规划、排水设计规范等要求。排水防涝设施建设和改造标准应当不低于国家、省规定的上限。

新建、改建、扩建排水设施，应当符合雨水、污水分流的要求。在雨水、污水分流管道到达的区域，雨水管道和污水管道不得混接。

新建城镇污水处理厂、村庄生活污水处理设施，应当同步确定污泥处理处置方案，同步配套建设污水管道。新建、改建、扩建日处理能力五万立方米以上的城镇污水处理厂，应当配套建设再生水利用系统。

新建、改建住宅的，建设单位应当在住宅阳台（露台）设置污水管道。

已建排水设施未达到国家、地方规定要求的，应当编制改造计划并逐步实施。

第十条　县级市（区）和镇人民政府应当保障村庄排水设施建设资金。

毗邻城镇、靠近城镇污水管道的村庄，其生活污水应当就近接入城镇污水管道；其他村庄应当建设相对集中的生活污水处理设施。县级市（区）排水行政主管部门应当对村庄生活污水处理设施的工艺选择予以指导。

村庄生活污水处理设施的出水水质应当达到城镇污水处理厂污染物排放标准，具体标准由市人民政府在本条例实施前确定。

第十一条　建设项目的排水设施应当依法设计、施工、监理，并与建设项目的主体工程同时设计、同时施工、同时投入使用。

环保部门在环境影响评价文件审批、规划部门在核发建设用地规划许可证时，应当就建设项目排水方案征求排水行政主管部门意见。

第十二条　因工程建设需要拆除、改动公共排水设施的，建设单位应当制定拆除、改动方案，报排水行政主管部门审核同意后实施，并承担重建、改建和采取临时措施的费用。

排水行政主管部门应当在收到拆除、改动方案后十个工作日内出具书面审核意见。

第十三条　排水设施建设工程竣工后，建设单位应当依法组织竣工验收，并通知排水行政主管部门参与。竣工验收合格的，方可交付使用，并自竣工验收合格之日起十五日内，将竣工验收报告等相关档案资料报排水行政主管部门备案。

排水设施未经验收或者验收不合格的，不得交付使用。

第十四条　在污水管道到达的区域，排水单位和个人应当将污水排入污水管道。

在雨水、污水分流管道到达的区域，不得将污水排入雨水管道。

第十五条　从事工业、建筑、餐饮、医疗等活动的企业事业单位、个体工商户（以下简称排水户）向公共污水管道排放污水的，应当按照国家规定的条件、程序向排水行政主管部门申请领取污水排入排水管网许可证。

直接或者间接向水体排放工业废水和医疗污水以及其他按照规定应当取得排污许可证方可排放废水、污水的企业事业单位，应当依照《中华人民共和国水污染防治法》的规定，向环保部门申请领取排污许可证。

第十六条　排水行政主管部门应当依法对排水户的污水排放情况进行监督检查，委托具有计量认证资格的排水监测机构定期对排水户排放的水质水量进行监测，并向社会公开监测结果。排水户应当予以配合。

第十七条　在汛期或者发生特殊情况时，排水单位和个人应当服从防汛指挥机构和排水行政主管部门的统一调度，按照要求排水。

第十八条　排水单位和个人应当按照国家有关规定缴纳污水处理费。污水处理费的收费标准由价格部门根据省价格、财政部门的标准确定，报同级人民政府批准后实施。

污水处理费应当纳入财政预算管理，专项用于污水处理设施的运行、维护和建设以及污泥处理处置。

村庄生活污水处理设施运行、维护资金从污水处理费中支出，不足部分由县级市（区）、镇人民政府在财政预算中列支。

第十九条　排水行政主管部门应当采取招标、委托等方式确定城镇公共排水设施的维护运营单位（以下简称维护运营单位），签订维护运营合同。

村庄生活污水处理设施应当实行专业化管理，由县级市（区）排水行政主管部门、镇人民政府采取招标、委托等方式确定维护运营单位，签订维护运营合同。

第二十条　维护运营单位应当在城镇污水处理厂、泵站的指定位置安装在线监测系统，完善自动监测设备管理制度，配备、使用经检定、校准合格的计量器具。在线监测系统应当与排水行政主管部门、环保部门的监控系统联网。

维护运营单位应当根据有关规定，定期向排水行政主管部门报送水质水量、泥质泥量、运营成本等相关信息，向环保部门报送水质水量、主要污染物削减量等信息，并配合排水行政主管部门、环保部门的监督检查。

第二十一条　排水行政主管部门应当建立、健全日常监管评价制度和绩效考核制度，对城镇污水处理厂、村庄生活污水处理设施的工艺运行、成本核算、设施维护、污泥处理处置等进行全过程监管，并将监督考核情况定期向社会公布。

环保部门应当依法对城镇污水处理厂、村庄生活污水处理设施排放的水质水量、泥质泥量进行监督检查。

第二十二条　住宅小区内共用雨水、污水管道（不含地下车库，单元出户井以外）、窨井的维护运营单位由排水行政主管部门、镇人民政府通过招标、委托等方式确定，养护经费在财政预算中列支。

物业服务企业应当协助维护运营单位做好住宅小区内排水设施的养护，发现窨井盖缺损或者雨水、污水外溢的，及时报告维护运营单位。业主委员会、业主发现窨井盖缺损或者雨水、污水外溢的，有权向物业服务企业、维护运营单位报告。

排水单位和个人所有的内部排水设施（以与公共排水设施相连接的窨井为界）的养护和维修由所有权人负责。所有权人和使用人有约定的，从其约定。

第二十三条　维护运营单位应当按照国家、地方有关技术标准对排水设施进行养护维修，保证排水设施完好和正常运行，并接受排水行政主管部门的监督检查和考核。

每年汛期之前，维护运营单位应当对排水设施进行全面检查维修，保障设施的安全运行。

维护运营单位应当加强对城市广场、立交桥下、隧道、涵洞、低洼地等易涝区域的巡查。因暴雨发生险情时，维护运营单位应当及时向排水行政主管部门报告，并强化排涝措施，保障排水设施安全运行。

第二十四条　公共排水设施的保护范围为：

（一）直径四百毫米以上的排水管道两侧各五米以内；

（二）直径不满四百毫米的排水管道两侧各一米以内；

（三）窨井、泵站、污水处理设施、污泥处理处置设施、雨水和再生水利用设施规划红线内的区域。

在保护范围内，有关单位从事爆破、钻探、打桩、顶进、挖掘、取土等可能影响排水设施安全的活动的，应当与维护运营单位等共同制定设施保护方案，并采取相应的安全防护措施。

排水行政主管部门应当对公共排水设施设置保护标识。

第二十五条　违反本条例规定，法律、法规已有处罚规定的，从其规定。

第二十六条　违反本条例第九条第四款规定，新建、改建住宅，建设单位未在住宅阳台（露台）设置污水管道的，由住房和城乡建设部门责令限期改正；逾期不改正的，处以十万元以上二十万元以下罚款。

第二十七条 违反本条例第十三条第二款规定，排水设施未经验收或者验收不合格交付使用的，由排水行政主管部门责令改正，对建设单位处以工程合同价款百分之二以上百分之四以下罚款。

第二十八条 排水行政主管部门和其他有关部门及其工作人员玩忽职守、滥用职权、徇私舞弊的，由其所在单位或者上级主管机关对直接负责的主管人员和其他直接责任人员依法给予行政处分；构成犯罪的，依法追究刑事责任。

第二十九条 本条例自2015年3月22日起施行，2004年1月1日起施行的《苏州市城市排水管理条例》同时废止。

苏州市水平衡测试实施办法

第一条 为了提高用水效率，保护和改善生态环境，促进经济社会可持续发展，根据《苏州市节约用水条例》，制定本办法。

第二条 本市行政区域内非居民用水单位（以下简称用水单位）的水平衡测试以及相关管理活动，适用本办法。

第三条 市、县级市（区）节水行政主管部门负责本行政区域内水平衡测试工作的统一监督、管理和指导。

市、县级市（区）节约用水管理机构根据规定的权限具体负责本行政区域内水平衡测试工作的日常管理。

第四条 水平衡测试应当执行下列规范、标准：

（一）《企业水平衡测试通则》（GB/T12452）；

（二）《工业企业用水管理导则》（GB/T27886）；

（三）《节水型企业评价导则》（GB/T7119）；

（四）《用水单位水计量器具配备和管理通则》（GB24789）；

（五）《企业用水统计通则》（GB/T26719）；

（六）省、市节水主管部门编制的指南等工作要求。

第五条 利用自建取水设施年取水量十万立方米以上或者使用公共供水年取水量二万立方米以上的用水单位，应当每三到五年进行一次水平衡测试。产品结构或者用水工艺、用水性质发生变化的，应当及时开展水平衡测试。

第六条 节水管理机构应当依照《苏州市节约用水条例》，根据用水单位用水实际情况和节约用水管理需要每年组织开展水平衡测试，安排测试经费，并向用水单位下达测试任务。

第七条 用水单位因客观原因不能按期开展水平衡测试的，应当向节水管理机构提交暂缓测试申请并说明理由，经节水管理机构同意后暂缓进行水平衡测试工作。

第八条 用水单位可以委托专业测试机构或者自行组织水平衡测试。

用水单位具备内部用水动态平衡监测条件或者产品结构、用水工艺、用水性质等均未发生变化的，可以在首次水平衡测试后每三年向节水管理机构上报以下材料：水平衡总图和总表、各类用水情况分析表、主要用水指标（重复用水率、间冷水回用率、锅炉冷凝水回用率、主要用水定额指标）数据汇总以及合理化用水分析。经节水管理机构确认后，视作本周期已经开展水平衡测试。

第九条 开展水平衡测试的专业机构应当符合下列要求：

（一）具有独立的法人实体，有固定的办公场所；

（二）配备质量技术监督行政主管部门检定合格且在有效期内的计量检测设备，以及其他必需的仪器设备；

（三）测试人员不少于3人，其中通过市级以上水平衡测试培训人员不少于1人；

用水单位自行测试的，应当具备前款中第（二）、（三）项要求，并且二、三级计量应当在测试前按规定安装到位。

第十条 水平衡测试报告应当按照规定格式

与内容进行编写，包括单位概况、水平衡测试计划、用水单位取水情况、用水性质构成、近年用水情况、给排水管网图、用水工艺流程图、各级水表的配备率、计量网络图、水平衡总图及总表、各用水单元水平衡分图及分表、各类用水情况分析、测试结果数据汇总、合理化用水建议或整改措施等。

第十一条　用水单位委托机构或自行开展水平衡测试的，应当在测试完成后15天内将测试报告（一式两份）报所在地节水管理机构备案。节水管理机构在收到水平衡测试报告之日起15天内，对水平衡测试结果进行现场复核。测试报告不符合本办法规定的，节水管理机构不予备案。

由财政补助水平衡测试费用的，测试完成后，由组织测试工作的节水管理机构组织统一验收，验收合格后由节水管理机构对测试报告（一式两份）进行备案。

第十二条　水平衡测试结果作为用水单位申报节水型载体、调整用水计划和申报节水技改补助的依据。经测试发有不合理用水的，由节水管理机构提出整改意见，用水单位应当在规定期限内进行整改，整改完成前不予调整用水计划或给予节水技改补助。

第十三条　用水单位和测试机构应当提供和采集真实数据，经发现水平衡测试有弄虚作假现象的，测试视作无效，同时将纳入相关责任单位公共信用信息记录。

未按规定开展水平衡测试且无正当理由的，依照《苏州市计划用水管理办法》相关条款核减年度用水计划。

第十四条　各级节约用水管理机构、各测试机构及其他有关机构应当对被测试单位涉及商业秘密、技术秘密等有关资料承担保密责任。

第十五条　本办法自2016年2月1日起实施。

苏州市河道堤防工程占用补偿费暂行办法

第一条　为了规范河道占用行为，减轻市场主体负担，根据《省政府关于取消、停征、转出部分行政事业性收费和经营服务性收费及降低部分收费标准的通知》（苏政发〔2017〕70号）和《苏州市河道管理条例》等法规、规定，结合本市实际，制定本办法。

第二条　本市行政区域内河道堤防工程占用补偿费收缴的管理和监督，适用本办法。

本办法所称河道堤防工程占用补偿费，是指工程设施经水行政主管部门批准建设占用河道管理范围内水域、陆域而交纳的资源使用费用。

第三条　工程设施经批准建设占用河道管理范围的，应当与水行政主管部门签订占用合同，明确占用范围和时间，依法交纳资源使用费用，国防、能源、交通、水利、市政、生态环境保护等公益性设施占用或者已缴纳土地使用权出让金的除外。

批准机关可以明确相关的河道管理机构与占用单位或者个人签订河道占用合同、收取河道堤防工程占用补偿费。

第四条　河道占用合同应当包括主体、占用范围、交纳时间、滞纳金、违约责任等内容。

桥梁、隧道、管道、缆线等项目的占用宽度按照其两侧的管理范围或者保护范围确定；码头的水上建（构）筑物、趸船，其占用面积按照投影面积计算。

第五条　河道占用合同期限不得超过批准文书载明的期限。期限届满需要续期的，占用单位或者个人应当于期限届满前三个月向批准机关申请。

占用合同期限届满，占用单位或者个人未申请续期或者申请续期未获批准的，双方合同关系自期限届满之日起终止。

第六条　河道堤防工程占用补偿费标准为每月0.5元/平方米，临时占用项目一次性交纳，其他项目每半年交纳一次。

一年占用费一次性交纳的，可以优惠百分之二。一年以上占用费一次性交纳的，优惠幅度可以逐年递增百分之二，但累计不得超过百分之十。

第七条　河道堤防工程占用补偿费作为国有资源（资产）有偿使用收入全额缴纳同级财政，具体缴纳方式按照财政部门的规定执行。

第八条　本办法实施前经批准已发生的占用行为，占用单位或者个人应当依照本办法第三条的规定签订河道占用合同。

对于未经批准擅自占用的项目，水行政主管部门应当依法查处。占用单位或者个人应当交纳非法占用期间的河道堤防工程占用补偿费。

第九条　本办法自2020年10月1日起施行。

苏州市供水条例

（2020年10月28日苏州市第十六届人民代表大会常务委员会第二十九次会议通过　2020年11月27日江苏省第十三届人民代表大会常务委员会第十九次会议批准）

第一章　总则

第一条　为了加强供水管理，保障供水安全，提升供水质量，维护用户和供水企业的合法权益，促进经济社会的可持续发展，根据《中华人民共和国水污染防治法》、国务院《城市供水条例》《江苏省城乡供水管理条例》等法律、法规，结合本市实际，制定本条例。

第二条　本市行政区域内供水、用水及相关活动的监督和管理，适用本条例。

第三条　供水管理应当遵循统一规划、保障安全、优质供水和节约用水的原则，实现城乡供水同管网、同水质、同服务。

第四条　市、县级市（区）人民政府应当将发展供水事业纳入国民经济和社会发展规划，建立和完善供水政府责任制，统筹安排专项资金，加强水源保护和公共供水设施建设、改造，推动实施优质供水和相邻区域联网供水。

第五条　市、县级市（区）供水行政主管部门负责本行政区域的供水、用水监督管理。发展和改革、工业和信息化、公安、自然资源和规划、生态环境、住房和城乡建设、城市管理、交通运输、农业农村、卫生健康、市场监督管理、应急管理等有关部门按照各自职责，做好供水、用水的相关工作。

第六条　在供水工作中，应当加强供水和节约用水科学技术研究，推广应用新技术、新工艺、新设备和新材料，提高区域化、模块化、信息化、智能化水平。

第七条　鼓励建立供水行业协会，健全行业自律制度，依法开展活动，发挥服务、引导和协调作用，促进供水行业持续健康发展。

第二章　规划与建设

第八条　市、县级市（区）供水行政主管部门应当根据上一级供水专项规划、本级国民经济和社会发展规划、国土空间总体规划以及水资源综合规划，会同有关部门组织编制供水专项规划，经上一级供水行政主管部门组织技术论证后，报本级人民政府批准后组织实施。

供水专项规划应当明确尾泥处置方案。供水行政主管部门会同自然资源和规划、生态环境等部门统筹推进尾泥的减量化、资源化和无害化工作，指导供水企业规范处置尾泥。

第九条　市供水行政主管部门应当加强应急供水能力建设，编制相邻供水区域出厂水互连互通建设方案，报市人民政府批准后组织实施。

互连互通方案应当明确管道建设、维护费用的承担和组织调度等事项。

第十条　供水行政主管部门应当依据供水专项规划和地下管线综合规划，结合供水设施评估情况，制定供水设施建设及更新改造方案和年度实施计划，报本级人民政府批准后实施。

供水企业应当定期开展供水设施运行情况评估，提出供水设施更新、改造计划，并报送本级供水行政主管部门。

第十一条　供水设施的建设、改造，应当按照供水专项规划和年度实施计划进行。

新建、改建、扩建自来水厂应当同步建设深度处理工艺设施，并按照规定确保正常运行。

第十二条　自建供水设施与公共供水管道连接的户外管道及其附属设施，其设计方案应当通过供水行政主管部门组织的技术性审查并按照审定的设计方案施工。工程竣工后经供水企业参与验收并认定合格的，方可与公共供水管网连接使用。供水企业认定不合格的，应当一次性书面告知理由。

第十三条　新建居民住宅供水设施应当按照一户一表、水表出户的要求进行设计和建设。

已建居民住宅供水设施不符合前款要求的，供水行政主管部门应当编制改造计划，报本级人民政府批准后组织实施。

商住综合楼内为居民住宅供水的主管道应当单独设置。

第十四条　居民住宅户外供水设施应当安装防冻保温等安全防护设施，新建居民住宅由建设单位负责，已建居民住宅由供水企业负责。防冻保温等安全防护设施的维护和更新由供水企业负责。

第十五条　以公共供水为生产用水或者消防用水的单位，应当在其内部用水管道与公共供水管网连接处安装倒流防止器，并负责维护和更新。

住宅区内部消防管道与公共供水管网连接处应当安装倒流防止器，新建住宅区由建设单位负责，已建住宅区由供水企业负责。倒流防止器的维护和更新由供水企业负责。

单位或者个人直接从地表（地下）取水或者取用再生水专门用于生产或者消防用水的管网，不得与公共供水管网连接。

禁止产生或者使用有毒有害物质的单位将其生产用水管网与公共供水管网连接。

第十六条　鼓励学校、图书馆、体育场（馆）等公共场所建设管道直饮水设施。

引导供水企业、社会资本在住宅区、旅游景区（点）和星级酒店等其他公共场所建设管道直饮水设施。

从事管道直饮水供应的企业，应当依法取得卫生许可证。

第三章　水源保护与水质管理

第十七条　市、县级市（区）人民政府应当增加资金投入，完善水源保障体系，加强长江、太湖、阳澄湖、尚湖、傀儡湖等水源地保护，推进应急水源建设，规划与建设备用水源。

水源地应当依法划定保护区，并在饮用水保护区的边界设立明确的地理界标和明显的警示标志。以长江为水源地的，取水口周边应当设置防撞设施；以湖泊为水源地的，一级保护区应当实施封闭管理。

水行政主管部门应当加强调水通道管理，科学调度水工程，合理配置水资源，优先保障水源地用水。

第十八条　公安、交通运输、住房和城乡建设、生态环境、市场监督管理、应急管理等部门应当加强危险废物、危险化学品运输车辆和船舶及仓储码头的监督和管理，保障水源安全。

剧毒化学品以及其他危险化学品运输车辆确需通过水源地保护区的，公安机关在划定、调整运输车辆通行区域或者指定运输车辆线路时，应当按照国家和省有关规定执行。

第十九条　生态环境部门应当建立、健全饮用水水源地水质监测预警机制，实现水质实时监控，并将水质监测数据与供水行政主管部门和供水企业共享。

卫生健康部门应当加强居民生活饮用水的卫生监督工作，定期对出厂水、二次供水、末梢水等水质进行监测，并建立居民生活饮用水卫生监测信息发布制度。

供水行政主管部门应当完善对供水水质、水压的监管机制，对供水的水质、水压进行监测，并向社会公布监测结果。

供水行政主管部门应当会同生态环境、卫生健康部门构建供水信息系统，与供水企业共享有关监测数据。水质、水压监测和信息系统建设所需经费纳入同级人民政府财政预算。

第二十条　供水企业应当健全水质检测制度，按照规定的水质检测项目、频次、方法，对水源水、出厂水、管网水、二次供水、末梢水等进行检测，并在其门户网站等信息平台向社会公布浊度、余氯、水压等主要指标的检测结果。

供水企业应当建立供水设施、水质、水压以及用户用水等供水、用水信息库，通过科学布置监测点、智能化管理和大数据分析等措施，及时掌握供水管网运行、水质、水量、水压等动态信息，并按照要求接入供水、生态环境和卫生健康部门构建的供水信息系统。

第四章　设施管理与保护

第二十一条　供水企业应当履行下列设施管理和维护职责：

（一）开展供水设施巡查；

（二）储备应急物资、装备、器材；

（三）开展管网查漏工作；

（四）按照规定做好水表更换；

（五）对用户用水异常进行提示；

（六）规范处置尾泥；

（七）法律、法规规定的其他职责。

第二十二条　公共消防用水设施由消防救援机构监督和使用，其建设和维护管理由供水企业负责，所需资金由当地人民政府承担。

机关、企业、住宅区等在建设红线内的消防用水设施由建设单位出资建设。机关、企业等单位的消防用水设施由所有权人、使用单位或者其委托的单位负责维护和管理；住宅区的共用消防用水设施的维护和管理，按照物业管理、消防有关法律、法规的规定执行。

第二十三条　任何单位或者个人不得擅自拆除、改装或者迁移公共供水设施。

因工程建设需要拆除、改装、迁移公共供水设施的，建设单位应当到自然资源和规划等部门办理相关审批手续。

拆除、改装、迁移公共供水设施工程开工前，建设单位应当会同供水企业和施工单位商定保护方案并签订协议。建设单位承担拆除、改装、迁移公共供水设施所需费用，造成供水企业损失的，应当依法赔偿。公共供水设施改装、迁移后的工程状况和质量不得低于原工程。供水企业可以对施工作业实施监督。

第二十四条　供水设施的保护范围为：

（一）直径一千毫米以上的供水管（含原水管）中心线两侧各五米；

（二）直径五百毫米以上不足一千毫米的供水管中心线两侧各二米；

（三）直径一百毫米以上不足五百毫米的供水管中心线两侧各一米；

（四）直径一百毫米以下的供水管中心线两侧各五百毫米；

（五）窨井、阀门、消火栓、伸缩器、计量仪表（箱）外一米；

（六）结算水表、排水阀、排气阀等其他管线附属设施四周五百毫米。

公共管廊（管井）内供水设施的保护范围另有规定的，从其规定。

在保护范围内，任何单位和个人不得从事法律、法规禁止的危害供水设施安全的活动。

第二十五条　居民住宅户外结算水表（含）至公共供水设施之间的自建供水设施经验收合格后应当移交供水企业统一管理和维护。多层住宅一户一表改造后，水表为集中地埋式的，户外管道、水表由供水企业免费管理和维护。

供水企业在接收二次供水设施时，建设单位应当按照二次供水设施运行、维护和管理的指导性收费标准，与供水企业签订协议后办理移交手续。协议期满后，二次供水设施由供水企业负责运行、维护和更新。

二次供水设施运行、维护和更新的具体办法

由市人民政府另行规定。

第二十六条　任何单位或者个人不得阻挠供水企业巡查和维修供水设施。

物业服务企业应当配合供水企业巡查、维修本区域供水设施，发现供水设施出现损坏、故障等现象的，及时通知供水企业。

第五章　经营服务与用户

第二十七条　依法实行供水特许经营的，供水行政主管部门应当与供水企业签订特许经营协议。

供水行政主管部门应当根据特许经营协议，至少每五年开展一次供水特许经营建设运营情况监测分析，会同有关部门进行绩效评价。

第二十八条　供水行政主管部门应当每年对供水企业的供水安全和服务质量进行考核和评估，并向社会公布结果。

供水企业应当向社会公开服务标准、收费标准等信息，为用户提供安全、便捷、稳定和价格合理的服务。

第二十九条　供水价格的制定或者调整，应当遵循补偿成本、合理收益、节约用水、公平负担的原则。

价格主管部门制定或者调整居民生活用水价格，应当依法组织听证，并向社会公布水价构成。管道直饮水价格实行市场调节价。

第三十条　供水实行分类水价。根据用水性质分为居民生活用水、非居民生活用水、特种行业用水三类。用户应当按照实际用水量、用水类别以及水价，向供水企业交纳水费。

居民生活用水实行一户一表、抄表到户计费。

涉及多类别用水的，管理单位应当分别安装水表分类计费；不具备分表计费条件的，实行抄表到总表，由供用水双方协商确定各类别用水比例后计费。

第三十一条　本市实行用水实名制。用户有下列情形之一的，应当凭身份证件、不动产权属证书等有效证件办理用水手续，签订或者变更供用水合同：

（一）用水报装，包括结算水表新装、迁移、容量增大或者减小；

（二）变更名称、用水类别、用水人口（仅限居民用户）；

（三）销户、暂停或者恢复用水。

供水企业应当将服务项目的名称、办理程序、期限、需提交的资料、收费标准等事项，在其门户网站等信息平台以及营业场所公示。

政务服务部门应当将用水报装系统与政务服务资源共享平台对接，建立政务数据和电子证照共享机制，实现用水手续与不动产登记等业务同步办理。

第三十二条　用户或者供水企业对结算水表计量有异议，提出由计量部门进行检定的，另一方应当予以配合。送检期间，供水企业应当提供替换水表。

送检水表经计量部门检定，符合国家标准的，检验和更换费用由提出异议方承担；不符合国家标准的，由供水企业承担并负责更换水表。对发生异议前最近一个抄表周期的用水量，由供水企业根据检定结果计算用水量后追收或者退还水费。

插卡式水表、远传表的读数与其机械表不一致的，以机械表读数为准核定水量并结算水费。

第三十三条　用户应当按照供用水合同交纳水费。供水企业应当提供水费在线查询和欠费提醒服务，拓宽水费交纳渠道，可以通过银行代扣、在线支付、预存水费等方式收取水费。

用户欠费经催告后在十五日内仍未交纳的，供水企业可以依据供用水合同约定并按照国家规定的程序停止供水。供水企业停止供水的，应当提前四十八小时通知用户。

供水企业应当在用户交清水费和违约金后的二十四小时内恢复供水。

第三十四条　供水行政主管部门、卫生健康部门收到用户投诉水有明显异味、水色异常的，应当立即通知供水企业处理；供水企业收到部门通知或者用户投诉后，应当在两小时内到现场核实、处理，结果报送供水行政主管部门、卫生健康部门。

对于用户的其他投诉，供水企业应当在一个工作日内与用户沟通，进行核查；自受理投诉之日起五个工作日内向用户作出答复，处理结果每季度报送供水行政主管部门。

第三十五条　单位或者个人不得从事下列行为：

（一）未经供水企业同意，擅自在公共供水管网上直接取水；

（二）除消防需要外，擅自开启消火栓和消防防险装置取水；

（三）绕过结算水表接管取水；

（四）拆除、伪造、开启法定计量检定机构加封的结算水表或者设施封印；

（五）私装、改装、毁坏结算水表或者干扰结算水表正常计量；

（六）其他影响正常计量的行为。

有前款行为的，按照取水管道口径公称流量和实际用水时间计算取水量。实际用水时间无法确定的，按照十二个月的行业或者个人平均用水时间计算。平均用水时间按照居民生活用水每天两小时、非居民生活用水每天六小时、特种行业用水每天十小时计算。

第三十六条　因水资源紧缺、发生灾害或者突发事件无法正常供水的，市、县级市（区）人民政府应当根据应急预案采取供水管制措施，供水企业和用户应当予以配合。采取供水管制措施时，应当优先保障居民生活用水。

第六章　法律责任

第三十七条　违反本条例规定的行为，法律、法规已有处罚规定的，从其规定；构成犯罪的，依法追究刑事责任。

第三十八条　违反本条例第十一条第二款规定，新建、改建、扩建自来水厂未同步建设深度处理工艺设施，并按照规定确保正常运行的，由供水行政主管部门责令限期改正，处以三万元以上十万元以下罚款。

第三十九条　违反本条例第十五条第一款规定，以公共供水为生产用水或者消防用水的单位未安装倒流防止器的，由供水行政主管部门责令改正，处以五千元以上三万元以下罚款。

违反本条例第十五条第三款规定，单位或者个人将管网与公共供水管网连接的，由供水行政主管部门责令改正，处以五万元以上十万元以下罚款。

第四十条　违反本条例第二十六条第一款规定，阻挠供水企业维修供水设施的，由供水行政主管部门责令改正，对个人处以五百元以上三千元以下罚款，对单位处以三千元以上一万元以下罚款。

第四十一条　违反本条例第三十四条规定，供水企业未按照规定处理用户投诉的，由供水行政主管部门责令限期改正，处以一千元以上一万元以下罚款。

第七章　附则

第四十二条　本市行政区域内供水、用水及其相关活动的监督和管理，涉及节约用水的，依照节约用水有关法律、法规执行。

第四十三条　本条例所称供水设施，包括公共供水设施和自建供水设施。

本条例所称公共供水设施，是指自来水厂及其取水设施、水处理设施、给水泵站、输配管网及其附属设施。

本条例所称自建供水设施，是指住宅区和其他建设项目在建设红线内的供水管道及其附属设施。

本条例所称管道直饮水，是指以公共供水为原料，经深度净化处理，通过管网供给用户直接饮用的优质水。

第四十四条　本条例自2021年3月22日起施行。

跨界河湖联合河长制实施细则

一、指导思想

贯彻落实习近平总书记在黄河流域生态保护和高质量发展座谈会上的讲话精神，坚持“生态优先、水陆统筹、区域联动”理念，积极创新河湖治理机制，打破行政区域壁垒约束，以“联合”为着力点，树立“统筹、融合、协调”的“平台化合作”思维，开展全方位、多层次、宽领域的深度合作，为长三角一体化高质量发展和新时代治水事业开辟新路径。

二、总体目标

持续深化苏州河长制湖长制改革，通过深度整合涉界河湖的各级政府、部门、社会团体等河湖治理工作力量，精准施策、综合整治、系统治理，开展跨界河湖治理的联动联管，全面构建共商共治、整体联动、高效协同的联合河长制工作运行格局，实现河湖监管无死角、零盲区，全面推动全市河长制湖长制高质量发展。

三、基本原则

（一）坚持务实高效。坚持求真务实的工作作风，以“务实、管用”作为检验联合河长制工作成效标准，各方要以坚定、清醒的思想自觉和行动自觉，肩负起抓好交界河湖保护的责任，要按照职能职责、目标任务、工作分工，实实在在做工作，真真切切抓落实，确保河湖管护治理各项工作取得成效，真正使机制制度发挥作用。

（二）坚持问题导向。全面掌握交界河湖管理情况，在解决水环境表象性、现象性问题基础上，各方要深查细究根源性、潜在性、隐患性问题，以及从根子上、源头上花大力气补好跨界河湖治理短板，真正做到标本兼治。对社会媒体关注的问题、群众反映强烈的问题要提高站位、强化担当，做到早发现、早处置，真正使问题得到有效解决、真正使群众百姓有获得感。

（三）坚持协商互重。河湖交界各方应当本着相互尊重、大局为重、求同存异的原则加强协调衔接，河流下游要主动对接上游，左岸主动对接右岸，湖泊占有水域面积大的主动对接水域面积小的，在“团结协作、同治共护”的前提下，协调明确河湖管护任务、工作进度、标准等。各方应在落实河长湖长属地管理责任的同时，自觉接受联合治理机制约束，自觉维护和谐合作的氛围，主动担当，积极作为。

（四）坚持改革创新。充分利用联合河长制的平台机制，深入研究河长制湖长制工作规律，创新河湖联合治理模式，在实践探索中寻求良策、摸索规律，在交流合作中总结经验、深化认识。各地要因地制宜，紧紧结合地方实际，进行方法创新和手段创新，形成一批有亮点有创新的治水良策。

四、具体工作

（一）建立跨界河长制度。交界河湖各级河长应分别聘请交界对方相应河段河长为跨界河长，交界各方可采取“共聘”或“互聘”形式，聘请对方相应的各级河湖长为跨界河湖长，共同参与各自方的河长制工作，交界各方要公布跨界河道名录及联合河长名单。

（二）实施“一河（湖）一策”。按照“综合治理、精准施策”的要求，借助联合河长制平台，共同开展“体检”，逐一“会诊”，制定“一河（湖）一策”，列出“问题清单、目标清单、任务清单、措施清单和责任清单”，结合地方实际，确定河湖管护年度任务，组织相关地方和部门逐项落实。

（三）开展监督检查。交界各地要健全巡查监督制度，督查河湖治理成效，对道路交通不便、河网密集、乡村腹地等交界河道要进行定期巡查；对重要交界河湖支流、重点区域要采取“四不两直”或“靶向式”等方式进行联合巡查，实现联合督查“全覆盖”，要通过实时的、长效的联合巡河监管，着力发现和推动解决涉水问题，严防水污染问题的“死灰复燃”。

（四）严格考核奖惩。建立联合河长责任体系，将“联合河长制”的考核纳入全市各级考核体系，层层压紧压实各级河长、各级部门，将考核结果作为地方党政领导干部综合考核评价的重要依据；各级河长办要开展综合评价，严格兑现考核要求，做到有奖有罚。通过树立鲜明导向，推动河长依法履行职责，切实做到守土有责、守土尽责。

五、主要机制

（一）联合会商机制。通过定期召开联席会议、互发简报、相互致函等形式，建立健全行政边界地区工作信息交流平台，沟通、通报相关情况，传达有关文件或会议精神，分析研判各方制度执行情况，研究改进工作方法，协调解决行政边界地区水环境突发事件等。

（二）联合巡河机制。建立市（县）区、镇（街道）、村（社区）各级河长联合巡河机制。交界市（县）区级河长每年联合巡河2次；交界镇级河长每季度联合巡河1次；交界河道村级河长每月联合巡河1次；水葫芦、蓝藻生长繁殖等敏感时期应增加巡河频次。

（三）联合治理机制。跨界河道联合河长要参与河湖干流及支流综合整治，共同开展巡河、护河、治河工作，制定河湖保洁制度，落实管护责任，明确管理范围。对老百姓反映强烈的蓝藻、水葫芦治理、水面保洁、涉水违建、岸坡整治等诉求要共同研究切实有效的管护方案，提高治理水平。

（四）联合执法机制。对交界河湖水环境治理情况积极开展互查、协查，要定期开展联合执法巡查，对“一河（湖）一策”的目标任务清单和在巡查发现的问题事项要明确解决措施，共同处置。对属地不清的跨界违法行为和短期内难以解决的问题，要协商制定政策，按照轻重缓急，持续推进，逐个解决。

（五）联合监测机制。各方对河道交界段水质监测点进行整合，重点对干流和支流以及入河排污口定期开展水质联合监测，并通报交界河道水环境质量情况，定期召开河道环境监测协调会，开展污染源的排查分析和治理工作的推进落实

（六）信息共享机制。建立健全河湖交界地区工作信息交流平台，定期通报交界河湖相关区域水环境质量情况、污染防治工作进展、水环境风险源排查、违法企业整治、信访舆情受理等方面的情况，实现信息共享。

六、保障措施

（一）发挥河长办组织牵头作用。交界河湖各级河长制办公室应充分发挥组织、协调、分办、督办作用，指导各方共同建立跨界河湖联合河长制，负责制定跨界河长联络机制、“一河（湖）一策”、河道保洁、协调共治等相关制度，明确各级跨界河长的职责。组织对跨界河长制工作的检查、指导，协助处理跨界联合河长制实施过程中出现的较大问题，承担对联合河长制落实情况的监督和考核。

（二）河湖长制组成部门形成合力。各级河长制办公室要加强组织协调，督促河湖长制各组成部门在联合河湖长的统一指挥下，按照职责分工，各司其职，各负其责，齐抓共管，形成河湖管理保护合力。各级水行政机关要主动落实河湖管理主体责任，认真履行法律法规赋予的职责。

（三）落实水环境应急处置措施。交界各方要共同制定水环境应急预案，注重强化应急训练，提高应急处置能力。发生水环境突发事件时，在报请当地政府的同时，及时启动应急处置机制，通知可能受影响周边区域的河湖协作部门采取应对措施，跨界各区要积极协助和相互配合，在人力、物资、设备、信息等方面给予支持和帮助。

（四）建立和完善互动交流制度。跨界各区要学习交流各方及周边地区兄弟部门水环境整治的好经验、好做法，积极组织开展观摩学习，共同提高河湖治理能力和水平。鼓励交界河湖相邻区域部门之间，共同组织开展培训学习、理论研讨活动以及互派干部进行短期挂职锻炼等等，积极营造互帮、互助、互学，共同提高的氛围。

七、相关要求

（一）突出联合河长巡河重点。县（市）级河长要组织河湖长制组成部门进行联合巡河，要围绕“一河（湖）一策”方案，开展专项巡河行动，推动和督促问题的整改；镇级河长联合巡河要突出对两岸居民河道共治的宣传、河长制公示牌设置、断面水质、基层河长履职和任务完成情况；村级河长联合巡河要突出对交界河道村民乱堆乱放乱建的常态化管控，河道垃圾的清理工作以及水域良好生态风貌的管护情况等等。

（二）大力推进信息化建设。各级河长办应按照“业务主导、信息化统筹”的原则将联合巡河、联合整治、交办督办、联合河长公示及变更、公示牌相关信息、联合治理成效等信息数据及时主动上报、录入“智水苏州河湖长制系统”，工作中应不断使用和熟练运用该系统，充分发挥河湖监管的信息化支撑作用。

（三）加强信息报送和宣传。各市（区）应将跨界河道联合河长制建立工作中的创新工作、典型案例或经验总结等相关信息及时报送市河长办，并主动加强与各级主流媒体的沟通与对接，扩大工作影响力，为河湖治理工作的开展营造良好的社会氛围。

（四）不断完善细化制度措施。各级河长办要精心做好工作部署和制度解读，切实把思想和行动统一到河长制改革的工作要求上来，确保联合河长制工作取得实效。同时要根据工作中出现的各种新情况新问题，不断完善工作流程。河湖跨界各方中有涉及外省、市行政区域的，可参照本细则规定，会同联合方根据实际情况进一步补充、完善、修订相关规定。

苏州市太湖湖泛应急预案

一、总则

（一）编制目的

湖泛是太湖的一种生态灾害，严重威胁城乡居民供水安全。为加强对湖泛的监测预警，增强应急处置能力，及时发现并尽可能控制湖泛的影响范围，确保我市太湖水源地安全，维护太湖生态健康，结合本市实际制定本预案。

（二）编制依据

依据《中华人民共和国突发事件应对法》《太湖流域管理条例》《江苏省太湖水污染防治条例》，以及《太湖流域水环境综合治理总体方案》《江苏省太湖流域水环境综合治理实施方案》《江苏省太湖蓝藻暴发应急预案》《江苏省太湖湖泛应急预案》《江苏省打好太湖治理攻坚战实施方案》《苏州市供水突发性应急预案》等相关法律、法规和文件。

（三）适用范围

本预案适用于本市行政区域内太湖湖泛的应急处置，主要包括重大、较大、一般湖泛事件应对工作；太湖水源地保护区及周边水域和跨区域突发湖泛事件的应对工作。

（四）工作原则

1.提早预防，加强监测预警。

2.尽早部署，提前应对准备。

3.属地管理，及时响应处置。

4.条块结合，实行综合治理。

二、事件分级

按照太湖湖泛的严重程度和影响范围，太湖湖泛分为重大事件、较大事件和一般事件三级。对应响应级别分别为Ⅰ级、Ⅱ级和Ⅲ级。

（一）重大事件

凡符合下列情况之一的，为重大事件：

1.湖泛面积大于苏州水域湖体面积的10%（含10%）；

2.湖泛发生在饮用水水源地保护区内。

（二）较大事件

凡符合下列情况之一的，为较大事件：

1.湖泛面积大于苏州水域湖体面积的5%（含5%）小于10%；

2.湖泛发生在饮用水水源地保护区外延5千米范围内水域。

（三）一般事件

凡符合下列情况之一的，为一般事件：

1.湖泛面积小于苏州水域湖体面积的5%大于0.5平方千米；

2.湖泛发生在饮用水水源地保护区外延5千米以外的水域。

三、监测研判和信息报告

（一）监测和信息报告

市水务局、市生态环境局（太湖办，下同）、市气象局依据职责，分别会同地方有关单位开展蓝藻、湖泛巡查监测和预警。沿太湖各区政府（管委会，下同）负责所辖水域的湖泛巡查巡测；委托江苏省水文水资源勘测局苏州分局承担太湖水源地等重点湖区和湖泛易发区的巡查巡测；巡查巡测项目为水体气味、透明度、水温（表层和底层）、流速、流向、风速、风向、溶解氧（表层和底层）、pH值、氧化还原电位、藻密度和臭味等。

每年3月1日至10月31日，启动监测预警信息报告制度，相关单位和地方每日向省水利厅报送2次监测预警信息。巡查巡测单位发现水质黑臭、湖泛事件等异常情况，1小时内报市水务局和省水利厅，同步报送所在地湖泛防控牵头部门，做到早发现、早报告、早处置。

（二）研判和预警

1.湖泛巡查巡测报告发现湖泛情况时，湖泛所在地区政府应立即组织处置，市水务局会同市生态环境局、市气象局等部门召集有关专家进行研判。判定发生的湖泛为一般事件的，发出预警，并根据处置情况，研究启动Ⅲ级应急响应，并向市政府和省水利厅报告；判定发生的湖泛超出一般事件的，立即向市政府和省水利厅报告，由市政府向省政府提出省级应急响应建议，由省政府启动Ⅱ级或Ⅰ级应急响应。

2.接到省有关部门发布湖泛预警信息后，加强分析预判，对我市产生影响的，立即发出相应湖泛预警。

湖泛预警信息由市水务局发布。

四、应急响应

太湖湖泛应急坚持属地负责具体处置、分级进行响应的原则。启动湖泛应急响应后，市政府成立市太湖湖泛应急指挥部，负责统筹协调、现场指挥、应急处置、督促指导等工作。启动Ⅰ级应急响应时，由市长担任总指挥；启动Ⅱ级应急响应时，由常务副市长担任总指挥；启动Ⅲ级应急响应时，由分管副市长担任总指挥。

（一）Ⅰ级、Ⅱ级应急响应

省政府启动Ⅰ级、Ⅱ级应急响应后，市太湖湖泛应急指挥部成立若干工作组，并与省湖泛应急指挥部相应工作组做好工作上的对接。

1.综合协调组。启动应急响应时，由市政府办公室牵头，市水务局、市生态环境局、市气象局等相关部门和事发地区政府参加。

主要职责：在省太湖湖泛应急指挥部、市太湖湖泛应急指挥部领导下，负责总体协调、工作指导、督办核查等工作，同时负责沟通衔接、工作保障、有关会议安排、材料起草、信息汇总和报送等工作。

2.监测预警组。由市水务局牵头，市生态环境局、市气象局、省水文水资源勘测局苏州分局、省苏州环境监测中心、事发地区政府参加。

主要职责：开展太湖湖泛、水质、蓝藻的监测预警，负责气象水文及环境监测和天气预报，组织应急监测，并及时向应急指挥部报告监测情况。

3.饮用水保供组。由市水务局牵头，市生态环境局、市卫生健康委、事发地区政府参加。

主要职责：负责做好水厂原水和出厂水、水龙头出水水质监测、处理和供应，开展疫病监测和卫生防疫等工作。当水源地发生污染时，及时采取科学有效的应急处理工艺和措施，当一个或多个水源地因污染停用时，按照市政府确定的应急供水方案实施。

4.应急处置组。由市水务局牵头，市生态环境局、市气象局和事发地区政府参加。

主要职责：及时调度增加蓝藻和水草等打捞力量，强化湖泛发生区以及饮用水水源地保护区、湖泛易发区、风景名胜区、居民聚集区和交通干道等重点水域蓝藻打捞，防止引起水质恶化。对湖泛发生区实施围隔格挡，防止湖泛向水源地等重要水域扩散；及时使用强化曝气设施，通过实施人工强化增氧措施，加强水体复氧能力，促进湖泛消散。开展人工增雨作业气象条件分析，适时组织人工增雨。及时开展湖泛区底泥勘测工作，制定应急清淤方案，并按照抢险救灾的相关要求迅速实施。

5.控污限排组。由市生态环境局牵头，市工信局、市水务局和事发地区政府参加。

主要职责：针对事发水域相关入湖河流周边区域排污企业开展排查、执法，视情要求尾水直接排入湖河道的工业企业和其他非民生保障、社会公益事业类的排污单位停产停排；对于接收工业企业废水的污水处理厂，在提高处理效率的基础上，视情要求接管工业企业限排或停排；对违法排污的企业在法律规定范围内实行顶格处罚。如入湖河流水质仍然劣于V类时，应关闸控制。

6.调水引流组。由市水务局牵头，事发地政府参加。主要职责：市水务局及时向上级相关部门申请协调优化调水引流，并配合水利部、省水利厅实施调水引流，加快水体流动，改善湖体生态环境，尽可能控制湖泛的发展和减轻湖泛的危害。事发地政府加强沿湖口门的调度，配合做好调水引流工作。

7.应急供应组。由市商务局牵头，市发展改革委、市市场监管局和事发地人民政府参加。

主要职责：适时组织调集瓶装纯净水，组织纯净水应急供应生产和零售企业加大生产，确保供应。要保障特殊群众的纯净水供应，强化市场监测和价格监控，切实维护纯净水市场秩序。

8.宣传报道组。由市委宣传部牵头，市水务局、市生态环境局和事发地政府参加。

主要职责：负责应急处置期间舆情宣传工作的指导、组织、监督和管理。扎口新闻宣传与信息发布，适时举行新闻发布会，或通过政府授权发布、接受记者采访、组织专家解读等多种方式，主动、及时、准确、客观向社会发布事件应对信息，回应社会关切，正确引导社会舆论。

9.专家组。由市水务局牵头，专家成员主要从省太湖治理专家委员会和市供水应急专家库中抽调。

主要职责：负责协助对事件进展情况进行跟踪分析、评估，协助事件等级判定，及时对事件危害范围、发展趋势作出预测，对饮用水水源地、自来水厂供水等重点应急处置提出方案措施，参与开展应急终止后工作评估。

市太湖湖泛应急指挥部可视情调整和增加工作组。各工作组除上述职责外，承担指挥部交办的其他任务。没有参加工作组的各职能部门主动按照各自职责及时开展相关工作。湖泛发生地人民政府负责具体处置工作。

（二）Ⅲ级应急响应

Ⅲ级应急响应由市政府分管市长批准后启动。市太湖湖泛应急指挥部成立以下工作组，协调、督促、指导事发地政府做好湖泛应对工作（组成部门同上）：

1.监测预警组，负责发生湖泛水域应急监测，分析研判湖泛发展趋势，指导湖泛应对工作；

2.饮用水保供组，关注水源地水质动态，随时准备启动水源切换和清水互联互通等应急供水；

3.应急处置组，及时调度增加蓝藻和水草等打捞力量，并对湖泛发生区实施围隔格挡，防止湖泛向水源地等重要水域扩散等措施；

4.调水引流组，加强沿湖口门的管理和调度，必要时申请协调上级部门做好调水引流工作。

市水务局协调有关地区、部门会同事发地政

府共同开展处置工作。

市水务局协调有关地区、部门会同事发地政府共同开展处置工作。

湖泛面积小于0.5平方千米的应急响应由发生地区政府组织实施。

（三）应急响应终止

现场湖泛事件得到有效控制，应急处置行动无继续必要时解除预警。预警解除后，启动应急响应的政府终止应急响应，并向上级政府报送湖泛处置情况报告，同时抄送省有关部门。

五、应急保障

（一）资金保障

市、区有关部门根据应急处置需要，提出项目支出预算报财政部门审核，经同级政府同意后执行。

（二）装备保障

沿湖各区要根据工作需要和职责要求，加强应急处置装备、物资的购置和储备，提高应急处置能力。

（三）队伍保障

沿湖各区要健全湖泛事件应急处置组织体系；加强各级应急队伍建设，提高应对处置能力，确保湖泛事件发生后，能有足够的专业人员迅速投入应急处置工作并高效完成各项处置任务。

六、后期工作

市水务局会同市生态环境局、市气象局组织有关专家，会同事发地政府开展应急处置过程评价，对应急预案成效进行评估。相关单位及个人在应急处置过程中的履职尽责情况进行评价。有关地方负责组织、指导组建应急队伍以及应急仪器设备的维护、保养，确保始终处于良好的应急状态。

七、演练与宣传培训

（一）预案演练

沿太湖各区政府和相关部门，按照本预案及相关单项预案，于每年一季度组织开展应急实战演练，提高防范和处置湖泛事件技能，增强实战能力，并向市水务局报送演练评估报告。

（二）宣传培训

沿太湖各区政府和相关部门，加强太湖湖泛预防、处置科普宣传教育工作，增强公众的防范意识和相关心理准备，提高公众防范能力；加强专业技术人员日常培训和管理，培养一批训练有素的应急处置人才。

八、责任与奖惩

对在湖泛事件应急工作中做出突出贡献的单位和个人，由其所在单位或者上级机关依据有关规定给予表彰或奖励；因工作履职不到位、玩忽职守等行为影响应急工作的，视情节和危害后果，由其所在单位或者上级机关依法依纪对有关单位及责任人给予处理。

九、附则

（一）预案管理

预案实施后，市水务局要会同有关部门组织宣传、培训，并根据实际情况，适时组织评估和修订。相关区政府参照本预案，制定本行政区域太湖湖泛应急预案。

（二）预案解释

本预案由市水务局负责解释。

（三）预案实施时间

本预案自印发之日起施行。

重大抗灾纪实

1991年特大洪涝

1991年汛期，苏州市遭受罕见的特大洪涝灾害，雨量之多、水位之高，均超过新中国成立以来洪涝最大的1954年。

一、前所未有的梅雨

1991年，苏州梅雨降水的显著特点是：雨季来得早，雨强大，暴雨频繁，持续时间长。

1990年底以后，由于副热带高压面积指数和强度指数持续偏强，进入5月，副热带高压明显偏强。中旬末，副热带高压突然北跳，比常年提早20多天，它的脊线位置越过北纬20度，比常年偏北300千米。副热带高压北跳后稳定少动，在它控制范围内一些本应进入雨季的地区（如福建、浙南）晴空万里，旱象显现，而位于“副高”北侧的长江中下游地区和江淮流域，则已出现梅雨锋雨带。苏州市自5月19日起提前进入雨季，宣告正式“入梅”。据梅雨资料统计，苏州常年是6月16日入梅，是年提前了29天。5月19日至6月19日的第一段梅雨，全市降雨308—458毫米，平均390毫米。6月12日，“副高”脊线在连续北跳后到达北纬25度附近，从西伯利亚南下的冷空气和从孟加拉湾和南海方向北上的暖湿气流在江淮一带交绥形成静止锋，由此出现入夏以来的第一次暴雨过程。自6月12日开始的最大七天雨量168—290毫米，平均227毫米，降雨强度32.4毫米/天。6月20日以后，副热带高压东退南落，雨带南压，江淮流域暂受西风带高压脊控制，天气晴好。6月24日后，乌拉尔山和鄂霍次克海分别出现阻塞高压，迫使冷空气南出贝加尔湖。30日，副热带高压增强北抬移到江南地区，脊线位于北纬24度附近，江淮流域上空又盛行西南风，将太平洋上的暖湿气流源源不断输送过来，与北方频频南下的冷空气强烈交锋，200—300千米宽的梅雨雨带再次建立，史所罕见的第二段高强度梅雨拉开序幕。从6月30日至7月14日的半月之内，全市降雨141—400毫米，平均301毫米。其间最大七天（6.3—7.6）雨量256毫米，降雨强度36.5毫米/天，大大高于1954年的12—19毫米/天。7月9日，第6号台风在西太平洋生成，“副高”开始衰竭。7月13日，第6号台风在海南省万宁县登陆，截断了孟加拉湾的输入云带，使江淮雨区丧失了水汽来源。14日气象部门宣布出梅，长达15天之久的第二段梅雨终告结束。

是年的两段梅雨总计57天，比常年的24天多33天，梅雨总量达497—855毫米，平均691毫米，超过有记载以来的任何一年，比多年平均值192毫米偏大260%；分别比新中国成立以来大水的1954年429毫米偏大61%和1957年424毫米偏大63%；比1931年563毫米偏大29%。是年两段梅雨类型也相似于1931年，但降雨较1931年更集中，且雨量又大。是年梅雨降水在苏州市地域上的分布，以北部沿江地区为最大，向南递减。最多的望虞闸达855毫米，其次为张家港闸844毫米，降雨量在800毫米以上的还有浒浦闸、白茆闸、常熟、昆山等站，最少的平望站497毫米。最多的和最少的站相差358毫米。

以5—7月降雨量统计，全市平均达753毫米，比1954年737毫米多16毫米，相当于60年一遇。北部沿江地区850—900毫米，相当于70—90年一遇；南部550—650毫米，相当于20—30年一遇。

二、空前范围的洪涝

1991年水情特点是：汛前底水高，梅期涨幅大，水位创纪录，高水时间长。

是年1—4月降水比常年偏多三成，尽管沿江8大闸开春以来持续排水，总排水量13.6亿立方米，然而水位还是居高难下。4月份苏州最高水位就达3.14米，为汛前少见之高水位，4月20日太湖水位就超过警戒线，达3.55米。5月1日入汛水位苏州2.98米、太湖平均3.49米，分别高于1954年入汛水位0.22和0.44米。由于前期雨量较多，土壤基本饱和，入梅后梅雨强度大、雨量多、范围广，加上上游客水压境，下游泄水不畅，河湖水位全面暴涨。6月2日至19日，日平均涨幅除太湖水位为4.7厘米外，其余各地外河均为8—10厘米。6月13日，太湖平均水位达到3.58米，超过警戒水位0.08米；6月14日，各地水位全部突破警戒线。第一次暴雨过程之后，太湖平均水位上涨至4.27米，超过警戒水位0.77米；苏州水位上涨至3.87米，超过警戒线0.37米；各地外河水位均都超过1954年的同期水位。

6月下旬短期天晴，太湖和各地水位略有下降。6月30日开始的第二次高强度降水过程后，太湖上游的茅山、宜溧山区和天目山区来水均以1000立方米每秒左右的流量排入太湖，常州、无锡地区的洪水以170—260立方米每秒的流量通过大运河以及望虞河东岸压入苏州市阳澄淀泖区，河湖水位复涨。太湖水位日涨幅达5.4厘米，各地外河水位日涨幅均达到11—21厘米，望虞河吉家桥水位一天内竟飞涨1.04米。至此，太湖、望虞河、大运河沿线都出现当年汛期的最高水位：大运河望亭站4.77米，高于1954年最高水位（4.58米）0.19米；大运河枫桥站达百年一遇水位4.31米；大运河苏州站4.11米，略低于1954年最高水位；白茆塘常熟站4.21米，比1954年最高水位仅差0.05米。太湖平均水位出现1190年以来的最高值4.79米，望亭（太）和西山更是高达5.10米和4.95米。

是年大范围河湖水位上涨速度快，而下降迟缓。太湖平均水位超过历史最高水位的时间持续14天，超过警戒水位的时间持续101天；其他各地超过警戒水位的历时也都特别长，其中苏州51天、平望74天、望亭（大）103天。究其原因，除了底水高之外，主要是客水入侵和泄水不畅。是年太湖湖区雨量仅20年一遇左右，而湖西及浙西山区大量洪水泄入，特别是湖西地区出现百年一遇的降雨，产水量相当于1954年的1.3倍。然而下游排洪通道被堵，太湖洪水出路比1954年大为减少。1954年太湖总进水量是出水量的1.86倍，而是年的总进水量超过出水量的3倍，所以出现空前的特大洪涝也是不可避免的。

三、狂暴不羁的风暴

1991年梅雨期最后一天（7月14日），大气环流发生急剧变化，苏州各地先后出现9至10级狂风并遭短时暴雨袭击，降雨强度最大的昆山南港30分钟降雨36毫米。全市倒塌房屋504间，严重损坏1035间，倒折电杆247根，因灾死亡2人，受伤11人。粮食系统有37个露天囤顶盖被大风掀掉，损失粮食6万余公斤。

8月7日，受长江中游气旋东移影响，苏州各地再次出现狂风暴雨，风力普遍有7—9级，部分乡镇还遭受龙卷风袭击。这次短历时暴雨强度极大，几小时内，从苏州市区至昆山、太仓，向东一直到浏河都在100毫米以上。其中，苏州一小时降雨83毫米，昆山一小时降雨73毫米，都超过历史最高纪录（分别为78毫米和67.6毫米）。造成全市40余万亩棉花倒伏、50余万亩农田再度受淹、800多间房屋倒塌、5000多间房屋受损，1700多根“三杆”被风刮倒、刮断，有3人死亡、64人受伤。苏州市区马路积水严重，许多地方水深过膝，近6000户居民家中进水。遭受龙卷风袭击的吴江西南部七都等6个乡镇损失更为惨重。另外，5月30日和7月26日还发生两次局地性风雹灾害。据统计，是年全市因风雹灾害造成的直接经济损失就有6908.9万元。

四、威逼江堤的高潮

1991年长江出现两次较大洪峰。其中，第二次洪峰大通站最大流量达63600立方米每秒，超过多年最大平均流量。是年出现天文高潮位的次数也较多，农历六月初一至初五，张家港潮位连续五天超过6米，这在当地长江潮位记录上尚未有过。其中，初三（7月14日）出现的天文高潮恰遇长江洪峰下移，张家港潮位达6.45米，距历史最高潮位仅差0.35米，常熟浒浦也出现最高潮位5.69米，超过多年平均高潮位0.32米。农历七月初三（8月12日）浏河闸出现最高潮位5.59米，超过多年平均高潮位0.24米。

由于是年两次洪峰和三次超警戒天文高潮的袭击，加之二度梅雨暴雨冲刷，苏州市江堤海塘受到严重水毁。长江堤防总共受损长度达52.5千米，损失土方45.35万立方米，损失石方47.29万立方米，毁坏通江、通港涵洞25只，沿江节制闸也有不同程度的损坏，张家港市和常熟市的长江护岸丁坝亦多处出现险情。

五、艰苦卓绝的抗洪

苏州全市各级党政组织进行紧急动员和部署，把抗洪救灾作为压倒一切的中心任务，组织百万抗灾大军，与大洪大涝作顽强拼搏。各级领导始终战斗在第一线，组织调度，决策指挥。共产党员和基层干部身体力行，带领广大群众全力抗灾。中国人民解放军驻苏部队和武警部队、公安干警奋勇抢险，哪里有险情，哪里最艰苦就战斗在哪里。各有关部门打破常规，急事急办，一切服从抗洪救灾。经过广大军民的团结奋战，终于征服肆虐一时的洪水。

市委、市政府成立以章新胜市长任总指挥的抗洪救灾指挥部，组织由市委常委、副市长为组长的8个抗灾工作组分赴各地组织抗灾。市委书记王敏生等主要领导在作出抗灾部署之前，都深入灾区，调查研究，广泛征求意见，从而及时、果断、正确地作出苏州市各个阶段抗灾斗争的重大决策。而且这些决策，都充分体现局部服从全局，团结治水和人民利益高于一切的原则。张家港市一些乡村一度被洪水围困，当地党政领导立即采取紧急措施，组织船只挨家挨户送粮送水，嘘寒问暖，并及时采取疏散安置办法，使群众尽快脱险。在苏州古城面临大水压境，新城区许多地段被淹，大批单位和民宅泡在水中，人民生命财产受到严重威胁之际，市委、市政府领导连夜研究，制定方案，落实责任，组织力量，迅速加高加固古城区大包围，分片构筑新城区小包围，并增加排涝动力，以最快速度排出积水。同时，还调度大量人力物力，死保关系到人民生命财产安全的“生命线”工程，紧急转移安置灾民8万余人，确保人民群众的安全。

在这次抗击百年罕见的洪涝斗争中，各级党组织经受了思想、组织、作风上的严峻考验。基层党支部组织群众，奋勇抢险，发挥战斗堡垒作用，党员、干部成为抗洪大军中的中坚力量。许多党员、干部数十天连续作战，多少个日日夜夜不合眼；许多党员、干部舍小家为大家，不分昼夜坚守在江河湖堤上；许多党员、干部奋不顾身跃入水中，以血肉之躯筑成抗洪“人墙”；许多党员、干部不顾劳累病痛，一心一意为了受灾群众；更有像陈立志、姚明华这样的英雄模范人物，为了人民的安危献出了自己的宝贵生命。在这次抗洪救灾斗争中，人民解放军驻苏部队、武警部队和公安干警先后派出1.4万人次投入抗灾抢险，他们不畏艰险，殊死拼搏，始终战斗在最艰苦、最危急的地方。苏州古城保卫战，一批重点设施、要害部门的设围排涝、抢运和转移重要物资等等，都依靠了解放军这支“特别能战斗的队伍”的大力支持，他们为抗洪救灾做出重大贡献。

在是年洪潮并涨，太湖水位超过历史最高，江河水位接近历史纪录的情况下，152千米太湖大堤、169千米江堤海塘无一决口，绝大多数圩堤抗住大洪水的袭击，确保大部分地区的安全。沿江各口门已建的34座节制闸，既从根本上改变1954年沿江基本敞口，潮水来去无控，泛滥成灾的局面，又增强了排水能力。当年汛期，仅浏河等八座中型闸就向长江排水47.52亿立方米，泄洪量超过历史最高纪录。太浦闸建成32年来首次发挥泄洪效益，自6月26日至9月1日开闸67天，安全行洪12.34亿立方米（最大泄洪流量402立方米每秒），相应降低湖水位50厘米。环太湖大堤的初步形成，增加调洪水量33亿立方米。782个具有一定挡排降能力的农村联圩，有效地增强低洼的阳澄淀泖区的抗洪排涝能力。2300多座圩口闸全面及早关闭控制，预降腾空内河库容，2100多个流量的排涝机泵日夜开机，排出涝水30多亿立方米，使大面积农田及早脱险，为大灾之年全市399万亩秋粮和48万亩棉花仍获丰收奠定基础。苏州古城自1983年以来投资近千万元，初步建成14.2平方千米的大包围防洪体系。特大洪涝袭来时，尽管古城外大水汪洋，但古城内水位一直控制在3.2米以下，古城内众多的著名园林名胜和文物古迹保住了，40多亿工业企业的固定资产和33万人民的生命安全保住了。

为了尽快宣泄太湖洪水，降低太湖水位，国家防总在太湖流域部署了四项紧急措施。7月4日，在接到国家防总部署意见和省委、省政府贯彻意见的当天，苏州市就立即打开东太湖牛腰泾、新开河、三船路、瓜泾港、杨湾港、柳胥港、西塘港、大浦口和小鲇鱼口等9个口门，全部敞开泄洪。7月5日和11日，又分别对大鲇鱼口和沙墩港两坝成功地组织水下爆破、拆除。16日后，又组织力量对望虞河蓢塘泾束窄段进行疏浚，进一步扩大泄洪通道。由于出湖流量增加，市区水位抬高10厘米，吴县、常熟境内有关乡镇水位上涨14—34厘米，进一步加重了这些地区的防洪压力。为把苏州市区和有关县（市、区）可能出现的灾情压缩到最低限度，各级都发动和组织干部群众日夜突击，加高堤坝，紧急转移人员、物资和机器设备，尽最大努力确保了安全。与此同时，为了提高河道行洪排水速度，市防汛指挥部及时发出清障通知，各县（市、区）迅即组成由水政、渔政、航政、公安参加的执法队伍，采取有力措施，彻底清障。全市在半个月内清除阻水障碍1134处，使20多条主要泄洪河道全部畅通无阻，行洪、排涝效益明显提高。

在是年的抗灾斗争中，全市共动用草包、编织袋、麻袋1250万只，毛竹、树棍53.4万枝，木材1487立方米，铁丝元钉154吨，以及大量钢材、水泥、砖头、柴油、电力等，直接开支的抗灾物资经费就有7300余万元，投入抗灾人力310余万人。

是年的抗洪救灾斗争，得到党中央、国务院和省委、省政府的关心和支持。江泽民总书记、田纪云副总理、中央书记处候补书记温家宝亲临苏州视察、指导，送来党的关怀和温暖。国务院、省政府派来工作组，实地考察，了解灾情，帮助解决抗洪救灾中的突出问题。中央和省在抗灾救灾资金、物资等方面也给予很大支持。

1993年大洪涝

面对严重的洪涝灾害，市委、市政府动员和带领广大干部群众团结站头，奋力抗灾，主要进行以下工作：

根据汛情发展，及时部署决策。7月15日至18日，第二段梅雨的首场暴雨发生后，河湖水位又趋上升，19日上午市政府召开天气和汛情分析会。苏州部根据掌控的资料分析“今年天气明显异常，‘副高’极不稳定，北方冷空气又较活跃，就此形式发展，接下来极有可能出现类似于1980年的严重‘倒黄梅’，防汛形势将更为严峻”，为领导决策提供了依据。当天，章新胜市长签发关于做好当前防汛抗灾工作的紧急通知，要求各地必须迅速行动起来，抓紧落实抗大灾的各项措施，并特别强调要主攻薄弱环节，搞好城镇防汛抗灾工作。21日，市政府又召开城区防汛指挥部成员扩大会议，对城市防洪做具体部署。8月初，全市连降暴雨，在太湖洪水和大运河来水的夹击下，全市均已形成洪涝灾害。8月4日，市政府再次召开防汛紧急会议，动员各级干部和群众全力以赴投入抗灾。8月18日后，太湖水位更加急剧暴涨并突破4.2米的危急水位。上游的洪水还在大量下压，抗洪抢险进入全面紧张阶段。18日和20日上午，市委和市政府分别召开常委会和常务会议，研究部署扎实有效的抗灾措施。20日下午，市政府又召开防汛抗灾紧急会议，全面贯彻落实抗灾救灾措施，并再一次向全市发出，进一步抓好防汛抗灾工作的紧急通知。各地迅速行动，抗灾斗争紧张有序。

领导深入灾区，现场指导抗灾。在抗洪抢险的关键时刻，省政府季允石副省长，计经委陈必亭主任，代表省委、省政府到苏州市了解灾情，指导抗灾，市委书记王敏生，市长章新胜到第一线指挥抗灾救灾工作，并到受灾严重地区视察灾情，慰问群众。8月初，各地普遍发生洪涝灾害后，市委副书记府培生、副市长王振名立即冒着暴雨分别到吴县、昆山、太仓、吴江等地实地检查抗灾措施的落实情况。8月20日紧急会议一结束，市委常委、组织部长冯瑞度，副市长孙中浩、陈浩等领导当天下午就深入吴江市和苏州城区重灾区察看灾情，研究对策，指导抗灾。21日上午，市委副书记周治华、府培生，市委常委冯大江、冯瑞度，副市长王国兴等领导带领市委、市政府防汛工作组成员有分赴各县（市、区）与当地领导一起组织指挥抗灾抢险。副市长王振明坐镇指挥，主持防汛指挥部的工作，及时调度人力、物资等，保证抗洪救灾的急需。各县（市、区）四套班子的领导和机关干部也都深入灾区、组织干群抗灾。广大党员、干部继续发扬九一年的抗洪精神，充分发挥模范带头作用，带领群众日夜奋战在抗洪救灾的最前线。

统一调度，充分发挥水利工程效益。新中国成立40多年来，苏州市新兴建数以万计的水利工程，在长江沿线建成169千米江堤海塘，成为太湖流域北部的防洪挡潮屏障。1993年长江地方经受住三次较大洪峰的袭击，大通最大流量达6.43万立方米每秒。江阴最高潮位大6.25米。江港堤岸无一决口。太湖筑起的152千米环湖大堤，在1993年的大洪水中，不仅经受住4.51米这一历史第三洪水位的考验，还分担调蓄流域洪水的责任，减轻了下游地区的防洪压力。沿江的并港建闸和排水入江河道的疏浚工程，改变历史上沿江个港进潮出的自然吞吐状况，显著提高了苏州市内部河道的减洪排涝能力。在1993年的抗洪斗争中，苏州市调度浏河等八大闸排泄流域洪水37.33亿立方米，加上沿江各小闸泄水7.72亿立方米，总共向长江排水44.6亿立方米。如果没有排出这些水量，多地水位将超过5米。通过疏浚河道，改在旧河网，联圩并圩，建设闸站，昔日十年九灾的沮洳下湿之地，成为如今沟渠纵横，良畴棋布的“鱼米之乡”。抗洪斗争中，全市共投入排涝动力24.4万千瓦，在两段梅雨期累计排出涝水34.6亿立方米。正是由于这些泵站和排涝动力的全市抢排，是年全市联基本联圩一个也没被冲垮，很大程度上减少洪涝灾害所造成的损失。1991年大水过后，苏州城区新建了防洪挡墙12.4千米、闸站34座和一批排水管网设施，使抗灾能力有新的提高。其中山塘河的治理和河西新区的设防效果尤为突出，这些地方基本没有受灾。

充分发动和依靠广大干部群众。在7、8月间的抗灾斗争中，苏州市全党动员，全民发动，各级干部和广大群众夜以继日地奋战在风雨洪水之中，使1991年的“抗洪精神”又一次得到了发扬光大。据统计，全市共有120.09万人投入抗灾抢险，加固险工险段129.57千米，抢做土方71.51万立方米。水位最高，受灾严重的吴江市组织了200多名机关干部赶赴重灾区和群众一起抢险，该市有20多万群众上堤防守，并及时加固险堤390处，抢修病闸15座，封堵险闸10座，保证了太浦河泄洪，东太湖分洪期间的安全。吴县、常熟市为确保望虞河干流安全行洪，动员沿线近10万干群抢修险工险段，加高加固东岸口门施工围堰，抢做土方5万余立方米，昆山市出动15万劳力，及时对123个半高田联圩实施圩口封堵措施，突击筑坝248条，启动排涝泵抽排，减少了受灾损失。太仓市组织97个巡逻队、抢险队，全力固守沿江防线和西部低洼圩区，通江河口上的8个节闸职工日夜抢潮开足闸门进行排水。其中，仅浏河闸就排水185潮次，排出水量16.6亿立方米，发挥主力军的作用。苏州城区先后出动40万人次在齐门外冰菱桥浜，阊门北码头到四摆渡等低洼地段抢筑堤坝1400多米，投入68个流量的排涝水泵全力抢排积水，使8000多户受淹居民和64家进水工厂及早脱险。全市各有关部门通力协作，密切配合，全力为抗洪救灾服务，为战胜洪水做出贡献。

苏州各地为抗洪救灾也付出很大代价，其中仅主要抗灾物资就耗用草包（含编织袋）224万只、毛竹6.1万枝、木材133立方米、柴油6528吨，电力2679千瓦时，支出抗洪抢险经费5337万元。

1994年高温干旱

1994年，持续久晴不雨，导致河湖水位迅速下跌，至8月初，各地主要水文站的水位纷纷下跌：苏州2.65米、平望2.41米、昆山2.75米、湘城2.79米、常熟2.87米、陈墓2.58米、西山2.55米，特别是太湖水位，跌至1983年以来汛期出现的最低水位。酷暑热浪和超出常年三成的长时间日照，又使农作物蒸腾加剧，土壤含水量急剧下降。沿江高亢平原，滨湖丘陵山区，淀泖区部分高田、半高田以及全市大部分蔬菜基地普遍出现旱情。7月下旬开始，旱情迅速发展，至8月初，全市有97个乡镇受旱。受旱棉花脱力落黄、开花到顶。受旱水稻搁田后复水困难，部分地区的田块因水源短缺造成脱水。桑果茶菜等全面受灾，桑树新梢停止生长，桑叶黄化；果树普遍落叶落果，枝叶干枯；蔬菜生长受阻，豆茄类掉花坠果，叶菜播种后出苗困难。因高温和大湖水位低落，还造成湖区精养鱼塘、围网、网簖养殖死鱼75.8万公斤、死蟹2500公斤、减产239万公斤，太湖秋汛银鱼捕捞量也减少50万公斤。持久高温干旱同时使自来水和电力的供应发生紧张和困难，特别是8月份太湖水位低于2.80米之后，半个月以上主要出湖河道发生倒流，横山、白洋湾水厂几个取水口水域均受到严重污染。供电和供水的缺口，在一定程度上影响到城市工业和居民的正常生产和生活。

对1994年的防汛防旱工作，市委、市政府十分重视，4月初全市开展汛前大检查，5月份针对汛前检查中暴露出来的问题，先后召开防汛指挥部成员会议和防汛防旱工作会议，认真贯彻落实省防汛防旱会议精神，研究了安全度汛的对策和措施，并在思想、组织和物资等方面都有较为充分的准备。入汛以后主要做了以下几方面的工作：

一、科学调度，力保抗旱水源

入汛时，大湖平均水位3.06米、苏州2.90米、阳澄区水位2.99米；淀泖区水位2.91米，均比较正常。5—6月，根据降雨和水情的变化情况，合理调度沿江涵闸进行引排，使全市河网都基本维持在比较合适的水位。至7月初，太湖平均水位达3.28米、苏州3.20米、阳澄区3.30米，淀泖区3.08米，为抗御伏旱奠定良好的水源基础。

出梅后，针对久晴不雨、蒸发加大，各方面用水都进入高峰，旱象初露的情况，全市及早安排，要求沿江各堤闸管理单位充分利用潮汐涨落的有利时机，开足马力，争分夺秒，日夜引水，以补充内河水量。并要求各地加强用水管理，科学用水，节约用水，确保人民生活、工业生产和秋收超产。7、8两月，仅沿江八大闸就开闸引水299潮次，共引水8.87亿立方米，相当于8个淀山湖的水量。9月份，各地降雨量不足常年的四分之一，特别是中、下两旬基本无雨。为防止发生秋旱，确保秋熟作物后期正常生长，苏州部又调度沿江各闸及时引进77潮次，水量2.64亿立方米，保证了灌溉有充足的水源，使全市都没有发生秋旱危害。

整个汛期，沿江八大闸共引水458潮次，累计引进长江水量13.55亿立方米；并在引水时机上把握较好，做到了科学调控。所以是年虽然出现了七十年来稀遇的特少降水，但各地河网汛期最低水位仍比新中国成立以来干旱的1953年、1967年、1971年、1978年等高，使干旱造成的损失降到最低程度。

二、加强领导，全力组织抗旱

副省长、市委书记杨晓堂对苏州市的抗旱工作十分关心，一到任就在县（市）委书记会议上要求各地认真研究和落实抗旱措施，加大抗旱力度。市政府领导多次深入基层，察看受旱情况，慰问群众，指挥抗灾，并在电话会议上要求各地从稳定农业、稳定大局的高度，切实重视抓好抗旱工作，采取积极措施，力保秋熟“双超”目标的实现。省政府也派出了抗旱工作组到苏州市指导工作。各地对抗旱工作都比较重视，广泛发动群众，依靠群众，打了一场抗旱夺丰收的人民战争。昆山市委黄继忠副书记坚持真抓实干，经常到水利局研究措施并深入抗旱第一线帮助解决实际问题,水利部门落实措施狠抓灌溉管理,使大旱之年昆山大面积农田均无灾情。太仓、常熟、吴江市均两次召开抗旱现场会议或电话会议,发动群众投入抗旱。在抗旱的关键阶段,常熟市四套班子的主要领导参与了抗旱部署;太仓市政府的领导分片负责、带领700多机关党员干部到各乡镇组织抗旱,张家港、吴县的领导也都深入旱情严重的地方指导抗旱。

与此同时,全市共出动了80.05万人以及32095台电动机、7237台柴油机计31.42万千瓦动力投入抗旱,张家港、吴县、吴江抗排服务组织也出动了51台柴油机泵参加抗旱,县(市、区)及群众自筹投入的抗旱经费逾一亿元。抗旱耗用电力8969.79万千瓦时,耗用柴油5124.51吨。全市3万余名管水服务人员日夜奋战在田头,使江水、河水源源不断灌入稻田、浇入棉田,保证了大面积秋熟作物的正常生长。受旱严重的吴县、新区丘陵山区乡镇发动群众突击疏河、筑坝,71座提水站充分发挥作用,引水入坳、翻水上山,有效地减轻旱情带来的灾害。全市还突击疏河220多条、清淤土方达12万立方米,保证了大部分泵站的正常运转。

抗旱斗争中,各有关部门也都能服从抗旱大局,按照各自分工密切配合,协同作战。供电部门按照一保生活二保农业的要求,搞好电力的调度,优先保证抗旱用电的需要;计划、石油等部门搞好抗旱用油的平衡调度;农机、供销部门搞好机电设备、化肥农药的组织供应,水利、农业、多管、水产等部门加强对抗旱的服务和技术指导;公用事业、自来水公司等部门千方百计保证生活和工业用水的供应,这些都为夺取抗旱斗争的全面胜利提供有力保障。

1998年长江洪水

1998年初,太湖流域出现百年罕见的冬汛和春汛,苏州市降雨量创下有记载以来的同期之最,河湖水位也都超过历史同期最高纪录;汛期,长江发生了自1954年以来的又一次全流域性大洪水,宜昌以下360千米江段和洞庭湖、鄱阳湖水位均超历史最高纪录,中下游大部分江段超警戒水位长达2—3个月,长时间大流量、高水位,使沿江人民生命财产受到严重威胁。在市委、市政府的领导下,苏州部充分准备,全面部署,果断指挥,科学调度,紧紧依靠各级党委、政府和广大干部群众团结奋斗、顽强拼搏,取得防汛抗洪工作的全面胜利。

一、汛情综述

冬汛与春汛。1997年11月中旬至1998年4月,苏州市持续阴雨,降雨日数明显增多,雨量大大高于常年同期水平。以全市6个代表站(苏州、瓜泾口、昆山、常熟、浏河、十一圩)的雨量统计,累计平均降雨627毫米,是常年同期369毫米的1.7倍,为历年同期降雨量之最。在此期间,整个太湖流域降雨也明显偏多。大范围的超量降雨,加之上游客水大量入境,致使河湖水位迅速上涨。太湖西山水位自1998年1月15日突破警戒线、18日涨至最高3.82米以后,曾三度再次达到或超过警戒水位,1—4月份累计超过警戒水位的时间长达31天,且1—2月份的月平均水位均超出历史同期最高纪录,分别为3.51和3.47米。1月15日至18日,各地河网也相继出现1998年的最高水位,其中枫桥3.61米、觅渡桥3.59米、瓜泾口3.56米、平望3.64米,均超过警戒水位;吴江浦南片水位为最高,均超过4米,桃源站17日甚至高达4.2米;常熟、昆山分别为3.46米和3.39米,也都接近警戒水位。在此后的两个多月里,太湖和苏州市大部分地区的水位仍高于常年。冬汛和春汛期间,尤以1月份降雨最多,为近百年来所罕见。

长江洪水。汛期,长江中下游80万平方千米爆发自1954年以来最为严重的一次大洪水,长江上游连续发生8次洪峰,干流沙市、石首、监利、莲花塘、螺山、武穴、九江以及洞庭湖城陵矶、鄱阳湖湖口水位都超过历史最高，超历史最高水位持续一个多月，中下游大部分江段超警戒水位也长达二至三个月。苏州市沿江潮位从6月下旬起全线超过警戒水位，其中南京超警戒水位92天、镇江超警戒水位95天，苏州市张家港（以肖山水位计）超警戒水位57天、常熟（以浒浦水位计）超警戒水位26天、太仓（以七浦水位计）超警戒水位19天。长江干流大通站流量6月26日起超6万立方米每秒，6月28日突破7万立方米每秒，7月27日猛增到万立方米每秒以上，8月1日达到峰值8.21万立方米每秒，为仅次于1954年的历史第二大流量。在6月26日至9月21日的88天里，大通流量始终维持在6万立方米每秒以上，其中超过7万立方米每秒69天、超过8万立方米每秒13天。

长江流域洪水主要有以下五个方面的特点：全流域发生大洪水。除上游多次发生大洪水外，鄱阳湖水系的信江、修水、饶河和抚河均超历史最高水位，洞庭湖水系的湘江、资水、沅水、澧水多次发生大洪水，汉江、清江、沮漳河等支流也多次发生大洪水；洪水来得早，江湖底水高。早在3月上旬起，长江中下游地区就几度出现连阴雨过程。其中，两湖盆地时有大范围大到暴雨发生，洞庭湖四水及鄱阳湖的赣江、抚河、信江同时来水，导致长江中下游不少河段出现历年同期少见的高水位，3月份大通站月平均流量3.29万立方米每秒，为常年同期的2.2倍，超过历史同期最高纪录；干支流洪水遭遇，洪峰叠加，洪水组合极为恶劣。雨区先是集中在洞庭湖、鄱阳湖区和长江中下游地区，然后又转移到长江上游。中下游江湖水位先行抬高，而后上游又不断来水，与中下游洪水叠加，这种洪水组合对防洪极为不利；中流量、高水位。1998年通过宜昌进入长江中下游的8次洪峰，宜昌洪峰流量有5次为5.2万—5.64万立方米每秒，3次超过6万立方米每秒，最大6.36万立方米每秒。而1153年以来，宜昌洪峰流量大于8万立方米每秒的有8次，大于9万立方米每秒的有5次，最大达10.5万立方米每秒。其中，近100年来实测洪峰流量超过6万立方米每秒的有25次。与长江历史洪水相比，是年只属中等水平，比1954年的最大洪峰流量6.68万立方米每秒也要小3200立方米每秒，但中下游大部分地区洪水位超过或接近历史最高，且长时间维持高水位，导致罕见的严峻防洪形势和严重洪水灾害；洪峰接连出现，间隔时间短。是年7、8月间长江上游连续发生的8次洪峰，其中7月份3次、8月份5次，洪峰间隔时间一般仅7天左右，8月7日至17日10天时间内竟出现3次洪峰。长江上游来水源源不断，下游退水缓慢，前一个洪峰尚未消退，后一个洪峰又接着出现，洪峰累聚加之下游潮汐顶托，使长江中下游呈现出“上压下顶”的水情态势，于是水位急剧上涨，久涨不落，汛情频频告急。

（一）雨情

1998年汛期，长江流域共出现4次持续大范围的强降雨过程。第一次是6月12日至26日。江南大部分地区暴雨频繁，江西、湖南、安徽等地区降雨量比常年同期多1倍以上，江西北部多2倍以上。第二次是6月27日至7月15日。四川、重庆、长江三峡和其他沿长江地区，降雨量比常年同期偏多5成至1倍。第三次是7月20日至31日。江西北部、湖南北部、湖北大部和安徽南部等地区，降雨量较常年同期偏多3倍以上。其中，7月21日至22日的24小时内，武汉降特大暴雨，武昌、汉口、汉阳分别为375毫米、434毫米和532毫米。第四次是8月1日至27日。四川、重庆、三峡区间降雨量比常年同期偏多7成至2倍。

是年5—9月，苏州市累计平均降雨628.3毫米，与常年相近。其中6月、7月、9月降雨量为173.3毫米、182.5毫米、142.5毫米，分别比常年偏多12.5%、32.3%和20.8%；5月和8月降雨量为61.2毫米、68.8毫米，分别比常年偏少41.1%和36.9%。是年6月24日入梅，7月2日出梅，梅雨期9天，比常年少15天，全市平均梅雨量95.6毫米，仅为常年的一半。

（二）水情

受长江中下游、两湖盆地，特别是鄱阳湖水系入汛后第一次强降雨的影响，长江干流及两湖水位自6月中旬初起涨。6月24日，湖口水位率先突破警戒线；25日，武穴以下近200千米江段水位超警；26日，安徽境内长江全线超警；27日，城陵矶、莲花塘水位超警；至28日，监利以下长江干流全线超警。大通流量21日起超过5万立方米每秒，24日达到5.57万立方米每秒。受上游来水和潮汐顶托，苏州市沿江潮位24日开始全线突破警戒线，25日起苏州市沿江潮位全部超过警戒水位。

7月份长江干流主要站的洪量超过或接近1954年。其中，宜昌1218.4亿立方米，比1954年多48.4亿立方米；汉口1652.7亿立方米，比1954年多124.7亿立方米；大通2003亿立方米，仅比1954年少4亿立方米。7月10日起，长江干流超警戒水位的江段向上游扩展到重庆寸滩，中游石首至螺山、武穴至九江和洞庭湖、鄱阳湖水位相继超过历史最高水位。7月26日，大通站流量猛增至7.89万立方米每秒，受上游来水和农历六月初四天文大潮的共同影响，苏州市长江河段出现是年最高潮位：肖山6.43米，超过多年平均最高潮位0.23米；浒浦闸下5.64米，超过多年平均最高潮位0.15米；七浦闸下5.37米，与多年平均最高潮位基本持平。29日，南京出现是年最高潮位10.14米，比1954年历史最高水位仅低0.08米。31日，第三次洪峰通过湖口，洪峰水位22.58米，超过历史最高水位0.78米；8月1日，洪峰通过大通，洪峰流量8.21万立方米每秒，为仅次于1954年的历史第二大流量。

8月份降雨主要集中在上中游地区，宜昌、汉口站洪量再次超过1954年。其中，宜昌1398.1亿立方米，比1954年多73.1亿立方米；汉口1796.1亿立方米，比1954年多23.1亿立方米。8月6日起，沙市至石首的94千米江段也都超过历史最高水位。由于8月份产流多、洪峰多、洪水量级大，长江上、中、下游干流从寸滩至九江、安庆至芜湖江段以及洞庭湖，都在这个月出现是年的最高水位。9月份，长江流域降雨接近尾声，中下游各站水位缓慢回落，上游来水量也逐渐减少。至9月25日11时，九江水位19.49米，低于警戒水位0.01米。至此，长江流域水位全线回落到警戒水位以下。

汛期，太湖流域和本市总雨量正常，大范围短时间的强降雨也基本没有出现，因此太湖和苏州市各地河网水情平稳。太湖平均最高水位3.57米，分别出现在8月5日和9月30日，超过警戒水位的时间仅13天；受6号、8号热带风暴及冷空气降雨影响，各地河网的最高水位大都出现在9月末，但都没有超过警戒水位。

（三）险情

在是年的特大洪水中，3600千米长江干堤累计发生各类险情6000多处；抢筑子堤600千米，其中有300多千米全靠子堤挡水；九江市西郊干堤发生一处决口，5天后堵复；湖北嘉鱼县簰洲湾、湖南洞庭湖安造垸等一批民境堤防溃决。大堤渗水、管涌、滑坡、崩岸、渗漏脱坡、内塘翻水等险象频频发生。苏州市长江河段在长时间高水位、大流量、强流速的冲刷下，造成局部河床冲刷加剧，张家港市乐余镇五干河口至六干河口的南通两电厂灰坝外、锦丰镇正丰圩堤外等处薄弱河段先后发生3次水下窝崩。一干河闸外西港堤50米砼板护坡滑脱、常熟市主江堤多处抛石护堤块石被卷失。

二、抗灾斗争

在冬汛与春汛期间，面对百年罕见的冬春连阴雨、强降水和异常的早汛，苏州部及时作出紧急部署，各级防汛机构全都提前按汛期状态进行运作，全市圩区2600多座套闸、防洪闸及时关闭挡水，13.2万千瓦的动力投入抢排，沿江35座节制闸日夜奋力向长江排水，太浦河、望虞河也从2月

13日起开闸泄洪。苏州市区设防区域采取大包围措施，34座泵站连续运行降低内河水位，水文部门打破非汛期的常规，每天进行观测报汛，气象部门加强了天气预测会商和预报服务，其他各有关部门也都相应采取防汛抗灾的各项措施。截至4月底，仅沿江八座中型以上水闸就向长江排出涝水37.3亿立方米，相当于这8座闸常年全年排水量的1.3倍，也相当于排掉大半个太湖的水量。其中，仅浏河1座闸就排水16亿立方米，相当于该闸1991年整个汛期的排水量。采取的这些措施，为最大限度地减轻全市冬汛、春汛期间的受灾损失发挥了重要作用。

在抗击长江特大洪水斗争中，沿江地区广大干部群众先后战胜8次洪峰、10次大潮汛和6号热带风暴的袭击，出色地完成“三防”“五保”的任务，取得没有破一个圩、没有决一段堤、没有淹一块地、没有死伤一个人，也没有发生一处重大险情的好成绩，防汛抗洪工作取得全面胜利。

春节刚过，苏州市一方面继续迎战春汛，一方面就精心周密部署全年的防汛工作，思想宣传发动、建立健全组织、调运储备物资、河道清淤清障、水毁工程修复、江堤达标建设、工程设施检查等工作紧锣密鼓，全面展开。各级政府新一届指挥部组成人员及早明确并到位开展工作。市委、市政府对1998年长江可能发生1954年型洪水的预测十分重视，汛前、汛初先后三次召开会议研究部署防大汛、抗大洪、抢大险的准备。市、县（市、区）、乡镇负责人层层签订防汛工作责任状。同时，还首次公布大江大湖重点水利工程和城市防汛责任人名单，初步形成对防汛责任人的监督机制。大力宣传贯彻《中华人民共和国防洪法》（以下简称防洪法），开创依法防洪的新格局。市政府还依据《防洪法》规定，制定防御洪水预案并印发各地执行，市防指编制洪水调度规程。

为了增强河道的调蓄、行洪和引水能力，苏州市从1997年汛后就开始着力加大河道清淤清障的力度，冬春期间共疏浚开挖县、乡级河道和中心河、生产河3880千米，疏挖河道土方3051万立方米；在清除河道设障方面，常熟、吴县、吴江市按照省、市统一部署清除太浦河、望虞河上的拦河网铁和网围，同时各地还对浏河、娄江、杨林塘、七浦塘、白茆塘、常浒河、二干河、张家港等主要行洪河道全面展开清障，全市共清除各类阻水障碍346处。

在水情调度上，1998年采取的主要措施为：太浦闸、望亭立交2月13日至6月22日、7月30日至8月8日、9月28日至10月5日三度开闸泄洪共129天，太浦闸累计排水8.51亿立方米，望亭立交累计排水16.54亿立方米。汛期5—9月沿江八大闸共排水664潮次、引水59潮次，累计排水22.77亿立方米、引水1.83亿立方米。其中，望虞闸排水达11.44亿立方米。由于调度合理，引排得当，汛期内河水位一直控制在中水位状态，既确保防汛安全，又使河网保持相对较为良好的水环境。

在与长江大洪水搏斗的日子里，市委、市政府主要领导多次到沿江险工险段和重点堤段察看汛情，指导抗洪工作；在抗洪抢险的关键时刻，梁保华、陈德铭、黄俊度、江浩等市领导又多次作出重要批示，召开市委常委扩大会议、电视会议，具体指导部署抗洪抢险工作；市人大常委会领导和市政协领导也到各地检查《防洪法》贯彻落实情况；沿江各地的领导都深入第一线，现场指挥，与广大干部群众一道，奋力抗洪抢险。各级党组织充分发挥战斗堡垒作用，广大党员、团员争当先锋模范，在人民群众中树立榜样。沿江水利部门、堤闸管理部门的干部职工和当地乡镇、企业的广大群众日夜坚守大堤，不畏难苦、不怕疲劳，表现出高度的思想觉悟和高昂的斗志，筑起一道坚不可摧的钢铁长城。解放军驻苏部队和武警部队也参加了支持兄弟省市的抗洪抢险斗争，为党和人民建立新的历史功勋。

抗洪抢险，《防洪法》初试锋芒。针对1998年的长江特大洪水，沿江汛情紧张的几个省依据《防洪法》有关规定，纷纷宣布进入紧急防汛期。苏州市宣布沿江各地自7月27日起进入紧急防汛期，这也是历史上从未有过的非常举措。在紧急防汛期，沿江地区一切工作都服从和服务于抗洪抢险工作，党政军民、各行各业齐心协力，动员并调动全社会的力量支持抗洪抢险。依法征用车船、物料和调动人力，依法对江河进行清障除障，并对长江非法采砂活动严厉打击，有力地保障防汛抢险工作的顺利开展。

8月31日深夜，苏州部在接到省防指要求协助紧急调运1.5万吨块石支援扬州六圩江堤抢险的急令后，立即作出具体部署，块石储备所在地的吴县市和郊区政府迅速动员、组织大量劳力突击装货，市交通部门连夜下达船队调度指令，当夜就将2000多吨块石运往目的地。8月1日、2日，装足块石的10个船队、37艘个体挂机及时启航，快速高效地完成支援兄弟市防汛抢险的块石调运任务。

在江水日日见涨，汛情渐趋紧急的2个多月里，各级防汛指挥机构和水利部门多次派出专家和工程技术人员到第一线指导查险除险，对已发生的险情及时作出科学准确的分析判断，迅速制定出“对症下药”的抢险方案，并组织力量全力排险，使出现的险情都消除于萌芽状态，有效地防止重大险情的发生；还对广大巡堤查险人员进行专业培训，依靠科学技术指导抗洪抢险。

7月18日，张家港市锦丰镇九龙港下游400米处正丰圩外侧发生水下窝崩，崩坍区坍长约300米，19日对该岸段的水下地形进行了详细测量，20日副市长江浩等领导迅速赶到现场并会同水利专家制定了抛石抢险方案，经紧急抛石2万吨，险情得到控制。8月27日，乐余镇五干河至六干河口的南通天生港电厂、华能南通电厂灰坝外继1998年3月份发生500米江滩崩坍后，又一次发生较大范围水下窝崩，坍长200多米，一8米深槽向岸逼近40多米，先前抛护的3.6万吨块石近岸部分局部又坍入江中，副市长江浩和省防汛工作组、专家组等领导、专家再次及时赶赴险区察看险情，并根据水下地形的测量结果，决定立即在六干河口向上游220米范围内进行抛石抢护，经紧急抛石2.6万吨，确保了堤坝安全。该市一干河西港堤发生50米砼板护坡滑脱、常熟市发现多处护堤块石被卷失后，都及时采取抛石加固和突击翻修等抢险措施，防止险情的进一步发展和扩大，消除隐患。

7月下旬，在长江第三次洪峰即将进入苏州市江段，水情十分险峻时，遵照省委、省政府紧急通知的要求和苏州市关于切实做好江心洲防洪保安的部署，张家港市编制了双山镇防洪应急预案，突击封堵了几个有可能出险的涵洞，并对人员转移撤离路线、撤运船只、安置办法、组织分工和保障措施等方面都作了具体充分的准备。

在防汛防台和抗洪抢险的不同时期，市防指及时正确果断决策，先后发出50多次通知和传真电报，部署抗灾工作，调拨抗洪抢险经费和物资，并发布重要汛情通报48次。气象、水文部门也加强天气和水情的监测，及时准确地提供雨情、风情和水情信息，为领导决策和指挥提供依据，为夺取抗洪斗争全面胜利赢得主动。

长江堤防在高水位下持续浸泡，堤外水流湍急、惊涛拍岸，但巍巍长堤紧锁住滔滔洪水，堤内一片泰然。这固然与广大干群日夜奋战，全力抢护息息相关，而新修的江堤达标工程更是功不可没。1996年、1997年两次超历史台风大潮过后，苏州市沿江各地迅速掀起江堤达标建设的热潮。到1998年汛前为止，就累计完成投资2.35亿元、土方688万立方米、石方36.4万立方米、砼方16.1万立方米，完成江、港、洲堤土方达标长度143千米、挡浪墙长度46千米、护坡长度88千米，加固翻建涵闸68座。这些工程相继完成，为确保长江防洪的安全发挥重要作用。

1999年特大洪涝

1999年汛期，太湖流域发生超100年一遇的特大洪水，苏州市出现了外洪内涝、洪涝夹击的严重局面，是继1991年之后又一重灾年。

一、汛情综述

是年汛期，5—9月苏州市面平均降雨量1155.5毫米（以17个报汛雨量站统计），是多年平均降雨量647.8毫米的1.8倍，甚至比多年平均年总雨量1069.2毫米还多86.3毫米，是有记载以来汛期降雨量最多的一年，其重现期超过100年一遇（100年一遇降雨量为1139毫米）。其中，降雨量最多的苏州站为1390毫米，比历史最多的1962年汛期降水1187.6毫米多出202.4毫米。汛期降雨时空分布极不均匀，各月面平均雨量分配为：5月份94.1毫米，与常年同比偏少7.6%；6月份559.5毫米，与常年同比偏多241.4%；7月份92.9毫米，与常年同比偏少38%；8月份326.3毫米，与常年同比偏多171.9%；9月份82.7毫米，与常年同比偏少26.3%。全市5—9月的面平均降雨量也比特大洪涝的1954年和1991年分别偏多22.4%和18.8%。

是年的特大洪涝，主要因异常梅雨而起，属全流域梅雨型洪涝，再加上8月份的罕见持续雷阵雨形成的伏汛，使河湖长期处于高水位下，加重内涝排除的困难。汛情的主要特点为：

雨量特多，降雨集中。由于9903号台风6月6日晚在广东惠来登陆，受台风强大的顶托作用，西太平洋副热带高压突然显著北抬，并在长江中下游地区形成静止锋，太湖流域因而提前进入梅雨季节。是年苏州6月7日入梅，比常年提前9天，至7月20日出梅，梅雨期长达44天，比常年多20天。梅雨期暖湿气流和北方不断南下的冷空气频频交汇，梅雨云带特别活跃，致使梅雨量特多。据各报汛站雨量资料统计，面平均梅雨量为630毫米，是多年平均梅雨量208.9毫米的3倍。其中，降雨量最多的西山848毫米，其次为平望845毫米，苏州市区660毫米。

入梅后共历经4次集中强降雨过程，全流域平均梅雨量672.8毫米，其中各分区面平均为：浙西区843.3毫米、太湖湖区779.8毫米、杭嘉湖区674.1毫米、湖西区551.8毫米、澄锡虞区531毫米、阳澄淀泖区652.3毫米、上海市715.7毫米。统计资料显示，1991年太湖流域最大7天、15天、30天面雨量分别为232毫米、288毫米、503毫米，重现期相当于20年、10年和75年一遇；是年太湖流域最大7天、15天、30天面雨量分别为346毫米、408毫米、618毫米，均大大超过1991年，且全都创历史最高纪录，重现期也超100年一遇。其中，30天面雨量相当于200年一遇，全流域产水量约170亿立方米。

是年梅汛期全市平均日雨量达暴雨标准的有4天，而处在苏州暴雨中心的太湖周边地区、苏州市区和淀泖区共出现6个暴雨日，这样集中的强降水在新中国成立后苏州市近50年的气象史上都是从未有过的。

而且，是年的梅雨阶段性明显，自入梅至6月底梅雨带经历三次增强、两度减弱的过程。特别是6月23日至6月30日的第三阶段雨势尤为强劲，8天全市平均降雨量351毫米，占了梅雨量的55.7%，其中6月30日苏州市区、沿太湖及淀泖区普降大暴雨，日雨量均超过100毫米。此后，副热带高压东撤至海上，苏州受西风带系统控制，雨势减弱，但由于全市处在低压槽中，因此仍以时阴时雨天气为主，直至出梅。进入8月份后，因受低压槽控制、冷空气及热带气旋环流的影响，出现连续20多天的流域性、区域性雷阵雨，降雨量又明显增多，全市月平均雨量326.3毫米，是多年平均值的2.7倍，仅次于历史最高的1993年同期329.4毫米。

客水凶猛，洪涝夹击。是年汛期几次强降雨主要集中在浙西山区、浙北地区和太湖湖区，上游洪水下泄峰高量大，河湖水位上涨迅猛。由于1991

年大水过后浙江省进入苏州市的泄洪河道全面拓宽加深，过水断面成倍增加，据7月4日部分边界河道断面实测，进入浦南地区的流量达388.9立方米每秒；苏南运河全线拓浚后，大量客水也直逼苏州，来势凶猛。据7月1日测报，大运河望亭五七大桥断面的流量达133立方米每秒，比1991年的最大流量还多15立方米每秒。再加上本地的暴雨产水，而下游洪水出路严重不足，致使河湖水位急剧上涨，形成外洪内涝、洪涝夹击的严峻局面。

太湖水位创历史新高。6月30日22时，太湖平均水位涨到4.71米，超过1954年最高水位；7月1日上午8时，太湖平均水位涨到4.79米，平1991年的历史最高水位；至7月5日上午8时，太湖水位突破5米大关，达到5.03米；7月8日14时，太湖平均水位涨至今年的最高值5.08米，超过历史最高水位0.29米，超设计洪水位0.43米。据统计分析，是年太湖洪水位的重现期也超过100年一遇（太湖100年一遇的水位为5.0米）；内河水位全面告急。7月1日至3日全市各地内部河网湖泊水位大多超过或接近历史最高水位。吴江市浦南片由于浙北客水大量入境，澜溪塘铜罗水位达到4.88米，超过历史最高水位0.32米；太浦河平望水位4.39米，超过历史最高水位0.04米；淀山湖陈墓水位4.24米，超过历史最高水位0.34米；吴淞江周巷水位4.27米，超过历史最高水位0.15米；娄江昆山水位4.19米，超过历史最高水位0.3米；石桥港巴城水位4.27米，超过历史最高水位0.15米；白茆塘常熟水位4.26米，与历史最高水位持平；阳澄湖湘城水位4.28米，超过1991年最高水位0.08米，与1954年的历史最高水位仅差0.03米；苏州市区受三面洪水夹击，古城周边地区大面积进水。苏州市区由于受到大运河南北两面来水和太湖洪水下泄，形成三面夹击之势，加之下游宣泄不畅，水位全面超历史。大运河枫桥水位达到4.58米，超过历史最高水位0.27米；苏州（觅渡桥）水位4.43米，超过历史最高水位0.06米。

水位涨得快，高水位持续时间长。1991年太湖水位自5月19日入梅时的3.25米，至7月14日出现最高水位4.79米共历时57天，涨幅1.54米，日均涨率为0.03米，最大日涨幅0.15米。而是年太湖水位自6月7日入梅时的3.08米，涨至7月8日的5.08米仅历时32天，涨幅达2米，日均涨率为0.07米，最大日涨幅0.2米（共出现6月27日到28日、6月30日到7月1日两次）。1991年，太湖从警戒水位涨到4.79米最高水位历时32天，而是年从警戒水位涨到4.79米仅22天。

内部河网水位苏州枫桥自6月7日的2.96米，至7月1日的4.58米，涨幅达1.62米，日均涨率0.07米、觅渡桥自6月7日的2.95米，至7月1日的4.43米，涨幅达1.48米，日均涨率0.06米；常熟水位自6月7日的2.99米至7月1日的4.28米，涨幅为1.27米，日均涨率0.05米；湘城水位自6月7日的2.95米至7月2日的4.28米，涨幅为1.33米，日均涨率0.053米；陈墓水位自6月7日的2.86米至7月1日的4.24米，涨幅为1.38米，日均涨率0.06米。涨水幅度和涨速均大于1991年。

是年高水位持续时间长，回落缓慢。太湖平均水位超历史最高水位的时间持续19天（1991年为14天），超4米的时间有69天（1991年为62天），持续超警戒水位的时间长达121天（1991年为96天），太湖平均水位直至10月9日后才退到警戒水位以下。其他各地内部河网的高水位持续时间也都特别长，大部分河网在7月下旬曾一度回落到警戒线以下，之后因8月份持续超量降雨，水位又全面复涨，阳澄淀泖区水位至9月中旬、苏州城区和浦南片水位至9月下旬才完全退到警戒水位以下。

台风明显偏少，长江出现“姊妹水”。是年汛期，赤道辐合带异常偏弱，台风生成及登陆次数偏少，强度偏弱。苏州没有遭到台风正面袭击或严重影响，仅受到3次台风的外围或边缘影响，其中两次降水较强，但风力影响都不大。8月20日至

23日，受北方冷空气南下和9908号强热带风暴的共同影响，苏州出现一次连续3天的大到暴雨过程，全市平均降雨85.5毫米；9月5日，因9909号热带风暴减弱成低气压后外围残余云团的影响，苏州再次出现一次强降水过程，全市日平均降雨49.5毫米，其中苏州市区98毫米、陈墓站127毫米，达到大暴雨程度；9月18日，9911号热带风暴边缘影响形成的降水过程全市雨量都不大，降雨量最大的苏州市区也仅15毫米。

是年在太湖流域出有水文记载以来最大洪水的同时，6月下旬至7月份，长江中游及上游也持续出现大范围强降水，在长江干流形成3次大的洪峰，又一度使宜昌以下全线超警戒水位，接近1998年的大洪水，出现长江流域典型的连续两年“姊妹水”。大通站流量自7月3日起超6万立方米每秒，7月7日突破7万立方米每秒，7月23日猛增到8.39万立方米每秒，比1998年的最大流量还多0.18万立方米每秒，再次改写历史第二大流量的纪录。7月3日至8月12日、8月31日至9月12日，大通流量超过6万立方米每秒的有54天，其中超过7万立方米每秒28天、超过8万立方米每秒3天。因大潮汛时无台风影响，是年沿江潮位基本正常，各站最高潮位均出现在7月份，其中肖山最高潮位6.38米、浒浦闸下游最高潮位5.62米、七浦闸下游最高潮位5.28米。

是年梅汛期空前范围的洪涝，给苏州市造成重大损失。据统计，全市有149个乡镇受灾，有32个城镇进水、33个城镇积水，涉及2759个行政村、21个街道和364个居委会，积水最深达1.5米左右，受灾人口共158.97万人，一度被洪水围困人数14.22万人，城镇居民受淹17956户、农户受淹82584户，损坏房屋26400间、倒塌房屋2303间。农业方面全市受淹农田120094公顷，其中农作物受灾面积90440公顷、成灾51001公顷、绝收24386公顷，毁坏耕地655公顷，林果苗木受损13471公顷，减产粮食16.25万吨，损失粮食6.8万吨，淡水养殖损失22102公顷、损失水产品2万余吨。这次洪水使工业、交通运输业也受到较大损失，全市有3191家企业受淹，造成2176家企业停产或部分停产，吴江市境内申湖线平望到江浙交界处、吴县市境内苏申内港线车坊段、申张线昆山境内航段等33条航道被迫中断通航，水毁公路路基（面）56.15千米。水利设施受到严重破坏，有相当数量的圩区堤防漫水，损坏各类堤防1669千米、11处堤防决口，损坏水闸343座，损坏机电泵站273座，损坏堤防护岸104千米，损坏桥涵122座。全市直接经济损失20.15亿元，居新中国成立以来第二位。其中农业损失9.48亿元、工交行业损失6.38亿元、水利设施损失1.64亿元、其他方面损失2.65亿元。

二、抗灾斗争

面对超100年一遇的特大洪水，全市各级党委、政府全党动员，全民发动，全力以赴，奋力抗灾，战胜肆虐一时的洪涝灾害。

灾情发生后，市委、市政府始终把抗洪救灾作为压倒一切的中心工作来抓，迅速调整工作部署，集中领导力量，全力组织抗灾。6月27日上午，市委、市政府召开防汛指挥部组成成员紧急会议，统一部署全市的抗灾工作。同时，迅速组织8个工作组分赴各地，现场指挥。6月30日上午，市委、市政府又召开由各地区、各部门主要负责同志参加的紧急会议，依据《防洪法》宣布全市进入紧急防汛期，发出抗洪救灾总动员令。省委常委、市委书记梁保华和市委副书记、市长陈德铭在新加坡工作访问期间，专门来电询问灾情；7月1日下午，他们在虹桥机场一下飞机，就直奔吴江和苏州城区察看灾情，并连夜召集有关方面的负责同志，研究部署抗洪救灾工作。在太湖水位急剧上涨的严峻时刻，市委、市政府又迅速把抗洪救灾工作的重点转移到环太湖大堤的防守上来。7月2日晚上，市委、市政府召开加强环太湖大堤防守紧急会议，省委常委、市委书记梁保华反复强调，确保环太湖大堤安全是一个关系到全局的大事，必须全力以赴，严防死守，确保万无一失。7月3日，市委书记梁保华、市长陈德铭、市委副书记兼人大常委会主任黄俊度、副市长江浩等领导到环太湖一线，现场办公，分析汛情，实地检查沿湖各地的防守情况。7月4日，市委、市政府还派出7个环太湖大堤防守工作督查组，分别到沿太湖15个乡镇（场），配合当地党委、政府进行环太湖大堤防守督查。7月4日晚上7时，市委召开常委扩大会议，分析环湖大堤防守形势的紧迫性和严峻性，明确要求全力以赴，严防死守，确保环太湖大堤安全。7月12日，市委、市政府召开防汛抗洪工作会议，传达贯彻落实温家宝副总理7月9日视察苏州、无锡防汛抗洪工作时所作的重要指示和省委、省政府防汛抗洪紧急会议精神，研究部署苏州市防汛抗洪工作，全面落实抗御太湖特大洪水应急对策，夺取抗洪救灾工作全面胜利。市委、市政府、市人大常委会、市政协的主要领导和其他党政领导赶到一线，察看灾情，指导抗灾。全市各级党政组织都紧急行动起来，分工负责、分片包干，广泛发动，上下一致，全面投入抗灾斗争。市委、市政府、市人大常委会、市政协办公室牵头组织的59个部委办局单位、120名机关干部也分别到城区各地和郊区协助抗灾。驻苏部队、武警官兵、公安消防干警都积极请战、参战，先后出动3100余人，奋战在最艰苦、最关键、最危险的地方，为抗灾斗争做出重要贡献。

在抗灾期间，党中央、国务院十分关心苏州的灾情。7月9日，温家宝副总理受党中央、国务院委托，视察苏州防汛抗洪工作，检查吴县、吴江环太湖大堤以及太浦闸、望亭水利枢纽、胥口水利枢纽等水利设施，提出“要确保人民生命财产安全，确保太湖大堤安全，确保重要城市和交通干线安全”的总要求。省委、省政府对苏州的灾情也十分重视，陈焕友、季允石、许仲林、蒋文郁、姜永荣等领导先后到苏深入受灾地区察看灾情，看望和慰问受灾群众，研究部署抗灾工作。国家防办、太湖流域管理局、省防指也专门派出工作组到苏州市察看汛情，指导抗灾。上级的指导和关怀，极大地鼓舞广大军民的斗志，为苏州夺取抗洪斗争的全面胜利增添强大的精神动力。

随着太湖水位突破历史最高纪录，太湖防汛形势极其严峻。沿湖各地立即组织干部群众全力以赴防守太湖大堤，在147.42千米的环太湖大堤上，共组织万余人的巡堤、查险、抢险、防守队伍，落实由市、县（市、区）两级32位副处（县）级以上领导干部负责的防汛责任人和16位技术责任人。吴县、吴江两市防汛指挥部与沿湖各乡镇（场）签订防守环太湖大堤责任书，并层层落实到村、到组、到人，划段到专人负责，昼夜巡查，确保不溃堤、不决口、不出险。根据沿湖地区雨情、水情和工情变化，为防止突发险情，各级及时落实各项应急预案。在7月1日前，市防汛防旱指挥部针对太湖水位可能达到或超过5米，出现特大洪水的情况，明确工程措施和非工程措施，努力把灾害损失降到最低限度。7月3日，组织工程技术人员，对环太湖大堤、水闸和穿堤建筑物进行检测和现场会诊，明确对水闸采取“三级水位、两级控制”、“严密监视，发现问题及时封堵”和对病险闸实施“提前封堵”等措施，对大堤险工险段和可能出险堤段，进行“重点监护”“加固护坡”“加固青坎”“备足物料，加高堤顶”等措施，确保安全。7月5日，当太湖水位突破5米以后，及时落实抗御超标准洪水应急抢险工程和环太湖大堤建筑物工程防洪措施，提出相应应急抢险对策。7月6日，成立工程抢险技术指导组及两个专家组，深入环太湖大堤实地检查指导。7月7日，又制定太湖堤外圩区滞洪准备和人员撤离方案，一旦出险或下达滞洪命令，将有序组织转移，确保人民群众生命安全。7月10日，根据温家宝副总理提出的如太湖水位上涨到5.3米至5.5米并遭遇台风大浪应确保“万无一失”的要求，确定《苏州市抗御太湖特大洪水应急对策》并迅速制定、落实具体工程措施。全面实施除险加固工程。沿湖各地根据省、市防汛指挥部制定的抢险方案，抓住雨隙天气，组织上万民力上堤抢险施工。对堤顶高度、宽度不足的，突击加高加固，对不足6.5米高程的抢筑子埝52.4千米；对迎风顶浪堤段，加筑碎石袋子埝18.8千米至顶高7.3米；对临水侧无挡浪墙的大堤，铺设防渗彩条布79万平方米；对需处理的13个敞开口门，除大浦口、瓜泾口等保持敞开，突击封堵了山后尖浜、上山港、马肚里、郁舍新港、南浜和游湖口等6个口门，对龙塘港、马山港2个口门采用沉船束水。同时封堵10座涵洞，紧急处理了24座病险水闸，完成编织袋装碎石备料97.7千米、2万吨，抢做上堤公路14.2千米，抛石固基2千米。由于责任明确，措施得力，准备充分，抢险及时，把各类险情消灭在萌芽状态，全市环太湖大堤及沿线涵闸没有出现重大险情。

全市各级各部门按照省委、省政府的“三防五保”要求，确保重要堤防的安全。望虞河、太浦河、淀山湖大堤和重要圩区各乡镇，都组织突击队、抢险队、巡逻队，昼夜巡查，固守堤防，突击抢险。全市共抢修堤防1.5万处1584千米，抢做土方433万立方米；确保重要基础设施安全。苏州城区和各地城镇全力保障供电、供气、供水和通讯、交通运输等基础设施安全。境内3条国道和沪宁铁路、高速公路等交通大动脉，没有因灾而中断交通；易燃易爆、化学危险品仓库物资没有发生爆燃和重大污染事故；水、电、煤气、通信等供应、运转正常；确保重要开发区和大中型企业安全。苏州工业园区、苏州新区和昆山开发区等5个国家级开发区，凭借原有和1991年大水过后兴建的防洪排涝设施以及及时有效的抗灾措施，基本没有受灾，生产、生活秩序井然。全市城乡受淹的工厂企业及时构筑小包围，抢排积水，抢修设备，停产和半停产企业都及时恢复生产；确保苏州城区和中心城镇安全。苏州城区一方面对古城大包围和城外设防片堤防，按照5米设防标准，全面进行加高加固；另一方面，调动一切排涝动力，抢排城区涝水，从而基本保持正常生产、生活秩序。全市受淹的32个城镇也在最短时间内排除了内涝积水；确保人民群众的生命安全。当洪水威胁群众安全时，城乡各地及时组织2.55万群众撤离险区，并妥善安置，全市没有因灾死一个人。

在这场特大洪涝灾害中，历年来建设的水利工程，包括治太骨干工程，经受严峻的考验，发挥重要的减灾效益。是年太湖洪水位超过环太湖大堤设计标准0.43米，超过设计水位的时间长达23天，环太湖大堤超蓄洪水10.37亿立方米，有效地减轻下游地区的防洪压力；环太湖大堤和胥口水利枢纽等重要口门控制建筑物发挥至关重要的作用，挡住太湖洪水直入苏州城区和阳澄淀泖区。望虞河东控制线的建成，也阻挡住上游客水和太湖洪水向阳澄区入侵，使该区受灾损失明显低于淀泖区和浦南片。太浦河北岸控制线工程在挡住北压客水和太湖洪水直入淀泖区也发挥较大作用。当年汛期共调度浏河等沿江八座大闸排水75.75亿立方米，加上入梅后沿江其他涵闸全部开闸排水，累计共向长江排出水量85.12亿立方米，排水量相当于太湖常水位时蓄水量的1.9倍，创历年汛期排水量之最，其中入梅前预泄水量3.56亿立方米、梅雨期间排水量36.9亿立方米。如果没有排出这些水量，全市许多地方的水位都将超过5.0米。望虞河、太浦河是自全线开通以来泄洪量最多的一年。据统计，从4月12日至9月24日，太浦河、望虞河共排泄太湖洪水56.68亿立方米（太浦河28.73亿立方米、望虞河27.95亿立方米）。其中，入梅前太浦闸预泄水量1.85亿立方米、望亭水利枢纽预泄水量2.25亿立方米；6月7日至7月20日梅雨期间，太浦闸泄洪7.88亿立方米、望亭水利枢纽泄洪9.66亿立方米。近57亿立方米洪水外排，对缓和太湖地区防汛局势起到积极作用。是年太浦河最大泄洪流量达到799立方米每秒，而1991年太浦河最大流量为402立方米每秒；是年望虞河最大泄洪流量为536立方米每秒，而1991年则为61立方米每秒。同时，为了充分发挥河道的行洪作用和加快排水速度，市防指及时部署河道清障工作。各市、县（市、区）迅速组织由水政、航政、渔政、公安等有关部门参加的执法队伍，进行全面清障，共清除阻水网簖等障碍503处，使主要泄洪河道畅通无阻，行洪、排涝效益显著提高。灾情发生后，积极调度一切可以调动的排涝动力，全力抢排，共投入排涝动力32.9万千瓦，使大面积农田及早脱险，为大灾之年全市秋熟作物仍获丰收奠定了基础。为尽快降低太湖水位，苏州市顾全大局，发扬团结抗洪精神，在阳澄区水位偏高的情况下，于7月13日开始，先后开启望虞河沿线常熟境内和吴县境内的21个口门，分泄太湖洪水。市防指还积极调度和供应抗灾物资及资金。其中，市级调拨物资资金137万元，全市共投入抗灾物资经费2.36亿元，保证了各地抗洪抢险的急需。

在农业上，各地集中人力、物力、动力，抢排、抢补、抢管受灾农田，落实各种补救措施，灾后农作物很快恢复正常生长。受淹工厂企业有条不紊地组织恢复生产，进行生产自救，把损失压缩到最低限度。与城乡居民生活密切相关的各个部门，千方百计克服困难，保证水、电、气和蔬菜副食品等的正常供应。卫生防疫部门针对大水过后可能出现的疫情，采取紧急防治疫病措施，并主动送医送药上门，对排除积水的居民住宅区迅速组织全面消毒消杀，全市城乡都没有发生重大疫情。公安部门切实加强社会治安管理，维护社会稳定，人心安定。

编后记

苏州因水而美、因水而兴，苏州人民谱写辉煌的治水、兴水篇章，造就闻名遐迩的“上有天堂、下有苏杭”锦绣江南。编纂出版《苏州市水务志》，传承苏州水文化，是苏州水务人共同的心愿，也是江苏省水利厅对苏州水务工作的殷殷期待。

2007年苏州市水利（水务）局参与苏州市地方志办公室的《苏州市志・水利水务》分卷编写，年限上接1991年，下限编至2005年，至2010年底，编写组完成近60万字的初步志稿，搜集丰富的90年代水利和水务事业的资料，为本次志书编纂打下重要基础。

《苏州市水务志（1991—2020）》（以下简称《水务志》）是一部系统记述1991年至2020年期间苏州水利水务事业发展的专志。本轮志书修纂经历三个阶段。

第一个阶段（2021—2022年），主要是拟定编纂大纲，查阅档案，走访老同志，广泛收集整理资料，编纂完成《水务志（征求意见稿）》。2021年9月14日，苏州市水务局印发《关于成立〈苏州市水务志〉编纂委员会的通知》，正式成立志书编纂办公室，明确编纂委员会名单，《水务志》编纂工作正式启动。2022年1月25日，召开大纲评审会，邀请江苏省地方志办公室、苏州市地方志办公室、江苏省水利信息中心分管史志领导进行评审；1月底，召开《水务志》编纂工作动员会，苏州市水务局各处室、直属单位、苏州市各区县及苏州市水务集团有限公司、苏州市水文水资源勘测局苏州分局均参加会议，明确编纂工作任务和进度计划。会后，苏州市水务局原三级调研员郭根林及相关部门、单位业务部门骨干、江苏江湖文化有限公司组成编纂室开展编纂工作。2022年7月，编纂室完成对资料的系统梳理，完成《水务志（征求意见稿）》，共计20章，120余万字。

第二个阶段（2022—2023年），郭根林主持开展总纂工作，编制完成《水务志（评审稿）》，并通过专家组审查。2023年6月，编纂室成员赴苏州市地方志办公室，听取关于志书编纂体例与质量规定的要求，进行一轮修改工作。2023年3月和8月，苏州市水务局局长陈习庆两次召开局长办公会，专题讨论《水务志（评审稿）》，提出很多有益的修改建议。编纂室进一步补充、核实、修改。2023年9月28日，通过专家组评审，共计20章，120余万字。

第三个阶段（2023—2024年），编纂完成《水务志（送审稿）》，并通过审查专家组审查。2023年12月，《水务志》编纂工作由苏州市水务局副局长刘大成负责，编纂室进行全面统稿、完善内容、数据核对、来源确认、体例规范等总纂工作，并完成图片、荣誉的征集整理。2024年6月30日，《水务志（送审稿）》通过专家组评审，共计20章，77万余字。后续修订完善进入准备阶段。

在编纂过程中，江苏省地方志办公室陈华，苏州市地方志办公室陈其弟、丁瑾，江苏省水利信息中心曹海明等专家领导给予业务指导，提出大量修改意见；苏州市水务局的老同志对修志工作给予大力支持，提供史料信息，并认真进行资料核实；苏州市水务局、区县水务局及水务系统相关单位，提供大量资料。谨致以衷心的感谢。

由于时间有限，志书中仍存在诸多问题，欢迎各位同志批评指正。